《机械设计手册》（第六版）单行本卷目

●常用设计资料	第1篇　一般设计资料
●机械制图·精度设计	第2篇　机械制图、极限与配合、形状和位置公差及表面结构
●常用机械工程材料	第3篇　常用机械工程材料
●机构·结构设计	第4篇　机构 第5篇　机械产品结构设计
●连接与紧固	第6篇　连接与紧固
●轴及其连接	第7篇　轴及其连接
●轴承	第8篇　轴承
●起重运输件·五金件	第9篇　起重运输机械零部件 第10篇　操作件、五金件及管件
●润滑与密封	第11篇　润滑与密封
●弹簧	第12篇　弹簧
●机械传动	第14篇　带、链传动 第15篇　齿轮传动
●减（变）速器·电机与电器	第17篇　减速器、变速器 第18篇　常用电机、电器及电动（液）推杆与升降机
●机械振动·机架设计	第19篇　机械振动的控制及应用 第20篇　机架设计
●液压传动	第21篇　液压传动
●液压控制	第22篇　液压控制
●气压传动	第23篇　气压传动

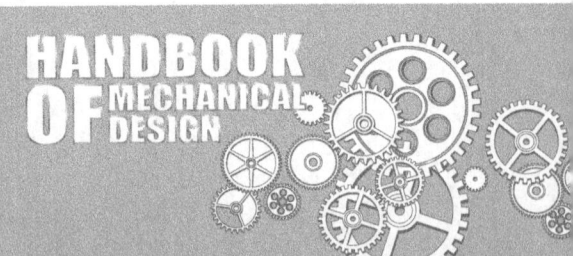

机械设计手册

第六版

单行本

润滑与密封

主编单位　中国有色工程设计研究总院
主　　编　成大先
副 主 编　王德夫　姬奎生　韩学铨
　　　　　姜　勇　李长顺　王雄耀
　　　　　虞培清　成　杰　谢京耀

《机械设计手册》第六版单行本共16分册，涵盖了机械常规设计的所有内容。各分册分别为《常用设计资料》《机械制图·精度设计》《常用机械工程材料》《机构·结构设计》《连接与紧固》《轴及其连接》《轴承》《起重运输件·五金件》《润滑与密封》《弹簧》《机械传动》《减（变）速器·电机与电器》《机械振动·机架设计》《液压传动》《液压控制》《气压传动》。

本书为《润滑与密封》。主要介绍了润滑方法及润滑装置（稀油集中润滑系统、干油集中润滑系统、油雾润滑、油气润滑）的原理、结构、设计计算和应用；稀油润滑装置的设计计算；润滑剂（常用润滑油、常用润滑脂、润滑剂添加剂、固体润滑剂等）的分类、特性、选用原则、质量指标、用途以及国内外牌号的对照；静密封、动密封的分类、特点及应用，垫片密封、填料密封、油封密封、涨圈密封、迷宫密封、机械密封、螺旋密封的结构、设计、计算和应用等；密封件（油封皮圈、油封纸圈、圆橡胶、圆橡胶管密封、Z形橡胶油封、O形橡胶密封圈、旋转轴唇形密封圈、橡胶密封圈、同轴密封件、车恒德密封、气缸用密封、Y_x形密封圈）的结构形式、尺寸、应用，密封圈材料的性能要求等。

本书可作为机械设计人员和有关工程技术人员的工具书，也可供高等院校有关专业师生参考使用。

图书在版编目（CIP）数据

机械设计手册：单行本．润滑与密封/成大先主编．
6版．—北京：化学工业出版社，2017.1（2023.8重印）
ISBN 978-7-122-28715-1

Ⅰ.①机… Ⅱ.①成… Ⅲ.①机械设计-技术手册②机械-润滑-技术手册③机械密封-技术手册 Ⅳ.①TH122-62 ②TH117.2-62③TH136-62

中国版本图书馆 CIP 数据核字（2016）第 309025 号

责任编辑：周国庆 张兴辉 贾 娜 曾 越　　　　　装帧设计：尹琳琳
责任校对：吴 静

出版发行：化学工业出版社（北京市东城区青年湖南街13号　邮政编码100011）
印　　装：北京虎彩文化传播有限公司
787mm×1092mm 1/16 印张31 字数1100千字 2023年8月北京第1版第7次印刷

购书咨询：010-64518888　　　　　　　　　　售后服务：010-64518899
网　　址：http://www.cip.com.cn

凡购买本书，如有缺损质量问题，本社销售中心负责调换。

定　　价：79.00元　　　　　　　　　　　　　　　　　　　版权所有　违者必究

撰 稿 人 员

成大先	中国有色工程设计研究总院	孙永旭	北京古德机电技术研究所
王德夫	中国有色工程设计研究总院	丘大谋	西安交通大学
刘世参	《中国表面工程》杂志、装甲兵工程学院	诸文俊	西安交通大学
姬奎生	中国有色工程设计研究总院	徐 华	西安交通大学
韩学铨	北京石油化工工程公司	谢振宇	南京航空航天大学
余梦生	北京科技大学	陈应斗	中国有色工程设计研究总院
高淑之	北京化工大学	张奇芳	沈阳铝镁设计研究院
柯蕊珍	中国有色工程设计研究总院	安 剑	大连华锐重工集团股份有限公司
杨 青	西北农林科技大学	迟国东	大连华锐重工集团股份有限公司
刘志杰	西北农林科技大学	杨明亮	太原科技大学
王欣玲	机械科学研究院	邹舜卿	中国有色工程设计研究总院
陶兆荣	中国有色工程设计研究总院	邓述慈	西安理工大学
孙东辉	中国有色工程设计研究总院	周凤香	中国有色工程设计研究总院
李福君	中国有色工程设计研究总院	朴树寰	中国有色工程设计研究总院
阮忠唐	西安理工大学	杜子英	中国有色工程设计研究总院
熊绮华	西安理工大学	汪德涛	广州机床研究所
雷淑存	西安理工大学	朱 炎	中国航宇救生装置公司
田惠民	西安理工大学	王鸿翔	中国有色工程设计研究总院
殷鸿樑	上海工业大学	郭 永	山西省自动化研究所
齐维浩	西安理工大学	厉海祥	武汉理工大学
曹惟庆	西安理工大学	欧阳志喜	宁波双林汽车部件股份有限公司
吴宗泽	清华大学	段慧文	中国有色工程设计研究总院
关天池	中国有色工程设计研究总院	姜 勇	中国有色工程设计研究总院
房庆久	中国有色工程设计研究总院	徐永年	郑州机械研究所
李建平	北京航空航天大学	梁桂明	河南科技大学
李安民	机械科学研究院	张光辉	重庆大学
李维荣	机械科学研究院	罗文军	重庆大学
丁宝平	机械科学研究院	沙树明	中国有色工程设计研究总院
梁全贵	中国有色工程设计研究总院	谢佩娟	太原理工大学
王淑兰	中国有色工程设计研究总院	余 铭	无锡市万向联轴器有限公司
林基明	中国有色工程设计研究总院	陈祖元	广东工业大学
王孝先	中国有色工程设计研究总院	陈仕贤	北京航空航天大学
童祖槞	上海交通大学	郑自求	四川理工学院
刘清廉	中国有色工程设计研究总院	贺元成	泸州职业技术学院
许文元	天津工程机械研究所	季泉生	济南钢铁集团

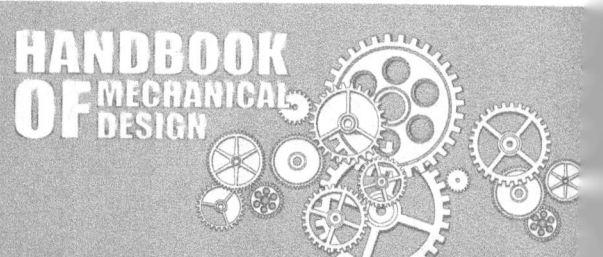

方　正	中国重型机械研究院	申连生	中冶迈克液压有限责任公司
马敬勋	济南钢铁集团	刘秀利	中国有色工程设计研究总院
冯彦宾	四川理工学院	宋天民	北京钢铁设计研究总院
袁　林	四川理工学院	周　堉	中冶京城工程技术有限公司
孙夏明	北方工业大学	崔桂芝	北方工业大学
黄吉平	宁波市镇海减变速机制造有限公司	佟　新	中国有色工程设计研究总院
陈宗源	中冶集团重庆钢铁设计研究院	禢有雄	天津大学
张　翌	北京太富力传动机器有限责任公司	林少芬	集美大学
陈　涛	大连华锐重工集团股份有限公司	卢长耿	厦门海德科液压机械设备有限公司
于天龙	大连华锐重工集团股份有限公司	容同生	厦门海德科液压机械设备有限公司
李志雄	大连华锐重工集团股份有限公司	张　伟	厦门海德科液压机械设备有限公司
刘　军	大连华锐重工集团股份有限公司	吴根茂	浙江大学
蔡学熙	连云港化工矿山设计研究院	魏建华	浙江大学
姚光义	连云港化工矿山设计研究院	吴晓雷	浙江大学
沈益新	连云港化工矿山设计研究院	钟荣龙	厦门厦顺铝箔有限公司
钱亦清	连云港化工矿山设计研究院	黄　畲	北京科技大学
于　琴	连云港化工矿山设计研究院	王雄耀	费斯托（FESTO）（中国）有限公司
蔡学坚	邢台地区经济委员会	彭光正	北京理工大学
虞培清	浙江长城减速机有限公司	张百海	北京理工大学
项建忠	浙江通力减速机有限公司	王　涛	北京理工大学
阮劲松	宝鸡市广环机床责任有限公司	陈金兵	北京理工大学
纪盛青	东北大学	包　钢	哈尔滨工业大学
黄效国	北京科技大学	蒋友谅	北京理工大学
陈新华	北京科技大学	史习先	中国有色工程设计研究总院
李长顺	中国有色工程设计研究总院		

审稿人员

刘世参	成大先	王德夫	郭可谦	汪德涛	方　正	朱　炎	李钊刚
姜　勇	陈谌闻	饶振纲	季泉生	洪允楣	王　正	詹茂盛	姬奎生
张红兵	卢长耿	郭长生	徐文灿				

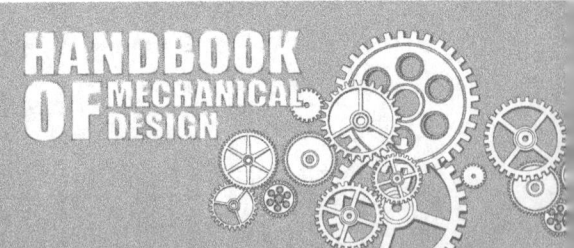

《机械设计手册》(第六版)单行本出版说明

重点科技图书《机械设计手册》自 1969 年出版发行以来,已经修订至第六版,累计销售量超过 130 万套,成为新中国成立以来,在国内影响力最大的机械设计工具书,多次获得国家和省部级奖励。

《机械设计手册》以其技术性和实用性强、标准和数据可靠、便于使用和查询等特点,赢得了广大机械设计工作者和工程技术人员的首肯和好评。自出版以来,收到读者来信数千封。广大读者在对《机械设计手册》给予充分肯定的同时,也指出了《机械设计手册》装帧太厚、太重,不便携带和翻阅,希望出版篇幅小些的单行本,诸多读者建议将《机械设计手册》以篇为单位改编为多卷本。

根据广大读者的反映和建议,化学工业出版社组织编辑人员深入设计科研院所、大中专院校、制造企业和有一定影响的新华书店进行调研,广泛征求和听取各方面的意见,在与主编单位协商一致的基础上,于 2004 年以《机械设计手册》第四版为基础,编辑出版了《机械设计手册》单行本,并在出版后很快得到了读者的认可。2011 年,《机械设计手册》第五版单行本出版发行。

《机械设计手册》第六版(5 卷本)于 2016 年初面市发行,在提高产品开发、创新设计方面,在促进新产品设计和加工制造的新工艺设计方面,在为新产品开发、老产品改造创新提供新型元器件和新材料方面,在贯彻推广标准化工作等方面,都较第五版有很大改进。为更加贴合读者需求,便于读者有针对性地选用《机械设计手册》第六版中的部分内容,化学工业出版社在汲取《机械设计手册》前两版单行本出版经验的基础上,推出了《机械设计手册》第六版单行本。

《机械设计手册》第六版单行本,保留了《机械设计手册》第六版(5 卷本)的优势和特色,从设计工作的实际出发,结合机械设计专业具体情况,将原来的 5 卷 23 篇调整为 16 分册 21 篇,分别为《常用设计资料》《机械制图·精度设计》《常用机械工程材料》《机构·结构设计》《连接与紧固》《轴及其连接》《轴承》《起重运输件·五金件》《润滑与密封》《弹簧》《机械传动》《减(变)速器·电机与电器》《机械振动·机架设计》《液压传动》《液压控制》《气压传动》。这样,各分册篇幅适中,查阅和携带更加方便,有利于设计人员和广大读者根据各自需要

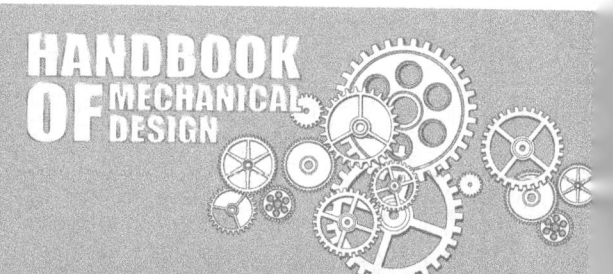

灵活选购。

《机械设计手册》第六版单行本将与《机械设计手册》第六版（5卷本）一起，成为机械设计工作者、工程技术人员和广大读者的良师益友。

借《机械设计手册》第六版单行本出版之际，再次向热情支持和积极参加编写工作的单位和个人表示诚挚的敬意！向长期关心、支持《机械设计手册》的广大热心读者表示衷心感谢！

由于编辑出版单行本的工作量较大，时间较紧，难免存在疏漏，恳请广大读者给予批评指正。

化学工业出版社

2017 年 1 月

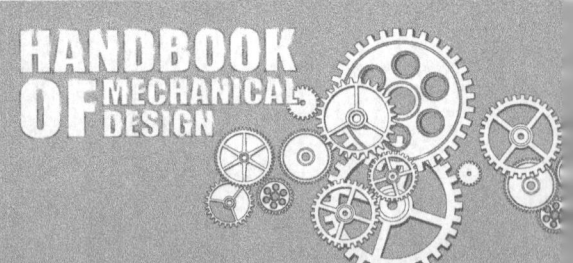

第六版前言
Sixth Edition Preface

《机械设计手册》自 1969 年第一版出版发行以来，已经修订了五次，累计销售量 130 万套，成为新中国成立以来，在国内影响力强、销售量大的机械设计工具书。作为国家级的重点科技图书，《机械设计手册》多次获得国家和省部级奖励。其中，1978 年获全国科学大会科技成果奖，1983 年获化工部优秀科技图书奖，1995 年获全国优秀科技图书二等奖，1999 年获全国化工科技进步二等奖，2002 年获石油和化学工业优秀科技图书一等奖，2003 年获中国石油和化学工业科技进步二等奖。1986~2015 年，多次被评为全国优秀畅销书。

与时俱进、开拓创新，实现实用性、可靠性和创新性的最佳结合，协助广大机械设计人员开发出更好更新的产品，适应市场和生产需要，提高市场竞争力和国际竞争力，这是《机械设计手册》一贯坚持、不懈努力的最高宗旨。

《机械设计手册》（以下简称《手册》）第五版出版发行至今已有 8 年的时间，在这期间，我们进行了广泛的调查研究，多次邀请机械方面的专家、学者座谈，倾听他们对第六版修订的建议，并深入设计院所、工厂和矿山的第一线，向广大设计工作者了解《手册》的应用情况和意见，及时发现、收集生产实践中出现的新经验和新问题，多方位、多渠道跟踪、收集国内外涌现出来的新技术、新产品，改进和丰富《手册》的内容，使《手册》更具鲜活力，以最大限度地提高广大机械设计人员自主创新的能力，适应建设创新型国家的需要。

《手册》第六版的具体修订情况如下。

一、在提高产品开发、创新设计方面

1. 新增第 5 篇"机械产品结构设计"，提出了常用机械产品结构设计的 12 条常用准则，供产品设计人员参考。

2. 第 1 篇"一般设计资料"增加了机械产品设计的巧（新）例与错例等内容。

3. 第 11 篇"润滑与密封"增加了稀有润滑装置的设计计算内容，以适应润滑新产品开发、设计的需要。

4. 第 15 篇"齿轮传动"进一步完善了符合 ISO 国际标准的渐开线圆柱齿轮设计，非零变位锥齿轮设计，点线啮合传动设计，多点啮合柔性传动设计等内容，例如增加了符合 ISO 标准的渐开线齿轮几何计算及算例，更新了齿轮精度等。

5. 第 23 篇"气压传动"增加了模块化电/气混合驱动技术、气动系统节能等内容。

二、在为新产品开发、老产品改造创新，提供新型元器件和新材料方面

1. 介绍了相关节能技术及产品，例如增加了气动系统的节能技术和产品、节能电机等。

2. 各篇介绍了许多新型的机械零部件，包括一些新型的联轴器、离合器、制动器、带减速器的电机、起重运输零部件、液压元件和辅件、气动元件等，这些产品均具有技术先进、节能等特点。

3. 新材料方面，增加或完善了铜及铜合金、铝及铝合金、钛及钛合金、镁及镁合金等内容，这些合金材料由于具有优良的力学性能、物理性能以及材料回收率高等优点，目前广泛应用于航天、航空、高铁、计算机、通信元件、电子产品、纺织和印刷等行业。

三、在贯彻推广标准化工作方面

1. 所有产品、材料和工艺均采用新标准资料，如材料、各种机械零部件、液压和气动元件等全部更新了技术标准和产品。

2. 为满足机械产品通用化、国际化的需要，遵照立足国家标准、面向国际标准的原则来收录内容，如第 15 篇 "齿轮传动" 更新并完善了符合 ISO 标准的渐开线齿轮设计等。

《机械设计手册》第六版是在前几版的基础上编写而成的。借《机械设计手册》第六版出版之际，再次向参加每版编写的单位和个人表示衷心的感谢！同时也感谢给我们提供大力支持和热忱帮助的单位和各界朋友们！

由于编者水平有限，调研工作不够全面，修订中难免存在疏漏和缺点，恳请广大读者继续给予批评指正。

主　编

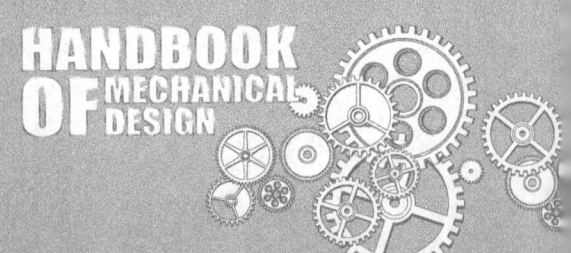

目录 CONTENTS

第 11 篇 润滑与密封

第 1 章 润滑方法及润滑装置 …… 11-3

1 润滑方法及润滑装置的分类、润滑原理与应用 …… 11-3
2 一般润滑件 …… 11-5
  2.1 油杯 …… 11-5
  2.2 油环 …… 11-7
  2.3 油枪 …… 11-7
  2.4 油标 …… 11-8
3 集中润滑系统的分类和图形符号 …… 11-10
4 稀油集中润滑系统 …… 11-13
  4.1 稀油集中润滑系统设计的任务和步骤 …… 11-13
    4.1.1 设计任务 …… 11-13
    4.1.2 设计步骤 …… 11-13
  4.2 稀油集中润滑系统的主要设备 …… 11-17
    4.2.1 润滑油泵及润滑油泵装置 …… 11-17
    4.2.2 稀油润滑装置 …… 11-28
    4.2.3 辅助装置及元件 …… 11-51
    4.2.4 润滑油箱 …… 11-68
5 干油集中润滑系统 …… 11-72
  5.1 干油集中润滑系统的分类及组成 …… 11-72
  5.2 干油集中润滑系统的设计计算 …… 11-76
    5.2.1 润滑脂消耗量的计算 …… 11-76
    5.2.2 润滑脂泵的选择计算 …… 11-76
    5.2.3 系统工作压力的确定 …… 11-77
    5.2.4 滚动轴承润滑脂消耗量估算方法 …… 11-78
  5.3 干油集中润滑系统的主要设备 …… 11-80
    5.3.1 润滑脂泵及装置 …… 11-80
    5.3.2 分配器与喷射阀 …… 11-92
    5.3.3 其他辅助装置及元件 …… 11-103
  5.4 干油集中润滑系统的管路附件 …… 11-110
    5.4.1 配管材料 …… 11-110
    5.4.2 管路附件 …… 11-110
6 油雾润滑 …… 11-125
  6.1 油雾润滑工作原理、系统及装置 …… 11-125
    6.1.1 工作原理 …… 11-125
    6.1.2 油雾润滑系统和装置 …… 11-125
  6.2 油雾润滑系统的设计和计算 …… 11-126
    6.2.1 各摩擦副所需的油雾量 …… 11-126
    6.2.2 凝缩嘴尺寸的选择 …… 11-128
    6.2.3 管道尺寸的选择 …… 11-128
    6.2.4 空气和油的消耗量 …… 11-129
    6.2.5 发生器的选择 …… 11-129
    6.2.6 润滑油的选择 …… 11-129
    6.2.7 凝缩嘴的布置方法 …… 11-130
7 油气润滑 …… 11-132
  7.1 油气润滑工作原理、系统及装置 …… 11-132
    7.1.1 油气润滑装置（摘自 JB/ZQ 4711—2006） …… 11-133
    7.1.2 油气润滑装置（摘自 JB/ZQ 4738—2006） …… 11-135
  7.2 油气混合器及油气分配器 …… 11-137
    7.2.1 QHQ 型油气混合器（摘自 JB/ZQ 4707—2006） …… 11-137
    7.2.2 AHQ 型双线油气混合器 …… 11-138
    7.2.3 MHQ 型单线油气混合器 …… 11-138
    7.2.4 AJS 型、JS 型油气分配器（摘自 JB/ZQ 4749—2006） …… 11-139
  7.3 专用油气润滑装置 …… 11-140
    7.3.1 油气喷射润滑装置（摘自 JB/ZQ 4732—2006） …… 11-140
    7.3.2 链条喷射润滑装置 …… 11-141

7.3.3 行车轨道润滑装置（摘自 JB/ZQ 4736—2006） ……… 11-142

第2章 稀油润滑装置的设计计算 … 11-143

1 概述 ………………………………………… 11-143
2 稀油润滑与液压传动在技术性能、参数计算方面的差异和特点 ………………… 11-143
3 稀油润滑装置的设计计算 ………………… 11-147
   3.1 稀油润滑装置的主要技术性能参数 ……………………………………… 11-147
   3.2 稀油润滑系统技术性能参数的关系和有关计算 ……………………… 11-148
      3.2.1 稀油润滑系统简图及参数标示 ……………………………… 11-148
      3.2.2 装置供油量及泵的台数 …… 11-148
      3.2.3 装置泄油量 ……………………… 11-149
      3.2.4 供油压力的确定及多供应支管时压力的调整 ………… 11-149
      3.2.5 从泵口至供油口的最大压降 …………………………… 11-150
      3.2.6 润滑油泵功率计算 ………… 11-151
      3.2.7 过滤器的压降特性 ………… 11-152
   3.3 高低压稀油润滑装置结构参数、自动控制和系列实例 …………… 11-153
      3.3.1 结构参数的合理确定 ……… 11-154
      3.3.2 自动控制和安全技术 ……… 11-155
      3.3.3 部分系列实例 ……………… 11-158

第3章 润滑剂 ……………………………… 11-171

1 润滑剂选用的一般原则 ……………………… 11-171
   1.1 润滑剂的基本类型 ………………… 11-171
   1.2 润滑剂选用的一般原则 …………… 11-171
2 常用润滑油 ………………………………… 11-173
   2.1 润滑油的主要质量指标 …………… 11-173
      2.1.1 黏度 ……………………………… 11-173
      2.1.2 润滑油的其他质量指标 …… 11-182
   2.2 常用润滑油的牌号、性能及应用 … 11-185
      2.2.1 润滑油的分类 ………………… 11-185
      2.2.2 常用润滑油的牌号、性能及应用 ………………………… 11-186
3 常用润滑脂 ………………………………… 11-197
   3.1 润滑脂的组成及主要质量指标 …… 11-197
      3.1.1 润滑脂的组成 ………………… 11-197
      3.1.2 润滑脂的主要质量指标 …… 11-197
   3.2 润滑脂的分类 ……………………… 11-198
   3.3 常用润滑脂的性质与用途 ………… 11-199
4 润滑剂添加剂 ……………………………… 11-203
5 合成润滑剂 ………………………………… 11-205
   5.1 合成润滑剂的分类 ………………… 11-206
   5.2 合成润滑剂的应用 ………………… 11-206
6 固体润滑剂 ………………………………… 11-208
   6.1 固体润滑剂的分类 ………………… 11-208
   6.2 固体润滑剂的作用和特点 ………… 11-208
      6.2.1 可代替润滑油脂 …………… 11-208
      6.2.2 增强或改善润滑油脂的性能 …………………………… 11-208
      6.2.3 运行条件苛刻的场合 ……… 11-209
      6.2.4 环境条件很恶劣的场合 …… 11-209
      6.2.5 环境条件很洁净的场合 …… 11-209
      6.2.6 无需维护保养的场合 ……… 11-209
   6.3 常用固体润滑剂的使用方法和特性 ……………………………… 11-210
      6.3.1 固体润滑剂的使用方法 …… 11-210
      6.3.2 粉状固体润滑剂特性 ……… 11-210
      6.3.3 膏状固体润滑剂特性 ……… 11-211
7 润滑油的换油指标、代用和掺配方法 …… 11-213
   7.1 常用润滑油的换油指标 …………… 11-213
   7.2 润滑油代用的一般原则 …………… 11-213
   7.3 润滑油的掺配方法 ………………… 11-213
8 国内外液压工作介质和润滑油、脂的牌号对照 …………………………………… 11-216
   8.1 国内外液压工作介质产品对照 …… 11-216
   8.2 国内外润滑油、脂品种对照 ……… 11-225

第4章 密封 ………………………………… 11-252

1 静密封的分类、特点及应用 ……………… 11-252
2 动密封的分类、特点及应用 ……………… 11-254
3 垫片密封 …………………………………… 11-258
   3.1 常用垫片类型与应用 ……………… 11-258
   3.2 管道法兰垫片选择 ………………… 11-260
4 填料密封 …………………………………… 11-261
   4.1 毛毡密封 …………………………… 11-261

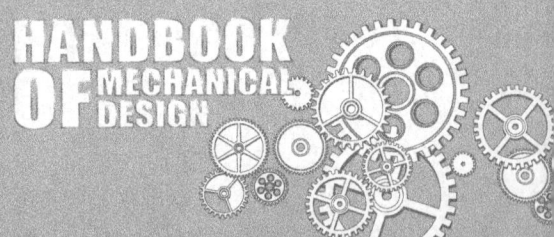

4.2 软填料动密封 …………………………… 11-262
4.3 软填料密封计算 ………………………… 11-266
5 油封密封 …………………………………… 11-268
  5.1 结构型式及特点 ………………………… 11-268
  5.2 油封密封的设计 ………………………… 11-269
  5.3 油封摩擦功率的计算 …………………… 11-273
6 涨圈密封 …………………………………… 11-274
7 迷宫密封 …………………………………… 11-275
8 机械密封 …………………………………… 11-276
  8.1 接触式机械密封工作原理 ……………… 11-276
  8.2 常用机械密封分类及适用范围 ………… 11-277
  8.3 机械密封的选用 ………………………… 11-280
  8.4 常用机械密封材料 ……………………… 11-284
  8.5 机械密封的计算 ………………………… 11-289
  8.6 机械密封结构设计 ……………………… 11-293
  8.7 波纹管式机械密封 ……………………… 11-295
    8.7.1 波纹管式机械密封型式 …………… 11-295
    8.7.2 波纹管式机械密封端面比压计算 ………………………………… 11-296
  8.8 非接触式机械密封 ……………………… 11-297
    8.8.1 非接触式机械密封与接触式机械密封比较 ……………………… 11-297
    8.8.2 流体静压式机械密封 ……………… 11-298
    8.8.3 流体动压式机械密封 ……………… 11-299
    8.8.4 干气密封 …………………………… 11-301
  8.9 釜用机械密封 …………………………… 11-307
  8.10 机械密封辅助系统 ……………………… 11-310
    8.10.1 泵用机械密封的冷却方式和要求 ………………………………… 11-310
    8.10.2 泵用机械密封冲洗系统 …………… 11-312
    8.10.3 釜用机械密封润滑和冷却系统 ……………………………… 11-321
  8.11 杂质过滤和分离 ………………………… 11-324
  8.12 机械密封标准 …………………………… 11-325
    8.12.1 机械密封技术条件（摘自 JB/T 4127.1—2013） …………… 11-325
    8.12.2 机械密封用O形橡胶密封圈（摘自 JB/T 7757.2—2006） ………… 11-326
    8.12.3 机械密封用氟塑料全包覆橡胶 O 形圈（摘自 JB/T 10706—2007） …………………………… 11-329
    8.12.4 焊接金属波纹管机械密封（摘自 JB/T 8723—2008） …… 11-333
    8.12.5 泵用机械密封（摘自 JB/T 1472—2011） ……………………… 11-338
    8.12.6 耐酸泵用机械密封（摘自 JB/T 7372—2011） ……………………… 11-345
    8.12.7 耐碱泵用机械密封（摘自 JB/T 7371—2011） ……………………… 11-350
9 螺旋密封 …………………………………… 11-353
  9.1 螺旋密封方式、特点及应用 …………… 11-353
  9.2 螺旋密封设计要点 ……………………… 11-354
  9.3 矩形螺纹的螺旋密封计算 ……………… 11-355

第5章 密封件 …………………………… 11-360

1 油封皮圈、油封纸圈 ……………………… 11-360
2 圆橡胶、圆橡胶管密封（摘自 JB/ZQ 4609—2006） ……………………… 11-360
3 毡圈油封 …………………………………… 11-361
4 Z形橡胶油封（摘自 JB/ZQ 4075—2006） ……………………………… 11-362
5 O形橡胶密封圈 …………………………… 11-364
  5.1 液压、气动用O形橡胶密封圈尺寸及公差（摘自 GB/T 3452.1—2005） … 11-364
  5.2 液压、气动用O形圈径向密封沟槽尺寸（摘自 GB/T 3452.3—2005） … 11-368
    5.2.1 液压活塞动密封沟槽尺寸 ……… 11-368
    5.2.2 气动活塞动密封沟槽尺寸 ……… 11-370
    5.2.3 液压、气动活塞静密封沟槽尺寸 ………………………………… 11-373
    5.2.4 液压活塞杆动密封沟槽尺寸 ………………………………… 11-379
    5.2.5 气动活塞杆动密封沟槽尺寸 ………………………………… 11-381
    5.2.6 液压、气动活塞杆静密封沟槽尺寸 ………………………………… 11-383
  5.3 O形圈轴向密封沟槽尺寸（摘自 GB/T 3452.3—2005） ……………… 11-389
    5.3.1 受内部压力的轴向密封沟槽尺寸 ………………………………… 11-389
    5.3.2 受外部压力的轴向密封沟槽尺寸 ………………………………… 11-390

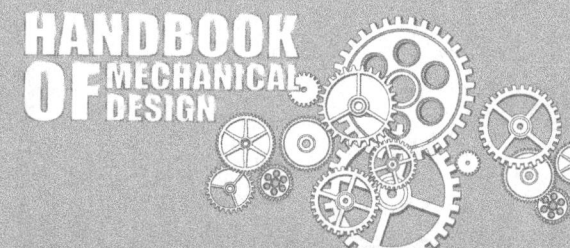

5.4 沟槽和配合偶件表面的表面粗糙度（摘自 GB/T 3452.3—2005）…… 11-391
5.5 O 形橡胶密封圈用挡圈 …… 11-392
6 密封元件为弹性体材料的旋转轴唇形密封圈（摘自 GB/T 13871.1—2007）…… 11-392
7 密封元件为热塑性材料的旋转轴唇形密封圈（摘自 GB/T 21283.1—2007）…… 11-394
 7.1 密封圈类型 …… 11-394
 7.2 密封圈基本尺寸 …… 11-395
 7.3 密封圈尺寸标识代码及标注说明 …… 11-396
 7.4 密封圈的技术文件 …… 11-396
8 单向密封橡胶密封圈（摘自 GB/T 10708.1—2000）…… 11-398
 8.1 单向密封橡胶密封圈结构型式及使用条件 …… 11-398
 8.2 活塞杆用短型（L_1）密封沟槽及 Y 形圈尺寸 …… 11-398
 8.3 活塞用短型（L_1）密封沟槽及 Y 形圈尺寸 …… 11-399
 8.4 活塞杆用中型（L_2）密封沟槽及 Y 形圈、蕾形圈尺寸 …… 11-401
 8.5 活塞用中型（L_2）密封沟槽及 Y 形圈、蕾形圈尺寸 …… 11-404
 8.6 活塞杆用长型（L_3）密封沟槽及 V 形圈、压环和塑料支撑环的尺寸 …… 11-406
 8.7 活塞用长型（L_3）密封沟槽及 V 形圈、压环和弹性密封圈尺寸 …… 11-407
9 V_D 形橡胶密封圈（摘自 JB/T 6994—2007）…… 11-409
10 双向密封橡胶密封圈（摘自 GB/T 10708.2—2000）…… 11-412
11 往复运动用橡胶防尘密封圈（摘自 GB/T 10708.3—2000）…… 11-415
 11.1 A 型防尘圈 …… 11-415
 11.2 B 型防尘圈 …… 11-416
 11.3 C 型防尘圈 …… 11-417
12 同轴密封件（摘自 GB/T 15242.1—1994）…… 11-418
 12.1 活塞杆密封用阶梯形同轴密封件 …… 11-418
 12.2 活塞密封用方形同轴密封件 …… 11-420
13 车恒德（西安车氏）密封 …… 11-422
 13.1 密封类型、使用条件及选择要点 …… 11-422
 13.2 密封材料 …… 11-425
 13.3 直角滑环式组合密封尺寸 …… 11-426
 13.4 脚形滑环式组合密封尺寸 …… 11-427
 13.5 齿形滑环式组合密封尺寸 …… 11-428
 13.6 C 形滑环式组合密封尺寸 …… 11-430
 13.7 帽形滑环式组合密封尺寸 …… 11-431
 13.8 低摩擦齿形滑环式组合密封尺寸 …… 11-432
 13.9 重载齿形滑环式组合密封尺寸 …… 11-434
 13.10 耐高压 J 形滑环式组合密封尺寸 …… 11-435
 13.11 车恒德防尘密封尺寸 …… 11-437
14 气缸用密封圈（摘自 JB/T 6657—1993）…… 11-438
 14.1 气缸活塞密封用 QY 型密封圈 …… 11-438
 14.2 气缸活塞杆密封用 QY 型密封圈 …… 11-439
 14.3 气缸活塞杆用 J 型防尘圈 …… 11-440
 14.4 气缸用 QH 型外露骨架橡胶缓冲密封圈 …… 11-441
15 Y_x 形密封圈 …… 11-442
 15.1 孔用 Y_x 形密封圈（摘自 JB/ZQ 4264—2006）…… 11-442
 15.2 轴用 Y_x 形密封圈（摘自 JB/ZQ 4265—2006）…… 11-446
16 液压缸活塞和活塞杆密封用支承环（摘自 GB/T 15242.2—1994）…… 11-449
 16.1 液压缸活塞杆密封用支承环 …… 11-449
 16.2 液压缸活塞密封用支承环 …… 11-451
17 密封圈材料 …… 11-454
 17.1 普通液压系统用 O 形橡胶密封圈材料（摘自 HG/T 2579—2008）…… 11-454
 17.2 真空用 O 形橡胶圈材料（摘自 HG/T 2333—2009）…… 11-454
 17.3 耐高温润滑油 O 形圈材料（摘自 HG/T 2021—2004）…… 11-455
 17.4 耐酸碱橡胶密封件材料（摘自 HG/T 2181—2009）…… 11-455
 17.5 往复运动橡胶密封圈材料（摘自 HG/T 2810—2008）…… 11-456

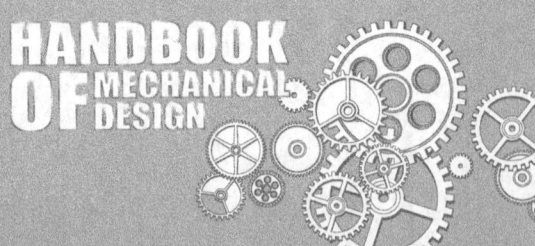

17.6 旋转轴唇形密封圈橡胶材料（摘自 HG/T 2811—2009）………… 11-457
18 管法兰用非金属平垫片………… 11-457
　18.1 公称压力用 PN 标记的管法兰用垫片的型式与尺寸（摘自 GB/T 9126—2008）………… 11-457
　　18.1.1 全平面管法兰（FF 型）用垫片的型式与尺寸………… 11-457
　　18.1.2 突面管法兰（RF 型）用垫片的型式与尺寸………… 11-459
　　18.1.3 凹凸面管法兰（MF 型）和榫槽面管法兰（TG 型）用垫片的型式与尺寸………… 11-460
　18.2 公称压力用 Class 标记的管法兰用垫片的型式与尺寸（摘自 GB/T 9126—2008）………… 11-461
　　18.2.1 全平面管法兰（FF 型）和突面管法兰（RF 型）用垫片的型式与尺寸………… 11-461
　　18.2.2 凹凸面管法兰（MF 型）和榫槽面管法兰（TG 型）用垫片的型式与尺寸………… 11-462
　18.3 管法兰用非金属平垫片技术条件（摘自 GB/T 9129—2003）…… 11-463
19 钢制管法兰用金属环垫（摘自 GB/T 9128—2003）………… 11-463
20 管法兰用缠绕式垫片………… 11-467
　20.1 缠绕式垫片型式、代号及标记（摘自 GB/T 4622.1—2009）………… 11-467
　20.2 管法兰用缠绕式垫片尺寸（摘自 GB/T 4622.2—2008）………… 11-468
　　20.2.1 公称压力用 PN 标记的法兰用垫片尺寸………… 11-468
　　20.2.2 公称压力用 Class 标记的法兰用垫片尺寸………… 11-472
21 管法兰用非金属聚四氟乙烯包覆垫片（摘自 GB/T 13404—2008）… 11-475
　21.1 公称压力用 PN 标记的管法兰用垫片尺寸………… 11-475
　21.2 公称压力用 Class 标记的管法兰用垫片尺寸………… 11-476
　21.3 聚四氟乙烯包覆垫片的性能……… 11-476
22 管法兰用金属包覆垫片（摘自 GB/T 15601—2013）………… 11-477
23 U 形内骨架橡胶密封圈（摘自 JB/T 6997—2007）………… 11-479

参考文献 ………… 11-482

机械设计手册
第六版
第3卷

第11篇 润滑与密封

主要撰稿 汪德涛 方 正 韩学铨

审 稿 方 正 王德夫

第 1 章 润滑方法及润滑装置

摩擦学是以 1966 年产生的新名词摩擦学定义的学科,即研究做相对运动、相互作用的摩擦副表面的理论和实践的科学技术。润滑是用润滑剂减少两摩擦表面之间的摩擦、磨损并冷却或减少其他形式的表面破坏的措施。

在机械设计中,摩擦学设计主要是从机械的系统分析出发,以机械零件为对象,考虑摩擦、磨损和润滑的失效形式的设计理论和方法。图 11-1-1 是摩擦学设计的基本内容。摩擦学设计的设计准则主要通过限制压强、速度和压力-速度乘积来防止机械零件出现磨损失效。对于流体调动的滑动轴承、滚动轴承、齿轮等摩擦副及传动装置零件的设计,则可通过相关设计计算如雷诺方程及变形方程、能量方程等以及经验类比分析等来完成。通过摩擦学设计,可使机械设备在使用过程中保持尽可能小的摩擦功耗和磨损率,必要

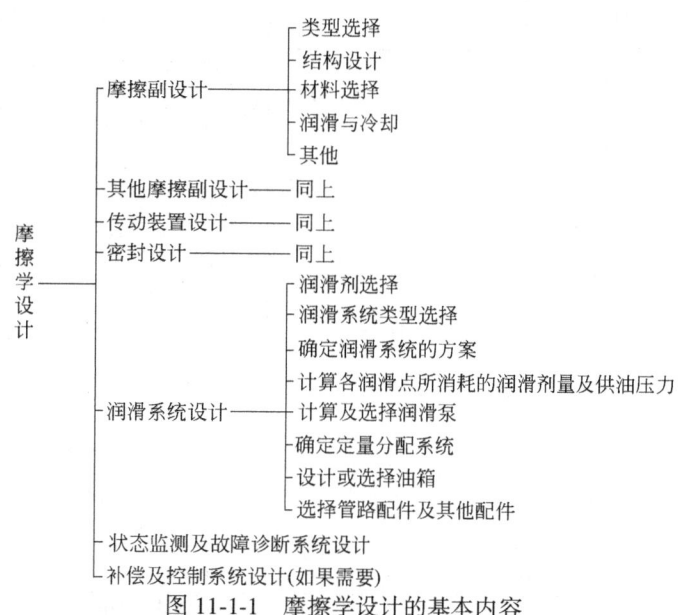

图 11-1-1 摩擦学设计的基本内容

的可靠性,合适的寿命,排除可能发生的故障,实现最低制造和运行维护成本。有关机械零部件和传动装置摩擦学设计的有关内容,可参看本《手册》相应的机械零部件和传动装置的设计部分。本篇第 1 章主要涉及图 11-1-1 中润滑系统设计的有关内容,第 3 章主要涉及润滑剂的有关内容。

1 润滑方法及润滑装置的分类、润滑原理与应用

表 11-1-1

润滑方法			润滑装置	润滑原理	应用范围
稀油润滑	分散润滑	间歇无压润滑	油壶 压配式压注油杯,B 型、C 型弹簧盖油杯	利用簧底油壶或其他油壶将油注入孔中,油沿着摩擦表面流散形成暂时性油膜	轻载荷或低速、间歇工作的摩擦副。如开式齿轮、链条、钢丝绳以及一些简易机械设备
		间歇压力润滑	直通式压注油杯 接头式压注油杯 旋盖式压注油杯	利用油枪加油	载荷小、速度低、间歇工作的摩擦副。如金属加工机床、汽车、拖拉机、农业机器等
		连续无压润滑 油绳、油垫润滑	A 型弹簧盖油杯毛毡制的油垫	利用油绳、油垫的毛细管产生虹吸作用向摩擦副供油	低速、轻载荷的轴套和一般机械
		滴油润滑	针阀式压注油杯	利用油的自重一滴一滴地流到摩擦副上,滴落速度随油位改变	在数量不多而容易靠近的摩擦副上。如机床导轨、齿轮、链条等部位的润滑

续表

润滑方法			润滑装置	润滑原理	应用范围
稀油润滑	分散润滑	连续无压润滑	油环、油链、油轮润滑：套在轴颈上的油环、油链；固定在轴颈上的油轮	油环套在轴颈上作自由旋转，油轮则固定在轴颈上。这些润滑装置随轴转动，将油从油池带入摩擦副的间隙中形成自动润滑	一般适用轴颈连续旋转和旋转速度不低于50~60r/min的水平轴的场合。如润滑齿轮和蜗杆减速器、高速传动轴的轴承、传动装置的轴承、电动机轴承和其他一些机械的轴承
			油池	油池润滑即为飞溅润滑，是由装在密封机壳中的零件所作的旋转运动来实现的	主要是用来润滑减速器内的齿轮装置，齿轮圆周速度不应超过12~14m/s
		强制润滑	柱塞式油泵（柱塞泵）	装在机壳中柱塞泵的柱塞的往复运动来实现供油	要求油压在20MPa以下，润滑油需要量不大和支承相当大载荷的摩擦副
			叶片式油泵（叶片泵）	叶片泵可装在机壳中，也可以与被润滑的机械分开。靠转子和叶片转动来实现供油	要求油压在0.3MPa以下，润滑油需要量不太多的摩擦副、变速箱等
			齿轮泵	齿轮泵可装在机壳中，也可以与被润滑的机械分开，靠齿轮旋转供油	要求油压在1MPa以下，润滑油需要量多少不等的摩擦副
		喷射润滑	油泵、喷射阀	采用油泵直接加压实现喷射	用于圆周速度大于12~14m/s、用飞溅润滑效率较低时的闭式齿轮
		油雾润滑	油雾发生器凝缩嘴	以压缩空气为能源，借油雾发生器将润滑油形成油滴，随压缩空气经油管道、凝缩嘴送到润滑点，实现润滑。油雾颗粒尺寸为1~3μm	适用高速的滚动轴承、滑动轴承、齿轮、蜗轮、链轮及滑动导轨等各种摩擦副上
		油气润滑	油泵、分配器、喷嘴	压缩空气与润滑油液混合后，经喷嘴呈微细油滴送向润滑点，实现润滑。油的颗粒尺寸为50~100μm	适用于润滑封闭的齿轮、链条滑板、导轨及高速重载滚动轴承等
	集中润滑	压力循环润滑（连续压力润滑）	稀油润滑装置	润滑站由油箱、油泵、过滤器、冷却器、阀等元件组成。用管道输送定量的压力油到各润滑点	主要用于金属切削机床、轧钢机等设备的大量润滑点或某些不易靠近的或靠近有危险的润滑点
干油润滑	分散润滑	间歇无压润滑	没有润滑装置	靠人工将润滑脂涂到摩擦表面上	用在低速粗制机器上
		连续无压润滑	设备的机壳	将适量的润滑脂填充在机壳中而实现润滑	转速不超过3000r/min、温度不超过115℃的滚动轴承圆周速度在4.5m/s以下的摩擦副、重载的齿轮传动和蜗轮传动、链、钢丝绳等
		间歇无压润滑	旋盖式油杯 压注式油杯（直通式与接头式）	旋盖式油杯靠旋紧杯盖而造成的压力将润滑脂压到摩擦副上 压注式油杯利用专门的带配帽的油（脂）枪将油脂压入摩擦副	旋盖式油杯一般适用于圆周速度在4.5m/s以下的各种摩擦副 压注式油杯用于速度不大和载荷小的摩擦部件，以及当部件的结构要求采用小尺寸的润滑装置时
		间歇压力润滑	安装在同一块板上的压注式油杯	用油枪将油脂压入摩擦副	布置在加油不方便地方的各种摩擦副
	集中润滑	压力润滑	手动干油站	利用储油器中的活塞，将润滑脂压入油泵中。当摇动手柄时，油泵的柱塞即挤压润滑脂到给油器，并输送到润滑点	用于给单独设备的轴承及其他摩擦副供送润滑脂
			电动干油站	柱塞泵通过电动机、减速器带动，将润滑脂从储油器中吸出，经换向器，顺着给油主管向各给油器压送。给油器在压力作用下开始动作，向各润滑点供送润滑脂	润滑各种轧机的轴承及其他摩擦元件。此外也可以用于高炉、铸钢、破碎、烧结、吊车、电铲以及其他重型机械设备中
		连续压力润滑	风动干油站	用压缩空气作能源，驱动风泵，将润滑脂从储油器中吸出，经电磁换向阀，沿给油主管向各给油器压送润滑脂，油器在具有压力的润滑脂的挤压作用下，向各润滑点供送润滑脂	用途范围与电动干油站一样。尤其在大型企业如冶金工厂，具有压缩空气管网设施的厂矿，在用电不方便的地方都可以使用
			多点干油泵	由传动机构（电动机、齿轮、蜗杆蜗轮）带动凸轮，通过凸轮偏心距的变化使柱塞进行径向往复运动，不停顿地定量输送润滑脂到润滑点（可以不用给油器等其他润滑元件	用于重型机械和锻压设备的单机润滑，直接向设备的轴承座及各种摩擦副自动供送润滑脂
固体润滑	整体润滑			不需要任何润滑装置，靠材料本身实现润滑。主要材料有石墨、尼龙、聚四氟乙烯、聚酰亚胺、聚对羟基苯甲酸、氮化硼、氮化硅等。主要用于不宜使用润滑油、脂或温度很高（可达1000℃）或低温、深冷以及耐腐蚀等部位	
	覆盖膜润滑			用物理或化学方法将石墨、二硫化钼、聚四氟乙烯、聚对羟基甲酸等材料，以薄膜形式覆盖于其他材料上，实现润滑	
	组合、复合材料润滑			用石墨、二硫化钼、聚四氟乙烯、聚对羟基甲酸、氟化石墨等与其他材料制成组合或复合材料，实现润滑	
	粉末润滑			把石墨、二硫化钼、二硫化钨、聚四氟乙烯等材料的微细粉末，直接涂敷于摩擦表面或盛于密闭容器（减速器壳体、汽车后桥齿轮包）内，靠搅动使粉末飞扬撒在摩擦表面实现润滑，也可用气流将粉末送入摩擦副。后者既能润滑又能冷却。这些粉末也可均匀地分散在润滑油、脂中，提高润滑效果，也可制成糊膏状或块状使用	
气体润滑	强制供气润滑			用洁净的压缩空气或其他气体作为润滑剂润滑摩擦副。如气体轴承等，其特点为提高运动精度	

2 一般润滑件

2.1 油杯

表 11-1-2　　　　　　　　　　　油杯基本型式与尺寸　　　　　　　　　　　mm

直通式压注油杯（JB/T 7940.1—1995）

标记示例：
d = M10×1，直通式压注油杯，标记为
油杯 M10×1 JB/T 7940.1—1995

d	H	h	h_1	S 基本尺寸	S 极限偏差	钢球（GB/T 308.1—2013）
M6	13	8	6	8	0 −0.22	3
M8×1	16	9	6.5	10		
M10×1	18	10	7	11		

接头式压注油杯（JB/T 7940.2—1995）

标记示例：
d = M10×1，45°接头式压注油杯，标记为
油杯 45° M10×1 JB/T 7940.2—1995

d	d_1	α	S 基本尺寸	S 极限偏差	直通式压注油杯（按 JB/T 7940.1—1995）的连接螺纹
M6	3		11	0 −0.22	M6
M8×1	4	45°、90°			
M10×1	5				

旋盖式油杯（JB/T 7940.3—1995）

标记示例：最小容量 25cm³，A 型旋盖式油杯，标记为
油杯 A25 JB/T 7940.3—1995

最小容量/cm³	d	l	H	h	h_1	d_1	D A型	D B型	L_{max}	S 基本尺寸	S 极限偏差
1.5	M8×1	8	14	22	7	3	16	18	33	10	0 −0.22
3	M10×1		15	23	8	4	20	22	35	13	
6			17	26			26	28	40		0 −0.27
12			20	30			32	34	47		
18	M14×1.5		22	32			36	40	50	18	
25		12	24	34	10	5	41	44	55		
50	M16×1.5		30	44			51	54	70	21	0 −0.33
100			38	52			68	68	85		
200	M24×1.5	16	48	64	16	6	—	86	105	30	

压配式压注油杯（JB/T 7940.4—1995）

与 d 相配孔的极限偏差按 H8

标记示例：
d = 6mm，压配式压注油杯，标记为
油杯 6 JB/T 7940.4—1995

d 基本尺寸	d 极限偏差	H	钢球（按 GB/T 308—2002）	d 基本尺寸	d 极限偏差	H	钢球（按 GB/T 308.1—2013）
6	+0.040 +0.028	6	4	16	+0.063 +0.045	20	11
8	+0.049 +0.034	10	5	25	+0.085 +0.064	30	18
10	+0.058 +0.040	12	6				

注：技术条件按《油杯技术条件》（JB/T 7940.7）的规定。

续表

弹簧盖油杯 (JB/T 7940.5—1995)

A型

标记示例：
最小容量3cm³ 的A型弹簧盖油杯，标记为
油杯 A3 JB/T 7940.5—1995

最小容量/cm³	d	H ≤	D ≤	l_2 ≈	l	S 基本尺寸	S 极限偏差
1	M8×1	38	16	21	10	10	0 −0.22
2	M8×1	40	18	23	10	10	0 −0.22
3	M10×1	42	20	25	10	11	0 −0.22
6	M10×1	45	25	30	10	11	0 −0.22
12	M14×1.5	55	30	36	12	18	0 −0.27
18	M14×1.5	60	32	38	12	18	0 −0.27
25	M14×1.5	65	35	41	12	18	0 −0.27
50	M14×1.5	68	45	51	12	18	0 −0.27

B型

标记示例：
d = M10×1，B型弹簧盖油杯，标记为
油杯 B M10×1 JB/T 7940.5—1995

d	d_1	d_2	d_3	H	h_1	l	l_1	l_2	S 基本尺寸	S 极限偏差
M6*	3	6	10	18	9	6	8	15	10	0 −0.22
M8×1	4	8	12	24	12	8	10	17	13	0 −0.27
M10×1	5	8	12	24	12	8	10	17	13	0 −0.27
M12×1.5	6	10	14	26	14	10	12	19	16	0 −0.27
M16×1.5	8	12	18	28	14	10	12	23	21	0 −0.33

C型

标记示例：
d = M10×1，C型弹簧盖油杯，标记为
油杯 C M10×1 JB/T 7940.5—1995

*说明：M6规格不符合GB/T 6171—2000标准

d	d_1	d_2	d_3	H	h_1	L	l_1	l_2	螺母 (按GB/T 6171—2000)	S 基本尺寸	S 极限偏差
M6*	3	6	10	18	9	25	12	15	M6	13	0 −0.27
M8×1	4	8	12	24	12	28	14	17	M8×1	13	0 −0.27
M10×1	5	8	12	24	12	30	16	17	M10×1	13	0 −0.27
M12×1.5	6	10	14	26	14	34	19	19	M12×1.5	16	0 −0.27
M16×1.5	8	12	18	30	18	37	23	23	M16×1.5	21	0 −0.33

针阀式油杯 (JB/T 7940.6—1995)

标记示例：
最小容量25cm³，A型针阀式油杯，标记为
油杯 A25 JB/T 7940.6—1995

最小容量/cm³	d	l	H	D	S 基本尺寸	S 极限偏差	螺母 (按GB/T 6171—2000)
16	M10×1	12	105	32	13	0 −0.27	M8×1
25	M14×1.5	12	115	36	18	0 −0.27	M8×1
50	M14×1.5	12	130	45	18	0 −0.27	M8×1
100	M14×1.5	12	140	55	18	0 −0.27	M8×1
200	M16×1.5	14	170	70	21	0 −0.33	M10×1
400	M16×1.5	14	190	85	21	0 −0.33	M10×1

注：技术条件按《油杯技术条件》（JB/T 7940.7）的规定。

2.2 油环

表 11-1-3　　　　　　　　油环尺寸、截面形状及浸入油内深度　　　　　　　　mm

简图及尺寸				d	D	b	s	B		d	D	b	s	B	
								最小	最大					最小	最大
				10 12 13	25 30	5	2	6	8	45 48 50 52 55	80 90	12	4	13	16
截面形状	内表面带轴向沟槽	半圆形和梯形	光滑矩形	圆形												
					14 15 16 17 18	35	6	2	7	10	60 62 65 70 75	100 110 120	12	4	13	16
特点	用于高黏度油	用于高速	带油效果最好,使用最广	带油量最小	20 22	40 45					80 80 90	130 140				
油环直径 D	70~310	40~65	25~40	25 28 30 32	50 55 60	8	3	9	12	95 100 105	150 165	15	5	18	20
浸油深度 t	$t=\dfrac{D}{6}$ $=12\sim52$	$t=\dfrac{D}{5}$ $=9\sim13$	$t=\dfrac{D}{4}$ $=6\sim10$	35 38 40 42	65 70 70 75	10	3	11	14	110 115 120	180				
应用	油环仅适用水平轴的润滑,载荷较小,圆周速度以 0.5~32m/s（转速 250~1800r/min）为宜,轴承长度大于轴径 1.5 倍时,应设两个油环														

2.3 油枪

表 11-1-4　　　　　　　　标准手动油枪的类型和性能　　　　　　　　mm

类型	油枪是一种手动的储油(脂)筒,可将油(脂)注入油杯或直接注入润滑部位进行润滑。使用时,注油嘴必须与润滑点上的油杯相匹配。标准的手动操作油枪有压杆式油枪和手推式油枪两种

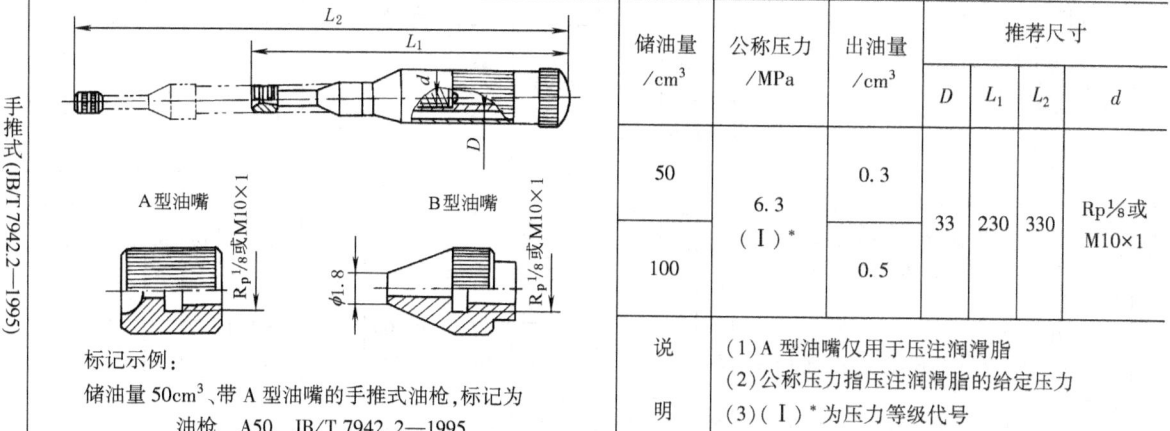

	储油量/cm³	公称压力/MPa	出油量/cm³	推荐尺寸			
				D	L_1	L_2	d
手推式(JB/T 7942.2—1995)	50	6.3 (Ⅰ)*	0.3	33	230	330	Rp1/8 或 M10×1
	100		0.5				
标记示例: 储油量 50cm³、带 A 型油嘴的手推式油枪,标记为 油枪　A50　JB/T 7942.2—1995	说明	(1) A 型油嘴仅用于压注润滑脂 (2) 公称压力指压注润滑脂的给定压力 (3)(Ⅰ)* 为压力等级代号					

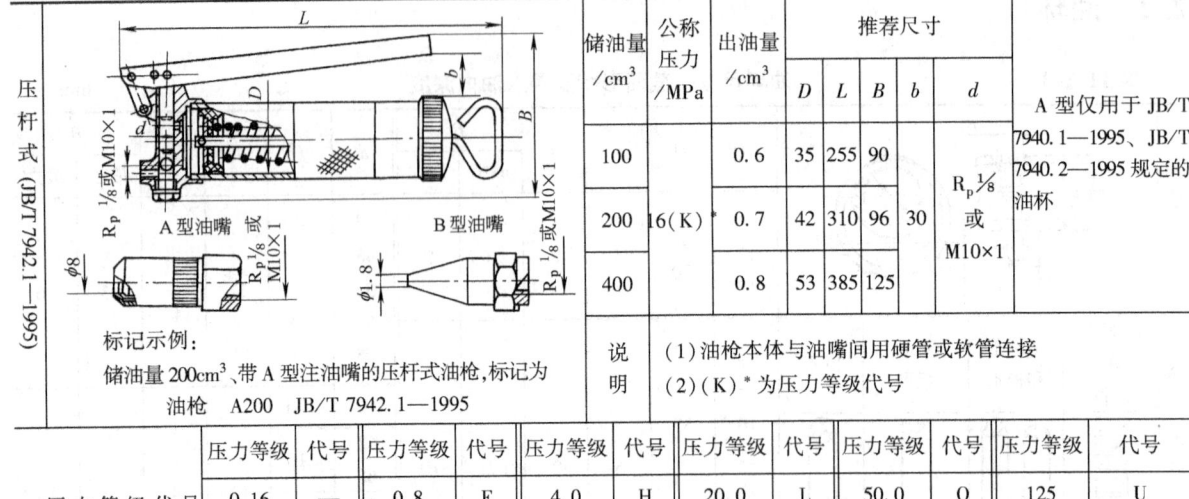

储油量/cm³	公称压力/MPa	出油量/cm³	推荐尺寸 D	L	B	b	d	
100		0.6	35	255	90			A型仅用于JB/T 7940.1—1995、JB/T 7940.2—1995规定的油杯
200	16(K)*	0.7	42	310	96	30	Rp 1/8 或 M10×1	
400		0.8	53	385	125			

说明：(1) 油枪本体与油嘴间用硬管或软管连接
(2) (K)* 为压力等级代号

压杆式 (JB/T 7942.1—1995)

标记示例：
储油量200cm³、带A型注油嘴的压杆式油枪，标记为
油枪 A200 JB/T 7942.1—1995

压力等级代号 (JB/T 412.1—1993) /MPa										
压力等级	代号	压力等级	代号	压力等级	代号	压力等级	代号	压力等级	代号	压力等级	代号
0.16	—	0.8	E	4.0	H	20.0	L	50.0	Q	125	U
0.25	B	1.0	F	6.3	I	25.0	M	63.0	R	—	—
0.40	C	1.6	W	10.0	J	31.5	N	80.0	S		
0.63	D	2.5	G	16.0	K	40.0	P	100	T		

注：技术要求按《油枪技术条件》(JB/T 7942.3) 的规定。

2.4 油标

表 11-1-5　　　　　　标准油标的类型和尺寸　　　　　　mm

油标是安装在储油装置或油箱上的油位显示装置，有压配式圆形、旋入式圆形、长形和管状四种型式油标。为了便于观察油位，必须选用适宜的型式和安装位置

类型	视孔 d	D	d_1 基本尺寸	d_1 极限偏差	d_2 基本尺寸	d_2 极限偏差	d_3 基本尺寸	d_3 极限偏差	H	H_1	O形橡胶密封圈 (GB/T 3452.1—2005)
压配式圆形油标 (JB/T 7941.1—1995)	12	22	12	-0.050 -0.160	17	-0.050 -0.160	20	-0.065 -0.195	14	16	15×2.65
	16	27	18		22	-0.065 -0.195	25				20×2.65
	20	34	22	-0.065 -0.195	28		32	-0.080 -0.240	16	18	25×3.55
	25	40	28		34	-0.080 -0.240	38				31.5×3.55
	32	43	35	-0.080 -0.240	41		45		18	20	38.7×3.55
	40	58	45		51		55				48.7×3.55
	50	70	55	-0.100 -0.290	61	-0.100 -0.200	65	-0.100 -0.290	22	24	—
	65	85	70		76		80				

(1) 与d_1相配合的孔极限偏差按H11
(2) A型用O形橡胶密封圈沟槽尺寸按GB/T 3452.1—2005，B型用密封圈由制造厂设计选用

标记示例：
视孔d=32，A型压配式圆形油标，标记为
油标 A32 JB/T 7941.1—1995

续表

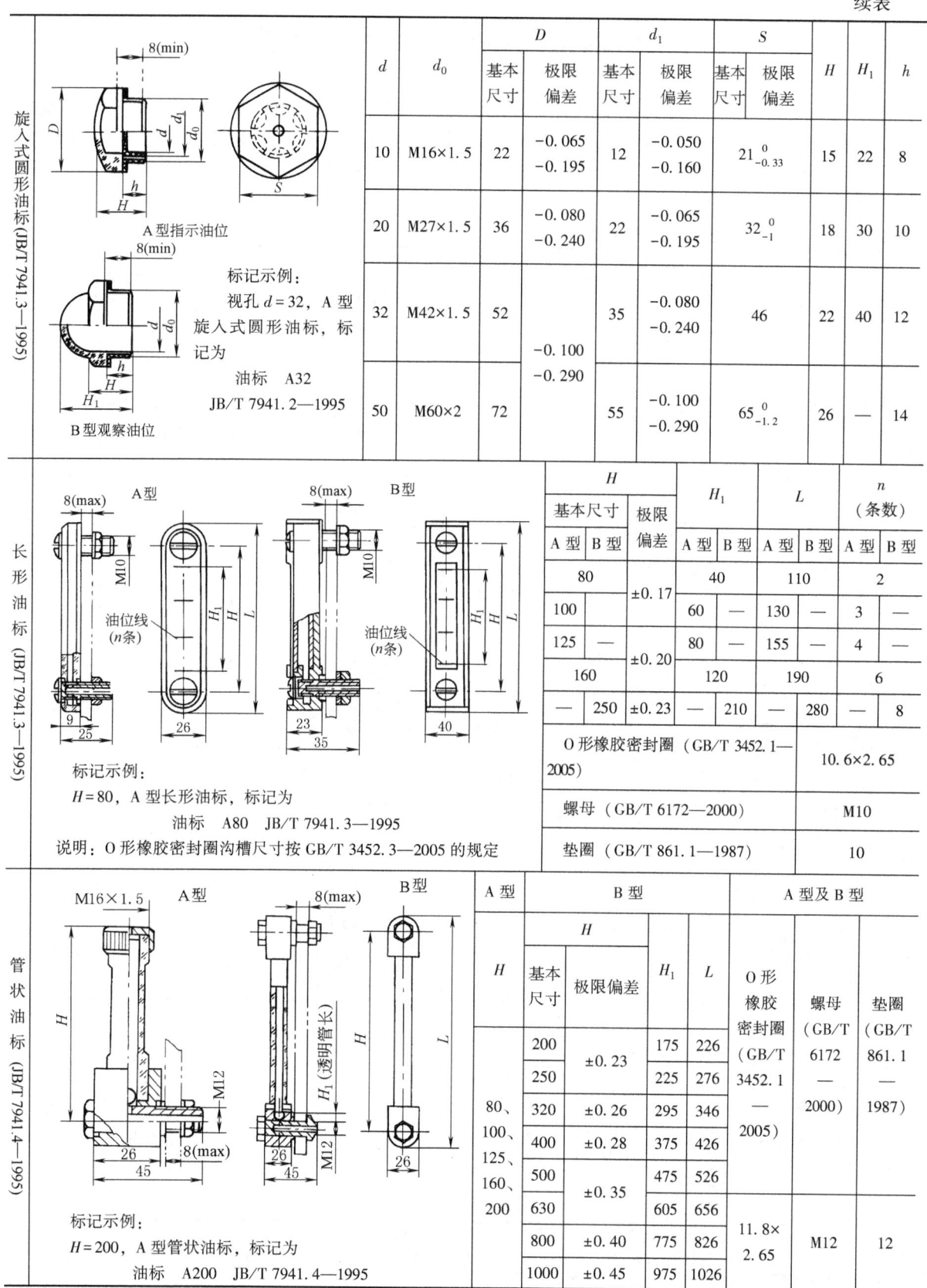

3 集中润滑系统的分类和图形符号

集中润滑系统是指由一个集中油源向机器或机组的各润滑部位（摩擦点）供送润滑油的系统，包括输送、分配、调节、冷却、加热和净化润滑剂，以及指示和监测油压、油位、压差、流量和油温等参数和故障的整套系统。先进合理的润滑系统应满足机械设备所有工况对润滑的要求，结构简单、运行可靠、操作方便、易于监测、调整与维修。

表 11-1-6　集中润滑系统的分类（摘自 JB/T 3711.1—1999、JB/T 3711.2—1999）

系统及其含义	全损耗型润滑系统（润滑剂流经摩擦点后不再返回油箱重新使用）			循环型润滑系统（润滑剂通过摩擦点后经回油管道流回油箱以供重复使用）			分配器（定量分配润滑剂给系统的各个润滑点）	
	原理图	润滑剂	操作	原理图	润滑剂	操作	型式	构成
节流式（利用液流阻力分配润滑剂）	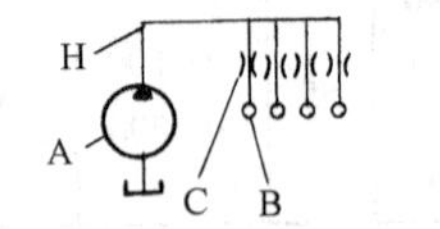	润滑油		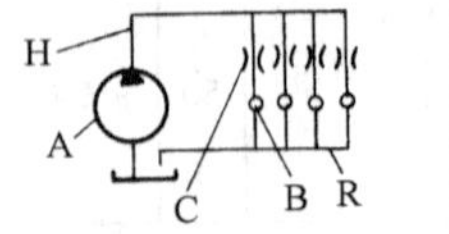			节流分配器	可调节流阀或压力补偿式节流阀+油路板
单线式（在间歇压力作用下润滑剂通过一条主管路供送至分配器，然后送往各润滑点）	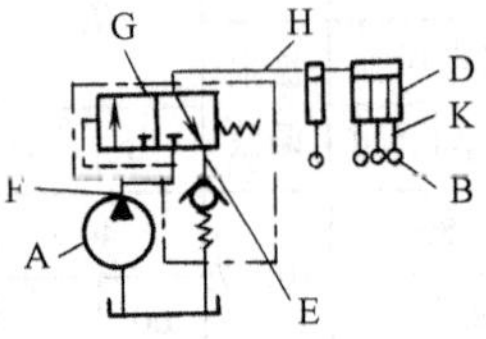	润滑油或润滑脂	手动、半自动或自动	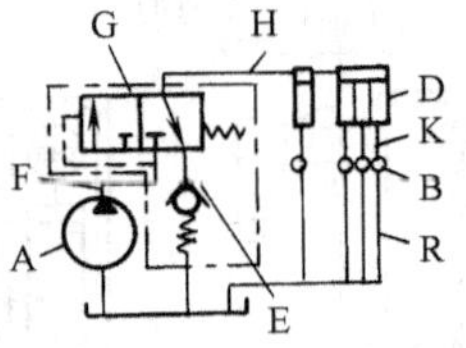	润滑油	半自动或自动	单线分配器	单线给油器+油路板
双线式（在压力作用下润滑剂通过由一个换向阀交替变换的两条主管路供送至分配器，然后由管路的压力变换将其送往各润滑点）	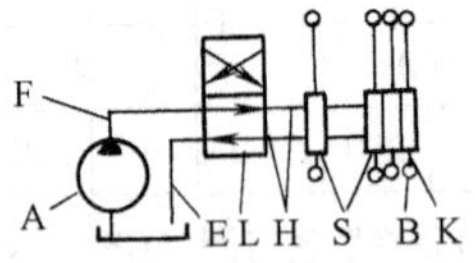			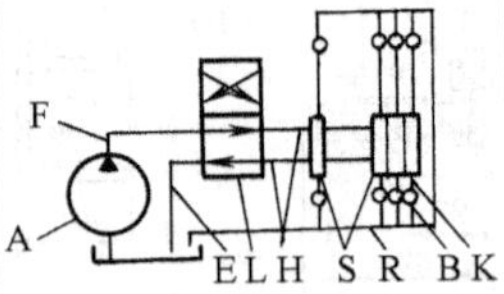			双线分配器	双线给油器+油路板
多线式（油泵的多个出油口各有一条管路直接将定量的润滑剂供送至各润滑点）	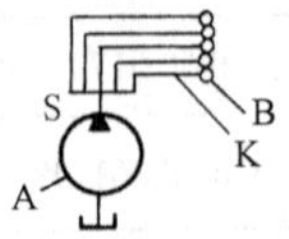			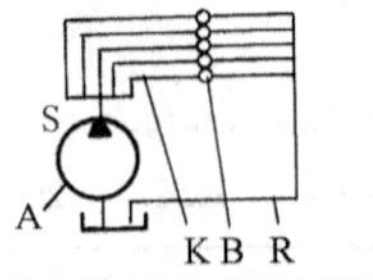			无分配器，油泵和润滑点间直接用管路连接	
递进式（由分配器按递进的顺序将定量的润滑剂供送至各润滑点）	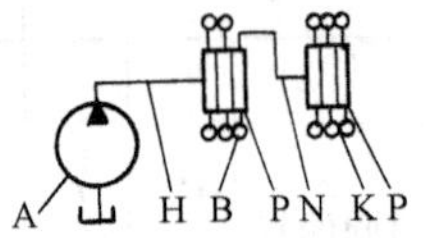						递进分配器	递进给油器+管路辅件
油雾式、油气式（润滑油微粒借助气体载体运送；用凝缩嘴、喷嘴分配油量，并使微粒凝缩后供送至各润滑点）	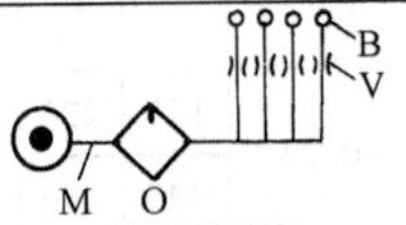 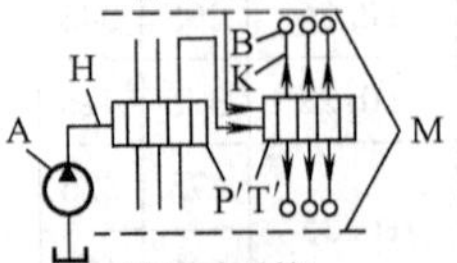	润滑油	自动				凝缩嘴喷嘴递进分配器油气分配器	递进给油器+管路辅件油气给油器

注：A—（带油箱的）泵；B—润滑点；C—节流阀；D—单线分配器；E—卸荷管路；F—压力管路；G—卸荷阀；H—主管路；K—润滑管路；L—二位四通换向阀；M—压缩空气管路；N—支管路；O—油雾器；P—递进分配器；R—回油管路；S—双线分配器；V—凝缩嘴、喷嘴；P′—油气流预分配器；T′—润滑点的油气液分配器。

表 11-1-7　集中润滑系统的图形符号（摘自 JB/T 3711.1—1999、JB/T 3711.2—1999）

序号	图形符号	名词术语	含义	序号	图形符号	名词术语	含义
1		润滑点	向指定摩擦点供送润滑剂的部位。润滑点是机器或机组集中润滑系统的组成部分	16		单线分配器(3个出油口)	由一块油路板和一个或几个单线给油器组成的分配器。全部零件也可合并为一个部件
2		放气点	润滑系统规定的排气部位（作用点），排气可利用排气阀进行（如开关）	17	和	双线分配器(8个和4个出油口)	由一块油路板和一个或几个双线给油器组成的分配器。全部零件也可合并为一个部件
3		定量润滑泵	依靠密闭工作容积的变化，实现输送润滑剂的泵 带电动机驱动的润滑泵以"××泵装置"标志。在集中润滑系统中通常使用诸如齿轮油泵装置、螺杆油泵装置、叶片油泵装置和多柱塞油泵装置等 不带电动机驱动的润滑泵（例如带轴伸或杠杆等传动装置）以"××泵"标志。在集中润滑系统中通常使用诸如柱塞泵、多柱塞泵等	18		递进分配器(8个出油口)	以递进的顺序向润滑点供送润滑剂的分配器。由递进给油器和管路辅件组成。全部零件也可合并为一个部件
4		变量润滑泵	^	19		凝缩嘴	利用流体阻力分配送往润滑点的油雾量和从油雾流中凝结油滴的一种分配器
5		泵装置	^	20		喷雾嘴	一种不进行润滑剂分配而只是向摩擦点喷注润滑剂的装置
6		电动机		21		喷油嘴	^
7		定量多点泵(5个出油口)	有多个出油口的润滑泵。各出油口的排油容积可单独调节	22		时间调节程序控制器	按照规定的时间重复接通集中润滑系统的控制器
8		变量多点泵(5个出油口)	^	23	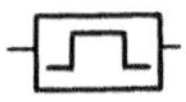	机器循环程序控制器	按照规定的机器循环数重复接通集中润滑系统的控制器
9		搅拌器(润滑脂用)		24		换向阀(操纵型式未示出)	交替地以两条主管路向双线式系统供送润滑剂的二位四通换向阀
10		随动活塞(润滑脂用)		25	循环分配阀 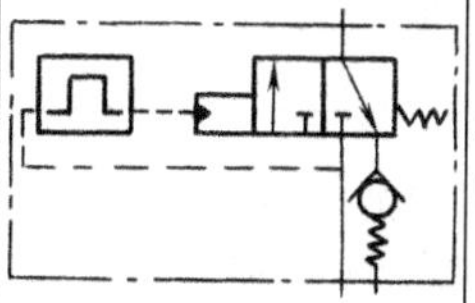		为完成一个工作循环，按照规定的润滑剂循环数开启和关闭的二位三通换向阀
11		过滤器-减压阀-油雾器		26	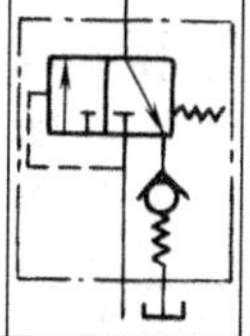	卸荷阀	使单线式系统主管路中增高的压力卸荷至卸荷压力的二位三通换向阀
12		油雾器	借助压缩空气使润滑剂雾化而喷射在润滑点上的润滑装置				
13		油箱	储放润滑油(脂)的容器	27		单向阀	当入口压力高于出口压力（包括可能存在的弹簧力）时即被开启的阀
14		节流分配器(3个出油口)	由一个或几个节流阀或压力补偿节流阀和一块油路板组成的分配器。全部零件也可合并为一个部件	28	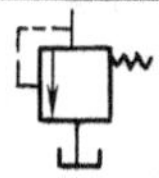	溢流阀	控制入口压力将多余流体排回油箱的压力控制阀
15		可调节流分配器(3个出油口)	^				

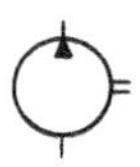

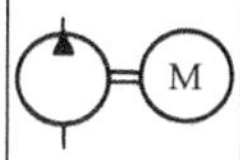

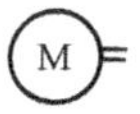

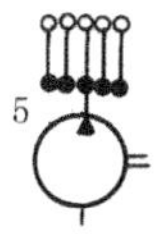

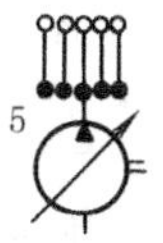

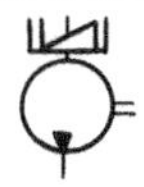

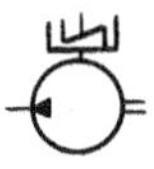

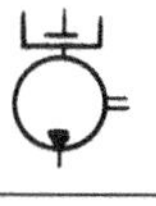

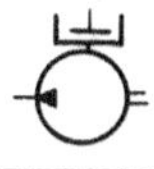

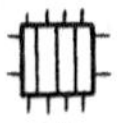

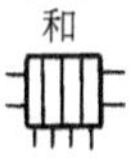

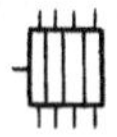

续表

序号	图形符号	名词术语	含 义	序号	图形符号	名词术语	含 义
29		减压阀	入口压力高于出口压力,且在入口压力不定的情况下,保持出口压力近于恒定的压力控制阀	43		油流指示器	指示流量的装置。一般是一个弹簧加载的零件,安装在润滑油流中,当油流超过一定流量时在油流作用下,向一个方向运动。不带弹簧加载零件的其他结构,仅指示润滑油流的存在(例如回转式齿轮装置)
30		节流阀	调节通流截面的流量控制阀。送往润滑点的流量与压差、黏度有关				
31		可调节流阀					
32		压力补偿节流阀	使排出流量自动保持恒定的流量控制阀。流量大小与压差无关	44	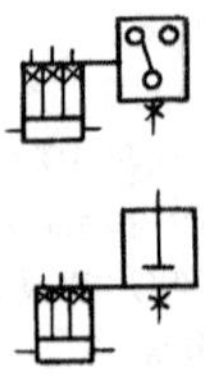	功能指示器 电气 / 机械	以电气、机械方式指示元件功能的装置,例如分配器的指示杆等
33		节流孔	通流截面恒定且很短的流量控制阀。其流量与压差有关,与黏度无关				
34		开关	使电接触点接通或断开的仪器				
35		压力开关	借助压力使电接触点接通或断开的仪器	45	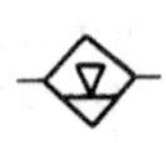	液位指示器	示油窗、探测杆(电气液位指示器)、带导杆的随动活塞等指示装置
36		压差开关	借助压差使电接触点接通或断开的仪器	46		计数器	计算润滑次数并作数字显示的指示仪器(用于润滑脉冲或容积计量)
37		电接点压力表	带目视指示器的压力开关	47	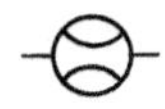	流量计	
				48		温度计	
38		压力表		49	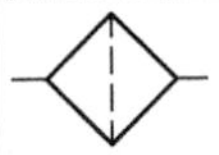	稀油过滤器	从润滑油中分离非溶性固体微粒并滤除的装置或元件
39		液位开关	借助液位变化使电接触点接通或断开的仪器(如浮子开关等)	50		干油过滤器 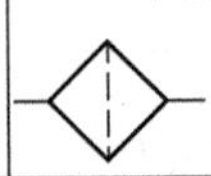 或 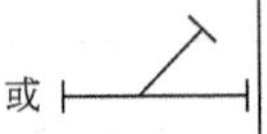	从润滑脂中分离非溶性固体微粒并滤除的装置或元件
40		温度开关	借助温度变化使电接触点接通或断开的仪器	51		油气分配器 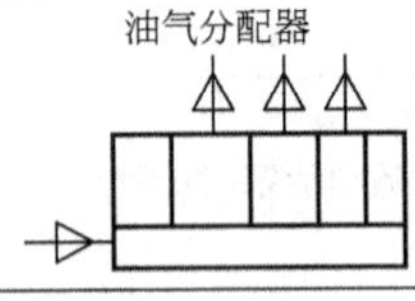	对油-空气介质进行二次分配的元件
41		油流开关	借助流量变化使电接触点接通或断开的仪器				
42		压力指示器	一般是一个弹簧加载的小活塞,由检测流体加压,达到一定值时克服弹簧力而反向运动,作为指示杆的活塞杆便由油缸内退出	52		油气混合器 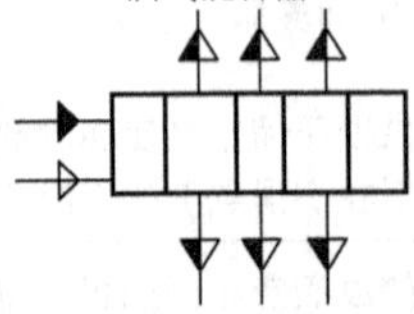	对输入的润滑油和压缩空气进行混合,输出油-空气的元件

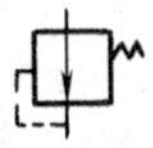

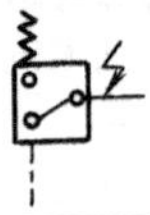

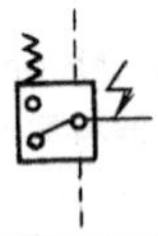

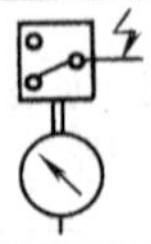

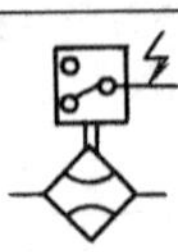

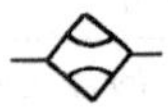

注：1. 本表规定的图形符号,主要用于绘制以润滑油及润滑脂为润滑剂的润滑系统原理图。
2. 符号只表示元件的职能和连接系统的通道,不表示元件的具体结构、参数,以及系统管路的具体位置和元件的安装位置。
3. 元件符号均以静止位置表示或零位置表示。当组成系统其动作另有说明时,可作例外。
4. 符号在系统图中的布置,除有方向性的元件符号(如油箱、仪表等)外,根据具体情况可水平或垂直绘制。
5. 元件的名称、型号和参数(如压力、流量、功率、管径等),一般在系统图的元件表中标明,必要时可标注在元件符号旁边。
6. 本表未规定的图形符号,可采用 GB/T 786.1—2009 液压气动图形符号及 ISO 1219.1—1995 流体传动系统及元件-图形符号及回路图第 1 部分图形符号中的相应图形符号。如这些标准中也未作规定时,可根据本标准的原则和所列图例的规律性进行派生。当无法派生,或有必要特别说明系统中某一重要元件的结构及动作原理时,均允许局部采用结构简图表示。

4 稀油集中润滑系统

4.1 稀油集中润滑系统设计的任务和步骤

4.1.1 设计任务

稀油集中润滑系统的设计任务是根据机械中各机构及摩擦副的润滑要求、使用条件、环境条件和社会要求，进行集中润滑系统的技术设计并确定合理的润滑系统，包括确定类型、计算及选定各种润滑元件；对装置的性能、规格、数量，系统中各管路的尺寸及布局等进行设计或确认。

4.1.2 设计步骤

稀油集中润滑系统的设计步骤如下。

(1) 围绕润滑系统设计要求、工况和环境条件，确定润滑系统的方案。如几何参数：最高、最低及最远润滑点的位置尺寸、润滑点范围、摩擦副有关尺寸等；工况参数：如速度、载荷及分布等；环境条件：温度、湿度、沙尘、水汽等；运动性质：变速运动、连续运动、间歇运动、摆动等；力能参数：如传递功率、系统的流量、压力等。在此基础上考虑和确定润滑系统方案。对于如机床主轴轴承等精密、重要部件的润滑方案，要给以详尽的分析、对比。

(2) 计算所需润滑油的总量。根据初步拟定的润滑系统方案，计算润滑各摩擦副所消耗的功率，以便计算出带走热量所需油量和产生油膜所需油量的大者之和即为润滑油的总量。

计算各种典型摩擦副为克服摩擦而消耗的功率及所产生的热量的方法，在有关手册或资料中可以找到，此处不重复。

(3) 计算及选择润滑泵。根据系统所消耗的润滑油总量，供油压力和油的黏度以及系统的组成，可确定润滑泵的最大流量、工作压力、润滑泵的类型和相应的电动机。这些计算与液压系统的计算不同，介质黏度影响泵的功率较大，一些关键摩擦副如机床主轴轴承、汽轮机轴承、轧钢机的油膜轴承等，除了要求能形成一定的油膜厚度外，还要求供油量一定，而且要求使用品质优良的油品，以免造成轴承发热、磨损，因此要求在规定的压力范围供油。而对于一般摩擦副及设备，压力较小，只要保证有足够的油供润滑点即可，因此，注入润滑点的油压不高。润滑泵的实际压力，应为润滑点的注入油压及润滑系统中各项压力损失之和，对静压油膜的高压供油应为"浮起"所需压力再加上系统压降。

(4) 确定定量分配系统。根据各个摩擦副上安置的润滑点数量、位置、集结程度，按尽量就近接管原则将润滑系统划分为若干个润滑点群，每个润滑点群设置若干个(片)组，按(片)组数确定相应的分配器，每组分配器的流量必须平衡，这样才能连续按需供油，对供油量大的润滑点，可选用大规格分配器或采用数个油口并联的方法。然后可确定标准分配器的种类、型号和规格。

(5) 油箱的设计或选择。油箱除了要容纳设备运转时所必需储存的油量以外，还必须考虑分离及沉积油液中的固体和液体沉淀污物并消除泡沫、散热和冷却，需要让循环油在油箱内停留一定时间（见表 11-1-9）所需的容积。此外，还必须留有一定的裕量（一般为油箱容积的 1/5~1/4），以使系统中的油全部回到油箱时不致溢出。一般在油箱上设置相应的组件，如泄油及排污油塞或阀、过滤器、挡板、指示仪表、通风装置、冷却器和加热器等，并作相应的设计。表 11-1-8~表 11-1-12 分别列出：稀油集中润滑系统的简要计算，各类设备的典型油循环系统，过滤器过滤材料类型和特点，润滑系统零部件技术要求，润滑系统与元件设计注意事项等。

表 11-1-8　　　　　　　　　　稀油集中润滑系统的简要计算

序号	计算内容	公　式	单位	说　明
1	闭式齿轮传动循环润滑给油量	$Q = 5.1 \times 10^{-6} P$ 或 $Q = 0.45B$	L/min	P——传递功率，kW B——齿宽，cm
2	闭式蜗轮传动循环润滑给油量	$Q = 4.5 \times 10^{-6} C$		C——中心距，cm

续表

序号	计算内容	公式	单位	说明
3	滑动轴承循环润滑给油量	$Q = KDL$	L/min	K——系数,高速机械(蜗轮鼓风机、高速电机等)的轴承 0.06~0.15,低速机械的轴承 0.003~0.006 D——轴承孔径,cm L——轴承长度,cm
4	滚动轴承循环润滑给油量	$Q = 0.075DB$	g/h	D——轴承内径,cm B——轴承宽度,cm
5	滑动轴承散热给油量	$Q = \dfrac{2\pi n M_1}{\rho c \Delta t}$	L/min	n——转速,r/min M_1——主轴摩擦转矩,N·m ρ——润滑油密度,0.85~0.91kg/L c——润滑油比热容,1674~2093J/(kg·K) Δt——润滑油通过轴承的实际温升,℃
6	其他摩擦副散热给油量	$Q = \dfrac{T}{\rho c \Delta t K_1}$	L/min	T——摩擦副的散热量,J/min K_1——润滑油利用系数,0.5~0.6
7	水平滑动导轨给油量	$Q = 0.00005bL$		b——滑动导轨或凸轮、链条宽度,mm L——导轨-滑板支承长度,mm
8	垂直滑动导轨给油量	$Q = 0.0001bL$	mL/h	I——滚子排数
9	滚动导轨给油量	$Q = 0.0006LI$		D——凸轮最大直径,mm
10	凸轮给油量	$Q = 0.0003Db$		L——链条长度,mm
11	链轮给油量	$Q = 0.00008Lb$		
12	直段管路的沿程损失	$H_1 = \sum \left(0.032 \dfrac{\mu v}{\rho d^2} l_0 \right)$	油柱高,m	l_0——管段长度,m μ——油的动力黏度,10Pa·s d——管子内径,mm v——流速,m/s ρ——润滑油密度,0.85~0.91kg/L
13	局部阻力损失	$H_2 = \sum \left(\xi \dfrac{v^2}{2g} \right)$	油柱高,m	ξ——局部阻力系数,可在流体力学及液压技术类手册中查到 g——重力加速度,9.81m/s²
14	润滑油管道内径	$d = 4.63 \sqrt{Q/v}$	mm	Q——润滑油流量,L/min

注: 1. 吸油管路流速一般为 1~2m/s,管路应尽量短些,不宜转弯和变径,以免出现涡流或吸空现象。
2. 供油管路流速一般为 2~4m/s,增大流速不仅增加阻力损失,而且容易带走管内污物。
3. 回油管路流速一般小于 0.3m/s,回油管中油流不应超过管内容积的 1/2 以上,以使回路畅通。

表 11-1-9　　各类设备的典型油循环系统有关参数

设备类别	润滑零件	油的黏度(40℃)/mm²·s⁻¹	油泵类型	在油箱中停留时间/min	滤油器过滤精度/μm
冶金机械、磨机等	轴承、齿轮	68~680	齿轮泵、螺杆泵	20~60	25~150
造纸机械	轴承、齿轮	150~320	齿轮泵、螺杆泵	40~60	5~120
汽轮机及大型旋转机械	轴承	32	齿轮泵及离心泵	5~10	5
电动机	轴承	32~68	螺杆泵、齿轮泵	5~10	50
往复空压机	外部零件、活塞、轴承	68~165	齿轮泵、螺杆泵	1~8	
高压鼓风机	轴承			4~14	
飞机	轴承、齿轮、控制装置	10~32	齿轮泵	0.5~1	5
液压系统	泵、轴承、阀	4~220	各种油泵	3~5	5~100
机床	轴承、齿轮	4~165	齿轮泵	3~8	10

表 11-1-10　　　　　　　　　　过滤器过滤材料类型和特点

滤芯种类名称		结构及规格	过滤精度/μm	允许压力损失/MPa	特　性
金属丝网编织的网式滤布		0.18mm、0.154mm、0.071mm 等的黄铜或不锈钢丝网	50~80 100~180	0.01~0.02	结构简单,通油能力大,压力损失小,易于清洗,但过滤效果差,精度低
线隙式滤芯	吸油口	在多角形或圆形金属框架外缠绕直径 0.4mm 的铜丝或铝丝而成	80 100	≤0.02	结构简单,过滤效果好,通油能力大,压力损失小,但精度低,不易清洗
	压油口		10 20	≤0.35	
纸质滤芯	压油口	用厚 0.35~0.75mm 的平纹或厚纹酚醛树脂或木浆微孔滤纸制成。三层结构:外层用粗眼铜丝网,中层用过滤纸质滤材,内层为金属丝网	6 5~20	0.08~0.2	过滤效果好,精度高,耐蚀,容易更换但压力损失大,易阻塞,不能回收,无法清洗,需经常更换
	回油口		30 50	≤0.35	
烧结滤芯		用颗粒状青铜粉烧结成杯、管、板、碟状滤芯。最好与其他滤芯合用	10~100	0.03~0.06	能在很高温度下工作,强度高,耐冲击,耐蚀,性能稳定,容易制造。但易堵塞,清洗困难
磁性滤芯		设置高磁能的永久磁铁,与其他滤芯合用效果更好	—	—	可吸除油中的磁性金属微粒,颗粒大小不限
片式滤芯		金属片(铜片)叠合而成,可进行清洗	80~200	0.03~0.07	强度大,通油能力大,但精度低,易堵塞,价高,将逐渐淘汰
高分子材料滤芯(如聚丙烯、聚乙烯醇缩甲醛等)		制成不同孔隙度的高分子微孔滤材,亦可用三层结构	3~70	0.1~2	重量轻,精度高,流动阻力小,易清洗,寿命长,价廉,流动阻力小
熔体滤芯		用不锈钢纤维烧结毡制成各种聚酯熔体滤芯	40	0.14~5	耐高温(300℃)、耐高压(30MPa)、耐蚀、渗透性好,寿命长,可清洗,价格高

表 11-1-11　　　　　　　　润滑系统零部件技术要求（摘自 GB/T 6576—2002）

名　称	技　术　要　求
润滑油箱	(1)损耗性润滑系统的油至少应装有工作 50h 后才加油的油量;循环润滑系统的油至少要工作 1000h 后才放掉旧油并清洗。油箱应有足够的容积,能容纳系统全部油量,除装有冷却装置外,还要考虑为了发散多余热量所需的油量。油箱上应标明正常工作时最高和最低油面的位置,并清楚地标示出油箱的有效容积 (2)容积大于 0.5L 的油箱应装有直观的油面指示器,在任何时候都能观察油箱内从最高至最低油面间的实际油量。在自动集中损耗性润滑系统中,要有最低油面的报警信号控制装置。在循环系统中,应提供当油面下降到低于允许油面时的报警信号并使机械停止工作的控制

名　称	技　术　要　求
润滑油箱	(3) 容积大于 3L 的油箱,在注油口必须装有适当过滤精度的筛网过滤器,同时又能迅速注入润滑剂。还必须有密封良好的放油旋塞,以确保迅速完全地将油放尽。油箱应当有盖,以防止外来物质进入油箱,并应有通气孔 (4) 在循环系统油箱中,管子末端应当浸入油的最低工作面以下。吸油管和回油管的末端距离尽可能远,使泡沫和乳化影响减至最小 (5) 如果采用电加热,加热器表面热功率一般应不超过 $1W/cm^2$
润滑脂箱	(1) 应装有保证泵能吸入润滑脂的装置和充脂时排除空气的装置 (2) 自动润滑系统应有最低脂面出现的报警信号装置 (3) 加脂器盖应当严实并装有防止丢失的装置,过滤器连接管道中应装有筛网过滤器,且应使装脂十分容易 (4) 大的润滑脂箱应设有便于排空润滑脂和进行内部清理的装置 (5) 箱内表面的防锈涂层应与润滑脂相容
管道	(1) 软、硬管材料应与润滑剂相容,不得起化学作用。其机械强度应能承受系统的最大工作压力 (2) 润滑脂管内径:主管路应不小于 4mm,供脂管路应不小于 3mm (3) 在管子可能受到热源影响的地方,应避免使用电镀管。如果管子要与含活性或游离硫的切削液接触,应避免使用铜管

表 11-1-12　　**润滑系统与元件设计注意事项**(摘自 GB/T 6576—2002)

名　称	设计注意事项
润滑系统	系统设计应确保润滑系统和工艺润滑介质完全分开。只有当液压系统和润滑系统使用相同的润滑剂时,液压系统和润滑系统才能合在一起使用同一种润滑剂,但务必要过滤除去油中污染物及杂质;要切实考虑润滑油黏度对技术性能和参数计算的实际影响,充分体现润滑和液压的不同特点
油嘴和单个润滑器	(1) 油嘴和润滑器具应装在操作方便的地方。使用同一种润滑剂的润滑器具可装在同一操作板上,操作板应距工作地面 500~1200mm 并易于接近 (2) 建议尽量不采用油绳、滴落式、油脂杯和其他特殊类型的润滑器具
油箱和泵	(1) 用手动加油和油箱,应距工作地面 500~1200mm,注油口应位于易于与加油器连接处。放油孔塞易于操作,箱底应有向放油塞的坡度并能将油箱的油放尽 (2) 油箱在容易看见的位置应备有油标 (3) 在油箱中充装润滑脂时,最好使用装有过滤器的辅助泵(或滤油小车) (4) 泵可放在油箱的里面或外面,应有适当的防护。调整和维修均应方便
管路和管接头	(1) 管路的设计应使压力损失最小,避免急弯。软管的安装应避免产生过大的扭曲应力 (2) 除了内压以外,管路不应承受其他压力,也不应被用来支撑系统中其他重的元件 (3) 在循环系统中,回油管应有远大于供油管路的横截面积,以使回油顺畅。 (4) 在油雾/油气润滑系统中,所有主管路均应倾斜安装,以便使油回到油箱,并应提供防止积油的措施,例如在下弯管路底部钻一个约 1mm 直径的小孔。如果用软管,应避免管子下弯 (5) 管接头应位于易接近处;低压(≤2MPa)时,优先采用 GB/T 3287—2011 可锻铸铁密封螺纹管接头
过滤器和分配器	(1) 过滤器和分配器应安装在易于接近、便于安装、维护和调节处 (2) 过滤器的安装应避免吸入空气,上部应有排气孔;分配器的位置应尽可能接近润滑点,除油雾/油气润滑系统外,每个分配器只给一个润滑点供油
控制和安全装置	(1) 所有直观的指示器(例如压力表、油标、温度计等)应位于操作者容易看见处 (2) 在装有节流分配器的循环系统中,应装有直观的流量计

4.2 稀油集中润滑系统的主要设备

4.2.1 润滑油泵及润滑油泵装置

表 11-1-13　　　　DSB 型手动润滑油泵

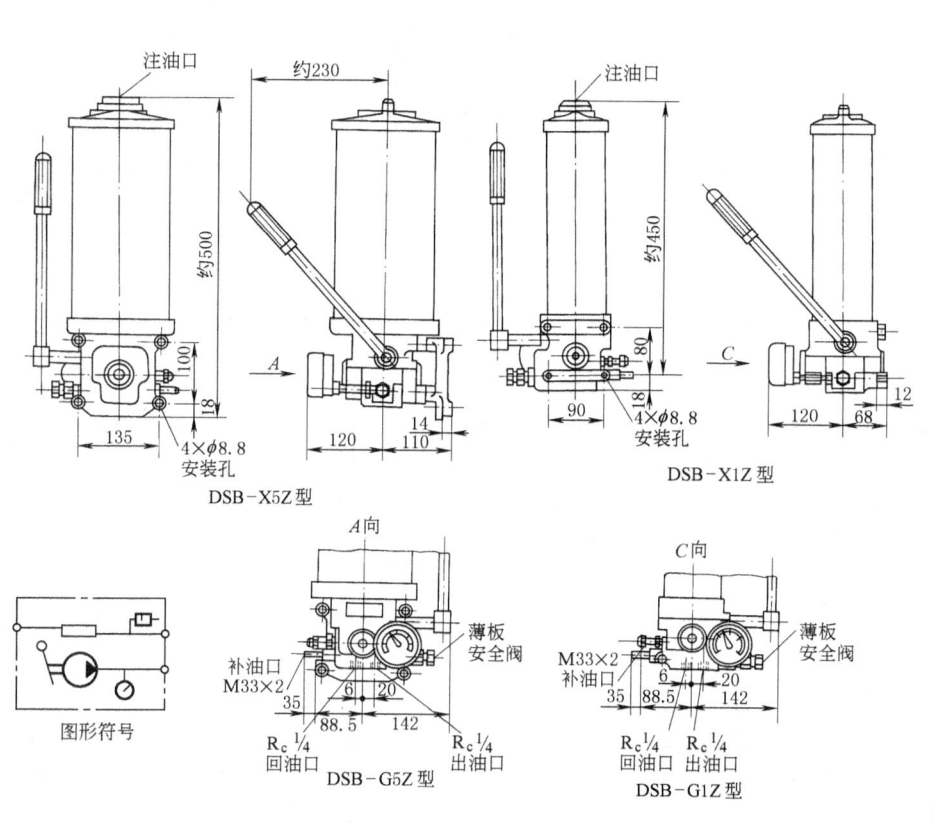

型号	① DSB-X1Z
	② DSB-X5Z
每往复一次的给油量 /mL	2.6
最大使用压力 /MPa	10
薄板安全阀爆破压力 /MPa	10
储油器容积 /L	① 1.5
	② 5
润滑油黏度 /$mm^2 \cdot s^{-1}$	22~460
质量 /kg	① 9.5
	② 24

本泵与递进式分配器组合，可用于给油频率较少的递进式集中润滑系统，或向小型机器的各润滑点供油

表 11-1-14　　　DBB 型定流向摆线转子润滑泵性能参数（摘自 JB/T 8376—1996）

公称排量 /mL·r^{-1}	公称转速 /r·min^{-1}	额定压力 /MPa	自吸性 /kPa	容积效率 /%	噪声 /dB(A)	洁净度 /mg	适用范围
≤4	1000	0.4	≥12	≥80	≤62	≤80	以精制矿物油为介质的润滑泵
6~12		0.6	≥16	≥85	≤65		
16~32		0.8	≥20	≥90	≤72	≤100	
40~63		1.0			≤75		

标记方法：

DBB□-□□□
- 油口螺纹代号（细牙螺纹为 M，锥螺纹为 NPT）
- 排量，mL/r
- 额定压力，MPa（1MPa 以下为 A）
- 结构代号：1，2…
- 产品名称代号（定流向摆线转子润滑泵）

注：洁净度是指每台液压泵内部污染物许可残留量，可按 JB/T 7858《液压元件清洁度评定方法及液压元件清洁度指标》。

表 11-1-15　卧式齿轮油泵装置（摘自 JB/ZQ 4590—2006）

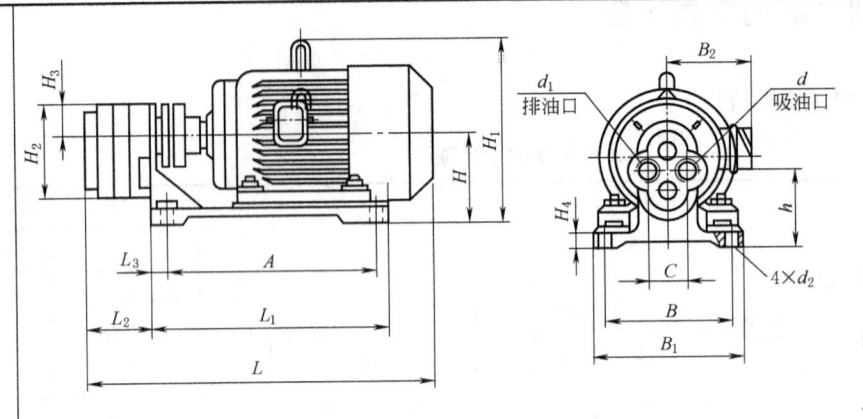

标记示例：
公称流量 125L/min 的卧式齿轮油泵装置，标记为
WBZ2-125　齿轮油泵装置 JB/ZQ 4590—2006
适用于黏度值 32~460mm²/s 的润滑油，温度 50℃±5℃ 或 40℃±5℃

型号	公称压力/MPa	齿轮油泵 型号	公称流量/L·min⁻¹	吸入高度/mm	电动机 型号	功率/kW	转速/r·min⁻¹	质量/kg
WBZ2-16	0.63	CB-B16	16	500	Y90S-4	1.1	1450	55
WBZ2-25	0.63	CB-B25	25	500	Y90S-4	1.1	1450	56
WBZ2-40	0.63	CB-B40	40	500	Y100L1-4	2.2	1420	80
WBZ2-63	0.63	CB-B63	63	500	Y100L1-4	2.2	1420	100
WBZ2-100	0.63	CB-B110	100	500	Y112M-4	4	1440	118
WBZ2-125	0.63	CB-B125	125	500	Y112M-4	4	1440	146

参数、外形尺寸/mm

型号	L≈	L_1	L_2	L_3	A	B	B_1	B_2≈	C	H	H_1≈	H_2	H_3	H_4	h	d	d_1	d_2
WBZ2-16	448	360	76	27	310	160	220	155	50	130	230	128	43	30	109	G¾	G¾	15
WBZ2-25	456	360	84	27	310	160	220	155	50	130	230	128	43	30	109	G¾	G¾	15
WBZ2-40	514	406	92	25	360	215	250	180	55	142	287	152	50	30	116	G1	G¾	15
WBZ2-63	546	433	104	25	387	244	290	190	55	162	315	152	50	30	136	G1	G¾	15
WBZ2-100	660	485	119	27	433	250	300	210	65	172	345	185	60	40	140	G1¼	G1	19
WBZ2-125	702	500	126	27	448	280	330	210	65	200	383	185	60	40	168	G1¼	G1	19

注：生产厂有南通市南方润滑液压设备有限公司，启东市南方润滑液压设备有限公司，四川川润液压润滑设备股份有限公司，江苏江海润液设备有限公司，启东中冶润滑设备有限公司，南通市博南润滑液压设备有限公司。

人字齿轮油泵装置（摘自 JB/ZQ 4588—2006）

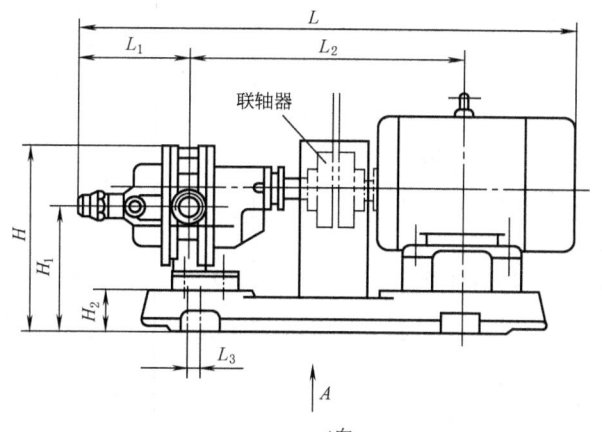

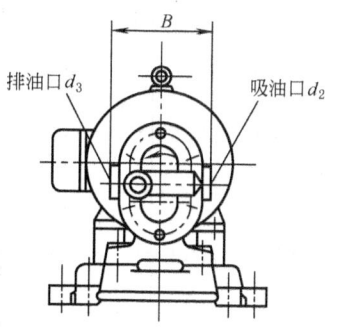

本装置的吸入高度均为 750mm；容积效率均不小于 90%

适用于黏度为 32~460mm²/s 的润滑油

标记示例：公称流量 125L/min 的人字齿轮油泵装置，标记为

RBZ-125 齿轮油泵装置 JB/ZQ 4588—2006

RBZ-6.3~RBZ-25 型油泵装置

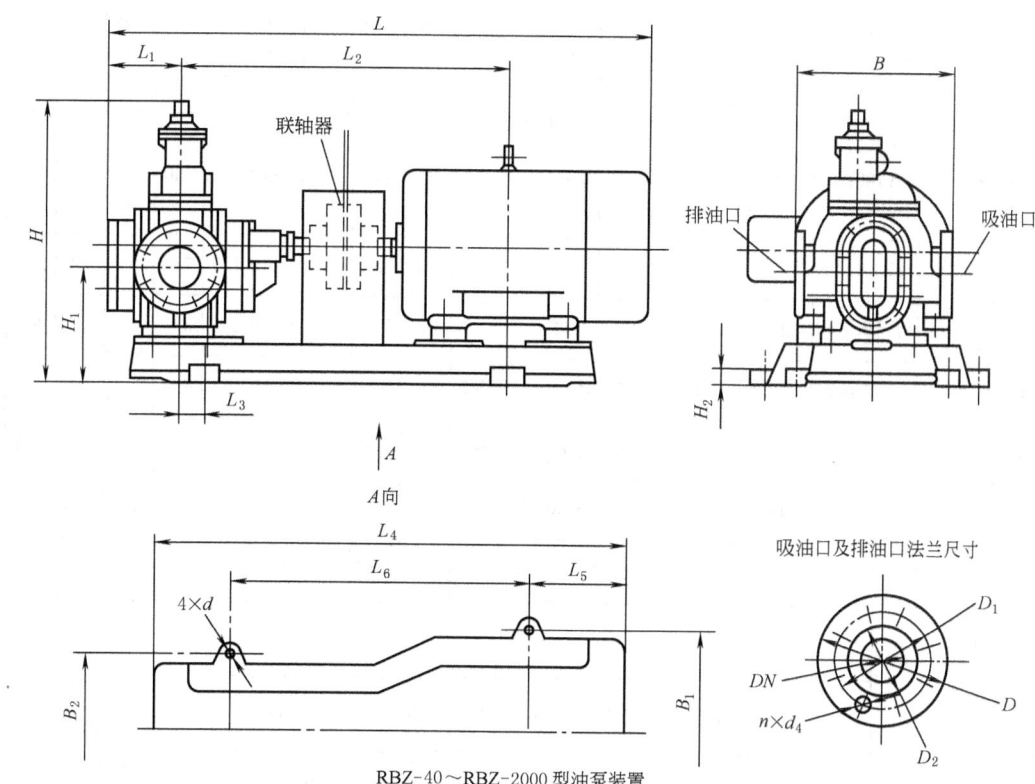

RBZ-40~RBZ-2000 型油泵装置

吸油口及排油口法兰尺寸

表 11-1-16　　RBZ 型人字齿轮油泵装置性能与尺寸

型号	公称压力/MPa	电动机 型号	功率/kW	公称流量/L·min⁻¹	质量/kg	尺寸/mm L	B	H	L_1	L_2	L_3	L_4	L_5	L_6	B_1	B_2	H_1	H_2	d
RBZ-6.3	0.63(D)*	Y90S-6	0.75	6.3	77.2	580	95	170	120	304	4	489	130	300	250	180	115	14	11
RBZ-10				10															
RBZ-16		Y90L-6	1.1	16	62.5	660	110	212	140	354		560		350			140	18	12
RBZ-25				25															
RBZ-40		Y112M-6	2.2	40	95.5	695	182	372	82	420	13	635	155	400	305	210	162	27	14
RBZ-63				63															
RBZ-100		Y132M₁-6	5.5	100	118	832	208	425	86	488	18	770	200	470	350	230	180		
RBZ-125				125															
RBZ-160		Y132M₂-6	7.5	160	128	985	256	496	113	595	20	860	277	575	400	250	212	30	
RBZ-200				200															
RBZ-250		Y160M-6	11	250	140	1134		590	140	694		1002	208	674	395		229		
RBZ-315		Y160L-6		315	206	1152	340	591	150	707	7	1075	270	700	420	310			
RBZ-400		Y180L6	15	400	285	1246		660	162	745	5	1060	210	740	425		273	35	18
RBZ-500				500															
RBZ-630		Y200L₁-6	18.5	630	342	1298	360 741		180	789	18	1180	250	780		350	285		
RBZ-800		Y200L₂-6	22	800	388	1344	380		198	826	6	1150	215	820	500		290	40	
RBZ-1000		Y225M-6	30	1000	542	1510	214	785		896		1305	300	890	390		295		
RBZ-1250		Y250M-6	37	1250	634	1595	410	805		934	4	1375		930			323		
RBZ-1600		Y280S-8	45	1600	1215	1884	450	883 272		1101.5	10	1642	346	1092	660	540	333	45	22
RBZ-2000		Y315S-8	55	2000	1368	2025	480	918		1152	4	1666	355	1148	730	570	368		

型号	d_2	d_3	型号				d_1	d_2
RBZ-6.3	G½	G½	RBZ-40	RBZ-160	RBZ-400	RBZ-1000	法兰连接时,吸油口和排油口尺寸见表 11-1-17	
RBZ-10			RBZ-63	RBZ-200	RBZ-500	RBZ-1250		

续表

型号	d_2	d_3	型号				d_1 d_2
RBZ-16	G¾	G¾	RBZ-100	RBZ-250	RBZ-630	RBZ-1600	法兰连接时,吸油口和排油口尺寸见表11-1-17
RBZ-25			RBZ-125	RBZ-315	RBZ-800	RBZ-2000	

注：1.（D）* 为压力等级代号。

2. 生产厂有江苏江海润液设备有限公司，四川川润液压润滑设备有限公司，启东中冶润滑设备有限公司。

表 11-1-17　RBZ（RCB）40～RBZ（RCB）2000 型人字齿轮油泵装置（人字齿轮油泵）吸油口、排油口尺寸　　mm

名称	尺寸	油泵型号							
		RCB-40 RCB-63	RCB-100 RCB-125	RCB-160 RCB-200	RCB-250 RCB-315	RCB-400 RCB-500 RCB-630	RCB-800 RCB-1000	RCB-1250 RCB-1600	RCB-2000
		泵装置型号							
		RBZ-40 RBZ-63	RBZ-100 RBZ-125	RBZ-160 RBZ-200	RBZ-250 RBZ-315	RBZ-400 RBZ-500 RBZ-630	RBZ-800 RBZ-1000	RBZ-1250 RBZ-1600	RBZ-2000
排油口	DN	32	50	65	80	100	125	150	200
	D	140	165	185	200	220	250	285	340
	D_1	100	125	145	160	180	210	240	295
	D_2	78	100	120	135	155	185	210	265
	n	4	4	4	4	8	8	8	8
	d_4	18	18	18	18	18	18	23	23
吸油口	DN	40	65	80	100	125	150	200	250
	D	150	185	200	220	250	285	340	395
	D_1	110	145	160	180	210	240	295	350
	D_2	85	120	135	155	185	210	265	320
	n	4	4	4	8	8	8	8	12
	d_4	18	18	18	18	18	23	23	23

注：1. 连接法兰按 JB/T 81—1994 凸面板式平焊钢制管法兰（PN=1MPa）的规定。

2. RCB 为人字齿轮油泵；RBZ 为人字齿轮油泵装置。

表 11-1-18 斜齿轮油泵与装置（摘自 JB/T 2301—1999）

斜齿轮油泵及装置、带安全阀斜齿轮油泵及装置的参数、型式及尺寸

斜齿轮油泵

型号	公称流量 /L·min^{-1}	公称压力 /MPa	容积效率 /%	吸入高度 /mm	质量 /kg
XB-250	250	0.63	≥90	≥500	60
XB-400	400				72
XB-630	630				102
XB-1000	1000				122

斜齿轮油泵装置

型号	电动机 型号	电动机 功率/kW	电动机 转速/r·min^{-1}	质量/kg
XBZ-250	Y132M-4-B3	7.5	1440	190
XBZ-400	Y160M-4-B3	11	1440	255
XBZ-630	Y180M-4-B3	18.5	1460	396
XBZ-1000	Y200L-4-B3	30	1470	484

XB 型斜齿轮油泵型式与尺寸 /mm

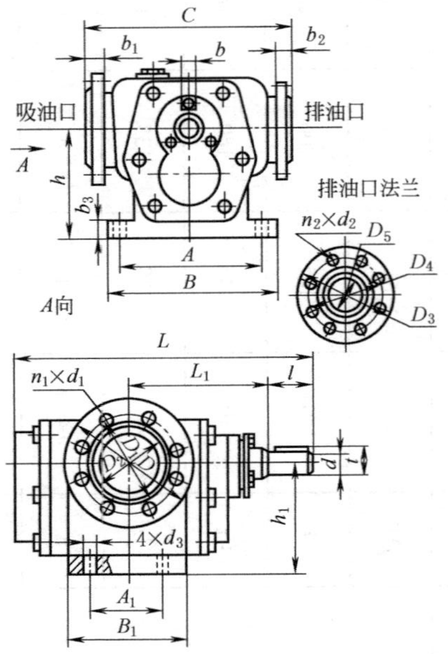

型号	h_1	b	b_3	A	A_1	B	B_1	C	L	L_1
XB-250	155	8	22	210	80	260	130	300	364	186.5
XB-400	175				115		175		448	215
XB-630	190	12	28	230	130	290	180	370	486	234
XB-1000					155		215		580	281

吸油口法兰

型号	DN_1	D	D_1	D_2	n_1	d_1	b_1	t	l
XB-250	80	195	160	135	4	18	22	31	45
XB-400									
XB-630	125	245	210	185	8	18	24	43.5	70
XB-1000									

排油口法兰

型号	DN_2	D_3	D_4	D_5	n_2	d_2	b_2
XB-250	65	180	145	120	4	18	20
XB-400							
XB-630	100	215	180	155	8	18	22
XB-1000							

续表

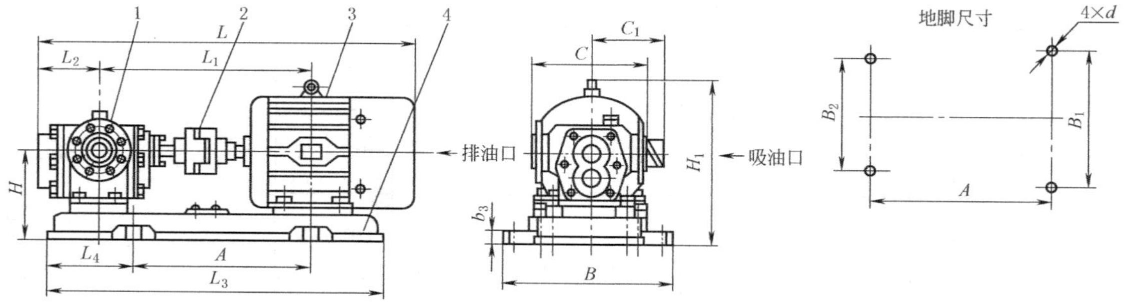

1—XB型斜齿轮油泵；2—联轴器；3—Y系列电动机；4—底座

XBZ型斜齿轮油泵装置型式与尺寸/mm

型号	H	$H_1\approx$	A	B	B_1	B_2	C	$C_1\approx$	d	b_3	$L\approx$	L_1	$L_2\approx$	L_3	L_4
XBZ-250	214	397	460	470	420	380	300	210	19	30	920	511.5	133.5	810	168.5
XBZ-400	260	480	525	540	480			255			1075	585	163	900	205
XBZ-630	290	525	570	565	505	420	370	285	24		1183	670	182	1040	235
XBZ-1000	295	555	650	650	590			310		35	1414	762	229	1160	252

带安全阀斜齿轮油泵及装置

类别	斜齿轮油泵				带安全阀斜齿轮油泵装置		斜齿轮油泵装置			
参数	型号	公称流量 /L·min^{-1}	公称压力 /MPa	容积效率 /%	吸入高度 /mm	型号	质量 /kg	型号	电动机		
									型号	功率 /kW	转速 /r·min^{-1}
	XB1-160	160	0.63	≥90	≥500	XBZ1-160	50		Y132M-4-B3	7.5	1440
	XB1-200	200				XBZ1-200	60				
	XB1-250	250				XBZ1-250	76		Y160M-4-B3	11	1460
	XB1-315	315				XBZ1-315	78				
	XB1-400	400				XBZ1-400	98.5		Y160L-4-B3	15	1460
	XB1-500	500				XBZ1-500	100				

	质量/kg
	190
	190
	259
	261
	302
	303

续表

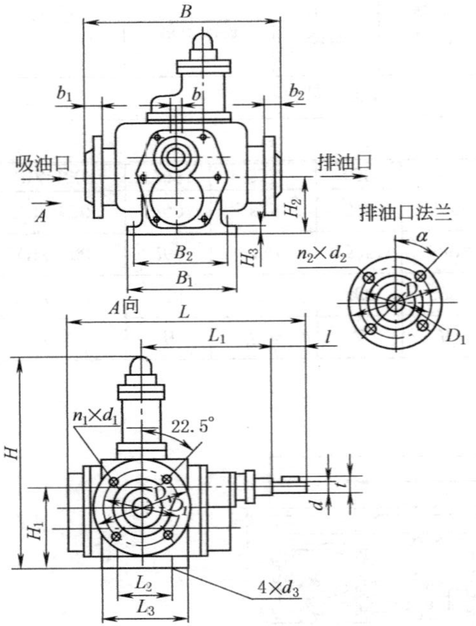

型号	d	l	d_3	H	H_1	H_2	H_3	L	L_1	L_2	L_3	B	B_1	B_2	b
XB1-160	22	50	18	450	164	142	20	350	172	90	140	256	240	200	6
XB1-200	22	50	18	450	164	142	20	350	172	90	140	256	240	200	6
XB1-250	25	60	18	480	181	155	22	380	185	110	160	340	250	210	8
XB1-315	25	60	18	480	181	155	22	380	185	110	160	340	250	210	8
XB1-400	28	60	20	510	198	168	25	425	210	130	180	340	260	210	8
XB1-500	28	60	20	510	198	168	25	425	210	130	180	340	260	210	8

型号	t	吸油口法兰						排油口法兰						
		DN	D	D_1	d_1	n_1	b_1	DN	D	D_1	d_2	n_2	b_2	α
XB1-160	24.5	80	200	160	17.5	8	20	65	185	145	17.5	4	20	45°
XB1-200	24.5	80	200	160	17.5	8	20	65	185	145	17.5	4	20	45°
XB1-250	28	100	220	180	17.5	8	22	80	200	160	17.5	8	20	45°
XB1-315	28	100	220	180	17.5	8	22	80	200	160	17.5	8	20	45°
XB1-400	31	125	250	210	17.5	8	24	100	220	180	17.5	8	22	22.5°
XB1-500	31	125	250	210	17.5	8	24	100	220	180	17.5	8	22	22.5°

带安全阀斜齿轮油泵型式与尺寸 /mm

续表

带安全阀斜齿轮油泵装置型式与尺寸 /mm

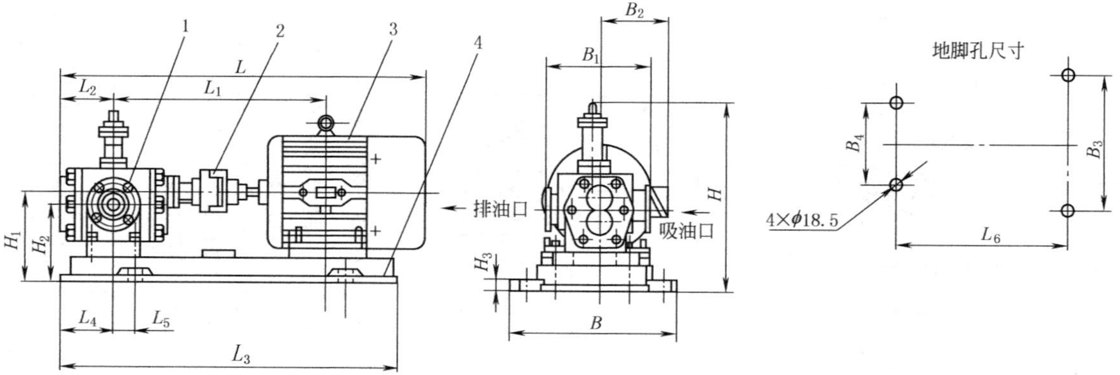

1—XB1型斜齿轮油泵；2—联轴器；3—Y系列电动机；4—底座

型号	H	H_1	H_2	H_3	L	L_1	L_2	L_3	L_4	L_5	L_6	B	B_1	B_2	B_3	B_4
XBZ1-160	510	234	212	25	962	508	129	830	145	55	400	410	256	210	360	320
XBZ1-200	510	234	212	25	962	508	141	830	145	55	400	410	256	210	360	320
XBZ1-250	554	255	229	30	977	579	141	935	155	45	500	410	256	210	360	320
XBZ1-315	554	255	229	30	977	579	148	935	155	45	500	480	340	255	430	330
XBZ1-400	625	303	273	30	1187	644	141	1020	160	40	600	480	340	255	430	330
XBZ1-500	625	303	273	30	1187	644	156	1020	160	40	600	480	340	255	430	330

注：斜齿轮油泵及装置生产厂有启东市南方润滑液压设备有限公司，南通市南方润滑液压设备有限公司，南通市博南润滑液压设备有限公司。

电动润滑泵（摘自 JB/ZQ 4558—1997）

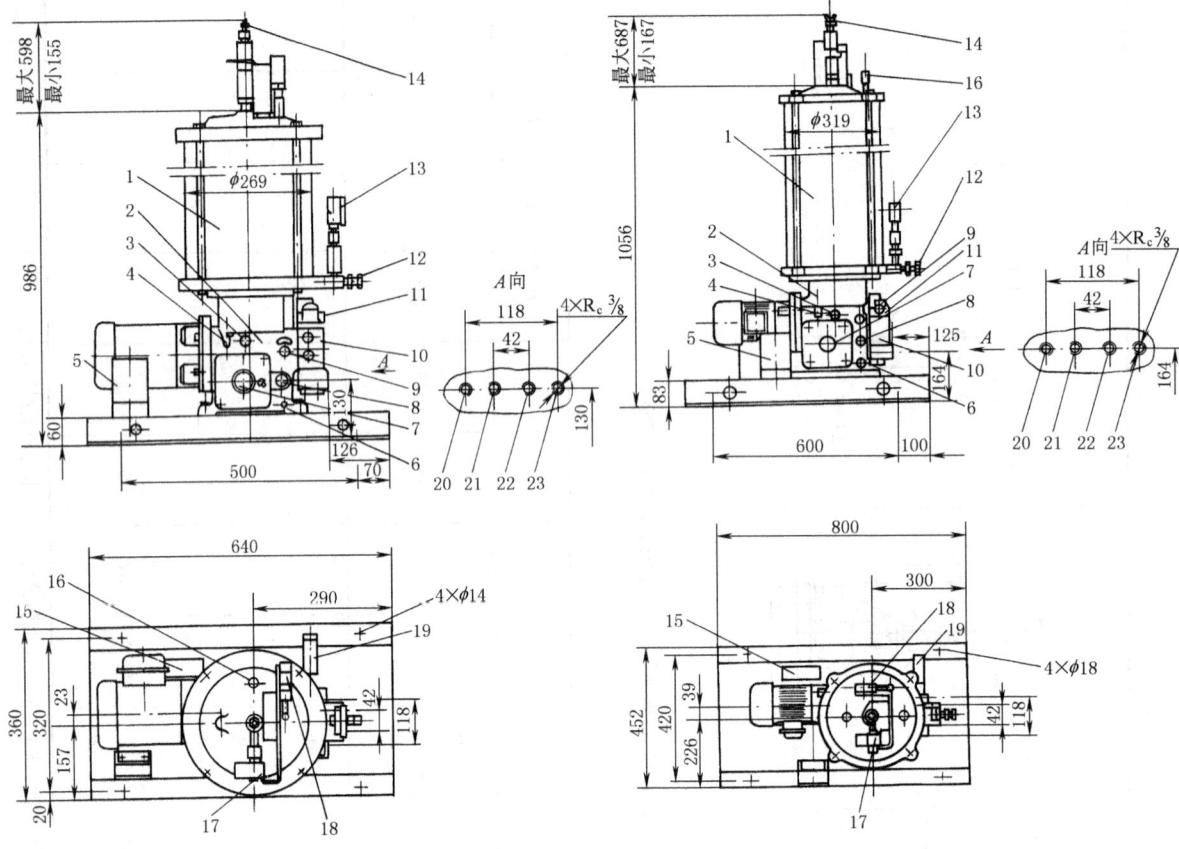

DRB-J60Y-H型电动润滑泵　　　　DRB-J195Y-H型电动润滑泵

1—储油器；2—泵体；3—放气塞；4—润滑油注入口；5—接线盒；6—放油螺塞 $R\frac{1}{4}$；7—油位计；8—润滑油补给口 M33×2-6g；9—液压换向阀调节螺栓；10—液压换向阀；11—安全阀；12—排气阀（出油口）；13—压力表；14—排气阀（储油器活塞下部空气）；15—蓄能器；16—排气阀（储油器活塞上部空气）；17—储油器低位开关；18—储油器高位开关；19—液压换向阀限位开关；20—管路Ⅰ出油口 $R_c\frac{3}{8}$；21—管路Ⅰ回油口 $R_c\frac{3}{8}$；22—管路Ⅱ回油口 $R_c\frac{3}{8}$；23—管路Ⅱ出油口 $R_c\frac{3}{8}$

表 11-1-19　　电动润滑泵参数

型号	公称流量 /mL·min^{-1}	公称压力 /MPa	转速 /r·min^{-1}	储油器容积/L	减速器润滑油量/L	电动机功率/kW	减速比	配管方式	蓄能器容积/mL	质量/kg	适用范围
DRB-J60Y-H	60	10(J)	100	16	1	0.37	1:15	环式	50	140	(1)双线式喷射集中润滑系统中的电动润滑泵 (2)黏度值不小于 120mm²/s 的润滑油
DRB-J195Y-H	195		75	26	2	0.75	1:20			210	

注：生产厂有江苏江海润液设备有限公司，启东市南方润滑液压设备有限公司，南通市南方润滑液压设备有限公司，启东中冶润滑设备有限公司，南通市博南润滑液压设备有限公司。

表 11-1-20　　电动喷油泵装置（摘自 JB/ZQ 4706—2006）

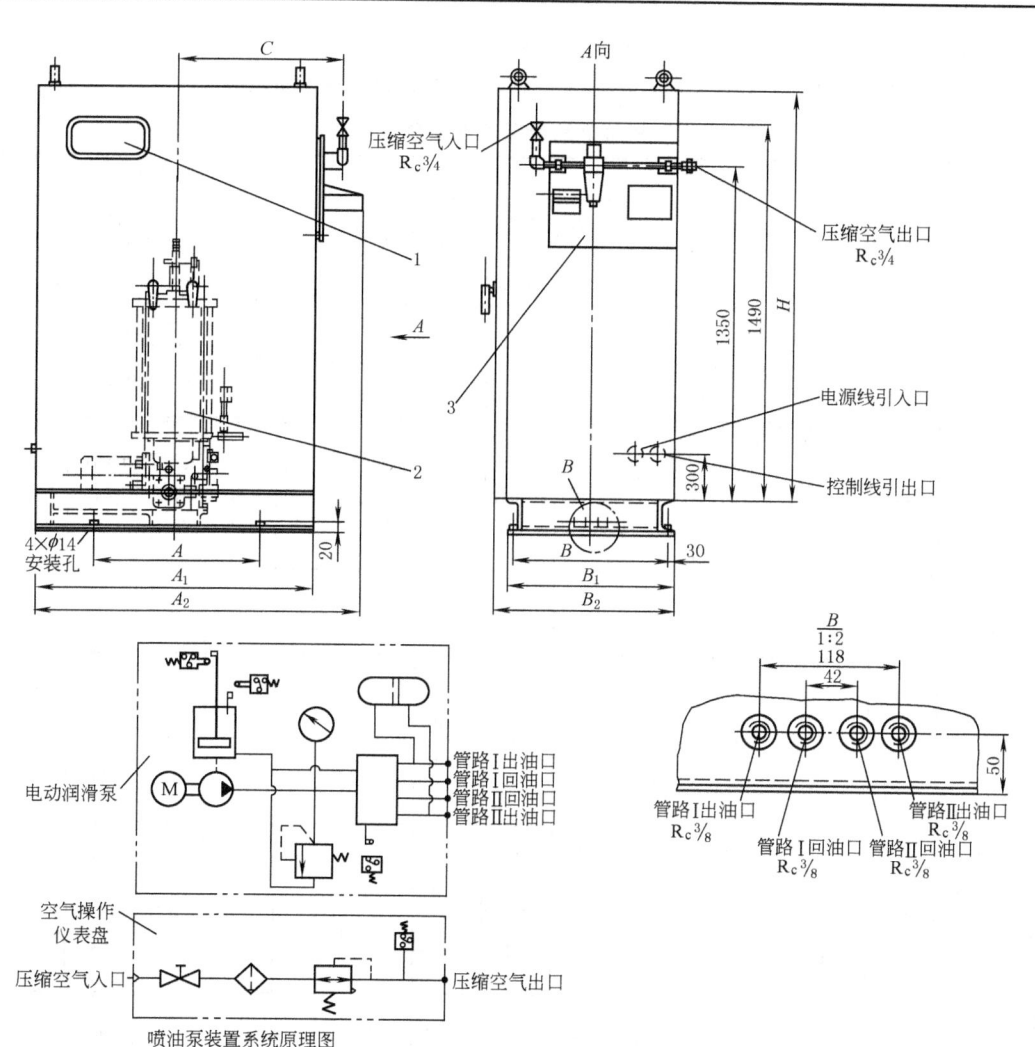

1—电气装置；2—DRB-J60Y-H 电动润滑泵；3—空气操作仪表盘

标记示例：公称压力 10MPa，公称流量 60mL/min，配管方式为环式的喷油泵装置，标记为
PBZ-J60H　喷油泵装置　JB/ZQ 4706—2006

	型号	公称流量 /mL·min^{-1}	公称压力 /MPa	转速 /r·min^{-1}	储油器容积 /L	电动机功率 /kW	减速比	配管方式	蓄能器容积 /mL	输入空气压力 /MPa	空气耗量 /L·min^{-1}	质量 /kg
参数	PBZ-J60H	60	10(J)	100	16	0.37	1:15	环式	50	0.8~1	1665	314
	PBZ-J195H	195		75	25	0.75	1:20				2665	400

	型号	A	A_1	A_2	B	B_1	B_2	C	H	压缩空气入口	压缩空气出口
外形尺寸 /mm	PBZ-J60H	600	1000	1165	550	610	650	558.4	1650	$R_c \tfrac{3}{4}$	$R_c \tfrac{3}{4}$
	PBZ-J195H	800	1260	1410	642	702	742	724.4	1760	$R_c 1$	$R_c 1$

注：本装置为双线式喷射润滑系统；使用空气压力 0.8~1MPa；适用于黏度不小于 120mm^2/s 的润滑油；使用电压 380V、50Hz。

4.2.2 稀油润滑装置

(1) XYHZ 型稀油润滑装置（摘自 JB/T 8522—1997）

适用于冶炼、轧制、矿山、电力、石化、建材等机械设备的稀油循环润滑系统。

表 11-1-21 稀油润滑装置基本参数

基本参数	公称压力/MPa	介质黏度/$m^2 \cdot s^{-1}$	过滤精度/mm	冷却器				加热方式				油介质工作温度/℃
				进水温度/℃	进水压力/MPa	进油温度/℃	油温降/℃	电加热	蒸汽加热			
										蒸汽温度/℃	蒸汽压力/MPa	
	0.5（供油口压力）	$2.2 \times 10^{-5} \sim 46 \times 10^{-5}$	0.08~0.13	≤30	0.4	≤50	≥8	用于 $Q \leq$ 800L/min 装置	用于 $Q \geq$ 1000L/min 装置	≥133	0.3	40±5

型号	公称流量/L·min⁻¹	油箱容积/m³	电动机		过滤能力/L·min⁻¹	换热面积/m²	冷却水管通径/mm	冷却水耗量/m³·h⁻¹	电加热器功率/kW	压力罐容量/m³	蒸汽耗量/kg·h⁻¹	蒸汽管通径/mm	出油口通径/mm	回油口通径/mm	质量/kg
			极数 P	功率/kW											
XYHZ6.3	6.3	0.25	4	0.75	110	1.3	15	0.38	3	—	—	—	15	32	375
XYHZ10	10							0.6							400
XYHZ16	16	0.5	4	1.1		3	25	1	6				25	50	500
XYHZ25	25							1.5							530
XYHZ40	40	1.25	2;4;6	2.2	270	6	32	2.4	12				32	65	1000
XYHZ63	63					7		3.8							1050
XYHZ100	100	2.5	4;6	4	680	13	50	6	18				50	80	1650
XYHZ125	125			5.5		15		7.5							1700
XYHZ160	160	4.0	2;4;6	5.5		19	65	9.6	24				65	125	2050
XYHZ200	200			7.5		23		12							2100
XYHZ250	250	6.3	2;4;6	11	1300	30	65	15	36				80	150	2950
XYHZ315	315					37		19							3000
XYHZ400	400	10.0	2;6	15		55	65	24	48				80	200	3800
XYHZ500	500							30							3850
XYHZ630	630	16.0	2;4;6	18.5	2300	70	80	38	48				100	250	5700
XYHZ800	800			18.5 30		90		48							5750
XYHZ1000	1000	31.5	2;4;6	30	2800	120	150	90	—	3	180	60	125	250	—
XYHZ1250	1250	40.0	2;4;6	37	4200	120	150	113		4	220	60	125	250	
XYHZ1600	1600	40.0	2;4;6	45	6800	160	200	144		5	260	60	150	300	
XYHZ2000	2000	63.0	2;4;6	55	9000	200	200	180		6.3	310	60	200	400	

注：1. 过滤能力是指过滤精度 0.08mm、介质黏度 460mm²/s，滤油器压降 $\Delta p = 0.02$MPa 条件下的过滤能力。

2. 冷却器的冷却水如采用江河水，需经过滤沉淀。

3. $Q \geq 1000$L/min 的装置，标准中只规定了型式和参数，具体结构根据用户要求进行设计。

4. 生产厂有南通市南方润滑液压设备有限公司，启东市南方润滑液压设备有限公司，江苏江海润液设备有限公司，四川川润液压润滑设备有限公司，常州市华立液压润滑设备有限公司，启东中冶润滑设备有限公司，南通市博南润滑液压设备有限公司。

表 11-1-22　　系统元件与主要部件要求

项目		内容	项目		内容
系统		(1) $Q \leqslant 800$L/min 的装置。采用自力式温调阀装置或采用温度调节器装置的系统见图 11-1-1 (2) $Q \geqslant 1000$L/min 的装置。采用自力式温调阀装置的系统,采用温度调节器装置的系统可参见相关产品样本	元件	(8)检测和显示元件及安装要求	e. 液位控制继电器 $Q \leqslant 800$L/min 的装置,油箱液位发信号采用三位液位继电器;$Q \geqslant 1000$L/min 的装置,采用油位检测器,发信号装置数量 $n=3$;油位显示采用直读型液位计 f. 安装要求 压力、温度显示仪表及继电器集中安装在仪表盘上,但信号检出点必须设置在需要检出信号的位置 液位控制继电器应安装在油箱顶板上。油位检测器应安装在油箱正面的壁板上靠两侧的位置 $Q \leqslant 800$L/min 的装置,整体组装出厂,所有继电器、检测器在装置出厂前必须将引出线与接线盒端子接好。接线应固定好,排列整齐
元件	(1)泵装置	a. 两台泵装置,一台工作,一台备用 b. 采用螺杆泵、人字齿轮泵、摆线齿轮泵与斜齿轮泵	主要部件	(1)油箱	a. 回油区应有隔板和滤网与其余部分分开,并应安放适量的永久磁铁或棒式磁滤器,且应便于安放和清洗 b. 油箱上部应装有空气滤清器和可以在三个不同的油面高度发出控制电信号的三位液位继电器 c. 在油箱的前面应装有直读式液位计,其左上方安装装置的标牌 d. 油箱应设有人孔,人孔的尺寸应不小于280mm×380mm,其位置应便于人孔盖的安装和拆卸 e. 检测油箱中油温的三触点温度继电器和直读式温度计的温包的接口设置在油箱前壁板上 f. 公称流量 $Q \leqslant 800$L/min 的装置的油箱;在前壁板靠近油箱底部安装电加热器,其电加热器的数量应是"3"的整倍数(当电加热器电压为380V时无此要求) g. 公称流量 $Q>800$L/min 的装置,在靠近油箱底部应按要求设置蒸汽加热蛇形管。蒸汽的进、出口位置根据具体布置而定,出口应在最低位置 h. 油箱底部应有斜度,并在最低处安装有放油闸阀,以便清洗油箱时放掉污油;油箱内外表面均应防锈涂装;内部涂料应耐油
	(2)过滤器	a. 推荐用双筒网式过滤器 b. 过滤器的压差 $\Delta p \geqslant 0.15$MPa 时,差压继电器接通发出电信号,说明滤芯应更换或清洗			
	(3)冷却器	a. 推荐用列管式油冷却器也可用板式油冷却器 b. 冷却器使用介质黏度 $1 \times 10^{-5} \sim 46 \times 10^{-5}$m²/s,工作温度小于100℃,公称压力1.6MPa,当介质黏度 $\leqslant$100cSt,换热系数大于等于200kcal/(m²·℃),压力损失:油侧小于等于0.1MPa,水侧小于等于0.05MPa;在冷却器进水管上应装有直读式温度计,进、出水管上装有截止阀			
	(4)出口油温调节元件	a. 油温调节可采用自力式温调阀(按反作用工作),亦可采用温度自动调节器 b. 当调节温控元件损坏时,应能切换到手动操作			
	(5)泵出口压力调节元件	推荐在泵出口旁接膜片式溢流阀,亦可采用安全阀			
	(6)油箱中油温控制元件	a. $Q \leqslant 800$L/min 的装置采用带保护套管的电加热器加热,温度继电器控制 b. $Q \geqslant 1000$L/min 的装置采用蒸汽加热,在蒸汽入口管道上安装自力式温调阀(正作用式),温调阀出故障时,应能切换为手动操作;也可用电加热 c. 亦可采用在蒸汽入口管道上安装电磁阀,由温度继电器控制,当电磁阀出故障时,应能切换为手动操作		(2)压力罐	a. 按照工况要求决定是否需要压力罐 b. 压力罐与装置的出口管道并联,常开式为串联 c. 压力罐气源压力 0.5~0.6MPa d. 压力罐的容积应能保证当电网突然断电时,被润滑点 3~4min 内有润滑油供给;或在惯性运行停止前不能停供润滑油;以后者为准
	(7)开关阀及其选择	a. 各种开关阀的耐压等级 1.6MPa b. 对 $Q \leqslant 63$L/min 装置的开关阀采用球阀;$Q \geqslant 100$L/min 的装置采用对夹式蝶阀 c. 泵出口止回阀,$Q \leqslant 63$L/min 装置采用润滑系统用单向阀或低压液系统用单向阀;$Q \geqslant 100$L/min 的装置采用对夹式止回阀,亦可用单向阀		(3)仪表盘	a. 装置的油箱油温显示温度计、出口油温显示温度计、出口压力显示压力表、泵出口压力显示压力表集中安装在仪表盘的上排 b. 油箱油温检测温度继电器、装置出口温度继电器、压力继电器集中安装在仪表盘的下排 c. 对 $Q \leqslant 800$L/min 的装置,仪表盘焊装在油箱的正面右上方油箱顶板上;对 $Q \geqslant 1000$L/min 的装置,按总体布置要求确定仪表盘安装位置
	(8)检测和显示元件及安装要求	a. 压力表 测量范围:0~1.6MPa,1.5级 表盘直径:$Q \leqslant 63$L/min 的装置,ϕ100mm $Q \geqslant 100$L/min 的装置,ϕ150mm b. 温度显示仪表 温度范围:-20~80℃,1.5级 表盘直径:$Q \leqslant 63$L/min 的装置,ϕ100mm $Q \geqslant 100$L/min 的装置,ϕ150mm c. 温度继电器 用电子式温度继电器,温度范围-20~80℃;触点数:"3" d. 压力继电器 用电子式压力继电器,压力范围 0~1.6MPa;触点数:"3"		(4)电控箱	a. 电控箱大小应与装置相适应,XYHZ 6.3~XYHZ200装置,制成比较小的电控箱;XYHZ250~XHYZ800装置,则制成较大的电控箱 b. 电控箱安装位置按装置和其他设备总体布置要求确定

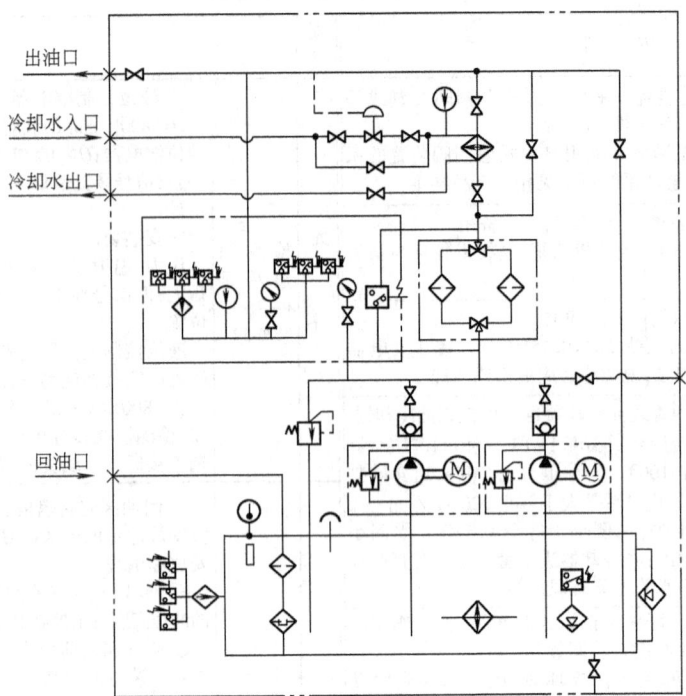

(a) 采用自力式温调阀装置的系统图

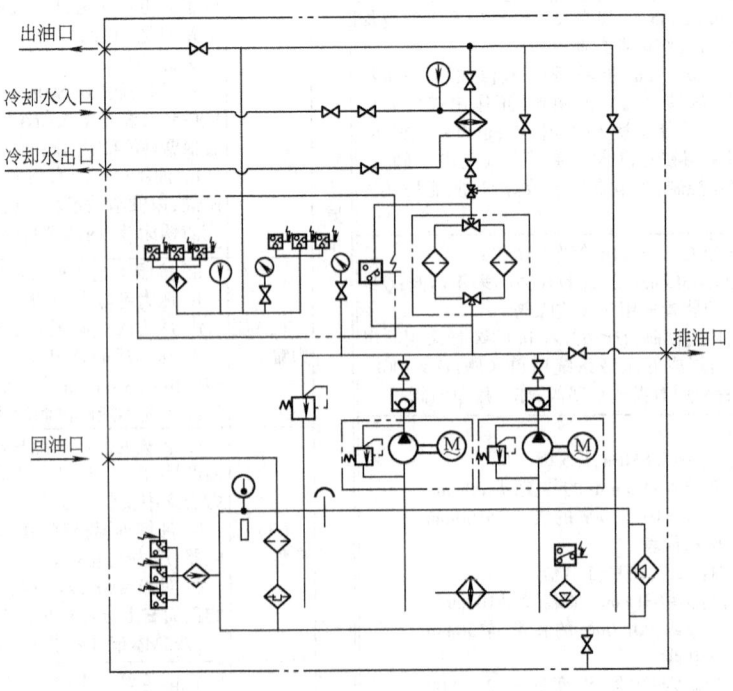

(b) 采用自力式温度调节器装置的系统图

图 11-1-2　XYHZ 型（$Q \leqslant 800 \text{L/min}$）稀油润滑装置原理图

XYHZ6.3~XYHZ25型稀油润滑装置尺寸

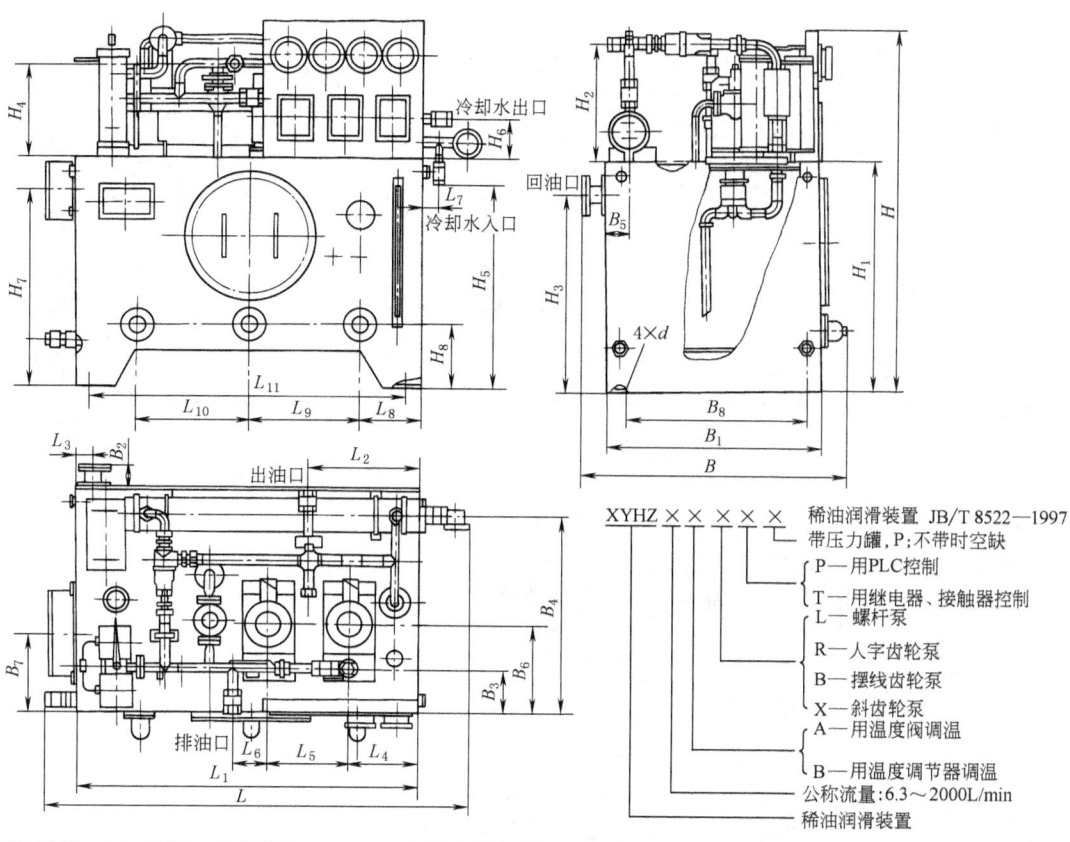

标记示例：(a) 装置，公称流量6.3L/min，用温度调节器调温，供油泵用摆线齿轮泵，用继电器、接触器控制，不带压力罐装置，标记为

XYHZ6.3-BBT 稀油润滑装置 JB/T 8522—1997

(b) 装置，公称流量315L/min，用温度调节器调温，供油泵用人字齿轮油泵，用继电器、接触器控制，不带压力罐装置，标记为

XYHZ315-BRT 稀油润滑装置 JB/T 8522—1997

(c) 装置，公称流量1000L/min，用温度调节阀调温，供油泵用螺杆泵，用PLC控制，带压力罐装置，标记为

XYHZ1000-ALPP 稀油润滑装置 JB/T 8522—1997

表 11-1-23　　　mm

型号	L	B	H	L_1	B_1	H_1	接口螺纹或通径				L_2	L_3	L_4	L_5	L_6	L_7	L_8
							出油口	排油口	入出水口	回油口							
XYHZ6.3	1160	810	1060	950	650	660	G1/2	G1/2	G1/2	32	330	100	150	360	160	30	225
XYHZ10																	
XYHZ16	1650	994	1315	1300	800	820	G1	G1	G1	50	650	75	200	300	200	60	240
XYHZ25																	

型号	L_9	L_{10}	L_{11}	d	B_2	B_3	B_4	B_5	B_6	B_7	B_8	H_2	H_3	H_4	H_5	H_6	H_7	H_8
XYHZ6.3	250	250	790	15	70	145	562	93	300	290	490	222	530	136	700	118	470	190
XYHZ10																		
XYHZ16	410	410	1180	15	100	160	700	100	520	225	680	380	600	495	720	78	630	240
XYHZ25																		

XYHZ40~XYHZ125型稀油润滑装置尺寸

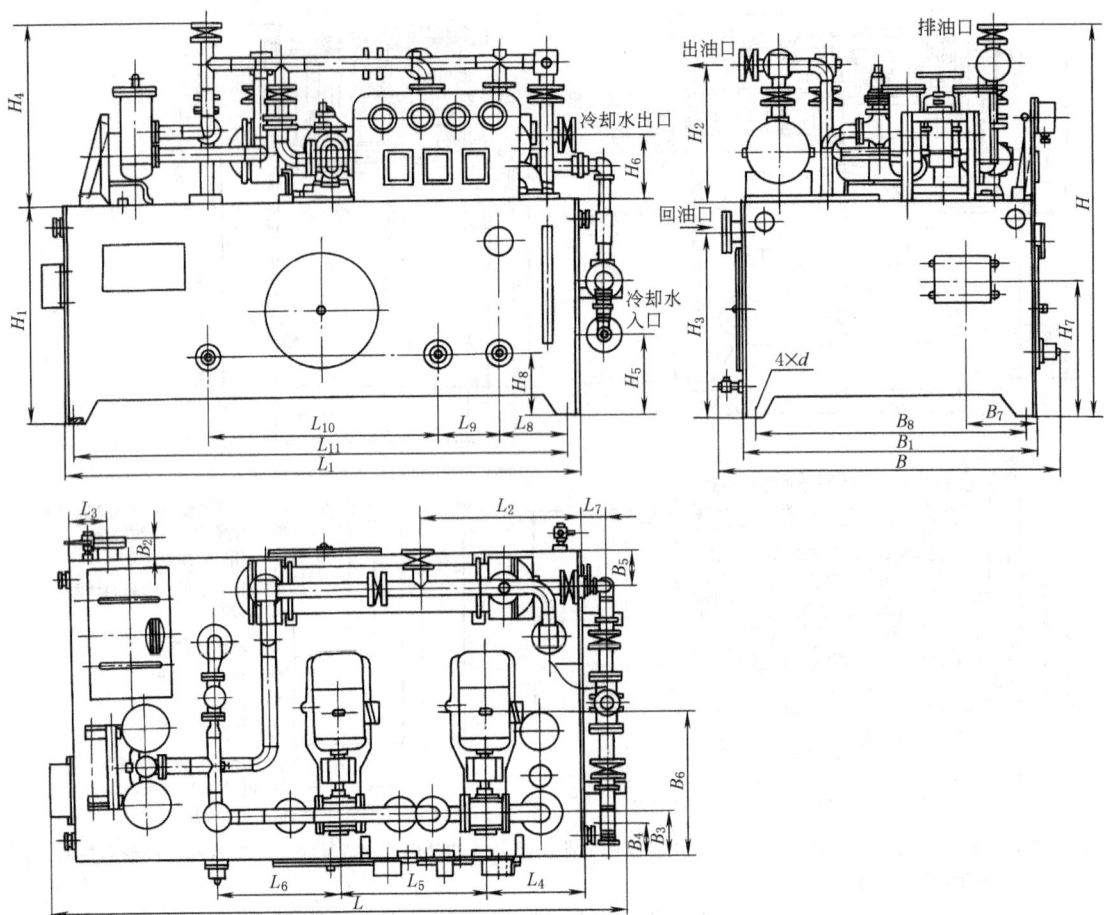

表 11-1-24   mm

型号	L	B	H	L_1	B_1	H_1	通径DN 出油口	排油口	入出水口	回油口	L_2	L_3	L_4	L_5	L_6	L_7	L_8	L_9	L_{10}
XYHZ40 XYHZ63	2000	1350	1530	1700	1200	950	32	32	32	65	730	130	360	450	900	80	400	450	450
XYHZ100 XYHZ125	2820	1660	1820	2500	1400	1000	50	50	50	80	800	200	500	700	600	120	400	300	1100

型号	L_{11}	d	B_2	B_3	B_4 A进	B_4 B进	B_5	B_6 螺	B_6 齿	B_6 摆	B_7	B_8	H_2	H_3	H_4	H_5 螺	H_5 摆	H_6	H_7	H_8
XYHZ40 XYHZ63	1580	15	126	290	230	1070	130	750	720	720	310	1080	530	800	132	420	780	213	800	250
XYHZ100 XYHZ125	2400	22	100	210	125	1230	170	820	720	720	360	1300	630	850	820	380	760	290	630	350

注：表中"螺、齿、摆"的代表意义为，螺—用螺杆泵装置；齿—用人字齿轮泵、斜齿轮泵装置；摆—用摆线齿轮泵装置。

XYHZ160~XYHZ800型稀油润滑装置尺寸

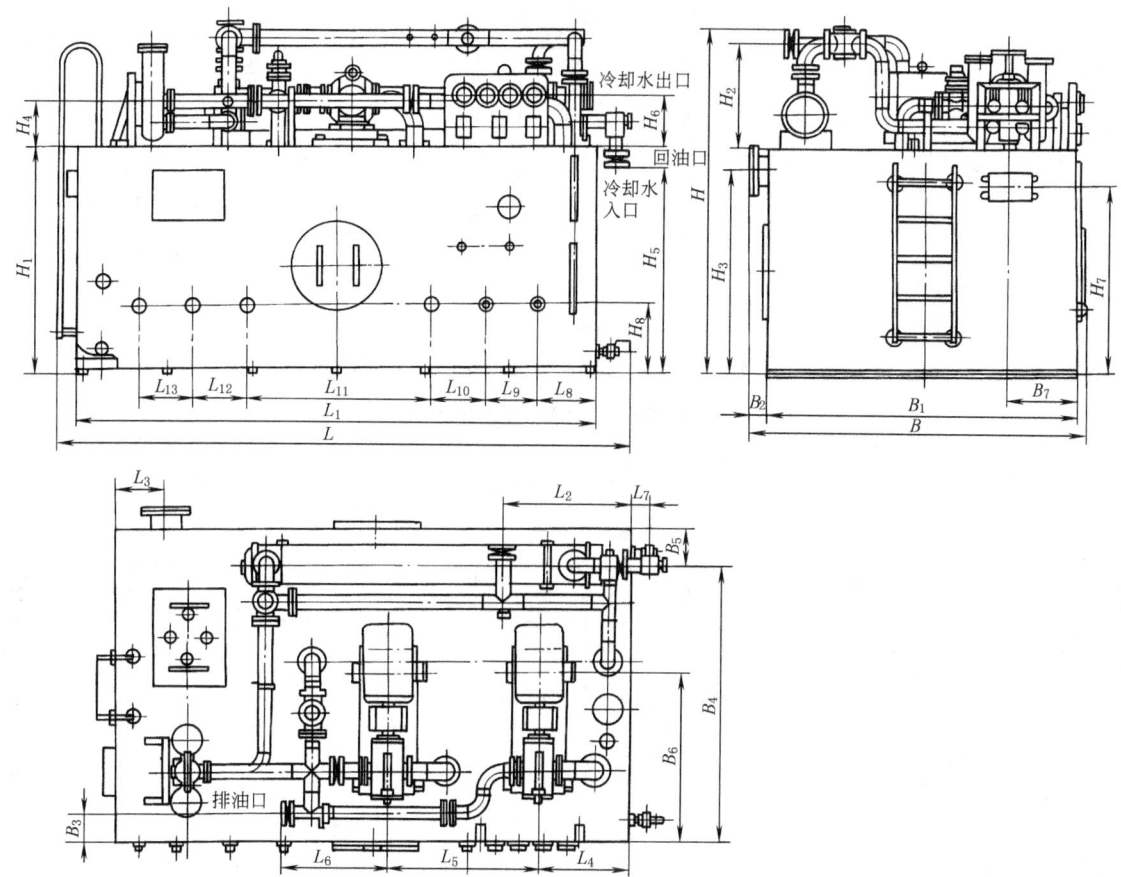

表 11-1-25   mm

型号	L	B	H	L_1	B_1	H_1	通径DN 出油口	排油口	入出水口	回油口	L_2	L_3	L_4	L_5	L_6	L_7	L_8	L_9	L_{10}
XYHZ160	3720	2050	2000	3000	1800	1200	65	65	65	125	950	250	675	775	1450	240	650	1500	500
XYHZ200	3720	2050	2000	3000	1800	1200	65	65	65	125	950	250	675	775	1450	240	650	1500	500
XYHZ250	3800	2400	2150	3300	2200	1300	80	80	65	150	1200	250	650	1000	1100	160	480	390	390
XYHZ315	3800	2400	2150	3300	2200	1300	80	80	65	150	1200	250	650	1000	1100	160	480	390	390
XYHZ400	4330	2400	2510	3800	2200	1550	100	100	80	200	1000	400	750	1100	920	140	450	450	450
XYHZ500	4330	2400	2510	3800	2200	1550	100	100	80	200	1000	400	750	1100	920	140	450	450	450
XYHZ630	5700	2840	2600	5200	2600	1550	100	100	80	250	1300	400	1200	1300	950	150	900	450	450
XYHZ800	5700	2840	2600	5200	2600	1550	100	100	80	250	1300	400	1200	1300	950	150	900	450	450

型号	L_{11}	L_{12}	L_{13}	B_2	B_3	B_4 A进	B进	B_5	B_6 螺	齿	B_7	H_2	H_3	H_4	H_5 A进	B进	H_6	H_7	H_8
XYHZ160	—	—	—	150	150	—	950	200	950	1000	460	780	1050	290	930	930	—	930	350
XYHZ200	—	—	—	150	150	—	950	200	950	1000	460	780	1050	290	930	930	—	930	350
XYHZ250	780	390	390	150	170	500	1970	230	1180	1130	445	750	1150	240	630	1180	314	1200	400
XYHZ315	780	390	390	150	170	500	1970	230	1180	1130	445	750	1150	240	630	1180	314	1200	400
XYHZ400	1100	450	450	150	220	930	2000	200	1300	1300	210	840	1300	350	510	900	400	1280	390
XYHZ500	1100	450	450	150	220	930	2000	200	1300	1300	210	840	1300	350	510	900	400	1280	390
XYHZ630	1100	450	450	150	200	500	2370	230	1540	1400	600	820	1350	350	700	1400	405	1250	400
XYHZ800	1100	450	450	150	200	500	2370	230	1540	1400	600	820	1350	350	700	1400	405	1250	400

注：1. 表中，A进—油温控制采用温调阀装置的进水管 B_4 尺寸、H_5 尺寸；B进—油温控制采用温调器装置的进水管 B_4 尺寸、H_5 尺寸。
2. 公称流量 Q 为 160L/min、200L/min、250L/min、315L/min、400L/min、500L/min 共六个规格，可采用斜齿轮泵装置。
3. 见表 11-1-24 注。

表 11-1-26　　　　　　　　　　XYHZ型稀油润滑装置进出口法兰尺寸　　　　　　　　　　　　　　　　mm

DN	A	D	K	d	C	B	n×d₁
32	42.5	140	100	76	18	43.5	4×φ18
40	48.3	150	110	84	18	49.5	4×φ18
50	60.3	165	125	99	20	61.5	4×φ18
65	76.1	185	145	118	20	77.5	4×φ18
80	88.9	200	160	132	20	90.5	8×φ18
100	114.3	220	180	156	22	116	8×φ18
125	139.7	250	210	184	22	141.5	8×φ18
150	168.5	285	240	211	24	170.5	8×φ22
200	219.1	340	295	266	24	221.5	12×φ22
250	273.6	395	350	319	26	276.5	12×φ22

注：法兰尺寸符合GB/T 9119的规定。

(2) XHZ型稀油润滑装置（摘自JB/ZQ 4586—2006）

适用于冶金、矿山、电力、石化、建材、轻工等行业机械设备的稀油循环润滑系统。

表 11-1-27　　　　　　　　　　XHZ型稀油润滑装置基本参数

型号	公称压力/MPa	公称流量/L·min⁻¹	油箱容量/m³	电动机功率/kW	电动机极数P	过滤面积/m²	换热面积/m²	冷却水管通径/mm	冷却水耗量/m³·h⁻¹	电加热器功率/kW	蒸汽管通径/mm	蒸汽耗量/kg·h⁻¹	压力罐容量/m³	出油口通径/mm	回油口通径/mm	质量/kg
XHZ-6.3		6.3	0.25	0.75	4.6	0.05	1.3	25	0.38	3	—	—	—	15	40	320
XHZ-10		10							0.6							
XHZ-16		16	0.5	1.1	4.6	0.13	3	25	1	6	—	—	—	25	50	980
XHZ-25		25							1.5							
XHZ-40		40	1.25	2.2	4.6	0.20	6	32	2.4	12	—	—	—	32	65	1520
XHZ-63		63							3.8							
XHZ-100		100	2.5	5.5	4.6	0.40	11	32	6	18	—	—	—	40	80	2850
XHZ-125		125							7.5							
XHZ-160A		160	5	7.5	4.6	0.52	20	65	9.6	25	40	—	—	60	125	4570
XHZ-160																3950
XHZ-200A	≥0.63（泵口压力）0.5（供油口压力）	200							12							4570
XHZ-200																3950
XHZ-250A		250	10	11	4.6	0.83	35	100	15	25	65	—	—	80	150	5660
XHZ-250																5660
XHZ-315A		315							19							6660
XHZ-315																5660
XHZ-400A		400	16	15	4.6	1.31	50	100	24	32	90	—	—	100	200	8350
XHZ-400																7290
XHZ-500A		500							30							8350
XHZ-500																7290
XHZ-630		630	20	18.5	6	1.31	60	100	55	32	120	—	—	100	250	8169
XHZ-630A₁													2			10140
XHZ-630A																10160
XHZ-800		800	25	22	6	2.2	80	125	70	40	140	—	—	125	250	11550
XHZ-800A₁													2.5			13610
XHZ-800A																13780
XHZ-1000		1000	31.5	30	6	2.2	100	125	90	50	180	—	—	125	300	13315
XHZ-1000A₁													31.5			15500
XHZ-1000A																15500

注：1. 本系列尚有1250、1250A₁、1250A、1600、1600A₁、1600A、2000、2000A₁、2000A型号等，本表从略。
2. 过滤精度：低黏度介质为0.08mm；高黏度介质为0.12mm。
3. 冷却水温度小于等于30℃、压力小于等于0.4MPa；当冷却器进油温度为50℃时，润滑油降温大于等于8℃；加热用蒸汽时，压力为0.2~0.4MPa。
4. 适用于黏度值为22~460mm²/s的润滑油。
5. XHZ-160~XHZ-500型润滑装置，除油箱外所有元件均安装在一个公共的底座上；XHZ-160A~XHZ-500A润滑装置的所有元件均直接安装在地面上；XHZ-630~XHZ1000润滑装置不带压力罐；XHZ-630A~XHZ-1000A润滑装置带压力罐正方形布置；XHZ-630A₁~XHZ-1000A₁润滑装置带压力罐，长方形布置。本装置还带有电控柜和仪表盘。
6. 生产厂有启东市南方润滑液压设备有限公司，南通市南方润滑液压设备有限公司，四川川润液压润滑设备有限公司，常州市华立液压润滑设备有限公司，江苏江海润液设备有限公司，南通市博南润滑液压设备有限公司。

XHZ-6.3~XHZ-125型稀油润滑装置外形尺寸及原理图

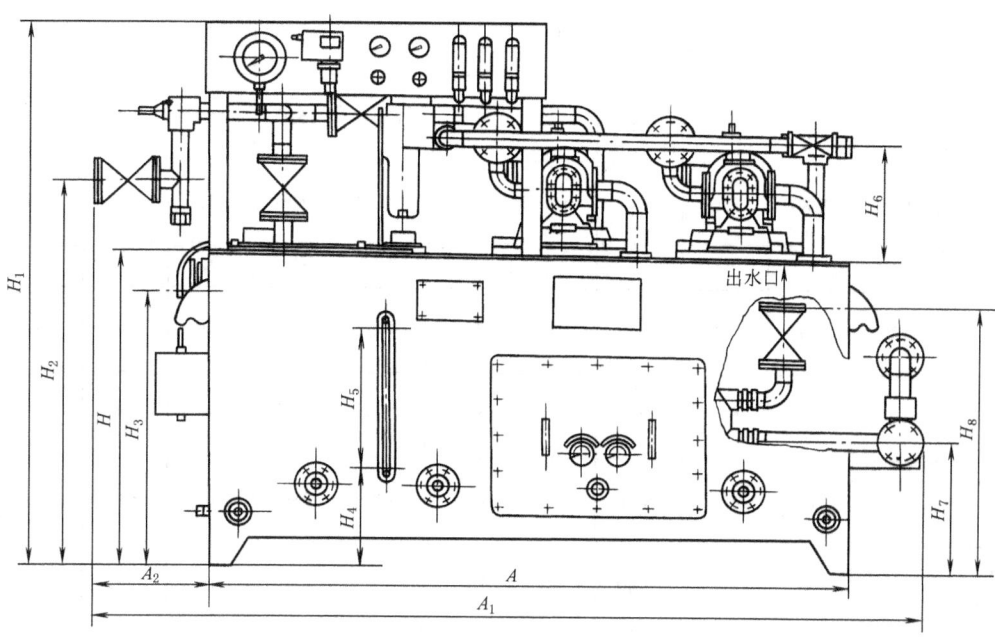

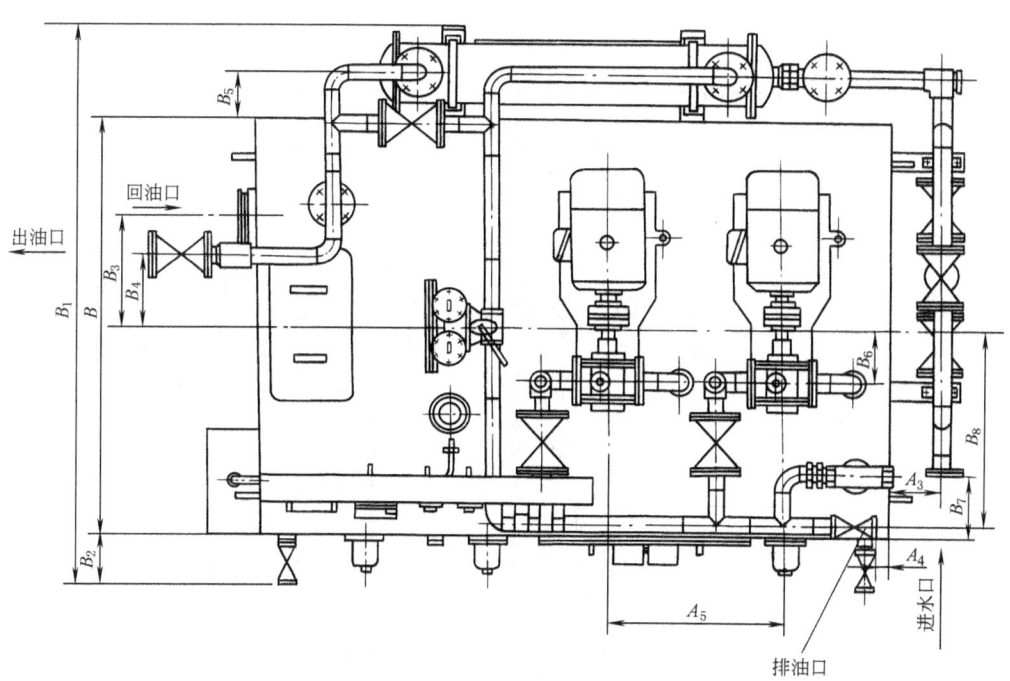

表 11-1-28

型号	A	A_1	A_2	A_3	A_4	A_5	B	B_1	B_2	B_3	B_4	B_5
XHZ-6.3	1100	1640	410	70	70	350	700	980	110	235	190	90
XHZ-10												
XHZ-16	1400	1935	400	80	0	420	850	1250	140	200	0	112
XHZ-25												
XHZ-40	1800	2400	380	100	35	490	1200	1610	150	300	200	130
XHZ-63												
XHZ-100	2400	2980	350	100	100	680	1400	1800	150	450	200	130
XHZ-125												

型号	B_6	B_7	B_8	H	H_1	H_2	H_3	H_4	H_5	H_6	H_7	H_8
XHZ-6.3	150	80	430	590	1240	715	490	230	270	220	290	510
XHZ-10												
XHZ-16	125	200	495	650	1300	800	550	250	280	290	360	683
XHZ-25												
XHZ-40	160	200	600	890	1540	1060	780	280	400	395	380	775
XHZ-63												
XHZ-100	100	70	495	1040	1690	1330	920	380	400	370	610	980
XHZ-125												

注：1. 回油口法兰连接尺寸按 JB/T 81《凸面板式平焊钢制管法兰》（$PN=1MPa$）的规定。
2. 上列稀油润滑装置均无地脚螺栓孔，就地放置即可。

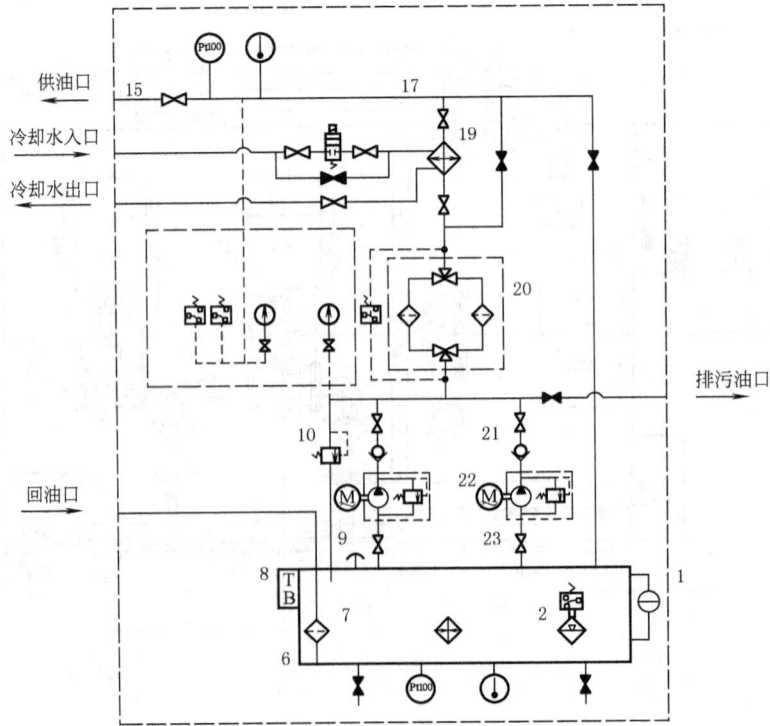

XHZ-6.3~XHZ-125型稀油润滑装置原理图（元件名称见表11-1-29）

表 11-1-29　XHZ-160~XHZ-500 型稀油润滑装置原理图及外形尺寸　　mm

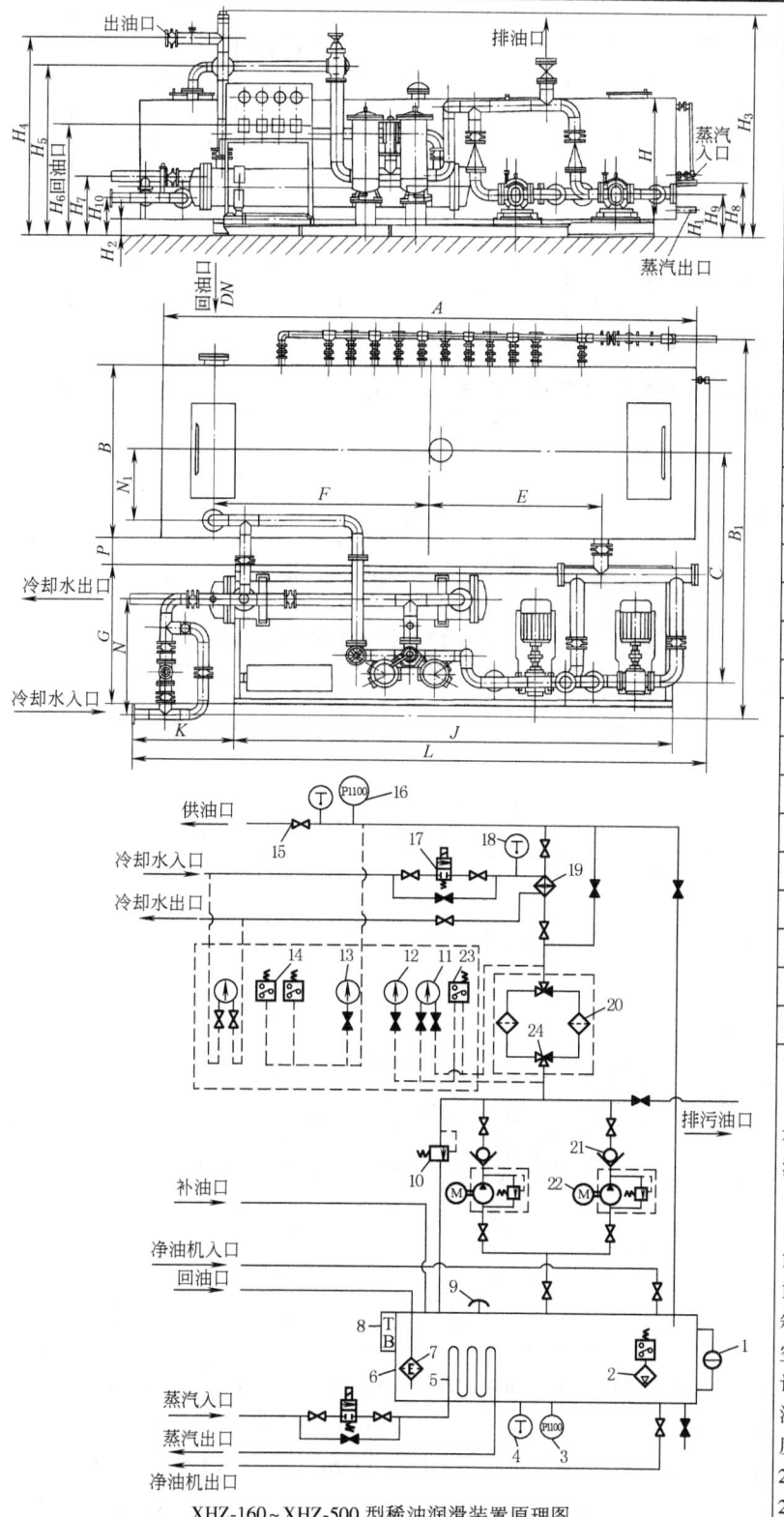

型号	XHZ-160	XHZ-200	XHZ-250 XHZ-315	XHZ-400 XHZ-500
A	3840		5200	6100
B	1700		1800	2000
B_1	3870		4463	4665
C	2250		2575	2800
E	1150		1875	2250
F	1900		2325	2770
G	1300		1500	1600
H	1040		1350	1600
H_1	390		410	430
H_2	140		160	180
H_3	1950	1860	2200	2900
H_4	1688		1960	2340
H_5	1400		1650	2000
H_6	1250		1220	1400
H_7	622		610	737
H_8	818		838	858
H_9	400		440	480
H_{10}	422		375	502
J	4200		4500	5000
K	700		760	1200
L	4900		5750	6640
N	1150		1400	1325
N_1	600		650	750
P	500		500	500
DN	125		150	200

标记示例：

公称流量 500L/min，油箱以外的所有零件均装在一个公共底座上的稀油润滑装置，标记为

XHZ-500 型稀油润滑装置 JB/ZQ 4586—2006

1—油液指示器；2—油位控制器；3,4,12—电接触式温度计；5—加热器；6—油箱；7—回油过滤器；8—电气模线盒；9—空气过滤器；10—安全阀；11,13—压力计；14—压力继电器；15—截断阀；16—温度开关；17—二位二通电磁阀；18—温度计；19—冷却器；20—双筒过滤器；21—单向阀；22—带安全阀的齿轮油泵；23—压差开关；24—过滤器切换阀

XHZ-160~XHZ-500 型稀油润滑装置原理图

注：所有法兰连接尺寸均按 JB/T 81—1994《凸面板式平焊钢制管法兰》（$PN=1MPa$）的规定。

表 11-1-30　　XHZ-160~XHZ-500 型地基尺寸　　mm

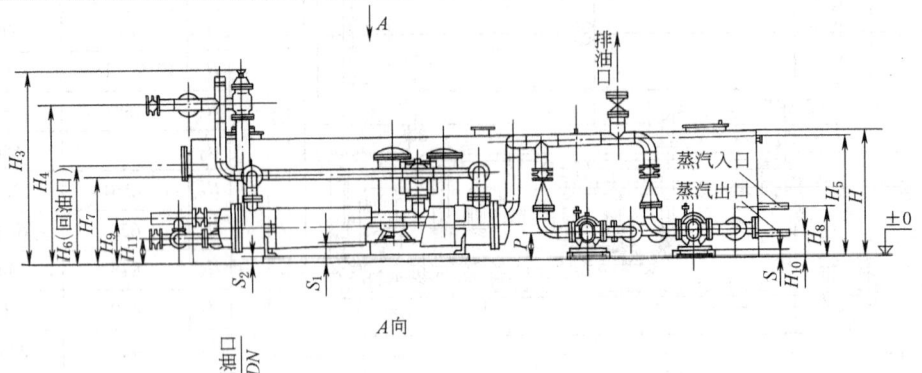

型号	A	B	C	C_1	地脚螺栓 d	E	F	H_1
XHZ-160	3940	1800	1275	1250	M16	1000	1000	140
XHZ-200								
XHZ-250	5300	1900	1404	1442	M16	1090	1100	160
XHZ-315								
XHZ-400	6200	2100	1532	1536	M16	930	1200	180
XHZ-500								

表 11-1-31　　XHZ-160A~XHZ-500A 型稀油润滑装置外形尺寸　　mm

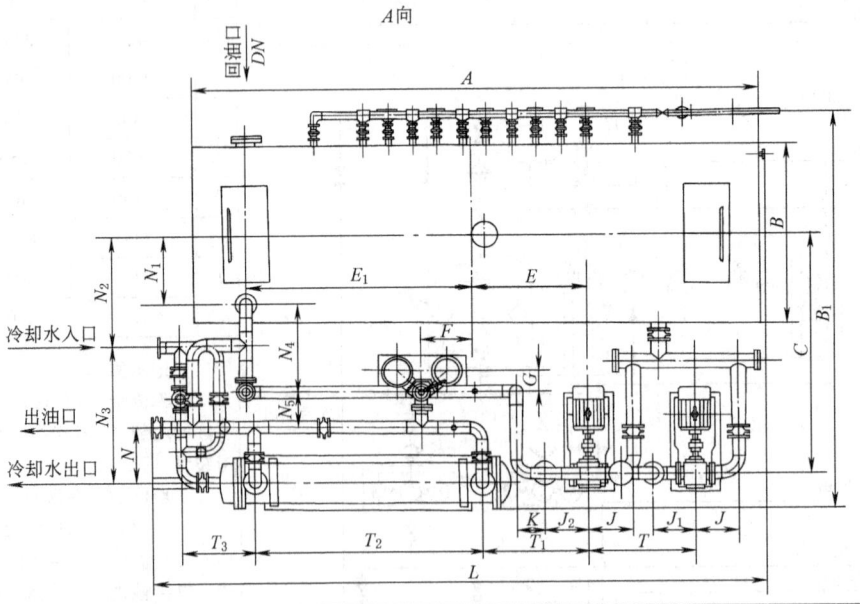

型号	A	B	B_1	C	E	E_1	F	G	H	H_3	H_4	H_5	H_6	H_7	H_8	H_9	H_{10}	H_{11}	J
XHZ-160A	4300	1500	3643	2000	850	1900	70	200	1300	1500	1260	1100	1250	800	678	560	250	360	400
XHZ-200A	3800	1700																	
XHZ-250A	5200	1800	4075	2350	870	2325	700	222	1350	1900	1540	1350	1220	940	678	511	250	276	440
XHZ-315A																			
XHZ-400A	6100	2000	4510	2620	1230	2770	580	221	1600	2185	1800	1320	1400	1000	678	511	250	276	490
XHZ-500A																			

续表

型号	J_1	K	L	N	N_1	N_2	N_3	N_4	N_5	P	S	S_1	S_2	T	T_1	T_2	T_3	DN
XHZ-160A	300	240	5128	502	600	1160	1140	910	300	260	40	160	98	800	700	1700	600	125
XHZ-200A	300	240	5128	502	600	1160	1140	910	300	260	40	160	98	800	700	1700	600	125
XHZ-250A	390	270	5730	550	650	1200	1400	982	358	280	51	32	80	1080	1000	1960	870	150
XHZ-315A	390	270	5730	550	650	1200	1400	982	358	280	51	32	80	1080	1000	1960	870	150
XHZ-400A	440	322	7000	610	750	1310	1470	971	391	300	27	220	80	1140	1130	2645	800	200
XHZ-500A	440	322	7000	610	750	1310	1470	971	391	300	27	220	80	1140	1130	2645	800	200

注：所有法兰连接尺寸均按 JB/T 81—1994《凸面板式平焊钢制管法兰》（$PN=1MPa$）的规定。

XHZ-160A～XHZ-500A 型地基尺寸

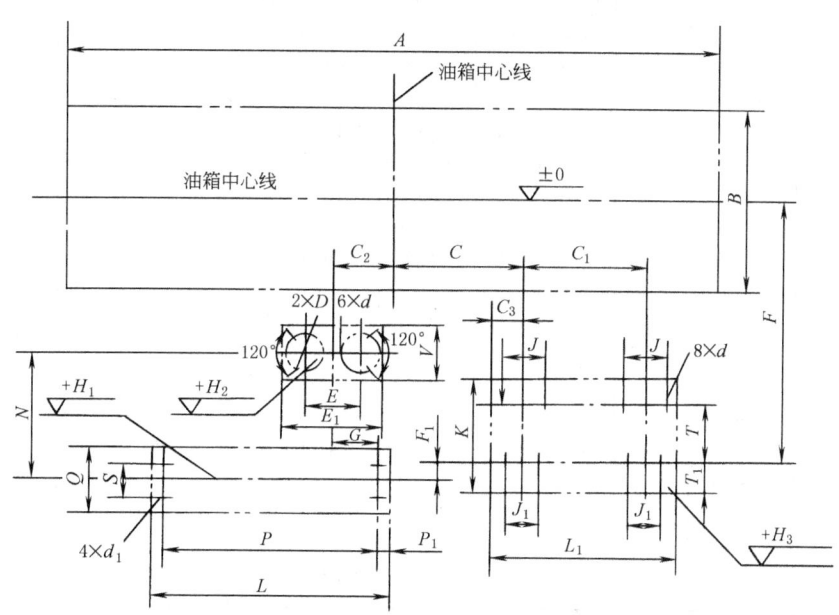

表 11-1-32　　　　　　　　　　　　　　　　　　　　　　　　　　　　　mm

型号	A	B	C	C_1	C_2	C_3	D	地脚螺栓 d	地脚螺栓 d_1	E	E_1	F	F_1	G	H_1
XHZ-160A	3840	1700	850	800	700	300	260	M16	M16	474	1000	1935	365	602	90
XHZ-200A	3840	1700	850	800	700	300	260	M16	M16	474	1000	1935	365	602	90
XHZ-250A	5200	1800	870	1080	700	300	350	M16	M16	529	950	2295	305	340	80
XHZ-315A	5200	1800	870	1080	700	300	350	M16	M16	529	950	2295	305	340	80
XHZ-400A	6100	2000	1230	1140	580	300	350	M16	M16	550	920	2615	215	470	80
XHZ-500A	6100	2000	1230	1140	580	300	350	M16	M16	550	920	2615	215	470	80

型号	H_2	H_3	J	J_1	K	L	L_1	N	P	P_1	Q	S	T	T_1	V
XHZ-160A	170	48	350	250	900	1675	1300	1000	1475	100	500	300	510	90	400
XHZ-200A	170	48	400	250	900	1675	1300	1000	1475	100	500	300	510	90	400
XHZ-250A	320	51	420	310	1000	1700	1680	1130	1500	100	620	300	674	250	500
XHZ-315A	320	51	420	310	1000	1700	1680	1130	1500	100	620	300	700	250	500
XHZ-400A	220	27	430	310	1100	2480	1740	1230	2225	1275	620	300	740	250	500
XHZ-500A	220	27	430	310	1100	2480	1740	1230	2225	1275	620	300	740	250	500

(3) XYZ-G 型润滑站（原摘自 JB/ZQ/T 4147—1991，现各生产厂进行了改进，订货时和各厂联系）

适用于润滑介质运动黏度在 40℃ 时为 22~320mm²/s 的稀油循环润滑系统中，如冶金、矿山、电力、石化、建材、交通、轻工等行业的机械设备的稀油润滑。GLC 型冷却器只适用于介质黏度≤N100 的润滑系统。

表 11-1-33　　　　　　　　　XYZ-G 型润滑站技术性能参数

型号	供油压力/MPa	公称流量/L·min⁻¹	供油温度/℃	油箱容积/m³	电动机 功率/kW	电动机 转速/r·min⁻¹	过滤面积/m²	换热面积/m²	冷却水耗量/m³·h⁻¹	电加热器 功率/kW	电加热器 电压/V	蒸汽耗量/kg·h⁻¹	质量/kg
XYZ-6G	≤0.4	6	40±3	0.15	0.55	1400	0.05	0.8	0.36	2	220 (380)	—	308
XYZ-10G		10		0.15	0.55	1400	0.05	0.8	0.6	2		—	309
XYZ-16G		16		0.63	1.1	1450	0.13	3	1	6		—	628
XYZ-25G		25		0.63	1.1	1450	0.13	3	1.5	6		—	629
XYZ-40G		40		1	2.2	1430	0.19	5	3.6	12		—	840
XYZ-63G		63		1	2.2	1430	0.19	5	5.7	12		—	842
XYZ-100G		100		1.6	4	1440	0.4	6	9	24		—	1260
XYZ-125G		125		1.6	4	1440	0.4	6	11.25	24		—	1262
XYZ-250G		250		6.3	5.5	1440	0.52	24	15~22.5			100①	3980
XYZ-400G		400		10	7.5	1460	0.83	36	24~36			160①	5418
XYZ-630G		630		16	15	1460	1.31	45	38~56			250①	8750
XYZ-1000G		1000		25	22	1470	2.2	54	60~90			400①	12096

其他参数	润滑站的过滤精度：0.08~0.12mm；润滑油温降小于等于8℃；冷却水温度小于等于30℃、冷却水压力 0.2~0.4MPa；使用蒸汽加热油时蒸汽压力为 0.2~0.4MPa；换热器进油温度为 50~55℃
公称流量 ≤125L/min 的润滑站	采用电加热，全部部件都装在油箱上，为整体式结构；就地放置，无地基
公称流量 ≥250L/min 的润滑站	采用蒸汽加热，用户如欲改用电加热，订货时请说明；其主要部件均装在基础上，为分体式结构，有地基

① 若用户需要可改用电加热。

注：1. XYZ-G 型润滑站及其改进型产品在国内应用广泛；各生产厂都有所改进，在润滑站选用元件、仪表及相关尺寸均有所不同，请用户以各生产厂的选型手册或样本为准，如需改进或改变时，需和生产厂联系。

2. 生产厂有启东市南方润滑液压设备有限公司，南通市南方润滑液压设备有限公司，南通市博南润滑液压有限公司，常州市华立液压润滑设备有限公司；四川川润液压润滑设备有限公司。

XYZ-G 型润滑站系统

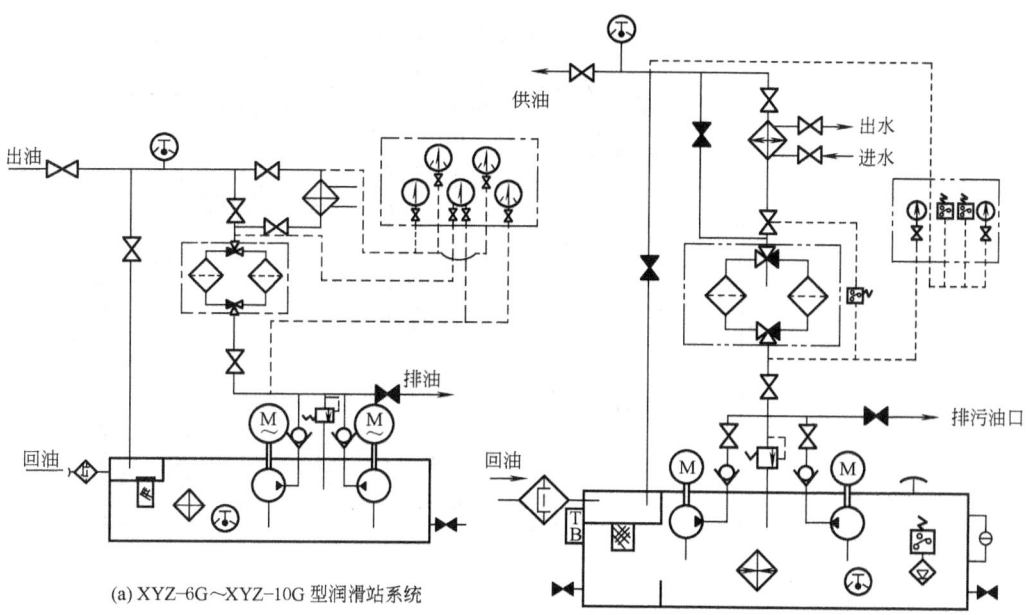

(a) XYZ-6G～XYZ-10G 型润滑站系统

(b) XYZ-16G～XYZ-125G 型润滑站系统

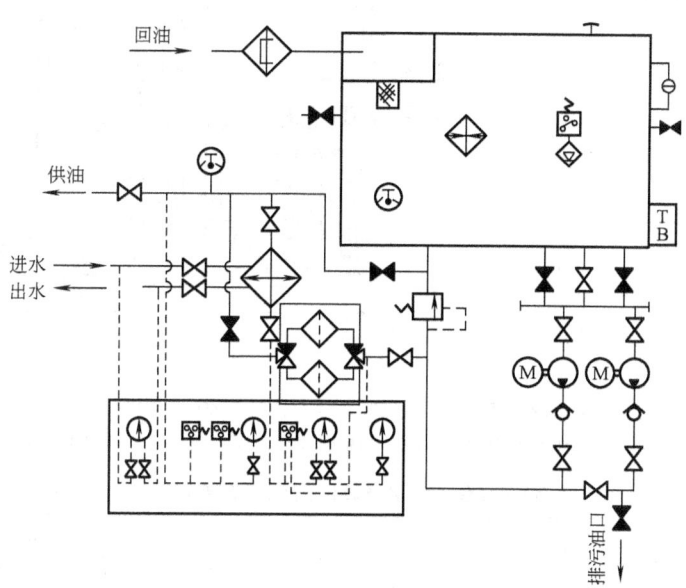

(c) XYZ-250G～XYZ-1000G 型润滑站系统

图 11-1-3　润滑站系统原理图

XYZ-6G~XYZ-125G 型润滑站外形图

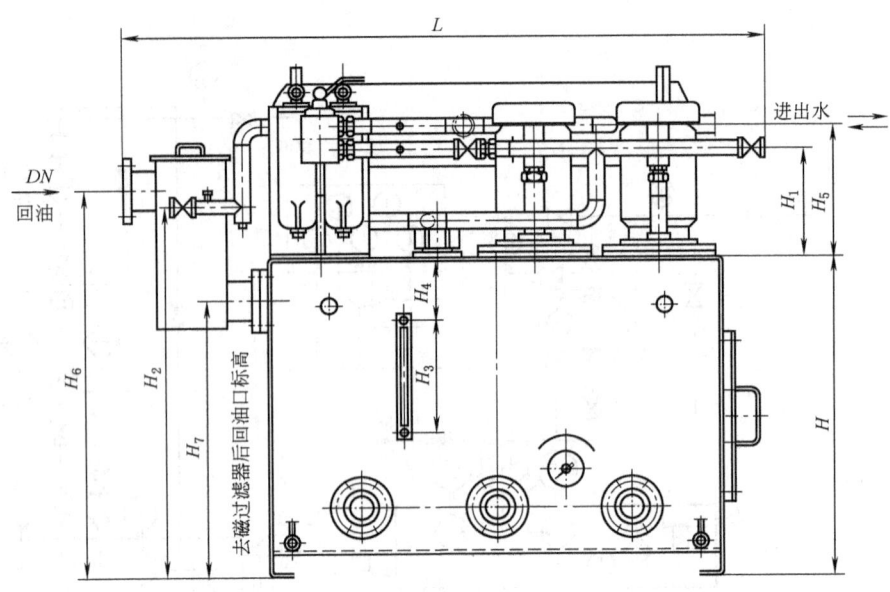

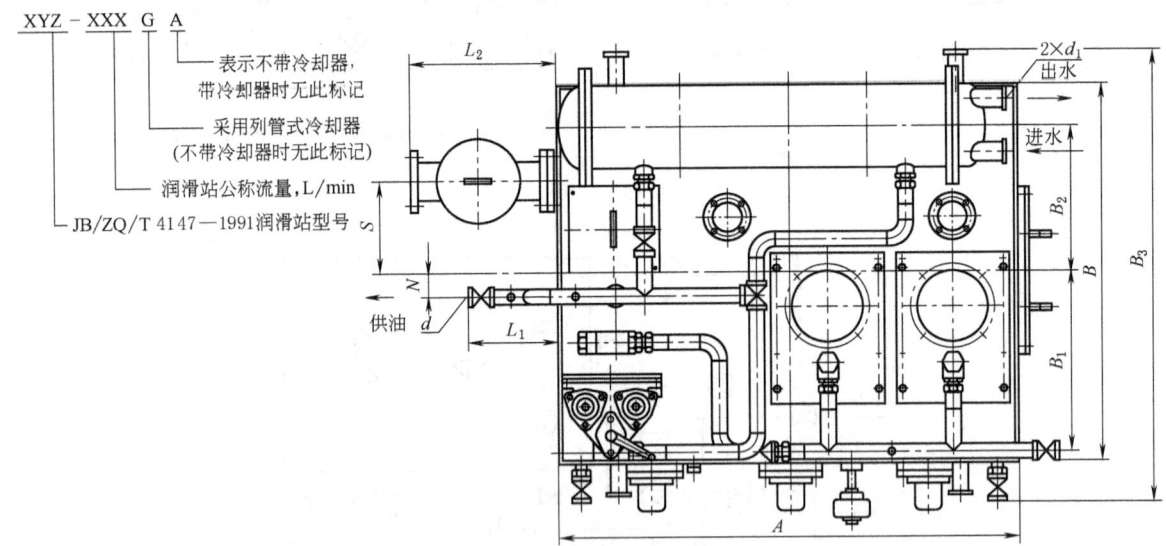

标记示例：
(1) 公称流量 125L/min 的润滑站 XYZ-125G 型，标记为 润滑站 JB/ZQ/T 4147—1991
(2) 公称流量 400L/min 但不带冷却器的润滑站 XYZ-400A 型，标记为 润滑站 JB/ZQ/T 4147—1991

表 11-1-34　　　　　　　XYZ-6G~XYZ-125G 型润滑站外形尺寸　　　　　　　　mm

型号	DN	d	A	B	H	L	L_1	L_2	S	N	B_1	B_2	B_3	d_1	H_1	H_2	H_3	H_4	H_5	H_6	H_7
XYZ-6G XYZ-10G	25	G½	700	550	450	1010	190	310	150	0	255	220	730	G¾	213	550	268	80	268	580	380
XYZ-16G XYZ-25G	50	G1	1000	900	700	1505	256	390	175	35	410	363	1130	G1	285	855	350	130	350	875	580
XYZ-40G XYZ-63G	50	G1¼	1200	1000	850	1700	235	390	248	60	470	390	1230	G1¼	290	990	355	160	355	1035	740
XYZ-100G XYZ-125G	80	G1½	1500	1200	950	2300	390	492	170	100	560	444	1430	G1¼	305	978	355	180	375	1095	820

XYZ-250G～XYZ-1000G 型润滑站外形图

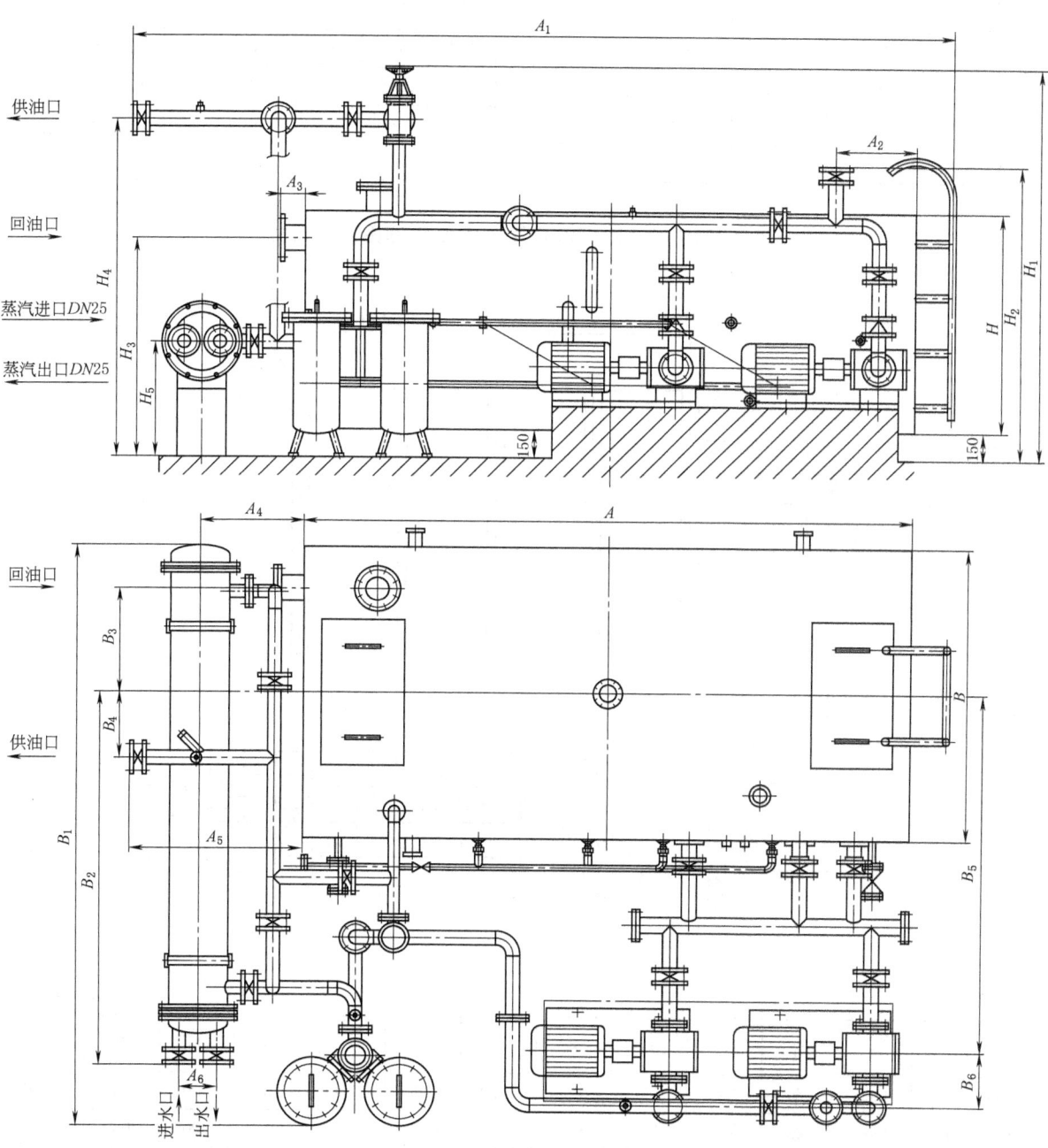

表 11-1-35　　　　XYZ-250G～XYZ-1000G 型润滑站外形及安装尺寸

mm

型号	回油通径	供油通径	进出水通径	A	B	H	A_1	A_2	A_3	A_4	A_5	A_6
XYZ-250G	125	65	65	3300	1600	1200	4445	442	630	560	945	200
XYZ-400G	150	80	100	3600	2000	1500	4600	492	700	572	800	235
XYZ-630G	200	100	100	4500	2600	1600	5950	560	882	650	1345	235
XYZ-1000G	250	125	200	5500	2600	1900	7600	630	1020	1080	1900	235

续表

型号	B_1	B_2	B_3	B_4	B_5	B_6	H_1	H_2	H_3	H_4	H_5	蒸汽接口
XYZ-250G	3280	2050	570	364	1960	300	2172	1600	1485	1850	630	G1(采用电加热时无此接口)
XYZ-400G	3690	2430	750	907	2230	300	2325	1750	1740	1965	620	
XYZ-630G	4550	2536	1020	320	2700	390	2465	2067	1835	2080	780	
XYZ-1000G	4700	2736	1000	500	2720	450	2865	2285	2175	2480	1060	

XYZ-250G～XYZ-1000G 型润滑站地基图及其尺寸

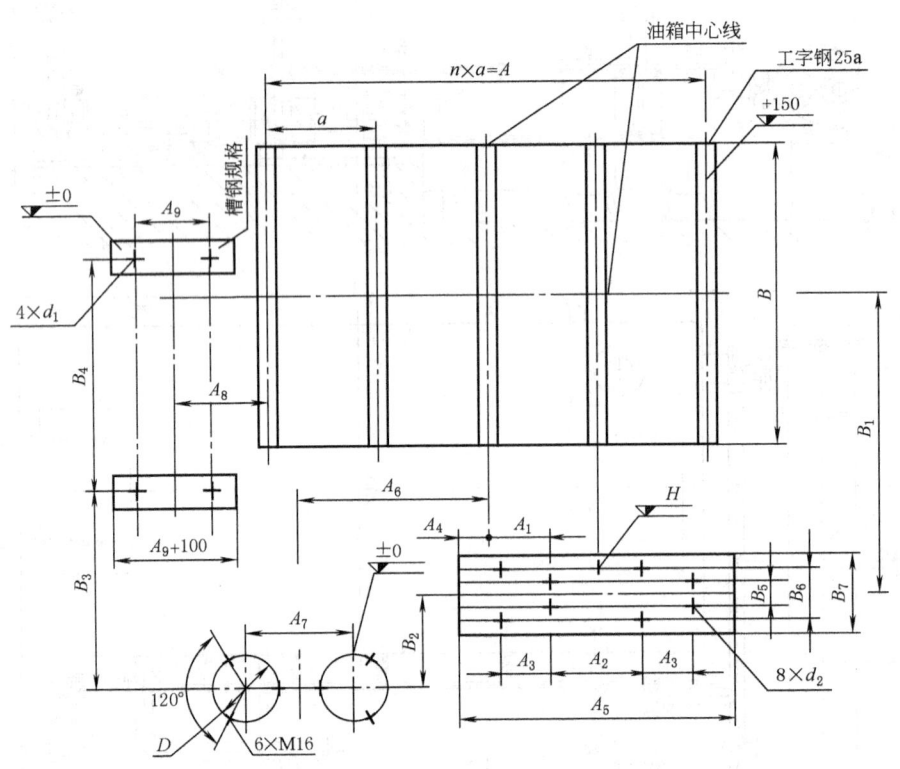

表 11-1-36   mm

型号	A	A_1	A_2	A_3	A_4	A_5	A_6	A_7	A_8	A_9	B	B_1
XYZ-250G	3200	350	660	450	320	1900	1350	474	610	300	1600	1960
XYZ-400G	3500	385	590	450	370	2050	1420	529	622	300	2000	2230
XYZ-630G	4200	559	825	655	295	2500	1610	550	800	300	2800	2700
XYZ-1000G	5190	840	1210	655	510	3520	2180	779	1235	300	2800	2720

型号	槽钢规格	B_2	B_3	B_4	B_5	B_6	B_7	d_1	d_2	D	H	n	a
XYZ-250G	12	230	712	1835	280	380	550	M20	M16	260	286	4	800
XYZ-400G	12	210	830	1232	280	380	600	M20	M16	350	315	4	875
XYZ-630G	12	240	883	2042	315	465	640	M20	M20	350	260	5	840
XYZ-1000G	20a	270	1045	2042	315	465	710	M20	M20	600	330	6	865

(4) 微型稀油润滑装置

1) WXHZ 型微型稀油润滑装置（摘自 JB/ZQ 4709—1998）

表 11-1-37　　　　　　　　**WXHZ 型微型稀油润滑装置**

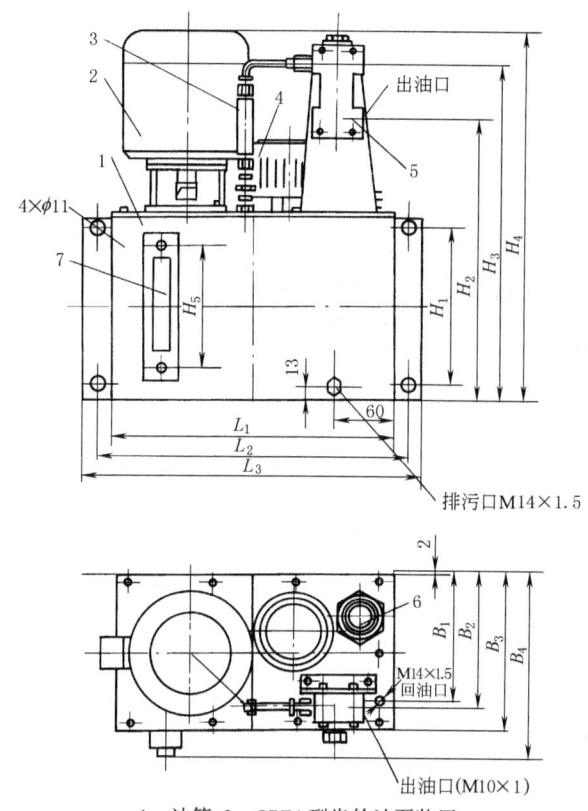

1—油箱；2—CBZ4 型齿轮油泵装置；
3—单向阀；4—空气滤清器；5—出油过滤器；
6—液位控制器；7—液位计

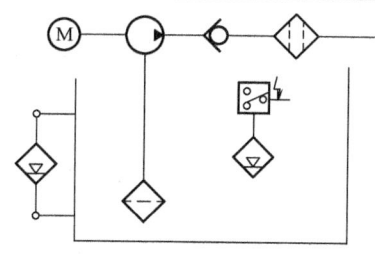

WXHZ 型微型稀油润滑装置系统原理图

标记示例：
公称压力 1.6MPa，流量 500mL/min 的微型稀油润滑装置，标记为 WXHZ-W500 微型稀油润滑装置 JB/ZQ 4709—1998

WXHZ 型基本参数

型号	公称流量 /mL·min^{-1}	公称压力① /MPa	电动机特性 型号	功率/W (极数)	电压/V	油箱容积/L	YKJD 液位控制器触点容量
WXHZ-350	350	1.6(W) 4.0(H) 6.3(I)	A02-5624 B14 型	90 (4)	380	3、6、11、15	24V 0.2A
WXHZ-500	500						
WXHZ-800	800						
WXHZ-1000	1000						

① 实际使用压力小于等于 1MPa。

注：1. 油泵的出油管道推荐 GB/T 1527—2006《拉制铜管》。材料为 T3，管子规格为 $\phi6\times1$。

2. 适用于黏度值 22~460mm^2/s 的润滑油；过滤器的过滤精度 20μm，亦可根据用户要求调整；过滤面积为 13cm^2。

表 11-1-38　　　　　　　　**WXHZ 型油箱容积与尺寸**　　　　　　　　　　　mm

尺寸	油箱容积/L				尺寸	油箱容积/L			
	3	6	11	15		3	6	11	15
L_1	240	275	275	275	B_1	115	135	135	135
L_2	270	305	305	305	B_2	124	144	144	144
L_3	290	325	325	325	B_3	145	165	165	165
H_1	138	205	360	470	B_4	170	190	190	190
H_2	223	290	445	555	H_5	80	125	254	400
H_3	283	350	505	615	质量/kg	8	11.5	13	14
H_4	315	382	537	647					

注：生产厂有江苏江海润液设备有限公司，启东中冶润滑设备有限公司。

2) DWB 型微型循环润滑系统。适用于数控机械、金属切削机床、锻压与铸造机械以及化工、塑料、轻纺、包装、建筑运输等行业中负荷较轻的机械及生产线设备的循环润滑系统。主要由 DWB 型微型油泵装置、JQ 型节流分配器、吸油过滤器和管道附件等部分组成。

DWB 型微型油泵装置由齿轮油泵、微型异步电动机、溢流阀、压力表、管道等组成。装置通常为卧式安装，直接插入减速器或机器壳体的油池中，但吸油口必须在最低油位线以下。DWB-350～DWB-1000 型油泵装置带有网状吸油过滤器，直接拧于吸油口 d_1，对 DWB-2.5～DWB-6 型，用户可根据需要自行配置吸油管道及过滤器。装置也可垂直安装，但应注意，泵的最大吸入高度不应超过 500mm。

DWB 型微型循环润滑系统原理图

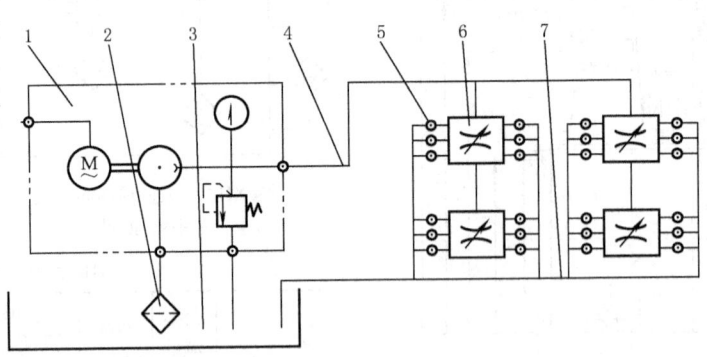

1—微型油泵装置；2—吸油过滤器；3—油池；4—压油管道；5—机器润滑点；6—节流分配器（JQ 型）；7—回流通道

表 11-1-39　　　　　　　　　　DWB 型基本参数

型号	工作压力/MPa	流量	电动机特性				质量/kg
			型号	功率/W	电压/V	转速/r·min⁻¹	
DWB-0.35	0.6	0.35L/min	YS-5624	90	380	1400	5.25
DWB-0.50	1.6	0.5L/min					5.30
DWB-1	2.5	1L/min	YS-5634	120			5.40
DWB-2.5	0.6	2.5L/min	YS-7126	250	380	1000	20
DWB-4		4L/min					20
DWB-6		6L/min	YS-7124	370		1500	22

表 11-1-40　　　　　　　DWB 型微型油泵装置的外形及连接尺寸　　　　　　　　　mm

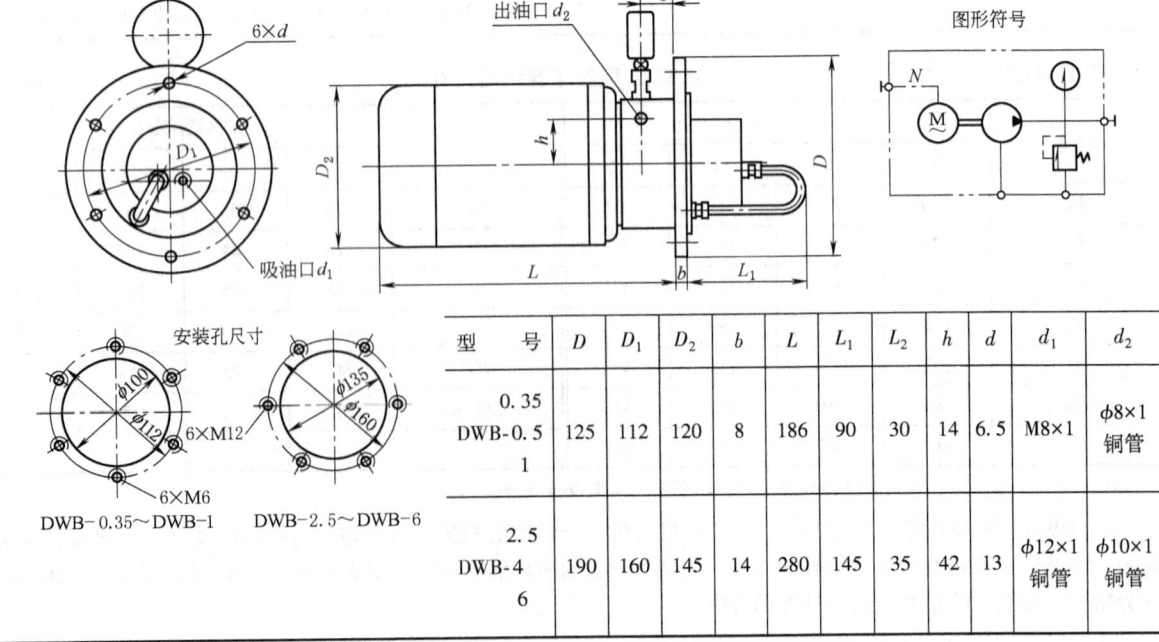

型号	D	D_1	D_2	b	L	L_1	L_2	h	d	d_1	d_2
DWB-0.35 0.5 1	125	112	120	8	186	90	30	14	6.5	M8×1	φ8×1 铜管
DWB-2.5 4 6	190	160	145	14	280	145	35	42	13	φ12×1 铜管	φ10×1 铜管

3) RHZ 型微型稀油润滑装置。由齿轮油泵、微型异步电动机、溢流阀、压力表、油箱、吸油过滤器及管道等组成。

RHZ 型微型稀油润滑装置外形结构及尺寸（建议配置 JQ 型节流分配器）

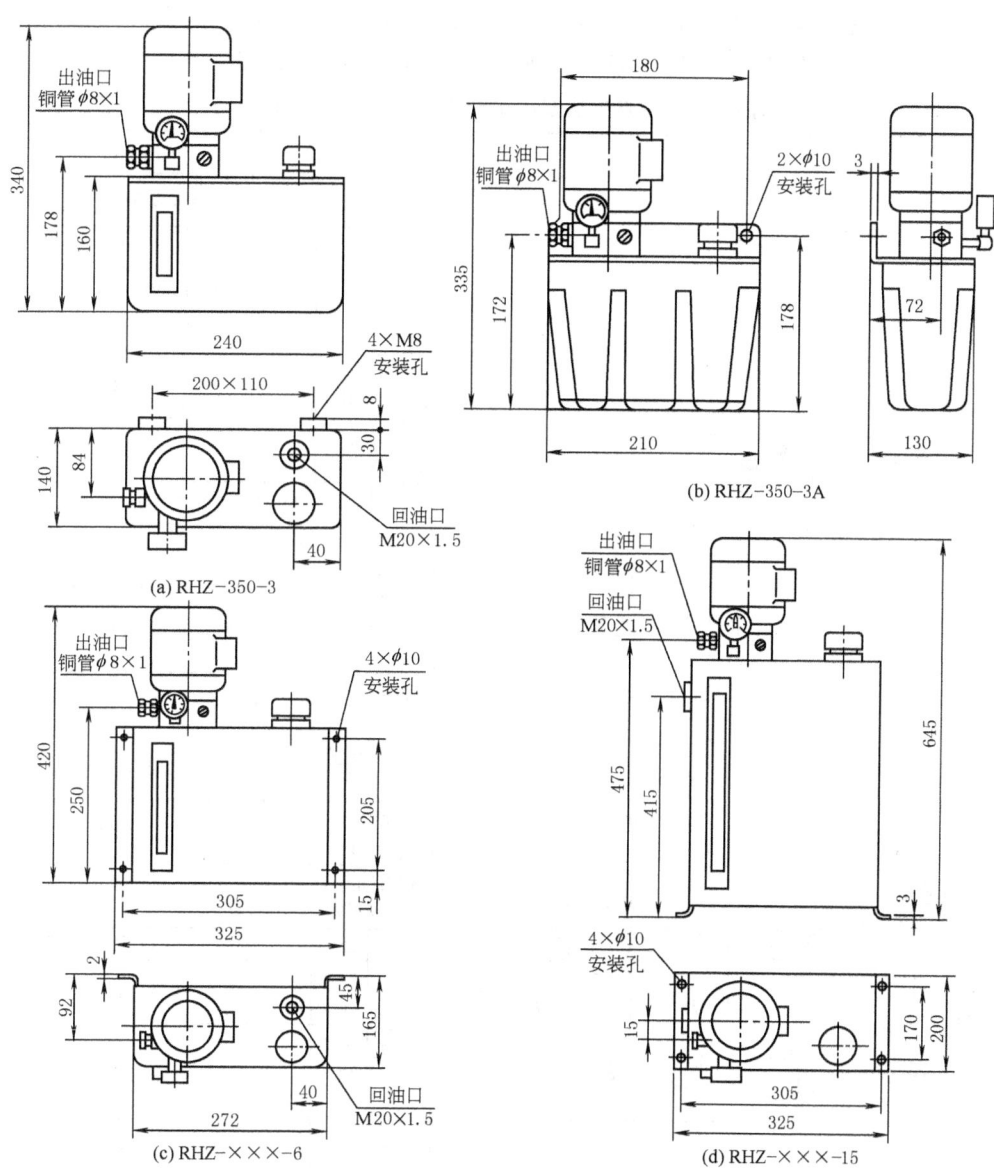

表 11-1-41　　　　　　　　　　　　RHZ 型基本参数

型号	工作压力 /MPa	流量 /mL·min⁻¹	油箱容积 /L	电动机特性				质量/kg
				型号	功率/W	电压/V	转速/r·min⁻¹	
RHZ-350-3	0.6	350	3	YS-5624	90	380	1400	8
RHZ-350-3A								6
RHZ-350-6			6					12
RHZ-350-15	1.6		15					16
RHZ-500-6		500	6					12
RHZ-500-15			15					16
RHZ-1000-6	2.5	1000	6	YS-5634	120			12
RHZ-1000-15			15					16

注：RHZ-350-3A 为透明工程塑料外壳。

(5) GXYZ 型 A 系列高低压润滑站

适用于装有动静压轴承的磨机、回转窑、电机等大型设备的稀油循环润滑系统。根据动静压润滑工作原理，在启动、低速和停车时用高压系统，正常运行时用低压系统，以保证大型机械在各种不同转速下均能获得可靠的润滑，延长主机寿命。润滑站的高压部分压力为 31.5MPa，流量 2.5L/min，低压部分压力小于等于 0.4MPa，流量 16~125L/min，润滑站具有过滤、冷却、加热等装置和连锁、报警、自控等功能。

表 11-1-42　GXYZ 型 A 系列高低压润滑站基本参数及原理图

原理图	参数		GXYZ-A					
			2.5/16	2.5/25	2.5/40	2.5/63	2.5/100	2.5/125
	低压系统	泵装置流量 /L·min^{-1}	16	25	40	63	100	125
		供油压力 /MPa	≤0.4					
		供油温度 /℃	40±3					
		电动机 型号	Y90S-4,V1		Y100L1-4,V1		Y112M-4,V1	
		功率 /kW	1.1		2.2		4	
		转速 /r·min^{-1}	1450		1440		1440	
		油箱容积 /m^3	0.8		1.2		1.6	
	高压系统	泵装置型号	2.5MCY14-1B					
		流量 /L·min^{-1}	2.5					
		供油压力 /MPa	31.5					
		电动机 型号	Y112M-6,B35					
		功率 /kW	2.2					
		转速 /r·min^{-1}	940					
	过滤精度 /mm		0.08~0.12					
	过滤面积 /m^2		0.13		0.20		0.41	
	冷却面积 /m^2		3		5		7	
	冷却水耗量 /m^3·h^{-1}		1	1.5	3.6	5.7	9	11.25
	电加热功率 /kW		3×4		3×4		6×4	
	外形尺寸 /mm		1490×1230×1500		1620×1430×1550		—	

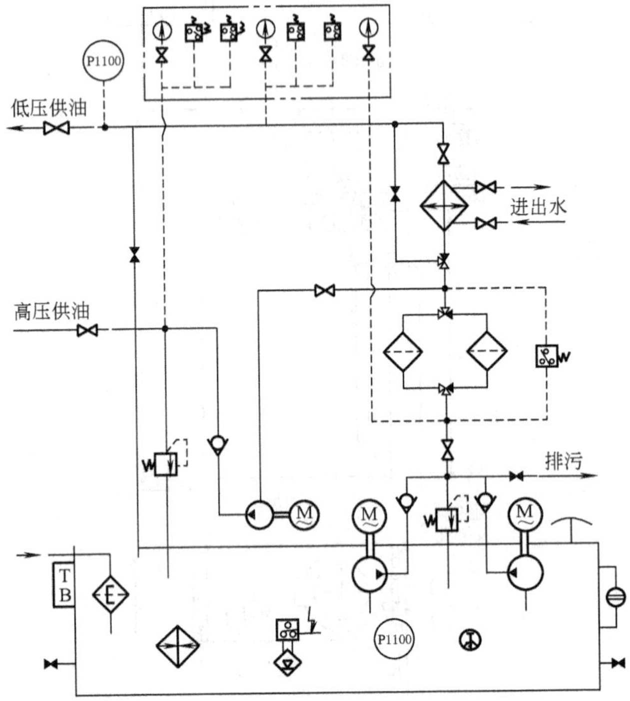

注：1. 全部过滤器切换压差为 0.15MPa。
2. 生产厂有南通市南方润滑液压设备有限公司，启东市南方润滑液压设备有限公司，四川川润液压润滑设备有限公司。

表 11-1-43　　　GXYZ 型 A 系列润滑站外形图及其外形尺寸　　　　　　　　　　　　　　mm

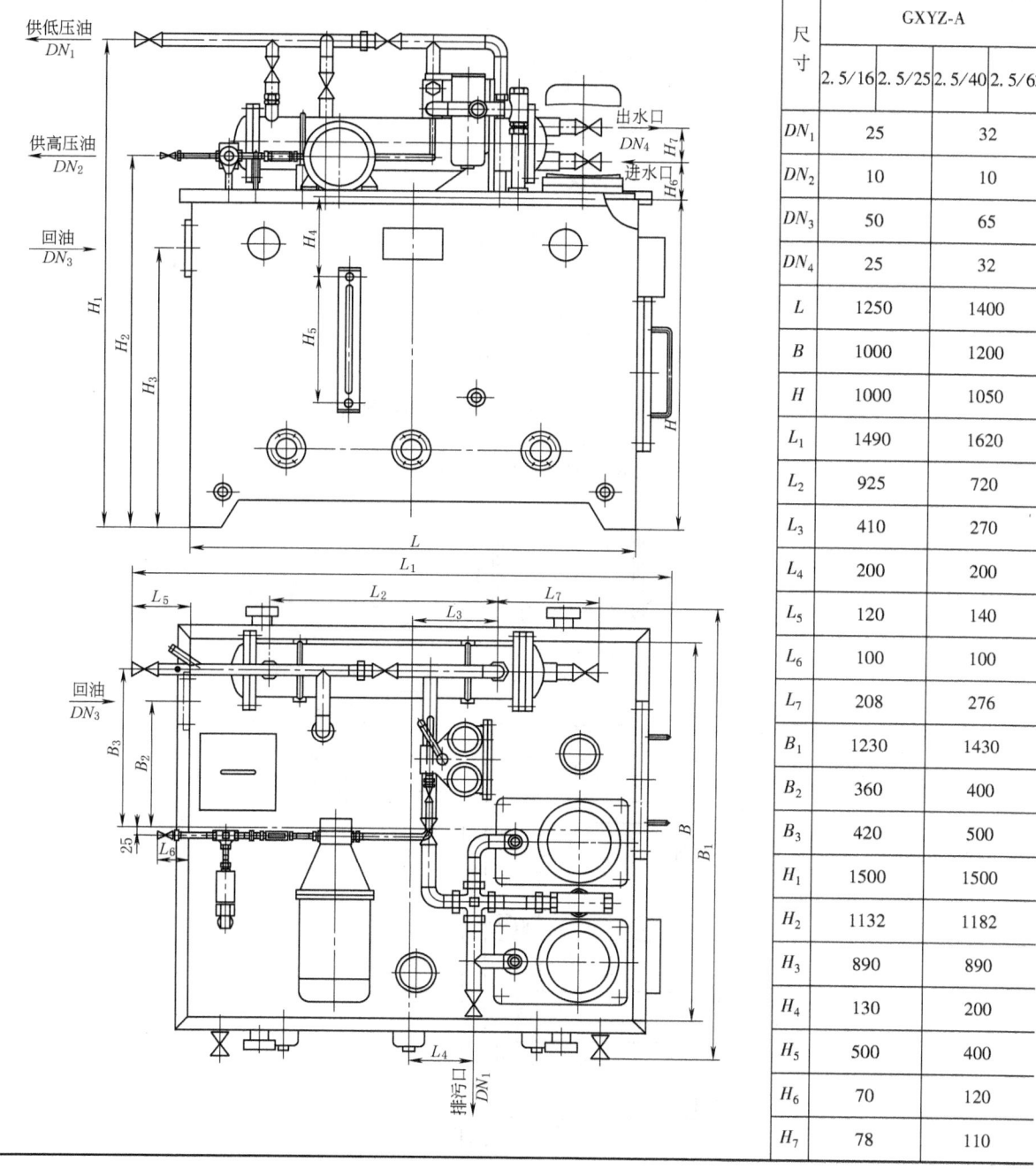

尺寸	GXYZ-A			
	2.5/16	2.5/25	2.5/40	2.5/63
DN_1	25		32	
DN_2	10		10	
DN_3	50		65	
DN_4	25		32	
L	1250		1400	
B	1000		1200	
H	1000		1050	
L_1	1490		1620	
L_2	925		720	
L_3	410		270	
L_4	200		200	
L_5	120		140	
L_6	100		100	
L_7	208		276	
B_1	1230		1430	
B_2	360		400	
B_3	420		500	
H_1	1500		1500	
H_2	1132		1182	
H_3	890		890	
H_4	130		200	
H_5	500		400	
H_6	70		120	
H_7	78		110	

(6) 专用稀油润滑装置

除了以上稀油润滑装置以外，目前在冶金、矿山、电力、化工、交通、轻工等行业中常用的稀油润滑装置还有 XYZ-GZ 型整体式稀油站、GDR 型双高低压稀油站和这些型号的改进型产品等。

(7) 国外的稀油润滑系统简介

1) 日本大阪金属公司的稀油润滑站系统。该公司生产的稀油润滑站有 AN、BN、CN、DN 4 个系列 30 余种规格的产品。其中 AN 系列润滑站为小型单机配套，供油能力范围 6~100L/min，属于整体安装形式，图 11-1-4 为其系统图。该系列主要用于对润滑要求不高，供油量较少的小型减速器、通风机、压缩机及小型机械的润滑。BN 系列润滑站供油能力范围为 120~1000L/min，主要用于中型减速器、轧钢辅助设备、造纸机械及大型通风机械等设备的润滑，图11-1-5为其系统图。CN及DN系列稀油站均为大型润滑站，供油能力分别为170~3000L/min及420~3000L/min。

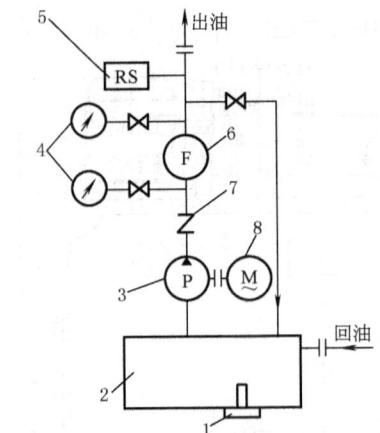

图11-1-4　日本大金AN系列润滑站系统图
1—电热器；2—油箱；3—油泵；4—压力表；5—压力调节器；6—过滤器；7—逆止阀；8—电动机

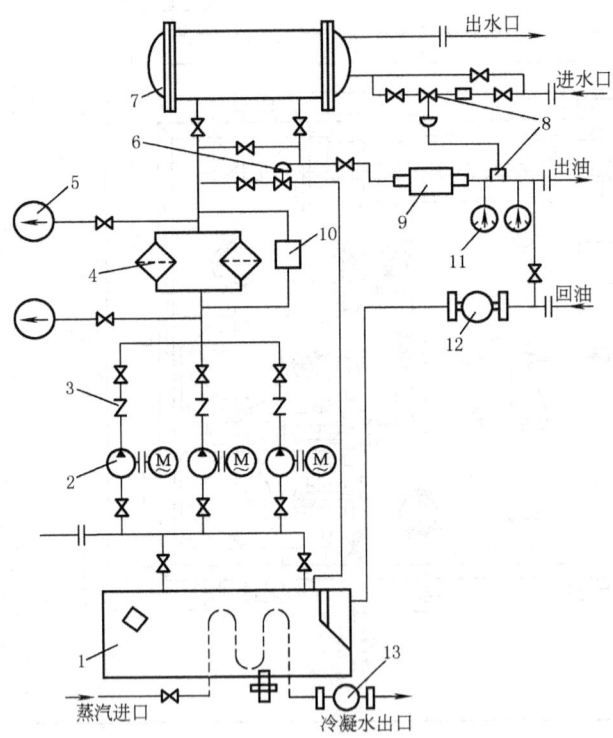

图11-1-5　日本大金BN系列润滑站系统图
1—油箱；2—齿轮油泵；3—逆止阀；4—双筒网式过滤器；
5—压力计；6—压力调节阀（安全阀）；7—冷却器；8—调节阀；
9—流量计；10—电接点压差计；11—电接点压力计；
12—回油油流指示计；13—蒸汽冷凝器

2）德国奈迪格（Neidig）公司的稀油润滑系统。该系列润滑站与日本大金AN系列润滑站相似，二者均不设置备用泵，其特点是在系统先冷却后过滤，并采用螺杆泵及带磁性的双筒网式过滤器，过滤芯的更换、清洗不影响系统的连续工作，提高了过滤效果，保证流经系统元件的润滑油均经过滤。图11-1-6为其系统图。

3）意大利普洛戴斯特（Prodest）公司稀油润滑站系统。该系列润滑站的工作原理与齿轮泵循环润滑站基本相同。其特点是自动化程度高，在油箱的回油口装有磁性过滤器，油泵的出油管路上设有圆盘式过滤器，另外还设置了一个专门的站内循环过滤系统，以保证润滑油的清净程度。图 11-1-7 为其系统图。

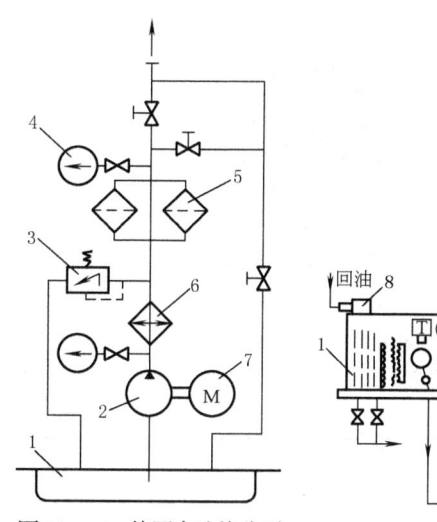

图 11-1-6 德国奈迪格公司润滑站系统图
1—油箱；2—油泵；3—安全阀；4—压力计；5—过滤器；6—冷却器；7—电动机

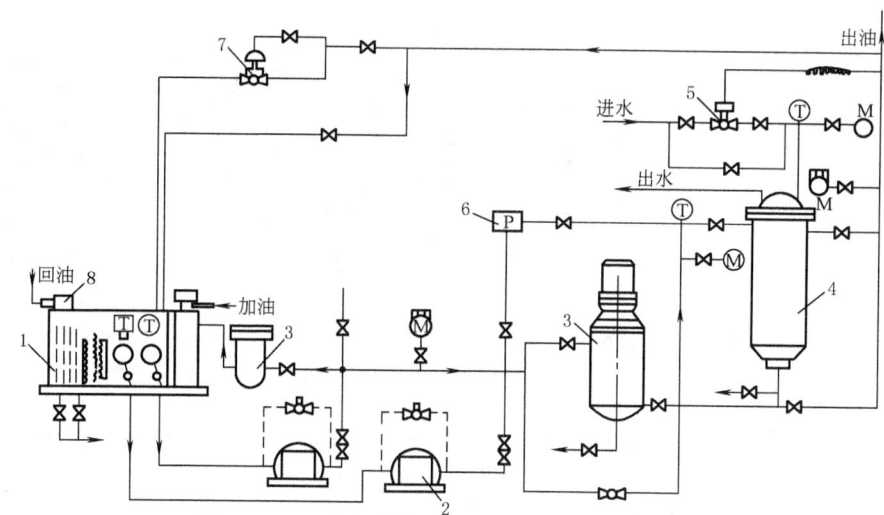

图 11-1-7 意大利普洛戴斯特公司润滑站系统图
1—油箱；2—油泵；3—过滤器；4—冷却器；5—温度调节器；6—压力开关；7—弹簧安全阀；8—磁过滤器

4.2.3 辅助装置及元件

（1）冷却器

1）列管式油冷却器（摘自 JB/T 7356—2005）

GLC、GLL 型列管式冷却器适用于冶金、矿山、电力、化工、轻工等行业的稀油润滑装置、液压站和液压设备中，将热工作油冷却到要求的温度。GLL5、GLL6、GLL7 系列具有立式装置。

表 11-1-44 列管式油冷却器系列的基本参数与特点

型号	公称压力/MPa	公称冷却面积/m²							工作温度/℃	工作压力/MPa	油水流量比	黏度①	换热系数/[kcal/(m²·h·℃)]	特点
GLC1	0.63(D) 1(F) 1.6(W)	0.4	0.6	0.8	1	1.2	—	—	≤100 水温≤30	≤1.6 (一般工作压力≤1)	1:1	≤100 mm²/s	>300②	产品体积小、重量轻、冷却效果好，便于维护检修 换热管采用紫铜翅片管，水侧通道为双管程填料函浮动管板式
GLC2		1.3	1.7	2.1	2.6	3	3.6	—						
GLC3		4	5	6	7	8	9	10	11					
GLC4		13	15	17	19	21	23	25	27					
GLC5		30	34	37	41	44	47	50	54					
GLC6		55	60	65	70	75	80	85	90					
GLL3	0.63(D) 1(F)	4	5	6	7						1:1.5	10~460 mm²/s	>200②	换热管采用裸(光)管，水侧通道为双管程或四管程填料函浮动管板式
GLL4		12	16	20	24	28								
GLL5		35	40	45	50	60								
GLL6		80	100	120	—									
GLL7		160	200	—										

① 适用润滑油的黏度值。
② 当油黏度为 N68 时所得，黏度大时此数值将下降。

注：生产厂有南通市南方润滑液压设备有限公司，启东市南方润滑液压设备有限公司，江苏江海润液设备有限公司，常州市华立液压润滑设备有限公司，四川川润液压润滑设备有限公司，启东中冶润滑设备有限公司，南通市博南润滑液压设备有限公司。

GLC 型列管式油冷却器型式与尺寸（只适用≤N100 的油黏度）

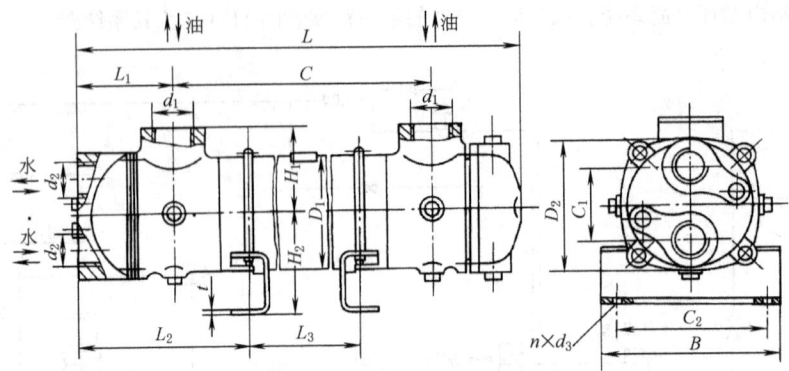

标记示例：公称冷却面积 0.3m²，公称压力 1.0MPa，换热管型式为翅片管的列管式油冷却器，标记为
GLC1-0.3/1.0 冷却器 JB/T 7356—2005

表 11-1-45   mm

型号	L	C	L_1	H_1	H_2	D_1	D_2	C_1	C_2	B	L_2	L_3	t	$n \times d_3$	d_1	d_2	质量/kg
GLC1-0.4/*	370	240	67	60	68	78	92	52	102	132	115	145	2	4×φ11	G1	G¾	8
GLC1-0.6/*	540	405										310					10
GLC1-0.8/*	660	532										435					12
GLC1-1/*	810	665										570					13
GLC1-1.2/*	940	805										715					15
GLC2-1.3/*	560	375	98	85	93	120	137	78	145	175	172	225	2	4×φ11	G1	G1	19
GLC2-1.7/*	690	500										350					21
GLC2-2.1/*	820	635										485					25
GLC2-2.6/*	960	775										630					29
GLC2-3/*	1110	925										780					32
GLC2-3.5/*	1270	1085										935					36
GLC3-4/*	840	570	152	125	158	168	238	110	170	210	245	380	10	4×φ15	G1½	G1¼	74
GLC3-5/*	990	720										530					77
GLC3-6/*	1140	870										680					85
GLC3-7/*	1310	1040										850					90
GLC3-8/*	1470	1200	152	125	158	168	238	110	170	210	245	1010	10	4×φ15	G2	G1½	96
GLC3-9/*	1630	1360										1170					105
GLC3-10/*	1800	1530										1340					110
GLC3-11/*	1980	1710										1520					118
GLC4-13/*	1340	985	197	160	208	219	305	140	270	320	318	745	12	4×φ19	G2B	G2	152
GLC4-15/*	1500	1145										905					164
GLC4-17/*	1660	1305	197	160	208	219	305	140	270	320	318	1065	12	4×φ19	G2	G2	175
GLC4-19/*	1830	1475										1235					188
GLC4-21/*	2010	1655										1415					200
GLC4-23/*	2180	1825										1585					213
GLC4-25/*	2360	2005										1765					225
GLC4-27/*	2530	2175										1935					
GLC5-30/*	1932	1570	202	200	234	273	355	180	280	320	327	1320	12	4×φ23	G2	G2½	—
GLC5-34/*	2152	1790										1540					—
GLC5-37/*	2322	1960										1710					—
GLC5-41/*	2542	2180										1930					—
GLC5-44/*	2712	2350										2100					—
GLC5-47/*	2872	2510										2260					—
GLC5-51/*	3092	2730										2480					—
GLC5-54/*	3262	2900										2650					—

续表

型号	L	C	L_1	H_1	H_2	D_1	D_2	C_1	C_2	B	L_2	L_3	t	$n \times d_3$	d_1	d_2	质量/kg
GLC6-55/*	2272	1860	227	230	284	325	410	200	300	390	362	1590	12	4×φ23	G2½	G3	—
GLC6-60/*	2452	2040										1770					—
GLC6-65/*	2632	2220										1950					—
GLC6-70/*	2812	2400										2130					—
GLC6-75/*	2992	2580										2310					—
GLC6-80/*	3172	2760										2490					—
GLC6-85/*	3352	2940										2670					—
GLC6-90/*	3532	3120										2850					—

注：* 为标注公称压力值。

GLL 型卧式列管式油冷却器型式与尺寸

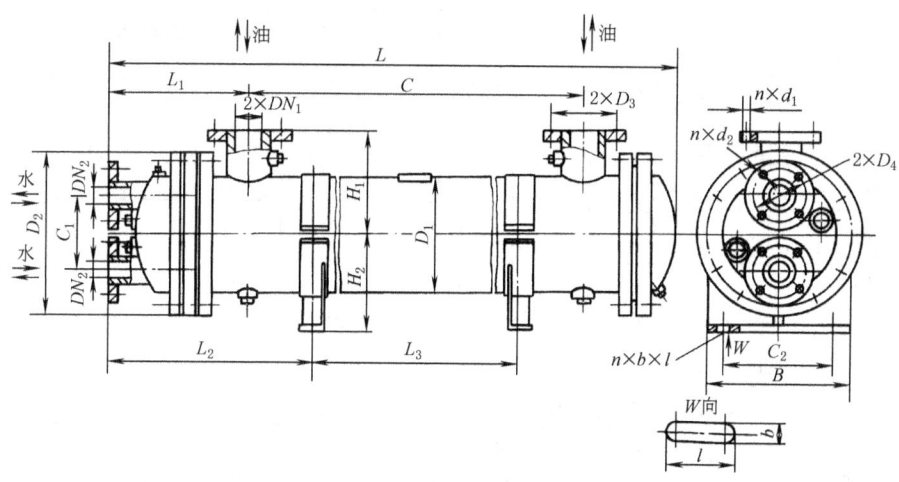

表 11-1-46

mm

型号	L	C	L_1	H_1	H_2	D_1	D_2	C_1	C_2	B	L_2	L_3	D_3	D_4	$n \times d_1$	$n \times d_2$	$n \times b \times l$	DN_1	DN_2	质量/kg
GLL3-4/**	1165	682	265	190	210	219	310	140	200	290	367	485	100	100	4×φ18	4×φ18	4×20×28	32	32	143
GLL3-5/**	1465	982										785								168
GLL3-6/**	1765	1282										1085	110					40		184
GLL3-7/**	2065	1512										1385								220
GLL4-12/**	1555	860	345	262	262	325	435	200	300	370	497	660	145	145	4×φ18	4×φ18	4×20×28	65	65	319
GLL4-16/**	1960	1365										1065								380
GLL4-20/**	2370	1775										1475								440
GLL4-24/**	2780	2175	350									1885	160					80		505
GLL4-28/**	3190	2585										2295								566
GLL5-35/**	2480	1692	500	315	313	426	535	235	300	520		1232	180	180	8×φ17.5	8×φ18	4×20×30	100	100	698
GLL5-40/**	2750	1962									730	1502								766
GLL5-45/**	3020	2202										1772								817
GLL5-50/**	3290	2472	515								725	2042	210					125		900
GLL5-60/**	3830	3012										2582								1027
GLL6-80/**	3160	2015	700	500	434	616	780	360	750	550	935	1555	295	295	8×φ22	8×φ23	4×25×32	200	200	1617
GLL6-100/**	3760	2615										2155								1890
GLL6-120/**	4360	3215										2755								2163

注：1. 第一个 * 为标注公称压力值，第二个 * 为标注水管程数（四管程标 S，二管程不标注）。下表同。
2. 法兰连接尺寸按 JB/T 81—1994《凸面板式平焊钢制管法兰》中 PN=1MPa 的规定。

标记示例:

公称冷却面积60m², 公称压力0.63MPa, 换热管为裸管, 水侧通道为四管程(S)的立式(L)列管式油冷却器, 标记为

GLL5-60/0.63SL 冷却器 JB/T 7356—2005

表 11-1-47 GLL 型立式油冷却器型式与尺寸 (mm)

型号	L	C	L_1	C_1	H	D_1	D_2	D_3	DN	D_4	$n \times d_1$	$n_1 \times d_2$	质量/kg
GLL5-35/**L	2610	1692	470	150	315	426	640	590	80	160	6×φ30	4×φ18	734
GLL5-40/**L	2880	1962											802
GLL5-45/**L	3120	2202											853
GLL5-50/**L	3390	2472							100	180		8×φ18	936
GLL5-60/**L	3930	3012											1063
GLL6-80/**L	3255	2015	705	235	500	616	1075	1015	125	210	6×φ40	2×φ18	1670
GLL6-100/**L	3855	2615											1943
GLL6-120/**L	4455	3215							150	240		8×φ23	2216
GLL7-160/**L	3320	2010	715		602	820	1210	1150					2768
GLL7-200/**L	3970	2660							200	295			3340

注: 1. 法兰连接尺寸按 JB/T 81—1994《凸面板式平焊钢制管法兰》中 $PN=1$MPa 的规定
2. 型号中 ** 的标注见表 11-1-46 注 1

2) 板式油冷却器 (摘自 JB/ZQ 4593—2006)

表 11-1-48 BRLQ 型板式油冷却器基本参数 (JB/ZQ 4593—2006)

型号	公称冷却面积/m²	油流量/L·min⁻¹ 50#机械油	油流量/L·min⁻¹ 28#轧钢机油	进油温度/℃	出油温度/℃	油压降/MPa	进水温度/℃	水流量/L·min⁻¹ 用50#机械油时	水流量/L·min⁻¹ 用28#轧钢机油时	应用
BRLQ0.05-1.5	1.5	20	10					16	8	(1)适用于稀油润滑系统中冷却润滑油,其黏度值不大于460mm²/s (2)板式冷却器油和水流向应相反 (3)冷却水用工业用水,如用江河水需经过滤或沉淀 (4)工作压力小于1MPa (5)工作温度-20~150℃ (6)50#机械油相当于L-AN100全损耗系统用油或L-HL100液压油;28#轧钢机油行业标准已废除,可考虑使用LCKD460重载荷工业齿轮油
BRLQ0.05-2	2	32	16					25	13	
BRLQ0.05-2.5	2.5	50	25					40	20	
BRLQ0.1-3	3	80	40					64	32	
BRLQ0.1-5	5	125	63					100	50	
BRLQ0.1-7	7	200	100					100	80	
BRLQ0.1-10	10	250	125					200	100	
BRLQ0.2A-13	13	400	160					320	130	
BRLQ0.2A-18	18	500	250					400	200	
BRLQ0.2A-24	24	600	315					500	250	
BRLQ0.3A-30	30	650	400					520	320	
BRLQ0.3A-35	35	700	500	50	≤42	≤0.1	≤30	560	400	
BRLQ0.3A-40	40	950	630					800	500	
BRLQ0.5-60	60	1100	800					900	640	
BRLQ0.5-70	70	1300	1000					1050	800	
BRLQ0.5-80	80	2100	1600					1670	1280	
BRLQ0.5-120	120	3000	2100					2400	1600	
BRLQ1.0-50	50	1000	715					850	570	
BRLQ1.0-80	80	2100	1600					1670	1280	
BRLQ1.0-100	100	2500	1800					2040	1440	
BRLQ1.0-120	120	3000	2100					2400	1600	
BRLQ1.0-150	150	3500	2500					2950	2400	
BRLQ1.0-180	180	4000	2850					3500	2600	
BRLQ1.0-200	200	4500	3150					3800	3000	
BRLQ1.0-250	250	5000	3500					4400	3400	

注: 生产厂有启东市南方润滑液压设备有限公司,南通市博南润滑液压设备有限公司,四川川润液压润滑设备有限公司,常州市华立液压润滑设备有限公司,启东市中冶润滑设备有限公司。

BRLQ 型板式油冷却器

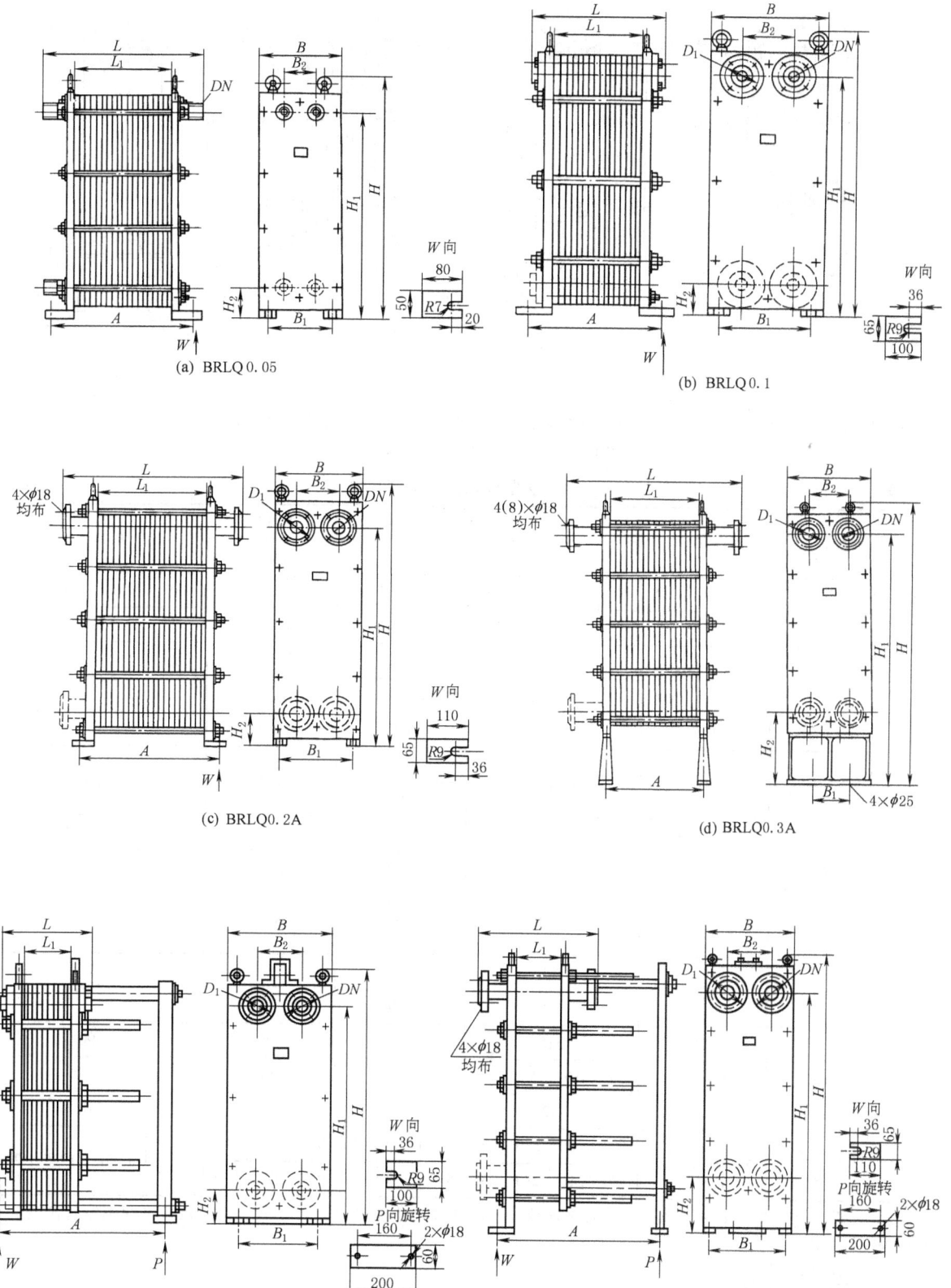

(a) BRLQ 0.05
(b) BRLQ 0.1
(c) BRLQ 0.2A
(d) BRLQ 0.3A
(e) BRLQ 0.1(X)
(f) BRLQ 0.2A(X)

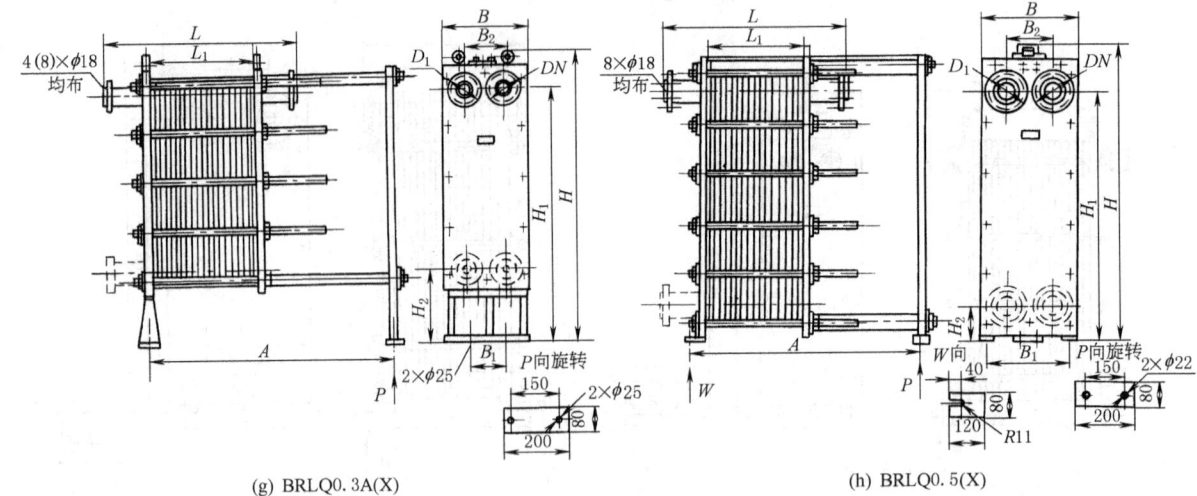

(g) BRLQ0.3A(X)　　(h) BRLQ0.5(X)

标记示例：单板冷却面积 $0.3m^2$，公称面积 $35m^2$，第一次改型的悬挂式板式油冷却器，标记为

BRLQ0.3A-35X 冷却器 JB/ZQ 4593—2006

表 11-1-49　　BRLQ 型板式油冷却器尺寸　　mm

板片规格		0.05			0.1			0.2A			0.3A			0.5(X)			
					0.1(X)			0.2A(X)			0.3A(X)						
公称冷却面积/m^2		1.5	2	2.5	3	5	7	10	13	18	24	30	35	40	60	70	80	120
尺寸	$L_1 \approx$	3.8×n			4.9×n				6.5×n			6.2×n			4.8×n			
	A	L_1+120			L_1+128				L_1+150			L_1+46			n×7+806			
					n×7+410				n×9+720			n×10+600						
	B_1	165			250				335			200			310			
	H_1	530			636.5				980			1400			1563			
									1062									
	$L \approx$	L_1+180			L_1+144				L_1+312			L_1+460			L_1+500			
	B_2	80			142				190			218			268			
	H_2	74			88.5				140			415			230			
									222									
	H	638			760				1164			1598			1840			
					778				1246									
	B	215			315				400			480			590			
	DN	G1¼B			32	10	50	60	65			80			125			
	D_1	—			92				145			160			210			
质量≈/kg		73	80	86	160	200	270	320	500	700	930	965	1040	1115	1650	1790	1925	2450
					170	210	280	330	530	730	965	985	1080	1160				

注：1. 除 0.05、0.1 及 0.1（X）外，其余连接法兰的连接尺寸按 JB/T 81—1994《凸面板式平焊钢制管法兰》中，$PN=1MPa$ 的规定。

2. $n = \dfrac{公称冷却面积}{单板冷却面积} + 1$，表示板片数。

3. 型号中 A 为改型标记，有"（X）"标记的为悬挂式，无"（X）"标记的为落地式。

表 11-1-50　　BRLQ1.0（X）型板式油冷却器尺寸　　mm

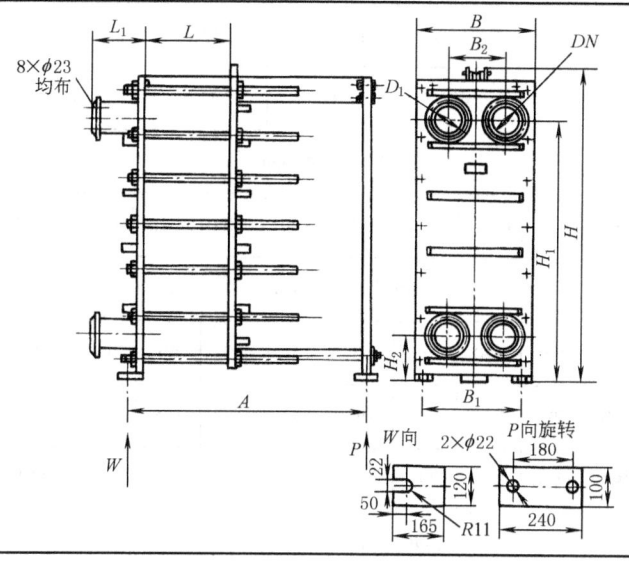

板片规格	1.0(X)							
公称冷却面积 /m²	50	80	100	120	150	180	200	250
尺寸 L	326	518	646	774	966	1158	1286	1606
A	1340	1580	1750	1920	2180	2430	2600	3030
B_1	740							
H_1	1980.5							
L_1	300							
B_2	433							
H_2	314.5							
H	2325							
B	860							
DN	225							
D_1	325							
质量/kg	2496	2870	3120	3370	3744	4118	4367	4990

(2) 过滤器及过滤机

1) SWQ 型（原为 SLQ 型）双筒网式过滤器（摘自 JB/T 2302—1999）。适用于公称压力 0.63MPa 的稀油润滑系统中过滤润滑油。小型的为整体式；较大型的为组合式，分别由两组过滤筒和一个三位六通换向阀组成，工作时一筒工作，一筒备用，可实现不停车切换过滤筒，达到润滑不间断的目的。

表 11-1-51　　SWQ 型双筒网式过滤器参数及外形尺寸　　mm

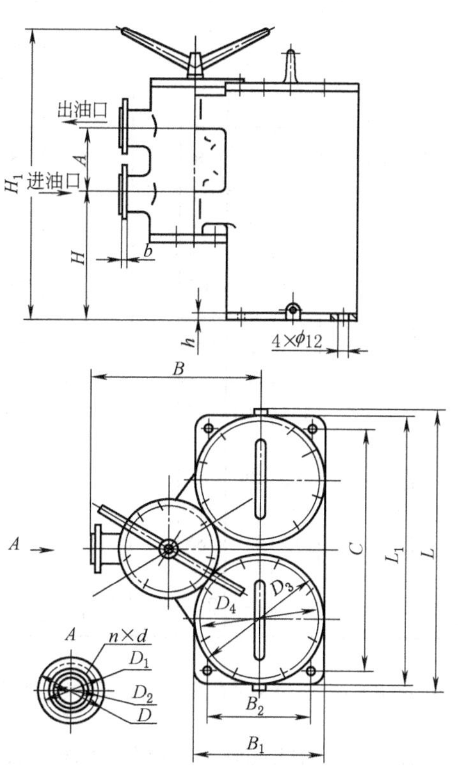

公称通径 32mm、40mm 双筒网式过滤器(整体式)  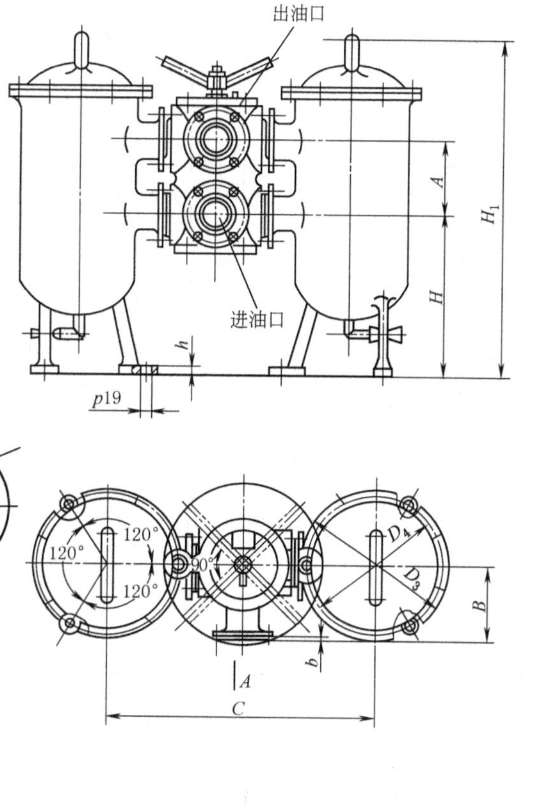　　　　公称通径 50~150mm 双筒网式过滤器(组合式)

续表

型号	公称通径	公称压力/MPa	过滤面积/m²	运动黏度/mm²·s⁻¹(40℃时)									
				46		68		100		150		460	
				过滤精度/mm									
				0.08	0.12	0.08	0.12	0.08	0.12	0.08	0.12	0.08	0.12
				通过能力/L·min⁻¹									
SWQ-32	32	0.63	0.08	130	310	120	212	63	151	29	69	19	49
SWQ-40	40	0.63	0.21	330	790	305	540	160	384	72	175	48	125
SWQ-50	50	0.63	0.31	485	1160	447	793	250	565	107	256	69	160
SWQ-65	65	0.63	0.52	820	1960	760	1340	400	955	180	434	106	250
SWQ-80	80	0.63	0.83	1320	3100	1200	2150	630	1533	288	695	170	400
SWQ-100	100	0.63	1.31	1990	4750	1840	3230	1000	2310	436	1050	267	630
SWQ-125	125	0.63	2.20	3340	8000	3100	5420	1680	3890	730	1770	450	1000
SWQ-150	150	0.63	3.30	5000	12000	4650	8130	2520	5840	1094	2660	679	1600

型号	A	B	B_1	B_2	C	D_3	D_4	D_1	H	H_1 ≈	L	L_1	h	进、出油口法兰						质量/kg
														D	D_1	D_2	b	d	n	
SWQ-32	140	250	186	154	344	—	—	G⅜	145	440	397	386	20	135	100	78	18	18	4	82
SWQ-40	165	265	222	184	410	—	—	G⅜	180	515	480	447	20	145	110	85	18	18	4	115
SWQ-50	190	165	—	—	693	330	280	G½	355	800	—	—	20	160	125	100	20	18	4	205
SWQ-65	200	170	—	—	713	374	300	G½	395	860	—	—	20	180	145	120	20	18	4	288
SWQ-80	220	202	—	—	830	374	320	G¾	500	990	—	—	20	195	160	135	22	18	8	345
SWQ-100	250	202	—	—	895	442	400	G¾	610	1190	—	—	20	215	180	155	22	18	8	468
SWQ-125	260	240	—	—	1200	755	600	G1	640	1270	—	—	30	245	210	185	24	18	8	1040
SWQ-150	300	240	—	—	1200	755	600	G1	860	1530	—	—	30	280	240	210	23	18	8	1185

注：1. 法兰尺寸按 JB/T 79.1（$PN=1.6$MPa）的规定。

2. 在工作时过滤器进、出口初始压差小于等于0.035MPa，工作后当压差≥0.15MPa时，应立即进行换向清洗或更换过滤网。

3. 运动黏度按 GB/T 3141—1994《工业液体润滑剂 ISO 黏度分类》的规定。

4. 生产厂有南通市南方润滑液压设备有限公司，启东市南方润滑液压设备有限公司，四川川润液压润滑设备有限公司，南通市博南润滑液压设备有限公司。

2) SWCQ 型双筒网式磁芯过滤器（摘自 JB/ZQ 4592—2006）。适用于公称压力 0.63MPa 的稀油润滑系统中过滤润滑油。由于内部装有磁芯，因此还能吸附带磁性的微粒，避免机械摩擦副的过早磨损。除此以外，这种过滤器的结构特点与 SWQ 型双筒网式过滤器相似。

表 11-1-52　　双筒网式磁芯过滤器参数及外形尺寸　　mm

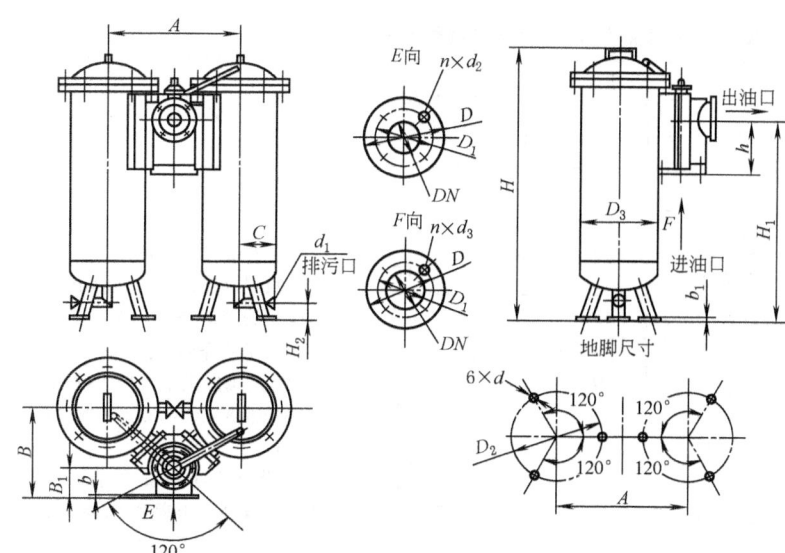

公称压力 0.63MPa，进、出口初始压差小于等于 0.03MPa，滤芯清洗压降小于等于 0.15MPa，滤芯破损时更换之；

适用于稀油润滑系统及液压传动系统中过滤润滑油或液压油，适用于黏度值 46～460mm²/s 的润滑油

标记示例：

公称通径为 50mm 的双筒网式磁芯过滤器，标记为

SWCQ-50 过滤器

JB/ZQ 4592—2006

型号	公称通径 DN/mm	过滤面积 /m²	运动黏度值/mm²·s⁻¹（40℃时）										质量/kg
			46		68		100		150		460		
			过滤精度/mm										
			0.08	0.12	0.08	0.12	0.08	0.12	0.08	0.12	0.08	0.12	
			通过能力/L·min⁻¹										
SWCQ-50	50	0.31	485	1160	447	793	250	565	107	256	69	160	136
SWCQ-65	65	0.52	820	1960	760	1340	400	955	180	434	106	250	165
SWCQ-80	80	0.83	1320	3100	1200	2150	630	1533	288	695	170	400	220
SWCQ-100	100	1.31	1990	4750	1840	3230	1000	2310	436	1050	267	630	275
SWCQ-125	125	2.80	3340	8000	3100	5420	1686	3890	730	1710	450	1000	680
SWCQ-150	150	3.30	5000	12000	4650	8130	2520	5840	1094	2660	679	1600	818
SWCQ-200	200	6.00	9264	22140	8568	15114	4620	10788	2034	4908	1254	2898	1185
SWCQ-250	250	9.40	14513	34686	13423	23678	7238	16901	3186	7689	1964	4540	1422
SWCQ-300	300	13.50	20844	49815	19278	34006	10395	24273	4576	11043	2821	6520	2580

型号	公称通径 DN	A	B	B_1	b	b_1	C	D_2	D_3	H	H_1	H_2	h	d	d_1	进、出口法兰尺寸					
																DN	D	D_1	n	d_2	d_3
SWCQ-50	50	459	325	130	18	20	170	260	240	660	480	70	170	19	G½	50	160	125	4	18	M16
SWCQ-65	65	474	340	140	20	20	170	260	240	810	630	70	200	19	G½	65	180	145	4	18	M16
SWCQ-80	80	529	367	145	20	20	180	350	300	820	620	70	220	19	G½	80	195	160	4	18	M16
SWCQ-100	100	550	381	160	22	20	180	350	300	1000	780	70	250	19	G½	100	215	180	8	18	M16
SWCQ-125	125	779	494	165	24	20	220	600	550	1340	1060	100	300	19	G½	125	245	210	8	18	M16
SWCQ-150	150	817	533	190	24	30	220	600	550	1460	1120	100	340	24	G½	150	280	240	8	23	M20
SWCQ-200	200	938	613	230	24	30	260	650	600	1500	1120	120	420	24	G½	200	335	295	8	23	M20
SWCQ-250	250	1034	676	260	26	30	260	700	640	1600	1190	120	500	24	G½	250	390	350	12	23	M20
SWCQ-300	300	1288	814	290	28	30	260	1000	900	1720	1120	120	570	24	G½	300	440	400	12	23	M20

注：1. 法兰连接尺寸按 JB/T 81—1994《凸面板式平焊钢制管法兰》（PN=1MPa）的规定。
2. 生产厂有启东市南方润滑液压设备有限公司，南通市南方润滑液压设备有限公司，南通市博南润滑液压设备有限公司，四川川润液压润滑设备有限公司，常州市华立液压润滑设备有限公司，启东中冶润滑设备有限公司，江苏江海润液设备有限公司。

3) SPL、DPL 型网片式油滤器（摘自 CB/T 3025—1999）。网片式油滤器源于船用柴油机网片式油滤器（GB/T 4733—1984），用于船用柴油机的燃油和润滑油的滤清，可滤除不溶于油的污物以提高油的清洁度，原国标已转为部标 CB/T 3025—1999。现常应用于冶金、电力、石化、建材、轻工等行业，它分为 SPL 双筒系列和 DPL 单筒系列，过滤元件为金属丝网制成的滤片，具有强度高、通油能力大、过滤可靠、便于清洗、维修不需要其他动力源等特点。

表 11-1-53 网片式油滤器的品种规格和性能参数

型号		公称通径 DN/mm	额定流量/m³·h⁻¹(L·min⁻¹)	滤片尺寸/mm		过滤面积（单筒）/m²	其他参数
双筒系列	单筒系列			内径	外径		
SPL 15	—	15	2(33.4)	20	40	0.05	
SPL 25	DPL 25	25	5(83.4)	30	65	0.13	(1)最高工作温度 95℃
SPL 32	—	32	8(134)			0.20	(2)最高工作压力 0.8MPa
SPL 40	DPL 40	40	12(200)	45	90	0.41	(3)滤芯清洗压降 0.15MPa
SPL 50	—	50	20(334)	60	125	0.54	(4)试验介质为黏度 24mm²/s 的清洁油液，当以额定流量通过油滤器时，原始压降不大于 0.08MPa（过滤精度 0.04mm）
SPL 65	DPL 65	65	30(500)			0.84	
SPL 80	DPL 80	80	50(834)	70	155	1.31	安装型式：D—顶挂型；C—侧置型；X—下置型。压差发讯器为选配件，需要时订货时应说明
SPL 100	—	100	80(1334)			2.62	
SPL 125	—	125	120(2000)			3.11	
SPL 150	DPL 150	150	180(3000)	90	175	4.67	
SPL 200	DPL 200	200	520(5334)			8.10	

注：生产厂有启东市南方润滑液压设备有限公司，南通市南方润滑液压设备有限公司，四川川润股份有限公司。

单筒网片式油滤器

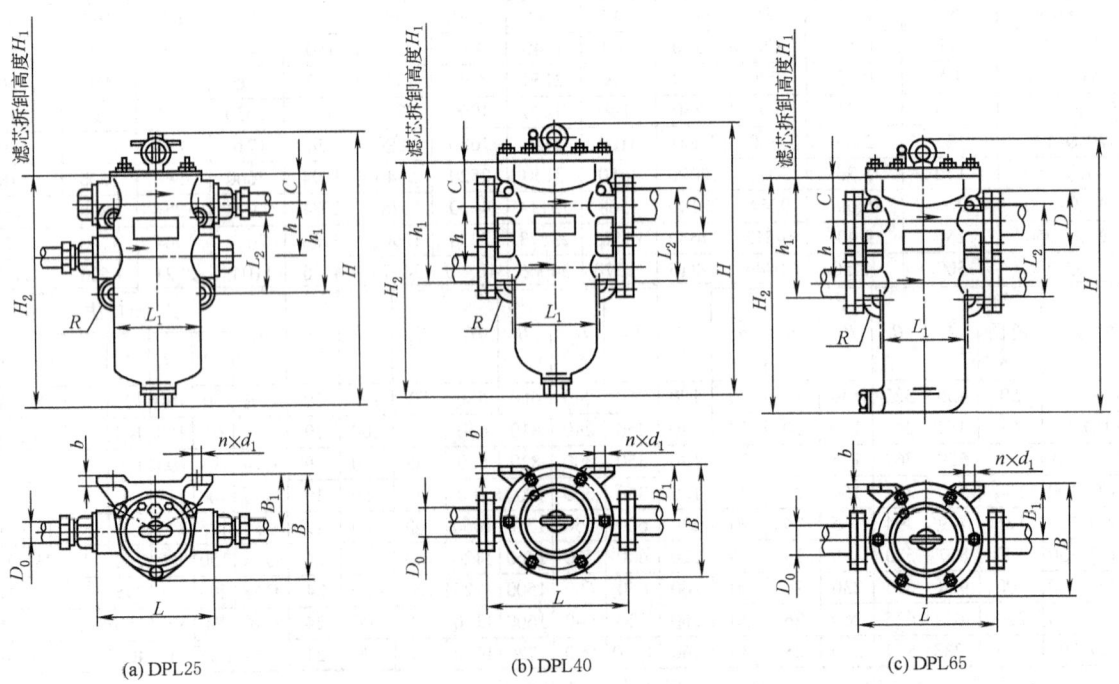

(a) DPL25　　　(b) DPL40　　　(c) DPL65

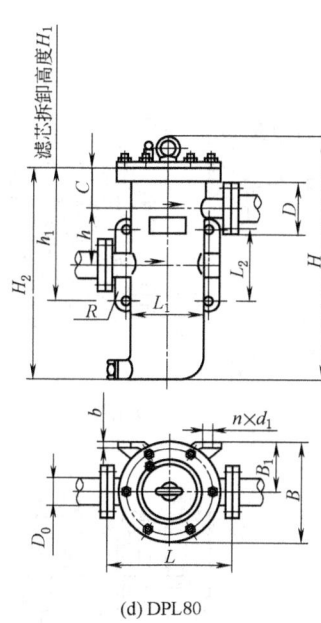

(d) DPL80

标记示例:
单筒系列,公称通径150mm,下置型
带手动气冲洗的网片式油滤器,标记为
DPL/150X-QX　CB/T 3025—1999

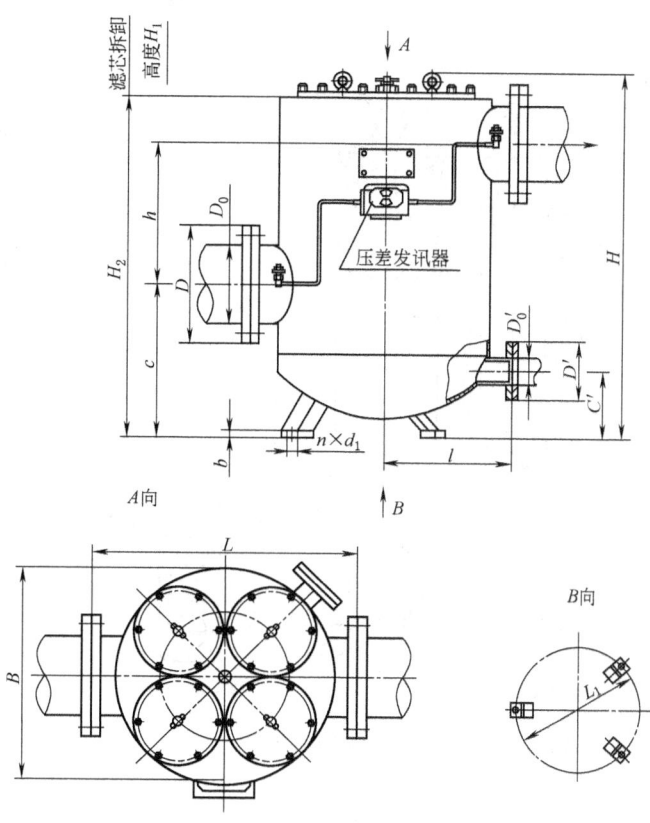

(e) DPL100～DPL200

表 11-1-54　　　　DPL型单筒网片式油滤器的型式和基本尺寸　　　　mm

公称通径	安装型式	外形尺寸				拆装滤芯距离	管路连接尺寸		管路安装尺寸				基座安装尺寸						质量/kg
DN		H	B	L	H_1		D	D_0	c	h	B_1	H_2	h_1	L_1	L_2	b	R	n	d_1	
25	C	315	130	135	270		M39×2	25	34	60	70	264	139	100	90	12	15	4	16	6
40	C	440	143	173	360		66×66	45	36	70	80	364	177	130	125	14	20	4	18	12
65	C	580	195	285	535		100×100	70	79	105	105	517	261	165	150	18	25	4	22	25
80	C	700	238	320	685		φ185	89	90	120	128	630	310	170	170	18	25	4	22	30

公称通径	安装型式	H	B	L	H_1	D	D_0	D'	D'_0	C	h	L	H_2	C'	L_1	b	n	d_1	质量/kg
100	X	800	412	528	790	190	108	140	42	290	360	264	734	150	335	18	3	18	115
150	X	940	550	660	790	240	158	135	57	380	380	335	870	180	470	20	3	24	160
200	X	1050	612	750	945	310	219	135	57	438	400	368	980	180	550	20	3	24	210

双筒网片式油滤器

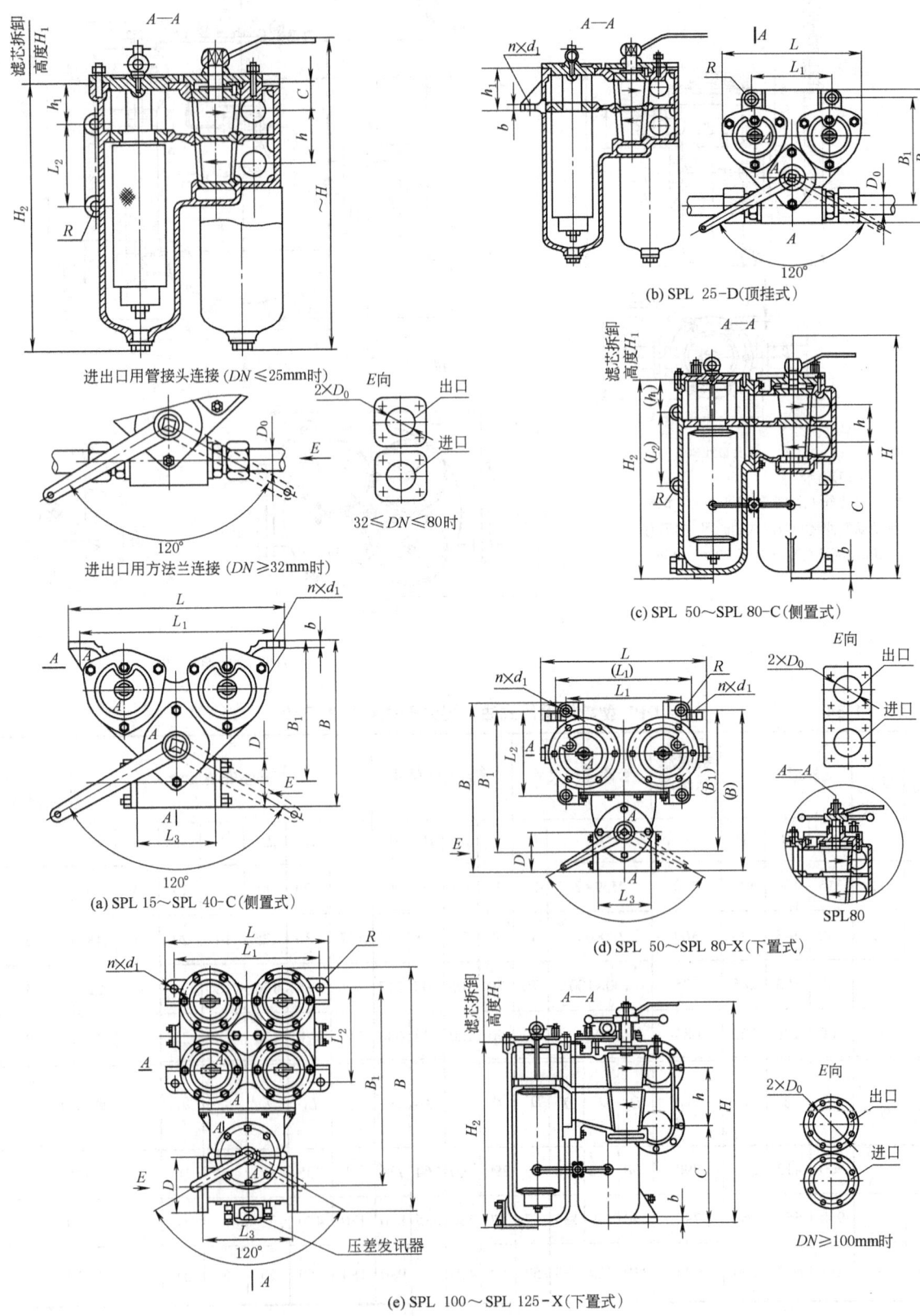

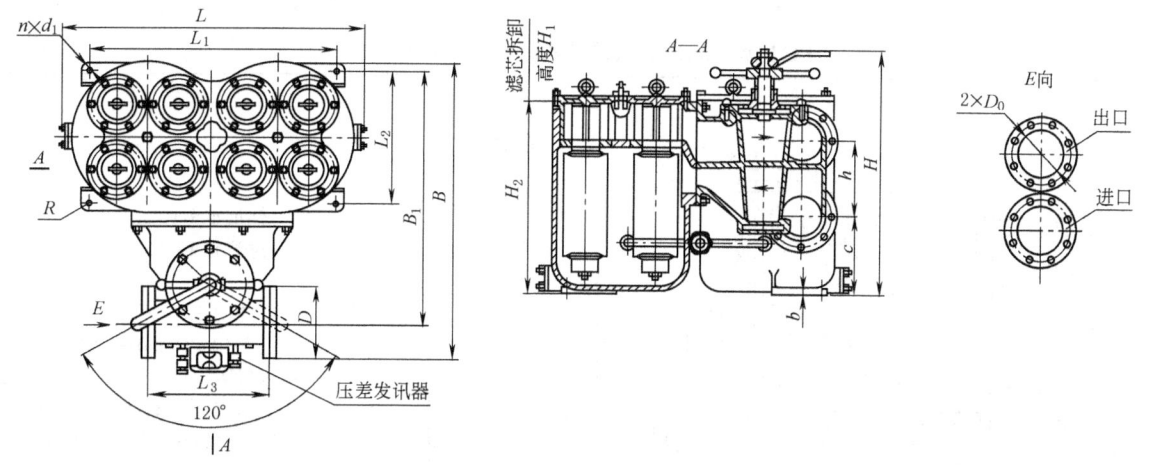

(f) SPL 150～SPL 200-X(下置式)

标记示例：

双筒系列，公称通径65mm，侧置型网片式油滤器，标记为

SPL 65C CB/T 3025—1999

表 11-1-55　　SPL 型双筒网片式油滤器的安装型式和基本尺寸　　　　mm

公称通径	安装型式	外形尺寸			拆装滤芯距离	管路连接尺寸			管路安装尺寸					基座安装尺寸						质量/kg
						螺纹连接	法兰连接													
DN		H	B	L	H_1	D_W	D	D_0	c	h	L_3	B_1	H_2	h_1	L_1	L_2	b	R	n	d_1	
15	C	328	180	196	260	M30×2			38	55	88	155	291	88	166	80	12	16	4	12	9.5
20	C	310	207	260	230	M33×2			34	65	90	177	258	90	230	100	12	15	4	15	11.5
25	D	315	232	230	270	M39×2			34	65	90	185	265	90	156	100	12	15	2	16.5	12
	C	315	205	260								177		—	230				4	16.5	12
32	C	380	207	260	330		60×60	38	34	65	96	175	330	50	230	100	12	15	4	16.5	12
40	C	462	261	314	360		66×66	45	43	70	110	224	363	100	274	130	15	20	4	17	22
50	X	447	425	410	425		86×86	57	220	90	140	355	422		260	210	18	25	4	20	85
	C	447	400	410			86×86	57				355	412	92	350	130			4		
65	X	580	453	410	535		100×100	70	365	105	160	375	527	28	260	210	28	25	4	20	120
	C		423				100×100					425	517	112	350	150			4		
80	X	780	541	492	660		116×116	89	443	124	190	456	650		350	370	20	20	4	22	165
100	X	765	847	560	660		190	108	336	200	300	687	640		500	330	20	32	4	22	370
125	X	850	900	605	760		215	133	385	225	340	682	730		540	270	20	32	4	22	420
150	X	890	1000	990	790		240	150	380	250	400	825	760		750	460	30	32	4	22	680
200	X	1058	1155	1180	945		310	219	450	315	440	960	910		920	520	30	40	4	24	800

4）平床过滤机（摘自 JB/ZQ 4601—2006）。平床过滤机的结构为箱式水平卧置过滤机；换纸机构型式为绕带式。适用于有色金属及黑色金属轧制工艺润滑系统，对工艺润滑冷却液及乳化液进行过滤。

表 11-1-56　PGJ 型平床过滤机的基本参数、型号与尺寸　　　　　　　　　　mm

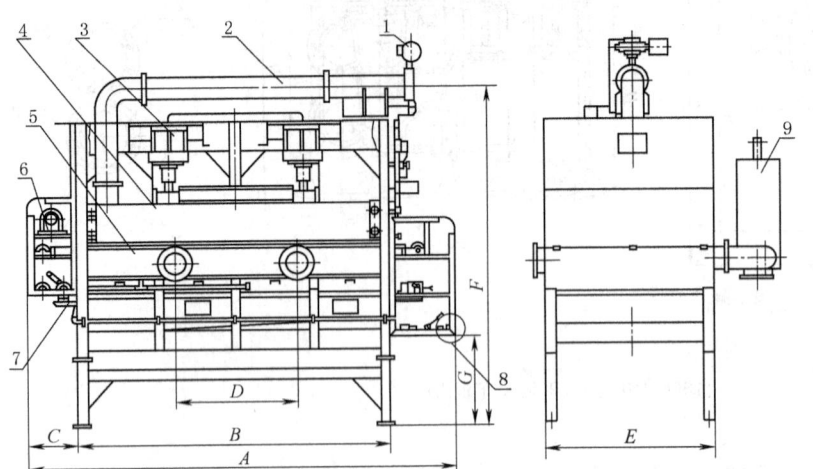

标记示例：
过滤面积 3.6m² 的平床过滤机，标记为
PGJ-3.6 平床过滤机
JB/ZQ 4601—2006
1—入口阀；2—软管；3—液压油缸；4—上室；5—下室；6—纸带输送装置；7—油盘；8—过滤纸；9—液位箱

型号	过滤能力 /L·min⁻¹	工作压力 /MPa	夹紧压力 /MPa	过滤精度 /μm	过滤面积 /m²	换纸时间 /min	油口尺寸 DN /mm 进	油口尺寸 DN /mm 出	地脚螺钉孔/mm	安装尺寸（长×宽）/mm×mm	质量/kg
PGJ-0.5	630				0.5		65	80	4×φ22	875×870	1260
PGJ-0.8	1000				0.8		80	100	4×φ22	1030×1250	1675
PGJ-1.25	1500				1.25		100	125	4×φ22	1480×1180	2560
PGJ-1.80	2000				1.80		125	150	4×φ22	1970×1500	3240
PGJ-2.50	3000				2.50		150	175	4×φ22	2240×1500	4500
PGJ-3.15	4000	0.021	0.4~0.6	15	3.15	3	200	250	4×φ22	2875×1500	5670
PGJ-3.60	4500				3.60		200	250	4×φ32	3400×1485	6210
PGJ-4.50	5500				4.50		250	300	4×φ32	4250×1500	7650
PGJ-5.00	6000				5.00		250	300	4×φ32	4711×1500	8200
PGJ-6.30	8000				6.30		300	335	8×φ32	6000×1500	10000
PGJ-8.00	10000				8.00		325	375	8×φ32	7175×1500	12000
PGJ-10	12500				10		375	425	8×φ32	6000×1500	14000
PGJ-12	15000				12		400	475	8×φ32	7100×2170	16000
PGJ-15	18000				15		450	500	8×φ32	9025×2170	18000

型号	A	B	C	D	E	F	G
PGJ-0.5	2100	930	560	610	935	2125	720
PGJ-0.8	2350	1235	510	610	1090	2185	670
PGJ-1.25	2810	1540	460	815	1240	2490	890
PGJ-1.80	3715	2030	765	915	1575	2540	200
PGJ-2.50	4175	2345	765	1070	1575	2540	200
PGJ-3.15	5085	2955	915	1220	1575	2620	200
PGJ-3.60	6010	3570	915	1525	1575	2620	200
PGJ-4.50	6930	4185	1220	1525	1575	2620	200
PGJ-5.00	7840	4791	1525	1525	1575	2620	200
PGJ-6.30	9080	6030	1525	1525	1575	2620	200
PGJ-8.00	10915	7255	1830	1830	1575	2670	200
PGJ-10	9300	6100	1830	1375	2290	2815	105
PGJ-12	10975	7315	1830	1830	2290	2815	105
PGJ-15	12805	9145	1830	1830	2290	2815	105

注：生产厂有常州市华立液压润滑设备有限公司，启东市南方润滑液压设备有限公司，南通市南方润滑液压设备有限公司。

5) 精密过滤机（摘自 JB/ZQ 4085—2006）。用于在压力下过滤轧制工艺润滑用煤油，助滤剂为硅藻土的精密过滤机。精密过滤机用过滤纸（又名无纺布）进行过滤。

表 11-1-57　　　　　JLJ 型精密过滤机型号、尺寸与基本参数

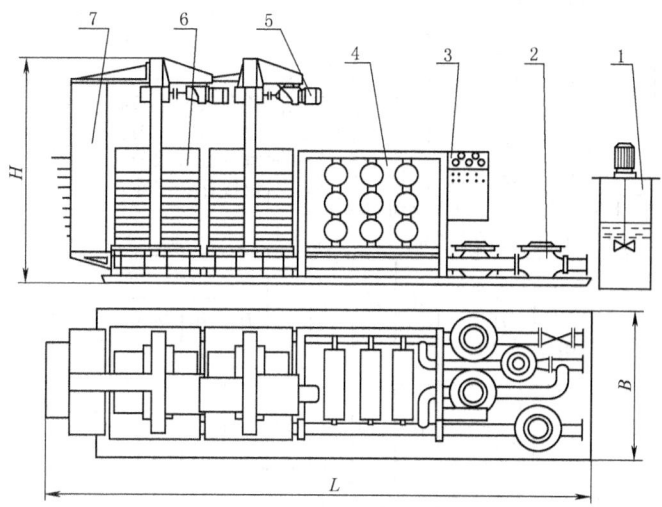

标记示例：
公称流量 630L/min 的精密过滤机，标记为
JLJ-630 精密过滤机 JB/ZQ 4085—2006

1—混合箱；2—过滤泵；3—控制箱；4—滤纸架；
5—提升夹紧机构；6—过滤箱；7—运纸机构

型号	公称流量 /L·min^{-1}	公称通径 /mm	公称压力 /MPa	清洗换纸时间/min	公称过滤精度/μm	过滤的循环时间/h	过滤箱夹紧力/N	外形尺寸/mm			质量/kg
								L	B	H	
JLJ-630	630	65						5710	2040	2250	7200
JLJ-1000	1000	85						5900	2040	2700	9200
JLJ-1500	1500	100						1310	2040	3150	11000
JLJ-2000	2000	125						6310	2100	3570	15000
JLJ-2500	2500	150						6310	2100	4000	16500
JLJ-3000	3000	150						7660	2100	3150	17700
JLJ-3500	3500	150	0.4(C)	30	0.5~5	24	411×10^3	7660	2100	3450	19000
JLJ-4000	4000	200						8860	2300	3650	20500
JLJ-4500	4500	200						10210	2300	3210	25000
JLJ-5000	5000	200						8860	2300	4100	26500
JLJ-6300	6300	200						10210	2300	3650	32000
JLJ-8000	8000	250						10700	2500	4200	33000
JLJ-8500	8500	250						12000	2500	4200	41000
JLJ-10000	10000	300						12000	2700	4400	52000

注：生产厂有常州市华立液压润滑设备有限公司，启东市南方润滑液压设备有限公司，南通市南方润滑液压设备有限公司，南通市博南润滑液压设备有限公司。

(3) 其他元件

表 11-1-58　　安全阀型号、规格及尺寸　　mm

单向阀(JB/ZQ 4595—2006)

型号	公称通径 DN	公称压力 /MPa	d	D	H_1	H	A	质量 /kg	生产厂
DXF-10	10	0.8 (E)	G3/8	40	30	100	35	1.2	江苏江海润液设备有限公司,南通市博南润滑液压设备有限公司,南通市南方润滑液压设备有限公司,启东市南方润滑液压设备有限公司,四川川润液压润滑设备有限公司,常州华立液压润滑设备有限公司,启东中冶润滑设备有限公司
DXF-15	15		G1/2	40	40	110	32	1.2	
DXF-25	25		G1	50	45	115	40	1.8	
DXF-32	32		G1 1/4	55	55	120	45	2.0	
DXF-40	40		G1 1/2	60	55	120	52	2.2	
DXF-50	50		G2	75	65	128	68	3.4	

(1) 用于稀油润滑系统,防止油流反向流动的单向阀
(2) 适用于黏度 22~460 mm²/s 的润滑油

安全阀(JB/ZQ 4594—2006)

型号	公称通径 DN	公称压力 /MPa	工作压力 /MPa	d	H	H_1	A	法兰尺寸 /mm					D_3	质量 /kg
								D	D_1	D_2	B	n		
AF-E 20/0.5	20	0.8 (E)	0.2~0.5	G3/4	140	56	35.5	—					45	1.2
AF-E 20/0.8			0.4~0.8											
AF-E 25/0.5	25		0.2~0.5	G1	165	70	40	—					50	1.6
AF-E 25/0.8			0.4~0.8											
AF-E 32/0.5	32		0.2~0.5	G1 1/4	194	88	48	—					60	2.8
AF-E 32/0.8			0.4~0.8											
AF-E 40/0.5	40		0.2~0.5	G1 1/2	194	88	52	—					60	2.8
AF-E 40/0.8			0.4~0.8											
AF-E 50/0.8	50		0.2~0.8	—	420	110	110	165	125	100	18	4	—	15
AF-E 80/0.8	80				485	125	125	200	160	135	18	8	—	23
AF-E 100/0.8	100				540	155	135	220	180	155	18	8	—	31

(1) 用于稀油集中润滑系统,使系统压力不超过调定值
(2) 适用于黏度 22~460 mm²/s 的润滑油
(3) 法兰连接尺寸按 JB/T 81—1994《凸面板式平焊钢制管法兰》(PN=1.6MPa)的规定
(4) 标记示例:
公称压力 0.8MPa,公称通径 40mm,调节压力 0.2~0.5MPa 的安全阀,标记为
　　　　AF-E 40/0.5　安全阀　JB/ZQ 4594—2006
(5) 生产厂:江苏江海润液设备有限公司等

GZQ型给油指示器(JB/ZQ 4597—2006)

型号	公称通径 DN	公称压力 /MPa	d	D	B	A_1	A	H	H_1	D_1	质量 /kg	生产厂(安全阀同此)
GZQ-10	10	0.63 (D)	G3/8	65	58	35	32	142	45	32	1.4	江苏江海润液设备有限公司,南通市博南润滑液压设备有限公司,启东市南方润滑液压设备有限公司,南通市南方润滑液压设备有限公司,四川川润液压润滑设备有限公司,常州华立液压润滑设备有限公司,启东中冶润滑设备有限公司
GZQ-15	15		G1/2	65	58	35	32	142	45	32	1.4	
GZQ-20	20		G3/4	50	60	28	38	150	60	41	2.2	
GZQ-25	25		G1	50	60	28	38	150	60	41	2.2	

(1) 用于稀油润滑系统,观察向润滑点给油情况和调节油量的给油指示器
(2) 适用于黏度 22~460 mm²/s 的润滑油;与管路连接时尽量垂直安装
(3) 标记示例:公称通径 15 的给油指示器,标记为
　　　GZQ-15　给油指示器　JB/ZQ 4597—2006

续表

YXQ型油流信号器(JB/ZQ 4596—1997)

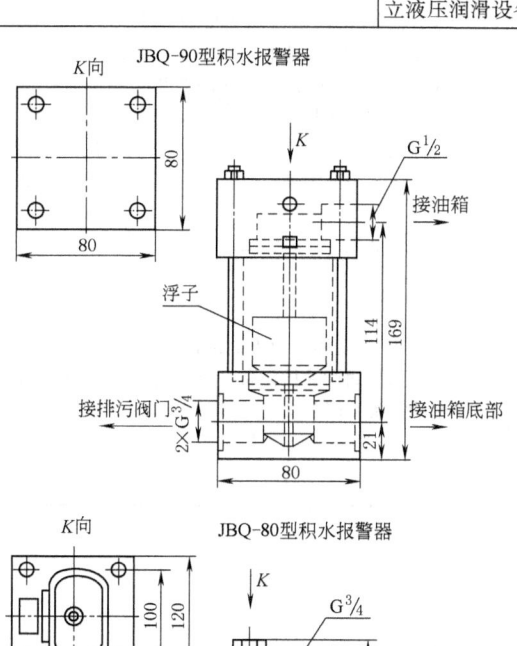

型号	公称通径 DN	公称压力 /MPa	连接螺纹 d	L	D	H ≈	h ≈	B	D_1	S	干簧管触点容量 电压/V	干簧管触点容量 电流/A	干簧管触点容量 功率/W	质量 /kg
YXQ-10	10	0.4(C)	G3/8	100	70	75	37	65	32	27	12	0.05	0.5	0.7
YXQ-15	15		G1/2	100	70	75	37	65	32	27				0.7
YXQ-20	20		G3/4	120	82	82	40	78	48	40				0.9
YXQ-25	25		G1	120	82	82	40	78	48	40				0.9
YXQ-40	40		G1 1/2	150	110	106	53	106	68	60				1.1
YXQ-50	50		G2	150	110	106	53	106	68	75				1.2

(1)用于稀油润滑系统,通过指针观察油流情况,通过干簧管发出管路中油量不足或断油信号
(2)适用于黏度22~460mm²/s的润滑油
(3)标记示例:公称通径10mm的油流信号器,标记为
　　YXQ-10 信号器 JB/ZQ 4596—1997

生产厂:江苏江海润液设备有限公司,四川川润液压润滑设备有限公司,常州华立液压润滑设备有限公司,启东中冶润滑设备有限公司

JBQ型积水报警器(JB/ZQ 4708—2006)

参数名称		型号 JBQ-80型	型号 JBQ-90型
浮子中心与油水分界面偏差		±2	±1.5
发信号报警的水面高度误差	/mm	±2	±1.5
控制积水高度		80	90
排水阀开启的水面高度误差		±2	±2
适用油箱容积/m³		>10	≤10
电气参数		50Hz,220V,50V·A	
介质黏度/mm²·s⁻¹		22~460	
适用温度/℃		0~80	

(1)适用于稀油集中润滑系统,用来控制油箱中积水量,并能及时显示报警;使用时通过截止阀与油箱底部连通
(2)积水报警器与手动阀门配套时,报警器可发出报警信号,实现人工排水。积水报警器与排污电磁阀、电气控制箱等配套时,可以实现油箱积水的自动控制,自动放水和关闭排污电磁阀
(3)油箱中的油液切忌发生乳化,因一旦发生乳化本产品将不能正常工作,故应选用抗乳化性强的油品
(4)标记方法:控制积水高度80mm的积水报警器,标记为
　　JBQ-80型积水报警器 JB/ZQ 4708—2006

生产厂:南通市博南润滑液压设备有限公司,启东市南方润滑液压设备有限公司,南通市南方润滑液压设备有限公司,常州市华立液压润滑设备有限公司

型号	总功率/kW	公称流量/L·min⁻¹	公称压力/MPa	温升/℃
DRQ-28	28	25	0.25(G)	≥35

型号	最高允许温度/℃	电加热器型号	电压/V	质量/kg
DRQ-28	90	GYY2-220/4	220	90

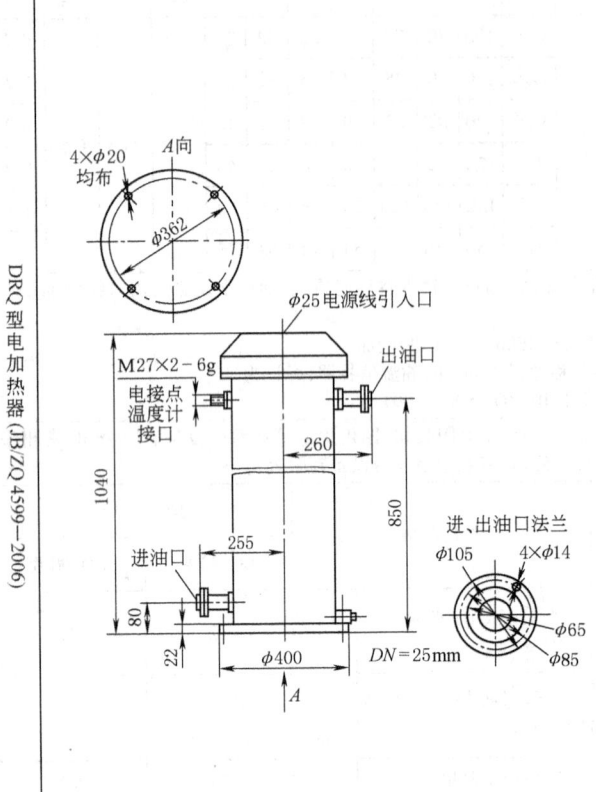

DRQ型电加热器 (JB/ZQ 4599—2006)

(1) 进、出口法兰按 JB/T 81—1994《凸面板式平焊钢制管法兰》($PN=1MPa, DN=25$)的规定
(2) 用于稀油集中润滑系统。当脏油进入净油机之前将其加热以减低油的黏度
(3) 被加热油品的闪点应不低于120℃
(4) 标记示例:功率28kW的电加热器,标记为
　　DRQ-28　加热器　JB/ZQ 4599—2006

生产厂:南通市南方润滑液压设备有限公司,启东市南方润滑液压设备有限公司,常州市华立液压润滑设备有限公司

4.2.4　润滑油箱

(1) 通用润滑油箱

润滑油箱的用途是:储存润滑系统所需足够的润滑油液;分离及沉积油液中的固体和液体沉淀污物以及消除泡沫;散热和冷却作用。

油箱常安装在设备下部,管道有1:10~1:30的倾斜度,以便于让润滑油顺利流回油箱。在油箱最低处装泄油或排污油塞(或阀),加油口设有粗滤网过滤油中的污染物。为增加润滑油的循环距离、扩大散热效果,并使油液中的气泡和杂质有充分的时间沉淀和分离,在油箱中加设挡板,以控制箱内的油流方向(使之改变3~5次),挡板高度为正常油位的2/3,其下端有小的开口,另外要求吸油管和回油管的安装距离要尽可能远。回油管应装在略高于油面的上方,截面比吸油管大3~4倍,并通过一个有筛网的挡板减缓回油流速,减少喷溅和消除泡沫。而吸油管离箱底距离为管径D的2倍以上,距箱边距离不小于$3D$。吸油管口有时设有滤油器,防止较大的磨屑进入油中。设时滤网精度应很低,以防吸油管堵塞而不能吸油;实际上一般都不设滤油器了!

油箱一般还设有通风装置或空气过滤器,以排除湿气和挥发的酸性物质。也可以用风扇强制通风或设置油冷却器和加热器调节油温。在环境污染或有沙尘环境工作的油箱,应使用密封类型的油箱。此外,在油箱上均设有油面指示器、温度计和加热器等,在油箱内部应涂有耐油防锈涂料。

表 11-1-59　　YX2 型油箱基本参数（摘自 JB/ZQ 4587—1997）

项目	型号 YX2-5	YX2-10	YX2-16	YX2-20	YX2-25	YX2-31.5	YX2-40	YX2-50	YX2-63	结构特点
公称容积/m³	5	10	16	20	25	31.5	40	50	63	（1）最高液面和最低液面是指油站工作时，泵在运行中的液面最高极限和最低极限位置，用液位信号器发出油箱极限液面信号。信号器的触点容量：220V、0.2A （2）蒸汽耗量是指蒸汽压力为 0.2~0.4MPa 时的耗量 （3）油箱有结构独特的消泡脱气装置，能够有效地消除油中夹杂的气泡，并将空气从油中排出 （4）油箱除设有精度为 0.25mm 的过滤装置外，还设有磁性过滤装置，用于吸收油中的微细铁磁性杂质 （5）该油箱可与 JB/ZQ 4586—2006《稀油润滑装置》配套
适用油泵排油量/L·min⁻¹	160/200	250/315	400/500	630	800	1000	1250	1600	2000	
加热器加热面积/m²	2	3.5	5.5	7	9	10.5	14	18	21	
蒸汽耗量/kg·h⁻¹	40	65	90	120	140	180	220	260	310	
过滤面积/m²	0.48	0.56	0.58	0.63	0.75	0.8	0.88	0.96	1.1	
过滤精度/mm	0.25									
最高液面/mm	1190	1240	1440	1540	1640	1690	1890	2110	2290	
最低液面/mm	290	340	340	290	340	340	340	390	390	
质量/kg	2395	3290	4593	5264	6062	6467	7607	11006	13813	

注：生产厂有南通市博南润滑液压设备有限公司，南通市南方润滑液压设备有限公司，启东市南方润滑液压设备有限公司，江苏江海润液设备有限公司，四川川润液压润滑设备有限公司，启东中冶润滑设备有限公司。

表 11-1-60　　几种工业上常用的油箱结构

（a）带沉淀池的油箱

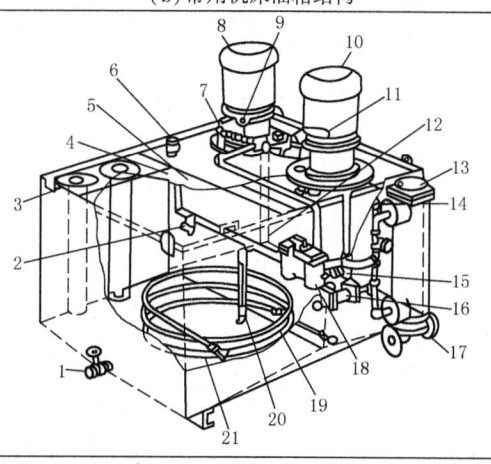

为一种带沉淀池的油箱，这种小型油箱的排污阀常安装在底部

（b）常用机床油箱结构

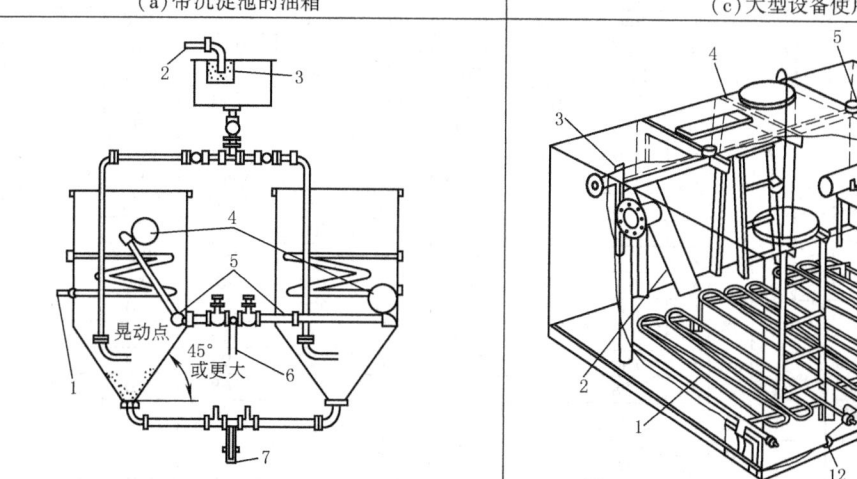

容积约有 0.9m³，这种油箱由于常有切削液或水等浸入，需经常清理保持清洁

（c）大型设备使用的油箱

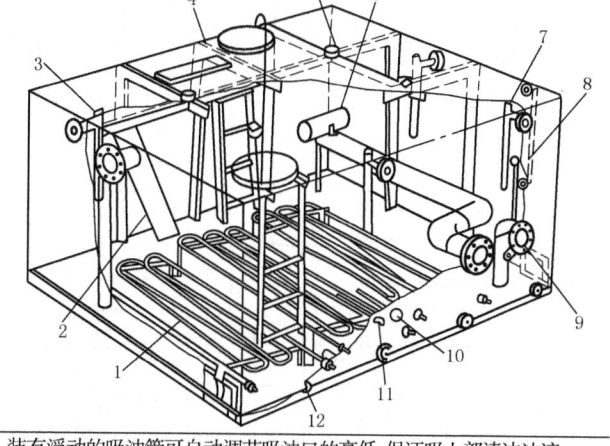

装有浮动的吸油管可自动调节吸油口的高低，保证吸上部清洁油液

图 a、b、c 三种油箱的组成

图 a：1—加热盘管；2—旧油进口；3—粗滤器；4—浮标；5—摆动接头；6—净油进口；7—排油口

图 b：1—放油阀塞；2—呼吸器；3—回油接管；4—可卸盖；5—闸板和粗滤器；6—充油接管；7—逆止阀；8—润滑油主循环泵；9—关闭阀；10—润滑油备用循环泵；11—压力表；12—脚阀和吸油端粗滤器；13—冷油器；14—温度表；15—永磁放油塞；16—溢流阀；17—冷却水接头；18—双重过滤器；19—恒温控制器；20—油标；21—加热盘管

图 c：1—蒸汽加热盘管；2—主要回油；3—从净化器回油；4—蒸汽盘管回槽；5—通气孔；6—正常吸油管（浮动式）；7—压力表（控制回油）；8—油标；9—低吸口；10—温度表；11—温度控制器；12—净化器吸管接头

表 11-1-61　　YX2 型油箱外形及法兰尺寸　　mm

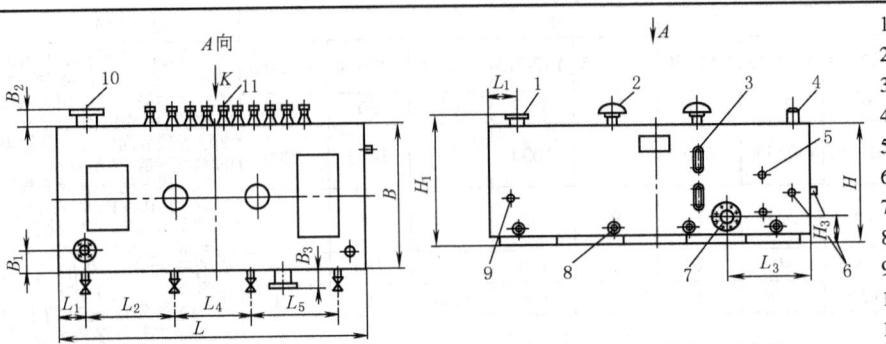

1—自循环回油口；
2—空气滤清器；
3—长形油标；
4—油位信号器；
5—弯嘴旋塞；
6—电接点温度计；
7—吸油口；
8—排油口（$DN40$ 净油机接口）；
9—直读温度计；
10—回油口；
11—蒸汽加热管

	型号	YX2-5	YX2-10	YX2-16	YX2-20	YX2-25	YX2-31.5	YX2-40	YX2-50	YX2-63
外形尺寸	L	3840	5200	6100	6500	7000	7500	8100	8800	9700
	L_1	250	250	280	380	380	400	400	400	450
	L_2	1100	1110	1520	1870	1000	2030	1000	1930	1050
	L_3	966	700	800	700	1260	1400	1400	1400	1500
	L_4	1140	2500	2500	2000	4000	2550	4000	3800	5225
	L_5	1200	1200	1650	2000	1400	2200	2350	2270	2650
	L_6	250	300	690	300	300	910	985	300	300
	L_7	992	876	1560	1390	1536	1320	1495	2200	2580
	L_8	740	1016	990	906	976	1820	1970	252	1050
	H	1300	1350	1600	1700	1800	1900	2100	2320	2500
	H_1	1400	1450	1700	1800	1900	2000	2200	2440	2610
	H_2	150	150	200	230	230	300	300	350	350
	H_3	260	280	300	300	320	350	350	400	400
	H_4	250	220	250	250	300	300	300	320	320
	H_5	427.5	427.5	427.5	427.5	427.5	598.5	598.5	598.5	1088
	B	1700	1800	2000	2180	2360	2500	2750	3000	3080
	B_1	250	250	250	300	300	400	300	400	450
	B_2	90	100	90	100	100	90	90	90	70
	B_3	90	100	90	100	100	90	90	90	70
吸油口法兰	DN	100	125	150	150	200	200	250	250	300
	D	220	250	285	285	340	340	395	395	445
	D_1	180	210	240	240	295	295	350	350	400
	D_2	158	184	212	212	268	268	320	320	370
	n	8	8	8	8	8	8	12	12	12
	d	17.5	17.5	22	22	22	22	22	22	22
	b	22	24	24	24	24	24	26	26	28
回油口法兰	DN	125	150	200	250	250	300	300	350	400
	D	250	285	340	395	395	445	445	490	540
	D_1	210	240	295	350	350	400	400	445	495
	D_2	184	212	268	320	320	370	370	430	482
	n	8	8	8	12	12	12	12	12	16
	d	17.5	22	22	22	22	22	22	22	22
	b	24	24	24	26	26	28	28	28	28
自循环回油口法兰	DN	50	80	100	100	125	125	150	150	200
	D	165	200	220	220	250	250	285	285	340
	D_1	125	160	180	180	210	210	240	240	295
	D_2	102	133	158	158	184	184	212	212	268
	n	4	4	8	8	8	8	8	8	8
	d	17.5	17.5	17.5	17.5	17.5	17.5	22	22	22
	b	18	20	22	22	24	24	24	24	24
蒸汽加热管法兰	DN	50	50	50	50	50	50	50	50	50
	D	165	165	165	165	165	165	165	165	165
	D_1	125	125	125	125	125	125	125	125	125
	D_2	102	102	102	102	102	102	102	102	102
	n	4	4	4	4	4	4	4	4	4
	d	17.5	17.5	17.5	17.5	17.5	17.5	17.5	17.5	17.5
	b	18	18	18	18	18	18	18	18	18

注：表中尺寸 b 为法兰厚度，图中未予标注。

（2）磨床动静压支承润滑油箱（摘自 JB/T 8826—1998）

适用于供油流量 2.5~100L/min、油箱容量 10~500L、油液黏度 2~68mm²/s 的磨床动静压支承润滑油箱。其他机床用润滑油箱也可参照采用。油箱的型式分为普通型、精密（M）型、温控（K）型和精密温控（MK）型等。根据油箱的结构和使用特点，其安装形式可分为悬置式（代号1）和落地式（代号2）。

表 11-1-62　　磨床动静压支承润滑油箱参数及性能要求

参数	最大流量 /L·min⁻¹	2.5	4	6	10	16	25	40	60	100	性能要求	性能指标			标记示例： 油泵最大流量 16L/min、油箱容量 100L、油液过滤精度 10μm 的精密温控型悬置式润滑油箱，标记为 MJYMK1-16/100-10 JB/T 8826—1998
	油箱容量 /L	10										供油压力	不小于95%额定压力		
		16	16									供油流量①	不小于95%额定流量		
		25	25	25								压力振摆 /MPa	额定压力		
			40	40	40								≤2.5	>2.5~6.3	>6.3~10.0
				63	63	63							0.1	0.2	0.3
					100	100	100					耐压性	不小于150%额定压力		
						160	160	160				噪声 /dB(A)	≤10	>10~35	>35~100
						250	250	250	250				≤70	≤72	≤75
						315	315	315	315	315		温升/℃	≤25		
								500	500	500		温度/℃	≤50		
	制冷电机功率/kW	0.75、1.5、2.2			2.2、4.0、5.5			5.5、7.5、11				①选用 N32 液压油,油温40℃时进行检测			
	额定压力/MPa				2.5、6.3、10										

表 11-1-63　　悬置式和落地式油箱的布局形式和使用特点

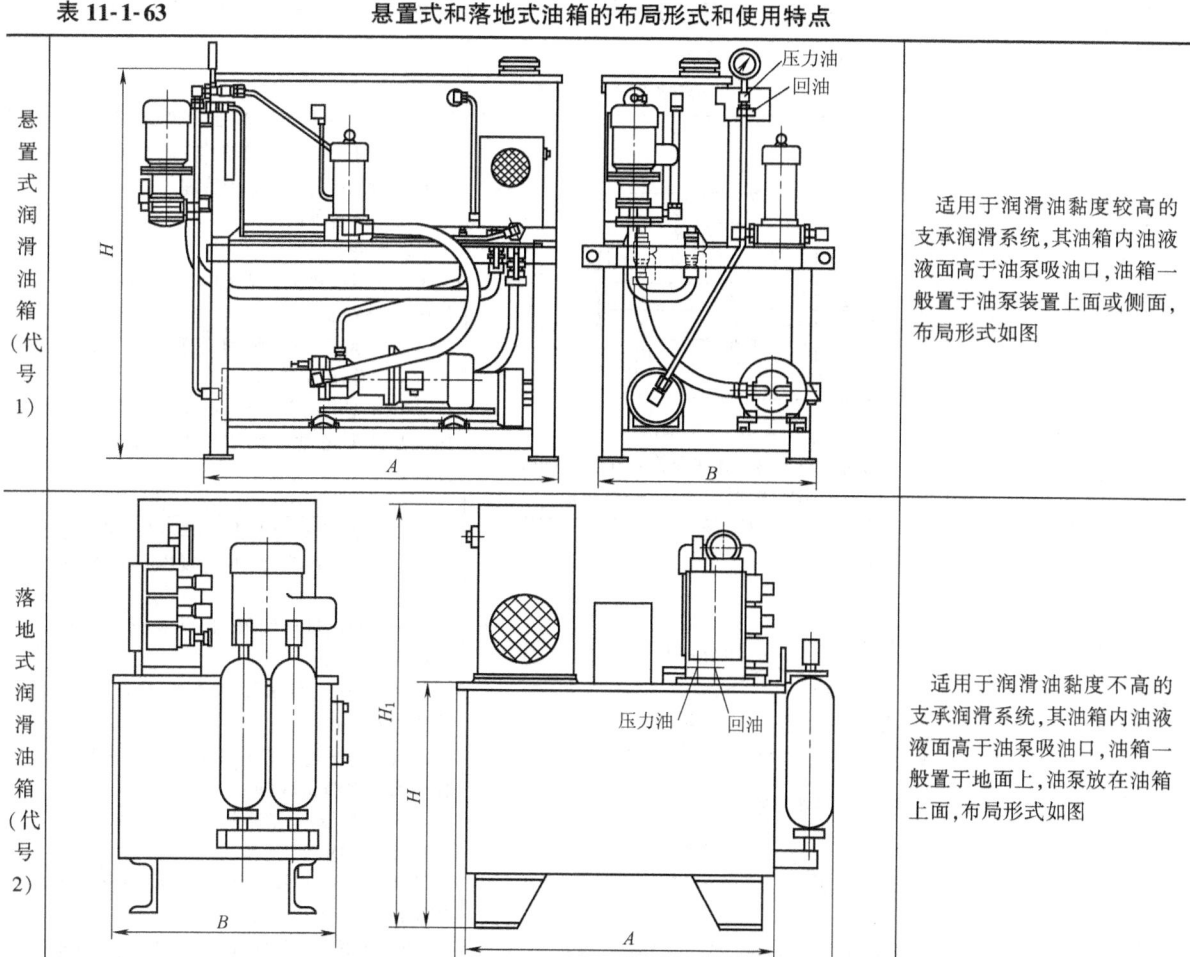

悬置式润滑油箱（代号1）：适用于润滑油黏度较高的支承润滑系统，其油箱内油液液面高于油泵吸油口，油箱一般置于油泵装置上面或侧面，布局形式如图

落地式润滑油箱（代号2）：适用于润滑油黏度不高的支承润滑系统，其油箱内油液液面高于油泵吸油口，油箱一般置于地面上，油泵放在油箱上面，布局形式如图

5 干油集中润滑系统

5.1 干油集中润滑系统的分类及组成

表 11-1-64　　　　干油集中润滑系统的分类及组成

分类		系统简图	特点及应用
终端式与单线式	单线式	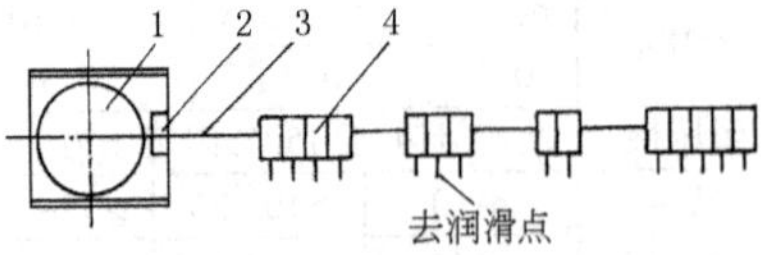 单线终端式干油集中润滑系统 1—干油泵站；2—操纵阀；3—输脂主管；4—分配器 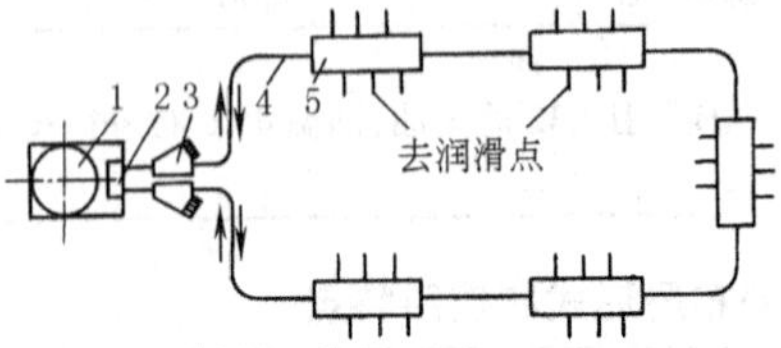 单线环式干油集中润滑系统 1—干油泵站；2—换向阀；3—过滤器；4—输脂主管；5—分配器	结构紧凑，体积小，重量轻，供脂管路简单，节省材料，但制造工艺性差，精度要求高，供脂距离比双线式短 主要用于润滑点不太多的单机设备 适用元件 ①QRB型气动润滑泵（JB/ZQ 4548—1997） ②DPQ型单线分配器（JB/ZQ 4581—1986） ③GGQ型干油过滤器（JB/ZQ 4535—1997 或 JB/ZQ 4702—2006、JB/ZQ 4554—1997 等）
	递进式	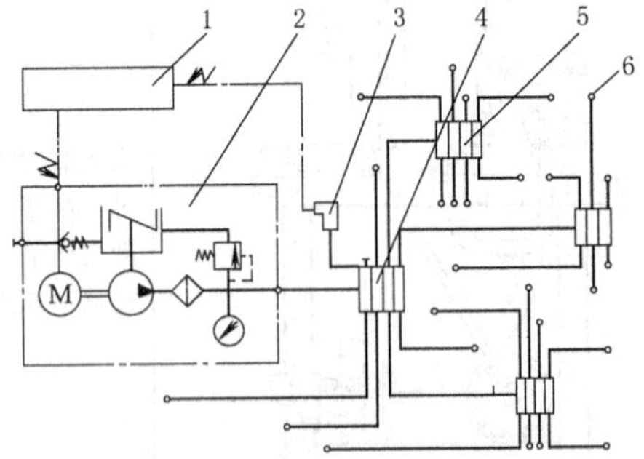 线内为递进式系统 1—电控设备；2—电动润滑脂泵；3—脉冲开关（分配器自带）；4——次分配器；5—二次分配器（3个）；6—润滑点	可连续给油，分配器换向不需换向阀，分配器有故障可发出信号或警报，系统简单可靠，安装方便，节省材料，便于集中管理 广泛用于各种设备 适用元件 ①JPQ型递进分配器（JB/T 8464—1996），工作压力 16MPa ②SRB型手动油脂润滑泵（JB/T 8651.1—2011），工作压力 10MPa ③DRB型电动润滑泵（JB/ZQ 4559—2006）或 DBJ型微型电动油脂润滑泵（JB/T 8651.3—2011） ④JPQ型递进分配器（JB/T 8464—1996）
双线式	手动终端式	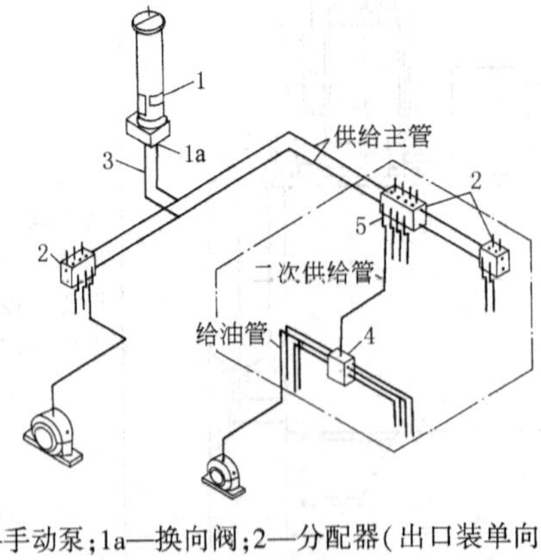 1—手动泵；1a—换向阀；2—分配器（出口装单向阀）；3—过滤器；4—二次分配器；5—单向阀接口	系统简单，设备费用低，操作容易，润滑简便 用于给油间距较长的中等规模的机械或机组 适用元件 ①JPQ型递进分配器（JB/T 8464—1996），工作压力 16MPa ②SGZ型手动润滑泵（JB/ZQ 4087—1996），工作压力 6.3MPa ③SRB型手动润滑泵（JB/ZQ 4557—2006），工作压力 10MPa、20MPa ④SGQ型双线给油器（JB/ZQ 4089—1997），工作压力 10MPa ⑤DSPQ、SSPQ型双线分配器（JB/ZQ 4560—2006）工作压力 20MPa ⑥GGQ型干油过滤器（JB/ZQ 4535—1997 或 JB/ZQ 4702—2006、JB/ZQ 4554—1997 等）

续表

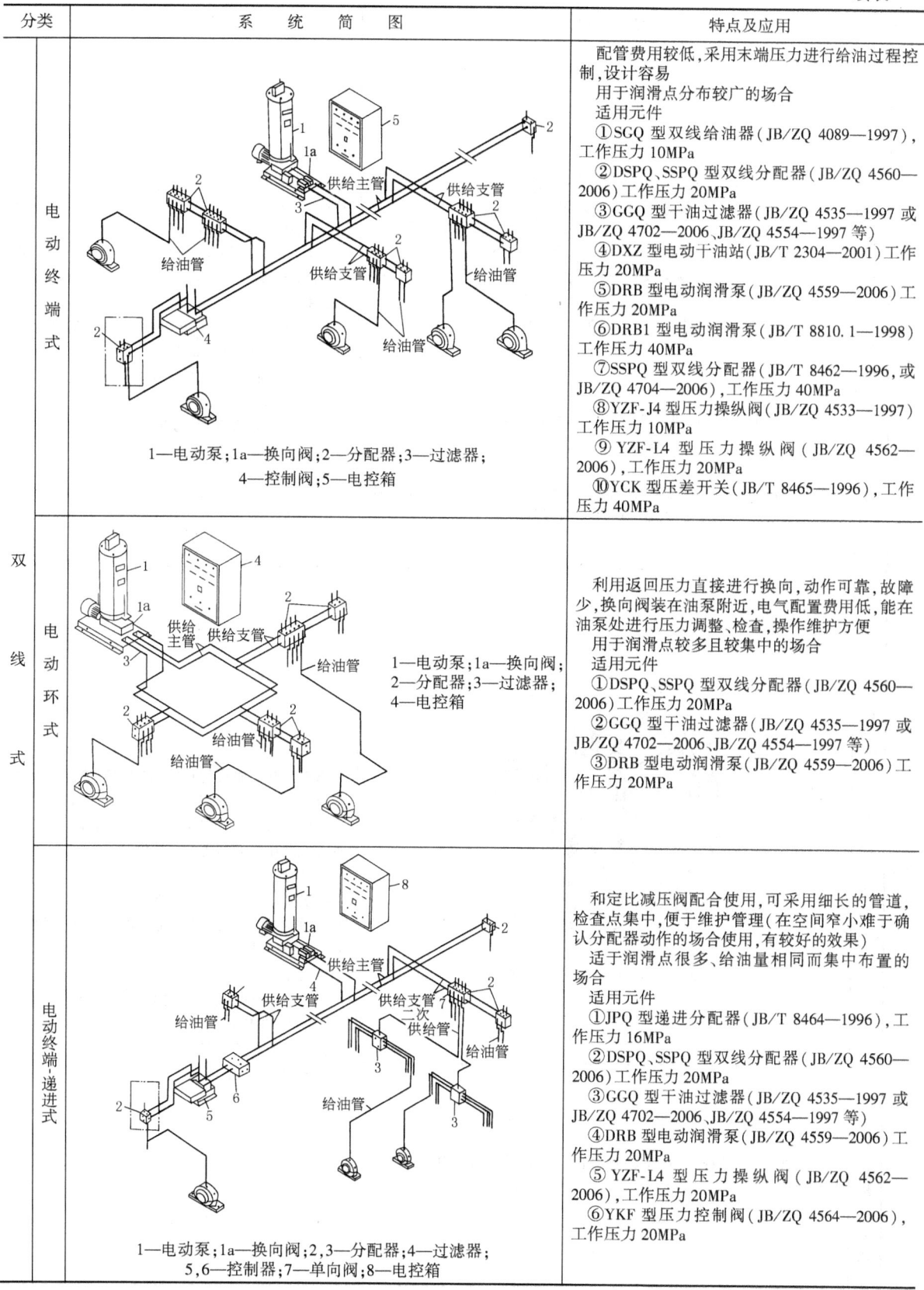

分类	系统简图	特点及应用
双线式 电动终端式	1—电动泵；1a—换向阀；2—分配器；3—过滤器；4—控制阀；5—电控箱	配管费用较低，采用末端压力进行给油过程控制，设计容易 用于润滑点分布较广的场合 适用元件 ①SGQ型双线给油器(JB/ZQ 4089—1997)，工作压力10MPa ②DSPQ、SSPQ型双线分配器(JB/ZQ 4560—2006)工作压力20MPa ③GGQ型干油过滤器(JB/ZQ 4535—1997或JB/ZQ 4702—2006、JB/ZQ 4554—1997等) ④DXZ型电动干油站(JB/T 2304—2001)工作压力20MPa ⑤DRB型电动润滑泵(JB/ZQ 4559—2006)工作压力20MPa ⑥DRB1型电动润滑泵(JB/T 8810.1—1998)工作压力40MPa ⑦SSPQ型双线分配器(JB/T 8462—1996，或JB/ZQ 4704—2006)，工作压力40MPa ⑧YZF-J4型压力操纵阀(JB/ZQ 4533—1997)工作压力10MPa ⑨YZF-L4型压力操纵阀(JB/ZQ 4562—2006)，工作压力20MPa ⑩YCK型压差开关(JB/T 8465—1996)，工作压力40MPa
双线式 电动环式	1—电动泵；1a—换向阀；2—分配器；3—过滤器；4—电控箱	利用返回压力直接进行换向，动作可靠，故障少，换向阀装在油泵附近，电气配置费用低，能在油泵处进行压力调整、检查，操作维护方便 用于润滑点较多且较集中的场合 适用元件 ①DSPQ、SSPQ型双线分配器(JB/ZQ 4560—2006)工作压力20MPa ②GGQ型干油过滤器(JB/ZQ 4535—1997或JB/ZQ 4702—2006、JB/ZQ 4554—1997等) ③DRB型电动润滑泵(JB/ZQ 4559—2006)工作压力20MPa
双线式 电动终端·递进式	1—电动泵；1a—换向阀；2,3—分配器；4—过滤器；5,6—控制器；7—单向阀；8—电控箱	和定比减压阀配合使用，可采用细长的管道，检查点集中，便于维护管理(在空间窄小难于确认分配器动作的场合使用，有较好的效果) 适于润滑点很多、给油量相同而集中布置的场合 适用元件 ①JPQ型递进分配器(JB/T 8464—1996)，工作压力16MPa ②DSPQ、SSPQ型双线分配器(JB/ZQ 4560—2006)工作压力20MPa ③GGQ型干油过滤器(JB/ZQ 4535—1997或JB/ZQ 4702—2006、JB/ZQ 4554—1997等) ④DRB型电动润滑泵(JB/ZQ 4559—2006)工作压力20MPa ⑤YZF-L4型压力操纵阀(JB/ZQ 4562—2006)，工作压力20MPa ⑥YKF型压力控制阀(JB/ZQ 4564—2006)，工作压力20MPa

续表

分类	系统简图	特点及应用
双线式 电动喷射式	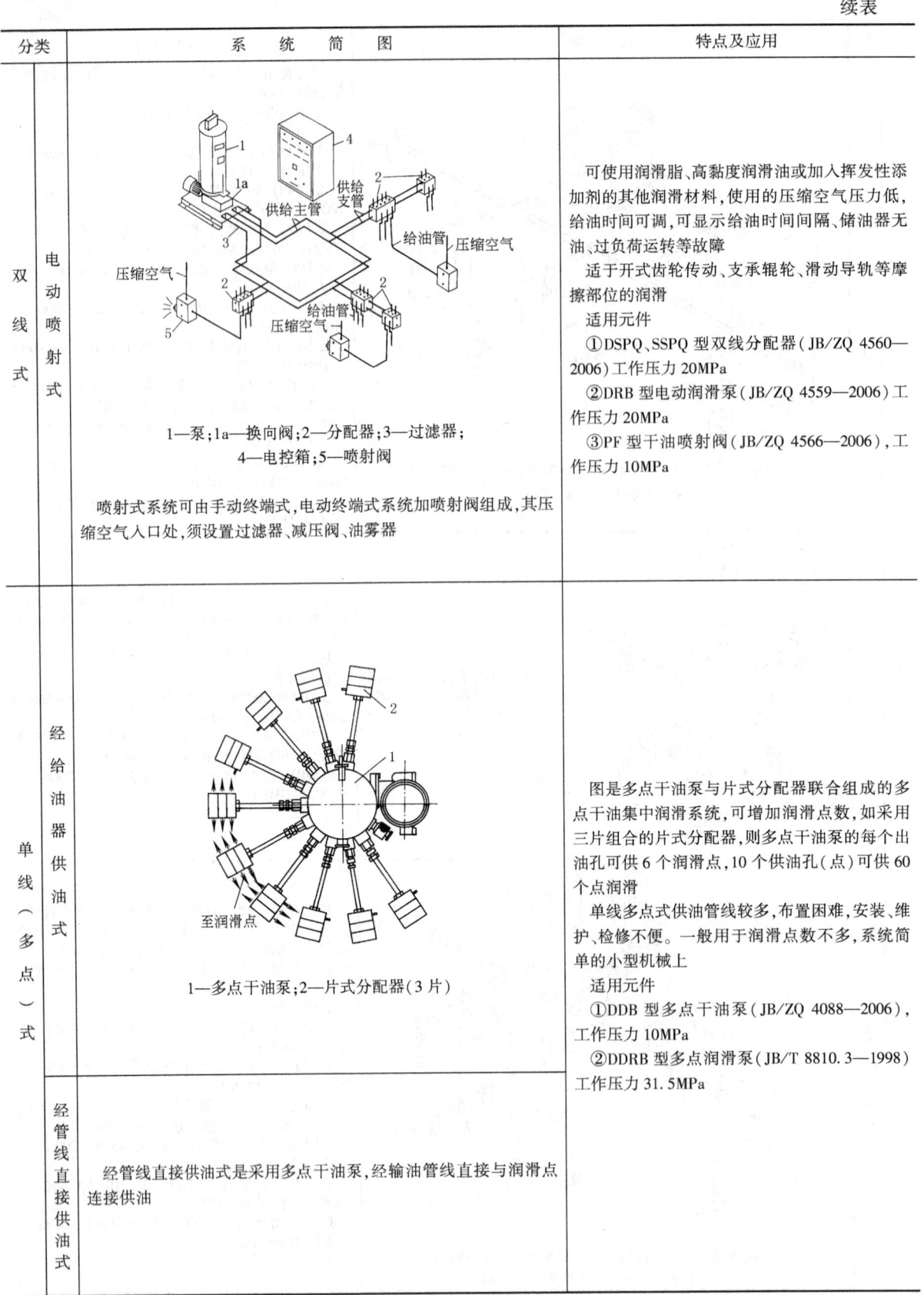 1—泵;1a—换向阀;2—分配器;3—过滤器; 4—电控箱;5—喷射阀 喷射式系统可由手动终端式、电动终端式系统加喷射阀组成,其压缩空气入口处,须设置过滤器、减压阀、油雾器	可使用润滑脂、高黏度润滑油或加入挥发性添加剂的其他润滑材料,使用的压缩空气压力低,给油时间可调,可显示给油时间间隔、储油器无油、过负荷运转等故障 适于开式齿轮传动、支承辊轮、滑动导轨等摩擦部位的润滑 适用元件 ①DSPQ、SSPQ 型双线分配器(JB/ZQ 4560—2006)工作压力 20MPa ②DRB 型电动润滑泵(JB/ZQ 4559—2006)工作压力 20MPa ③PF 型干油喷射阀(JB/ZQ 4566—2006),工作压力 10MPa
单线(多点)式 经给油器供油式	1—多点干油泵;2—片式分配器(3 片)	图是多点干油泵与片式分配器联合组成的多点干油集中润滑系统,可增加润滑点数,如采用三片组合的片式分配器,则多点干油泵的每个出油孔可供 6 个润滑点,10 个供油孔(点)可供 60 个点润滑 单线多点式供油管线较多,布置困难,安装、维护、检修不便。一般用于润滑点数不多,系统简单的小型机械上 适用元件 ①DDB 型多点干油泵(JB/ZQ 4088—2006),工作压力 10MPa ②DDRB 型多点润滑泵(JB/T 8810.3—1998)工作压力 31.5MPa
单线(多点)式 经管线直接供油式	经管线直接供油式是采用多点干油泵,经输油管线直接与润滑点连接供油	

表 11-1-65　　集中供脂系统的类型

	类型	简图	运转	驱动	适用的锥入度 (25℃,150g) /(10mm)$^{-1}$	管路标准 压力/MPa	调整与管长限度
直接供脂式	单独的活塞泵	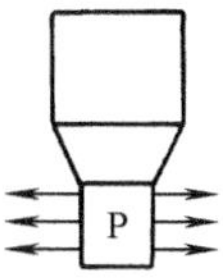	由凸轮或斜圆盘使各活塞泵 P 顺序工作	电动机 机械 手动	>265	0.7~2.0	在每个出口调整冲程 9~15m
	阀分配系统		利用阀把一个活塞泵的输出量依次供给每条管路	电动机 机械 手动	>220 <265	0.7~2.0	由泵的速度控制输出 25~60m
	分支系统	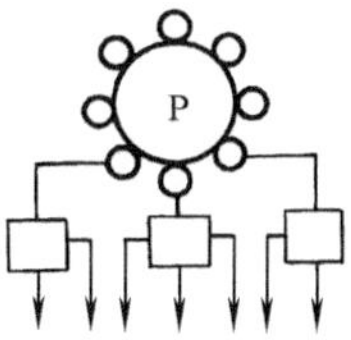	每个泵的输出量由分配器分至各处	电动机 机械	>220	0.7~2.8	在每个输出口调整或用分配阀组调整 泵到分配阀 18~54m 分配阀到支承 6~9m
间接供脂递进式	单线式	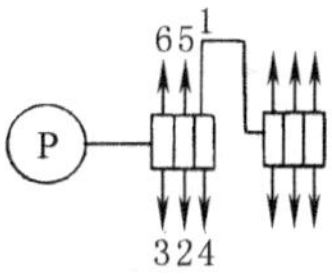	第一阀组按 1、2、3…顺序输出。其中的一个接口用来使第二阀组工作。以后的阀组照此顺序工作	电动机 机械 手动	>265	14.0~20.0	用不同容量的计量阀,否则靠循环时间调整 干线 150mm(据脂和管子口径决定),到支承的支线 6~9mm
	单线式反向	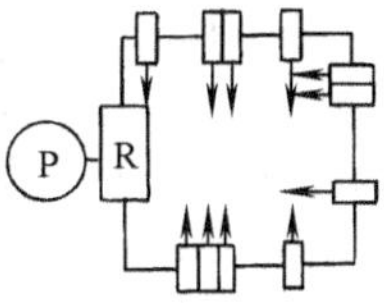	换向阀 R 每动作一次各阀依次工作				
	双线式	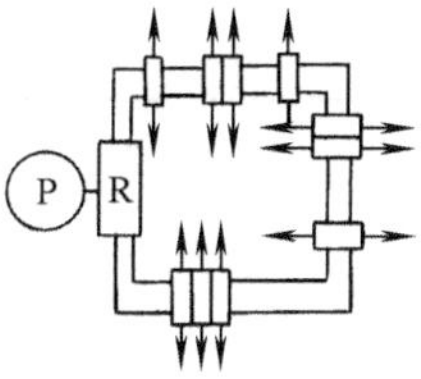	脂通过一条管路按顺序运送到占总数一半的出口。换向阀 R 随后动作,消除第一条管路压力,把脂送到另一条管路,供给其余出口			1.4~2.0	
间接供脂并列式	单线式	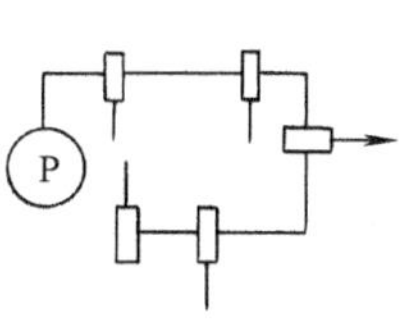	由泵上的装置使管路交替加压、卸压。有两种系统:一是利用管路压力作用在阀的活塞上射出脂;二是利用弹簧压力作用在阀的活塞上射出脂	电动机 手动	>310	约 17.0 约 8.0	工作频率能调整,输出量由脂的特性决定 120m

续表

类型		简 图	运 转	驱动	适用的锥入度 (25℃,150g) /(10mm)$^{-1}$	管路标准 压力/MPa	调整与管长限度
间接供脂并列式	油或气调节的单线式	供油或空气	泵使管路或阀工作,用油压或气压操纵阀门	电动机	>220	约40.0	用周期定时分配阀调整 600m
	双线式	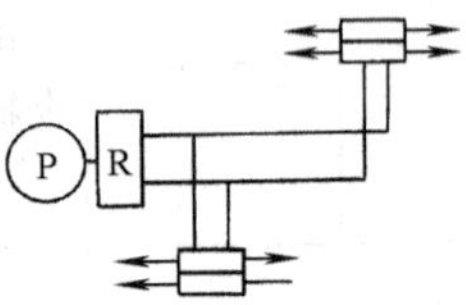	润滑脂压力在一条管路上同时操纵占总数一半的排出口。然后换向阀R反向,消除此条管路压力,把脂导向另一条管路,使其余排出口工作	电动机 手动	>265	约40.0	用周期定时分配阀调整 自动120m 手动60m

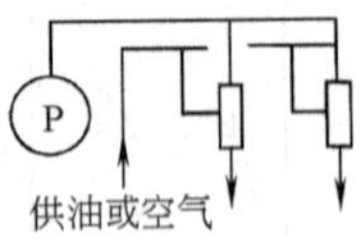

5.2 干油集中润滑系统的设计计算

5.2.1 润滑脂消耗量的计算

表 11-1-66

序号	部位	公 式 及 数 据							单位	说 明
1	滑动轴承	$Q=0.025\pi DL(K_1+K_2)$								D——轴孔直径,cm
2	滚动轴承	$Q=0.025\pi DN(K_1+K_2)$								L——轴承长度,cm
3	滑动平面	$Q=0.025BL_1(K_1+K_2)$								N——系数,单列轴承2.5,
		转速/r·min^{-1}	微动	20	50	100	200	300	400	mL/班 (每班8h)	双列轴承5
		K_1	0.3	0.5	0.7	1.0		1.8	2.5		B——滑动平面的宽度,cm
		工况条件	粉尘作业	室外作业	高温(>80℃)		气体及水污染			L_1——滑动平面的长度,cm b——小齿轮的齿宽,cm
		K_2	0.3~1		0.3~6						d——小齿轮的节圆直径,cm
4	齿轮	$Q=0.025bd$								

5.2.2 润滑脂泵的选择计算

$$Q=\frac{Q_1+Q_2+Q_3+Q_4}{T} \quad (11\text{-}1\text{-}1)$$

式中 Q——润滑脂泵的最小流量,mL/min(电动泵)或 mL/每循环(手动泵);

Q_1——全部分配器给脂量的总和,若单向出脂时为 Q_1,双向出脂时为 $\frac{Q_1}{2}$,mL;

Q_2——全部分配器损失脂量❶的总和(见表 11-1-67),mL;

---

❶ 损失脂量,是指分配器或阀件完成一个动作的同时,也将该元件中某一油腔中的润滑脂由原来那条供脂线中转移到另一条供脂线中或转移到管线以外,其量虽然不大,但也不可忽略。

Q_3——液压换向阀或压力操纵阀的损失脂量（见表11-1-68），mL；

Q_4——压力为10MPa或20MPa时，系统管路内油脂的压缩量，mL，见表11-1-69；

T——润滑脂泵的工作时间，指全部分配器都工作完毕所需的时间。电动泵以5min为宜，最多不超过8min；手动泵以25个循环为宜，最多不超过30个循环（电动泵用min，手动泵用循环数）。

表11-1-67　　　　　　　　　　　　　　分配器损失脂量

型号	公称压力/MPa	给油型式	每孔每次给油量/mL	每孔损失量/(滴/min)	型号	公称压力/MPa	给油型式	每口每循环给油量/mL	损失量/mL
SGQ-※1	10	单向给油	0.1~0.5	4	※DSPQ-L1	20	单向给油	0.2~1.2	0.06
SGQ-※2			0.5~2.0	6	※DSPQ-L2			0.6~2.5	0.10
SGQ-※3			1.5~5.0	8	※DSPQ-L3			1.2~5.0	0.15
SGQ-※4			3.0~10.0	10	※DSPQ-L4			3.0~14.0	0.68
SGQ-※5			6.0~20.0	14	×SSPQ-L1		双向给油	0.15~0.6	0.17
SGQ-×1S		双向给油	0.1~0.5	4	×SSPQ-L2			0.2~1.2	0.20
SGQ-×2S			0.5~2.0	6	×SSPQ-L3			0.6~2.5	0.20
SGQ-×3S			1.5~5.0	8	×SSPQ-L4			1.2~5.0	0.20
SGQ-×4S			3.0~10.0	10					

注：1. 表中数据摘自 JB/ZQ 4089—1997 及 JB/ZQ 4560—2006；"※"依次为1, 2, 3, 4；"×"依次为2, 4, 6, 8。
2. 给油量是指活塞上、下行程给油量的算术平均值；损失量是指推动导向活塞需要的流量。

表11-1-68　　　　　　　　　　　　　　阀件损失脂量

型号	名称	公称压力/MPa	调定压力/MPa	损失脂量/mL
YHF-L1	液压换向阀	20(L)	5	17.0
YHF-L2				2.7
YZF-L4	压力操纵阀		4	1.5
YZF-J4		10(J)		1.0

表11-1-69　　　　　　　　　管道内润滑脂单位压缩量　　　　　　　　mL·m^{-1}

公称直径/mm		8	10	15	20	25	32	40	50
公称压力/MPa	10	0.16	0.32	0.58	1.04	1.62	2.66	3.74	6.22
	20	0.29	0.57	1.06	1.88	2.95	4.82	6.80	11.32

5.2.3　系统工作压力的确定

系统的工作压力，主要用于克服主油管、给油管的压力损失和确保分配器所需的给油压力，以及压力控制元件所需的压力等。干油集中润滑系统主油管、给油管的压力损失见表11-1-70，分配器的结构及所需的给油压力（以双线式分配器为例）见表11-1-71。

考虑到干油集中润滑系统的工作条件，随季节的更换而变化，且系统的压力损失也难以精确计算，因此，在确定系统的工作压力时，通常以不超过润滑脂泵额定工作压力的85%为宜。

表 11-1-70　　主油管与给油管压力损失　　$\mathrm{MPa \cdot m^{-1}}$

	公称通径/mm	公称流量/$\mathrm{mL \cdot min^{-1}}$					公称流量/mL·循环$^{-1}$	
		600	300	200	100	60	3.5	8
主油管	10					0.32	0.33	0.41
主油管	15			0.26	0.22	0.19	0.20	0.25
主油管	20	0.21	0.18	0.15	0.13	0.11	0.12	0.14
主油管	25	0.13	0.11	0.10	0.09	0.07		
主油管	32	0.08	0.07	0.06	0.05	0.05		
主油管	40	0.06	0.05	0.05	主油管所有数值在环境温度为0℃，使用GB/T 7323—2008中1号极压锂基润滑脂时测得，如用0号脂时为上列数值的60%			
主油管	50	0.04						

	公称通径/mm	公称流量(0℃时)/$\mathrm{10mL \cdot min^{-1}}$		最大配管长度/m
		1号润滑脂	0号润滑脂	
给油管	4	0.60	0.35	4
给油管	6	0.32	0.20	7
给油管	8	0.21	0.14	10

注：环境温度为-5℃、15℃、25℃时，相应数值分别为表中数值的150%、50%、25%。

表 11-1-71　　分配器所需给油压力　　MPa

(1)双线式分配器主活塞动作压力，只给出最大的动作压力。每一规格分配器的动作压力可详见产品参数

(2)输油管、连接管的压力损失，随管道直径、长度和油温而变化

(3)安全给油压力是分配器不发生意外动作设计中预加的压力

(4)本表是以递进式系统为例

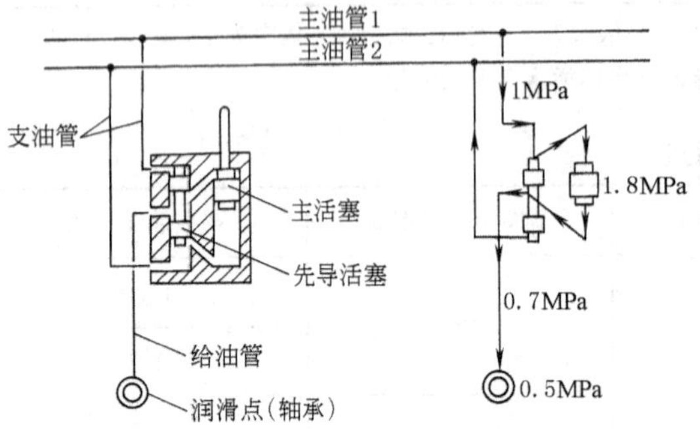

压力种类	主管路	双线式系统	递进式系统	双线递进式系统
双线分配器先导活塞动作压力	1	—	—	—
双线分配器主活塞动作压力	—	1.8	—	1.8
单向阀开启压力	—	—	—	0.5
递进分配器活塞动作压力	—	—	1.2	1.2
润滑点背压	—	0.5	0.5	0.5
输油管压力损失	—	0.7	0.7	0.7
连接管压力损失	—	—	—	2.8
安全给油压力	2	2	2	2
合计	3	5	4.4	9.5

5.2.4　滚动轴承润滑脂消耗量估算方法

滚动轴承润滑脂的消耗量，除了表11-1-66所列的计算方法外，一些国外滚动轴承公司，例如德国FAG公司，推荐了每周至每年添加润滑脂量 m_1 的估算方法，见下式。

$$m_1 = DBX \quad (\mathrm{g})$$

式中　D——轴承外径，mm；

B——轴承宽度，mm；

X——系数，每周加一次时 $X=0.002$，每月加一次时 $X=0.003$，每年加一次时 $X=0.004$。

当环境条件不好时，系数 X 应有增量，增量值可参阅表 11-1-66 中的增量值 K_2。

另外，极短的再润滑间隔所添加的润滑脂量 m_2 为

$$m_2 = (0.5 \sim 20)V \quad (\text{kg/h})$$

$$V = (\pi/4) \times B \times (D^2 - d^2) \times 10^{-9} - (G/7800) \quad (\text{m}^3)$$

停用几年后启动前所添加的润滑脂量 m_3 为

$$m_3 = DB \times 0.01 \quad (\text{g})$$

式中 V——轴承里的自由空间；
d——轴承内孔直径，mm；
G——轴承质量，kg。

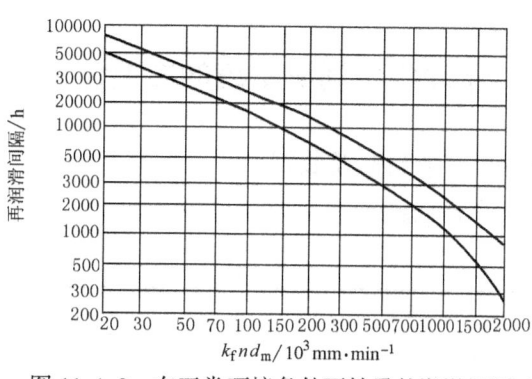

图 11-1-8 在正常环境条件下轴承的润滑间隔

滚动轴承润滑脂使用寿命的计算值与润滑间隔，是根据失效可能性来考虑的。轴承的工作条件与环境条件差时，润滑间隔将减少。通常润滑脂的标准再润滑周期，是在环境温度最高为 70℃，平均轴承负荷 $P/C<0.1$ 的情况下计算的。矿物油型锂基润滑脂在工作温度超过 70℃ 以后，每升温 15℃，润滑间隔将减半，此外，轴承类型、灰尘和水分、冲击负荷和振动、负荷高低、通过轴承的气流等都对润滑间隔有一定影响。图 11-1-8 是速度系数 $d_m n$ 值对再润滑间隔的影响，应用于失效可能性 10%~20%；k_f 为再润滑间隔校正因数，与轴承类型有关，承载能力较高的轴承，k_f 值较高，参见表 11-1-72。当工作条件与环境条件差时，减少的润滑间隔可由下式求出。

$$t_{fq} = f_1 f_2 f_3 f_4 f_5 t_f$$

式中 t_{fq}——减少的润滑间隔；
t_f——润滑间隔；
$f_1 \sim f_5$——工作条件与环境条件差时润滑间隔减少因数，参见表 11-1-73。

表 11-1-72 轴承的再润滑间隔校正因数 k_f

轴承类型	形式	k_f
深沟球轴承	单列	0.9~1.1
	双列	1.5
角接触球轴承	单列	1.6
	双列	2
主轴轴承	$\alpha=15°$	0.75
	$\alpha=25°$	0.9
四点接触球轴承		1.6
调心球轴承		1.3~1.6
推力球轴承		5~6
角接触推力球轴承	单列	1.4
圆柱滚子轴承	单列	3~3.5[①]
	双列	3.5
	满装	25
推力圆柱滚子轴承		90
滚针轴承		3.5
圆锥滚子轴承		4
中凸滚子轴承		10
无挡边球面滚子轴承(E型结构)		7~9
有中间挡边球面滚子轴承		9~12

① $k_f = 2$，适用于径向负荷或增加止推负荷；$k_f = 3$ 适用于恒定止推负荷。

注：再润滑过程中通常不可能去除用过的润滑脂。再润滑间隔 t_{fq} 必须降低 30%~50%。一般采用的润滑脂量见表 11-1-66。

表 11-1-73 工作条件与环境条件差时的润滑间隔减少因数

灰尘和水分对轴承接触面的影响	中等	$f_1 = 0.7 \sim 0.9$
	强	$f_1 = 0.4 \sim 0.7$
	很强	$f_1 = 0.1 \sim 0.4$
冲击负荷和振动的影响	中等	$f_2 = 0.7 \sim 0.9$
	强	$f_2 = 0.4 \sim 0.7$
	很强	$f_2 = 0.1 \sim 0.4$
轴承温度高的影响	中等(最高75℃)	$f_3 = 0.7 \sim 0.9$
	强(75~85℃)	$f_3 = 0.4 \sim 0.7$
	很强(85~120℃)	$f_3 = 0.1 \sim 0.4$
高负荷的影响	$P/C = 0.1 \sim 0.15$	$f_4 = 0.7 \sim 1.0$
	$P/C = 0.15 \sim 0.25$	$f_4 = 0.4 \sim 0.7$
	$P/C = 0.25 \sim 0.35$	$f_4 = 0.1 \sim 0.4$
通过轴承的气流的影响	轻气流	$f_5 = 0.5 \sim 0.7$
	重气流	$f_5 = 0.1 \sim 0.5$

5.3 干油集中润滑系统的主要设备

5.3.1 润滑脂泵及装置

(1) 手动润滑泵

表 11-1-74 SGZ型手动润滑泵(JB/ZQ 4087—1997)、SRB型手动润滑泵(JB/ZQ 4557—2006)

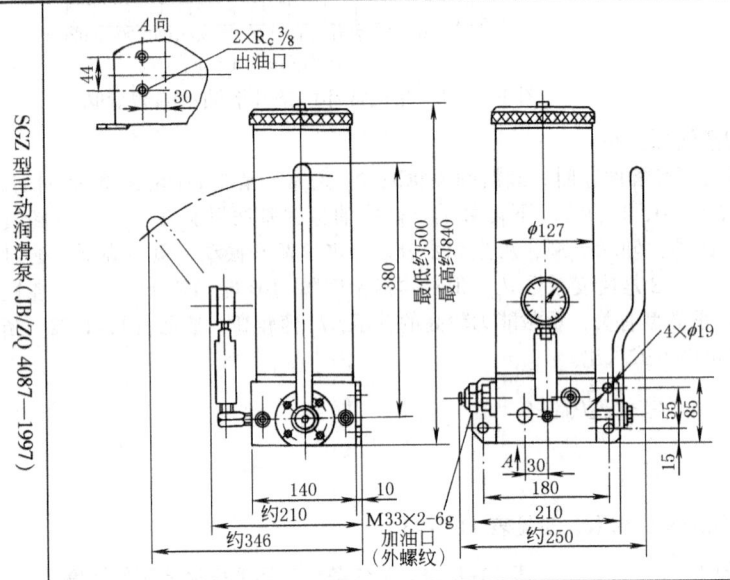

型号	给油量 /mL·循环$^{-1}$	公称压力 /MPa	储油筒容积 /L	质量 /kg
SGZ-8	8	6.3(Ⅰ)	3.5	24

(1) 用于双线式和双线喷射式干油集中润滑系统,采用锥入度不低于 265/10mm(25℃, 150g) 的润滑脂,环境温度为 0~40℃
(2) 标记示例:给油量为 8mL/循环的手动润滑泵,标记为
　　SGZ-8 润滑泵 JB/ZQ 4087—1997

生产厂有江苏江海润液设备有限公司,南通市博南润滑液压设备有限公司,启东市南方润滑液压设备有限公司,南通市南方润滑液压设备有限公司,四川川润液压润滑设备有限公司,启东中冶润滑设备有限公司

型 号	给油量 /mL·循环$^{-1}$	公称压力 /MPa	储油筒容积 /L	最多给油点数
SRB-J7Z-2	7	10	2	80
SRB-J7Z-5	7	10	5	80
SRB-L3.5Z-2	3.5	20	2	50
SRB-L3.5Z-5	3.5	20	5	50

型 号	配管通径 /mm	配管长度 /m	质量 /kg
SRB-J7Z-2	20	50	18
SRB-J7Z-5	20	50	21
SRB-L3.5Z-2	12	50	18
SRB-L3.5Z-5	12	50	21

型 号	H	H_1
SRB-J7Z-2 SRB-L3.5Z-2	576	370
SRB-J7Z-5 SRB-L3.5Z-5	1196	680

(1) 本泵与双线式分配器、喷射阀等组成双线式或双线喷射式干油集中润滑系统,用于给油频率较低的中小机械设备或单独的机器上。工作时间一般为 2~3min 工作寿命可达 50 万个工作循环
(2) 适用介质为锥入度 310~385(25℃, 150g)/10mm 的润滑脂

标记示例:
公称压力 20MPa,给油量 3.5mL/循环,使用介质为润滑脂,储油器容积 5L 的手动润滑泵,标记为
　　SRB-L3.5Z-5 润滑泵 JB/ZQ 4557—2006

生产厂:南通市南方润滑液压设备有限公司,启东市南方润滑液压设备有限公司,江苏江海润液压润滑设备有限公司(SNB-J型的生产厂同此),南通市博南润滑液压设备有限公司

续表

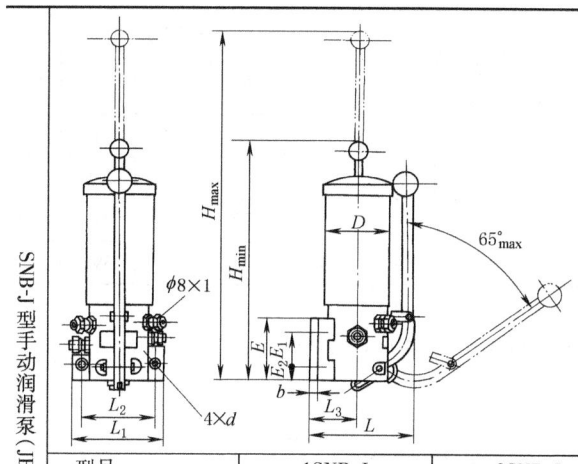

(1) 允许在0~45℃的环境温度下工作,使用介质锥入度大于295(25℃、150g)/10mm的符合 GB 491—2008、GB 492—1989、GB 7324—2010要求的润滑脂

(2) 供油嘴的连接管为 $\phi6\times1$,根据需要可特殊订货

标记示例:给油点数5个,每嘴出油容量0.9mL/循环,储油器容积1.37L的手动润滑泵,标记为

5SNB-Ⅲ 润滑泵 JB/T 8651.1—2011

生产厂同上页 SRB 型手动润滑泵生产厂

SNB-J 型手动润滑泵(JB/T 8651.1—2011)

型号		1SNB-J			2SNB-J			5SNB-J			6SNB-J			8SNB-J		
主参数代号		Ⅰ	Ⅱ	Ⅲ	Ⅰ	Ⅱ	Ⅲ	Ⅰ	Ⅱ	Ⅲ	Ⅰ	Ⅱ	Ⅲ	Ⅰ	Ⅱ	Ⅲ
给油点数/个		1			2			5			6			8		
每嘴出油容量/mL·次$^{-1}$		4.50			2.25			0.90			0.75			0.56		
公称压力/MPa		10(J)														
储油器容积/L		0.42	0.75	1.37	0.42	0.75	1.37	0.42	0.75	1.37	0.42	0.75	1.37	0.42	0.75	1.37
供油嘴连接管/mm		$\phi8\times1$														
外形尺寸/mm	主参数代号	H_{max}	H_{min}	D	L	L_1	L_2	L_3	E	E_1	E_2	d	b			
	Ⅰ	392	292	74	128	120	98	50	94	61	15	11.5	14			
	Ⅱ	500	350	86	145											
	Ⅲ		360	114	175											

(2) 电动润滑泵及干油站

微型电动润滑泵 (摘自 JB/T 8651.3—2011)

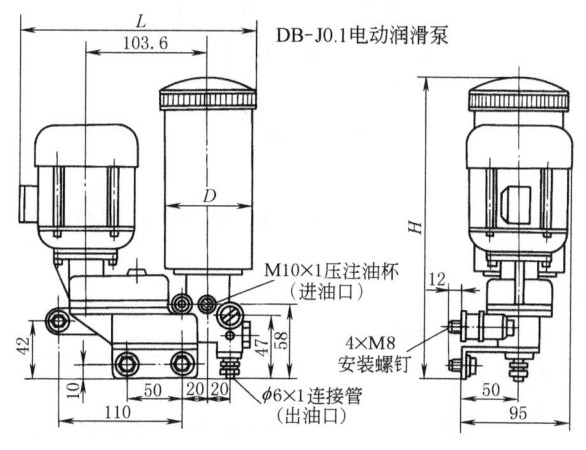

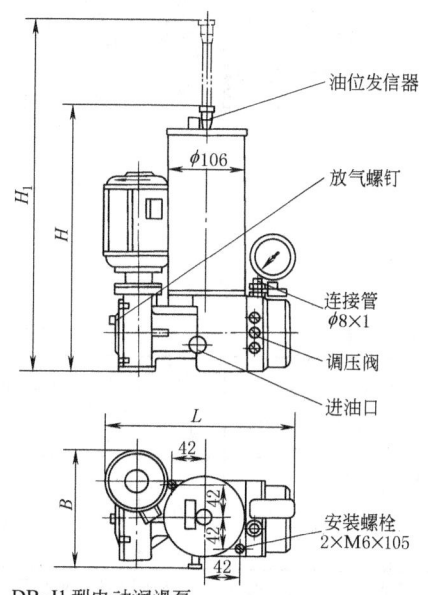

1. 适用于金属切削机床及锻压机械润滑系统,亦可用于较小排量且符合本润滑泵参数的各种机械润滑系统。
2. 允许在0~40℃的环境温度下工作,使用介质锥入度大于295(25℃、150g)/10mm,且符合 GB 491—2008、GB 492—1989、GB 7324—2010要求的润滑脂。

表 11-1-75　　　　　　　　　　DB-J 型微型电动润滑泵性能参数

型　号	公称压力 /MPa	冲程频率 /次·min⁻¹	公称排量 /mL·冲程⁻¹	储油器容积 /L	电动机 功率/W	电动机 电压/V	外形及安装尺寸/mm L	B	D	H	H_1
DB-J0.1/ⅠW	10	40	0.1	0.4	40	380	200	—	74	240	—
DB-J0.1/ⅡW	10	40	0.1	1.4	40	380	220	—	114	280	—
DB-J1/ⅢW	6.3	35	1	1.5	60	380	260	157	106	347	464
DB-J1/ⅣW	10	35	1	2.0	120	380	275	167	106	397	514

DDB 型多点干油泵（10MPa）（摘自 JB/ZQ 4088—2006）

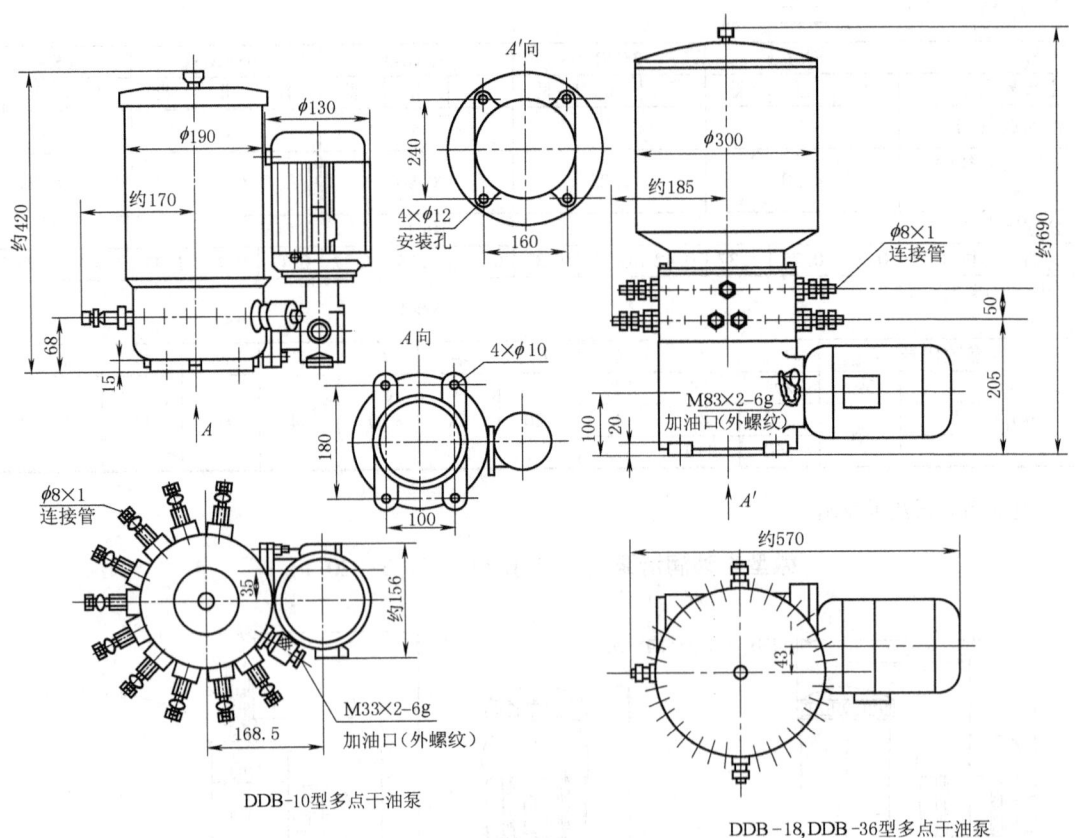

DDB-10 型多点干油泵

DDB-18、DDB-36 型多点干油泵

表 11-1-76　　　　　　　　　　DDB 型多点干油泵基本参数

型　号	出油点数/点	公称压力/MPa	每点给油量/mL·次⁻¹	给油次数/次·min⁻¹	储油器容积/L	电动机功率/kW	质量/kg	
DDB-10	10	10 (J)	0~0.2	13	7	0.37	19	(1) 工作环境温度 0~40℃ (2) 适用于锥入度不低于 265(25℃,150g)/10mm 的润滑脂 标记示例：出油口为 10 个的多点干油泵，标记为 　　DDB-10　干油泵　JB/ZQ 4088—2006
DDB-18	18	10 (J)	0~0.2	13	23	0.56	75	
DDB-36	36	10 (J)	0~0.2	13	23	0.56	80	

注：生产厂有南通市博南润滑液压设备有限公司，启东市南方润滑液压设备有限公司，南通市南方润滑液压设备有限公司，四川川润液压润滑设备有限公司，江苏江海润液设备有限公司。

表 11-1-77　　电动润滑泵（40MPa）型式与尺寸（摘自 JB/T 8810.1—1998）

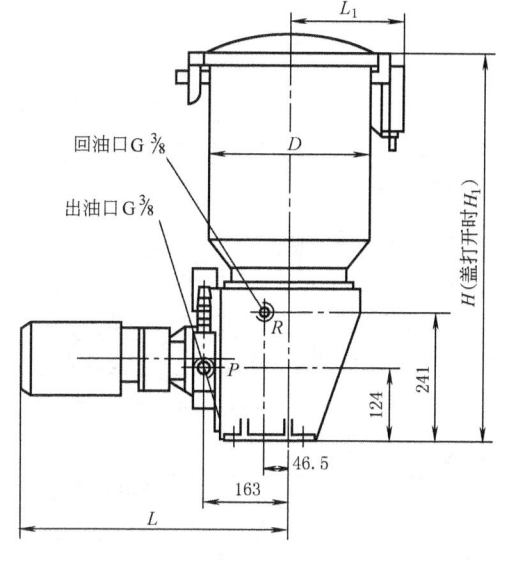
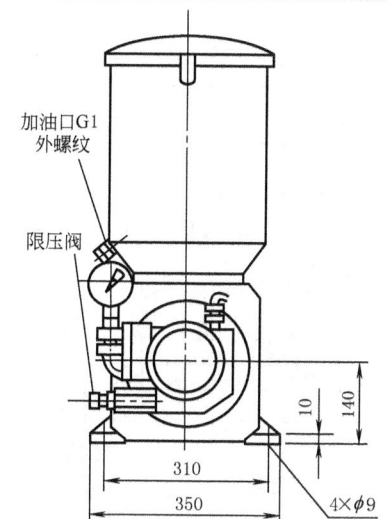
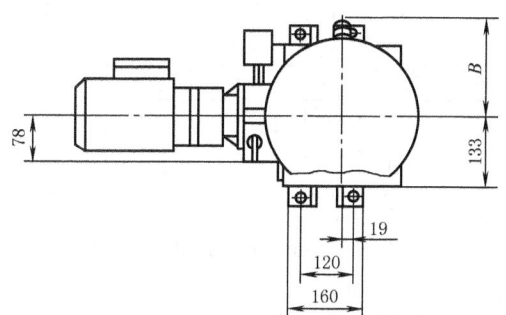

(1) 适用于锥入度（25℃，150g）大于等于 220/10mm 的润滑脂
(2) 润滑泵为电动高压柱塞式，工作压力在公称压力范围内可任意调整，有双重过载保护
(3) 储油器具有油位自动报警装置

标记示例：公称压力 40MPa，额定给油量 120mL/min，储油器容积 30L，减速电动机功率 0.75kW 的电动润滑泵，标记为

DRB2-P120　润滑泵　JB/T 8810.1—1998

规　格		尺　寸/mm					
		D	H	H_1	B	L	L_1
储油器	30L	310	760	1140	200	—	233
	60L	400	810	1190	230	—	278
	100L	500	920	1200	280	—	328
电动机	0.37kW,80r/min	—	—	—	—	500	—
	0.75kW,80r/min	—	—	—	—	563	—
	1.5kW,160r/min	—	—	—	—	575	—
	1.5kW,250r/min	—	—	—	—	575	—

型号	公称压力/MPa	额定给油量/mL·min⁻¹	储油器容积/L	减速电动机		环境温度/℃	质量/kg
				功率/kW	电压/V		
DRB1-P120Z	40(P)	120	30	0.37	380	0~80	56
DRB2-P120Z			30	0.75		-20~80	64
DRB3-P120Z			60	0.37		0~80	60
DRB4-P120Z			60	0.75		-20~80	68
DRB5-P235Z		235	30	1.5		0~80	70
DRB6-P235Z			60				74
DRB7-P235Z			100				82
DRB8-P365Z		365	60				74
DRB9-P365Z			100				82

注：生产厂有南通市博南润滑液压设备有限公司，启东市南方润滑液压设备有限公司，南通市南方润滑液压设备有限公司，江苏江海润液设备有限公司，四川川润液压润滑设备有限公司，江苏澳瑞思液压润滑设备有限公司。

电动润滑泵装置（20MPa）（摘自 JB/T 2304—2001）

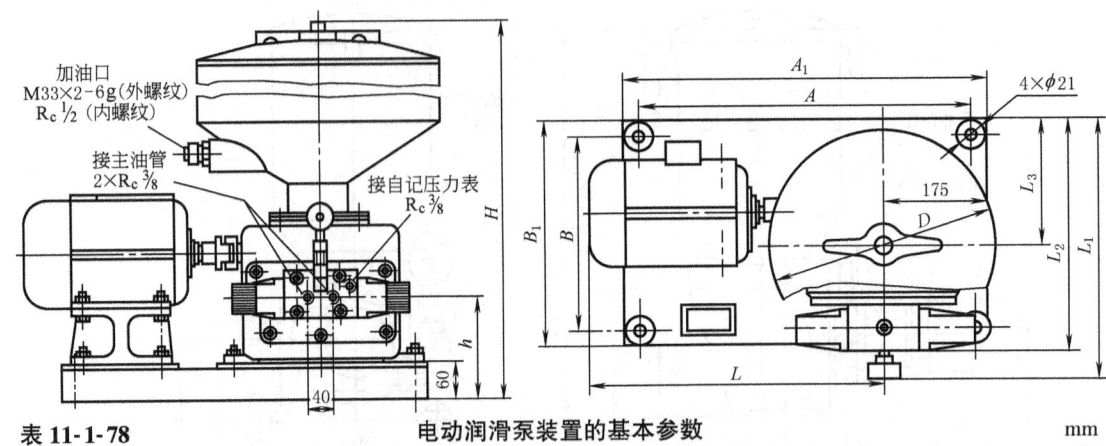

表 11-1-78　电动润滑泵装置的基本参数　　mm

型号	给油能力 /mL·min^{-1}	公称压力 /MPa	储油器容积 /L	电动机 型号	功率/kW	转速/r·min^{-1}	电磁铁电压 /V	质量 /kg
DRZ-L100	100	20(L)	50	Y801-4-B$_3$	0.55	1390	220	191
DRZ-L315	315		75	Y90S-4-B$_3$	1.1	1400		196
DRZ-L630	630		120	Y90L-4-B$_3$	1.5	1400		240

型号	A	A$_1$	B	B$_1$	h	D	L≈	L$_1$≈	L$_2$	L$_3$	最高	最低
DRZ-L100	460	510	300	350	151	408	406	414	368	200	1330	925
DRZ-L315	550	600	315	365	167		474	434	392	210	1770	1165
DRZ-L630						508	489				1820	1215

注：1. 电磁换向阀上留有连接螺纹为 R$_c$3/8 的自记压力表接口，如不需要时可用螺塞堵住。
2. 生产厂有启东市南方润滑液压设备有限公司，南通市南方润滑液压设备有限公司，南通市博南润滑液压设备有限公司。

表 11-1-79　DB 型单线干油泵装置参数（摘自 JB/T 2306—1999）

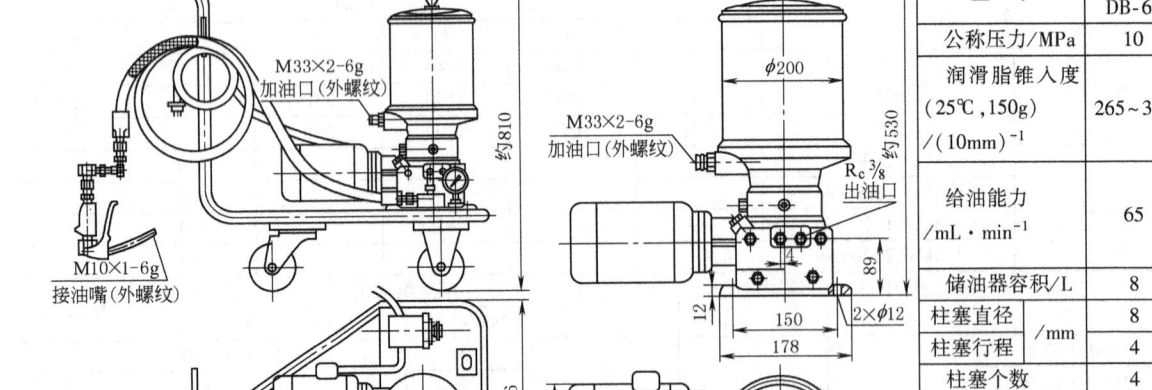

型号	DBZ-63 DB-63
公称压力/MPa	10
润滑脂锥入度(25℃,150g)/(10mm)$^{-1}$	265~385
给油能力/mL·min^{-1}	65
储油器容积/L	8
柱塞直径/mm	8
柱塞行程/mm	4
柱塞个数	4
电动机 型号	A06324
电动机 功率/kW	0.25
电动机 转速/r·min^{-1}	1400
质量/kg DBZ-63	52
质量/kg DB-63	23

注：1. 电动机安装结构型式为 B5 型。
2. 润滑脂锥入度按 GB/T 7631.8—1990《润滑剂和有关产品（L类）的分类　第 8 部分：X 组（润滑脂）》的规定标记，单线干油泵、DB-63 干油泵　JB/T 2306—1999；单线干油泵装置、DBZ-63　JB/T 2306—1999。
3. 生产厂有启东市南方润滑液压设备有限公司，南通市南方润滑液压设备有限公司，四川川润液压润滑设备有限公司，南通市博南润滑液压设备有限公司。

DRB 系列电动润滑泵（摘自 JB/ZQ 4559—2006）

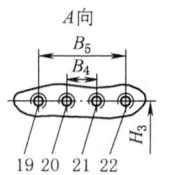
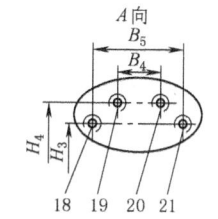

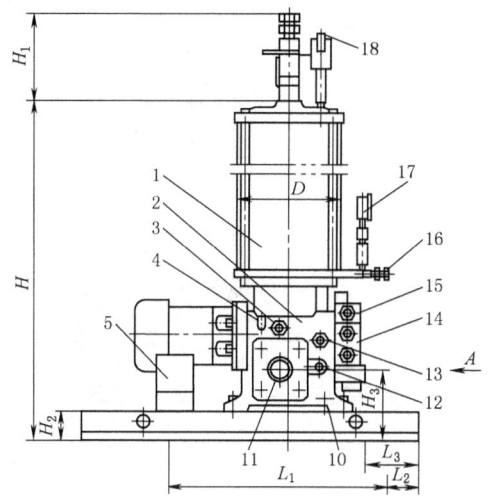
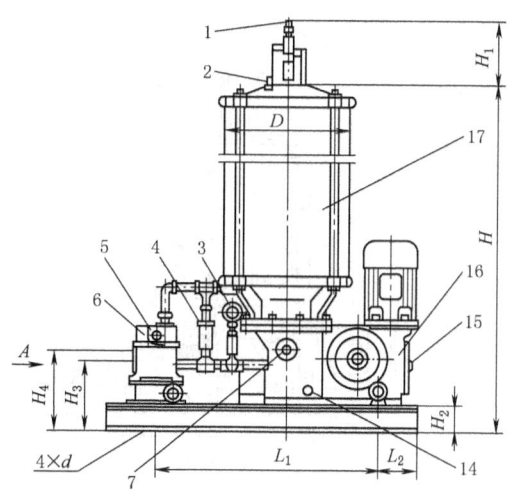

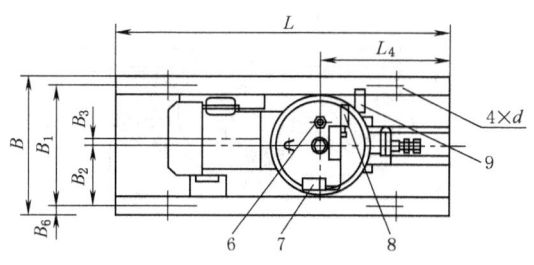
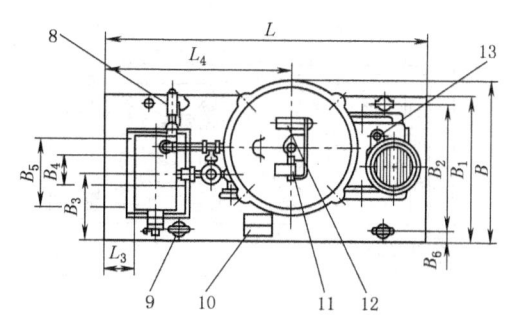

(a) DRB-L60Z-H、DRB-L195Z-H 环式电动润滑泵 　　　　(b) DRB-L585Z-H 环式电动润滑泵

1—储油器（17，图 b 中该零件号，下同）；2—泵体（16）；3—排气塞；4—润滑油注入口（13，润滑油注入口 $R_c\frac{3}{4}$）；5—接线盒（10）；6—排气阀（储油器活塞下部空气）（1）；7—储油器低位开关（11）；8—储油器高位开关（12）；9—液压换向限位开关（8）；10—放油螺塞（14，放油螺塞 $R_c\frac{1}{2}$）；11—油位计（15）；12—润滑脂补给口 M33×2-6g（7）；13—液压换向阀压力调节螺栓（6）；14—液压换向阀（5）；15—安全阀（4）；16—排气阀（出油口）；17—压力表（3）；18—排气阀（储油器活塞上部空气）（2）；19—管路Ⅰ出油口 $R_c\frac{3}{8}$（19，$R_c\frac{1}{2}$）；20—管路Ⅰ回油口 $R_c\frac{3}{8}$（21，$R_c\frac{1}{2}$）；21—管路Ⅱ回油口 $R_c\frac{3}{8}$（18，$R_c\frac{1}{2}$）；22—管路Ⅱ出油口 $R_c\frac{3}{8}$（20，$R_c\frac{1}{2}$）

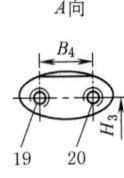
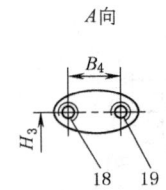
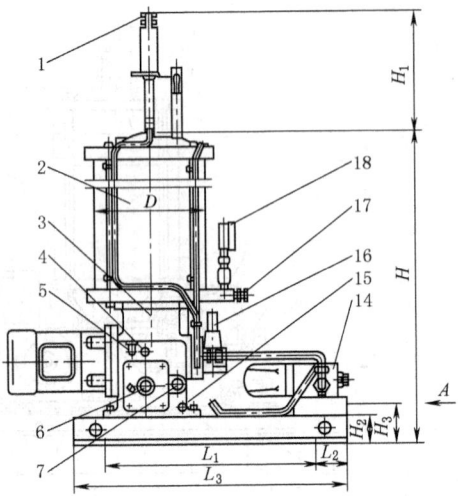
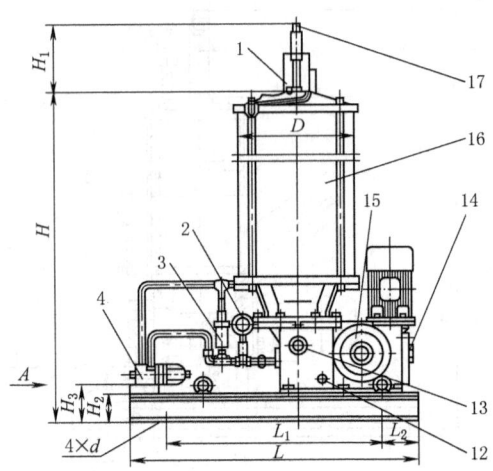
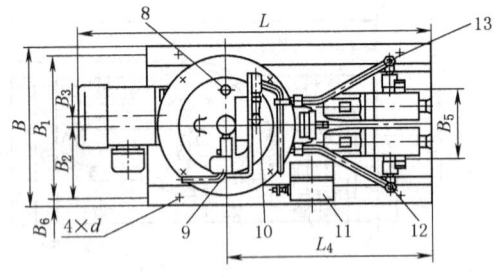
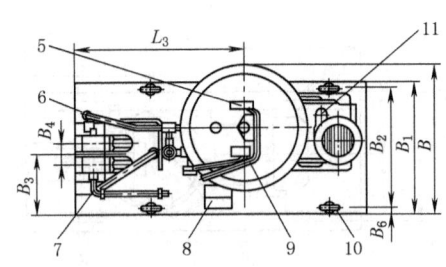

(c) DRB-L60Z-Z、DRB-L-195Z-Z 终端式电动润滑泵　　　　　(d) DRB-L585Z-Z 终端式电动润滑泵

1—排气阀（储油器活塞上部空气）（1，图 d 中该零件号，下同）；2—储油器（16）；3—泵体（15）；4—排气塞；
5—润滑油注入口（11，润滑油补给口 $R_c3/4$）；6—油位计（14）；7—润滑脂补给口 M33×2-6g（13）；
8—排气阀（储油器活塞下部空气）（17）；9—储油器低位开关（9）；10—储油器高位开关（5）；11—接线盒（8）；
12—储油器接口（6）；13—泵接口（7）；14—电磁换向阀（4）；15—放油螺塞（12，$R_c1/2$）；
16—安全阀（3）；17—排气阀（出油口）；18—压力表（2）；19—管路Ⅰ出油口 $R_c1/2$（18）；
20—管路Ⅱ出油口 $R_c1/2$（19）；（图 d 中，10—吊环）

表 11-1-80　　**DRB-L 型电动润滑泵结构型式、工作原理、技术参数及外形尺寸**　　mm

结构型式工作原理	该型电动润滑泵由柱塞泵、(柱塞式定量容积泵)储油器、换向阀、电动机等部分组成。柱塞泵在电动机的驱动下,从储油器吸入润滑脂,压送到换向阀,通过换向阀交替地沿两个出油口输送润滑脂时,另一出油口与储油器接通卸荷 该型电动润滑泵可组成双线环式集中润滑系统,即系统的主管环状布置,由返回润滑泵的主管末端的系统压力来控制液压换向阀,使两条主管交替地供送润滑脂的集中润滑系统;也可组成双线终端式集中润滑系统,即由主管末端的压力操纵阀来控制电磁换向阀交替地使两条主管供送润滑脂的集中润滑系统 环式结构电动润滑泵配用液压换向阀,有 4 个接口,外接 2 根供油主管及 2 根分别由供油管引回的回油管,依靠回油管内油脂的油压推动换向阀换向 终端式结构电动润滑泵配用电磁换向阀,有 2 个接口,外接 2 根供油主管,依靠电磁铁的得失电实现换向供油

型号	公称流量 /L·min⁻¹	公称压力 /MPa	转速 /r·min⁻¹	储油器容积/L	减速器润滑油量/L	电动机功率/kW	减速比	配管方式	润滑脂锥入度(25℃,150g) /(10mm)⁻¹	质量/kg	L	B	H	L_1	L_2
DRB-L60Z-H	60	100	20	1	0.37	1:15	环式	310~385	140	640	360	986	500	60
DRB-L60Z-Z								终端式		160	780				
DRB-L195Z-H	195	20(L)	35	2	0.75	1:20	环式		210	800	452	1056	600	100
DRB-L195Z-Z			75					终端式		230	891				
DRB-L585Z-H	585		90	5	0.5		环式	265~385	456		1160	585	1335	860	150
DRB-L585Z-Z								终端式		416					

型号	L_3	L_4	B_1	B_2	B_3	B_4	B_5	B_6	H_1 最大	H_1 最小	H_2	H_3	H_4	D	d	地脚螺栓
DRB-L60Z-H	126	290	320	157	23	42	118	20	598	155	60	130	—	269	14	M12×200
DRB-L60Z-Z	640	450		200		160	—					85				
DRB-L195Z-H	125	300	420	226	39	42	118	16	687	167	83	164	—	319	18	M16×400
DRB-L195Z-Z	800	500				160	—					108				
DRB-L585Z-H	100	667	520	476	244	111	226	22	815	170	110	248	277	457	22	M20×500
DRB-L585Z-Z	667				239		160					135				

应用	DRB-L 型电动润滑泵适用于润滑点多、分布范围广、给油频率高、公称压力 20MPa 的双线式干油集中润滑系统。通过双线分配器向润滑部位供送润滑脂 适用于锥入度(25℃、150g)250~350/10mm 的润滑脂或黏度值为 46~150mm²/s 的润滑油

注:生产厂江苏澳瑞思液压润滑设备有限公司,启东市南方润滑液压设备有限公司,南通市南方润滑液压设备有限公司,四川川润液压润滑设备有限公司,启东中冶润滑设备有限公司,江苏江海润液设备有限公司,南通市博南润滑液压设备有限公司。

双列式电动润滑脂泵（31.5MPa）（摘自 JB/ZQ 4701—2006）

标记示例：公称压力 31.5MPa，公称流量 60mL/min，环式配管的双列式电动润滑脂泵，标记为

SDRB-N60H 双列式电动润滑脂泵 JB/ZQ 4701—2006

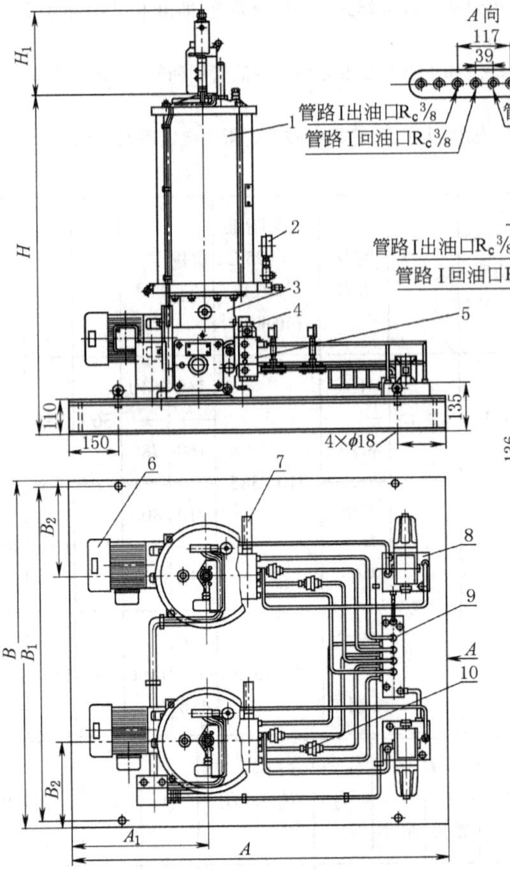

SDRB-N60H、SDRB-N195H 双列式电动润滑脂泵外形图
1—储油器；2,10—压力表；3—电动润滑脂泵；4—溢流阀；
5,9—液压换向阀；6—电动机；7—限位开关；8—电磁换向阀

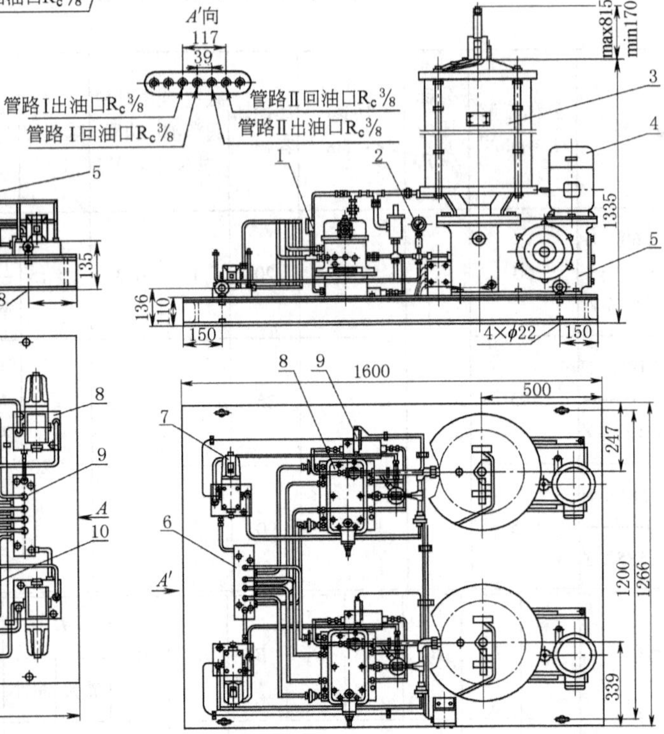

SDRB-N585H 双列式电动润滑脂泵外形图
1,2—压力表；3—储油器；4—电动机；5—电动润滑脂泵；
6,8—液压换向阀；7—电磁换向阀；9—限位开关

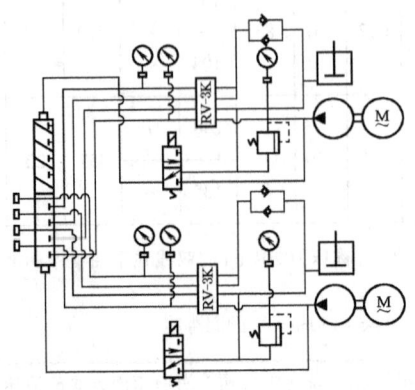

SDRB-N60H、SDRB-N195H 双列式电动润滑脂泵系统原理图

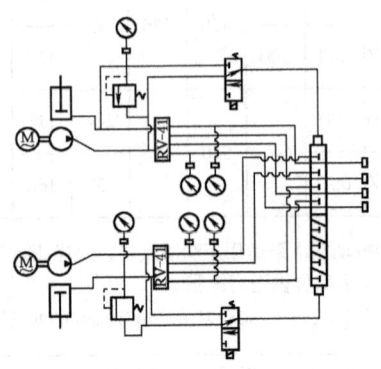

SDRB-N585H 双列式电动润滑脂泵系统原理图

表 11-1-81　双列式电动润滑脂泵组成、工作原理、技术参数及外形尺寸　　mm

| 组成、工作原理 | 双列式电动润滑脂泵是由电动润滑脂泵、换向阀、管路附件等组成。在同一底座上安装有两台电动润滑脂泵,一台常用、一台备用,双泵可以自动切换,通过换向阀接通运转着的泵的回路,不影响系统的正常工作,润滑脂泵的运转由电控系统操纵 ||||||||||

技术参数、外形尺寸

型号	公称流量 /mL·min^{-1}	公称压力 /MPa	储油器容积 /L	配管方式	电动机功率 /kW	润滑脂锥入度(25℃,150g) /(10mm)$^{-1}$	质量 /kg
SDRB-N60H	60	31.5(N)	20	环式	0.37	265~385	405
SDRB-N195H	195		35		0.75		512
SDRB-N585H	585		90		1.5		975

型号	A	A_1	B	B_1	B_2	H	H_1
SDRB-N60H	1050	351	1100	1054	296	1036	598$_{max}$ / 155$_{min}$
SDRB-N195H	1230	503.5	1150	1104	310	1083	670$_{max}$ / 170$_{min}$

注：生产厂有启东市南方润滑液压设备有限公司,南通市南方润滑液压设备有限公司,南通市博南润滑液压设备有限公司,四川川润液压润滑设备有限公司,江苏江海润液设备有限公司。

表 11-1-82　单线润滑泵（31.5MPa）型式、尺寸与基本参数（摘自 JB/T 8810.2—1998）

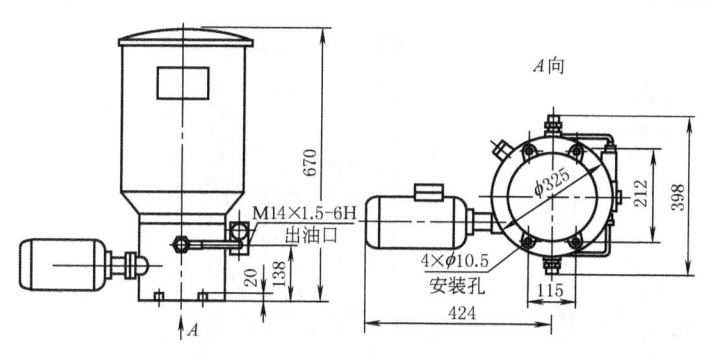

适用于锥入度不低于(25℃,150g)265/10mm 的润滑脂或黏度值不小于 68mm²/s 的润滑油。工作环境温度-20~80℃

标记示例：DB-N50　单线润滑泵,标记为 JB/T 8810.2—1998

型号	公称压力 /MPa	额定给油量 /mL·min^{-1}	储油器容积 /L	电动机功率 /kW	电动机电压 /V	质量 /kg
DB-N25	31.5(N)	0~25	30	0.37	380	37
DB-N45		0~45				39
DB-N50		0~50				37
DB-N90		0~90				39

DB-N 系列的多点润滑泵适用于润滑频率较低、润滑点在 50 点以下、公称压力为 31.5MPa 的单线式中小型机械设备集中润滑系统中,直接或通过单线分配器向各润滑点供送润滑脂的输送供油装置

适用于冶金、矿山、运输、建筑等设备的干油润滑

注：生产厂有南通市南方润滑液压设备有限公司,启东市南方润滑液压设备有限公司,江苏江海润液设备有限公司,南通市博南润滑液压设备有限公司,四川川润液压润滑设备有限公司,启东中冶润滑设备有限公司。

表 11-1-83　　多点润滑泵（31.5MPa）型式、尺寸与基本参数（JB/T 8810.3—1998）

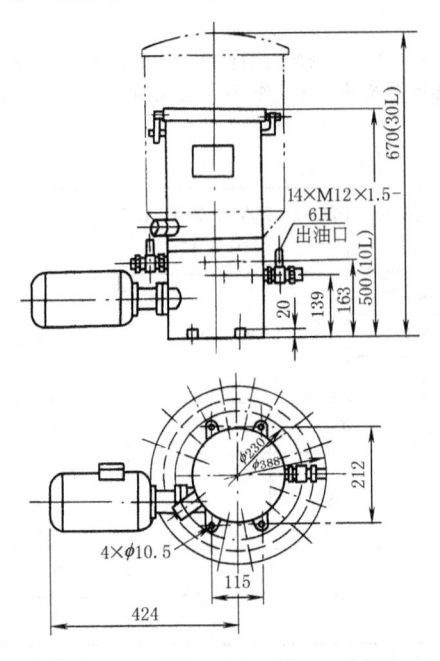

公称压力/MPa	出油口数	每出油口额定给油量/mL·min^{-1}	储油器容积/L	电动机		质量/kg
				功率/kW	电压/V	
31.5(N)	1~14	0~1.8 0~3.5 0~5.8 0~10.5	10,30	0.18	380	43

(1) 适用于锥入度(25℃,150g)不低于 265/10mm 的润滑脂或黏度值不小于 46mm^2/s 的润滑油。工作环境温度 −20~80℃

(2) 标记示例：公称压力 31.5MPa，出油口数 6 个，每出油口额定给油量 0~5.8mL/min，储油器容积 10L 的多点润滑泵，标记为
6DDRB-N5　8/10　多点泵　JB/T 8810.3—1998

(3) 生产厂有启东市南方润滑液压设备有限公司，南通市南方润滑液压设备有限公司，启东中冶润滑设备有限公司，江苏江海润液设备有限公司，南通市博南润滑液压设备有限公司

(3) 气动润滑泵

FJZ 型风动加油装置

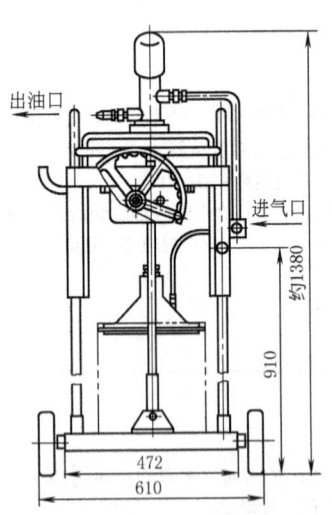

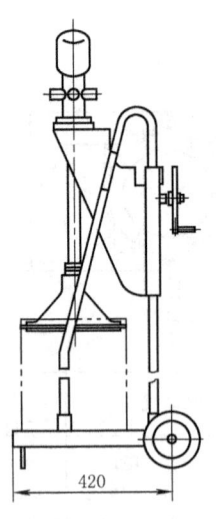

FJZ-M50、FJZ-K180 风动加油装置

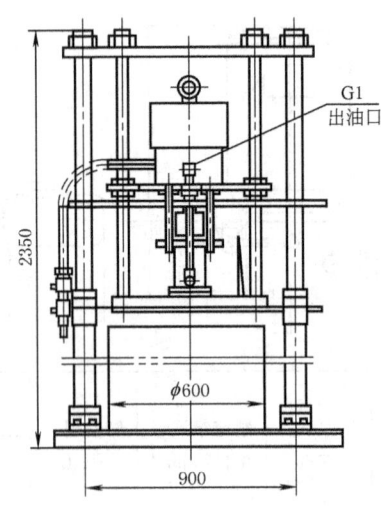

FJZ-J600、FJZ-H1200 风动加油装置

表 11-1-84　　FJZ 型风动加油装置基本参数

型号	加油能力/L·h^{-1}	储油器容积/L	空气压力/MPa	压送油压比	空气耗量/m^3·h^{-1}	每次往复排油量/mL	每分钟往复次数	
FJZ-M50	50	17	0.4~0.6	1:50	5	4.72	180	适用于干油站的储油器填充润滑脂，也可用于各种类型的润滑脂供应站 风动加油装置的主体为一风动柱塞式油泵。FJZ-M50 和 FJZ-K180 两种装置配上加油枪可以给润滑点直接供油，也可作为简单的单线润滑系统使用 风动加油装置输送润滑脂的锥入度为(25℃,150g)265~385/10mm
FJZ-K180	180			1:35	80	50		
FJZ-J600	600	180		1:25	200	180	60	
FJZ-H1200	1200			1:10	200	350		

表 11-1-85　　QRB 型气动润滑泵（16MPa）（摘自 JB/ZQ 4548—1997）

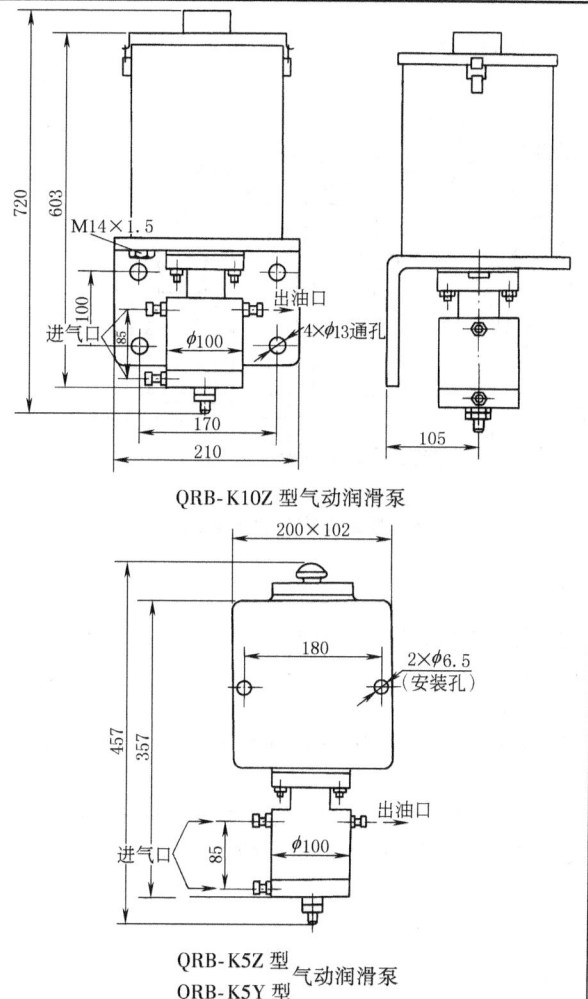

QRB-K10Z 型气动润滑泵

QRB-K5Z 型
QRB-K5Y 型　气动润滑泵

参　数	QRB-K10Z	QRB-K5Z	QRB-K5Y
出油压力/MPa	16		
进气压力/MPa	0.63		
出油量(可调)/mL·次$^{-1}$	0~6		
储油器容积/L	10	5	
进气口螺纹	M10×1-6H		
出油口螺纹	M14×1.5-6H		
油位监控装置	有	无	
最大电源电压/V	220	—	—
最大允许电流/mA	500	—	—
润滑介质	润滑脂		润滑油
质量/kg	39.10	13.26	12.81

（1）适用于锥入度（25℃，150g）为 250~350/10mm 的润滑脂或黏度值 46~150mm²/s 的润滑油
（2）标记示例：
　a. 供油压力 16MPa,储油器容积 5L,使用介质为润滑脂的气动润滑泵,标记为
　　QRB-K5Z　润滑泵　JB/ZQ 4548—1997
　b. 供油压力 16MPa,储油器容积 5L,使用介质为润滑油的气动润滑泵,标记为
　　QRB-K5Y　润滑泵　JB/ZQ 4548—1997
（3）生产厂有江苏江海润液设备有限公司,启东润滑设备有限公司,启东中冶润滑设备有限公司

表 11-1-86　　GSZ 型干油喷射润滑装置基本参数（摘自 JB/ZQ 4539—1997）

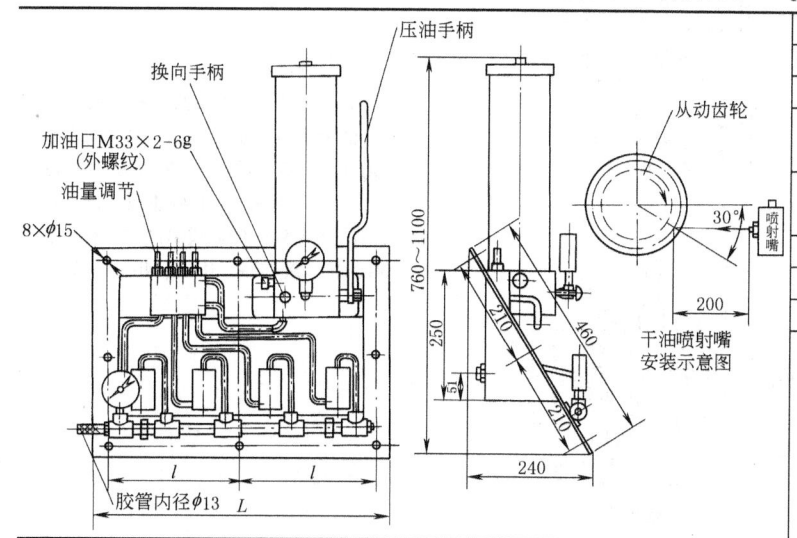

参　数	GSZ-2	GSZ-3	GSZ-4	GSZ-5
喷射嘴数量/个	2	3	4	5
空气压力/MPa	0.45~0.6			
给油器每循环给油量/mL	1.5~5			
喷射带(长×宽)/mm×mm	200×65	320×65	450×65	580×65
L/mm	520	560	600	730
l/mm	240	260	280	345
质量/kg	49	52	55	60

（1）适用于介质为锥入度（25℃，150g）不小于 300/10mm 的润滑脂
（2）标记示例：空气压力为 0.45~0.6MPa,喷射嘴为 3 个的干油喷射润滑装置,标记为
　　GSZ-3　喷射装置　JB/ZQ 4539—1997

注：生产厂有江苏江海润液设备有限公司,启东中冶润滑设备有限公司。

5.3.2 分配器与喷射阀

分配器是把润滑剂按照要求的数量、周期可靠地供送到摩擦副的润滑元件。

根据各润滑点的耗油量,可确定每个摩擦副上安置几个润滑点,选用相应类型的润滑系统,然后选择相应的润滑泵及定量分配器。其中多线式系统是通过多点式或多头式润滑油泵的每个给油口直接向润滑点供油,而单线式、双线式及递进式润滑系统则用定量分配器供油。

在设计时,首先按润滑点数量、集结程度遵循就近接管的原则将润滑系统划分为若干个润滑点群,每个润滑点群设置 1~2 个片组,按片组数初步确定分油级数。在最后 1 级分配器中,单位时间内所需循环次数 n_n 可按下式计算:

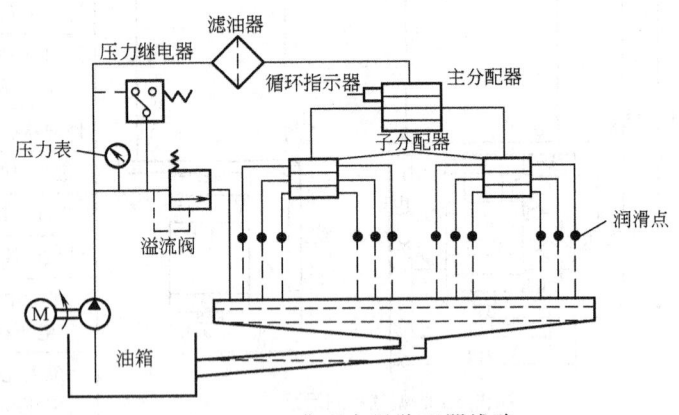

图 11-1-9 典型定量分配器线路

$$n_n = \frac{Q_1}{Q_n}$$

式中　Q_1——该分配器所供给的润滑点群中耗油量最小的润滑点的耗油量,mL/min;
　　　Q_n——选定的合适的标准分配器每一循环的供油量,mL;
　　　n_n——单位时间内所需循环数,一般在 20~60 循环/min 范围内。

在同一片组分配器中的一片的循环次数 n_1 确定后,则其他各片也按相同循环次数给油。对供油量大的润滑点,可选用大规格分配器或采用数个油口并联的方法。

每组分配器的流量必须相互平衡,这样才能连续供油。此外还须考虑到阀件的间隙、油的可压缩性损耗(可估算为 1%容量)等。然后就可确定标准分配器的种类、型号、规格。几种常用的分配器介绍于后。

(1) 10MPa SGQ 系列双线给油器(摘自 JB/ZQ 4089—1997)

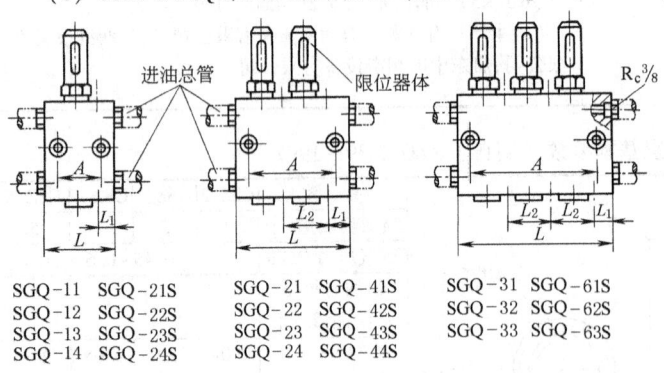

SGQ-11	SGQ-21S	SGQ-21	SGQ-41S	SGQ-31	SGQ-61S
SGQ-12	SGQ-22S	SGQ-22	SGQ-42S	SGQ-32	SGQ-62S
SGQ-13	SGQ-23S	SGQ-23	SGQ-43S	SGQ-33	SGQ-63S
SGQ-14	SGQ-24S	SGQ-24	SGQ-44S		

标记示例:
(a) 双向出油,6 个给油孔,每孔每次最大给油量 2.0mL 的双线给油器,标记为
　　SGQ-62S　给油器　JB/ZQ 4089—1997
(b) 单向出油,1 个给油孔,每孔每次最大给油量 0.5mL 的双线给油器,标记为
　　SGQ-11　给油器　JB/ZQ 4089—1997

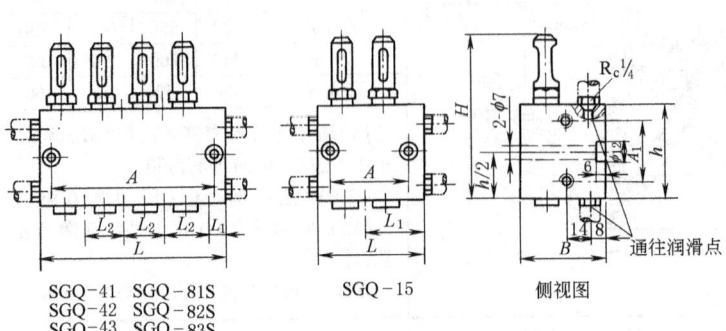

SGQ-41	SGQ-81S	SGQ-15	侧视图
SGQ-42	SGQ-82S		
SGQ-43	SGQ-83S		

表 11-1-87

型号	给油孔数	公称压力/MPa	每孔每次给油量/mL			L	B	H	h	L_1	L_2	A	A_1	质量/kg
			系列	最小	最大	mm								
SGQ-11	1	10(J)	1	0.1	0.5	54	44	85	56	20	23	40	34	1.0
SGQ-21	2					77						63		1.3
SGQ-31	3					100						86		1.8
SGQ-41	4					123						109		2.3
SGQ-21S	2					54						40		1.0
SGQ-41S	4					77						63		1.3
SGQ-61S	6					100						86		1.7
SGQ-81S	8					123						109		2.3
SGQ-12	1		2	0.5	2.0	55	47	99	62	20	25	41	40	1.1
SGQ-22	2					80						66		1.7
SGQ-32	3					105						91		2.3
SGQ-42	4					130						116		2.8
SGQ-22S	2					55						41		1.1
SGQ-42S	4					80						66		1.7
SGQ-62S	6					105						91		2.2
SGQ-82S	8					130						116		2.8
SGQ-13	1		3	1.5	5.0	55	53	105	65	20	25	41	40	1.4
SGQ-23	2					80						66		2.0
SGQ-33	3					105						91		2.7
SGQ-43	4					130						116		3.4
SGQ-23S	2					55						41		1.4
SGQ-43S	4					80						66		2.0
SGQ-63S	6					105						91		2.7
SGQ-83S	8					130						116		3.3
SGQ-14	1		4	3	10	58	57	123	77	20	30	44	52	1.8
SGQ-24	2					88						74		2.9
SGQ-24S	2					58						44		1.8
SGQ-44S	4					88						74		2.9
SGQ-15	1		5	6	20	88	57	123	77	50	—	74	52	2.9

注：1. 单向出油的给油器只有下给油孔，活塞正、反向排油时都由下给油孔供送润滑脂。
2. 双向出油的给油器有上、下给油孔，活塞正、反向排油时由上、下给油孔交替供送润滑脂。
3. 表中的给油量是指活塞上、下行程给油量之和的算术平均值。
4. 生产厂有启东市南方润滑液压设备有限公司，南通市南方润滑液压设备有限公司，四川川润液压润滑设备有限公司，启东中冶润滑设备有限公司，江苏江海润液压设备有限公司，南通市博南润滑液压设备有限公司。

(2) 20MPa DSPQ 系列及 SSPQ 系列双线分配器（摘自 JB/ZQ 4560—2006）

表 11-1-88

型号	公称压力 /MPa	动作压力 /MPa	出油口数 /个	每口每循环给油量 /mL 系列	每口每循环给油量 /mL 最大	每口每循环给油量 /mL 最小	损失量 /mL	调整螺钉每转一圈的调整量 /mL	质量 /kg	适用介质
1DSPQ-L1		≤1.5	1	1	1.2	0.2	0.06	0.17	0.8	
2DSPQ-L1			2						1.4	
3DSPQ-L1			3						1.8	
4DSPQ-L1			4						2.3	
1DSPQ-L2			1	2	2.5	0.6	0.10		1	
2DSPQ-L2			2						1.9	
3DSPQ-L2			3						2.7	
4DSPQ-L2			4						3.2	
1DSPQ-L3		≤1.2	1	3	5.0	1.2	0.15	0.20	1.4	
2DSPQ-L3			2						2.4	
3DSPQ-L3			3						3.5	
4DSPQ-L3			4						4.6	
1DSPQ-L4	20(L)		1	4	14.0	3.0	0.68		2.4	锥入度 (25℃,150g) 265~385/ 10mm 的润滑脂
2DSPQ-L4			2						4.2	
2SSPQ-L1		≤1.8	2	1	0.6	0.15	0.17	0.04	0.5	
4SSPQ-L1			4						0.8	
6SSPQ-L1			6						1.1	
8SSPQ-L1			8						1.4	
2SSPQ-L2		≤1.5	2	2	1.2	0.2		0.06	1.4	
4SSPQ-L2			4						2.4	
6SSPQ-L2			6						3.4	
8SSPQ-L2			8						4.4	
2SSPQ-L3			2	3	2.5	0.6	0.20 (损失量是指推动导向活塞需要的流量)	0.10	1.4	
4SSPQ-L3			4						2.4	
6SSPQ-L3			6						3.4	
8SSPQ-L3			8						4.4	
2SSPQ-L4		≤1.2	2	4	5.0	1.2		0.15	1.4	
4SSPQ-L4			4						2.4	
6SSPQ-L4			6						3.4	
8SSPQ-L4			8						4.4	

注：生产厂有启东市南方润滑液压设备有限公司，南通市南方润滑液压设备有限公司，江苏江海润液设备有限公司，南通市博南润滑液压设备有限公司，四川川润液压润滑设备有限公司，启东中冶润滑设备有限公司，江苏澳瑞思液压润滑设备有限公司。

20MPa DSPQ 系列双线分配器（摘自 JB/ZQ 4560—2006）的型式与尺寸

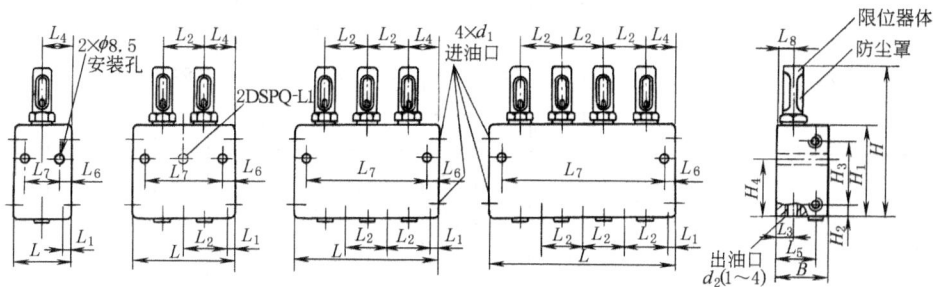

标记示例：公称压力 20MPa，4 个出油口，每口每循环给油量（最大）2.5mL 的单向出油的双线分配器，标记为
4DSPQ-L2.5 分配器 JB/ZQ 4560—2006

表 11-1-89   mm

型号	L	B	H	L_1	L_2	L_3	L_4	L_5	L_6	L_7	L_8	H_1	H_2	H_3	H_4	d_1	d_2
1DSPQ-L1	44	38	104	8	29	11	22.5	27	10	24	11	64	11	42	39	$R_c3/8$	$R_c1/4$
2DSPQ-L1	73	38	104	8	29	11	22.5	27	10	—	11	64	11	42	41	$R_c3/8$	$R_c1/4$
3DSPQ-L1	102	38	104	8	29	11	22.5	27	10	82	11	64	11	42	41	$R_c3/8$	$R_c1/4$
4DSPQ-L1	131	38	104	8	29	11	22.5	27	10	111	11	64	11	42	41	$R_c3/8$	$R_c1/4$
1DSPQ-L2	50	40	125	9.5	31	11	25	29	10	30	11	76	11	54	48	$R_c3/8$	$R_c1/4$
2DSPQ-L2	81	40	125	9.5	31	11	25	29	10	61	11	76	11	54	48	$R_c3/8$	$R_c1/4$
3DSPQ-L2	112	40	125	9.5	31	11	25	29	10	92	11	76	11	54	48	$R_c3/8$	$R_c1/4$
4DSPQ-L2	143	40	125	9.5	31	11	25	29	10	123	11	76	11	54	48	$R_c3/8$	$R_c1/4$
1DSPQ-L3	53	45	138	9.5	37	14	28	34	10	33	14	83	13	57	53	$R_c3/8$	$R_c1/4$
2DSPQ-L3	90	45	138	9.5	37	14	28	34	10	70	14	83	13	57	53	$R_c3/8$	$R_c1/4$
3DSPQ-L3	127	45	138	9.5	37	14	28	34	10	107	14	83	13	57	53	$R_c3/8$	$R_c1/4$
4DSPQ-L3	164	45	138	10	37	14	28	34	10	144	14	83	13	57	53	$R_c3/8$	$R_c1/4$
1DSPQ-L4	62	57	149	10	46	29	33	45	10	42	20	89	16	57	56	$R_c3/8$	$R_c1/4$
2DSPQ-L4	108	57	149	10	46	29	33	45	10	88	20	89	16	57	56	$R_c3/8$	$R_c1/4$

注：1. DSPQ 型单向出油的双线分配器，只在下面有出油口，活塞正向、反向排油时都由下出油口供送润滑脂。
2. 生产厂有启东市南方润液液压设备有限公司，南通市南方润滑液压设备有限公司，四川川润液压润滑设备有限公司，江苏江海润液设备有限公司，南通市博南润滑液压设备有限公司。

20MPa SSPQ 型双线分配器（摘自 JB/ZQ 4560—2006）的型式与尺寸

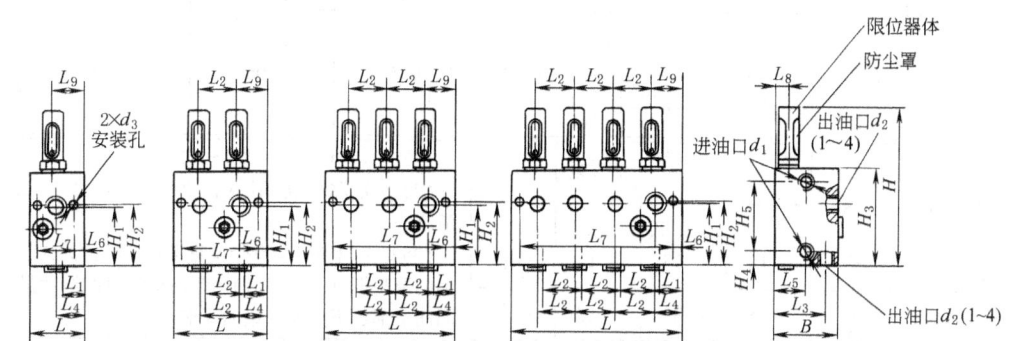

标记示例：公称压力 20MPa，4 个出油口，每口每循环给油量（最大）2.5mL 的双向出油的双线分配器，标记为
4SSPQ-L2.5 分配器 JB/ZQ 4560—2006

表 11-1-90　　　　SSPQ 系列双线分配器尺寸　　　　　　　　　　　　　　　　　mm

型号	L	B	H	L_1	L_2	L_3	L_4	L_5	L_6	L_7	L_8	L_9	H_1	H_2	H_3	H_4	H_5	d_1	d_2	d_3
2SSPQ-L1	36	40	81	17	32.5	18	21	6	24	8	18	33	34	54	8.5	37	Rc1/4	Rc1/6	7
4SSPQ-L1	53									41										
6SSPQ-L1	70									58										
8SSPQ-L1	87									75										
2SSPQ-L2	44	54	120	18	32	44	22	27	7	30	12	24	47	52	79	11	57	Rc3/8	Rc1/4	9
4SSPQ-L2	76									62										
6SSPQ-L2	108									94										
8SSPQ-L2	140									126										
2SSPQ-L3	44		127							30										
4SSPQ-L3	76									62										
6SSPQ-L3	108									94										
8SSPQ-L3	140									126										
2SSPQ-L4	44		137							30										
4SSPQ-L4	76									62										
6SSPQ-L4	108									94										
8SSPQ-L4	140									126										

注：1. SSPQ 型双向出油的双线分配器，在正面和下面都有出油口，活塞正向、反向排油时，正面出油口和下面出油口交替供送润滑脂。
2. 生产厂有江苏江海润液设备有限公司等。

（3）40MPa SSPQ 系列双线分配器（摘自 JB/ZQ 4704—2006）

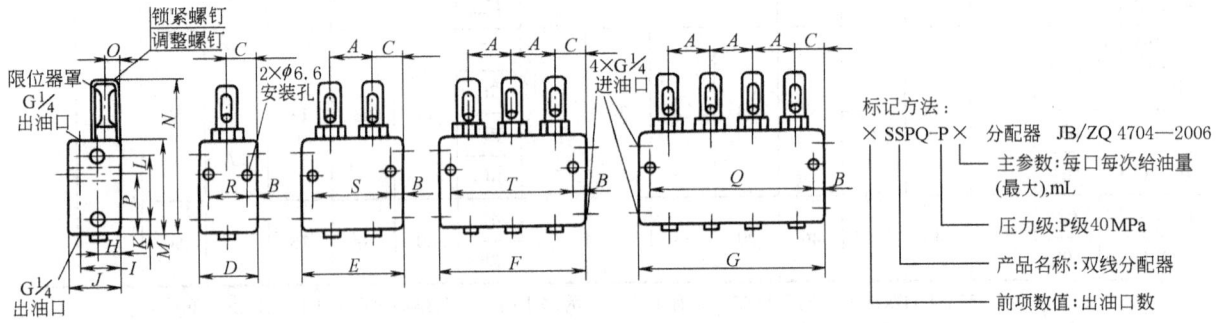

标记示例：公称压力 40MPa，6 个出油口，每口每次给油量（最大）1.15mL 的双线分配器，标记为
6SSPQ-P1.15　分配器　JB/ZQ 4704—2006

表 11-1-91　　　　SSPQ 系列双线分配器尺寸　　　　　　　　　　　　　　　　　mm

型号	A	B	C	D	E	F	G	H	I	J	K	L	M	N	O	P	R	S	T	Q
2SSPQ-P1.15	27	7	24	48	—	—	—	20	37	52	10.5	32	54	105	9	27	34	—	—	—
4SSPQ-P1.15				—	75	—	—										—	61	—	—
6SSPQ-P1.15				—	—	102	—										—	—	88	—
8SSPQ-P1.15				—	—	—	129										—	—	—	115

型号	启动压力/MPa	出油口数	每口每次给油量/mL max	每口每次给油量/mL min	损失量/mL	质量/kg
2SSPQ-P1.15	≤1.8	2	1.15	0.35	0.17	1.2
4SSPQ-P1.15		4				1.7
6SSPQ-P1.15	≤1.8	6	1.15	0.35	0.17	2.2
8SSPQ-P1.15		8				2.7

(1) 工作环境温度 -20~80℃
(2) 适用于锥入度不小于 (25℃,150g) 265/10mm 的润滑脂
(3) 每个出油口均有带调整螺钉的限位器，旋动限位器上的调整螺钉，即可分别调节各出油口的给油量，满足不同润滑部位不同需油量的要求

注：生产厂有南通市博南润滑液压设备有限公司，启东市南方润滑液压设备有限公司，南通市南方润滑液压设备有限公司，江苏江海润液设备有限公司，四川川润液压润滑有限公司，启东中冶润滑设备有限公司，江苏澳瑞思液压润滑设备有限公司。

40MPa SSPQ系列双线分配器适用于黏度不小于68mm^2/s的润滑油或润滑脂的锥入度（25℃，150g）不小于220/10mm。工作环境温度-20~80℃。

表11-1-92　　　　　　　　　　SSPQ系列双线分配器基本参数

型号	公称压力/MPa	启动压力/MPa	控制活塞工作油量/mL	出油口每循环额定给油量/mL	给油口数	说明	(1)工作环境温度-20~80℃ (2)适用于锥入度(25℃,150g)不小于220/10mm的润滑脂或黏度值不小于68mm^2/s的润滑油
×SSPQ×-P0.5	40(P)	≤1	0.3	0.5	1~8	配带装置	给油螺钉，运动指示调节装置
×SSPQ×-P1.5				1.5	1~8		给油螺钉，运动指示调节装置，行程开关调节装置
×SSPQ×-P3.0				3.0	1~4		运动指示调节装置

注：生产厂有江苏江海润液设备有限公司，南通市南方润滑液压设备有限公司，启东市南方润滑液压设备有限公司，四川川润液压润滑设备有限公司，南通市博南润滑液压设备有限公司。

表11-1-93　　　　　　　SSPQ系列双线分配器（摘自JB/T 8462—1996）

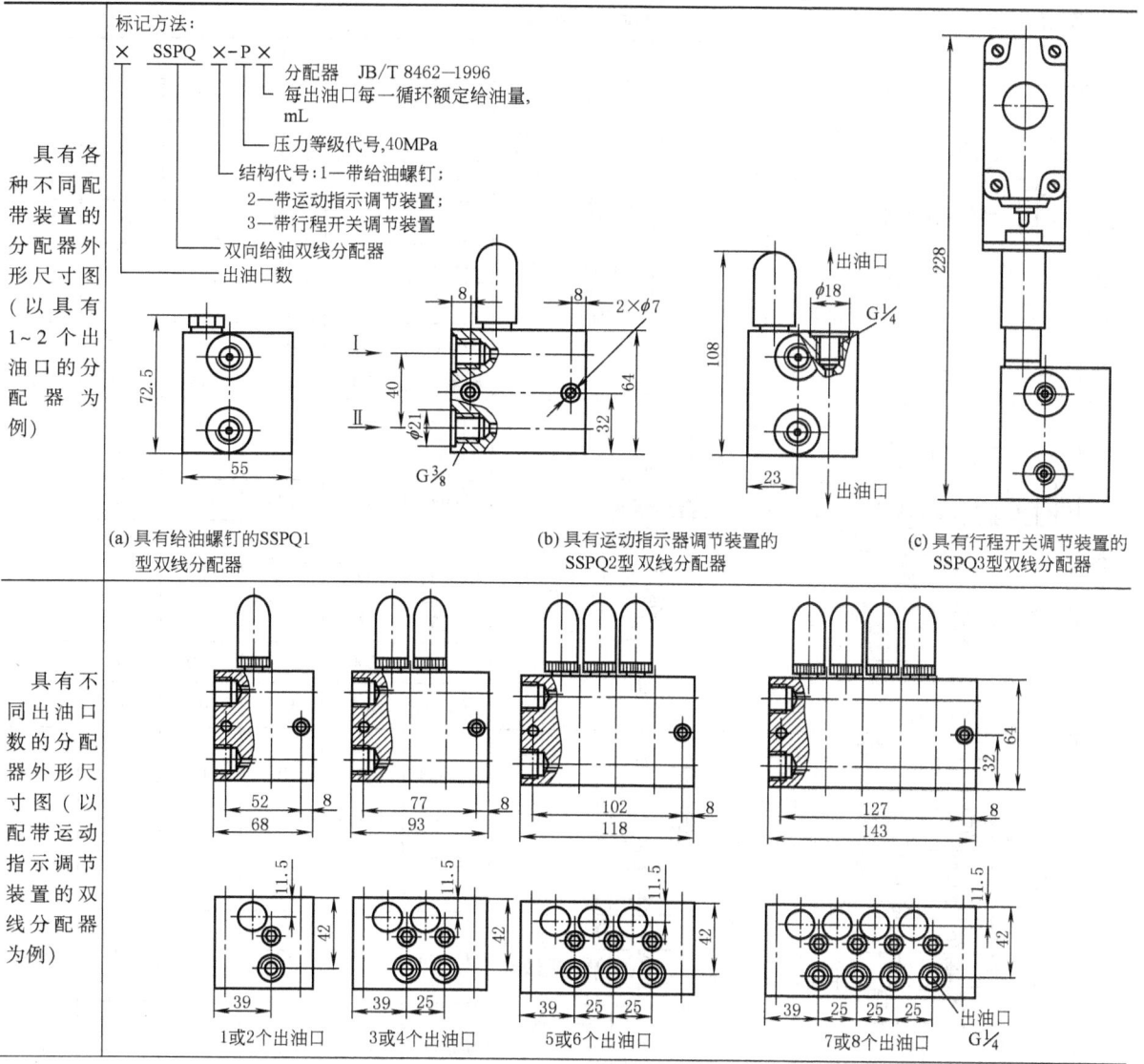

标记示例：公称压力40MPa、8个出油口，每出油口每一循环额定给油量1.5mL，带运动指示调节装置的双向双线分配器，标记为
8SSPQ2-P1.5　分配器　JB/T 8462—1996

(4) 16MPa JPQ 系列递进分配器（摘自 JB/T 8464—1996）

每个出油口按步进顺序定量输油，出油口数按分配器组合片数的不同而不同，有不同的出油量。适用于黏度不小于 68mm²/s 的润滑油或锥入度（25℃，150g）不小于 220/10mm 的润滑脂，工作环境温度 -20~80℃。

表 11-1-94　　　　　　　　　　　　JPQ 系列递进分配器基本参数

型号	公称压力 /MPa	每循环每出油口额定给油量/mL	启动压力 /MPa	组合片数	给油口数	说明
×JPQ1-K×	16(K)	0.07, 0.1, 0.2, 0.3	≤1	3~12	6~24	JPQ1型、JPQ2型分配器在系统中串联使用 JPQ3型、JPQ4型分配器在系统中并联使用，根据需要可以安装超压指示器 JPQ4型在组合时需有一片控制片，此片无给油口
×JPQ2-K×		0.5, 1.2, 2.0				
×JPQ3-K×		0.07, 0.1, 0.2, 0.3		4~8	6~14	
×JPQ4-K×		0.5, 1.2, 2.0				

注：1. 同种型式额定给油量不同的单片混合组合或多个出油口合并给油，订货时须另行说明。

2. 生产厂有南通市南方润滑液压设备有限公司，启东市南方润滑液压设备有限公司，江苏江海润滑设备有限公司，四川川润液压润滑设备有限公司，启东中冶润滑设备有限公司，南通市博南润滑液压设备有限公司等。

表 11-1-95　　　　　　　　　　　　分配器型式与尺寸

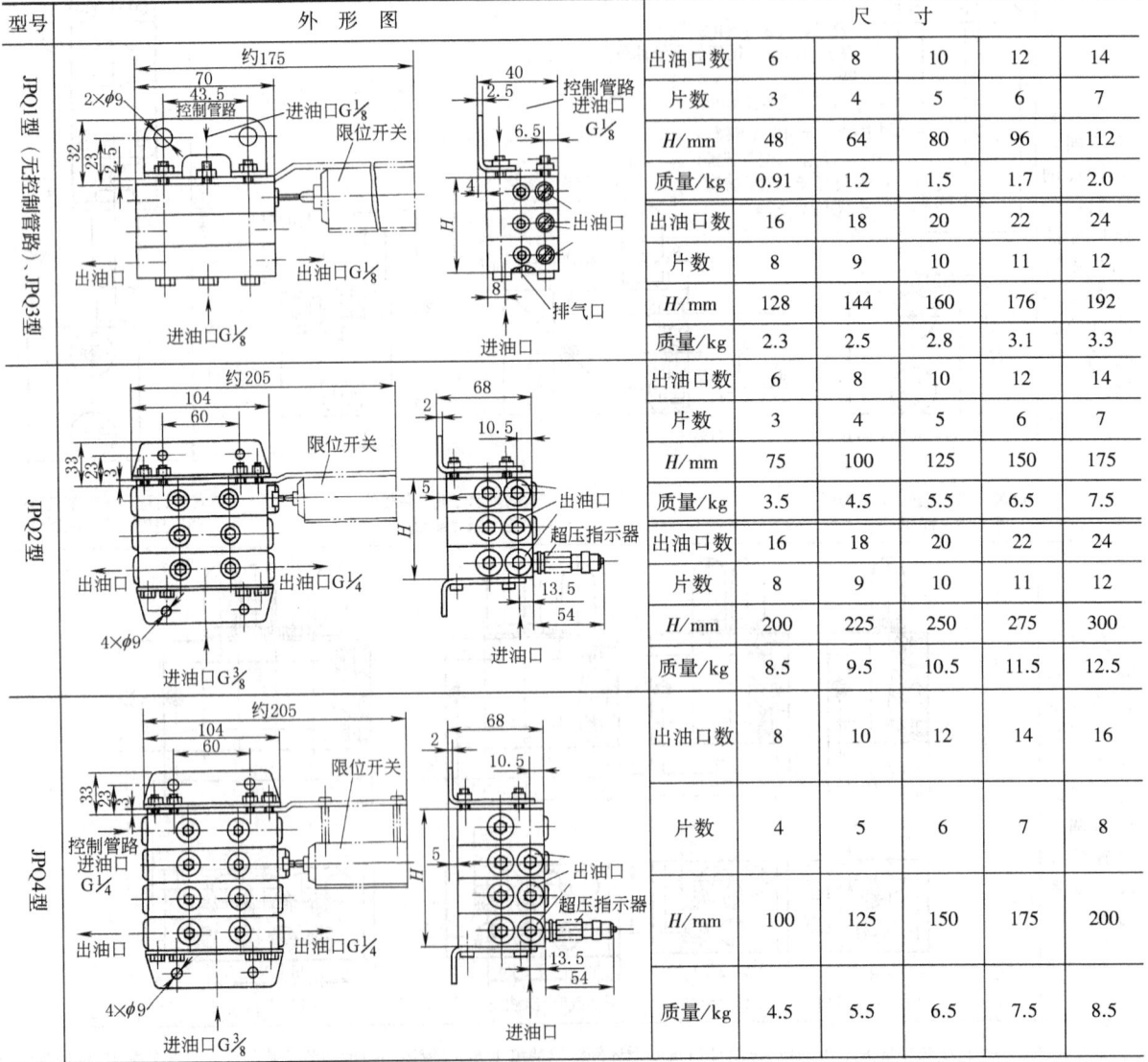

型号		尺寸				
JPQ1型（无控制管路）、JPQ3型	出油口数	6	8	10	12	14
	片数	3	4	5	6	7
	H/mm	48	64	80	96	112
	质量/kg	0.91	1.2	1.5	1.7	2.0
	出油口数	16	18	20	22	24
	片数	8	9	10	11	12
	H/mm	128	144	160	176	192
	质量/kg	2.3	2.5	2.8	3.1	3.3
JPQ2型	出油口数	6	8	10	12	14
	片数	3	4	5	6	7
	H/mm	75	100	125	150	175
	质量/kg	3.5	4.5	5.5	6.5	7.5
	出油口数	16	18	20	22	24
	片数	8	9	10	11	12
	H/mm	200	225	250	275	300
	质量/kg	8.5	9.5	10.5	11.5	12.5
JPQ4型	出油口数	8	10	12	14	16
	片数	4	5	6	7	8
	H/mm	100	125	150	175	200
	质量/kg	4.5	5.5	6.5	7.5	8.5

标记示例：公称压力 16MPa，6 个出油口，每出油口每一循环额定给油量为 2mL 的 JPQ2 型递进分配器，标记为

6JPQ2-K2　分配器　JB/T 8464—1996

表 11-1-96　　16MPa JPQ 系列递进分配器（摘自 JB/ZQ 4550—2006）

型号	工作块代号	公称压力/MPa	给油量/mL·次⁻¹	进油口管子外径/mm	出油口管子外径/mm	质量/kg	型号	工作块代号	公称压力/MPa	给油量/mL·次⁻¹	进油口管子外径/mm	出油口管子外径/mm	质量/kg
JPQS	M1	16(K)	0.10	10,8	8,6	0.486	JPQS	M4	16(K)	0.40	10,8	8,6	0.486
	M1.5		0.15				JPQD	M1		0.35	10	10,8	0.812
	M2		0.20					M1.5		0.55			
	M2.5		0.25					M2		0.75			
	M3		0.30					M3		1.00			

型号	L	A	H	B	A_1	螺钉 d
JPQS	（工作块数+2）×20	（工作块数+1）×20	55	45	22	M5×50
JPQD	（工作块数+2）×25	（工作块数+1）×25	80	60	34	M6×65

适用介质为锥入度（25℃，150g）250~350/10mm 的润滑脂

注：生产厂有启东市南方润滑液压设备有限公司，南通市南方润滑液压设备有限公司，南通市博南润滑液压设备有限公司，江苏江海润液设备有限公司，启东中冶润滑设备有限公司。

递进分配器为单柱塞多片组合式结构，每片有两个给油口，用于公称压力 16MPa 的单线递进式干油集中润滑系统，把润滑剂定量地分配到各润滑点。

每种型式的分配器，一般按额定给油量相等的单片组合，需要时也可将额定给油量不同的单片混合组合。相邻的两个或两个以上的给油口可以合并成一个给油口给油，此给油口的给油量为所有被合并给油口的额定给油量之和。

分配器均装有一个运动指示杆，用以观察分配器工作情况，根据需要还可以安装限位开关，对润滑系统进行控制和监视。

递进分配器由首块 A、中间块 M、尾块 E 组成分油器组，中间块的件数可根据需要选择，最少 3 件，最多可达 10 件，每件中间块有两个出油口，因此每一分配器组的出油口在 6~20 个之间，也就是每一分配器组可供润滑 6~20 个润滑点，润滑所需供油量的多少，可按型号规格表列数据选用。如果某润滑点在一次循环供油中需要供油量较大或特大，可采用图 11-1-10 的方法，取出中间块内部的封闭螺钉，并在出油口增加一个螺堵，使两个出油口的油量合并到一个出油口。注意所合并的供油量是中间块排列中下一个中间块型号所规定的供油量，如果合并两个出油口的供油量仍然不满足需要，可采用图 11-1-11 的方法，增加三通或二通桥式接头，以汇集几个出油口的油量来满足需要。

递进分配器在使用时，可以施行监控，用户如果需要监控，可在标记后注明带触杆（或带监控器）。

递进分配器的组合按进油口元件首块 A、工作块 M 和尾块 E，从左到右排列，在队列下方出口称为左，在队列上方出口称为右。分配器组如图 11-1-12 所示。标记方法与示例：

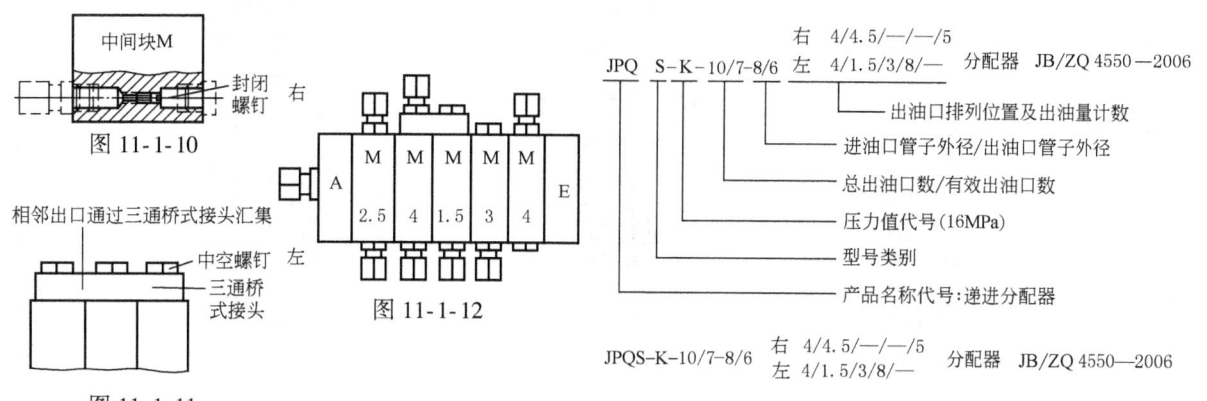

JPQS-K-10/7-8/6　右 4/4.5/—/—/5　分配器 JB/ZQ 4550—2006
　　　　　　　　　左 4/1.5/3/8/—

表11-1-97　20MPa JPQ1、2、3系列递进分配器（摘自 JB/ZQ 4703—2006）

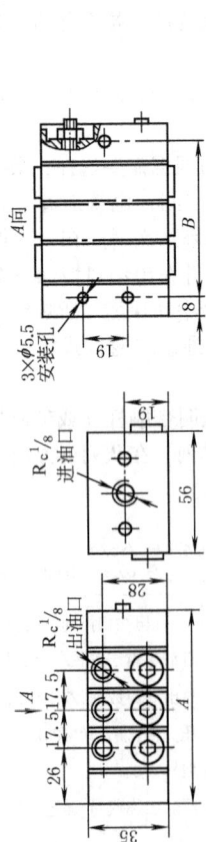

JPQ1系列分配器

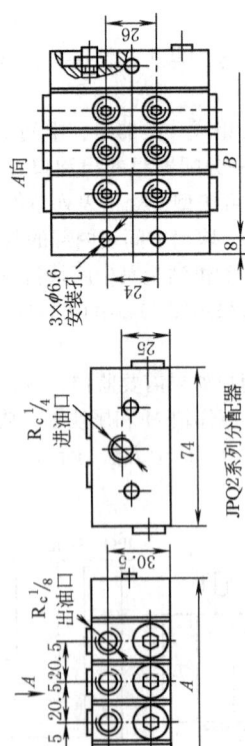

JPQ2系列分配器

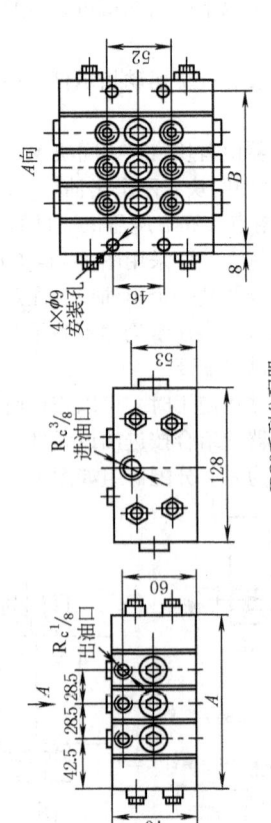

JPQ3系列分配器

(1) 适用于黏度不低于 17mm²/s、过滤精度不低于 25μm 的润滑油，或锥入度 (25℃，150g) 不低于 290/10mm、过滤精度不低于 100μm 的润滑脂

(2) 分配器由首片、中间片、尾片组成，其中中间片为给油工作片。每台分配器至少组装 3 块，最多 8 块中间片，中间片的规格可以在该系列中任意选择，以组成指定出油口数和给油量的分配器

(3) 每个系列的中间片除该系列中给油量最小的规格（含单出油口和双出油口）以外，其他规格都有带循环指示器的型式

(4) 一块中间片的活塞往复一个双行程的一次循环，一台分配器的每块中间片均动作一次循环是该台分配器的一次循环，一台分配器的所有中间片在单位时间内的循环次数之和是该台分配器的动作频率

(5) 标记示例：JPQ3-3 系列分配器，3 块中间片，第 1 块的规格为 80S，第 2 块的规格为 160T，第 3 块的规格为 200T，标记为

JPQ3-3 分配器（80S-160T-200T）　JB/ZQ 4703—2006

续表

分配器系列	公称压力 MPa	最小动作压力 MPa	允许最大动作频率 /次·min⁻¹	中间片规格	中间片数	A≈ mm	B≈ mm	质量 /kg	中间片规格	每口每循环给油量 /mL	出油口数
JPQ1	20 (L)	0.7	200	8T,8S	3	87	71	1.3	8T	0.08	2
				16T,16S	4	104.5	88.5	1.6	8S	0.16	1
				24T,24S	5	122	106	1.8	16T	0.16	2
					6	139.5	123.5	2.1	16S	0.32	1
					7	157	141	2.3	24T	0.24	2
					8	174.5	158.5	2.6	24S	0.28	1
JPQ2	20 (L)	1.2	200	16T,16S	3	102	86	2.2	32T	0.32	2
				24T,24S	4	122.5	106.5	2.6	32S	0.64	1
				32T,32S	5	143	127	3.1	40T	0.40	2
				40T,40S	6	163.5	147.5	3.5	40S	0.80	1
									48T	0.48	24
									48S	0.96	1
JPQ2	20 (L)	1.2	200	48T,48S	7	184	168	4.0	56T	0.56	2
				56T,56S	8	204.5	18.5	4.4	56S	1.12	1
JPQ3	20 (L)	1.2	100	40T,40S	3	142	126	9.8	80T	0.80	2
				80T,80S	4	170.5	154.5	11.8	80S	1.60	1
				120T,120S	5	199	183	13.7	120T	1.20	2
				160T,160S	6	227.5	221.5	15.7	120S	2.40	1
				200T,200S	7	256	240	17.6	160T	1.60	2
				240T,240S	8	284.5	264.5	19.6	160S	3.20	1
									200T	2.00	2
									200S	4.00	1
									240T	2.40	2
									240S	4.80	4

注：生产厂有南通市博南润滑液压设备有限公司，启东市南方润滑液压设备有限公司，南通市南方润滑液压设备有限公司，四川川润液压润滑设备有限公司，江苏江海润液设备有限公司，启东中冶润滑设备有限公司。

表 11-1-98　　10MPa 喷射阀（摘自 JB/ZQ 4566—2006）

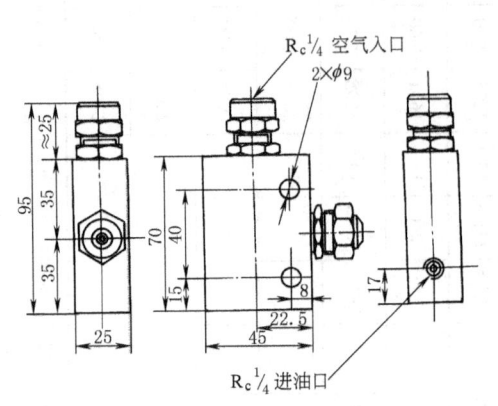

型　号	PF-200	型　号	PF-200
公称压力/MPa	10(J)	空气压力/MPa	0.5
额定喷射距离/mm	200	空气用量/L·min⁻¹	380
额定喷射直径/mm	120	质量/kg	0.7

标记示例：公称压力 10MPa，额定喷射距离 200mm 的喷射阀，标记为
　　PF-J200　喷射阀　JB/ZQ 4566—2006

用于公称压力 10MPa 的干油喷射集中润滑系统，将润滑脂喷射到润滑点上。介质为锥入度（25℃，150g）265~385/10mm 的润滑脂或黏度不低于 120mm²/s 的润滑油。

注：生产厂南通市博南润滑液压设备有限公司，南通市南方润滑液压设备有限公司，四川川润液压润滑设备有限公司，启东市南方润滑液压设备有限公司，江苏江海润液设备有限公司，启东中冶润滑设备有限公司。

表 11-1-99　　40MPa YCK 型压差开关型式尺寸与参数（摘自 JB/T 8465—1996）

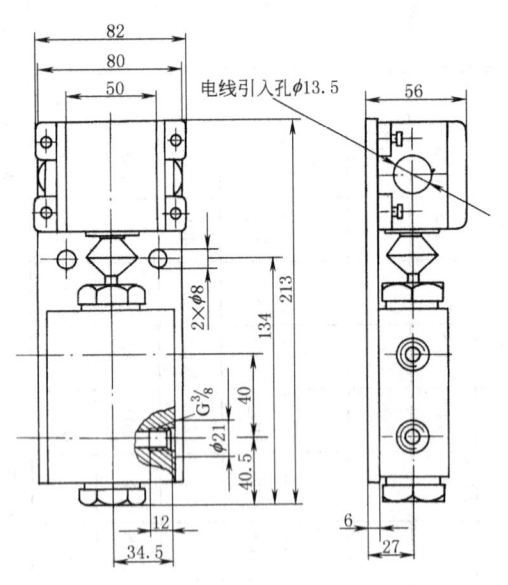

（1）适用于锥入度（25℃，150g）不小于 220/10mm 的润滑脂或黏度大于等于 68mm²/s 的润滑油
（2）工作环境温度 -20~80℃
（3）标记示例：公称压力 40MPa，发信压差 5MPa 的压差开关，标记为
　　YCK-P5　压差开关　JB/T 8465—1996

型　号	公称压力/MPa	开关最大电压/V	开关最大电流/A	发信压差/MPa	发信油量/mL	质量/kg
YCK-P5	40(P)	约>500	15	5	0.7	3

注：生产厂南通市博南润滑液压设备有限公司，南通市南方润滑液压设备有限公司，启东市南方润滑液压设备有限公司，四川川润液压润滑设备有限公司，启东中冶润滑设备有限公司，江苏江海润液设备有限公司。

5.3.3 其他辅助装置及元件

(1) 手动加油泵及电动加油泵

表 11-1-100　　　　手动加油泵

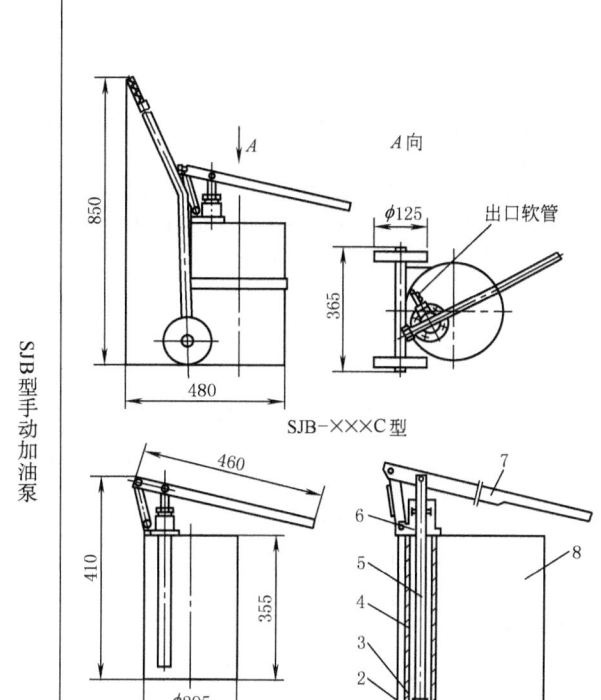

SJB型手动加油泵

1—吸油阀；
2—压油阀；
3—活塞；
4—缸筒；
5—活塞杆；
6—泵头；
7—手柄；
8—油筒出口软管(未标)

型号	每循环加油量/mL	工作压力/MPa	油筒容量/kg	手柄作用力(工作压力下)/N	质量/kg
SJB-J12	12.5	70	18 (18.9 L)	约250	8
SJB-J12C					12
SJB-V25	25	3.15			8
SJB-V25C					12
SJB-D60	60	0.63			8
SJB-D60C					12

(1) 按照不同的需要,用户可在出口软管末端自行装设快换接头及注油枪,油筒采用18kg标准润滑脂筒,将油泵盖直接安装在新打开的润滑脂筒上即可使用,摇动手柄润滑脂即被泵出。SJB-D100C1 型加油泵不带油筒,将打开的润滑脂筒放在小车上即可使用

(2) 加油泵出口软管末端为 M18×1.5 接头螺母(J12、J12C、V25、V25C)、M33×2 接头螺母(D100、D100C)、R1/4 接头(D100C1)

(3) 适用于锥入度(25℃,150g)265~385/10mm 的润滑脂

2.5MPa SJB-V型手动加油泵(JB/T 8811.2—1998)

公称压力/MPa	每循环额定出油量/mL	最大手柄力/N	储油器容积/L	质量/kg
2.5(G)	25	≤160	20	20

(1) 适用于锥入度(25℃、150g)为 220~385/10mm 的润滑脂或黏度不小于 46mm²/s 的润滑油

(2) 生产厂：启东市南方润滑液压设备有限公司,南通市南方润滑液压设备有限公司,四川川润液压润滑设备股份有限公司,启东中冶润滑设备有限公司,南通市博南润滑液压设备有限公司

标记示例：公称压力 2.5MPa,每一循环额定出油量 25mL 的手动加油泵,标记为
　　　　SJB-V25　加油泵　JB/T 8811.2—1998

表 11-1-101　　电动加油泵

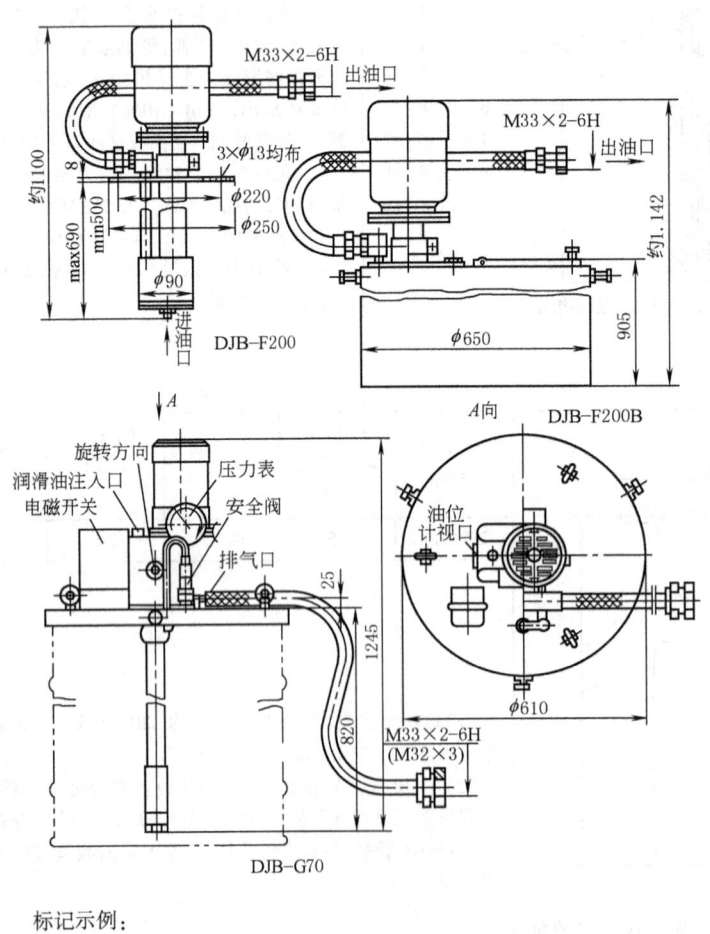

4MPa DJB-H型电动加油泵 (JB/T 8811.1—1998)

公称压力/MPa	额定加油量/L·min⁻¹	储油器容积/L	电动机功率/kW	质量/kg
4(H)	1.6	200	0.37	90

(1) 适用于锥入度(25℃,150g)不低于220/10mm润滑脂或黏度不小于68mm²/s的润滑油

(2) 生产厂有江苏江海润液设备有限公司,启东市南方润滑液压设备有限公司,南通市南方润滑液压设备有限公司,启东中冶润滑设备有限公司,南通市博南润滑液压设备有限公司

标记示例:公称压力4MPa,额定加油量1.6L/min的电动加油泵,标记为

　　DJB-H1.6　加油泵　JB/T 8811.1—1998

1MPa、2.5MPa DJB型电动加油泵 (JB/ZQ 4543—2006)

参数		DJB-F200	DJB-F200B	DJB-G70
公称压力/MPa		1(F)		2.5(G)
加油量/L·h⁻¹		200		70
柱塞泵	转速/r·min⁻¹	—		56
	减速比	—		1:25
电动机	型号	Y90S-4-B₅		A02-7124
	转速/r·min⁻¹	1400		
	功率/kW	1.1		0.37
储油器容积/L		—	270	—
减速箱润滑油黏度/mm²·s⁻¹		—	—	>200
质量/kg		50	138	55

(1) DJB-G70 工作压力 3.15MPa

(2) 生产厂有启东市南方润滑液压设备有限公司,南通市南方润滑液压设备有限公司,江苏江海润液设备有限公司,四川川润液压润滑设备有限公司,启东中冶润滑设备有限公司,南通市博南润滑液压设备有限公司

标记示例:

公称压力1MPa,加油量200L/h,不带储油器的电动加油泵,标记为

　　DJB-F200　电动加油泵　JB/ZQ 4543—2006

(2) 其他辅助装置

表 11-1-102

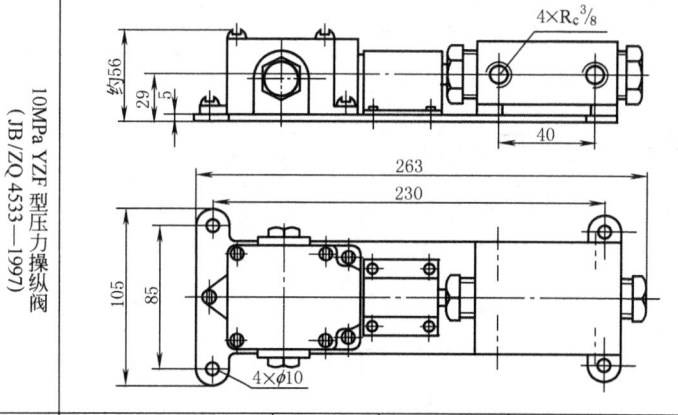

10MPa YZF型压力操纵阀（JB/ZQ 4533—1997）

参数	公称压力/MPa	测定压力/MPa	压力调整范围/MPa	公称通径DN/mm	行程开关	质量/kg
YZF-J4	10(J)	4	3.5~4.5	10	3SE3120—0B	2.7

(1) 用于双线油脂集中润滑系统
(2) 标记示例：公称压力 10MPa，调定压力 4MPa 的压力操纵阀，标记为
　　　YZF-J4　操纵阀　JB/ZQ 4533—1997
(3) 生产厂：南通市博南润滑液压设备有限公司，启东市南方润滑液压设备有限公司，南通市南方润滑液压设备有限公司，四川川润液压润滑设备有限公司，启东中冶润滑设备有限公司

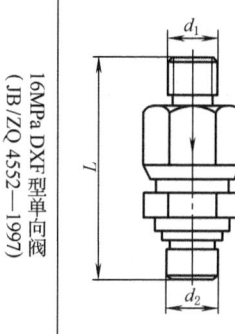

16MPa DXF型单向阀（JB/ZQ 4552—1997）

型号	管子外径	公称压力/MPa	d_1	d_2	L	质量/kg
DXF-K8	8	16(K)	M10×1-6g	M14×1.5-6g	34	0.15
DXF-K10	10		M14×1.5-6g	M16×1.5-6g	48	0.18
DXF-K12	12		M18×1.5-6g	M18×1.5-6g	60	0.24

(1) 适用于锥入度(25℃，150g)250~350/10mm 润滑脂或黏度 46~150mm²/s 的润滑油
(2) 标记示例：公称压力 16MPa，管子外径 8mm 的单向阀，标记为
　　　DXF-K8　单向阀　JB/ZQ 4552—1997
(3) 生产厂：启东市南方润滑液压设备有限公司，南通市南方润滑液压设备有限公司，四川川润液压润滑设备有限公司，江苏江海润液压设备有限公司，启东中冶润滑设备有限公司，南通市博南润滑液压设备有限公司

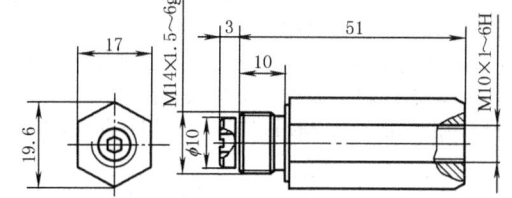

16MPa AF型安全阀（JB/ZQ 4553—1997）

型号	公称压力/MPa	调定压力/MPa	质量/kg
AF-K10	16(K)	2~16	0.144

(1) 适用于锥入度(25℃，150g)250~350/10mm 的润滑脂或黏度 45~150mm²/s 的润滑油
(2) 标记示例：公称压力 16MPa，出油口螺纹直径 M10×1 的安全阀，标记为
　　　AF-K10　安全阀　JB/ZQ 4553—1997

生产厂：启东市南方润滑液压设备有限公司，南通市南方润滑液压设备有限公司，四川川润液压润滑设备有限公司，江苏江海润液压设备有限公司，启东中冶润滑设备有限公司，南通市博南润滑液压设备有限公司

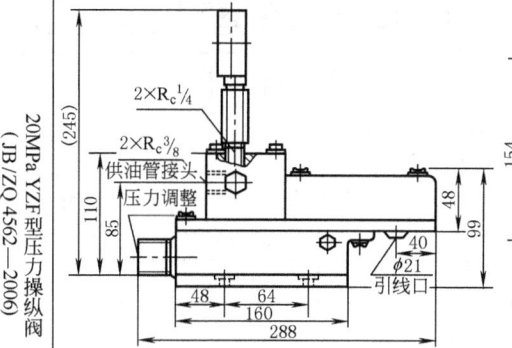
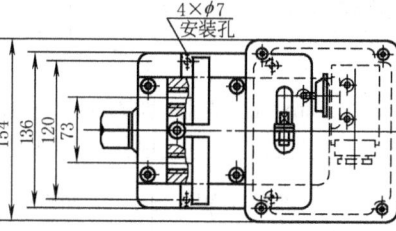

20MPa YZF型压力操纵阀（JB/ZQ 4562—2006）

标记示例：公称压力 20MPa，调定压力 4MPa 的压力操纵阀
　　　YZF-L4　操纵阀　JB/ZQ 4562—2006

参　数	YZF-L4
公称压力/MPa	20(L)
调定压力/MPa	4
压力调定范围/MPa	3~6
损失量/mL	1.5
质量/kg	8.2

(1) 用于双线终端式油脂集中润滑系统
(2) 适用于锥入度(25℃，150g)310~385/10mm 的润滑脂

生产厂：南通市南方润滑液压设备有限公司，启东市南方润滑液压设备有限公司，四川川润液压润滑设备有限公司，启东中冶润滑设备有限公司，江苏江海润液压设备有限公司，南通市博南润滑液压设备有限公司。

续表

20MPa YKF型压力控制阀（JB/ZQ 4564—2006）

功能

压力控制阀在双线式集中润滑系统中和液压换向阀或压力操纵阀组合使用，用以提高管路内的压力，可以使供油支管比较细长，分配器集中布置，动作可靠，扩大给油范围，同时使日常的检查工作方便。该阀更适用于二级分配的系统中，可提高一级分配器的给油压力，使其能够可靠地再进行二级分配

结构型式、技术参数

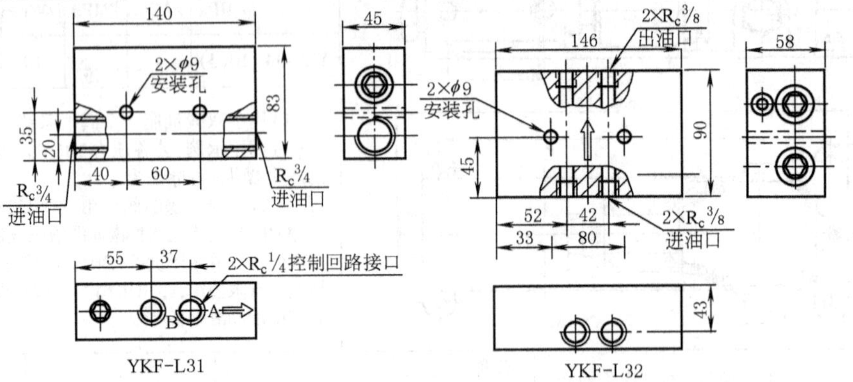

标记示例：
公称压力 20MPa，进口压力与出口压力比值 3:1，2个进出油口的压力控制阀，标记为
YKF-L32 控制阀
JB/ZQ 4564—2006

型号	公称压力/MPa	压力比（进口压力:出口压力）	进出油口数量	损失量/mL	质量/kg
YKF-L31	20	3:1	1	2	3.8
YKF-L32	20	3:1	2	0.8	5.5

(1) 用于双线油脂润滑系统
(2) 适用于锥入度(25℃, 150g)310~385/10mm 的润滑脂
(3) 使用时按箭头方向在1m内用配管将出口和液压换向阀的回油口或压力操纵阀的进油口接通。用两个 YKF-L31 压力控制阀和一个 YHF-L1 液压换向阀组合使用时，应将其中的一个压力控制阀的控制管路接口 A 同另一个压力控制阀的控制管路接口 B 用配管接通
(4) 生产厂：南通市南方润滑液压设备有限公司，启东市南方润滑液压设备有限公司，南通市博南润滑液压设备有限公司，四川川润液压润滑设备有限公司，启东中冶润滑设备有限公司，江苏江海润液设备有限公司。

40MPa 24EJF型二位四通换向阀（JB/T 8463—1996）

功能

24EJF-M型（原SA-V型）二位四通换向阀是一种采用直流电机驱动阀芯移动，以开闭供油管道或转换供油方向的集成化换向控制装置，即使在恶劣的工作条件下（如低温或高黏度油脂），动作仍相当可靠
该阀适用公称压40MPa以下的干、稀油集中润滑系统以及液压系统的主、支管路中，同时也可作二位四通、二位三通和二位二通三种型式使用

结构型式、技术参数

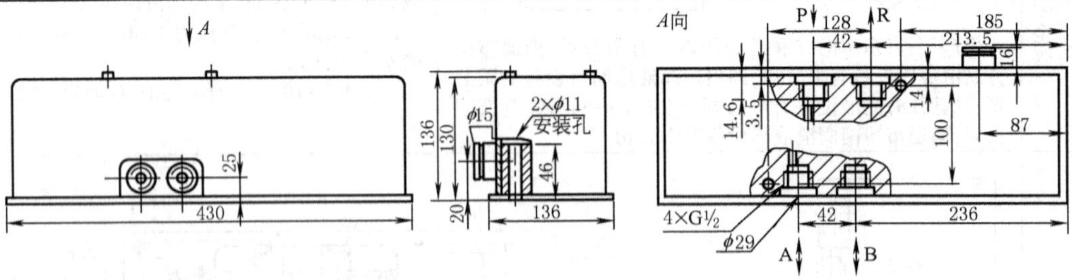

标记示例：公称压力40MPa，由直流电机驱动的二位四通换向阀，标记为
24EJF-M 换向阀 JB/T 8463—1996

型号	公称压力/MPa	换向时间/s	电动机 功率/W	电动机 电压/V	质量/kg
24EJF-M	40(P)	0.5	40	220	13

(1) 用于双线油脂集中润滑系统
(2) 适用于锥入度不低于(25℃, 150g)220/10mm 的润滑脂或黏度不小于 $68mm^2/s$ 的润滑油，工作温度：-20~+80℃
(3) 生产厂：启东市南方润滑液压设备有限公司，南通市南方润滑液压设备有限公司，南通市博南润滑液压设备有限公司，四川川润液压润滑设备有限公司，启东中冶润滑设备有限公司，江苏江海润液设备有限公司，江苏澳瑞思液压润滑设备有限公司。

续表

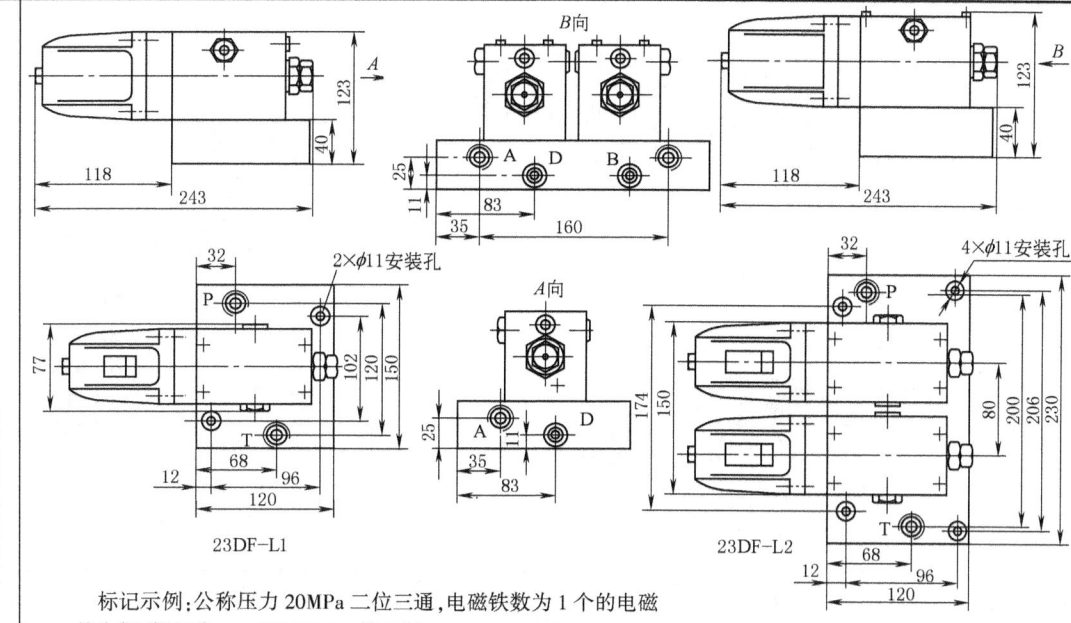

标记示例：公称压力20MPa 二位三通，电磁铁数为1个的电磁换向阀，标记为 23DF-L1 换向阀 JB/ZQ 4563—2006

P—油泵接口 $R_c\frac{1}{2}$；T—储油器接口 $R_c\frac{1}{2}$；
A—出油口 $R_c\frac{1}{2}$；D—泄油口 $R_c\frac{3}{8}$

P—油泵接口 $R_c\frac{1}{2}$；T—储油器接口 $R_c\frac{1}{2}$；
B—出油口 $R_c\frac{1}{2}$；D—泄油口 $R_c\frac{3}{8}$；A—出油口 $R_c\frac{1}{2}$

结构型式、技术参数 20MPa 23DF型二位三通电磁换向阀（JB/ZQ 4563—2006）

参　　数	23DF-L1	23DF-L2		参　　数	23DF-L1	23DF-L2
公称压力/MPa	20(L)			电源	AC220V,50Hz	
回油管路允许压力/MPa	10			功率/W	30	
最大流量/L·min^{-1}	3		电	电流/A	0.6	
允许切换频率/次·min^{-1}	30		磁	瞬时电流/A	6.5	
环境温度/℃	0~50		铁	允许电压波动	-15%~+10%	
弹簧形式	补偿式			相对湿度	0~95%	
通路个数	3	4		暂载率	100%	
进出油口	$R_c\frac{1}{2}$			绝缘等级	H	
质量/kg	10	17				

(1) 适用于双线终端式油脂润滑系统
(2) 适用于锥入度(25℃,150g)310~385/10mm 的润滑脂
(3) 生产厂：启东市南方润滑液压设备有限公司，南通市南方润滑液压设备有限公司，南通市博南润滑液压设备有限公司，四川川润液压润滑设备有限公司，启东中冶润滑设备有限公司，江苏江海润液设备有限公司

结构型式、技术参数 20MPa YHF型液压换向阀（JB/ZQ 4565—2006）

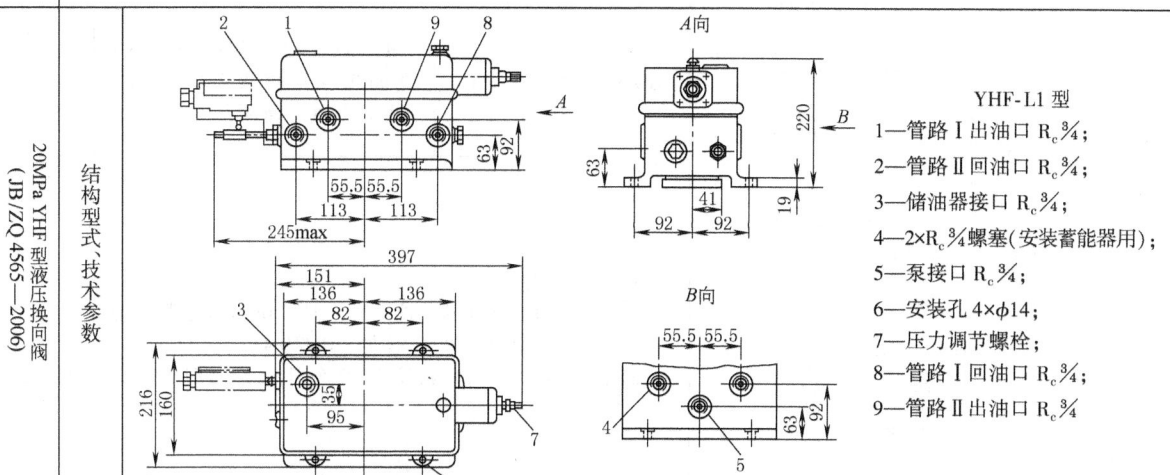

YHF-L1 型
1—管路Ⅰ出油口 $R_c\frac{3}{4}$；
2—管路Ⅱ回油口 $R_c\frac{3}{4}$；
3—储油器接口 $R_c\frac{3}{4}$；
4—2×$R_c\frac{3}{4}$螺塞（安装蓄能器用）；
5—泵接口 $R_c\frac{3}{4}$；
6—安装孔 4×φ14；
7—压力调节螺栓；
8—管路Ⅰ回油口 $R_c\frac{3}{4}$；
9—管路Ⅱ出油口 $R_c\frac{3}{4}$

续表

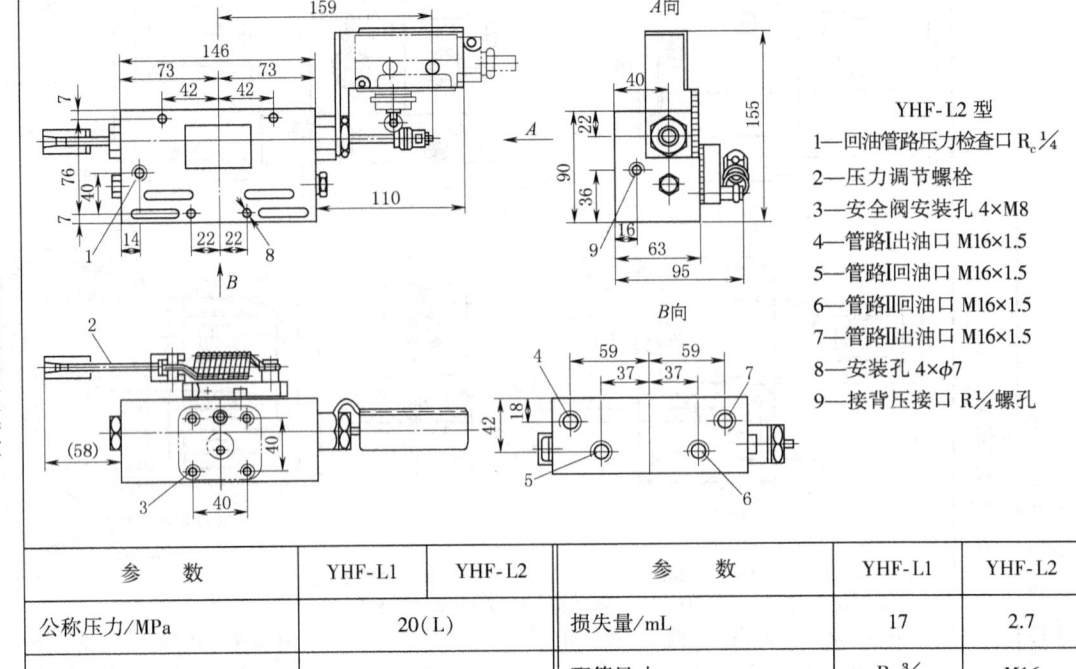

20MPa YHF 型液压换向阀 (JB/ZQ 4565—2006)

结构型式、技术参数

YHF-L2 型
1—回油管路压力检查口 $R_c\frac{1}{4}$
2—压力调节螺栓
3—安全阀安装孔 4×M8
4—管路Ⅰ出油口 M16×1.5
5—管路Ⅰ回油口 M16×1.5
6—管路Ⅱ回油口 M16×1.5
7—管路Ⅱ出油口 M16×1.5
8—安装孔 4×φ7
9—接背压接口 $R\frac{1}{4}$螺孔

参数	YHF-L1	YHF-L2	参数	YHF-L1	YHF-L2
公称压力/MPa	20(L)		损失量/mL	17	2.7
调定压力/MPa	5		配管尺寸	$R_c\frac{3}{4}$	M16
压力调整范围/MPa	3~6		质量/kg	46.5	7

(1) 适用于锥入度(25℃,150g)265~385/10mm 的润滑脂。
(2) 标记示例:使用类型代号,1—用于 DRB-L585Z-H 润滑泵;2—用于 DRB-L60Z-H、DRB-L60Y-H、DRB-L195Z-H、DRB-L195Y-H 润滑泵。例如,公称压力 20MPa,使用类型代号为 1 的液压换向阀,标记为
　　　　　　YHF-L1　换向阀　JB/ZQ 4565—2006
(3) 生产厂:启东市南方润滑液压设备有限公司,南通市南方润滑液压设备有限公司,南通市博南润滑液压设备有限公司,四川川润液压润滑设备有限公司,启东中冶润滑设备有限公司,江苏江海润液设备有限公司

GQ 型过滤器 (JB/ZQ 4554—1997)

型号	公称压力/MPa	过滤介质	质量/kg
GQ-K10	16(K)	锥入度(25℃,150g)250~350/10mm 的润滑脂或黏度为 46~150mm^2/s 的润滑油	1.25

(1) 标记示例:
　　公称压力 16MPa,进出油口管子外径 10mm 过滤器,标记为
　　　　　　GQ-K10　过滤器　JB/ZQ 4554—1997
(2) 生产厂:启东中冶润滑设备有限公司,江苏江海润液设备有限公司

续表

40MPa GGQ型干油过滤器(JB/ZQ 4702—2006)

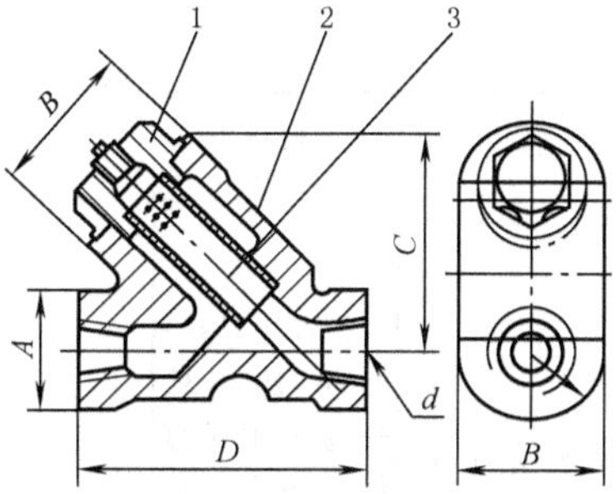

1—螺盖;2—本体;3—滤网筒

标记示例:公称压力40MPa,公称通径8的干油过滤器,标记为
GGQ-P8 过滤器 JB/ZQ 4702—2006

型号	公称通径/mm	d	公称压力/MPa	润滑脂锥入度(25℃,150g)/(10mm)$^{-1}$	过滤精度/μm	最高使用温度/℃	尺寸/mm				质量/kg
							A	B	C	D	
GGQ-P8	8	G¼	40(P)	265~385	160	120	32	42	57	83	1.15
GGQ-P10	10	G⅜									1.10
GGQ-P15	15	G½					38	52	71	96	1.4
GGQ-P20	20	G¾					50	58	76	112	1.5
GGQ-P25	25	G1									1.6

(1)用户可按实际需要自行选定过滤精度
(2)生产厂:启东市南方润滑液压设备有限公司,南通市南方润滑液压设备有限公司,南通市博南润滑液压设备有限公司,四川川润液压润滑设备有限公司,启东中冶润滑设备有限公司,江苏江海润液设备有限公司

16MPa UZQ型过压指示器(JB/ZQ 4555—2006)

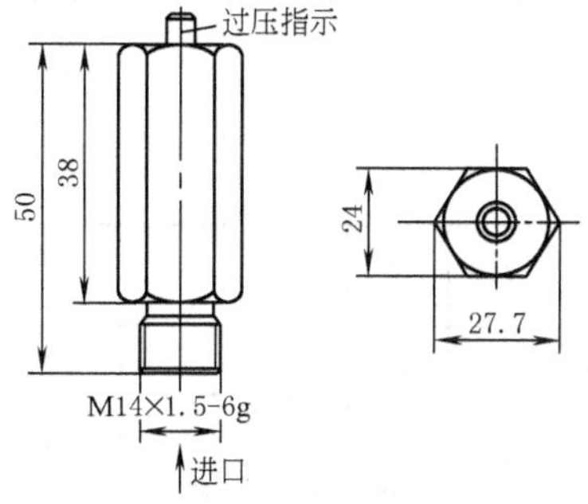

型 号	公称压力/MPa	指示压力/MPa	质量/kg
UZQ-K13	16(K)	13	0.16

(1)用于管路中压力超过规定值时指示
(2)适用介质为锥入度(25℃,150g)250~350/10mm 的润滑脂
(3)标记示例:公称压力16MPa,指示压力13MPa 的过压指示器,标记为
UZQ-K13 过压指示器 JB/ZQ 4555—2006
(4)生产厂:江苏江海润液设备有限公司,启东中冶润滑设备有限公司

5.4 干油集中润滑系统的管路附件

5.4.1 配管材料

表 11-1-103

类别	工作压力	规格尺寸									附件	材料	应用
管路系统用钢管	20MPa	公称通径	mm	8	10	15	20	25	32	40	50	螺纹连接用管径通常小于20mm	推荐用 GB/T 8163—2008《输送流体用无缝钢管》中的冷拔或冷轧品种,材料为10钢或20钢,尺寸偏差为普通级	用于油泵至分配器间的主管路及分配器至分配器间的支管路上
			in	$\frac{1}{4}$	$\frac{3}{8}$	$\frac{1}{2}$	$\frac{3}{4}$	1	$1\frac{1}{4}$	$1\frac{1}{2}$	2			
		外径/mm		14	18	22	28	34	42	48	60			
		壁厚/mm	螺纹连接	3		3.5		4		—				
			插入焊接	2.5		3		4	4.5	5	5.5			
		容积/mL·m^{-1}	螺纹连接	50.2	78.5	176.7	314.2			—				
			插入焊接	63.6	132.7	201	314.2	490.9	804.2	1134	1962.5			
		质量/kg·m^{-1}	螺纹连接	0.814	1.25	1.60	2.37			—				
			插入焊接	0.709	0.956	1.41	2.37	3.27	4.56	4.34	6.78			
	40MPa	公称通径/mm		4	5	6	8	10	15	20		用卡套式管路附件	推荐用 GB/T 3639—2009《冷拔或冷轧精密无缝钢管》中的冷加工/软(R)品种,材料为10钢或20钢	用于油泵至分配器间的主管路及分配器至分配器间的支管路上
		外径/mm		6	8	10	14	18	22	28				
		壁厚/mm		1	1.5	2	3	4	4	5				
		容积/mL·m^{-1}		12.6	19.6	28.3	50.2	78.5	153.9	254.3				
		质量/kg·m^{-1}		0.123	0.240	0.395	0.814	1.38	1.77	2.84				
润滑管路用铜管	允许工作压力≤10MPa	公称通径/mm		4	6	8	10					由分配器到润滑点的这段管路通常称为"润滑管",通常采用铜管 推荐用 GB/T 1527—2006《铜及铜合金拉制管》中的拉制或制铜管,牌号应不低于T3		
		外径/mm		6	8	10	14							
		壁厚/mm		1	1	1	2							
		容积/mL·m^{-1}		12.6	28.3	50.2	78.5							
		质量/kg·m^{-1}		0.14	0.19	0.24	0.65							

5.4.2 管路附件

表 11-1-104　　20MPa 管接头　　mm

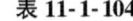

(一) 直通管接头 (JB/ZQ 4570—2006)

管子外径 D_0	d	L	L_1	S	D	S_1	D_1	质量/kg
6	4	40	6	14	16.2	10	11.2	0.043
8	6	50	7	17	19.2	14	16.2	0.078
10	8	52	8	19	21.9	17	19.2	0.11
14	10	70	13	24	27.7	19	21.9	0.18

(1) 管子按 GB/T 1527—2006《铜及铜合金拉制管》选用
(2) 适用于20MPa油脂润滑系统
(3) 标记示例:管子外径 D_0 6mm 的直通管接头,标记为

　　　　管接头　6　JB/ZQ 4570—2006

续表

(二) 管接头 (JB/ZQ 4569—2006)

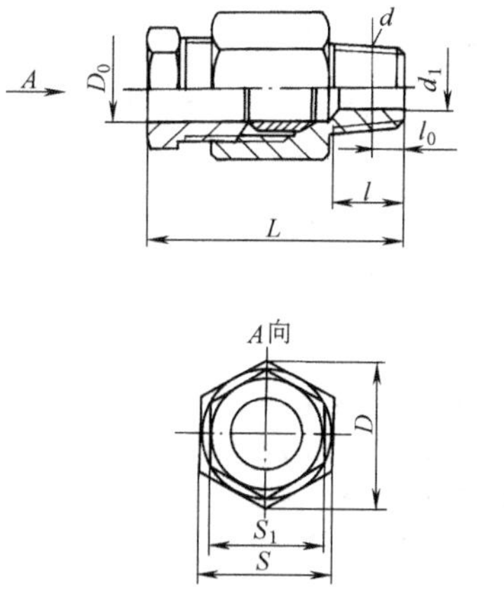

(1) 管子按 GB/T 1527—1997《铜及铜合金拉制管》选用
(2) 适用于 20MPa 油脂润滑系统
(3) 标记示例: 管子外径 D_0 10mm, 连接螺纹为 R¼ 的管接头, 标记为
　　管接头 10-R¼ JB/ZQ 4569—2006

管子外径 D_0	d	d_1	L	l	l_0	S	D	S_1	质量/kg
6	R⅛	4	30	7	4	14	16.2	10	0.022
	R¼			10	6				0.028
	R⅜			12	6.4				0.046
8	R⅛	6	38	7	4	17	19.6	14	0.044
	R¼			10	6				0.045
	R⅜			12	6.4				0.051
	R½		34	14	8.2				0.081
10	R⅛	4	38	7	4	19	21.9	17	0.059
	R¼	6		10	6				0.058
	R⅜	8		12	6.4				0.058
	R½	8	36	14	8.2				0.083
14	R⅛	4	48	7	4	24	27.7	22	0.082
	R¼	6		10	6				0.096
	R⅜	8		12	6.4				0.1
	R½	10		14	8.2				0.098
	R¾	12	46	16	9.5	30	34.6		0.116

(三) 直角管接头 (JB/ZQ 4571—2006)

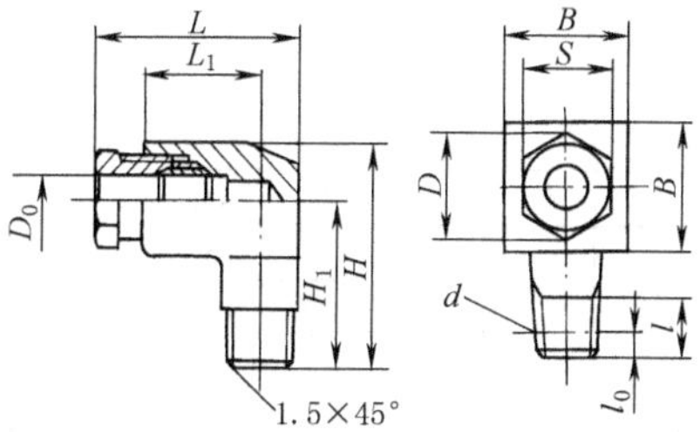

(1) 管子按 GB/T 1527—1997《铜及铜合金拉制管》选用
(2) 适用于 20MPa 油脂润滑系统
(3) 标记示例: 管子外径 D_0 6mm, 连接螺纹为 R¼ 的直角管接头, 标记为
　　管接头 6-R¼ JB/ZQ 4571—2006

管子外径 D_0	d	L	B	H	L_1	H_1	l	l_0	S	D	质量/kg
6	R⅛	25	12	22	11	16	7	4	10	11.5	0.042
	R¼	33	14	28		21	10	6			0.046
8	R⅛	37	20	35	18	25	7	4	14	16.2	0.076
	R¼						10	6			0.086
	R⅜						12	6.4			0.096
10	R⅛	38					7	4	17	19.6	0.085
	R¼						10	6			0.095
	R⅜						12	6.4			0.105
14	R¼	48	24	45	28	35	10	6	24	27.7	0.13
	R⅜						12	6.4			0.15
	R½						14	8.2			0.16

(四) 等径直角螺纹接头 (JB/ZQ 4572—2006)

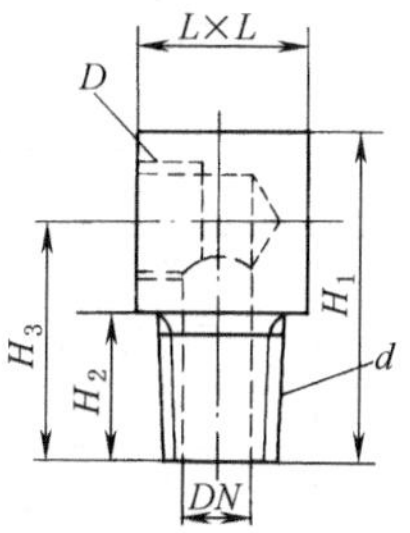

(1) 适用于 20MPa 油脂润滑系统
(2) 标记示例: 公称通径 DN = 6mm, 连接螺纹为 R⅛ 的等径直角螺纹接头, 标记为
　　直角接头 R⅛ JB/ZQ 4572—2006

公称通径 DN	D	d	H_1	H_2	H_3	L	质量/kg
6	R_c⅛	R⅛	30	14	22	16	0.03
8	R_c¼	R¼	41	19	30	22	0.07
10	R_c⅜	R⅜	46	22	34	24	0.11
15	R_c½	R½	55	25	40	30	0.17
20	R_c¾	R¾	60	32	44	32	0.23
25	R_c1	R1	72	40	52	40	0.32

续表

(五) 单向阀接头 (JB/ZQ 4573—2006)

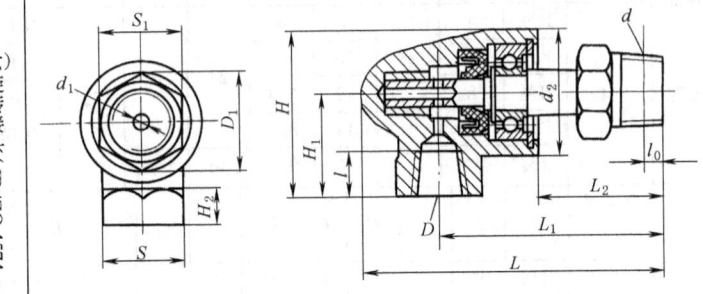

正向单向阀接头 / 逆向单向阀接头

D	d	L	L_1	S	质量/kg
R_c 1/8	R 1/8	50	10	18	0.07
R_c 1/4	R 1/4	54	13	24	0.181
R_c 3/8	R 3/8	56	13	24	0.187

(1) 适用于 20MPa 油脂润滑系统
(2) 开启压力 0.4MPa
(3) 标记示例:
　　连接螺纹为 R 1/8 的正向单向阀接头, 标记为
　　　单向阀接头　R 1/8-Z　JB/ZQ 4573—2006
　　连接螺纹为 R 1/8 的逆向单向阀接头, 标记为
　　　单向阀接头　R 1/8-N　JB/ZQ 4573—2006

(六) 旋转接头 (JB/ZQ 4574—2006)

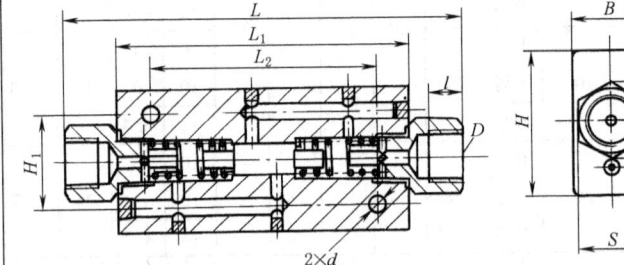

(1) 适用于 20MPa 油脂润滑系统
(2) 标记示例: 连接螺纹直径为 R 1/4 的旋转接头, 标记为
　　　旋转接头　R 1/4　JB/ZQ 4574—2006

D	d	d_1	L	d_2	H	L_1	L_2	l_0	l	H_1	H_2	S	S_1	D_1	质量/kg
R_c 1/4	R 1/4	3	69	29	38.5	52	29	6	11	24	8	19	14	16.2	0.17
	R 3/8		71			54	31	6.4					17	19.6	0.19

(七) 可逆接头 (JB/ZQ 4575—2006)

(1) 适用于 20MPa 油脂润滑系统。开启压力为 0.45MPa
(2) 标记示例: 连接螺纹为 R_c 3/8 的可逆接头, 标记为
　　　可逆接头　R_c 3/8　JB/ZQ 4575—2006

D	L	B	H	L_1	L_2	l	H_1	S	D_1	d	质量/kg
R_c 3/8	154	28	47	110	80	12	30	24	27.6	9	1.1
R_c 3/4	210	40	76	154	120	16	50	34	39	11	1.74

注: 有关生产厂的产品情况如下。

产品	(一) 直通管接头	(二) 管接头 (端管接头)	(五) 单向阀接头	(六) 旋转接头	(三) 直角管接头	(四) 等径直角螺旋接头	(七) 可逆接头
生产厂	1	1	1	1	1	1	—
	2	—	—	—	—	—	2
	—	2	2	2	2	2	—
	—	—	—	—	3	—	—
	3	—	—	—	—	—	—
	4	4	4	4	4	4	4

注: 表中数字代表生产厂。1—启东市南方润滑液压设备有限公司; 2—江苏江海润液设备有限公司; 3—四川川润液压润滑设备有限公司; 4—启东中冶润滑设备有限公司。

表 11-1-105　　衬板与法兰　　mm

	公称通径 DN	D	L	B	H	L_2	L_1	B_1	H_1	d_1	质量 /kg	安装螺栓
20MPa 双通衬板 (JB/ZQ 4576—2006)	8	$R_c1/4$	102	38	68	84	40	16	42	8.5	1.92	M8×60
	10	$R_c3/8$			70						1.93	
	15	$R_c1/2$	150	50	98	110	50	20	60	12.5	5.84	M12×80
	20	$R_c1/4$	160	54	114	130		26	70		6.21	M12×90

(1) 适用于 20MPa 油脂润滑系统
(2) 标记示例：连接螺纹为 $R_c3/8$ 的双通衬板，标记为
　　衬板　$R_c3/8$　JB/ZQ 4576—2006

	公称通径 DN	D	L_1	L_2	B_1	B_2	H_1	H_2	H_3	D	质量 /kg
20MPa 直角法兰 (JB/ZQ 4577—2006)	6	$R_c1/8$	40	10	24	9	40	20	10	9	0.18
	8	$R_c1/4$	44		28	11	44	24	13		0.30
	10	$R_c3/8$	60	14	36	15	60	35	20		0.81
	15	$R_c1/2$	65	15	40	20	65	40			1.73
	20	$R_c1/4$	66	2	53	21	90	48	27		2.14

(1) 适用于 20MPa 油脂润滑系统
(2) 材质：35 钢
(3) 标记示例：公称通径 DN=8mm，连接螺纹为 $R_c1/4$ 的直角法兰，标记为
　　法兰　$R_c1/4$　JB/ZQ 4577—2006

注：生产厂有启东市南方润滑液压设备有限公司，启东中冶润滑设备有限公司。

表 11-1-106　　液压软管接头（摘自 GB/T 9065.2—2010 和 9065.3—1988）　　mm

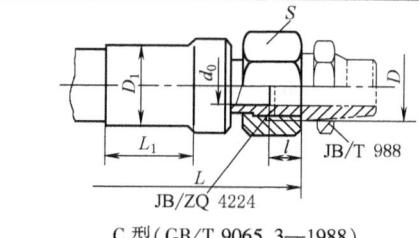

C 型（GB/T 9065.3—1988）
焊接式接头用

胶管按 GB/T 3683《钢丝增强液压橡胶软管》的规定。适用介质温度为：油，-30～80℃；空气，-30～50℃；水，80℃以下。
使用胶管推荐长度同表 11-1-113 及其附注

胶管内径	公称通径	工作压力 /MPa 胶管层数 I	II，III	D A型	D C型	d_0≈ A、B型	d_0≈ C型	D_0[①]	D_1 I	D_1 II	D_1 III	l A型	l B型 min	l C型	L_1	S A型	S B型	S C型
6.3	6	20	35	M14×1.5	—	4	—	8	17	18.7	20.5	9	28	8.5	27	18	8	—
8	8	17.5	32	M16×1.5	M16×1.5	6	6	10	19	20.7	22.5	10	30	8.5	27	21	10	21
10	10	16	28	M18×1.5	—	7.5	—	12	21	22.7	24.5	10	30	8.5	27	24	12	—
12.5	10	14	25	M22×1.5	M22×1.5	10	10	14	25.2	28	29.5	11	32	10	31	27	14	27
16	15	10.5	20	M27×1.5	M27×1.5	13	12	18	28.2	31	32.5	11	32	10	31	32	17	34

① D_0 尺寸标注见 GB/T 9065.2—2010。
注：生产厂江苏江海润液设备有限公司，启东中冶润滑设备有限公司。

表 11-1-107　液压 37°扩口软管接头尺寸（摘自 GB/T 9065.5—2010）　　mm

直通 S 和回转直通 SWS

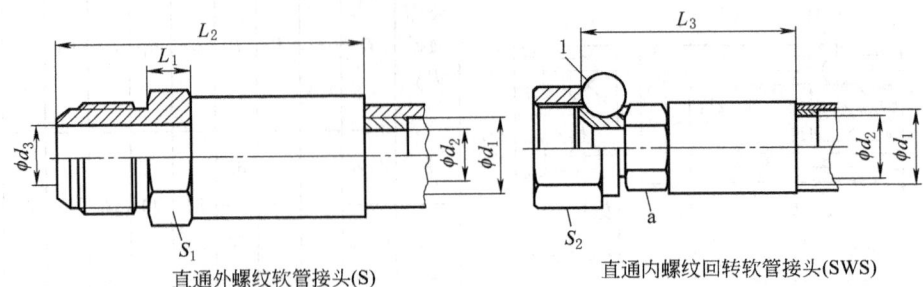

直通外螺纹软管接头(S)　　直通内螺纹回转软管接头(SWS)

(1) 连接部位的细节符合 ISO 8434-2
(2) 软管接头与软管之间的连接方法是可选的
(3) SWS 中：1 为旋转螺母，旋转螺母的连接方法由制造商选择　a 为六角形（可选择的）

软管接头规格	螺纹		管接头公称尺寸	公称软管内径 d_1	$d_2^{①}$ 最小	$d_3^{②}$ 最大	直通 S				回转直通 SWS		
							L_1 最小	$L_2^{③}$ 最大	S_1		$L_3^{③}$ 最大	$S_2^{④}$	
	米制	ISO 12151-5							米制	ISO 12151-5		米制	ISO 标准
6×6.3	M14×1.5	7/16-20UNF	6	6.3	3	4.6	5.5	75	14	12	75	17	14
8×8	M16×1.5	1/2-20UNF	8	8	5	6.2	6	80	17	14	80	19	17
10×10	M18×1.5	9/16-18UNF	10	10	6	7.7	6.5	85	19	17	85	22	19
12×12.5	M22×1.5	3/4-16UNF	12	12.5	8	10.1	7.5	100	22	19	100	27	22
16×16	M27×1.5	7/8-14UNF	16	16	11	12.6	9.5	110	27	24	110	32	27
20×19	M30×1.5	1 1/16-12UNF	20	19	14	15.8	10.5	120	32	27	115	36	32
25×25	M39×2	1 5/16-12UNF	25	25	19	21.8	13.5	135	41	36	140	46	41
32×31.5	M42×2	1 5/8-12UNF	32	31.5	25	27.8	16	145	46	46	160	50	50
38×38	M52×2	1 7/8-12UNF	38	38	31	33.4	17	160	55	50	175	60	60
50×51	M64×2	2 1/2-12UNF	50	51	42	45.4	20	225	65	65	210	75	75

① d_2 为软管接头与软管装配前的接头尾芯的最小通径，装配后该尺寸不应该小于 $0.9d_2$。
② d_3 的尺寸应符合 ISO 8434-2，且 d_3 的最小值不能小于 d_2，直径 d_2（软管接头芯的内径）和 d_3（37°扩口端的通径）之间应设置过渡，以减少应力集中
③ 尺寸 L_2、L_3 组装后测量
④ 尺寸 S_2 符合 GB/T 3103.1—2002，产品等级 C，e，S_1、S_2 尺寸为六角形相对平面尺寸（扳手尺寸）45°和 90°弯曲内螺纹回转 [SWE45、SWE(S、M、L)]

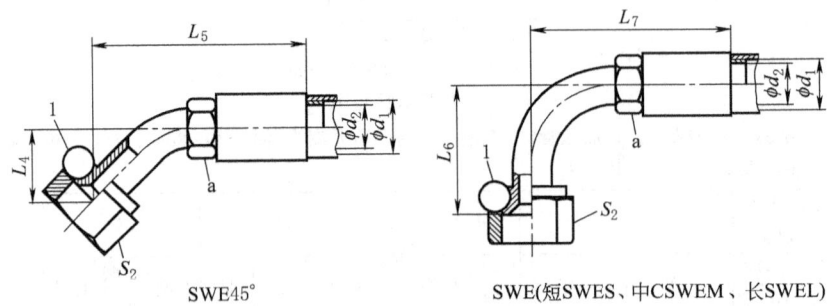

SWE45°　　SWE(短 SWES、中 CSWEM、长 SWEL)

(1) 连接部位的细节符合 ISO 8434-2
(2) 软管接头与软管之间的连接方法是可选的
(3) 1 为旋转螺母，a 为六角形（可选择的）。旋转螺母的连接方法由制造商选择

续表

软管接头规格	45°、90°弯曲内螺纹回转							SEW45°			SEW(S、M、L)			
	螺纹		管接头公称尺寸 d_1	公称软管内径	d_2[①] 最小	S_2[③]		L_4		L_5[②] 最大	L_6			L_7[②] 最大
	米制	ISO 标准螺纹				米制	ISO标准	SWE45S ±1.5	SWE45M ±1.5		SWES[⑤] ±1.5	SWEM[⑥] ±1.5	SWEL[⑦] ±1.5	
6×6.3	M14×1.5	7/16-20UNF	6	6.3	3	17	14	10	—	90	21	32	46	85
8×8	M16×1.5	1/2-20UNF	8	8	5	19	17	10	—	90	21	32	46	85
10×10	M18×1.5	9/16-18UNF	10	10	6	22	19	11	—	95	23	38	54	90
12×12.5	M22×1.5	3/4-16UNF	12	12.5	8	27	22	15	—	110	29	41	64	100
16×16	M27×1.5	7/8-14UNF	16	16	11	32	27	16	—	120	32	47	70	110
20×19	M30×1.5	1 1/16-12UNF	20	19	14	36	32	21	—	145	48	58	96	140
25×25	M39×2	1 5/16-12UNF	25	25	19	46	41	24	—	175	56	71	114	170
32×31.5	M42×2	1 5/8-12UNF	32	31.5	25	50	50	25[④]	32	200	64[⑧]	78	129	200
38×38	M52×2	1 7/8-12UNF	38	38	31	60	60	27[④]	42	240	69[⑧]	86	141	230
50×51	M64×2	2 1/2-12UNF	50	51	42	75	75	34	—	290	88	140	222	280

① d_2 为软管接头在弯曲或与软管装配前的最小通径,弯曲或装配后该尺寸不应该小于 $0.9d_2$。
② 尺寸 L_5、L_7 组装后测量
③ S_2 尺寸为六角形相对平面尺寸(扳手尺寸)符合 GB/T 3103.1—2002,产品等级 C
④ 软管接头尺寸为(32×31.5)mm 和(38×38)mm 的短弯曲软管接头不适于在高压(尺寸 31.5mm 和 38mm 软管设计工作压力为 21MPa 或 17.5MPa)下与钢丝缠绕胶管一起使用。应优先使用中弯曲软管接头或咨询制造商
⑤ 短弯曲软管接头(SWES)尺寸见附注 4
⑥ 中弯曲软管接头(SWEM)尺寸。中弯曲软管接头将越过而不碰到 ISO 8434-2 每一种 90°可调节的螺柱端弯头(SDE),见附注 4
⑦ 长弯曲软管接头(SWEL)尺寸。长弯曲软管接头将越过而不碰到短弯曲软管接头(SWES),见注 4
⑧ 软管接头尺寸为(32×31.5)mm 和(38×38)mm 的短弯曲软管接头不适于在高压(尺寸 31.5mm 和 38mm 软管的设计工作压力为 21MPa 或 17.5MPa)下与钢丝缠绕胶管一起使用。应优先使用中弯曲软管接头或咨询制造商

注:1. GB/T 9065.5—2010 系修改采用 ISO 12151—5:2007 代替原 GB/T 9065.1—1988,新标准 GB/T 9065.1 为 O 形圈端面密封软管接头。
2. 普通螺纹基本尺寸按 GB/T 196 的规定。英制螺纹应符合 ISO 68-2 和 ISO 263 的规定。
3. 普通螺纹公差按 GB/T 197 的规定:内螺纹为 6H,外螺纹为 6f 或 6g。
4. 短、中、长弯头的应用说明

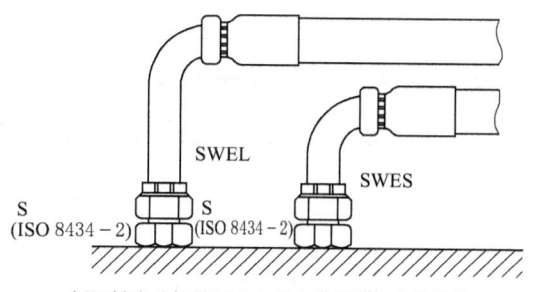

短回转弯曲软管接头安装在长回转弯曲软管接头旁边

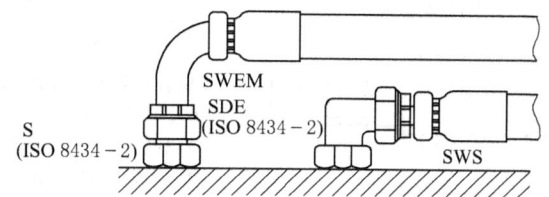

螺柱端弯头和回转直通软管接头组合安装在中回转弯曲软管接头旁边

表 11-1-108　37°扩口软管接头的字母符号、接头示例及标记示例
（摘自 GB/T 9065.5—2010）

字母符号	连接端类型	符　号
	回转	SW
	形　状	符　号
	直通	S
	45°弯曲	E45
	90°弯曲-短	ES
	90°弯曲-中	EM
	90°弯曲-长	EL
	若管接头为外螺纹形式，应在代号中用文字注明	

扩口端接头的典型示例：

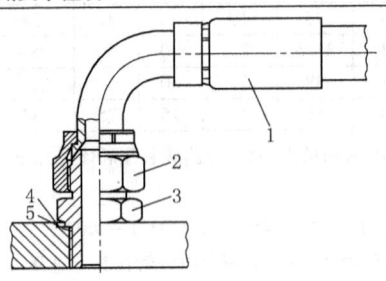

1—软管接头
2—螺母
3—直通螺柱端接头体（ISO 8434-2）
4—油口（ISO 6149-1）
5—O 形密封圈

标记示例：

示例：用于外径 12mm 硬管和内径 12.5mm 软管的 45°内螺纹回转弯头，标识如下：

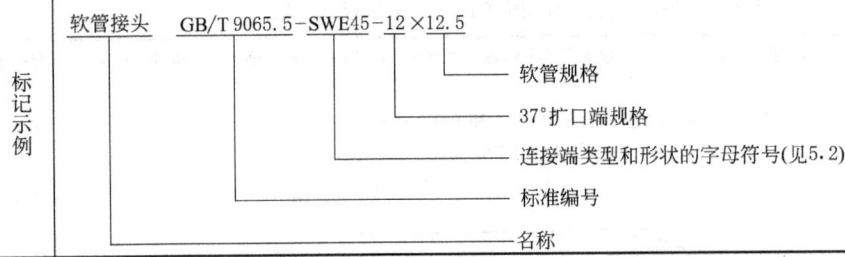

软管接头　GB/T 9065.5-SWE45-12×12.5
- 软管规格
- 37°扩口端规格
- 连接端类型和形状的字母符号（见5.2）
- 标准编号
- 名称

表 11-1-109　24°锥密封液压内螺纹回转软管接头尺寸（摘自 GB/T 9065.2—2010）
[直通型（SWS）、45°弯曲型（SWE45）、90°弯曲型（SWE 型）]　　mm

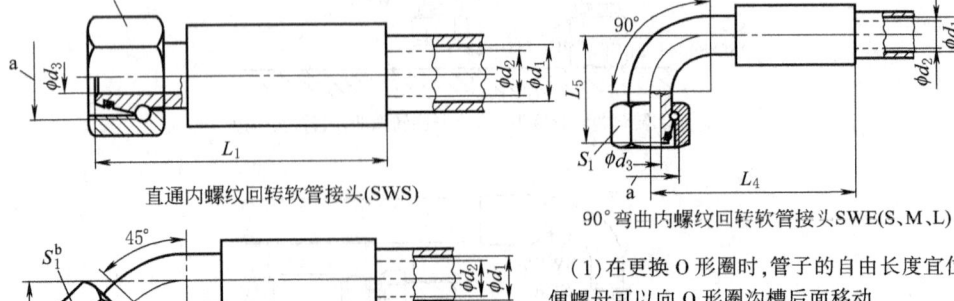

直通内螺纹回转软管接头（SWS）

90°弯曲内螺纹回转软管接头 SWE(S、M、L)

45°弯曲内螺纹回转软管接头（SWE45）

（1）在更换 O 形圈时，管子的自由长度宜位于左侧，以便螺母可以向 O 形圈沟槽后面移动
（2）软管接头与软管之间的扣压方法是可选的
（3）管接头的细节符合 ISO 8434-1 和 ISO 8434-4
a 为螺纹
S_1 为六角形相对平面间宽度（扳手尺寸）

续表

系列	软管接头规格	SWS、SWE45、SWE(S,M,L)			$S_1^{④}$ 最小	SWS、SWE45 $d_3^{③}$ 最大	SWE $d_3^{③}$ 最大	$L_1^{⑤}$ 最大	$L_2^{⑤}$ 最大	SWS、SWE45、SWE(S,M,L)				
		螺纹	公称软管内径 $d_1^{①}$	$d_2^{②}$ 最小						L_3 标称	L_3 公差	$L_4^{⑤}$ 最大	L_5 标称	L_5 公差
轻型系列(L)	6×5	M12×1.5	5	2.5	14	3.2	3.2	59	80	15	±3	65	30	±5
	8×6.3	M14×1.5	6.3	3	17	5.2	5.2	59	80	16	±4	65	30.5	±5
	10×8	M16×1.5	8	5	19	7.2	7.2	61	80	17	±4	75	33	±5
	12×10	M18×1.5	10	6	22	8.2	8.2	65	90	18.5	±4	85	36	±5
	15×12.5	M22×1.5	12.5	8	27	10.2	10.2	68	100	19.5	±4	90	40.5	±6
	18×16	M26×1.5	16	11	32	13.2	13.2	68	100	23.5	±6	95	51.5	±10
	22×19	M30×2	19	14	36	17.2	17.2	74	130	25.5	±6	100	56	±10
	28×25	M36×2	25	19	41	23.2	23.2	85	133	32	±6	120	68.5	±10
	35×31.5	M45×2	31.5	25	50	29.2	29.2	105	165	38	±7	147	78.5	±10
	42×38	M52×2	38	31	60	34.3	36.2	110	185	44.5	±10	170	95	±13
重型系列(S)	8×5	M16×1.5	5	2.5	19	4.2	4.2	59	75	17	±3	65	32	±4
	10×6.3	M18×1.5	6.3	3	22	6.2	6.2	67	75	17	±3	65	32	±6
	12×8	M20×1.5	8	5	24	8.2	8.2	68	85	18	±3	70	34	±6
	12×10	M20×1.5	10	6	24	8.2	8.2	72	90	18.5	±3	85	35.5	±6
	16×12.5	M24×1.5	12.5	8	30	11.2	11.2	80	110	21	±4	100	43	±8
	20×16	M30×2	16	11	36	14.2	14.2	93	115	25	±4	100	49.5	±8
	25×19	M36×2	19	14	46	18.2	19.2	102	135	30.5	±4	120	59	±8
	30×25	M42×2	25	19	50	23.2	24.2	112	145	35.5	±5	135	70	±8
	38×31.5	M52×2	31.5	25	60	30.3	32.2	126	195	42	±6	180	87	±11

① 符合 GB/T 2351
② 在与软管装配前,软管接头的最小通径。装配后,此通径应不小于 $0.9d_2$
③ d_3 尺寸符合 ISO 8434-1,且 d_3 的最小值应不小于 d_2(软管接头尾芯的内径)和 d_3(管接头另一端的通径)之间应设置过渡,以减小应力集中
④ 直通内螺纹回转软管接头的六角形螺母选择
⑤ 尺寸 L_1、L_2、L_4 组装后测量

表 11-1-110　24°锥密封液压直通外螺纹（S）、卡套式（SWS）软管接头尺寸
（摘自 GB/T 9065.2—2010）　　mm

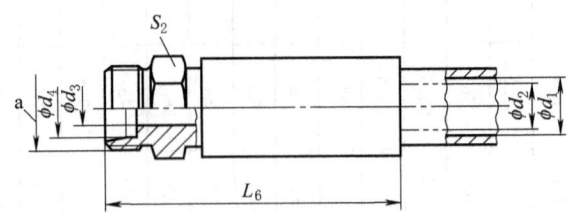

(1) 软管接头与软管之间的扣压方法是可选的
(2) 管接头的细节符合 ISO 8434-1 和 ISO 8434-4
a 为螺纹
S_2 为六角形相对平面间宽度（扳手尺寸）

直通外螺纹软管接头（S）

系列	管接头规格	螺纹	接头公称尺寸	公称软管内径 $d_1$①	$d_2$② 最小	$d_3$③ 最大	$d_4$④ B11	$d_4$④ +0.1 / 0	$S_2$⑤	$L_6$⑥ 最大
轻型系列(L)	6×5	M12×1.5	6	5	2.5	4.2	6	—	14	59
	8×6.3	M14×1.5	8	6.3	3	6.2	8	—	17	59
	10×8	M16×1.5	10	8	5	8.2	10	—	17	60
	12×10	M18×1.5	12	10	6	10.2	12	—	19	62
	15×12.5	M22×1.5	15	12.5	8	12.2	15	—	24	70
	18×16	M26×1.5	18	16	11	15.2	18	—	27	75
	22×19	M30×2	22	19	14	19.2	22	—	32	78
	28×25	M36×2	28	25	19	24.2	28	—	41	90
	35×31.5	M45×2	35	31.5	25	30.3	—	35.3	46	108
	42×38	M52×2	42	38	31	36.3	—	42.3	55	110
重型系列(S)	8×5	M16×1.5	8	5	2.5	5.1	8	—	17	62
	10×6.3	M18×1.5	10	6.3	3	7.2	10	—	19	65
	12×8	M20×1.5	12	8	5	8.2	12	—	22	66
	12×10	M20×1.5	12	10	6	8.2	14	—	22	68
	16×12.5	M24×1.5	16	12.5	8	12.2	16	—	27	76
	20×16	M30×2	20	16	11	16.2	20	—	32	82
	25×19	M36×2	25	19	14	20.2	25	—	41	97
	30×25	M42×2	30	25	19	25.2	30	—	46	108
	38×31.5	M52×2	38	31.5	25	32.3	—	38.3	55	120

① 符合 GB/T 2351
② 在与软管装配前，软管接头的最小通径。装配后，此通径不小于 $0.9d_2$
③ d_3 尺寸符合 ISO 8434-1，且 d_3 的最小值不应不小于 d_2。在直径 d_2（软管接头尾芯的内径）和 d_3（管接头端的通径）之间应设置过渡，以减小应力集中
④ 见 ISO 8434-1
⑤ 允许较小的六角形
⑥ 尺寸 L_6 组装后的测量

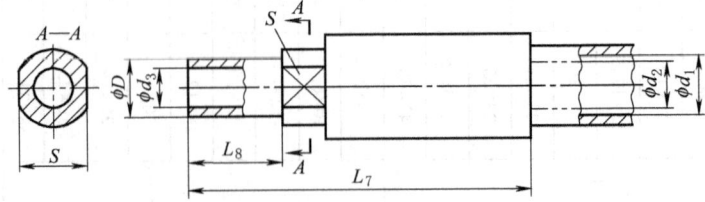

软管接头与软管之间的扣压方法是可选的
S 为相对平面尺寸（扳手尺寸）

直通卡套式软管接头（SWS）

续表

系列	软管接头规格	接头公称尺寸 D	公差	公称软管内径 $d_1$①	$d_2$② 最小	$d_3$③ 最大	$L_7$④	L_8	S
轻型系列(L)	6×5	6	±0.060	5	2.5	3.2	59.5	22	8
	8×6.3	8	±0.075	6.3	3	5.2	61.5	23	10
	10×8	10	±0.075	8	5	7.2	63	23	12
	12×10	12	±0.090	10	6	8.2	63.5	24	14
	15×12.5	15	±0.090	12.5	8	10.2	68.5	25	17
	18×16	18	±0.090	16	11	13.2	74	26	20
	22×19	22	±0.105	19	14	17.2	81.5	28	24
	28×25	28	±0.105	25	19	23.2	92	30	30
	35×31.5	35	±0.125	31.5	25	29.2	107	36	38
	42×38	42	±0.125	38	31	34.3	128	40	46
重型系列(S)	8×5	8	±0.060	5	2.5	4.2	61.5	24	10
	10×6.3	10	±0.075	6.3	3	6.2	71.5	26	12
	12×8	12	±0.075	8	5	8.2	66.5	26	14
	12×10	14	±0.090	10	6	8.2	76.5	29	15
	16×12.5	16	±0.090	12.5	8	11.2	79.5	30	17
	20×16	20	±0.090	16	11	14.2	88	36	22
	25×19	25	±0.105	19	14	18.2	101.5	40	27
	30×25	30	±0.105	25	19	23.2	117.5	44	34
	38×31.5	38	±0.125	31.5	25	33	123.5	50	42

① 符合 GB/T 2351
② 在与软管装配前,软管接头的最小通径。装配后,此通径不小于 $0.9d_2$
③ d_3 尺寸符合 ISO 8434-1,除最小直径外,d_3 应不小于 d_2。在直径 d_2(软管接头尾芯的内径)和 d_3(管接头端的通径)之间应设置过渡,以减小应力集中
④ 尺寸 L_7 组装后测量

表 11-1-111 **24°锥密封端软管接头的字母符号、接头示例及标记示例**
(摘自 GB/T 9065.2—2010)

	连接端类型/符号	形状/符号
字母符号	回转/SW	直通/S
		90°弯头/E
		45°弯头/E45
	系列	符号
	轻型	L
	重型	S
锥密封端接头的示例	(图示) 1—软管接头 2—O形圈 3—油口 4—管接头 5—螺母	性能要求 (1) 按 GB/T 7939 测试时,软管总成应满足相应的软管规格所规定的性能要求,并无泄漏、无失效 (2) 软管总成的工作压力应取 ISO 8434-1 中给定的相同规格的管接头压力和软管压力的最低值 (3) 软管接头的工作压力应按 ISO 19879 进行试验检测。软管总成应按 GB/T 7939 进行测试。在循环耐久性试验过程中,软管总成应能承受相关的软管技术规范规定的循环次数
标记示例	示例:与外径 22mm 硬管和内径 19mm 软管配用的回转、直通、轻型系列软管接头,标识如下: 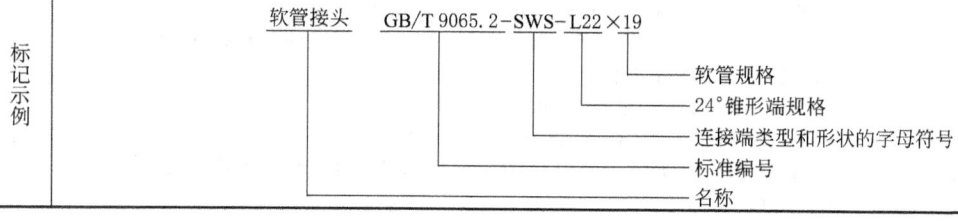	

锥密封胶管总成锥接头（摘自 JB/T 6144.1~6144.5—2007）

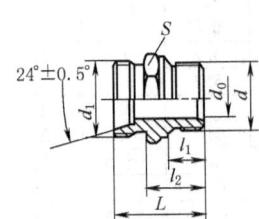
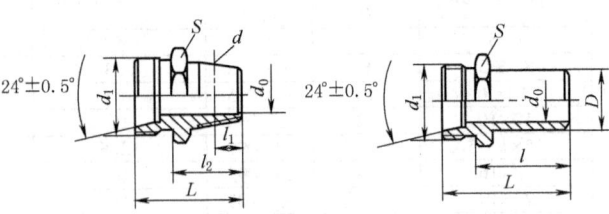

公制细牙螺纹锥接头（JB/T 6144.1—2007）
圆柱管螺纹（G）锥接头（JB/T 6144.2—2007）

锥管螺纹（R）锥接头（JB/T 6144.3—2007）
60°圆锥管螺纹（NPT）锥接头（JB/T 6144.4—2007）

焊接锥接头（JB/T 6144.5—2007）

表 11-1-112   mm

公称通径 DN	d				d_1	d_0	D	S	l	l_1		
	JB/T 6144.1	JB/T 6144.2	JB/T 6144.3	JB/T 6144.4						JB/T 6144.1~6144.2	JB/T 6144.3	JB/T 6144.4
6	M10×1	G1/8	R1/8	NPT1/8	M18×1.5	3.5	8	18	28	12	4	4.102
8	M10×1	G1/8	R1/8	NPT1/8	M20×1.5	5	10	21	30	12	4	4.102
10	M14×1.5	G1/4	R1/4	NPT1/4	M22×1.5	7	12	24	33	14	6	5.786
10	M18×1.5	G3/8	R3/8	NPT3/8	M24×1.5	8	14	27	36	14	6.4	6.096
15	M22×1.5	G1/2	R1/2	NPT1/2	M30×2	10	16	30	42	16	8.2	8.128

公称通径 DN	l_2			L				质量/kg	
	JB/T 6144.1~6144.2	JB/T 6144.3	JB/T 6144.4	JB/T 6144.1~6144.2	JB/T 6144.3	JB/T 6144.4	JB/T 6144.5	JB/T 6144.1~6144.4	JB/T 6144.5
6	20	17	17	32	29	29	40	0.04	0.04
8	20	18	18	32	30	30	42	0.06	0.05
10	22	22	22	34	34	34	45	0.08	0.06
10	24	24	24	38	38	38	49	0.10	0.07
15	28	27	27	44	43	43	58	0.14	0.10

注：1. 适用于以油、水为介质的与锥密封胶管总成配套使用的公制细牙螺纹、圆柱管螺纹（G）、锥管螺纹（R）、60°圆锥管螺纹（NPT）焊接锥接头。
2. 旋入机体端为公制细牙螺纹和圆柱管螺纹（G）者，推荐采用组合垫圈 JB/T 982—1977。
3. 标记示例：
公称通径 $DN6$，连接螺纹 d_1=M18×1.5 的锥密封胶管总成旋入端为公制细牙螺纹的锥接头，标记为
　　　　　锥接头　6-M18×1.5　JB/T 6144.1—2007
公称通径 $DN6$，连接螺纹 d_1=M18×1.5 的锥密封胶管总成旋入端为 G1/8 圆柱管螺纹的锥接头，标记为
　　　　　锥接头　6-M18×1.5（G1/8）　JB/T 6144.2—2007
公称通径 $DN6$，连接螺纹 d_1=M18×1.5 的锥密封胶管总成旋入端为 R1/8 管螺纹的锥接头，标记为
　　　　　锥接头　6-M18×1.5（R1/8）　JB/T 6144.3—2007
公称通径 $DN6$，连接螺纹 d_1=M18×1.5 的锥密封胶管总成旋入端为 NPT1/8 60°圆锥管螺纹的锥接头，标记为
　　　　　锥接头　6-M18×1.5（NPT1/8）　JB/T 6144.4—2007
公称通径 $DN6$，连接螺纹 d_1=M18×1.5 的锥密封胶管总成焊接锥接头，标记为
　　　　　锥接头　6-M18×1.5　JB/T 6144.5—2007
4. 本标准中，公称通径 $DN4$、$DN20$、$DN25$、$DN32$、$DN40$、$DN50$ 本表没有选入，如需要可参阅本手册第 5 卷液压、气动篇。
5. 生产厂有启东中冶润滑设备有限公司。

表 11-1-113　锥密封钢丝编织胶管总成（摘自 JB/T 6142.1~6142.4—2007）　　mm

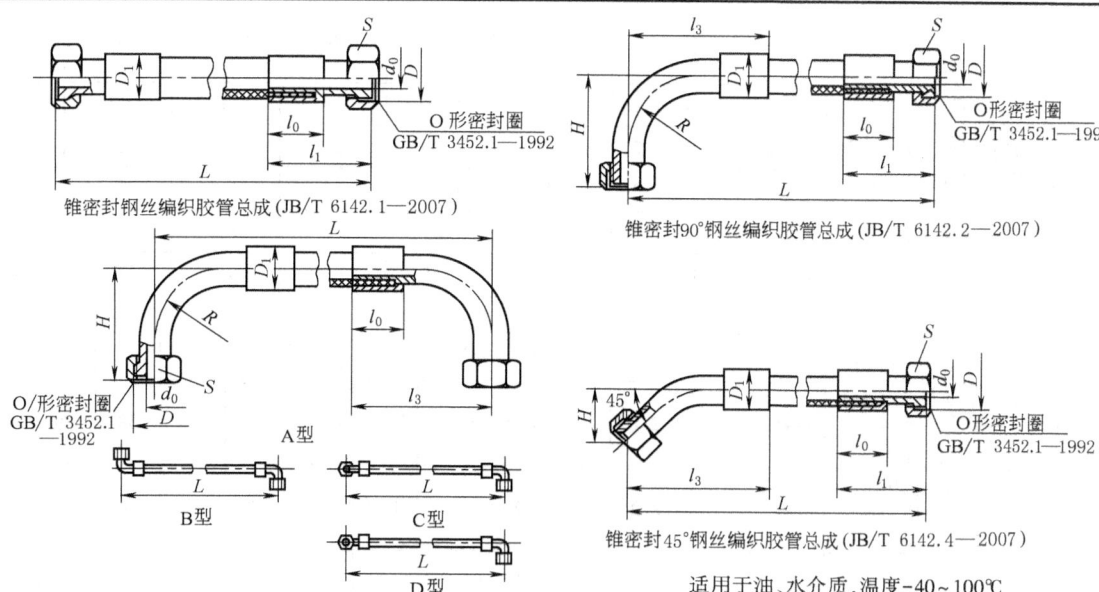

适用于油、水介质，温度 -40~100℃

胶管内径	公称通径 DN	工作压力 /MPa			扣压直径 D_1			d_0	D	S	l_0	l_1	l_3		R	H		O形橡胶密封圈 (GB/T 3452.1—1992)
		Ⅰ	Ⅱ	Ⅲ	Ⅰ	Ⅱ	Ⅲ						90°胶管总成	45°胶管总成		90°胶管总成	45°胶管总成	
6.3	6	20	35	40	17	18.7	20.5	3.5	M18×1.5	24	37	65	70	74	20	50	26	8.5×1.8
8	8	17.5	30	33	19	20.7	22.5	5	M20×1.5	24	38	68	75	80	24	55	28	10.6×1.8
10	10	16	28	31	21	22.7	24.5	7	M22×1.5	27	38	69	80	83	28	60	30	12.5×1.8
12.5	10	14	25	27	25.2	28.0	29.5	8	M24×1.5	30	44	76	90	93	32	65	32	13.2×2.65
16	15	10.5	20	22	28.2	31	32.5	10	M30×2	36	44	82	105	108	45	85	40	17.0×2.65

两端质量 /kg	胶管内径	钢丝编织胶管总成 (JB/T 6142.1)			90°钢丝编织胶管总成 (JB/T 6142.2)			双90°钢丝编织胶管总成 (JB/T 6142.3)			45°钢丝编织胶管总成 (JB/T 6142.4)		
		Ⅰ	Ⅱ	Ⅲ	Ⅰ	Ⅱ	Ⅲ	Ⅰ	Ⅱ	Ⅲ	Ⅰ	Ⅱ	Ⅲ
	6.3	0.20	0.22	0.24	0.18	0.20	0.22	0.28	0.30	0.32	0.16	0.18	0.20
	8	0.28	0.30	0.32	0.32	0.34	0.36	0.44	0.45	0.46	0.30	0.32	0.34
	10	0.34	0.36	0.38	0.44	0.45	0.46	0.58	0.63	0.65	0.42	0.43	0.45
	12.5	0.46	0.50	0.56	0.49	0.51	0.54	0.60	0.66	0.71	0.47	0.49	0.51
	16	0.60	0.64	0.68	0.60	0.62	0.64	0.74	0.75	0.82	0.58	0.60	0.62

胶管总成推荐长度 /mm	总成长度 L	500	560	630	710	800	900	1000	1120	1250	1400	1600	1800	2000	2240	2500
	偏差	+20 0			+25 0				+30 0				+40 0			

注：1. 本表只列入部分规格，全部内容详见本手册第5卷液压、气动篇。
2. 标记示例：
胶管内径6.3mm，总成长度 L=1000mm 的锥密封Ⅲ层钢丝编织胶管总成，标记为
　　　　胶管总成　6.3Ⅲ-1000　JB/T 6142.1—2007
胶管内径6.3mm，总成长度 L=1000mm 的锥密封90°Ⅲ层钢丝编织胶管总成，标记为
　　　　胶管总成　6.3Ⅲ-1000　JB/T 6142.2—2007
胶管内径6.3mm，总成长度 L=1000mm 的 A 型锥密封双90°Ⅲ层钢丝编织胶管总成，标记为
　　　　胶管总成　6.3AⅢ-1000　JB/T 6142.3—2007
胶管内径6.3mm，总成长度 L=1000mm 的锥密封45°Ⅲ层钢丝编织胶管总成，标记为
　　　　胶管总成　6.3Ⅲ-1000　JB/T 6142.4—2007
3. 生产厂启东中冶润滑设备有限公司。

表 11-1-114　　20MPa 螺纹连接式钢管管接头　　mm

	代　号		公称通径 DN	d	D	L	L_1	质量/kg
三通	QN126-1	H1.1-1	8	$R_c\frac{1}{4}$	23	46	23	0.18
	QN126-2	H1.1-2	10	$R_c\frac{3}{8}$	25	50	25	0.25
	QN126-3	H1.1-3	15	$R_c\frac{1}{2}$	33	58	29	0.36
	QN126-4	H1.1-4	20	$R_c\frac{3}{4}$	38	66	33	0.47
	QN126-5	H1.1-5	25	$R_c 1$	48	78	39	0.61

	代　号		公称通径 $DN \times DN_1 \times DN_2$	d	d_1	d_2	D	L	L_1	质量/kg
异径三通	QN127-1	H1.2-1	10×15×15	$R_c\frac{3}{8}$	$R_c\frac{1}{2}$	$R_c\frac{1}{2}$	33	58	29	0.32
	QN127-2	H1.2-2	10×20×20	$R_c\frac{3}{8}$	$R_c\frac{3}{4}$	$R_c\frac{3}{4}$	38	66	32	0.45

	代　号		公称通径 DN	d	D	L	质量/kg
弯头	QN128-1	H1.3-1	8	$R_c\frac{1}{4}$	23	23	0.07
	QN128-2	H1.3-2	10	$R_c\frac{3}{8}$	25	25	0.11
	QN128-3	H1.3-3	15	$R_c\frac{1}{2}$	33	29	0.26
	QN128-4	H1.3-4	20	$R_c\frac{3}{4}$	38	33	0.39
	QN128-5	H1.3-5	25	$R_c 1$	48	39	0.66

	代　号		公称通径 DN	d	L	L_1	S	D	质量/kg
外接头	QN129-1	H1.4-1	8	$R_c\frac{1}{4}$	25	11	22	25.4	0.06
	QN129-2	H1.4-2	10	$R_c\frac{3}{8}$	30	12	27	31.2	0.1
	QN129-3	H1.4-3	15	$R_c\frac{1}{2}$	35	15	32	37	0.16
	QN129-4	H1.4-4	20	$R_c\frac{3}{4}$	40	17	36	41.6	0.19
	QN129-5	H1.4-5	25	$R_c 1$	48	19	46	53.1	0.27

	代　号		公称通径 DN	d	d_1	L	L_1	S	D	质量/kg
内接头	QN130-1	H1.5-1	8	$R\frac{1}{4}$	8	34	13	17	19.6	0.02
	QN130-2	H1.5-2	10	$R\frac{3}{8}$	10	37	14	22	25.4	0.03
	QN130-3	H1.5-3	15	$R\frac{1}{2}$	15	48	18	27	31.2	0.09
	QN130-4	H1.5-4	20	$R\frac{3}{4}$	20	52	20	32	37	0.12
	QN130-5	H1.5-5	25	$R 1$	25	62	30	36	41.6	0.23
	QN130-6	H1.5-6	8(长)	$R\frac{1}{4}$	8	75	13	17	19.6	0.13
	QN130-7	H1.5-7	10(长)	$R\frac{3}{8}$	10	80	14	22	25.4	0.18

续表

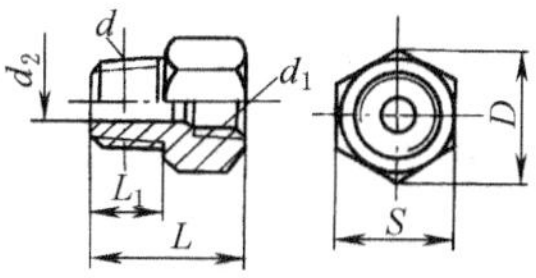

	代号	公称通径 $DN\times DN$	d	d_1	d_2	L	L_1	D	S	质量/kg
内外接头	QN131-1	10×8	R⅜	R_c¼	8	30	14	25.4	22	0.04
	QN131-2	15×10	R½	R_c⅜	10	36	18	31.2	27	0.08
	QN131-3	20×10	R¾	R_c⅜	10	36	20	37	32	0.15
	QN131-4	20×15	R¾	R_c½	15	42	20	37	32	0.21
	QN131-5	25×15	R1	R_c½	15	50	30	41.6	36	0.31

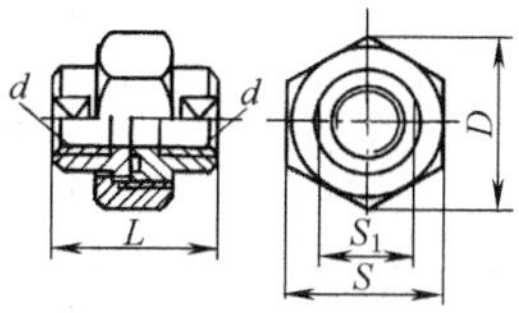

	代号	公称通径 DN	d	L	D	S	S_1	质量/kg
活接头	QN106-1	8	R_c¼	38	36.9	32	19	0.16
	QN106-2	10	R_c⅜	38	41.6	36	22	0.19
	QN106-3	15	R_c½	44	53.1	46	27	0.33
	QN106-4	20	R_c¾	50	62.4	54	32	0.51
	QN106-5	25	R_c1	60	75	65	46	0.81

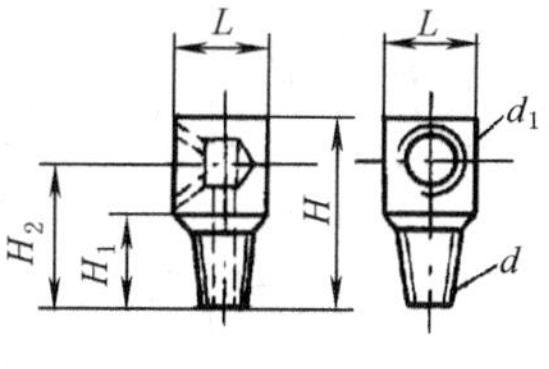

	代号	d	d_1	L	H	H_1	H_2	质量/kg
直角接头体	QN144-1	R⅛	R_c⅛	16	26	10	18.5	0.03
	QN144-2	R¼	R_c¼	22	41	19	30	0.07
	QN144-3	R⅜	R_c⅜	25.4	45	19.6	32.5	0.11
	QN144-4	R½	R_c½	30	54	24	40	0.17
	QN144-5	R¾	R_c¾	32	60	28	45	0.23
	QN144-6	R1	R_c1	40	72	32	52	0.32
直角接头体(长)	QN145-1	R⅛	R_c⅛	16	68	52	60	0.28
	QN145-2	R¼	R_c¼	22	83	61	72	0.30
	QN145-3	R⅜	R_c⅜	25.4	90	64.6	77.3	0.33
	QN145-4	R½	R_c½	30	98	68	83	0.38
	QN145-5	R¾	R_c¾	32	102	70	86	0.44

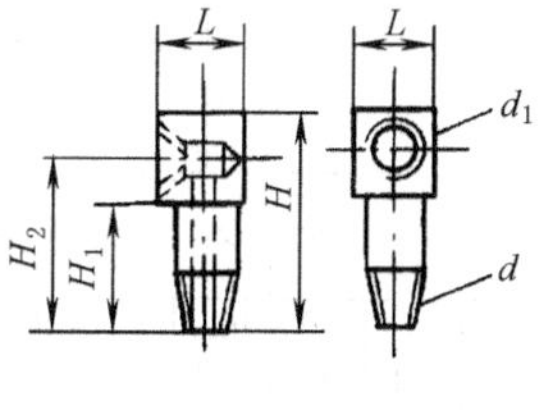

注：1. 启东市南方润滑液压设备有限公司的异径三通（代号：QN×××-×）公称通径尚有 10×10×15，10×10×20，15×15×20，15×10×10，15×20×20，20×10×10，20×15×15。
2. 生产厂有启东市南方润滑液压设备有限公司，启东中冶润滑设备有限公司。

表 11-1-115　20MPa 插入焊接式钢管管接头　mm

类型	代号	管子外径	$D^{+0.2}_{+0.4}$	D_1	L	L_1	质量/kg
焊接三通	QN147-1	18	18.5	32	29	16	0.18
	QN147-2	22	22.5	36	35	21	0.27
	QN147-3	28	28.5	42	39	24	0.46
	QN147-4	34	34.5	50	45	29	0.59
	QN147-5	42	42.5	60	52	34	0.62
	QN147-6	48	48.5	66	61	41	1.35
	QN147-7	60	61	80	80	63	2.20
焊接弯头	QN148-1	18	18.5	30	29	13	0.17
	QN148-2	22	22.5	36	35	16	0.27
	QN148-3	28	28.5	42	39	17	0.41
	QN148-4	34	34.5	50	45	18	0.68
	QN148-5	42	42.5	60	52	20	1.12
	QN148-6	48	48.5	66	61	23	1.26
	QN148-7	60	61	80	72	26	1.8
焊接直通	QN149-1	18	18.5	28			0.12
	QN149-2	22	22.5	33			0.19
	QN149-3	28	28.5	39			0.35
	QN149-4	34	34.5	47			0.41
	QN149-5	42	42.5	57			0.61
	QN149-6	48	48.5	63			0.72
	QN149-7	60	61	76			1.38

类型	代号	管子外径	D	$D_1^{+0.2}_{+0.4}$	$D_2^{+0.2}_{+0.4}$	L	L_1	L_2	质量/kg
焊接变径直通	QN150-1	78×14	30	18.15	14.5	32	12	10	0.16
	QN150-2	22×18	35	22.5	18.5	36	13	12	0.20
	QN150-3	28×18	40	28.5	18.5	42	16	12	0.30
	QN150-4	28×22	40	28.5	22.5	42	16	13	0.28
	QN150-5	34×22	48	34.5	22.5	46	17	13	0.52
	QN150-6	34×28	48	34.5	28.5	46	17	16	0.48
	QN150-7	42×28	60	42.5	28.5	48	18	16	0.76
	QN150-8	42×34	60	42.5	34.5	48	18	17	0.69
	QN150-9	48×34	65	48.5	34.5	54	20	17	0.95
	QN150-10	48×42	65	48.5	42.5	54	20	18	1.17
	QN150-11	60×42	80	61	42.5	62	23	18	1.70

类型	代号	管子外径内径	$D^{+0.5}_{-0.5}$	$D_1^{+0.5}_{+0.4}$	L_1	L_2	L	质量/kg
焊接变径接头	QN152-1	22×18	22	18.5	11	17	34	0.07
	QN152-2	28×18	28	18.5	11	9	25	0.08
	QN152-3	34×18	34	18.5	11	9	25	0.15
	QN152-4	42×18	42	18.5	11	11	26	0.25
	QN152-5	48×18	48	18.5	12	13	29	0.41
	QN152-6	28×22	28	22.5	13	20	38	0.13
	QN152-7	34×22	34	22.5	13	9	25	0.13
	QN152-8	42×22	42	22.5	13	9	26	0.25
	QN152-9	48×22	48	22.5	14	11	29	0.31
	QN152-10	34×28	34	28.5	16	19	42	0.30
	QN152-11	42×28	42	28.5	16	12	48	0.34
	QN152-12	48×28	48	28.5	16	10	29	0.36

类型	代号	管子外径	$D^{+0.5}_{+0.4}$	D_1	D_2	L	L_1	L_2	S	D_3	C	质量/kg
活接头	QN107-1	14	14.5	22	24	38	18	10	32	36.9	21	0.152
	QN107-2	18	18.5	27	30	38	18	10	41	47.3	26	0.262
	QN107-3	22	22.5	32	35	44	20	10	50	57.7	32	0.367
	QN107-4	28	28.5	38	42	50	26	13	60	69.3	38	0.686
	QN107-5	34	34.5	47	52	50	26	13	70	80.8	46	1.02

注：生产厂有启东市南方润滑液压设备有限公司。

6 油雾润滑

油雾润滑是一种较先进的稀油集中润滑方式,已成功地应用于滚动轴承、滑动轴承、齿轮、蜗轮、链轮及滑动导轨等各种摩擦副。在冶金机械中有多种轧机的轴承采用油雾润滑,如带钢轧机的支承辊轴承,四辊冷轧机的工作辊和支承辊轴承,以及高速线材轧机的滚动导卫等的润滑。

6.1 油雾润滑工作原理、系统及装置

6.1.1 工作原理

油雾润滑装置工作原理如图 11-1-13a 所示,当电磁阀 5 通电接通后,压缩空气经分水滤气器 2 过滤,进入调压阀 3 减压,使压力达到工作压力,经减压后的压缩空气,经电磁阀 5,空气加热器 7 进入油雾发生器,如图 11-1-13b 所示,在发生器体内,沿喷嘴的进气孔进入喷嘴内腔,并经文氏管喷出高速气流,进入雾化室产生文氏效应,这时真空室内产生负压,并使润滑油经滤油器、喷油管吸入真空室,然后滴入文氏管中,油滴被气流喷碎成不均匀的油粒,再从喷雾罩的排雾孔进入储油器的上部,大的油粒在重力作用下落回到储油器下部的油中,只有小于 3μm 的微小油粒留在气体中形成油雾,油雾经油雾装置出口排出,通过系统管路及凝缩嘴送至润滑点。

这种型式的油雾装置配置有空气加热器,使油雾浓度大大提高,在空气压力过低,油雾压力过高的故障状态下可进行声光报警。

在油雾的形成、输送、凝缩、润滑过程中的较佳参数如下:油雾颗粒的直径一般为 $1 \sim 3 \mu m$;空气管线压力为 $0.3 \sim 0.5 MPa$;油雾浓度(在标准状况下,每立方米油雾中的含油量)为 $3 \sim 12 g/m^3$;油雾在管道中的输送速度为 $5 \sim 7 m/s$;输送距离一般不超过 30m;凝缩嘴根据摩擦副的不同,与摩擦副保持 $5 \sim 25 mm$ 的距离。

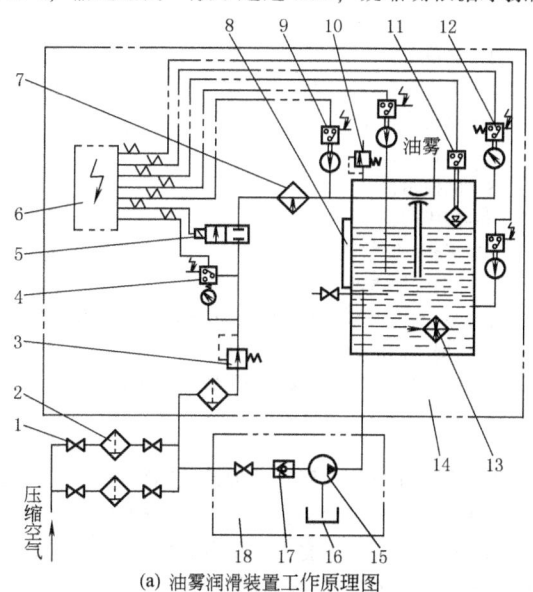

(a) 油雾润滑装置工作原理图

1—阀;2—分水滤气器;3—调压阀;4—气压控制器;5—电磁阀;6—电控箱;7—空气加热器;8—油位计;9—温度控制器;10—安全阀;11—油位控制器;12—雾压控制器;13—油加热器;14—油雾润滑装置;15—气动加油泵;16—储油器;17—单向阀;18—加油系统

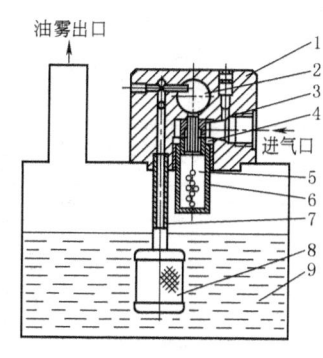

(b) 油雾发生器的结构及原理

1—油雾发生器体;2—真空室;3—喷嘴;4—文氏管;5—雾化室;6—喷雾罩;7—喷油管;8—滤油器;9—储油器

图 11-1-13 油雾润滑装置工作原理图

6.1.2 油雾润滑系统和装置

油雾润滑系统由三部分组成,即油雾润滑装置、系统管道、凝缩嘴,如图 11-1-14 所示。

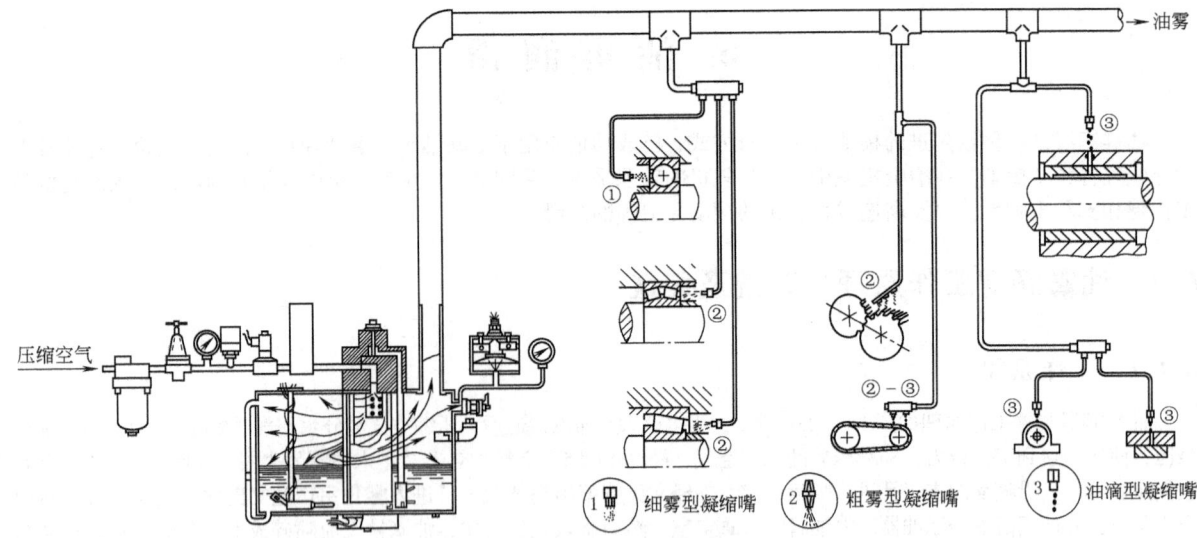

图 11-1-14 油雾润滑系统图

WHZ4 系列油雾润滑装置（摘自 JB/ZQ 4710—2006）

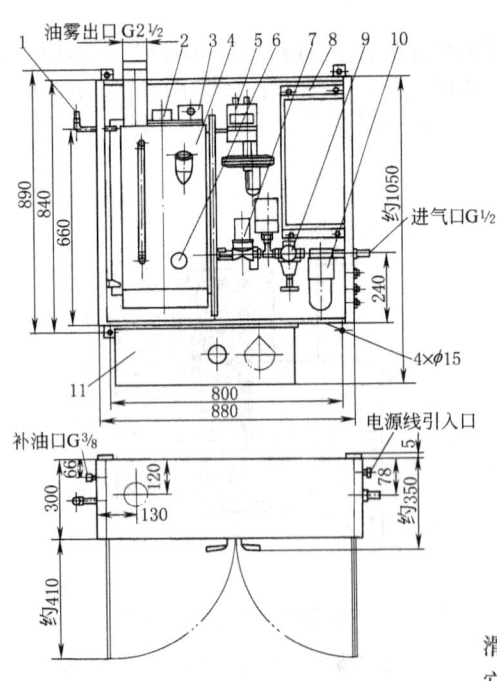

1—安全阀；
2—液位信号器；
3—发生器；
4—油箱；
5—压力控制器；
6—双金属温度计；
7—电磁阀；
8—电控箱；
9—调压阀；
10—分水滤气器；
11—空气加热器

标记示例：工作气压为 0.25～0.50MPa，油雾量为 25m³/h 的油雾润滑装置，标记为

　　　　WHZ4-25　油雾润滑装置　JB/ZQ 4710—2006

油雾润滑装置有两种类型，一种是气动系统，用三件组合式润滑装置，如图 11-1-15，其性能尺寸见本手册第 5 卷气压传动篇。它是最简单的油雾装置，主要用于单台设备或小型机组；另一种是封闭式的油雾润滑装置，其性能及外形尺寸见表 11-1-116。

6.2　油雾润滑系统的设计和计算

6.2.1　各摩擦副所需的油雾量

计算各摩擦副所需的油雾量，采用含有"润滑单位（LU）"的实验公式进行计算，其计算公式见表 11-1-117。把所有零件的"润滑单位（LU）"相加，可得系统总润滑单位载荷量（LUL）。

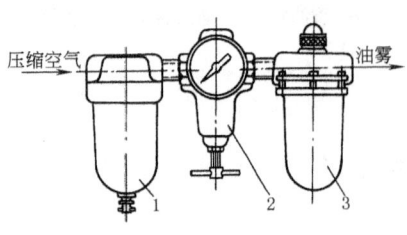

图 11-1-15
1—分水滤气器；2—调压阀；3—油雾发生器

表 11-1-116　　封闭式油雾润滑装置性能及外形尺寸

型号	公称压力/MPa	工作气压/MPa	油雾量/m³·h⁻¹	耗气量/m³·h⁻¹	油雾浓度/g·m⁻³	最高油温/℃	最高气温/℃	油箱容积/L	质量/kg	说明
WHZ4-C6	0.16	0.25~0.5	6	6	3~12	80	80	17	120	(1) 油雾量是在工作气压 0.3MPa，油温、气温均为 20℃时测得的 (2) 油雾浓度是在工作气压 0.3MPa，油温、气温均为 20~80℃之间变化时测得的 (3) 电气参数：50Hz、220V、2.5kW (4) 适用于黏度 22~1000mm²/s 的润滑油 (5) 过滤精度不低于 20μm (6) 本装置在空气压力过低、油雾压力过高的故障状态时可进行声光报警
WHZ4-C10			10	10						
WHZ4-C16			16	16						
WHZ4-C25			25	25						
WHZ4-C40			40	40						
WHZ4-C63			63	63						

注：生产厂江苏江海润液设备有限公司。

表 11-1-117　　典型零件的润滑单位（LU）

零件名称	计算公式	零件名称	计算公式	说明
滚动轴承	$4dKi \times 10^{-2}$	齿轮-齿条	$12d'_1 b \times 10^{-4}$	(1) 如齿轮反向转动，按表中公式计算后加倍 (2) 如齿轮副的齿数比大于2，则取 $d'_2 = 2d'_1$ (3) 如链传动 $n<3$r/s，则取 $n=3$r/s
滚珠丝杠	$4d'[(i-1)+10] \times 10^{-3}$	凸轮	$2Db \times 10^{-4}$	
径向滑动轴承	$2dbK \times 10^{-4}$	滑板-导轨	$8lb \times 10^{-5}$	
齿轮系	$4b(d'_1+d'_2+\cdots+d'_n) \times 10^{-4}$	滚子链	$d'pin^{1.5} \times 10^{-5}$	
齿轮副	$4b(d'_1+d'_2) \times 10^{-4}$	齿形链	$5d'bn^{1.5} \times 10^{-5}$	
蜗轮蜗杆副	$4(d'_1 b_1 + d'_2 b_2) \times 10^{-4}$	输送链	$5b(25L+d') \times 10^{-4}$	
式中符号意义	i——滚珠、滚子排数或链条排数；d——轴径，mm；D——凸轮最大直径，mm；n——转速，r/s；d'——齿轮、链轮、滚珠丝杠的节圆直径，mm；b——径向滑动轴承、齿轮、蜗轮、凸轮、链条的支承宽度，mm；l——滑板支承宽度，mm；L——链条长度，mm；p——链条节距，mm；K——载荷系数，由轴承类型及预加负荷程度而定，参看表 11-1-118（F——轴承载荷，N）			

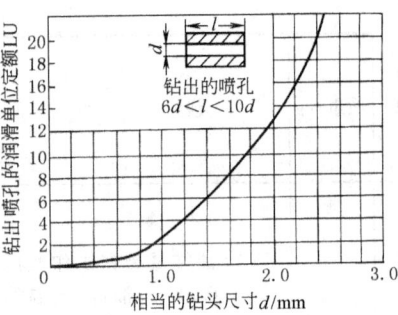

图 11-1-16 喷孔润滑单位定额

表 11-1-118　　载荷系数 K

轴承类型	球轴承	螺旋滚子轴承	滚针轴承	短圆柱滚子轴承	调心滚子轴承	圆锥滚子轴承	径向滑动轴承
未加预加负荷	1	3	1	1	2	1	
已加预加负荷	2	3	3	3	2	3	
$\dfrac{F}{bd}$ /MPa <0.7							1
0.7~1.5							2
1.5~3.0							4
3.0~3.5							8

6.2.2　凝缩嘴尺寸的选择

可根据每个零件计算出的定额润滑单位，参照图 11-1-16 选择标准的喷嘴装置或相当的喷嘴钻孔尺寸，其中标准凝缩嘴的润滑单位定额 LU 有 1、2、4、8、14、20 共 6 种。当润滑单位定额处在两标准钻头尺寸（钻头尺寸）之间时，选用较大的尺寸，当润滑单位定额超过 20 时，可采用多孔喷嘴。单个凝缩嘴能润滑的最大零件尺寸参看表 11-1-119。当零件尺寸超出表 11-1-119 的极限尺寸时，可用多个较低润滑单位定额的凝缩嘴，凝缩嘴间保持适当的距离。

凝缩嘴的结构及用途见表 11-1-120。

表 11-1-119　单个凝缩嘴能润滑的极限尺寸

零件名称	支承面宽度	轴承	链	其他零件
极限尺寸/mm	$l=150$	$B=150$	$b=12$	$b=50$

表 11-1-120

名称	图示	结构	用途
油雾型		具有较短的发射孔，使空气通过时产生最少涡流，因而能保持均匀的雾状	适用于要求散热好的高速齿轮、链条、滚动轴承等的润滑
喷淋型		具有较长的小孔，能使空气有较小的涡流	适用于中速零件的润滑
凝结型		应用挡板在油气流中增加涡流，使油雾互相冲撞，凝聚成为较大的油粒，更多地滴落和附着在摩擦表面	适用于低速的滑动轴承和导轨上

6.2.3　管道尺寸的选择

在确定了凝缩嘴尺寸后，即可根据每段管道上实际凝缩嘴的定额润滑单位之和作为配管载荷，按表 11-1-121 选用相应尺寸的管子。

如油雾润滑装置的工作压力和需用风量已知，可由表 11-1-122 查得相应的管子规格。

表 11-1-121　　管子尺寸　　　　　　　　　　mm

管径	凝缩嘴载荷量（以润滑单位计）									
	10	15	30	50	75	100	200	300	500	650	1000
铜管（外径）	6	8	10	12	16	20	25	30	40	50	62
钢管（内径）	—	6	8	10	—	15	20	—	32	40	50

注：铜管按 GB/T 1527—2006、GB/T 1528—1997，钢管按 GB/T 3091—2008。

表 11-1-122　通过管子的允许最大流率　　　　　　　　$m^3 \cdot s^{-1}$

压力/MPa	公称管径/in								
	1/8	1/4	3/8	1/2	3/4	1	1 1/4	1 1/2	2
0.03	0.02	0.045	0.10	0.147	0.28	0.37	0.80	0.88	1.73
0.07	0.031	0.07	0.16	0.22	0.45	0.60	1.25	1.42	2.5
0.14	0.054	0.125	0.22	0.36	0.77	0.96	2.1	2.4	4.7
0.27	0.10	0.224	0.50	0.68	1.4	1.75	3.7	4.2	8.5
0.4	0.14	0.33	0.75	0.97	2.0	2.63	5.5	6.4	12.2
0.5	0.19	0.43	0.96	1.28	2.6	3.4	7.2	8.2	16.0
0.65	0.23	0.54	1.2	1.52	3.2	4.25	9.1	10.3	20.0
1.0	0.36	0.80	1.75	2.26	4.8	6.2	13.4	15	30.0
1.3	0.47	1.05	2.38	3.1	6.4	8.4	17.6	20	35.5
1.7	0.60	1.21	3.0	3.75	8.0	10.5	22.7	25	48.0

注：本表的数据系基于下列标准。

每 10m 长管子的压力降(Δp)	应用管径/in	每 10m 长管子的压力降(Δp)	应用管径/in
所加压力的 6.6%	1/8, 1/4, 3/8	所加压力的 1.7%	1, 1 1/4
所加压力的 3.3%	1/2, 3/4	所加压力的 1%	1 1/2, 2

6.2.4　空气和油的消耗量

（1）空气消耗量 q_r

是油雾润滑系统总载荷量 NL 的函数。可按下式计算

$$q_r = 15NL \times 10^{-6} \quad (m^3/s)（体积是在一个大气压下自由空气的体积）$$

（2）总耗油量 Q_r

将各润滑点选定的凝缩嘴的润滑单位 LU 量相加，即可得到系统的总的润滑单位载荷量 LUL，然后根据此总载荷量算出总耗油量。

$$Q_r = 0.25(LUL) \quad (cm^3/h)$$

根据总耗油量 Q_r，选用相应的油雾润滑装置，使其油雾发生能力等于或大于系统总耗油量 Q_r。

6.2.5　发生器的选择

将所有凝缩嘴装置和喷孔的定额润滑单位加起来，得到总的凝缩嘴载荷量（NL），然后根据此载荷量，选择适合于润滑单位定额的发生器，且一定要使发生器的最小定额小于凝缩嘴的载荷量。

6.2.6　润滑油的选择

油雾润滑用的润滑油，一般选用掺加部分防泡剂（每吨油要加入 5~10g 的二甲基硅油作为防泡剂，硅油加入前应用 9 倍的煤油稀释）和防腐剂（二硫化磷锌盐、硫酸烯烃钙盐、烷基酚锌盐、硫磷化脂肪醇锌盐等，一般摩擦副用 0.25%~1%防腐剂，齿轮用 3%~5%）的精制矿物油。

表 11-1-123　油雾润滑用油黏度选用

润滑油黏度(40℃) /$mm^2 \cdot s^{-1}$	润滑部位类别
20~100	高速轻负荷滚动轴承
100~200	中等负荷滚动轴承
150~330	较高负荷滚动轴承
330~520	高负荷的大型滚动轴承，冷轧机轧辊辊颈轴承
440~520	热轧机轧辊辊颈轴承
440~650	低速重载滚子轴承，联轴器，滑板等
650~1300	连续运转的低速高负荷大齿轮及蜗轮传动

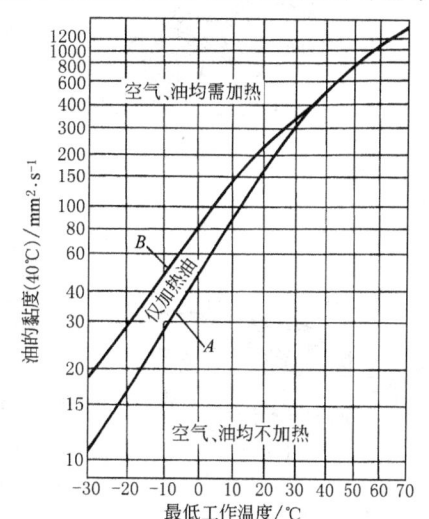

图 11-1-17　润滑油工作温度和黏度的关系

润滑油的黏度按表 11-1-123 选取。图 11-1-17 为润滑油工作温度和润滑油黏度的关系。当黏度值在曲线 A 以上、B 以下时,需将油加热;在 B 以上时,油及空气均需加热;在 A 以下时,空气和油均不加热。

6.2.7 凝缩嘴的布置方法

表 11-1-124

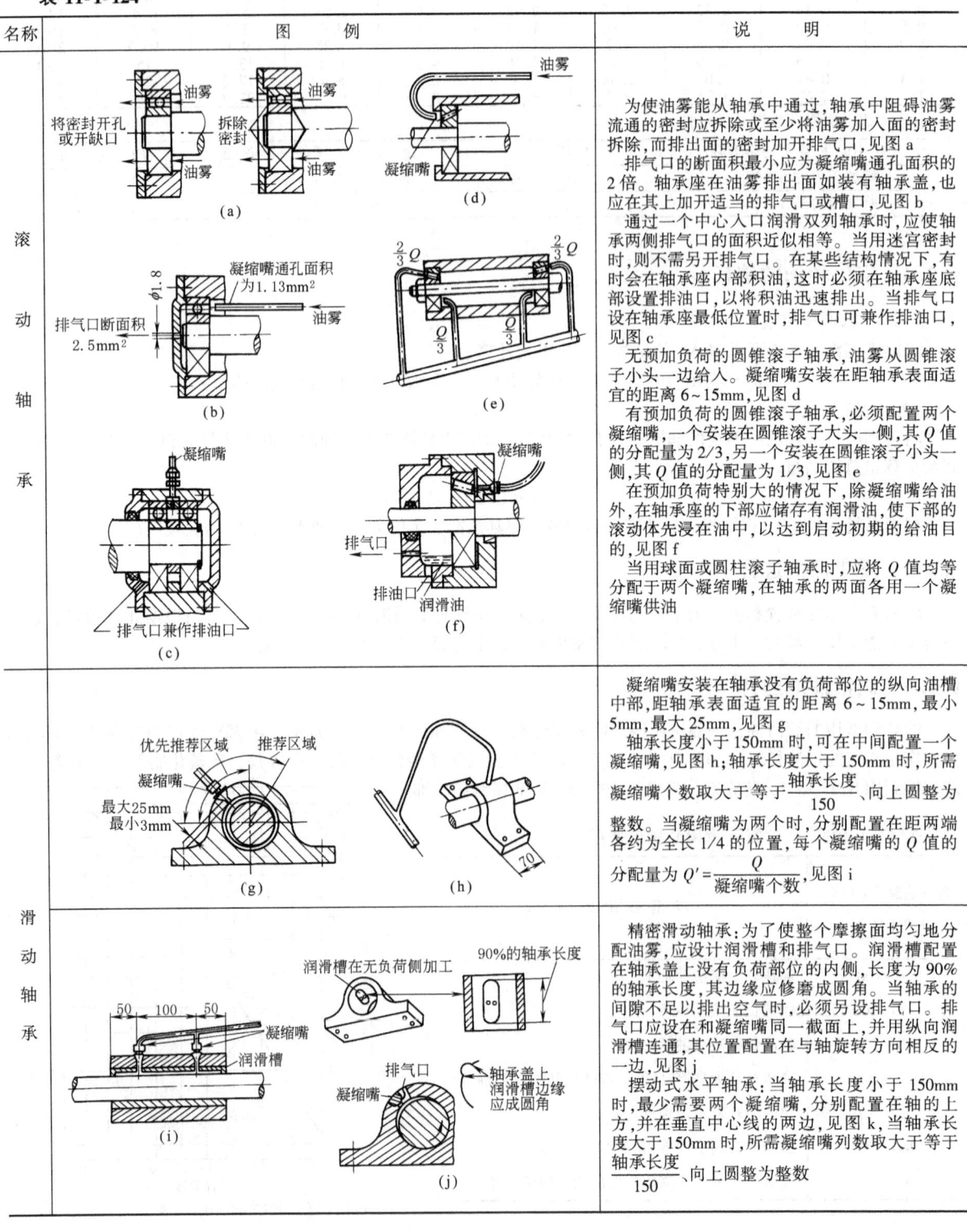

续表

名称	图例	说明
滑动轴承	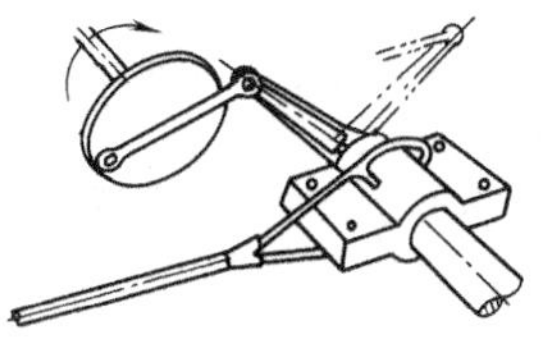 (k) 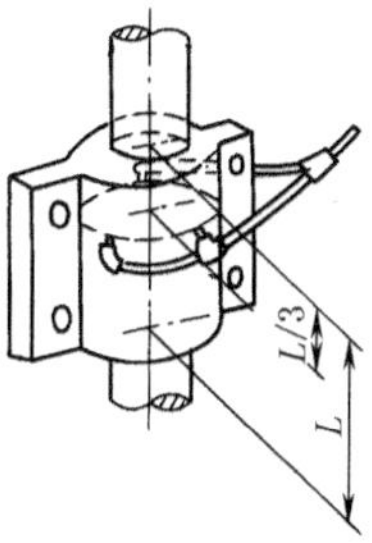 (l)	摆动式垂直轴承：当轴径小于 25mm 时，距上端 1/3 的高度配置一个凝缩嘴；当轴径大于 25mm 时，距上端 1/3 的高度应配有一定数量的凝缩嘴。凝缩嘴所需个数大于等于 $\dfrac{轴径}{25}$、向上圆整为整数，分别等距配置在周向，并用润滑槽连通，见图 l
滑动导轨	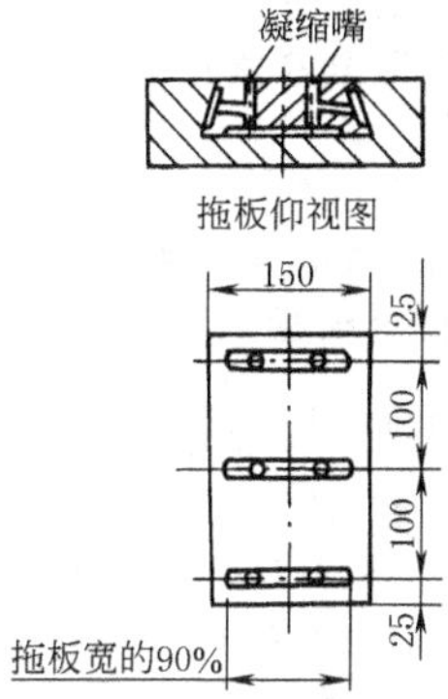 (m) 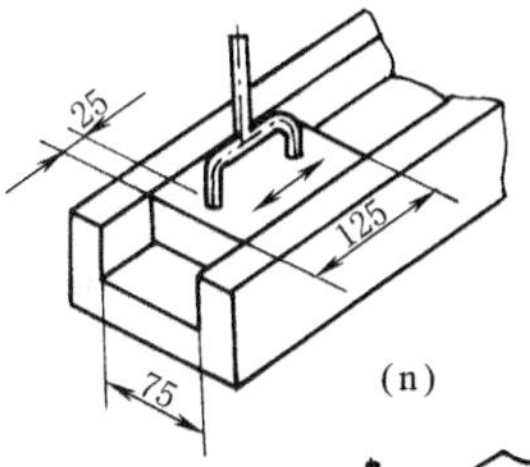 (n) 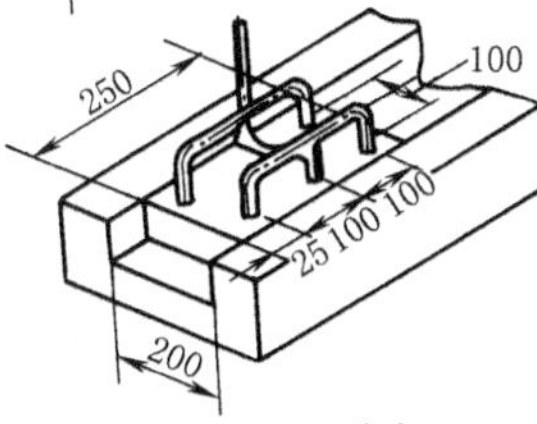 (o)	凝缩嘴安装在拖板上，且与运动呈垂直方向的润滑槽中。润滑槽的设计与滑动轴承相同。见图 m 拖板长度小于 100mm 时，只需配置一个凝缩嘴 拖板行程大于拖板长度时，应于拖板两端距边缘约 25mm 处各配置一个凝缩嘴；拖板行程小于拖板长度时，约每 100mm 配置一个凝缩嘴，端部的凝缩嘴配置在距首末两端各约 25mm 的位置见图 n 拖板宽度小于 150mm 时，配置一列凝缩嘴；拖板宽度大于 150mm 时，所需凝缩嘴列数取大于等于 $\dfrac{拖板宽度}{150}$、向上圆整为整数。当凝缩嘴为两列时，分别配置在距两端各约为全宽 1/4 的位置，见图 o 垂直方向的拖板，考虑到油向下流，在靠近拖板上部的位置安装凝缩嘴
凸轮		凸轮宽约每 50mm 配置一个凝缩嘴，从凸轮表面到凝缩嘴之间的适宜距离 6~15mm，最小 5mm，最大 25mm
齿轮传动	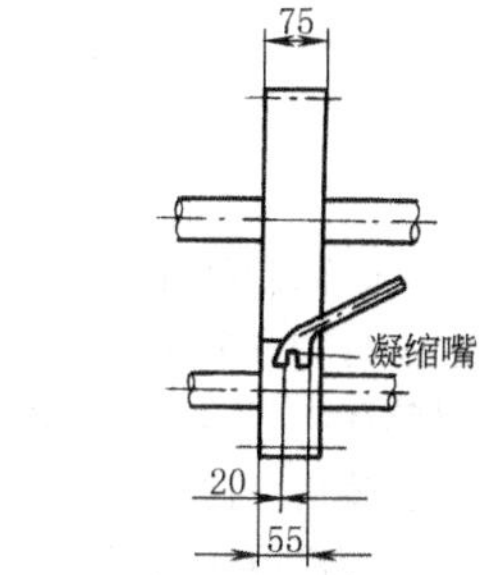 (p) 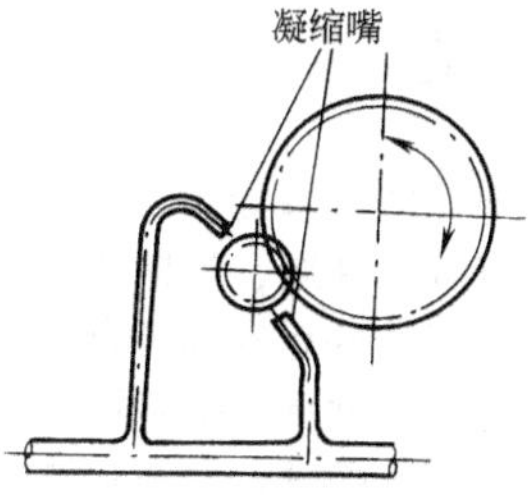 (r) 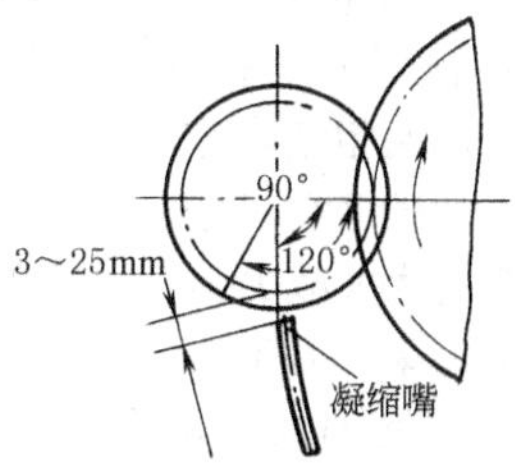 (q) 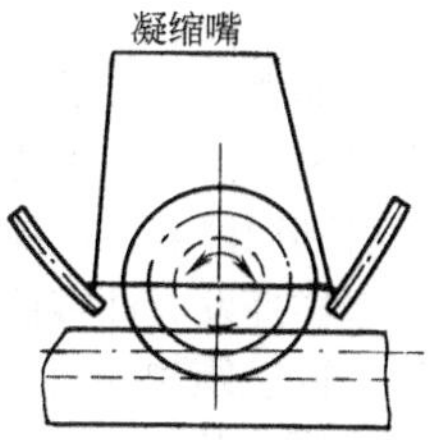 (s)	齿轮的齿宽小于 50mm 时，配置 1 个凝缩嘴；齿宽大于 50mm 时，所需凝缩嘴个数取大于等于 $\dfrac{齿宽}{50}$、向上圆整为整数。当凝缩嘴为 2 个时，分别配置在距两端各约为全宽 1/4 的位置，每个凝缩嘴 Q 值的分配量为 $Q' = \dfrac{Q}{凝缩嘴个数}$，见图 p 对于所有齿轮传动，凝缩嘴安装的最佳位置是在啮合点前的 90°~120° 的方位，且应朝向主动齿轮的负荷侧，距齿面的适宜距离 6~15mm，最小 5mm，最大 25mm，见图 q 齿轮、齿条与齿轮为可逆传动时，啮合点的两侧都应配置凝缩嘴，见图 r、图 s

名称	图例	说明
蜗轮蜗杆传动	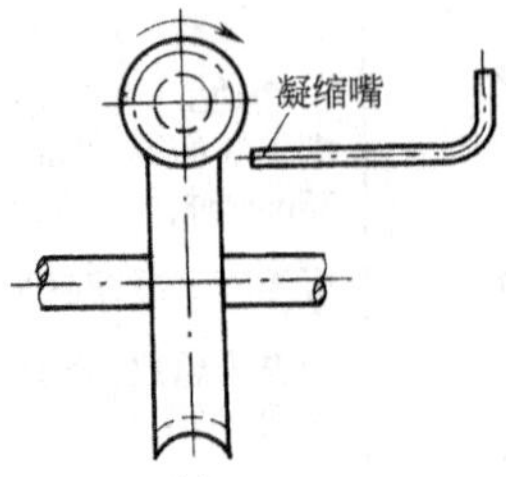 (t)	凝缩嘴安装的位置,应朝蜗轮蜗杆啮合进入方向的负荷侧,见图 t 蜗杆蜗轮为可逆传动时,啮合面的一侧都应配置凝缩嘴
链传动	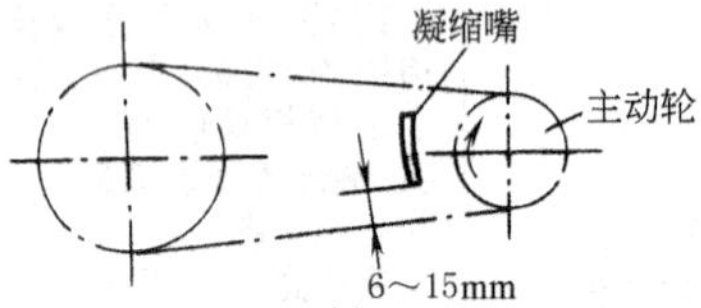 (u)	单排滚子链,配置两个凝缩嘴,每个凝缩嘴对着链条两侧链板,其 Q 值的分配量为计算并经圆整后 Q 值的 1/2 两排或多排滚子链、中间板应比两侧板得到多1倍以上的润滑量,凝缩嘴应对着每侧链板安装,其 Q 值分配量如下:两侧链板,$Q' = \dfrac{Q}{2\times 排数}$;中间链板,$Q' = \dfrac{Q}{排数}$ 无论是哪种链传动,凝缩嘴喷油的方向,都应稍为朝向链条运动的反方向,其安装位置是在刚刚离开主动轮的链条内侧。凝缩嘴距离链条的适宜高度为 6~15mm,最小 5mm,最大 25mm,见图 u

7 油气润滑

7.1 油气润滑工作原理、系统及装置

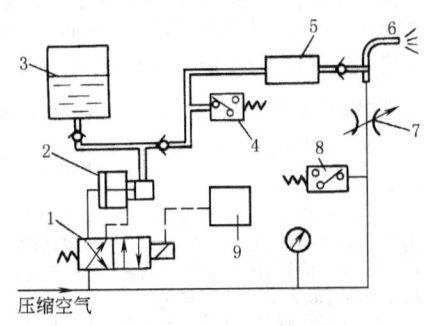

图 11-1-18 油气润滑装置原理图
1—电磁阀;2—泵;3—油箱;
4,8—压力继电器;5—定量柱塞式分配器;
6—喷嘴;7—节流阀;9—时间继电器

油气润滑是一种新型的气液两相流体冷却润滑技术,适用于高温、重载、高速、极低速以及有冷却水、污物和腐蚀性气体浸入润滑点的工况条件恶劣的场合。例如各类黑色和有色金属冷热轧机的工作辊、支承辊轴承,平整机、带钢轧机、连铸机、冷床、高速线材轧机和棒材轧机的滚动导卫和活套、棒材轧机滚动导卫和活套、轧辊轴承和托架、链条、行车轨道、机车轮缘、大型开式齿轮、(磨煤机、球磨机和回转窑等)、铝板轧机拉伸弯曲矫直机工作辊的工艺润滑等。

油气润滑与油雾润滑都是属于气液两相流体冷却润滑技术,但在油气润滑中,油未被雾化,润滑油以与压缩空气分离的极其精细油滴连续喷射到润滑点,用油量比油雾润滑大大减少,而且润滑油不像油雾润滑那样挥发成油雾而对环境造成污染,对于高黏度的润滑油也不需加热,输送距离可达 100m 以上,一套油气润滑系统可以向多达 1600 个润滑点连续准确地供给润滑油。图 11-1-18 为一种油气润滑装

置的原理图。此外，新型油气润滑装置配备有机外程序控制（PLC）装置，控制系统的最低空气压力、主油管的压力建立、储油器里的油位与间隔时间等。

图 11-1-19 所示为四重式轧机轴承（均为四列圆锥滚子轴承）的油气润滑系统图。其中的关键部件，如油气润滑装置（包括油气分配器）和油气混合器等均已形成专业标准，如上面所介绍。

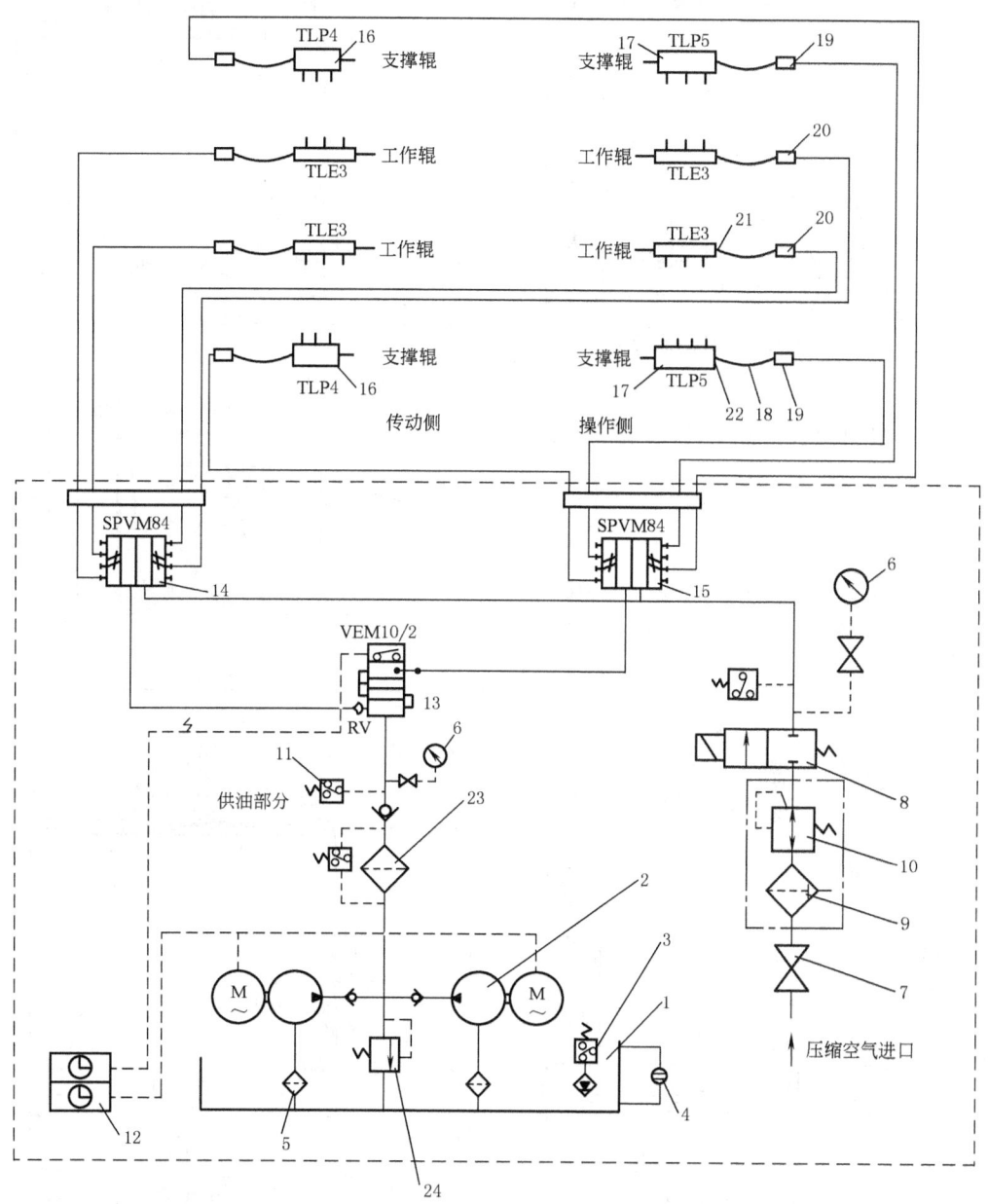

图 11-1-19 四重式轧机轴承油气润滑系统

1—油箱；2—油泵；3—油位控制器；4—油位计；5—过滤器；6—压力计；7—气动管路阀；8—电磁阀；9—过滤器；10—减压阀；11—压力控制器；12—电子监控装置；13—递进式给油器；14，15—油气混合器；16，17—油气分配器；18—软管；19，20—节流阀；21，22—软管接头；23—精过滤器；24—溢流阀

7.1.1 油气润滑装置（摘自 JB/ZQ 4711—2006）

油气润滑装置（JB/ZQ 4711—2006）分为气动式和电动式两种类型。气动式 QHZ-C6A 由气站、PLC 控制、JPQ2 或 JPQ3 主分配器、喷嘴及系统管路组成。

表 11-1-125　油气润滑装置（摘自 JB/ZQ 4711—2006）的类型和基本参数

气动式

(a) QHZ-C6A 气动式油气润滑装置系统原理图

1—电控柜；2—空气过滤器；3—二位二通电磁阀；
4—空气减压阀；5—压力控制器；6—分配器 DL 或
DM（中间片数：3～8片）；7—二位五通电磁阀；
8—气动泵；9—油箱

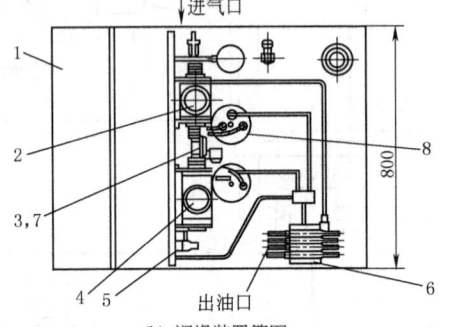

(b) 润滑装置简图

电动式

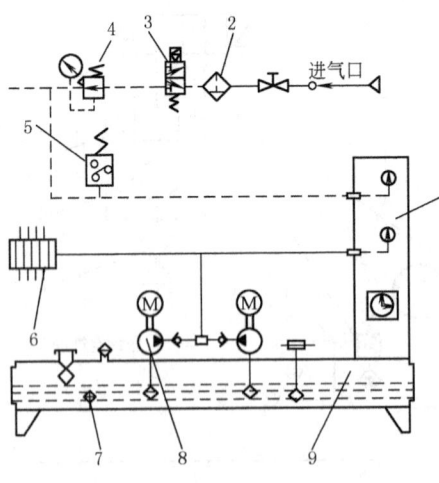

(a) QHZ-C2.1B 电动式油气润滑装置系统原理图

1—电控柜；2—空气过滤器；3—二位二通电磁阀；
4—空气减压阀；5—压力控制器；6—分配器 DL 或
DM（中间片数：3～8片）；7—电加热器；
8—电动泵；9—油箱

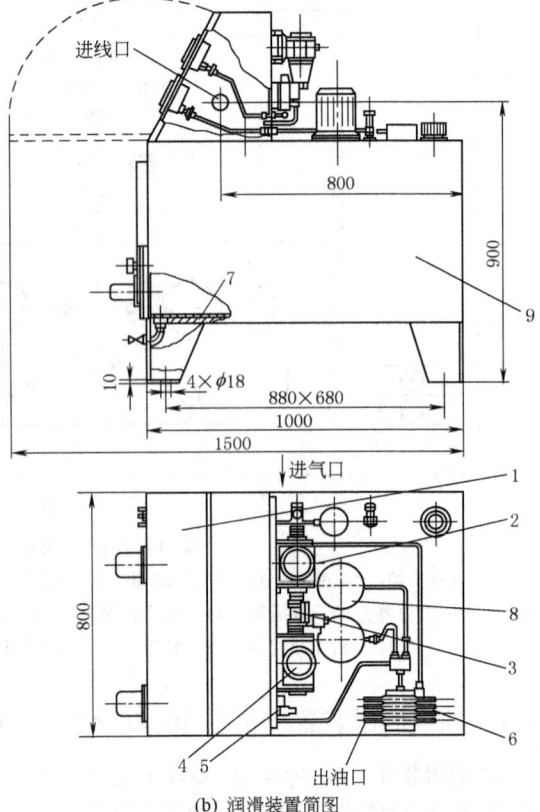

(b) 润滑装置简图

续表

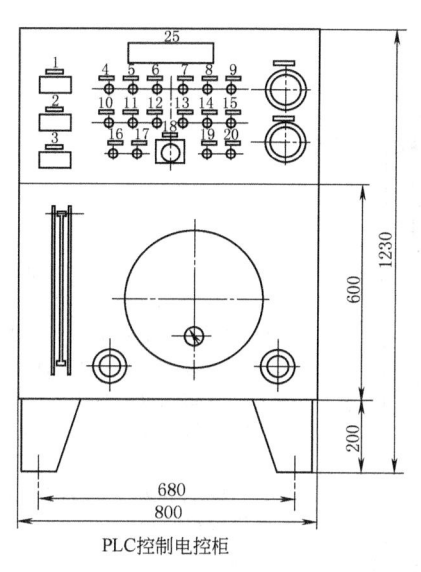

电控柜

PLC控制电控柜

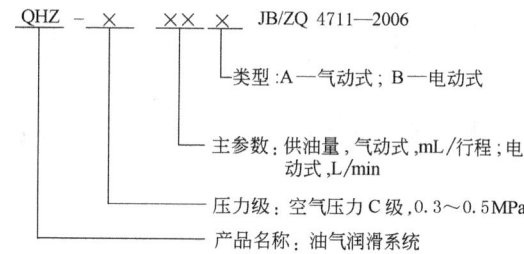

(1) 标记方法：

QHZ-× ×× × JB/ZQ 4711—2006
- 类型：A—气动式；B—电动式
- 主参数：供油量，气动式，mL/行程；电动式，L/min
- 压力级：空气压力C级，0.3～0.5MPa
- 产品名称：油气润滑系统

(2) 标记示例：

空气压力0.3～0.5MPa，供油量6mL/行程的气动式油气润滑装置，标记为

QHZ-C6A 油气润滑装置 JB/ZQ 4711—2006

基本参数	型号	公称压力/MPa	空气压力/MPa	油箱容积/L	压比(空压:油压)	供油量	电加热器
	QHZ-C6A	10(J)	0.3～0.5	450	1:25	6mL/行程	—
	QHZ-C2.1B		0.3～0.5	450	—	2.1L/min	2×3kW

注：生产厂有启东市南方润滑液压设备有限公司，南通市南方润滑液压设备有限公司，四川川润液压润滑设备有限公司，启东中冶润滑设备有限公司，南通市博南润滑液压设备有限公司。

7.1.2 油气润滑装置（摘自 JB/ZQ 4738—2006）

油气润滑装置也分为气动式和电动式两种类型，其型式尺寸及基本参数见表11-1-126。气动式（MS1型）主要由油箱、润滑油的供给、计量和分配部分、压缩空气处理部分、油气混合和油气输出部分以及PLC控制等部分组成。电动式（MS2型）主要由油箱、润滑油的供给、控制和输出部分以及PLC控制等部分组成。MS1型用于200个润滑点以下的场合。

表 11-1-126 油气润滑装置的类型和基本参数（摘自 JB/ZQ 4738—2006）

类型	原理图及装置简图
气动式	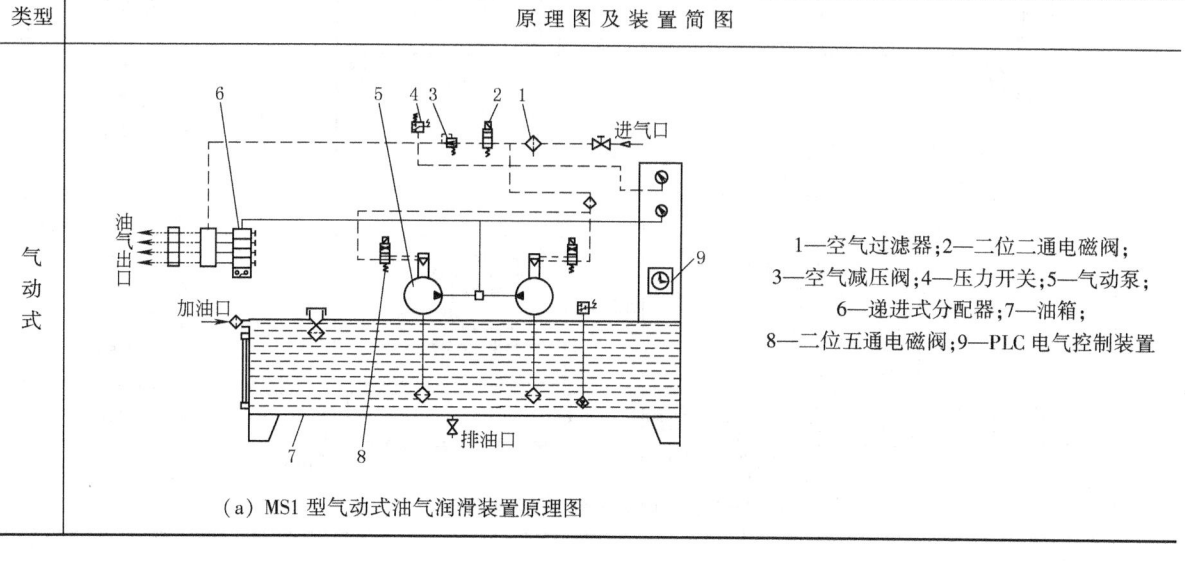 1—空气过滤器；2—二位二通电磁阀；3—空气减压阀；4—压力开关；5—气动泵；6—递进式分配器；7—油箱；8—二位五通电磁阀；9—PLC电气控制装置

(a) MS1型气动式油气润滑装置原理图

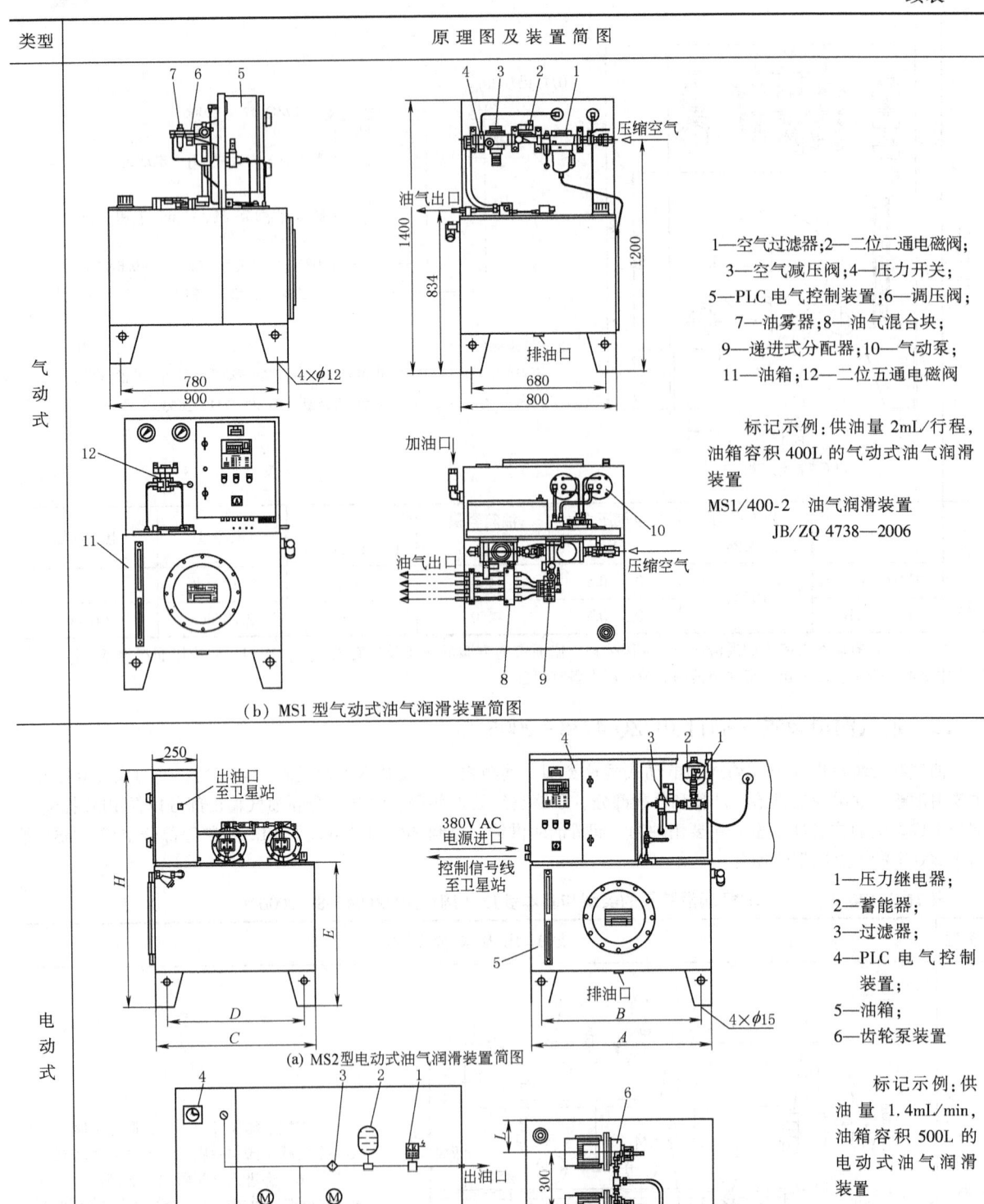

(b) MS1 型气动式油气润滑装置简图

(a) MS2 型电动式油气润滑装置简图

(b) MS2 型电动式油气润滑装置原理图

续表

	型号	最大工作压力/MPa	油箱容积/L	供油量/L·min^{-1}	标记方法						
基本参数	MS2/500-1.4	10	500	1.4	×/×-× JB/ZQ 4738—2006 供油量 油箱容积:L 油气润滑装置 MS1:用于200个润滑点以下的场合 MS2:用于200个润滑点以上的场合						
	MS2/800-1.4		800								
	MS2/1000-1.4		1000								
	MS1/400-2	10 (空气压力为0.4MPa时,空气压力范围为 0.4~0.6MPa)	400	2	A	B	C	D	E	H	L
	MS1/400-3			3							
	MS1/400-4			4	1000	880	900	780	807	1412	170
	MS1/400-5			5	1100	980	1100	980	907	1512	270
	MS1/400-6			6	1200	1080	1200	1080	1007	1680	320

注:生产厂有南通市南方润滑液压设备有限公司,启东市南方润滑液压设备有限公司,南通市博南润滑液压设备有限公司。

7.2 油气混合器及油气分配器

7.2.1 QHQ 型油气混合器(摘自 JB/ZQ 4707—2006)

QHQ 型油气混合器主要由递进分配器和混合器组成,其分配器工作原理见表 11-1-127。

表 11-1-127　　　　油气混合器的基本参数和分配器工作原理图

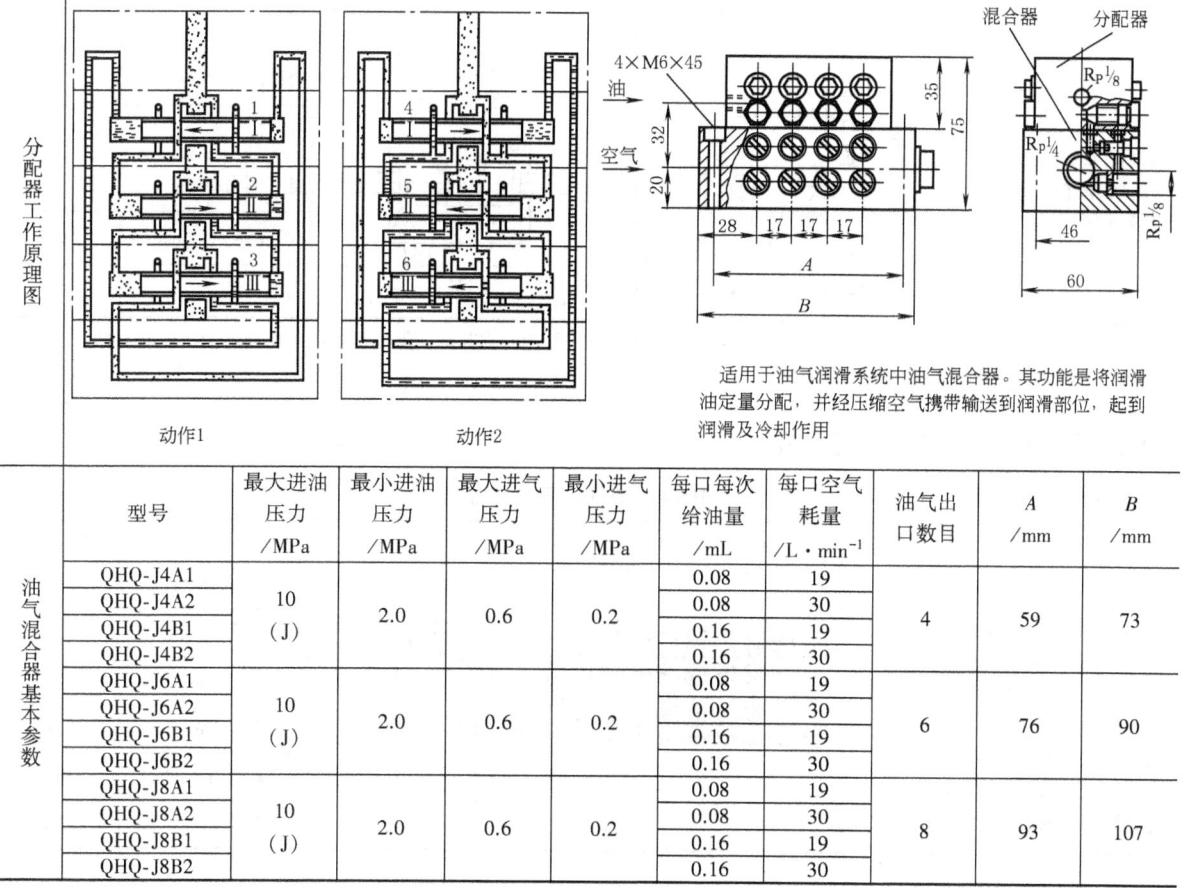

	型号	最大进油压力/MPa	最小进油压力/MPa	最大进气压力/MPa	最小进气压力/MPa	每口每次给油量/mL	每口空气耗量/L·min^{-1}	油气出口数目	A/mm	B/mm
油气混合器基本参数	QHQ-J4A1	10 (J)	2.0	0.6	0.2	0.08	19	4	59	73
	QHQ-J4A2					0.08	30			
	QHQ-J4B1					0.16	19			
	QHQ-J4B2					0.16	30			
	QHQ-J6A1	10 (J)	2.0	0.6	0.2	0.08	19	6	76	90
	QHQ-J6A2					0.08	30			
	QHQ-J6B1					0.16	19			
	QHQ-J6B2					0.16	30			
	QHQ-J8A1	10 (J)	2.0	0.6	0.2	0.08	19	8	93	107
	QHQ-J8A2					0.08	30			
	QHQ-J8B1					0.16	19			
	QHQ-J8B2					0.16	30			

续表

油气混合器基本参数	型号	最大进油压力/MPa	最小进油压力/MPa	最大进气压力/MPa	最小进气压力/MPa	每口每次给油量/mL	每口空气耗量/L·min^{-1}	油气出口数目	A/mm	B/mm
	QHQ-J10A1	10(J)	2.0	0.6	0.2	0.08	19	10	110	124
	QHQ-J10A2					0.08	30			
	QHQ-J10B1					0.16	19			
	QHQ-J10B2					0.16	30			
	QHQ-J12A1	10(J)	2.0	0.6	0.2	0.08	19	12	127	141
	QHQ-J12A2					0.08	30			
	QHQ-J12B1					0.16	19			
	QHQ-J12B2					0.16	30			

标记方法及示例:

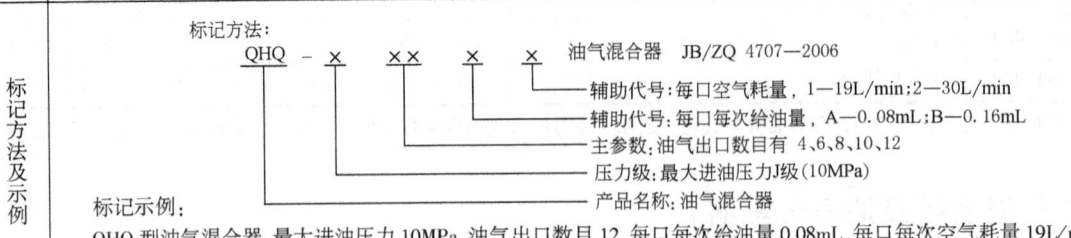

标记方法:

QHQ-×××× 油气混合器 JB/ZQ 4707—2006
- 辅助代号：每口空气耗量，1—19L/min；2—30L/min
- 辅助代号：每口每次给油量，A—0.08mL；B—0.16mL
- 主参数：油气出口数目 4、6、8、10、12
- 压力级：最大进油压力J级（10MPa）
- 产品名称：油气混合器

标记示例:
QHQ型油气混合器，最大进油压力10MPa，油气出口数目12，每口每次给油量0.08mL，每口每次空气耗量19L/min，标记为
QHQ-J12A1 油气混合器 JB/ZQ 4707—2006

注：生产厂有四川川润液压润滑设备有限公司，启东中冶润滑设备有限公司。

7.2.2　AHQ型双线油气混合器

表11-1-128　AHQ型双线油气混合器

组成、功能	外形图	型号	AHQ(NFQ)
AHQ型双线油气混合器由一个或多个双线分配器和一个混合块组成，油在分配器中定量分配后通过不间断压缩空气进入润滑点		公称压力/MPa	3
		开启压力/MPa	0.8~0.9
		空气压力/MPa	0.3~0.5
		空气耗量/L·min^{-1}	20
		出油口数目	2,4,6,8

注：1. 双线油气混合器有两个口，一个进油，另一个回油。使用时在其前面加电磁换向阀切换进油口和回油口。
2. 生产厂有启东中冶润滑设备有限公司。

7.2.3　MHQ型单线油气混合器

表11-1-129　MHQ型单线油气混合器

组成、功能	外形图	型号	MHQ(YHQ)
MHQ型单线油气混合器由两个或多个单线分配器和一个混合块组成，油在分配器中定量分配后，通过不间断压缩空气进入润滑点。适用于润滑点比较少或比较分散的场合		公称压力/MPa	6
		每口每次排油量/mL	0.12
		开启压力/MPa	1.5~2
		空气压力/MPa	0.3~0.5
		空气耗量/L·min^{-1}	20
		出油口数目	2,4,6,8,10

7.2.4 AJS型、JS型油气分配器（摘自 JB/ZQ 4749—2006）

AJS型、JS型油气分配器适用于在油气润滑系统中对油气流进行分配，其中AJS型用于油气流的预分配，JS型用于到润滑点的油气流分配。

表 11-1-130　　　　油气分配器类型、基本参数和型式尺寸

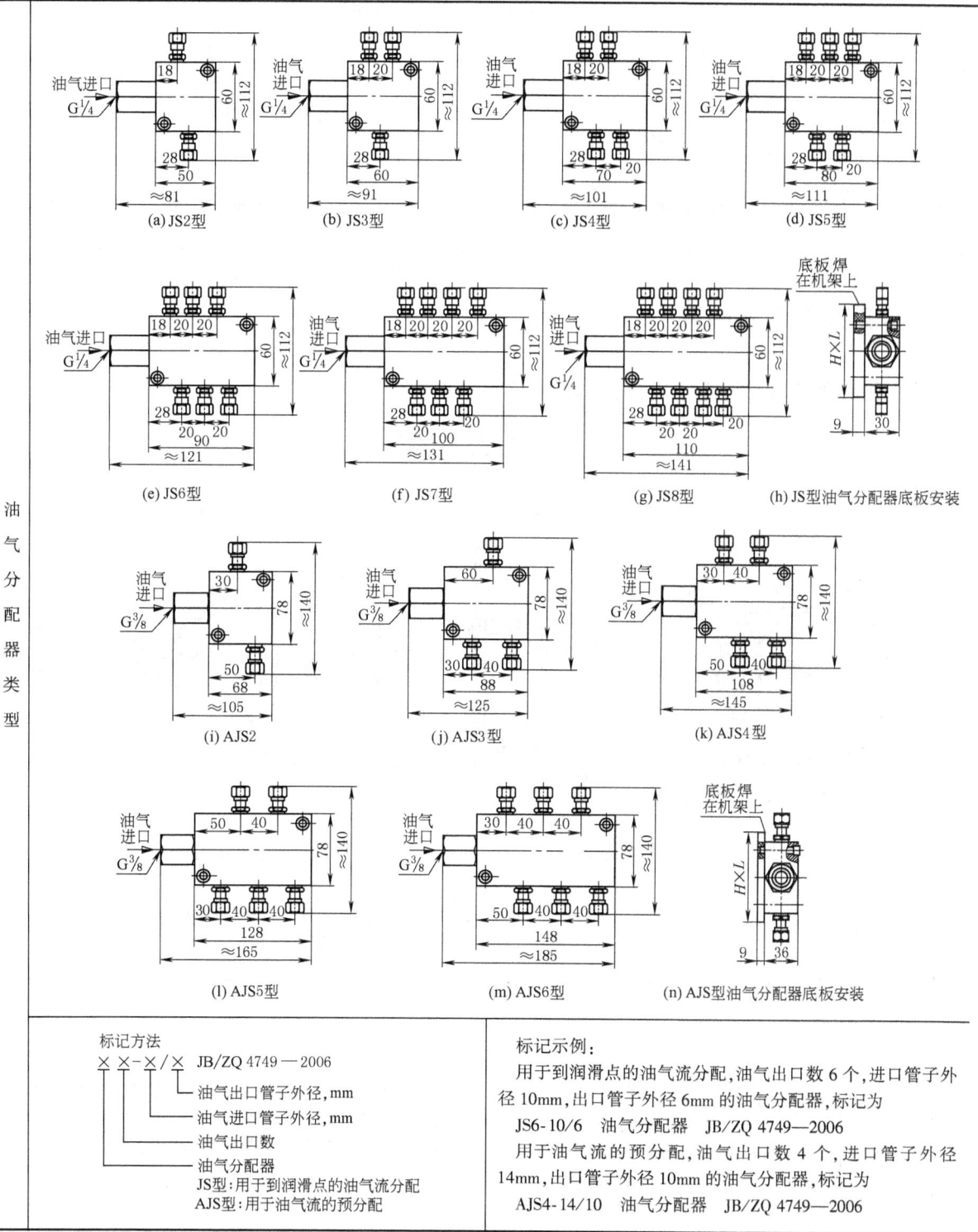

标记示例：

用于到润滑点的油气流分配，油气出口数6个，进口管子外径10mm，出口管子外径6mm的油气分配器，标记为

JS6-10/6　油气分配器　JB/ZQ 4749—2006

用于油气流的预分配，油气出口数4个，进口管子外径14mm，出口管子外径10mm的油气分配器，标记为

AJS4-14/10　油气分配器　JB/ZQ 4749—2006

续表

型号	空气压力/MPa	油气出口数	油气进口管子外径 mm	油气出口管子外径 mm
JS	0.3~0.6	2,3,4,5,6,7,8	8,10	6
AJS		2,3,4,5,6	12,14,18	8,10

基本参数、型式尺寸

型号	H	L	型号	H	L	型号	H	L	型号	H	L
JS2	80	56	JS6	80	96	AJS2	100	74	AJS5	100	134
JS3		66	JS7		106	AJS3		94	AJS6		154
JS4		76	JS8		116	AJS4		114			
JS5		86									

应用：油气分配器适用于在油气润滑系统中对油气流进行分配，其中 AJS 型用于油气流的预分配，JS 型用于到润滑点的油气流分配

7.3 专用油气润滑装置

7.3.1 油气喷射润滑装置（摘自 JB/ZQ 4732—2006）

表 11-1-131　　　　油气喷射润滑装置基本参数

简图

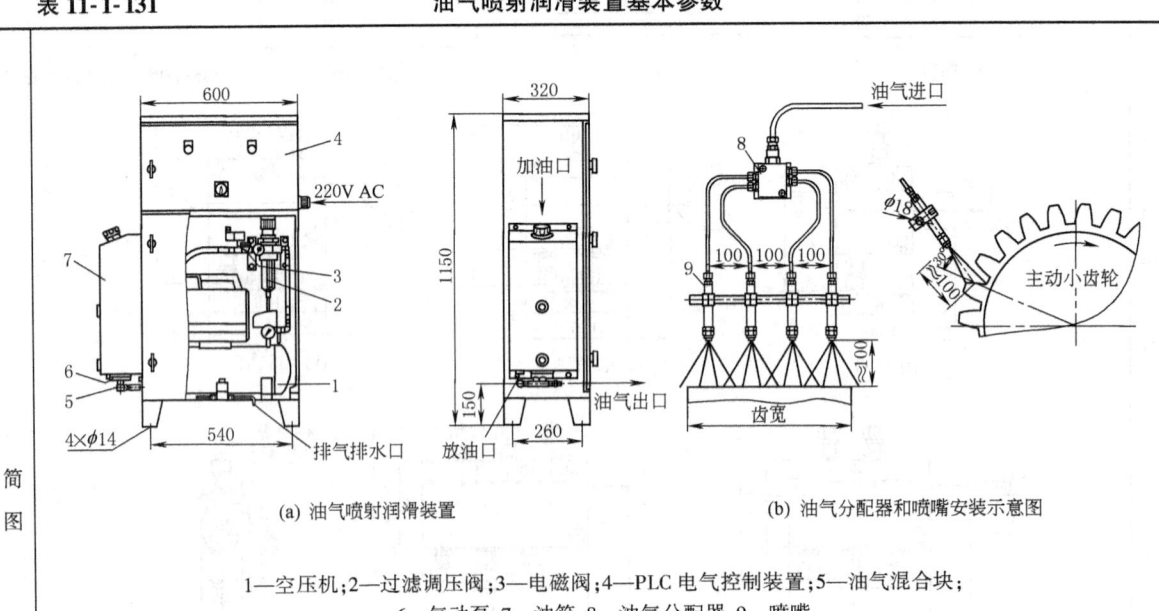

(a) 油气喷射润滑装置　　　　(b) 油气分配器和喷嘴安装示意图

1—空压机；2—过滤调压阀；3—电磁阀；4—PLC 电气控制装置；5—油气混合块；
6—气动泵；7—油箱；8—油气分配器；9—喷嘴

标记方法：

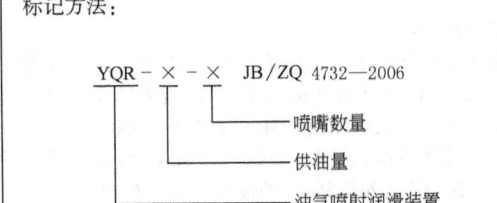

标记示例：
油箱容积 20L，供油量 0.5mL/行程，喷嘴数量为 4 的油气喷射润滑装置，标记为
YQR-0.5-4　油气喷射润滑装置　JB/ZQ 4732—2006

续表

	型号	最大工作压力 /MPa	压缩空气压力 /MPa	喷嘴数量	油箱容积 /L	供油量 /mL·行程$^{-1}$	电压(AC) /V
基本参数	YQR-0.25-3	5	0.4	3	20	0.25	220
	YQR-0.5-3					0.50	
	YQR-0.25-4			4		0.25	
	YQR-0.5-4					0.50	
	YQR-0.25-5			5		0.25	
	YQR-0.5-5					0.50	
	YQR-0.25-6			6		0.25	
	YQR-0.5-6					0.50	
应用	油气喷射润滑装置适用于在大型设备,如球磨机、磨煤机和回转窑等设备中,对大型开式齿轮等进行喷射润滑。润滑装置主要由主站(带PLC控制装置)、油气分配器和喷嘴等组成						

7.3.2 链条喷射润滑装置

(1) LTZ 型链条喷射润滑装置（摘自 JB/ZQ 4733—2006）

表 11-1-132　　链条喷射润滑装置基本参数

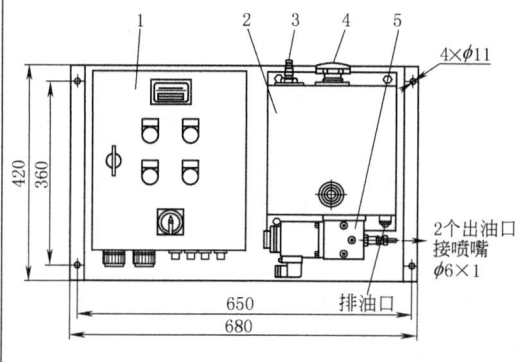

(a) A型链条喷射润滑装置

1—PLC电气控制装置；2—油箱；3—液位控制继电器；
4—空气滤清器；5—电磁泵

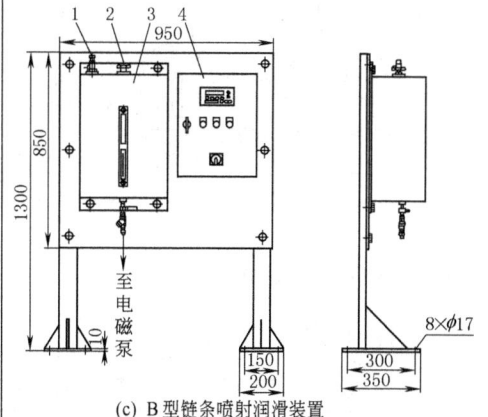

(c) B型链条喷射润滑装置

1—空气滤清器；2—液位控制继电器；
3—油箱；4—PLC电气控制装置

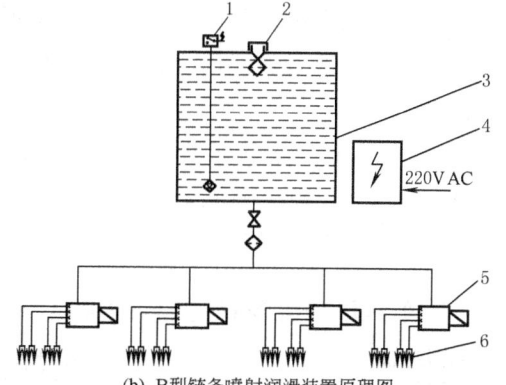

(b) B型链条喷射润滑装置原理图

1—空气滤清器；2—液位控制继电器；3—油箱；
4—PLC电气控制装置；5—电磁泵；6—喷嘴

标记方法：

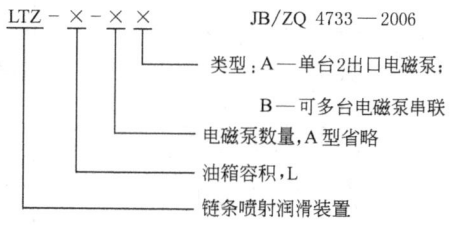

LTZ-×-×× 　　JB/ZQ 4733—2006

类型：A—单台2出口电磁泵；
B—可多台电磁泵串联
电磁泵数量,A型省略
油箱容积,L
链条喷射润滑装置

标记示例：

油箱容积5L,供油量0.05mL/行程的 A 型链条喷射润滑装置,标记为

LTZ-5-A　链条喷射润滑装置　JB/ZQ 4733—2006

油箱容积50L,供油量0.1mL/行程的 B 型链条喷射润滑装置,标记为

LTZ-50-4B　链条喷射润滑装置　JB/ZQ 4733—2006

续表

基本参数	型号	最大工作压力/MPa	油箱容积/L	每行程供油量/mL	电磁泵数量	喷射频率/次·s^{-1}	电压(AC)/V
	LTZ-5-A	4	5	0.05	1	≤2.5	220
	LTZ-50-×B		50	0.1	2~5		

应用	链条喷射润滑装置适用于对悬挂链和板式链的链销进行润滑。润滑装置主要由油箱、电磁泵、PLC电气控制装置和喷嘴等组成;分A型(图a)和B型(图c)两种类型,B型原理图如图b,其基本参数见本表

(2) DXR型链条自动润滑装置

表11-1-133　　　DXR型链条自动润滑装置技术性能

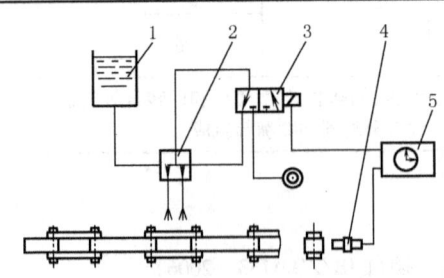

DXR型自动润滑装置工作原理图
1—油箱;2—气动泵;3—电磁空气阀;4—红外线光电开关;5—电控箱

基本参数	型号	适用速度范围/m·min^{-1}	空气压力/MPa	润滑油量/mL·点$^{-1}$	润滑点数	油箱容积/L	电气参数	质量/kg
	DXR-12	0~18	0.4~0.7	0.17	2	8	AC,220V, 50Hz	8
	DXR-13			0.12	3	8		8
	DXR-14			0.17	4	25		25

应用	链条自动润滑装置适用于对悬挂式、地面式输送系统的各个运动接点(链条、销轴、滚轮、轨道等)自动、定量进行润滑。润滑装置由油箱、气动泵等组成,参见上图。当光电开关发出信号时,电磁气阀通电,气动泵工作,混合的油-空气喷向润滑点。系统工作时,光电开关不断发出信号,使每个润滑点均可得到润滑

7.3.3 行车轨道润滑装置（摘自 JB/ZQ 4736—2006）

表11-1-134　　　行车轨道润滑装置基本参数

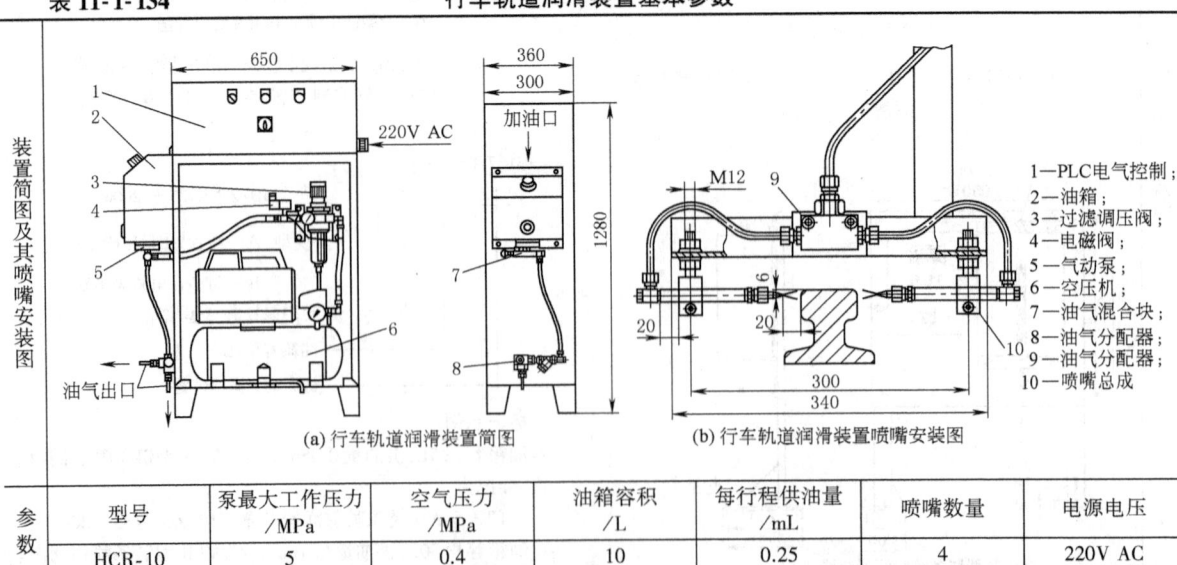

(a) 行车轨道润滑装置简图　　(b) 行车轨道润滑装置喷嘴安装图

1—PLC电气控制;2—油箱;3—过滤调压阀;4—电磁阀;5—气动泵;6—空压机;7—油气混合块;8—油气分配器;9—油气分配器;10—喷嘴总成

参数	型号	泵最大工作压力/MPa	空气压力/MPa	油箱容积/L	每行程供油量/mL	喷嘴数量	电源电压
	HCR-10	5	0.4	10	0.25	4	220V AC

应用	行车轨道润滑装置适用于对行车轨道进行润滑。润滑装置主要由油箱、气动泵、油气分配器、PLC电气控制装置和喷嘴等组成

注:油箱容积10L,供油量0.25mL/行程的行车轨道润滑装置,标记为HCR-10　行车轨道润滑装置　JB/ZQ 4736—2006。

第 2 章　稀油润滑装置的设计计算

1　概　　述

　　稀油润滑装置是实现润滑和散热的主要设备，它不但规格多，性能各异，技术要求也多种多样，且承担着延长机械寿命的重任，也是各种设备正常运行的前提条件。即只有稀油润滑装置正常后才能启动主机和主机停稳后才能停运的装置，它在运行过程中流量、压力、温度、油位、油质等全部正常才能保证主机正常运行。充分理解稀油润滑装置的性能和技术特点，用正确的设计计算保证稀油润滑装置的工作性能就显得十分重要。

　　稀油润滑的功能和液压传动是不同的，它主要要求在各种摩擦副间形成油膜。由于现代机械载荷大，转速高，而重型机械主轴转速又低，就要求润滑油的牌号和黏度要满足各种工况的要求，有的要求黏度较高。液压传动中实现执行机构的动作是主要的，正压力较小，因而摩擦力较小，选用液压油的黏度较小，一般介质黏度在 N100 以下。但稀油润滑形成稳定油膜是主要的，因此要求介质的黏度在 N110~N680 之间。稀油润滑时比液压传动时的黏度要高很多。

　　各种润滑油都有其自身的黏温线，且各种润滑油的黏温线是不同的，温度变化时黏度也相应变化，所以除了要保证流量和压力外，实现温度控制就比液压传动系统要重要得多。黏度变化时，系统压差变化很大，以泵的功率而言，在相同的压力和流量下，润滑泵的功率在介质黏度增高时将比液压泵的功率要大很多，且泵的其他重要性能指标如吸入时的气蚀余量、噪声等在不同黏度下有很大不同。

　　在稀油润滑装置设计时，如果不根据润滑油黏度对性能参数的影响，套用液压传动计算公式，将不能满足稀油润滑装置的技术性能，其结果将是设计的稀油润滑装置将不能满足主机的要求。

　　下面将根据稀油润滑和液压传动的不同特点，介绍针对稀油润滑装置的设计计算内容和有关公式。

2　稀油润滑与液压传动在技术性能、参数计算方面的差异和特点

　　目前在稀油润滑装置的设计计算中，由于对它的性能和特点认识不够，且缺少针对性的计算公式和数据，一般就沿用液压传动的有关公式和数据。这样就给稀油润滑装置在使用中产生许多不适应实际情况和难以说明的"现象"，现概略说明于下。

表 11-2-1

泵的技术性能方面	CB-B 型直齿齿轮泵在液压传动中泵出口压力可达 2.5MPa，但在稀油润滑装置中同样的泵它的泵口压力限为 0.63MPa，所有润滑齿轮泵包括直齿、斜齿、人字齿轮泵极限压力均为 0.63MPa。而同样流量和压力的润滑齿轮泵所需功率要比液压齿轮泵大许多，如同用 CB-B100 型齿轮泵，前者的电机功率为 4kW，而后者（液压齿轮泵）的轴功率仅需 1.285kW。在立式齿轮润滑泵装置中，有的生产厂家在实际上（已列入样本）已增加到 5.5kW，即润滑齿轮泵比液压齿轮泵的功率要大 3~4 倍。假如润滑泵提高压力，噪声将剧烈增加而导致超过允许值。润滑泵的气蚀余量（由于采用较高黏度油液）远较齿轮液压泵小，如润滑齿轮泵（各种标准）的技术性能参数中已将各种齿轮泵的有效吸入高度都降到了 500mm（人字齿轮泵为 750mm），远小于齿轮液压泵（一般都在 1m 以上）。因此润滑泵在功率、泵口压力、噪声和吸入高度等方面不能和液压泵的技术性能一致，和液压泵有较大差距
系统压差方面	由于稀油润滑装置用的润滑油黏度在 N110~N680 范围，而液压传动用的液压油黏度一般均在 N110 以下，因此在同样流量（流速）下，通过管道、阀门、冷却器、过滤器时，压差将根据介质的黏度和温度有很大的不同，即稀油润滑装置随着黏度的增加其克服系统阻力所需功率远比液压传动的要大，不能沿用液压传动的有关数据；下面在表 11-2-2 中有具体论述

续表

<table>
<tr><td colspan="2">冷却效率方面</td><td colspan="2">由于各种冷却装置的传热系数 $K[\text{kcal}/(\text{m}^2 \cdot \text{h} \cdot \text{°C})]$ 是根据使用不同介质黏度的润滑油而测得的数据,但在一些冷却器标准的技术性能参数表却未将这一重要影响参数列入表中,使设计使用和故障分析时忽视了这一重要影响,导致对润滑装置的冷却效果的分析有严重偏离,更造成一般设计者的误解。在以往冷却器的性能试验中,为了测试方便及符合液压传动的状态,现有测定都采用低黏度的油液作为测定传热系数 K 的试验介质。如目前 JB/T 7356—2005 标准中列管式冷却器的 GLL 和 GLC 型冷却器试验用油介质黏度为 $61.2 \sim 74.8 \text{mm}^2/\text{s}$,相当于 N68 的油牌号,测得的 K 值分别为 $200\text{kcal}/(\text{m}^2 \cdot \text{h} \cdot \text{°C})$ 和 $300\text{kcal}/(\text{m}^2 \cdot \text{h} \cdot \text{°C})$;而稀油润滑装置实际使用远比它高(N110~N680)的黏度的润滑油时,K 值降低很多。也即造成润滑系统在实际采用比 N68 高的黏度油液时,没有对应的 K 值作参考,仍用低黏度油得出的数据进行计算时,实际冷却效果将降低。加上目前我国不少冷却器生产厂家为片面追求降低每单位冷却面积的报价,使冷却器的结构性能和技术指标下降,不考虑黏度对传热系数 K 的影响,显然不能适应实际需要,更重要的是冷却器的基本参数"换热面积 m^2"应改为真实反映冷却器实际能力的每单位时间内的热交换量的 kW(也即 kcal/h)。总的比较汇总于表 11-2-2。</td></tr>
</table>

表 11-2-2　　　　　　　　　　　技术性能和参数计算方面的比较

比较项目		稀油润滑	液压传动
功能		稀油润滑的目的既要使摩擦副相对运动表面间形成油膜,避免干摩擦;又要减少摩擦损耗,提高运行效率;还要将摩擦产生的热量和微粒带走,保持摩擦表面的温度和洁净以保持油膜的稳定持久。稀油润滑既要保证润滑的稳定和连续不得中断,还要保证回油的顺畅,从而使系统运行连续且稳定	液压传动的目的是将液压能传递至各种液压执行结构,完成液压传动的运动要求,如位移、速度和作用力。既要满足动作的要求,还要实现动作的顺序、同步、延时、反向等;并使液压传动实现自动化控制。通过流量控制实现速度、位移控制;通过压力控制获得多级连续动力和安全保护;通过方向控制实现执行结构动作方向改变和顺序动作;通过和电气控制结合实现远程自控
技术性能参数	压力	稀油润滑形成的油膜分为动压油膜和静压油膜 动压油膜:在该转速或相对速度下能供油(在该承压强度下,润滑介质的黏度、耐压强度等物理性能满足形成油膜条件),即能产生稀油油膜;要求注入压力 $P \geq 0.03 \sim 0.05 \text{MPa}$ 即可 静压油膜:在静止或低速下,利用润滑油本身压力即可将运动部件"浮起",即油压产生的向上浮力应大于浮起部件的总质量;一般 $P = 10 \sim 40 \text{MPa}$	要满足最大负荷所需要的推力或扭矩时需要的液压压力 以液压缸为例:推动活塞的有效作用力=作用于活塞上的压力×作用面积-背压压力×背压作用面积。 该作用力≥物体运动阻力或负载作用于活塞上相应的液压压力×活塞作用面积 液压传动的压力范围:$P = 10 \sim 100 \text{MPa}$
	流量	动压油膜时:需供油设备全部润滑点需要润滑油量的总和;也即普通(低压)稀油润滑装置需供油的总量或高低压稀油润滑装置低压部分供油总量。注油点位于上部或能注入的位置 静压油膜时:润滑油必须从下部输入静压轴承间隙,以形成向上的浮力;油液输入并不断从浮起部件和静止轴瓦之间流出,流量和"浮力"平衡时,其维持油膜刚度的流量即为高压静压压力所需流量;也即高压所需供油量(有几个静压轴承时为其流量总和);或高低压稀油润滑装置高压部分流量总和	为满足最大动作行程所需要的液压油泵流量,以液压缸为例:单个液压缸流量=每单位时间内排出的体积[液压缸最大截面积(一般为无杆空间)×最大行程]的数量;液压所需总流量为完成最大运动时全部液压总流量 若液压传动系统还有其他执行机构,则还需加上其他执行机构的流量才是液压传动系统的最大流量,按此确定系统的总流量;也即当液压传动系统所有执行机构完成最大动作时液压传动装置所需的最大流量,显然,如果不是全部执行机构同时工作,液压传动系统的实际流量有时将比系统总流量小
	温度	各种润滑油都有其自身的黏温线,即温度变化时,油液黏度要保证足以在摩擦副间形成稳定的油膜,对温度变化范围应有所要求: 一般要求时:公称润滑温度±3℃ 较低要求时:公称润滑温度±5℃ 较高要求时:公称润滑温度±2℃ 目前标准稀油润滑装置的公称润滑温度为40℃,非稀油润滑装置则给定了公称润滑温度范围为 36~44℃。现在 ISO VG 也以40℃为确定黏度值的标准温度,黏度以运动黏度 $\text{mm}^2/\text{s}(\text{cSt})$ 的数值定义,标为"N"(以下为运动黏度 mm^2/s 数值)	一般要求40℃左右即可,温度变化可稍大,以不影响密封件和液压油的寿命为准。因液压传动中摩擦副间承压强度相对较小,形成油膜比润滑摩擦副容易得多,因此温度控制范围比润滑要宽得多

续表

比较项目		稀油润滑	液压传动
技术性能参数	压差	稀油润滑和液压传动由于使用介质黏度不同,在系统中产生压差(即流动所需的压力降)也是不同的,显然,同一系统,介质黏度高时,压差就大,这在过滤器和冷却器中表现更为明显 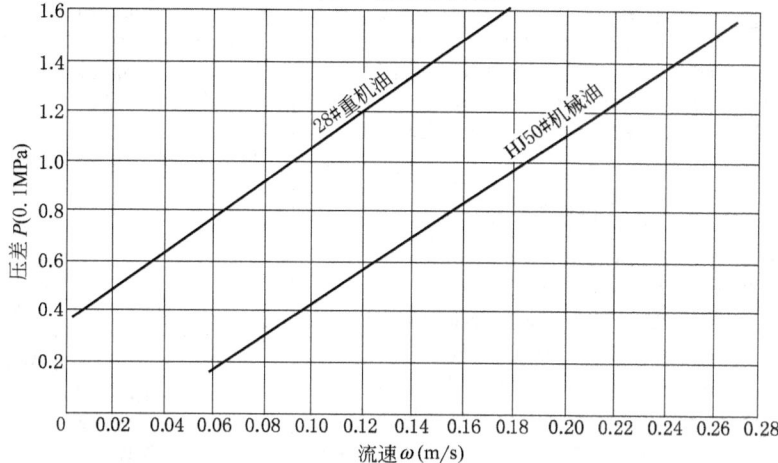 图为一种板式冷却器中,润滑介质分别采用28#重机油(接近N320润滑油)和HJ50机械油(相当于N86油液,可视为液压油最高黏度),在不同的温度下,这两种油的运动黏度(cSt)如下表:	

油液牌号	在下述数值温度(℃)下的运动黏度/mm² · s⁻¹			相当的运动黏度/cSt
	100	50	40	
28#重机油	26~30	174~204	300~360	N320
HJ50机械油	7.3~8	47~53	80~89	N86

在该冷却器中当油液以流速ω通过时,不同流速(m/s)时两种不同黏度的润滑油压差值的比较:

润滑油牌号	当流速ω(m/s)为下述数值时的压差/MPa		
	0.06	0.12	0.18
28#重机油	0.075	0.12	0.165
HJ50机械油	0.020	0.06	0.095

说明:(1)黏度高时压差较大。液压油运动黏度一般≤100cSt,也接近或小于HJ50机械油的压差,它远比稀油润滑用油的压差要小,因润滑用油的运动黏度≥110cSt(即润滑用油黏度一般在N110以上),图表中28#重机油接近N320,是黏度较大的,若采用N460或N680的润滑油则其压差更大

(2)流速对压差也有影响,流速大(相应流量也大)时压差也大,从上表可知。但流速增大时,黏度大的润滑油所增加的压差要比黏度小的润滑油增加的压差相对少些

比较项目		稀油润滑	液压传动
技术性能参数	介质黏度	由物体相对运动速度、承压强度、转速、摩擦副的材质、硬度,甚至摩擦副表面粗糙度等因素确定,介质黏度按我国规定在40℃时的运动黏度为:N110~N680,相当于ISO VG 110~680	以不影响执行机构的运动要求为准,一般选择液压油的黏度≤100cSt(厘沱),显然比润滑的黏度要低很多,如液压系统常用的为L-HM型N46抗磨液压油,它的运动黏度只有46cSt
	系统清洁度	由传动机械摩擦副的运动精度和寿命等确定 造纸机械等高清洁度润滑系统:ISO 4406 16/11级 高速线材轧机等中等清洁度润滑系统:ISO 4406 17/14级 一般润滑系统:ISO 4406 18/13级及以下	由液压传动系统、液压控制元件的运行精度和控制要求确定 工业伺服阀液压传动系统:ISO 4406 15/12级 比例阀液压传动系统:ISO 4406 16/13~17/14级 泵、中高压控制阀系统及其他液压系统:ISO 4406 17/14级及以下
回油工况		油液经润滑后落入容器底部,返回油箱一般采用位能回油法,即此时油液表压为零,是靠位能自流至处于低位的油箱,因此在回油系统没有安装测压表的必要;因回油依赖自流,故回油管道必须有一定的坡度,保证返回的油液能顺畅地流回油箱,若油液黏度较大或坡度不足以流回时,回油管道上可缠加热带对油加热	冷却器为低压容器,因而它只能布置于液压缸的排油侧也即背压侧,此时虽低压但回油有表压,用测压表可示出回油管道的压力变化情况,故液压传动回油管道装压力表可显示装表处的压力;若液压回油时在油箱上装回油过滤器,则过滤器进油口装低压(0.25~0.63MPa)压力表,所测得读数即为回油过滤器的压差(因回油过滤器出油口是表压为零的大气压的空间)

续表

比较项目	稀油润滑	液压传动
运转操作要求	润滑装置正常(即备妥时)后才能启动主机,即要求润滑装置先于主机开启,主机运行全过程(包括阀门切换、更换元件时)必须保证润滑不能中断,还要考虑供电中断时在主机惯性运行停止前润滑也不能中断 运行参数变化时有备用控制措施保证运行参数(压力、速度、流量等)自动调整到正常运行状态 回油采用位能自流时,要保证连续全量返回	各液压元件(控制、安全等)均正常时执行机构才能动作 执行机构及控制阀要保证机构位移精度、同步精度、顺序时间精度、速度控制等 高精度控制系统要保证系统油液的清洁度 油液的性能质量要定期检验 液压系统的安全操作要保证,要有相应的报警安全装置 液压油的各种特殊要求要随时注意保证
介质黏度对技术参数计算的影响 — 功率	$N=\dfrac{P_0 Q_g}{3.6\eta_0}\left[1+\left(\dfrac{\eta_0}{\eta}-1\right)\sqrt{\dfrac{E_t}{E}}\right]$ 式中 N——润滑油泵轴功率,kW P_0——泵出口压力,MPa Q_g——当油液黏度为 E 时润滑油泵的流量,m³/h η——油液黏度为 E_t 时泵的总效率 η_0——工作油液黏度为 75cSt 时的总效率 E_t——工作油液在温度为 t℃时实际黏度值,°E E——工作油液运动黏度为 75cSt 时的相当恩氏黏度,10.15°E 3.6——Q_g 为 m³/h、P_0 为 MPa、N 为 kW 时的换算系数	$N=\dfrac{P_0 Q}{60\eta}$ 式中 N——液压油泵轴功率,kW P_0——泵出口压力,MPa Q——泵流量,L/min η——泵的总效率 60——换算系数
介质黏度对技术参数计算的影响 — 过滤器压差与流量	稀油润滑时介质黏度较高,可按实际黏度来确定压差与流量(选定过滤器的额定流量值) 某黏度下滤芯的压降 ΔP: $\Delta P=\Delta P_0$(实际运动黏度值/基准运动黏度值) 式中,ΔP_0 为过滤器在基准黏度下的压降,MPa 当油液黏度>32mm²/s 时,选择过滤器流量应大 m 倍 $m=\dfrac{\left(\dfrac{\gamma}{32}+\sqrt{\dfrac{\gamma}{32}}\right)}{2}$ 式中,γ 为油液实际运动黏度值,mm²/s 液压传动系统介质黏度较低,可按液压传动有关公式及数据确定过滤器压差与流量	
介质黏度对技术参数计算的影响 — 冷却器传热系数的影响	稀油润滑装置运动黏度≥100cSt,所以冷却器不能选用 GLC 型翅片管式,而只能用 GLL 型冷却器和其他允许黏度较高的型式。一般在低黏度情况下给定的传热系数不能用,数值应减小	GLC 型翅片管冷却器因翅片间隙很小(<1mm),只能用于低黏度(≤100cSt)的液压传动系统,一般传热系数[kcal/(m²·h·℃)]的数据可用

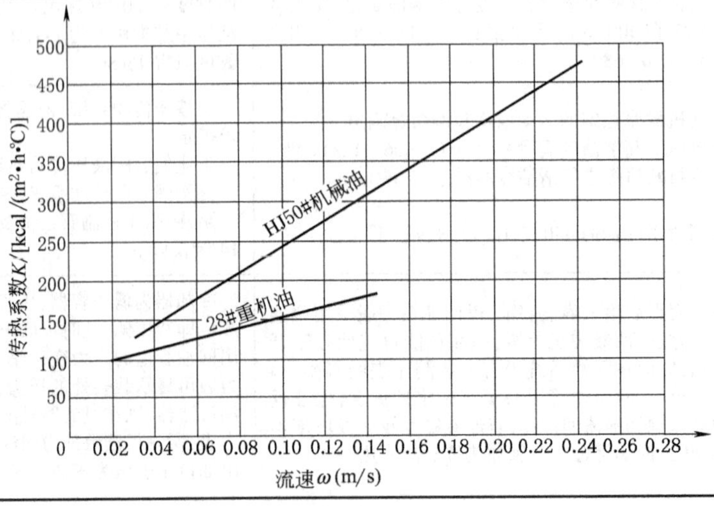

续表

比较项目		稀油润滑	液压传动
介质黏度对技术参数计算的影响	冷却器传热系数的影响	冷却器的传热系数 K[kcal/(m²·h·℃)]受很多因素影响,诸如油液黏度、热阻(是否有空气阻隔)、冷却器结构、热传递壁厚及材质、水的流动状态(层流或紊流)和流速、密封隔开结构等。因此仅由热交换总面积决定热交换量是很不全面的。最主要的,有的标准或资料在推荐传热系数 K 时,并未说明得出 K 的数据时实验用的油液的黏度,而实际试验测定用的是黏度很小的油液。在选用计算时,则不管实际油液的黏度多少都同样用黏度小的油液测出的数据,在液压传动该系数还是可以的,但稀油润滑油液的黏度远比液压传动大,它的最小黏度比液压传动的最大黏度还要大,一般是 110~680cSt,因此就产生了很大的误差,加上有些冷却器制造厂商以热交换面积每平方米的单价为唯一竞争指标,使不少型号冷却器面临性能严重不足的状态,上图为一种板式换热器的 K-ω 曲线,图上为两种不同黏度的油液在流速不同时传热系数 K 的变化规律,由图可得出有关传热系数 K 的有关数据如下表: 	油液牌号	当流速 ω(m·s⁻¹)为下述数值时的传热系数 K[kcal/(m²·h·℃)]			相当的运动黏度/cSt	 		0.04	0.10	0.16		 	28#重机油	110	150	180	N320	 	HJ50#机械油	140	240	340	N86	 说明:(1)同样情况下,油液黏度高时,传热系数 K 就小,即传递的热量就少;也即需要较大的热交换面积或温差(两种热交换介质的温度差)。从上表可知,黏度高(相当于N320)的28#重机油,当流速为 0.04m/s、0.10m/s、0.16m/s 时其传热系数 K 分别为 110kcal/(m²·h·℃)、150kcal/(m²·h·℃)、180kcal/(m²·h·℃),即比黏度低(相当于N86)的 HJ50机械油分别要小 30kcal/(m²·h·℃)、90kcal/(m²·h·℃)、160kcal/(m²·h·℃),也即流速越大,传热系数增加的绝对值也越大 (2)液压传动一般用油液的黏度普遍比 HJ50#机械油的黏度还要低,因此和稀油润滑比较,液压系统油液的传热系数远较稀油润滑系统的传热系数大。即传递同样热量时,液压系统可用相对较小的冷却器 (3)油液黏度小而流速高时传热系数更大,如上表 HJ50#机械油在流速为 0.16m/s 时 K 值为 340kcal/(m²·h·℃),而28#重机油流速为 0.04m/s 时 K 值仅为 110kcal/(m²·h·℃),二者要相差 3 倍还多,说明油液黏度和流速对系数 K 的影响是很大的
注意		以上有关系统压差和传热系数的图表中的数据是某一具体部件的有关资料,有其局限性也不一定十分准确,这些数据仅是我们分析认识有关参数之间关系的工具,不能用于实际的选用和设计中	

3 稀油润滑装置的设计计算

3.1 稀油润滑装置的主要技术性能参数

表 11-2-3

供油量	从流向各润滑点群的各支管所需的流量出发,还要考虑系统供油量应满足所需总流量及必需的裕量;再选泵的总流量大于系统供油量(可用数台泵叠加);多余流量则通过供油口的泄油阀返回油箱,以保证流向各润滑点群的支管的流量既充足又不能多余
供油压力及泵口压力	供油压力要保证各支管润滑油经节流减压阀和管道压力降后能在支管供油端有足够压力(0.03~0.05MPa)将润滑油注入摩擦副的润滑点 泵口压力则要克服从泵口到供油端的全部压力降(经过滤器、冷却器、加热器、阀门、管道及支管等),以保证供油支管的终端有足够的压力将润滑油输送到润滑点
润滑油黏度和供油温度	供向润滑点群的润滑油的牌号必须相同。由润滑工艺确定的相同牌号的润滑油才能由同一稀油润滑装置供给,即由润滑油牌号确定的黏度及其他特性是相同的;应根据各摩擦副能形成油膜的合适温度确定供油温度范围;若系统中有不同黏度要求,则应由增设的调温系统来控制获得另一种供油温度范围 标准稀油润滑装置的供油温度范围为(40±3)℃,较低要求时为(40±5)℃。非标稀油润滑装置可根据摩擦副能形成油膜的合适温度做适当变动,从而确定它的实际供油温度范围,它的公称供油温度为 36~44℃ 之间,温度变化范围为 ±(3~5)℃。润滑对供油温度要求较高,即油膜对黏度范围比较敏感时,对公称温度的控制范围可在 ±2℃ 之间
润滑油的清洁度	根据摩擦副的运动精度和寿命来确定润滑油的清洁度等级。太高的清洁度等级不但增加投资,而且给设备维护保养带来许多额外负担;而清洁度太低和不重视实际油液的洁净程度将使润滑质量降低而导致主机的过早磨损甚至失效。润滑系统的清洁度等级的选用可参照第 2 节稀油润滑与液压传动的比较表中的数据

3.2 稀油润滑系统技术性能参数的关系和有关计算

3.2.1 稀油润滑系统简图及参数标示

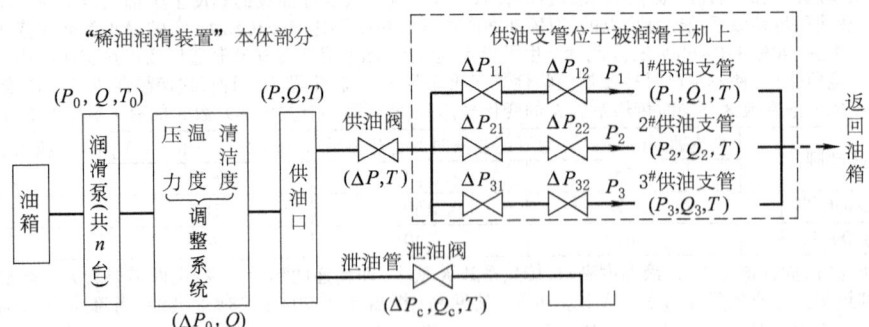

系统图中符号说明：

P_0——泵口压力，MPa

Q——装置的总流量，L/min

T_0——泵口油温，℃

P——供油口压力，MPa

ΔP_0——经压力、温度、清洁度调整系统的压力损失，MPa

T——供油口油温，℃

ΔP——供油阀的压力损失，MPa

ΔP_c——泄油阀的压力损失，MPa

Q_c——泄油量，L/min

ΔP_{11}，ΔP_{12}——1#供油支管第一个、第二个、第三个、……节流减压阀的压力损失，MPa

ΔP_{21}，ΔP_{22}——2#供油支管第一个、第二个、第三个、……节流减压阀的压力损失，MPa

ΔP_{31}，ΔP_{32}——3#供油支管第一个、第二个、第三个、……节流减压阀的压力损失，MPa

P_1，P_2，P_3——1#、2#、3#……供油支管出油口压力，MPa（一般为 0.03~0.05MPa，计算时可取 0.05MPa）

Q_1，Q_2，Q_3——1#、2#、3#……供油支管所需润滑油流量，L/min

Q_0——每台润滑泵的公称流量，L/min。

3.2.2 装置供油量及泵的台数

在任何瞬时，供油总量为各支管（包括泄油管）流量之和

要求供油最小流量：

$$Q' \geq (Q_1+Q_2+Q_3+\cdots)(1\sim1.05)$$

式中，1.05 为考虑泵的实际流量偏离（小于）公称流量 5% 的补偿量或裕量。

设：Q_0 为每台润滑泵的公称流量，单位为 L/min，

则装置供油量：

$$Q = nQ_0 \geq Q'$$

式中，n 为维持供油总流量（即装置供油量）所需连续工作的主泵数量

故

$$Q_0 \geq \frac{(Q_1+Q_2+Q_3+\cdots)(1\sim1.05)}{n}$$

即选公称流量为 Q_0 的润滑泵共 n 台作为主泵（备用泵一般选一台）

当润滑油黏度较高且电机转速较高时，由于泵的吸口流速大，会使泵的噪声提高，故在较高黏度时，应限制电机的转速不能太高（实际限制了泵的流量），故有如下建议：

例如，用 4 极电机（同步转速为 1500r/min）、润滑油黏度为 N220 时：

$Q \leqslant 1000 \text{L/min}$ 取 $n=1$

$Q > 1000 \sim 1500 \text{L/min}$ 取 $n=2$

$Q > 2000 \text{L/min}$ 取 $n=3$

当单泵流量达到1500L/min左右时，润滑油黏度高于N220时，最好采用6极电机（同步转速1000r/min）。

3.2.3 装置泄油量

因装置供油量 $\qquad Q = nQ_0 \geqslant (Q_1+Q_2+Q_3+\cdots)(1 \sim 1.05)$

即 $\qquad Q = (Q_1+Q_2+Q_3+\cdots)(1 \sim 1.05)+Q_c$

泄油量 $\qquad Q_c = nQ_0 - (Q_1+Q_2+Q_3+\cdots)(1 \sim 1.05)$

当供油总阀关闭 即 $Q_1=Q_2=Q_3=0$ 时

极限泄油量 $Q'_c = nQ_0$。

根据 Q'_c 可确定泄油管的最大通径。

当 $n=1$ 为单台主泵时，极限泄油量将等于装置供油量。

当 $n>1$ 时，可根据情况少开主泵，极限泄油量将为开启泵台数和每台泵公称流量的乘积。

由于极限泄油量是极端情况，如利用稀油润滑装置自循环加热润滑油时，此时供油口压力将等于泄油阀压力损失，和正常供油时供油口压力是不同的，一般远小于正常供油口压力。泄油管通径可比正常泄油时确定的通径稍大，而小于供油总管的通径。

3.2.4 供油压力的确定及多供应支管时压力的调整

从上面稀油润滑系统简图可知，设有1、2、3……条从稀油润滑装置供油口通向被润滑设备的供油支管，各支管出油口要求的向润滑点的输油压力分别为 P_1、P_2、P_3……（相应流量为 Q_1、Q_2、Q_3……），对普通（低压）稀油润滑装置而言，P_1、P_2、P_3……均为较小的值（0.03~0.05MPa），要求输油终端（注油点）的压力只要油能流到运动副的摩擦面就可以了。

正常工作时： $\qquad P-\Delta P = \Delta P_{11}+\Delta P_{12}+P_1$

或 $\qquad P-\Delta P = \Delta P_{21}+\Delta P_{22}+P_2$

或 $\qquad P-\Delta P = \Delta P_{31}+\Delta P_{32}+P_3$

即 $\qquad P = \Delta P+\Delta P_{11}+\Delta P_{12}+P_1$

或 $\qquad P = \Delta P+\Delta P_{21}+\Delta P_{22}+P_2$

或 $\qquad P = \Delta P+\Delta P_{31}+\Delta P_{32}+P_3$

结论：供油口压力为任一供油支管注油终端压力（P_1、P_2 或 P_3）和从供油口到注油终端压降之和，而各支管向各摩擦副注油压力为：

$$P_1 = (P-\Delta P)-(\Delta P_{11}+\Delta P_{12})$$
$$P_2 = (P-\Delta P)-(\Delta P_{21}+\Delta P_{22})$$
$$P_3 = (P-\Delta P)-(\Delta P_{31}+\Delta P_{32})$$

即任一供油支管终端注油压力（P_1、P_2、P_3）在同样条件下受本支管压降和的影响，压降和越大，终端注油压力越小。根据这一关系，可调整支管注油压力，在支管终端形状和截面不变时，调整这一压力即可改变某一支管的终端压力，从而调整某一支管的流量。

从上式可知：任一支管注油压力（P_1、P_2、P_3）尚受 $P-\Delta P$（即供油压力和供油阀压降之差）的影响，在供油压力 P 不变时，调整改变供油阀压降可同样改变（系等量改变）支管的注油压力

在泄油阀关闭时，即 $Q_c=0$ 时

$$Q_1+Q_2+Q_3+\cdots = nQ_0$$

即在泄油阀全闭时，支管流量之和等于装置供油量，支管流量改变前后都符合上述规律。此时，各支管流量也达到最大值（各支管系等量改变），且调整各支管输油能力将受到限制。如不满足时，可适当开启泄油阀以满足各支管实际供油量。

Q_1、Q_2、Q_3 为各供油支管所需润滑油量。除必须保证生成油膜所需油流量外，还要考虑计算出每个支管带走摩擦副产生的热量所需的润滑油流量。综合考虑，形成润滑油膜及散热所需油量的大者即为该支管所需流量；全部支管流量之和即为润滑所需总流量。

3.2.5 从泵口至供油口的最大压降

泵口压力除了保证支管润滑终端供油压力（P_1、P_2、P_3……）外；还应保证润滑系统从泵口到润滑终端产生的全部油路压降（包括过滤器、换热器、调整部件、阀和管道等压降总和），以确定油泵出口处的最大压力P_{omax}

$$P_{omax} = P + \Delta P_{xmax}$$

式中　P——供油压力，MPa；

ΔP_{xmax}——压力、温度、清洁度调整部件（系统）、阀和管道等的总压降，MPa，包括过滤器、冷却器、加热器，压力调节阀和各种阀门、管道的各项最大压力损失之和。实际上各项压降不可能同时达到最大值，计算时或可以极端情况（都达到最大）来考虑。

设：ΔP_1——过滤器（粗、精）压降，MPa

ΔP_2——换热器（冷却器、加热器）压降，MPa

ΔP_3——压力调节阀等调整系统的压降，MPa

ΔP_4——阀门、管道等的压降，MPa

表 11-2-4

项目	说明
过滤器（粗、精）压降 ΔP_1	ΔP_1是润滑系统中相对数值较大，且从初始压差逐渐增大到清洗(报警)压差的压降数值，而清洗或更换滤芯后又恢复到初始压差的数值，因此设定过滤器清洗(报警)压降是正确确定供油泵功率的关键 此处涉及的过滤器是指装有各种结构滤芯的过滤器，磁性过滤器未包含在内。具有磁性的(未装非磁性滤芯)过滤器的磁性过滤部分的压降较小，且为常数，可作为壳体压降的一部分来考虑 过滤器的压降由壳体压降和滤芯压降两部分组成，壳体压降在润滑油黏度和流量确定时为常数。故过滤器压降的增值是由滤芯逐步污染堵塞所致 $$\text{滤芯压降} = \xi \frac{v^2 \rho}{2}$$ 滤芯压降由滤芯阻力系数 ξ、液体流经滤网速度 v、油液密度 ρ 等确定，即根据滤芯结构形式、过滤精度、流量、润滑油黏度及滤芯的污染堵塞程度而定。它由初始压降(清洁滤芯刚开始工作即尚未污染堵塞瞬间的压降，滤芯一经油液通过即逐渐被污染堵塞,压降随即从初始压降的数值开始增值)逐步增大到滤芯要清洗时的压降值。这个压降加壳体压降将成为过滤器整体压降。欲清洗时，由差压发讯器发出报警讯号，说明润滑工艺规定滤芯要清洗(或更换)了 在润滑装置设计时应事先设定各种情况下的清洗(报警)压降。单种过滤器的清洗(报警)压降设定在 0.1~0.2MPa 之间(一般为 0.15MPa)。过滤装置如有粗精两种过滤器时，总压降设定在 0.2~0.3MPa。润滑装置初步设计时过滤器压降可定为 $\Delta P_1 = 0.1 \sim 0.25$ MPa，即一种过滤器时，压降最小为 0.1MPa，有两种过滤器时，最大为 0.25MPa，应根据润滑装置具体情况(一种或两种过滤器)及每种过滤器设定的清洗(报警)压降而定
换热器的压降 ΔP_2	换热器包括冷却器和加热器，此处指的加热器不是装在油箱上的加热器，而是在供油系统中加设的加热装置(即润滑油通过装有若干个加热管的容器在压力流动状态下进行加热)。它的压降与油液黏度、加热器结构(是否折流)等有关，压降一般在 0.05MPa 左右，初步设计时也就定为 0.05MPa 冷却器是为了将较高的回油温度冷却到要求的供油温度而设，冷却器有水冷和风冷两种。风冷的压降为油在管道内流动时产生的压降，一般在 0.025MPa 以下；水冷冷却器一般分列管式和板式两种。列管式的油在管外空间流动压降较小，一般为 0.05~0.1MPa(黏度大者取大值)；而板式冷却器因油在较小的板间流动，间隙较小，当润滑油黏度大时，压降可以达到 0.15MPa 以上，故板式冷却器的压降定为 0.1~0.15MPa 换热器的最大压降 ΔP_2(MPa) 如下表

加热器	风冷冷却器	列管式冷却器	板式冷却器	
			运动黏度≤N220	运动黏度≥N320
≤0.05	0.025	0.05~0.1	0.05~0.1	0.1~0.15

项目	说明
压力调节器的最大压降 ΔP_3 和其他阀门、管道压降 ΔP_4	根据润滑系统实际应用(或不应用)的压力调整器的最大压降 ΔP_3 和其他各种阀门和管道的最大压降为 ΔP_4 根据前面公式：$P_{omax} = P + \Delta P_{xmax}$ 其中 $\Delta P_{xmax} = \Delta P_1 + \Delta P_2 + \Delta P_3 + \Delta P_4$

3.2.6 润滑油泵功率计算

表 11-2-5

液压油泵轴功率的计算方法	$$N = \frac{P_0 Q_0}{60\eta} \text{ kW}$$ 式中 N——液压油泵轴功率，kW P_0——油泵口压力，MPa Q_0——液压油泵的公称流量，L/min η——液压泵的总效率
润滑油泵和液压油泵有关技术性能的比较	液压油泵使用的液压油一般为低黏度的液压抗压油，如 N46 液压油，即在 40℃时的运动黏度为 46mm²/s(cSt)。但润滑油的黏度一般≥N110；对重载低速的摩擦副已用到 N460 和 N680。所以润滑泵的功率还要加上克服因黏度加大而产生的功率增量（黏度大时容积效率也较大，此时流量也有所增加）。现对同用 CB-B 齿轮泵，液压泵和润滑泵有关特性（P-Q-N 等，压力-流量-功率等）分别列于下表

液压（齿轮）泵技术性能参数

齿轮泵型号	额定流量/L·min⁻¹	额定压力/MPa	吸入高度/mm	噪声/dB	功率/kW
CB-B6	6	2.5(0.63)	>1000	62~65	0.31(0.078)
CB-B10	10				0.51(0.128)
CB-B16	16			67~70	0.82(0.206)
CB-B25	25				1.30(0.327)
CB-B40	40			74~77	2.10(0.529)
CB-B63	63				3.30(0.831)
CB-B100	100			80~83	5.1(1.285)
CB-B125	125				6.5(1.638)

注：功率栏内括号中数值为当额定压力为 0.63MPa 时相应的功率数值

润滑（齿轮）泵技术性能参数（JB/ZQ 4590—2006）

齿轮泵型号	额定流量/L·min⁻¹	额定压力/MPa	吸入高度/mm	噪声/dB	功率/kW
CB-B6	6	0.63	500	≤85	0.55
CB-B10	10				
CB-B16	16				1.1
CB-B25	25				
CB-B40	40				2.2
CB-B63	63				
CB-B100	100				4
CB-B125	125				

由同一种 CB-B 型齿轮泵用于液压和润滑时，在相同输出压力（若设定为 0.63MPa）下，功率有如下变化：
10L/min 润滑齿轮泵功率为 0.55kW，但液压齿轮泵的功率为 0.128kW，倍率为 4.2
25L/min 润滑齿轮泵功率为 1.1kW，但液压齿轮泵的功率为 0.327kW，倍率为 3.36
63L/min 润滑齿轮泵功率为 2.2kW，但液压齿轮泵的功率为 0.831kW，倍率为 2.64
125L/min 润滑齿轮泵功率为 4kW，但液压齿轮泵的功率为 1.638kW，倍率为 2.44
润滑（齿轮）泵的额定压力由原液压（齿轮）泵的 2.5MPa 降到 0.63MPa 的原因：
一是随着润滑油黏度的增加它的噪声比压送低黏度油的液压（齿轮）泵增加较快，齿轮泵结构虽一样，但噪声增加很多限制了压力的提高。黏度在≤150cSt 时，功率基本不变，但到 220cSt 以上噪声随使用油黏度的增加而剧烈增加，使用压力的降低，主要是避免噪声的剧烈增加
二是除高低压稀油润滑装置的高压系统外，标准普通（低压）稀油润滑装置的低压供油压力为≤0.4~0.5MPa，泵口的供油压力为 0.63~1MPa 就足够了，所以齿轮泵的泵口极限压力规定为 0.63MPa 就可以满足普通（低压）稀油润滑装置的需要了。若泵口压力≥0.63MPa 则采用三螺杆泵（对低温启动的则采用双螺杆泵），泵口压力达 1MPa 即可
此外，应指出润滑系统和液压系统是不同的，除高压润滑系统（保证重载荷时回转件浮起产生油膜）外，普通（低压）稀油润滑系统的供油压力为≤0.4~0.5MPa，而泵口压力是 0.63~1MPa，相差也就不大，故不能像液压系统因总的压力（液压系统有时称为"公称压力"）达 20~30MPa，系统压差相对总压力来说是较小的，所以在液压系统来说，笼统地以"公称压力"来表示是可以的；但普通（低压）润滑系统因系统中压力较小，而压差相对较大，故应明何处的压力为多少才能区分

润滑油泵功率	润滑油泵轴功率可用下式计算 $$N=\frac{P_0}{3.6\eta_0}Q_g\left[1+\left(\frac{\eta_0}{\eta}-1\right)\sqrt{\frac{E_t}{E}}\right]$$ 式中 N——润滑油泵轴功率，kW P_0——泵出口压力，MPa Q_g——当油液黏度为 E_t 时，润滑油泵的流量，m³/h；$Q_g=\dfrac{Q_0\eta_0}{1-(1-\eta_0)\dfrac{1}{K}}$，即黏度增大时，泵的流量有所增加！ 其中，$Q_0$ 为润滑油泵的公称流量，L/min； $$K=\frac{\sqrt{E_t}+1.5}{\sqrt{E}+1.5}$$ η_0——工作油液黏度为 75cSt 时的总效率 η——油液黏度为 E_t 时泵的总效率 E_t——当油温为 t℃ 时，工作油液实际恩氏黏度，°E E——工作油液当运动黏度为 75cSt 时的相当恩氏黏度 10.15，°E 3.6——Q_g 为 m³/h、P_0 为 MPa、N 为 kW 时的换算系数 当润滑油运动黏度≥22.2cSt、相当恩氏黏度≥3.22°E 时，存在下述关系 $$v_t=7.6E_t-\frac{4}{E_t}$$ 式中 v_t——工作油液实际运动黏度，cSt。 可得：$E_t=\dfrac{v_t+\sqrt{v_t^2+121.6}}{15.2}$ 由上式根据工作油液实际运动黏度(cSt)的数值可求得相应恩氏黏度的数值，代入求 K 的公式(E 为 10.15°E)便可得出润滑油为某黏度时的润滑油泵的轴功率 需要电机功率应考虑余量，一般安全系数为 1.2~1.3，故电机功率为 $$N(1.2\sim1.3)$$ 根据以上数值再选择电机规格，其额定功率应大于上述数值。尚需注意的是电机的转速应符合油泵额定流量的需求

3.2.7 过滤器的压降特性

油液流经过滤器时由于油液运动和黏性阻力的作用，在过滤器的入口和出口之间产生一定的压差。影响过滤器压差的因素有：油液的黏度和比重、通过流量、滤芯的污染程度和结构参数（包括过滤面积和精度）等。

表 11-2-6

初始压差的影响	初始压差是指在工作流量和实际黏度下过滤器壳体特别是当滤芯是清洁的未被污染的情况下，在刚开始运行瞬间所测得的过滤器总压差即为初始压差。随着工作的延续，压差即由初始压差逐步增大 过滤器的压差为壳体和滤芯两部分压力损失（压降）之和。右图为装有清洁滤芯的滤油器整体（曲线 1）及其壳体（曲线 2）和清洁滤芯（曲线 3）的压差-流量特性曲线。由于油液流经壳体某些部位呈局部紊流状态，因而压差和流量的关系呈一定的非线性；而流经滤芯时一般为层流状态，因而清洁滤芯的压差流量特性（曲线 3）为线性关系 即：过滤器整体压降 $\Delta P_总=\Delta P_{壳体}+\Delta P_{滤芯}$ 也即由线 1 为曲线 2 曲线 3 的叠加值 ①壳体的压降：黏度对壳体压降影响不大，有时可忽略；但壳体（包括切换阀）的形状和结构对压降有影响。设计合理的壳体，压降较小；反之则较大 ②滤芯的压降：不但与介质黏度有关，且与过滤精度也有关，滤芯的压降与黏度成正比，其关系如下：	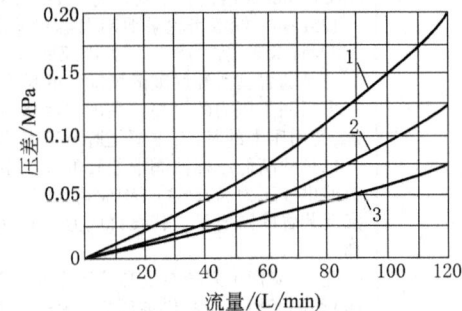 初始压差与流量特性 1—滤油器整体；2—壳体；3—清洁滤芯

续表

初始压差的影响	某黏度下滤芯的压降：$\Delta P = \Delta P_{基准黏度} \times \dfrac{某介质实际运动黏度值}{基准运动黏度值}$ 以下数据可作选择过滤器结构、型号规格时的参考： 在工作流量和实际黏度下过滤器的初始总压差 $\Delta P_{总}$ 应在下列范围内，此时过滤器的容量比较合适： $$\Delta P_{总} = 0.02 \sim 0.04 (\text{MPa})$$ 即选初始压差为 0.02MPa 的过滤器比选初始压差为 0.04MPa 的过滤器的通过能力要大，前者选定过滤器较大
黏度的影响	在相同流量下，滤芯的压差与油液黏度一般为线性关系，滤芯的压差流量特性是在给定的油液黏度（基准运动黏度为 32mm²/s）条件下作出的。因而在选用过滤器时需要考虑系统油液的实际工作黏度，油的黏度大，油的流速就要低，同流量黏度大时会引起系统压降大，也即过滤器两端的压差会较大；在同样供油压力时，油泵压力会升高。如果想不使压差增大，就要选用较大的过滤器规格（即过滤面积要增加） 非标黏度下过滤器流量的修正如下式： $$Q_{滤} = m_1 Q_{基}$$ 式中 $Q_{滤}$——选择过滤器流量，L/min 　　　$Q_{基}$——基准黏度下过滤器的流量，L/min 　　　m_1——黏度对流量的修正系数，$m_1 = \dfrac{\left(\dfrac{v_t}{32} + \sqrt{\dfrac{v_t}{32}}\right)}{2}$ 其中，v_t 为工作油液实际运动黏度值，cSt；32 为基（标）准油液运动黏度值，cSt 即：当油液实际运动黏度值大于 32mm²/s(cSt)时，过滤器选择流量时应大 m_1 倍
过滤面积的影响	若选定了过滤器，滤芯型号、规格、数量也就确定了，同时过滤面积也相应确定。在同样工况下，过滤面积大压差就小 在压差一定的情况下，增大过滤面积可提高通过流量。目前广泛采用的折叠型滤芯在一定的外形尺寸下能容纳较大面积的滤材，其通过流量比同样尺寸的其他类型滤芯可增大 5～10 倍。过滤面积实际还要考虑流通的有效面积。以金属网为例：网孔尺寸为 0.08mm 时，有效面积是 35%，而网孔尺寸为 0.0385mm 时，有效面积反而有 36.8%。这是因为网孔虽小，但总的网孔数增多了使有效面积反而增加
过滤精度的影响	过滤材料相同而过滤精度不同的滤芯具有不同的压差流量特性，在相同的流量下，过滤精度越高，其压差越大 当压差一定时，过滤精度越高，滤芯允许通过的流量越小。过滤精度高，在同样工况（油液黏度相同，流量相同）下，压差就大
滤芯结构及材质的影响	同样的过滤精度，滤芯材质和结构不同，流量是不同的。流量小时，过滤要好些。在选型时，不同的滤材和结构有着不同的"流量-压差"特性

3.3 高低压稀油润滑装置结构参数、自动控制和系列实例

高低压稀油润滑装置既有普通（低压）稀油润滑装置的性能，还具有能产生高压压力使运动件浮起从而造成静压油膜的特点，因此它具有更大的综合应用性能。如果生产线上几台主机使用的润滑油牌号相同，只要集中使用一台大中型的高低压稀油润滑装置就可以满足数台主机的润滑，既能解决动压油膜和静压油膜，还能实现带出热量使摩擦副降温的目的。

它不但能产生低压（<1MPa）和高压（20~31.5MPa）两种压力的供油，还能解决高低两种压力流量的匹配问题和低压油可靠地向高压泵输送的合理压力范围。因此，可以说能进行高低压稀油润滑装置的设计就能易于解决普通（低压）稀油润滑装置和高压稀油润滑装置的设计计算。因此本节内容为稀油润滑装置设计计算的范例，以高低压稀油润滑装置结构参数的确定作为实际设计中如何运用上述原理来从事稀油润滑装置的设计计算，以自动控制和安全技术作为运行和维修的前提条件，并以若干系列中的例子说明如何具体将这些技术融入高低压稀油润滑装置的设计中。

以工作和备用高压泵数量为主线的高低压稀油润滑装置的品种系列仍不能完全反映各种机械设备对润滑（特别是润滑油黏度）的多种多样的要求，如果加上环境条件（气温、周围气氛、冷却水温度等）和人们对事物认识的差异，使得各种因素反映到稀油润滑装置上有了千差万别的要求，试图以一种模式适应各种情况确实很难做到。

为此我们在确定结构和技术参数时以"稳妥可靠"为前提并遵循"经济合理原则",即针对大多数情况,依据标准上规定的工况来满足一般高低压稀油润滑装置的要求。即技术参数结合实际确保可靠并能满足大多数高低压稀油润滑装置的合理要求,结构则针对设备工况做到切实稳妥,技术参数高于表列数据一般是可以的,但低于表列数据要慎重考虑是否会影响到装置的技术性能,例如润滑油黏度增加、过滤精度提高、冷却水温度增加、供油温度范围缩小、供油压力增加、油箱容积减小等都可能危及基本性能的保障;反之则有利。

3.3.1 结构参数的合理确定

表 11-2-7

低压供油及循环保障系统	低压泵装置承担向外低压供油和向高压泵入口供油两种功能,在流量较低($Q \leq 125$L/min)时采用立式稀油润滑装置(LBZ 型齿轮泵润滑装置)或流量接近的采用 4~6 极电机的 GPA 型内啮合齿轮单泵润滑装置最经济合理,因油泵和吸油管道都在油箱里面,离油面较近,对黏度较高的油能较可靠的吸入;当 $Q \geq 160 \sim 500$L/min,建议用 JB/ZQ 4591—2006 斜齿轮油泵装置,并采用分体式结构,让油泵吸油口在油面下面,这样可以保证润滑油的吸入;当 $Q \geq 500 \sim 800$L/min 时,建议用 JB/ZQ 4750—2006 三螺杆泵装置,但需注意其基本参数表中的吸入高度为当介质黏度为 75cSt 时;油黏度高时,吸入高度将减少,同时噪声增加,为此尽可能将泵置于油面下或采用浸没式螺杆泵装置;如高黏度油时应降低电机转速(用 6~8 极电机)或采用双螺杆泵装置。润滑回油采用重力自流方式,故回油管路不允许装有任何过滤装置,且根据油的黏度要保证足够的回油坡度,也即油箱一般设在地面下;自流坡度不足时要设油泵压力回油
低压供油压力及电机功率	以极限压力为 0.63MPa 的齿轮润滑油泵的低压供油压力为 ≤ 0.4MPa 比较合适;同时又考虑到 JB/T 8522 和 JB/ZQ 4586 两种稀油润滑装置规定了低压供油压力最高为 0.5MPa;故将低压供油压力规定为 $\leq 0.4 \sim 0.5$MPa;实际供油压力>0.4MPa 或油黏度较高时都不宜用齿轮稀油润滑装置,而应考虑螺杆泵装置;这时表中的有关泵装置电机的数据将作相应改变;实际低压供油压力大部分为 ≤ 0.4MPa,考虑冷却器、过滤器、少数有加热器及系统总压差后,按泵口压力最大不超过 0.63MPa 来计算确定泵的功率;目前仅螺杆泵考虑了黏度对电机功率的影响;齿轮泵、柱塞泵装置并未考虑实际油黏度的影响(功率会增加),从实际工作中可看到介质黏度增加时电机功率和装置的噪声都会增加;黏度较高,公称流量较大时宜选低速电机(但泵的实际流量相应减少),以降低泵的噪声。如供油压力>0.4MPa,低压泵电机功率应另行计算,一般要高于表列数值。JB/ZQ 4756—2006 螺杆泵装置基本参数表中电机功率按泵口压力为 1MPa 和介质黏度为 75cSt 时确定;对一般润滑系偏大;实际功率应按实际最大供油压力+供油口到泵口间的最大压差(考虑过滤器切换报警压差及冷却器、加热器、管道附件等均处于最大压差下)为泵口实际最大压力(若小于 1MPa 功率可减少)及实际介质黏度(若黏度大于 75cSt 时功率将增加)由螺杆泵功率计算法来确定
油箱及加热装置	油箱的容积选择变化范围很大,现在根据标准稀油润滑装置规定的范围来确定油箱的容积,油箱不但起洁净润滑油的作用还有稳定和调控温度的作用,温度决定了润滑油的实际黏度,合理黏度保证润滑减摩作用和降温。润滑油的正常循环首先取决于低压泵能连续吸入。对置于油箱上面的油泵装置,在油面位置确定后,泵的理论吸入高度和温度对应的润滑油黏度是决定因素,所以将润滑油温度升至接近供油温度十分重要,油箱上的加热装置是启动稀油润滑装置所必需的。现在广泛采用电加热装置来提高油温,因它是一种清洁方便的能源,在特定条件下也允许用蒸汽等其他能源 电加热时为了防止润滑油碳化变质,油黏度越高越需减小电加热器的表面热功率(≤ 1W/cm^2);同时为了不停车更换内部的电加热元件,现广泛采用带保护套的电加热器,并使表面热功率进一步减小。电加热器的电压应采用 380V,这样油箱上电加热器总数就不受"3"整数倍的限制。具体系列中建议的总功率数、保护套的长度和直径以及选用的表面功率决定了电加热器的总数,这个总数也是根据实际情况可以改变的。另一方面,如用黏度较高的润滑油,只要温度允许低压润滑泵能正常吸入时,就应该让油自循环下进行加热,以促使润滑油在加热器表面流动
供油温度及冷却器	供油温度一般取 40℃±3℃(若取 40℃±5℃就需选用黏度稳定性较好的润滑油),最低温度靠油箱加热解决。当系统回油后,油温就逐步升高,如升到 43~45℃,就要由冷却器来降温,冷却器可用列管式或板式,后者由本身技术性能及规格确定其换热面积,最好将换热面积 m^2 改为 kW·(kcal/h)。一般来说它的冷却效率较高,但维修量较大且介质黏度大时油程的压力损失较大,泵功率加大。在大中型稀油润滑装置中可适当选用,中小型稀油润滑站选用列管式的较多。JB/T 7356—2005 列管式油冷却器标准中对热交换工况及热交换系数重新规定如下表 列管式油冷却器热交换技术性能参数 | 型号	介质黏度/(mm^2/s)	进油温度/℃	进水温度/℃	压力损失/MPa 油测	压力损失/MPa 水测	油流量与水流量之比	热交换系数/[J/(s·m^2·℃)]
---	---	---	---	---	---	---	---
GLC	61.2~74.8	55±1	$\leq 30 \sim 35$	≤ 0.1	≤ 0.05	1:1	≥ 350
GLL		50±1				1:1.5	≥ 230	 另外,JB/T 7356—2005 标准已把水温扩大到 35℃,特别是油黏度偏离测试条件数值较高时(>61.2~74.8mm^2/s),热交换系数将会降低,在确定换热面积时必须考虑。GLC 型翅片管式冷却器虽热交换系数高较多,且水耗量少,但它只适用于黏度 100cSt 以下的润滑介质。如果黏度高于 100cSt 时,实际热交换系数就会降低。黏度较高时,降低更多,故它实际上只适合少数低黏度润滑油。目前技术性能系列表参数中冷却器的热交换面积均为 GLL 型裸管(光管)冷却器的数据,水耗量亦为该型冷却器的。如选用时实际润滑油黏度确实低于 100cSt 用 GLC 型冷却器时,不但冷却面积可以减小一些,且水耗量也可按表列数据减少 35%。冷却器方面存在以传热面积 m^2 作为基本参数的问题,有的生产厂以不起传热作用的所谓翅片面积作为热交换面积,使冷却器徒有冷却面积大的虚名而无实际传热效果,今后应以 kW·(kcal/h)数为基本参数,以反映冷却器的实际传热性能

续表

过滤精度和过滤器	对低黏度润滑介质和要求供油清洁度较高者选用先冷却后过滤的润滑系统是最合理的;对大部分黏度较高的系统则采用先过滤后冷却的润滑工艺,其原因是有利于黏度较高介质在温度较高时(实际黏度可降低)通过过滤网,以减少过滤阻力,从而减少流动时的压差和电机功率。低压系统按标准规定高黏度时过滤精度为0.12mm,低黏度时为0.08mm,即低压系统的过滤精度为0.08~0.12mm,高压泵入口设置普通低压过滤器,过滤精度为0.04~0.025mm,由设计时(或由用户需要确定)选择确定,系统均采用低压系统向高压泵入口强制压油,以保证黏度较高时仍能向高压泵连续供油。黏度高、过滤精度高和流量大时过滤器需有较大的过滤面积,否则压差会很快增加
高压泵吸入口允许的润滑油压力范围	我们设计的高低压稀油润滑装置是采用低压泵向高压泵入口强制供油的方式,原来高压泵吸入口的密封结构是适合负压结构的;现由低压泵出口向其压力供油时,由于低压泵的供油压力受低压泵供油向动压油膜供油系统压力损失(压差)的影响,低压泵供油压力在>0.4~0.5MPa,均远大于大气压力;高压泵吸油口密封结构受具体结构限制,高于某一压力值时,低压油将在高压泵吸入口处泄漏,就保证不了向高压泵的供油。例如采用R型径向高压柱塞泵的系统,这种泵的吸入口的润滑油压力(即低压泵供油压力到吸入口的压力)应在-0.03~0.1MPa的范围内,大于0.1MPa就会发生高压泵吸入漏油的情况而导致回路破坏。根据这一情况,在高压泵吸入口之前配置一组油过滤器是合适的,这不但解决了通过过滤器的压差来降低低压泵供油压力,而且可以用低压过滤器来保证进入高压泵的润滑油的清洁度的提高,实为一举两得的技术方案。上述压力范围(-0.03~0.1MPa)是针对R型径向高压柱塞泵(哈威泵)的,采用其他高压泵时,应根据具体高压泵的规格型号来确定进入高压泵吸口的适宜压力范围,这由采用具体高压泵的吸入口的密封结构来确定。对哈威泵而言,若低压供油范围超过这一规定范围,则可将该泵的一组密封圈反装,而成为订货时改为A型哈威泵,可稍提高低压的供油压力,而在高压泵入口不致造成泄漏;其他品种高压泵则应和制造厂具体联系其合适的进入吸入口的压力范围,并采取相应的技术措施以适应高压泵的入口压力
高压泵供油压力和其电机功率	以前的系列都按轴向柱塞泵的极限压力31.5MPa来计算泵的电机功率,但实际高压泵的供油压力(供油输出压力)一般都≤20MPa,故现在以实际供油压力为20MPa来计算电机的实际需要功率为表列功率数值,以提高电机运行效率并减轻电机的重量,降低设备成本。若设备实际高压供油压力>20MPa或≤16MPa的则应根据实际供油压力重新计算高压泵的电机功率增加或减少表列数值,若黏度高时电机功率应适当增加些
系列参数的制定原则和优越性	目前我国尚没有高低压稀油润滑装置的行业标准,有的公司制定了本企业的标准,如南通市南方润滑液压设备有限公司在2009年制定了NGDR型高低压稀油润滑站的系列企业标准。这是我国目前所见的最完整的系列,已作为样本推出,可作为各润滑企业公司参考 系列参数应根据高低压稀油润滑装置(公称)流量的优先数系列和高压泵和低压泵均系定量输出流量为依据而制定 其他系列参数则根据上述原则及设计计算方法而确定 R型径向高压柱塞泵(哈威泵),具有多排输出,且柱塞可由不同数量组合而输出不同流量,即同一台泵,也可以有不同的流量输出。另外输出管道也可组合成不同的形式,这样为各种设备需要不同流量和各种数量高压输出管道创造了极为有利的条件 高低压稀油润滑装置有高压和低压两种润滑油输出,为了高压泵启动时不致影响低压供油压力;原来高低压稀油润滑装置的低压(公称)流量远大于高压泵(公称)流量,这是必需的;但若设备仅需高压润滑油(如供静压轴承用),而不需低压润滑油输出时,则可将系列中低压(公称)流量减少到比高压泵总(公称)流量大一挡的(公称)流量优先数(在任何瞬时,低压泵实际流量必须大于高压泵实际总流量),而在低压管道上设置一泄油阀(一般高低压稀油润滑装置的低压管道上已有这种设置),将多余低压油泄去即可。这样高低压稀油润滑站就可以改变为全高压稀油润滑站了,也成为高低压稀油润滑装置的又一种延伸

3.3.2 自动控制和安全技术

保证润滑的必要条件是在摩擦副之间形成稳定可靠的油膜,瞬间的干摩擦都会造成运动副表面的损伤和破坏,造成主机寿命减少甚至运动失效。因此稀油润滑装置必须保证润滑全部表面在运转全过程中均处于油膜状态就成为十分重要的前提条件。为此,下列操作规程、报警、连锁等自动控制就是稀油润滑装置所必备的,在设计装置的操作运行中必须做到。也即,稀油润滑装置必须"备妥"后主机才能启动,而主机必须停妥后才能停润滑。

所谓"备妥"即稀油润滑装置运行时,油压、流量、油位、油温、油质及循环均正常,即均符合装置设计所有技术参数后,才能考虑主机的启动。更应注意的是主机必须停稳后,也即停电后待主机运行惯性全部消失后,主机全部运行速度为零时才能关停润滑装置。

表 11-2-8

项目		说明
油泵装置必须有备用		为了保证各润滑点均能可靠地润滑,而油泵装置若不能保证运行无任何故障,出现油泵性能下降不能保证压力或流量时,油膜的形成也就受到影响,故必须设有备用泵。待主泵压力下降到某一数值(比正常工作压力低到某一数值,而流量下降时,压力也会下降)时,备用泵应自动(联锁)启动,待压力恢复正常时,停备用泵(另一种方式为停原主泵,让备用泵作主泵运转,而寻找故障原因或检修主泵)
油位的报警和联锁控制		稀油润滑装置中所有部件的油位都必须处于正常位置,目测的要随时巡视,有联锁的则进行自动控制发出有关讯号。润滑装置中最重要的是油箱的油位控制,均由相关的油位讯号器发出有关信号或联锁控制。对一般小油箱而言,除有正常油位标示外还应有一高油位及低油位控制即油箱充油时的最高油位,防止油溢出油箱和低油位防止油泵可能吸空,此时必须向油箱补充润滑油。这两个位置均应在主控室发出"油箱油位高"和"油箱油位低"的报警讯号,以采取立即充油或停止充油(高油位报警时)的措施。对长的下油箱而言,箱体吸入段除以上"油位高"的报警外,下面低油位还分成"油位低"和"油位过低"两个报警讯号。出现"油位低"讯号时,必须立即向油箱充油。若未及时充油或系统有严重泄漏,导致油降到"油位过低"时(此时已来不及使油位上升),则应立即停主机,再延时停润滑装置(电控联锁设置有关程序),此时注意不能先停润滑装置应先停主机,必须待主机惯性运行结束后才能停润滑装置。而长大油箱的非吸入段如加热段就应根据实际需要一般二位控制就可以了,即控制"油位高"和"油位低"两个位置即可
油温的控制和联锁	油箱油温的控制	油膜的形成必须是在压强作用下,对某黏度的润滑油进行温度控制,牌号不同的润滑油有其固有的黏温线,温度不同时,黏度也随之变化。例如针对实际摩擦副,其形成油膜的规定温度为40℃±3℃,供油温度范围小于37℃必须加热升温,大于43℃时必须降温冷却 当油泵吸油时,特别是温度低黏度大时,其允许的吸入高度也是有限的。例如对齿轮泵而言,对黏度较低的(例如220cSt),其允许吸入悬空高为500mm(螺杆泵大些而柱塞泵则更小),所以为了保证不致吸空而抽不上油也必须进行加热,这样首先要控制油箱中的油温,为此油箱有自控温度的装置。在油箱上设有各种加热装置,还有温度的自控装置。即要将油箱油温控制在所用泵能吸入的最低温度以上,(必须达到所用润滑油的能吸入的最低黏度),而低于供油的最低温度(如37℃),这时必须在油箱上有温度的自控装置。例如当油箱油温度低时,要进行加热[用单位面积热功率(W/cm^2)较高的加热装置加热时,特别是油的黏度又高时,要使油在循环状态下进行加热,以防止油在加热管上结炭而破坏润滑油的品质],当加热温度达到泵保证能吸入且噪声也不超标时,就可以停止加热。为了保证这一最低温度防止泵吸空,应设立油温和泵启动的联锁装置,即油温不达到规定值时,虽操作启动按钮开泵,泵却不能开动的联锁,以确保油温必须达到这一温度才能启动泵。否则将造成泵磨损而油流量又不足的严重故障,造成润滑油膜破坏。也要设计好当油箱油温升高到设定的温度(如<37℃的某值)时,要联锁自动停止加热,因为润滑油温度高会使润滑油很快变质而缩短润滑油的使用寿命
	供油温度的控制	油泵启动的温度设定后,随着润滑装置的工作,回油温度会逐渐升高(这也是油箱温度加热到<37℃以下的原因之一),这时在供油口还应设有油温的自控联锁装置,此时若测出油温大于供油最高温度(如以上设为43℃),则应将油流经由冷却器并打开冷却器的进出水口(或其他冷却措施),令油温下降,可调整水量(有温度自控的不需要调整)直到满足设定的合适供油范围时,就维持稳定冷却器的工况;若外部条件变化致油温变化时,就再调整冷却器工况使其供油口温度在规定范围内;若油温降到37℃以下(如或冬季)就可以发出讯号或联锁冷却器让其停止工作
	回油温度的控制	油温控制还应包括回油温度的控制,特别是用高黏度(如>320cSt)油时,在严寒的冬季,如果回油管道长,回油是非常困难的,以致不能保证润滑油顺畅地自流回油箱,这时就需对回油管道进行保温处理,甚至,例如用电伴热带进行回油的加热,以确保润滑油全流量返回油箱,达到实现完全的无损失的循环 所以润滑系统温度控制不但要保证油膜生成的质量,而且要充分保证润滑油全流量的循环,控制全流程的油温就是关键
	硬齿面减(增)速器润滑时油温的控制	现在硬齿面减速器应用广泛,这种减速器效率(>0.90)虽高,但由于其传递总功率很大,摩擦功率很大,会产生大量热能,使润滑油温度很快升高,所以在使用硬齿面减(增)速器的场合还要进行热平衡计算,要求润滑系统还应有足够的流量把这部分热量带走,即进行"冷却",否则,油温会极大地升高,将会破坏油膜使润滑失效,导致主机传动系统寿命迅速降低

续表

油过滤器备用滤芯切换操作		前已述及,主机工作前润滑装置应先投入工作,并连续工作不能间断润滑,为了提高油的清洁度,润滑系统必须具有各种油过滤装置,随着润滑装置工作的延续,过滤器的滤网必然会被各种污垢逐渐堵塞,这样不但增加了过滤器的阻力,使过滤器的压差也逐渐增加,而且使泵口压力增大泵的功率加大,过滤效率降低,因此在系统中应设置不停润滑但能切换过滤器或换其滤芯的工作。以后者为例,较多的为在系统中采用双筒过滤器,当工作过滤筒中的滤芯达到设定应清洗或更换的压差数值时,此时过滤器不但应显示其中滤芯的压差数值,还应发出报警讯号,说明此时应进行切换工作滤芯到备用滤芯工作了(切换滤芯可以自动,但双筒过滤器大部分采用手动操作切换)。此时应注意,切换操作全过程不能因切换而瞬间断流,一般采用双筒在切换过程中先经双筒均有流后,再转换到备用滤芯所在筒单独通流,不断流是保证不破坏油膜所必需的。因此切换过滤器或滤芯时,保证切换全过程没有任何瞬间断流是最重要的
事故停电时的技术措施和其操作		主机停电后不能马上(更不能先)停润滑,原因是电机或其他原动机仍在做惯性运行,停润滑即去掉了摩擦副间的油膜,将导致设备磨坏,所以润滑设备还应防止突然停电事故而造成惯性运行时失油导致的磨损问题,为此在润滑系统中还应设有高位油箱或压力罐
	高位油箱	设置在润滑装置供油口上方数米高处,用位能变动能向供油口补油,高位油箱的特征为油箱油面上方压力为零,其有效容积取决于突然停电后主机惯性运行的总时间,即要求该时间内保证有润滑油向润滑点供油。高位(能)转变为供油压力约为高位油箱距供油口每1.2m高接近产生0.01MPa压力,若供油压力为0.1MPa,则油箱放置高度应距供油口大于12m,故高位油箱只适合供油压力较小的场合,否则高位油箱放置很高位置有实际结构上的困难 因此如果供油压力要求较大,则要用所谓的"压力罐" 高位油箱和压力罐二者均有常开式和常闭式两种结构形式,常闭式为高位油箱储油后处于封闭状态,除非发生突然停电,否则润滑油被封闭在高位油箱中。当突然停电时,下流管上原封闭的阀门才会立即打开,高位油箱中的油依靠高处位能向供油口方向流动补充供油,管道中原油泵已停止供油。为满足突发停电时的补油需求,要求补充的油量除必须满足惯性运转期间的需要外,在压力、温度、安全可靠等方面也必须满足,所以除必须保证高位油箱的有效排油总量和高位油箱离供油口的高度外,油箱中的润滑油(特别是常闭式的)平常停滞在高位油箱中,它会随环境温度变化。因此常闭式高位油箱中还应有油温控制,除必要的加热装置外,还有温度的自控装置,即温度也应在40℃左右的规定范围内,大于最高温度而加热未停止和低于最低温度时均应报警;此时前者应令加热停止,而后者应使加热装置开启,二者的目的均应服从于使常闭高位油箱中油温始终处于40℃左右设计规定的范围内。另外还应关注高位油箱下放润滑油时管子周围的温度,若管子周围温度低时要注意该品牌润滑油在下流时因温度降低而黏度增加时会增加下流的困难。故环境温度低时还应保证油的畅通,必要时在下流管道上设置保温层甚至对下流管道进行加热等。常开式(高位油箱油处在不停的循环中)要注意溢油管的畅通。两种形式均应有足够的下流管径并防止插入感温元件后局部断面也不能太小造成梗阻。常开式和常闭式都应有油位自动控制装置,以保证突然停电时,有足够的储油可以放出;高位油箱和压力罐中储量应大于突然停电后主机运行惯性的持续时间内有润滑油可从高位油箱或压力罐中供应,根据流量来确定其应有的储油有效容积,从而确定自流供油时间,有的资料定为5min并不十分确切
	压力罐	设置在供油口附近的地面上,它利用油面上方的压气压力和罐中液面高于供油口的部分高度造成的压力和供油压力相平衡,比高位油箱相对供油压力可较大且容量也可较大。在高位油箱不能满足停电时仍保证一定时间内的供油要求时,就采用压力罐来解决。它也分为和供油口保持联通的常开式和正常供油时不通的常闭式二种。和高位油箱不同的是,它不是利用位能而是利用压力罐油面上的压气压力。在正常备用时,油面上压气占1/3体积,润滑油占2/3体积(指有效体积或容积),此为非全容积式和在最低液位上面全是润滑油而靠欲使油排出的压气在罐外管道内,压气并不占压力罐容积的为全容积式,它靠在突然停电时用不间断电源开启压气阀门使压气不断推动液面下降,因此压力罐放油时保持压气压力不变,即供油压力不变。而非全容积式由于靠压气自身膨胀而推动润滑油(此时不再补充进气),因而压力罐放油过程中供油压力是逐渐变小的,此时应保证到压力罐放油极限位置时此供油压力也要保证不小于正常供油压力 常开式压力罐串接于供油管,一端承接油泵供油,另一端通向供油输出管,由于来油和排油是贯通的,因而供油温度和压力罐中,油温保持一致。而常闭式压力罐用一常闭阀门和供油管道相通,当突发停电事故时,此常闭阀门和通压气的阀门同时用不间断电源的供电打开,压气推动润滑油代替油泵供油向外排油而满足惯性运转期的需要。由于压力罐排油均靠压气推动,而压气可能带水分,且润滑油中不允许有气泡,故压力罐排油到最低位置时,压气将停留在排油管之上,此时为排油终点(主机惯性运行结束后),应关闭供油阀门 根据以上结构原理,罐上应有最高、最低油位标示。常闭式压力罐必须有保温的加热系统和温度自控装置,以保持常闭式压力罐中油温永远处于备用的供油温度状态,随时准备迎接突发停电状况,温度仪表还需指示压力罐内任何时间的实际温度,罐身有关部分尚有各种压力表,在压力罐上还应有排压气装置,此外还装有排气阀,因此排压气的消声器也是必需的。压力罐应根据自身特点调整好油面位置,并保证各种阀门及仪表的正常良好地使用状态,其他一般油箱应具有的排污、清洗、检修等结构在压力罐上面也同样必须要有 由于压力罐内有压力油和压气,压力罐应由压力容器专业设计人员设计,并由压力容器制造合格商生产,并应附有设计制造合格证书及检验测试合格证书和压力罐实物,同时保存备查,这是必须严格遵循的 高位油箱和压力罐长期处于待用阶段,其上阀门等长期处于"停用"状态,不使用的部件极易发生"锈住"现象,故其涂装及防水等应特别注意。为了保证"突发停电时"的动作可靠,在润滑设备的安全操作规程中,尚应规定中修或大修时对其进行试运行,检查在"突发情况要马上用时"的动作是否可靠,不能成为"用时却不灵"的"摆设"

润滑装置必须进行自动控制和安全联锁的总体试车	润滑设备的可靠运行和自动控制安全联锁密切相关,因此在润滑装置的使用(维护)说明书中要明确规定进行润滑装置的自动控制和安全联锁的总体试车,除了在主控室中有润滑装置"备妥"的有关数据的显示外,润滑装置和主机有关的联锁和自动控制数据也要在主控室有所反映,如油箱吸入段的油位有关报警和需先停主机的讯号等 待润滑装置的供、回油管道经严格清洗符合要求后,供水、供气、供电就可以联接,确认润滑装置及系统洁净程度达到主机对润滑系统的清洁度要求后就可向稀油润滑装置注入规定牌号的润滑油(注油必须经过过滤精度符合要求的过滤小车),以便进行润滑装置的调试。调试项目及要求按润滑装置的使用(维护)说明书进行,必须对润滑装置进行自动控制和安全联锁的总体试车。为防止突然事故停电,高位油箱或压力罐也必须进行调试。在长期未使用时(特别是闭式高位油箱和压力罐),也要定期做有关调试。特别是闭式高位油箱最好能在冬季环境温度最低时进行事故停电时的放油试验,检测能否向供油管顺畅的供油。对冷却器检测则最好在夏季给水温度最高时进行

3.3.3 部分系列实例

1) NGDR-B (5~160)/(40~800) 型高低压稀油润滑装置

表 11-2-9

使用条件	本系列产品有两台高压泵,适用于装有双滑履动静压轴承的回转窑、电机、风机、磨机或其他需有双高压和低压输入的大型设备的稀油循环润滑系统中,其工作介质为 N22~N460(相当于 ISO VG22-VG460)的各种工业润滑油 本产品具有双高压即有两个高压油输出口,如不用于双滑履轴承时,可变换成下列两种单出口使用情况:①令一台高压泵工作,另一台作为备用,即正常使用时仅有一台高压泵的流量输出;②将两台泵并联成一个出口供油,和单高压出口一样,但总流量为两台高压泵流量之和 本系列采用两台高压泵,最大泵口压力为 31.5MPa,流量为 2×(2.5~80)L/min。若采用其他型式高压泵时,高压允许压力范围可以根据性能变化 低压系统仍采用一用一备工作制,低压供油压力≤0.4MPa,流量为 40~800L/mm,两台低压润滑泵中有一台备用泵可确保低压供油的连续稳定 稀油润滑装置的低压系统过滤精度为 0.08~0.12mm,高压泵入口精过滤精度为 0.04~0.025mm(油黏度高时选大值);在润滑油介质黏度≤N100 时可用 GLC 型翅片管式冷却器,>N100 时用 GLL 型裸管冷却器;用 GLC 型冷却器时水耗量应减少 35%;在油箱上设有电加热器,在设备启动时,应将润滑油加热到接近 35~37℃,以便油的吸入 从系列中选择高低压流量时,高压流量必须满足,低压流量一般不要小于表列流量,而加大则无妨;因低压流量过小时会影响到低压供油压力和实际流量的减少;若这种减少对实际系统无妨时则亦可行 稀油润滑装置尚有联锁、报警、自控等功能,本稀油润滑装置的技术性能参数见表 11-2-11 所示
工作原理与结构特点	本产品主要由油箱、两台低压泵装置、两台高压油泵装置、两台过滤精度不同的双筒网式过滤器、列管式油冷却器、各种控制阀门、仪表、电控柜等组成 本系列的低压油经过过滤和冷却后一部分直接向外供油,另一部分经一个较高精度的双筒网式过滤器后进入高压泵入口,这种向高压泵压力输送润滑油的方式保证了较高黏度润滑油进入高压泵的可靠性,还提高了高压油的清洁度;但应注意低压泵的供油压力不能太大,需在所用高压泵入口密封所允许的范围内(经高压泵入口处过滤器压差损失后) 在主机启动前,先启动低压泵,当低压泵流量、供油压力、温度且回油也正常时,才能启动高压泵,向静压轴承供油,当高压油能使主轴浮起形成油膜时,才能启动主机,待主轴转速正常时才能停高压泵;主机欲停止或慢速运行时,也要使高压泵先供油且压力正常后才能让主轴减速运行直至停稳后,才能停止润滑
原理图及明细表	NGDR-B(5~160)/(40~800)型高低压稀油润滑装置系统原理图见图 11-2-1,装置明细见表 11-2-10
技术性能	NGDR-B(5~160)/(40~800)型高低压稀油润滑装置技术性能参数见表 11-2-11

表 11-2-10　　NGDR-B (5-160)/(40~800) 型高低压稀油润滑装置明细

序号	名称	数量	技术规范及说明
1	油箱	1	容积按规定
2	磁网过滤装置		数量由低压总流量确定
3	双金属温度计	1	仪表显示测量范围−20~80℃
4	空气滤清器	1~2	规格数量由低压总流量确定
5	铂热电阻(双支三线制)	1	控制电加热器开、停及泵的启动
6	电加热器		电压 380V,数量由总功率经计算确定
7	液位控制器	1	设三个液位控制点(低位、故障低位及高位)
8	液位显示器	1	需要时可和积水报警器连接
9	低压泵装置	2	一用一备

续表

序号	名称	数量	技术规范及说明
10	单向阀(低压)	2	规格由每台泵流量决定
11	安全阀(低压)	1	调压到0.6~0.65MPa溢油(当供油压力≤0.4MPa)
12	双筒粗过滤器	1	过滤精度为0.08~0.12mm,压差$\Delta P \geq 0.15$MPa报警
13	高压泵装置	2	规格由表11-2-11确定(无备用)
14	DBD型直动溢流阀	2	0~25MPa
15	单向阀(高压)	2	规格由高压泵流量决定
16	双筒精过滤器	1	过滤精度为0.04~0.025mm,压差$\Delta P \geq 0.15$MPa报警
17	冷却器	1	主参数换热面积由计算确定,最好将m^2改为kW(kcal/h)
18	双金属温度计	3	仪表显示测量范围-20~80℃
19	差压控制器	2	差压$\Delta P \geq 0.15$MPa时报警
20	压力表(低压)	2	0~1MPa,1.5级
21	压力控制器(低压)	1~3	设三个压力控制触点
22	铂热电阻(双支三线制)	1	设三个温度控制触点
23	压力控制器(高压)	2~4	每个测点至少要有压力正常和压力低两个发讯点
24	压力表	2	0~25MPa,1.5级
25	压力表开关	4	和压力表配套
26	可视流量开关	1	规格由低压流量确定

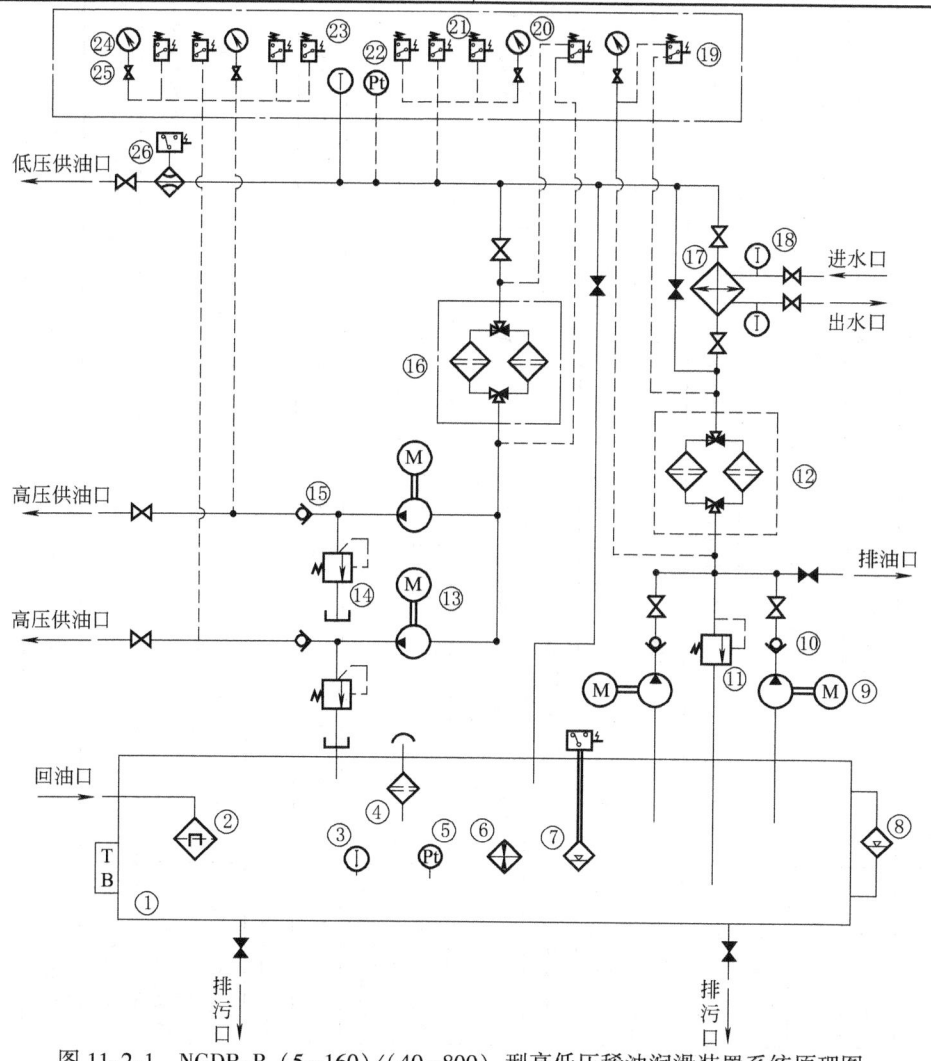

图11-2-1 NGDR-B (5~160)/(40~800)型高低压稀油润滑装置系统原理图

表 11-2-11　NGDR-B（5~160）/（40~800）型高低压稀油润滑装置技术性能参数

参数	型号规格	NGDR-B 2.5×2/40~100	NGDR-B 5×2/100	NGDR-B 10×2/100	NGDR-B 12.5×2/125	NGDR-B 16×2/160	NGDR-B 16×2/200	NGDR-B 25×2/250	NGDR-B 32×2/250	NGDR-B 40×2/315	NGDR-B 50×2/400	NGDR-B 50×2/500	NGDR-B 63×2/500	NGDR-B 63×2/630	NGDR-B 80×2/800
低压系统（一用一备）	公称流量/(L/min)	40~100	100		125	160	200	250		315	400	500		630	800
低压系统（一用一备）	供油压力/MPa	≤0.4~0.5													
低压系统（一用一备）	供油温度/℃	40±3													
低压系统（一用一备）电动机	型号	按 100~125L/min 为 Y112M-4(V1)				Y132S-4		Y132M-4		Y160M-4		Y160L-4			Y180L-4
低压系统（一用一备）电动机	功率/kW	≤4				5.5		7.5		11		15			22
低压系统（一用一备）电动机	转速/(r/min)	≤1440	1440									1460			
油箱容积/m^3		按 100~125L/min 为 1.6				6.3				10				16	20
高压系统（二台泵）	油泵型号	2.5MCY 14-1B	5MCY 14-1B	10MCY 14-1B	13MCY 14-1B	10MCY 14-1B		25MCY 14-1B	32MCY 14-1B	40MCY 14-1B	32MCY 14-1B		63MCY 14-1B		80MCY 14-1B
高压系统（二台泵）	公称流量/(L/min)	2.5	5	10	12.5	16		25	32	40	50		63		80
高压系统（二台泵）	供油压力/MPa	≤20													
高压系统（二台泵）电动机	型号	Y90L-6	Y112M-6	Y132M2-6		Y132M-4		Y160L-6	Y180L-6	Y200L1-6	Y180L-4		Y225M-6		Y250M-6
高压系统（二台泵）电动机	功率/kW	1.1	2.2	5.5		7.5		11	15	18.5	22		30		37
高压系统（二台泵）电动机	转速/(r/min)	910	940	960		1440		970			1460		980		
粗过滤精度/mm		0.08~0.12(低压系统)													
精过滤精度/mm		0.025~0.04(高压入口)													
冷却面积/$m^2$①		按 100~125L/min 为 6				11~12		23~24		34~35		50			70~80
冷却水耗量/(m^3/h)		≤9	9		11.5	15	18	22.5		28	36	45		56	72
电加热功率/kW		12~18	18			24				36				45	54

① 冷却面积 m^2 最好改为热交换量 kW（kcal/h）。

2) NGDR-C（5~80）/（40~630）型高低压稀油润滑装置

表 11-2-12

使用条件	本系列产品有一用一备共两台高压泵,因此可用于高压供油管道压力不能丧失的重要场合,或用于重要的装有动静压轴承的稀油循环润滑系统中的启动、慢速和停止阶段也不能暂时失压的情况,如果工作高压泵有故障,备用高压泵可取而代之;其工作介质为 N22~N460(相当于 ISO VG22-VG460)的各种工业润滑油 本系列尚用于任何时间均需保持高压压力形成的油膜,高压的丧失要造成设备磨损的场合,稀油润滑装置采用国产端向高压柱塞泵的最大泵口压力为 31.5MPa,高压供油压力≤20MPa,流量为 5~80L/min,若用其他型式高压泵时,高压流量及压力范围可根据泵性能做适当改变 稀油润滑装置的低压泵为两台,采用一用一备工作制,低压供油压力≤0.4~0.5MPa,流量为 40~630L/min,一用一备可以保证高压供油任何时间不致中断,保证整套稀油润滑装置的连续工作 稀油润滑装置的低压过滤精度为 0.12~0.08mm,高压泵入口过滤精度为 0.04~0.025mm,在润滑油介质黏度≤N100 时可用 GLC 型翅片管式冷却器,>N100 时用 GLL 型裸管冷却器。表中为 GLL 型冷却器水耗量,用 GLC 型时水耗量可比表 11-2-14 中数值减少 35%,在油箱上设有电加热器,在设备启动时,应将润滑油加热到接近 37℃ 以便油的吸入 可根据设备的不同要求来确定高低压的流量,一般低压可根据需要加大而无妨润滑系统的正常运行;但高压流量不能任意加大,因高压流量太大会导致低压压力和实际流量的减少 稀油润滑装置尚有联锁、报警、自控等功能;本稀油润滑装置的技术系统组成及性能参数应符合图 11-2-2 和表 11-2-14 的规定
工作原理与结构特点	本产品主要由油箱、两台高压泵装置、两台低压油泵装置、两台过滤精度不同的双筒网式过滤器、列管式油冷却器、各种控制阀门、仪表、电控柜等组成 本系列稀油润滑装置的低压油经过滤冷却后一部分外供,另一部分通过旁路再经过一个较高精度的双筒网式过滤器后进入高压泵入口,这种向高压泵入口压力输送润滑油的方式保证了较高黏度润滑油进入高压泵的可靠性,同时还提高了高压油的清洁度等级;但应注意低压泵的实际供油压力减去高压泵入口处滤器压差后的数值应小于高压泵入口处密封所允许的压力;低压供油压力小时,应尽量将高压入口处滤器的过滤精度降低些(即选取过滤精度数值较大者) 设备主机运行前,先启动低压泵工作,当低压供油压力、温度、流量等均正常且回油也正常时,再试备用泵的启动和停止也正常且能互换时,才能启动吸口连接于低压出油管道上的高压泵进行试车,待高压供油流量、压力、温度(可达 50℃)均正常时,并试验备用高压泵控制也正常时,再传出高压系统正常信号后,就可以考虑主机的启动
原理图及明细表	NGDR-C(5~80)/(40~630)型高低压稀油润滑装置系统原理见图 11-2-2,装置明细见表 11-2-13
技术性能	NGDR-C(5~80)/(40~630)型高低压稀油润滑装置技术性能参数见表 11-2-14

表 11-2-13　NGDR-C（5~80）/（40~630）型高低压稀油润滑装置明细表

序号	名称	数量	技术规范及说明
1	油箱	1	容积按规定
2	磁网过滤装置		数量由低压总流量确定
3	双金属温度计	1	仪表显示测量范围 -20~80℃
4	空气滤清器	1~2	规格数量由低压总流量确定
5	铂热电阻(双支三线制)	1	控制电加热器开、停及泵的启动
6	电加热器		电压 380V,数量由总功率经计算确定
7	液位控制器	1	设三个液位控制点(低位、故障低位及高位)
8	液位显示器	1	需要时可和积水报警器连接
9	低压泵装置	2	一用一备
10	安全阀(低压)	1	调压到 0.6~0.65MPa 溢油(当供油压力≤0.4MPa)
11	单向阀(低压)	2	规格由每台泵流量决定
12	双筒粗过滤器	1	过滤精度为 0.08~0.12mm,压差 $\Delta P \geq 0.15$MPa 报警
13	高压泵装置	2	规格由表 11-2-14 确定(一用一备)
14	DBD 型直动溢流阀	2	0~25MPa
15	单向阀(高压)	2	规格由高压泵流量决定
16	双筒精过滤器	2	过滤精度为 0.04~0.025mm,压差 $\Delta P \geq 0.15$MPa 报警

续表

序号	名称	数量	技术规范及说明
17	冷却器	1	主参数换热面积由计算确定,最好将 m^2 改为 kW(kcal/h)
18	双金属温度计	3	仪表显示测量范围-20~80℃
19	差压控制器(低压)	2	差压 $\Delta P \geq 0.15$MPa 时报警
20	压力表(低压)	2	0~1MPa,1.5 级
21	压力控制器(低压)	1~3	设三个压力控制触点
22	铂热电阻(双支三线制)	1	设三个温度控制触点
23	压力表	1	0~25MPa,1.5 级
24	压力表开关	3	和压力表配套
25	压力控制器(高压)	1~2	每个测点至少要有压力正常和压力低两个发讯点
26	可视流量开关	1	规格由低压流量确定

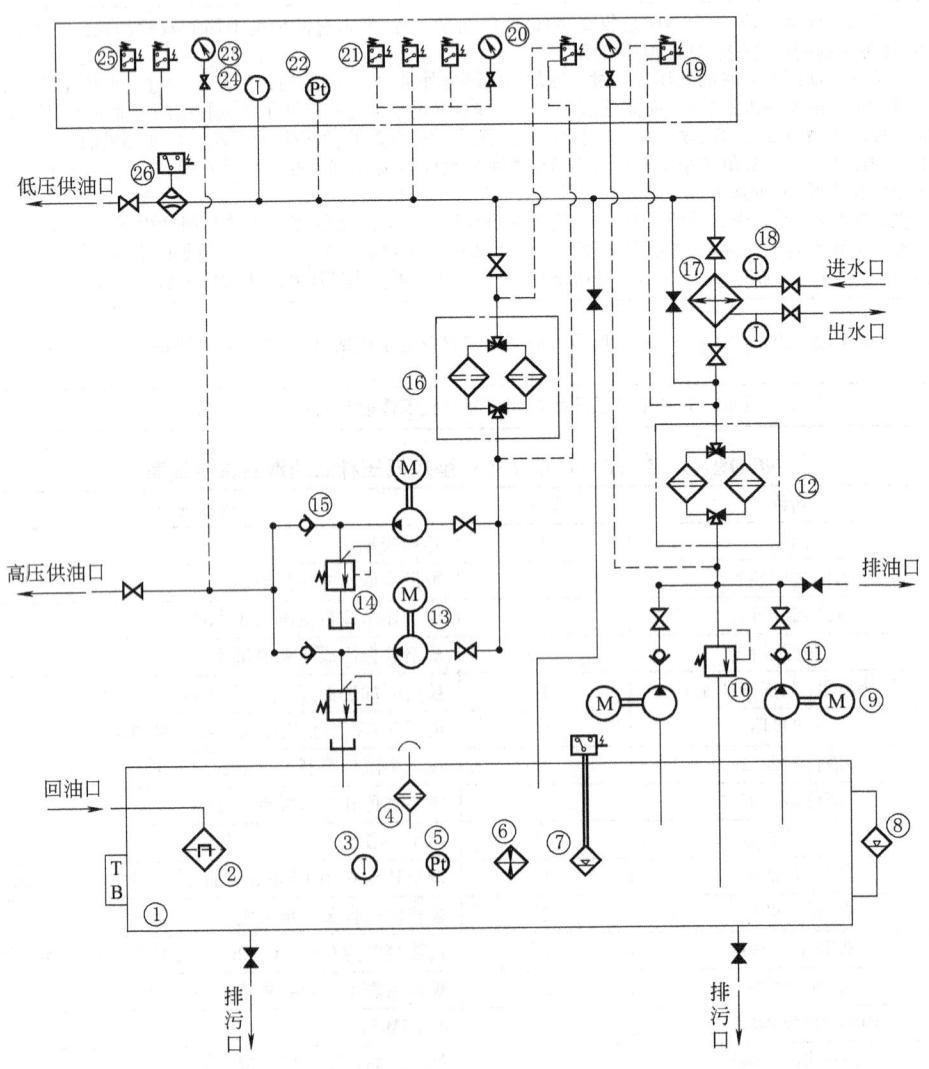

图 11-2-2 NGDR-C (5~80)/(40~630) 型高低压稀油润滑装置系统原理图

表 11-2-14　NGDR-C（5~80）/（40~630）型高低压稀油润滑装置技术性能参数表

参数		型号规格	NGDR-C 5/40~63	NGDR-C 10/63	NGDR-C 12.5/100	NGDR-C 16/125	NGDR-C 25/160	NGDR-C 32/200	NGDR-C 40/250	NGDR-C 50/400	NGDR-C 63/500	NGDR-C 80/630
低压系统（一用一备）		公称流量/(L/min)	40~63	63	100	125	160	200	250	400	500	630
		供油压力/MPa	≤0.4~0.5									
		供油温度/℃	40±3									
	电动机	型号	63L/min 为 Y1100L1-4(V1)		Y112M-4(V1)		Y132S-4		Y132M-4	Y160M-4	Y160L-4	
		功率/kW	≤2.2		4		5.5		7.5	11	15	
		转速/(r/min)	≤1430		1440					1460		
	油箱容积/m³		按 63L/min 为 1		1.6		6.3			10	16	
高压系统（二用一备）		油泵型号	5MCY 14-1B	10MCY 14-1B	13MCY 14-1B	10MCY 14-1B	25MCY 14-1B	32MCY 14-1B	40MCY 14-1B	32MCY 14-1B	63MCY 14-1B	80MCY 14-1B
		公称流量/(L/min)	5	10	12.5	16	25	32	40	50	63	80
		供油压力/MPa	≤20									
	电动机	型号	Y112M-6	Y132M2-6	Y132M-4	Y160L-6	Y180L-6	Y200L1-6	Y180L-4	Y225M-6	Y250M-6	
		功率/kW	2.2	5.5	7.5	11	15	18.5	22	30	37	
		转速/(r/min)	940	960	1440	970			1460	980		
粗过滤精度/mm			0.08~0.12(低压系统)									
精过滤精度/mm			0.025~0.04(高压入口)									
冷却面积/m²①			按 63L/min 为 5		6		11~12		23~24	34~35	50	
冷却水耗量/(m³/h)			≤6	6	9	11.5	15	18	22.5	36	45	56
电加热功率/kW			12		18		24			36	45	

① 冷却面积 m² 最好改为热交换量 kW（kcal/h）。

3）NGDR-D（25~160）/（160~800）型高低压稀油润滑装置

表 11-2-15

使用条件	本系列产品有二用一备共三台高压泵，因此比 NGDR-C 型系列产品多一个输出共有两个高压出口,总的高压输出流量可为 NGDR-C 型产品的一倍,如果任何一台高压工作泵出故障时,备用泵可取而代之,保证高压泵的两个高压输出管道都不会失压,满足了备用的需要。因为两台高压泵一般不会同时损坏,因此它可以用于双滑履动静压轴承等重要场合即不允许启动、慢速、停止时出现高压泵故障而导致失控的情况和双输出高压油不允许在高压管道即使暂时失压的情况,其工作介质为 N22~N460(相当于 ISO VG22~VG460)的各种工业润滑油 稀油润滑装置采用国产轴向高压柱塞泵的最大泵口压力为 31.5MPa,高压供油压力为 ≤20MPa,每台流量为 12.5~80L/min,若用其他型式高压泵时,高压流量及压力范围可以根据泵性能做适当改变 稀油润滑装置的低压泵为两台,采用一用一备工作制,低压供油压力 ≤0.4~0.5MPa,流量为 160~800L/min,一用一备可以保证高压供油源任何时间不致中断,保证整台稀油润滑装置的连续工作 稀油润滑装置的低压系统的过滤精度为 0.08~0.12mm,高压泵入口过滤精度为 0.04~0.025mm,在润滑油介质黏度 ≤N100 时可用 GLC 型翅片式管式冷却器,>N100 时用 GLL 型裸管冷却器。用 GLC 型时冷却水耗量应比表 11-2-17 所列数值减少 35%;在油箱上设有电加热器,在设备启用时,应将润滑油加热到接近 37℃,以便油的吸入 从系列中选择高低压流量时,高压流量必须满足,低压流量一般不要小于表 11-2-17 所列流量,而大则无妨;因低压流量过小时会影响到低压供油压力和实际流量的减少;若这种减少对实际系统无妨时则亦可行 低压供油最小流量为低压泵工作总(公称)流量 -3×(高压泵公称流量)。这是考虑备用高压泵启动时,低压供油最小流量的情况,要考虑此流量是否能满足外供低压流量的需要 稀油润滑装置尚有联锁、报警、自控等功能,本稀油润滑装置的系统原理见图 11-2-3,性能参数应符合表 11-2-17 的规定

工作原理与结构特点	本产品主要由油箱、三台高压油泵装置、两台低压泵装置、两台过滤精度不同的双筒网式过滤器、列管式油冷却器、各种控制阀门、仪表、电控柜等组成 本系列的低压油经过滤和冷却后一部分直接向外供油,另一部分经一个较高精度的低压双筒网式过滤器过滤后进入高压泵入口,这种向高压泵入口压力输送润滑油的方式,保证了较高黏度润滑油进入高压泵的可靠性,还提高了油的清洁度,但应注意高压泵的吸入口允许的实际压力不能大于低压泵实际供油压力减去高压泵吸入口前装的过滤器压差后的数值。选用高压泵吸入口允许最大压力可咨询泵制造商或用实泵测定 在主机启动前,先启动低压泵,当低压泵流量、供油压力、温度等均正常且回油也正常时,才能启动高压泵。两台工作泵均正常时,再试备用泵,在启动、停止均正常时,才能向主机发出"备妥"信号,此时才能启动主机
原理图及明细表	NGDR-D(25~160)/(160~800)高低压稀油润滑装置系统原理图见图11-2-3,装置明细见表11-2-16
技术性能参数	NGDR-D(25~160)/(160~800)高低压稀油润滑装置技术性能参数见表11-2-17

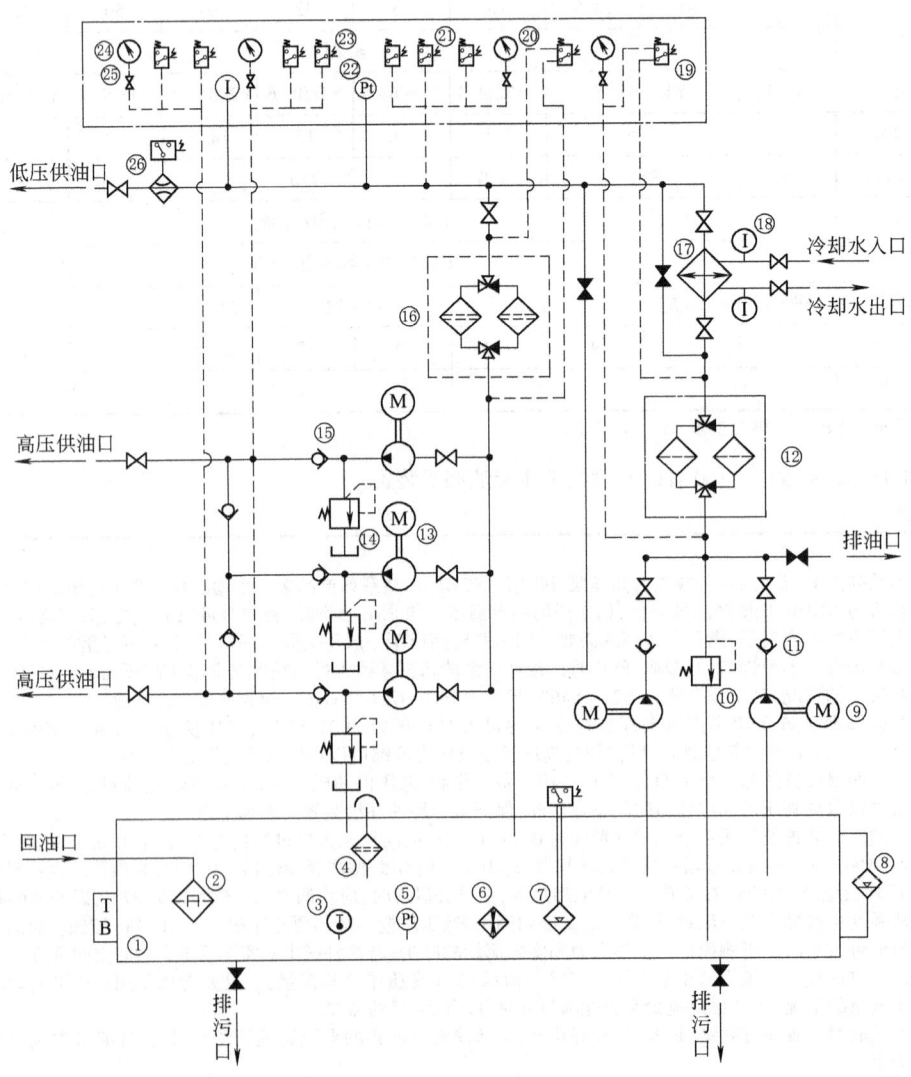

图 11-2-3　NGDR-D（25~160）/（160~800）高低压稀油润滑装置系统原理图

表 11-2-16　　NGDR-D（25~160）/（160~800）型高低压稀油润滑装置明细表

序号	名称	数量	技术规范及说明
1	油箱	1	容积按规定
2	磁网过滤装置		数量由低压总流量确定
3	双金属温度计	1	仪表显示测量范围-20~80℃
4	空气滤清器	1~2	规格数量由低压总流量确定
5	铂热电阻(双支三线制)	1	控制电加热器开、停及泵的启动
6	电加热器		电压380V，数量由总功率经计算确定
7	液位控制器	1	设三个液位控制点(低位、故障低位及高位)
8	液位显示器	1	需要时可和积水报警器连接
9	低压泵装置	2	一用一备
10	安全阀(低压)	1	调压到0.6~0.65MPa溢油(当供油压力≤0.4MPa)
11	单向阀(低压)	2	规格由每台泵流量决定
12	双筒粗过滤器	1	过滤精度为0.08~0.12mm，压差$\Delta P \geq 0.15$MPa报警
13	高压泵装置	3	规格由表11-2-17确定(二用一备)
14	DBD型直动溢流阀	3	0~25MPa
15	单向阀(高压)	5	规格由高压泵流量决定
16	双筒精过滤器	2	过滤精度为0.04~0.025mm，压差$\Delta P \geq 0.15$MPa报警
17	冷却器	1	主参数换热面积由计算确定，最好将m^2改为kW(kcal/h)
18	双金属温度计	3	仪表显示测量范围-20~80℃
19	差压控制器	2	差压$\Delta P = 0.15$MPa时报警
20	压力表(低压)	2	0~1MPa, 1.5级
21	压力控制器(低压)	1~3	设三个压力控制触点
22	铂热电阻(双支三线制)	1	设三个温度控制触点
23	压力控制器(高压)	2~4	每个测点至少要有压力正常和压力低二个发讯点
24	压力表	2	0~25MPa, 1.5级
25	压力表开关	4	和压力表配套
26	可视流量开关	1	规格由低压流量确定

表 11-2-17　　NGDR-D（25~160）/（160~800）型高低压稀油润滑装置技术性能参数表

参数		型号规格	NGDR-D 12.5×2/160	NGDR-D 16×2/200	NGDR-D 25×2/250	NGDR-D 32×2/315	NGDR-D 40×2/400	NGDR-D 50×2/500	NGDR-D 63×2/630	NGDR-D 80×2/800
低压系统(一用一备)	公称流量/(L/min)		160	200	250	315	400	500	630	800
	供油压力/MPa		≤0.4~0.5							
	供油温度/℃		40±3							
	电动机	型号	Y132S-4	Y132M-4	Y160M-4		Y160L-4		Y180L-4	
		功率/kW	5.5	7.5	11		15		22	
		转速/(r/min)	1440				1460			
油箱容积/m^3			6.3		10			16		20
高压系统(二用一备)	油泵型号		13MCY14-1B	10MCY14-1B	25MCY14-1B	32MCY14-1B	40MCY14-1B	32MCY14-1B	63MCY14-1B	80MCY14-1B
	公称流量/(L/min)		12.5	16	25	32	40	50	63	80
	供油压力/MPa		≤20							
	电动机	型号	Y132M2-6	Y132M-4	Y160L-6	Y180L-6	Y200L1-6	Y180L-4	Y225M-6	Y250M-6
		功率/kW	5.5	7.5	11	15	18.5	22	30	37
		转速/(r/min)	960	1440	970			1460	980	

续表

参数\型号规格	NGDR-D 12.5×2/160	NGDR-D 16×2/200	NGDR-D 25×2/250	NGDR-D 32×2/315	NGDR-D 40×2/400	NGDR-D 50×2/500	NGDR-D 63×2/630	NGDR-D 80×2/800
粗过滤精度/mm	0.08~0.12(低压系统)							
精过滤精度/mm	0.025~0.04(高压入口)							
冷却面积/m²①	11~12		23~24		34~35		50	70~80
冷却水耗量/(m³/h)	15	18	22.5	28	36	45	56	72
电加热功率/kW	24			36		45		54

① 冷却面积 m² 最好改为热交换量 kW（kcal/h）。

4）NGDR-ER（64~320）/（400~1600）型（采用 R 型径向柱塞泵）高低压稀油润滑装置（表 11-2-18）。

表 11-2-18

使用条件	本系列产品采用 R 型径向柱塞泵。作为四台高压泵装置，它从泵本体开始就分为 2、3、4……个高压输出分管道，即共 8、12、16……个高压管道输出；它适用于装有动静压轴承或静压止推轴承的磨机、风机、回转窑、电机等大型设备的稀油循环润滑系统中，除可代替 NGDR-A 型四台装置用于动静压轴承或 NGDR-B 型二台装置用于双滑履动静压轴承外，还可以以较多输出管道进入止推轴承的下部用以支承重量形成油膜，即起润滑静压轴承的作用，润滑介质黏度为 N22~N460（相当于 ISO VG22~VG460）的各种工业润滑油 润滑站采用四台配有多个压力接口的 R 型和 RG 型径向柱塞泵为高压泵装置，泵口最大压力为 25~70MPa，高压供油压力≤20MPa，R 型径向柱塞泵输出的组合很多（包括一台泵甚至可以有不同流量输出组合），可以满足多种不同数量和不同流量的管道输出的要求，如和 NGDR-E 型对应每台泵应有 2、3、4……个分管道输出。满足的方法很多，例如 2 和 4 个管道输出可采用 6012 系列双排泵和 6014 系列四排泵，以每排输出一个管道，而 3 个管道输出可采用 6016 系列六排泵分别两两相连成 3 个管道输出，即以每两排连接输出一个管道实现 3 个管道的输出，也可以用其他方法实现数根管道的同流量输出。本系列产品的高压最小流量还允许减少以满足不同需要 本系列采用四台工作高压泵，无备用泵，当有一台高压泵故障就不能保证设备的正常运行 稀油润滑站的低压泵为两台或三台，在低压总（公称）流量为≤630L/min 时为一用一备共两台低压泵，在低压总（公称）流量为≥1000L/min 时为二用一备共三台低压泵，即将低压总（公称）流量一分为二由两台低压泵共同供油，而一台备用泵的（公称）流量为总低压（公称）流量的一半，即二用一备共三台均为二分之一总（公称）流量的低压泵 稀油润滑站的低压系统过滤精度为 0.08~0.12mm，高压泵入口精过滤精度为 0.04~0.025mm，在润滑油介质黏度≤N100 时可用 GLC 型翅片管式冷却器，>N100 时用 GLL 型裸管冷却器，ER 型低压泵是相同的为 GLL 型冷却水耗量，若用 GLC 型时水耗量可减少 35%；在油箱上设有电加热器，在设备启动时，应将润滑油加热到 35~37℃以便油的吸入；可根据不同设备来选择高低压的流量，一般低压流量可任意加大而无妨润滑系统的正常运行；但高压流量不能任意加大，要考虑到高压流量相对太大时会影响低压压力和实际流量的减少
工作原理与结构特点	本系列产品主要由油箱、四台高压 R 型径向柱塞泵、两台或三台低压油泵装置、两台过滤精度不同的低压双筒网式过滤器、列管式冷却器、各种控制阀门、仪表、电控柜等组成 由于采用四台高压 R 型径向柱塞泵，它在每台泵本体就分成 2、3、4……个分管道，即润滑站出口处已分为 8、12、16……个高压输出管道。高压 R 型径向柱塞泵分解成几个分管道时，每个管道的流量较准（同步性能好）而压力也互不干涉，可根据负载和泄漏情况自动调整。泵价格较贵，但无压力补偿装置等附件，性能保证也较好，故可根据设备要求不同由用户或设计确定选型 本系列的低压油经过滤冷却后一部外供，另一部通过旁路再经过一个较高精度的双筒网式过滤器后进入高压泵入口，这种向高压泵入口压力输送润滑油的方式保证了较高黏度润滑油进入高压泵的可靠性，同时还提高了高压油的清洁度等级，这对提高高压泵寿命也是有益的。但应注意低压泵的实际供油压力减去高压泵入口处过滤器压差后的数值应在-0.03~0.15MPa 之间，若大于 0.15MPa，则此 R 型径向柱塞泵将不能用原型，在订货（包括设计图）时说明改订"A 型"，"A 型"R 型径向柱塞泵出厂时要将泵吸口处的一组密封反装，使此改型泵吸入口处允许压力可以大于 0.15MPa 在主机启动前，先试验低压泵，当低压供油压力、流量、温度等均正常回油也正常时，再试备用泵的启动也正常时，且 2~3 台低压泵要试互为工作和备用时也正常时，都试运行合格时，启动工作低压泵后才能启动吸口连接于低压供油管道上的四台 R 型径向柱塞泵，且观察全部"高压输出管道"的压力和流量均正常时，才能启动主机。若为动静压轴承，当主机欲停止或减速时，也要使 R 型径向柱塞高压泵先供油，且压力正常后才能停主机或降速。若要使 R 型径向柱塞供向静压轴承时，在主机运行时，这种无备用高压泵的 ER 型高低压稀油润滑站是不允许高压泵任一管道失压的
原理图及明细表	当低压工作泵（公称）流量≤630L/min 时，NGDR-ER(64~160)/(400~630)型高压稀油润滑装置系统原理图见图 11-2-4，装置明细表见表 11-2-19 当低压工作泵（公称）流量≥1000L/min 时，NGDR-ER(200~320)/(1000~1600)型高低压稀油润滑装置系统原理图见图 11-2-5，装置明细见表 11-2-20

技术性能	可参考南通市南方润滑液压设备有限公司 NGDR 型高低压稀油润滑站 2009 选型手册 P26 用普通轴向柱塞泵为高压泵的 NGDR-E(64~320)/(400~1600)型高低压稀油润滑站技术参数性能参数表,但有如下改变或区别: ①高压系统的油泵型号要改为 R 型径向柱塞高压泵的型号,其每台的公称流量(L/min)由具体 R 型径向柱塞泵的规格确定,一般不会是 NGDR-E 型流量系列中的整倍值,而一般是××.×L/min,这个数值尽量接近 NGDR-E 型中的整倍值即可 ②根据 R 型径向高压柱塞泵的具体流量及供油压力,按该型号泵计算功率的方法,得到电机所需最小功率,并靠上挡选择标准电机型号 ③ 本系列原定 16L/min 左右的四台 R 型径向柱塞泵为最小流量,若实际需要更小流量 R 型径向柱塞泵时,建议可扩展到以下两个小流量规格 ・NGDR-ER12.5×4/315 型(R 型径向柱塞泵每台流量在 12.5L/min 左右) ・NGDR-ER10×4/250 型(R 型径向柱塞泵每台流量在 10L/min 左右) 低压系统和其他技术性能参数将主要根据低压泵(公称)流量作相应变化

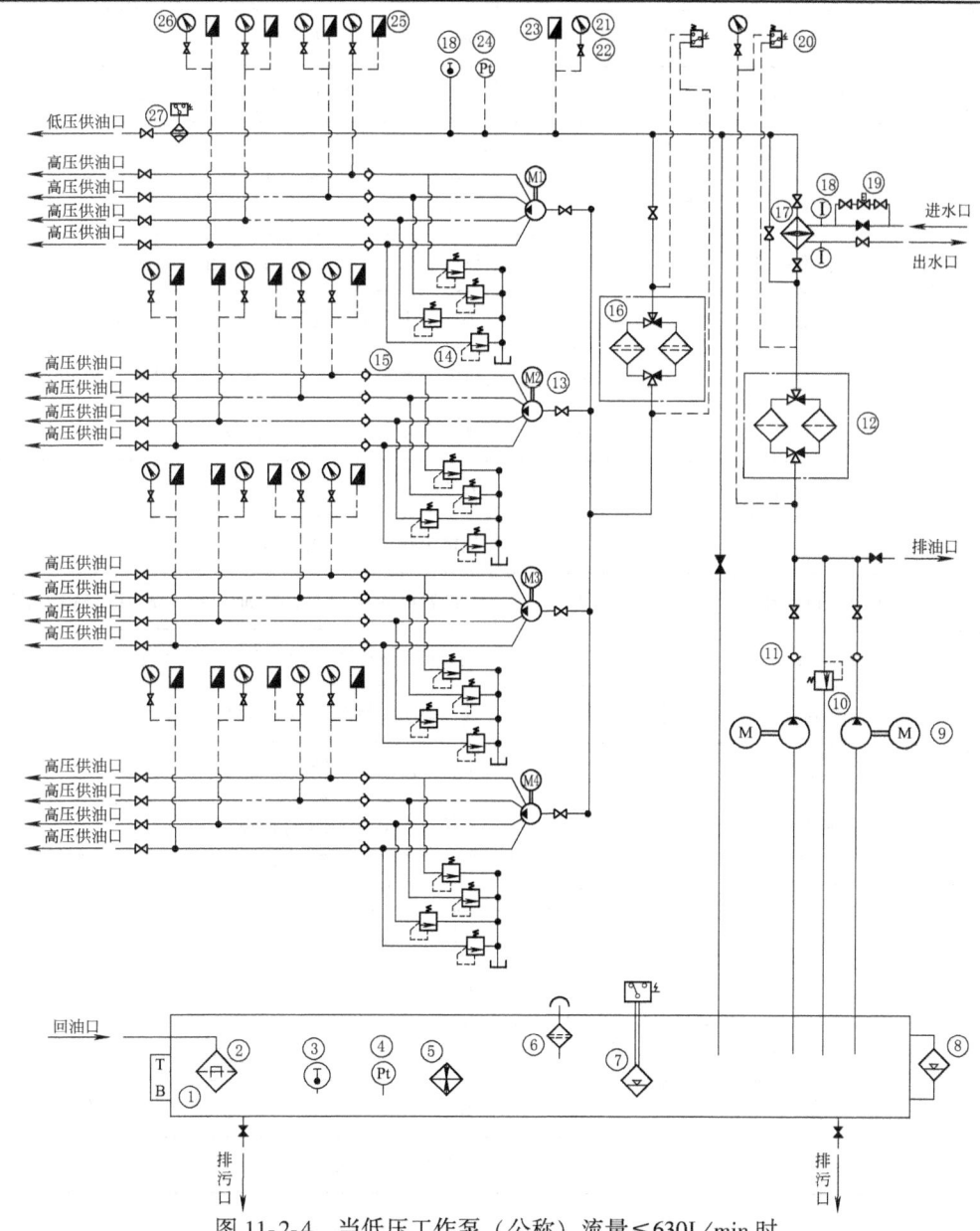

图 11-2-4 当低压工作泵(公称)流量≤630L/min 时
NGDR-ER (64~160)/(400~630) 型高低压稀油润滑装置系统原理图

表 11-2-19　当低压工作泵（公称）流量≤630L/min 时 NGDR-ER（64~160）/（400~630）型高低压稀油润滑装置明细表

序号	名称	数量	技术规范及说明
1	油箱	1	容积按规定
2	磁网过滤装置		数量由低压总流量确定
3	双金属温度计	1	仪表显示测量范围-20~80℃
4	铂热电阻(双支三线制)	1	控制电加热器开、停及泵的启动
5	电加热器		电压380V，数量由总功率经计算确定
6	空气滤清器	1~2	规格数量由低压总流量确定
7	液位控制器	1	设三个液位控制点(低位、故障低位及高位)
8	液位显示器	1	需要时可和积水报警器连接
9	低压泵装置	2	一用一备
10	安全阀(低压)	1	调压到0.6~0.65MPa溢油(当供油压力≤0.4MPa)
11	单向阀(低压)	2	规格由每台泵流量决定
12	双筒粗过滤器	1	过滤精度为0.08~0.12mm，压差$\Delta P \geqslant 0.15$MPa报警
13	高压泵装置	4	规格由采用的R型径向柱塞泵确定
14	DBD型直动溢流阀	16	0~25MPa
15	单向阀(高压)	16	规格由每个管道的流量决定
16	双筒精过滤器	1	过滤精度为0.04~0.025mm，压差$\Delta P \geqslant 0.15$MPa报警
17	冷却器	1	主参数换热面积由计算确定，最好将m^{2}改为kW(kcal/h)
18	双金属温度计	3	仪表显示测量范围-20~80℃
19	电磁水阀	1	规格由冷却水流量确定
20	差压控制器(低压)	2	差压$\Delta P=0.15$MPa时报警
21	压力表(低压)	2	0~1MPa，1.5级
22	压力表开关	18	和压力表配套
23	压力发送器(低压)	1	设三个压力控制触点
24	铂热电阻(双支三线制)	1	设三个温度控制触点
25	压力发送器(高压)	16	每个测点至少要有压力正常和压力低二个发讯点
26	压力表(高压)	16	0~25MPa，1.5级
27	可视流量开关	1	规格由低压流量确定

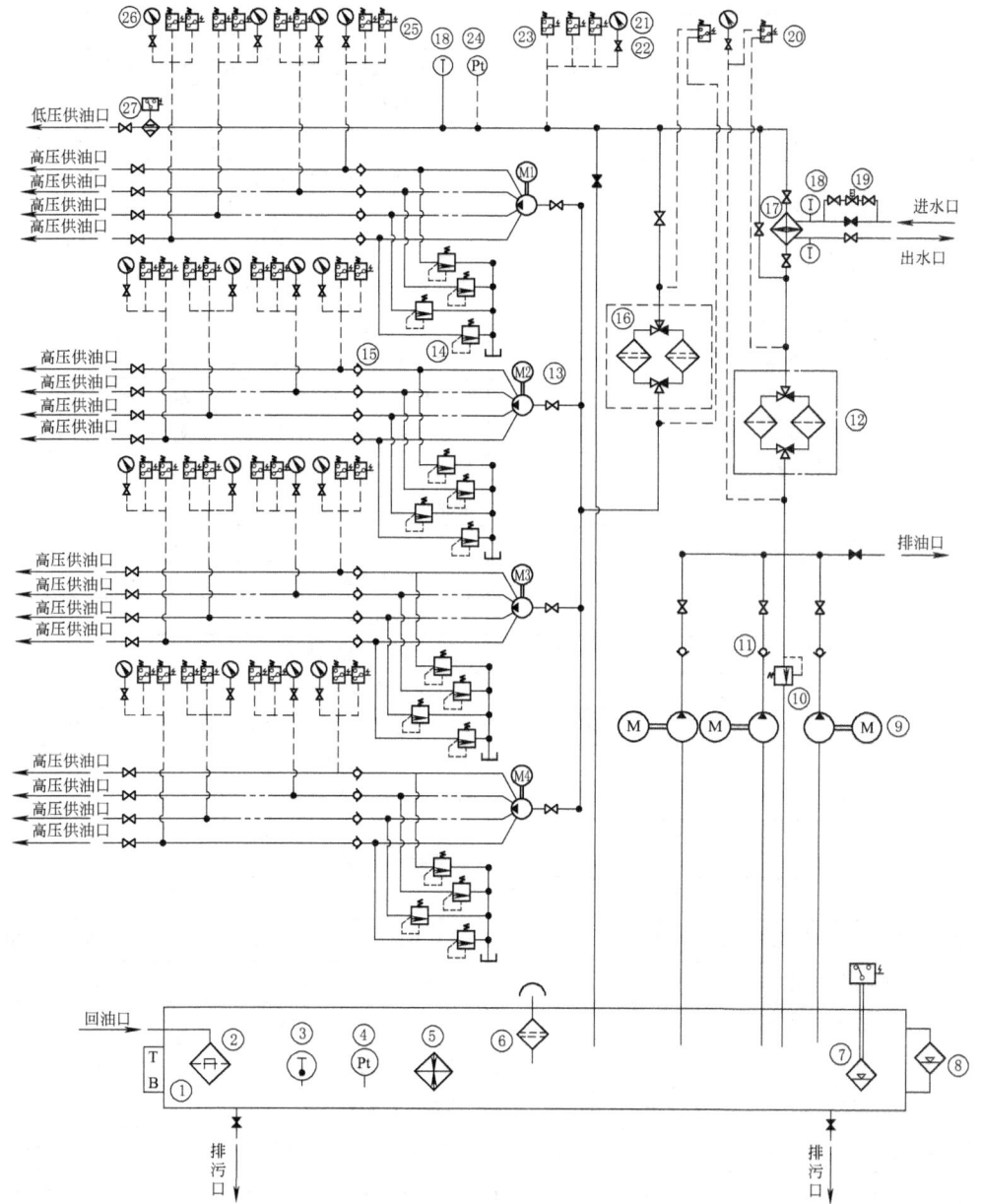

图 11-2-5 当低压工作泵（公称）流量≥1000L/min 时 NGDR-ER
(200~320)/(1000~1600) 型高低压稀油润滑装置系统原理图

表 11-2-20　　　　当低压工作泵（公称）流量≥1000L/min 时 NGDR-ER
(200~320)/(1000~1600) 型高低压稀油润滑装置明细表

序号	名称	数量	技术规范及说明
1	油箱	1	容积按规定
2	磁网过滤装置		数量由低压总流量确定
3	双金属温度计	1	仪表显示测量范围-20~80℃
4	铂热电阻(双支三线制)	1	控制电加热器开、停及泵的启动
5	电加热器		电压380V,数量由总功率经计算确定
6	空气滤清器	1~2	规格数量由低压总流量确定

续表

序号	名称	数量	技术规范及说明
7	液位控制器	1	设三个液位控制点(低位,故障低位及高位)
8	液位显示器	1	需要时可和积水报警器连接
9	低压泵装置	3	二用一备(单泵流量为总流量之半)
10	安全阀(低压)	1	调压到 0.6~0.65MPa 溢油(当供油压力≤0.4MPa)
11	单向阀(低压)	3	规格由每台泵流量决定
12	双筒粗过滤器	1	过滤精度为 0.08~0.12mm,压差 $\Delta P \geq 0.15$MPa 报警
13	高压泵装置	4	规格由采用的 R 型径向柱塞泵确定
14	DBD型直动溢流阀	16	0~25MPa
15	单向阀(高压)	16	规格由每个管道的流量决定
16	双筒精过滤器	1	过滤精度为 0.04~0.025mm,压差 $\Delta P \geq 0.15$MPa 报警
17	冷却器	1	主参数换热面积由计算确定,最好将 m^2 改为 kW(kcal/h)
18	双金属温度计	3	仪表显示测量范围-20~80℃
19	电磁水阀	1	规格由冷却水流量确定
20	差压控制器(低压)	2	差压 $\Delta P = 0.15$MPa 时报警
21	压力表(低压)	2	0~1MPa,1.5 级
22	压力表开关	18	和压力表配套
23	压力控制器(低压)	1~3	设三个压力控制触点
24	铂热电阻(双支三线制)	1	设三个温度控制触点
25	压力控制器(高压)	16~32	每个测点至少要有压力正常和压力低二个发讯点
26	压力表	16	0~25MPa,1.5 级
27	可视流量开关	1	规格由低压流量确定

附录　　润滑产品主要供应商联系信息

公司名称	邮编	地址	电话
南通市南方润滑液压设备有限公司	226200	启东市经济开发区纬二路 236~238 号	0513-83110060
启东市南方润滑液压设备有限公司	226255	启东市惠萍镇工业区	0513-83791888
常州市华立液压润滑设备有限公司	213115	常州市天宇区郑陆镇三河口街	0519-88675056
四川川润液压润滑设备有限公司	611743	成都市现代工业港港北 6 路 85 号	028-65028886
江苏江海润液设备有限公司	226200	启东市发展路 9 号	0513-83777434
启东中冶润滑液压设备有限公司	226200	启东市经济开发区城北工业园跃龙路 16 号	0513-83250190
江苏澳瑞思液压润滑设备有限公司	226200	启东市科技创业园青年东路 6 号	0513-83637418
南通市博南润滑液压设备有限公司	226200	启东市开发区灵峰路 1133 号	0513-83122033

第 3 章 润滑剂

1 润滑剂选用的一般原则

1.1 润滑剂的基本类型

润滑剂是加入两个相对运动表面之间，能减少或避免摩擦磨损的物质。常用的润滑剂分类参见图 11-3-1。各类润滑剂的特性见表 11-3-1。当选用的矿物润滑油不能满足要求时可考虑采取的解决方案见表 11-3-2。

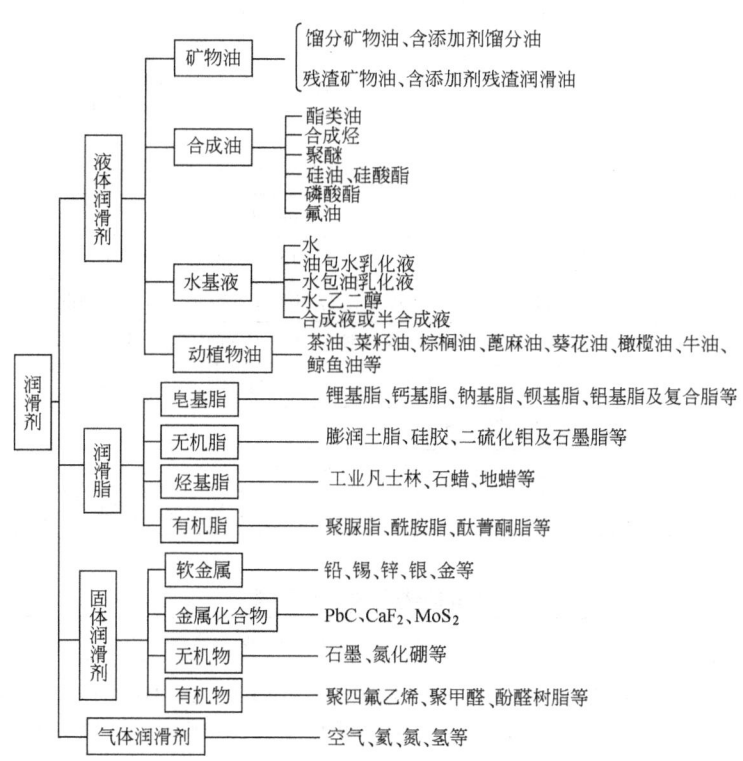

图 11-3-1 润滑剂分类

1.2 润滑剂选用的一般原则

润滑剂的选择，首先必须满足减少摩擦副相对运动表面间摩擦阻力和能源消耗、降低表面磨损的要求；可以延长设备使用寿命，保障设备正常运转，同时解决冷却、污染和腐蚀问题。在实际应用中，最好的润滑剂应当是在满足摩擦副工作需要的前提下,润滑系统简单,容易维护,资源容易取得,价格最便宜。具体选择时,根据机械设备系统的技术功能、周围环境和使用工况如载荷(或压力)、速度和工作温度(包括由摩擦所引起的温升)、工作时间以及摩擦因数、磨损率、振动数据等选用合适的润滑剂。润滑剂选用的一般原则见表 11-3-3。

表 11-3-1　　　　　　　　　　　　　各类润滑剂的特性

特　性	液体润滑剂			润滑脂	固体润滑剂
	普通矿物油	含添加剂的矿物油	合成油		
边界润滑性	还好	好~极好	差~极差	好~极好	好~极好
冷却性	很好	很好	还好	差	很差
抗摩擦和摩擦力矩性	还好	好	还好	还好	差~还好
黏附在轴承上不泄失的性能	差	差	很坏~差	好	很好
密封防污染物的性能	差	差	差	很好	还好~极好
使用温度范围	好	很好	还好~极好	很好①	极好
抗大气腐蚀性	差~好	极好	差~好	极好	差
挥发性(低为好)	还好	还好	还好~极好	好	极好
可燃性(低为好)	差	差	还好~极好	差	还好~极好
配伍性	还好	还好	很坏~差	还好	极好
价格	很低	低	高~很高	较高	高
决定使用寿命的因素	变质和污染	污染	变质和污染	变质	磨损

① 取决于稠化前的原料油。

表 11-3-2　　　　　　　　当选用的矿物润滑油不能满足要求时可考虑的解决方法

问　题	可考虑的解决方法
负荷太大	(1)黏度较大的油;(2)极压油;(3)润滑脂;(4)固体润滑剂
速度太高(可能使温度过高)	(1)增加润滑油量或油循环量;(2)黏度较小的油;(3)气体润滑
温度太高	(1)添加剂或合成油;(2)黏度较大的油;(3)增加油量或油循环量;(4)固体润滑剂
温度太低	(1)较低黏度的油;(2)合成油;(3)固体润滑剂;(4)气体润滑
太多磨屑	增加油量或油循环量
污染	(1)油循环系统;(2)润滑脂;(3)固体润滑剂
需要较长寿命	(1)黏度较大的油;(2)添加剂或合成油;(3)增加油量或油循环系统;(4)润滑脂

表 11-3-3　　　　　　　　　　　　　润滑剂选用的一般原则

考虑因素		选　用　原　则
工作范围	运动速度	两摩擦面相对运动速度愈高,其形成油楔的作用也愈强,故在高速的运动副上采用低黏度润滑油和锥入度较大(较软)的润滑脂;反之,应采用黏度较大的润滑油和锥入度较小的润滑脂
	载荷大小	运动副的载荷或压强愈大,愈应选用黏度大或油性好的润滑油;反之,载荷愈小,选用润滑油的黏度应愈小 各种润滑油均具有一定的承载能力,在低速、重载荷的运动副上,首先考虑润滑油的允许承载能力。在边界润滑的重载荷运动副上,应考虑润滑油的极压性能
	运动情况	冲击振动载荷将形成瞬时极大的压强,而往复与间歇运动对油膜的形成不利,故均应采用黏度较大的润滑油。有时宁可采用润滑脂(锥入度较小)或固体润滑剂,以保证可靠的润滑

续表

考虑因素		选 用 原 则
周围环境	温度	环境温度低时,运动副应采用黏度较小、凝点低的润滑油和锥入度较大的润滑脂;反之,则采用黏度较大、闪点较高、油性好以及氧化安定性强的润滑油和滴点较高的润滑脂。温度升降变化大的,应选用黏温性能较好的(即黏度变化比较小)润滑油
	潮湿条件	在潮湿的工作环境,或者与水接触较多的工作条件下,一般润滑油容易变质或被水冲走,应选用抗乳化能力较强和油性、防锈蚀性能较好的润滑剂。润滑脂(特别钙基、锂基、钡基等)有较强的抗水能力,宜用于潮湿的条件。但不能选用钠基脂
	尘屑较多地方	密封有一定困难的场合,采用润滑脂可起到一定的隔离作用,防止尘屑的侵入。在系统密封较好的场合,可采用带有过滤装置的集中循环润滑方法。在化学气体比较严重的地方,最好采用有耐蚀性能的润滑油
摩擦副表面	间隙	间隙愈小,润滑油的黏度应愈低,因低黏度润滑油的流动和楔入能力强,能迅速进入间歇小的摩擦副起润滑作用
	加工精度	表面粗糙,要求使用黏度较大的润滑油或锥入度较小的润滑脂;反之,应选择黏度较小的润滑油或锥入度较大的润滑脂
	表面位置	在垂直导轨、丝杠上以及外露齿轮、链条、钢丝绳润滑油容易流失,选用黏度较大的润滑油。立式轴承宜选用润滑脂,这样可以减少流失,保证润滑
润滑装置的特点		在循环润滑系统以及油芯或毛毡滴油系统,要求润滑油具有较好的流动性,采用黏度较小的润滑油。对于循环润滑系统,还要求润滑油抗氧化安定性较高、机械杂质要少,以保证系统长期的清洁 在集中润滑系统中采用的润滑脂,其锥入度应该大些,便于输送 在飞溅及油雾润滑系统中,为减轻润滑油的氧化作用,应选用有抗氧化添加剂的润滑油 对人工间歇加油的装置,则应采用黏度大一些的润滑油,以免迅速流失

2 常用润滑油

2.1 润滑油的主要质量指标

2.1.1 黏度

黏度是液体,拟液体或拟固体物质抗流动的体积特性,即受外力作用而流动时,分子间所呈现的内摩擦或流动内阻力。黏度是各种润滑油分类分级和评定产品质量的主要指标,对选用生产和使用润滑油都有着重要意义。

(1) 黏度的表示方法

通常黏度的大小可用动力黏度、运动黏度和条件黏度来表示。具体表示方法见表 11-3-4。

表 11-3-4　　　　　　　　　　润滑油黏度表示方法

名 称	定 义	单 位
动力黏度(η)	表示液体在一定剪切应力下流动时,内摩擦力的量度,其值为所加于流动液体的剪切应力与剪切速率之比	$Pa \cdot s$ 或 $mPa \cdot s$ $1Pa \cdot s = 10^3 mPa \cdot s$ 一般常用 $mPa \cdot s$
运动黏度(ν)	表示液体在重力作用下流动时,内摩擦力的量度。其值为相同温度下液体的动力黏度与其密度之比	m^2/s 或 mm^2/s,$1m^2/s = 10^6 mm^2/s$
条件黏度	采用不同的特定黏度计所测得的黏度以条件黏度表示。较常用的有恩氏黏度、赛氏黏度和雷氏黏度等	°E、s、s

(2) 工业用润滑油黏度分类

润滑油的牌号大部分是以一定温度（通常是40℃或100℃）下的运动黏度范围的中心值来划分的,是选用润滑油的主要依据。工业液体润滑剂黏度分类标准见表 11-3-5 和表 11-3-8。工业用润滑油产品新旧黏度对照见图 11-3-2。表 11-3-6 是内燃机油黏度分类表（GB/T 14906—1994），表 11-3-7 是美国 SAE J300—1999 内燃机油黏度分类表；表 11-3-9 是车辆驱动桥和手动变速器润滑剂黏度分类（GB/T 17477—2012）。

表 11-3-5　　　　工业液体润滑剂 ISO 黏度分类（摘自 GB/T 3141—1994）

ISO 黏度等级	中间点运动黏度 (40℃)/mm²·s⁻¹	运动黏度范围(40℃)/mm²·s⁻¹ 最小	运动黏度范围(40℃)/mm²·s⁻¹ 最大	ISO 黏度等级	中间点运动黏度 (40℃)/mm²·s⁻¹	运动黏度范围(40℃)/mm²·s⁻¹ 最小	运动黏度范围(40℃)/mm²·s⁻¹ 最大
2	2.2	1.98	2.42	100	100	90.0	110
3	3.2	2.88	3.52	150	150	135	165
5	4.6	4.14	5.06				
7	6.8	6.12	7.48	220	220	198	242
10	10	9.00	11.0	320	320	288	352
15	15	13.5	16.5	460	460	414	506
22	22	19.8	24.2	680	680	612	748
32	32	28.8	35.2				
46	46	41.4	50.6	1000	1000	900	1100
				1500	1500	1350	1650
68	68	61.2	74.8	2200	2200	1980	2420
				3200	3200	2880	3520

注：1. 对于某些 40℃ 运动黏度等级大于 3200 的产品，如某些含高聚物或沥青的润滑剂，可以参照本分类表中的黏度等级设计，只要把运动黏度测定温度由 40℃ 改为 100℃，并在黏度等级后加后缀符号 "H" 即可。如黏度等级为 15H，则表示该黏度等级是采用 100℃ 运动黏度确定的，它在 100℃ 时的运动黏度范围应为 13.5~16.5mm²/s。

2. 本黏度等级分类标准不适用于内燃机油和车辆齿轮油。

表 11-3-6　　　　内燃机油的黏度分类（摘自 GB/T 14906—1994）

黏度等级号	低温黏度[①]/mPa·s 不大于		边界泵送温度[②]/℃ 不高于	运动黏度[③](100℃)/mm²·s⁻¹ 不小于	
0W	3250	在 −30℃	−35	3.8	—
5W	3500	在 −25℃	−30	3.8	—
10W	3500	在 −20℃	−25	4.1	—
15W	3500	在 −15℃	−20	5.6	—
20W	4500	在 −10℃	−15	5.6	—
25W	6000	在 −5℃	−10	9.3	—
20	—		—	5.6	9.3
30	—		—	9.3	小于 12.5
40	—		—	12.5	小于 16.3
50	—		—	16.3	小于 21.9
60	—		—	21.9	小于 26.1

① 采用 GB/T 6538 方法测定。
② 对于 0W、20W 和 25W 油采用 GB/T 9171 方法测定，对于 5W、10W 和 15W 油采用 SH/T 0562 方法测定。
③ 采用 GB 265 方法测定。

表 11-3-7　　　　SAE J300—2015 发动机油黏度分类

黏度级别	低温黏度		高温黏度		
	低温启动黏度 (最大)/mPa·s	低温泵送黏度 (最大)/mPa·s	100℃时低剪切速率 的运动黏度/(mm²/s)		150℃时高剪切速率的动力 黏度(最小)/mPa·s
			最小	最大	
0W	6200(−35℃)	60000(−40℃)	3.8	—	—
5W	6600(−30℃)	60000(−35℃)	3.8	—	—
10W	7000(−25℃)	60000(−30℃)	4.1	—	—
15W	7000(−20℃)	60000(−25℃)	5.6	—	—
20W	9500(−15℃)	60000(−20℃)	5.6	—	—
25W	13000(−10℃)	60000(−15℃)	9.3	—	—
8	—	—	4	<6.1	1.7
12	—	—	5	<7.1	2.0
16	—	—	6.1	<8.2	2.3
20	—	—	6.9	<9.3	2.6
30	—	—	9.3	<12.5	2.9
40	—	—	12.5	<16.3	3.5(0W-40,5W-40 和 10W-40)
40	—	—	12.5	<16.3	3.7(15W-40,20W-40,25W-40,40)
50	—	—	16.3	<21.9	3.7
60	—	—	21.9	<26.1	3.7

表 11-3-8　不同的黏度指数在各种温度下具有相应的运行黏度的 ISO 黏度分类（摘自 GB/T 3141—1994）

不同的黏度指数在其他温度时运动黏度近似值　　　　　mm²·s⁻¹

ISO 黏度等级	运行黏度范围 40℃	黏度指数(VI)=0 20℃	黏度指数(VI)=0 37.8℃	黏度指数(VI)=0 50℃	黏度指数(VI)=50 20℃	黏度指数(VI)=50 37.8℃	黏度指数(VI)=50 50℃	黏度指数(VI)=95 20℃	黏度指数(VI)=95 37.8℃	黏度指数(VI)=95 50℃
2	1.98~2.42	(2.82~3.67)	(2.05~2.52)	(1.69~2.03)	(2.87~3.69)	(2.05~2.52)	(1.69~2.03)	(2.92~3.71)	(2.06~2.52)	(1.69~2.03)
3	2.88~3.52	(4.60~5.99)	(3.02~3.71)	(2.37~2.83)	(4.59~5.92)	(3.02~3.70)	(2.38~2.84)	(4.58~5.83)	(3.01~3.69)	(2.39~2.86)
5	4.14~5.06	(7.39~9.60)	(4.38~5.38)	(3.27~3.91)	(7.25~9.35)	(4.37~5.37)	(3.29~3.95)	(7.09~9.03)	(4.36~5.35)	(3.32~3.99)
7	6.12~7.48	(12.3~16.0)	(6.55~8.05)	(4.63~5.52)	(11.9~15.3)	(6.52~8.01)	(4.68~5.61)	(11.4~14.4)	(6.50~7.98)	(4.76~5.72)
10	9.00~11.0	20.2~25.9	9.73~12.0	6.53~7.83	19.1~24.5	9.68~11.9	6.65~7.99	18.1~23.1	9.64~11.8	6.78~8.14
15	13.5~16.5	35.5~43.0	14.7~18.1	9.43~11.3	31.6~40.6	14.7~18.0	9.62~11.5	29.8~38.3	14.6~17.9	9.80~11.8
22	19.8~24.2	54.2~69.8	21.8~26.8	13.3~16.0	51.0~65.8	21.7~26.6	13.6~16.3	48.0~61.7	21.6~26.5	13.9~16.6
32	28.8~35.2	87.7~115	32.0~39.4	18.6~22.2	82.6~108	31.9~39.2	19.0~22.6	76.9~98.7	31.7~38.9	19.4~23.3
46	41.4~50.6	144~189	46.6~57.4	25.5~30.3	133~172	46.3~56.9	26.1~31.3	120~153	45.9~56.3	27.0~32.5
68	61.2~74.8	242~315	69.8~98.8	35.9~42.8	219~283	69.2~85.0	37.1~44.4	193~244	68.4~83.9	38.7~46.6
100	90.0~110	402~520	104~127	50.4~60.3	356~454	103~126	52.4~63.0	303~383	101~124	55.3~66.6
150	135~165	672~862	157~194	72.5~85.9	583~743	155~191	75.9~91.2	486~614	153~188	80.6~97.1
220	198~242	1080~1390	233~286	102~123	927~1180	230~282	108~129	761~964	226~277	115~138
320	288~352	1720~2210	341~419	144~172	1460~1870	337~414	151~182	1180~1500	331~406	163~196
460	414~506	2700~3480	495~608	199~239	2290~2930	488~599	210~252	1810~2300	478~587	228~274
680	612~748	4420~5680	739~908	283~339	3700~4740	728~894	300~360	2880~3650	712~874	326~393
1000	900~1100	7170~9230	1100~1350	400~479	5960~7640	1080~1330	425~509	4550~5780	1050~1290	466~560
1500	1350~1650	11900~15400	1600~2040	575~688	9850~12600	1640~2010	613~734	7390~9400	1590~1960	676~812
2200	1980~2420	19400~25200	2460~3020	810~970	15900~20400	2420~2970	865~1040	11710~15300	2350~2890	950~1150
3200	2880~3520	31180~40300	3610~4435	1130~1355	25360~32600	3350~4360	1210~1450	18450~24500	3450~4260	1350~1620

注：括号内数据为概略值。

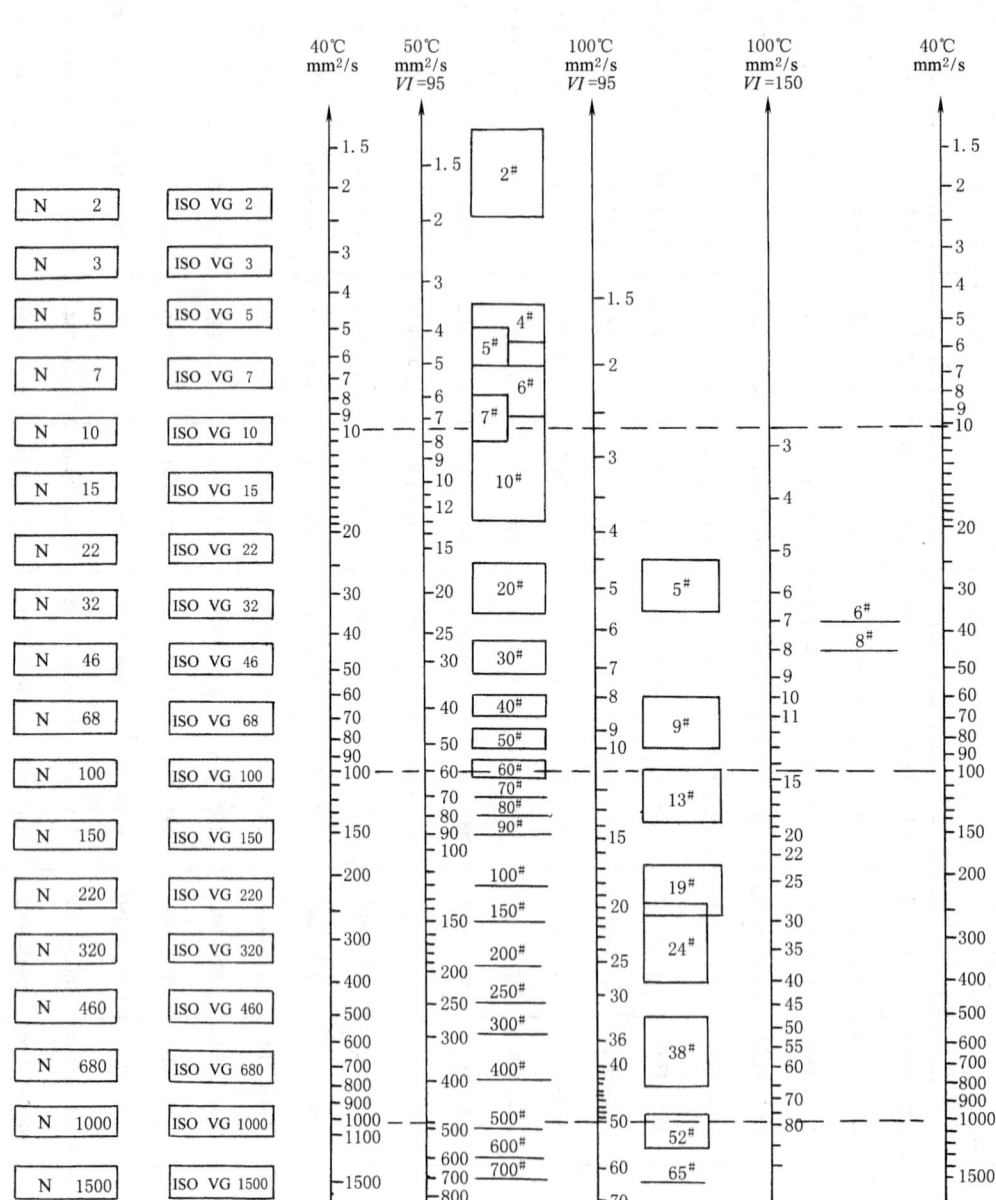

图 11-3-2　工业用润滑油新旧黏度牌号对照参考图

注：工业用润滑油产品中压缩机油、汽缸油、液力油等原系按100℃运动黏度中心值分牌号，其他油原先按50℃运动黏度中心值分牌号。

如相当于旧牌号为20#（按50℃运动黏度分牌号）的普通液压油，其新牌号为N32。

表 11-3-9　　汽车齿轮润滑剂黏度分类（摘自 GB/T 17477—2012）

黏度等级	最高温度 （黏度达 150000mPa·s） /℃	最低黏度（100℃） /mm²·s⁻¹	最高黏度（100℃） /mm²·s⁻¹
70W	−55	4.1	—
75W	−40	4.1	—
80W	−26	7.0	—
85W	−12	11.0	—
90	—	13.5	<24.0
140	—	24.0	<41.0
250	—	41.0	—

（3）黏度换算

表 11-3-10　　运动黏度单位换算

米²/秒 (m²·s⁻¹)	厘米²/秒（斯）[①] (cm²·s⁻¹)	毫米²/秒（厘斯） (mm²·s⁻¹)	米²/时 (m²·h⁻¹)	码²/秒 (yd²·s⁻¹)	英尺²/秒 (ft²·s⁻¹)	英尺²/时 (ft²·h⁻¹)
1	10⁴	10⁶	3600	1.196	10.76	38.75×10³
10⁻⁴	1	100	0.36	119.6×10⁻⁶	1.0706×10⁻³	3.875
10⁻⁶	0.01	1	3.6×10⁻³	1.196×10⁻⁶	10.76×10⁻⁶	38.75×10⁻³
277.8×10⁻⁶	2.778	277.8	1	332×10⁻⁶	2.99×10⁻³	10.76
0.836	8.36×10³	836×10³	3010	1	9	32400
92.9×10⁻³	929	92.9×10³	334.57	0.111	1	3600
25.8×10⁻⁶	0.258	25.8	92.9×10⁻³	30.9×10⁻⁶	278×10⁻⁶	1

① "斯"是"斯托克斯"（厘米²/秒）的习惯称呼。

表 11-3-11　　动力黏度单位换算

公斤力·秒/米² (kgf·s·m⁻²)	帕斯卡·秒 (Pa·s)	达因·秒/厘米² （泊）(P)	公斤力·时/米² (kgf·h·m⁻²)	牛顿·时/米² (N·h·m⁻²)	磅力·秒/英尺² (lbf·s·ft⁻²)	磅力·秒/英寸² (lbf·s·in⁻²)
1	9.81	98.1	278×10⁻⁶	2.73×10⁻³	0.205	1.42×10⁻³
0.102	1	10	28.3×10⁻⁶	278×10⁻⁶	20.9×10⁻³	1.45×10⁻⁴
10.2×10⁻³	0.1	1	2.83×10⁻⁶	27.8×10⁻⁶	2.09×10⁻³	1.45×10⁻⁵
3600	35.3×10³	353×10³	1	9.81	738	5.12
367	3600	36×10³	0.102	1	75.3	0.52
4.88	47.88	478.8	1.356×10⁻³	13.3×10⁻³	1	6.94×10⁻³
703	6894.7	68947.6	0.195	1.91	144	1

表 11-3-12　运动黏度与恩氏黏度换算（摘自 GB/T 265—1988）

运动黏度 /mm²·s⁻¹	恩氏黏度 /°E	运动黏度 /mm²·s⁻¹	恩氏黏度 /°E	运动黏度 /mm²·s⁻¹	恩氏黏度 /°E	运动黏度 /mm²·s⁻¹	恩氏黏度 /°E	运动黏度 /mm²·s⁻¹	恩氏黏度 /°E
1.00	1.00	4.70	1.36	8.40	1.71	13.2	2.17	20.6	3.02
1.10	1.01	4.80	1.37	8.50	1.72	13.4	2.19	20.8	3.04
1.20	1.02	4.90	1.38	8.60	1.73	13.6	2.21	21.0	3.07
1.30	1.03	5.00	1.39	8.70	1.74	13.8	2.24	21.2	3.09
1.40	1.04	5.10	1.40	8.80	1.74	14.0	2.26	21.4	3.12
1.50	1.05	5.20	1.41	8.90	1.75	14.2	2.28	21.6	3.14
1.60	1.06	5.30	1.42	9.00	1.76	14.4	2.30	21.8	3.17
1.70	1.07	5.40	1.42	9.10	1.77	14.6	2.33	22.0	3.19
1.80	1.08	5.50	1.43	9.20	1.78	14.8	2.35	22.2	3.22
1.90	1.09	5.60	1.44	9.30	1.79	15.0	2.37	22.4	3.24
2.00	1.10	5.70	1.45	9.40	1.80	15.2	2.39	22.6	3.27
2.10	1.11	5.80	1.46	9.50	1.81	15.4	2.42	22.8	3.29
2.20	1.12	5.90	1.47	9.60	1.82	15.6	2.44	23.0	3.31
2.30	1.13	6.00	1.48	9.70	1.83	15.8	2.46	23.2	3.34
2.40	1.14	6.10	1.49	9.80	1.84	16.0	2.48	23.4	3.36
2.50	1.15	6.20	1.50	9.90	1.85	16.2	2.51	23.6	3.39
2.60	1.16	6.30	1.51	10.0	1.86	16.4	2.53	23.8	3.41
2.70	1.17	6.40	1.52	10.1	1.87	16.6	2.55	24.0	3.43
2.80	1.18	6.50	1.53	10.2	1.88	16.8	2.58	24.2	3.46
2.90	1.19	6.60	1.54	10.3	1.89	17.0	2.60	24.4	3.48
3.00	1.20	6.70	1.55	10.4	1.90	17.2	2.62	24.6	3.51
3.10	1.21	6.80	1.56	10.5	1.91	17.4	2.65	24.8	3.53
3.20	1.21	6.90	1.56	10.6	1.92	17.6	2.67	25.0	3.56
3.30	1.22	7.00	1.57	10.7	1.93	17.8	2.69	25.2	3.58
3.40	1.23	7.10	1.58	10.8	1.94	18.0	2.72	25.4	3.61
3.50	1.24	7.20	1.59	10.9	1.95	18.2	2.74	25.6	3.63
3.60	1.25	7.30	1.60	11.0	1.96	18.4	2.76	25.8	3.65
3.70	1.26	7.40	1.61	11.2	1.98	18.6	2.79	26.0	3.68
3.80	1.27	7.50	1.62	11.4	2.00	18.8	2.81	26.2	3.70
3.90	1.28	7.60	1.63	11.6	2.01	19.0	2.83	26.4	3.73
4.00	1.29	7.70	1.64	11.8	2.03	19.2	2.86	26.6	3.76
4.10	1.30	7.80	1.65	12.0	2.05	19.4	2.88	26.8	3.78
4.20	1.31	7.90	1.66	12.2	2.07	19.6	2.90	27.0	3.81
4.30	1.32	8.00	1.67	12.4	2.09	19.8	2.92	27.2	3.83
4.40	1.33	8.10	1.68	12.6	2.11	20.0	2.95	27.4	3.86
4.50	1.34	8.20	1.69	12.8	2.13	20.2	2.97	27.6	3.89
4.60	1.35	8.30	1.70	13.0	2.15	20.4	2.99	27.8	3.92

续表

运动黏度 /mm²·s⁻¹	恩氏黏度 /°E	运动黏度 /mm²·s⁻¹	恩氏黏度 /°E	运动黏度 /mm²·s⁻¹	恩氏黏度 /°E	运动黏度 /mm²·s⁻¹	恩氏黏度 /°E	运动黏度 /mm²·s⁻¹	恩氏黏度 /°E
28.0	3.95	35.4	4.90	42.8	5.86	50.2	6.83	57.6	7.81
28.2	3.97	35.6	4.92	43.0	5.89	50.4	6.86	57.8	7.83
28.4	4.00	35.8	4.95	43.2	5.92	50.6	6.89	58.0	7.86
28.6	4.02	36.0	4.98	43.4	5.95	50.8	6.91	58.2	7.88
28.8	4.05	36.2	5.00	43.6	5.97	51.0	6.94	58.4	7.91
29.0	4.07	36.4	5.03	43.8	6.00	51.2	6.96	58.6	7.94
29.2	4.10	36.6	5.05	44.0	6.02	51.4	6.99	58.8	7.97
29.4	4.12	36.8	5.08	44.2	6.05	51.6	7.02	59.0	8.00
29.6	4.15	37.0	5.11	44.4	6.08	51.8	7.04	59.2	8.02
29.8	4.17	37.2	5.13	44.6	6.10	52.0	7.07	59.4	8.05
30.0	4.20	37.4	5.16	44.8	6.13	52.2	7.09	59.6	8.08
30.2	4.22	37.6	5.18	45.0	6.16	52.4	7.12	59.8	8.10
30.4	4.25	37.8	5.21	45.2	6.18	52.6	7.15	60.0	8.13
30.6	4.27	38.0	5.24	45.4	6.21	52.8	7.17	60.2	8.15
30.8	4.30	38.2	5.26	45.6	6.23	53.0	7.20	60.4	8.18
31.0	4.33	38.4	5.29	45.8	6.26	53.2	7.22	60.6	8.21
31.2	4.35	38.6	5.31	46.0	6.28	53.4	7.25	60.8	8.23
31.4	4.38	38.8	5.34	46.2	6.31	53.6	7.28	61.0	8.26
31.6	4.41	39.0	5.37	46.4	6.34	53.8	7.30	61.2	8.28
31.8	4.43	39.2	5.39	46.6	6.36	54.0	7.33	61.4	8.31
32.0	4.46	39.4	5.42	46.8	6.39	54.2	7.35	61.6	8.34
32.2	4.48	39.6	5.44	47.0	6.42	54.4	7.38	61.8	8.37
32.4	4.51	39.8	5.47	47.2	6.44	54.6	7.41	62.0	8.40
32.6	4.54	40.0	5.50	47.4	6.47	54.8	7.44	62.2	8.42
32.8	4.56	40.2	5.52	47.6	6.49	55.0	7.47	62.4	8.45
33.0	4.59	40.4	5.54	47.8	6.52	55.2	7.49	62.6	8.48
33.2	4.61	40.6	5.57	48.0	6.55	55.4	7.52	62.8	8.50
33.4	4.64	40.8	5.60	48.2	6.57	55.6	7.55	63.0	8.53
33.6	4.66	41.0	5.63	48.4	6.60	55.8	7.57	63.2	8.55
33.8	4.69	41.2	5.65	48.6	6.62	56.0	7.60	63.4	8.58
34.0	4.72	41.4	5.68	48.8	6.65	56.2	7.62	63.6	8.60
34.2	4.74	41.6	5.70	49.0	6.68	56.4	7.65	63.8	8.63
34.4	4.77	41.8	5.73	49.2	6.70	56.6	7.68	64.0	8.66
34.6	4.79	42.0	5.76	49.4	6.73	56.8	7.70	64.2	8.68
34.8	4.82	42.2	5.78	49.6	6.76	57.0	7.73	64.4	8.71
35.0	4.85	42.4	5.81	49.8	6.78	57.2	7.75	64.6	8.74
35.2	4.87	42.6	5.84	50.0	6.81	57.4	7.78	64.8	8.77

续表

运动黏度 /mm²·s⁻¹	恩氏黏度 /°E	运动黏度 /mm²·s⁻¹	恩氏黏度 /°E	运动黏度 /mm²·s⁻¹	恩氏黏度 /°E	运动黏度 /mm²·s⁻¹	恩氏黏度 /°E	运动黏度 /mm²·s⁻¹	恩氏黏度 /°E
65.0	8.80	68.6	9.31	72.6	9.82	82	11.1	101	13.6
65.2	8.82	69.0	9.34	72.8	9.85	83	11.2	102	13.8
65.4	8.85	69.2	9.36	73.0	9.88	84	11.4	103	13.9
65.6	8.87	69.4	9.39	73.2	9.90	85	11.5	104	14.1
65.8	8.90	69.6	9.42	73.4	9.93	86	11.6	105	14.2
66.0	8.93	69.8	9.45	73.6	9.95	87	11.8	106	14.3
66.2	8.95	70.0	9.48	73.8	9.98	88	11.9	107	14.5
66.4	8.98	70.2	9.50	74.0	10.01	89	12	108	14.6
66.6	9.00	70.4	9.53	74.2	10.03	90	12.2	109	14.7
66.8	9.03	70.6	9.55	74.4	10.06	91	12.3	110	14.9
67.0	9.06	70.8	9.58	74.6	10.09	92	12.4	111	15
67.2	9.08	71.0	9.61	74.8	10.12	93	12.6	112	15.1
67.4	9.11	71.2	9.63	75.0	10.15	94	12.7	113	15.3
67.6	9.14	71.4	9.66	76	10.3	95	12.8	114	15.4
67.8	9.17	71.6	9.69	77	10.4	96	13	115	15.6
68.0	9.20	71.8	9.72	78	10.5	97	13.1	116	15.7
68.2	9.22	72.0	9.75	79	10.7	98	13.2	117	15.8
68.4	9.25	72.2	9.77	80	10.8	99	13.4	118	16
68.6	9.28	72.4	9.80	81	10.9	100	13.5	119	16.1
								120	16.2

注：当运动黏度 ν>120cSt 时，按下式换算：

$$E_t = 0.135\nu_t \quad \nu_t = 7.41 E_t$$

式中 E_t——在温度 t 时的恩氏黏度，°E；ν_t——在温度 t 时的运动黏度，mm²/s。

表 11-3-13 各种黏度换算

运动黏度 /mm²·s⁻¹	雷氏1号黏度 /s	赛氏-弗氏 黏度(通用)/s	运动黏度 /mm²·s⁻¹	雷氏1号黏度 /s	赛氏-弗氏 黏度(通用)/s
(1.0)	28.5		(7.0)	43.5	48.7
(1.5)	30		(7.5)	45	50.3
(2.0)	31	32.6	(8.0)	46	52.0
(2.5)	32	34.4	(8.5)	47.5	53.7
(3.0)	33	36.0	(9.0)	49	55.4
(3.5)	34.5	37.6	(9.5)	50.5	57.1
(4.0)	35.5	39.1	10.0	52	58.8
(4.5)	37	40.7	10.2	52.5	59.5
(5.0)	38	42.3	10.4	53	60.2
(5.5)	39.5	43.9	10.6	53.5	60.9
(6.0)	41	45.5	10.8	54.5	61.6
(6.5)	42	47.1	11.0	55	62.3

续表

运动黏度 /mm²·s⁻¹	雷氏 1 号黏度 /s	赛氏-弗氏 黏度(通用)/s	运动黏度 /mm²·s⁻¹	雷氏 1 号黏度 /s	赛氏-弗氏 黏度(通用)/s
11.4	56	63.7	27	113	127.7
11.8	57.5	65.2	28	117	132.1
12.2	59	66.6	29	121	136.5
12.6	60	68.1	30	125	140.9
13.0	61	69.6	31	129	145.3
13.5	63	71.5	32	133	149.7
14.0	64.5	73.4	33	136	154.2
14.5	66	75.3	34	140	158.7
15.0	68	77.2	35	144	163.2
15.5	70	79.2	36	148	167.7
16.0	71.5	81.1	37	152	172.2
16.5	73	83.1	38	156	176.7
17.0	75	85.1	39	160	181.2
17.5	77	87.1	40	164	185.7
18.0	78.5	89.2	41	168	190.2
18.5	80	91.2	42	172	194.7
19.0	82	93.3	43	177	199.2
19.5	84	95.4	44	181	203.8
20.0	86	97.5	45	185	208.4
20.5	88	99.6	46	189	213.0
21.0	90	101.7	47	193	217.6
21.5	92	103.9	48	197	222.2
22.0	93	106.0	49	201	226.8
22.5	95	108.2	50	205	231.4
23.0	97	110.3	52	213	240.6
23.5	99	112.4	54	221	249.9
24.0	101	114.6	56	229	259.0
24.5	103	116.8	58	237	268.2
25	105	118.9	60	245	277.4
26	109	123.2	70	285	323.4

注：1. 表中带括号者，仅为运动黏度换算至雷氏或赛氏黏度，或者雷氏和赛氏黏度之间的换算。

2. 本表所列数值是在同温度下的换算值。

3. 超出本表以外的高黏度可用下列系数计算：

1 运动黏度 = 0.247 雷氏黏度；1 运动黏度 = 0.216 赛氏黏度；

1 雷氏黏度 = 4.05 运动黏度；1 雷氏黏度 = 30.7 恩氏黏度；1 恩氏黏度 = 0.0326 雷氏黏度；

1 恩氏黏度 = 0.0285 赛氏黏度；

1 赛氏黏度 = 4.62 运动黏度；1 赛氏黏度 = 35.11 恩氏黏度；1 赛氏黏度 = 1.14 雷氏黏度；

1 雷氏黏度 = 0.887 赛氏黏度。

举例：已知某润滑油的黏度50℃时为60mm²/s，100℃时为10mm²/s，机床工作温度60℃。问工作时润滑油的实际黏度是多少？

查图：按照图 11-3-3，从温度50℃和100℃的两点引纵线，在黏度60mm²/s 和 10mm²/s 的两点引横线，分别相交于 A、B 两点，再将 A、B 两点连一直线（这条线称为黏温曲线）。再从60℃的一点引垂线交 AB 线上于 C，然后从 C 点引水平横线交于左边纵坐标线一点，即求出在温度60℃时的运动黏度为39mm²/s。

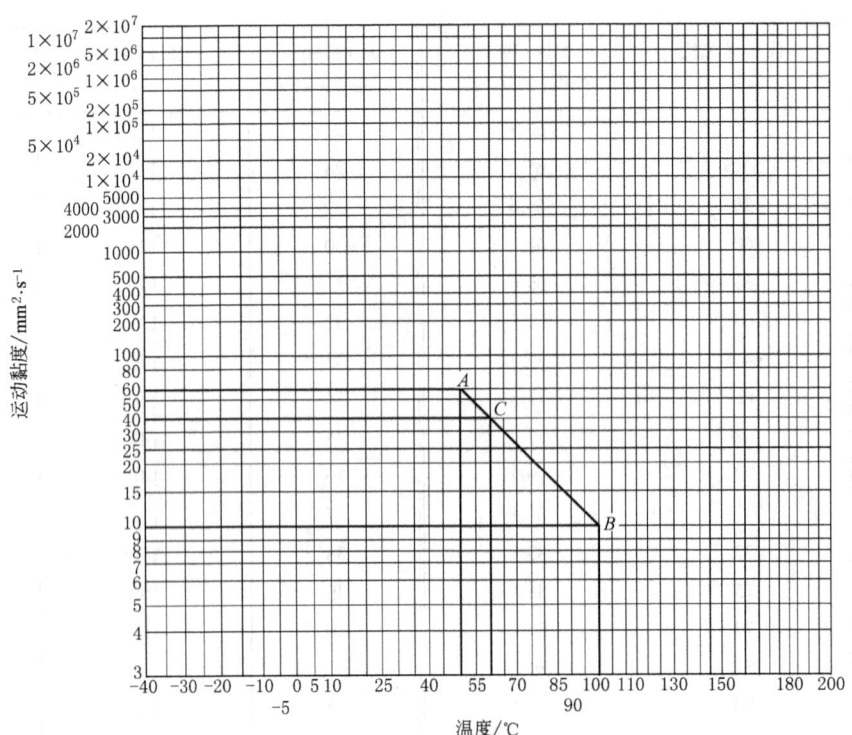

图 11-3-3 黏温曲线图

表 11-3-14 条件黏度换算成运动黏度的经验公式

黏度名称	符号	换算成运动黏度(mm^2/s)的公式
恩氏黏度/°E	E_t	$\nu_t = 8.0E_t = \dfrac{8.64}{E_t}(E_t = 1.35 \sim 3.2°E)$ $\nu_t = 7.6E_t - \dfrac{4.0}{E_t}(E_t > 3.2°E)$
赛氏(通用)黏度/s	SU_t	$\nu_t = 0.226SU_t - 195/SU_t(SU_t = 32 \sim 100s)$ $\nu_t = 0.220SU_t - 135/SU_t(SU_t > 100s)$
赛氏重油黏度/s	SF_t	$\nu_t = 2.24SF_t - 184/SF_t(SF_t = 25 \sim 40s)$ $\nu_t = 2.16SF_t - 60/SF_t(SF_t > 40s)$
雷氏1号黏度/s	R_t	$\nu_t = 0.260R_t - 179/R_t(R_t = 34 \sim 100s)$ $\nu_t = 0.247R_t - 50/R_t(R_t > 100s)$
雷氏2号黏度/s	RA_t	$\nu_t = 2.46RA_t - 100/RA_t(RA_t = 32 \sim 90s)$ $\nu_t = 2.45RA_t \quad (RA_t > 90s)$

2.1.2 润滑油的其他质量指标

除表 11-3-15 所列指标外，不同品种的润滑油，还有有关油品润滑性、热（或温度）稳定性、化学稳定性、起泡性、抗乳化性、对各种介质和橡胶密封材料的相容性、耐蚀性、导热性以及毒性等。有些润滑油如内燃机油还有抗摩擦磨损性能或使用性能指标，包括模拟台架的程序试验以及实际使用试验的结果等，此处从略。

表 11-3-15　　　　　　　　　　　　　　润滑油的其他质量指标

指标	定义	说明
黏度指数	表示油品黏度随温度变化这个特性的一个约定量值。黏度指数高,表示油品的黏度随温度变化较小	它是油品黏度-温度特性的衡量指标。检验时将润滑油试样与一种黏温性能较好(黏度指数定为100)及另一种黏温性能较差(黏度指数定为0)的标准油进行比较所得黏度的温度变化的相对值(GB/T 1995—1998)
凝点	试样在规定条件下冷却至停止移动时的最高温度,以℃表示	表示润滑油的耐低温的性能。按 GB/T 510—1991 标准方法检验时,将润滑油装在试管中,冷却到预期的温度时,将试管倾斜45℃,经过1min,观察液面是否移动,记录试管内液面不移动时的最高温度作为凝点
倾点	在规定条件下,被冷却的试样能流动的最低温度,以℃表示	倾点和凝点都是表示油品低温流动性的指标。二者无原则差别,只是测定方法稍有不同,现在我国已逐步改用倾点来表示润滑油的低温性能。按 GB/T 3535—2006 标准方法检验时将润滑油放在试管中预热后,在规定速度下冷却,每间隔3℃检查一次润滑油的流动性。观察到被冷却的润滑油能流动的最低温度作为倾点
黏度比	油品在两个规定温度下所测得较低温度下的运动黏度与较高温度下的运动黏度之比。黏度比越小表示油品黏度随温度变化越小	黏度比是用来评定成分相同的同牌号油在同一温度范围内的低温黏度与高温黏度的比值。一般润滑油规定以40℃时的运动黏度与100℃时的运动黏度的比值,用 ν_{40}/ν_{100} 表示
闪点	在规定条件下,加热油品所逸出的蒸气和空气组成的混合物与火焰接触发生瞬间闪火时的最低温度,以℃表示。测定闪点有两种方法:开杯闪点(开口闪点),用于测定闪点在150℃以下的轻质油品;闭杯闪点(闭口闪点),用于测定重质润滑油和深色石油产品	选用润滑油时,应根据使用温度考虑润滑油闪点的高低,一般要求润滑油的闪点比使用温度高20~30℃,以保证使用安全和减少挥发损失。用开杯(GB/T 267—1988)闪点法测定开杯闪点时,把试样装入内坩埚到规定的刻线。首先迅速升高试样的温度,然后缓慢升温,当接近闪点时,恒速升温,在规定的温度间隔,用一个小的点火器火焰按规定速度通过试样表面,以点火器的火焰使试样表面上的蒸气发生闪火的最低温度,作为开杯闪点
酸值	中和1g润滑油中酸性物质所需氢氧化钾的毫克数	润滑油在储存和使用过程中被氧化变质时,酸值也逐渐增大,常用酸值的变化大小来衡量润滑油的氧化稳定性和储存稳定性,或作为换油指标之一。常用的润滑油酸值标准测定法有 GB/T 7304—2000(电位滴定法)、GB/T 4945—2002(颜色指示剂法)、SH/T 0163—2006(半微量颜色指示剂法)及 GB/T 264—1991(碱性蓝法)等
残炭	油品在热与氧共同作用下,受热裂解缩合和催化生成的残留物	残炭值主要是内燃机油和空压机油等的质量指标之一。在这些机器工作时,其活塞环不断地将润滑油带入高温的缸内,部分分解氧化形成了积炭,在缸壁、活塞顶部的积炭会妨碍散热而使零件过热。积炭沉积在火花塞、阀门上会引起点火不灵及阀门开关不灵甚至烧坏。现行的残炭标准测定法有 GB/T 268—1987(康氏法)与 SH/T 0170—2000(电炉法)两种

续表

指 标	定 义	说 明
灰分	是指试样在规定条件下被灼烧炭化后,所剩的残留物经煅烧所得的无机物,以质量分数表示。硫酸盐灰分是指试样灰化后剩余的残渣用硫酸处理,并加热至恒重的质量,以质量分数表示	对于不含添加剂的润滑油,灰分可以作为检查基础油精制是否正常的指标之一。灰分越少越好。灰分含量较多时,会促使油品加速氧化、生胶,增加机械的磨损。而对于含添加剂的润滑油,在未加添加剂前,灰分含量越小越好。但在加添加剂后,由于某些添加剂本身就是金属盐类,为保证油中加有足够的添加剂,又要求硫酸盐灰分不小于某一数值,以间接地表明添加剂的含量。按 GB/T 508—1991 及 GB/T 2433—2001 标准方法测定
机械杂质	是指存在于润滑油中不溶于汽油、乙醇和苯等溶剂的沉淀物或胶状悬浮物。来源于润滑油生产、储存和使用中的外界污染或机械本身磨损和腐蚀,大部分是砂石、铁屑和积炭等,以及添加剂带来的一些难溶于溶剂的有机金属盐	也是反映油品精制程度的质量指标。它的存在加速机械的磨损,严重时堵塞油路、油嘴和滤油器,破坏正常润滑。在使用前和使用中应对油进行必要的过滤。对于加有添加剂的油品,不应简单地用机械杂质含量的大小判断其好坏,而是应分析机械杂质的内容,因为这时杂质中含有加入添加剂后所引入的对使用无害的溶剂不溶物。机械杂质的测定按 GB/T 511—2010 标准方法进行
水分	存在于润滑油中的水含量称为水分。润滑油中水分一般以溶解水或以微滴状态悬浮于油中的混合水两种状态存在	润滑油中存在水分,会促使油品氧化变质,破坏润滑油形成的油膜,使润滑效果变差。水分还加速油中有机酸对金属的腐蚀作用,造成设备锈蚀。导致润滑油添加剂失效以及其他一些影响。因而润滑油中水分越少越好,用户必须在使用储存中注意保管油品。水分的测定按 GB/T 260—1988 标准方法进行,将一定量的试样与无水溶剂(二甲苯)混合,进行蒸馏,测定其水分含量
水溶性酸或碱	是指存在于润滑油中的酸性或碱性物质	新油中如有水溶性酸或碱,则可能是润滑油在酸碱精制过程中酸碱分离不好的结果。储存和使用过程中的油品如含有水溶性酸和碱,则表明润滑油被污染或氧化分解。润滑油酸和碱不合格将腐蚀机械零件,使汽轮机油的抗乳化性降低,变压器油的耐电压性能下降。水溶性酸或碱的测定按 GB/T 259—1988 标准方法进行
氧化安定性	是指润滑油在加热和在金属的催化作用下抵抗氧化变质的能力	是反映油品在实际使用、储存和运输过程中氧化变质或老化倾向的重要特性。内燃机油的氧化安定性按 SH/T 0192—2000 和 SH/T 0299—2004 标准方法测定;汽轮机油用 SH/T 0193—2008 标准方法测定;变压器油用 SH/T 0124—2006 标准方法测定;极压润滑油用 SH/T 0123—2004、直馏和不含添加剂润滑油用 SH/T 0185—2007 标准方法测定
防腐性	是测定油品在一定温度下阻止与其相接触的金属被腐蚀的能力	在润滑油中引起金属腐蚀的物质,有可能是基础油和添加剂生产过程中所残留的,也可能源于油品的氧化产物和油品储运与使用过程中受到污染的产物。腐蚀试验一般按 GB/T 5096—1991 石油产品铜片腐蚀试验方法进行。还可采用 SH/T 0195—2007 润滑油腐蚀试验方法。常用的试验条件为 100℃、3h。此外,内燃机油对轴瓦(铅铜合金)等的腐蚀性,可按 GB/T 391—1988 发动机润滑油腐蚀度测定法进行
四球法	使用四球试验机测定润滑剂极压和磨损性能的试验方法	按 GB/T 12583—1998 标准方法,使用四球机测定润滑剂极压性能(承载能力)。该标准规定了三个指标:①最大无卡咬负荷 P_B,即在试验条件下不发生卡咬的最大负荷;②烧结负荷 P_D,即在试验条件下使钢球发生烧结的最小负荷;③综合磨损值 ZMZ,又称平均赫兹负荷或负荷磨损指标 LWI,是润滑剂抗极压能力的一个指数,它等于若干次校正负荷的数学平均值

续表

指 标	定 义	说 明
梯姆肯法	借助梯姆肯（环块）极压试验机测定润滑油脂承压能力、抗摩擦和抗磨损性能的一种试验方法	按 SH/T 0532—2006 标准方法，使用梯姆肯试验机测定润滑油抗擦伤能力。该标准规定了两个指标：①OK 值，即用梯姆肯法测定润滑油承压能力过程中，没有引起刮伤或卡咬（又称咬粘）时所加负荷的最大值；②刮伤值，即用同一方法测定中出现刮伤或卡咬时所加负荷的最小值

2.2 常用润滑油的牌号、性能及应用

2.2.1 润滑油的分类

按照现行中国国家标准 GB/T 7631.1 目前润滑油的分类有以下几个部分：

——GB/T 7631.2 第 2 部分：H 组（液压系统）；
——GB/T 7631.3 第 3 部分：内燃机油分类；
——GB/T 7631.4 第 4 部分：F 组（主轴、轴承和有关离合器）；
——GB/T 7631.7 第 7 部分：C 组（齿轮）；
——GB/T 7631.9 第 9 部分：D 组（压缩机）；
——GB/T 7631.10 第 10 部分：T 组（汽轮机）；
——GB/T 7631.11 第 11 部分：G 组（导轨）；
——GB/T 7631.13 第 13 部分：A 组（全损耗系统）；
——GB/T 7631.15 第 15 部分：N 组（绝缘液体）；
——GB/T 7631.16 第 16 部分：P 组（气动工具）；
——GB/T 7631.17 第 17 部分：E 组（内燃机油）。

在新的 H 组（液压系统）部分的 2003 版本中，增加了环境可接受液压液 HETG（甘油三酸酯）、HEPG（聚乙二醇）、HEES（合成酯）及 HEPR（聚α烯烃和相关烃类产品），取消了对环境和健康有害的难燃液压液 HFDS（氯化烃无水合成液）和 HFDT（HFDS 和 HFDR 磷酸酯无水合成液的混合液）。

在 2003 年新发布并实施的 E 组（内燃机油）分类标准中规定了二冲程汽油机油的分类，共计有 EGB、EGC、EGD 三类。该标准等同采用国际标准 ISO 6743—15：2000《润滑剂、工业用油和相关产品（L 类）的分类 第 15 部分：E 组（内燃机油）》（英文版）。其中的 EGB 和 EGC 与日本汽车标准组织（JASO）分类的 FB 和 FC 相对应，成为全球使用的分类代号。

在 GB/T 7631.1 分类标准中，各产品名称是用统一的方法命名的，例如一个特定产品的名称为 L-AN32，其数字是按 GB/T 3141 规定的黏度等级。产品名称的一般形式如下所示：

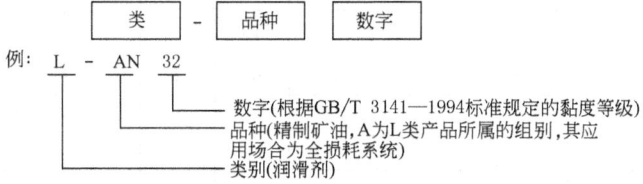

对于内燃机油，GB/T 7631.3 中，每一个品种由两个大写字母及数字组成的代号表示。该代号的第一个字母"S"代表汽油机油，"C"代表柴油机油，第一个字母与第二个字母或与第二个字母及数字相结合代表质量等级。每个特定的品种代号应附有按 GB/T 14906 规定的黏度等级。例如：一个特定的汽油机油产品可以命名为 SE 30（黏度等级为 30）；一个特定的柴油机油产品可以命名为 CC 10W/30（黏度等级为 10W/30 的多级油，其高温黏度符合 GB/T 14906 中 30# 的规定范围，低温黏度和边界泵送温度符合 10W 的规定范围）；一个特定的汽油机/柴油机通用油可命名为 SE/CD 15W/40（黏度等级为 15W/40 的多级油）。

2.2.2 常用润滑油的牌号、性能及应用

表 11-3-16   常用润滑油的牌号、性能及应用

名称与牌号		黏度等级 (GB/T 14906 —1994)	运动黏度/mm²·s⁻¹		黏度 指数 不小于	闪点 (开杯) /℃ 不低于	倾点 /℃ 不高于	低温动 力黏度 /mPa·s 不大于	主要用途
			40℃	100℃					
汽油机油 (GB 11121— 2006)	SC	5W/20	—	5.6~<9.3	—	200	-35	3500 (-25℃)	用于货车、客车或其他车辆的汽油机以及要求使用APISC级油的汽油机。可控制汽油机高、低温沉积物及磨损、锈蚀和腐蚀
		10W/30	—	9.3~<12.5	—	205	-30	3500 (-20℃)	
		15W/40	—	12.5~<16.3	—	215	-23	3500 (-15℃)	
		30	—	9.3~<12.5	75	220	-15	—	
		40	—	12.5~<16.3	80	225	-10	—	
	SD (SD/CC)	5W/30	—	9.3~<12.5	—	200	-35	3500 (-25℃)	用于货车、客车和某些轿车的汽油机以及要求使用API SD、SC级油的汽油机。此种油品控制汽油机高、低温沉积物、磨损、锈蚀和腐蚀的性能优于SC，并可代替SC
		10W/30	—	9.3~<12.5	—	205	-30	3500 (-20℃)	
		15W/40	—	12.5~<16.3	—	215	-23	3500 (-15℃)	
		20/20W	—	5.6~<9.3	—	210	-18	4500 (-10℃)	
		30	—	9.3~<12.5	75	220	-15	—	
		40	—	12.5~<16.3	80	225	-10	—	
	SE (SE/CC)	5W/30	—	9.3~<12.5	—	200	-35	3500 (-25℃)	用于轿车和某些货车的汽油机以及要求使用API SE、SD级油的汽油机。此种油品的抗氧化性能及控制汽油机高、温沉积物、锈蚀和腐蚀的性能优于SD或SC，并可代替SD或SC
		10W/30	—	9.3~<12.5	—	205	-30	3500 (-20℃)	
		15W/40	—	12.5~<16.3	—	215	-23	3500 (-15℃)	
		20/20W	—	5.6~<9.3	—	210	-18	4500 (-10℃)	
		30	—	9.3~<12.5	75	220	-15	—	
		40	—	12.5~<16.3	80	225	-10	—	
	SF (SF/CD)	5W/30	—	9.3~<12.5	—	200	-35	3500 (-25℃)	用于轿车和某些货车的汽油机以及要求使用API SF、SE及SC级油的汽油机。此种油品的抗氧化和抗磨损性能优于SE，还具有控制汽油机沉积、锈蚀和腐蚀的性能，并可代替SE、SD或SC
		10W/30	—	9.3~<12.5	—	205	-30	3500 (-20℃)	
		15W/40	—	12.5~<16.3	—	215	-23	3500 (-15℃)	
		30	—	9.3~<12.5	75	220	-15	—	
		40	—	12.5~<16.3	80	225	-10	—	

续表

名称与牌号		黏度等级 (GB/T 14906 —1994)	运动黏度/mm²·s⁻¹		黏度 指数 不小于	闪点 (开杯) /℃ 不低于	倾点 /℃ 不高于	低温动 力黏度 /mPa·s 不大于	主要用途
			40℃	100℃					
汽油机油 (企业标准)	SG	10W/30	—	9.3~<12.5	—	205	-35	3500 (-20℃)	用于轿车、货车和轻型卡车,以及要求使用 API SG 级油的汽油机。SG 质量还包括 CC(或 CD)的使用性,此种油品改进了 SF 级油控制发动机沉积物、磨损和油的氧化性能,并具有抗锈蚀和腐蚀的性能,并可代替 SF、SF/CD、SE 或 SE/CC
		15W/30	—	9.3~<12.5	—	210	-23	3500 (-15℃)	
		15W/40	—	12.5~<16.3	—	215	-23	3500 (-15℃)	
	SH	5W/50	—	16.3~<21.9	—	报告	-35	3500 (-25℃)	用于轿车和轻型卡车的汽油机以及要求使用 API SH 级油的汽油机。SH 质量在汽油机磨损、锈蚀、腐蚀及沉淀物的控制和油的氧化方面优于 SG,并可代替 SG
		5W/30	—	9.3~<12.5	—	200	-35	3500 (-25℃)	
		10W/30	—	9.3~<12.5	—	205	-30	3500 (-20℃)	
		15W/30	—	9.3~<12.5	—	210	-23	3500 (-15℃)	
		15W/40	—	12.5~<16.3	—	215	-23	3500 (-15℃)	
	SJ	5W/50	—	16.3~<21.9	—	报告	-35	3500 (-25℃)	用于轿车的汽油机以及要求使用 API SJ 级油的汽油机。SJ 质量增加 TEOST 试验,具有更好的抗高温沉积性、抗氧化性及清净性,适应更严格的排放要求
		10W/30	—	9.3~<12.5	—	205	-30	3500 (-20℃)	
		10W/40	—	12.5~<16.3	—	205	-30	3500 (-20℃)	
		15W/40	—	12.5~<16.3	—	215	-23	3500 (-15℃)	
	SL	5W/30	—	9.3~<12.5	—	200	-35	3500 (-25℃)	用于轿车的汽油机以及要求使用 API SL 级油的汽油机。SL 质量增加了 TEOST-MHT4 试验,提高油品的燃料经济性,保护尾气净化系统,防止催化转化器的催化剂中毒,对发动机具有更好的保护
		10W/30	—	9.3~<12.5	—	205	-30	3500 (-20℃)	
		10W/40	—	12.5~<16.3	—	205	-30	3500 (-20℃)	
		15W/40	—	12.5~<16.3	—	215	-23	3500 (-15℃)	

续表

名称与牌号		黏度等级 (GB/T 14906 —1994)	运动黏度/mm²·s⁻¹		黏度 指数 不小于	闪点 (开杯) /℃ 不低于	倾点 /℃ 不高于	低温动 力黏度 /mPa·s 不大于	主要用途
			40℃	100℃					
柴油机油 (GB 11122— 2006)	CC	5W/30	—	9.3~<12.5	—	200	−35	3500 (−25℃)	用于在中及重载荷下运行的非增压、低增压或增压式柴油机,并包括一些重载荷汽油机。对于柴油机具有控制高温沉积物和轴瓦腐蚀的性能,对于汽油机具有控制锈蚀,腐蚀和高温沉积物的性能,并可代替CA、CB级油
		5W/40	—	12.5~<16.3	—	200	−35	3500 (−25℃)	
		10W/30	—	9.3~<12.5	—	205	−30	3500 (−20℃)	
		10W/40	—	12.5~<16.3	—	205	−30	3500 (−20℃)	
		15W/40	—	12.5~<16.3	—	215	−23	3500 (−15℃)	
		20W/40	—	12.5~<16.3	—	215	−18	4500 (−10℃)	
		30	—	9.3~<12.5	75	220	−15	—	
		40	—	12.5~<16.3	80	225	−10	—	
		50	—	16.3~<21.9	80	230	−5	—	
	CD	5W/30	—	9.3~<12.5	—	200	−35	3500 (−25℃)	用于需要高效控制磨损及沉积物或使用包括高硫燃料非增压、低增压及增压式柴油机以及国外要求使用API CD级油的柴油机。具有控制轴承腐蚀和高温沉积物的性能,并可代替CC级油
		5W/40	—	12.5~<16.3	—	200	−35	3500 (−25℃)	
		10W/30	—	9.3~<12.5	—	205	−30	3500 (−20℃)	
		10W/40	—	12.5~<16.3	—	205	−30	3500 (−20℃)	
		15W/40	—	12.5~<16.3	—	215	−23	3500 (−15℃)	
		20W/40	—	12.5~<16.3	—	215	−18	4500 (−10℃)	
		30	—	9.3~<12.5	75	220	−15	—	
		40	—	12.5~<16.3	80	225	−10	—	
柴油机油 (企业标准)	CE	10W/30	—	9.3~<12.5	—	205	−30	3500 (−20℃)	用于在低速高载荷和高速高载荷条件下运行的低增压和增压式重载荷柴油机以及要求使用CE级油的发动机,同时也满足CD级油性能要求
		15W/40	—	12.5~<16.3	—	215	−23	3500 (−15℃)	
		30	—	9.3~<12.5	75	220	−15	—	
		40	—	12.5~<16.3	80	225	−10	—	
		50	—	16.3~<21.9	80	230	−8	—	
	CF-4	10W/30	—	9.3~<12.5	—	205	−30	3500 (−20℃)	用于高速四冲程柴油机以及要求使用API CF-4级油的柴油机。在油耗和活塞沉积物控制方面性能优于CE并可代替CE,此种油品特别适用于高速公路行驶的重载荷卡车
		15W/30	—	9.3~<12.5	—	210	−23	3500 (−15℃)	
		15W/40	—	12.5~<16.3	—	215	−23	3500 (−15℃)	
		15W/50	—	16.3~<21.9	—	215	−18	3500 (−5℃)	

续表

名称与牌号		黏度等级 (GB/T 14906 —1994)	运动黏度/mm²·s⁻¹		黏度指数 不小于	闪点 (开杯) /℃ 不低于	倾点 /℃ 不高于	低温动力黏度 /mPa·s 不大于	主要用途
			40℃	100℃					
柴油机油 (企业标准)	CH-4	30	—	9.3~<12.5	75	220	−15		用于重负荷柴油机以及要求使用 API CH-4 级油的柴油机。燃烧高或低硫燃料并满足美国 1998 年排放标准。具有更好的热稳定性及清净分散性能，更长的换油期，更强的抗磨损性能。可用于大型超重负荷集装箱运输车辆及在各种苛刻工况下作业的推土机、挖掘机、采矿设备、发电机组等
		40	—	12.5~<16.3	80	225	−10	—	
		50	—	16.3~<21.9	80	230	−5	—	
		0W/30	—	9.3~<12.5	—	200	−40	6200 (−35℃)	
		5W/30	—	9.3~<12.5	—	200	−35	6600 (−30℃)	
		10W/30	—	9.3~<12.5	—	205	−30	7000 (−25℃)	
		10W/40	—	12.5~<16.3	—	205	−30	7000 (−25℃)	
		15W/40	—	12.5~<16.3	—	215	−23	7000 (−20℃)	
		15W/50	—	16.3~<21.9	—	215	−23	7000 (−20℃)	
		20W/40	—	12.5~<16.3	—	215	−18	9500 (−15℃)	
风冷二冲程汽油机油 (SH/T 0675—1999)	FB			6.5	—	70 (闭口)	—		适用于风冷二冲程摩托车及二冲程汽油发动机
	FC			6.5	—	70 (闭口)	—		
水冷二冲程汽油机 (SH/T 0676—2005)	TC-WⅡ			6.5~9.3		70	−25		适用于各种中、小功率的水冷二冲程汽油发动机，如摩托艇舷外机等
压缩天然气(CNG)发动机油(企业标准)		10W/40	—	12.5~<16.3		205	−30	3500 (−20℃)	适用于压缩天然气发动机
		15W/40	—	12.5~<16.3		215	−23	3500 (−15℃)	
液化石油气/汽油双燃料发动机油(企业标准)	LPG/SF LPG/SG	5W/40	—	12.5~<16.3		200	−35	3500 (−25℃)	适用于液化石油气/汽油双燃料发动机
		5W/50	—	16.3~<21.9		220	−18	4500 (−10℃)	
		10W/30、10W/40、15W/40 各指标见上面 SF、SG 的相应规的指标							
液化石油气/柴油双燃料发动机油(企业标准)	(LPG/CD)	5W/30	—	9.3~<12.5		205	−30	3500 (−20℃)	适用于液化石油气/柴油双燃料发动机
		20W/50	—	16.3~<21.9		220	−15	4500 (−10℃)	
		5W/40、10W/30、15W/40 各指标见上面 CD 的相应规格的指标							
内燃机车柴油机油(GB/T 17038—1997)	三代	—	40	—	14~16	90	225	−5	—	适用铁路内燃机车柴油机的润滑，其中非锌油，用于柴油机增压器与曲轴销等轴瓦表面镀银的机车；另一类含锌油，用于无银轴承的机车
	四代 含锌	20W/40		14~16		215	−18	4500 (−10℃)	
		40		14~16	90	225	−5	—	
	非锌	20W/40		14~16		215	−18	4500 (−10℃)	
		40		14~16	90	225	−5	—	

续表

名称与牌号			黏度等级(GB/T 14906—1994)	运动黏度/mm²·s⁻¹ 40℃	运动黏度/mm²·s⁻¹ 100℃	黏度指数 不小于	闪点(开杯)/℃ 不低于	倾点/℃ 不高于	低温动力黏度/mPa·s 不大于	主要用途
普通开式齿轮油(SH/T 0363—2007)	相近的原牌号	1#	68	—	60~75	—	200	—	—	适用于开式齿轮、链条和钢丝绳的润滑
		2#	100	—	90~100	—	200	—	—	
		3#	150	—	135~165	—	200	—	—	
		3#	220	—	200~245	—	210	—	—	
		4#	320	—	290~350	—	210	—	—	
重载荷车辆齿轮油 GL-5(GB 13895—1992)			75W	—	≥4.1	报告	150	报告	—	适用在高速冲击载荷、高速低转矩和低速高转矩工况下使用的车辆齿轮的准双曲面齿轮驱动桥，也可用于手动变速器
			80W/90	—	13.5~<24.0	报告	165	报告	—	
			85W/90	—	13.5~<24.0	报告	165	报告	—	
			85W/140	—	24.0~<41.0	报告	180	报告	—	
			90	—	13.5~<24.0	75	180	报告	—	
			140	—	24.0~<41.0	75	200	报告	—	
普通车辆齿轮油(SH/T 0350—2007)			80W/90	—	15~19	—	170	-28	—	适用于汽车手动变速箱和螺旋圆锥齿轮驱动桥的润滑
			85W/90	—	15~19	—	180	-18	—	
			90	—	15~19	90	190	-10	—	
工业闭式齿轮油(GB 5903—2011)	L-CKB		100	90~110	—	90	180	-8	—	适用于工业闭式齿轮传动装置的润滑 在轻载荷下运转的齿轮
			150	135~165	—	90	200	-8	—	
			220	198~242	—	90	200	-8	—	
			320	288~352	—	90	200	-8	—	
	L-CKC		68	61.2~74.8	—	90	180	-12	—	2011年版标准中黏度等级尚有32、46、1000、1500未编入 保持在正常或中等恒定油温和重载荷下运转的齿轮
			100	90~110	—	90	180	-12	—	
			150	135~165	—	90	200	-9	—	
			220	198~242	—	90	200	-9	—	
			320	288~352	—	90	200	-9	—	
			460	414~506	—	90	200	-9	—	
			680	612~748	—	90	200	-5	—	
	L-CKD		100	90~110	—	90	200	-12	—	2011年版标准中，黏度等级有68、1000未编入 在高的恒定油温和重载荷下运转的齿轮
			150	135~165	—	90	200	-9	—	
			220	198~242	—	90	200	-9	—	
			320	288~352	—	90	200	-9	—	
			460	414~506	—	90	200	-9	—	
			680	612~748	—	90	200	-5	—	
蜗轮蜗杆油(SH/T 0094—2007)	L-CKE 轻载荷蜗轮蜗杆油(一级品)		220	198~242	—	90	200	-6	—	用于铜-钢配对的圆柱形和双包络等类型的承受轻载荷、传动中平稳无冲击的蜗杆副，包括该设备的齿轮及滑动轴承、汽缸、离合器等部件的润滑，及在潮湿环境下工作的其他机械设备的润滑，在使用过程中应防止局部过热和油温在100℃以上时长期运转
			320	288~352	—	90	200	-6	—	
			460	414~506	—	90	220	-6	—	
			680	612~748	—	90	220	-6	—	
			1000	900~1100	—	90	220	-6	—	

续表

名称与牌号		黏度等级(GB/T 3141—1994)	运动黏度/mm²·s⁻¹		黏度指数不小于	闪点(开杯)/℃ 不低于	倾点/℃ 不高于	低温动力黏度/mPa·s 不大于	主要用途
			40℃	100℃					
蜗轮蜗杆油(SH/T 0094—2007)	L-CKE/P 重载荷蜗轮蜗杆油(一级品)	220	198~242	—	90	200	-12	—	用于铜-钢配对的圆柱形承受重载荷、传动中有振动和冲击的蜗杆副,包括该设备的齿轮等部件的润滑,及其他机械设备的润滑。如果要用于双包络等类型的蜗杆副,必须有油品生产厂的说明
		320	288~352	—	90	200	-12	—	
		460	414~506	—	90	220	-12	—	
		680	612~748	—	90	220	-12	—	
		1000	900~1100	—	90	220	-12	—	
无级变速器油(企业标准)	Ub-1		10~15		90	135	-12		钢球式无级变速器用
	Ub-1(H)		10~15		90	135	-25		环锥式无级变速器用
	Ub-2		15~20		90	160	-12		钢球内锥式无级变速器用
	Ub-3		30~40		100	170	-10		行星锥盘式无级变速器用
	Ub-3(D)		30~40		160	190	-40		大功率行星锥盘式用
	Ub-3(F)		30~35		200	190	-40		用于AT的无级变速器油
	Ub-3(m)		80~85		100	170	-12		脉动式无级变速器用
	Ub-4		160~180		90	200	-2		多盘式无级变速器用
导轨油(SH/T 0361—2007)	L-G	32	28.8~35.2	—	报告	150	-9	—	适用于机床滑动导轨的润滑
		46	41.4~50.6	—	报告	160	-9	—	
		68	61.2~74.8	—	报告	180	-9	—	
		100	90~110	—	报告	180	-9	—	
		150	135~165	—	报告	180	-9	—	
		220	198~242	—	报告	180	-3	—	
		320	288~352	—	报告	180	-3	—	
车轴油(SH 0139—2005)	冬用	—	30~40	—	—	145	凝点-40℃	150000(-40℃)	适用于铁路车辆和蒸汽机车滑动轴承的润滑
	夏用	—	70~80	—	—	165	-10℃	—	
	通用	—	报告	—	95	165	-40℃	175000(-40℃)	

续表

名称与牌号		黏度等级(GB/T 3141—1994)	运动黏度/mm²·s⁻¹		黏度指数不小于	闪点(开杯)/℃不低于	倾点/℃不高于	低温动力黏度/mPa·s不大于	主要用途
			40℃	100℃					
轴承油(SH/T 0017—2007)	L-FC	一级品	2	1.98~2.42	—	—	(70)	-18	—	适用于锭子、轴承、液压系统、齿轮和汽轮机等工业机械设备,L-FC还可适用于有关离合器 括号中为闭杯闪点值
			3	2.88~3.52	—	—	(80)	-18	—	
			5	4.14~5.06	—	—	(90)	-18	—	
			7	6.12~7.48	—	报告	115	-18	—	
			10	9.00~11.0	—	报告	140	-18	—	
			15	13.5~16.5	—	报告	140	-12	—	
			22	19.8~24.2	—	报告	140	-12	—	
			32	28.8~35.2	—	报告	160	-12	—	
			46	41.4~50.6	—	报告	180	-12	—	
			68	61.2~74.8	—	报告	180	-12	—	
			100	90~110	—	报告	180	-6	—	
	L-FD	一级品	2	1.98~2.42	—	—	(70)	-12	—	
			3	2.88~3.52	—	—	(80)	-12	—	
			5	4.14~5.06	—	—	(90)	-12	—	
			7	6.12~7.48	—	报告	115	-12	—	
			10	9.00~11.0	—	报告	140	-12	—	
			15	13.5~16.5	—	报告	140	-12	—	
			22	19.8~24.2	—	报告	140	-12	—	
L-AN 全损耗系统用油(GB 443—2004)			5	4.14~5.06	—	—	80	-5	—	L-AN 类全损耗系统用油是合并了原机械油、缝纫机油和高速机械油标准而形成的。适用于过去使用机械油的各种场合。如机床、纺织机械、中小型电机、风机、水泵等各种机械的变速箱、手动加油转动部位、轴承等一般润滑点或润滑系统,及对润滑油无特殊要求的全损耗润滑系统,不适用于循环润滑系统
			7	6.12~7.48	—	—	110	-5	—	
			10	9.00~11.00	—	—	130	-5	—	
			15	13.5~16.5	—	—	150	-5	—	
			22	19.8~24.2	—	—	150	-5	—	
			32	28.8~35.2	—	—	150	-5	—	
			46	41.4~50.6	—	—	160	-5	—	
			68	61.2~74.8	—	—	160	-5	—	
			100	90.0~110	—	—	180	-5	—	
			150	135~165	—	—	180	-5	—	
13#机械油(专用锭子油)(SH/T 0360—2007)			—	20℃时 49 50℃时 12~14	—	—	163	凝点-45	—	适用于军事装备
合成锭子油(SH/T 0111—1998)			—	20℃时 49 50℃时 12~14	—	—	163	凝点-45	—	适用于某些机械设备的润滑,冶金工艺用油,润滑脂的原料或其他特殊用途

续表

名称与牌号		黏度等级(GB 3141—1994)	运动黏度/mm²·s⁻¹		黏度指数不小于	闪点(开杯)/℃不低于	倾点/℃不高于	低温动力黏度/mPa·s不大于	主要用途
			40℃	100℃					
空气压缩机油(GB 12691—1990)	L-DAA	32	28.8~35.2	报告	—	175	−9	—	适用于有油润滑的活塞式和滴油回转式空气压缩机。L-DAA用于轻载荷空气压缩机;L-DAB用于中载荷空气压缩机
		46	41.6~50.6	报告	—	185	−9	—	
		68	61.2~74.8	报告	—	195	−9	—	
		100	90.0~110	报告	—	205	−9	—	
		150	135~165	报告	—	215	−3	—	
	L-DAB	32	28.8~35.2	报告	—	175	−9	—	
		46	41.6~50.6	报告	—	185	−9	—	
		68	61.2~74.8	报告	—	195	−9	—	
		100	90.0~110	报告	—	205	−9	—	
		150	135~165	报告	—	215	−3	—	
轻载荷喷油回转式空气压缩机油(GB 5904—1986)		N 15	13.5~16.5	—	90	165	−9	—	适用于排气温度小于100℃、有效工作压力小于800kPa的轻载荷喷油内冷回转式空气压缩机
		N 22	19.8~24.2	—	90	175	−9	—	
		N 32	28.8~35.2	—	90	190	−9	—	
		N 46	41.4~50.6	—	90	200	−9	—	
		N 68	61.2~74.8	—	90	210	−9	—	
		N 100	90.0~100	—	90	220	−9	—	
蒸汽汽缸油(GB/T 447—1994)	矿油型	680	748①	20~30	—	240②	18	—	适用于蒸汽机缸及与蒸汽接触的滑动部件的润滑,也适用于其他高温、低转速机械部位的润滑
		1000	1100	30~40	—	260	20	—	
		1500	1650	40~50	—	280	22	—	
	合成型	1500	1650	60~72	110	320	—	—	
L-TSA 涡轮机油(GB 11120—2011)	A 级品	32	28.8~35.2	—	90③	186	−6④	—	B级不适用于L-TSE。L-TSA和L-TSE汽轮机油适用于电力、工业、船舶及其他工业汽轮机组,水轮机、燃气轮机 L-TSA含有适当的抗氧化剂和腐蚀抑制剂,适用于蒸汽轮机 L-TSE增加了极压性要求的汽轮机油用于润滑齿轮系统等的润滑和密封
		46	41.4~50.6	—	90	186	−6	—	
		68	61.2~74.8	—	90	195	−6	—	
	B 级品	32	28.8~35.2	—	85	186	−6	—	
		46	41.4~50.6	—	85	186	−6	—	
		68	61.2~74.8	—	85	195	−6	—	
		100	90.0~110.0	—	85	195	−6	—	
抗氨汽轮机油(SH/T 0362—2007)	一等品	32	28.8~35.2	—	95	200	−17	—	具有较好的抗氨稳定性,适用于大型化肥装置离心式合成氨压缩机、冷冻压缩机及汽轮机组的润滑和密封
		32D		—	95	200	−27	—	
		46	41.4~50.6	—	95	200	−17	—	
		68	61.2~74.8	—	95	200	−17	—	
	合格品	32	28.8~35.2	—	95⑤	180	−17	—	
		32D		—	95	180	−27	—	
		46	41.4~50.6	—	95	180	−17	—	
		68	61.2~74.8	—	95	180	−17	—	

续表

名称与牌号		黏度等级 (GB 3141/T —1994)	运动黏度/mm² · s⁻¹		黏度 指数 不小于	闪点 (开杯) /℃ 不低于	倾点 /℃ 不高于	低温动 力黏度 /mPa · s 不大于	主要用途
			40℃	100℃					
冷冻机油 (GB/T 16630— 2012)	L-DRA	15	13.5~16.5	—	—	150	-39	—	应用见本表 注5中表
		22	19.8~24.2	—	—	150	-36	—	
		32	28.8~35.2	—	—	160	-33	—	
		46	41.4~50.6	—	—	160	-33	—	
		68	61.2~74.8	—	—	170	-27	—	
		100	90.0~110	—	—	170	-21	—	
	L-DRB	22	19.8~24.2	—	—	200	见注3	—	
		32	28.8~35.2	—	—			—	
		46	41.4~50.6	—	—			—	
		68	61.2~74.8	—	—			—	
		100	90~110	—	—			—	
		150	135~165	—	—			—	
	L-DRD	7	6.12~7.48	—	—	130	-39	—	
		10	9.0~11.0	—	—	130	-39	—	
		15	13.5~16.5	—	—	150	-39	—	
		22	19.8~24.2	—	—	150	-39	—	
		32	28.8~35.2	—	—	180	-39	—	
		46	41.4~50.6	—	—	180	-39	—	
		68	61.2~74.8	—	—	180	-36	—	
		100	90~110	—	—	180	-33	—	
		150	135~165	—	—	210	-30	—	
		220	198~242	—	—	210	-21	—	
		320	288~352	—	—	210	-21	—	
		460	414~506	—	—	210	-21	—	
	L-DRE	15	13.5~16.5	—	—	150	-39	—	
		22	19.8~24.2	—	—	150	-36	—	
		32	28.8~35.2	—	—	160	-36	—	
		46	41.4~50.6	—	—	160	-33	—	
		56	50.8~61.0	—	—	170	-30	—	
		68	61.2~74.8	—	—	170	-27	—	
		100	90~110	—	—	180	-24	—	
		150	135~165	—	—	210	-18	—	
		220	198~242	—	—	210	-15	—	
		320	288~352	—	—	225	-12	—	
		460	414~506	—	—	225	-9	—	

续表

名称与牌号		黏度等级 (GB 3141/T—1994)	运动黏度/mm²·s⁻¹		黏度指数 不小于	闪点(开杯)/℃ 不低于	倾点/℃ 不高于	低温动力黏度/mPa·s 不大于	主要用途
			40℃	100℃					
冷冻机油 (GB/T 16630—2012)	L-DRG	8	8.5~9.0	—	—	145	-48	—	应用见本表注5中表
		10	9.0~11.0	—	—	150	-45	—	
		15	13.5~16.5	—	—	150	-39	—	
		22	19.8~24.2	—	—	150	-36	—	
		32	28.8~35.2	—	—	160	-33	—	
		46	41.4~50.6	—	—	160	-33	—	
		68	61.2~74.8	—	—	170	-24	—	
		100	90~110	—	—	170	-24	—	
		150	135~165	—	—	210	-21	—	
		220	198~242	—	—	210	-15	—	
		320	288~352	—	—	210	-12	—	
		460	414~506	—	—	225	-9	—	

注：1. 本标准适用于以 NH_3、$HCFC_S$、HFC_S 和 HC_S 为制冷剂的制冷压缩机用冷冻机油
2. 标记：品种代码 黏度等级 产品名称 标准号
3. L-DRB 的倾点指标由供需双方商定
4. L-DRE56 和 L-DRG8 的黏度等级不属于 ISO 黏度等级
5. 产品分类根据 ISO 6743—3 具体分类及应用见下表：

冷冻机油分类及各品种的应用

分组字母	主要应用	制冷剂	润滑剂分组	润滑剂类型	代号	典型应用	备注
D	制冷压缩机	NH_3（氨）	不相溶	深度精制的矿油（环烷基或石蜡基），合成烃（烷基苯，聚α烯烃等）	DRA	工业用和商业用制冷	开启式或半封闭式压缩机的满液式蒸发器
			相溶	聚（亚烷基）二醇	DRB	工业用和商业用制冷	开启式压缩机或工厂厂房装置用的直膨式蒸发器
		HFC_S（氢氟烃类）	相溶	聚酯油，聚乙烯醚，聚（亚烷基）二醇	DRD	车用空调，家用制冷，民用商用空调，热泵，商业制冷包括运输制冷	—
		$HCFC_S$（氢氯氟烃类）	相溶	深度精制的矿油（环烷基或石蜡基），烷基苯，聚酯油，聚乙烯醚	DRE	车用空调，家用制冷，民用商用空调，热泵，商业制冷包括运输制冷	—
		HC_S（烃类）	相溶	深度精制的矿油（环烷基或石蜡基），聚（亚烷基）二醇，合成烃（烷基苯，聚α烯烃等），聚酯油，聚乙烯醚	DRG	工业制冷，家用制冷，民用商用空调，热泵	工厂厂房用的低负载制冷装置

名称与牌号		黏度等级	40℃	100℃	黏度指数	闪点/℃	倾点/℃	低温动力黏度	主要用途
矿物油型真空泵油 (SH/T 0528—2007)		46	41.4~50.6	—	90	215	-9	—	适用于各种容积真空泵（机械真空泵）的密封与润滑，也适用于罗茨真空泵（机械增压泵）齿轮传动系统的润滑
		68	61.2~74.8	—	90	225	-9	—	
		100	90~110	—	90	240	-9	—	
10#仪表油 (SH/T 0138—2005)	一等品	10	9~11	—	—	130	—	—	适用于控制测量仪表（包括低温下操作的仪表）的润滑
	合格品	10	9~11	—	—	125	—	—	

续表

名称与牌号	黏度等级(GB 3141—1994)	运动黏度/mm²·s⁻¹		黏度指数 不小于	闪点(开杯)/℃ 不低于	倾点/℃ 不高于	低温动力黏度/mPa·s 不大于	主要用途
		40℃	100℃					
变压器油（GB/T 2536—2011）	质量指标 最低冷态投运温度 0℃	12	—	—	闪点(闭口)不低于135℃	−10	—	适用于变压器开关及需要用油作绝缘和传热介质的类似电气设备如电抗器、互感器等
	−10℃					−20	—	
	−20℃					−30	—	
	−30℃					−40	—	
	−40℃					−50	—	
超高压变压器油（SH/T 0040—2007）	25#	13	—	—	140	−22	—	适用于500kV的变压器和有类似要求的电器设备中
	45#	12	—	—	135	凝点 −45	—	
断路器油（SH/T 0351—2007）		5.0 −30℃时 200	—	—	95	−45	—	适用于220kV及低于220kV的断路器
电容器油（GB/T 4624—1988）	1#	20℃时 40 40℃时 15.2	—	—	135	−40	—	适用于电容器
	2#	20℃时 37～45 40℃时 12.4～17	—	—	135	−40	—	
缝纫机油（企业标准）		11～16.5	—	—	135	−10	—	适用于缝纫机
织布机油（企业标准）	30	27～35	—	—	170	−10	—	适用于织布机
	40	37～43	—	—	180	−10	—	
	50	47～53	—	—	190	−10	—	
	60	57～63	—	—	200	−5	—	
	70	67～73	—	—	200	−5	—	
汽车合成制动液（QC/T 670—2009）	V-3	−40℃时 1500	1.5	—	—	—	—	适用于中国目前引进车型装车用制动液供货技术条件。分别相当于或高于国外DOT3和超级DOT4两个等级的制动液技术要求
	V-4	−40℃时 1300	250	—	—	—	—	
机动车辆制动液的技术要求（GB/T 12981—2003）	HZY 3	−40℃时 1500	1.5	—	—	—	—	适用于机动车辆用制动液的技术要求
	HZY 4	−40℃时 1800	1.5	—	—	—	—	
	HZY 5	−40℃时 900	1.5	—	—	—	—	

① 用环烷基原油生产的矿油型气缸油，允许用40℃运动黏度指标为"报告"。
② 用环烷基原油生产的矿油型气缸油的闪点有争议时以 GB/T 267 方法测定为准，其他油生产的气缸油闪点有争议时以 GB/T 3536 方法为准。
③ 对中间基原油生产的汽轮机油，L-TSA 合格品黏度指数允许不低于 70，一级品黏度指数允许不低于 80。根据生产和使用实际，经与用户协商，可不受本表相关标准限制。
④ 倾点指标，根据生产和使用实际，经与用户协商，可不受本表相关标准限制。
⑤ 中间基原油生产的抗氨汽轮机油黏度指数允许不低于 75。
注：无级变速器油性能摘自中国齿轮专业协会. 2006 中国齿轮工业年鉴. 北京：北京理工大学出版社，2006，205～206。

3 常用润滑脂

3.1 润滑脂的组成及主要质量指标

3.1.1 润滑脂的组成

润滑脂是将稠化剂分散于液体润滑剂中所组成的稳定的固体或半固体产品。这种产品可以加入旨在改善某种特性的添加剂和填料。润滑脂的主要组成包括稠化剂、基础油以及添加剂和填料等，详见表11-3-17。

表11-3-17　　　　　　　　　　　　　　润滑脂的组分

基础油		稠化剂				添加剂		
矿物油	磷酸酯	钠皂	钡皂	硅类	聚乙烯	抗氧剂	摩擦改进剂	增稠剂
合成烃油	氟碳类油	钙皂	复合铝皂	石墨	阴丹士林染料	抗磨剂	金属钝化剂	抗水剂
双脂类油	氟硅类油	锂皂	复合锂皂	聚脲		极压抗磨剂	黏度指数改进剂	染料
硅油	氯硅类油	铝皂	膨润土	聚四氟乙烯		抗腐蚀剂		结构改进剂

3.1.2 润滑脂的主要质量指标

表11-3-18　　　　　　　　　　　　　　润滑脂的主要质量指标

指标	定义	说明
外观	是通过目测和感官检验质量的项目。如可以目测脂的颜色、透明度和均匀性等；可以用手摸和观察脂纤维状况、黏附性和软硬程度等	通常在玻璃板上抹1~2mm脂层，对光检验其外观，初步判断出润滑脂的质量和鉴别润滑脂的种类。例如钠基脂是纤维状结构，能拉出较长的丝，对金属的附着力也强。一般润滑脂的颜色、浓度均匀，没有硬块、颗粒，没有析油、析皂现象，表面没有硬皮层状和稀软糊层状等
滴点	润滑脂在规定加热条件下，从不流动状态达到一定流动性时的最低温度。通常是从脂杯中滴下第一滴脂或流出25mm油柱时的温度。对于非皂基稠化剂类的脂，可以没有状态的变化，而是析出油	是衡量润滑脂耐热程度的一个指标，可用它鉴别润滑脂类型、粗略估计其最高使用温度，一般皂基脂的最高使用温度要比滴点低20~30℃。但对于复合皂基脂、膨润土脂、硅胶脂等，二者间没有直接关系 中国润滑脂滴点标准测定方法有3种：①GB/T 4929—1991，与国际标准ISO/DP 2176等效；②SH/T 0115—1992；③GB/T 3498—2008润滑脂宽温度范围滴点测定法
锥入度	过去亦称针入度，是指在规定质量（150g）、规定温度（25℃）下锥入度计的标准圆锥体由自由落体垂直穿入装于标准脂杯内的润滑脂试样，经过5s所达到的深度。以1/10mm为单位。在25℃下测定称为工作锥入度。一般润滑脂规格中的锥入度都是工作锥入度	是鉴定润滑脂稠度即软硬程度的指标。锥入度越大表示润滑脂越软。润滑脂锥入度根据GB/T 269—1991（等效采用国际标准ISO/DIS 2137—1982）规定的标准方法进行测定。为了节省试样，还有1/4锥入度和1/2锥入度其圆锥体和捣器器的尺寸都缩小。1/4锥入度又称微锥入度，圆锥体和撞杆总质量为9.38g±0.025g。1/2锥入度的圆锥体和撞杆总质量为37.5g±0.05g
水分	是指润滑脂的含水量，以质量分数表示	润滑脂中的水分有两种：一种是结合水，它是润滑脂中的稳定剂，对润滑脂结构的形成和性质都有重要的影响；另一种是游离的水分，是润滑脂中不希望有的，必须加以限制。因此，根据不同润滑脂提出不同含水量要求，例如钠基脂和钙基脂允许含很少量水分；钙基脂的水分依不同牌号脂的含皂量的多少而规定某一范围，水分过多或过少均会影响脂的质量；一般锂基脂、铝基脂和烃基脂等均不允许含水 润滑脂水分按照GB/T 512—1990润滑脂水分测定法测定

续表

指标	定义	说明
皂分	是指润滑脂中作为稠化剂的脂肪酸皂组分的含量。非皂基脂没有皂分指标,但可规定一个稠化剂含量(只在生产过程控制)	测定润滑脂的皂分,可了解皂基润滑脂的其他物理性质是否和稠化剂的浓度相对应。同一牌号的皂基润滑脂,皂分高,则产品含油量少,在使用中就易产生硬化结块和干固现象,使用寿命缩短;皂分低,则骨架不强,机械安定性和胶体安定性会下降,易分离和流失。皂分按 SH/T 0319—1992 方法测定
机械杂质	是指稠化剂和固体添加剂以外的不溶于规定溶剂的固体物质,例如砂砾、尘土、铁锈、金属屑等	润滑脂中的机械杂质,会引起机械摩擦面的磨损并增大轴承噪声,金属屑或金属盐还会促进润滑脂氧化等。润滑脂的机械杂质测定法有4种:①酸分解法(GB/T 513—1988);②溶剂抽出法(SH/T 0330—2004);③显微镜法(SH/T 0336—2004);④有害粒子鉴定法(SH/T 0322—1992)
灰分	是指润滑脂试样经燃烧和煅烧所剩余的氧化物和以盐类形式存在的不燃烧组分,以质量分数表示	润滑脂灰分的主要来源是:稠化剂(如各种脂肪酸皂类)中的金属氧化物、原料中的杂质以及外界混入脂中的机械杂质等 润滑脂灰分按照 SH/T 0327—2004 的方法测定
胶体安定性	润滑脂是一个由稠化剂和基础油形成的结构分散体系。基础油在有些情况下会自动从体系中分出来。润滑脂在长期储存和使用过程中抵抗分油的能力称为润滑脂的胶体安定性。通常把润滑脂析出的油的数量换算为质量分数来表示,即分油量指标	润滑脂的分油量(即胶体安定性)是润滑脂的重要指标之一。如果润滑脂产品在储存期间大量析油,则说明其胶体安定性差,这种产品只能短期存放,否则会因变质而报废。胶体安定性好的润滑脂,即使在较高温度和载荷的部位使用,也不致因受压力、离心力及较高温度而发生严重析油 润滑脂胶体安定性的标准测定方法有3种:①压力分油法(GB/T 392—1990);②漏斗分油法(SH/T 0321—1992);③钢网分油(SH/T 0324—2004)
氧化安定性	是指润滑脂在储存和使用过程中抵抗氧化的能力	是润滑脂的重要性能之一。关系到其最高使用温度和寿命长短。润滑脂氧化安定性的标准测定方法有2种:①氧弹法(SH/T 0335—2004);②快速氧化法(SH/T 2728—1980)

3.2 润滑脂的分类

润滑脂的分类标准(GB/T 7631.8—1990)等效采用国际标准 ISO 6743/9—1987,适用于润滑各种设备、机械部件、车辆等各种润滑脂,但不适用于特殊用途的润滑脂(例如接触食品、高真空、抗辐射等)。该分类标准是按照润滑脂应用时的操作条件进行分类的,在这个标准体系中,一种润滑脂只有一个代号,并应与该润滑脂在应用中的最严格操作条件(温度、水污染和载荷等)相对应,由5个大写英文字母组成,见表 11-3-19;每个字母都有其特定含义,参见润滑脂的分类表 11-3-20。润滑脂的稠度分为9个等级(即 NLGI 稠度等级),见表 11-3-21。

表 11-3-19 润滑脂标记的字母顺序

L	X(字母1)	字母2	字母3	字母4	字母5	稠度等级
润滑剂类	润滑脂组别	最低温度	最高温度	水污染 (抗水性、防锈性)	极压性	稠度号

表 11-3-20　　　　　X 组（润滑脂）的分类（摘自 GB/T 7631.8—1990）

代号字母（字母1）	总的用途	使用要求									标 记 示 例
		操作温度范围				水污染（见表11-3-22）	字母4	载荷EP	字母5	稠度（见表11-3-21）	
		最低温度/℃	字母2	最高温度/℃	字母3						
X	用润滑脂的场合	0 -20 -30 -40 <-40 （设备启动或运转时，或者泵送润滑脂时，所经历的最低温度）	A B C D E	60 90 120 140 160 180 >180 （在使用时，被润滑部件的最高温度）	A B C D E F G	在水污染的条件下，润滑脂的润滑性、抗水性和防锈性	A B C D E F G H I	表示在高载荷或低载荷下，润滑脂的润滑性和极压性，用A表示非极压型脂；用B表示极压型脂	A B	可选用如下稠度号： 000 00 0 1 2 3 4 5 6	一种润滑脂，使用在下述操作条件 最低操作温度：-20℃字母B 最高操作温度：160℃字母E 环境条件：经受水洗 防锈性：不需要防锈　字母G 载荷条件：高载荷　字母B 稠度等级：00 应标记为 L-XBEGB 00

注：包含在这个分类体系范围里的所有润滑脂彼此相容是不可能的。而由于缺乏相容性，可能导致润滑脂性能水平的剧烈降低，因此，在允许不同的润滑脂相接触之前，应和产销部门协商。

表 11-3-21　　润滑脂稠度等级（NLGI）

稠度等级（稠度号）	锥入度（25℃，150g）/(10mm)$^{-1}$
000	445~475
00	400~430
0	355~385
1	310~340
2	265~295
3	220~250
4	175~205
5	130~160
6	85~115

表 11-3-22　　水污染的符号

环境条件		防锈性		字母4
干燥环境	L	不防锈	L	A B C D E F G H I
	L	淡水存在下的防锈性	M	
	L	盐水存在下的防锈性	H	
静态潮湿环境	M		L	
	M		M	
	M		H	
水洗	H		L	
	H		M	
	H		H	

3.3　常用润滑脂的性质与用途

表 11-3-23　　　　常用润滑脂的性质与用途

名称与牌号	稠度等级（NLGI）	外观	滴点/℃ 不低于	锥入度（25℃，150g）/(10mm)$^{-1}$	水分/% 不大于	特性及主要用途
钙基润滑脂（GB/T 491—2008）	1	淡黄色至暗褐色、均匀油膏	80	310~340	1.5	温度小于55℃、轻载荷和有自动给脂的轴承，以及汽车底盘和气温较低地区的小型机械

续表

名称与牌号	稠度等级(NLGI)	外观	滴点/℃ 不低于	锥入度(25℃,150g)/(10mm)$^{-1}$	水分/% 不大于	特性及主要用途
钙基润滑脂 (GB/T 491—2008)	2	淡黄色至暗褐色、均匀油膏	85	265~295	2.0	中小型滚动轴承,以及冶金、运输、采矿设备中温度不高于55℃的轻载荷、高速机械的摩擦部位
	3		90	220~250	2.5	中型电机的滚动轴承,发电机及其他设备温度在60℃以下、中等载荷、中等转速的机械摩擦部位
	4		95	175~205	3.0	汽车、水泵的轴承,重载荷机械的轴承,发电机、纺织机及其他60℃以下重载荷低速的机械
石墨钙基润滑脂 (SH/T 0369—1992)	—	黑色均匀油膏	80	—	2	压延机人字齿轮,汽车弹簧,起重机齿轮转盘,矿山机械,绞车和钢丝绳等高载荷、低转速的机械
合成钙基润滑脂 (SH/T 0372—1992)	2	深黄色到暗褐色均匀油膏	80	≤350(50℃) 265~310(25℃) ≥230(0℃)	3	具有良好的润滑性能和抗水性,适用于工业、农业、交通运输等机械设备的润滑,使用温度不高于60℃
	3		90	≤300(50℃) 220~265(25℃) ≥200(0℃)	3	
复合钙基润滑脂 (SH/T 0370—2005)	1	—	200	310~340	—	具有良好的抗水性、机械安定性和胶体安定性。适用于工作温度-10~150℃及潮湿条件下机械设备的润滑
	2		210	265~295	—	
	3		230	220~250	—	
合成复合钙基润滑脂 (SH/T 0374—1992)	1	深褐色均匀软膏	180	310~340	痕迹	具有较好的机械安定性和胶体安定性,用于较高温度条件下摩擦部位的润滑
	2		200	265~295	痕迹	
	3		220	220~250	痕迹	
	4		240	175~205	痕迹	
钠基润滑脂 (GB/T 492—1989)	2	—	160	265~295	—	适用于-10~110℃温度范围内一般中等载荷机械设备的润滑,不适用于与水相接触的润滑部位
	3		160	220~250	—	
4#高温润滑脂(50#高温润滑脂) (SH/T 0376—2003)	—	黑绿色均匀油性软膏	200	170~225	0.3	适用于在高温条件下工作的发动机摩擦部位、着陆轮轴承以及其他高温工作部位的润滑
钙钠基润滑脂 (SH/T 0368—2003)	2	由黄色到深棕色的均匀软膏	120	250~290	0.7	耐溶、耐水、温度80~100℃(低温下不适用)。铁路机车和列车、小型电机和发电机以及其他高温轴承
	3		135	200~240	0.7	
压延机用润滑脂 (SH/T 0113—2003)	1	由黄色至棕褐色的均匀软膏	80	310~355	0.5~2.0	适用于在集中输送润滑剂的压延机轴上使用
	2		85	250~295	0.5~2.0	

续表

名称与牌号	稠度等级 (NLGI)	外观	滴点/℃ 不低于	锥入度(25℃,150g) /(10mm)$^{-1}$		水分/% 不大于	特性及主要用途
滚珠轴承润滑脂 (SH/T 0386—1992)	—	黄色到深褐色均匀油膏	120	250~290		0.75	机车、货车的导杆滚珠轴承、汽车等的高温摩擦交点和电机轴承
食品机械润滑脂 (GB/T 15179—1994)	—	白色光滑油膏,无异味	135	265~295		—	具有良好的抗水性、防锈性、润滑性,适用于与食品接触的加工、包装、输送设备的润滑,最高使用温度100℃
铁路制动缸润滑脂 (SH/T 0377—1992)	—	浅黄色至浅褐色均匀油膏	100	280~320		—	具有较好的润滑、密封和黏温性能,并能保持制动橡胶密封件的耐寒性。适用于铁路机车车辆制动缸的润滑。使用温度 −50~80℃
铁道润滑脂(硬干油) (SH/T 0373—2003)	9	绿褐色到黑褐色半固体纤维状砖形油膏	180	块锥入度	25℃ 20~35 75℃ 50~75	0.5	具有优良的抗压性能及润滑性能。适用于机车大轴摩擦部分及其他高速高压的摩擦界面的润滑
	8		180		25℃ 35~45 75℃ 75~100	0.5	
钡基润滑脂 (SH/T 0379—2003)	—	黄色到暗褐色均质软膏	135	200~260		痕迹	具有耐水、耐温和一定的防护性能,适用于船舶推进器、抽水机的润滑
铝基润滑脂 (SH/T 0371—1992)	—	淡黄色到暗褐色的光滑透明油膏	75	230~280		—	具有高度耐水性,适用于航运机器的摩擦部位及金属表面的防蚀
合成复合铝基润滑脂 (SH/T 0381—1992)	1	浅褐色到暗褐色均匀软膏	180	310~340		痕迹	具有良好的抗水性及防护性和较好的机械安定性、胶体安定性,用于较高温度(120℃以下)和潮湿条件下的摩擦部位
	2		190	265~295		痕迹	
	3		200	220~250		痕迹	
	4		210	175~205		痕迹	
复合铝基润滑脂 (SH/T 0378—2003)	0	—	235	355~385		—	适用于−20~160℃温度范围的各种机械设备及集中润滑系统
	1		235	310~340		—	
	2		235	265~295		—	
极压复合铝基润滑脂 (SH/T 0534—2003)	0	—	235	355~385		—	适用于工作温度−20~160℃的高载荷机械设备及集中润滑系统
	1		235	310~340		—	
	2		235	265~295		—	
通用锂基润滑脂 (GB/T 7324—2010)	1	浅黄色至褐色光滑油膏	170	310~340		—	具有良好的抗水性、机械安定性、耐蚀性和氧化安定性。适用于工作温度−20~120℃范围内各种机械设备的滚动轴承和滑动轴承及其他摩擦部位的润滑
	2		175	265~295		—	
	3		180	220~250		—	
汽车通用锂基润滑脂 (GB/T 5671—1995)	—	—	180	265~295		—	具有良好的机械安定性、胶体安定性、防锈性、氧化安定性和抗水性,用于温度−30~120℃汽车轮毂轴承、底盘、水泵和发电机等部位的润滑

续表

名称与牌号	稠度等级(NLGI)	外观	滴点/℃ 不低于	锥入度(25℃,150g)/(10mm)$^{-1}$	水分/% 不大于	特性及主要用途
极压锂基润滑脂 (GB/T 7323—2008)	00	—	165	400~430	—	适用于工作温度-20~120℃的高载荷机械设备轴承及齿轮润滑,也可用于集中润滑系统
	0		165	355~385	—	
	1		170	310~340	—	
	2		170	265~295	—	
合成锂基润滑脂 (SH/T 0380—1992)	1	浅褐色至暗褐色均匀软膏	170	310~340	痕迹	具有一定的抗水性和较好的机械安定性,用于温度-20~120℃的机械设备的滚动和滑动摩擦部位
	2		175	265~295	痕迹	
	3		180	220~250	痕迹	
	4		185	175~205	痕迹	
极压复合锂基润滑脂 (SH/T 0535—2003) 一等品	1	—	260	310~340	—	适用于工作温度-20~160℃的高载荷机械设备润滑
	2		260	265~295	—	
	3		260	220~250	—	
合格品	1		250	310~340	—	
	2		260	265~295	—	
	3		260	220~250	—	
二硫化钼极压锂基润滑脂 (SH/T 0587—1994)	0	—	170	355~385	—	适用于工作温度-20~120℃的内轧钢机械、矿山机械、重型起重机械等重载荷齿轮和轴承的润滑,并能用于有冲击载荷的部件
	1		170	310~340	—	
	2		175	265~295	—	
3#仪表润滑脂(54#低温润滑脂) (SH/T 0385—1992)	—	均匀无块,凡士林状油膏	60	230~265	—	适用于润滑-60~55℃温度范围内工作的仪器
钢丝绳表面脂 (SH/T 0387—2005)	—	褐色至深褐色均匀油膏	58	运动黏度(100℃)不小于20mm^2/s	痕迹	具有良好的化学安定性、防锈性、抗水性和低温性能。适用于钢丝绳的封存,同时具有润滑作用
钢丝绳麻芯脂 (SH/T 0388—2005)	—	褐色至深褐色均匀油膏	45~55	运动黏度(100℃)不小于25mm^2/s	痕迹	具有较好的防锈性、抗水性、化学安定性和润滑性能,主要用于钢丝绳麻芯的浸渍和润滑
膨润土润滑脂 (SH/T 0536—2003)	1	—	270	310~340	—	适用于工作温度在0~160℃范围的中低速机械设备润滑
	2		270	265~295	—	
	3		270	220~250	—	
极压膨润土润滑脂 (SH/T 0537—2003)	1	—	270	310~340	—	适用于工作温度在-20~180℃范围内的高载荷机械设备润滑
	2		270	265~295	—	
2#航空润滑脂(202润滑脂) (SH/T 0375—1992)	—	黄色到浅褐色的均匀软膏	170	285~315	—	在较宽温度范围内工作的滚动轴承润滑

续表

名称与牌号	稠度等级（NLGI）	外观	滴点/℃ 不低于	锥入度(25℃,150g)/(10mm)$^{-1}$	水分/% 不大于	特性及主要用途
精密机床主轴润滑脂（SH/T 0382—2003）	2	—	180	265~295	痕迹	具有良好的抗氧化性、胶体安定性和机械安定性，用于精密床和磨床的高速磨头主轴的长期润滑
	3		180	220~250	痕迹	
铁道车辆滚动轴承润滑脂（TB/T 2548—1995）	Ⅱ型	棕色至褐色均匀油膏	170	290~320	痕迹	具有良好的抗氧化、防锈性。适用于速度在160km/h以下、工作温度-40~120℃的铁道车辆轴承的润滑
机车轮对滚动轴承润滑脂（TB/T 2955—1999）		褐色至棕褐色软膏	170	265~295	痕迹	适用于速度在160km/h以下、轴重小于25t、工作温度-40~120℃的机车轮对滚动轴承的润滑
机车车辆制动缸润滑脂（TB/T 2788—1997）	89D	—	170	280~320	痕迹	适用于工作温度-50~120℃的机车车辆制动缸的润滑
机车牵引电机轴承润滑脂（企业标准）			187	315	—	具有优良的机械安定性、胶体安定性及良好的抗氧化性能。适用于机车牵引电机及辅机轴承的润滑
地铁轮轨润滑脂（企业标准）		黑色均匀油膏	178	351	—	适用于地下铁道及城市轨道车辆车轮与轨部位的润滑。使用温度范围-20~100℃
聚脲润滑脂（企业标准）	0	淡黄色至浅褐色均匀油膏	240	355~385	—	具有良好的高、低温性能、抗水性、机械安定性、胶体安定性、化学安定性、防锈性、抗磨性、抗极压性、氧化安定性、黏附性、良好的润滑性，使用寿命长。适用于冶金行业连铸机、连轧机及其他行业超高温摩擦部位，如连铸设备的结晶器弧形辊道、弯曲辊道轴承的润滑
	1		260	310~340	—	
	2		260	265~295	—	

4 润滑剂添加剂

根据 SH/T 0389—1998《石油添加剂的分类》标准，润滑剂添加剂按作用分为清净剂和分散剂、抗氧抗腐剂、极压抗磨剂、油性剂和摩擦改进剂、抗氧剂和金属减活剂、黏度指数改进剂、防锈剂、降凝剂、抗泡沫剂等。润滑剂常用添加剂见表11-3-24，添加剂名称一般形式如下所示：

$$\boxed{类}\ \boxed{品种}$$

例：T102

T——类（石油添加剂）

102——品种（表示清净剂和分散剂组中的中碱性石油磺酸钙，其第一个阿拉伯数字"1"表示润滑剂添加剂部分中清净剂和分散剂的组别号）

表 11-3-24　　润滑剂常用添加剂[①]

添加剂主要类型及名称	应　用	作　用
清净分散剂 (1) 低碱度石油磺酸钙(T101) (2) 中碱度石油磺酸钙(T102) (3) 高碱度石油磺酸钙(T103) (4) 烷基酚钡 (5) 烷基酚钙 (6) 硫磷化聚异丁烯钡盐(T108) (7) 烷基水杨酸钙(T109) (8) 聚异丁烯丁二酰亚胺(无灰分散剂)(T151~T155)	与抗氧抗腐剂复合使用于内燃机油、柴油机油和船用气缸油。一般汽油机油和柴油机油中清净分散剂的添加量为3%；高级汽油机油和增压柴油机油中的添加量要增加，具体数量及配方需通过试验确定；船用气缸油的添加量为20%~30%。在使用过程中，常将各种具有不同特性的清净分散剂复合使用	(1) 清净分散作用：清净分散剂吸附在燃料及润滑油的氧化产物(胶质)上，悬浮于油中，防止在油中产生沉淀和在活塞、气缸中形成积炭。这些沉淀和积炭会造成气缸部件黏结，甚至卡死，影响发动机正常运转 (2) 中和作用：中和含硫燃料燃烧后生成的氧化硫及其他酸性物质，避免机器部件的腐蚀
抗氧抗腐剂 (1) 二芳基二硫化磷酸锌(T201) (2) 二烷基二硫代磷酸锌(T202) (3) 硫磷化烯烃钙盐	与清净分散剂复合使用于发动机油中，一般汽油机油及柴油机油中，用量为0.5%~0.8%，用于高级内燃机油中也不超过1.5%	(1) 分解润滑油中由于受热氧化产生的过氧化物，从而减少有害酸性物的生成 (2) 钝化金属表面，使金属在受热情况下，减缓腐蚀 (3) 与金属形成化学反应膜减少磨损
抗氧化剂 (1) 2,6-二叔丁基对甲酚(T501) (2) 芳香胺(T531) (3) 双酚(T511) (4) 苯三唑衍生物(T551) (5) 噻二唑衍生物(T561)	主要用于工业润滑油如变压器油、透平油、液压油、仪表油等，添加量为0.2%~0.6%。工作温度较高时，双酚型抗氧化剂较为有效	润滑油在使用过程中不断与空气接触发生连锁性氧化反应。抗氧化剂能使连锁反应中断，减缓润滑油的氧化速度延长油的使用寿命
油性、极压剂 (1) 酯类(油酸丁酯、二聚酸乙二醇单酯及动植物油等) (2) 酸及其皂类(油酸、二聚酸、硬脂酸铝等)(T402) (3) 醇类(脂肪醇) (4) 磷酸酯、亚磷酸酯(磷酸三乙酯、磷酸三甲酯、亚磷酸二丁酯等)(T304等) (5) 二烷基二硫代磷酸锌(T202) (6) 磷酸酯、亚磷酸酯、硫代磷酸酯的含氮衍生物(T308等) (7) 硫化烯烃(硫化异丁烯、硫化三聚异丁烯T321) (8) 二苄基二硫化物(T322) (9) 硫化妥尔油脂肪酸脂 (10) 硫化动植物油或硫氯化动植物油(T405、T405A) (11) 氯化石蜡(T301,T302) (12) 环烷酸铅(T341)	用于汽车齿轮油、工业极压齿轮油、金属加工油(轧制油、切削油等)、导轨油、抗磨液压油、极压透平油、极压润滑脂及其他工业用油。添加量为0.5%~10%，有的甚至在20%以上。在使用中，有单独使用，也有复合使用，根据各种油品的性能要求确定	(1) 油性添加剂在常温条件下，吸附在金属表面上形成边界润滑层，防止金属表面的直接接触，保持摩擦面的良好润滑状态 (2) 极压添加剂在高温条件下，分解出活性元素与金属表面起化学反应，生成一种低剪切强度的金属化合物薄层，防止金属因干摩擦或在边界摩擦条件下而引起的黏着现象

续表

添加剂主要类型及名称	应用	作用
降凝剂 (1) 烷基萘(T801) (2) 醋酸乙烯酯与反丁烯二酸共聚物 (3) 聚 α-烯烃(T803) (4) 聚甲基丙烯酸酯(T814) (5) 长链烷基酚	广泛应用于各种润滑油,如内燃机油、齿轮油、机械油、变压器油、液压油、透平油、冷冻机油等。添加量为 0.1%~1%	降凝剂能与油中之石蜡产生共晶,防止石蜡形成网状结构,使润滑油不被石蜡网状结构包住,并呈流动液体状态存在而不致凝固,即起降凝作用
增黏剂 (1) 聚乙烯基正丁基醚(T601) (2) 聚甲基丙烯酸酯(T602) (3) 聚异丁烯(T603) (4) 乙丙共聚物(T611) (5) 分散型乙丙共聚物(T631)	配制冷启动性能好、黏温性能好,可以四季通用、南北地区通用的稠化机油、液压油和多级齿轮油等。一般用量为 3%~10%,有的更多	(1) 改善润滑油的黏温特性 (2) 对轻质润滑油起增稠作用 加有增黏剂的油高温不易变稀,低温不易变稠
防锈剂 (1) 石油磺酸钠(T702) (2) 石油磺酸钡(T701) (3) 二壬基萘磺酸钡(T705) (4) 环烷酸锌(T704) (5) 烯基丁二酸(T746) (6) 苯骈三氮唑(T706) (7) 烯基丁二酸咪唑啉盐(T703) (8) 山梨糖醇单油酸酯 (9) 氧化石油脂及其钡皂(T743) (10) 羊毛脂及其皂 (11) N-油酰肌胺酸十八胺(T711)	广泛用于金属零件、部件、工具、机械发动机及各种武器的封存防锈油脂(长期封存防锈油脂、工作封存两用油脂薄层油等),在使用中要求一定防锈性能的各种润滑油脂(透平油、齿轮油、机床用油、液压油、切削油、仪表油脂等)工序间防锈油脂。在使用过程中,常将各种具有不同特点的防锈剂复合使用,以达到良好的综合防锈效果。添加量随防锈性能的要求不同而不同,一般为 0.01%~20%	防锈剂与金属表面有很强的附着能力,在金属表面上优先吸附形成保护膜或与金属表面化合形成钝化膜。防止金属与腐蚀介质接触,起到防锈作用
抗泡剂 (1) 二甲基硅油 (2) 丙烯酸酯与醚共聚物(T911)	用于各种循环使用的润滑油。添加量为百万分之几。应用时先用煤油稀释,最好用胶体磨或喷雾器分散于润滑油中	润滑油在循环使用过程中,会吸收空气,形成泡沫,抗泡剂能降低表面张力,防止形成稳定的泡沫

① 摘自机械工程手册:机械设计基础卷(第二版),北京:机械工业出版社,1996,4-120~4-121。

5 合成润滑剂

合成润滑剂是通过化学合成方法制备成的高分子化合物,再经过调配或进一步加工而成的润滑油、脂产品。合成润滑剂具有一定化学结构和预定的物理化学性质。在其化学组成中除了含碳、氢元素外,还分别含有氧、硅、磷、氟、氯等。与矿物润滑油相比,合成润滑油具有优良的黏温性和低温性,良好的高温性和热氧化稳定性,良好的润滑性和低挥发性,以及其他一些特殊性能如化学稳定性和耐辐射性等,因而能够满足矿物油所不能满足的使用要求。

5.1 合成润滑剂的分类

目前获得工业应用的合成润滑剂分为下列 6 类：①有机酯类，包括双酯、多元醇酯及复酯等；②合成烃类，包括聚 α-烯烃、烷基苯、聚异丁烯及合成环烷烃等；③聚醚类（又称聚烷撑醚），包括聚乙二醇醚、聚丙二醇醚或乙丙共聚醚等；④硅油和硅酸酯类（又称聚硅氧烷或硅酮），包括甲基硅油、乙基硅油、甲基苯基硅油、甲基氯苯基硅油、多硅醚等；⑤含氟油类，包括全氟烃、氟氯碳、全氟聚醚、氟硅油等；⑥磷酸酯类，包括烷基磷酸酯、芳基磷酸酯、烷基芳基磷酸酯等。

5.2 合成润滑剂的应用

由于我国润滑剂的分类原则是根据应用场合划分的，每一类润滑剂中已考虑了应用合成液的品种，因此没有将合成润滑剂单独分类，而只有一些产品标准。合成润滑剂标准的编号与名称见表 11-3-25。

表 11-3-25　　合成油的温度特性

类别	闪点/℃	自燃点/℃	热分解温度/℃	黏度指数	倾点/℃	最高使用温度/℃
矿物油	140~315	230~370	250~340	50~130	−45~−10	150
双酯	200~300	370~430	283	110~190	<−70~−40	220
多元醇酯	215~300	400~440	316	60~190	<−70~−15	230
聚 α-烯烃	180~320	325~400	338	50~180	−70~−40	250
二烷基苯	130~230	—	—	105	−57	230
聚醚	190~340	335~400	279	90~280	−65~5	220
磷酸酯	230~260	425~650	194~421	30~60	<−50~−15	150
硅油	230~330	425~550	388	110~500	<−70~10	280
硅酸酯	180~210	435~645	340~450	110~300	<−60	200
卤碳化合物	200~280	>650	—	−200~10	<−70~65	300
聚苯醚	200~340	490~595	454	−100~10	−15~20	450

表 11-3-26　　各种合成润滑油与矿物油性能对比[①]

类别	黏温性	与矿物油相容性	低温性能	热安定性	氧化安定性	水解安定性	抗燃性	耐负荷性	与油漆和涂料相容性	挥发性	抗辐射性	密度	相对价格[②]
矿物油	中	优	良	中	中	优	低	良	优	中	高	低	1
超精制矿物油	良	优	良	中	中	优	低	良	优	低	高	低	2
聚 α-烯烃油	良	优	良	良	良	优	低	良	优	低	高	低	5
有机酯类	良	良	良	中	中	中	低	良	优	中	中	中	5
聚烷撑醚	良	差	良	中	中	良	低	良	中	中	中	中	5
聚苯醚	差	良	差	优	优	优	低	中	中	低	高	高	110
磷酸酯（烷基）	良	中	中	中	中	差	高	优	差	中	中	低	8
磷酸酯（苯基）	中	中	差	中	中	差	高	优	差	低	低	低	8
硅酸酯	优	差	优	良	中	差	低	中	中	中	中	中	10
硅油	优	差	优	优	优	良	低	差	中	低	低	低	10~50
全氟碳油	中	差	中	优	优	优	高	良	良	中	低	高	100
聚全氟烷基醚	中	差	良	良	良	良	高	良	良	中	低	高	100~125

① 评分标准为优、良、中、差或高、中、低。
② 相对价格以矿物油为 1 相对比较而得，无量纲。

表 11-3-27　合成润滑剂的用途

种类	用途
合成烃	燃气涡轮润滑油、航空液压油、齿轮油、车用发动机油、金属加工油、轧制油、冷冻机油、真空泵油、减振液、化装晶油、刹车油、纺丝机油、润滑脂基础油
酯类油	喷气发动机油、精密仪表油、高温液压油、真空泵油、自动变速机油、低温车用机油、刹车油、驻退液、金属加工油、轧制油、润滑脂基础油、压缩机油
磷酸酯	用于有抗燃要求的航空液压油、工业液压油、压缩机油、刹车油、大型轧制机油、连续铸造设备用油
聚乙二醇醚	液压油、刹车油、航空发动机油、真空泵油、制冷机油、金属加工油
硅酸酯	高温液压油、高温传热介质、极低温润滑脂基础油、航空液压油、导轨液压油
硅油	航空液压油、精密仪表油、压缩机油、扩散泵油、刹车油、陀螺油、减振液、绝缘油、光学用油、润滑脂基础油、介质冷却液、脱模剂、雾化润滑液
聚苯醚	有关原子反应堆用润滑油、液压油、冷却介质、发动机油、润滑脂基础油
氟油	原子能工业用油、导弹用油、氧气压缩机油、陀螺油、减振液、绝缘油、润滑脂基础油

表 11-3-28　合成润滑剂标准

标准编号	标准名称	相应国外标准
GJB 135A—1988	4109#合成航空润滑油	MIL-L-7808J
GJB 561—1988	4450#航空齿轮油	AIR-3525/B79
GJB 1085—1991	舰用液压油	
GJB 1170—1991	低挥发航空仪表油	MIL-L-6085B(1)-85
GJB 1263—1991	航空涡轮发动机用合成润滑油规范	MIL-L-23699C
SH/T 0010—1990	热定型机润滑油	
SH 0433—1992	4106#合成航空润滑油	MIL-L-23699C
SH 0434—1998	4839#抗化学润滑油	
SH 0448—1998	4802#抗化学润滑油	
SH/T 0454—1998	特3#、4#、5#、14#、16#精密仪表油	
SH 0460—1992	4104#合成航空润滑油	DERD-2487
SH 0461—1992	4209#合成航空润滑油	
SH/T 0464—1992	4121#低黏度仪表油	
SH/T 0465—1992	4122#高低温仪表油	
SH/T 0467—1994	4403#合成齿轮油	
SH/T 0011—1990	7903#耐油密封润滑脂	MIL-G-6032D
SH 0431—1998	7017-1#高低温润滑脂	
SH/T 0432—1998	7502#、7503#硅脂	
SH 0437—1998	7007#、7008#通用航空润滑脂	
SH/T 0438—1998	7011#低温极压脂	
SH/T 0442—1998	7105#光学仪器极压脂	
SH/T 0443—1992	7106#、7107#光学仪器润滑脂	
SH/T 0444—1992	7108#光学仪器防尘脂	
SH/T 0445—1992	7112#宽温航空润滑脂	

续表

标准编号	标准名称	相应国外标准
SH/T 0446—1992	7602#高温密封脂	
SH/T 0447—1992	7163#专用阻尼脂	
SH 0449—1998	7805#抗化学密封脂	
SH 0456—1998	特7#精密仪表脂	
SH 0459—1998	特221#润滑脂	
SH/T 0466—1992	7023#低温航空润滑脂	
SH/T 0469—1994	7407#齿轮润滑脂	
SH/T 0595—1994	7405#高温高压螺纹密封脂	API Bull 5A2-1998
SH/T 0640—1997	电位器阻尼脂	
SH/T 0641—1997	电接点润滑脂	前苏联 TY 6-02-989-77(1998)

6 固体润滑剂

6.1 固体润滑剂的分类

常用固体润滑剂的分类见表11-3-1。

表 11-3-29　　　　　　　　　常用固体润滑剂的分类

类别	固体润滑剂名称
层状晶体结构	二硫化钼,二硫化钨,二硫化铌,二硫化钽,二硒化钼,二硒化钨,石墨,氟化石墨,氮化硼,氮化硅
非层状无机物	二硫属化合物,金属氧化物(Fe_3O_4,Al_2O_3,PbO)金属卤化物($CdCl_2$,CdI_2),氮化物(BN,SiN),硒化物($NbSe_2$,WSe_2,$MoSe_2$)等
高分子材料	聚四氟乙烯,聚缩醛,尼龙,聚酰胺,聚酰亚胺,环氧树脂,酚醛树脂,硅树脂等
化学生成膜	磷酸盐膜
化学合成膜	如在镀钼的金属表面通以硫蒸汽生成二硫化钼膜

6.2 固体润滑剂的作用和特点

固体润滑剂是指能保护相对运动表面,起固体润滑作用的各种固体粉末或薄膜等。利用固体润滑剂能有效地解决高温、高负荷、超低温、超高真空、强辐射、强腐蚀性介质等特殊及苛刻环境工况条件下的摩擦、磨损和润滑等问题,简化润滑维修。正因为如此,固体润滑剂是航天、航空、核工业等高技术领域不可或缺的润滑剂。以下通过实例简要说明固体润滑剂的应用。

6.2.1 可代替润滑油脂[1]

在下列情况下,可以用固体润滑剂代替润滑油脂,对摩擦表面进行润滑。

(1) 特殊工况。在各种特殊工况(如高温、低温、真空和重载等)下,一般润滑油脂的性能无法适应,可以使用固体润滑剂进行润滑。在金属切削加工和压力加工中无法使用液体润滑的场合,可以使用固体润滑剂进行润滑。

(2) 易被污染的情况。在润滑油脂易被其他液体(如水、海水等)污染或冲走的场合、潮湿的环境及含有固体杂质(如泥沙、尘土等)的环境中,无法使用液体润滑剂,可以使用固体润滑剂进行润滑。

(3) 供油困难的情况。有些构件和摩擦副无法连续供给润滑油脂,安装工作不易进行或装卸困难、无法定期维护保养的场合,如桥梁的支撑轴承,可以使用固体润滑剂进行润滑。

6.2.2 增强或改善润滑油脂的性能

为了下列使用目的,可以在润滑油、脂中添加固体润滑剂。

① 提高润滑油脂的承载能力。

---

[1] 引自王海斗,徐滨士,刘家浚。固体润滑膜层技术与应用。北京:国防工业出版社,2009,3~5。

② 增强润滑油脂的时效性能。
③ 改善润滑油脂的高温性能。
④ 使润滑油脂形成摩擦聚合膜（如添加有机钼化合物等）。

6.2.3 运行条件苛刻的场合

(1) 宽温条件下的润滑

润滑油、脂的使用温度范围大约为-60~350℃，而固体润滑剂能够适应-270~1000℃的工作温度范围。

超低温条件下的固体润滑将成为超低温技术成败的关键。固体润滑剂聚四氟乙烯和铅等在这种温度条件下仍具有润滑性能，也是最常用的基本润滑材料。

应用于高温条件下的润滑材料有：高分子材料聚酰亚胺，使用上限温度为350℃；氧化铅，最高工作温度可达650℃，氟化钙和氟化钡的混合物，最高使用温度为820℃。在热轧钢材时，工作温度可达1200℃以上，固体润滑剂石墨、玻璃和各种软金属薄膜能充当良好的润滑剂。

(2) 宽速条件下的润滑

各类固体润滑膜能够适应摩擦副宽广的运动速度范围，如机床导轨的运动属于低速运动。用添加固体润滑剂的润滑油可以减少爬行，用高分子材料涂层形成的固体润滑剂干膜可减少磨损。而软金属铅膜可适用于低速运动的摩擦表面。适用于低速重载的轴承可用镶嵌型固体润滑材料制造，以减少摩擦和磨损。作高速运动的轴承，只要在其表面镀上2~5μm厚的碳化钛膜，即使在24000r/min的速度下运转25000h也很少磨损。

(3) 重载条件下的润滑

一般润滑油脂的油膜，只能承受比较小的载荷。一旦负荷超过其所能承受的极限值，油膜破裂，摩擦表面将会发生咬合。而固体润滑膜可以承受平均负荷在10^8Pa以上的压力。如厚度为2.5μm的二硫化钼膜能承受2800MPa的接触压力，并可以实现40m/s的高速运动；聚四氟乙烯膜还能承受10^9Pa的赫兹压力；金属基复合材料的承载能力更高。在金属压力加工（如轧制、挤压、冲压等）中，摩擦表面的负荷很高，通常使用含有固体润滑剂的油基或水基润滑剂，或采用固体润滑干膜的形式进行润滑。

(4) 真空条件下的润滑

在（高）真空条件下，一般润滑油脂的蒸发性较大，易破坏真空条件，并影响其他构件的工作性能。一般采用金属基复合材料和高分子基复合材料进行润滑。

(5) 辐射条件下的润滑

在辐射条件下，一般液体润滑剂会发生聚合或分解，失去润滑性能。固体润滑剂的耐辐射性能较好。如金属基复合材料和高分子基复合材料进行润滑。

(6) 导电滑动面的润滑

电机电刷、导电滑块、在真空中工作的人造卫星上的太阳能集流环和滑动的电触点等导电滑动面的摩擦，可以采用碳石墨、金属基（银基）或金属与固体润滑剂组成的复合材料进行润滑。

6.2.4 环境条件很恶劣的场合

环境恶劣的场合，如运输机械、工程机械、冶金和钢铁工业设备、采矿机械等传动件处于尘土、泥沙、高温和潮湿等恶劣环境下工作，可以采用固体润滑剂进行润滑。

腐蚀环境的场合，如船舶机械、化工机械等传动件可能处于水（蒸汽）海水和酸、碱、盐等腐蚀介质下工作，要经受不同程度的化学腐蚀作用。处于这种场合下工作的摩擦副可以采用固体润滑剂润滑。

6.2.5 环境条件很洁净的场合

电子、纺织、食品、医药、造纸、印刷等机械中的传动件，照相机、录像机、复印机、众多家用电器的传动件，应避免污染，要求很洁净的环境场合，可以采用固体润滑剂进行润滑。

6.2.6 无需维护保养的场合

有些传动件无需维护保养，有些传动件为了节省费用开支，需要减少维护保养次数。这些场合，使用固体润滑剂既合理方便又可节省开支。

(1) 无人化和无需保养的场合

大中型桥梁的支撑，高大重型设备的传动件，无法经常保养的场合，为了减少维护保养费用，延长机器设备的寿命（长寿命化），使其在无保养条件下延长有效运转期限，可以使用固体润滑剂进行润滑。长期储存、无需保养的枪炮，一旦取出即可使用的物件，应用固体润滑干膜既可防锈又可起到润滑的作用。

(2) 经常拆卸和无需保养的场合

紧固件螺钉、螺母等涂以固体润滑干膜后，易于装卸，并能防止紧固件的微动磨损。

6.3 常用固体润滑剂的使用方法和特性

6.3.1 固体润滑剂的使用方法

表 11-3-30　　　　　　　　　固体润滑剂的使用方法

类　型	使　用　方　法
固体润滑剂粉末	固体润滑剂粉末分散在气体、液体和胶体中 (1) 固体润滑剂分散在润滑油（油剂或油膏）、切削液（油剂或水剂）及各种润滑脂中 (2) 将固体润滑剂均匀分散在硬脂酸和蜂蜡、石蜡等内部，形成固体润滑蜡笔或润滑块 (3) 运转时将固体润滑剂粉末随气流输送到摩擦面
固体润滑膜	借助于人力和机械力等将固体润滑剂涂抹到摩擦面上，构成固体润滑膜 将粉末与挥发性溶剂混合后，用喷涂或涂抹、机械加压等方法固定在摩擦面上 用黏结剂将固体润滑剂粉末黏结在摩擦面上，构成固体润滑膜 用各种无机或有机的黏结剂、金属陶瓷黏结固体润滑剂，涂抹到摩擦面上 用各种特殊方法形成固体润滑膜 (1) 用真空沉积、溅射、火焰喷镀、离子喷镀、电泳、电沉积等方法形成固体润滑膜 (2) 用化学反应法（供给适当的气体或液体，在一定温度和压力下使表面反应）形成固体润滑膜或原位形成摩擦聚合膜 (3) 金属在高温下压力加工时用玻璃作为润滑剂，常温时为固体，使用时熔融而起润滑作用
自润滑复合材料	将固体润滑剂粉末与其他材料混合后压制烧结或浸渍，形成复合材料 (1) 固体润滑剂与高分子材料混合，常温或高温压制、烧结为高分子复合自润滑材料 (2) 固体润滑剂与金属粉末混合，常温或高温压制、烧结为金属基复合自润滑材料 (3) 固体润滑剂与金属和高分子材料混合，压制、烧结在金属背衬上成为金属-塑料复合自润滑材料 (4) 在多孔性材料中或增强纤维织物中浸渍固体润滑剂 将固体润滑剂预埋在摩擦面上，长时期提供固体润滑膜 (1) 用烧结或浸渍的方法将固体润滑剂及其复合材料预埋在金属摩擦面上 (2) 在金属铸造的同时将固体润滑剂及其复合材料设置在铸件的预设部位 (3) 用机械镶嵌的办法将固体润滑剂及其复合材料固定在金属摩擦面上

6.3.2 粉状固体润滑剂特性

表 11-3-31　　　　　　　　　二硫化钼粉剂

项　目		质量指标			特　性	检验方法	应　用
		0#	1#	2#			
二硫化钼含量/%	不低于	99	99	98	摩擦因数很低，一般为 0.03～0.09，且随滑动速度的增加或载荷的增加而降低，在超高压时，摩擦因数可达 0.017。抗压性强，在 2000MPa 条件下仍可使用，3200MPa 压力下，两金属面间仍不咬合和熔接。对黑色金属附着力强。对一般酸类不起作用（稳定），不溶于醇、醚、脂、油等。耐高温达 399℃，低温 -184℃仍能润滑。纯度高，有害杂质少	醋酸铅法	可制各种固体润滑膜，代替油脂。可添加到各种润滑剂中，提高抗压、减摩能力，也可添加在各种工程塑料制品和粉末冶金中，制成自润滑件，是抗压耐磨涂层不可缺少的原料之一 储存时，严防杂质侵入。受潮时，可在 120℃烘干使用
二氧化硅含量/%	不大于	0.02	0.02	0.05		硅钼黄比色法	
铁含量/%	不大于	0.06	0.04	0.1		硫氢酸盐比色法	
腐蚀，黄铜片（100℃，3h）		合格	合格	合格		SH/T 0331—2004	
粒度/%							
≤1μm	不少于	80				显微镜计数法	
>1～2μm	不少于	10	90	25			
>2～5μm	不少于	17	7.2	55			
>5～7μm	不少于	3	2	15			
>7μm	不少于	无	0.8	5			

注：生产厂为本溪润滑材料有限公司。

表 11-3-32　　　　　　　　　　　　　　　　　二硫化钨粉剂

项目	质量指标			特性	检验方法	应用
	1#	2#	3#			
外观	黑灰色胶体粉末			由黑钨矿或白钨矿砂经化学处理、机械粉碎等方法制成的黑灰色、高纯度、微粒度胶体粉末，有金属光泽，手触之有滑腻感。不溶于水、油、醇、脂及其他有机溶剂，除氧化性很强的硝酸、氢氟酸、硝酸与盐酸的混合酸以外，对一般的酸、碱溶液也不溶。在大气中分解温度为510℃，593℃氧化迅速，在425℃以下可长期润滑，真空中可稳定到1150℃。大气中摩擦因数为0.025～0.06，比二硫化钼略低，抗极压强度为2100MPa，抗辐射性亦比石墨、二硫化钼强	目测	可制成各种固体润滑膜，代替油脂。可添加到各种油、脂、水中制成各种润滑剂，提高抗压减摩能力。也可直接擦抹在螺纹等连接件与装备件上，达到拆卸方便防止锈死的目的，更可添加到各种工程塑料制品和粉末冶金中，制成自润滑件，是抗压减摩涂层重要原料之一
二硫化钨(WS_2)含量/%　不小于	98	97	96		辛可宁重量法	
二氧化硅(SiO_2)含量/%　不大于	0.1	0.12	0.15		硅钼黄比色法	
铁(Fe)含量/%　不大于	0.04	0.08	0.1		硫氰酸盐比色法	
粒度/%					显微镜计数法	
≤2μm　不少于	90	90	90			
>2～10μm　不多于	10	10	10			
>10μm	无	无	无			

注：生产厂为本溪润滑材料有限公司。

表 11-3-33　　　　　　　　　　　　　　　　二硫化钼 P 型成膜剂

项目	质量指标	检验方法	特性、用途及使用说明
外观	灰色软膏	目测	以足量的二硫化钼粉剂为主要润滑减摩材料，添加化学成膜添加剂、附着增强剂等多种添加剂配制而成。具有优异的反应成膜、附着、润滑、减摩、成性能。适合于轻载荷、低转速、冲击力小、单向运转的齿轮，可实现无油润滑。如初轧厂的均热炉拉盖减速机，更适合要求无油污染的纺织行业和食品行业的小型齿轮以及转速低、载荷轻的润滑部位。亦可用于重载荷、冲击力大的齿轮上，作极压成膜的底膜用，特点是成膜快、膜牢固、寿命长。使用前，应先将齿面和其他润滑部位清洗干净，最好对润滑部位喷砂处理或用细砂纸打磨，效果更好。使用时用2.5倍（质量比）的无水乙醇稀释后，喷在齿面上，干燥后，即可装配运转。使用中应定期检查，膜破露出金属光泽要及时补膜。盖严，储存在阴凉干燥处，严禁杂物混入
附着性	合格	擦涂法	
MoS_2(粒度≤2μm)/%　不少于	90	显微镜计数法	

注：生产厂为本溪润滑材料有限公司。

表 11-3-34　　　　　　　　　　　　　　　　　胶体石墨粉

项目	质量指标				主要用途
	No1	No2	No3	特2	
颗粒度/μm	4	15	30	8～10	(1)耐高温润滑剂基料、耐蚀润滑剂基料 (2)精密铸件型砂 (3)橡胶、塑料的填充料，以提高塑料的耐磨抗压性能或制成导电材料 (4)金属合金原料及粉末冶金的碳素 (5)用于制作碳膜电阻、润滑与导电的干膜以及配制导电液 (6)用于高压蒸汽管路、高温管道连接器的垫圈涂料 (7)用于制作石墨阳极和催化剂的载体
石墨灰分/%　不大于	1.0	1.5	2	1.5	
灰分中不溶于盐酸的含量/%　不大于	0.8	1	1.5	1	
通过250目上的筛余/%　不大于	0.5	1.5	—	0.5	
通过230目上的筛余/%　不大于	—	—	5	—	
水分含量/%　不大于	0.5				
研磨性能	符合规定				

注：生产厂为上海胶体化工厂。

6.3.3 膏状固体润滑剂特性

表 11-3-35　　　　　　　　　　　　　　　二硫化钼重型机床油膏

项目	质量指标	特性	检验方法	应用
外观	灰黑色均匀软膏	用二硫化钼粉与高黏度矿油等物质配制而成的灰色膏状物。具有抗极压(PB 值为 85kgf)、抗磨减摩、消振润滑等优良特性，并有较好机械安定性和氧化安定性。直接涂抹在重型机床导轨上，可减少爬动、防止爬行，提高加工件精度。使用温度为 20～80℃	目测	适用于各式大型车床、镗床、铣床、磨床等设备的导轨和立式或卧式的水压机柱塞。安装机车大轴时，涂上本品，可防止拉毛。抹在机床丝杠上，能使运动件灵活 使用前应将设备清洗干净后再涂油膏，一般重型设备涂层约 0.05～0.2mm，精度较高的设备约 0.01～0.02mm 即可，要防止杂质落上 长期存放中，严禁砂土等杂质混入。上部出现油层，经搅拌均匀后仍可使用
锥入度(25℃,150g,60次)/(10mm)$^{-1}$	300～350		GB/T 269—1991	
腐蚀(T2铜片,100℃,3h)	合格		SH/T 0331—2004	
游离碱(NaOH)/%　不大于	0.15		SH/T 0329—2004	
水分/%　不大于	痕迹		GB/T 512—1990	

注：生产厂为本溪润滑材料有限公司。

表 11-3-36　二硫化钼齿轮润滑油膏

项目	质量指标	特性	检验方法	应用
外观	灰褐色均匀软膏	由极压抗磨的二硫化钼粉剂再调制在高黏度矿油的油膏中，并添加增黏剂、抗氧防腐剂制成。本品具有很强的抗水性、黏着性、抗极压性（PB 值为 1200N）、抗氧减摩性以及良好的润滑性、机械安定性和胶体安定性	目测	适合中、轻型齿轮设备、各类型的推土机、挖掘机、卷扬机的齿轮与回转牙盘和各种球磨机、筒磨机的开式齿轮。使用前，先将齿轮清洗干净，然后在齿面上涂上一层油膏。涂膜不宜过厚，但要求涂层均匀无空白。使用中要定期检查油膜，露出齿面金属，立即补膜，补膜周期可逐渐延长到一个月或几个月一次
滴点/℃　不低于	180		GB/T 3498—2008	
锥入度（25℃，150g，60 次）/(10mm)$^{-1}$	300~350		GB/T 269—1991	
腐蚀（T2 铜片，100℃，3h）	合格		SH/T 0331—2004	
游离碱（NaOH）/%　不大于	0.15		SH/T 0329—2004	
水分/%　不大于	痕迹		GB/T 512—1990	

注：生产厂为本溪润滑材料有限公司。

表 11-3-37　二硫化钼高温齿轮润滑油膏

项目	质量指标	特性	检验方法	应用
外观	灰褐色均匀软膏	用极压抗磨的二硫化钼粉剂调制在耐高温高黏度矿油膏中，并添加增黏剂、抗氧防腐剂炼制而成具有良好黏着性、抗极压性(PB 值为 800N)、抗磨减摩性、耐高温性（180℃下保持良好的润滑）、耐化学性（在酸、碱、水蒸气条件下，不失去优良的稳定性和润滑性），在冲击载荷较大的设备上使用，润滑膜不破，机械安定性好	目测	适用于 2# 齿轮润滑油膏，不能用于有高温辐射的各式中小型减速机齿轮和开式齿轮上。亦可用于焦化厂的推焦机齿轮、轧钢厂的辊道减速机齿轮，以及造纸、印染行业的多酸、碱、水蒸气条件下润滑的齿轮。齿轮寿命可延长 1.5 倍。使用前，先将齿轮清洗干净，然后把油膏涂在齿表面上，涂层不宜太厚，要求均匀。使用中要定期检查油膜，露出金属，立即补膜，补膜周期可逐渐延长到一个月或几个月一次
锥入度（25℃，150g，60 次）/(10mm)$^{-1}$	310~350		GB/T 269—1991	
腐蚀(T2 铜片,100℃,3h)	合格		SH/T 0331—2004	
游离碱（NaOH）/%　不大于	0.15		SH/T 0329—2004	
水分/%　不大于	痕迹		GB/T 512—1990	

注：生产厂为本溪润滑材料有限公司。

表 11-3-38　特种二硫化钼油膏

项目	质量指标	特性	检验方法	应用
外观	灰色均匀软膏	用多种特制的黏度添加剂、极压、防腐添加剂与二硫化钼粉剂、精制矿物油配制而成。具有极强的金属附着性、抗压性高（PB 值达 1200N 以上），在 -20~120℃使用时具有良好的润滑性和胶体安定性，长期存放不分油，不干裂。机械安定性稳定，抗压、抗击、剪切性强。耐水性好，不乳化，在酸、碱介质下保持良好的润滑性和极好的附着性	目测	可用于各种中、重型减速机齿轮、开式齿轮，冲击大和往复频繁的挖掘机齿轮及回转大牙盘以及大型球磨机的开式齿轮。使用前，先将齿轮清洗干净，涂层不宜太厚，要求均匀无空白点。使用中要定期检查油膜，发现露出齿面金属，可立即补充涂膜。补膜周期可逐渐延长到一个月或几个月一次
锥入度（25℃，150g，60 次）/(10mm)$^{-1}$	330~370		GB/T 269—1991	
腐蚀（T2 铜片,100℃,3h）	合格		SH/T 0331—2004	
游离碱（NaOH）/%　不大于	0.15		SH/T 0329—2004	
水分/%　不大于	痕迹		GB/T 512—1990	

注：生产厂为本溪润滑材料有限公司。

表 11-3-39　齿轮润滑用 GM-1 型成膜膏

项目	质量指标	特性	检验方法	应用
外观	灰褐色细腻软膏	以固体润滑材料为主，采用矿物油锂皂稠化，并添加促进化学膜形成剂、固体膜极压增强剂、高分子黏度添加剂精制而成。具有良好的抗压性、抗金属咬合能力及抗磨性能，成膜快、附着力强、耐磨寿命长，可节油节能、延长齿轮寿命	目测	适用于临界负荷 1000N、-20~120℃的减速机和各式开式齿轮以及挖掘机大牙盘等。使用前需将设备清洗干净后，均匀涂抹一层 3~5μm 厚的成膜层，不能有空白点。运转初期一周内要勤检查，发现齿面露出金属点，应及时补充成膜，一周后，补膜周期可适当延长。经挤压成膜后，可延长到 1~6 个月补膜一次
锥入度（25℃，150g，60 次）/(10mm)$^{-1}$	300~350		GB/T 269—1991	
腐蚀（T2 铜片,100℃,3h）	合格		SH/T 0331—2004	
游离碱（NaON）/%　不大于	0.15		SH/T 0329—2004	
滴点/℃　不低于	198		GB/T 3498—2008	
蒸发度（120℃,1h）	0.27~0.30		SH/T 0337—2007	
抗磨试验（D_{30}^{40}）/mm　不大于	0.59		GB/T 3142—1990	
临界载荷（P_B）/N　不小于	1400		GB/T 3142—1990	
烧结载荷（P_D）/N　不小于	6700		GB/T 3142—1990	

注：生产厂为本溪润滑材料有限公司。

7 润滑油的换油指标、代用和掺配方法

7.1 常用润滑油的换油指标

常用润滑油的换油指标见表 11-3-40。

7.2 润滑油代用的一般原则

首先必须强调，要正确选用润滑油，避免代用，更不允许盲目代用。当实际使用中，遇到一时买不到原设计时所选用的合适的润滑油，或者新试制（或引进）的设备所使用的相应新油品还未试制或生产时，才考虑代用。

润滑油代用的一般原则如下：
1) 尽量用同类油品或性能相近，添加剂类型相似的油品。
2) 黏度要相当，以不超过原用油黏度±25%为宜。在一般情况下，采用黏度稍大的润滑油代替。而精密机械用液压油、轴承油则应选黏度低一些的油。
3) 油品质量以中、高档油代替低档油，即选用质量高一档的油品代用。这样对设备的润滑比较可靠，同时还可延长使用期，经济上也合算。以低档油代替中、高档油害处较多，往往满足不了使用要求。
4) 选择代用油时，要考虑环境温度与工作温度，对于工作温度变化大的机械设备，所选代用油的黏温性要好一些。对于低温工作的机械，所选代用油的倾点应低于工作温度10℃以下；而对于高温工作的机械，则应选用闪点高一些的代用油。另外，氧化安定性也要满足使用要求。一般而言，代用油的质量指标也应符合被代用油的质量指标，才能保证在工作中可靠应用。
5) 国外进口设备推荐使用的润滑因生产的国家、厂家和年代的不同，所使用的润滑剂标准也不同，对润滑材料的国产化代用要十分慎重。可参照以下步骤进行：①要按照设备使用说明书所推荐的牌号和生产商，参考国内外相关油品对照表，查明润滑剂的类别和主要质量指标；②如有可能，要从油池中抽取残留润滑油液测定其理化性能指标；③结合设备润滑部位的摩擦性质、负荷大小、润滑方式和润滑装置的要求，以国产润滑剂的性能和主要质量指标与之对比分析，确定代用牌号；④一般黏度指标应与推荐用油的黏度（40℃时运动黏度）相符或略高于推荐用油黏度的5%~15%；⑤油品中含有的添加剂一般使用单位无检验手段，尽可能参考要求性能选用添加剂类型相近的优质润滑剂；⑥要在使用过程中试用一段时间，注意设备性能的变化，发现问题，认真查清原因。

代用实例：
1) L-AN 全损耗系统用油，可用黏度相当的 HL 液压油或汽轮机（透平）油代替。
2) 汽油机油可用黏度相当、质量等级相近的柴油机油代替。
3) HL 液压油可用 HM 抗磨液压油或汽轮机（透平）油代替。
4) 相同牌号的导轨油和液压导轨油可以暂时互相代用。
5) 中载荷工业齿轮油、重载荷工业齿轮油可暂时用相等黏度的中载荷车辆齿轮油代替，但抗乳化性差。

7.3 润滑油的掺配方法

在无适当润滑油代用时，可采用两种不同黏度或不同种的润滑油来掺配代用。黏度不同的两种润滑油相混后，黏度不是简单的算术均值。已知两种油的黏度，要得到基于两者之间的黏度的混合油，其掺配比例可用下式进行计算，还可借助于润滑油掺配图 11-3-4 来确定。使用图 11-3-4 时，黏度必须在同温度下。

$$\lg N = V \lg \eta + V' \lg \eta'$$

式中 V，V'——A 油和 B 油的体积（以 1.0 代替 100%，即 $V+V'=1$）；
η，η'——A 油和 B 油在同一温度下的黏度，mm^2/s；
N——调配油同温下的黏度，mm^2/s。

表 11-3-40　常用润滑油的换油指标

检验项目		L-AN 全损耗系统用油	普通车辆齿轮油	L-CKC 工业闭式齿轮油	轻负荷喷油回转式空压机油	抗氧汽轮机油	化纤化肥工业用汽轮机油	L-TSA 汽轮机油 32,46　68,100	汽车用汽油机油 SC/SD/SE,SF	汽车用柴油机油 CC,SD/CC,CD SE/CC,SF/CD	拖拉机柴油机油	柴油机车柴油机油	内燃机车液力传动油
运动黏度变化率/%	40℃时 小于	±15	+20 -10	+15 -20	±10	±10	±10	±10					50℃时 <18 或 >27
	100℃时 小于 大于								±25	±25	+35 -25	17 9.5	
酸值[mg(KOH)/g]	大于	0.5					0.2				总碱值 1.0	pH值 ≤4.5	
酸值增加值[mg(KOH)/g]大于		0.1	0.5	>0.5	0.2	0.2	0.1	0.1	2.0	2.0	2.0		
水分/%	大于	0.1	>1.0			0.1	0.1		0.2	0.2	0.5	0.1	0.1
色度(比新油大)		3#		3b级									
铜片腐蚀(100℃,3h)													
液相腐蚀试验[15钢(棒),24h 蒸馏水]				异常		锈	锈	轻锈					
机械杂质/%	小于	0.2	0.5	0.5								斑点/级 4	
铁含量/10⁻⁴ %	小于	100							250 200	200 150 100 100			
外观												泡沫倾向(93℃) >100mL	
正戊烷不溶物/%	小于		2.0		0.2				1.5 2.0	3.0 1.5	0.5		
其他成分含量				梯姆肯 OK值小于等于133.4N		比新油标准低8℃	比新油标准低8℃ 闪点(开杯)/℃ 170 185	闪点(开杯)/℃ 单级165 多级150	闪点(开杯)/℃ 单级油180 多级油160		170	160
						破乳化时间/min 80 60	60 60	40 60	碱值/[mg(KOH)/g]小于新油50%			石油醚不溶物>3% 苯不溶物>1.5%	石油醚不溶物>3.5%	透光率(500nm) <5%
						氧化安定性	抗氨性能 试验不合格						
标准编号		GB 443—1989	SH/T 0475—2003	SH/T 0586—2003	SH/T 0538—2000	SH/T 0137—1992	GB/T 9939—1988	SH/T 0636—2003	GB/T 8028—2010	SH/T 7607—2002	GB/T 7608—1987	GB/T 5822.1—1986	TB/T 2213—1991

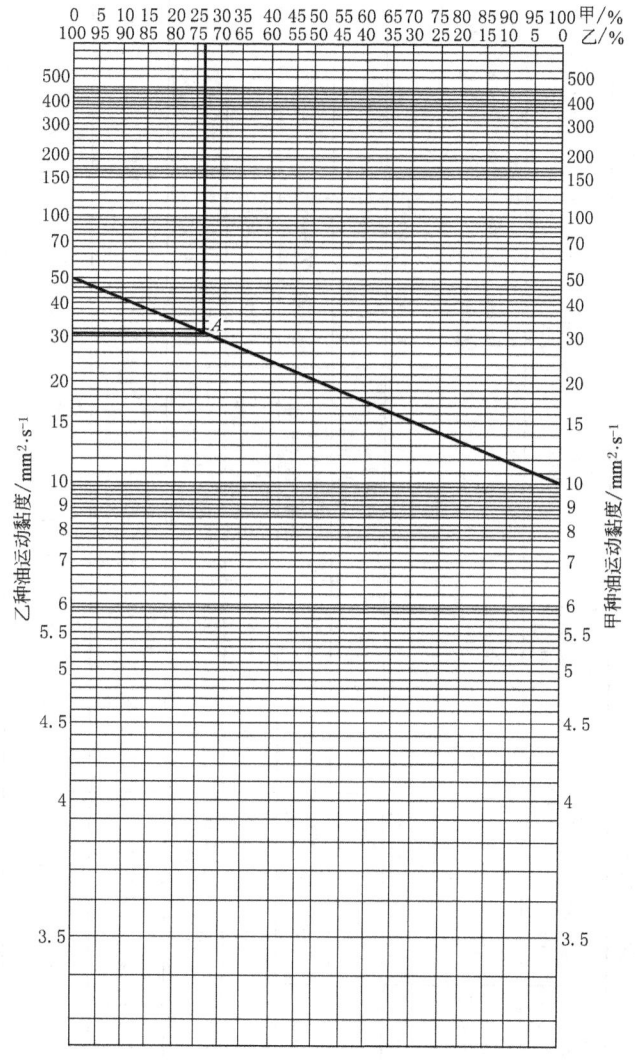

图 11-3-4 润滑油掺配图

图 11-3-4 使用举例:

库存 AN10 和 AN46 全损耗系统油,要掺配出 AN32 全损耗系统油。先在纵坐标右边标尺（甲）查出 AN10 油的黏度（10mm²/s）,然后在纵坐标左边标尺（乙）查出 AN46 全耗系统油黏度（50mm²/s）,两点连成一斜线。再从 30mm²/s 处引出一水平线交斜线于点 A,从 A 点作垂线交在横坐标比例尺上。在此点可见甲、乙两油的比例数为 26.5 和 73.5。这样,用 26.5% 的 AN10 全损耗系统油和 73.5% 的 AN46 全损耗系统油掺配,即可得到 AN32 全损耗系统油。

注意事项:

1) 军用特种油、专用油料不宜与其他油混用。

2) 内燃机油加入添加剂种类较多,性能不一,混用必须慎重（已知内燃机油用的烷基水杨酸盐清净分散剂与磺酸盐清净分散剂混合后会产生沉淀）。国内外都发生过不同内燃机油混合后产生沉淀,甚至发生事故的情况。

3) 有抗乳化要求的油品,不得与无抗乳化要求的油品相混。

4) 抗氨汽轮机油不得与其他汽轮机油（特别是加烯基丁二酸防锈剂的）相混。

5) 抗磨液压油不要与一般液压油等相混,含锌抗磨、抗银液压油等不能相混。

8 国内外液压工作介质和润滑油、脂的牌号对照

8.1 国内外液压工作介质产品对照

表 11-3-41　国内外液压油 (HL) 品对照

生产商 ISO黏度等级 品种牌号	中国HL液压油 GB 11118.1—2011	日本石油	意大利石油总AGIP	英国石油BP	加德士石油CALTEX	嘉实多有限CASTROL	法国爱尔菲ELF	埃索标准油ESSO	富士兴产	德国福斯矿物油FUCHS	美孚石油MOBIL	壳牌国际石油SHELL	太阳石油SUN	出光兴产
15	15		Acer	Energol HP, CS, CF, HL	Rando Oil	Hyspin, Perfecto T	Misola	Univis N	Teresso	Renolin DTA	DTE, Hydraulic Oil	Tellus Oil, R	Sunvis Oil	Daphne Hydraulic Fluid, Fluid T, Super Multi
22	22		22	15		15		15	15			22, R22	15,915	
32	32		32	32	32	22	32	HP22 32	32	32	DTE Light Hydraulic Oil L	32, R32	22,922	32
46	46		46	46	46	46	46	HP32 46 HP46	46	46	DTE Medium Hydraulic Oil M	46, R46	32,932	46
68	68		68	68	68	68	68	68 HP68	68	(56)	DTE HM Hydraulic Oil HM	68, R68	46,946	68
100	100		100 (150)	100 (150)	100 (150)	100 (150)	100	100 HP100	100		DTE Heavy	100, R100	68,968	100 (150)
													100, 9100	

生产商 ISO黏度等级 品种牌号	日本石油	柯士鹰石油COSMO	共同石油	三菱石油	三井石油	富士兴产	日本高润		松村石油	德国标准		前苏联
		Hydro RO Multi Super	Hydlux Hi-Multi	Diamond Lube RO	Hydic	Hydrol X	Niconic RO, H		Barrel Hydraulic Oil Hydol X	HL DIN 51524 Ptl		MT
15	Hyrando ACT32 FBK Oil RO32				(10)	(10)				(10)		
22		22			22	22				22		
32	Hyrando ACT32 FBK Oil RO32	32	32	32	32	32	RO32 H32		32X	32		20
46	Hyrando ACT46 FBK Oil RO46	46	46	46	46	46	RO46 H46		46 46X	46		30
68	FBK Oil RO68	68	68	68	68	68	RO68		68 68X	68X		
100	FBK Oil RO100 (FBK Oil RO150)	100	100 (150)	100 (150)	100 (150)	100 (150)	RO100 (RO150)		100 100X (150X)	100		

表 11-3-42 国内外抗磨液压油（HM）品对照

ISO黏度等级	中国HM抗磨液压油 GB 11118.1—2011	意大利石油总 AGIP OSO Amica	英国石油 BP Energol HLP, SHF	英国石油 BP Bartran（无锌型）	加德士石油 CALTEX Rando Oil HD, HDZ	嘉实多有限 CASTROL Hyspin AWS	法国爱尔菲 ELF Hydrelf, Acantis Elfona DS, HMD	埃索标准油 ESSO NUTO H, HP Unipower SQ, XL	德国福斯矿物油 FUCHS Renolin B, MR	美浮石油 MOBH Mobil DTE Hydraulic Oil ZF, SHC
15	15	15	15	15	15	15		15	15	DTE21(10) SHC522
22	22	22	22	22	22	22	22	22 SQ22, XL22		DTE22
32	32	32	32	32	32	32	32 DS32, HMD32	32 SQ32, XL32	10 MR10	DTE24, ZF32 SHC524
46	46	46 P46	46	46	46	46	46 DS46, HMD46	46 SQ46, XL46	15 MR15	DTE25, ZF46 SHC525
68	68	68 P68	68	68	68	68	68 DS68, HMD68	68 SQ68	(18) 20	DTE26, ZF68 SHC526
100	100	100	100	100	100	100	100	100		DTE27
150	150	150	150	150	150	150	150			ZF150

续表

ISO黏度等级	壳牌国际石油 SHELL		太阳石油 SUN	德士古 TEXACO	出光兴产	日本石油	柯士穆石油 COSMO	共同石油	三菱石油	三井石油	富士兴产	日本高润	松村石油	德国标准	前苏联标准
	Tellus Oil S, C, K	Tellus Super clean	Sunvis	Rando Oil HD	Daphne Super Hydro, LW, EX Super Fluid T	Super Hyrando	Hydro AW エポックES	Hydlux ES	Hydro Fluid EP	Hydic AW	Super Hydrol, P	Niconic AWH	Hydol AW	HLP DIN51524 pt II	ИГС ГОСТ 17479.4-87
15	C5, C10				LW15			15			(10)			(10)	
22	C22, S22		722		22, LW22, EX22	22		22	22	22	22		22	22	22
32	C32, S32 K32	32	732 WR832	32	32, LW32 EX32, T32	32	AW32 ES32	32	32	32	32 (P32)	32	32	32	32
46	C46, S46 K46	46	746 WR846	46	46, LW46 EX46, T46	46	AW46 ES46	46	46	46	46 (P46)	46	46	46	46
68	C68, S68 K68	68	768 WR868	68	68, LW68 EX68, T68	68	AW68	68	68	68	68 (P68)	68	68	68X	68
100	C100, S100 K100		7100 WR8100	100	100, LW100 T100	100	AW100	100	100	100	100			100	100
150	C150		7150 WR8150	150	150	150		150			150				150

表 11-3-43　国内外低温（HV）、低凝（HS）液压油以及数控机床液压油品对照

生产商　品种牌号　ISO黏度等级	中　国　HV，HS　GB 11118.1—2011	英国石油　BP	加德士石油　CALTEX	嘉实多有限　CASTROL	法国爱尔菲　ELF	埃索标准油　ESSO	美孚石油　MOBIL	壳牌国际石油　SHELL
		Energol SHF-LT, EHPM Baltran HV	Rond Oil HDZ, RPM Aviation Hyd.FL	Aero, Hyspin AWH, VG5	Visga	Unipower XL Univis J	DTE M, Aero, Hydraulic Oil K, SHC	Tellus T, KT
15	HS10,15 HV10,15	SHF15, SHF-LT15 HV15	HDZ15 RPM AHF A, E	VG5(NC) 15 Aero 585B, 5540B		J13	DTE11M, K15 Aero HFA, HFE, HFS	T15
22	HS22, HV22	SHF22 HV22	HDZ22		22	XL22 J26		T22 KT22
32	HS32 HV32	SHF32　EHPM32 HV32 (NC)	HDZ32	32	32	XL32 J32	DTE13M K32, SHC524	T32 KT32
46	HS46 HV46	SHF46 HV46	HDZ46	46	46	XL46	DTE15M K46, SHC525	T46 KT46
68	HV68	SHF68 HV68	HDZ68	68	68		DTE16M, SHC526	T68
100	HV100	SHF100 HV100		100			DTE18M	T100
150	HV150	HV150		150			DTE19M	T150

续表

生产商 品种牌号	太阳石油 SUN	出光兴产	日本石油	柯士穆石油 COSMO	共同石油	三菱石油	三井石油	富士兴产	松村石油	德国标准
	Low Temp Hydro	Super Hydro WR	Hyrando Wide, K	Hydro HV	Hydro W Hydlux LT	Hydro Fluid W	Hydic WR	Super Hydrol F NCF	Hydol D	HVLP DIN51524(Ⅲ)
ISO黏度等级										
15	15	15	15	(10) 15K	(W7) LT15			15	(8D)	15
22		22	22	22		22	NC oil 26 22	NCF20(NC) 22		
32		32	32	32	W32 LT32	32	32	32		32
46		46	46 K46	46		46	46	46		46
68		68		68	W68	68		68		68
100		100	100	100		100		100		100
150										

表11-3-44 国内外液压-导轨油（HC）及导轨油（G）品对照

(1) 液压-导轨油

生产商 品种牌号	中国HC 液压导轨油 GB/T 11118.1—2011	英国石油 BP Energol GHL	法国爱尔菲 ELF Hygliss	埃索标准油 ESSO Unipower MP	美孚石油 MOBIL Vacuoline	太阳石油 SUN Sunlube Way	出光兴产 Daphne Multi way ER Super Multi Oil	日本石油 Uniway D Mulpus	柯士穆石油 COSMO Multi Super	三井石油 Slideway H	富士兴产 Lube Multi	日本高润 Nico Way H	松村石油 Hydol Way H	前苏联 ИΓΠCП
ISO黏度等级														
15														
22								(10) 22			22			
32	32	32	32	32	1405	1706 32	32ER 32	D32 32	32	H32	32	H32	68X	20
46		46		46			46ER 46	46	46		46			
68	68	68	68	68	1409	1754 68	68ER 68	D68 68	60	H68	68	H68	68X	40
100		(220)					100	100					100X	
150						150	150	150					150X	

续表

(2) 导轨油（G）

生产商\品种牌号\ISO黏度等级	中国G导轨油 SH/T 0361—2007	意大利石油总 AGIP	美国石油 BP	加德士石油 CALTEX	嘉实多有限 CASTROL	法国爱尔菲 ELF	埃索标准油 ESSO	德国福斯矿物油 FUCHS	美浮石油 MOBIL	壳牌国际石油 SHELL
		Exidia	Maccurat, D Syncurat	Way Lubricant	Magna	Moglica	Febis K	Renep K	Vactra Oil Vactra Way Oil	Tonna Oil, T, S
15										
22										
32	32	32	32, D32	32	GC32		32		No.1	32, S32, T32
46							46			
68	68	68	68, D68 Syncurat 68	68	BD68 BDX68	68	68	K2	No.2 2S, 25LC	68, S68, T68
100	100		100, D100			100				
150	150		150, D150 220, D220, Syncurat 220			150 (220)			No.3	
		(220)		(220)	(CF220 CFX220)		(220)	K5(220)	(No.4)	(220, S220, T220)

续表

生产商 品种牌号 ISO黏度等级	太阳石油 SUN	德士古 TEXACO	出光兴产	日本石油	柯士穆石油 COSMO	共同石油	三菱石油	三井石油	富士兴产	前苏联
		Way Lubricant	Multi way	Uniway	Dyna way	共石 Slidus	Slide way Tetrat	Slide way	Slide way	MHCП
15										
22										
32			32C		32	32	32 Tetrat 32	E32	32	20
46						46	Tetrat 46			
68	80 1180	68	68C	CX68 68	68	68	68 Tetrat 68	E68	68	40
100										65
150	(90, 1190)	(220)	150C (220C)	DX220 (220)	(220)	150 (220)	(220)	(220)	150 (220)	100

表 11-3-45 国内外抗燃性液压液（HFDR、HFB、HFC、HFAE、HFAS）品对照

类型	黏度等级	中国	意大利石油总 AGIP	英国石油 BP	嘉实多有限 CASTROL	EL	埃索标准 ESSO	好符顿有限 HOUGHTON	美孚石油 MOBIL	壳牌国际石油 SHELL	德士古 TEXACO	日本石油	柯士穆石油 COSMO	共同石油	松村石油	加德士石油 CALTEX
磷酸酯类	22	4614			Anvol PE22											
	32				PE32									共石 Hydria P32		
	38	HP-38								RioLube HYD100			Firecol 220			

续表

类型	黏度等级	中国	意大利石油总 AGIP	英国石油 BP	嘉实多有限 CASTROL	EL	埃索标准 ESSO	好符顿有限 HOUGHTON	美孚石油 MOBIL	壳牌国际石油 SHELL	德士古 TEXACO	日本石油	柯土穆石油 COSMO	共同石油	松村石油	加德士石油 CALTEX
磷酸酯类	46	HP-46		Energol SF-D46	PE46HR RPM ER46	Pyrelf DR46	Imol S46	Safe 1120	Pyrogard 53, 53T	SFR Hydraulic Fluid D46	Safety tex 46	Hyrando FRP46		共石 Hydria P46	Neolube 46	RPM FR Fluid 46
	68								Safe 1130							
	100												550			

类型	黏度等级	中国	意大利石油总 AGIP	英国石油 BP	加德士石油 CALTEX	嘉实多有限 CASTROL	法国爱尔菲 ELF	埃索标准 ESSO	德国福斯矿物油 FUCHS	好符顿有限 HOUGHTON	美孚石油 MOBIL	壳牌国际石油 SHELL
脂肪酸酯类	38											Polyole Eater Fluid 32
	46									Cosmolubric HF122		46
	56									HF130 (68)		56 56D

类型	黏度等级	中国	德士古 TEXACO	出光兴产	英国石油 BP	加德士石油 CALTEX	嘉实多有限 CASTROL	法国爱尔菲 ELF	埃索标准 ESSO	德国福斯矿物油 FUCHS	日本石油	柯土穆石油 COSMO	共同石油	三菱石油	松村石油
脂肪酸酯类	38														
	46			Daphne First ES					Fluid E46				共石 Hydria F		
	56								E56		Hyrando SS56				

续表

水乙二醇类

黏度等级	中国	壳牌国际石油 SHELL	意大利石油总 AGIP	英国石油 BP	德士古 TEXACO	加德士石油 CALTEX	嘉实多有限 CASTROL	法国爱尔菲 ELF	埃索标准油 ESSO	德国福斯矿物油 FUCHS	好铲顿有限 HOUGHTON	美孚石油 MOBIL
32		G-W Fluid 32					Anvol (WG22)					
38	WG38	Irus Fluid C	Arnica 40/FR	Energol SF C14		Hydraulic Safe Fluid 38						Nyvac FR20 200D, 250T
46	WG46	G-W Fluid 46		Energol SFC12	Safety Fluid 46	Hydraulic Safe Fluid 46	WG46 Hyspin AF-1	Pyrelf CM46	Iogard G46	Glycent 46	Safe 620, 273	Hydrofluid HFC46
56			Arnica 104/PR								620H	

水乙二醇类（续）

黏度等级	中国	英国石油 BP	加德士石油 CALTEX	嘉实多有限 CASTROL	日本石油	出光兴产	柯士穆石油 COSMO	三菱石油	共同石油	松村石油	三菱石油
32					New Hyrando FRG32		Fluid HY32			Hydol HAW-32	
38						Daphae First G					
46				C46	FRG46		HQ46	共石 Hydria G,GP46			Diamond 不燃性作动油 G46
56				G-W Fluid 46			GS46			H200	
										HAW	

乳化液类

黏度等级	中国	英国石油 BP	加德士石油 CALTEX	嘉实多有限 CASTROL	埃索标准油 ESSO	好铲顿有限 HOUGHTON	美孚石油 MOBIL	壳牌国际石油 SHELL	出光兴产	日本石油	柯士穆石油 COSMO	共同石油	三菱石油
46			Fire Resist Hydra Fluid 46		Fire XX 95/5	Hydra VIS 1630	Hydra sol A, B	Dromus OIL B	Daphne Firgist WO46		Fluids		
56			56	Hydromul 68									
68			68	Anvol WD 68	Iogard E68	Hydrolubric 120B		Irus Fluid BLT 68	WO68				
83								SL0196(75)				共石 Hydria E400(83)	
100	WOE-80 (60~100)	Energol SF-B13		Hydromul 100 WO 100	E100	Safe 5047-F	Pyrogard D	Irus Fluid BLT 100		Hyrand FRE100		E450(120)	Diamond 乳化作动油 (N)

8.2 国内外润滑油、脂品种对照[1]

表 11-3-46　国内外车辆齿轮油品对照

API使用质量等级	中国使用质量等级	意大利石油总AGIP	英国石油BP	嘉德士石油CALTEX	嘉实多有限CASTROL	法国爱尔菲ELF	埃索标准油ESSO	德国福斯矿物油FUCHS	美孚石油MOBIL	壳牌国际石油SHELL	太阳石油SUN	德士古TEXACO	前苏联
GL-1		Service	Gear Oil	Thuban	ST/D		Gear Oil ST		Red Mobil Gear Oil Mobilube C	Dentax			TC-14.5 AK-15
GL-2			Gear Oil WA										
GL-3	L-CLC 普通车辆齿轮油 SH 0350—2007	Rotra	Gear Oil EP	Gear lubricant AIF			Spartan EP		Mobil Oil 600	Macoma	Sunoco Gear Oil		
GL-4	L-CLD 中载荷车辆齿轮油	Rotra HY	Gear Oil EP	Universal Thuban	Hypoy Light Hypoy TAF-X	Reductelf SP Tranself EP	Gear Oil GP Standard Gear Oil	Titan Gear MP	Mobilube EP, GX Pegasus Gear Oil Fleetlube 423J	Spirax EP Hypoid CT	Sunoco Multi-purpose Gear Lubricant		TCΠ
GL-5	L-CLE 重载荷车辆齿轮油 GB 13895—1992	Rotra MP Rotra MP/S	Limslip 90-1 Super Gear EP Racing Gear Multigear EP Hypogear EP	Multipurpose Thuban EP Ultra Gear Lubricant	EPX Hypoy LS Hypoy B	Tranself B Tranself TRX	Gear Oil GX Standard super Gear Oil	Titan Renep 8090MC Titan Supergear 8090MC Titan Gear HYP Titan 5 Speed Titan Supergears Renogear Super	Mobilube HD Mobilube SHC	Spirax HD	Sunoco GL-5 Multipurpose Gear Lubricant Sunoco HP Gear Oil Sunfleet Gearlube	Syn-Star DE Syn-Star GL	TAД
GL-6	重载荷车辆齿轮油		X-5116							6140			
农机齿轮用油							Gear Oil GX	Titan Hydra MC Planto Hytrac Titan Hydra	Fleet 423J	Donax TD	Sunoco TH Fluid		

续表

API 使用质量等级	中国使用质量等级	出光兴产	日本石油	柯士穆石油 COSMO	共同石油	三菱石油	三井石油	富士兴产	日本高润	松村石油	日本润滑脂 NIPPON GREASE
GL-1											
GL-2											
GL-3	L-CLC 普通车辆齿轮油 SH/T 0350—2007	Apolloil Best Gear LW Apolloil Red Mission	Gearlube EP	Cosmo Gear GL-3 Cosmo 耐热 Mission Oil	共石耐热 Mission 共石 Elios G 共石 Elios M 共石 Elios W	Diamond EP Gear Oil		メビウス EP Gear Oil			Mission Gear Oil Nohki Gear Oil
GL-4	L-CLD 中载荷车辆齿轮油	Apolloil Gear HE	Gearlube SP ブルトンM	Cosmo Rio-Gear Mission Cosmo Rio-Gear GL-4	共石 21 Gear-4 共石 Elios U	Diamond Hypoid Gear Oil	三井 HP Gear	メビウス Hypoid Gear Oil Super Mission	Nicosol EP Gear Oil Nicosol EP Multi Gear Oil		Hypoid Gear Oil 1000 Series
GL-5	L-CLE 重载荷车辆齿轮油 GB 13895—1992	Apolloil Gear HE-S Apolloil Best Mission Apolloil Wide Gear LW Apolloil Gear HE Multi Apolloil Gear Mission	Gearlube EHD PAN Gear GX ブルトンD	Cosmo Rio Gear Differential Cosmo 耐热 Dif gear Oil Cosmo Gear GL-5	共石 21Gear-5	Diamond Super HP Gear Oil オルビス Gear Oil	三井 MP Gear MP Gear Multi	メビウス MP Gear MP Gear Multi MP Gear LSD	Nicosol HP Gear Oil Nicosol HP Multi Gear Oil	Hypoid Gear Oil 5000 Series Barrel Multi Gear HP	Hypoid Gear Oil 5000 Series Multi Gear Oil
GL-6	重载荷车辆齿轮油	Apolloil Gear LSD Apolloil Gear Zex	Gearlube Extra		共石 21 Gear-6 LSD				Nicosol SHP Gear Oil		Hypoid Gear Oil Super
农机齿轮用油		Apolloil Gear TH Apolloil Gear TH Multi LW Apolloil TH Universal	Antol Super B	Cosmo Noki 80WB Cosmo Noki TF	共石 Elios U 共石 Elios W 共石 Elios M 共石 Elios G	Diamond Farm Gear Oil B Diamond Farm Universal Oil		丰作 Gear Oil 丰作 Mission 油压兼用油	Nicofarm T		

表 11-3-47 国内外工业齿轮油品对照

GB/T 3141 黏度等级	ISO 黏度等级	中国 抗氧防锈工业齿轮油 L-CKB 或 SH/T 0357—2007	中国 中载荷工业闭式齿轮油 L-CKC GB 5903—2011	中国 重载荷工业闭式齿轮油 L-CKD GB 5903—2011	美国齿轮制造商协会（AGMA） R&O	美国齿轮制造商协会（AGMA） EP/Comp	意大利石油总 AGIP EP	意大利石油总 AGIP Blasia	英国石油 BP R&O	英国石油 BP EP	加德士石油 CALTEX R&O	加德士石油 CALTEX R&O Rando Oil	加德士石油 CALTEX 中载荷 Meropa	加德士石油 CALTEX 重载荷 Ultra Gear	嘉实多有限 CASTROL EP	嘉实多有限 CASTROL Alpha SP	法国爱尔菲 ELF EP	法国爱尔菲 ELF Kassilla	埃索标准油 ESSO EP	埃索标准油 ESSO Spartan EP
	VG32	50						32	R&O	Energd THB		32	Rando Oil							
	VG46	70			1			46	46	46		46								
68	VG68	90	68		2	2EP		68	68	68		68	68	68	68				68	
100	VG100		100	100	3	3EP		100	100	GR-XP 100 GRP 100		100	100		100				100	
150	VG150		150	150	4	4EP		150	150	GR-XP 150 SC 150		150	150	150	150		150		150	

续表

GB/T 3141 黏度等级	ISO 黏度等级	中国 抗氧防锈工业齿轮油 L-CKB SH/T 0357—2007	中国 中载荷工业闭式齿轮油 L-CKC GB 5903—2011	中国 重载荷工业闭式齿轮油 L-CKD GB 5903—2011	美国齿轮制造商协会(AGMA) R&O	美国齿轮制造商协会(AGMA) EP/Comp	意大利石油总AGIP EP	英国石油 BP R&O	英国石油 BP EP	加德士石油 CALTEX R&O	加德士石油 CALTEX 中载荷	加德士石油 CALTEX 重载荷	嘉实多有限 CASTROL EP	法国爱尔菲 ELF EP	埃索标准油 ESSO EP
													Alpha SP	Kassilla	Spartan EP
							Blasia	Energd THB	Energol GR-XP	Rando Oil	Meropa	Ultra Gear			
220	VG220	120,150	220		5	5EP	220		GR-XP 220 SG, GRP 220	220	220	220	220	220	220
320	VG320	200	320		6	6EP	320		320	320	320	320	320	320	320
460	VG460	250	460		7	7EP 7Comp	460	460	GR-XP 460 GRP 460		460	460	460	460	460
680	VG680	300,350	680			8EP 8Comp	680		680		680		680	680	680
	VG1000					8AComp	P1000		1000		1000			1000	
	VG1500					9EP	P2200				1500				

续表

GB/T 3141 黏度等级	ISO 黏度等级	美孚石油 MOBIL		壳牌国际石油 SHELL		太阳石油 SUN		德士古 TEXACO	出光兴产	日本石油	
		R&O DTE	EP Mobil-Gear	R&O Macoma Oil R	EP Omala	R&O Sunvis	EP Sunep	EP Meropa	EP Super Gear Oil	R&O FBK Oil RO	EP Bonnoc SP, M
	VG32	Oil light DTE 24				932				32	
	VG46	Oil Medium DTE 25				946				46	
68	VG68	Oil HM DTE 26	626	68	68	968	1068	68	68	68	68
100	VG100	Oil Heavy	627	100	100	9100	1100		100	100	100
150	VG150	Oil Extra Heavy	629 SHC 150	150	150	9150	1150	150	150	150	150
220	VG220	Oil BB	630 SHC 220	220	220	9220	1220	220	220	220	220
320	VG320	Oil AA	632 SHC 320	320	320	9320	1320	320	320	320	320
460	VG460	Oil HH	634 SHC 460	460	460		1460	460	460	460	460
680	VG680		636 SHC 680	680	680		1680	680	680		680
	VG1000		639	1000	1000			1000			
	VG1500				1500			1500	1500		(1800)

续表

GB/T 3141 黏度等级	ISO 黏度等级	中国 抗氧防锈工业齿轮油 L-CKB 或 SH 0357—2007	中国 中载荷工业闭式齿轮油 L-CKC GB 5903—1995	中国 重载荷工业闭式齿轮油 L-CKD GB 5903—1995	柯士穆石油 COSMO EP	共同石油 R&O	共同石油 EP	三菱石油 R&O	三菱石油 EP	三井石油 EP	富士兴产 EP	富士兴产 Super FM Gear	日本高润 EP	日本高润 Nico Gear SP	松村石油 EP	松村石油 Hydol EP	日本润滑脂 NIPPON GREASE EP	日本润滑脂 NIPPON GREASE Gear Oil SP	德国 DIN 51517 EP	德国 DIN 51517 CLP	前苏联 EP
	VG32					Lathus 32		Diamond Lube RO 32													
	VG46					Lathus 46		46													
68	VG68	50	68		SE68 MO68	Lathus 68	68	68	Super Gear Lube SP68	Metal Gear EP 68	Metal EP Gear 68		68				68	68		ИРП-40
100	VG100	70	100	100	SE100 MO100	Lathus 100 Lubritus R100	100	100	SP100	100	100	100					100	100		
150	VG150	90	150	150	SE150 MO150	Lathus 150 Lubritus R150	150	150	SP150	150	150	150	150	150		150	150		ИРП-75
220	VG220	120,150	220	220	SE220 MO220	Lathus 220 Lubritus R220	220	220	SP220	220	220	220	220			220	220		ИРП-150
320	VG320	200	320	320	SE320 MO320	Lathus 320 Lubritus R320	320	320	SP320	320	320	320	320			320	320		ИРП-200
460	VG460	250	460	460	SE460	Lathus 460	460	460	SP460	460	460					460	460		
680	VG680	300,350	680	680	SE680		680		SP680		680					680	680		ИРП-300
	VG1000																			
	VG1500								Gear Coupling Oil (1800, 3800)											

表 11-3-48　国内外开式齿轮油品及蜗轮蜗杆油品对照

生产商 品种牌号 ISO黏度等级	中国普通开式齿轮油 SH/T 0363—2007 (100℃)	意大利石油总 AGIP Fin	埃索标准油 ESSO Surett	加德士石油 CALTEX Crater	美孚石油 MOBIL Mobiltac	壳牌国际石油 SHELL		德士古 TEXACO Crater	出光兴产 Daphne Open Gear Oil
						Cardium	Malleus Compound		
68	68	304 (25.5)	N5K (65)			A(38.5)	A(38) (5)		O(74.9)
100	100			O		C	C(98)	O (86)	
150	150		N26K (173)						
220	220	332 332/F		1,1X (205)		D(203)	D(203)	A	1(210)
320	320		N80K (330)						
460	460	360EP/F		2,2X (400)	A(490~650) E(1500~1600)	F(403)		2X(420)	2(390) 2S
		385	N270K (650)	5,5X (1000~1100)	325NC(1100) 375NC	H(1070)		5X(985)	3(490~650) 3S

续表

生产商 品牌号 ISO 黏度等级	中国蜗轮蜗杆油 L-CKE SH/T 0094—2007	英国石油 BP Gear Oil WS Energol GRP	埃索标准油 ESSO Cylesso (Cylesstic) Cylesso TK, LK	美孚石油 MOBIL	壳牌国际石油 SHELL	太阳石油 SUN Sunep	出光兴产 Daphne Worm Gear Oil	柯士穆石油 COSMO Cosmo Gear W	三菱石油 Diamond Worm Gear Lube
100		GRP100		600W Cylinder Oil	Tivela Oil				
150					SA,WA	(68)			
220	220	GRP220		Glygoyle H	SB,WB Vitrea Oil M220	150		220	220(N)
320	320	WA(280)		320/460(414)	SC Vitrea Oil M320	220		320	380(N)
460	460	GRP 460	460 TK 460	Super Cylinder(484) Glygoyle HE 460	SD, Vitrea Oil M460 Valvata Oil 460,J460	320	460	460	
680	680		680 TK680,LK680	Helca Super Cylinder(726) Super Cylinder Oil Mineral(587)	Valvata Oil 680	460			
1000	1000		1000,TK1000 (1500)	Glygoyle HE680	Valvata Oil 1000				

表 11-3-49　国内外全损耗系统用油（AN）及机械油品对照

ISO 黏度等级	中国 全损耗系统用油 GB 443—2004	意大利石油总 AGIP	英国石油 BP	加德士石油 CALTEX	嘉实多有限 CASTROL	法国爱尔菲 ELF	埃索标准油 ESSO	美孚石油 MOBIL	壳牌国际石油 SHELL
3		Radula, Mag	Energol HP, EM, CS	Ursa Oil P	Magna	Polytelis Movixa, CD	Coray, Unipower MP, Dragon M.O	Vactro Oil	Vitrea Oil Carnea Oil
5	5		HP0		2		MP2		
7	7		HP5						
			HP7,EM7						
10	10	10	HP10 EM10,CS10				MP10		9 Carnea 10
15	15	15					15		15 Carnea 19
22	22	Mag 22	EM22 CS22		22	22CD22	22, MP22		22 Carnea 22
32	32	32 Mag 32	HP32 EM32,CS32	P32	32	32	32, MP32	Light	32 Carnea 32
46	46	460 Mag 46	HP46 EM46,CS46	P46	46	46	46 MP46	Medium	46 Carnea 46
68	68	680 Mag 68	HP68 EM68,CS68	P68	68	68 CD68	68 MP68	Heavy Medium	68 Carnea 68
100	100	100 Mag 100	HP100 EM100,CS100	P100	100	100 CD100	100 M.O.30(112)	Heavy	100 Carnea 100
150	150	150 Mag 150	HP150 EM150,CS150	P150	150	150 CD150	150 M.O.40(150)	Extra Heavy	150 Carnea 150
220		220 Mag 220	HP220 EM220,CS220	P220	220	220	220 M.O.50(224)	BB	220 Carnea 220
320		320 Mag 320	EM320,CS320	P320	320	320	320	AA	320 Carnea 320
460		460 Mag 460	EM460,CS460	P460		460	(1000)	HH	460 Carnea 460

续表

生产商 品种 牌号 ISO 黏度等级	太阳石油 SUN Sunvis Oil	德士古 TEXACO Regal Oil	出光兴产 Daphne Mechanic Oil, EF	日本石油 FBK Oil / FBK Oil RO	柯士穆石油 COSMO COSMO Machine, Multi Super(MS)	共同石油 共石 Lathus, High Multi (HM) MS Oil	三菱石油 Diamond Tetrat, Lubes, RO	富士兴产 Fukkol Dynamic	日本高润 Niconic RO, H, T	前苏联标准 ГОСТ 20799—88 ГОСТ 17479.4—87
3			Super Multi 2		MS2	MS2	RO2			
5			Super Multi 5		MS5		RO5			
7										И-5A ИЛА-7
10			10 Super Multi 10		MS10	MS10	10 RO10	10	RO10	И-8A ИЛА-10
15	15									И-12A ИЛА-15
22	22		22EF Super Multi 22		22 MS22	MS22	22	22		
32	32		32,32EF Super Multi 32	RO 32	32 MS32	32 HM32	32 RO32	32	RO32, T32	И-20A ИГА-32
46	46		46,46EF Super Multi 46	RO 46	46 MS46	46 HM46	46,S46 RO46	46	RO46, H46,T46	И-30A ИГА-46
68	68		68,68EF Super Multi 68	RO 68	68 MS68	68 HM68	68,S68 RO68	68	RO68	И-40A ИГА-68
100	100		100 Super Multi 100	RO 100	100 MS100	100	S100 RO100	100	RO100	И-50A ИГА-100
150	150		150 Super Multi 150	RO 150 150	150 MS150	150	S150 RO150	150	RO150	
220	220		220 Super Multi 220	RO 220 220	220 MS220	220	S220 RO220	220	RO220	
320	320	320	320	RO 320 320	320	320	S320 RO320	320		
460	460	(390) 460	460	RO 460 460	460	460	RO460	460		

表 11-3-50　国内外汽轮机油品对照

生产商\品种牌号	中国汽轮机油 TSA	出光兴产 Turbine Oil Super Turbine Oil,SP	日本石油 FBK Turbine, GT,SH	意大利石油 AGIP	英国石油 BP	加德士石油 CALTEX	嘉实多有限 CASTROL	法国爱尔菲 ELF	埃索标准油 ESSO	美孚石油 MOBIL	壳牌国际石油 SHELL	太阳石油 SUN	德士古 TEXACO
黏度等级	GB 11120—2011			OTE	Energol THB, TH-HT	Regal Oil R&O	Perfeet Turbine Oil T	Misola H Turbelf GB,SA	Teresso Teresso GT,SHP	DTE	Turbo Oil T,GT,TX	Sunvis	Regal Oil R&D
32	32	32,32, SP32	32,GT32, SH32	32	32	32	32	H32,GB32, SA32	GT-EP32 32,GT-32	Light	T32,GT32, TX32	932 916	32
46	46	46,46, SP46	46,SH46	46	46	46	46	H46,GB46, SA46	46	Medium	T46,GT46, TX46	946 921	46
68	68	68,68, SP68	68,SH68	68	68,(77)	68	68	H68,SA68	68,(77)	Heavy-medium	T68,(T78), TX68	968 931	68,N68
100	100		100	(80)100	100	100	100	H100,SA100	100	Heavy	T100	9100 951	100,N100
150				150	150	150			150	Extra H		9150 975	150
220						220			220,SHP220	BB		9220	220
320						320			320,SHP320	AA			320
460					460					HH			

生产商\品种牌号	柯士穆石油 COSMO	共同石油	三菱油油	三井石油	富士兴产	日本高润	松村石油	德国标准 DIN515 15pI	前苏联
黏度等级	Turbine Turbine Super	共石 Rix Turbine T,G,SC,	Diamond Lube RO Turbino Oil	Turbine Oil AD	Fukkol AD Turbine	Niconic AT	Turbine Oil SA	Steam Turbine Oil	TП
32	32	SC-32, 32,T-32,G-32	32	32	32	32	32SA	TD32	22
46	46	46,T-46	46	46	46	46	46SA	TD46	30
68	68	68,T-68	68	68	68		68SA	TD68	46
100	100	100			100			TD100	

表 11-3-51 国内外往复式空压机油品对照

生产商 品牌号 黏度等级	中国 DAA DAB GB 12691—1990	意大利石油 AGIP	英国石油 BP	加德士石油 CALTEX	嘉实多有限 CASTROL	法国爱尔菲 ELF	埃索标准油 ESSO	美孚石油 MOBIL	壳牌国际石油 SHELL	太阳石油 SUN
		Dicrea SIC C	Energol RC-R	RPM Compressor	Aircol PD	Daenis P, Barelf	Compressor Oil, Exxcolub	Rarus	Corena Oil P, N, H	Solnus AC Oil
32	32		RC-S	Oil 32	32		32, RS32 Exxcolub 32	424	H32	
46	46			46			Exxcolub 46 RS46	425	46	
68	68	68	68	68	68	P68 (55)	68, RS68	426	Talpa 20W 68, H68	68
100	100	C-100 100	100	100	100	P100 100	Exxcolub 100, RS100	427	Talpa 20(94.6) 100, H100	100
150	150	C-150 150	150	150	150	P150 150	Exxcolub 150 150	429	Talpa 30(138) H150	150
220		C-220 220				(175)			Talpa 40(188)	
320		320							Talpa 50(211)	

生产商 品牌号 黏度等级	德士古 TEXACO	出光兴产	日本石油	柯士穆石油 COSMO	共同石油	三菱石油	三井石油	富士兴产	德国标准	前苏联
	Ursa Oil	Daphne oil CB, CO, CS Daphne Super CS	Faircool A	Recipro CA, Recipro	共石 Recic Recic N	Diamond Compressor Oil	三井 Compressor Oil R	Fukkol Compressor S	DIN 51506 VB, VB-L, VC, VC-L	
32									(22)	
46		Super CS46	46		46, N46		R46	S46	46	
68		Super CS68	68	68	68, N68	68	R68	S68	68	KII-8
100		CS100, CB100, Supercs100	SA100 100	CA100 100	100, N100	100	R100	S100	100	K-12
150	150 C150	CS150, CO150	150	CA150, 150	150	150	R150	S150	150	
220		CS220, CO220		CA220	220				VB, VB-L-220	K-19 KC-19
320									(VB, VB-L-460)	K-4-20

表 11-3-52　国内外回转式空压机油品对照

生产商 品种 黏度等级	中国 GB 5904—1986	英国石油 BP Energol RC-R	加德士石油 CALTEX Compressor Oil RA	嘉实多有限 CASTROL Aircol PD, SN	法国爱尔菲 ELF Daenis P, VS Barelf SM, CH	埃索标准油 ESSO Exxcolub	美孚石油 MOBIL Rarus Rarus SHC	壳牌国际石油 SHELL Corena Oil R, S, RA, RS Comptell Oil, S	太阳石油 SUN Solnus AC Oil
15	N15								
22	N22								
32	N32	32	32	PD32 SN32	VS32 SM32	32	SHC1024 424	Corena R32, S32, RA32, RS32	
46	N46	46	46		VS46 CH46	46	425	Corena S46, Comptella 46, S46	
68	N68	68		PD68	VS68	(77)	SHC1026 426	Corena R68, S68 Comptella 68, S68	68
100	N100	100		PD100	VS100	100		Corena R100	100
150				PD150	P150	150			150

生产商 品种 黏度等级	德士古 TEXACO Syn-Star DE	出光兴产 Daphne Rotary Compressor Oil A	日本石油 Faircol RA, SRA	柯士穆石油 COSMO Cosmo Screw	共同石油 共石 Screw	三菱石油 Rotary Compressor Oil	三井石油 Compressor Oil	富士兴产 Compressor RS	日本高润 Niconic RC
15									
22									
32	32	A32 Red Rotary 32 Rotary Lw 32	SRA32 RA32	32	32	32N	S32	RS32(N)	RC32
46		A46							
68	68	A68							

表 11-3-53 国内外冷冻机油品对照

生产商 品牌号 黏度等级	中国 GB/T 16630—2012 L-DRA 或 L-DRB	意大利石油 AGIP TER	英国石油 BP Energol LPT,LPT-F,LPS	加德士石油 CALTEX Capella Oil WF Refrigeration Oil	嘉实多有限 CASTROL Icematic Icematic SW	法国爱尔菲 ELF Rima (Friga)	埃索标准油 ESSO Zerice,R, RS,S(合成型)	美孚石油 MOBIL Gargoyle Arctic,C,SHC	壳牌国际石油 SHELL Clavu S,J,G R-Moil S,K	太阳石油 SUN Sun Refrigeration Suniso GS
15	15	TER	LPT15		44 (SW10)	(15)	15,S15	1010	15	1GS(12.5)
22	22	22		WF22	SW20 SW22		22	1022	S22	
32	32	32	LPT32,LTP-F32 LPS32	WF32,WF132 32	66(35.3),266, SW32	(32)	S32,RS32	1032,155, SHC224	32,G32 S32,32K,927	3GS(29.5)
46	46	46	LPT46,LPT-F46 LPS46	WF46 46	2284(48)	(46)	46,S46, RS46	1046,300(56) C Heavy	46,G46 S46,909	
68	68	(68)	LPT68 LPS68	WF68 68	99(62.6),299 SW68	68	68,R68,S68	1068, SHC226	68,J68 68K,G68,933	300(73.3) 4GS(55.5), 4GSDI
100	100		LPT100 LPS100	WF100 100	2285(92.9) SW100		S100	1100, SHC228(95)	100	400(98.1) 5GS(97.3)
150	150(220,320)		LPT150		SW150	150		[SHC230(208)]		

生产商 品牌号 黏度等级	德士古 TEXACO Capella Oil WF	出光兴产 Daphne Hermetic Oil GD,PX Super P	日本石油 Atmos, Atmos HAB	柯士穆石油 COSMO Super Freeze AB,Freeze	共同石油 Freol S,F,X	三菱石油 Diamond Freeze,MS	三井石油 三井 Super Refco	富士兴产 Fukkol Spl-タ-	松村石油 Barrel Freeze F
15		(GD10),GD15	HAB10 HAB15						F-10S
22		CR22P, Super 22A	22,HAB22 CR22	22	S22,F22		22	22	
32	WF32 I-32	32P,GD32 Super 32A	32,HAB32 CR32 Ref Oil NS 3GS	Super Freeze 32 AB32	S32,F32 X32	32			F-32S
46		46P Super 46A	46,HAB46	46,AB46	S46,F46		46	46	F-46S
68	WF68	68P	68,HAB68 CR-56			56 MS56(N)			F-68S
100	WF100	100P,PX90	100,RR100, Ref.OilNS5GS	Super Freeze 100	S100				F-100S
150		(PX320)							

表 11-3-54 国内外主轴轴承油品对照

生产商 品种 品牌号 ISO黏度等级	中国轴承油 FC, FD SH/T 0017—2007	英国石油 BP Energol HP, CS	加德士石油 CALTEX Spindura	埃索标准油 ESSO Spinesso Teresso	美孚石油 MOBIL Velocite Oil	壳牌国际石油 SHELL Tellus	太阳石油 SUN Sunvis	德士古 TEXACO Spindura Oil	日本石油 Spinox S	共同石油 共石 MS Oil 共石 High Spindle Fluid
2	2	0		Spinesso	3				S2	MS Oil 2 1.5
5	(3), 5	5		(Unipower MP2)	4	C5			S5	
10	(7), 10	10 CS10	10, AA	10	6, E	C10		10	S10	MS Oil 10
15	15		15, BB	15	8		15			
22	22	CS22	22	22	10, DX, 12	22, C22	22	22	S22	MS Oil 22
32		HP32 CS3E		Teresso 32	CX(25)	32, C32	32			
46		HP46 CS46		Teresso 46	DTE M	46, C46	46		Hyrando ACT32	
68		HP68 CS68		Teresso 68	DTE HM	68, C68	68		ACT46	
100		HP100 CS100		Teresso 100	DTE H	100	100			

生产商 品种 品牌号 ISO黏度等级	前苏联 ГОСТ	德国 CL DIN51517 L-TD DIN51515	捷克 CSN	波兰 PN	前南斯拉夫 Modri CA	匈牙利 MNSZ	罗马尼亚 STAS	荷兰 Deutz	瑞典 AC	出光兴产 Super Multi Oil
2	ИГП-2	CL2	OL-J0		Cirulje M-11	O-20		HY-S10		2, 2M
5	ИГП-6	CL5								5
10		CL10	OL-J1	Olej Wyzecionowy MWP	Cirulje M-25			HY-S15	Hydraulic Oil H	10
15	ИГП-14	CL-15	OL-J2		Reduetol M-18	T-15	OL-302			
22		CL22					Zapfen Oil R			22
32	ИГП-18	CL-32 L-TD32	OT-T2A	Olej Hydrauliczny 20	Hiduije M-30	Hydro20	H3	HY-S25	Hydraulic Oil 25	32
46		CL-46 L-TD48								46
68	ИГП-38	CL-68 L-TD68	OT-T4A	Olej Hydrauliczny 50	Hiduije M-65	Hydro 45	OL-106	HY-S55	Hydraulic Oil 45	68
100		CL-100 L-TD100								100

表 11-3-55 国内外真空泵油及扩散泵油品对照

类型	ISO黏度等级	中国真空泵油及扩散泵油 SH 0528—1998 SH 0529—1992	加德士石油 CALTEX Canopus	法国爱尔菲 ELF ELF PV	美孚石油 MOBIL Vacuum Pump Oil	壳牌国际石油 SHELL Hi-Vacuum Pump Oil X, A	出光兴产 Daphne Super Ace-Vac
真空泵油	32		Canopus			8A	
真空泵油	46	46				X46	46
真空泵油	68	68	68		68	X68,15A	68
真空泵油	100	100					
扩散泵油	46	46			DTE Heavy		
扩散泵油	68	68					TS-A
扩散泵油	100	100		100			

类型	ISO黏度等级	日本石油 Fairvac	柯士磨石油 COSMO Cosmorac	共同石油 共石 VP Super	日本高润 NicoVP Oil	松村石油 Neoval MR, MC SO, SA, SX, SY	日本真空技术 Ulvoil	前苏联 БТН BM
真空泵油	32					SA-L		БТН(22)
真空泵油	46	White 46	46	Super 46 Super B46	MR46	MR100	R-4	
真空泵油	68	White 68 Silver 68	68	Super 68 Super B68	MR68	SO-M, SA-M	R-7	BM-6
真空泵油	100					MR-250,250A MC-200,SO-H		BM-4(68/100) BM-1(100)
扩散泵油	46	Gold(37.5)		Super H(30)		SX(22),SY(25)		
扩散泵油	68			Super DFM(36)				
扩散泵油	100					Excelol 54(295)		

表 11-3-56　国内外电器绝缘油品对照

类型		中国产品	意大利石油总 AGIP	英国石油 BP	加德士石油 CALTEX	嘉实多有限 CASTROL	法国爱尔菲 ELF	埃索标准油 ESSO	德国福斯矿物油 FUCHS	美孚石油 MOBIL	壳牌国际石油 SHELL	太阳石油 SUN
			Ite	Energol	Transformer Oil	Insulating Oil B841	Transfo 50	Univolt	Insulating Oil	Mobilect	Diala Oil B, BX DX, GX, BG, C A, Trans Oil A, B, C	Suntrans II Oil
变压器及断路器油	IEC-296 I	GB 2536—2011		JS-A, JSH-A Transfo I JSH-V				60 80				
	IEC-296 II	SH/T 0040—2007 SH/T 0051—2007	320 360	JS-P, JSH-P Transfo II	Transformer Oil BSI	Electrilo Heavy 2544		SE 52	Renolin E7 (DIN 57370)	35		
电容器油	IEC-867	GB 4624—1984 (88)						N61				
电缆油	IEC-465							Insulating Oil HV			OF Cable Oil	Sun Cable Oil

类型		德士古 TEXACO	出光兴产 Transformer Oil	日本石油 日石	柯士穆石油 COSMO	共同石油 共石	三菱石油 三菱	三井石油 三井	富士兴产	松村石油	英国标准 BS148	日本标准 JIS	美国 ASTM	前苏联 ГОСТ 10121—76
		Transformer Oil	G8 H8 A	高压绝缘油 M, A, K KL, TN	Cosmo 高压绝缘油	HS Trans 2号Trans Eletus	三菱高压 绝缘油	高压 绝缘油	Fukkol	IEC 电气绝缘油 BS 电气绝缘油 ASTM 电气绝缘油 1种 电气绝缘油 1种 4,6 2,3,4号 6种 7 号		C2320	D3487 I	ТКП T-500
变压器及断路器油	IEC-296 I										I I_A	1类2号 3,4号		T-750
	IEC-296 II										BS148 II II_A	6类, 7类 2, 3, 4号	D3487 II	T-1500
电容器油	IEC-867			蓄电器油 Condenser Oil Condenser Oil S		Condenser Oil				电气绝缘油 1种 1号		C2320 1类1号 7类1号	D2233	МНК-2 МН-4
电缆油	IEC-465			EHV Cable Oil		OF Cable Oil			OF Cable Oil	1种1号		C2320 1类1号 2~7类 1号,2类		C-220 КМ-25

表 11-3-57　国内外蒸汽缸油品对照

生产商品种牌号黏度等级	中国 GB/T 447—1994 SH/T 0359—1992	意大利石油 AGIP	英国石油 BP	加德士石油 CALTEX	法国爱尔菲 ELF	埃索标准油 ESSO	美孚石油 MOBIL	壳牌国际石油 SHELL	德士古 TEXACO	德国标准 DIN 51510	前苏联
460		Vas	Energol	Vangard	Cylelf	Cylesso	Mobil 600W Cylinder Oil	Valvata Oil	Vangard Cylinder Oil	ZS	
460		460	DC 460	(320), 460	CD460, 460	TK460, 460	Super 460 320/460	Valvata 460 J460	460		11(150) 24(460)
680	680	680	DC-C 680	Honor 680	680	TK680 680 LK680	Extra Helca Super Cyl, Oil 680	Valvata 680, J680		ZA	38
1000	1000	1150	DC-C1000, DC1000	650T Oil 1000	1000	TK 1000, 1000		Fiona J1000 Valvata 1000	650 T Cylinder Oil 1000	ZB	52
1500	1500		DC1500			1500		Fiona Oil 1500		ZD	

表 11-3-58 国内外工业润滑脂品种对照

类 型		中国品种及标准	意大利石油 AGIP	英国石油 BP	加德士石油 CALTEX	嘉实多有限 CASTROL	法国爱尔夫 ELF	埃索标准油 ESSO	德国福斯矿物油 FUCHS
滚动轴承用脂	通用	精密机床主轴润滑脂 SH/T 0382—2003 通用锂基润滑脂 GB/T 7324—2010	GR MU2,3 Grease 30	Energrease LS2,LS3	Multifak 2 Regal Starfak Premium 2,3	Spheerol AP2,AP3, LMN Castrolease CL	Epexa 00,0,1,2	Lexdex 0,1,2 Beacon 2,3 Andok B,C	Renolt MP KP2-40 Caly psol Li EP
滚动轴承用脂	低温用	2号低温脂 KK-3 脂		LT2	Low Temp, Grease EP2		Rolexa 1,2,3	Beacon 325	1,2,3
滚动轴承用脂	宽温度范围用	特 221 号脂及 7014 号低温航空脂	GRMU/EP0,1,2,3 GR LP	MM-EP HTG2	RPM Grease SR12			Templex N2,N3 Andok 260	Renolit S2
滚动轴承用脂	钙基脂	钙基脂 GB/T 491—2008	GR CC2 CC3 CC4	PR1,PR2		Spheerol UW	Axa GR0,GR1 Ponderia 2	Ladex 0,1,2	
集中给油用脂	锂基脂	通用锂基脂 GB/T 7324—2010	GR 33/Li RD 10/0,10/1	LS2,LS3			Poly G0,000	Lexdex 0,1 Conpac multipurpose	Renolit MP
集中给油用脂	极压钙基	复合钙基脂 SH/T 0370—2005	Grease PV2	PR-EP1,EP2,EP3 PR9142,CC2				Nebula EP0,1,2	Renolit CX-EP CX-GLP
集中给油用脂	极压锂基	极压锂基脂 GB/T 7323—2008	GR SM	LS-EP$_1$,EP$_2$, MM-EP0, EP1,EP2	Multifak EP0,1,2	Spheerol EP10,1,2		Lexdex EP0,1 Conpac Multipurpose EP2	Renolit FEP
极压脂	高负荷用（含 MoS$_2$）	二硫化钼极压锂基脂		L2-M, L21-M	Molytex Grease EP2	Spheerol MS3	Epexa MO$_2$ Multi MOS$_2$	Beacon Q2	Renolit FLM2
极压脂	锂基	极压锂基脂 GB/T 7323—2008	GRMU EP0, EP1,EP2,EP3	LS-EP1 LS-EP2	Multifak EP0,1,2	Spheerol EP10,1,2		Lexdex EP0,1,2 Conpac Multipurpose EP2	Renolit FEP

续表

类型		中国品种及标准	意大利石油 AGIP	英国石油 BP	加德士石油 CALTEX	嘉实多有限 CASTROL	法国爱尔菲 ELF	埃索标准油 ESSO	德国福斯矿物油 FUCHS
耐热脂	无机系	膨润土脂 SH/T 0536—2003	GRNF 33FD	HT-G2,B2,GSF FGL,GG,OG	Thermatex EP1,2	BNS Grease Spheerol BN, BN1, BNS	Staterma 2, Mo2,Mo10	Norva 275 EP 375	
	复合铝基	极压复合铝基脂 SH/T 0534—2003		ACC-2					
	聚脲基	7017-1号高低温脂 SH 0431—1998			RPM Poly FM Grease 0,1,2 (食品机械用)			Polyrex	
其他脂	耐酸脂	7805号抗化学密封脂 SH 0449—1998	GRNS4	Petrol Resistant RBB FR2 Solvent Resistant G					
	其他脂	钢丝绳表面脂 SH/T 0387—2005 SH/T 0388—2005	Rustia 300GR				Elfnera 120 430x,430W	Pen-o-Let EP Standard Ep Grease Special 0,1,2	
食品机械脂		食品机械脂 GB 15179—1994			RPM Poly FM Grease 0,1,2		Axa GR000	Carum 330	Renogel 7
齿轮(开式)脂	复合剂型		GR NG3, GR SLL	Energol BL Energrease GG,OG	Crater A,0,2X,5X	Rustilo 553	Cardrexa DC-1,1		
	溶剂型			Energol GR 3000-2	Crater 2X Fluid 5X Fluid			JWS 2563	

续表

类	型	克鲁伯润滑油 KLÜBER	美孚石油 MOBIL	壳牌国际石油 SHELL	太阳石油 SUN	德士古 TEXACO	出光兴产	日本石油
滚动轴承用脂	通用	Isoflex NBU15 Super LDS18	Mobilux 1, 2, 3, EP0, 1,2 Mobilplex 43, 44, 45, 46,47	Alvania Grease X1, X2, X3,1,2,3 Sunlight Grease 0,1,2,3 Alvania Grease G2	JSO C Grease 1,2	Multifak 2 Murfak All Purpose	Daphne Eponex Grease 0,1,2,3 Super Coronex 0, 1, 2,3	Multinoc Deluxe 1,2 Multinoc Grease 1,2
	低温用	Isoflex LDS Special A Barrierta 1SL/OV	Mobil Grease 22 Mobil Temp SHC100 Mobilith SHC 15ND	Alvania Grease RA		Low Temp Grease EP	Daphne Grease XLA 0,2 Eponex Grease 0, 1, 2,3	Multinoc Wide 2 ENS Grease HTN Grease
	宽温度范围用	Microlube GLY92 GLY91M	Mobil Grease 22 Mobil Temp SHC 100 Mobilith SHC 460 Mobil Track Grease	Valiant M2, M3, S1, S2 Aeroshell 7, 17, 15A Tivela Compound A	JSO MP Grease 40, 41, 42,43	Multifak EP0 EP1, EP2	Super Coronex 1,2,3 Eponex Grease 0, 1, 2,3	Multinoc Wide 2 ENS Grease HTN Grease
	钠基脂	Isoflex NCA15	Cup Grease Soft, Hard Mobil Grease 2,523, Super,MS	Chassis Grease 0,12 Unedo Grease 1,2,3,5	JSO C Grease 1,2		Apdloil Grease Reservoir‰	Chassis Grease 00,0, 1,2 Greastar A
	锂基脂	Isoflex PDL 300A Topas L152,L30 Altem	Mobil Grease 76,77 Mobilux 1,2,3	Sunlight Grease 0,1 Alvania Grease 1	JSO MP Grease 40, 41, 42,43	Multifak 2, EP0, EP1, EP2 Murfak All Purpose	Eponex Grease,0,1,2	Epnoc Grease AP0, 1,2 Greastar B
	极压钙基	Isoflex Topas NCA 52, 5051	Mobilplex 43, 44, 45, 46,47	Retinax CD, DX		Novatex Grease EP 000,0,1,2		
集中给油用脂	极压锂基	Isoflex Alltime SL2 Super LDS18	Mobilux EP0,1,2 Mobilith AW1	Alvania EP Grease R000,R00,R0,1,2 Cartridge EP2 Liplex Grease 2,EP2	JSO MP Grease 740EP, 741 EP,742 EP,743EP Sunoco Multipurpose EP Grease 0,1,2,3	Murfak Multe Purpose 0,2	Coronex Grease EP0, 1,2 Eponex Grease EP0, 1,2	Greastar B Epnoc Grease AP0, 1,2
极压脂	高负荷用（含 MoS_2）	Altemp Q NB50 Staburg S N32	Mobil Grease Special Mobilplex Special Mobil Temp 78	Sunlight Grease MB0,2 Retinax AM	Sunocc Moly EP Grease 2	Molytex EP0,EP1, EP2	Daphne Grease M, 0, 1,2 Polylex M2 Molylet	New Molynoc Grease 0,1,2
	锂基	Isoflex Alltime SL2 Super LDS 18 Costrac GL 1501MG	Mobilux EP0,1,2 Mobilith AW1	Alvania EP Grease 000,Cartridge EP2	JSO MP Grease 740 EP, 741 EP,742 EP,743 EP	MurfakMulti Purpose 0,2	Eponex EP 0,1,2 Coronex Grease EP0, 1,2	Epnoc Grease AP0, 1,2

续表

类型		克鲁伯润滑油 KLÜBER	美孚石油 MOBIL	壳牌国际石油 SHELL	太阳石油 SUN	德士古 TEXACO	出光兴产	日本石油
耐热脂	无机系	Isoflex PDB 38/300	Mobil Temp0,1,2,78	Darina Grease 2 Darina EP Grease 0,1,2 Aeroshell 22c,23c,43c		Thermatex 000,1,EP1,EP2	Daphne No-Temp Grease 0,2	
	复合铝基	Isoflex AK50 Paraliq GA343,351	Mobil Grease FM102	Mytilus Grease A,B Cassida Grease 00,2	Sunocoplex 900EP,991EP,992EP	Starplex 9998	Daphne A Complex Grease 1,2	
	聚脲基	Petamo GHY133,433 Asonic HQ72-102		Valiant Grease U0,U1,U2,EP0,EP2 Stamina U EP2 Dolium Grease R			Polyex Alfa 2,HL1,HL2,M2	Multinoc Ureaa Pyronoc Grease 0,2,CCO Pyronoc Universal CCO,00,N-6B,0,2
其他脂	耐酸脂			Valiant Grease U2				
	其他脂	Grafloscon A-G₁ plus (绳缆用)		APL 700,701,702		Wirerope Compound 2	Daphne Spline Grease	
食品机械脂		Klüber synth UHI-14-1600 Paraliq GA343,351 GB 363,GTE703	Mobil Grease FM102	Cassida Grease 00,2				
齿轮(开式)脂	复合剂型		Mobiltac MM,QQ,4,81	Cardium Compound A,D,C			Daphne Open Gear Oil 0,1,2	Cronoc Compound 00,0,1,2,3
	溶剂型		Mobiltac A,C,D,E	Malleus Fluid D,A Cardium Fluid F			Daphne Open Gear Oil 2S,3S	

续表

类型		柯士穆石油 COSMO	共同石油	三菱石油	三井石油	富士兴产	日本高润	日本润滑油脂 NIPPON GREASE	协同油脂
滚动轴承用脂	通用	Cosmo Grease Dynamics super 0,1,2,3 Dynamics SH1,2	共石 Lisonix Grease 0,1,2,3	Diamond Multipurpose Grease 0,1,2,3	Multi Grease EP-0,1,2,3	Fukkol Multi Grease 0,1,2,3 Multi purpose Grease 1,2,3	Nico Macus MEP 1,2,3 WB 2,3	Gold 0,1,2,3 Kingstar 2,3 Tight LA0,1,2,3	Unilube 00,0,1,2,3 Unilight SL1,2,3 Unilight,1,2,3 Duplex 0,1,2,3
	低温用	低温 Grease 0,2	共石 LT Grease 0,1,2	低温 Grease 2号		LT Grease 1,2		NG Tight LYW 00,0,1,2 NG Lube LC 00,0,1 NG Tight LL0,1,2	Multemp PS1,2,3 LT2,LRL3 SRL
	宽温度范围用	Wide Grease WR2,3	共石 Urea Grease 0,1,2 LL-0,1,2	Silicon Grease 2号 Ex Grease 3号		HLT Grease 1,2,3		NG Ace M Ace SL 广温度范围 2	Multemp LRL3 SRL
	钙基脂	Auto Grease 00 Chassis Grease 0,1 Cup Grease 1,2,3,4,5	共石 Auto Grease C00,0 Cup Grease 1,2,3,4,5	Cup Grease 1,3	Cup Grease 2,3 Chassis Grease CC-00,0	Auto Grease C,W Cup Grease 1,2,3,4	Nico Macus C0,1,2	Sun lube Autos 00	ET light 0,1,2
集中给油用脂	锂基脂	集中 Grease 0,1,2	共石 Auto Grease L-00,0	CLS Grease 0,1 Auto Serve Grease 00,0	Chassis Grease CL-00,0	EP Grease 0,1,2	Nico Grease EP0,1,2	Sunlube Auto K NG lube CP 000,00,0	Unilube 00,0,1,2,3 Duplex 0,1
	极压钙基	集中 Grease Special 0,1		CP Grease 000,00,0				C 极压 0,1 Hitlube 00,0,1,2	Mystik JT-6HT 00,0,1
	极压锂基	Dynamics EP0,1,2 集中 Grease 0,1,2	共石 Lisonix Grease EP-00,0	Multipurpose EP Grease 0,1,2,3		EP Grease 0,1,2	Nico Grease EP0,1,2	Tight LYS 000,0,1 LY00,0,1 EP-DX 0,1,2	Unilube EP0,1,2 DL 0,1,2 Newmax EP0,1 Unimax EP1,0,1,2
极压脂	高负荷用（含 M_0S_2）	Molybden Grease 0,1,2	共石 Lisonix Grease M-0,1,2,3	Multipurpose M Grease 0,1,2	Multi Grease M-1,2	HT Grease M01,2 Temp Grease M01,2		Tight KM 0,1,2 LG1,M 0,1,2,3 Nek,Tight LM2	Molyrex 0,1,2 Alumix M01,2 Molyrex P1,RN0,1
	锂基	Cosmogrease Dymancics EP0,1,2,3	共石 Lisonix Grease EP-00,1,2,3	Multipurpose EP Grease 0,1,2,3	Multi Grease EP-0,1,2,3	EP Grease 0,1,2	Nico Grease EP0,1,2	Tight LYS0,1,2 LY0,1,2,3 NG Lube EP2,DX	Unilube EP0,1,2 DL0,1,2 Palmax L,RBG,Duplex EP 0,1,2

续表

类 型		柯士穆石油 COSMO	共同石油	三菱石油	三井石油	富士兴产	日本脂润	日本润滑油脂 NIPPON GREASE	协同油脂
耐热脂	无机系	耐热 Grease B 0,1,2,3,2M	共石 Thermonix Grease 0,1,2,3 EP-0,1,2,3	BT Grease 2号	耐热 Grease B	HT Grease 0,1,2,3		NG Lube HTP0,1,2 HT0,1,2 NTG 2000 1,2,3	OS Grease FL, FM1, 2,3
	复合铝基	耐热 Grease A1,2, 1M,2M	共石 Alcon Grease 0,1,2 S-1,2	耐热 Grease 0,1,2		Temp Grease 0,1,2 DN Grease		NTC Lube LH1	Alumix HD0,1,2 EP0,1 Mos0,1
	聚脲基	Urea Grease 0,1, 2,2M	共石 Urea Grease 0, 1,2 LL-0,1,2		耐热 Grease U-0, 1,2 Urea WideGrease 0, 1,2	Urea Grease 0,1		Ace DNA2 NTG Ace HTDXNN01,2 Ace K2,U1,U2	Emulube L, M Excellight EP0,1,2 Multemp SC-AC, EP-100K
其他脂	耐酸脂		共石 耐酸 Grease						OS Grease 1,2,3 Multemp FF-SL, RM
	其他脂	Special Grease H Fiber Grease 2 Rope Grease R,B	共石 Silicon Grease 0,1 Rope Grease	超高温 Grease 2号 Graphite Grease 2号 耐油 Grease 1号				NTG Bit 用脂 Valve 脂 VR 用脂	Molywhit Super 0,1 Microcarbori Grease 1
食品机械脂			Food Grease 0,1,2						
齿轮(开式)脂	复合剂型	Gear Compound 1, 2,3	共石 Gear Compound 1,2,3	Gear Compound 2号	Gear Compound 2	Open Gear Oil 1, 2,3			Betalube 250, 450, 650,1200,2200,S
	溶剂型	Gear Compound Special 1,2,3 Gear Spline	共石 Gear Compound S-2	Spline Compound OG Grease 500				Gear Compound 1,2,3	Betalube LA 2,3,5

表 11-3-59　国内外车辆润滑脂品种对照

类型		中国品种及标准	意大利石油总 AGIP	英国石油 BP	加德士石油 CALTEX	嘉实多有限 GASTROL	埃索标准油 ESSO	美孚石油 MOBIL
通用脂	锂基	汽车通用锂基脂 GB/T 5671—1995		Energrease L2,LS2,LS3	Marfak Multipurpose 2,3 Ultra Duty Grease 1,2	LM Grease	Lexdex 0,1,2 Beacon 2 Multipurpose Grease H Conpac Multipurpose	Mobil Grease 77
通用脂	极压锂基	极压锂基脂 GB/T 7323—2008	GR MU EP0,1,2,3 GR LP	LS-EP	Marfak All Purpose 2,3	Spheerol EPL2 Grease	Lexdex Ep0,1,2 Beacon Q2 Conpac Multipurpose EP2	Mobil Grease 77 Mobil Grease Special
车体（底盘）脂	钙基（极压）	复合钙基脂 SH/T 0370—2005	GRCC2,CC3,CC4	Energrease C1,C2,C3 CB-G	RPM Multimotive Grease 1,2	Water Resistant Grease CLO	Chassis Grease	Mobilplex 44 45
车体（底盘）脂	锂基	极压锂基脂 GB/T 7323—2008	GRMU2 MU3	LS-EP2,L2	Multifak EP0,EP1,EP2	Castrol LM Grease	Conpac Reservoir Lexdex 0,1,2	
车体（底盘）脂	钙基	钙基脂 GB/T 491—2008	Grease 15,16	C1,C2,C3,C3-G			Conpac chassis	Mobilplex 44 Chassis Grease
水泵脂	钙基	钙基脂 GB/T 491—2008	Grease 15,16	C1,C2	Water Pump Grease	Spheerol UW	Standard EP Grease 0,1,2	
水泵脂	锂基	锂基脂		L2,LS2,LS3			Lexdex 2	Mobil Grease Mobilux 2
轮毂轴承脂	混合皂基	滚珠轴承脂 SH 0386—2003		C3 C3G	RPM Multinotive Grease 1,2 Marfak Allpurpose 2,3	BNS Grease		
轮毂轴承脂	锂基	锂基脂 GB/T 5671—1995	33FD	L2,LS2,LS3	Marfak Multipurpose 2,3	LM Grease	Lexdex WB 2,3 Multipurpose Grease H	Mobil Grease 77 Mobil Fully
其他脂	橡胶脂	7802#,7804#抗化学脂		Petrol Resistant		Gastrol Red Rubber Grease		
其他脂	耐寒脂	7026#低温脂		LT2			Beacon 325	Mobilith SHC 15ND Mobil Grease 22
其他脂	耐油密封脂	7805#抗化学密封脂 SH 0449—1998						
其他脂	制动器脂			B2				

续表

类型		壳牌国际石油 SHELL	太阳石油 SUN	德士古石油 TEXACO	出光兴产	日本石油	柯士穆石油 COSMO	共同石油
通用脂	锂基	Alvania 1,2,3 Sunlight 2,3	JSO MP Grease 40,41, 42,43	Marfak Multi purpose 2,3 Multifak 2	Apolloil Autolex J-2,J-3,A,B,L	PAN WB Grease	Grease Road Master 2,3	Lisonix Grease 0,1,2,3
	极压锂基	Alvanra EP R0,1,2 R00,R000	JSO MP Grease 740EP, 741EP 742EP,743EP	Marfak All Purpose 2,3	Daphne Coronex EP0,1,2 Apolloil Autolex E,EW	Epnoc Grease AP0,1,2	Grease Dynamics EP0, 1,2,3 Molybden Grease 0,1,2	Lisonix Grease EP-00,0, 1,2,3 M-0,1,2,3
车体(底盘)脂	钙基(极压)	Autogrease Swalube A	JSO C Grease 1,2		Apolloil Multilex 0,00 Grease Reservoir	Greastar Grease A	Auto Grease 00 Chassis Grease 0,1,2	共石 Auto Grease C-00,0
	锂基	Swalube B,BW Retinax CS00,0 LX2	JSO MP Grease 40,41,42,43	Multifak EP0,EP1,EP2 Molytex EP0,1,2		Greastar Grease B	Auto Grease Super 00,0 集中 Grease 0,1,2	AutoGrease L-00,0
	钙基	Retinax CD Chassis Grease 0,1,2	JSO Grease 1,2		Chassis ss0,1,2	Chassis Grease 00, 0,1,2	Chassis Grease 0,1,2	Chassis Grease 00,0,1,2
	钙基		JSO Grease 1,2				Cup Grease 4,5	
水泵脂	锂基	Alvania 2,3 Sunlight 2,3	JSCMP Grease 40,41, 42,43	Multifak Ep2,EP0,1	Autolex J-2,J-3,A	PAN WB Grease	Grease Road Master 2,3 Dynamics EP 2,3	Lisonix Grease 0,1,2,3
轮毂轴承脂	混合皂基			Marfak HD 2,3		PAN WB Grease Pyronoc Universol N-6B		
	锂基	Retinax A,AM Valiant WB Sunlight 2,3	JSO MP Grease40,41, 42,43	Marfak Multipurpose 0,2	Autolex J-2, J-3, A, B,L		Grease Road Master 2,3 Super 2	Wheel Bearing Grease L2,3
其他	橡胶脂	Alvania RA				Rubber Grease 2	Rubber Grease	
	耐寒脂				Daphne Grease XLA 0,2 Eponex Grease 0,1,2,3	Epnoc Grease LT2	低温 Grease 0,2	共石 LT Grease 0,1,2
	耐油密封脂					Sealnoc N,FN,FS		
	制动器脂			AAR Brake Cylinder Lubricont				

续表

	类型	三菱石油	三井石油	富士兴产	日本高润	日本润滑油脂公司 NIPPON GREASE	协同油脂
通用脂	锂基	Diamond Multi Purpose Grease 0,1,2,3	三井 Auto Grease 2,3	Fukkol Multipurpose Grease 1,2,3		NTG Lube MP-DX 1,2,3 NTG Tight LA 0,1,2,3	One Lover MP 0,1,2,3 EH 2,3 Duplex 0,1,2,3
	极压锂基	Multipurpose EP Grease 0,1,2,3 M Grease 0,1,2	Multi Grease EP-0,1,2,3	EP Grease 0,1,2		NTG Lube EP 1,2 EP-DX 0,1,2 NTG Tight LYS 0,1,2 LE2,LS2	One Lover M01,2 Molyrex s2 Duplex EP0,1,2 汎用 Grease HD 1,2
车体底盘脂	钙基（极压）		Chassis Grease CC-00,0	AutoGrease C, W Chassis Grease 00,0,1,2 Cartridge Grease 1000		Sun Lube Auto S.00,k Hitlube00,0,1,2	Sinplex W, S0, S1 Chassis Grease k0,1
	锂基	Auto Serve Grease 00,0	Chassis Grease CL-00,0	EP Grease 0,1,2	Nico Grease EP 0,1	NTG Tight LA0,1 LY00,0,1 Reservoir Sun Reservoir	One Lover MP0,1
	钙基	Chassis Grease 0,1,2	Chassis Grease 0,1,2	Chassis Grease 1,2	Nico Macus C 0,1,2	Chassis C-0,1,2 Cartridge chassis1,2	Sinplex S 1,2 Chassis Grease K1,2
水泵脂	钙基			Cup Grease 1,2,3,4			My stik JT-6 Cup Grease 1,2,3,4
	锂基	Cup Grease 1,3	Auto Grease 2,3	Multipurpose Grease 1,2,3		NTG Lube MP-DX 2,3, NW	Uni Lube 3
轮毂轴承脂	混合皂基						
	锂基	Wheel Bearing HD Grease2,3	Wheel Bearing Grease 2,3	WB Grease 2,3 WB Grease MO Super 2	Nico Macus WB 2,3	NTG Lube MP-DX 2,3	One Lover MP2,3 EH2,3 TH2
其他脂	橡胶脂					NTG Lube RX2 R RM2	Rubber Grease
	耐寒脂			LT Grease 1,2		NTG Star SF1,2 NTGLube LC-00,0,1,2 NTG Tight LYW00,0,1,2 LL 0,1,2	Multemp TA1,2, TAS2 PS1,2,3
	耐油密封脂	耐油 Grease 1					
	制动器脂			DN Grease		Moly ACe 2 NTG Lube RM2	Molyrex RN 0,1

第4章 密封

1 静密封的分类、特点及应用

表 11-4-1

分类	原理、特点及简图	应 用
法兰连接垫片密封	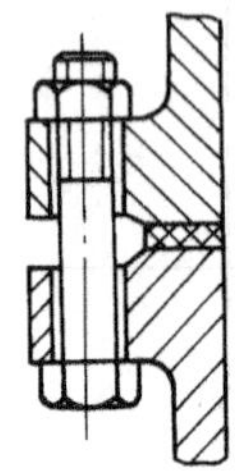 在两连接件(如法兰)的密封面之间垫上不同型式的密封垫片,如非金属、非金属与金属的复合垫片或金属垫片。然后将螺栓拧紧,拧紧力使垫片产生弹性和塑性变形,填塞密封面的不平处,达到密封的目的。密封垫的型式有平垫片、齿形垫片、透镜垫、金属丝垫等	密封压力和温度与连接件的型式、垫片的型式、材料有关。通常,法兰连接密封可用于温度范围为 $-70 \sim 600℃$,压力大于 1.333 kPa(绝压)、小于或等于 35 MPa。若采用特殊垫片,可用于更高的压力
自紧密封	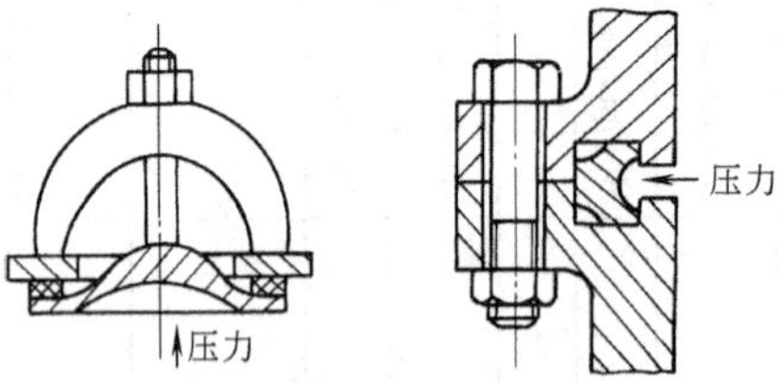 (a) 压力 (b) 压力 密封元件不仅受外部连接件施加的力进行密封,而且还依靠介质的压力压紧密封元件进行密封,介质压力越高,对密封元件施加的压紧力就越大	图 a 为平垫自紧密封,介质压力作用在盖上并通过盖压紧垫片,用于介质压力 100 MPa 以下,温度 $350℃$ 的高压容器、气包的手孔密封 图 b 为自紧密封环密封,介质压力直接作用在密封环上,利用密封环的弹性变形压紧在法兰的端面上,用于高压容器法兰的密封
研合面密封	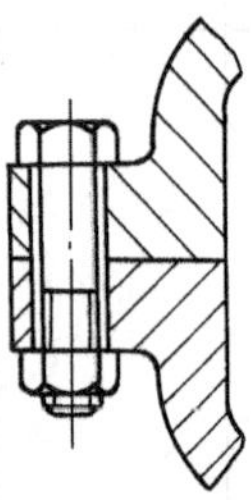 靠两密封面的精密研配,消除密封面间的间隙,用外力压紧(如螺栓)来保证密封。螺栓受力较大实际使用中,密封面往往涂敷密封胶,以提高严密性	密封面粗糙度 $Ra = 2 \sim 5 \mu m$。自由状态下,两密封面之间的间隙不大于 0.05 mm。通常用于密封压力小于 100 MPa 及 $550℃$ 介质的场合,如汽轮机、燃气轮机等汽缸接合面
O形环密封 非金属O形环	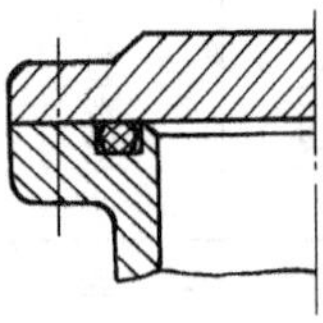 O形环装入密封沟槽后,其截面一般受到 $15\% \sim 30\%$ 的压缩变形。在介质压力作用下,移至沟槽的一边,封闭需密封的间隙,达到密封的目的	密封性能好,寿命长,结构紧凑,装拆方便。选择不同的密封圈材料,可在 $-100 \sim 260℃$ 的温度范围使用,密封压力可达 100 MPa。主要用于汽缸、油缸的缸体密封

续表

分类		原理、特点及简图	应 用
O形环密封	金属空心O形环	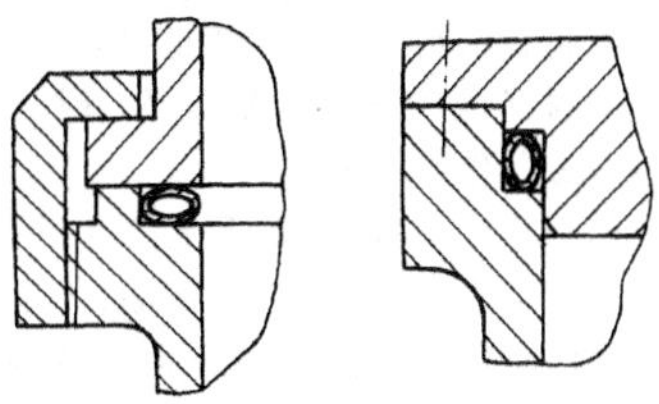 O形环的断面形状为长圆形。当环被压紧时,利用环的弹性变形进行密封。O形环用管材焊接而成,常用材料为不锈钢管,也可用低碳钢管、铝管和铜管等。为提高密封性能,O形环表面需镀覆或涂以金、银、铂、铜、氟塑料等。管子壁厚一般选取 0.25~0.5mm,最大为 1mm。用于密封气体或易挥发的液体,应选用较厚的管子;用于密封黏性液体,应选用较薄的管子	O形环分为充气式和自紧式两种。充气式是在封闭的O形环内充惰性气体,可增加环的回弹力,用于高温场合。自紧式是在环的内侧圆周上钻有若干小孔,因管内压力随同介质压力增高而增高,使环有自紧性能,用于高压场合 金属空心O形环密封适用于高温、高压、高真空、低温等条件,可用于直径达 6000mm,压力 280MPa,温度 -250~600℃ 的场合 图 a、图 b 表示 O 形环设置在不同的位置上
胶圈密封		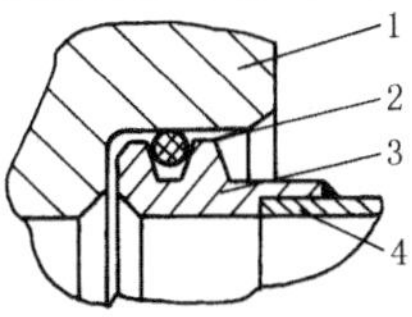 1—壳体;2—橡胶圈;3—V形槽;4—管子	结构简单,重量轻,密封可靠,适用于快速装拆的场合。O形环材料一般为橡胶,最高使用温度为 200℃,工作压力 0.4MPa,若压力较高或者为了密封更加可靠,可用两个O形环
填料密封		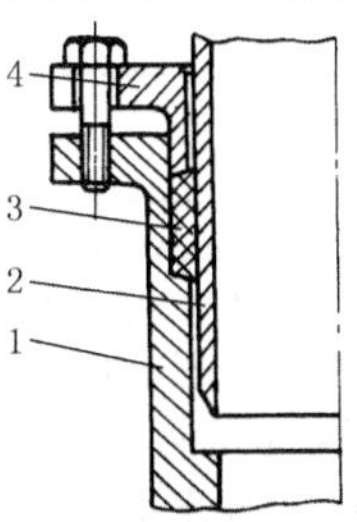 在钢管与壳体之间充以填料(俗称盘根),用压盖和螺钉压紧,以堵塞漏出的间隙,达到密封的目的 1—壳体;2—钢管;3—填料;4—压盖	多用于化学、石油、制药等工业设备可拆式内伸接管的密封。根据充填材料不同,可用于不同的温度和压力
螺纹连接垫片密封		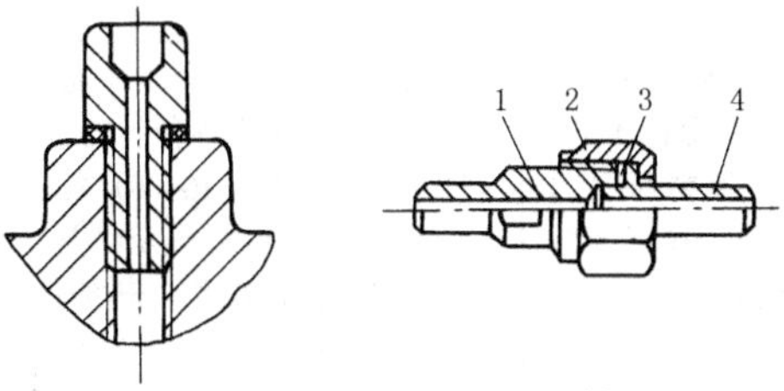 1—接头体;2—螺母;3—金属平垫;4—接管	适用于小直径螺纹连接或管道连接的密封 图 a 中的垫片为非金属软垫片。在拧紧螺纹时,垫片不仅承受压紧力,而且还承受转矩,使垫片产生扭转变形,常用于介质压力不高的场合 图 b 所示采用金属平垫密封,又称"活接头",结构紧凑,使用方便。垫片为金属垫,适用压力 32MPa,管道公称直径 $DN \leqslant 32$mm
螺纹连接密封		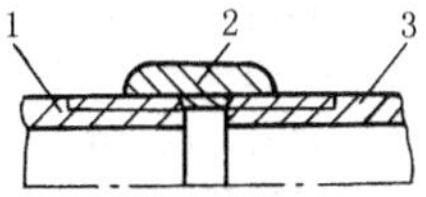 1—管子;2—接管套;3—管子 螺纹连接密封结构简单、加工方便	用于管道公称直径 $DN \leqslant 50$mm 的密封 由于螺纹间配合间隙较大,需在螺纹处放置密封材料,如麻、密封胶或聚四氟乙烯带等,最高使用压力 1.6MPa
承插连接密封			用于管子连接的密封。在管子连接处充填矿物纤维或植物纤维进行堵封,且需要耐介质的腐蚀,适用于常压、铸铁管材、陶瓷管材等不重要的管道连接密封

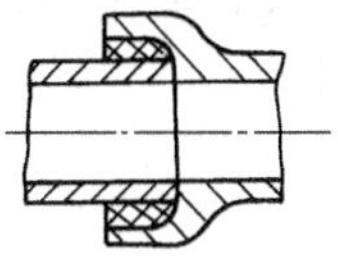

续表

分类	原理、特点及简图	应用
密封胶密封	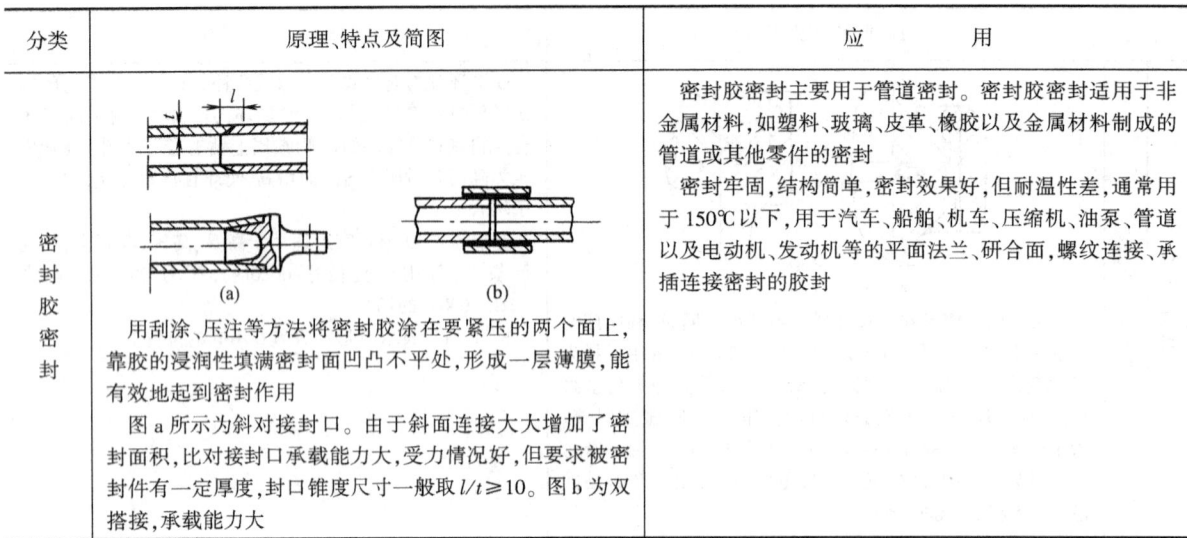 (a)　　　(b) 用刮涂、压注等方法将密封胶涂在要紧压的两个面上，靠胶的浸润性填满密封面凹凸不平处，形成一层薄膜，能有效地起到密封作用 图 a 所示为斜对接封口。由于斜面连接大大增加了密封面积，比对接封口承载能力大，受力情况好，但要求被密封件有一定厚度，封口锥度尺寸一般取 $l/t \geqslant 10$。图 b 为双搭接，承载能力大	密封胶密封主要用于管道密封。密封胶密封适用于非金属材料，如塑料、玻璃、皮革、橡胶以及金属材料制成的管道或其他零件的密封 密封牢固，结构简单，密封效果好，但耐温性差，通常用于150℃以下，用于汽车、船舶、机车、压缩机、油泵、管道以及电动机、发动机等的平面法兰、研合面、螺纹连接、承插连接密封的胶封

2 动密封的分类、特点及应用

表 11-4-2

分类		原理、特点及简图	应用
接触式密封	毛毡密封	在壳体槽内填以毛毡圈，以堵塞泄漏间隙，达到密封的目的。毛毡具有天然弹性，呈松孔海绵状，可储存润滑油和防尘。轴旋转时，毛毡又将润滑油从轴上刮下反复自行润滑	一般用于低速、常温、常压的电机、齿轮箱等机械中，用以密封润滑脂、油、黏度大的液体及防尘，但不宜用于气体密封。适用转速：粗毛毡，$v_c \leqslant 3$m/s；优质细毛毡、轴经过抛光处理，$v_c \leqslant 10$m/s。温度不超过 90℃；压力一般为常压
	填料密封 - 软填料密封	在轴与壳体之间充填软填料（俗称盘根），然后用压盖和螺钉压紧，以达到密封的目的。填料压紧力沿轴向分布不均匀，轴在靠近压盖处磨损最快。压力低时，轴转速可高，反之，转速要低	用于液体或气体介质往复运动和旋转运动的密封，广泛用于各种阀门、泵类，如水泵、真空泵等，泄漏率约 10~1000mL/h 选择适当填料材料及结构，可用于压力小于等于 35MPa、温度小于等于 600℃ 和速度小于等于 20m/s 的场合
	填料密封 - 硬填料密封	密封箱内装有若干密封盒，盒内装有一组硬填料的密封环，如图所示。分瓣密封环靠弹簧和介质压力差贴附于轴上。密封环在填料盒内有适当的轴向和径向间隙，使其能随轴自由浮动。填料箱上的压紧螺钉的作用只压紧各级密封盒，而不作用在各级密封环上。密封环材料通常为青铜、巴氏合金、石墨等	适用于往复运动轴的密封，如往复式压缩机的活塞杆密封。为了能补偿密封环的磨损和追随轴的跳动，可采用分瓣环、开口环等 选择适当的密封结构和密封环型式，硬填料密封也适用于旋转轴的密封，如高压搅拌轴的密封 硬填料密封适用于介质压力 350MPa、线速度 12m/s、温度 -45~400℃ 的场合，但需要对密封进行冷却或加热

续表

分类		原理、特点及简图	应 用
成型填料密封	挤压型密封	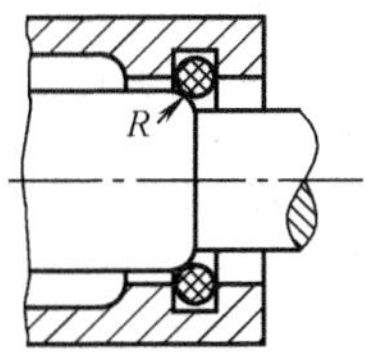 挤压型密封按密封圈截面形状分有 O 形、方形等，以 O 形应用最广 挤压型密封靠密封圈安装在槽内预先被挤压，产生压紧力，工作时，又靠介质压力挤压密封环，产生压紧力，封闭密封间隙，达到密封的目的 结构紧凑，所占空间小，动摩擦阻力小，拆卸方便，成本低	用于往复及旋转运动。密封压力从 $1.33×10^{-5}$ Pa 的真空到 40MPa 的高压，温度达 $-60\sim200℃$，线速度小于等于 $3\sim5$m/s
	唇形密封	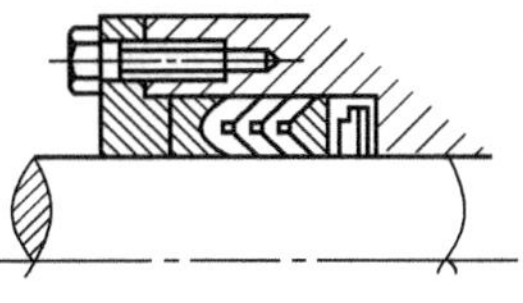 依靠密封唇的过盈量和工作介质压力所产生的径向压力即自紧作用，使密封件产生弹性变形，堵住漏出间隙，达到密封的目的。比挤压型密封有更显著的自紧作用 结构型式有 Y、V、U、L、J 形。与 O 形环密封相比，结构较复杂，体积大，摩擦阻力大，装填方便，更换迅速	在许多场合下，已被 O 形密封圈所代替，因此应用较少。现主要用于往复运动的密封，选用适当材料的唇形密封，可用于压力达 100MPa 的场合 常用材料有橡胶、皮革、聚四氟乙烯等
接触式密封	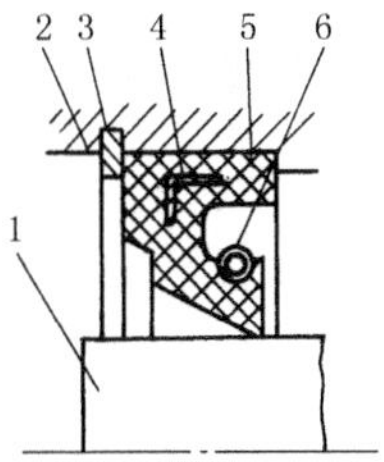 油封密封 1—轴；2—壳体；3—卡圈；4—骨架；5—橡胶皮碗；6—弹簧	在自由状态下，油封内径比轴径小，即有一定的过盈量。油封装到轴上后，其刃口的压力和自紧弹簧的收缩力对密封轴产生一定的径向抱紧力，遮断泄漏间隙，达到密封的目的 油封分有骨架与无骨架型；有弹簧与无弹簧型。用作油封的旋转轴唇形密封圈，共有内包骨架、外露骨架和装配式三种结构型式，每种型式又分为有副唇和无副唇两种。油封安装位置小，轴向尺寸小，使机器紧凑，密封性能好，使用寿命较长。对机器的振动和主轴的偏心都有一定的适应性。拆卸容易、检修方便、价格便宜，但不能承受高压	常用于液体密封，广泛用于尺寸不大的旋转传动装置中密封润滑油，也用于封气或防尘 不同材料的油封适用情况： ① 合成橡胶轴线速度 $v_c≤20$m/s，常用于 12m/s 以下，温度小于等于 $150℃$。此时，轴的表面粗糙度为，$v_c≤3$m/s 时，$Ra=3.2\mu m$；$v_c=3\sim5$m/s 时，$Ra=0.8\mu m$；$v_c>5$m/s 时，$Ra=0.2\mu m$ ② 皮革 $v_c≤10$m/s，温度小于等于 $110℃$ ③ 聚四氟乙烯用于磨损严重的场合，寿命约比橡胶高 10 倍，但成本高 以上各材料可使用压差 $\Delta p=0.1\sim0.2$MPa，特殊可用于 $\Delta p=0.5$MPa，寿命约 $500\sim2000$h
	涨圈密封	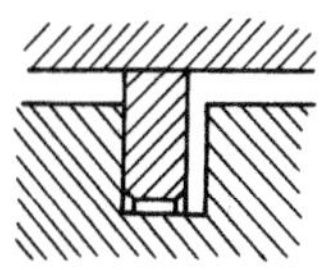 将带切口的弹性环放入槽中，由于涨圈本身的弹力，而使其外圆紧贴在壳体上，涨圈外径与壳体间无相对转动 由于介质压力的作用，涨圈一端面贴在涨圈槽的一侧产生相对运动，用液体进行润滑和堵漏，从而达到密封的目的	一般用于液体介质密封（因涨圈密封必须以液体润滑） 广泛用于密封油的装置。用于气体密封时，要有油润滑摩擦面。工作温度小于等于 $200℃$，$v_c≤10$m/s。压力：往复运动，小于等于 70MPa；旋转运动，小于等于 1.5MPa
	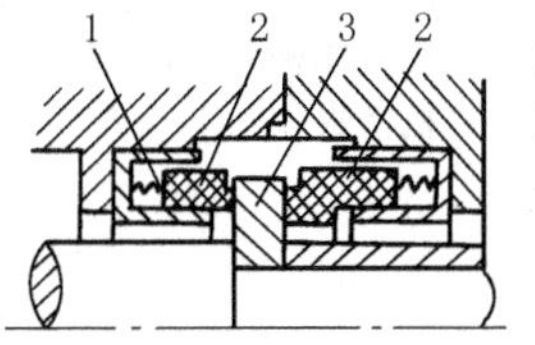 机械密封 1—弹簧；2—静环；3—动环	光滑而平直的动环和静环的端面，靠弹性构件和密封介质的压力使其互相贴合并作相对转动，端面间维持一层极薄的液体膜而达到密封的目的	应用广泛，适合旋转轴的密封。用于密封各种不同黏度、有毒、易燃、易爆、强腐蚀性和含磨蚀性固体颗粒的介质，寿命可达 25000h，一般不低于 8000h 目前使用已达到如下技术指标：轴径 $5\sim2000$mm；压力 10^{-6}MPa 真空 ~45MPa；温度 $-200\sim450℃$；速度 150m/s

续表

分类		原理、特点及简图	应用
非接触式密封	浮动环密封	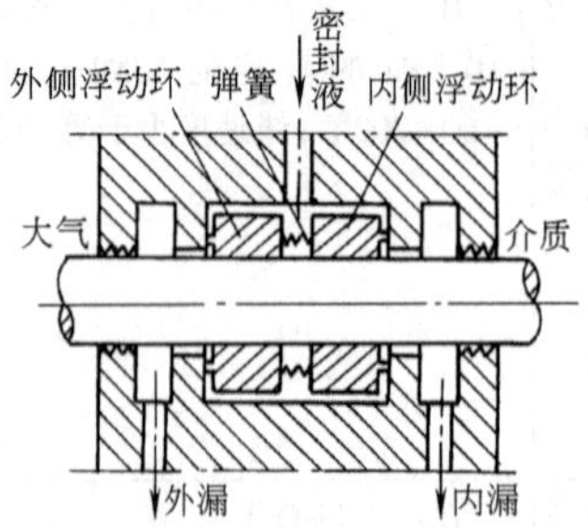 浮动环可以在轴上径向浮动，密封腔内通入比介质压力高的密封油。径向密封靠作用在浮动环上的弹簧力和密封油压力与隔离环贴合而达到；轴向密封靠浮动环与轴之间的狭小径向间隙对密封油产生节流来实现	结构简单，检修方便，但制造精度高，需采用复杂的自动化供油系统 适用于介质压力大于10MPa、转速10000～20000r/min、线速度100m/s以上的旋转式流体机械，如气体压缩机、泵类等轴封
	迷宫密封	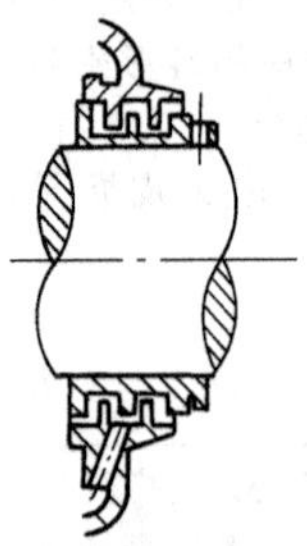 在旋转件和固定件之间形成很小的曲折间隙来实现密封。间隙内充以润滑脂	适用于高转速，但须注意在周速大于5m/s时可能使润滑脂由间隙中甩出
		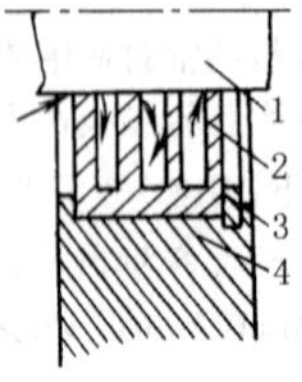 流体经过许多节流间隙与膨胀空腔组成的通道，经过多次节流而产生很大的能量损耗，流体压头大为下降，使流体难于泄漏，以达到密封的目的 1—轴；2—箅齿；3—卡圈；4—壳体	用于气体密封，若在箅齿及壳体下部设有回油孔，可用于液体密封
	离心密封	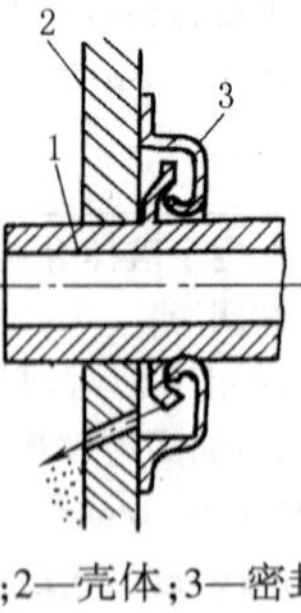 借离心力作用(甩油盘)将液体介质沿径向甩出，阻止液体进入泄漏间隙，从而达到密封的目的。转速愈高，密封效果愈好，转速太低或静止不动，则密封无效 1—轴；2—壳体；3—密封盖	结构简单，成本低，没有磨损，不需维护 用于润滑油及其他液体密封，不适用于气体介质。广泛用于高温、高速的各种传动装置以及压差为零或接近于零的场合
	螺旋密封	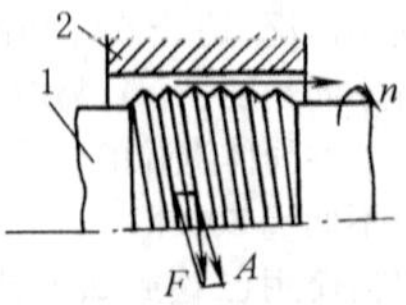 利用螺杆泵原理，当液体介质沿泄漏间隙泄漏时，借螺旋作用而将液体介质赶回去，以保证密封 在设计螺旋密封装置时，对于螺旋赶油的方向要特别注意。设轴的旋转方向n从右向左看为顺时针方向，则液体介质与壳体的摩擦力F为逆时针方向，而摩擦力F在该右螺纹的螺旋线上的分力A向右，故液体介质被赶向右方 1—轴；2—壳体	结构简单，制造、安装精度要求不高，维修方便，使用寿命长 适用于高温、高速下的液体密封，不适用于气体密封。低速密封性能差，需设停机密封

续表

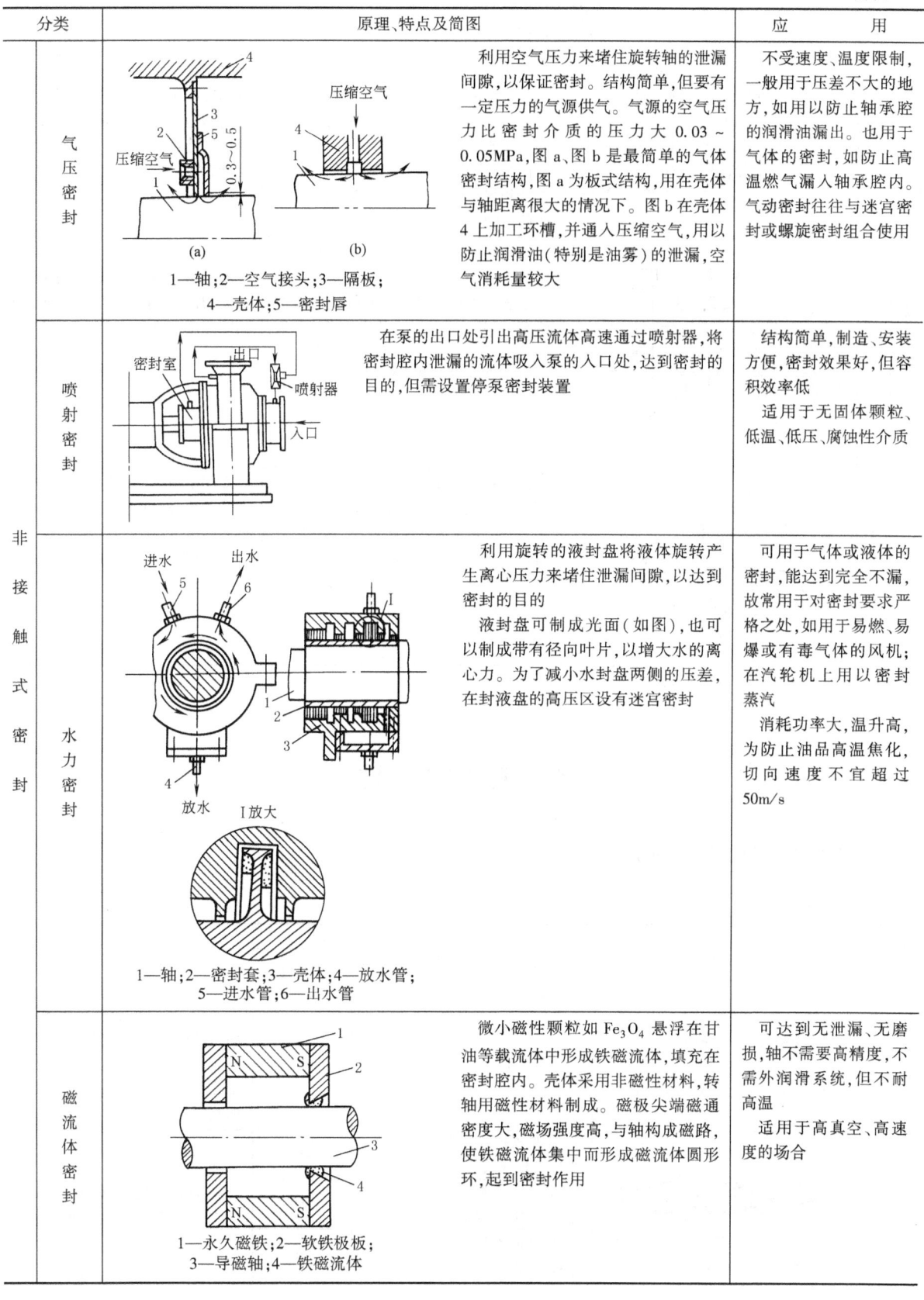

分类		原理、特点及简图	应用
非接触式密封	气压密封	利用空气压力来堵住旋转轴的泄漏间隙，以保证密封。结构简单，但要有一定压力的气源供气。气源的空气压力比密封介质的压力大 0.03～0.05MPa，图 a、图 b 是最简单的气体密封结构，图 a 为板式结构，用在壳体与轴距离很大的情况下。图 b 在壳体 4 上加工环槽，并通入压缩空气，用以防止润滑油（特别是油雾）的泄漏，空气消耗量较大 1—轴；2—空气接头；3—隔板；4—壳体；5—密封唇	不受速度、温度限制，一般用于压差不大的地方，如用以防止轴承腔的润滑油漏出。也用于气体的密封，如防止高温燃气漏入轴承腔内。气动密封往往与迷宫密封或螺旋密封组合使用
	喷射密封	在泵的出口处引出高压流体高速通过喷射器，将密封腔内泄漏的流体吸入泵的入口处，达到密封的目的，但需设置停泵密封装置	结构简单，制造、安装方便，密封效果好，但容积效率低 适用于无固体颗粒、低温、低压、腐蚀性介质
	水力密封	利用旋转的液封盘将液体旋转产生离心压力来堵住泄漏间隙，以达到密封的目的 液封盘可制成光面（如图），也可以制成带有径向叶片，以增大水的离心力。为了减小水封盘两侧的压差，在封液盘的高压区设有迷宫密封 1—轴；2—密封套；3—壳体；4—放水管；5—进水管；6—出水管	可用于气体或液体的密封，能达到完全不漏，故常用于对密封要求严格之处，如用于易燃、易爆或有毒气体的风机；在汽轮机上用以密封蒸汽 消耗功率大，温升高，为防止油品高温焦化，切向速度不宜超过 50m/s
	磁流体密封	微小磁性颗粒如 Fe_3O_4 悬浮在甘油等载流体中形成铁磁流体，填充在密封腔内。壳体采用非磁性材料，转轴用磁性材料制成。磁极尖端磁通密度大，磁场强度高，与轴构成磁路，使铁磁流体集中而形成磁流体圆形环，起到密封作用 1—永久磁铁；2—软铁极板；3—导磁轴；4—铁磁流体	可达到无泄漏、无磨损，轴不需要高精度，不需外润滑系统，但不耐高温 适用于高真空、高速度的场合

续表

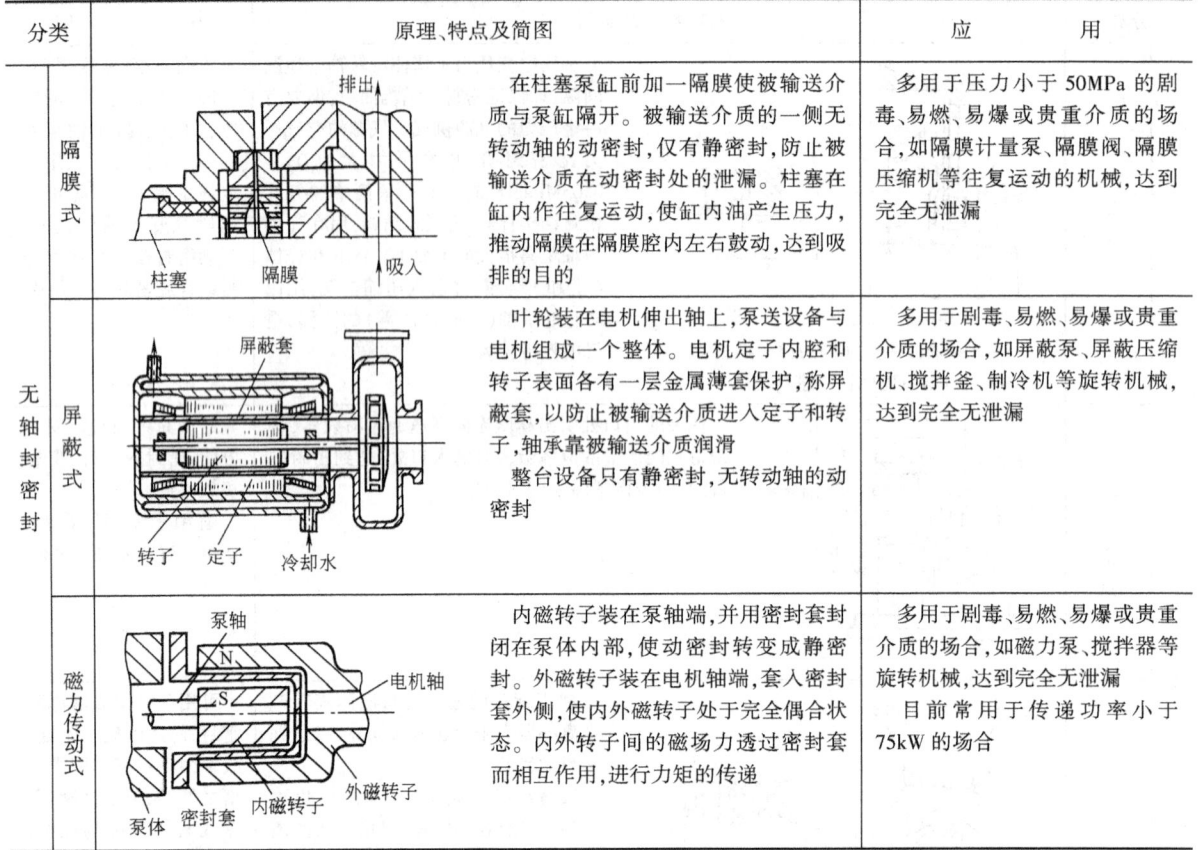

分类		原理、特点及简图	应用
无轴封密封	隔膜式	在柱塞泵缸前加一隔膜使被输送介质与泵缸隔开。被输送介质的一侧无转动轴的动密封,仅有静密封,防止被输送介质在动密封处的泄漏。柱塞在缸内作往复运动,使缸内油产生压力,推动隔膜在隔膜腔内左右鼓动,达到吸排的目的	多用于压力小于50MPa的剧毒、易燃、易爆或贵重介质的场合,如隔膜计量泵、隔膜阀、隔膜压缩机等往复运动的机械,达到完全无泄漏
	屏蔽式	叶轮装在电机伸出轴上,泵送设备与电机组成一个整体。电机定子内腔和转子表面各有一层金属薄套保护,称屏蔽套,以防止被输送介质进入定子和转子,轴承靠被输送介质润滑。整台设备只有静密封,无转动轴的动密封	多用于剧毒、易燃、易爆或贵重介质的场合,如屏蔽泵、屏蔽压缩机、搅拌釜、制冷机等旋转机械,达到完全无泄漏
	磁力传动式	内磁转子装在泵轴端,并用密封套封闭在泵体内部,使动密封转变成静密封。外磁转子装在电机轴端,套入密封套外侧,使内外磁转子处于完全偶合状态。内外转子间的磁场力透过密封套而相互作用,进行力矩的传递	多用于剧毒、易燃、易爆或贵重介质的场合,如磁力泵、搅拌器等旋转机械,达到完全无泄漏。目前常用于传递功率小于75kW的场合

注:机械密封类型中也有非接触式结构,详见表11-4-17。

3 垫片密封

3.1 常用垫片类型与应用

表11-4-3

类型	名称及简图	材料	使用范围		特点与应用
			法兰公称压力/MPa	温度/℃	
管道法兰垫片	非金属平垫片(GB/T 9126—2008)	石棉橡胶	63	300*	寿命长,用于不常拆卸、更换周期长的部位。不宜用于苯和环氧乙烷介质。为防止石棉纤维混入油品,不宜用于航空汽油或航空煤油
	聚四氟乙烯包覆垫片(GB/T 13404—2008)	聚四氟乙烯+高压石棉橡胶板	63	450	耐蚀性优异,回弹性较好 广泛用于腐蚀性介质的密封
		聚四氟乙烯+中压石棉橡胶板		350	
		聚四氟乙烯+丁腈橡胶板		110	

续表

类型	名称及简图	材料	使用范围		特点与应用
			法兰公称压力/MPa	温度/℃	
管道法兰垫片	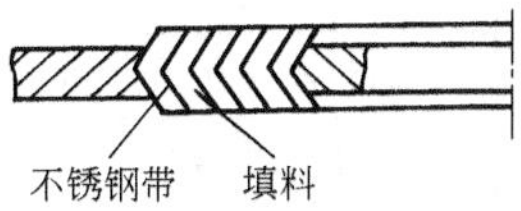 缠绕式垫片(GB/T 4622.2—2008)	不锈钢带+石棉带	260	-50~500	压缩性、回弹性好,价格便宜、制造简单。以柔性石墨带为填料的垫片,密封性能好 适用于有松弛、温度和压力波动,以及有冲动和振动的条件。用于航空汽油或航空煤油时需用柔性石墨为填料
		不锈钢带+柔性石墨带		-196~800(氧化性介质为600)	
		不锈钢带+聚四氟乙烯带		-196~260	
	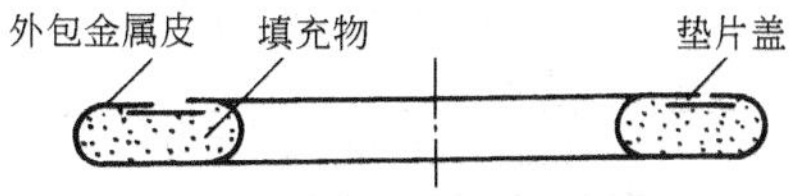 金属包覆平面型(F型)垫片(GB/T 15601—2013)标准中还有波纹型(C型)	包皮材料:铜、钛、铝、软钢、不锈钢、蒙乃尔合金等 填充物材料:石棉纸板、陶瓷纤维、聚四氟乙烯、柔性石墨、石棉橡胶板等	见标准,分PN标记与Class标记	视不同的包覆材料和填充材料而定,见标准中规定	适用于公称压力不大于PN63、公称尺寸不大于DN4000和公称压力不大于Class600、公称尺寸不大于DN 1500(NSP60)的突面管法兰用垫片
	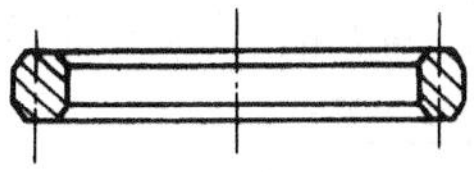 金属环垫片(GB/T 9128—2003)	08,10	420	450	密封接触面小,容易压紧,常用于高温、高压的场合 椭圆形金属垫安装方便,八角形金属垫加工较容易
		0Cr13		540	
		0Cr18Ni9		600	
	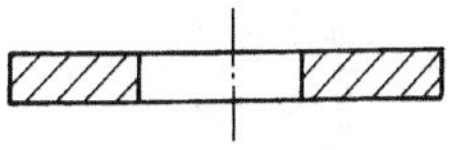 金属平垫片	紫铜、铝、铅、软钢、不锈钢、合金钢	20	600	适用介质:蒸汽、氢气、压缩空气、天然气、油品、溶剂、重油、丙烯、烧碱、酸、碱、液化气、水
其他连接用垫片	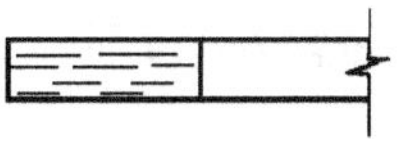 软钢纸垫	纸	0.4	120	由纸类经氯化锌及甘油、蓖麻油处理而成的软纤维板,用于需要确保间隙的连接,如齿轮泵侧面盖的密封垫
	 橡胶垫片	丁腈橡胶	2	-30~110	耐油、耐热、耐磨、耐老化性能好
		氯丁橡胶		-40~100	耐老化、耐臭氧性能好
		氟橡胶		-50~200	耐油、耐热,机械强度大

注：*标准中未规定垫片的使用范围、表中规定的使用温度范围供参考。

3.2 管道法兰垫片选择

表 11-4-4

介质	法兰公称压力/MPa	工作温度/℃	法兰类型	垫片名称	垫片材料
油品、油气、丙烷、丙酮、苯、酚、糠醛、异丙醇和浓度小于30%的尿素等石油化工原料及产品	1.6	≤200	平焊(平面)	石棉橡胶板垫片	耐油石棉橡胶板
		201~250	对焊(平面)	缠绕式垫片	0Cr18Ni9钢带+石棉带(柔性石墨带)
	2.5	≤200	平焊(平面)	石棉橡胶板垫片	耐油石棉橡胶板
		201~350	对焊(平面)	缠绕式垫片	0Cr18Ni9钢带+石棉带(柔性石墨带)
				金属包覆垫片	铝+石棉
		351~450	对焊(平面)	缠绕式垫片	0Cr18Ni9钢带+石棉带(柔性石墨带)
				金属包覆垫片	0Cr13+石棉纸
		451~550	对焊(平面)	缠绕式垫片	0Cr13(0Cr18Ni9)钢带+石棉带(柔性石墨带)
				金属包覆垫片	0Cr13(0Cr18Ni9)+石棉纸
	4	≤40	对焊(凹凸)	石棉橡胶板垫片	耐油石棉橡胶板
		≤200	对焊(凹凸)	缠绕式垫片	0Cr18Ni9钢带+石棉带(柔性石墨带)
		≤350	对焊(凹凸)	缠绕式垫片	0Cr18Ni9钢带+石棉带(柔性石墨带)
				金属包覆垫片	0Cr18Ni9+石棉纸
		351~500	对焊(凹凸)	缠绕式垫片	0Cr13(0Cr18Ni9)钢带+石棉带(柔性石墨带)
				金属包覆垫片	0Cr13(0Cr18Ni9)+石棉纸
	6.4	≤350	对焊(梯形槽)	椭圆形、八角形垫片	08(10)
		351~450	对焊(梯形槽)	椭圆形、八角形垫片	08(10)、0Cr18Ni9、1Cr18Ni9Ti、0Cr13
压缩空气	1	≤150	平焊(平面)	石棉橡胶板垫片	石棉橡胶板
惰性气体	1	≤150	平焊(平面)	石棉橡胶板垫片	石棉橡胶板
	4	≤60	对焊(凹凸)	缠绕式垫片	0Cr18Ni9带+石棉带(柔性石墨带)
	6.4	≤60	对焊(梯形槽)	椭圆形、八角形垫片	08(10)
液化石油气	1.6	≤50	对焊(凹凸)	石棉橡胶板垫片	耐油石棉橡胶板
	2.5			缠绕式垫片	0Cr13(0Cr18Ni9)+石棉带(柔性石墨带)
氢气、氢气和油气混合物	4	≤200	对焊(凹凸)	缠绕式垫片	08(15)钢带+石棉带(柔性石墨带)
		201~450	对焊(凹凸)	缠绕式垫片	0Cr13(0Cr18Ni9)钢带+石棉带(柔性石墨带)
		451~600	对焊(凹凸)	金属包覆垫片	0Cr13(0Cr18Ni9)+柔性石墨带
	6.4~20	≤260	对焊(梯形槽)	椭圆形、八角形垫	08(10)
		261~420	对焊(梯形槽)	椭圆形、八角形垫	0Cr13(0Cr18Ni9)
水蒸气	0.3MPa	1	140~450	平焊(平面) 对焊(平面)	石棉橡胶板垫片	石棉橡胶板
	1MPa	1.6	280	对焊(平面)	缠绕式垫片	08(15、0Cr13)钢带+石棉带(柔性石墨带)

续表

介 质	法兰公称压力/MPa	工作温度/℃	法兰类型	垫 片 名 称	垫 片 材 料
水蒸气 2.5MPa	4	300	对焊(平面,凹凸)	金属包覆垫片	镀锡薄铁皮+石棉纸
79%~98%硫酸		≤120	平焊(平面)	石棉橡胶板垫片	石棉橡胶板
氨	2.5	≤150	平焊(凹凸) 对焊(凹凸)	石棉橡胶板垫片	石棉橡胶板
水(≤0.6MPa)	0.6	<100	平焊(平面)	石棉橡胶板垫片	石棉橡胶板
联苯、联苯醚	1.6	≤200	平焊(凹凸)	平 垫	铝、紫铜
盐 水	1.6	≤60	平焊(平面)	橡胶垫片	橡胶板
		≤150	平焊(平面)	石棉橡胶板垫片	石棉橡胶板
液 碱	1.6	≤60	平焊(平面)	石棉橡胶板垫片 橡胶垫片	石棉橡胶板 橡胶板

4 填料密封

4.1 毛毡密封

表 11-4-5

简 图	结构特点	简 图	结构特点	简 图	结构特点
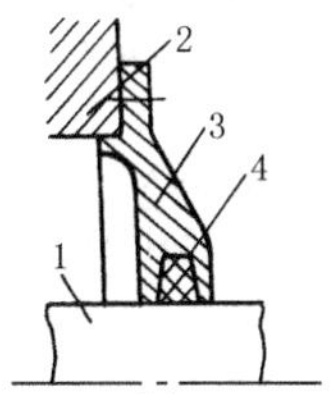 (a)	毛毡呈松孔海绵状,毛毡本身是自由放置的,无轴向压紧力,被密封的介质只能是黏度较大的油品	 (d)	有两道毛毡槽,一道槽装填毛毡,另一道槽充润滑油脂	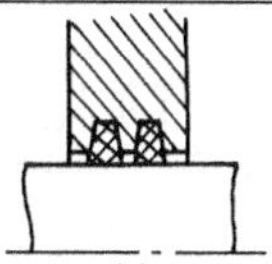 (g)	并排使用两道毛毡。靠近机器内部的毛毡,防止润滑油漏出;靠外的毛毡,防止灰尘进入
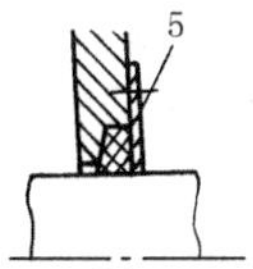 (b)	用压板5轴向压紧毛毡,与上述结构相比,有轴向压紧力	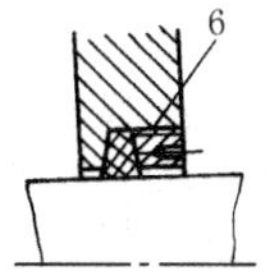 (e)	用压紧螺圈6代替图b的压板5压紧毛毡,其压紧力可调,如发现渗漏,可进一步拧紧压紧螺圈6	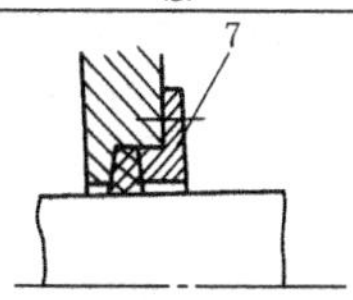 (h)	压紧件7是由两个半环组成,便于装卸,便于更换毛毡
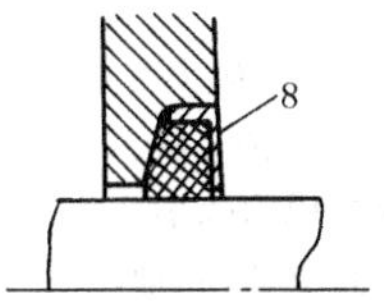 (c)	同图b,但更紧凑、美观	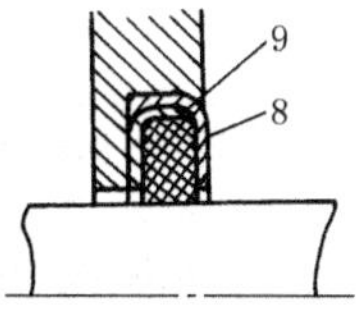 (f)	毛毡与前盖8、后盖9装配成一个组件,在此组件中,毛毡已预受轴向压紧力。更换毛毡时,整个组件一起更换,适用大量生产	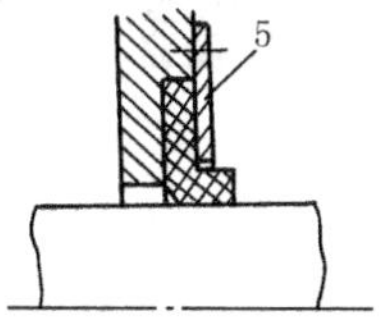 (i)	增大毛毡与轴的接触面积,增强密封效果
				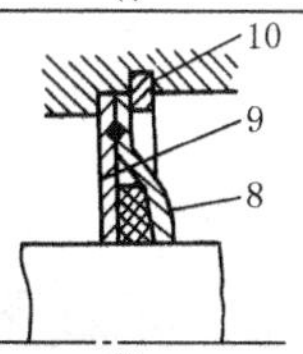 (j)	不用密封盖时,毛毡可装在成型的前盖8与后盖9之间的空腔中

注: 1. 表中:1—轴;2—壳体;3—密封盖;4—毛毡;5—压板;6—压紧螺圈;7—压紧件;8—前盖;9—后盖;10—卡圈。
2. 因毛毡圈与轴摩擦力较大,不宜在需要转动灵活的场合中使用。
3. 毛毡圈在装设之前,应用热矿物油(80~90℃)浸渍。

4.2 软填料动密封

表 11-4-6　软填料动密封类型及结构特点

类　型	简　　图	结　构　特　点
简单填料箱	1—轴；2—壳体；3—孔环；4—橡胶环；5—压盖；6—垫圈；7—填料；8—螺母	图 a 用两个橡胶环 4 作为填料，结构简单，便于制造。图 b 为常用螺母旋紧的密封结构，也可用压盖压紧填料，填料 7 可用浸油石棉绳 这种密封结构未采用改善填料工况的辅助措施，如润滑、冲洗、冷却等措施，所以常用于不重要的场合，一般用于阀杆类开关的密封，因拧开关的转速极低，开关的密封压力可大于 15MPa。用于搅拌器转速较低，当密封压力小于 0.02MPa 时，使用温度可达 80～100℃
封液填料箱	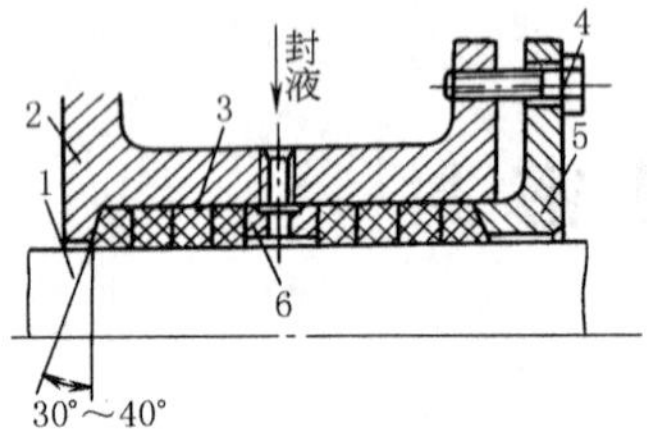 1—轴；2—壳体；3—填料；4—螺钉；5—压盖；6—封液环	典型的填料密封结构。压力沿轴向的分布不均匀，靠近压盖 5 的压力最高，远离压盖 5 的压力逐渐减小，因此填料磨损不均匀，靠近压盖处的填料易损坏 封液环 6 装在填料箱中部，可以改善填料压力沿轴向分布的不均匀性。在封液环处引入封液（每分钟几滴）进行润滑，减少填料的磨损，提高使用寿命 若在封液入口呈 180°的壳体 2 上开一封液出口，则为贯通冲洗，漏液在封液出口处被稀释带走，可用于易燃、易爆介质或压力低于 0.345MPa、温度小于 120℃ 的场合
封液冲洗填料箱	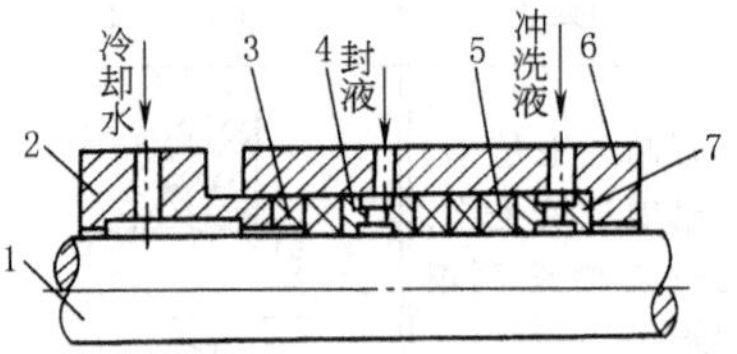 1—轴；2—压盖；3—外侧填料；4,7—封液环；5—内侧填料；6—箱体	在箱体 6 的底部装设封液环 7，并引入压力较介质压力高约 0.05MPa 的清洁液体作为冲洗液，阻止被密封介质中的磨蚀性颗粒进入填料摩擦面。在封液环 4 处引入封液每分钟数滴，对填料进行润滑。也可以不设封液环 4，直接由冲洗液流进行润滑。在压盖 2 处引入冷却水，带走漏液，冷却轴 1，并阻止环境中粉尘进入摩擦面
双重填料箱	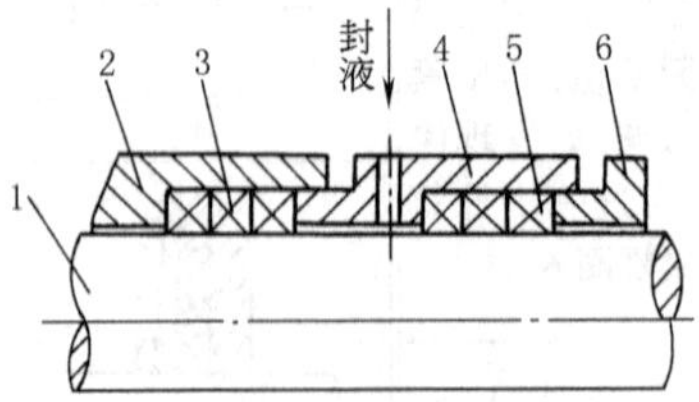 1—轴；2—内箱体；3—内侧填料；4—外箱体；5—外侧填料；6—压盖	两个填料箱叠加。外箱体 4 的底部兼作内箱体的填料压盖，通过螺钉压紧内侧填料 3。在外箱体 4 可引入封液，进行冲洗、冷却，并稀释漏液后排出。适用于密封易燃、易爆介质以及介质压力较高（高于 1.2MPa）的场合
改进型填料密封	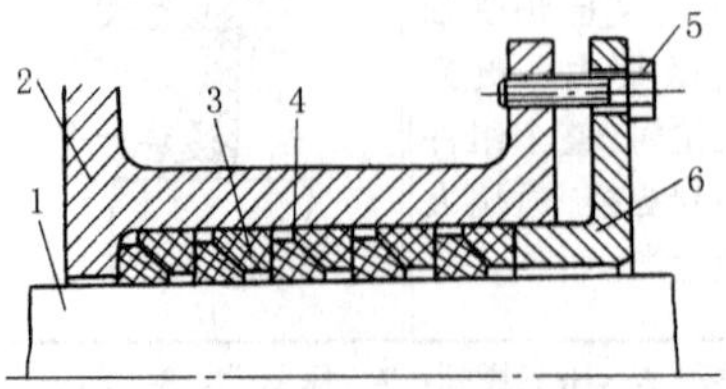 1—轴；2—壳体；3—上密封环；4—下密封环；5—螺钉；6—压盖	填料由橡胶或聚四氟乙烯制成的上密封环 3 和下密封环 4 组成，两者交替排列。上密封环与壳体接触，下密封环与轴接触，因此，填料与轴的接触面积约减小一半，两个下密封环之间有足够的空间储存润滑油，对轴的压力沿轴向分布较均匀，改善摩擦情况

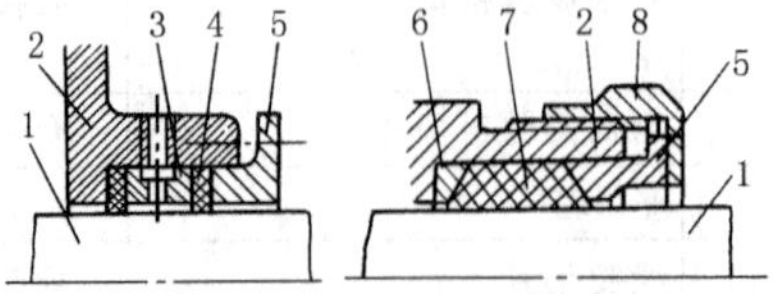

续表

类 型	简 图	结 构 特 点
填料旋转式填料箱	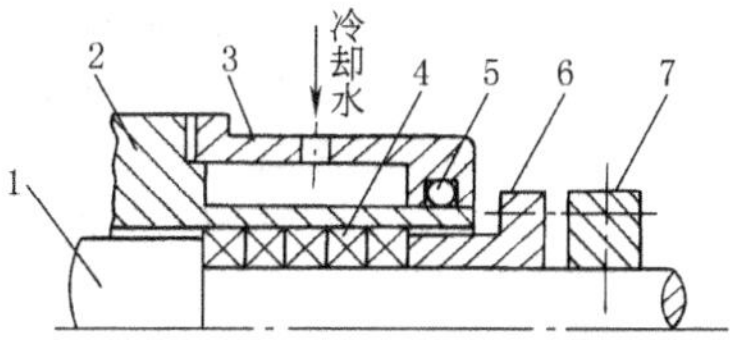 1—轴;2—箱体;3—夹套;4—填料;5—O形环;6—压盖;7—传动环	填料4的支承面不是在箱体2上,而是在轴1的台肩上。压盖6上的螺钉与传动环7连接。填料靠传动环与轴台肩之间的压力产生的摩擦力随轴旋转,摩擦面位于填料外圆和箱体内侧表面。热量容易通过夹套3内的冷却水排除,可用于高速旋转设备,不磨损轴
夹套式填料箱	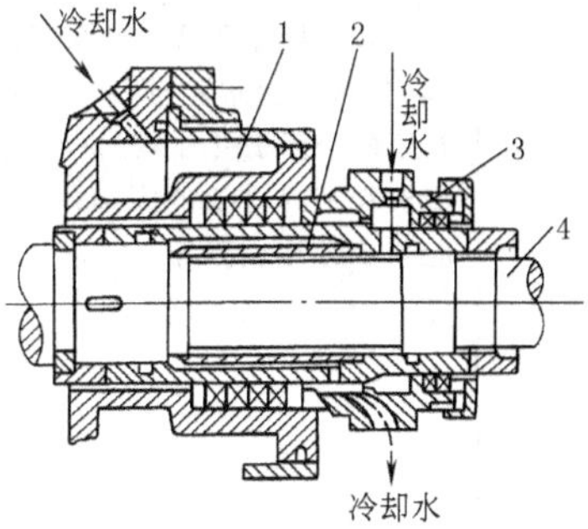 1—夹套;2—轴套;3—压盖;4—轴	在填料箱内侧设有夹套1,通入冷却水进行冷却循环,用于介质压力低于0.69MPa、温度低于200℃的场合。若介质温度高于200℃,为了防止热量通过轴传给轴承,在填料箱压盖3通入冷却水冷却传动轴4,经轴套2内侧,再从压盖3上排液口排出
带轴套填料箱	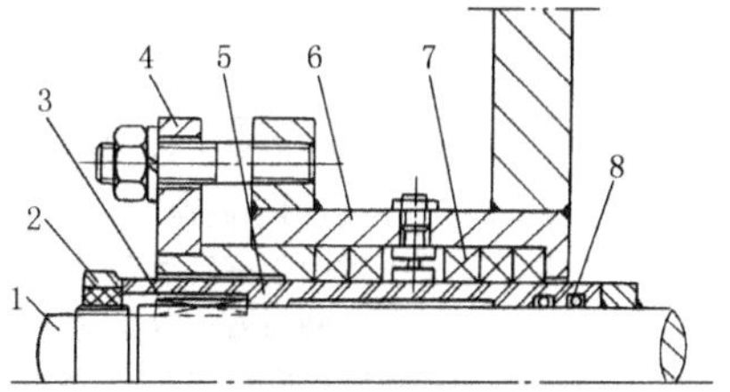 1—轴;2—螺母;3—键;4—压盖;5—轴套;6—箱体;7—填料;8—O形环	填料7与轴1之间装设轴套5。轴套与轴之间采用O形环8密封。O形环材料应适合被密封介质的腐蚀及温度要求。轴套靠键3传动而随轴旋转,并利用螺母2固定到轴上。轴套与填料接触的部位进行硬化处理 这种结构的优点是当轴套磨损时,便于更换与维修
带节流衬套填料箱	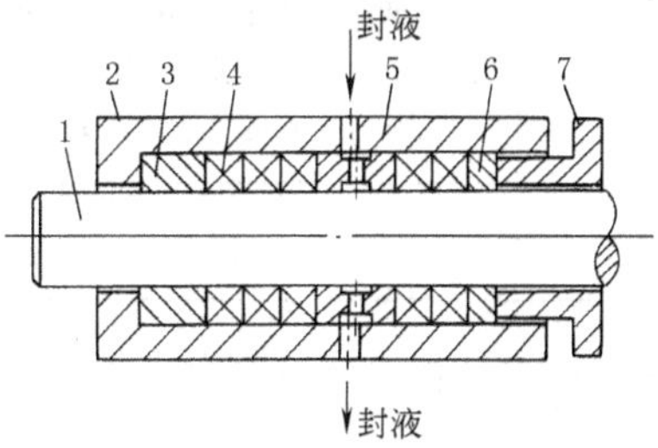 1—轴;2—箱体;3—节流衬套;4—填料;5—封液环;6—垫环;7—压盖	当被密封介质压力大于0.6MPa时,在填料箱底部应增设节流衬套3,增大介质进入填料箱的阻力,降低密封箱内的介质压力。同时增设垫环6,以防填料在压盖7高压紧力的条件下从缝隙中挤出
柔性石墨填料密封	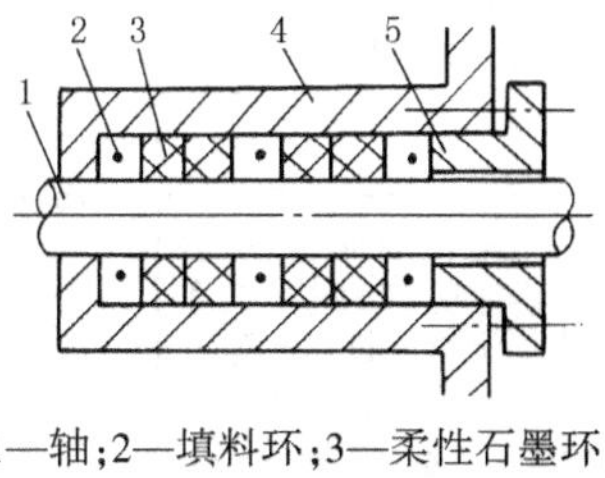 1—轴;2—填料环;3—柔性石墨环;4—箱体;5—压盖	柔性石墨环3系压制成型,具有高耐渗透能力和自润滑性,不需要过大的轴向压紧力,对轴可减少磨损。但由于柔性石墨抗拉、抗剪切力较低,一般需与其他强度较高的填料环(如图中填料环2)组合使用。通常,介质压力较低时,填料环2设置在填料箱内两端,材料为石棉;介质压力较高时,每2片柔性石墨环装设1片填料环2,其材料为石棉、塑料(常温)、高温高压时用金属环。这样,可以防止石墨嵌入压盖5与轴1、箱体4与压盖5之间的间隙。用于往复和旋转运动的各种密封 柔性石墨环装在轴上之前需用刀片切口,各环切口互成90°或120°

续表

类型	简图	结构特点
弹簧压紧填料密封	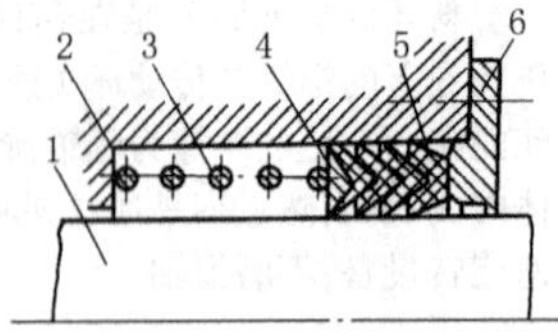 1—轴；2—壳体；3—弹簧；4—压圈；5—橡胶密封环；6—盖子	用弹簧压紧胶圈的密封，其压紧力为常数（取决于弹簧3）。常用于往复运动的密封，有时也用于旋转运动的密封。橡胶密封环5的锐边应指向被密封介质，被密封介质的压力将有助于自密封
弹簧压紧胶圈的水泵填料密封	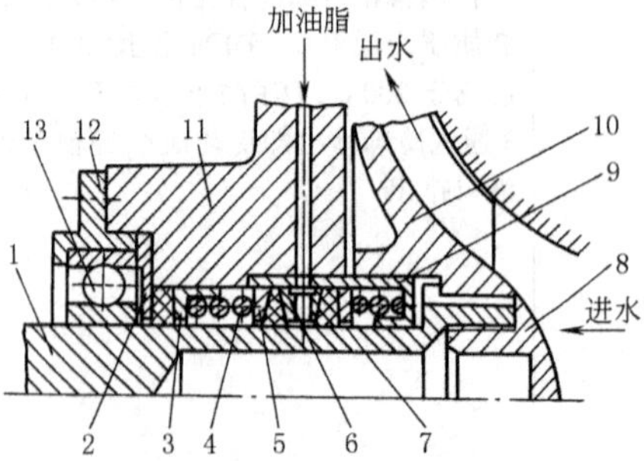 1—轴；2—挡板；3—压圈；4—弹簧；5—垫圈；6—孔环；7—橡胶密封件；8—螺母；9、13—轴承；10—叶轮；11—壳体；12—轴承盖	用弹簧压紧胶圈的水泵密封，轴1的左腔为润滑油腔，右腔为水腔，两腔之间装有3个橡胶密封件7，用两个弹簧4压紧封严，孔环6加入润滑脂来润滑橡胶密封件7的摩擦表面。这种结构可防止油腔与水腔互相渗漏
胶圈填料密封	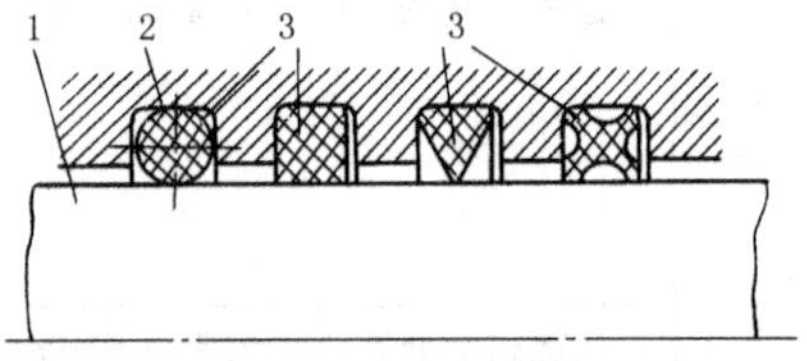 1—轴；2—壳体；3—橡胶圈	是最简单的填料密封，摩擦力小，成本低，所占空间小，但不能用于高速 胶圈密封用于旋转运动时，其尺寸设计完全不同于用于固定密封或往复运动密封，因为旋转轴与橡胶圈之间摩擦发热很大，而橡胶却有一种特殊的反常性能，即在拉伸应力状态下受热，橡胶会急剧地收缩，因此设计时，一般取橡胶圈外径的压缩量为橡胶圈直径的4%~5%，这个数值由橡胶圈外径大于相配槽的内径来保证 常用的是O形，但X形较理想

表 11-4-7　　　填料材料

名称 （标准号）	牌号	规格 （正方形截面） /mm	使用范围 温度/℃	使用范围 压力/MPa	使用范围 线速度/m·s^{-1}	特性及应用	说明
油浸石棉填料	YS250	3, 4, 5, 6, 8, 10, 13, 16, 19, 22, 25, 28, 32, 35, 38, 42, 45, 50	250	4.5	5	用于蒸汽、空气、工业用水、重质石油、弱酸液等介质	不宜用于食品工业
	YS350		350	4.5			
石棉浸四氟乙烯填料		3, 4, 5, 6, 8, 10, 13, 16, 19, 22, 25	-100~250	12	8	用于强酸、强碱及其他腐蚀性物质，如液化气（氧、氮等）、气态有机物、汽油、苯、甲苯、丙酮、乙烯、联苯、二苯醚、海水等介质	

续表

名 称 (标准号)	牌 号	规 格 (正方形截面) /mm	使用范围			特性及应用	说明
			温度 /℃	压力 /MPa	线速度 /m·s⁻¹		
聚四氟乙烯编织填料[①] (JB/T 6626—1993) 聚四氟乙烯编织盘根(新标准 JB/T 6626—2011)名称代号如下	SFW/260 (NFS-1)	3,4,5, 6,8,10, 12,14,16, 18,20,22, 24,25	-200 ~ 260	10	8	耐蚀,耐磨,有较高机械强度,自润滑性好,摩擦系数小,但导热性差,线胀系数大。线速度高时,需加强冷却与润滑	表中牌号、使用范围均为旧标准,新标准无这些内容原标准内容仍供参考新标准仅有物理机械性能如下
				25	2.5		
				50	2		
	SFGS/260 (NFS-2)			10	8	用于硫酸、硝酸、氢氟酸、强碱等密封	
				25	2		
				40	2		
	SFP/260 (NFS-3)			2	8	耐磨,导热性好,易散热,自润滑性好,宜用于高速密封,使用寿命长	
				15	1.5		
				25	1	用于酸、碱强腐蚀介质的密封	
	SFPS/250 (NFS-4)		-200 ~ 250	8	10	耐磨,自润滑性好,宜用于高速密封,但不宜用于液氧、纯硝酸介质	
				25	2		
				30	2		
碳素纤维编织填料	TCW-1	3,5,8, 10,12,14, 16,18,20, 25	-200 ~ 250	5	25	耐热,耐蚀,导热性、自润滑性好。宜用于高速转动密封,使用寿命长。用于酸、碱的密封	不宜用于浓硝酸的密封
				20	5		
				25	2		
	TCW-2		-100 ~ 280	5	25	耐蚀,耐磨,导热性好。用于碱、盐酸、有机溶剂等介质	
				20	3		
				25	2		
石棉线浸渍聚四氟乙烯编织填料	YAB	3,5,8, 10,12,14, 16,18,20, 25	-200 ~ 260	3	20	耐蚀、耐热、柔软,机械强度较高,摩擦因数小。用于弱酸、强碱、有机溶剂等介质	—
				15	2		
				20	2		
柔性石墨编织填料[①] (JB/T 7370—1994)	RBTN1-450	≤5±0.4 (6~15) ±0.8 (16~25) ±1.2 ≥26±1.6	450	20		耐高温、耐低温,耐辐射,回弹性、润滑性、不渗透性优于石棉、橡胶等制品。用于醋酸、硼酸、盐酸、硫化氢、硝酸、硫酸、氯化钠、矿物油、汽油、二甲苯、四氯化碳等介质	摩擦因数: RBTN1≤0.18 RBTN2≤0.2 RBTW1≤0.13 RBTW2≤0.14
	RBTN2-600		600				
	RBTW1-300		300				
	RBTW2-450		450				
	RBTW2-600		600				
碳化纤维浸渍聚四氟乙烯编织填料[①] (JB/T 6627—2008)	T1101, T1102	3,4,5, 6,8,10, 12,14,16, 18,20,22, 24,25	345			介质为溶剂、酸、碱,pH=1~14	摩擦因数小于等于0.15 填料亦可模压成型 规格 内径4~200mm 外径10~250mm
	T2101, T2102		300				
	T3101, T3102		260			溶剂、弱酸、碱,pH=2~12	
柔性石墨填料	RUS	圆环形,截面为正方形,可切口安装,可按要求的规格供货。慈溪厂供货范围:最小内径φ1.2mm,最大外径φ500mm	在非氧化介质中为-200~+1600;在氧化介质中为400	20	1	耐高温、耐低温,耐辐射,润滑性、不渗透性优于石棉、橡胶等制品。用于醋酸、硼酸、盐酸、硫化氢、硝酸、硫酸、氯化钠、矿物油、汽油、二甲苯、四氯化碳等介质	—

说明列附表:

代号	体积密度 /(g/cm³)	含油量/%	摩擦因数
F₄SD	≥1.20	—	≤0.2
F₄SDY	≥1.50	≤15	≤0.15
F₄GS	≥1.50	—	≤0.2
F₄GSY	≥1.70	≤15	≤0.15
F₄SM	≥1.20	—	≤0.2
F₄SMY	≥1.30	≤15	≤0.15

代号	磨耗量/g	压缩率/%	回弹率/%
F₄SD	≤0.5	15~50	≥7
F₄SDY	≤0.3	10~40	≥7
F₄GS	≤0.5	10~35	≥10
F₄GSY	≤0.3	10~35	≥10
F₄SM	≤0.3	10~30	≥12
F₄SMY	≤0.2	10~30	≥12

新标准名称代号:

名称	代号
聚四氟乙烯生料带盘根	F₄SD
含油聚四氟乙烯生料带盘根	F₄SDY
聚四氟乙烯割裂丝盘根	F₄GS
含油聚四氟乙烯割裂丝盘根	F₄GSY
聚四氟乙烯填充石墨盘根	F₄SM
含油聚四氟乙烯填充石墨盘根	F₄SMY

① 表中牌号、规格、使用温度和摩擦因数为标准中的内容。

注:牌号栏内,括号内的牌号表示生产厂的牌号。

4.3 软填料密封计算

(1) 填料箱主要结构尺寸

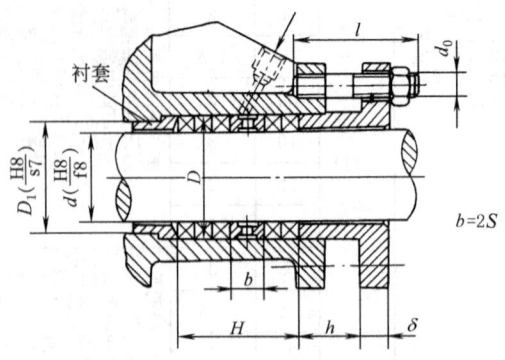

表 11-4-8   mm

填料截面边宽（正方形）S	计算：$S=\dfrac{D-d}{2}=(1.4\sim2)\sqrt{d}$，或查右表，然后按填料规格尺寸圆整		轴径	<20	20~35	35~50	50~75	75~110	110~150	150~200	>200
			边宽	5	6	10	13	16	19	22	25
填料高度 H	旋转 $H=nS+b$	压力/MPa	0.1		0.5		1		若压力较高时，采用双填料箱		
		填料环数 n	3~4		4~5		5~7				
	往复 $H=nS+b$	压力/MPa	<1		1~3.5		3.5~7		7~10		>10
		填料环数 n	3~4		4~5		5~6		6~7		7~8 或更多
	静止	$H=2S$									
填料压盖高度 h	$h=(2\sim4)S$，压盖及箱体与填料接触的端面，与轴线垂直，亦可与轴线成 60°										
填料压盖法兰厚度 δ	$\delta \geq 0.75d_0$										
压盖螺栓长度 l	l 应保证即使填料箱装满填料也不需事先下压即可拉紧填料箱										
压盖螺栓螺纹小径 d_0	d_0 由压紧填料及达到密封所需的力来决定										

(2) 压盖螺栓直径计算

压紧填料所需力 Q_1 按式 (11-4-1) 确定：

$$Q_1 = 0.785(D^2-d^2)y \quad (N) \tag{11-4-1}$$

式中 y——压紧力，MPa，优质石棉填料，$y \approx 4\text{MPa}$；黄麻、大麻填料，$y \approx 2.5\text{MPa}$；柔性石墨填料，$y \approx 3.5\text{MPa}$；
  D——填料箱内壁直径，mm；
  d——轴径，mm。

使填料箱达到密封所需的力 Q_2 按式 (11-4-2) 确定：

$$Q_2 = 2.356(D^2-d^2)p \quad (N) \tag{11-4-2}$$

式中 p——介质压力，MPa。

由上述两式选取较大的 Q 值，计算螺栓直径，即

$$Q_{\max} \leq 0.785 d_0^2 Z \sigma_p (N) \tag{11-4-3}$$

式中 Z——螺栓数目，一般取 2、3 个或 4 个；

σ_p——螺栓许用应力，对于低碳钢取 20~35MPa；

d_0——螺栓螺纹小径，mm。

填料压盖和填料箱内壁的配合一般选用 $\dfrac{H11}{c11}$。搅拌轴密封在填料箱底部设有衬套，轴与衬套之间的配合一般选用 $\dfrac{H8}{f8}$，不允许把衬套当作轴承使用。因轴旋转时偏摆较大，衬套磨损严重，目前已很少采用。

（3）摩擦功率

填料与转轴间的摩擦力 F_m 按式（11-4-4）计算：

$$F_m = \pi d H q \mu \quad (\text{N}) \tag{11-4-4}$$

式中 q——填料的侧压力，MPa，$q = K\dfrac{4Q_{\max}}{\pi(D^2-d^2)}$；

K——侧压力系数，油浸天然纤维类 $K=0.6~0.8$，石棉类 $K=0.8~0.9$，柔性石墨编结填料 $K=0.9~1.0$；

μ——填料和转轴间的摩擦因数，$\mu=0.08~0.25$；

d——轴径，mm；

H——填料高度，mm。

在填料箱的整个填料高度内，侧压力的分布是不均匀的，从填料压盖起到衬套止的压力逐渐减小。因此，填料箱中的摩擦功率 P 可按式（11-4-5）近似计算：

$$P = \dfrac{F_m v}{1000} \quad (\text{kW}) \tag{11-4-5}$$

式中 v——圆周速度，$v=\pi d n$，m/s；

n——轴的转速，r/s；

d——轴径，m。

（4）泄漏量计算

当填料与轴间隙很小，可认为漏液作层流流动，泄漏可按式（11-4-6）近似计算：

$$Q = \dfrac{\pi d s^3}{12 \eta L} \Delta p \quad (\text{mm}^3/\text{s}) \tag{11-4-6}$$

式中 d——轴径，mm；

s——填料与轴半径间隙，mm；

η——液体流动黏度，Pa·s；

L——填料与轴接触长度，mm；

Δp——填料两侧的压差，Pa。

经验证明，实际泄漏量小于式（11-4-6）计算的泄漏量。一般旋转轴用填料密封允许泄漏量见表 11-4-9。

表 11-4-9　　　　　旋转轴用填料密封允许泄漏量　　　　　mL·min⁻¹

时间	轴径 /mm			
	25	40	50	60
启动 30min 内	24	30	58	60
正常运行	8	10	16	20

注：1. 允许泄漏量是在转速 3600r/min，介质压力 0.1~0.5MPa 的条件下测得。

2. 1mL 泄漏量约等于 16~20 滴液量。

（5）对轴的要求

要求轴或轴套耐蚀；轴与填料环接触面的表面粗糙度 $R_a=1.6\mu m$，最好能达到 $R_a=0.8~0.4\mu m$，并要求轴表面有足够的硬度，如进行氮化处理，以提高耐磨性能，轴的偏摆量不大于 0.07mm，或不大于 $\sqrt{d}/100$mm。

5 油封密封

5.1 结构型式及特点

表 11-4-10

简 图	结构特点	简 图	结构特点
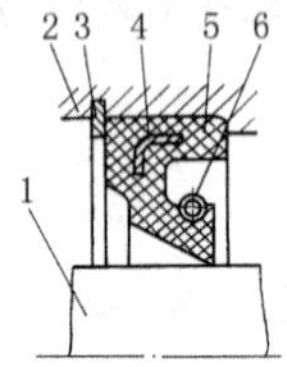 1—轴；2—壳体；3—卡圈；4—骨架；5—皮碗；6—弹簧	骨架4与皮碗5应牢固地结合为一体，唇口与轴的过盈一般可取1~2mm，油封外径与壳体的配合过盈宜取0.15~0.35mm	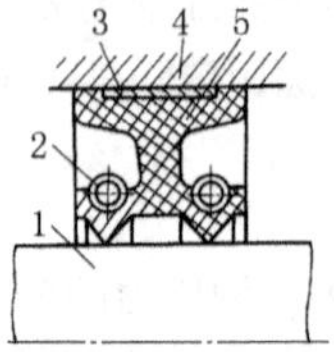 1—轴；2—弹簧；3—骨架；4—壳体；5—皮碗	两主唇油封。即在一个油封上设置两个主唇，用两个弹簧箍紧，可提高密封可靠性，两唇之间可储存润滑剂，以减小摩擦
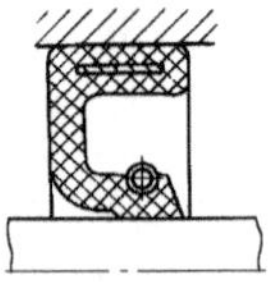	除利用介质压力帮助密封外，还增大了唇口与轴的接触面积。宜用于压差特大的场合，但速度要降低，油封使用寿命较短	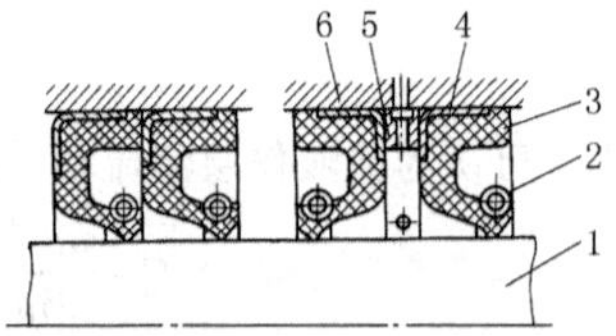 1—轴；2—弹簧；3—皮碗；4—骨架；5—孔环；6—壳体	由两个油封组合而成密封结构。图a用于防止单方向泄漏；图b可以防止两个方向泄漏。孔环5可用以加入润滑剂，也可用作漏出孔
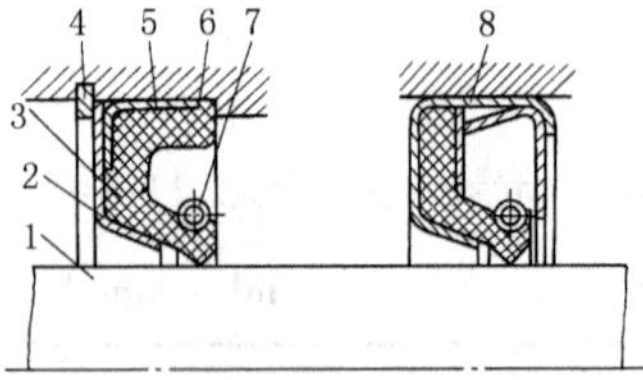 1—轴；2—托架；3—皮碗；4—卡圈；5—骨架；6—壳体；7—弹簧；8—外罩	带托架的油封。在普通结构的皮碗上增设一个托架2，用于高压密封。托架可防止高压时唇口翻转。图b为将皮碗的外罩8同时兼作托架用，这类结构密封压力为几个大气压	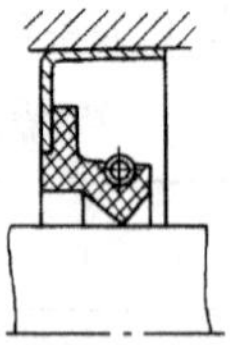	油封悬臂于骨架之外。骨架与皮碗的结合特别重要，介质压力方向有使唇口离开轴的趋势，故不宜用在压差很大的地方
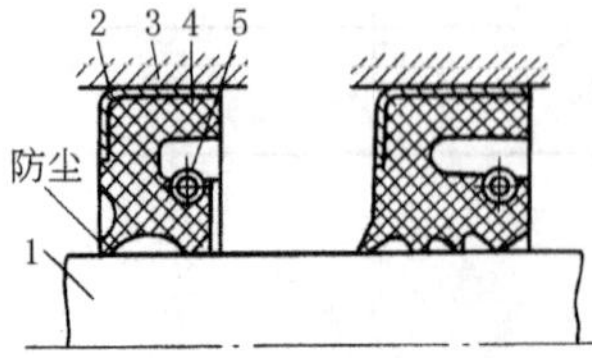 1—轴；2—骨架；3—壳体；4—皮碗；5—弹簧	多唇油封。弹簧压紧的唇口为主唇，其余为副唇。主唇靠内，用以防止液体漏出，副唇靠外，用以防止灰尘。副唇也可加设几个	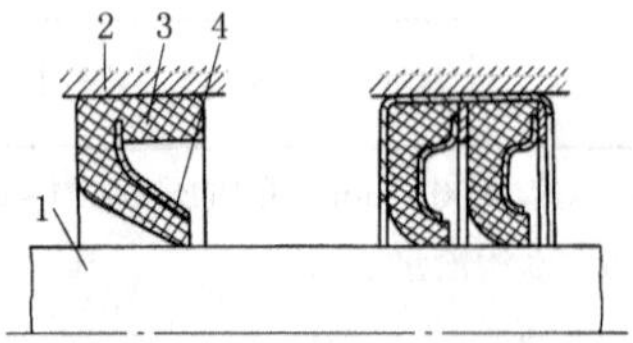 1—轴；2—壳体；3—皮碗；4—板片弹簧	带板簧的油封。用板片弹簧代替螺旋弹簧，克服了在剧烈振动的环境下螺旋弹簧往往会脱出的缺陷

续表

简 图	结构特点	简 图	结构特点
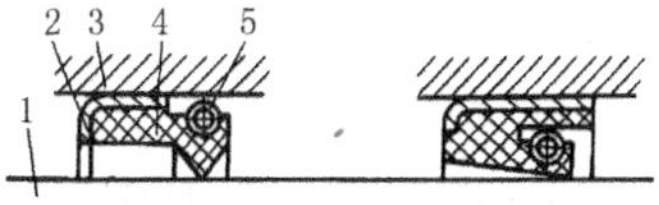 1—轴；2—骨架；3—壳体；4—皮碗；5—弹簧	径向尺寸特别小的油封，用在径向空间受限制的地方，如用于滚针轴承封油	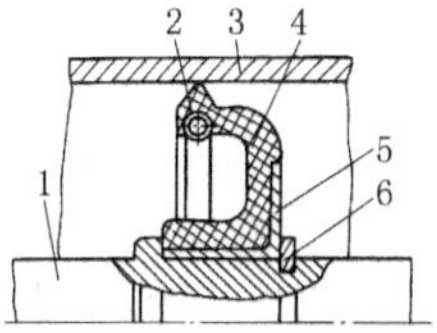 1—轴；2—弹簧；3—壳体；4—皮碗；5—骨架；6—卡圈	壳体旋转的油封密封。用在轴与壳体的相对运动中。此结构轴与油封静止不动，而壳体作旋转运动，此时弹簧的弹力应向外
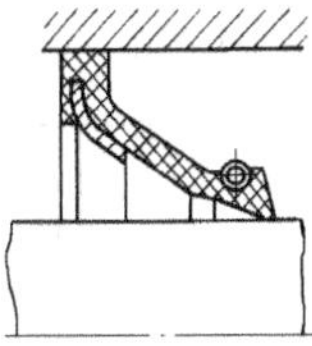	介质压力有助于封严，可用于压差较大的地方	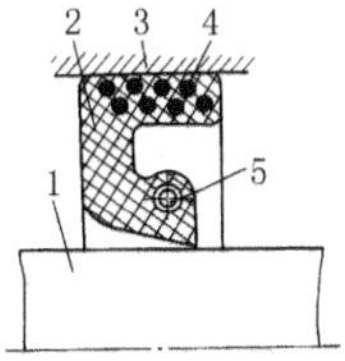 1—轴；2—皮碗；3—壳体；4—骨架；5—弹簧	弹簧埋藏在皮碗内部。在强烈振动下弹簧不会脱出皮碗
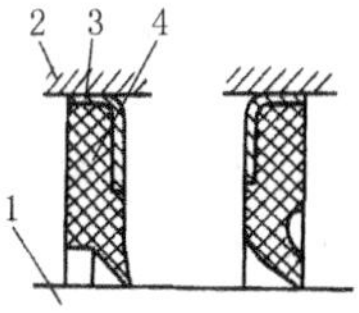 1—轴；2—壳体；3—骨架；4—皮碗	无弹簧的油封。轴向尺寸缩短很多，用在压差小于等于 0.1MPa 的场合，一般用于封油，也可用以防尘，但速度应较低（小于 5m/s）	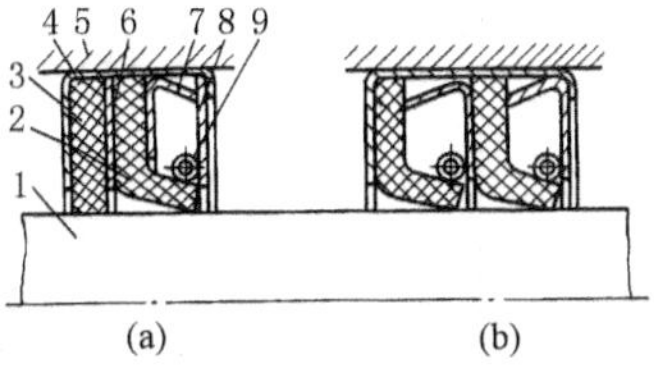	
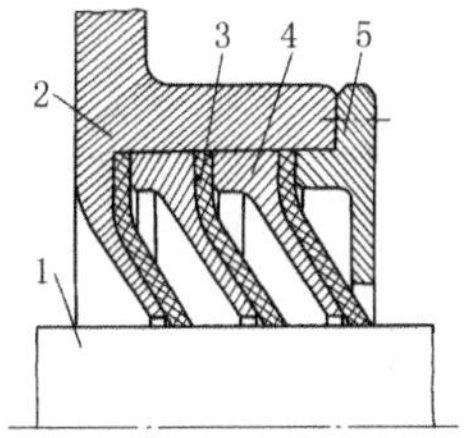 1—轴；2—壳体；3—密封件；4—托架；5—盖子	油封密封和迷宫密封的组合。最适宜用于封气，防止右腔的气体漏到左腔。若用于真空密封，则真空腔应在左边	1—轴；2—皮革皮碗；3—毛毡；4—外罩；5—壳体；6—隔板；7—支板；8—壁板；9—弹簧	皮革皮碗密封。通常用螺旋弹簧箍紧，但也可用波形板弹簧压紧。图 b 设置两个皮革皮碗，常用在掘土机、粉碎机械等尘土特别多而工作条件非常恶劣的地方

5.2 油封密封的设计

表 11-4-11

项 目	设 计 要 点
唇口与轴的过盈量	密封安装后，唇口直径应扩大 5%~8%。通常轴径小于 20mm，唇口过盈取 1mm；轴径大于 20mm，过盈取 2mm
唇口与轴的接触宽度	压差不大时，唇口接触宽度 0.2~1mm；若介质压差较大，接触宽度应增大
径向力大小	径向力过小，易产生泄漏；过大，易产生干摩擦，导致唇部烧坏。油封径向力取决于线速度，$v<4$m/s 时，径向力 1.5~2N/cm；$v>4$m/s 时，径向力 1~1.5N/cm

续表

项　目	设　计　要　点
弹簧尺寸	当介质压力大于 0.1MPa 时，需加设弹簧维持一定的径向力。通常，取钢丝直径 0.3~0.4mm，弹簧中径 2~3mm。弹簧装入油封后，弹簧本身应拉长 3%~4%
油封材料选择	橡胶应具有耐蚀、耐磨和耐热的性能，如丁腈橡胶耐油，聚氨酯橡胶耐磨，硅橡胶耐高温和低温，氟橡胶耐较高温度，其中丁腈橡胶应用最广。橡胶硬度在 65~75（邵氏 A）之间的油封有较好的密封性能。考虑速度和温度的影响，油封材料的选用如下：

转速	温　度/℃						
	−45	−15	10	40	65	95	120	150	170
低速	硅橡胶	丁腈橡胶		丁腈橡胶		硅橡胶
中速	硅橡胶			丙烯酸酯橡胶		
高速	硅橡胶	硅橡胶		硅　橡　胶		氟橡胶

项　目	设　计　要　点
轴的表面粗糙度和硬度	表面粗糙度的推荐值为 0.8~3.2μm。表面太光滑，油容易从密封接触面被挤出，油膜变薄或消失，导致唇部发热或烧坏；反之，唇口磨损过快，造成泄漏。 轴的表面硬度为 30~40HRC 或镀铬
轴的振动量	一般油封的允许振动量见下图
轴封允许偏心量	由于轴的偏心、油封内外径不同心、油封安装孔与轴线不同心等原因，造成油封唇口与轴接触不均匀，容易产生泄漏，因此油封装配后要检查偏心度。油封唇口对轴表面允许偏心量见图 a，其中，低速、中速和高速的界限见图 b

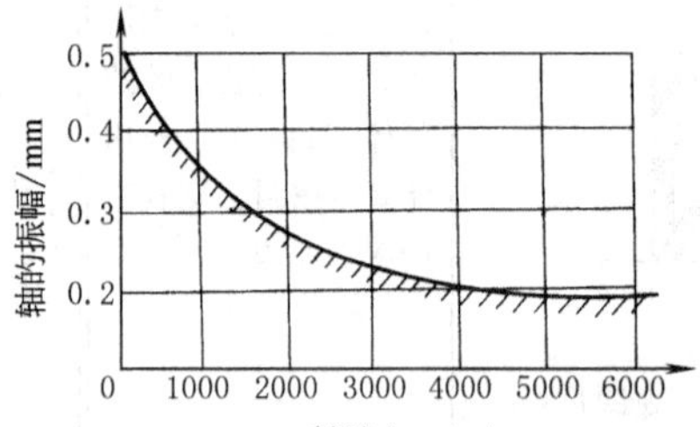

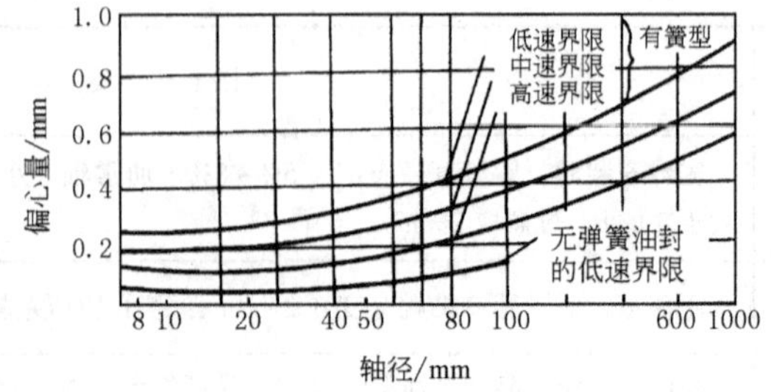

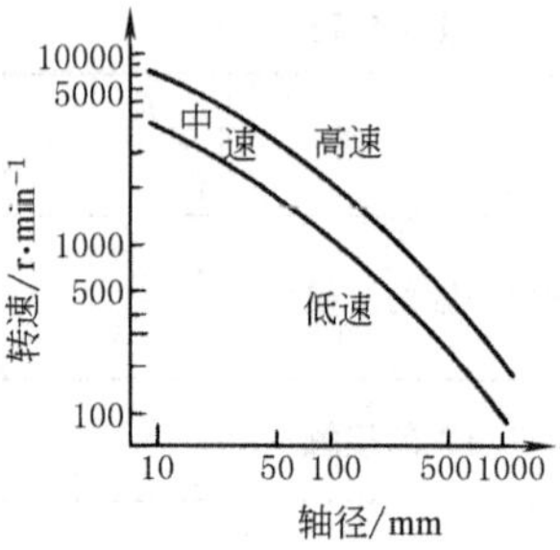

项　目	设　计　要　点
允许转速和线速度	转速越高，发热越严重，当发热超过橡胶允许温度时，油封会老化、龟裂和损坏。各种橡胶的最高允许转速和线速度见下图 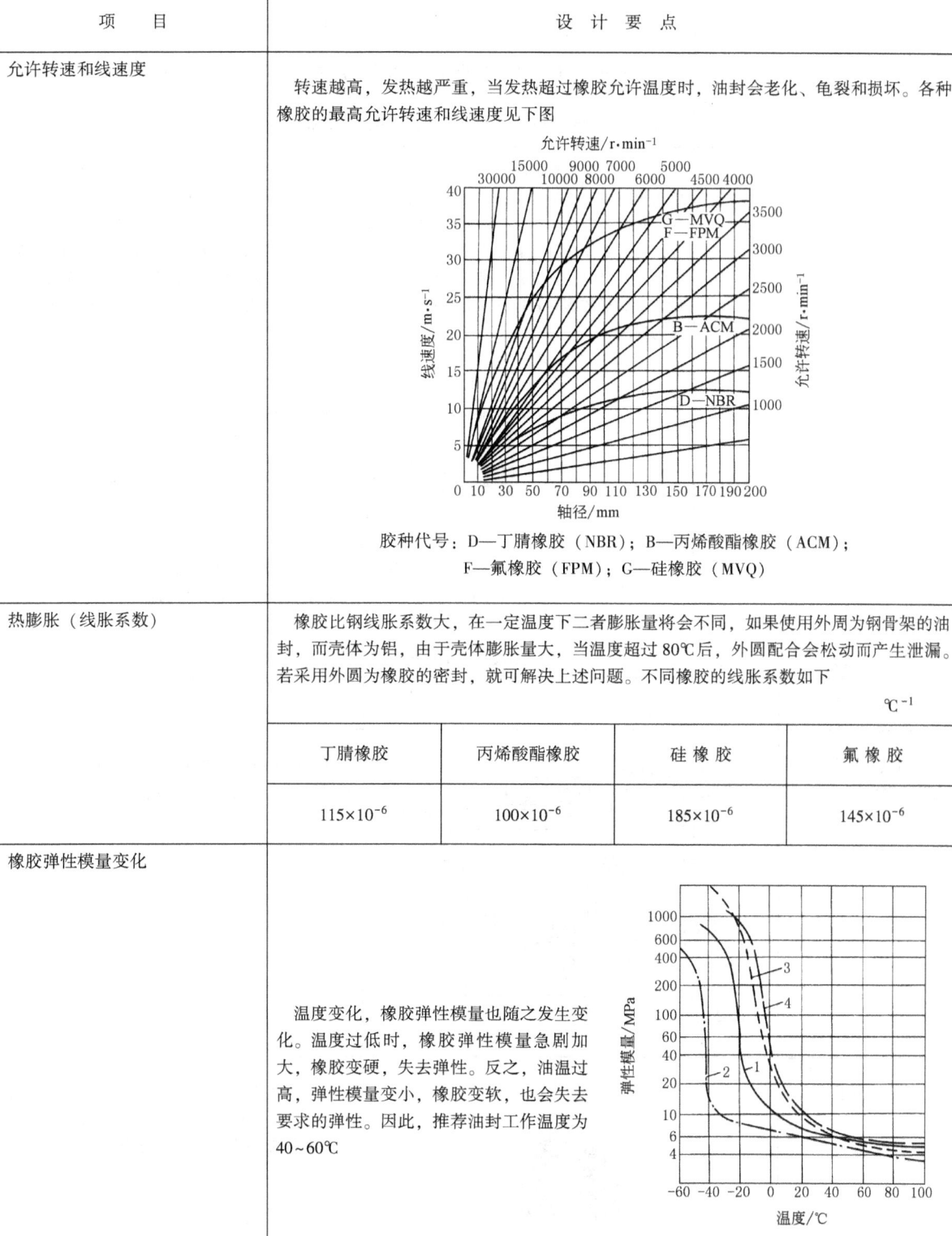 胶种代号：D—丁腈橡胶（NBR）；B—丙烯酸酯橡胶（ACM）； F—氟橡胶（FPM）；G—硅橡胶（MVQ）
热膨胀（线胀系数）	橡胶比钢线胀系数大，在一定温度下二者膨胀量将会不同，如果使用外周为钢骨架的油封，而壳体为铝，由于壳体膨胀量大，当温度超过80℃后，外圆配合会松动而产生泄漏。若采用外圆为橡胶的密封，就可解决上述问题。不同橡胶的线胀系数如下 $℃^{-1}$ | 丁腈橡胶	丙烯酸酯橡胶	硅橡胶	氟橡胶
---	---	---	---
$115×10^{-6}$	$100×10^{-6}$	$185×10^{-6}$	$145×10^{-6}$	
橡胶弹性模量变化	温度变化，橡胶弹性模量也随之发生变化。温度过低时，橡胶弹性模量急剧加大，橡胶变硬，失去弹性。反之，油温过高，弹性模量变小，橡胶变软，也会失去要求的弹性。因此，推荐油封工作温度为40~60℃ 1—丁腈橡胶；2—硅橡胶；3—丙烯酸酯橡胶； 4—氟橡胶

续表

项 目	设 计 要 点
润滑剂	常用机械油、透平油、锭子油、齿轮油。若要求比较高,可使用精密机床油、发动机油、冷冻机油和硅油 低速可使用润滑脂,但不同性能的润滑脂不能混合使用
润滑油添加剂的影响	润滑油中加入添加剂,如含磷、硫、氯等油溶性有机化合物,能使润滑油在轴承间隙中形成耐高温、耐高压油膜,保证良好润滑性能,但对油封带来不利影响。油中硫、磷、氯、有机化合物受热时分解而产生气体,能与橡胶的不饱和双链相交联,使橡胶硬化,造成油封失去弹性而泄漏。油在高温条件下焦化,产生胶泥,在油封唇口积累,使唇口失效而泄漏。因此,应控制油温低一些。下图中所示不同类型的润滑油以及全部淹没轴径、淹没25%轴径的密封唇口的温升情况。从中得知,充填润滑油量不宜过多,以淹没50%轴径为界限 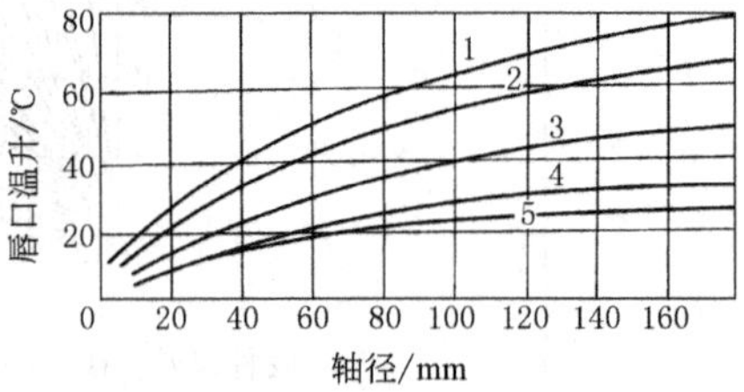 1—润滑脂;2—齿轮油(淹没轴径);3—发动机油(淹没轴径); 4—齿轮油(淹没25%轴径);5—发动机油(淹没25%轴径)

表 11-4-12　　　　油封密封设计注意事项

注意事项	简 图	说 明
密封的沟槽尺寸和表面粗糙度	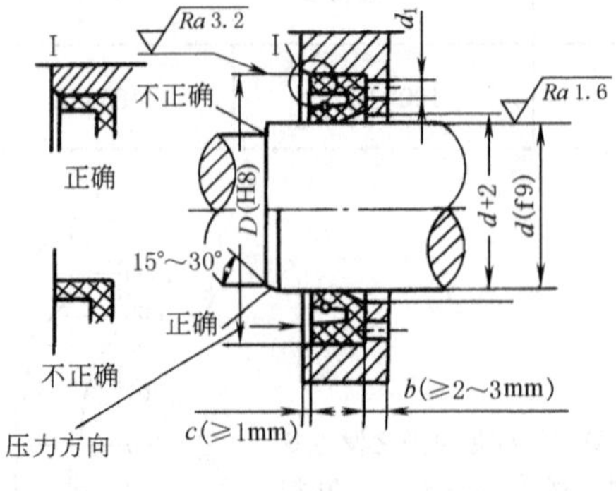 (图示:Ra3.2、Ra1.6,$D(H8)$,$d+2$,$d(f9)$,$15°\sim30°$,$b(\geqslant 2\sim3\text{mm})$,$c(\geqslant 1\text{mm})$,压力方向,正确/不正确)	在壳体上应钻有直径 $d_1=3\sim6\text{mm}$ 的小孔3~4个,以便通过该小孔拆卸密封
加套筒的结构	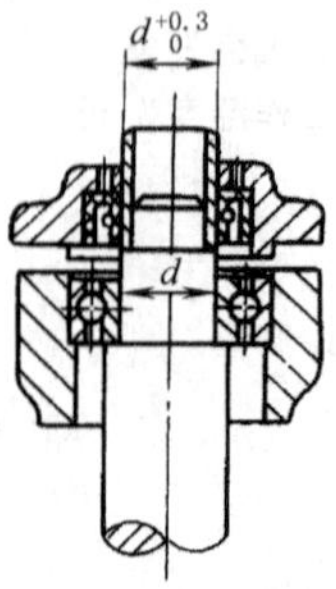 (图示:$d_{0}^{+0.3}$,d)	为使密封便于安装和避免在安装时发生损伤,需在轴上倒角 $15°\sim30°$。如因结构的原因不能倒角则装配时需用专门套筒

续表

注意事项	简图	说明
加垫圈支承密封两侧的压力差	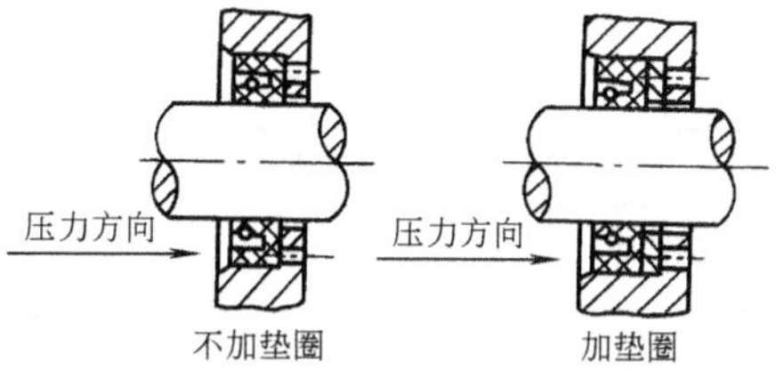	当密封前后两面之间的压力差大于0.05MPa而小于0.3MPa时,需用垫圈来支承压力小的一面;没有压力差及压力差小于0.05MPa时可以不用垫圈
用于圆锥滚子轴承	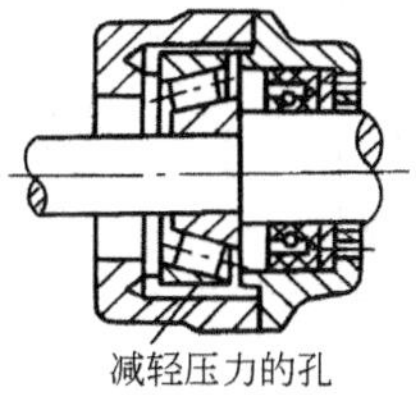	密封用于圆锥滚子轴承部位时,在轴承外径配合处应钻有减轻压力的孔
外径配合面	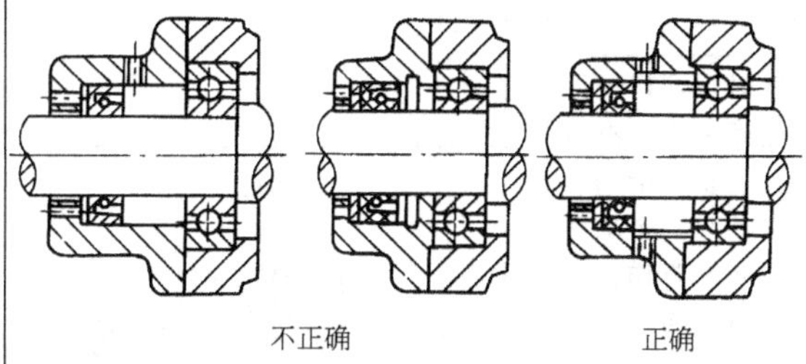	密封外径的配合处不应有孔、槽等,以便在装入和取出密封时,外径不受损伤
挡油圈的安装位置	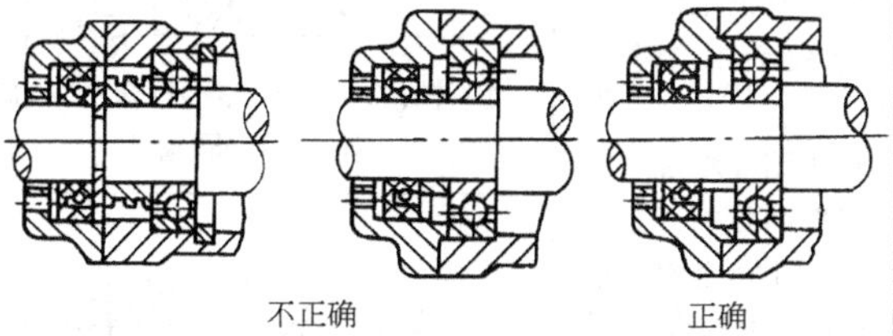	应保证润滑油能流入密封部位,在密封前不得安装挡油圈

5.3 油封摩擦功率的计算

油封摩擦力 F

$$F = \pi d_0 F_0 \quad (\text{N}) \tag{11-4-7}$$

油封摩擦力矩 T

$$T = F \times \frac{d_0}{2} = \frac{\pi d_0^2 F_0}{2} \quad (\text{N} \cdot \text{cm}) \tag{11-4-8}$$

油封摩擦功率 P

$$P = \frac{Tn}{955000} = \frac{\pi d_0^2 F_0 n}{1910000} \quad (\text{kW}) \tag{11-4-9}$$

式中 d_0——轴直径,cm;

F_0——轴圆周单位长度的摩擦力,N/cm,F_0 取决于摩擦面的表面质量、润滑条件、弹簧力等,估算时可取 $F_0 = 0.3 \sim 0.5$ N/cm,密封压力较大者取上限;

n——轴的转速,r/min。

6 涨圈密封

(1) 结构型式及特点

表 11-4-13

结构型式	特点	结构型式	特点
涨圈侧隙及切口间隙	涨圈的常用外径尺寸 30~150mm 切口间隙 0.1~0.25mm 侧间隙 0.05~0.15mm $R_3 - R_2 = 0.1 \sim 0.25$mm $R_1 - R_0 = 0.2 \sim 1$mm	卸压涨圈	涨圈的两侧端面上各加工一环槽，两环槽之间有若干个直径等于1mm的小孔相通，使高压腔的介质可以通过小孔而到达低压腔的环槽内。由于 p_0 与 Δp 方向相反，p_0 即为其卸荷压力。适用于涨圈两端压差很大的情况，可避免涨圈摩擦面很快磨损
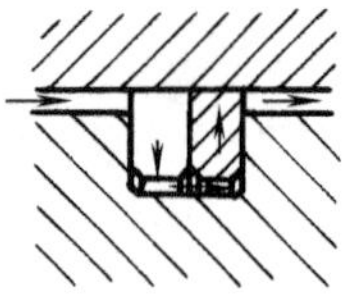 重叠涨圈 (a) 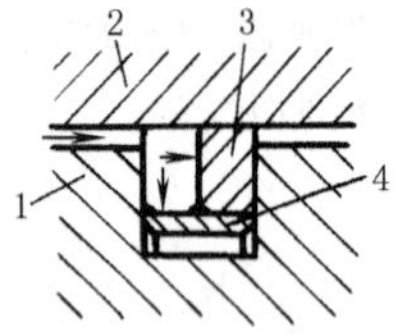 (b) 1—轴；2—壳体；3—涨圈；4—内环	是针对直切口间隙有泄漏而采取的补救办法。图a所示结构的特点是在一个涨圈槽内装两个直切口的涨圈，两涨圈的切口错开180°，结构很简单，密封效果比单个涨圈好，但仍不能保证压差较大时密封可靠 图b比图a增加一个带切口间隙的弹性内环4，可完全封住涨圈切口间隙的泄漏	引油涨圈 1—轴；2—壳体；3—衬套；4—涨圈；5—涨圈槽体	从静止的壳体2引润滑油到旋转轴1的密封装置。壳体与轴上设有衬套3和涨圈槽体5，磨损后便于更换
封油涨圈 1—轴；2—轴承；3—壳体；4—衬套；5—涨圈；6—外涨圈槽体；7—隔板；8—内涨圈槽体	用在轴承封油装置。涨圈5在装配状态下的切口间隙为0.2mm，端面侧间隙为0.15mm，摩擦面切向速度为24m/s	涨圈设置位置 (a) (b) 1—轴；2—涨圈；3—壳体	图a为涨圈槽设在轴上 图b为涨圈槽设在壳体上
		切口类型 (a)(b)(c)(d)	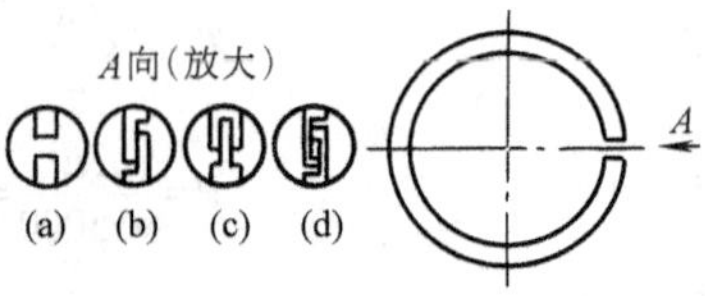 直切口（图a）。加工简单，用得最多，但容易泄漏 搭接切口（图b~图d）。密封性能好，但加工困难，只用在要求特别高的情况下

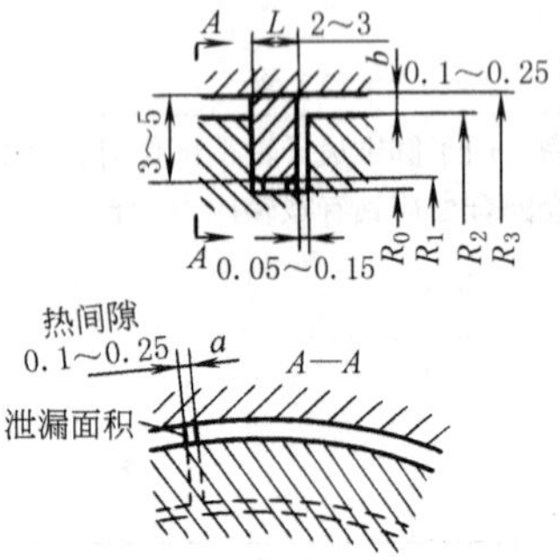

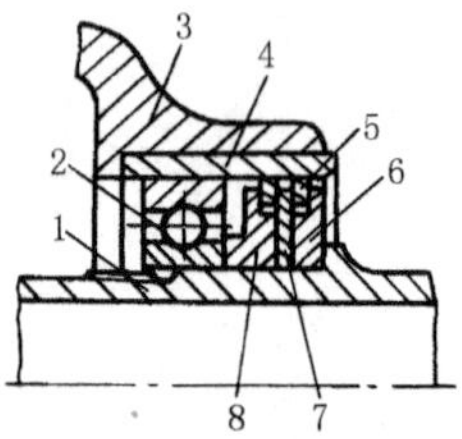

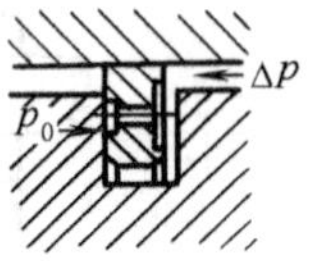

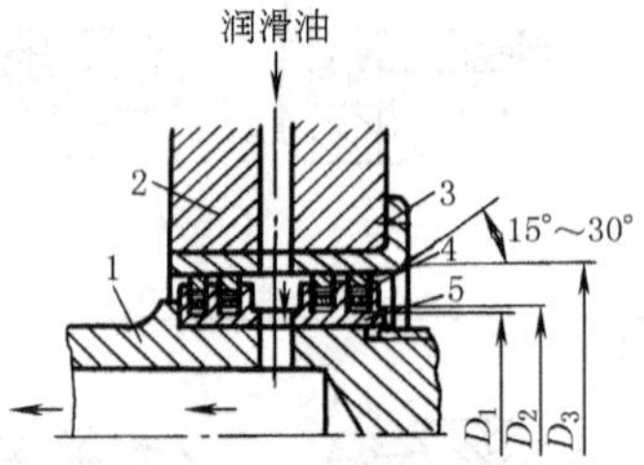

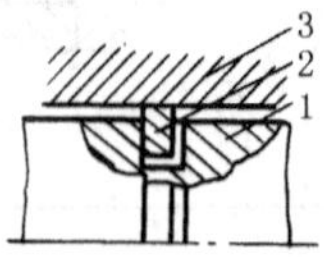

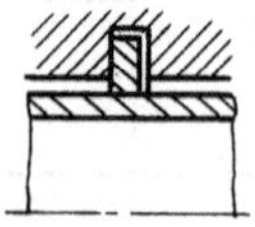

注：表中切口间隙数值为工作状态时的切口热间隙，由此推算室温装配时的切口冷间隙。

（2）涨圈弹力和摩擦功率的计算

表 11-4-14

项 目	计 算 公 式	说 明
端面摩擦力矩 T_1 /N·mm	$T_1 = \dfrac{2}{3}\pi f_1 \Delta p \dfrac{R_3^2-R_1^2}{R_2^2-R_1^2}(R_2^3-R_1^3)$	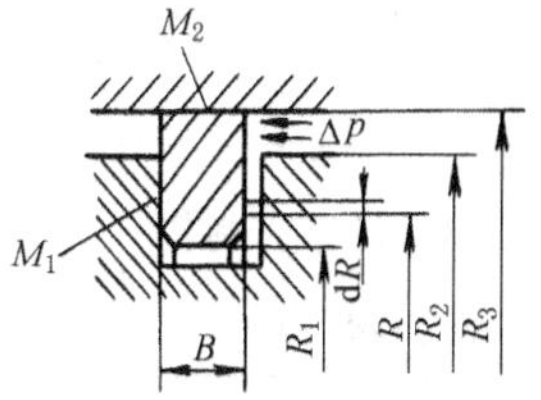 f_1 ——端面摩擦因数，f_1 = 0.01~0.05 f_2 ——外圆摩擦因数 Δp ——涨圈两端的压差，MPa E ——弹性模量，MPa f_0 ——切口间隙与装配间隙之差，f_0 近似等于切口间隙，mm n ——轴的转速，r/min R_1、R_2、R_3、B 见图，mm
外圆摩擦力矩 T_2 /N·mm	$T_2 = 2\pi f_2 p_2 B R_3^2$	
涨圈平均弹力 p_2/MPa	$p_2 \geq \dfrac{0.4\Delta p}{B}\left(1-\dfrac{R_1^2}{R_3^2}\right)\dfrac{R_2^3-R_1^3}{R_2^2-R_1^2}$ 假设 $f_2=f_1$	
切口间隙 f_0/mm	$f_0 = 14.16 p_2 R_3 \left(\dfrac{2R_3}{R_3-R_1}-1\right)\dfrac{1}{E}$	
摩擦功率 N/kW	$N = \dfrac{T_1 n}{9550000} = \dfrac{f_1 \Delta p n}{456\times 10^4}\times\dfrac{R_3^2-R_1^2}{R_2^2-R_1^2}(R_2^3-R_1^3)$	

注：1. 涨圈弹力设计应考虑当轴旋转时，涨圈应依靠自身弹力卡紧在壳体上，保证涨圈不随轴转动，即 $T_2 \geq 1.2 T_1$。弹力 p_2 按此前提推算出。

2. 切口间隙是指自由状态下的切口间隙。

7 迷宫密封

（1）迷宫式密封槽（摘自 JB/ZQ 4245—2006）

表 11-4-15   mm

轴径 d	R	t	b	$a_{\min}$	d_1	n（槽数）
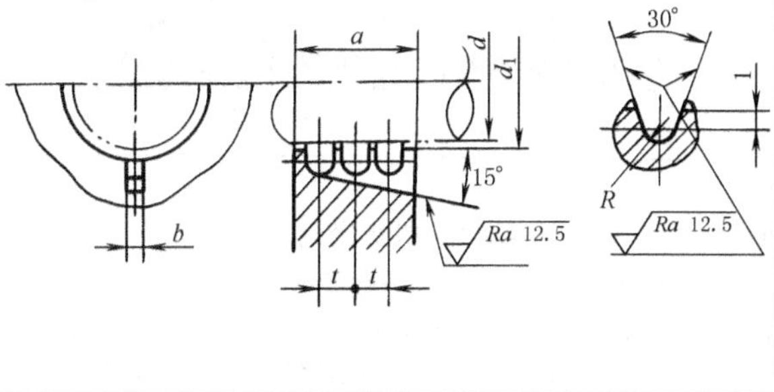 25~80	1.5	4.5	4			一般 $n=2\sim 4$
>80~120	2	6	5			
>120~180	2.5	7.5	6	$nt+R$	$d+1$	常用 $n=3$
>180	3	9	7			

注：在个别情况下，R、t、b 可不按轴径选用。

(2) 径向密封槽

表 11-4-16

mm

d	10~50	50~80	80~110	110~180	>180
r	1	1.5	2	2.5	3
e	0.2	0.3	0.4	0.5	0.5
t	\multicolumn{5}{c}{$t = 3r$}
t_1	\multicolumn{5}{c}{$t_1 = 2r$}

(3) 轴向密封槽

表 11-4-17

mm

d	e	f_1	f_2
10~50	0.2	1	1.5
>50~80	0.3	1.5	2.5
>80~110	0.4	2	3
>110~180	0.5	2.5	3.5

8 机械密封

机械密封也称端面密封。用于泵、釜、压缩机、液压传动和其他类似设备的旋转轴的密封。

8.1 接触式机械密封工作原理

机械密封是由一对或数对动环与静环组成的平面摩擦副构成的密封装置。图 11-4-1 所示为其结构原理,它是靠弹性构件（如弹簧或波纹管,或波纹管及弹簧组合构件）和密封流体的压力在旋转的动环和不旋转的静环间的接触表面（端面）上产生适当的压紧力,使这两个端面紧密贴合,端面间维持一层极薄的液体膜而达到密封的目的。这层液体膜具有流体动压力与静压力,起着润滑和平衡压力的作用。

当轴9旋转时,通过紧定螺钉10和弹簧2带动动环3旋转。防转销6固定在静止的压盖4上,防止静环7转动。当密封端面磨损时,动环3连同动环密封圈8在弹簧2的推动下,沿轴向产生微小移动,达到一定的补偿能力,所以称补偿环。静环不具有补偿能力,所以称非补偿环。通过不同的结构设计,补偿环可由动环承担,也可由静环承担。由补偿环、弹性元件和副密封等构成的组件称补偿环组件。

机械密封一般有四个密封部位（通道）,如图 11-4-1 中所示的 A~D。A处为端面密封,又称主密封;B处为静环7与压盖4端面之间的密封;C处为动环3与轴(或轴套)9配合面之间的密封,因能随补偿环轴向移动并起密封作用,所以又称副密封;D处为压盖与泵壳端面之间的密封。B~D三处是静止密封,一般不易泄漏;A处为端面相对旋转密封,只要设计合理即可达到减少泄漏的目的。

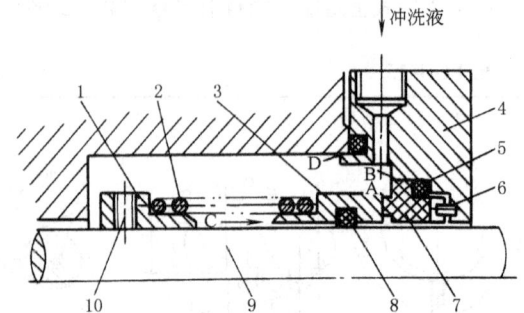

图 11-4-1 机械密封结构原理

1—弹簧座；2—弹簧；3—旋转环（动环）；4—压盖；5—静环密封圈；6—防转销；7—静止环（静环）；8—动环密封圈；9—轴（或轴套）；10—紧定螺钉
A~D—密封部位（通道）

8.2 常用机械密封分类及适用范围

表 11-4-18

分类	结构简图及名称	特　点	应　用
按补偿环旋转或静止分	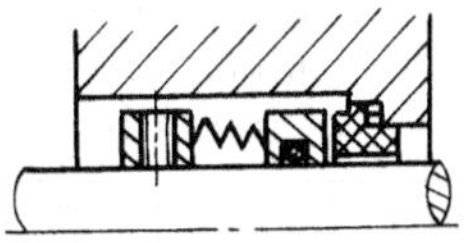 旋转式内装内流非平衡型单端面密封 简称：旋转式	补偿环组件随轴旋转，弹簧受离心力作用易变形，影响弹簧性能。结构简单，径向尺寸小	应用较广。多用于轴径较小、转速不高的场合(线速度25m/s以下)
	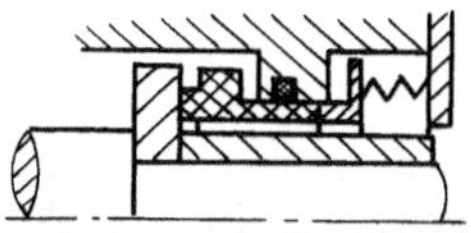 静止式外装内流平衡型单端面密封 简称：静止式	补偿环组件不随轴旋转，不受离心力的影响，性能稳定，对介质没有强烈搅动。结构复杂	用于轴径较大、线速度较高(大于25m/s)及转动零件对介质强烈搅动后容易结晶的场合
按静环位于密封端盖内侧或外侧分	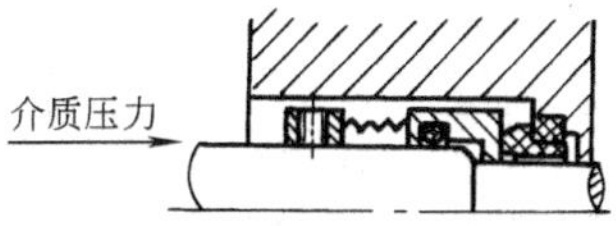 旋转式内装内流平衡型单端面密封 简称：内装式	静环装在密封端盖内侧，介质压力能作用在密封端面上，受力情况较好，端面比压随介质压力增大而增大，增加了密封的可靠性，一般情况下，介质泄漏方向与离心力方向相反而阻碍了介质的泄漏 不便于调节和检查，弹簧在介质中易腐蚀	应用广。常用于介质无强腐蚀性以及不影响弹簧机能的场合
	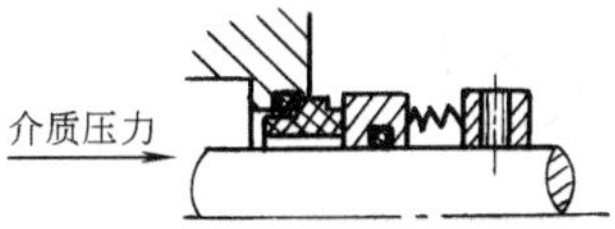 旋转式外装外流平衡型单端面密封 简称：外装式	静环装在密封端盖外侧，受力情况较差。介质作用力与弹簧力方向相反，欲达到一定的端面比压，须加大弹簧力。当介质压力波动时，会出现密封不稳定。低压启动时，摩擦副尚未形成液膜，易擦伤端面。一般情况下，介质泄漏方向与离心力方向相同，因而增加介质的泄漏。但因大部分零件不与介质接触，易解决材料耐蚀问题。便于观察、安装及维修	适用于强腐蚀性介质或用于易结晶而影响弹簧机能的场合 也适用于黏稠介质以及压力较低的场合
按密封介质泄漏方向分	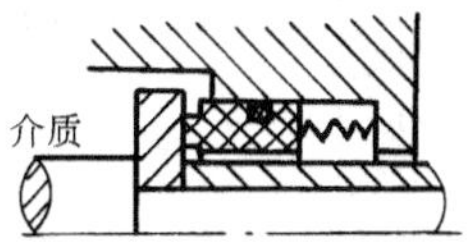 静止式内装内流非平衡型单端面密封 简称：内流式	密封介质在密封面间的泄漏方向与离心力方向相反，泄漏量较外流式为小	应用较广。多用于内装式密封，适用于含有固体悬浮颗粒介质的场合
	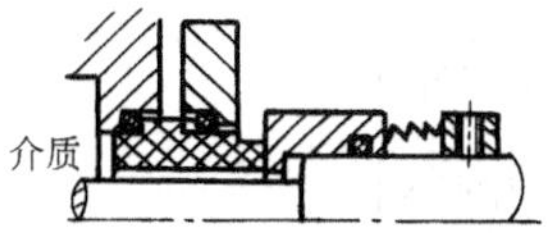 旋转式外装外流部分平衡型单端面密封 简称：外流式	密封介质在密封面间的泄漏方向与离心力方向相同，泄漏量较内流式大	多用于外装式机械密封中，能加强密封端面的润滑，但介质压力不宜过高，一般小于1MPa

续表

分类	结构简图及名称	特点	应用
按介质压力在端面引起的卸载情况分	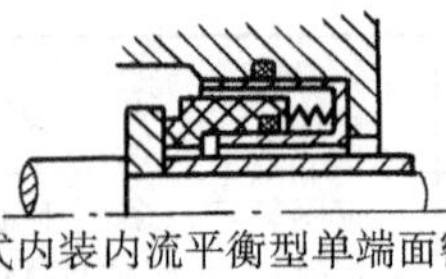 静止式内装内流平衡型单端面密封 简称:平衡式	介质压力在密封端面上引起卸载,即载荷系数 $K<1\left(K=\dfrac{载荷面积}{接触面积}\right)$,能全部平衡或部分平衡介质压力对端面的作用。端面比压随介质压力增高而缓慢增加,改善端面磨损情况	适用于介质压力较高的场合。对于一般介质用于压力大于等于 0.7MPa,对于外装式密封 $K=0.15\sim0.3$ 时,仅用于压力 $0.2\sim0.3$MPa,对于黏度较小、润滑性差的介质可用于介质压力大于等于 0.5MPa(或 pv 值小于 7)
	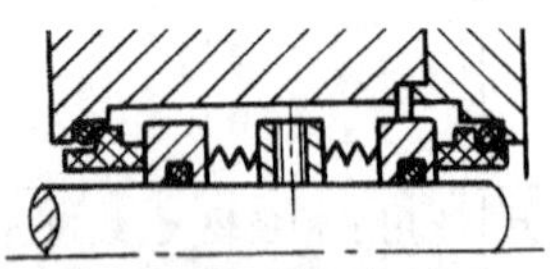 旋转式非平衡型双端面密封 简称:非平衡式	介质压力在密封端面上不能卸载,即载荷系数 $K\geqslant1$,端面比压随介质压力增加而迅速增加 在较高压力下,由于端面比压较大,易引起磨损加快。结构简单	适用于介质压力较低的场合,对于一般介质,可用于介质压力小于 0.7MPa;对于润滑性差及腐蚀性介质,可用于压力小于 0.5MPa(或 pv 值小于 7)
按密封端面的对数分	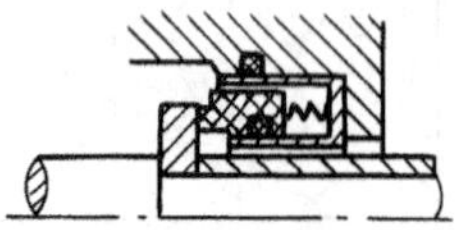 静止式内装内流非平衡型单端面密封 简称:单端面	由一对密封端面组成,制造、装拆方便。结构简单	应用广泛,适用于一般介质场合。与其他辅助密封并用时,可用于带悬浮颗粒、高温、高压等场合
	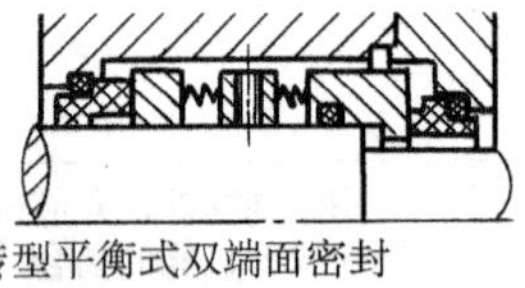 旋转型平衡式双端面密封 简称:双端面	由两对密封端面组成。在两密封端面之间通入流体的压力保持低于被密封介质的压力,这种密封型式称为非加压式双端面密封,该流体称为缓冲液;而通入流体的压力保持高于被密封介质的压力,这种密封型式称为加压式双端面密封,该流体称为隔离液。隔离液的压力比被密封介质的压力高 $0.05\sim0.15$MPa 结构复杂,密封可靠,但需注意有少量的隔离液漏到被密封介质内 隔离流体应选择不影响被密封介质的性能,又无毒、无腐蚀,润滑性能好、汽化温度高的介质	适用于强腐蚀、高温、带固体颗粒及纤维的介质、气体介质,易燃易爆、易挥发、低黏度的介质,以及高真空等场合
按弹簧的个数分	补偿环组件中含有一个弹簧,称为单弹簧式;补偿环组件中含有多个弹簧,称为多弹簧式,两者区别见下表		单弹簧式:适用于载荷较小、轴径较小、有强腐蚀性介质的场合,并需注意轴的旋转方向与弹簧旋向相同 多弹簧式:适用于载荷较大、轴径较大、条件较苛刻的场合

种类	比压均匀性	转速	弹簧力变化	缓冲性	腐蚀	脏物、结晶	弹簧力调整	制造	安装维修	空间
单弹簧式	端面上弹簧比压不均匀,轴径较大时更突出	转速增大时,离心力使弹簧变形和产生偏移	压缩量变化时弹簧力变化小	摩擦副歪斜时,缓冲性能差	因弹簧丝径大,腐蚀对弹簧力影响小	脏物、结晶介质对弹簧性能影响小	弹簧力不易调节	两平面平行度及对中心垂直度要求严格	安装简单,但更换弹簧时,需拆下密封装置	轴向尺寸大,径向尺寸小
多弹簧式	端面上弹簧比压均匀,轴径增大时不受影响	转速增大时端面比压稳定	压缩量变化时弹簧力变化较大	摩擦副歪斜时,缓冲性能好	因弹簧丝径小,腐蚀对弹簧力影响大	脏物、结晶介质会使弹簧性能丧失	可通过增减弹簧个数调节弹簧力	要求不严格,但弹簧高度及弹力应一致	安装烦琐,更换弹簧时,不需拆下密封装置	径向尺寸大,轴向尺寸小

续表

分类	结构简图及名称	特 点	应 用
按弹性元件分	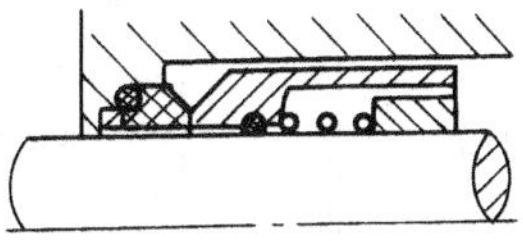 弹簧压紧式	用弹簧压紧密封端面,有时用弹簧传递转矩 由于端面磨损,使弹簧力在10%~20%范围内变化。制造简单,使用范围受辅助密封圈耐温限制	多数密封常用的型式,使用广泛
	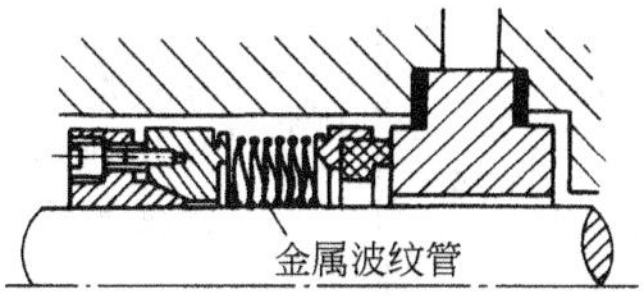 波纹管式（金属波纹管）	用波纹管压紧密封端面 由于不需要辅助密封圈,所以使用温度不受辅助密封圈材质的限制	多用于高温或腐蚀介质等重要的场合
按非接触式机械密封结构分	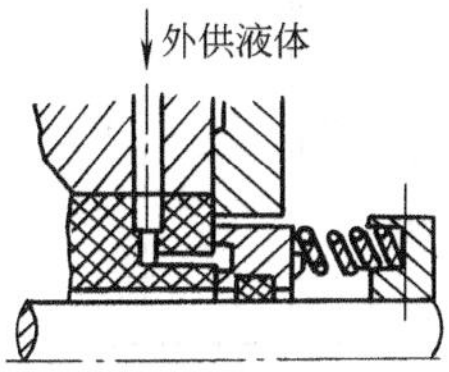 流体静压式（外供液体）	在两个密封环之一的密封端面上开有环形沟槽和小孔,从外部引入比介质压力稍高的液体,保证端面润滑,并保证两端面间互不接触 通过调节外供液体压力控制泄漏、磨损和寿命 需设置另外一套外供液体系统,泄漏量较大	适用于高压介质和高速运转场合,往往与流体动压密封组合使用,但目前应用较少
	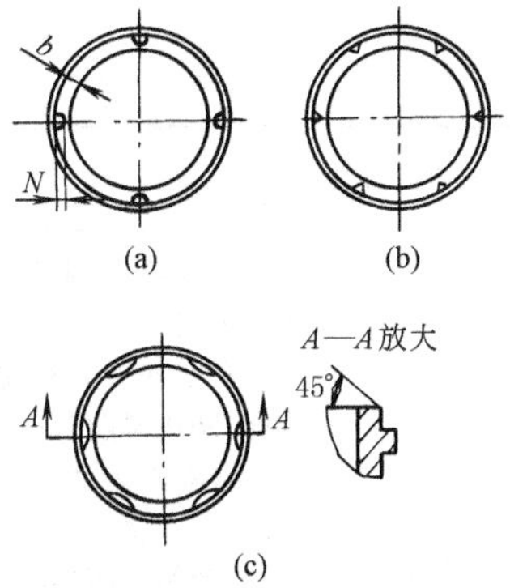 流体动压式 (a)(b)(c) $A—A$放大 $45°$	在两个密封环之一的密封端面开有各种沟槽,由于旋转而产生流体动力压力场,引入密封介质作为润滑剂并保证两端面间互不接触	适用于高压介质和高速运转的场合,$p_c v$ 值达 270MPa·m/s,目前已在很多场合下使用,尤其是在重要的、条件比较苛刻的场合下使用
	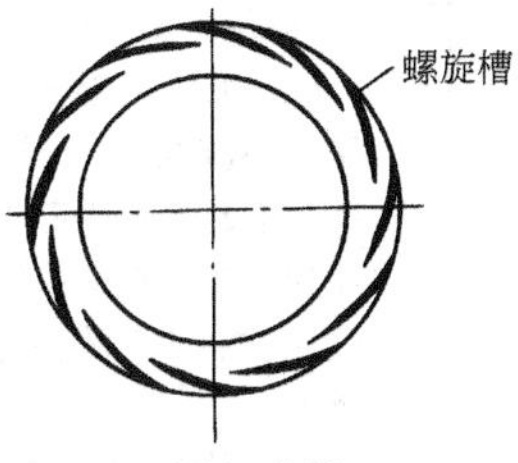 干气密封（螺旋槽）	在两密封端面之一的端面上开设凹槽。当轴转动时,凹槽内的气体在凹槽泵送作用下使密封端面相互分离,从而实现非接触端面密封。因密封端面上只有气体,所以又称干气密封。凹槽型式有螺旋槽、圆弧槽、梯形槽、T形槽等 干气密封端面互不接触,寿命长,可靠性高、耗功低,节省密封液系统,但需供气系统	干气密封主要用于气体密封,如离心压缩机、螺杆压缩机,密封端面线速度可达150m/s,密封压力可达20MPa,使用温度达260℃ 干气密封亦可用于泵上,作为第二级密封与普通单端面密封组合成双端面密封

分类	参数	名称	分类	参数	名称	分类	参数	名称	分类	参数	名称
按机械密封工作参数分	按密封腔温度分: $t>150℃$	高温机械密封	按密封端面速度分	$v>100\text{m/s}$	超高速机械密封	按工作参数分	满足下列条件之一: $p>3\text{MPa}$; $t<-20℃$ 或 $t>150℃$; $v\geq25\text{m/s}$; $d>120\text{mm}$	重型机械密封	按使用介质分	强酸、强碱及其他强腐蚀介质	耐强腐蚀介质机械密封
	$80℃<t\leq150℃$	中温机械密封		$25\text{m/s}\leq v\leq100\text{m/s}$	高速机械密封						
	$-20℃\leq t\leq80℃$	普温机械密封									
	$t<-20℃$	低温机械密封		$v<25\text{m/s}$	一般速度机械密封		满足下列条件: $p<0.5\text{MPa}$; $0<t<80℃$; $v<10\text{m/s}$; $d\leq40\text{mm}$	轻型机械密封		油、水、有机溶剂及其他弱腐蚀介质	耐油、水及其他弱腐蚀介质机械密封
	按密封腔压力分: $p>15\text{MPa}$	超高压机械密封	按轴径尺寸分	$d>120\text{mm}$	大轴径机械密封						
	$3\text{MPa}<p\leq15\text{MPa}$	高压机械密封									
	$1\text{MPa}<p\leq3\text{MPa}$	中压机械密封		$25\text{mm}\leq d\leq120\text{mm}$	一般轴径机械密封		不满足重型和轻型使用条件的其他密封	中型机械密封		含磨粒介质	耐磨粒介质机械密封
	常压$\leq p\leq1\text{MPa}$	低压机械密封									
	负压	真空机械密封		$d<25\text{mm}$	小轴径机械密封						

8.3 机械密封的选用

表 11-4-19

介质或使用条件	特 点	对密封要求	机械密封的选择
强腐蚀性介质 (盐酸、铬酸、硫酸、醋酸等)	密封件需承受腐蚀,密封面上的腐蚀速率通常为无摩擦作用表面腐蚀速率的10~50倍	密封环既耐蚀又耐磨,辅助密封圈的材料既要弹性好又要耐蚀、耐温。要求弹簧使用可靠	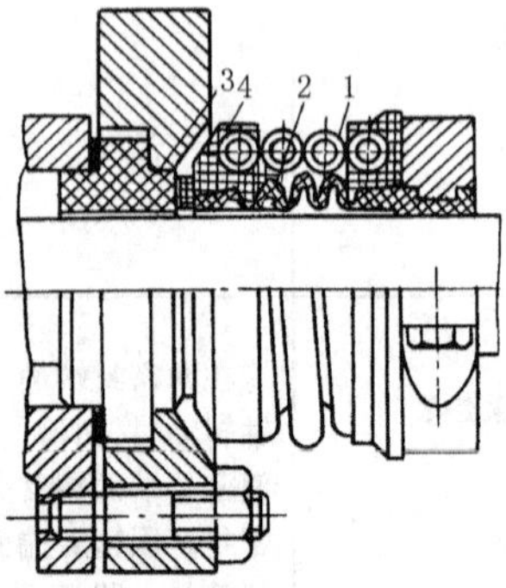 (1) 参考表 11-4-24 选择与介质接触的材料 (2) 采用外装式机械密封,加强冷却,防止温度升高 (3) 如用内装式密封,弹簧加保护层,大弹簧外套塑料管,两端封住,或弹簧表面喷涂防腐层,如聚三氟氯乙烯、聚四氟乙烯、氯化聚醚等。应采用大弹簧,因丝径大,涂层不易剥落 (4) 采用外装式波纹管密封。动环与波纹管制成一体,材料为聚四氟乙烯(玻璃纤维填充),静环为陶瓷;弹簧用塑料软管或涂层保护,与泄漏液隔离,如左图所示 1—大弹簧;2—波纹管;3—静环;4—动环座 (5) 外装式密封适用压力 $p\leq0.5\text{MPa}$

续表

介质或使用条件		特 点	对密封要求	机械密封的选择
易汽化介质	液化石油气、轻石脑油、乙醛、异丁烯、异丁烷、异丙烯	润滑性差,易使密封端面间液膜汽化,造成摩擦副干摩擦,降低密封使用寿命	要求摩擦因数低、导热性好的摩擦副材料 密封腔,尤其是密封端面要有充分冷却,防止泄漏液引起密封端面结冰(靠大气侧)	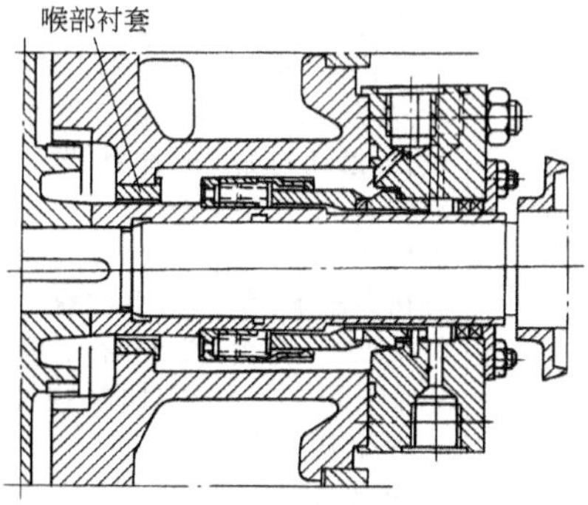 (喉部衬套图示) (1)介质压力 $p \leqslant 0.5$ MPa 采用非平衡型密封;介质压力 $p > 0.5$ MPa 采用平衡型密封,降低端面比压 (2)采用非加压式双端面密封,从外部引入密封流体至密封腔(见表11-4-39密封方案52) (3)摩擦副材料建议采用碳化硅-石墨或碳化钨-石墨 (4)在泵的叶轮与密封之间装设喉部衬套,以保证密封腔内必要的压力,使密封端面间的液体温度比相应压力下的液体汽化温度低约14℃ (5)加强冷却与冲洗,以保证密封腔要求的温度 (6)采用加压式双端面密封,但需注意隔离液不能污染被密封介质,并保证隔离液压力高于被密封介质压力
高黏度介质	润滑脂、硫酸、齿轮油、汽缸油、苯乙烯、渣油、硅油	黏度高时润滑性能好,但过高会影响动环的浮动性,增加弹簧的传动力矩 黏度过高时,密封面之间不易形成液膜,润滑性能差,损坏密封环	摩擦副材料耐磨,弹簧要有足够的能力克服高黏度介质产生的阻力 避免密封腔温度过高而引起介质的黏度增高,要求密封腔保温或加热	(1)一般黏度的介质,当 $p \leqslant 0.8$ MPa 时,选用单端面非平衡型密封;当 $p > 0.8$ MPa 时,采用平衡型密封。当介质黏度为 700~1600 mPa·s 时,需加大传动销和弹簧的设计,用以抵抗因黏度增加而增加的剪切力,大于1600mPa·s时,还需要加强润滑,如单端面密封通入外供冲洗液,或双端面密封通入隔离流体 (2)采用静止式双端面密封且带有加压式冲洗系统 (3)采用硬对硬摩擦副材料组合,如碳化硅-碳化硅,或碳化钨-碳化硅 (4)考虑保温结构,保证介质黏度不因温度降低而增高
含固体颗粒介质	塔底残油、油浆、原油	会引起密封环端面剧烈磨损。固体颗粒沉积在动环处会使动环失去浮动性,颗粒沉积在弹簧上会影响弹簧弹性	摩擦副耐磨,要能排除固体颗粒或防止固体颗粒沉淀	(1)采用加压式双端面密封,在密封腔内通入隔离流体。靠近介质侧的摩擦副采用碳化硅-碳化硅的材料组合 (2)若采用单端面密封,应从外部引入比被密封介质压力稍高的流体进行冲洗,当采用被密封介质进行冲洗时,在进入密封腔之前,把固体颗粒分离掉,且应采用大弹簧式密封结构

介质或使用条件	特点	对密封要求	机械密封的选择
气体 空气、乙烯气、丙烯气、氢气	润滑性能差，端面磨损大，渗透性强 用于搅拌设备时，多为立式，轴较长，摆动与振动较大，工艺条件变化较大，有时在高压下，有时在低压或真空下操作 用于压缩机时，转速高	石墨浸渍密封环孔隙率低、摩擦副材料耐磨 密封环浮动性能好，尤其是用于搅拌设备的密封 用于真空密封时，要注意外界空气漏入，注意密封的方向性	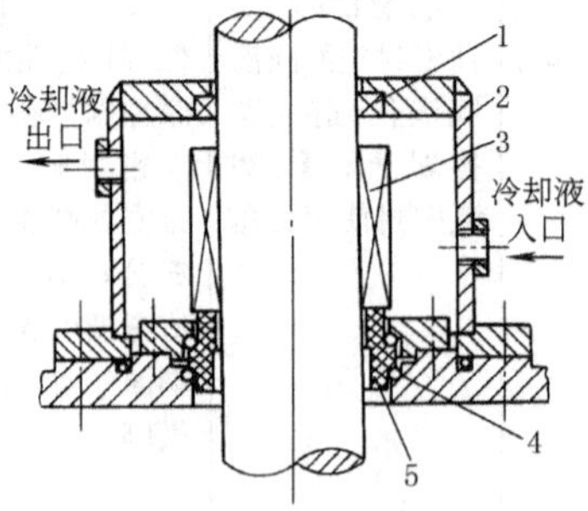 1—油封；2—冷却外壳；3—补偿动环组件；4—辅助密封圈； 5—带有两个辅助密封圈的非补偿静环 (1) 若用于搅拌设备的密封，当介质压力小于或等于0.6MPa时，可采用单端面密封（外装式），并要求带有冷却外壳，如图所示。当介质压力大于0.6MPa时，或密封要求严格的场合，应采用加压式双端面密封 (2) 用于真空密封时，多采用加压式双端面密封，通入真空油或难以挥发的液体作为隔离流体。用V形辅助密封圈需注意方向性 (3) 用于压缩机密封，若转速较高，详见本表"高速"一栏。同时还要减小浸渍石墨环的孔隙率
高温 热油、热载体、油浆、苯酐、对苯二甲酸二甲酯(DMT)、熔盐、熔融硫	随着温度增高，加快密封材料的磨损和腐蚀，材料强度降低，介质易汽化，密封环易变形，橡胶老化，组合环配合松脱	密封材料耐高温，具有良好的导热性，低的摩擦因数和线胀系数 保证密封面间隙中液体温度低于介质汽化温度15~30℃	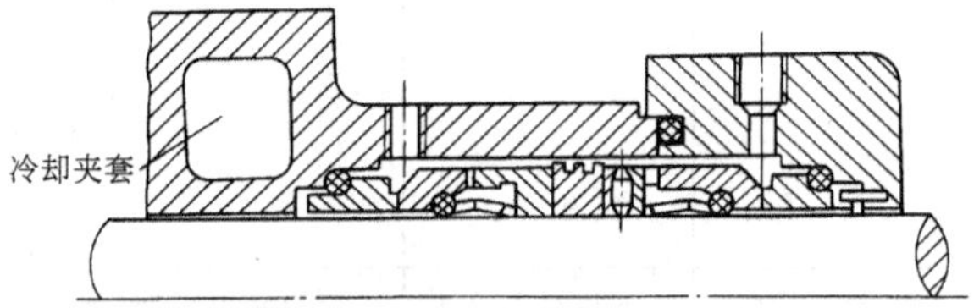 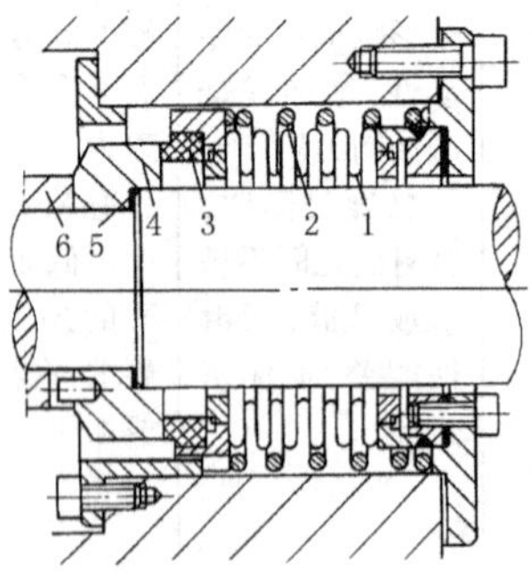 1—金属波纹管；2—压缩弹簧；3—压装的补偿静环； 4—非补偿动环；5—垫片；6—轴套 (1) 密封材料需进行稳定性热处理，消除残余应力，且线胀系数相近 (2) 若采用单端面密封，端面宽度应尽量小，且需充分冷却和冲洗 (3) 采用加压式双端面密封，外供隔离流体，为了提高辅助密封圈的寿命，在与介质接触侧的密封设置冷却夹套（见图a） (4) 温度超过250℃时，采用金属波纹管式密封（见图b）。垫片5通过轴端螺母（图中未示）经轴套6压紧 (5) 辅助密封圈材料使用温度范围见表11-4-21

续表

介质或使用条件	特点	对密封要求	机械密封的选择
低温 液氧、液氨、液氯、液态烃	密封环材料易脆化，密封圈易老化，失去弹性，影响密封性能 因温度低，大气中的水分会冻结在密封面上，加速磨损 密封面摩擦生热会使液膜汽化，造成干摩擦，损坏密封 低温时，材料收缩，应选择线胀系数相近材料	密封材料耐低温，要有良好的疲劳强度和冲击韧性，要注意石墨在低温下的滑动 辅助密封圈要耐低温老化，有一定的弹性 保冷或与大气隔离，防止冻冰 密封面有良好润滑，防止密封面液膜汽化	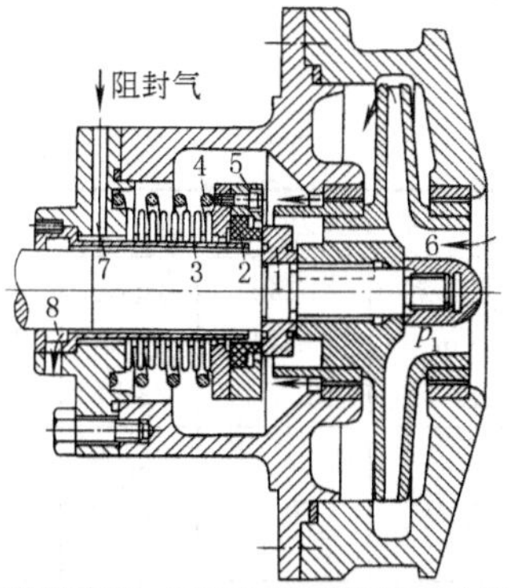 1—非补偿动环；2—补偿静环；3—金属波纹管；4—压缩弹簧；5—压板；6—抽送液化气体的泵；7—阻封气体进口；8—阻封气体出口 (1) 介质温度高于-45℃时，除液氯外可采用单端面密封，但需要注意大气中水分使密封圈冻结，导致密封失效，常在密封外侧设置简单密封，并通入清洁的阻封气 (2) 介质温度高于-100℃时，采用波纹管密封，上图用于液化气密封，阻封气体为干燥惰性气体，防止大气中水分冻结在密封上 (3) 介质温度低于-100℃时，采用静止式波纹管密封，防止波纹管疲劳破坏 (4) 密封液态烃（如戊烷、丁烷、乙烯）时，建议采用加压式双端面密封，用乙醇、乙二醇作隔离流体，丙烯醇可用于-120℃ (5) 摩擦副材料推荐用碳化硅-碳石墨 (6) 采用低端面比压，加强急冷与冲洗，防止液膜汽化
高压 合成氨水洗塔釜液、乙烯装置脱甲烷塔回流液、环氧乙烷解析塔釜液、加氢裂化原料、加氢精制原料	引起端面比压和 pv 值增高，导致液膜破坏，磨损加剧，密封变形和压碎，使密封失效	注意材料强度和刚度，防止变形 加大弹簧和传动销，以满足在高压下启动转矩增大时的强度要求 摩擦副材料有较低的摩擦因数、良好的导热性能和较高的 pv 值 密封面要保证润滑	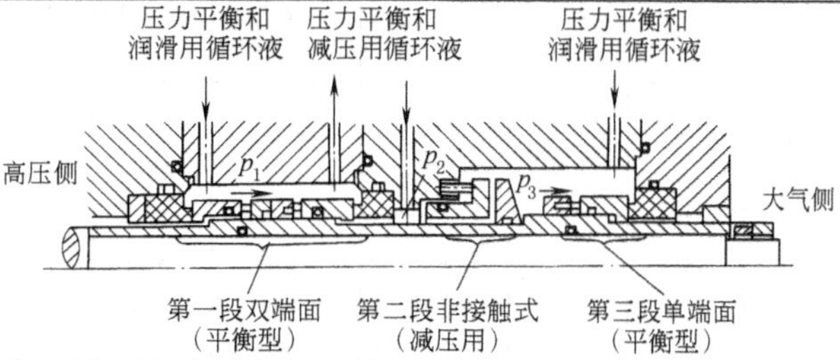 (1) 采用平衡型密封，减小载荷系数，以降低端面比压 (2) 被密封介质压力大于 15MPa 时，宜采用几个单端密封串联起来的多级密封，如图所示，逐步降低每级密封压力 (3) 摩擦副材料宜用碳化钨-碳化硅，若用浸渍金属石墨，严格要求浸渍石墨的孔隙率，以防渗漏 (4) 采用流体静压密封或流体动压密封，提高 $p_c v$ 值 (5) 加强冷却和润滑
高速 尿素、丙烯、聚乙烯	由于离心力的作用，严重影响弹簧或波纹管的弹性，甚至失效 增大密封件的转动惯量，会激烈搅动周围介质，从而增加阻力，影响转动件的平衡	摩擦副材料有较高的 $p_c v$ 值 对转动件进行动平衡校正，防止振动 具有良好冷却和润滑 避免密封材料产生热应力裂纹，热变形	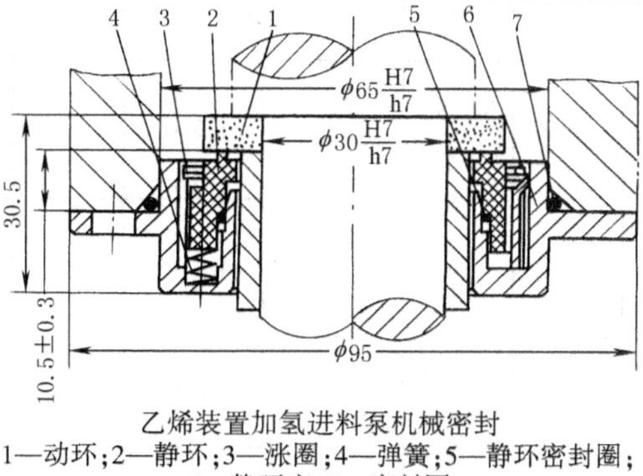 乙烯装置加氢进料泵机械密封 1—动环；2—静环；3—涨圈；4—弹簧；5—静密封圈；6—静环座；7—密封圈 (1) 滑动速度 $v>25$m/s 时，采用静止式密封，如图所示动环与轴直接配合，利用轴套与轴端螺母夹紧，传递力矩；$v\leq25$m/s 时，采用旋转式密封 (2) 转动零件几何形状须对称，传动方式不推荐用销、键等，以减少不平衡力的影响 (3) 选择较小摩擦因数的摩擦副材料，如碳化硅-浸铜石墨，端面宽度应尽量减小 (4) 采用平衡型流体动压密封，选择较高的 $p_c v$ 值的摩擦副材料组合 (5) 加强冷却与润滑

注：对于压力、温度不高的一般介质，宜选用平衡型内装式单端面密封。

8.4 常用机械密封材料

(1) 摩擦副材料

表 11-4-20

材料		物理、力学性能								使用温度/℃	特点
		密度/g·cm^{-3}	硬度HS	热导率/W·m^{-1}·K^{-1}	线胀系数/10^{-6}℃$^{-1}$	抗压强度/MPa	抗弯强度/MPa	弹性模量/10^{5}MPa	孔隙率/%		
石墨	浸酚醛树脂	1.75~1.9	50~80	5~6	6.5	120~260	50~70		5	170	良好的润滑性和低的摩擦因数($f=0.04$~0.05),热稳定性良好
	浸呋喃树脂	1.6~1.8	75~85	4~6	4~6	80~150	35~70	1.4~1.6	2	170	良好的热导率和低的线胀系数
	浸环氧树脂	1.6~1.9	40~75	5~6	8~11	100~270	45~75	1.3~1.7	2	200	良好的耐蚀性,除了强氧化介质及卤素外,耐各种浓度的酸、碱、盐及有机化合物的腐蚀
	浸巴氏合金	2.2~3.0	45~90		6	90~200	50~80		2	200	使用广泛,但不适用于含固体颗粒的介质 浸渍酚醛石墨耐酸性好,浸渍环氧石墨耐碱性好,浸渍呋喃石墨耐酸、耐碱,浸渍金属石墨耐高温,提高($p_c v$)$_p$值
	浸青铜	2.2~3.0	60~90			120~180	45~70		4		
	浸聚四氟乙烯	1.6~1.9	80~100	0.41~0.48		140~180	40~60		8	250	强度低、弹性模量小,易发生残余变形
氧化铝陶瓷	含95%氧化铝	3.3	78~82 HRA	16.75	5.8~7.5	2000	220~360	2.3	0		线胀系数小,有良好导热性 具有高硬度、优良的耐蚀性和耐磨性,但不耐氢氟酸、浓碱腐蚀
	含99%氧化铝	3.9	85~90 HRA	16.75	5.3	2100	340~540	3.5	0		能耐一定的温度急变,脆性大,加工困难
碳化硅	反应烧结碳化硅	3.05	92~93 HRA	100~125	4.3~5		350~370	3.6~3.8	0.3	425	硬度极高,碳化硅与碳化硅摩擦副可用在含固体颗粒介质的密封
	常压烧结碳化硅	3~3.1	93 HRA	92	4.3~5		380~460	4	0.1		线胀系数小,导热性好耐蚀性好,但不耐氢氟酸、发烟硫酸、强碱等的腐蚀
	热压碳化硅	3.1~3.2	93~94 HRA	84	4.5		450~550	4	0.1		有自润滑性,摩擦因数小($f=0.1$) 耐热性好,抗振性好
氮化硅	烧结氮化硅	2.5~2.6	80~85 HRA	5	2.5	1200	180~220	1.67~2.16	13~16		耐温差剧变性好,线胀系数小(0.1) 强度高
	热压氮化硅	3.1~3.3	91~92 HRA		2.7~2.8	1500	700~800	3	1		耐磨性好,摩擦因数小,有自润滑性 耐蚀性好,但不耐氢氟酸腐蚀

续表

材料		物理、力学性能								使用温度/℃	特点
		密度/g·cm⁻³	硬度 HS	热导率/W·m⁻¹·K⁻¹	线胀系数/10⁻⁶℃⁻¹	抗压强度/MPa	抗弯强度/MPa	弹性模量/10⁵MPa	孔隙率/%		
碳化钨硬质合金	YG6	14.6~15	89.5 HRA	79.6	4.5	4600	1400	5.6~6.2	0.1	400	具有极高的硬度和强度 有良好的耐磨性及抗颗粒冲刷性 热导率高，线胀系数小 具有一定的耐蚀性，但不耐盐酸和硝酸腐蚀 脆性大，机械加工困难，价格高
	YG8	14.4~14.8	89 HRA	75.3	4.5~4.9	4470	1500				
	YG15	13.9~14.1	87 HRA	58.62	5.3	3660	2100				
填充聚四氟乙烯	含20%石墨	2.16	40（横向）	0.48	1.46（100℃纵向）	16.4（抗拉）	24.9		吸水率+0.3	-180~250	摩擦因数小 具有优异的耐蚀性 耐温性好，使用温度范围广 根据要求，加入不同材料进行改性，如加石墨、二硫化钼可减小摩擦因数，加入玻璃纤维、青铜粉可减小磨损率
	含40%玻璃纤维	2.15	43.5（横向）	0.25	1.19（100℃纵向）	13.9（抗拉）	19.9		吸水率+0.47	-180~250	
	含40%玻璃纤维+5%石墨	2.26	37.6（横向）	0.43	1.20（100℃纵向）	11.2（抗拉）	20.1		吸水率-0.77	-180~250	
青铜	QSn6.5-0.4	8.82	160~200 HB	50.24	19.1	686~785		1.12			具有良好的导热性、耐磨性 与碳化钨硬质合金配对使用，比石墨具有良好的耐磨性能和抗脆性 有较高的弹性模量，变形小 耐蚀性能较差，主要用于海水、油品等中性介质
	QSn10-1	7.76									
钢结硬质合金	R5	6.4	70~73 HRC		9.16~11.13		1300	3.21			是一种以钢为粘接相，碳化钛为硬质相的硬质合金材料 具有较高的弹性模量、硬度、强度和低的摩擦因数，自配对 $f=0.04$(R5), $f=0.215$(R8) 具有较高的耐蚀性，如耐硝酸、氢氧化钠等，还具有良好的加工性
	R8	6.25	62~66 HRC		7.58~10.6		1100				

（2）辅助密封圈材料

表 11-4-21

名称	代号	使用温度范围/℃	特点	应用
天然橡胶	NR	−50~120	弹性和低温性能好,但高温性能差,耐油性差,在空气中容易老化	用于水、醇类介质,不宜在燃料油中使用
丁苯橡胶	SBR	−30~120	耐动、植物油,对一般矿物油则膨胀大,耐老化性强,耐磨性比天然橡胶好	用于水、动植物油、酒精类介质,不可用于矿物油
丁腈橡胶	中丙烯腈(丁腈-26)	NBR	−30~120	耐油、耐磨、耐老化性好。但不适用于磷酸、脂系液压油及含极压添加剂的齿轮油和酮类介质	应用广泛。适用于耐油性要求高的场合,如矿物油、汽油
	高丙烯腈(丁腈-40)		−20~120	耐燃料油、汽油及矿物油性能最好,丙烯腈含量高,耐油性能好,但耐寒性较差	
乙丙橡胶	EPDM	−50~150	耐热、耐寒、耐老化性、耐臭氧性、耐酸碱性、耐磨性好,但不耐一般矿物油系润滑油和液压油	适用于要求耐热的场合,可用于过热蒸汽,但不可用于矿物油、液氨和氨水中
硅橡胶	MPVQ、MVQ	−70~250	耐热、耐寒性能和耐压缩永久变形极佳。但机械强度差,在汽油、苯等溶剂中膨胀大,在高压水蒸气中发生分解,在酸碱作用下发生离子型分解	用于高、低温下高速旋转的场合,如矿物油、弱酸、弱碱
氟橡胶	FKM	−20~200	耐油、耐热和耐酸、碱性能极佳,几乎耐所有润滑油、燃料油。耐真空性好。但耐寒性和耐压缩永久变形性不好,价格高	用于耐高温、耐腐蚀的场合,如丁烷、丙烷、乙烯,但对有机酸、酮、酯类溶剂不适用
聚硫橡胶	T	0~80	耐油、耐溶剂性能极佳,在汽油中几乎不膨胀。强度、撕裂性、耐磨性能差,使用温度狭窄	多用于在介质中不允许膨胀的静止密封
氯丁橡胶	CR	−40~130	耐老化性、耐臭氧性、耐热性比较好,耐燃性在通用橡胶中为最好,耐油性次于丁腈橡胶而优于其他橡胶,耐酸、碱、溶剂性能也较好	用于易燃性介质及酸、碱、溶剂等场合,但不能用于芳香烃及氯化烃油介质
填充聚四氟乙烯	PTFE	−260~260	耐磨性极佳,耐热、耐寒、耐溶剂、耐蚀性能好,具有低的透气性但弹性极差,线胀系数大	用于高温或低温条件下的酸、碱、盐、溶剂等强腐蚀性介质

（3）弹簧材料

表 11-4-22

材料种类	材料牌号	直径/mm	扭转极限应力 τ/MPa	许用扭转工作应力 τ/MPa	剪切弹性模量 G/MPa	使用温度范围/℃	说明
磷青铜	QSi3-1	0.3~6	$0.5\sigma_b$	$0.4\sigma_b$	392	−40~200	防磁性好,用于海水和油类介质中
	QSn4-3	0.3~6	$0.4\sigma_b$	$0.3\sigma_b$			
碳素弹簧钢	65Mn	5~10	4.9	3.9	785	−40~120	用于常温无腐蚀性介质中
	60Si2Mn	5~10	7.3	5.8			
	50CrVA	5~10	4.4	3.53	785	−40~400	用于高温无腐蚀性介质中
不锈钢	3Cr13	1~10	4.4	3.53	392	−40~400	用于弱腐蚀性介质中
	4Cr13						
	1Cr18Ni9Ti	0.5~8	3.92	3.2	784	−100~200	用于强腐蚀性介质中

注：1. 使用温度范围是指密封腔内介质温度。

2. 对弹簧材料的要求是耐介质的腐蚀,在长期工作条件下不减少或失去原有的弹性,在密封面磨损后仍能维持必要的压紧力。

(4) 波纹管材料

表 11-4-23

名　称	密度 /g·cm^{-3}	热导率 /W·cm^{-1}·℃$^{-1}$	线胀系数 /10^{-6}℃$^{-1}$	弹性模量 /10^{4}MPa	抗拉强度 /MPa	特 点 与 应 用
黄铜 （H80）	8.8	141	19.1	10.5	270	塑性、工艺性能好，弹性差。所制作的波纹管常与弹簧联合使用
不锈钢 （1Cr18Ni9Ti）	8.03		5.2 （0~100℃）	19	750 （半冷作硬化）	力学性能、耐蚀性能好。应用广泛，常用厚度 0.05~0.45mm
铍青铜 （QBe2）	8.3		5.2 （21℃）	13.1 （21℃）	1220	工艺性好，弹性、塑性较好，耐蚀性好，疲劳极限高，用于 180℃以下、要求较高的场合
海氏合金 C	8.94		3.9 （21~316℃）	20.5 （20℃）	885 （21℃）	耐蚀、抗氧化性能好，能耐多种酸（包括盐酸）及碱的腐蚀
聚四氟乙烯	2.2~2.35	0.0026	8~25		14~25	耐蚀、耐热、耐低温、耐水、韧性好，但导热性差，线胀系数大，冷流性大，需与弹簧组合使用

(5) 典型工况下机械密封材料选择

表 11-4-24

名　称	介　　质		材　　料			
	浓度/%	温度/℃	静　环	动　环	辅助密封圈	弹　簧
硫酸	5~40	20	浸呋喃树脂石墨	氮化硅	聚四氟乙烯、氟橡胶	Cr13Ni25Mo3Cu3Si3Ti、海氏合金 B
	98	60	钢结硬质合金（R8）、氮化硅、氧化铝陶瓷	填充聚四氟乙烯		1Cr18Ni12Mo2Ti、4Cr13 喷涂聚三氟氯乙烯
	40~80	60	浸呋喃树脂石墨	氮化硅	聚四氟乙烯、氟橡胶	Cr13Ni25Mo3Cu3Si3Ti、海氏合金 B
	98	70	钢结硬质合金（R8）、氮化硅、氧化铝陶瓷	填充聚四氟乙烯		1Cr18Ni12Mo2Ti、4Cr13 喷涂聚三氟氯乙烯
硝酸	50~60	20~沸点	填充聚四氟乙烯	氮化硅	聚四氟乙烯、氟橡胶	
			氮化硅、氧化铝陶瓷	填充聚四氟乙烯	聚四氟乙烯	1Cr18Ni12Mo2Ti
	60~99	20~沸点	氧化铝陶瓷			
盐酸	2~37	20~70	氮化硅、氧化铝陶瓷	填充聚四氟乙烯	氟橡胶	海氏合金 B、钛钼合金（Ti32Mo）
			浸呋喃树脂石墨	氮化硅		
醋酸	5~100	沸点以下	浸呋喃树脂石墨	氮化硅	硅橡胶	1Cr18Ni12Mo2Ti
			氮化硅、氧化铝陶瓷	填充聚四氟乙烯		
磷酸	10~99	沸点以下	浸呋喃树脂石墨	氮化硅	氟橡胶、聚四氟乙烯	1Cr18Ni12Mo2Ti
			氮化硅、氧化铝陶瓷	填充聚四氟乙烯		
氨水	10~25	20~沸点	浸环氧树脂石墨	氮化硅 钢结硬质合金（R5）	硅橡胶	1Cr18Ni12Mo2Ti
氢氧化钾	10~40	90~120	浸呋喃树脂石墨	氮化硅、钢结硬质合金（R8）、碳化钨（WC）	氟橡胶、聚四氟乙烯	1Cr18Ni12Mo2Ti
	含有悬浮颗粒	20~120	氮化硅	氮化硅		
			钢结硬质合金（R8）	钢结硬质合金（R8）		
			碳化钨（WC）	碳化钨（WC）		

续表

介质			材料			
名称	浓度/%	温度/℃	静环	动环	辅助密封圈	弹簧
氢氧化钠	10~42	90~120	浸呋喃树脂石墨	氮化硅 钢结硬质合金(R8) 碳化钨(WC)	氟橡胶、聚四氟乙烯	1Cr18Ni12Mo2Ti
	含有悬浮颗粒	20~120	氮化硅 钢结硬质合金(R8) 碳化钨(WC)	氮化硅 钢结硬质合金(R8) 碳化钨(WC)		
氯化钠	5~20	20~沸点	浸环氧树脂石墨	氮化硅	氟橡胶、聚四氟乙烯	1Cr18Ni12Mo2Ti
硝酸铵	10~75	20~90	浸环氧树脂石墨	氮化硅	氟橡胶、聚四氟乙烯	1Cr18Ni12Mo2Ti
氯化铵	10	20~沸点	浸环氧树脂石墨	氮化硅	氟橡胶、聚四氟乙烯	1Cr18Ni12Mo2Ti
海水	含有泥沙	常温	浸环氧树脂石墨 青铜 氮化硅 碳化钨	氮化硅 氧化铝陶瓷 氮化硅 碳化钨	氟橡胶、聚四氟乙烯	1Cr18Ni12Mo2Ti
汽油、机油、液态烃等油类		常温	浸树脂石墨	碳化钨 堆焊硬质合金	丁腈橡胶	3Cr13、4Cr13、65Mn、60Si2Mn、50CrV
		高温(>150)	浸青铜石墨 石墨浸渍巴氏合金	碳化钨、碳化硅、氮化硅	氟橡胶、聚四氟乙烯	
	含有悬浮颗粒		碳化钨 碳化硅 氮化硅	碳化钨 碳化硅 氮化硅	丁腈橡胶	
有机物	尿素 98.7	140	浸树脂石墨	碳化钨、碳化硅、氮化硅	聚四氟乙烯	3Cr13、4Cr13
	苯 100以下	沸点以下	浸酚醛树脂石墨 浸呋喃树脂石墨		聚硫橡胶、聚四氟乙烯	
	丙酮		浸呋喃树脂石墨	碳化钨、45钢、铸钢、碳化硅、氮化硅	乙丙橡胶、聚硫橡胶、聚四氟乙烯	
	醇 95	沸点以下	浸树脂石墨 酚醛塑料、填充聚四氟乙烯		丁腈、氯丁、聚硫胶,乙丙、丁苯、氟橡胶,聚四氟乙烯	
	醛				乙丙橡胶、聚四氟乙烯	
	其他有机溶剂				聚四氟乙烯	

注：本表所列材料仅供选用时参考。设计人员应根据具体的工况条件选择适当的密封材料。

8.5 机械密封的计算

(1) 端面比压与弹簧比压选择

表 11-4-25

项目	选 择 原 则	介 质		p_c/MPa
端面比压 p_c	(1)端面比压(密封面上的单位压力)应始终是正值(即 $p_c>0$),且不能小于端面间液膜的反压力,使端面始终被压紧贴合 (2)端面比压应大于因摩擦使端面间温度升高时的介质饱和蒸气压,否则因介质蒸发而破坏端面间液膜 (3)控制端面比压数值,使端面间液膜在泄漏量尽可能小的条件下,还能保持端面间的润滑作用 (4)必须同时考虑到摩擦副线速度 v(密封端面平均线速度)的影响,使 $p_c v$ 值小于材料的允许 $(p_c v)_p$ 值	一般介质	内装式	0.3~0.6
			外装式	0.15~0.4
		介质压力高,润滑性好,如柴油、润滑油等重质油(内装式密封)		0.5~0.7
		润滑性差,易挥发介质,如液态烃、丙烷、汽油、煤油(内装式密封)		0.3~0.45
		气体介质		0.1~0.3
弹簧比压 p_s	(1)弹簧比压(弹性元件在端面上产生的单位压力)应能保证密封低压操作,停车时的密封和克服密封圈与轴(轴套)的摩擦力 (2)辅助密封圈若采用橡胶材料,弹簧比压可低些;若采用聚四氟乙烯材料,弹簧比压应取得高些 (3)压力高、润滑性好的介质,弹簧比压可大些;反之,应取小些	密封类型	介质与条件	p_s/MPa
		内装式密封(平衡型与非平衡型)	一般介质,$v_{中}=10\sim30$m/s	0.15~0.25
			低黏度介质,如液态烃 $v_{高}>30$m/s	0.14~0.16
			$v_{低}<10$m/s	0.25
		外装式密封	载荷系数 $K\leqslant 0.3$	比被密封介质压力高 0.2~0.3
			载荷系数 $K\geqslant 0.65$	0.15~0.25
			真空密封	0.2~0.3

(2) 端面比压及结构尺寸计算

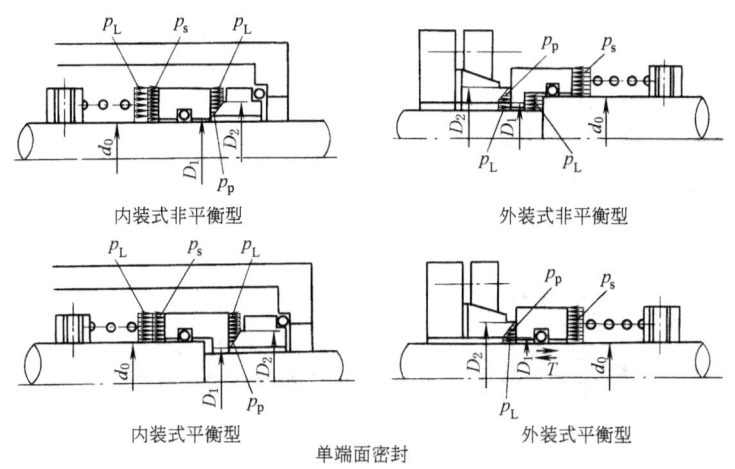

内装式非平衡型　外装式非平衡型

内装式平衡型　外装式平衡型

单端面密封

d_0——轴径,mm;
D_1——密封环接触端面内径,mm;
D_2——密封环接触端面外径,mm;
p_L——密封腔介质压力,MPa;
p_s——弹簧比压,MPa;
p_p——密封环接触端面平均压力,MPa

表 11-4-26

项目	内装式密封	外装式密封
密封环接触端面平均压力 p_p/MPa		$p_p = \lambda p_L$
密封环接触端面液膜推开力 R/N		$R = \dfrac{\pi}{4}(D_2^2 - D_1^2)p_p$
总的弹簧力 F_s/N		$F_s = \dfrac{\pi}{4}(D_2^2 - D_1^2)p_s$
密封腔内介质作用力 F_L/N	$F_L = \dfrac{\pi}{4}(D_2^2 - d_0^2)p_L$	$F_L = \dfrac{\pi}{4}(d_0^2 - D_1^2)p_L$
动环所受的合力 F(由接触端面承受)/N		$F = F_s + F_L - R$

单端面密封端面比压计算

端面比压 p_c/MPa:

$$p_c = \dfrac{F}{\dfrac{\pi}{4}(D_2^2 - D_1^2)} = p_s + p_L(K - \lambda)$$

式中 K 值: 内装式密封用 K_1, 外装式密封用 K_e
选择适当 K 值, 使 p_c 及 $p_c v$ 控制在表 11-4-25 及表 11-4-28 的范围内

载荷系数 K:

内装式密封:
$$K_1 = \dfrac{\text{载荷面积}}{\text{接触面积}} = \dfrac{D_2^2 - d_0^2}{D_2^2 - D_1^2}$$

通常: 非平衡型 $K_1 = 1.15 \sim 1.3$
平衡型 $K_1 = 0.55 \sim 0.85$

介质	K_1
丙烷、丁烷等低黏度	$K_1 = 0.5$
水、水溶液、汽油	$K_1 = 0.58 \sim 0.6$
油类高黏度介质	$K_1 = 0.6 \sim 0.7$

外装式密封:
$$K_e = \dfrac{\text{载荷面积}}{\text{接触面积}} = \dfrac{d_0^2 - D_1^2}{D_2^2 - D_1^2}$$

通常: 非平衡型 $K_e = 1.2 \sim 1.3$
平衡型 $K_e = 0.65 \sim 0.8$
$K_e \leq 0$ 为全平衡型, 表示介质作用力与弹簧力方向相反

K 值大小与介质黏度、温度、汽化压力有关, 黏度低取小值, 但一般 $K \geq 0.5$

反压力系数 $\lambda (\lambda_{sL})$:

$$\lambda = \dfrac{2D_2 + D_1}{3(D_2 + D_1)}$$

λ 值不仅与密封端面尺寸有关, 而且与介质黏度有关。低黏度介质(如液态烃、氨等)λ 值稍高, 高黏度介质(如重润滑油等)λ 值低

介质	水	油	气	液化气
λ	0.5	0.34	0.67	0.7

$\lambda = 0.7$

校验 $p_c v$ 值:

$$p_c v \leq (p_c v)_p$$

$$v = \dfrac{\pi(D_2 + D_1)n}{120}$$

式中 p_c——端面比压, MPa;
v——密封面平均速度, m/s;
D_2, D_1——密封面外径、内径, m;
n——动环转速, r/min;
$(p_c v)_p$——许用 $p_c v$ 值, MPa·m/s, 参照表 11-4-28 选取

双端面密封端面比压计算

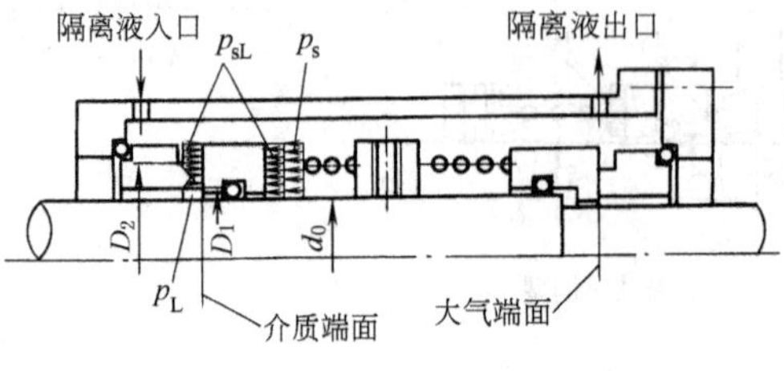

p_{sL}——密封腔内隔离液压力, MPa
其他符号见本表单端面密封

续表

项　目		内装式密封		外装式密封
双端面密封端面比压计算		大气端密封	端面比压计算与内装式单端面密封相同	
	隔离流体作用力 F_{sL}/N	介质端密封	$F_{sL}=\frac{\pi}{4}(D_2^2-d_0^2)p_{sL}$	K_1、K_e 计算及 λ 值的选取见本表单端面密封
	密封环接触端面液膜推开力 R/N		$R=\frac{\pi}{4}(D_2^2-D_1^2)(p_L+p_{sL})\lambda$	
	总的弹簧力 F_s/N		$F_s=\frac{\pi}{4}(D_2^2-D_1^2)p_s$	
	密封介质作用力 F_L/N		$F_L=\frac{\pi}{4}(D_2^2-d_0^2)p_L$	
	动环所受的合力 F（由接触端面承受）/N		$F=F_s+F_{sL}-F_L-R$	
	端面比压 p_c/MPa		$p_c=\dfrac{F}{\frac{\pi}{4}(D_2^2-D_1^2)}=p_s+p_{sL}(K_1-\lambda)+p_L(K_e-\lambda)$	
	校验 $p_c v$ 值		$p_c v<(p_c v)_p$ 其他见本表单端面密封	
几何尺寸计算	端面接触内径 D_1/mm	内装式密封：$D_1=-2b(1-K)+\sqrt{d_0^2-4b^2K(1-K)}$ 外装式密封：$D_1=-2bK+\sqrt{d_0^2-4b^2K(1-K)}$		
	端面接触外径 D_2/mm	$D_2=D_1+2b$		

几何尺寸计算	端面接触宽度 b/mm	材料组合	轴径/mm						备注
			16~28	30~40	45~55	60~65	66~70	75~85	90~120	
		软环/硬环	3	4	4.5	5		5.5	6	硬环宽度比软环大1~3mm
		硬环/硬环	2.5				3			两环宽度相等

		一般 $b=3\sim6$mm。对气相介质、易挥发介质及高速密封，以散发摩擦热为主，b 适当取小值；对高压或大直径密封，特别在压力有波动或存在振动的情况下，以强度与刚度为主，b 适当取大值
	软环端面凸台高度	根据材料强度、耐磨能力及寿命确定，通常取2~3mm。端面内外径棱缘不允许有倒角

间隙	静环内径与轴的间隙 $(D-d)$	轴径/mm	16~100（软环）	110~120（软环）	16~100（硬环）	110~120（硬环）
		间隙/mm	1	2	2	3
	动环内径与轴的间隙	根据轴径大小一般取0.5~1mm，用以补偿静环的偏斜、轴的振动而造成摩擦副不贴合和比压不均匀 动环与轴的间隙不能过大，否则会造成O形密封圈卡入间隙而造成密封失效，尤其在高压时更要注意				

(3) 机械密封摩擦功率计算

机械密封的摩擦功率包括密封端面摩擦功率和旋转组件对介质的搅拌功率。一般情况下后者比前者小得多，而且也难准确计算，通常按式（11-4-10）计算密封端面摩擦功率。

$$P=f\pi d_m b p_c v \quad (W) \tag{11-4-10}$$

式中　d_m——密封端面平均直径，m，$d_m=\dfrac{D_1+D_2}{2}$；

D_1，D_2——密封环接触端面内径、外径，m；

b——密封环接触端面宽度，m，$b=\dfrac{D_2-D_1}{2}$；

p_c——密封端面比压，Pa；

v——密封环接触端面平均速度，m/s，$v=\dfrac{\pi d_{\mathrm{m}} n}{60}$；

n——密封轴转速，r/min；

f——密封环接触端面摩擦因数，见表 11-4-28。

对于普通机械密封，端面间呈边界摩擦状态。

表 11-4-27　　　　　　　　　　　密封环接触端面摩擦因数

摩擦状态	干摩擦	半干摩擦	边界摩擦	半液摩擦	全液摩擦
摩擦因数 f	0.2~1.0 或更高	0.1~0.6	0.05~0.15	0.005~0.1	0.001~0.005

由式（11-4-10）可知，在密封端面尺寸和摩擦状态一定的情况下，摩擦功率主要取决于工作条件下的 $p_{\mathrm{c}}v$ 值。$p_{\mathrm{c}}v$ 值越大，端面摩擦功率也越大。此外，由于端面摩擦功率与摩擦因数和端面尺寸大小成正比，因此在 $p_{\mathrm{c}}v$ 值较高的情况下，应将端面宽度设计得窄些，并强化润滑措施，降低 f 值。

（4）常用摩擦副材料组合的许用 $(p_{\mathrm{c}}v)_{\mathrm{p}}$ 值

表 11-4-28　　　　　　　　　　　　　　　　　　　　　　　　　　　　　　MPa·m·s^{-1}

摩擦副材料组合		非平衡型			平衡型	
静环	动环	水	油	气	水	油
碳石墨	钨铬钴合金	3~9	4.5~11	1~4.5	8.5~10.5	58~70
	铬镍铁合金		20~30			
	碳化钨	7~15	9~20		26~42	122.5~150
	不锈钢	1.8~10	5.5~15			
	铅青铜	1.8				
	陶瓷	3~7.5	8~15		21	42
	喷涂陶瓷	15	20		90	150
	氧化铬	7				
	铸铁	5~10	9			
碳化硅	钨铬钴合金	8.5				
	碳化钨	12				
	碳石墨	180				
	碳化硅	14.5				
碳化钨	碳化钨	4.4	7.1		20	42
青铜	铬镍铁合金		9~20			
	碳化钨	2	20			
	氧化铝陶瓷	1.5				
铸铁	钨铬钴合金		6			
	铬镍铁合金		6			
陶瓷	钨铬钴合金	0.5	1			
填充聚四氟乙烯	钨铬钴合金	3	0.5	0.06		
	不锈钢	3				
	高硅铸铁	3				

注：$p_{\mathrm{c}}v$ 值是密封端面比压 p_{c} 与密封端面平均线速度 v 的乘积，它表示密封材料的工作能力。极限 $p_{\mathrm{c}}v$ 值是密封失效时的 $p_{\mathrm{c}}v$ 值。许用 $p_{\mathrm{c}}v$ 值以 $(p_{\mathrm{c}}v)_{\mathrm{p}}$ 表示，它是极限 $p_{\mathrm{c}}v$ 值除以安全系数的数值，是密封设计的重要依据。需注意的是 $p_{\mathrm{c}}v$ 值与 pv 值概念上的不同。pv 值是密封流体压力 p 与密封端面平均线速度 v 的乘积，它表示密封的工作能力。极限 pv 值是密封失效时的 pv 值，它表示密封性能的水平。许用 pv 值以 $(pv)_{\mathrm{p}}$ 表示，它是极限 pv 值除以安全系数的数值，是密封使用的重要依据。

8.6 机械密封结构设计

表 11-4-29

项目		简图	特点与应用
密封环结构	整体结构	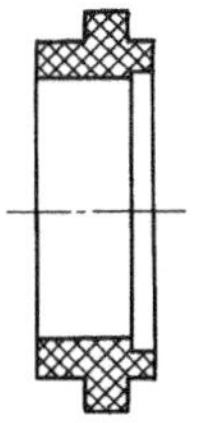	常用于石墨、塑料、青铜等材料制成的密封环，断面过渡部分应具有较大的过渡半径。用于高压时，需按厚壁空心无底圆筒计算强度。用于摆动和强烈振动设备时，需考虑材料的疲劳强度
密封环结构	过盈连接	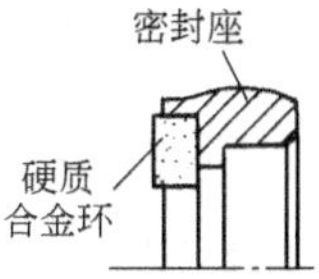	常用于硬质合金、陶瓷等材料。用过盈方法装到密封座上，以便节省费用，但需要注意材料的许用应力不能超过允许极限。用于高温时，需要注意因温度影响而松动。为了使密封环装到密封座底部，密封座上需有退刀槽
密封环结构	喷涂或烧结	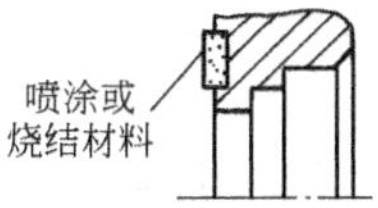	常用于硬质合金、陶瓷材料。采用喷涂方法将耐磨材料敷到密封座上。克服了过盈连接时耐磨材料在密封座上的松动，但喷涂技术要求高，否则会因亲和力不够而产生剥离，影响密封效果
密封环结构	堆焊	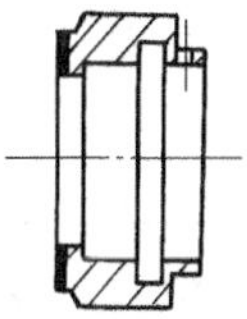	将耐磨材料堆焊到密封座上，厚度 2~3mm，但堆焊硬度不均匀，堆焊面易产生气孔和裂缝，设计和制造时需注意
动环传动方式	并圈弹簧传动	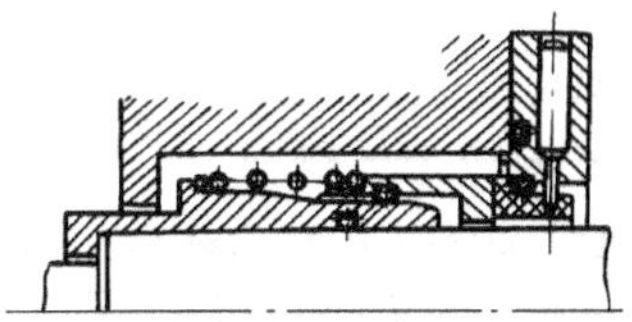	利用弹簧末圈与弹簧座之间的过盈来传递转矩，过盈量取 1~2mm（大直径者取大值）。弹簧两端各并 2 圈（即推荐弹簧总圈数=有效圈数+4 圈），弹簧的旋向应与轴的旋转方向相同。并圈弹簧的其余尺寸与普通弹簧相同
动环传动方式	弹簧钩传动	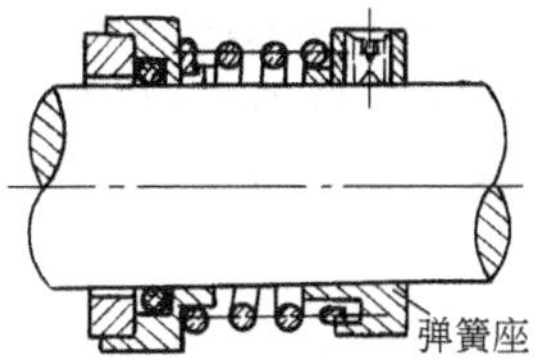	弹簧两端钢丝头部在径向或轴向弯曲成小钩，一头钩在弹簧座的槽中，另一头钩在动环的槽中，既能传递转矩，结构又比较紧凑。带钩弹簧的其余尺寸与普通弹簧相同。弹簧旋向应与轴的旋向相同
动环传动方式	传动套传动	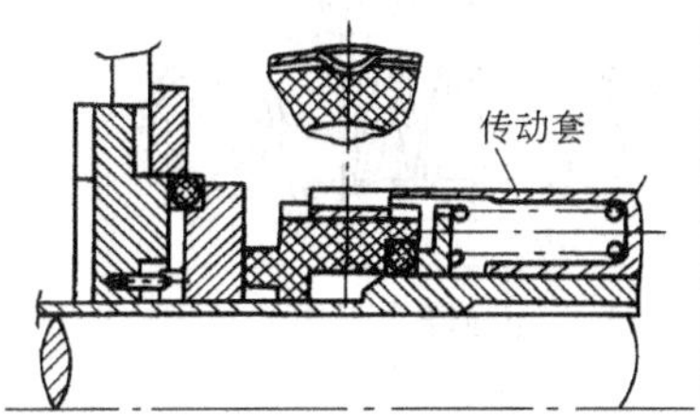	在弹簧座上，“延伸”出一薄壁圆筒（即传动套），借以传递转矩。此结构工作稳定可靠，并可利用传动套把零件预装成一个组件而便于装拆。但耗费材料多，在含有悬浮颗粒的介质中使用，可能出现堵塞现象。 图中弹簧套冲成凹槽，在动环上开槽，二者配合传动

续表

项目		简　图	特　点　与　应　用
动环传动方式	传动销传动	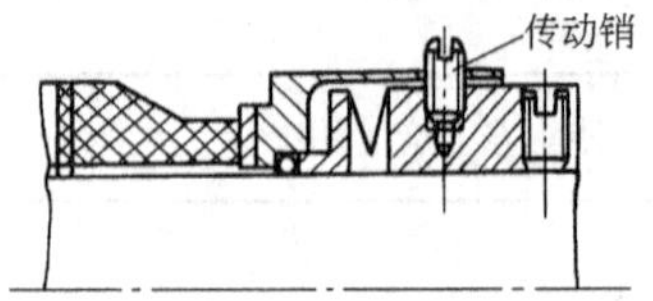	弹簧座固定于轴上,通过传动销把动环与弹簧座连成一体,使动环与静环作相对旋转运动。传动销传动主要用于多弹簧类型的密封
	拨叉传动	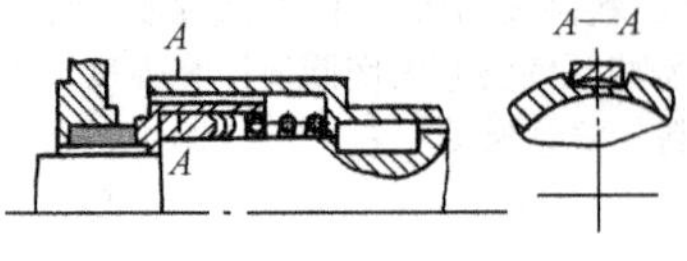	是一种金属与金属的凹凸传动方式。在动环及弹簧座上制出凹凸槽,借助于互相嵌合而传动。特别适用于复杂结构,能保证传动的可靠性
	波纹管传动	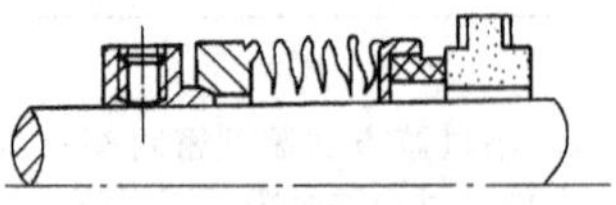	波纹管座利用螺钉固定在轴上,通过波纹管直接传动
	键或销钉传动	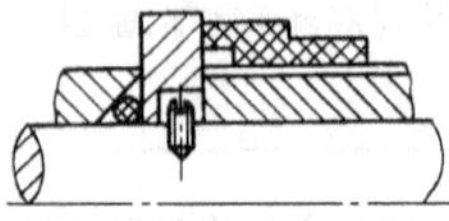	直接在轴上开键槽或销钉孔,然后装上键或销钉。这是一种可靠传动,常用于高速密封
静环固定方式	浮装式固定	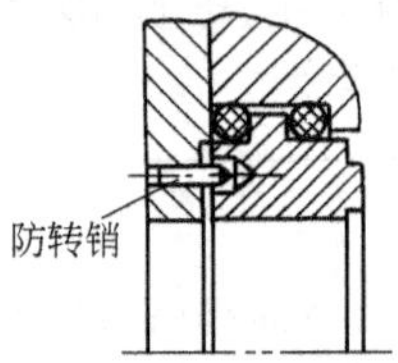	静环的台肩借助密封圈安装在压盖的台肩上,静环与压盖之间没有直接的硬接触面,利用密封圈的弹性变形使静环具有一定的补偿能力。因此,对压盖的制造和安装误差不敏感。是一种较常用的方法。浮装式固定需要安装防转销,以防止静环可能出现转动
	托装式固定	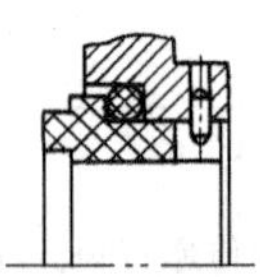	静环依托在压盖上,同时用密封圈封闭静环与压盖之间的间隙。这是坚实的固定方式,适用于高压密封。但静环的补偿能力降低,需相应提高压盖的制造和安装精度要求 托装式固定也需要安装防转销
	夹装式固定	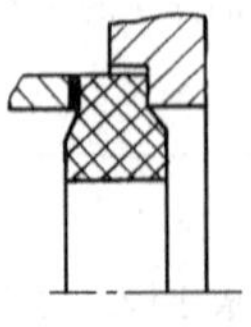	静环被夹紧在压盖与密封腔的止口之间,压盖、密封腔与静环之间的间隙用垫片密封。介质作用在静环上的压力被压盖或密封腔承受,不会产生静环位移而破坏密封的现象。因此,特别适用外装式密封。采用此固定方式,静环不需制出辅助密封圈安装槽,对陶瓷等硬脆材质的静环很适用 静环完全无补偿能力,对压盖的制造安装精度要求严格
螺旋弹簧的设计		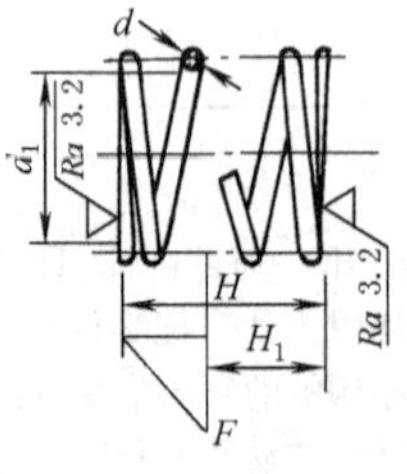 大弹簧 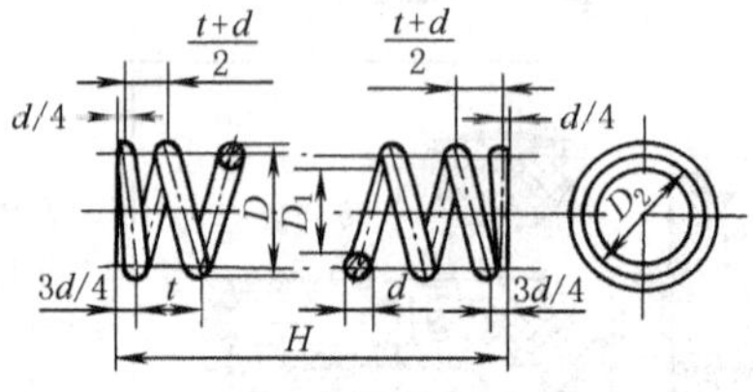　　　　　　　　小弹簧	

续表

项目	参 数	特 点 与 应 用
螺旋弹簧的设计	轴径	大弹簧用于轴径65mm以下,小弹簧用于轴径大于35mm以上。小弹簧的个数随着轴径的增大而增多
	弹簧丝直径和圈数	大弹簧的弹簧丝直径为2~8mm,有效圈数2~4圈,总圈数为3.5~5.5。小弹簧的弹簧丝直径0.8~1.5mm,有效圈数8~15圈,总圈数为9.5~16.5圈
		两端部各合并3/4圈(并圈弹簧传动时两端各并2圈)磨平后作为支承圈
	工作压缩量(工作变形量)	为极限压缩量(变形量)的2/3~3/4
	弹簧力下降	弹簧力的下降不得超过10%~20%
	技术要求	符合JB/T 11107—2011《机械密封用圆柱螺旋弹簧》标准中的规定。

8.7 波纹管式机械密封

8.7.1 波纹管式机械密封型式

表 11-4-30

型式	简 图	特 点	应 用
金属波纹管密封	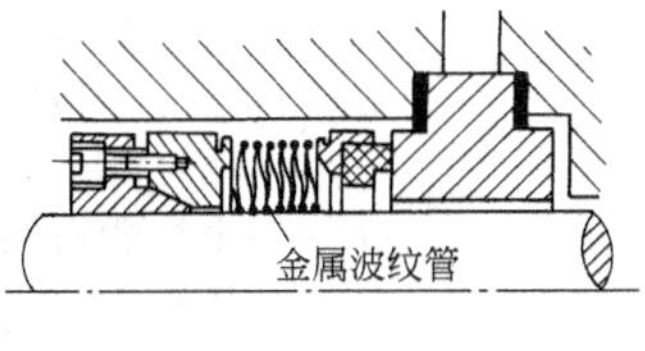 (金属波纹管)	金属波纹管作为弹性元件补偿及缓冲动环因磨损、轴向窜动及振动等原因产生轴向位移,且与轴之间的密封是静密封,不产生一般机械密封的辅助密封圈的微小移动。传动动环随轴旋转;波纹管的弹性力与密封流体压力一起在密封端面上产生端面比压,达到密封作用。具有耐高温、高压的性能	耐蚀性好,常用于一般辅助密封圈无法应用的高温和低温场合,如液态烃、液态氮、液态氢、氧。使用介质温度范围为-240~650℃,压力小于7.0MPa,端面线速度$v<100$m/s
聚四氟乙烯波纹管密封	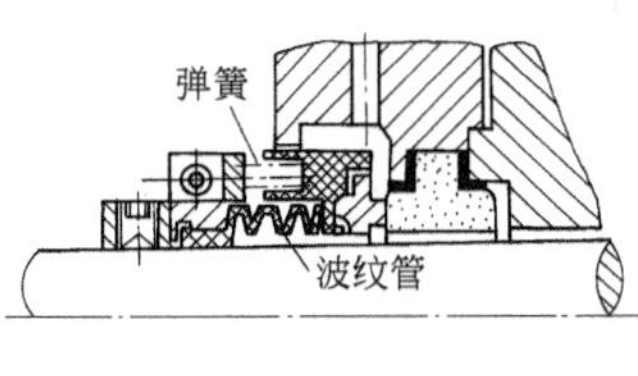 (弹簧/波纹管)	聚四氟乙烯波纹管因弹性小,需与弹簧组合使用。弹簧利用波纹管与强腐蚀性介质隔离,避免弹簧腐蚀。耐蚀性能好,但机械强度低	常用于除氢氟酸以外的强腐蚀性介质的密封。适用压力为0.3~0.5MPa
橡胶波纹管密封	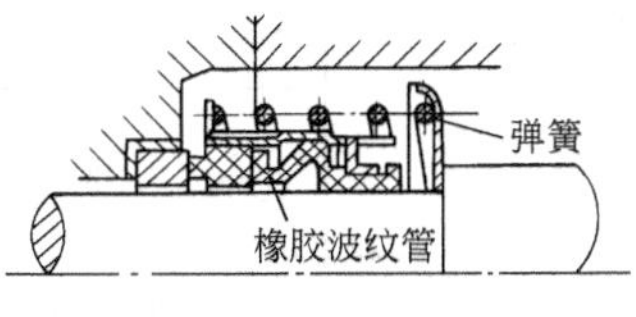 (弹簧/橡胶波纹管)	橡胶波纹管因弹性小,需与弹簧组合使用。弹簧利用波纹管与腐蚀性介质隔开。耐蚀性能视橡胶性能而定。价格便宜,但耐温性能差	用于适合于橡胶材料的化学腐蚀介质和中性介质中,工作压力为1~1.5MPa,温度通常为100℃以下
压力成形金属波纹管	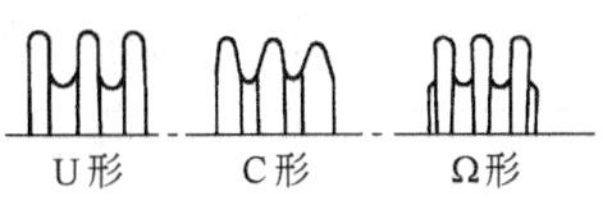 U形 C形 Ω形	用金属薄壁管在压力(液压)下成形,加工方便。轴向尺寸大,波厚不受成形特点的限制,内、外径应力集中	应用不多

续表

型 式	简 图	特 点	应 用
焊接金属波纹管	S形 V形 阶梯形 v形	利用一系列薄板或成形薄片焊接而成。可将一个波形隐含在另一波形内。轴向尺寸小,内外径无残余应力集中,允许有较大的弯曲挠度,材料选择范围广。S形波又称锯齿形波	应用较广,尤其适用于高载荷机械密封。S形使用最广
聚四氟乙烯波纹管	U形 V形 凵形	分压制、车制两种型式,车制波纹管表面光滑,强度高,质量比压制好 因聚四氟乙烯弹性差,因此波形多	凵形应用较广,易加工,但应力分布不均匀
橡胶波纹管	L形 Z形 U形	分注压法和模压法两种成形方法,注压法生产效率高,是一种新工艺。模压法生产设备简单,可变性大,故采用较广	U形应用较广

8.7.2 波纹管式机械密封端面比压计算

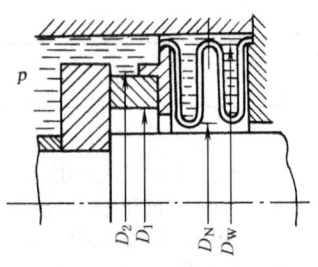

内装内流式波纹管机械密封　　外装外流式波纹管机械密封

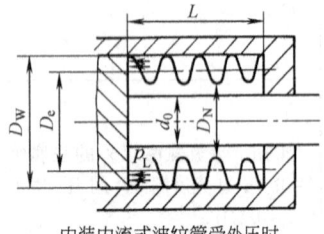

内装内流式波纹管受外压时的有效直径(内装式)

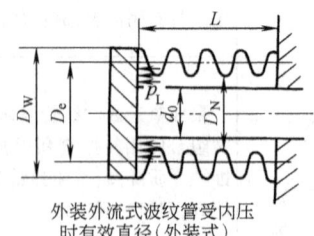

外装外流式波纹管受内压时有效直径(外装式)

p_L——密封腔内介质压力,MPa;
D_N——波纹管内径,mm;
D_W——波纹管外径,mm;
d_0——密封轴径,mm;
D_1——密封端面接触内径,mm;
D_2——密封端面接触外径,mm;
D_e——波纹管有效直径,mm;
L——波纹管长度,mm

表 11-4-31

项 目		内装内流式	外装外流式	说 明
介质压力作用在密封端面上产生的轴向力 F_b/N		$F_b = \dfrac{\pi}{4}(D_W^2 - D_e^2)p_L$	$F_b = \dfrac{\pi}{4}(D_e^2 - d_0^2)p_L$	d_0——轴径,mm
有效直径 D_e/mm	矩形波	$D_e = \sqrt{\dfrac{1}{2}(D_W^2 + D_N^2)}$		车制聚四氟乙烯管为矩形波
	锯齿形波	$D_e = \sqrt{\dfrac{1}{3}(D_W^2 + D_N^2 + D_W D_N)}$		焊接金属波纹管为锯齿形波
	U形波	$D_e = \sqrt{\dfrac{1}{8}(3D_W^2 + 3D_N^2 + 2D_W D_N)}$		压力成形金属波纹管为U形波

续表

项目	内装内流式	外装外流式	说明
载荷系数 K	$K_1 = \dfrac{D_W^2 - D_e^2}{D_2^2 - D_1^2}$	$K_e = \dfrac{D_e^2 - d_0^2}{D_2^2 - D_1^2}$	
弹性元件的弹性力 F_d/N	$F_d = P'f_n' + P''f_n'' = \dfrac{\pi}{4}(D_2^2 - D_1^2)p_s$		P'——弹簧刚度,不采用弹簧时,$P'=0$,N/mm f_n'——弹簧压缩量,mm P''——波纹管刚度,N/mm f_n''——波纹管压缩量,mm p_p——密封端面平均压力,MPa $p_p = \lambda p_L$ λ——介质反压力系数,由表11-4-26选取
弹簧比压 p_s/MPa	$p_s = \dfrac{4F_d}{\pi(D_2^2 - D_1^2)}$ 高速机械,$v>30$m/s 时,$p_s=0.05\sim0.2$MPa 中速机械,$v=10\sim30$m/s 时,$p_s=0.15\sim0.3$MPa 低速机械,$v<10$m/s 时,$p_s=0.15\sim0.6$MPa 搅拌釜,p_s 可取大些		
密封端面液膜推开力 R/N	$R = \dfrac{\pi}{4}(D_2^2 - D_1^2)p_p$		
动环所受合力 F (由接触端面承受)/N	$F = F_b + F_d - R$		
端面比压 p_c/MPa	$p_c = p_s + (K_1 - \lambda)p_L$ 选择适当 K 值,控制 p_c 及 $p_c v$ 在表11-4-25及表11-4-28的范围内	$p_c = p_s + (K_e - \lambda)p_L$	

项目	大气侧(波纹管受外压)	介质侧(波纹管受内压)	说明
加压式双端面密封简图	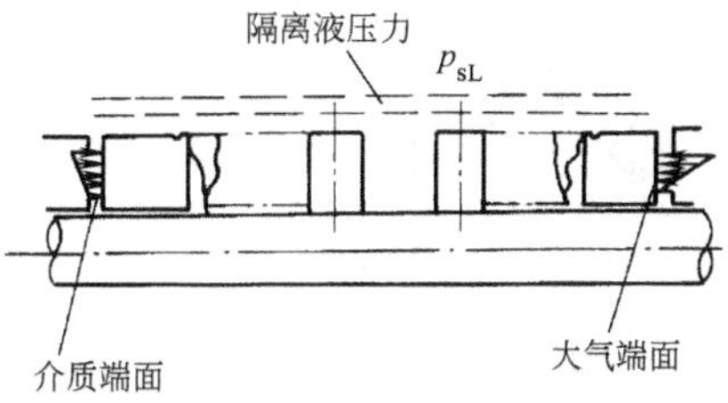		
双端面密封端面比压 p_c/MPa	$p_c = p_s + (K_e - \lambda)p_L$	$p_c = p_s + (K_1 - \lambda)p_L + (K_e - \lambda_{sL})p_{sL}$	λ_{sL}——隔离液反压力系数,按表11-4-26选取 p_{sL}——隔离液压力,MPa

8.8 非接触式机械密封

8.8.1 非接触式机械密封与接触式机械密封比较

表 11-4-32

类别	特点应用
普通接触式机械密封	密封端面之间的间隙小于 $2\mu m$。由于间隙很小,端面呈边界摩擦状态,密封端面之间的液膜很薄,压力很低,还存在部分液膜不连续,局部地方出现固体接触。端面的摩擦性能取决于膜的润滑性能和密封端面的材料。因此,在高的 pv 值(p 为密封流体压力,v 为密封端面平均线速度)条件下,端面间很难维持稳定而连续的液膜,往往由于润滑条件恶化造成端面过热和磨损,大大缩短密封使用寿命

续表

类别		特点 应用
非接触式机械密封	液体静压式和动压式机械密封	结构与普通机械密封类似,仅密封端面结构不同。利用这种结构对润滑液体产生的静压或动压效应,将密封端面分开,间隙一般大于 $2\mu m$,使两端面间有足够的液膜、互不接触,达到完全液体摩擦,端面不易发生磨损。端面间摩擦因数通常小于 0.005,密封发热量和磨损量都很小。因此,这两种机械密封能在高速、高压或密封气体的条件下长期可靠运行,但密封泄漏量较大。为使泄漏量尽可能小,在密封设计时又不希望密封间隙过大 主要用于密封端面平均线速度在 30m/s 以下长轴的气体密封,如搅拌釜用密封,或用于端面平均线速度在 30~100m/s 的液体、气体密封,如高速泵、离心机和压缩机的密封
	干气密封	密封端面上设计有特殊形状的沟槽,利用气体在沟槽中加压,将密封端面分开,形成非接触式密封。与流体动压式密封相比,使用范围更广,节省庞大的密封油系统且运转费用低,但一次性投资高 主要用于端面平均线速度小于 150m/s 的气体输送机械动密封,如离心压缩机、螺杆压缩机,也可以用于泵的密封

注:非接触式机械密封因端面有液膜或气膜,可以人为控制,所以又称为可控膜机械密封。

8.8.2 流体静压式机械密封

流体静压式机械密封用以平衡外部的压力,向密封端面输入液体或自身介质,建立一层端面静压液膜,对密封端面提供充分的润滑和冷却。

表 11-4-33

项目	说明
结构型式及特点	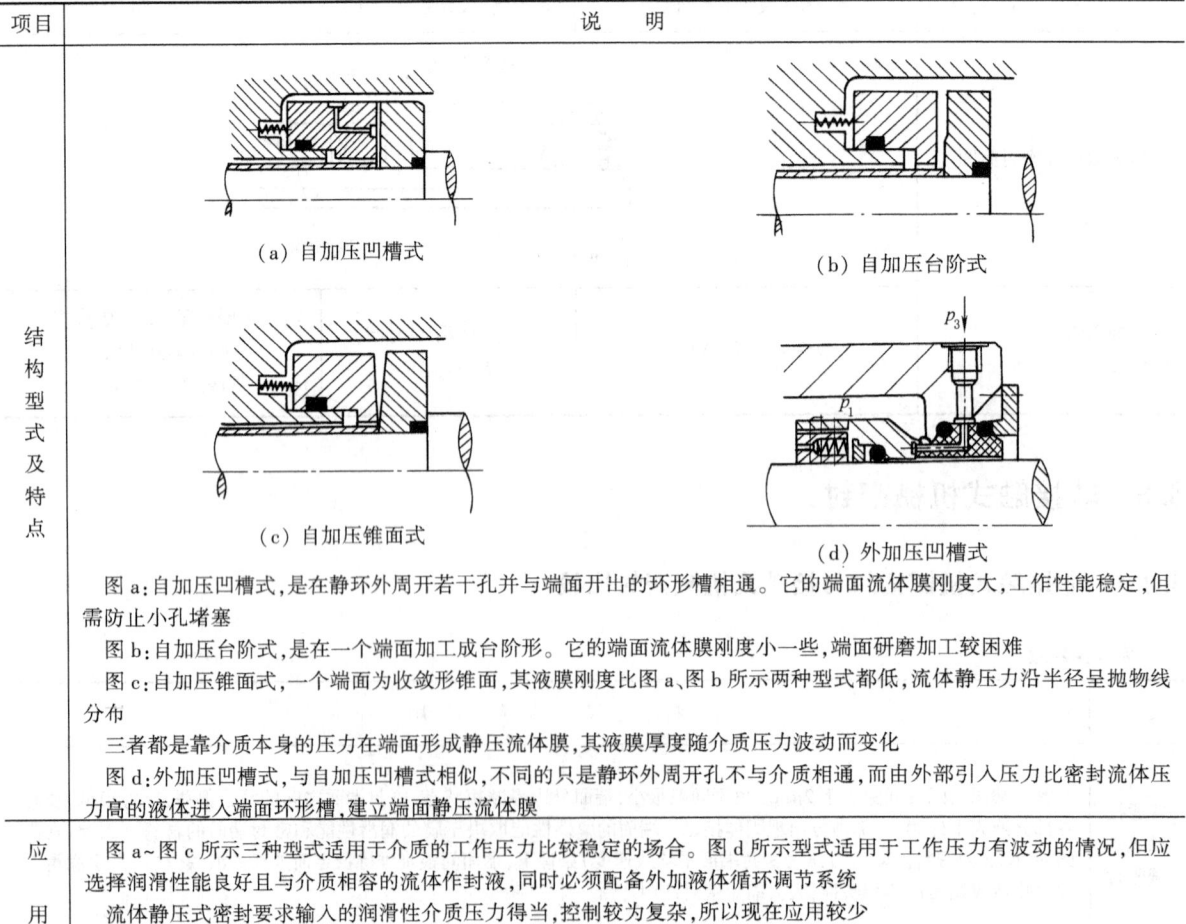 (a) 自加压凹槽式　　(b) 自加压台阶式 (c) 自加压锥面式　　(d) 外加压凹槽式 图 a:自加压凹槽式,是在静环外周开若干孔并与端面开出的环形槽相通。它的端面流体膜刚度大,工作性能稳定,但需防止小孔堵塞 图 b:自加压台阶式,是在一个端面加工成台阶形。它的端面流体膜刚度小一些,端面研磨加工较困难 图 c:自加压锥面式,一个端面为收敛形锥面,其液膜刚度比图 a、图 b 所示两种型式都低,流体静压力沿半径呈抛物线分布 三者都是靠介质本身的压力在端面形成静压流体膜,其液膜厚度随介质压力波动而变化 图 d:外加压凹槽式,与自加压凹槽式相似,不同的只是静环外周开孔不与介质相通,而由外部引入压力比密封流体压力高的液体进入端面环形槽,建立端面静压流体膜
应用	图 a~图 c 所示三种型式适用于介质的工作压力比较稳定的场合。图 d 所示型式适用于工作压力有波动的情况,但应选择润滑性能良好且与介质相容的流体作封液,同时必须配备外加液体循环调节系统 流体静压式密封要求输入的润滑性介质压力得当,控制较为复杂,所以现在应用较少

8.8.3 流体动压式机械密封

流体动压式机械密封是当密封轴旋转时,润滑液体在密封端面产生流体楔动压作用挤入端面之间,建立一层端面液膜,对密封端面提供充分润滑和冷却。槽可开在动环上,也可开在静环上,但最好开在两环中较耐磨的环上。为了避免杂质在槽内积存和进入密封缝隙中,如果泄漏液从内径流向外径,必须把槽开在静环上;相反,则应开在动环上。

表 11-4-34

项目	说 明
结构型式及特点	(a) 偏心结构式密封环　　(b) 带有椭圆形密封环结构　　(c) 带有径向槽结构 (d) 带有循环槽结构(受外压作用时用)　　(e) 带有循环槽结构(受内压时用)　　(f) 带有螺旋槽结构 图 a:带偏心结构的密封环是将动环或静环中某一个环的端面的中心线制成与轴线偏移一定距离 e(无论是动环或静环,偏心是对两环中较窄的端面宽度即有凸台的环而言的),使环在旋转时不断带入润滑液至滑动面间起润滑作用。缺点是尺寸比较大,作用在密封环上的载荷不对称 图 b:带椭圆形密封环的密封是将动环或静环中某一个环的端面制成椭圆形,由于润滑楔和切向流的作用,能在密封端面之间形成一个流体动力液膜。液体的循环和冷却十分有效地维持润滑楔的存在和稳定性。摩擦因数与介质内压以及端面之间关系的数据目前尚不清楚 图 c:带有径向槽结构密封环的径向槽形状有呈 45°斜面的矩形、三角形或其他形状的,密封端面之间的液膜压力由流体本身产生。径向槽结构在端面之间形成润滑和压力楔,能有效地减少摩擦面的接触压力、摩擦因数和摩擦副的温度,因而可以提高密封使用压力、速度极限和冷却效应。缺点是液体循环不足,槽边缘区冷却不佳,滞留在槽内的污物颗粒易进入密封端面间隙中 图 d、图 e:带有循环槽结构密封环的密封端面是弧形循环槽,由于它能抽吸液体,可使密封环外缘得到良好的冷却;它还具有排除杂质能力并且与转向无关,因而工作可靠。流体动力效应是在密封环本身形成的。密封环旋转时,槽能使液体相当强烈地冷却距它较远的密封端面。进行这种冷却时,在密封环初始端面上形成数量与槽数相等流体动力楔和高压区,由于切向流和压力降,在每个槽后形成润滑楔
参数设计	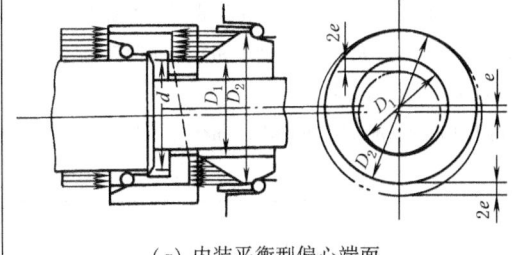 (g) 内装平衡型偏心端面上单位压力分布图　　图 a 偏心结构密封环的偏心尺寸 e: ① 对于高压,偏心尺寸 e 不宜过大,否则端面比压产生显著的不均匀性,由图 g 可见,偏心环的偏心一侧容易受到磨损。同时,任意摩擦副内的环有某一偏移时,摩擦面宽度增加 $2e$ ② 对于高转速密封,不宜用动环作为偏心环,以避免偏心离心力作用引起的不平衡 ③ 由偏心造成端面比压不均匀,其最大和最小端面比压值由式(11-4-11)表示

参数设计	$$p'_{c(最大,最小)} = p_c \pm \frac{2d^2 p_L e}{(D_2+D_1)^2(D_2-D_1)} \quad (\text{MPa}) \qquad (11\text{-}4\text{-}11)$$ 式中 p_c——端面比压，MPa； $\qquad p_L$——介质压力，MPa； $\qquad e$——偏心距离，cm； $\qquad d, D_1, D_2$ 见图 g，cm 式(11-4-11)同样适用于内装非平衡型的计算。对于外装平衡型与非平衡型，偏移将不引起摩擦副内端面比压的不均匀性分布 图 c 带有径向槽结构的密封环径向槽： 槽的径向深度 N 与端面宽度 b 之比与平衡比 $\dfrac{p_c}{p_L}$ 存在如下关系（图 c） $$\frac{N}{b} = 0.25 \frac{p_c}{p_L} \pm 0.2 \qquad (11\text{-}4\text{-}12)$$ 式中 $0 < \dfrac{N}{b} < 0.9$； $\qquad 0.8 < \dfrac{p_c}{p_L} < 3.6$； "+"——对小的黏度或速度； "-"——对大的黏度或速度 密封端面圆周上槽的距离为 25.4~63.5mm。如符合上述关系，在 $p_L > 7$MPa 的高压下也可得到满意的密封效果。必须注意： ① $\dfrac{N}{b}$ 太大，槽数太多，则密封表面润滑很好，但压力楔使端面比压减小，于是泄漏损失急剧增加。相反，如果 $\dfrac{N}{b}$ 太小，槽数太少，则流体动力润滑和压力楔将不足以承担高的工作载荷，从而发生过度热量和磨损。因此，在平衡比 $\dfrac{p_c}{p_L}$ 增大的同时也应增大 $\dfrac{N}{b}$，反之亦然 ② 槽的排列应该垂直于中心线，这样可以和轴的转动方向无关 ③ 静环和动环都可开槽，但不能两者同时开槽，一般开在较耐磨的材料上，槽口对着液体一侧 ④ 为了使污物和磨屑尽可能不进入摩擦面，对于外流式密封，槽应开在静环上，以避免离心力的作用将污物引入摩擦面。对于内流式密封，槽应开在动环上，离心力有助于将污物自槽中甩出 图 d、图 e 带有循环槽（受外压或内压作用）结构的密封环： 密封环端面宽度 b 最低为 6~7mm，否则，槽的宽度 e 不易加工且动压效果差。由于强度原因必须采用很宽的密封面，如密封环采用石墨-陶瓷时，密封设计可以通过端面间隙大小、润滑液膜和发热量确定密封的可靠性。槽距 W 宜在 55~75mm 范围内；槽径向深度 $N \approx 0.4Kb$（K 为载荷系数） 这种密封结构单级密封压力达到 25MPa，端面滑动速度 100m/s，pv 值达 500MPa·m/s
应用	目前，应用广泛的密封端面是带有弧形循环槽结构（外压用和内压用）的密封环

8.8.4 干气密封

(1) 结构和应用范围

干气密封系统主要由干气密封和干气密封供气系统两个部分组成,如图 11-4-2 所示;干气密封结构类似普通机械密封,如图 11-4-3 所示。干气密封通常在下列最大操作范围使用:每级密封压力 10MPa;轴速 150m/s;温度 -60~230℃;轴径 25~250mm。

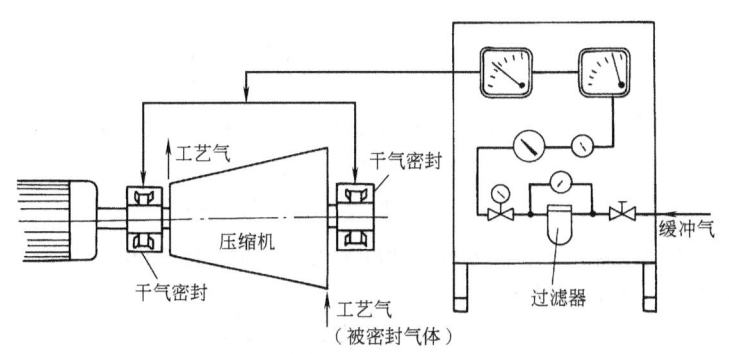

图 11-4-2 干气密封系统

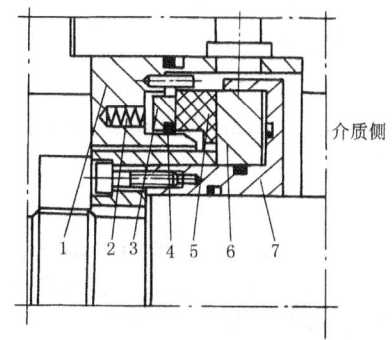

图 11-4-3 干气密封结构
1—密封壳体;2—弹簧;3—推力环;4—O 形环;5—静环;6—动环;7—轴套

(2) 密封原理

干气密封的密封环由一个端面受弹簧加载的静环和一个与之相对应的旋转动环组成。在动环或静环的密封端面上(或同时在两个环的密封端面上)开有特种槽。动环旋转时,端面槽对气体产生增压作用,气体压力分布由环外缘至槽的根部逐渐增加(见图 11-4-5),动环与静环端面之间形成气膜,使密封端面之间具有足够的开启力而脱离接触,间隙达 2μm 或以上,形成非接触式密封。密封端面宽度应比普通机械密封端面宽,因为端面上包括了带槽区和密封堰两个部分,见图 11-4-4a。密封堰主要作用是在主机停机时,在弹簧力作用下,将两个密封端面贴紧,保证停机密封。

密封端面上的槽形有螺旋槽、T 形槽、U 形槽、V 形槽、双 V 形槽,如图 11-4-4 所示。螺旋槽适用于单向旋转,气膜刚度大,端面间隙大,温升小,但不适合双向旋转。其他形式的槽适用于双向旋转,但气膜刚度低。

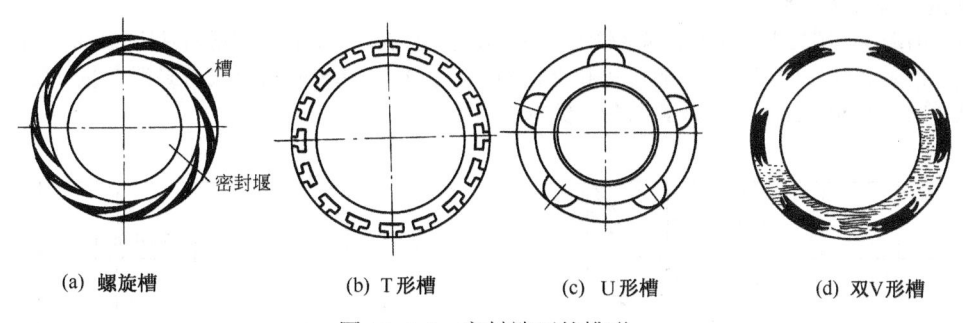

(a) 螺旋槽　　(b) T 形槽　　(c) U 形槽　　(d) 双 V 形槽

图 11-4-4 密封端面的槽形

密封环旋转时,在弹簧力 F_t 和密封流体压力产生的气体力 F_p 作用下,始终将密封端面向贴紧方向加压,与加压产生的压紧力相对应的气体压力 F_0 企图打开密封端面。在静止状态下,端面间的气体压力产生开启力,但槽不起增压作用,密封端面处于接触状态,在密封堰的平面上产生有效的密封(图 11-4-6)。在满足不泄漏的条件下,有效接触力 F_b 为:

$$F_c = F_t + F_p = F_0 + F_b$$

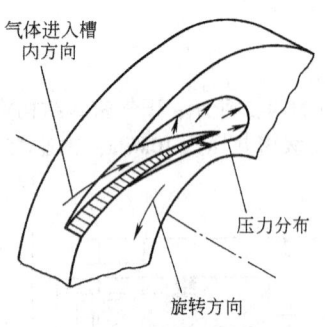

图 11-4-5 端面螺旋槽的工作原理

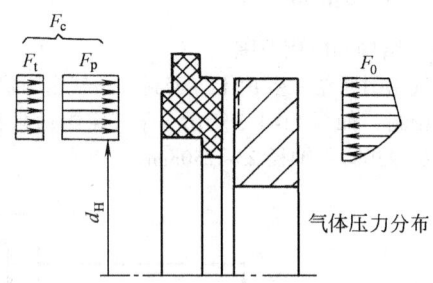

图 11-4-6 静止状态下平衡条件（$F_c = F_0 + F_b$）

F_c—压紧力；F_t—弹簧力；F_p—气体力；
F_0—开启力；F_b—接触力

在动环旋转时，动环端面上的槽将密封端面间隙内的气体进行增压，由此产生的气体动载的开启力打开密封端面，通常间隙大于 $2\mu m$，动环旋转而不接触。主机启动时作为密封开启阶段各力关系为：

$$F_c = F_t + F_p < F_0$$

密封端面螺旋槽经短时间加压，直到密封端面开始不接触，达到合适的端面间隙。此时，开启力 F_0 为：

$$F_c = F_t + F_p = F_0$$

端面间隙开启力 F_0 的大小取决于密封端面间隙的大小，不同的间隙会引起开启力 F_0 的改变。端面间隙增加，螺旋槽效应降低，则开启力 F_0 减小，端面间隙也随之减小。反之，间隙增大，这就意味着干气密封的端面间隙是稳定的（图 11-4-7），即 $F_c = F_0$。

当气体压力为零时，动环平均速度在 2m/s 左右能使密封环端面之间脱离接触，故要求主机在盘车时应具有足够的速度，避免密封端面接触而产生磨损。

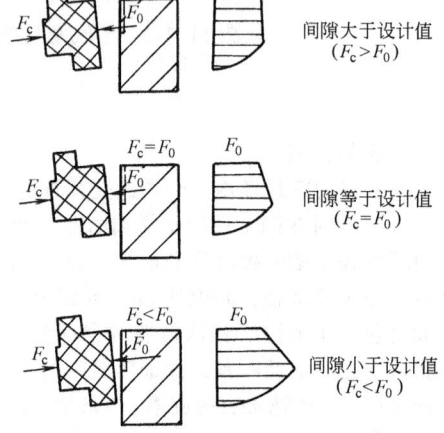

图 11-4-7 旋转状态下端面受力自身调节

（3）泄漏量与摩擦功率

干气密封因端面间隙较大，气体泄漏量较大，但与其他非接触式密封比较泄漏量是比较低的。干气密封泄漏量主要取决于被密封的气体压力、轴的转速和直径的大小。图 11-4-8 所示干气密封泄漏量（标准状态 0℃、0.1MPa）是基于轴径 120mm 的条件下测得的，供参考。

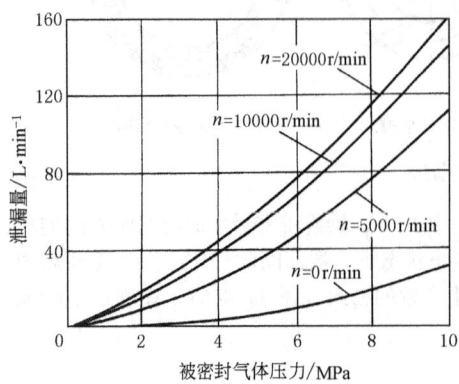

图 11-4-8 干气密封泄漏量（轴径 $d = 120$mm）

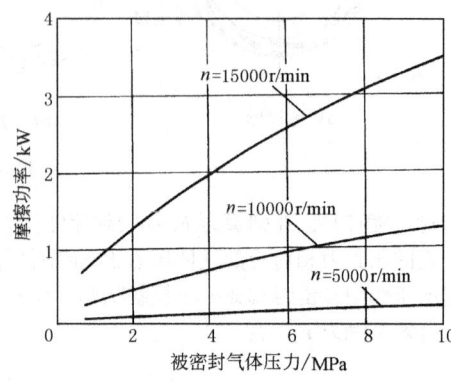

图 11-4-9 干气密封摩擦功率（轴径 $d = 120$mm）

干气密封运转时因端面不接触,功率消耗在端面间气膜的剪切上,所以摩擦功率很小,约为油润滑普通机械密封的5%。图11-4-9所示为轴径120mm条件下的干气密封摩擦功率。摩擦功率将转换为热量,使密封端面和密封腔温度升高。

(4) 干气密封的类型

表 11-4-35

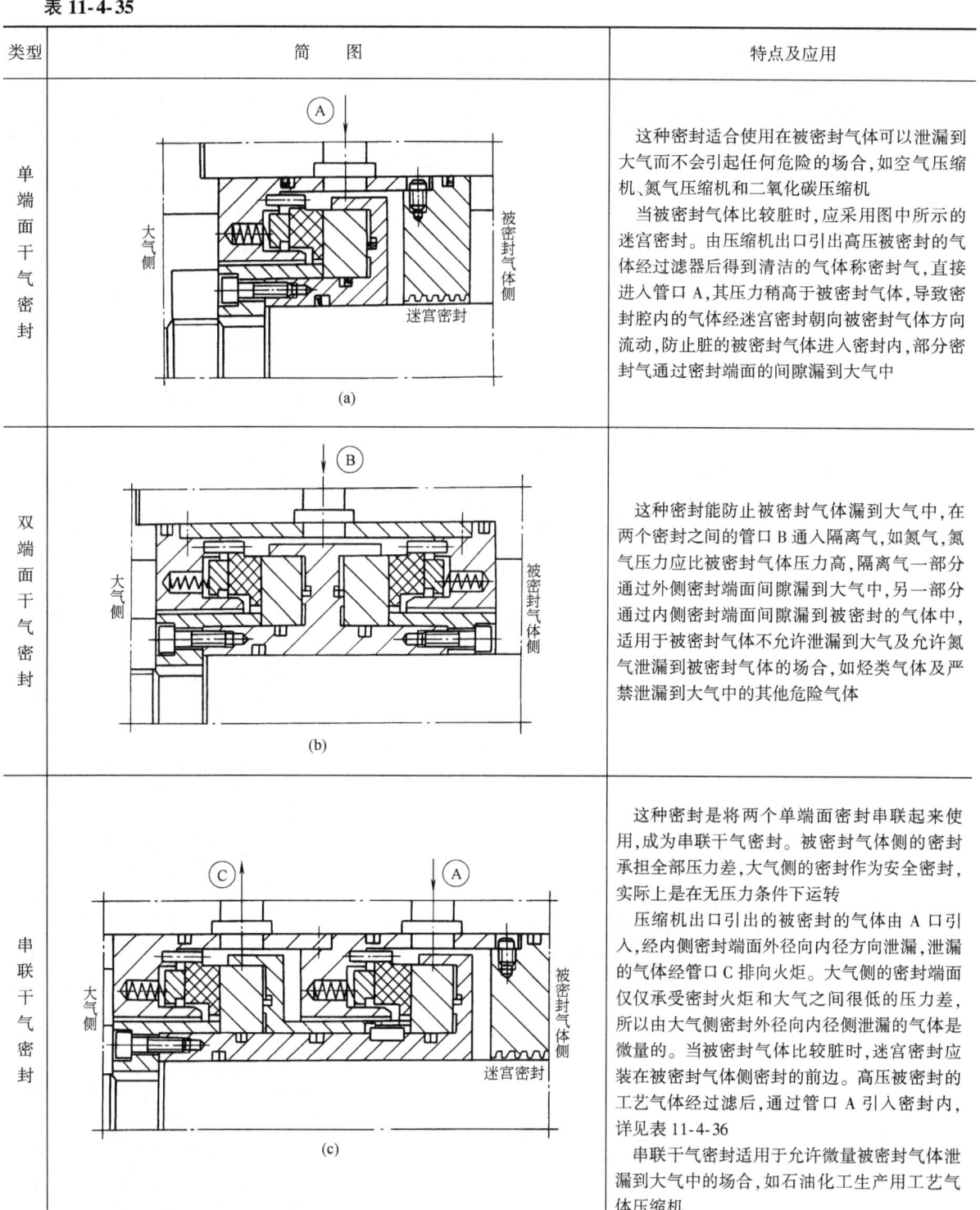

类型	简图	特点及应用
单端面干气密封	(a)	这种密封适合使用在被密封气体可以泄漏到大气而不会引起任何危险的场合,如空气压缩机、氮气压缩机和二氧化碳压缩机。 当被密封气体比较脏时,应采用图中所示的迷宫密封。由压缩机出口引出高压被密封的气体经过滤器后得到清洁的气体称密封气,直接进入管口A,其压力稍高于被密封气体,导致密封腔内的气体经迷宫密封朝向被密封气体方向流动,防止脏的被密封气体进入密封内,部分密封气通过密封端面的间隙漏到大气中
双端面干气密封	(b)	这种密封能防止被密封气体漏到大气中,在两个密封之间的管口B通入隔离气,如氮气,氮气压力应比被密封气体压力高,隔离气一部分通过外侧密封面间隙漏到大气中,另一部分通过内侧密封面间隙漏到被密封的气体中,适用于被密封气体不允许泄漏到大气及允许氮气泄漏到被密封气体的场合,如烃类气体及严禁泄漏到大气中的其他危险气体
串联干气密封	(c)	这种密封是将两个单端面密封串联起来使用,成为串联干气密封。被密封气体侧的密封承担全部压力差,大气侧的密封作为安全密封,实际上是在无压力条件下运转 压缩机出口引出的被密封的气体由A口引入,经内侧密封端面外径向内径方向泄漏,泄漏的气体经管口C排向火炬。大气侧的密封端面仅仅承受密封火炬和大气之间很低的压力差,所以由大气侧密封外径向内径侧泄漏的气体是微量的。当被密封气体比较脏时,迷宫密封应装在被密封气体侧密封的前边。高压被密封的工艺气体经过滤后,通过管口A引入密封内,详见表11-4-36 串联干气密封适用于允许微量被密封气体泄漏到大气中的场合,如石油化工生产用工艺气体压缩机

续表

类型	简图	特点及应用
三端面串联干气密封	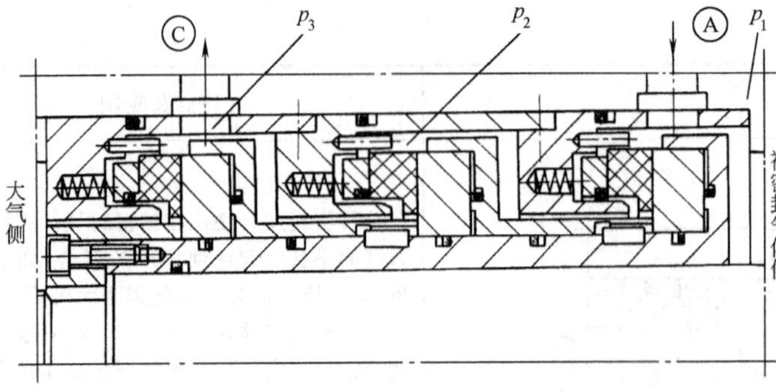 (d)	用于被密封气体总压力差超过 10MPa，前两个密封为等压力差分配，第三个密封已接近无压力操作的安全密封，如同串联密封中大气侧密封那样。被密封气体压力 p_1 由 A 口引入，通过第一道密封后压力降至中间压力 p_2，再经第二道密封后压力降至排火炬的压力 p_3，由管口 C 排至火炬。从第三道密封的内径侧泄漏的气体是微量的，排至大气。如果被密封的工艺气体比较脏，则必须采用经过过滤的被密封气体在管口 A 引入进行冲洗 三端面串联干气密封适用于介质压力高于 10MPa、允许有微量气体泄漏到大气的场合，如气体管道压缩机和石油化工工艺气体压缩机
带中间迷宫密封的串联干气密封	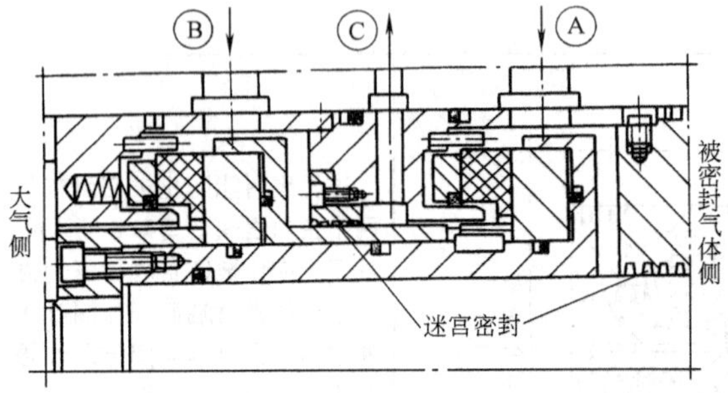 (e)	在串联干气密封的两个密封端面之间装设中间迷宫密封，用于工艺气体不允许漏到大气，也不允许缓冲气漏到被密封气体中的场合，如氢气、天然气、乙烯、丙烯压缩机 这种密封型式中的被密封气体侧的密封（内侧密封）能承担全部压力差，被密封气体由 A 口引入，经密封端面外径一侧向内径一侧泄漏的气体由管口 C 排到火炬。如果被密封气体比较脏，内侧密封前应装设迷宫密封。被密封气体经过滤后由 A 进入密封腔，冲洗内侧密封端面。大气侧密封采用缓冲气（氮气或空气）经管口 B 引入密封腔，冲洗外侧密封端面。缓冲气一路经中间迷宫密封汇同泄漏的工艺气体一起由管口 C 排至火炬。缓冲气另一路经外侧密封，从密封端面内径泄漏的微量无害气体，排至大气。缓冲气的压力应保持通过迷宫密封到火炬的气量是稳定的
螺旋槽双向旋转干气密封	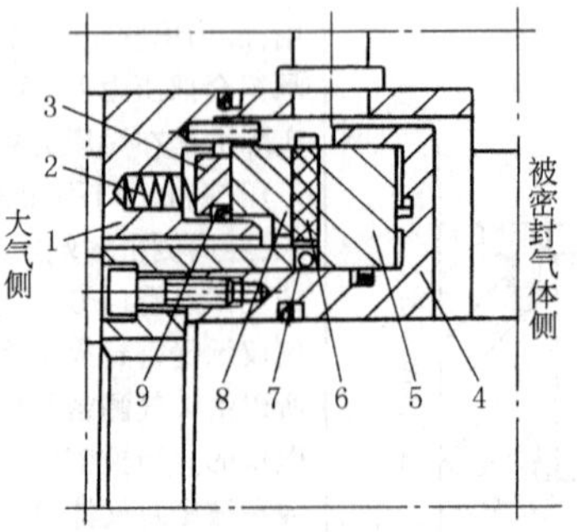 (f) 1—密封壳体；2—弹簧；3—推力环； 4—轴套；5—动环；6—中间环； 7,9—O 形环；8—静环	适合主机双向旋转的螺旋槽单端面干气密封，根据密封端面布置的型式，如端面密封、串联密封都可以设计成双向旋转型式 密封端面开有螺旋槽的密封结构气膜刚度大，摩擦力小，发热量小，但仅适用于一个方向的运转，改变旋转方向会引起密封的损坏。螺旋槽双向旋转干气密封则解决了这个问题，它可以在两个方向、全速条件下运转 螺旋槽双向旋转干气密封是在静环 8 和动环 5 端面上分别开有螺旋槽，且在两密封端面间用一个石墨制成的中间环 6 隔开。根据旋转方向不同，密封端面间隙可以在静环一侧建立，此时动环端面上螺旋槽方向不适合打开密封端面，它与中间环有很大的摩擦力，动环将带动中间环一起转动，并与静环端面螺旋槽形成干气密封。相反，密封端面间隙也可以在动环上建立（如与前述旋转方向相反），此时中间环便与静环一起静止不动，它与动环端面之间形成干气密封 干气密封在静止状态时，动环与静环均与中间环接触，并在各自端面上密封。动环轴向固定在轴套 4 上

（5）密封供气系统

干气密封供气系统承担系统的控制、向密封提供缓冲气以及监测干气密封运转情况的工作，主要包括过滤器、切断阀、监测器、流量计、孔板等。为了显示出可能出现的故障，根据安全要求，密封系统应配备报警装置和停机继电器。如果需要定量监测，控制盘上应具有显示的功能。根据密封类型选用其供气方式，见表11-4-36。

表 11-4-36

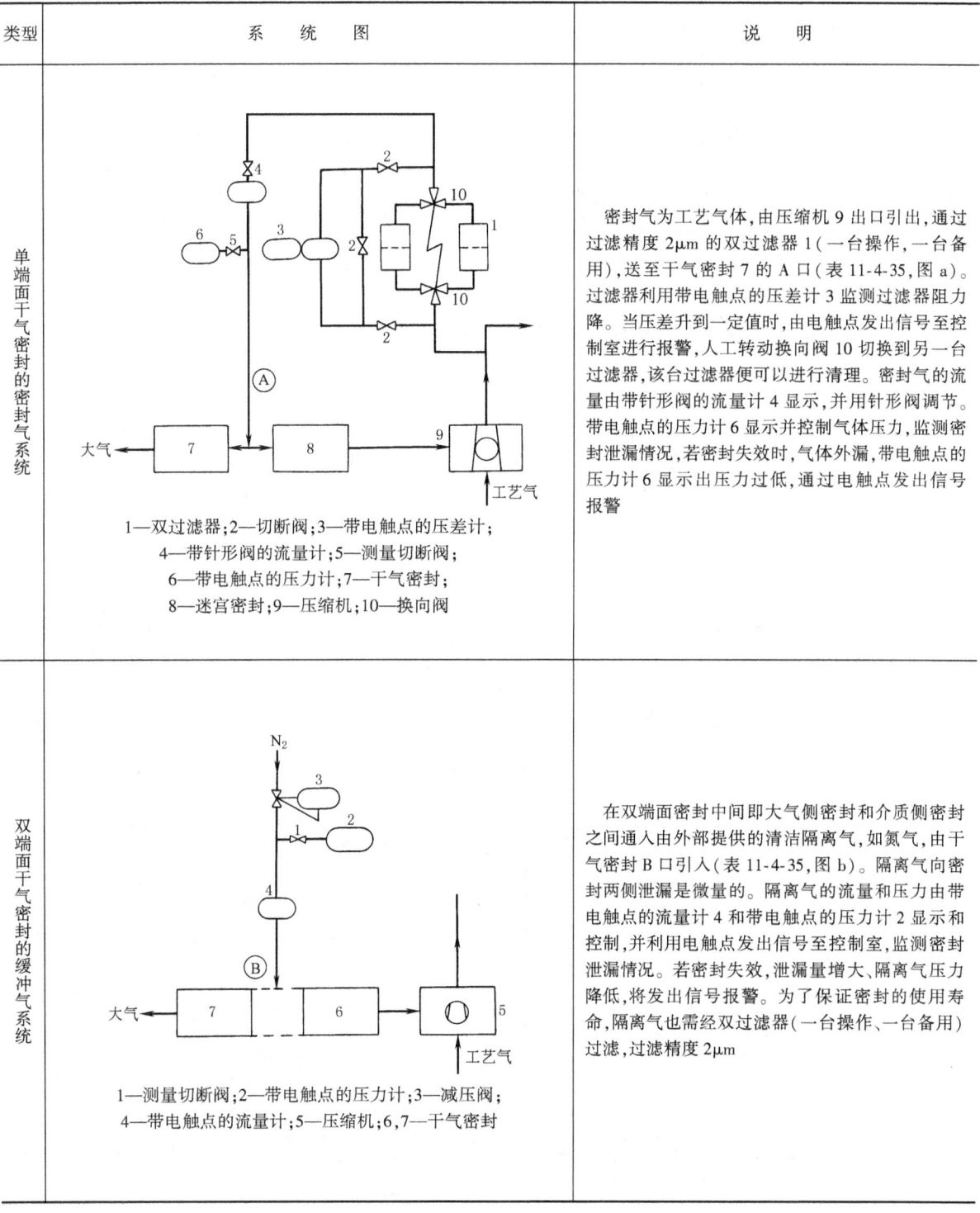

类型	系统图	说明
单端面干气密封的密封气系统		密封气为工艺气体，由压缩机9出口引出，通过过滤精度2μm的双过滤器1（一台操作，一台备用），送至干气密封7的A口（表11-4-35，图a）。过滤器利用带电触点的压差计3监测过滤器阻力降。当压差升到一定值时，由电触点发出信号至控制室进行报警，人工转动换向阀10切换到另一台过滤器，该台过滤器便可以进行清理。密封气的流量由带针形阀的流量计4显示，并用针形阀调节。带电触点的压力计6显示并控制气体压力，监测密封泄漏情况，若密封失效时，气体外漏，带电触点的压力计6显示出压力过低，通过电触点发出信号报警
	1—双过滤器；2—切断阀；3—带电触点的压差计；4—带针形阀的流量计；5—测量切断阀；6—带电触点的压力计；7—干气密封；8—迷宫密封；9—压缩机；10—换向阀	
双端面干气密封的缓冲气系统		在双端面密封中间即大气侧密封和介质侧密封之间通入由外部提供的清洁隔离气，如氮气，由干气密封B口引入（表11-4-35，图b）。隔离气向密封两侧泄漏是微量的。隔离气的流量和压力由带电触点的流量计4和带电触点的压力计2显示和控制，并利用电触点发出信号至控制室，监测密封泄漏情况。若密封失效，泄漏量增大、隔离气压力降低，将发出信号报警。为了保证密封的使用寿命，隔离气也需经双过滤器（一台操作、一台备用）过滤，过滤精度2μm
	1—测量切断阀；2—带电触点的压力计；3—减压阀；4—带电触点的流量计；5—压缩机；6，7—干气密封	

续表

类型	系统图	说明
串联干气密封的密封气系统	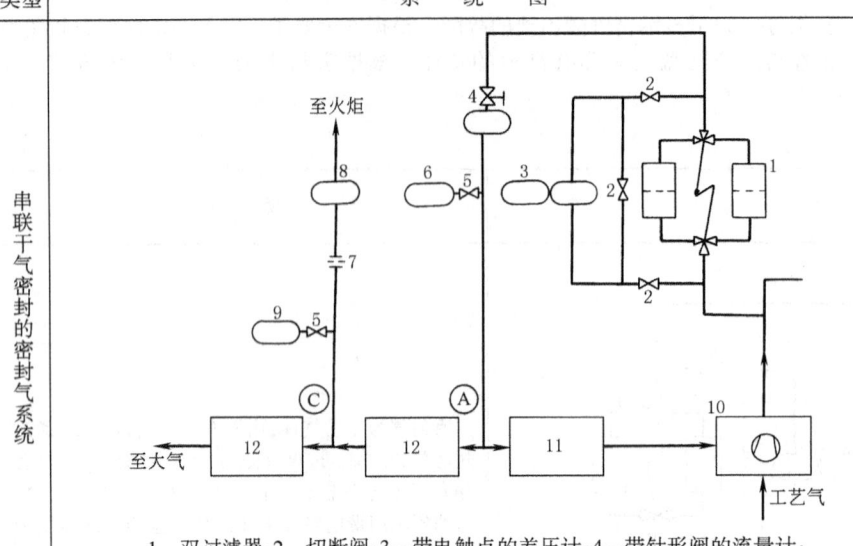 1—双过滤器；2—切断阀；3—带电触点的差压计；4—带针形阀的流量计； 5—测量切断阀；6—带电触点的压力计；7—孔板；8—流量计； 9—压力开关；10—压缩机；11—迷宫密封；12—串联干气密封	被密封气体侧的密封采用经过过滤的高压被密封气体由A口引入（见表11-4-35图c）进行冲洗，如同单端面干气密封的密封气系统那样，流量和压力差需要监测。泄漏的被密封气体集中在两个密封之间后由C口排至火炬 流量计8用于测量泄漏气体的流量。由压力开关9引出压力信号，监测密封泄漏情况。压力高或低都应报警。压力高，表示被密封气体侧密封失效；压力低，表示大气侧密封失效
带中间迷宫密封的串联干气密封的缓冲气系统	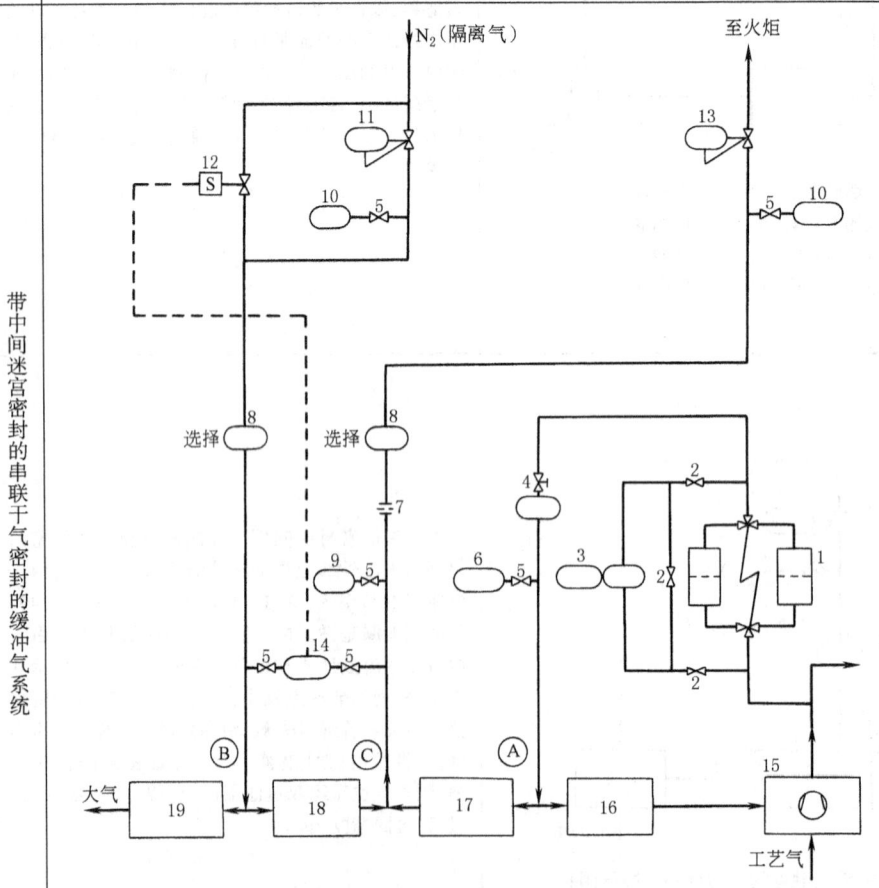 1—双过滤器；2—切断阀；3—带电触点的差压计；4—带针形阀的流量计；5—测量切断阀； 6—带电触点的压力计；7—孔板；8—流量计；9—压力开关；10—压力计；11—减压阀； 12—电磁阀；13—流量调节阀；14—带电触点的差压计；15—压缩机； 16,18—迷宫密封；17,19—干气密封	被密封气体侧的干气密封17采用经过过滤的被密封气体由管口A引入（见表11-4-35图e），进行冲洗，如同单端面干气密封的密封气系统。从干气密封17泄漏的气体从管口C排至火炬 中间迷宫密封18装在去火炬管口C和隔离气供给管口B之间。外侧干气密封19用于防止隔离气泄漏到大气。利用带电触点的差压计14的电触点控制电磁阀12的开度，保证隔离气的压力始终高于去火炬的气体压力，以确保从中间迷宫密封泄漏的隔离气与泄漏的被密封气体一起由管口C排至火炬。若被密封气体侧干气密封17失效，由于泄漏的气体压力的影响，导致隔离气压力升高，压力开关9发出信号报警。中间迷宫密封18阻止泄漏气体漏到大气侧，泄漏的气体排至火炬。如果外侧密封失效，B、C口差压过低，则发出信号报警 图中标有"选择"是选择项，根据需要确定是否采用

8.9 釜用机械密封

釜用机械密封与泵用机械密封的工作原理相同，但釜用机械密封有以下特点。

1) 因搅拌釜很少有满釜操作，故釜用机械密封的被密封介质是气体，密封端面工作条件比较恶劣，往往处于干摩擦状态，端面磨损较大；由于气体渗透性强，对密封材料要求较高。为了对密封端面进行润滑和冷却，往往选择流体动压式双端面密封作为釜用密封，在两个密封端面之间通入润滑油或润滑良好的液体进行润滑、冷却。单端面密封仅用于压力比较低或不重要的场合。

2) 搅拌轴比较长，且下端还有搅拌桨，所以轴的摆动和振动比较大，使动环和静环不能很好贴合，往往需要搅拌轴增设底轴承或中间轴承。为了减少轴的摆动和振动对密封的影响，靠近密封处增设轴承，还应考虑动环和静环有较好的浮动性。

3) 由于搅拌轴尺寸大，密封零件重，且有搅拌支架的影响，机械密封的拆装和更换比较困难。为了拆装密封方便，一般在搅拌轴与传动轴之间装设短节式联轴器，需要拆卸密封时，先将联轴器中的短节拆除，保持一定尺寸的空当，再将密封拆除。

4) 由于轴径大，在相同弹簧比压条件下弹簧压紧力大，机械密封装配和调节困难。为了保证装配质量，当前开发的釜用机械密封多数设计成卡盘式结构（或称集装式结构）。这种结构密封可以在密封制造厂或维修车间事先装配好，拿到现场装上即可，不需要熟练工人。

5) 搅拌轴转速低，pv 值（p 为密封介质压力，v 为密封端面平均线速度）低，对动环、静环材料选择比较容易。

表 11-4-37 釜用机械密封的类型

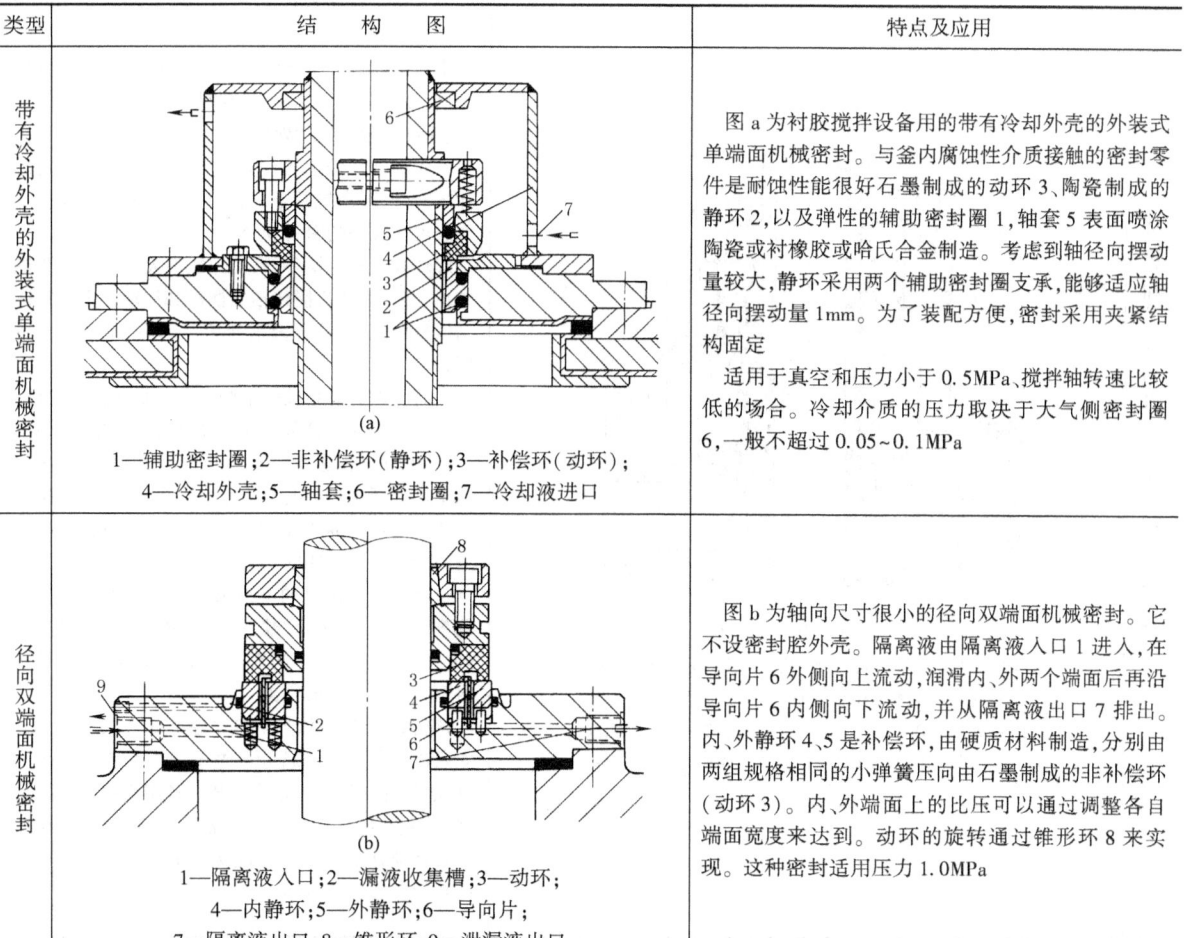

类型	结构图	特点及应用
带有冷却外壳的外装式单端面机械密封	(a) 1—辅助密封圈；2—非补偿环（静环）；3—补偿环（动环）；4—冷却外壳；5—轴套；6—密封圈；7—冷却液进口	图 a 为衬胶搅拌设备用的带有冷却外壳的外装式单端面机械密封。与釜内腐蚀性介质接触的密封零件是耐蚀性能很好石墨制成的动环 3、陶瓷制成的静环 2，以及弹性的辅助密封圈 1，轴套 5 表面喷涂陶瓷或衬橡胶或哈氏合金制造。考虑到轴径向摆动量较大，静环采用两个辅助密封圈支承，能够适应轴径向摆动量 1mm。为了装配方便，密封采用夹紧结构固定 适用于真空和压力小于 0.5MPa、搅拌轴转速比较低的场合。冷却介质的压力取决于大气侧密封圈 6，一般不超过 0.05~0.1MPa
径向双端面机械密封	(b) 1—隔离液入口；2—漏液收集槽；3—动环；4—内静环；5—外静环；6—导向片；7—隔离液出口；8—锥形环；9—泄漏液出口	图 b 为轴向尺寸很小的径向双端面机械密封。它不设密封腔外壳。隔离液由隔离液入口 1 进入，在导向片 6 外侧向上流动，润滑内、外两个端面后再沿导向片 6 内侧向下流动，并从隔离液出口 7 排出。内、外静环 4、5 是补偿环，由硬质材料制造，分别由两组规格相同的小弹簧压向由石墨制成的非补偿环（动环 3）。内、外端面上的比压可以通过调整各自端面宽度来达到。动环的旋转通过锥形环 8 来实现。这种密封适用压力 1.0MPa

续表

类型	结构图	特点及应用
轴向尺寸小的双端面机械密封	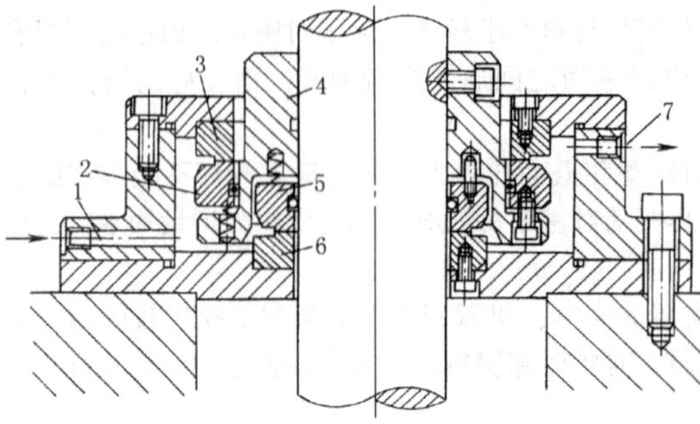 (c) 1—隔离液入口；2—动环；3—静环；4—传动轴套； 5—动环；6—静环；7—隔离液出口	图 c 为轴向尺寸小的双端面机械密封。它将下端面密封所属零件隐藏在上端面密封零件之内，因而增加了径向尺寸，缩小了轴向尺寸。由于这种密封的隔离液泄漏方向与离心力方向相反，故隔离液泄漏率比图 b 低。该密封适用于轴向尺寸受到限制的场合
带轴承和冷却腔的流体动压式釜用双端面机械密封	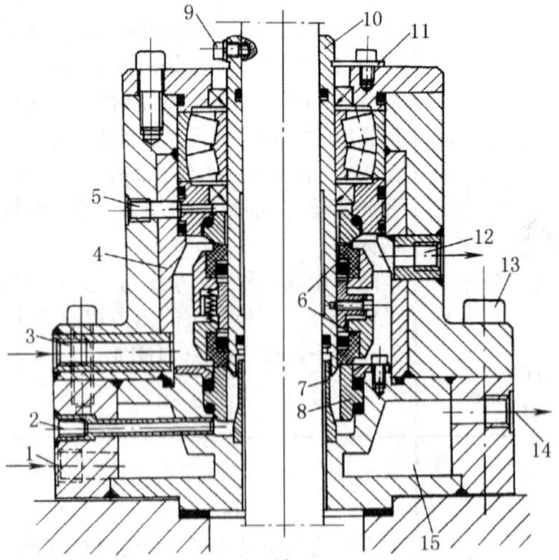 (d) 1—冷却水入口；2—接口；3—隔离液入口；4—防腐保护衬套； 5—排液口；6—补偿动环；7—衬套；8—静环； 9,13—螺钉；10—轴套；11—定位板；12—隔离液出口； 14—冷却水出口；15—冷却腔	图 d 两个端面密封采用非平衡型结构，用于密封压力为 5MPa 密封端面上开有流体动压循环槽，形成润滑油压力楔，提高润滑性能，减少摩擦；提高密封使用压力、速度极限和冷却效应 密封组件及轴承箱座在冷却腔 15 上，腔内通冷却水冷却，隔离搅拌釜的温度传递，用于搅拌釜操作温度比较高的密封场合 静环 8 为非补偿环，采用弹性很大的两个密封圈支承，能很好适应搅拌轴的摆动和振动。上密封圈用压板压住，保证隔离液压力下降时，不会被釜内压力挤出 密封上部设有单独轴承腔。轴承采用油脂润滑。隔离液由上端面密封泄漏后经排液口 5 排出，不会进到轴承腔内，影响轴承运转。因此，密封腔内可以采用包括水在内的介质作为隔离液，但一般采用油或甘油作为隔离液，隔离液压力应保持比釜内压力高约 0.2~0.5MPa 从接口 2 向密封的下部引入适当的溶解剂和软化剂，可以防止聚合物沉积在密封的下部区域。此外，还能检查存在于衬套 7 内的磨损颗粒，并易于将磨损物和泄漏液排出 该密封为集装式结构，整个密封装在轴套 10 上。它可以在制造厂装配，并经检查合格后作为一个部件供货，非熟练工人也能安装。备用密封可以在检修车间检修并组装好，一旦需要更换密封时，在现场套在搅拌轴后拧紧螺钉 9 和螺钉 13 即可，可以缩短搅拌釜停车时间

类型	结 构 图	特点及应用
带轴承流体动压式釜用双端面机械密封	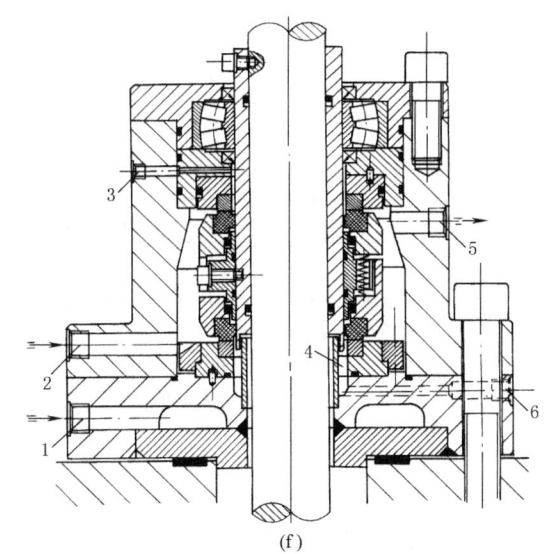 (e) 1—下静环；2—隔离液入口；3—螺钉；4—排液口； 5—定位板；6—油封；7—轴套；8—上静环； 9—隔离液出口；10—动环 (f) 1—冷却液入口（图中未表示出口）；2—隔离液入口； 3—排液口；4—封液和泄漏液积存杯； 5—隔离液出口；6—排液口	图 e 为带轴承流体动压式釜用双端面机械密封，图 f 为高压流体动压式釜用双端面机械密封，其腔内安装的机械密封结构与图 d 基本相同，仅在密封耐压程度（高压时，密封壳体、密封环的强度更坚固）、使用温度范围（高温时，密封下部设冷却腔）和防腐蚀要求（要求防腐时，密封壳体内衬保护衬套）等方面的要求不同。图 f 所示结构用于釜内介质压力 25MPa、温度 225℃；静环材料为硬质合金，动环材料为石墨 图 e 和图 f 所示结构均为卡盘式（集装式）结构，拆装方便 图 g 为底伸式釜用流体动压式双端面机械密封。由于搅拌釜向大型化发展，搅拌轴从顶盖伸入的传动方式产生的问题，如轴的振动、摆动愈加突出，釜底伸入的搅拌轴传动便逐步得到了发展。因搅拌轴短，运转稳定，密封可靠；不需要在釜内增设中间轴承和底轴承；搅拌轴短，轴承受弯矩小，使计算轴径小，从而降低轴及密封制造成本。但是，底伸式搅拌也有以下缺点： （1）介质中可能含有固体颗粒沉积在釜底，当固体颗粒渗入机械密封端面时密封将遭到破坏 （2）当密封突然失效时，要防止釜内液体外流，检修人员能有足够时间处理 为了防止介质中颗粒进入密封端面，与轴套 6 焊接为一体的密封罩 3 为大蘑菇形，它和机械密封法兰形成一道迷宫密封。较大的颗粒在密封罩 3 的离心力作用下被抛出。由非补偿动环 4 与补偿静环 2 构成的上端面密封为外流式密封，即泄漏液流和离心力的方向相同且隔离液压力高于釜内压力，隔离液由密封端面内侧向外侧泄漏，即便是介质含有微小颗粒也难以进入密封端面 因上端面密封的密封端面润滑和冷却很困难，所以采用一个内部循环机构 5 进行。隔离液由隔离液入口 1 进入密封腔内，通过轴套 6 上的内部循环机构（相当于螺杆泵）5 加压输送到密封端面，润滑、冷却密封端面后，再由轴套上的小孔流出，经轴套与轴的间隙向下流动，再从轴套中部的小孔流出，润滑、冷却下密封端面后，由隔离液出口 7 流出
高压流体动压式釜用双端面机械密封		

类型	结 构 图	特点及应用
底伸式釜用流体动压式双端面机械密封	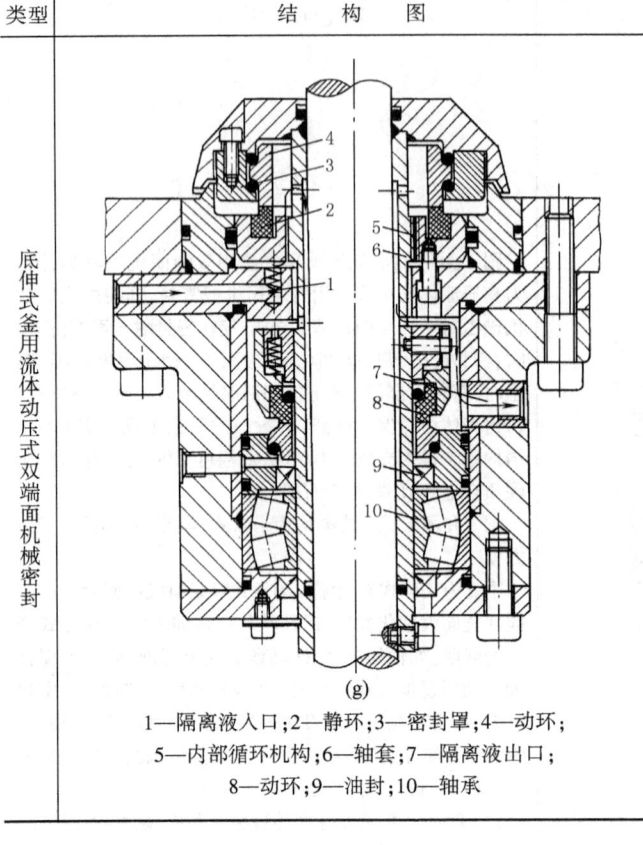 (g) 1—隔离液入口；2—静环；3—密封罩；4—动环； 5—内部循环机构；6—轴套；7—隔离液出口； 8—动环；9—油封；10—轴承	为了防止密封失效时釜内液体外流，所以底伸式釜用密封不推荐使用单端面密封，因为这种密封只有一道密封；推荐采用双端面密封，因为这种密封有两道密封，两道密封同时损坏的概率很小，如果有一道密封损坏，另一道密封仍能保证密封釜内液体，并有足够的时间进行处理，但这种密封结构只能在釜内液体排净即空釜条件下检修，这已经不是重要的问题。如果必须在釜内液体不排净、不卸压，即釜内有液体的条件下进行检修，可以采用特殊结构的密封，但比较复杂

8.10 机械密封辅助系统

8.10.1 泵用机械密封的冷却方式和要求

表 11-4-38

名称		简 图	特 点	用 途
冲洗冷却	自冲洗冷却	从泵出口引液冲洗	以被密封介质为冲洗液，由泵出口侧引出一小部分液体向密封端面的高压侧直接注入进行冲洗和冷却，然后流入泵腔内	适用密封腔内压力小于泵出口压力，大于泵进口压力，介质温度不高（温度小于等于80℃），不含杂质的场合
	自冲洗加冷却器冷却	自冲洗液　冷却水　冷却器	冲洗液从泵出口引出，经冷却器后，向密封腔提供温度较低的冷却液 具有足够的压力差，流动效果好，但冷却水消耗大	用于介质温度超过80℃的场合；也可以用于高凝固点介质，冷却器通蒸汽代替冷却水

续表

名称		简图	特点	用途
冲洗冷却	循环冲洗冷却	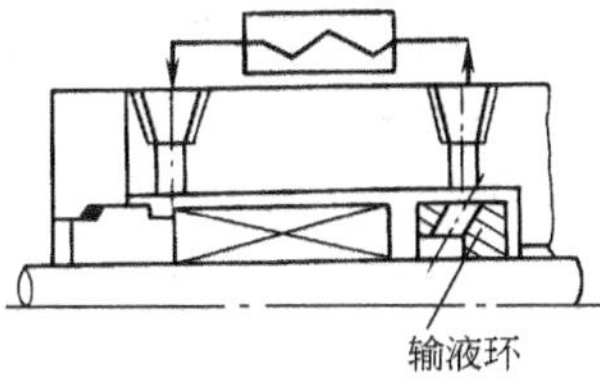 (图：输液环)	借助于密封腔内输液环使密封腔内的液体进行循环。带走的热量为机械密封产生的热量,与自冲洗液加冷却器比较,冷却水消耗少。这是因为冷却器仅仅冷却密封面产生的热量加上密封从介质吸收的热量	基本与自冲洗加冷却器的方式相同
阻封冷却		向密封端面的低压侧注入液体或气体称"阻封"。目的是对密封端面进行冷却,用以隔绝空气或湿气,防止或清除沉淀物(其中包括冰)、润滑辅助密封、熄灭火花、稀释和回收泄漏的介质		
阻封冷却		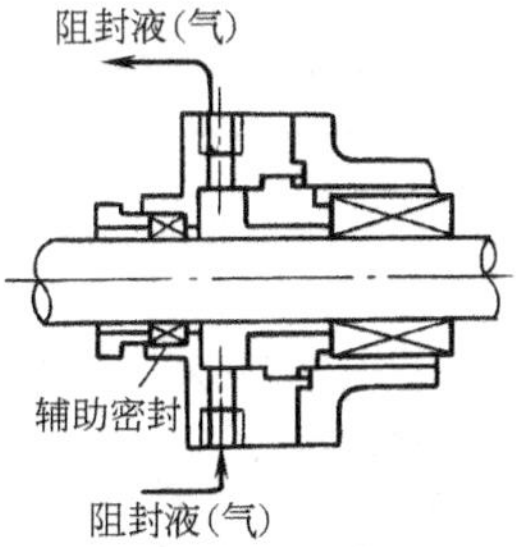 (图：阻封液(气)、辅助密封、阻封液(气))	对密封端面低压侧直接冷却,冷却效果好,使动环、静环和密封圈得到良好冷却作用 为了防止注入液体的泄漏,需采用辅助密封,如衬套、油封或填料密封 阻封液一般用冷却水或蒸汽或氮气,但要注意冷却水的硬度,否则会产生无机物堆积到轴上	用于密封易燃易爆、贵重的介质,可以回收泄漏液 用于被密封介质易结晶和易汽化,防止密封端面产生微量温升而导致端面形成干摩擦 阻封液压力通常为 0.02~0.05MPa,进出口温差控制在 3~5℃为宜
水冷却		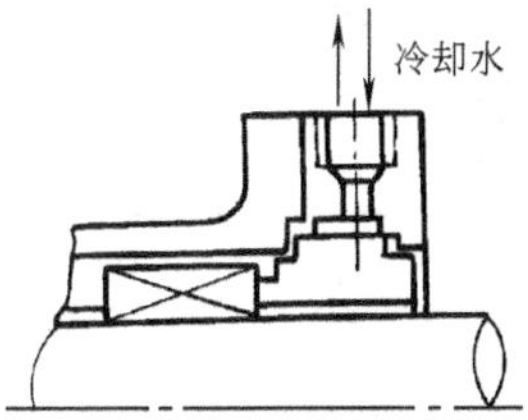 (a) 静环外周冷却(静环背冷) 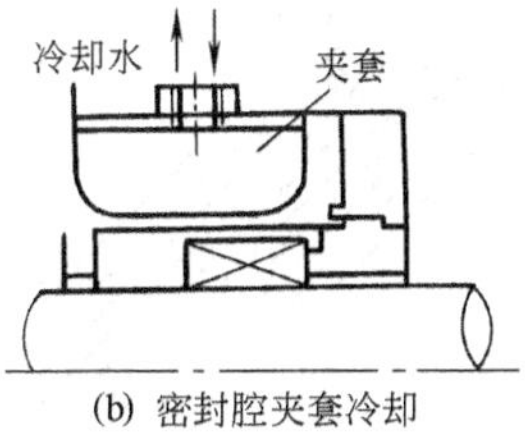 (b) 密封腔夹套冷却 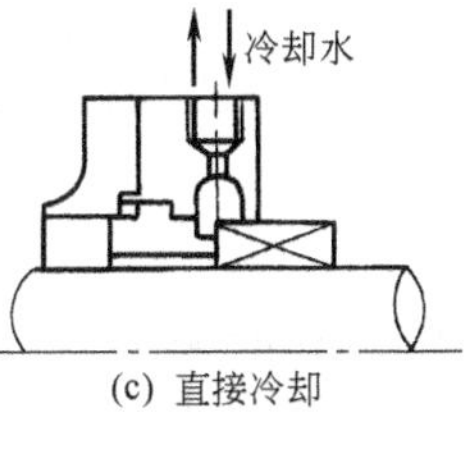 (c) 直接冷却	水冷却(或加热)分静环外周冷却(静环背冷)、密封腔夹套冷却和直接冷却(仅用于外装式密封)三种类型。一般均属于间接冷却,效果比阻封冷却差 对冷却水质量要求不高 冷却面积大小必须使被密封介质的温度比该介质在外界气压下的饱和温度低 20~30℃,通常要使密封腔温度在 70℃以下 图 a、图 b 中冷却水不与介质直接接触,介质不会污染冷却水,冷却水可以循环使用 图 c 中冷却水因有可能被泄漏的介质污染,不推荐循环使用	冷却(或加热)被密封介质,防止温度过高而使密封面之间液体汽化产生干摩擦,或对被密封介质保温,防止介质凝固 通常,被密封介质温度超过 150℃(若用波纹管式密封介质温度超过 315℃)以及锅炉给水泵,或低闪点的介质都需要夹套
冷却水消耗量		机械密封冷却水消耗量可参考图 11-4-10 查取。如果采用其他介质冷却(或冲洗),消耗量需要进行换算。如果除机械密封外,泵体和支座还需要冷却时,冷却水消耗量是上述之和。消耗量大小需由泵厂提供		

续表

名称	简图	特点	用途
冷却水质	通常采用干净的新鲜水或循环水,但水的污垢系数要小于 $0.35m^2 \cdot K/kW[4\times10^{-4}m^2 \cdot h \cdot ℃/kcal]$,否则应采用软化水		
冷却、润滑系统	泵用机械密封冷却、润滑系统见表11-4-39;釜用机械密封润滑和冷却系统见本章8.10.3		

机械密封冷却措施	介质	温度/℃		
		常温~80	80~150	150~200
	润滑性好的油类	自冲洗冷却	自冲洗冷却,静环背冷,密封腔夹套冷却	自冲洗加冷却器冷却,密封腔夹套冷却
	其他	<60℃,自冲洗冷却 60~80℃,自冲洗、静环背冷或阻封冷却	自冲洗加冷却器冷却 密封腔夹套冷却	

注:1. 经冲洗或冷却后,密封腔内流体温度应低于60℃。
2. 若密封易凝固或易结晶流体时,应通蒸汽进行保温。

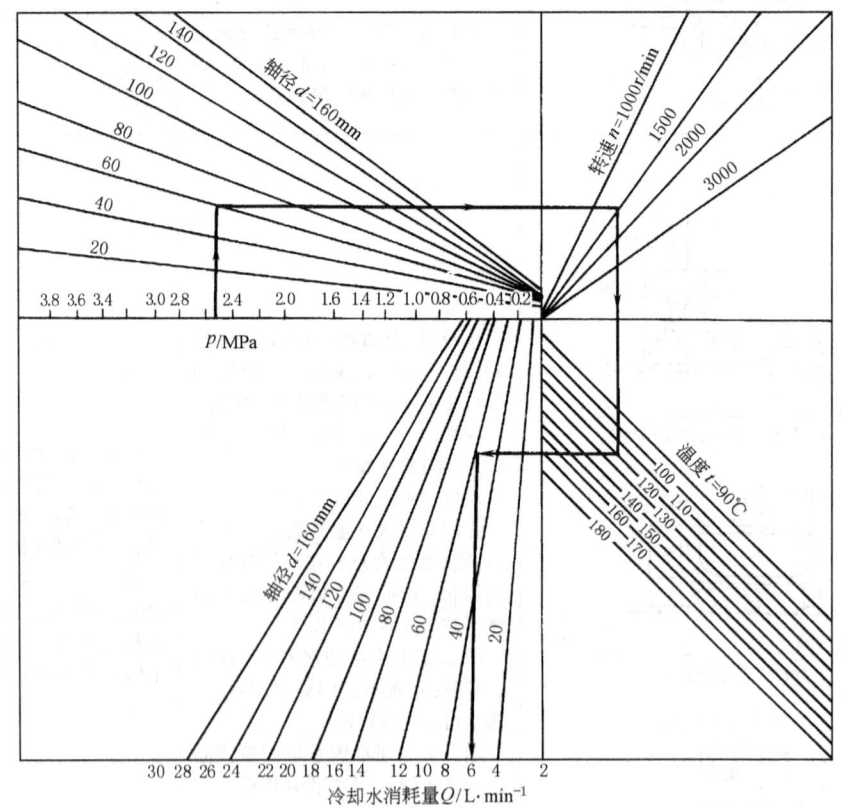

图 11-4-10 机械密封冷却水消耗量
例:冷却水出口温度不超过30℃,介质压力 $p=2.5MPa$,密封轴径 $d=60mm$,
泵轴转速 $n=1500r/min$,介质温度 $t=120℃$,则
冷却水耗量 $Q=5.2L/min$

8.10.2 泵用机械密封冲洗系统

离心泵和旋转泵用机械密封冲洗系统见表11-4-39,表中方案号与美国石油学会标准 API 682 相同。

表 11-4-39

简 图	特点及说明	用 途
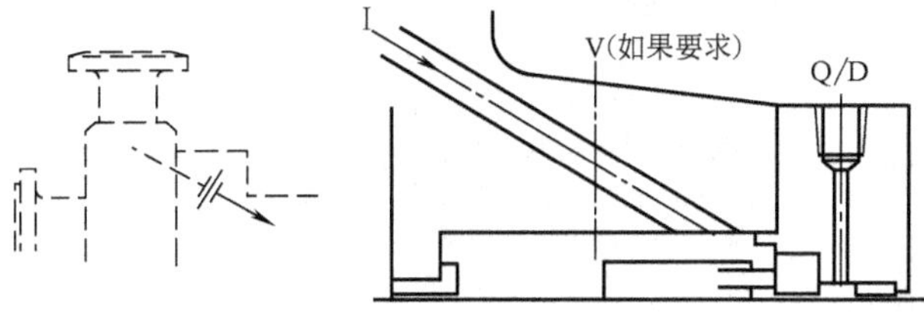 方案 01	泵体内部循环,泵送介质从叶轮的背面靠近出口处的泵体上的冲洗孔内流向密封腔内。结构简单,但对系列泵灵活性小,如改用其他冲洗方式困难较大,一般不采用	推荐只用于清洁的介质。可用于介质在正常温度下变稠或凝固的场合,减少外部冲洗管内介质冻结的危险,但必须保证冲洗孔内有足够的内部循环量,维持稳定的密封面工作状态
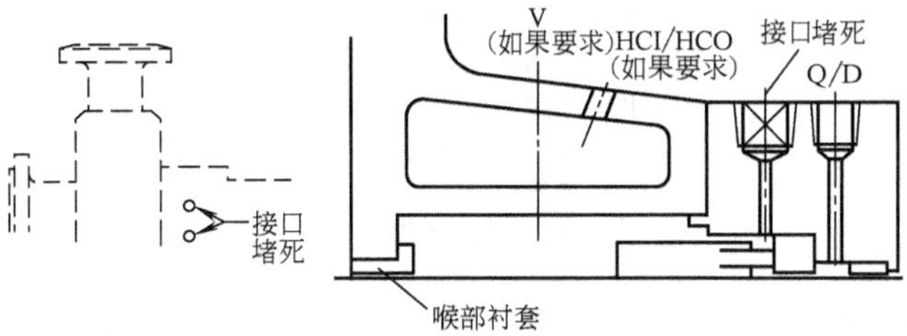 方案 02	密封腔冲洗液出口堵死,不设循环冲洗液系统。密封腔内介质的压力和温度都很低。要考虑介质和蒸气压的大小,避免介质在密封腔内或密封面上汽化 介质是从叶轮背面经喉部衬套流向密封腔内的	是化学工业中应用较广的一种冲洗方式。用于温度低、清洁、高比热容的介质,如水,或不易汽化的介质以及低转速的泵上
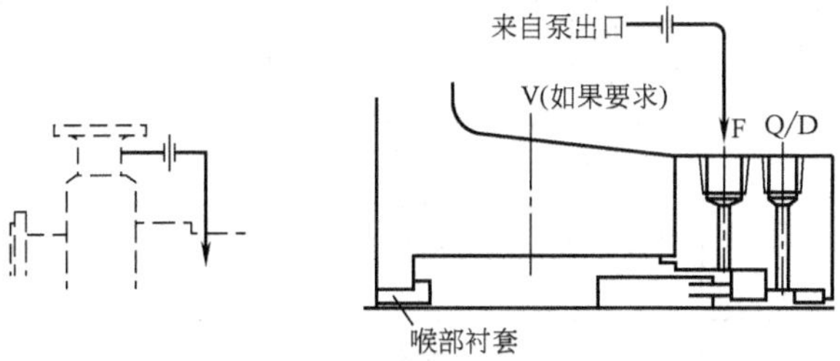 方案 11	循环液从泵出口引出作为冲洗液,经流量控制孔板到达密封腔内,对机械密封进行冷却,且从密封腔 V 口排出空气和蒸气。然后,冲洗液从密封腔内侧的喉部衬套与轴的间隙返回到泵内	广泛用于清洁的一般介质的泵。若用于高扬程的泵,需要进行冲洗量的计算,以便确定合适的孔板和喉部衬套的尺寸,确保足够的密封冲洗量
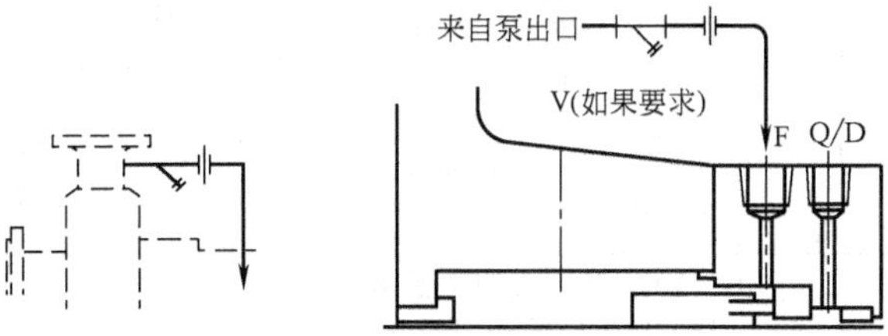 方案 12	循环液从泵出口引出作为冲洗液,经过滤器和流量控制孔板到达密封腔内。该方案类似方案 11,但增加一个过滤器,以除去介质中偶然出现的颗粒。通常不推荐使用过滤器,因为过滤器堵塞会引起密封失效	用于介质比较清洁的场合。目前,作为参考列在 API 682 标准中,但不能提供 3 年使用寿命的保证
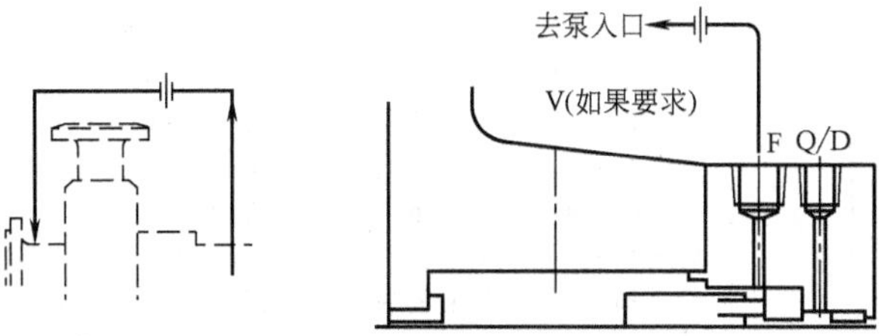 方案 13	循环液作为冲洗液从泵的密封腔引出,经流量控制孔板返回到泵的吸入口。在密封腔的内侧不设置喉部衬套。立式泵的密封腔压力可认为泵出口压力,类似于方案 11 工作。冲洗液对密封进行冷却并随同冲洗液排出密封腔内的空气和蒸气	是立式泵的标准冲洗方案。方案 01、11、12、21、23、31 或方案 41 与方案 13 一起用于立式液下泵 本方案在立式管道泵上具有自排气的能力,提供的压差足够保证循环量和密封的压力,且能防止冲洗液汽化 也可用于高扬程泵,不宜用于低扬程泵,因密封腔和泵入口压差太小。通常需计算冲洗量和孔板尺寸,确定本方案的适用性

续表

简　图	特点及说明	用　途
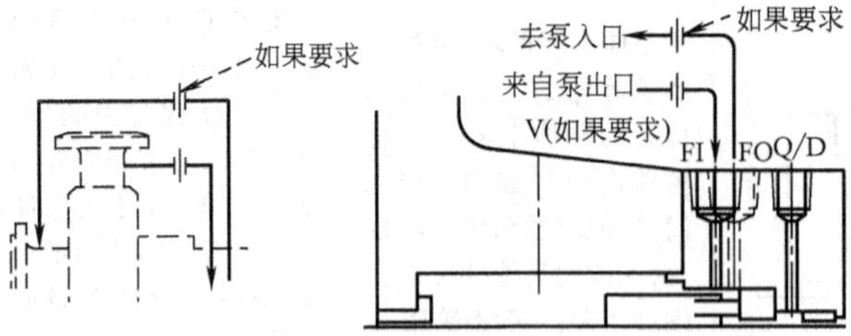 方案 14	是方案 11 和方案 13 的组合。循环液作为冲洗液从泵出口引出，经流量控制孔板到达密封腔内，然后从密封腔出来经流量控制孔板(如果要求)到泵入口。冲洗液冷却密封腔，带走密封腔内的挥发气体和降低密封腔压力	常用于立式泵
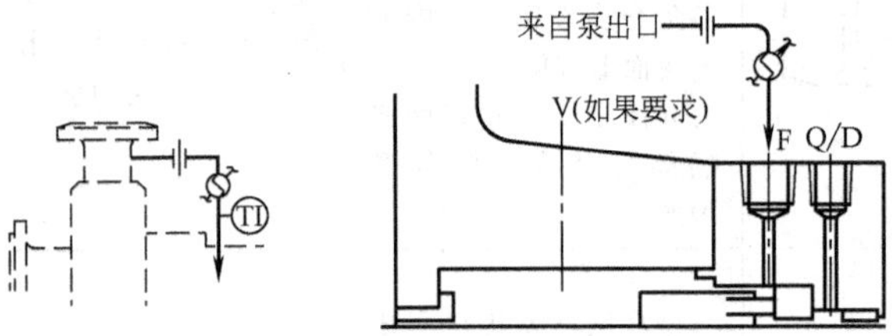 方案 21	循环液作为冲洗液从泵出口引出，流量经控制孔板和冷却器后进入密封腔。加大冲洗液温度与其饱和蒸气压温度的温差，满足副密封温度限制的要求，降低结焦或产生聚合物或改进润滑性（如热水） 该方案的优点是提供冷却的冲洗液，而且还有足够的压差，可达到更好的流动效果。缺点是冷却器负荷高，水侧容易结垢、堵塞；能耗比方案 23 大，这是因为冲洗液必须从泵的入口压力加压到出口压力	用于工艺介质温度超过密封极限温度的场合。最好采用翅片式空冷器代替水冷式冷却器 也可用于高凝固点和高黏度介质，冷却器通蒸气代替冷却水
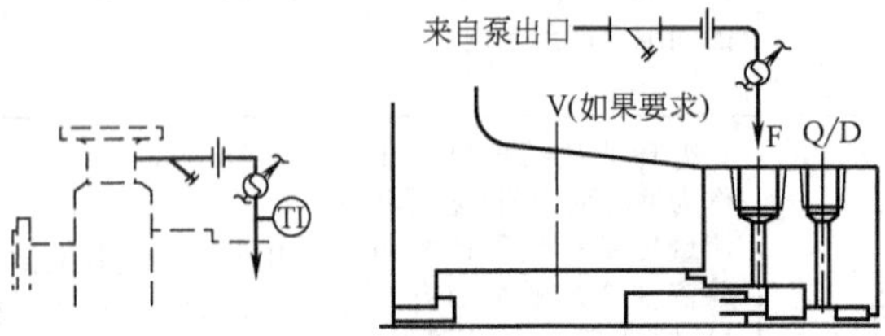 方案 22	循环液作为冲洗液从泵出口引出，经过滤器、流量控制孔板和冷却器，到达密封腔内。采用过滤器的目的是过滤介质中偶尔出现的颗粒，但不推荐使用，因为过滤器堵塞会引起密封失效	实际是方案 12 和方案 21 的组合 用于介质比较清洁、温度超过密封极限温度的场合。目前，作为参考列入 API 682 标准中，但不能提供 3 年使用寿命的保证
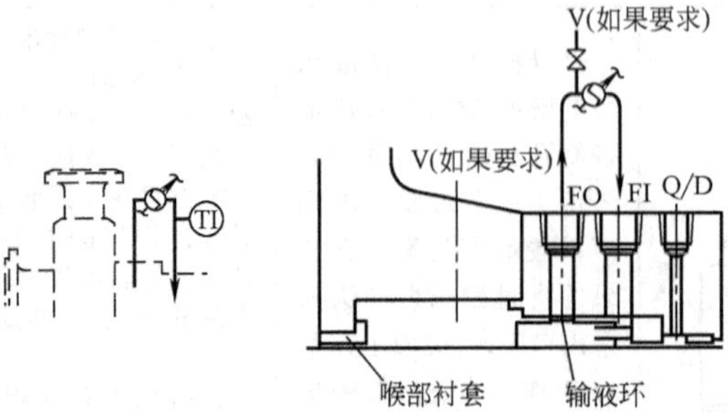 方案 23	循环液作为冲洗液从密封腔内输液环引出，经冷却器返回到密封腔内。密封腔内冲洗液用喉部衬套与泵腔介质隔开。冷却后的冲洗液不易流入工艺介质内。密封腔内用循环装置(输液环)将液体循环。输液环提供的扬程只需满足循环液循环的要求，通常低于泵出口扬程。冷却器仅仅冷却冲洗液带出的密封面产生的热量加上密封从介质吸收的热量。冷却负荷通常低于方案 21 或方案 22	用于泵送介质为 80℃ 或 80℃ 以上的热水、锅炉给水以及烃类等场合。因为这些介质具有很低的润滑性，导致密封面极大磨损。冲洗液经过冷却后，增大密封腔压力和密封腔内冲洗液的蒸气压的压差，使冲洗液不易汽化 也可以用于输送高凝固点和高黏度介质的泵，采用蒸气作为冷却器内的冷却介质

续表

简　图	特点及说明	用　途
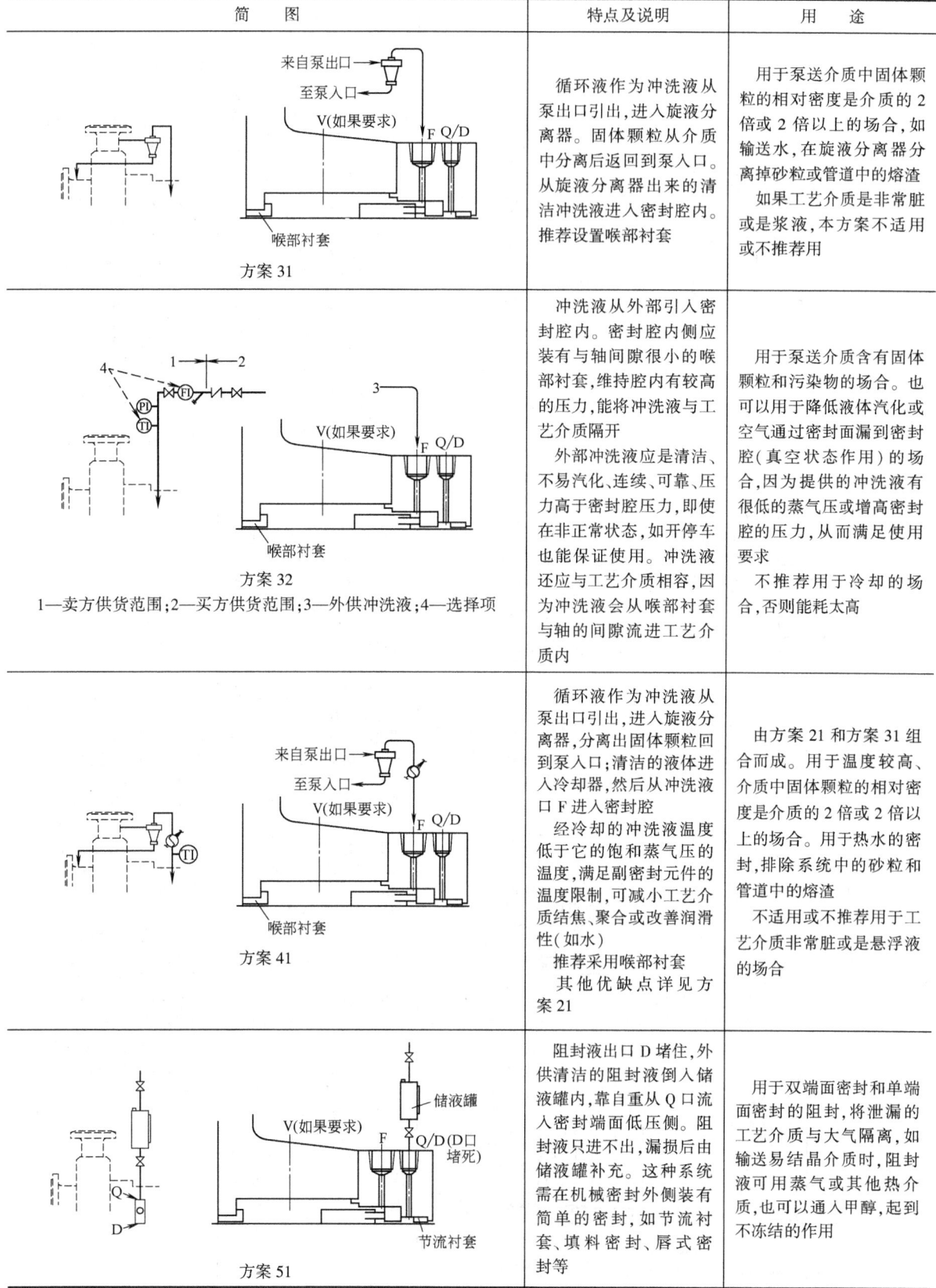 方案 31	循环液作为冲洗液从泵出口引出，进入旋液分离器。固体颗粒从介质中分离后返回到泵入口。从旋液分离器出来的清洁冲洗液进入密封腔内。推荐设置喉部衬套	用于泵送介质中固体颗粒的相对密度是介质的 2 倍或 2 倍以上的场合，如输送水，在旋液分离器分离掉砂粒或管道中的熔渣。如果工艺介质是非常脏或是浆液，本方案不适用或不推荐用
方案 32 1—卖方供货范围；2—买方供货范围；3—外供冲洗液；4—选择项	冲洗液从外部引入密封腔内。密封腔内侧应装有与轴间隙很小的喉部衬套，维持腔内有较高的压力，能将冲洗液与工艺介质隔开。 外部冲洗液应是清洁、不易汽化、连续、可靠、压力高于密封腔压力，即使在非正常状态，如开停车也能保证使用。冲洗液还应与工艺介质相容，因为冲洗液会从喉部衬套与轴的间隙流进工艺介质内	用于泵送介质含有固体颗粒和污染物的场合。也可以用于降低液体汽化或空气通过密封面漏到密封腔(真空状态作用)的场合，因为提供的冲洗液有很低的蒸气压或增高密封腔的压力，从而满足使用要求。 不推荐用于冷却的场合，否则能耗太高
方案 41	循环液作为冲洗液从泵出口引出，进入旋液分离器，分离出固体颗粒回到泵入口；清洁的液体进入冷却器，然后从冲洗液口 F 进入密封腔。 经冷却的冲洗液温度低于它的饱和蒸气压的温度，满足副密封元件的温度限制，可减小工艺介质结焦、聚合或改善润滑性(如水)。 推荐采用喉部衬套。 其他优缺点详见方案 21	由方案 21 和方案 31 组合而成。用于温度较高、介质中固体颗粒的相对密度是介质的 2 倍或 2 倍以上的场合。用于热水的密封，排除系统中的砂粒和管道中的熔渣。 不适用或不推荐用于工艺介质非常脏或是悬浮液的场合
方案 51	阻封液出口 D 堵住，外供清洁的阻封液倒入储液罐内，靠自重从 Q 口流入密封端面低压侧。阻封液只进不出，漏损后由储液罐补充。这种系统需在机械密封外侧装有简单的密封，如节流衬套、填料密封、唇式密封等	用于双端面密封和单端面密封的阻封，将泄漏的工艺介质与大气隔离，如输送易结晶介质时，阻封液可用蒸气或其他热介质，也可以通入甲醇，起到不冻结的作用

续表

简 图	特点及说明	用 途
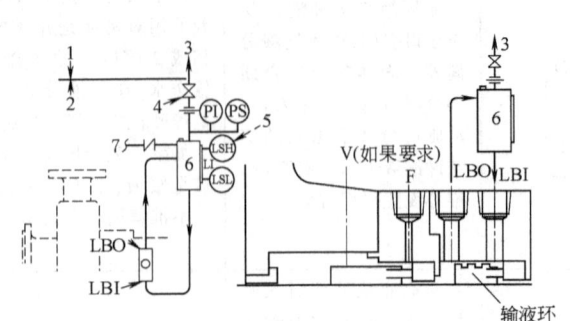 方案 52 1—买方供货范围;2—卖方供货范围;3—去收集系统;4—正常运转时全开启;5—如果规定设置;6—储液罐;7—补充缓冲液入口	是非加压式双端面密封冲洗方案。外供储液罐 6 内的缓冲液，在正常运转期间通过腔内输液环进行循环。储液罐通常连续排出挥发性气体到收集系统，保持储液罐内的压力低于密封腔压力，接近大气压 当内侧密封失效时，外侧密封可以阻挡工艺介质不向外漏，此时储液罐内压力升高，通过压力开关 PS 的信号输出或通过储液罐上的液位开关高，LSH 报警，更换密封 当外侧密封失效时，储液罐上的液位开关低，LSL 报警，更换密封	向双端面密封的外侧密封，提供缓冲液可以认为是工艺介质无泄漏到大气的密封 用于清洁、无聚合物的介质，且蒸气压高于缓冲液的压力，如果工艺介质从内侧密封泄漏到密封腔内，工艺介质将在储液罐内闪蒸，逸出的蒸气排至收集系统。如果工艺介质的蒸气压低于缓冲液或储液罐内的压力，则泄漏的工艺介质残留并污染缓冲液 因为内侧密封的泄漏万一不能过早检测出，会使较重的工艺介质下沉，较轻的缓冲液上移，造成两个密封之间的区域内聚集工艺介质。在这种情况下，外侧密封的泄漏会导致工艺介质漏到大气中
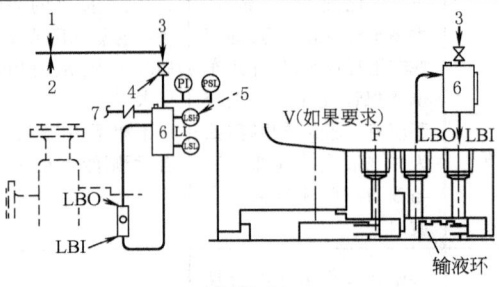 方案 53A 1—买方供货范围;2—卖方供货范围;3—外部压力源;4—切断阀，正常运转时全开启;5—如果规定;6—储液罐;7—补充隔离液入口 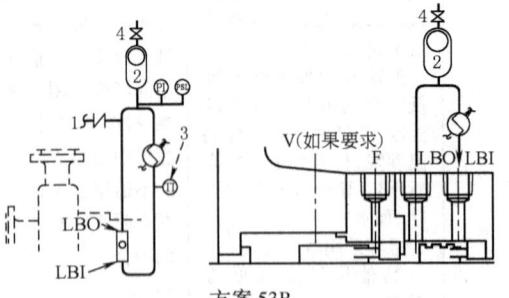 方案 53B 1—补充隔离液入口;2—气囊式蓄压器;3—如果规定设置;4—气囊充气口 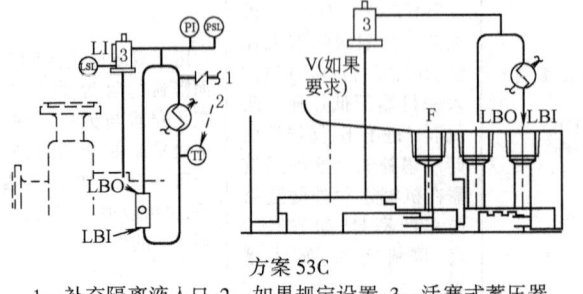 方案 53C 1—补充隔离液入口;2—如果规定设置;3—活塞式蓄压器	是加压式双端面密封冲洗方案。方案 53A 是从外部提供的清洁、其压力比密封压力高 0.15MPa 的隔离液，经储液罐进入密封腔内，再通过机械密封上的输液环进行循环，保证循环流量 方案 53B 也是加压式双端面密封系统，与方案 53A 不同的是维持密封循环的隔离液的压力采用了气囊式蓄压器，它利用空冷式或水冷式冷却器从循环系统中带走热量 方案 53C 也是加压式双端面密封系统，与方案 53A、53B 不同的是利用活塞式蓄压器维持隔离液的压力大于密封腔的压力 隔离液的压力应大于泵密封腔压力约 0.15MPa。内侧密封会有少量的隔离液漏到工艺介质内。如果密封腔内压力变化很大或压力超过 3.5MPa 时，外侧密封的压力可以通过采用控制差压调节阀的密封系统的设定压力比泵密封腔压力高 0.14~0.17MPa 来降低	用于加压式双端面密封，可以认为是工艺介质无泄漏到大气的密封 用于脏的、磨蚀或易聚合的介质，采用方案 52 会损坏密封端面或如果使用方案 52，隔离液系统会产生问题的场合 需要注意隔离液少量漏进工艺介质时，不会对产品产生不良影响。泄漏到工艺介质中的隔离液量，可以通过监测储液罐的液位监测 还需注意储液罐的压力应维持在一定范围内。如果压力过低，该系统会像方案 52 或像非加压式密封系统那样运转，无法满足采用该方案时的要求。特别是内侧密封泄漏方向被改变而流向隔离液、污染隔离液，时间久了，增加密封失效的可能性

续表

简　图	特点及说明	用　途
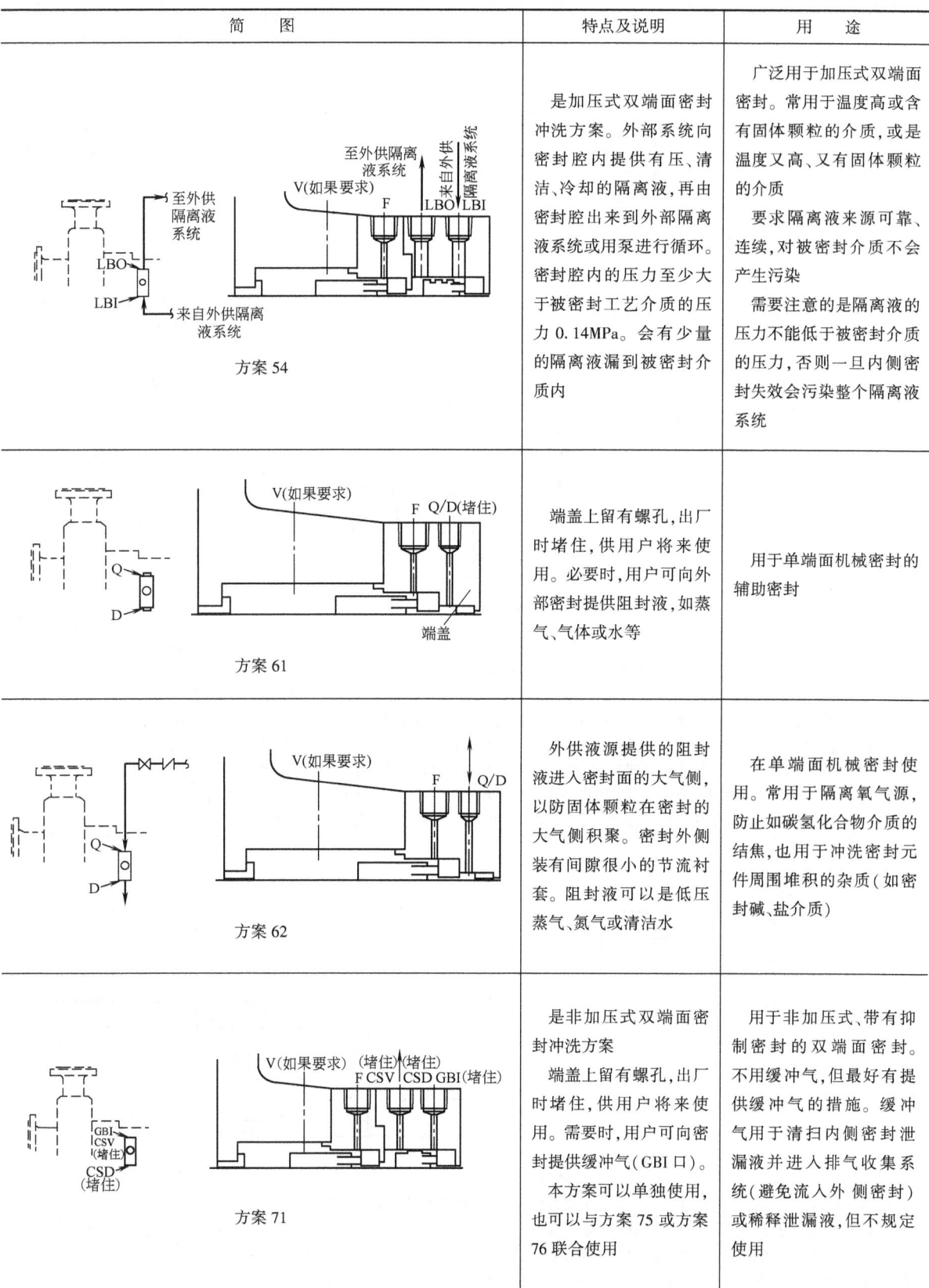　方案54	是加压式双端面密封冲洗方案。外部系统向密封腔内提供有压、清洁、冷却的隔离液，再由密封腔出来到外部隔离液系统或用泵进行循环。密封腔内的压力至少大于被密封工艺介质的压力0.14MPa。会有少量的隔离液漏到被密封介质内	广泛用于加压式双端面密封。常用于温度高或含有固体颗粒的介质，或是温度又高、又有固体颗粒的介质 要求隔离液来源可靠、连续，对被密封介质不会产生污染 需要注意的是隔离液的压力不能低于被密封介质的压力，否则一旦内侧密封失效会污染整个隔离液系统
方案61	端盖上留有螺孔，出厂时堵住，供用户将来使用。必要时，用户可向外部密封提供阻封液，如蒸气、气体或水等	用于单端面机械密封的辅助密封
方案62	外供液源提供的阻封液进入密封面的大气侧，以防固体颗粒在密封的大气侧积聚。密封外侧装有间隙很小的节流衬套。阻封液可以是低压蒸气、氮气或清洁水	在单端面机械密封使用。常用于隔离氧气源，防止如碳氢化合物介质的结焦，也用于冲洗密封元件周围堆积的杂质（如密封碱、盐介质）
方案71	是非加压式双端面密封冲洗方案 端盖上留有螺孔，出厂时堵住，供用户将来使用。需要时，用户可向密封提供缓冲气（GBI口）。 本方案可以单独使用，也可以与方案75或方案76联合使用	用于非加压式、带有抑制密封的双端面密封。不用缓冲气，但最好有提供缓冲气的措施。缓冲气用于清扫内侧密封泄漏液并进入排气收集系统（避免流入外侧密封）或稀释泄漏液，但不规定使用

续表

简　图	特点及说明	用　途
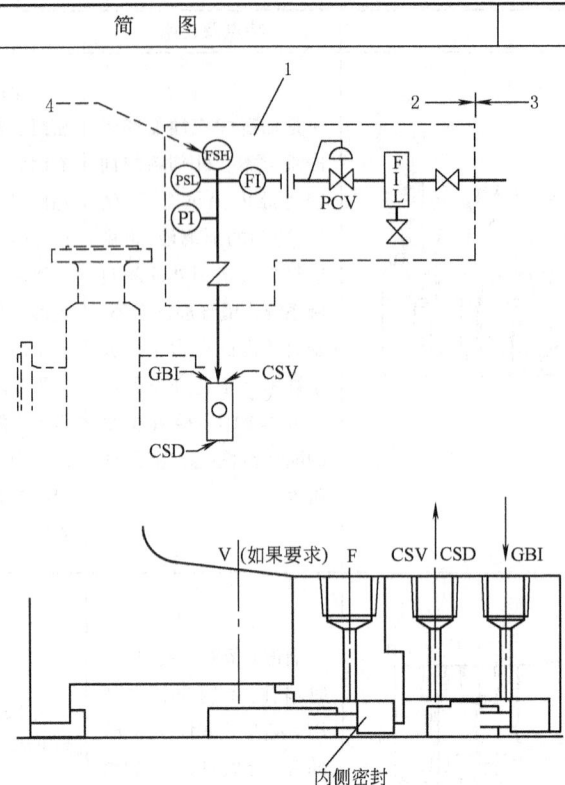 方案 72 1—缓冲气控制盘；2—卖方供货范围；3—买方供货范围；4—流量开关高报警（如果规定设置） 是非加压式双端面密封冲洗方案。外供缓冲气首先通过由买方供货的切断阀和逆止阀，进入本系统。该系统通常安装在由密封制造厂供货的控制板或控制盘 1 上。在控制盘上的入口切断阀之后装有 10μm 过滤精度的组合过滤器（如果规定），除去任何有可能出现的颗粒与液滴。然后，气体通过设定压力为 0.05MPa（表压）的背压式压力调节阀（如果规定）。接着，气体通过孔板进行流量控制，并用流量计测量（有时，用户喜欢用针形阀或截止阀代替孔板便于流量调节）。使用的压力表应监测缓冲气的压力不超过密封腔压力。在盘上最后的元件是逆止阀和切断阀。然后缓冲气通过小管流到密封	用于非加压式、带有抑制密封的双端面密封 可以将抑制密封的排气口（CSV）和放净口（CSD）用堵头堵住，从 GBI 口通入的缓冲气仅用于稀释内侧密封的泄漏液，以减少泄漏液的外漏 该方案也可以与方案 75 或方案 76 联合使用，通入密封腔内的缓冲气用于带走内侧密封的泄漏液，直接进入方案 75 或方案 76 系统，避免流入外侧密封，以达到良好的密封效果 用于泵送危险性介质的密封，但必须能检测和报警内侧密封情况，要事先知道整个密封将要失效的信息，能按计划有序停车或修理 缓冲气的压力应小于内侧密封工艺介质的压力
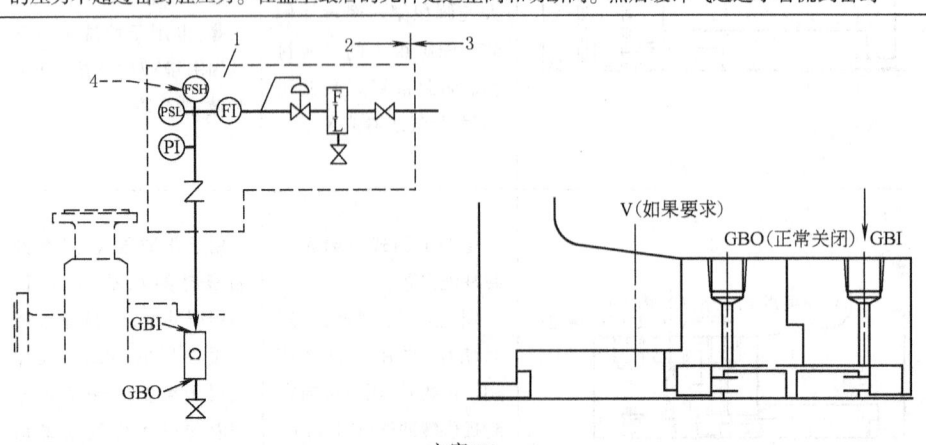 方案 74 1—隔离气控制盘；2—卖方供货范围；3—买方供货范围；4—（如果规定设置）流量开关（高）报警 是加压式双端面密封冲洗方案。外供隔离气首先通过由买方供货的切断阀和逆止阀，然后进入本系统。本系统通常安装在由密封制造厂供货的控制板或控制盘上。盘上入口切断阀之后装有 2~3μm 过滤精度的组合过滤器，除去任何有可能出现的颗粒和液滴。然后，气体流向设定压力至少大于内侧	用于加压式双端面密封，常用氮气作为隔离气，会有少量气体泄漏到泵内，多数气体漏到大气 常用于温度不太高的介质（在橡胶元件允许使用温度范围内），但能用于含有不允许外漏的毒性或危险性介质。在正常使用条件下，不可能有泄漏液漏到大气中 亦可用于密封可靠性要求高的场合，如含有固体颗粒或者可能引起密封失效的其他介质。在正常使用时因密封腔压力高，这些介质不可能进入密封端面

续表

简　图	特点及说明	用　途
	被密封工艺介质压力 0.175MPa 的背压式压力调节阀(有时,用户喜欢在调节阀之后装一块孔板,限制隔离气用量,用于密封万一粘住而封不严的情况)。当压力计显示合适的压力时,调节阀之后的流量计显示出准确的流量。若隔离气用量过大或密封严重泄漏时,系统压力下降,降到一定值时,压力开关(PSL)开始报警。在盘上最后的元件是逆止阀和切断阀,隔离气再通过小管进入密封腔 隔离气出口(GBO)正常运转时关闭,仅在需要降压时开启 密封腔排气口(V)在开车或正常运转时应能排气,避免气体在泵内聚集	不推荐用于黏性或聚合物介质,或抽空除水引起的颗粒堆积的场合 特别需要注意的是隔离气的压力不能低于被密封介质的压力,否则工艺介质会污染整个隔离气系统
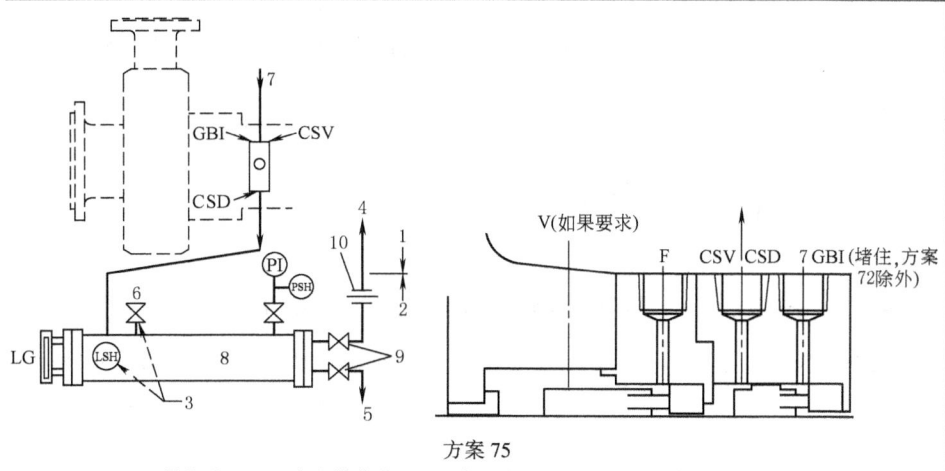 方案 75 1—买方供货范围;2—卖方供货范围;3—如果规定设置;4—去气体收集系统;5—去液体收集系统;6—试验用接口;7—来自外供气源;8—收集器;9—切断阀;10—孔板 是非加压式双端面密封冲洗方案。从缓冲气入口(GBI)进来的缓冲气带走内侧密封泄漏的介质由放净口(CSD)排出,进入该系统 这种含有雾滴的气体在环境温度下被冷凝,收集在收集器 8 内。在收集器上装有液位计(LG),以便确定收集器 8 内液体何时必须放出。在收集器出口管上装有孔板 10,以限制气体排出量,这样,内侧密封泄漏量过大时,导致收集器压力升高,并触发设定压力为 0.07MPa(表压)压力开关高(PSH)的信号。收集器出口上的切断阀 9 用于切断收集器向外排出,以便及时维修。将切断阀关闭还可用于试验内侧密封泄漏情况,而泵仍在运转,记下收集器内时间-压力相互关系的记录。如果规定,可以使用收集器上的试验用接口 6 注入氮气或其他气体,达到试验密封性能的目的	用于非加压式、带有抑制密封的双端面密封,从内侧密封泄漏的介质在环境温度下冷凝成液体的场合 注意,即使泵送介质在环境温度下不会产生冷凝液,用户也希望安装这个系统,因为收集系统可能会返流冷凝液 该方案是收集从内侧密封泄漏的介质,限制泵送介质漏到大气 该方案可与带有缓冲气的密封系统(方案 72)组合使用;也可与不带缓冲气的密封系统(方案 71)组合使用,但需用堵头堵住 GBI 口
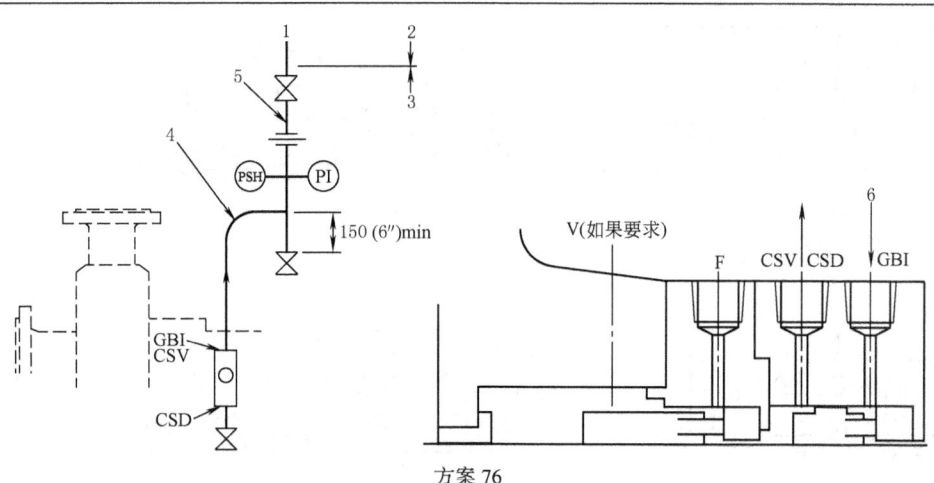 方案 76 1—去收集系统;2—买方供货范围;3—卖方供货范围;4—小管;5—管(收集管);6—外供气源 是非加压式双端面密封冲洗方案。从缓冲气入口(GBI)进来的缓冲气带走内侧密封泄漏的介质由排气口(CSV)排出,进入该系统	用于非加压式、带有抑制密封的双端面密封,从内侧密封泄漏的介质在环境温度下不会被冷凝的场合 本方案收集从内侧密封泄漏的介质,限制泵送介质漏到大气。排除万一液体聚集在抑制密封腔内会产生过热,引起碳氢化合物结焦和密封失效的可能

续表

简　图	特点及说明	用　途
这种含有雾滴的气体在环境温度下雾滴不会被冷凝。在收集管的出口管上装有孔板,限制气体的排出量。这样,内侧密封泄漏量过大时,将会引起压力升高,并触发设定压力为 0.07MPa(表压)压力开关高(PSH)的信号。出口上的切断阀用于切断系统,以便于维修。亦可将切断阀关闭,试验内侧密封泄漏情况而泵仍在运转,记下收集管内时间-压力相互关系的记录。如果规定,可以使用装在管 5 上的放净口注入氮气或其他气体,达到试验密封性能和检查液体沉积情况的目的	本方案可与带有缓冲气的密封系统(方案72)组合使用;也可与不带缓冲气的密封系统(方案71)组合使用,但需用堵头堵住缓冲气入口(GBI)

注：1. 图例及符号说明

过滤器	L1 液位计	FS 流量开关	Q 阻封液
换热器(冷却器)	PS 压力开关　压力调节阀	LG 液位计	I 入口	D 放净
PI 压力表	旋液分离器　切断阀　逆止阀	FIL 成对过滤器	V 排气口	F 冲洗液
TI 温度计	FI 流量计			
FI 冲洗液入口	FO 冲洗液出口　孔板	LBI 缓冲液/隔离液入口	LBO 缓冲液/隔离液出口	GBI 缓冲气入口
CSV 抑制密封排气口	CSD 抑制密封放净口	I 入口	HCI 加热或冷却剂入口	HCO 加热或冷却剂出口

2. 表中提到的典型机械密封结构见图 11-4-11。

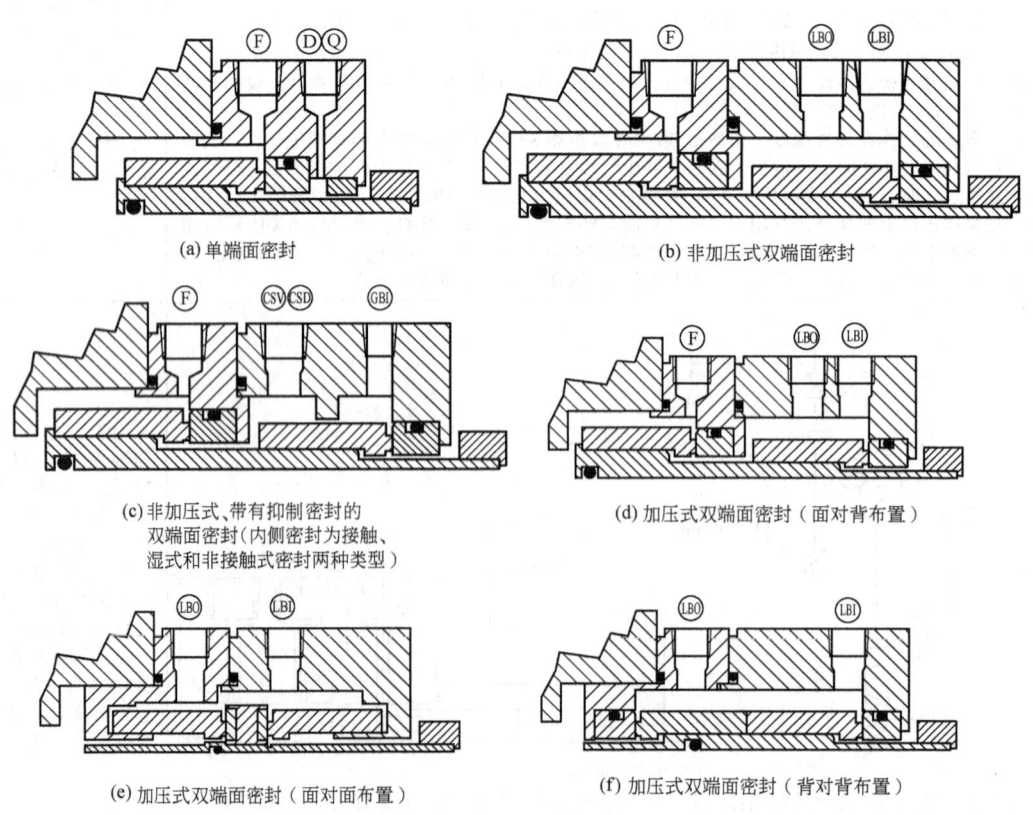

(a) 单端面密封　　　　　　　　　(b) 非加压式双端面密封

(c) 非加压式、带有抑制密封的双端面密封(内侧密封为接触、湿式和非接触式密封两种类型)　　　　(d) 加压式双端面密封(面对背布置)

(e) 加压式双端面密封(面对面布置)　　　　(f) 加压式双端面密封(背对背布置)

图 11-4-11　典型机械密封

8.10.3 釜用机械密封润滑和冷却系统

表 11-4-40

类型	系统简图	特点及应用
自动压力平衡系统	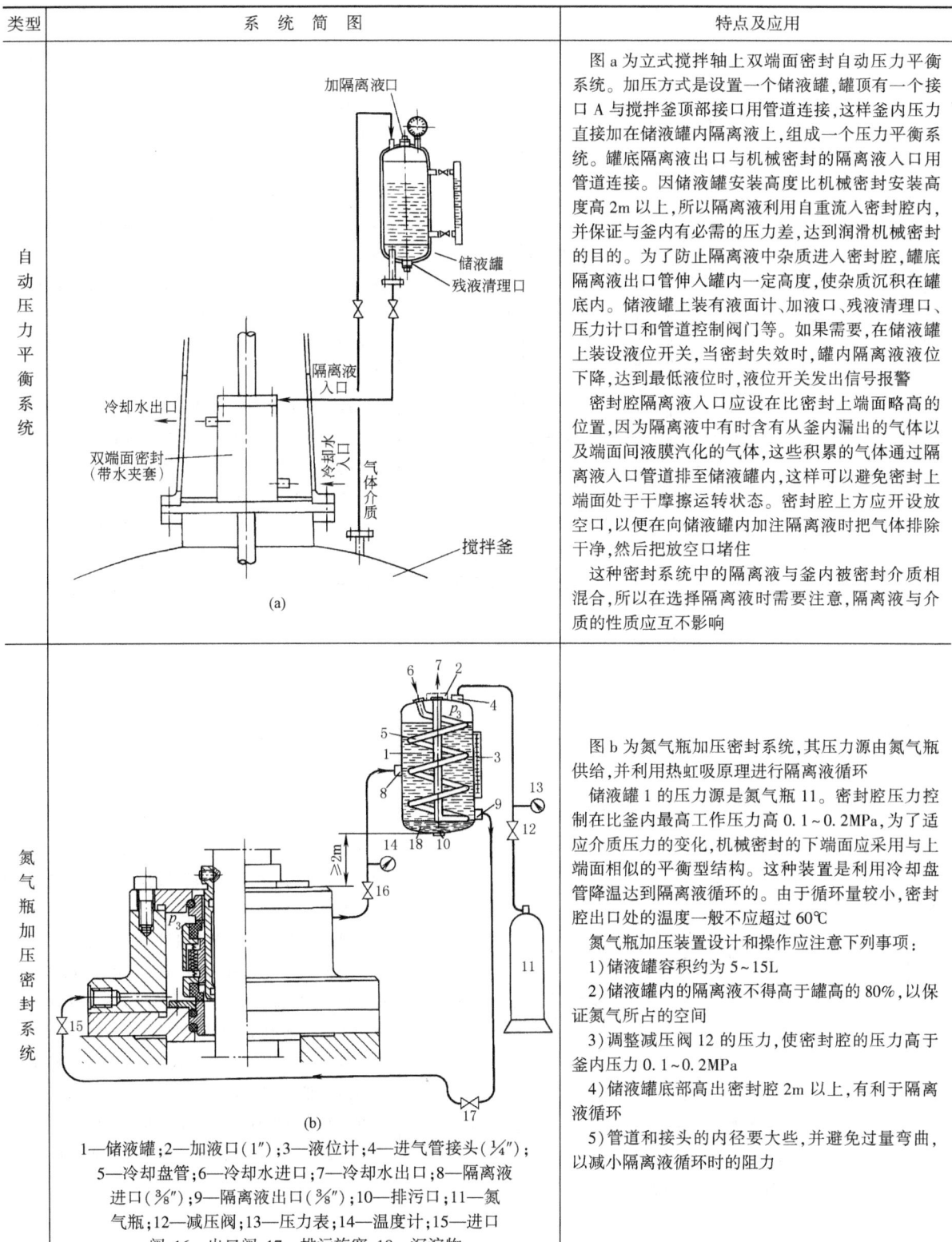 (a)	图 a 为立式搅拌轴上双端面密封自动压力平衡系统。加压方式是设置一个储液罐，罐顶有一个接口 A 与搅拌釜顶部接口用管道连接，这样釜内压力直接加在储液罐内隔离液上，组成一个压力平衡系统。罐底隔离液出口与机械密封的隔离液入口用管道连接。因储液罐安装高度比机械密封安装高度高 2m 以上，所以隔离液利用自重流入密封腔内，并保证与釜内有必需的压力差，达到润滑机械密封的目的。为了防止隔离液中杂质进入密封腔，罐底隔离液出口管伸入罐内一定高度，使杂质沉积在罐底内。储液罐上装有液面计、加液口、残液清理口、压力计和管道控制阀门等。如果需要，在储液罐上装设液位开关，当密封失效时，罐内隔离液液位下降，达到最低液位时，液位开关发出信号报警 密封腔隔离液入口应在比密封上端面略高的位置，因为隔离液中有时含有从釜内漏出的气体以及端面间液膜汽化的气体，这些积累的气体通过隔离液入口管道排至储液罐内，这样可以避免密封上端面处于干摩擦运转状态。密封腔上方应开设放空口，以便在向储液罐内加注隔离液时把气体排除干净，然后把放空口堵住 这种密封系统中的隔离液与釜内被密封介质相混合，所以在选择隔离液时需要注意，隔离液与介质的性质应互不影响
氮气瓶加压密封系统	(b) 1—储液罐；2—加液口(1″)；3—液位计；4—进气管接头(¼″)；5—冷却盘管；6—冷却水进口；7—冷却水出口；8—隔离液进口(⅜″)；9—隔离液出口(⅜″)；10—排污口；11—氮气瓶；12—减压阀；13—压力表；14—温度计；15—进口阀；16—出口阀；17—排污旋塞；18—沉淀物	图 b 为氮气瓶加压密封系统，其压力源由氮气瓶供给，并利用热虹吸原理进行隔离液循环 储液罐 1 的压力源是氮气瓶 11。密封腔压力控制在比釜内最高工作压力高 $0.1\sim0.2$ MPa，为了适应介质压力的变化，机械密封的下端面应采用与上端面相似的平衡型结构。这种装置是利用冷却盘管降温达到隔离液循环的。由于循环量较小，密封腔出口处的温度一般不应超过 60℃ 氮气瓶加压装置设计和操作应注意下列事项： 1) 储液罐容积约为 5~15L 2) 储液罐内的隔离液不得高于罐高的 80%，以保证氮气所占的空间 3) 调整减压阀 12 的压力，使密封腔的压力高于釜内压力 $0.1\sim0.2$ MPa 4) 储液罐底部高出密封腔 2m 以上，有利于隔离液循环 5) 管道和接头的内径要大些，并避免过量弯曲，以减小隔离液循环时的阻力

续表

类型	系统简图	特点及应用
氮气瓶加压密封系统	 (c) 1—储液罐;2—加液口(1″);3—液位计;4—进气管接头($\frac{1}{4}″$);5—冷却盘管;6—冷却水进口;7—冷却水出口;8—隔离液进口($\frac{3}{8}″$);9—隔离液出口($\frac{3}{8}″$);10—排污口;11—储液罐（常压);12—下液位计;13—手动泵;14—安全阀;15—下排污口;16—输液管;17—带过滤器的加液口	6) 储液罐内的液面不得低于隔离液进口8，避免造成气隔使液流循环中断，并要经常检查、补充隔离液 7) 补充隔离液时，应先停车、降压，然后再加隔离液。对于一般性介质（如无毒、无腐蚀、非易燃易爆），也可采用不停车加液的方法。但必须先关闭减压阀12、进口阀15和出口阀16，然后使储液罐卸压，进行加液。加到所需量后，将加液口2封严，接着依次缓慢打开减压阀、进口阀和出口阀。整个加液过程的时间要尽量缩短，不然，机械密封端面产生的摩擦热不能被带走，造成密封腔内隔离液温度升高，致使隔离液容积增加，这样会造成隔离液压力迅速上升，端面被打开或烧毁等不良后果 为方便加液过程，可将储液罐制成如图c所示的结构。在储液罐下部增设一个常压的储液罐11和手动泵13，加液时，用手动泵13将常压的储液罐内的隔离液直接打入储液罐。这种方法可以在不停车、不卸压的情况下进行
油泵加压隔离液循环系统	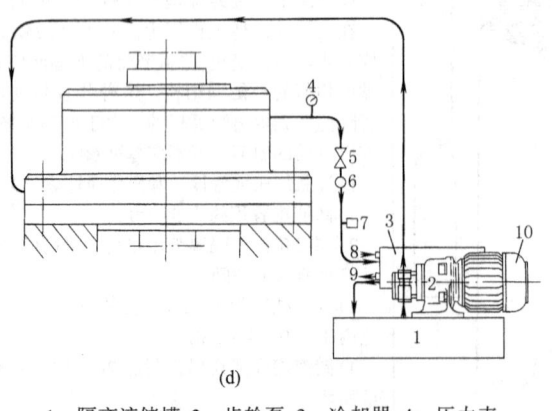 (d) 1—隔离液储槽;2—齿轮泵;3—冷却器;4—压力表;5—调节阀;6—温度表;7—磁性过滤器;8—冷却液进口;9—冷却液出口;10—电动机	在高温或高压运转的高载荷密封装置中，需要采用强制循环隔离液对密封端面进行润滑和冷却，达到长期稳定运转的目的。图d所示为油泵加压隔离液循环系统，用于双端面机械密封。隔离液压力由齿轮泵2供给，利用泵送压力迫使隔离液在密封腔、冷却器3、磁性过滤器7、调节阀5、隔离液储槽1之间循环流动，使隔离液得到充分冷却并将管道中的锈渣和污物清除掉，冷却效果好。正常条件下，隔离液温度可以控制在60℃以下 调节调节阀5，控制密封腔的压力比釜内介质压力高0.2～0.5MPa。隔离液一般应用工业白油

续表

类型	系统简图	特点及应用
自身压力增压系统	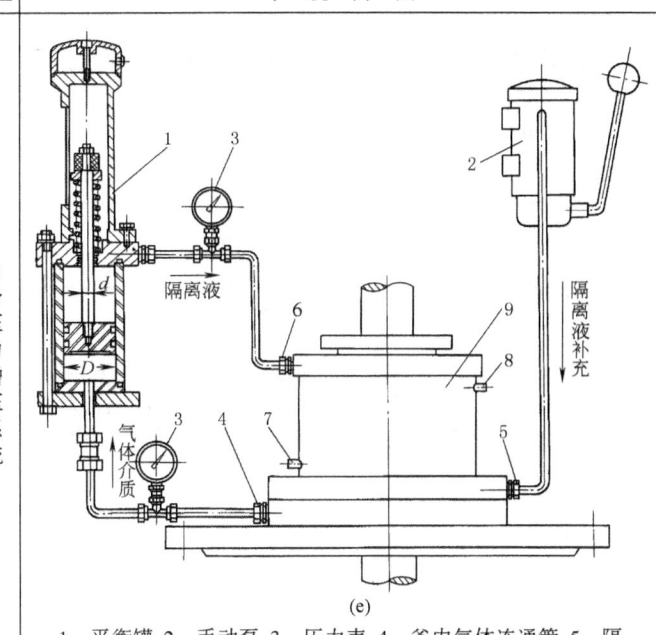 (e) 1—平衡罐；2—手动泵；3—压力表；4—釜内气体连通管；5—隔离液补充口；6—隔离液进密封腔；7—夹套冷却水进口；8—夹套冷却水出口；9—机械密封	搅拌釜用双端面机械密封自身压力增压系统，是将隔离液(润滑油或润滑介质)加到密封腔中，润滑密封端面，适用于釜内介质不能和隔离液相混合的场合 平衡罐 1 上部与密封腔用管道连接，下部用管道与釜内连通，使釜内的压力通过平衡活塞传递到密封腔。由于活塞上端的承压面积比活塞下端承压面积减少了一根活塞杆的横截面积，因此隔离液压力按两端承压面积之比例增加，从而保证了良好的密封条件。活塞用 O 形环与罐壁密封，且可沿轴向滑动。活塞既能传递压力，又能起到隔离液与釜内气体的隔离作用。设计活塞两端的承压面积之比时，应根据所要求的密封腔与釜内的压力差来计算，一般密封腔与釜内压力差在 0.05~0.15MPa 之间 在活塞杆上装上弹簧，调节好弹簧压缩量，使弹簧张力正好抵消活塞上 O 形环对罐壁的摩擦力，以减少压力差计算值与实际之间的误差(可用上、下两块压力表校准)。此外，活塞杆的升降还有指示平衡罐中液位的作用。当隔离液泄漏后需要补充时，用手动泵 2 加注
多釜合用隔离液系统	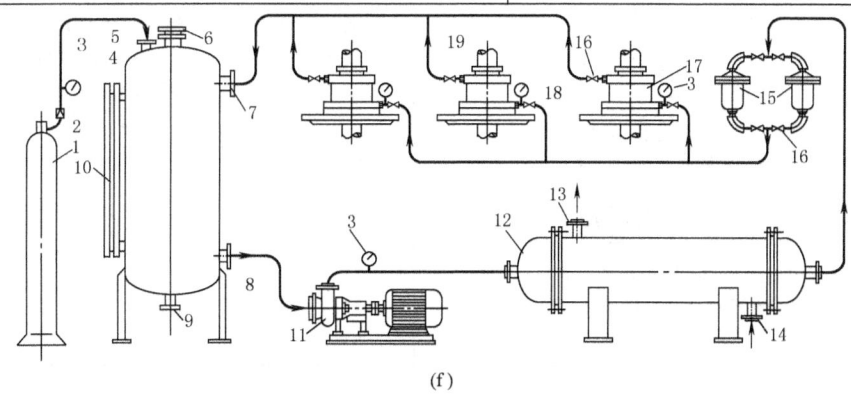 (f) 1—氮气瓶；2—减压阀；3—压力表；4—储液罐；5—氮气入口；6—加液口；7—回流液进口；8—回流液出口；9—排污口；10—液位视镜；11—泵及电动机；12—冷却器；13—冷却水出口；14—冷却水进口；15—过滤器；16—闸阀；17—机械密封；18—隔离液进口；19—隔离液出口	图 f 所示为多釜合用隔离液系统，主要设备包括氮气瓶 1、储液罐 4、泵及电动机 11、冷却器 12、过滤器 15 等。将氮气瓶中的氮气通入储液罐内，控制反应釜密封腔的隔离液压力；利用泵对隔离液进行强制循环，隔离液带走的密封热量经冷却器冷却，然后经两个可以相互切换的过滤器过滤，清洁的隔离液再进入密封腔内，润滑、冷却密封端面。这种系统适用于同一车间内很多反应釜密封条件相同或相近的双端面机械密封 隔离液系统的各部分压力应近似按下列要求进行设计：控制储液罐压力比反应釜压力低 0.2MPa，经油泵加压后比储液罐高 0.5MPa，即比反应釜压力高 0.3MPa，冷却器和过滤器压力降约 0.2MPa，则进入密封腔内的压力比釜内压力高 0.1MPa，符合密封腔压力比反应釜工作压力高的要求 隔离液压力系统的设计和操作条件如下： 1)要求机械密封的工作压力、温度、介质条件必须是相近的，按统一的隔离液压力来计算各密封端面的比压，以适应操作过程中的压力变化 2)由于各台釜的升压、降压时间并不一致，因而要求恒定不变的隔离液压力能够适应这种压力变化。为此，双端面机械密封的上、下两个端面都应制成平衡型结构，避免釜压低时下端面比压过大，造成端面磨损和发热 3)密封腔内的隔离液压力是由氮气压力、泵送压力以及系统中辅助设备及管道的阻力降决定的，通常是通过调节氮气瓶出口处的减压阀 2 来控制密封所需压力 4)反应釜停车时仍应保持隔离液循环畅通，如需闭阀停止循环，系统中阻力降发生变化，隔离液压力须重新进行调整 5)并联的双过滤器交替使用，定期清除过滤器中的污物

8.11 杂质过滤和分离

若密封介质中带有杂质或输送介质的管道有铁锈等固体颗粒都会给机械密封带来极大危害，采用过滤或分离是一种积极措施。经过滤或分离后，介质中允许含有最大颗粒与主机的用途、运转条件有关。通常，泵用机械密封最大允许颗粒为 $25\sim100\mu m$，高速运转压缩机为 $10\sim25\mu m$。

表 11-4-41

名称	结 构 图	特点及应用
Y形过滤器	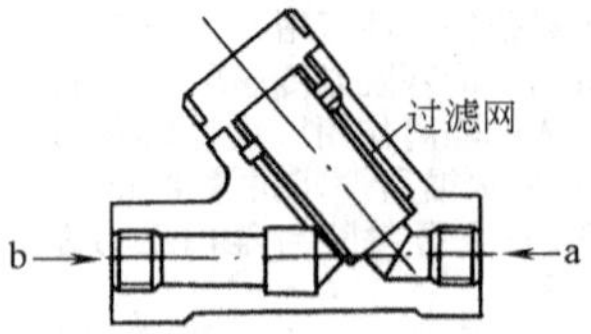	Y形过滤器应用在冲洗或循环管道中，含有颗粒的介质从a端进入，由过滤网内侧通过过滤网，杂质被堵在过滤网内侧，清洁介质由过滤网外侧出来，从b端流出，达到清除杂质的目的
磁性过滤器	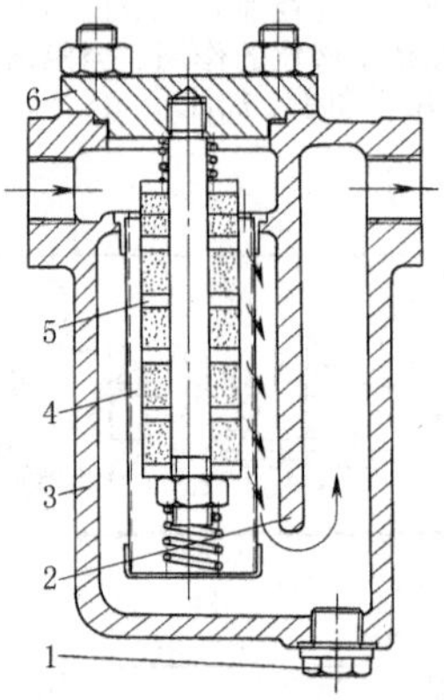 1—排液螺塞；2—导向板；3—壳体；4—过滤筛网；5—磁套；6—壳盖	磁性过滤器在冷却循环管道上使用。它不但可以把铁屑吸附在磁套5上，而且过滤筛网4还可以把其他杂质过滤并定期清理。通常，管道上需并联安装两个过滤器，进、出口管端需装设阀门，以便交替清理使用而不必停车。打开壳盖6便可以快速更换磁套和过滤筛网
液力旋流器（又称旋液分离器）	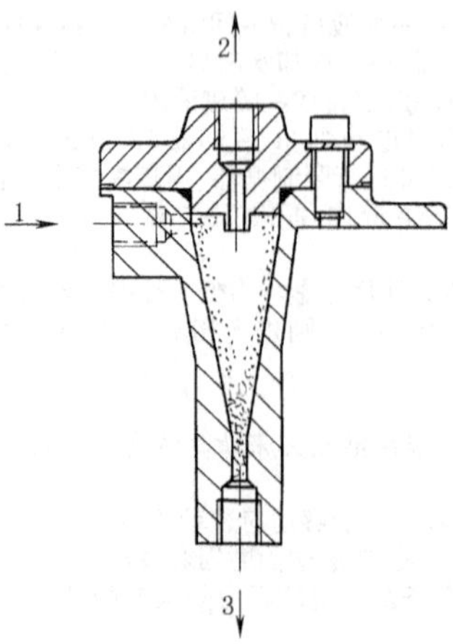 1—含杂质介质入口；2—清净介质出口；3—杂质出口	它的入口1布置在内锥体的切线位置，泥、砂、杂质在锥体中依靠旋涡和重力作用进行分离，清洁介质自上方清净介质出口2进入密封腔，杂质从下面杂质出口3排出。这种分离器通常可以分离出去95%~99.5%的杂质，例如在0.7MPa压力条件下，对含砂水进行分离，当粒度为 $0.25\mu m$ 时，分离率为96%~99.2%

8.12 机械密封标准

8.12.1 机械密封技术条件（摘自 JB/T 4127.1—2013）

表 11-4-42

名称	项目	技术条件
标准适用范围	工作压力	0~10MPa（密封腔内实际压力）
	工作温度	-20~150℃（密封腔内实际温度）
	轴（或轴套）外径	10~120mm
	线速度	不大于 30m/s
	介质	清水、油类和一般腐蚀性液体
主要零件技术要求	密封环	
	密封端面平面度	不大于 0.0009mm
	密封端面粗糙度	硬质材料：$Ra0.2\mu m$ 软质材料：$Ra0.4\mu m$
	密封端面与辅助密封圈接触端面平行度	按 GB/T 1184—1996 中的 7 级公差
	静止环和旋转环与辅助密封圈接触部位的表面粗糙度	Ra 不大于 $1.6\mu m$，外圆或内孔尺寸公差为 h8 或 H8
	静止环端面与辅助密封圈接触外圆的垂直度	按 GB/T 1184—1996 中的 7 级公差
	石墨环、填充聚四氟乙烯环、组装的动、静环的水压试验	试验压力为工作压力的 1.25 倍，持续 10min，不应有渗漏
	弹簧	弹簧外径、内径 弹簧自由高度 弹簧工作压力 弹簧中心线与两端面垂直度	其公差值按 JB/T 11107 中的规定
		同一套机械密封中多弹簧时各弹簧之间的自由高度差	不大于 0.5mm
	弹簧座传动座	内孔尺寸公差	E8
		内孔粗糙度	不大于 $3.2\mu m$
	辅助密封	O 形密封圈	参照 JB/T 7757.2—2006《机械密封用 O 形橡胶圈》
性能要求	平均泄漏量（密封液体时）	轴（或轴套）外径大于 50mm 小于 120mm 时为小于等于 5mL/h 轴（或轴套）外径小于等于 50mm 时为小于等于 3mL/h
	磨损量	以清水为试验介质，运转 100h 软质材料的密封环磨损量小于等于 0.02mm
	使用期限	被密封介质为清水、油类时不小于 8000h 被密封介质有腐蚀性时一般为 4000~8000h 使用条件苛刻时不受此限
	静压试验压力	产品必须按 GB/T 14211 进行型式试验产品出厂前按 GB/T 14211 进行静压试验和运转试验

续表

名　称		项　目	技　术　条　件	
安装要求	轴或轴套	径向圆跳动公差/mm	轴(或轴套)外径	径向圆跳动公差
			10~50	0.04
			>50~120	0.06
		外径尺寸公差及粗糙度	h6,Ra 不大于 3.2μm	
		安装辅助密封圈的轴(或轴套)的端部	(图示)	
		转子轴向窜动量	小于等于 0.3mm	
	密封端盖	安装辅助密封圈的端盖(或壳体)的孔的端部	轴(或轴套)外径/mm	c/mm
			10~16	1.5
			>16~48	2
			>48~75	2.5
			>75~120	3

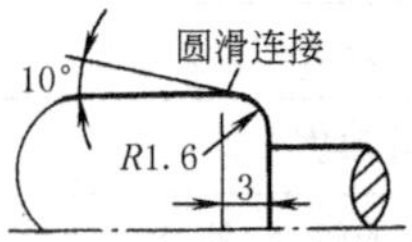

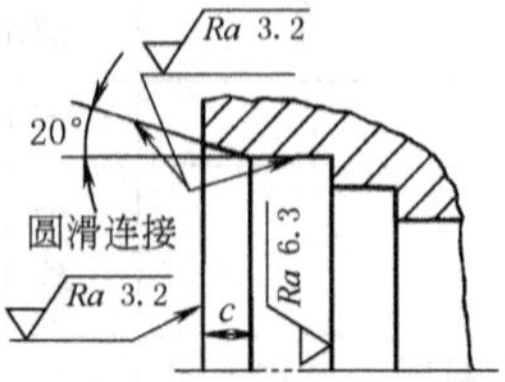

注：本书编入的具体密封产品或密封技术因所依据的标准或资料来源不同，有些技术要求数据也可能有所不同。参考时请核对具体条件。

8.12.2　机械密封用 O 形橡胶密封圈（摘自 JB/T 7757.2—2006）

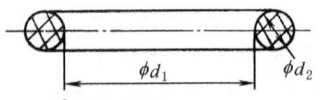

标记示例：O 形橡胶密封圈，内径 d_1 18.00mm，截面直径 d_2 2.65mm，标记为
O 形圈　18×2.65　JB/T 7757.2—2006

表 11-4-43　　　　　　　　　　　　　　　　　　　　　　　　　　　　　　　　　mm

d_1		d_2(截面直径及其极限偏差)													
内径	极限偏差	1.60 ±0.08	1.80 ±0.08	2.10 ±0.08	2.65 ±0.09	3.10 ±0.10	3.55 ±0.10	4.10 ±0.10	4.30 ±0.10	4.50 ±0.10	4.70 ±0.10	5.00 ±0.10	5.30 ±0.10	5.70 ±0.15	6.40 ±0.15	7.00 ±0.15	8.40 ±0.15	10.0 ±0.30
6.00	±0.13	☆	☆	☆														
6.90	±0.14	☆	☆															
8.00		☆	☆	☆														
9.00		☆	☆															
10.0		☆	☆	☆														
10.6	±0.17	☆	☆		☆													
11.8		☆	☆															
13.2		☆	☆	☆	☆													
15.0		☆	☆		☆													
16.0		☆	☆		☆													
17.0		☆	☆		☆	☆												
18.0		☆	☆	☆	☆	☆	☆											
19.0		☆	☆		☆													
20.0		☆	☆	☆	☆													
21.2	±0.22	☆	☆		☆													
22.4		☆	☆	☆	☆	☆												
23.6		☆	☆		☆	☆												
25.0		☆	☆	☆	☆	☆												

续表

d_1 内径	极限偏差	1.60 ±0.08	1.80 ±0.08	2.10 ±0.08	2.65 ±0.09	3.10 ±0.10	3.55 ±0.10	4.10 ±0.10	4.30 ±0.10	4.50 ±0.10	4.70 ±0.10	5.00 ±0.10	5.30 ±0.10	5.70 ±0.10	6.40 ±0.15	7.00 ±0.15	8.40 ±0.15	10.0 ±0.30
25.8	±0.22	☆	☆		☆	☆	☆											
26.5		☆	☆		☆	☆	☆											
28.0		☆	☆	☆	☆	☆	☆					☆						
30.0		☆	☆	☆	☆	☆	☆		☆			☆	☆					
31.5	±0.30	☆	☆		☆	☆	☆		☆			☆						
32.5		☆	☆	☆	☆	☆	☆				☆	☆						
34.5		☆	☆	☆	☆	☆	☆				☆	☆						
37.5		☆	☆	☆	☆	☆	☆				☆	☆						
38.7			☆	☆	☆	☆	☆				☆	☆						
40.0			☆	☆	☆	☆	☆					☆	☆					
42.5	±0.36		☆		☆	☆	☆					☆						
43.7			☆		☆	☆	☆					☆						
45.0			☆		☆	☆	☆		☆	☆	☆	☆			☆			
47.5			☆		☆	☆	☆	☆	☆	☆	☆	☆			☆			
48.7			☆		☆	☆	☆		☆	☆	☆	☆			☆			
50.0			☆		☆	☆	☆		☆	☆	☆	☆			☆			
53.0					☆	☆	☆	☆	☆	☆	☆		☆					
54.5					☆	☆	☆	☆	☆	☆	☆	☆	☆					
56	±0.44				☆	☆	☆	☆	☆	☆	☆		☆					
58.0					☆		☆	☆	☆	☆	☆		☆					
60.0					☆	☆	☆	☆	☆	☆	☆	☆	☆					
61.5					☆	☆	☆	☆	☆	☆	☆		☆					
63.0					☆		☆		☆		☆		☆					
65.0					☆	☆	☆	☆	☆	☆	☆	☆	☆					
67.0					☆		☆	☆	☆	☆	☆		☆					
70.0					☆	☆	☆	☆	☆	☆	☆	☆	☆					
71.0	±0.53				☆		☆		☆		☆		☆					
75.0					☆	☆	☆	☆	☆	☆	☆		☆					
77.5						☆			☆		☆		☆					
80.0					☆	☆	☆	☆	☆	☆	☆		☆					
82.5						☆		☆	☆	☆	☆		☆					
85.0					☆	☆	☆	☆	☆	☆	☆		☆					
87.5						☆		☆	☆	☆	☆		☆					
90.0					☆	☆	☆	☆	☆	☆	☆	☆	☆	☆				
92.5						☆		☆	☆	☆	☆		☆	☆				
95.0					☆	☆	☆	☆	☆	☆	☆	☆	☆	☆				
97.5	±0.65					☆		☆	☆	☆	☆		☆	☆				
100					☆	☆	☆	☆	☆	☆	☆	☆	☆	☆				
103						☆		☆	☆	☆	☆		☆	☆				
105					☆	☆	☆	☆	☆	☆	☆	☆	☆	☆				
110					☆	☆	☆	☆	☆	☆	☆	☆	☆	☆	☆			
115					☆	☆	☆	☆	☆	☆	☆	☆	☆	☆	☆			
120					☆	☆	☆	☆	☆	☆	☆	☆	☆	☆	☆			
125					☆	☆	☆						☆	☆	☆			
130					☆	☆	☆						☆	☆	☆			
135	±0.90				☆	☆	☆		☆				☆	☆	☆			
140					☆	☆	☆						☆	☆	☆			
145					☆	☆	☆						☆	☆	☆	☆		

续表

d_1 内径	极限偏差	d_2(截面直径及其极限偏差)																
		1.60 ±0.08	1.80 ±0.08	2.10 ±0.08	2.65 ±0.09	3.10 ±0.10	3.55 ±0.10	4.10 ±0.10	4.30 ±0.10	4.50 ±0.10	4.70 ±0.10	5.00 ±0.10	5.30 ±0.10	5.70 ±0.10	6.40 ±0.15	7.00 ±0.15	8.40 ±0.15	10.0 ±0.30
150	±0.90				☆		☆						☆	☆	☆	☆	☆	
155							☆						☆	☆	☆	☆	☆	
160							☆						☆	☆	☆	☆	☆	
165							☆						☆	☆	☆	☆	☆	
170							☆						☆	☆	☆	☆	☆	
175							☆						☆	☆	☆	☆	☆	
180							☆						☆	☆	☆	☆	☆	
185	±1.20						☆						☆	☆	☆	☆	☆	
190							☆						☆	☆	☆	☆	☆	
195							☆						☆	☆	☆	☆	☆	
200							☆						☆	☆	☆	☆	☆	
205							☆						☆	☆	☆	☆	☆	
210							☆						☆	☆	☆	☆	☆	
215							☆						☆	☆	☆	☆	☆	
220							☆						☆	☆	☆	☆	☆	
225							☆						☆	☆	☆	☆	☆	
230							☆						☆	☆	☆	☆	☆	
235							☆						☆	☆	☆	☆	☆	
240							☆						☆	☆	☆	☆	☆	
245							☆						☆	☆	☆	☆	☆	
250							☆						☆	☆	☆	☆	☆	
258	±1.60						☆						☆		☆	☆	☆	
265							☆						☆		☆	☆	☆	
272							☆						☆		☆	☆	☆	
280							☆						☆		☆	☆	☆	
290							☆						☆		☆	☆		
300							☆						☆		☆	☆		
307							☆						☆			☆		
315							☆						☆			☆		
325	±2.10						☆						☆			☆		
335													☆			☆		
345													☆			☆		
355													☆			☆		
375													☆			☆		
387													☆			☆		
400													☆			☆		
412	±2.60															☆		☆
425																☆		☆
437																☆		☆
450																☆		☆
462																☆		☆
475																☆		☆
487																☆		☆
500																☆		☆
515	±3.20															☆		☆
530																☆		☆
545																☆		☆
560																☆		☆

注：1. "☆"表示优先选用规格。
2. O形圈常用材料及适用范围见表11-4-44。

表 11-4-44　　　　　　　　　　密封圈常用材料的主要特点及适用范围

胶种	丁腈橡胶 （NBR）		氢化丁腈橡胶 （HNBR）		乙丙橡胶 （EPDM）	氟橡胶 （FPM）			硅橡胶 （VMQ）	氯醚橡胶 （CHC）
代号	P		H		E	V			S	C
亚胶种	中丙烯腈含量	高丙烯腈含量	中丙烯腈含量	高丙烯腈含量	三元	26型	246型	四丙	甲基乙烯基	共聚
工作温度/℃	$-30\sim100$		$-30\sim150$		$-50\sim200$	$-20\sim200$			$-60\sim200$	$-30\sim120$
主要特点	耐油		耐油、耐热		耐放射性、耐碱	耐油、耐热、耐腐蚀			耐寒、耐热	耐油、耐臭氧

8.12.3　机械密封用氟塑料全包覆橡胶 O 形圈（摘自 JB/T 10706—2007）

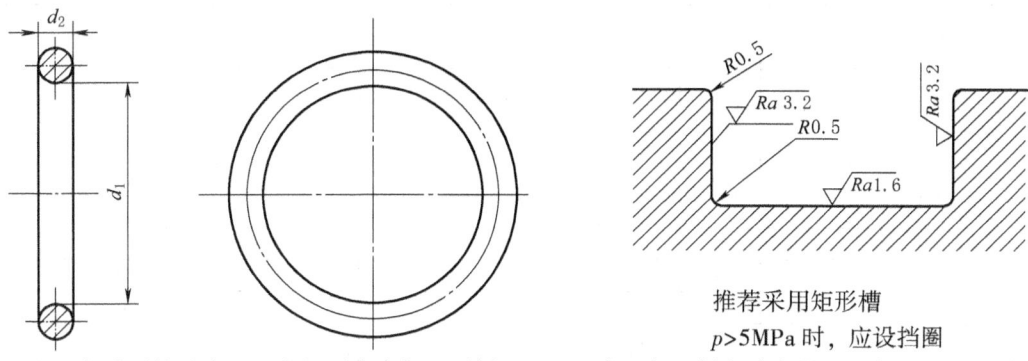

推荐采用矩形槽
$p>5$ MPa 时，应设挡圈

材料：氟或硅橡胶内芯上全包覆聚全氟乙丙烯（FEP）或四氟乙烯与全氟烷基乙烯基醚的共聚物（PFA），并以特殊工艺复合而成的特殊橡胶。

应用：用于普通橡胶 O 形圈无法适应的某些化学介质环境中，弹性由橡胶内芯提供，而化学介质特性由无缝的 FEP 或 PFA 套管提供。它既有橡胶 O 形密封圈所具有的低压缩永久变形的性能，又具有氟塑料特有的耐热、耐寒、耐油、耐磨、耐天候老化、耐化学腐蚀特性的场合，但不适用于卤化物、熔融碱金属、氟碳化合物介质的场合适用温度范围：

包覆层材料	橡胶材料	使用温度/℃
FEP	氟橡胶	$-20\sim180$
	硅橡胶	$-60\sim180$
PFA	氟橡胶	$-20\sim200$
	硅橡胶	$-60\sim200$

标记示例：氟塑料全包覆橡胶 O 形圈内径 d_1 为 18.0mm，截面直径 d_2 为 2.62mm，标记为：
包氟 O 形圈　18×2.62　JB/T 10706—2007

表 11-4-45

d_1		d_2											
内径	极限偏差	1.78 ±0.08	2.00 ±0.09	2.62 ±0.09	3.00 ±0.10	3.53 ±0.10	4.00 ±0.10	4.50 ±0.10	5.00 ±0.10	5.33 ±0.13	5.70 ±0.13	6.00 ±0.15	6.30 ±0.15	6.99 ±0.15
6.0		☆	☆											
6.9		☆												
8.0		☆	☆											
9.0		☆												
10.0	±0.15	☆	☆											
10.6		☆	☆	☆										
11.8		☆	☆	☆	☆									
12.5		☆	☆	☆										
13.2		☆	☆	☆	☆									

续表

d_1 内径	极限偏差	\multicolumn{13}{c}{d_2}
		1.78 ±0.08	2.00 ±0.09	2.62 ±0.09	3.00 ±0.10	3.53 ±0.10	4.00 ±0.10	4.50 ±0.10	5.00 ±0.10	5.33 ±0.13	5.70 ±0.13	6.00 ±0.15	6.30 ±0.15	6.99 ±0.15
14.0	±0.15	☆	☆	☆	☆									
15.0		☆	☆	☆	☆									
15.5		☆	☆	☆	☆	☆								
16.0		☆	☆	☆	☆									
17.0		☆	☆	☆	☆	☆								
18.0		☆	☆	☆	☆	☆	☆							
19.0		☆	☆	☆	☆	☆								
20.0		☆	☆	☆	☆	☆		☆						
21.2		☆	☆	☆	☆	☆								
22.4		☆	☆	☆	☆	☆		☆						
23.0		☆	☆	☆	☆	☆								
23.6		☆	☆	☆	☆	☆	☆							
25.0		☆	☆	☆	☆	☆				☆				
25.8		☆	☆	☆	☆	☆	☆							
26.5		☆	☆	☆	☆	☆	☆							
27.0		☆	☆	☆	☆	☆								
28.0		☆	☆	☆	☆	☆			☆					
29.0		☆	☆	☆	☆	☆								
30.0		☆	☆	☆	☆	☆			☆	☆				
31.5		☆	☆	☆	☆	☆					☆			
32.0		☆	☆	☆	☆	☆	☆							
32.5		☆	☆	☆	☆	☆				☆	☆			
33.0		☆	☆	☆	☆	☆								
33.5		☆	☆	☆	☆	☆								
34.0		☆	☆	☆	☆	☆	☆							
34.5		☆	☆	☆	☆	☆		☆	☆	☆				
36.0		☆	☆	☆	☆	☆	☆							
37.5		☆	☆	☆	☆	☆		☆	☆	☆				
38.0		☆	☆	☆	☆	☆	☆							
38.7		☆	☆	☆	☆	☆				☆				
40.0	±0.25	☆	☆	☆	☆	☆		☆	☆					
41.0		☆	☆	☆	☆	☆			☆					
42.0		☆	☆	☆	☆	☆		☆	☆					
42.5		☆	☆	☆	☆	☆			☆					
43.7		☆	☆	☆	☆	☆	☆	☆	☆					
45.0		☆	☆	☆	☆	☆	☆	☆	☆				☆	
46.0		☆	☆	☆	☆	☆		☆	☆					
47.5		☆	☆	☆	☆	☆	☆	☆		☆	☆		☆	
48.0		☆	☆	☆	☆	☆	☆	☆	☆					
48.7		☆	☆	☆	☆	☆	☆	☆					☆	
50.0		☆	☆	☆	☆	☆	☆	☆	☆		☆		☆	
51.0			☆	☆	☆									
52.0			☆	☆	☆			☆	☆		☆			
53.0			☆	☆	☆			☆	☆	☆			☆	
53.7		☆	☆	☆	☆	☆	☆	☆	☆					
54.5			☆	☆	☆	☆	☆	☆	☆	☆	☆		☆	
55.3			☆	☆	☆									
56.0			☆	☆	☆	☆	☆	☆	☆	☆	☆		☆	

续表

d_1 内径	极限偏差	d_2 1.78 ±0.08	2.00 ±0.09	2.62 ±0.09	3.00 ±0.10	3.53 ±0.10	4.00 ±0.10	4.50 ±0.10	5.00 ±0.10	5.33 ±0.13	5.70 ±0.13	6.00 ±0.15	6.30 ±0.15	6.99 ±0.15
57.0	±0.25	☆	☆	☆	☆	☆	☆							
58.0			☆	☆	☆	☆	☆	☆	☆	☆		☆		
59.0			☆	☆	☆									
60.0		☆	☆	☆	☆	☆	☆	☆	☆	☆	☆	☆	☆	
61.5			☆	☆	☆	☆	☆			☆	☆		☆	
63.0		☆	☆	☆	☆	☆	☆	☆	☆	☆	☆		☆	
64.0			☆	☆	☆		☆	☆	☆					
65.0			☆	☆	☆	☆	☆	☆	☆	☆	☆		☆	
66.0		☆	☆	☆	☆	☆			☆					
67.0			☆	☆	☆		☆	☆		☆			☆	
68.0			☆	☆	☆									
69.0			☆	☆	☆	☆		☆	☆	☆				
70.0		☆	☆	☆	☆	☆		☆		☆	☆	☆	☆	
71.0			☆	☆	☆	☆		☆		☆	☆		☆	
73.0		☆	☆	☆	☆	☆	☆			☆				
75.0			☆	☆	☆	☆	☆	☆	☆	☆	☆	☆		
76.0		☆	☆	☆	☆	☆	☆	☆	☆	☆				
77.5			☆		☆	☆		☆		☆			☆	
78.7			☆		☆	☆	☆			☆				
80.0			☆	☆	☆	☆	☆	☆	☆	☆		☆	☆	
82.5	±0.38	☆	☆	☆	☆	☆	☆	☆	☆	☆			☆	
84.0			☆		☆		☆							
85.0			☆	☆	☆	☆	☆	☆	☆	☆	☆		☆	
86.0			☆		☆									
87.5			☆	☆	☆	☆	☆	☆		☆			☆	
89.0		☆	☆	☆	☆	☆	☆			☆				
90.0			☆	☆	☆	☆	☆	☆		☆	☆	☆	☆	
91.5			☆		☆	☆	☆	☆	☆	☆				
92.5			☆		☆	☆	☆			☆			☆	
94.0			☆		☆		☆	☆						
95.0		☆	☆	☆	☆	☆	☆	☆		☆	☆	☆		
97.5			☆		☆	☆		☆		☆			☆	
99.0			☆		☆									
100.0			☆	☆	☆	☆	☆	☆	☆	☆	☆	☆	☆	
101.5		☆		☆	☆	☆				☆	☆			
103.0					☆	☆		☆		☆	☆		☆	
104.0					☆		☆			☆				
105.0				☆	☆	☆	☆	☆		☆	☆	☆		
108.0		☆		☆	☆	☆	☆			☆				
110.0				☆	☆	☆	☆	☆		☆	☆	☆	☆	☆
112.0					☆		☆				☆			
114.0		☆			☆	☆				☆				☆
115.0				☆	☆	☆	☆			☆	☆	☆		☆
117.0					☆	☆				☆				☆
120.0		☆			☆	☆	☆	☆		☆	☆		☆	☆
123.0					☆	☆				☆				☆
125.0				☆	☆	☆	☆			☆		☆		☆
127.0		☆		☆	☆	☆	☆			☆				☆

续表

d_1		d_2											
内径	极限偏差	1.78 ±0.08	2.00 ±0.09	2.62 ±0.09	3.00 ±0.10	3.53 ±0.10	4.00 ±0.10	4.50 ±0.10	5.00 ±0.10	5.33 ±0.13	5.70 ±0.13	6.00 ±0.15	6.30 ±0.15	6.99 ±0.15
130.0	±0.38			☆	☆	☆				☆	☆	☆	☆	☆
133.3		☆		☆	☆	☆	☆			☆	☆			☆
135.0				☆	☆	☆	☆			☆	☆		☆	☆
137.0					☆	☆								☆
140.0				☆	☆	☆	☆			☆	☆	☆	☆	☆
143.0					☆	☆					☆			☆
145.0				☆	☆	☆	☆			☆	☆	☆	☆	☆
147.0					☆									☆
150.0	±0.58			☆	☆	☆	☆			☆	☆	☆	☆	☆
155.0						☆				☆	☆	☆	☆	☆
160.0				☆		☆	☆			☆	☆	☆	☆	☆
165.0				☆		☆	☆			☆	☆	☆	☆	☆
170.0				☆		☆	☆			☆	☆	☆	☆	☆
175.0						☆	☆			☆	☆	☆	☆	☆
180.0				☆		☆	☆			☆	☆	☆	☆	☆
185.0				☆		☆				☆	☆	☆	☆	☆
190.0				☆		☆	☆			☆	☆	☆	☆	☆
195.0				☆		☆				☆	☆	☆	☆	☆
200.0						☆	☆			☆	☆	☆	☆	☆
205.0				☆		☆	☆			☆	☆	☆	☆	☆
210.0				☆		☆				☆	☆	☆	☆	☆
215.0				☆		☆	☆			☆	☆	☆	☆	☆
220.0				☆		☆				☆	☆	☆	☆	☆
225.0						☆	☆			☆	☆	☆	☆	☆
230.0				☆		☆				☆	☆	☆	☆	☆
235.0				☆		☆	☆			☆	☆	☆	☆	☆
240.5				☆		☆				☆	☆	☆	☆	☆
245.0				☆		☆	☆			☆	☆	☆	☆	☆
250.0						☆				☆	☆	☆	☆	☆
258.0	±0.80					☆	☆			☆	☆	☆	☆	☆
265.0						☆				☆	☆	☆	☆	☆
272.0						☆				☆	☆	☆	☆	☆
280.0						☆				☆	☆	☆	☆	☆
290.0						☆				☆	☆	☆	☆	☆
300.0						☆				☆	☆	☆	☆	☆
307.0						☆				☆	☆	☆	☆	☆
315.0						☆				☆	☆	☆	☆	☆
325.0						☆				☆	☆	☆	☆	☆
335.0										☆	☆	☆	☆	☆
345.0										☆	☆	☆	☆	☆
355.0						☆				☆	☆	☆	☆	☆
365.0												☆	☆	☆
375.0										☆		☆	☆	☆
380.0						☆				☆	☆	☆	☆	☆
387.0										☆		☆	☆	☆
400.0						☆				☆	☆	☆	☆	☆
412.0	±1.50											☆	☆	☆
425.0						☆				☆	☆	☆	☆	☆

续表

d_1		d_2												
内径	极限偏差	1.78 ±0.08	2.00 ±0.09	2.62 ±0.09	3.00 ±0.10	3.53 ±0.10	4.00 ±0.10	4.50 ±0.10	5.00 ±0.10	5.33 ±0.13	5.70 ±0.13	6.00 ±0.15	6.30 ±0.15	6.99 ±0.15
437.0	±1.50										☆	☆	☆	☆
450.0						☆				☆	☆	☆	☆	☆
462.0											☆	☆	☆	☆
475.0										☆	☆	☆	☆	☆
487.0											☆	☆	☆	☆
500.0										☆	☆	☆	☆	☆
515.0	±2.00										☆	☆	☆	☆
530.0										☆	☆	☆	☆	☆
545.0												☆	☆	☆
560.0										☆	☆	☆	☆	☆
583.0											☆	☆	☆	☆
608.0											☆	☆	☆	☆
633.0											☆	☆	☆	☆
658.0										☆		☆	☆	☆

注：1. ☆表示优先选用尺寸。
2. 孔端倒角及表面粗糙度见表 11-4-42（JB/T 4127.1—2013）。

8.12.4 焊接金属波纹管机械密封（摘自 JB/T 8723—2008）

1. 密封的基本型式

适用范围：

1) 轴径：$\phi 20 \sim 120$mm；
2) 密封腔温度：$-40 \sim 400$℃；
3) 密封腔压力：单层波纹管≤2.2MPa，双层波纹管≤4.2MPa；
4) 速度：旋转型端面平均线速度≤25m/s；静止型端面平均线速度≤50m/s；
5) 介质：水、油、溶剂类及一般腐蚀性液体。
6) 主要用于离心泵及类似机械旋转轴的密封。

注：推荐采用集装式的密封结构，如表 11-4-46 中所示。

型式代号：

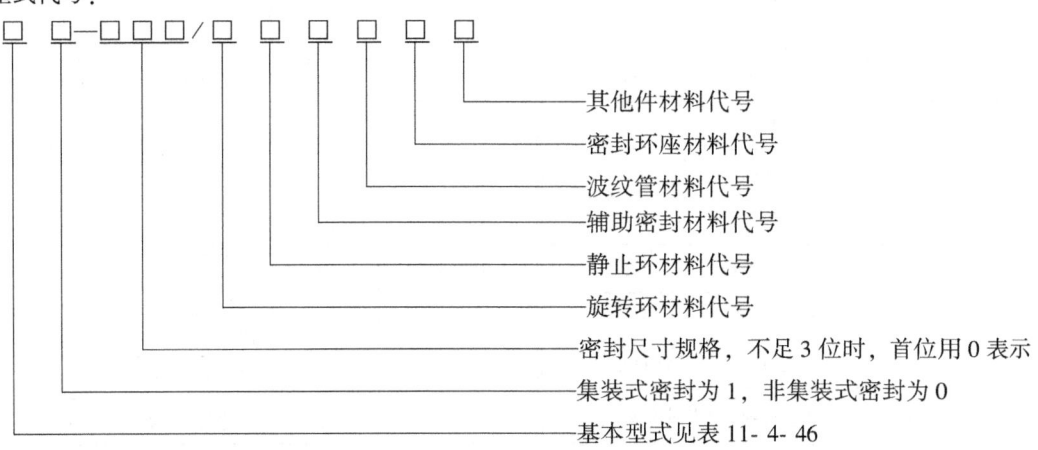

表 11-4-46

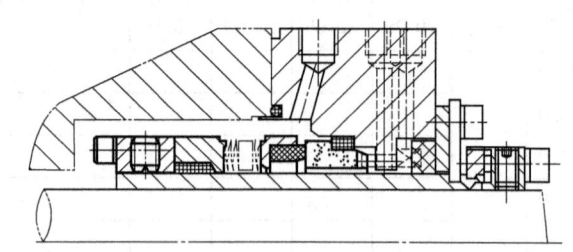

Ⅰ型密封:内装式,波纹管组件为旋转型,辅助密封为 O 形圈 | Ⅱ型密封:内装式,波纹管组件为旋转型,辅助密封为柔性石墨

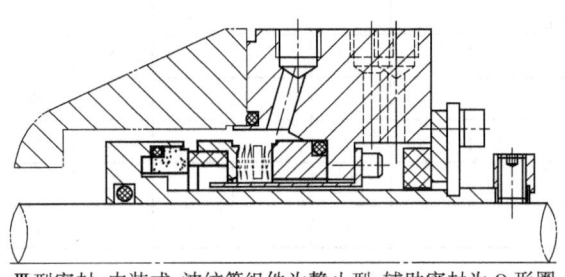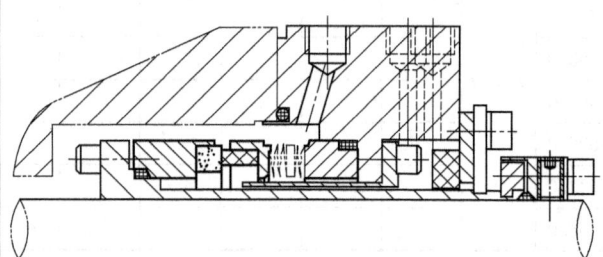

Ⅲ型密封:内装式,波纹管组件为静止型,辅助密封为 O 形圈 | Ⅳ型密封:内装式,波纹管组件为静止型,辅助密封为柔性石墨

2. 密封零件的材料代号

表 11-4-47

类别	材料代号	材料名称	类别	材料代号	材料名称
旋转环(动环) 静止环(静环)	A	浸锑石墨	金属波纹管	C	NS334(C-276),推荐使用温度范围为 -40~200℃
	B	浸树脂石墨		H	GH4169(Inconel 718),推荐使用温度范围为 -40~400℃
	W	钴基硬质合金		Y	沉淀硬化型不锈钢
	U	镍基硬质合金		T	钛合金
	Q	反应烧结碳化硅		M	NCu28-2.5-1.5(Monel)
	Z	无压烧结碳化硅		X	其他材料,使用时说明
	X	其他材料,使用时说明			
辅助密封件	V	氟橡胶	金属结构件	C	NS334(C-276)
	E	乙丙橡胶		R	铬钢
	S	硅橡胶		N	铬镍钢
	K	全氟醚橡胶		L	铬镍钼钢
	G	柔性石墨		J	低膨胀合金
	F	氟塑料全包覆橡胶 O 形圈		T	钛合金
	X	其他材料,使用时说明		H	GH4169(Inconel 718)
				X	其他材料,使用时说明

3. 密封布置方式

表 11-4-48

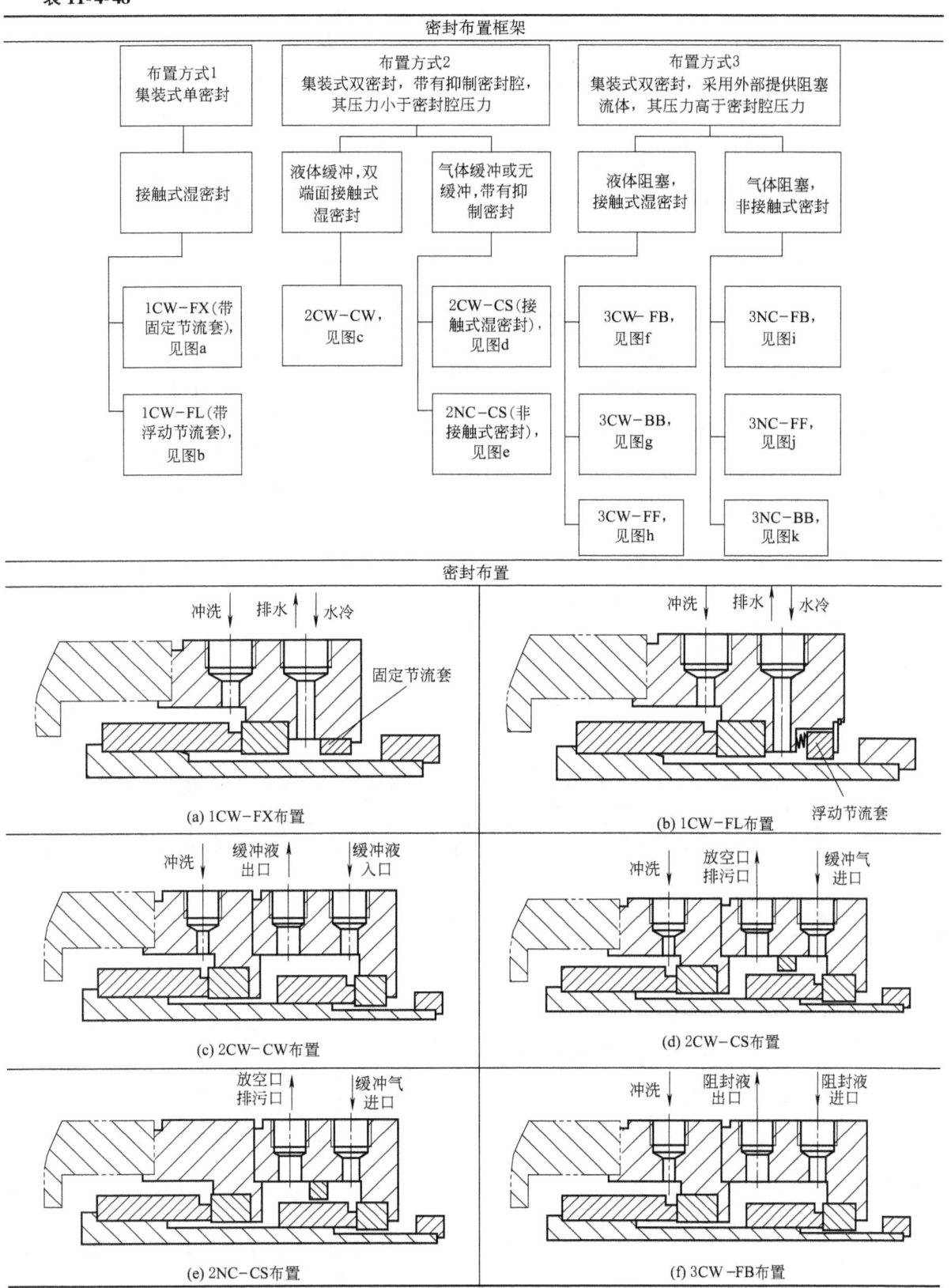

续表

密封布置
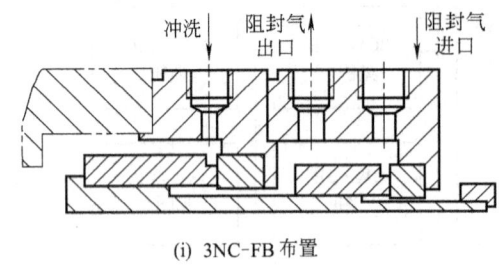 (g) 3CW-BB 布置   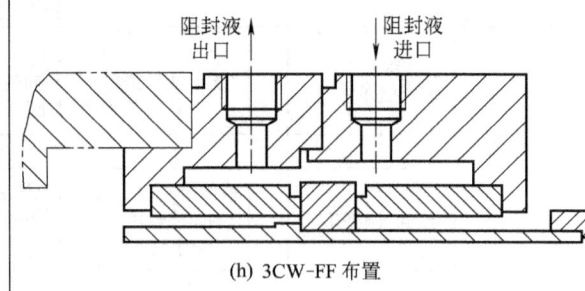 (h) 3CW-FF 布置
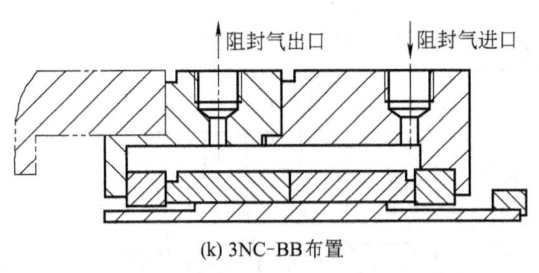 (i) 3NC-FB 布置   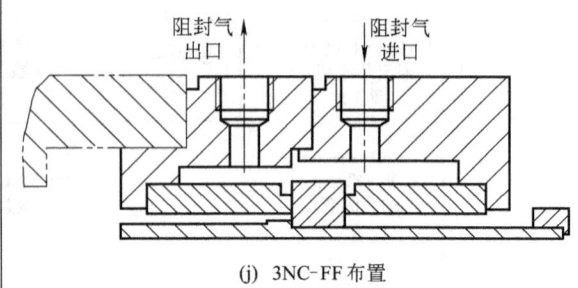 (j) 3NC-FF 布置

(k) 3NC-BB 布置

代号说明	
CW	表示接触式湿密封;该种型式密封的端面间不产生使两端面间保持一定间隙的气膜或液膜动压力
NC	表示非接触式密封;该种型式密封的端面间能够产生使两端面间保持一定间隙的气膜或液膜动压力
CS	表示抑制密封(接触式或非接触式);该种型式密封结构包括一个补偿元件和成对装在外部密封腔中的一对密封端面
FB	表示面对背式双密封;其特征是在两个密封补偿元件之间安装一对密封端面,在两对密封端面之间装有一个密封补偿元件
FF	表示面对面式双密封;其特征是两个密封端面均安装在两个密封补偿元件之间
BB	表示背对背式双密封;其特征是两个密封弹性元件安装在两对密封端面之间

4. 密封的技术要求

表 11-4-49　　　　　　　　　　　　　　　　　　　　　　　　　　　　　　　　　　　　mm

名称	项目	技术要求		
主要零件技术要求	焊接金属波纹管组件	组件压缩至工作长度时,弹力应符合设计值	允差为±10%		
		组件自由高度允差	工作压缩量的±10%		
		波纹管的全变形量	不小于波纹管自由长度的50%		
		组件在自由状态下,两端环座的同轴度、平行度,mm	轴径	同轴度公差	平行度公差
			≤50	0.25	0.25
			>50	0.4	0.35
		波片硬度范围:经过热处理的波片	维氏硬度 HV0.2 为 375~475		
		不经过热处理的冷轧波片	维氏硬度 HV0.2 为 255~330		
		气密性检查	组件内部通入气压 0.6~1.0MPa 的气体,浸没水中,持续 3min,不允许有可见的气泡逸出		

续表

名称		项目	技术要求			
主要零件技术要求	密封环	密封端面平面度	不大于 0.0009mm			
		密封端面表面粗糙度：硬质材料 　　　　　　　　　软质材料	Ra 值应不大于 0.2μm Ra 值应不大于 0.4μm			
		密封环与辅助密封接触或有重要配合部位的表面粗糙度	Ra 值应不大于 1.6μm			
		静环与动环的密封端面对于辅助密封圈接触的端面平行度	按 GB/T 1184—1996 的 7 级精度			
	辅助密封	O 形橡胶圈	按 JB/T 7757.2 的规定			
		辅助密封：采用柔性石墨时	应为填料式结构			
		采用平垫密封结构的密封垫	应有加强结构			
		采用纯金属材料的静密封垫片	不推荐使用			
	轴套	为便于检测密封泄漏点，轴套露出密封端盖	推荐不少于 3mm			
		波纹管组件与轴套(轴)或密封端盖的径向配合	F8/h7 或 H8/f7			
	端盖	集装式密封的端盖与轴套的限位	应确保安装时密封端盖相对于轴套的定位精度，并且在安装后限位零件容易移除			
		密封端盖上的冲洗孔设计	有利于密封腔中气体排出			
		密封端盖上的排液孔推荐设计	有利于急冷液和泄漏液排出			
		密封端盖在设计	应有便于拆卸的结构			
		密封端盖与密封腔间径向定位配合	推荐为 H8/f7			
性能要求	泄漏量	焊接金属波纹管机械密封运转试验的平均泄漏量	轴径 d /mm	转速 n (r/min)	压力 p /MPa	平均泄漏量 Q /(mL/h)
			≤50	≤3000	p≤2.2	≤3
					2.2<p≤4.2	≤5
				>3000	p≤2.2	≤6
					2.2<p≤4.2	≤8
			>50	≤3000	p≤2.2	≤5
					2.2<p≤4.2	≤6
				>3000	p≤2.2	≤8
					2.2<p≤4.2	≤12
	静压试验	最高压力为产品最高使用压力的 1.25 倍	静压试验的平均泄漏量不超过运转试验的 1/3			
	磨损量	以清水为介质进行试验，运转 100h	任一密封面磨损量不大于 0.02mm			
	使用期	在选型合理、安装使用正确、系统工作良好、设备运行稳定的情况下	使用期不少于 8000h，特殊工况例外			
安装要求	安装密封的轴或轴套	轴或轴套表面对密封腔的径向圆跳动公差，mm	轴径		圆跳动公差	
			≤50		0.04	
			>50		0.06	
		轴或轴套配合表面粗糙度	Ra 值应不大于 1.6μm			
		轴或轴套有配合要求的外径尺寸公差	不低于 h6			
		安装密封的轴、轴套的端部倒角	按照 JB/T 4127.1 的要求执行，或见表 11-4-44			
		安装密封的腔体倒角				
	密封端盖	密封体与密封端盖结合的定位端面对轴或轴套的端面圆跳动公差	见本表安装密封的轴或轴套部分			
		密封端盖(或壳体)与辅助密封圈接触部位的表面粗糙度	按 JB/T 4127.1 中的要求进行			
	其他	安装密封的主机在运转时的轴向窜动量	不得超过 0.3mm			
		当输送介质温度过高、过低或含有杂质颗粒、易燃、易爆、有毒介质时	必须采用相应的阻封、冲洗、冷却、过滤等措施，具体按 JB/T 6629 要求进行			

注：焊接金属波纹管组件是由波纹管与波纹管座及密封环座（带密封环）焊接而成的组合件。

8.12.5 泵用机械密封（摘自 JB/T 1472—2011）

表 11-4-50　　　　　密封适用范围及材料

	名　称		型式	压力 /MPa	温度 /℃	转速 /r·min^{-1}	轴径 /mm	介　质
密封适用范围	内装式单端面	单弹簧　非平衡型并圈弹簧传动	103	0~0.8	-20~80	≤3000	16~120	汽油、煤油、柴油、蜡油、原油、重油、润滑油、丙酮、苯、酚、吡啶、醚、稀硝酸、浓硝酸、脂酸、尿素、碱液、海水、水等
		平衡型并圈弹簧传动	B103	0.6~3,0.3~3①				
		非平衡型套传动	104 104a	0~0.8				
		平衡型套传动	B104 B104a	0.6~3,0.3~3①				
	多弹簧　非平衡型螺钉传动		105	0~0.8			35~120	
		平衡型螺钉传动	B105	0.6~3,0.3~3①				
	外装式单端面单弹簧过平衡型拨叉传动		114 114a	0~0.2	0~60	≤3000	16~70	腐蚀性介质，如浓及稀硫酸、40%以下硝酸、30%以下盐酸、磷酸、碱等

	摩　擦　副　材　料								辅助密封圈材料		
密封材料	材料	代号	材料	代号	材料	代号	材料	代号	材料	形状	代号
	浸渍酚醛碳石墨	B_1	浸渍锑碳石墨	A_3	热压烧结碳化硅	O_3	填充聚四氟乙烯	Y	丁腈橡胶	O形	P
	热压酚醛碳石墨	B_2	氧化铝陶瓷	V	钴基硬质合金	U_1	锡磷或锡锌青铜	N	氟橡胶	O形	V
	浸渍呋喃碳石墨	B_3	金属陶瓷	X	镍基硬质合金	U_2	硅铁	R_1	硅橡胶	O形	S
	浸渍环氧碳石墨	B_4	氮化硅	Q	钢结硬质合金	L	耐磨铸铁	R_2	乙丙橡胶	O形	E
	浸渍铜碳石墨	A_1	反应烧结碳化硅	O_1	不锈钢喷涂非金属粉末	J_1	整体不锈钢	F	聚四氟乙烯	V形	T
	浸渍巴氏合金碳石墨	A_2	无压烧结碳化硅	O_2	不锈钢喷涂金属粉末	J_2	不锈钢堆焊硬质合金	I			

① 对黏度较大、润滑性好的介质取 0.6~3；对黏度较小、润滑性差的介质取 0.3~3。
注：104a、B104a、114a 分别为 104、B104 及 114 型的派生型。

密封型号标记

型号表示方法：
型号表示方法除应符合 GB/T 10444 的规定外，还应符合下列要求：

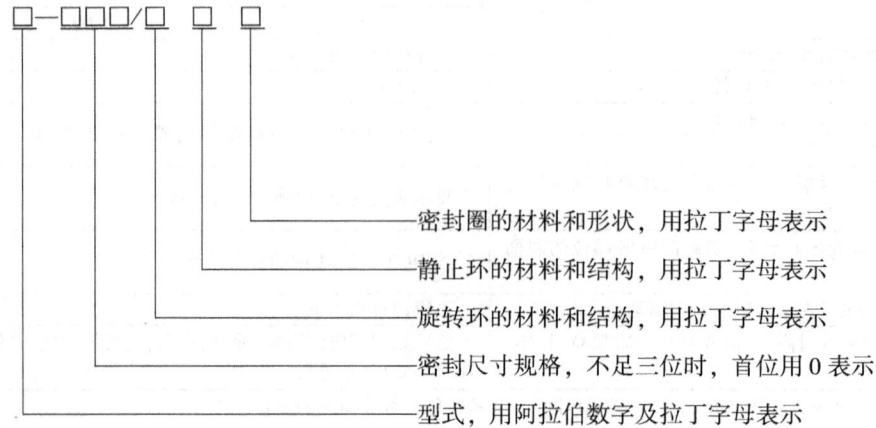

　　　　　　　　　　　密封圈的材料和形状，用拉丁字母表示
　　　　　　　　　静止环的材料和结构，用拉丁字母表示
　　　　　　旋转环的材料和结构，用拉丁字母表示
　　　　密封尺寸规格，不足三位时，首位用 0 表示
　　型式，用阿拉伯数字及拉丁字母表示

型号示例:

a. 103-040/U_1B_1P

内装单端面单弹簧非平衡型并圈弹簧传动的泵用机械密封,轴(或轴套)外径40mm,旋转环为钴基硬质合金,静止环为浸渍酚醛碳石墨,密封圈为丁腈橡胶圈。

b. B105-50/VB_3T

内装单端面多弹簧平衡型螺钉传动的泵用机械密封,轴(或轴套)外径50mm,旋转环为氧化铝陶瓷,静止环为浸渍呋喃碳石墨,密封圈为聚四氟乙烯V形圈。

技术及性能要求与试验方法

(1) 主要零件的技术要求

1) 密封端面的要求如下:

a. 端面平面度不大于0.0009mm;

b. 硬质材料表面粗糙度值Ra不大于0.2μm,软质材料表面粗糙度值Ra不大于0.4μm;

c. 表面不应有裂纹、划伤、疏松等影响使用性能的缺陷。

2) 静止环和旋转环的密封端面对与辅助密封圈接触的端面的平行度按GB/T 1184—1996的7级精度的规定。

3) 静止环和旋转环与辅助密封圈接触部位的表面粗糙度值Ra不大于3.2μm,外圆或内孔尺寸公差为h8或H8。

4) 静止环密封端面对与静止环辅助密封圈接触的外圆的垂直度、旋转环密封端面对与旋转环辅助密封圈接触的内孔的垂直度,均按GB/T 1184—1996的7级精度的规定。

5) 石墨密封环应符合JB/T 8872的规定。

6) 氮化硅密封环应符合JB/T 8724的规定。

7) 氧化铝陶瓷密封环应符合JB/T 10874的规定。

8) 硬质合金密封环应符合JB/T 8871的规定。

9) 填充聚四氟乙烯密封环应符合JB/T 8873的规定。

10) 碳化硅密封环应符合JB/T 6374的规定。

11) 弹簧应符合JB/T 11107的规定。选用弹簧旋向时,应注意轴的旋向,应使弹簧愈旋愈紧。

12) O形橡胶圈应符合JB/T 7757.2的规定。

13) 聚四氟乙烯辅助密封圈应符合有关技术文件要求。

14) 弹簧座的内孔尺寸公差为F8,表面粗糙度值Ra不大于3.2μm。

15) 石墨环镶嵌密封环应进行水压试验。试验压力为最高工作压力的1.25倍,持续10min不得有渗漏现象。

(2) 性能要求

1) 泄漏量

密封泄漏量按表11-4-51的规定。

表11-4-51　　　　　　　　　泄漏量

轴(或轴套)外径 /mm	泄漏量 /(mL/h)
≤50	≤3
>50	≤5

2) 密封磨损量

以清水为介质进行试验,运转100h,密封环磨损量均不大于0.02mm。

3) 密封使用期

在合理选型、正确安装使用的情况下,使用期一般为一年。

4) 安装与使用要求

安装机械密封部位的轴的轴向窜动量不大于0.3mm,其他安装使用要求按JB/T 4127.1的规定。

5) 试验方法

试验方法按GB/T 14211的规定执行。

103型和B103型机械密封主要尺寸

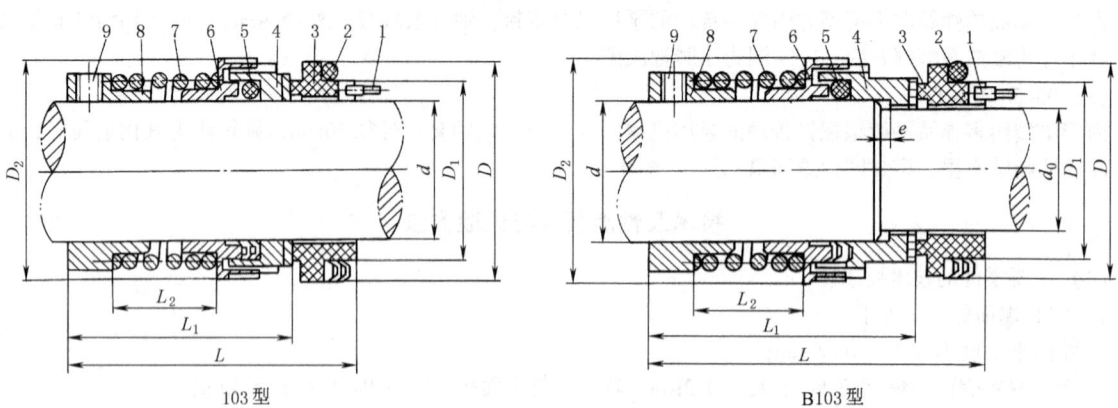

103型　　　　　　　　　　B103型

1—防转销；2,5—辅助密封圈；3—静止环；4—旋转环；6—推环；7—弹簧；8—弹簧座；9—紧定螺钉

表 11-4-52　　　mm

规格	103型和B103型				103型			B103型				e
	d	D_2	D_1	D	L	L_1	L_2	d_0	L	L_1	L_2	
16	16	33	25	33	56	40	12	11	64	48	12	2
18	18	35	28	36	60	44	16	13	68	52	16	
20	20	37	30	40	63	44	16	15	71	52	16	
22	22	39	32	42	67	48	20	17	75	56	20	
25	25	42	35	45	67	48	20	20	75	56	20	
28	28	45	38	48	69	50	22	22	77	58	22	
30	30	52	40	50	75	56	22	25	84	65	22	
35	35	57	45	55	79	60	26	28	89	70	26	
40	40	62	50	60	83	64	30	34	93	74	30	
45	45	67	55	65	90	71	36	38	100	81	36	
50	50	72	60	70	94	75	40	44	104	83	40	
55	55	77	65	75	96	77	42	48	106	87	42	
60	60	82	70	80	96	77	42	52	106	87	42	
65	65	92	80	90	111	89	50	58	118	96	50	3
70	70	97	85	97	116	91	52	62	126	101	52	
75	75	102	90	102	116	91	52	66	126	101	52	
80	80	107	95	107	123	98	59	72	133	108	59	
85	85	112	100	112	125	100	59	76	135	110	59	
90	90	117	105	117	126	101	60	82	136	111	60	
95	95	122	110	122	126	101	60	85	136	111	60	
100	100	127	115	127	126	101	60	90	136	111	60	
110	110	141	130	142	153	126	80	100	165	138	80	
120	120	151	140	152	153	126	80	110	165	138	80	

104型和B104型机械密封主要尺寸

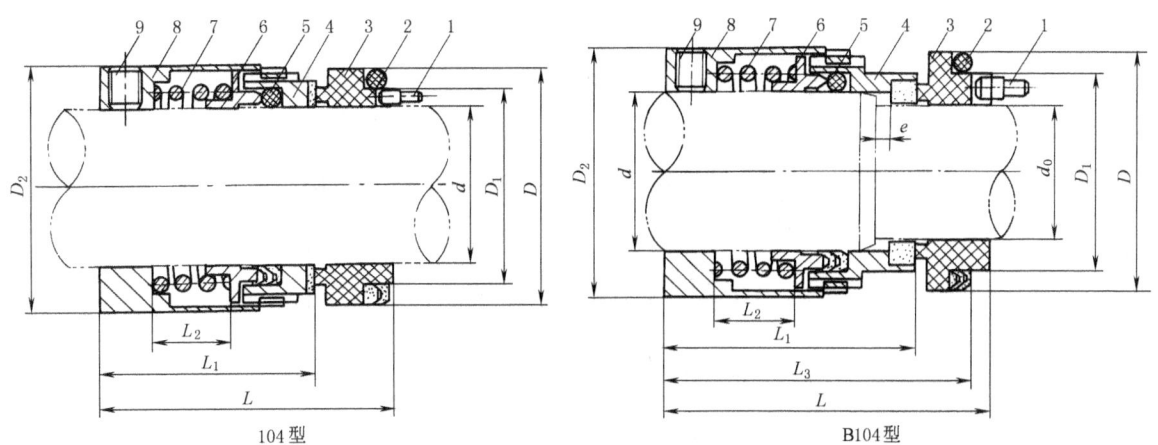

104型　　　　　　　　　　B104型

1—防转销；2,5—密封圈；3—静止环；4—旋转环；6—推环；7—弹簧；8—弹簧座；9—紧定螺钉

表 11-4-53　　　　　　　　　　　　　　　　　　　　　　　　　　　　　　　　mm

规格	104型和B104型				104型			B104型					e
	d	D	D_1	D_2	L	L_1	L_2	d_0	L	L_1	L_2	L_3	
16	16	33	25	33	53	37	8	11	61	45	8	57	2
18	18	36	28	35	58	40	11	13	64	48	11	60	
20	20	40	30	37	59	40	11	15	67	48	11	62	
22	22	42	32	39	62	43	14	17	70	51	14	65	
25	25	45	35	42	62	43	14	20	70	51	14	65	
28	28	48	38	45	63	44	15	22	71	52	15	66	
30	30	50	40	52	68	49	15	25	77	58	15	72	
35	35	55	45	57	70	51	17	28	80	61	17	75	
40	40	60	50	62	73	54	20	34	83	64	20	78	
45	45	65	55	67	79	60	25	38	89	70	25	84	
50	50	70	60	72	82	63	28	44	92	73	28	87	
55	55	75	65	77	84	65	30	48	94	75	30	89	
60	60	80	70	82	84	65	30	52	94	75	30	89	
65	65	90	80	92	96	74	35	58	108	81	35	98	3
70	70	97	85	97	101	76	37	62	111	86	37	105	
75	75	102	90	102	101	76	37	66	111	86	37	105	
80	80	107	95	107	106	81	42	72	116	91	42	110	
85	85	112	100	112	107	82	42	76	117	92	42	111	
90	90	117	105	117	108	83	43	82	118	93	43	112	
95	95	122	110	122	108	83	43	85	118	93	43	112	
100	100	127	115	127	108	83	43	90	118	93	43	112	
110	110	142	130	141	132	105	60	100	144	117	60	138	
120	120	152	140	151	132	105	60	110	144	117	60	138	

104a 型机械密封主要尺寸

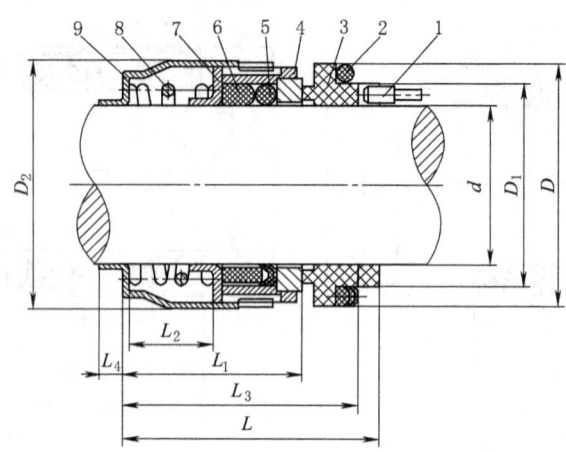

1—防转销；2—辅助密封圈；3—静止环；4—旋转环；5—辅助密封圈；
6—密封垫圈；7—推环；8—弹簧；9—传动座

表 11-4-54   mm

规格	d	D	D_1	D_2	L	L_1	L_2	L_3	L_4
16	16	34	26	33	39.5	24.5	8	36	3.5
18	18	36	28	35	40.5	25.5	9	37	3.5
20	20	38	30	37	41.5	26.5	10	38	3.5
22	22	40	32	39	43.5	28.5	12	40	3.5
25	25	43	35	42	43.5	28.5	12	40	3.5
28	28	46	38	45	46.5	31.5	15	43	3.5
30	30	50	40	52	53	35	15	48	6
35	35	55	45	57	55	37	17	50	6
40	40	60	50	62	53	40	20	53	6
45	45	65	55	67	63	45	25	58	6
50	50	70	60	72	68	48	28	63	6
55	55	75	65	77	70	50	30	65	6
60	60	80	70	82	70	50	30	65	6
65	65	90	78	92	78	55	35	72	8
70	70	95	83	97	80	57	37	74	8
75	75	100	88	102	80	57	37	74	8
80	80	105	93	107	87	62	42	81	8
85	85	110	98	112	87	62	42	81	8
90	90	115	103	117	88	63	43	82	8
95	95	120	108	122	88	63	43	82	8
100	100	125	113	127	88	63	43	82	8

注：104a 型机械密封即原 GX 型机械密封。

B104a 型机械密封主要尺寸

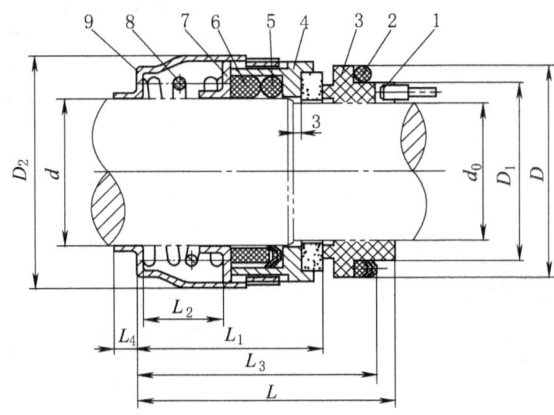

1—防转销；2—辅助密封圈；3—静止环；4—旋转环；5—辅助密封圈；
6—密封垫圈；7—推环；8—弹簧；9—传动座

表 11-4-55   mm

规格	d	d_0	D	D_1	D_2	L	L_1	L_2	L_3	L_4
16	16	10	28	20	33	48.5	33.5	8	44.5	3.5
18	18	12	30	22	35	49.5	34.5	9	45.5	3.5
20	20	14	32	24	37	50.5	35.5	10	46.5	3.5
22	22	16	34	26	39	52.5	37.5	12	48.5	3.5
25	25	19	38	30	42	52.5	37.5	12	48.5	3.5
28	28	22	40	32	45	55.5	40.5	15	51.5	3.5
30	30	23	46	38	52	60	45	15	56	6
35	35	28	50	40	57	65	47	17	60	6
40	40	32	55	45	62	68	50	20	63	6
45	45	37	60	50	67	73	55	25	68	6
50	50	42	65	55	72	76	58	28	71	6
55	55	46	70	60	77	80	60	30	75	6
60	60	51	75	65	82	80	60	30	75	6
65	65	56	85	75	92	87	67	35	82	8
70	70	60	90	78	97	92	69	37	86	8
75	75	65	95	83	102	92	69	37	86	8
80	80	70	100	88	107	97	74	42	91	8
85	85	75	105	93	112	99	74	42	93	8
90	90	80	110	98	117	100	75	43	94	8
95	95	85	115	103	122	100	75	43	94	8
100	100	89	120	108	127	100	75	43	94	8

注：B104a 型机械密封即原 GY 型机械密封。

105型、B105型和114型机械密封主要尺寸

表 11-4-56   mm

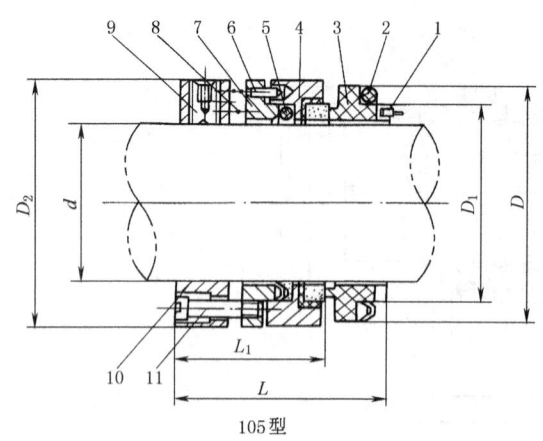

105型

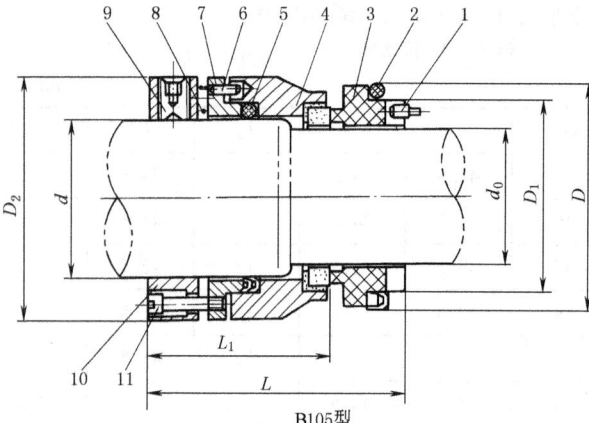

B105型

1—防转销；2,5—辅助密封圈；3—静止环；4—旋转环；
6—传动销；7—推环；8—弹簧；9—紧定螺钉；
10—弹簧座；11—传动螺钉

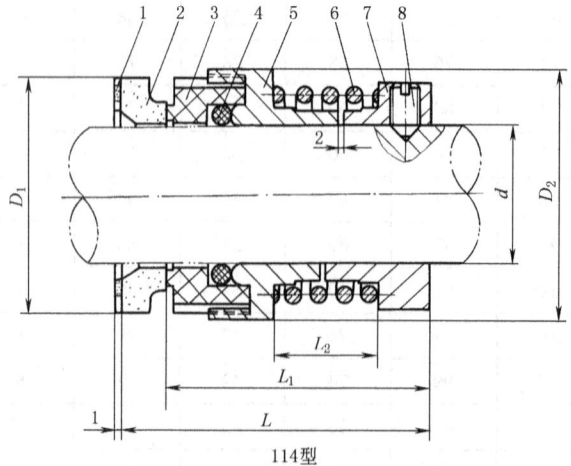

114型

1—密封垫；2—静止环；3—旋转环；
4—密封圈；5—推环；6—弹簧；
7—弹簧座；8—紧定螺钉

规格	105型和B105型				105型		B105型		
	d	D	D_1	D_2	L_1	L	d_0	L_1	L
35	35	55	45	57	38	57	28	48	67
40	40	60	50	62	38	57	34	48	67
45	45	65	55	67	39	58	38	49	68
50	50	70	60	72	39	58	44	49	68
55	55	75	65	77	39	58	48	49	68
60	60	80	70	82	39	58	52	49	68
65	65	90	80	91	44	66	58	51	75
70	70	97	85	96	44	69	62	54	79
75	75	102	90	101	44	69	66	54	79
80	80	107	95	106	44	69	72	54	79
85	85	112	100	111	46	71	76	56	81
90	90	117	105	116	46	71	82	56	81
95	95	122	110	121	46	71	85	56	81
100	100	127	115	126	46	71	90	56	81
110	110	142	130	140	51	78	100	73	100
120	120	152	140	150	51	78	110	73	100

规格	114型					
	d	D_1	D_2	L	L_1	L_2
16	16	34	40	55	44	11
18	18	36	42	55	44	11
20	20	38	44	58	47	14
22	22	40	46	60	49	16
25	25	43	49	64	53	20
28	28	46	52	64	53	20
30	30	53	64	73	62	22
35	35	58	69	76	65	25
40	40	63	74	81	70	30
45	45	68	79	89	75	34
50	50	73	84	89	75	34
55	55	78	89	89	75	34
60	60	83	94	97	83	42
65	65	92	103	100	86	42
70	70	97	110	100	86	42

114a 型机械密封主要尺寸

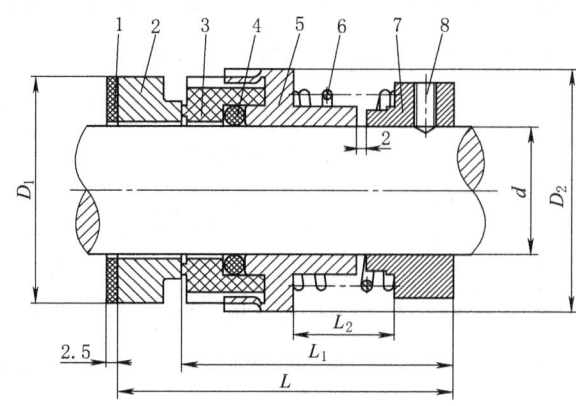

1—密封垫；2—静止环；3—旋转环；4—辅助密封圈；
5—推环；6—弹簧；7—弹簧座；8—紧定螺钉

表 11-4-57   mm

规格	d	D_1	D_2	L	L_1	L_2
35	35	55	62	83	65	20
40	40	60	67	90	72	25
45	45	65	72	93	75	28
50	50	70	77	95	77	30
55	55	75	82	95	77	30
60	60	80	87	104	82	35
65	65	89	96	108	86	37
70	70	98	101	108	86	37

8.12.6 耐酸泵用机械密封（摘自 JB/T 7372—2011）

表 11-4-58 工作参数及材料种类

型号	压力/MPa	温度/℃	转速/(r/min)	轴径/mm	介质
151	0~0.5	0~80	≤3000	30~60	酸性液体
152				30~70	
152a				30~70	
153				35~55	酸性液体（氢氟酸、发烟硝酸除外）
153a				35~70	
154	0~0.6			35~70	
154a				35~70	

材料种类（材料及代号应符合 GB/T 6556 的规定）

密封环材料	代号	辅助密封圈材料	代号	弹簧和其他结构件材料	代号
氧化铝	V	乙丙橡胶	E	铬镍钢	F
氮化硅	Q	氟橡胶	V	铬镍钼钢	G
碳化硅	O	橡胶外包覆聚四氟乙烯	M	高镍合金	M
填充聚四氟乙烯	Y	聚四氟乙烯	T		
浸渍树脂石墨	B				
碳-石墨	C				
碳化硼	L				

表 11-4-59　技术要求性能要求及安装使用要求

材料要求	① 波纹管密封环波纹管段材料为聚四氟乙烯,前、后段材料应根据介质选用不同的填充聚四氟乙烯其力学性能应符合 JB/T 8873 的规定 ② 氮化硅密封环、氧化铝陶瓷密封环应分别符合 JB/T 8724、JB/T 10874 的规定 ③ 碳石墨密封环应符合 JB/T 8872 的规定 ④ 除本标准所规定的材料外,也可选用能满足使用要求的其他材料,其他材料应符合有关标准或技术文件的规定
主要零件要求	① 密封端面的平面度不大于 0.0009mm;硬质材料密封端面的表面粗糙度值 Ra 不大于 $0.2\mu m$,软质材料密封端面的表面粗糙度值 Ra 不大于 $0.4\mu m$ ② 密封环的密封端面对与辅助密封圈接触的端面的平行度按 GB/T 1184—1996 的 7 级精度要求 ③ 密封环的密封端面对与辅助密封圈接触的外圆(或内孔)的垂直度按 GB/T 1184—1996 的 7 级精度要求 ④ 密封环与辅助密封圈接触的外圆(或内孔)的尺寸公差带为 h8(或 H8) ⑤ 密封环与辅助密封圈接触部位的表面粗糙度值 Ra 不大于 $3.2\mu m$ ⑥ 石墨环、填充聚四氟乙烯环和聚四氟乙烯波纹管都必须做静压试验。试验压力为最高工作压力的 1.25 倍,持续 10min 不应有渗漏 ⑦ 弹簧的技术要求应符合 JB/T 11107 的规定。对于多弹簧机械密封,同一套机械密封中各弹簧之间的自由高度差不大于 0.5mm ⑧ O 形橡胶圈的技术要求应符合 JB/T 7757.2 的规定 ⑨ 聚四氟乙烯波纹管固定段与轴(或轴套)配合的内孔尺寸公差带为 H9,内孔表面粗糙度值 Ra 不大于 $3.2\mu m$ ⑩ 零件未注公差尺寸的极限偏差按 GB/T 1804—2000 的 f 级规定
性能要求	①泄漏量 密封的泄漏量不大于 3mL/h ②磨损量 密封的磨损量的大小要满足机械密封使用期的要求。通常以清水为介质进行试验,运转 100h,任一密封环磨损量均不大于 0.03mm ③使用期 密封的使用期不少于 4000h。条件苛刻时不受此限
安装使用要求	①安装机械密封部位的轴(或轴套)按下列要求 a. 径向圆跳动公差按表 1 的规定 表 1　　　　　　　　　　　　　　　　　　　mm | 轴(或轴套)外径 | 圆跳动公差 | |---|---| | ≤50 | 0.04 | | >50 | 0.06 | b. 表面粗糙度值 Ra 不大于 $1.6\mu m$ c. 外径尺寸公差带 h6 d. 安装旋转环辅助密封圈(或聚四氟乙烯波纹管)的轴(或轴套)的端部按图 1 倒角 ②转子轴向窜动量不大于 0.3mm ③密封腔体与密封端面结合的定位面对轴(或轴套)表面的圆跳动公差按表 1 的规定 ④安装密封端盖(或壳体)应满足下列要求 a. 密封端盖(或壳体)与辅助密封圈接触部位的表面粗糙度值 Ra 不大于 $3.2\mu m$ b. 对内装式机械密封,安装静止环辅助密封圈的端盖(或壳体)的孔的端部按图 2 和表 2 的规定 表 2　　　　　　　　　　　　　　　　　　　mm | 轴(或轴套)外径 | C | |---|---| | ≤50 | 2 | | >50 | 2.5 | 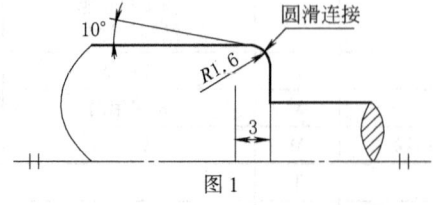 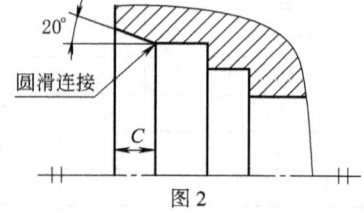 图 1　　　　　　　　　　　　　　图 2 ⑤机械密封在安装时,必须将轴(或轴套)、密封腔体、密封端盖及机械密封清洗干净,防止杂质进入密封部位 ⑥机械密封在安装时,应按产品安装使用说明书或样本,保证安装尺寸

型号表示方法

除应符合 GB/T 10444 的规定外，还应符合下列要求：

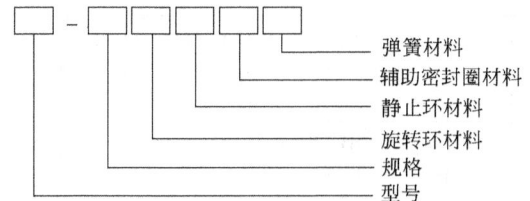

标记示例：

152 型机械密封，公称直径为 35mm（35），旋转环材料为填充聚四氟乙烯（Y），静止环材料为氧化铝（V），辅助密封圈材料为聚四氟乙烯（T），弹簧材料为铬镍钢（F）的耐酸泵用机械密封的标记为：

152-35YVTF

151 型、152 型和 152a 型机械密封主要尺寸

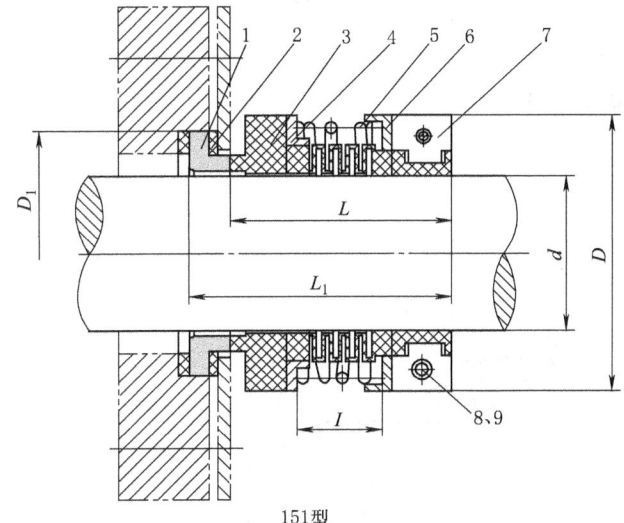

151型

1—静止环；2—静止环垫；3—波纹管密封环；4—弹簧前座；
5—弹簧；6—弹簧后座；7—夹紧环；8—螺钉；9—垫圈

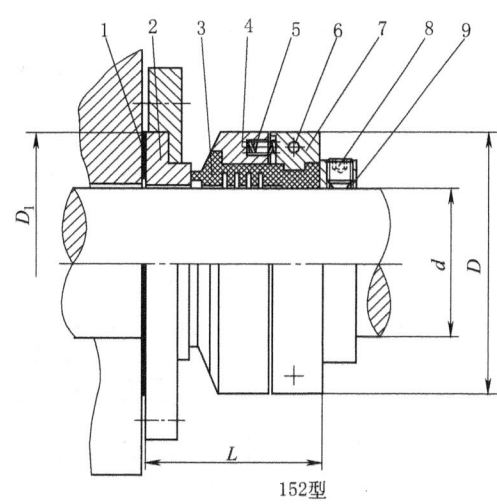

152型

1—静止环密封垫；2—静止环；3—波纹管密封环；4—弹簧座；5—弹簧；6—内六角螺钉；7—分半夹紧环；8—紧定螺钉；9—固定环

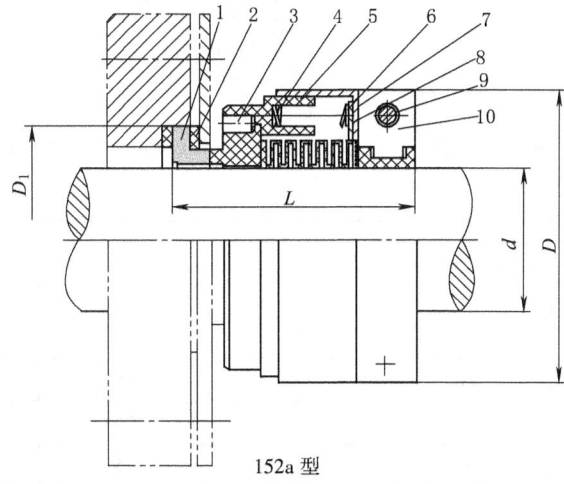

152a 型

1—静止环；2—静止环密封垫；3—防转销；4—波纹管密封环；5—弹簧座；
6—弹簧；7—弹簧垫；8—L 套；9—内六角圆柱头螺钉；10—分半夹紧环

表 11-4-60   mm

型号		151 型						152 型、152a 型						
规格		30	35	40	45	50	55	60	30	35	40	45	50	55	60	65	70
公称尺寸	d	30	35	40	45	50	55	60	30	35	40	45	50	55	60	65	70
	D	65	70	75	80	88	93	98	75	80	85	90	95	100	105	110	115
	D_1	53	58	63	68	73	78	83	53	58	63	68	73	78	83	88	93
	I	31	34	36	37	44	46	47									
	L	63	66	68	69	76	78	79									
	L_1	74	77	79	83	90	92	93									
	L								59				62				

(注：规格列 30–60 对应 151 型七列，152 型/152a 型为 30–70 八列)

153 型机械密封主要尺寸

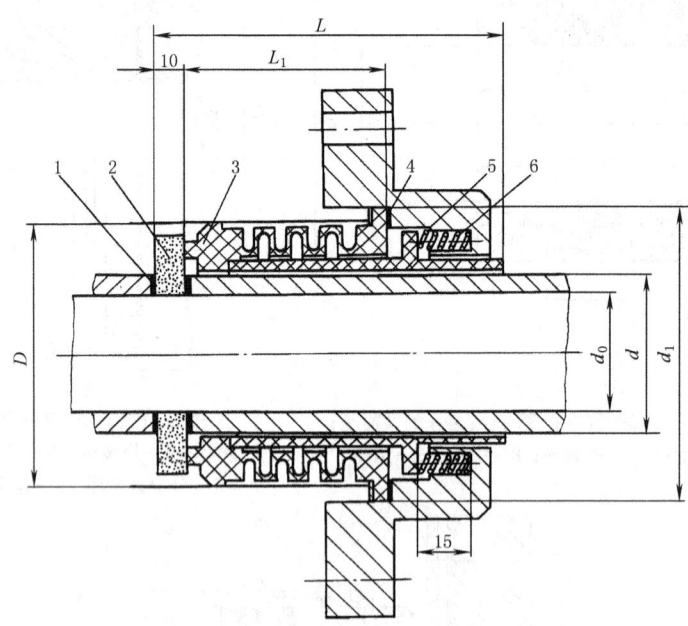

1,4—辅助密封圈；2—旋转环；3—填充聚四氟乙烯波纹管静止环；5—推套；6—弹簧

表 11-4-61   mm

规 格	公 称 尺 寸					
	d_0	d	d_1	D	L	L_1
153-35	25	35	70	60	88	48
153-40	30	40	75	65	91	51
153-45	35	45	80	70	91	51
153-50	40	50	85	75	91	51
153-55	45	55	90	80	91	51

153a 型机械密封主要尺寸

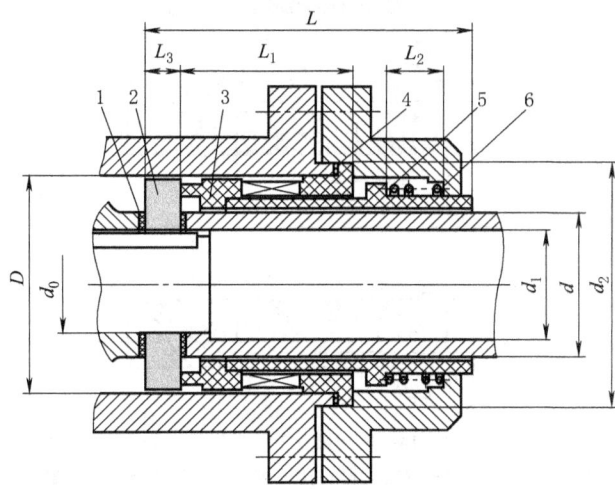

1,4—辅助密封圈；2—旋转环；3—填充聚四氟乙烯波纹管静止环；5—推套；6—弹簧

表 11-4-62   mm

规格	公称尺寸								
	d_0	d	d_1	d_2	D	L	L_1	L_2	L_3
153a-35	20	35	25	61	51	85	44.5	14.0	10
153a-40	25	40	30	70	60	86	44.0	14.5	10
153a-45	30	45	35	75	65	94	48.5	15.0	11
153a-50	30	50	35	80	70	97	48.5	18.0	11
153a-55	35	55	40	85	75	104	55.0	17.0	12
153a-60	40	60	45	95	85	108	55.0	21.0	12
153a-70	50	70	55	105	95	112	55.0	25.0	12

154 型机械密封主要尺寸

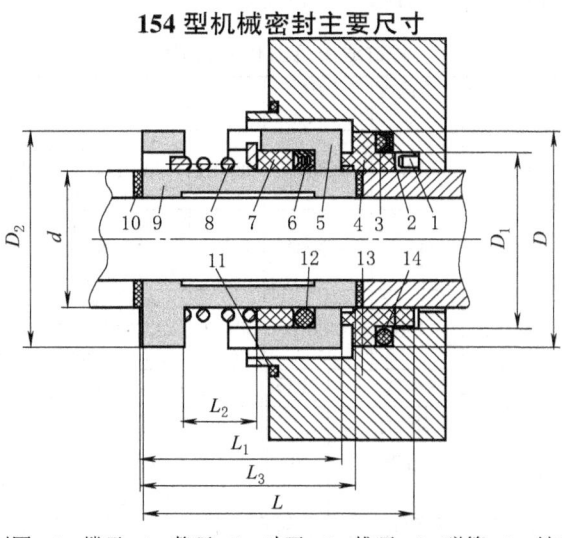

1—防转销；2,6,11,12,14—密封圈；3—撑环；4—静环；5—动环；7—推环；8—弹簧；9—轴套；10—密封垫；13—密封端盖

表 11-4-63   mm

公称尺寸	规　格							
	35	40	45	50	55	60	65	70
d	35	40	45	50	55	60	65	70
D	55	60	65	70	75	80	90	97
D_1	45	50	55	60	65	70	80	85
D_2	57	62	67	72	77	82	87	92
L_1	49	52	57	65	67	67	77	79
L_2	17	20	25	28	30	30	35	37
L_3	54	57	62	70	72	72	82	84
L	68	71	76	84	86	86	99	102

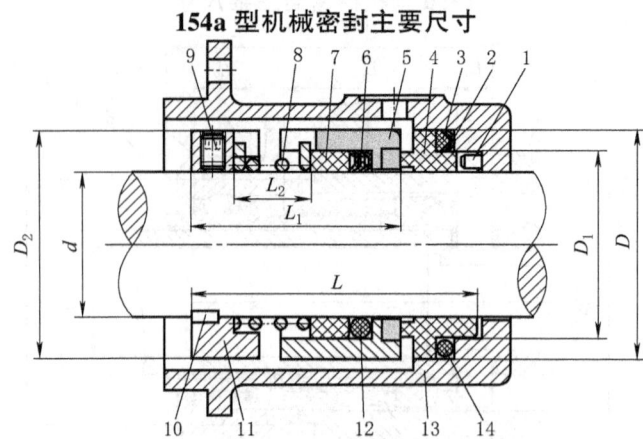

154a 型机械密封主要尺寸

1—防转销；2,6,12,14—密封圈；3—撑环；4—静环；5—动环；
7—推环；8—弹簧；9—紧定螺钉；10—键；11—传动座；13—密封端盖

表 11-4-64　　　　　　　　　　　　　　　　　　　　　　　　　　　　　　　　　　　　mm

规格		35	40	45	50	55	60	65	70
公称尺寸	d	35	40	45	50	55	60	65	70
	D	55	60	65	70	75	80	90	97
	D_1	45	50	55	60	65	70	80	85
	D_2	50	59	64	69	74	82	88	93
	L_1	49	51.5	55.5	59.5	60.5	61.5	69.5	71.5
	L_2	17.5	20	24	28	28.9	30	35	36
	L	68	70.5	74.5	78.5	79.5	80.5	91.5	96.5

8.12.7　耐碱泵用机械密封（摘自 JB/T 7371—2011）

表 11-4-65　　　　　　　　　密封适用范围和密封材料

	名称	型号	介质压力/MPa	介质温度/℃	转速/r·min⁻¹	轴径/mm	介质	封液压力/MPa	封液温度/℃	隔离液
密封适用范围	双端面、多弹簧、非平衡型	167	0~0.5	<130	≤3000	28~85	碱性液体，浓度<42%，含固相颗粒10%~20%	介质压力+(0.1~0.2)	≤80	水或与介质相溶液体
	外装、单端面、单弹簧、聚四氟乙烯波纹管式	168	0~0.5	<130	≤3000	35~45	碱性液体，浓度<42%，含固相颗粒10%~20%	—	—	—
	外装、单端面、多弹簧、聚四氟乙烯波纹管式	169	0~0.5	<130	≤3000	30~60	碱性液体，浓度<42%，含固相颗粒10%~20%			

	密封环材料	代号	密封环材料	代号	辅助密封材料	代号	弹簧和其他结构件材料	代号
密封材料应符合 GB/T 6556	碳化钨	U	金属表面喷涂	J	乙丙橡胶	E	铬镍钢	F
	碳化硅	O	浸树脂石墨	B	聚四氟乙烯	T	铬镍钼钢	G
					丁腈橡胶	P		

注：1. 轴或轴套直径小于等于 50mm 时，泄漏量 3mL/h；直径大于 50mm 时，泄漏量 5mL/h。对于双端面密封，任一端面泄漏量应不超过上述数值。
2. 磨损量满足机械密封使用期的要求，清水介质试验时，运转 100h，任一密封环磨损量均不大于 0.02mm。
3. 密封腔温度小于等于 80℃时，使用期大于等于 4000h。
4. 当介质含有结晶颗粒时，摩擦副应采用硬质材料。
5. 对浓碱介质，摩擦副应选用镍基和镍铬基硬质合金。
6. 碳化钨、碳化硅、碳石墨密封材料分别符合 JB/T 8871、JB/T 6374、JB/T 8872 的规定。
7. 聚四氟乙烯的物理力学性能应符合 JB/T 8873 的规定。
8. 安装机械密封部位的轴向窜动量不大于 0.3mm。
9. 密封腔温度大于 80℃时，视需要采取冲洗冷却措施。
10. 其他安装使用要求按 JB/T 4127.1 的规定。

型号标记

标记方法：

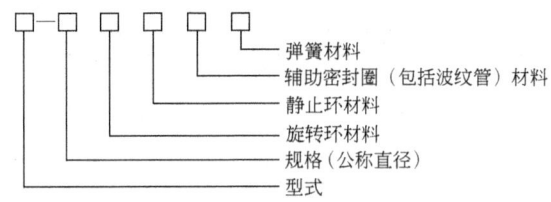
- 弹簧材料
- 辅助密封圈（包括波纹管）材料
- 静止环材料
- 旋转环材料
- 规格（公称直径）
- 型式

标记示例：

a. 表示 168 型机械密封，公称直径为 38mm（38），旋转环材料为碳化钨（U），静止环材料为碳化钨（U），波纹管材料为聚四氟乙烯（T），弹簧材料为铬镍钢（F），标记为

168-38UUTF

b. 表示 167 型机械密封，介质端与大气端均为非平衡型（UU），公称直径为 38mm（38），介质侧旋转环材料为金属表面喷涂（J），静止环材料为碳化硅（O），辅助密封圈材料为乙丙橡胶（E），弹簧材料为铬镍钢（F），大气侧旋转环材料为碳化钨（U），静止环材料为浸树脂石墨（B），辅助密封圈材料为乙丙橡胶（E），弹簧材料为铬镍钢（F），标记为

UU167-38JOEF·UBEF

167型机械密封主要尺寸

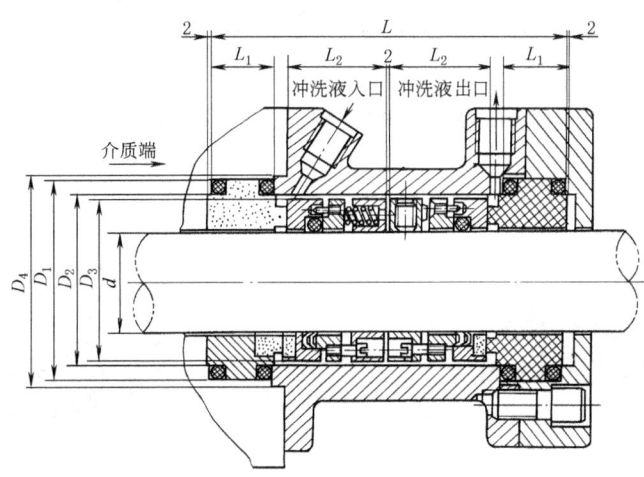

表 11-4-66　　　　　　　　　　　　　　　　　　　　　　　　　　　　　　　　　　　　　mm

规格	d	D_1	D_2	D_3	D_4	L	L_1	L_2
	h6	H8/a11	A11/h8		H8/f8			±0.5
28	28	50	44	42	54	118	18	36
30	30	52	46	44	56	118	18	36
32	32	54	48	46	58	118	18	36
33	33	55	49	47	59	118	18	36
35	35	57	51	49	61	118	18	36
38	38	64	58	54	68	118	18	36
40	40	66	60	56	70	118	18	36
43	43	69	63	59	73	122	20	36
45	45	71	65	61	75	122	20	36
48	48	74	68	64	78	122	20	36

续表

规格	d	D_1	D_2	D_3	D_4	L	L_1	L_2
	h6	H8/a11	A11/h8		H8/f8			±0.5
50	50	76	70	67	80	122	20	36
53	53	79	73	70	83	126	20	37
55	55	81	75	72	85	126	20	37
58	58	89	83	78	93	130	22	37
60	60	91	85	80	95	130	22	37
63	63	94	88	83	98	130	22	37
65	65	96	90	85	100	130	22	37
68	68	99	93	88	103	134	24	37
70	70	101	95	90	105	134	24	37
75	75	110	104	99	114	134	24	37
80	80	115	109	104	119	136	25	37
85	85	120	114	109	124	136	25	37

注：本系列大规格可达140mm。

168型和169型机械密封主要尺寸

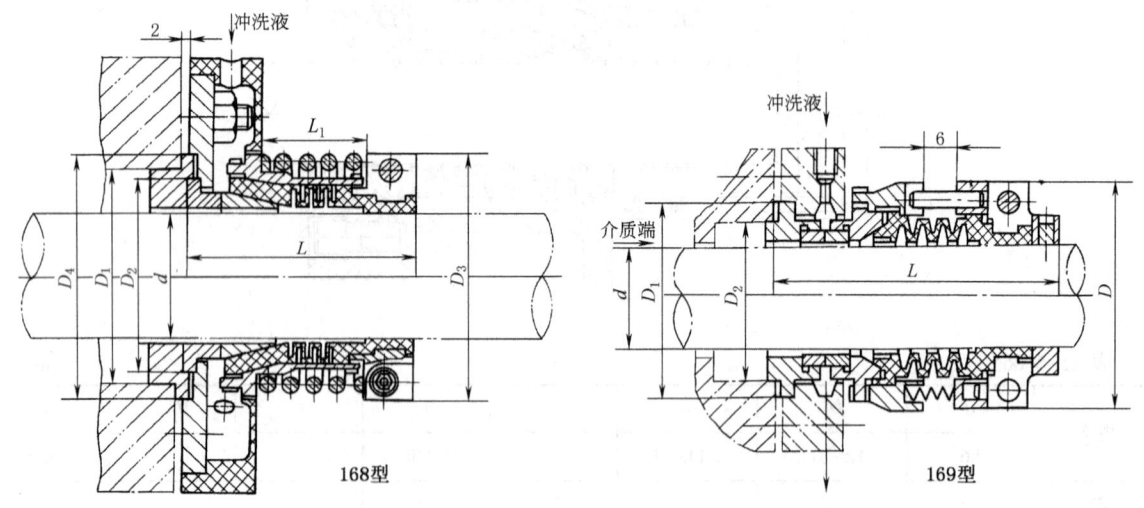

168型　　　169型

表 11-4-67　　　　　　　　　　　　　　　　　　　　　　mm

168型									169型				
规格	d	D_1	D_2	D_3	D_4	L	L_1	规格	d	D	D_1	D_2	L
	R7/h6	e8	H8/f9		H11/b11		±1.0		R7/h6			H9/f9	±1.0
30	30	44	47	67	55	64.5	26.5	30	30	65	54	44	74.5
32	32	46	49	69	57	64.5	26.5	35	35	70	59	49	74.5
35	35	49	52	72	60	64.5	29.5	38	38	75	63	54	74.5
38	38	54	55	75	63	65.5	29.5	40	40	75	66	56	74.5
40	40	56	57	77	65	65.5	31.5	45	45	82	71	61	74.5
45	45	61	62	82	70	65.5	31.5	50	50	87	76	66	74.5
								55	55	92	81	71	74.5
								60	60	97	90	80	74.5

9 螺旋密封

9.1 螺旋密封方式、特点及应用

表 11-4-68

密封方式	简 图	原理及应用	特点及说明
利用被密封介质密封液体	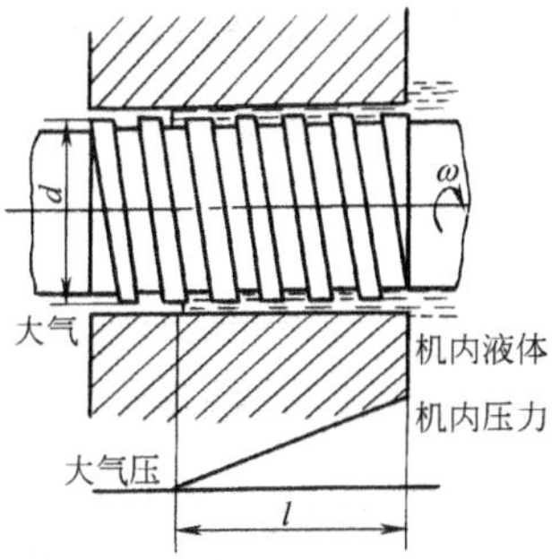	密封液采用被密封介质，螺旋槽为一段，单旋向。当轴旋转时，充满在槽内的液体产生泵送压头，在密封室内侧产生最高压力，与被密封介质压力相平衡，即压力差 $\Delta p=0$，从而阻止被密封介质外漏。用于密封液体或液气混合物，压力小于 2MPa，线速度小于 30m/s 的场合。如石油工业输送黏度较大的原油、渣油、重柴油、润滑油的各种离心泵上，以及核工业和宇航技术领域	①螺旋密封的轴表面开有螺旋槽，而孔为光滑表面。亦可反之 ②螺旋密封需采用高黏度液体作为密封液。真空密封是螺旋密封中的一种特殊型式，本节介绍的计算公式不适用 ③螺旋密封系无接触式密封，没有摩擦零件，故使用寿命长 ④要求安装精度低 ⑤特别适合于高温、深冷、腐蚀性和带有颗粒介质及苛刻条件下的密封 ⑥加工方便、结构简单，但需要停机密封，使结构复杂，尺寸加大 ⑦消耗功率小，发热量小。通常，被密封介质压力 $p<1.0$MPa 时需冷却夹套散热；$p>1.0$MPa 时需采用强制循环冷却 ⑧当圆周速度 $v>30$m/s 时，封液将产生乳化，所以不推荐使用 ⑨需注意轴的旋转方向，螺旋赶油方向应与油泄漏方向相反
利用外供液体密封气体或密封真空	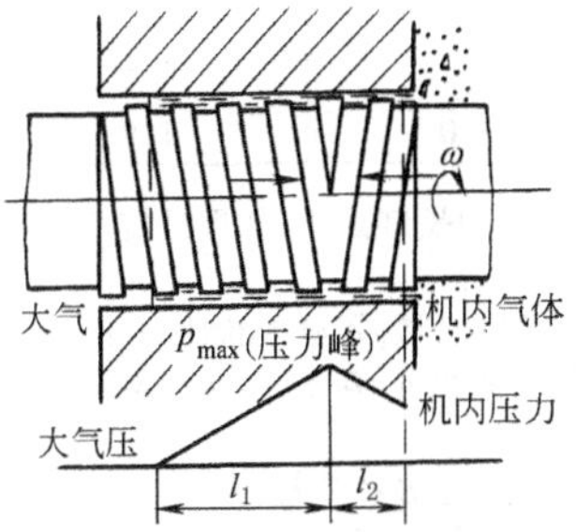	密封液需采用外部供给的高黏度液体。螺旋槽为两段，旋向相反。当轴旋转时，将密封液挤向中间，形成液封。液封的压力峰稍高于或等于被密封介质的压力。为保持液封工作的稳定，应在两段螺旋之间设有一定长度的光滑段。常用于密封气体或密封真空，能使泄漏量降到 $10^{-4} \sim 10^{-5}$ mL/s（标准状态下），如二氧化碳循环压缩机，被密封气体为放射性二氧化碳，压力为 0.8MPa	
形成真空陷阱密封真空	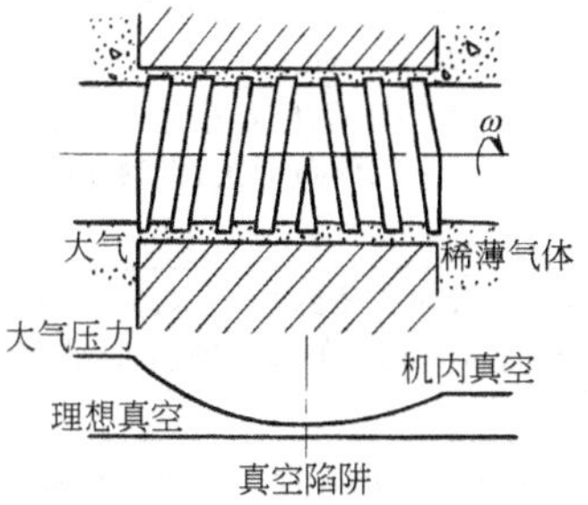	不需要密封液。螺旋槽为两段，旋向相反。轴在高速旋转时，两反向螺旋将中间部分的气体向两侧排出，中间形成真空陷阱，实现真空密封	

9.2 螺旋密封设计要点

表 11-4-69

设计要点	说　　明
赶油方向	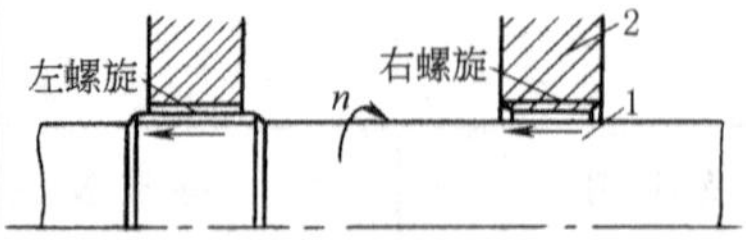 对于螺旋密封的赶油方向要特别注意,若把方向搞错,则不但不能密封,相反,却把液体赶向漏出方向,使得泄漏量大为增加 图中表明了螺旋密封的赶油方向。设轴的旋转方向 n 从右向左看为顺时针方向。如欲使赶油方向向左,当螺纹加工于轴 1 上时,则应为左螺纹;当螺纹加工于壳体 2 的孔内时,则螺纹方向应与前者相反,为右螺纹
密封间隙	螺旋密封的间隙愈小,对密封愈有利。如果间隙大,则液体介质不能同时附着于轴与孔的表面上。若液体介质仅附着于孔壁而与轴分离,则螺旋密封不起赶油作用,即密封无效 为了尽可能减小此间隙,但又避免轴碰到壳体的孔壁而磨坏,在壳体的内孔表面涂一层石墨,这样万一轴变形而碰到壳体孔壁时,将仅仅刮下一些石墨,而不致产生金属接触摩擦 通常,间隙 $c=(0.6/1000 \sim 2.6/1000)d$,或取 $c=0.2mm$,d 为密封轴径
螺纹型式	螺纹型式:有普通三角形螺纹、锯齿形螺纹、梯形螺纹、半圆形螺纹、矩形螺纹。螺纹的头数可以是单头,或多头,但对于转速较低的螺旋密封,最好选用多头螺纹 从提高密封压力角度考虑,选用三角形螺纹最好,梯形螺纹中等,矩形螺纹最差 从提高输油量角度考虑,选用梯形螺纹最好,三角形螺纹中等,矩形螺纹最差,但因矩形螺纹加工方便,所以应用仍较广

矩形螺纹尺寸	轴直径/mm	10~18	>18~30	>30~50	>50~80	>80~120
	直径间隙/mm	0.045~0.094	0.060~0.118	0.075~0.142	0.095~0.175	0.120~0.210
	螺距/mm	3.5	7,10	7,10	10	16,24
	螺纹头数	1	2	2	3	4
	螺纹槽宽/mm	1	1	1.5,2	1.5	2
	螺纹槽深/mm	0.5	0.5	1.0	1.0	1.0

设计要点	说　　明
矩形螺纹槽参数	螺旋角 α:加大 α 角,能使密封浸油长度减小。当 $\alpha=15°39'$ 时,浸油长度最小,如果螺旋角继续加大,浸油长度反而加大,所以一般取 $\alpha=7°\sim15°39'$ 螺纹槽形状比 w:对螺纹槽中液体流动情况有影响。为了保证层流状态,螺纹形状比 w 不小于 4 相对螺纹槽宽比 u:u 值大,使密封浸油长度加大,对密封不利,一般 $u=0.5$ 或 $u=0.8$ 相对螺纹槽深 v:一般取 $v=4\sim8$ 当 $u=0.5$,$\alpha=8°41'$,$v=5$ 时,消耗功率最小,但随 α 增大或减小,消耗功率增大 当 $u=0.5$,$\alpha=15°39'$,$v=4$ 时,密封浸油长度最小,但 $\alpha>15°39'$ 时,浸油长度增大 输送油品的离心泵选取 $u=0.5$、$v=4$、$\alpha=15°39'$ 较为合适
密封轴线速度	在一定速度范围内,加大线速度能提高密封性能或减小密封浸油长度,但超过一定速度时,密封发热,使温度升高;由于轴的搅动,大气中的空气混入,降低密封性能,所以螺旋密封宜使用在线速度小于 24m/s 的场合
轴与轴孔的偏心	当偏心量微小时,对密封液层流状态影响不大;但偏心量较大时,螺纹与孔之间的间隙一边会很宽,另一边会很窄,造成流动阻力不同,泄漏会在宽间隙一侧产生,同时会降低密封的使用寿命
密封压差	密封压差主要由被密封介质压力决定。如果密封液就是机内被密封介质,则密封压差等于机内被密封介质压力与大气压力之差;如果被密封介质为气体,其压力为 p_1,则密封液压力 p_2 应略高于 p_1,密封压差 $\Delta p=p_2-p_1$,通常取 $\Delta p \approx 0.05\sim0.1MPa$;如果机内为负压,则 p_2 应略高于大气压力
密封液	密封气体时,密封液的选择是很重要的。它应满足下列要求:密封液对被密封的气体必须是稳定的;密封液有较大的黏度和较平坦的黏度-温度曲线,必要时需设有冷却措施;密封液有较大的热导率、表面张力;密封液有较低的饱和蒸气压,对真空密封尤为重要;对被密封气体有较小的溶解度
停车密封	由于螺旋密封在低速和静止状态不能起密封作用,故设计既简单又可靠的停车密封是很重要的。停车密封有多种,如皮碗、骨架油封、滑阀式、端面式等

设计要点	说 明
回油结构	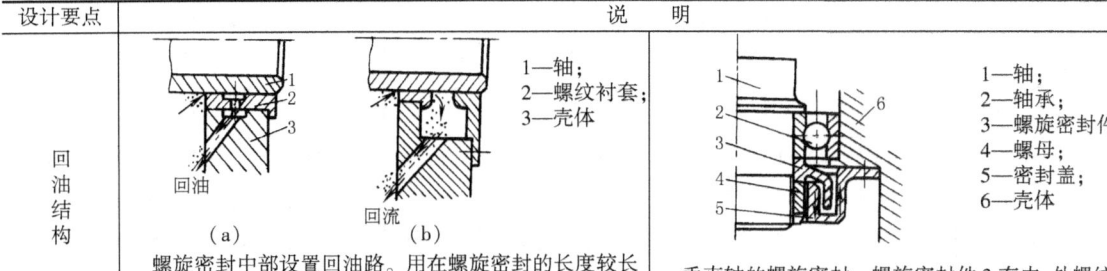 螺旋密封中部设置回油路。用在螺旋密封的长度较长的情况。图 a 是在螺纹衬套 2 的中部有环槽,通向回油孔。图 b 是将螺纹衬套分为两部分,两部分之间有很大的回油空间,以便回油,使密封效果更好 1—轴;2—螺纹衬套;3—壳体 1—轴;2—轴承;3—螺旋密封件;4—螺母;5—密封盖;6—壳体 垂直轴的螺旋密封。螺旋密封件 3 有内、外螺纹,内螺纹将漏出的润滑脂往下赶回,外螺纹将润滑脂往上赶回,最后把润滑脂赶回到密封盖 5 与轴承之间的空间中

9.3 矩形螺纹的螺旋密封计算

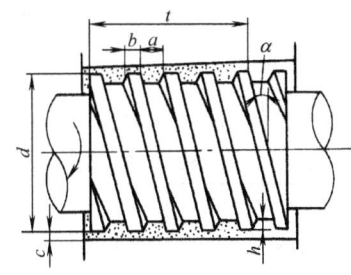

表 11-4-70

项 目	符号	计 算 公 式	说 明
螺纹导程/mm	S	$S = \pi d \tan\alpha$	
螺纹槽深/mm	h	$h = (v-1)c$	
螺纹头数	i	$i \geq \dfrac{2d}{l_1}$,浸油长度短时,需要螺纹头数多;反之,需要螺纹头数少。通常,根据轴径按表 11-4-69 选取	d ——密封轴径,m α ——螺旋角,(°)
螺纹槽宽/mm	a	$a = \dfrac{u\pi d \tan\alpha}{i} = \dfrac{uS}{i}$	w ——螺纹槽形状比 u ——相对螺纹槽宽,mm
螺纹齿宽/mm	b	$b = (1-u)\dfrac{\pi d \tan\alpha}{i} = (1-u)\dfrac{S}{i}$	v ——相对螺纹槽深,mm
螺纹槽形状比	w	$w \geq \dfrac{a}{h}$	c ——密封间隙,mm
密封系数	$C_{\Delta p}$	$C_{\Delta p} = \dfrac{u(1-u)(v-1)(v^3-1)\tan\alpha}{(1+\tan^2\alpha)v^3+\tan^2\alpha \, u(1-u)(v^3-1)^2}$ 或查表 11-4-71,得出 $1/C_{\Delta p}$	μ ——密封液动力黏度,Pa·s ω ——轴的角速度,s^{-1}
单位压差的浸油长度 /mm·MPa^{-1}	$l/\Delta p$	$\dfrac{l}{\Delta p} = \dfrac{10^3 c^2}{3\mu\omega d} \times \dfrac{1}{C_{\Delta p}}$	$\omega = \dfrac{\pi n}{30}$
密封螺纹浸油长度/mm	l	$l = (l/\Delta p) \times \Delta p$	n ——轴的转速,r/min
螺纹结构长度/mm	L	$L = l + a$	Δp ——密封压差,MPa $\Delta p = p_1 - p_2$
功率消耗系数	C_P	$C_P = 1 - u + \dfrac{u}{v} + 3\dfrac{\tan^2\alpha(1-u)(v-1)^2(1-u+uw^3)}{(1+\tan^2\alpha)v^3+\tan^2\alpha\,u(1-u)(v^3-1)^2}$ 或查表 11-4-72	p_1 ——密封腔压力,MPa p_2 ——密封腔外部压力,或大气压力,MPa
消耗功率/kW	P	$P = \dfrac{\pi\mu\omega^2 d^3 L C_P}{4080c}$	U ——密封轴线速度,m/s
螺纹工作温度/℃	T	$T = T_1 + \Delta T = T_1 + \dfrac{\mu U^2}{2\lambda}$	λ ——密封油热导率,W/(m·℃)
雷诺数	Re	$Re = \dfrac{\omega d c \rho}{2\mu} \leq Re_c$	ρ ——密封油密度,kg/m³
临界雷诺数	Re_c	$Re_c = 41.1 \times \left[\dfrac{d/2}{(1-u)c + uvc}\right]^{1/2}$	

表 11-4-71　　　密封系数 $C_{\Delta p}$ 与螺旋参数（$\tan\alpha$、u、v）的关系

v	u	α = 2°33′	3°17′	4°22′	5°6′	6°32′	8°41′	10°7′	15°39′	19°37′	21°17′
		$\tan\alpha$ = 0.04456	0.0573	0.07639	0.08913	0.1146	0.1528	0.1783	0.2801	0.3565	0.5157
2	0.5	103.1	80.44	60.73	52.32	41.22	31.99	27.70	19.56	16.95	14.83
	0.7	122.7	95.69	72.19	62.17	48.91	37.52	32.74	22.91	19.70	16.97
	0.8	106.7	125.5	94.59	81.40	63.95	48.91	42.58	29.46	25.03	21.14
	0.9	285.9	222.7	174.2	144.2	111.6	86.11	74.73	50.85	42.64	34.78
3	0.5	46.21	37.11	28.34	24.65	19.85	15.90	14.34	11.64	11.20	11.80
	0.7	56.20	44.04	33.55	29.12	23.35	18.53	16.63	13.16	12.45	12.77
	0.8	73.55	57.57	43.72	37.86	30.18	23.72	21.10	16.14	14.89	14.07
	0.9	130.3	101.8	76.96	66.40	52.49	40.62	35.70	25.85	22.87	20.87
4	0.5	30.39	24.92	19.44	17.19	14.38	12.28	11.58	11.10	11.77	14.15
	0.7	37.20	29.44	22.84	20.11	16.66	14.01	13.08	12.09	12.58	14.79
	0.8	48.53	38.26	29.41	25.81	21.12	17.38	15.99	14.03	14.18	16.03
	0.9	85.53	67.08	51.15	44.42	35.67	28.41	25.52	20.37	19.38	20.07
6	0.5	19.99	16.54	13.87	12.92	12.03	11.95	12.32	15.14	17.87	22.18
	0.7	24.18	19.22	15.88	14.65	13.39	12.98	13.20	15.73	18.35	24.52
	0.8	30.15	24.45	19.82	18.03	16.03	14.98	14.93	16.88	19.30	25.26
	0.9	51.12	41.55	32.68	29.08	24.66	21.52	20.59	20.64	22.39	27.66
8	0.5	16.13	14.21	13.16	22.98	13.43	14.99	16.33	22.65	27.83	39.05
	0.7	18.53	16.12	14.55	14.21	14.39	15.72	16.96	23.07	28.18	39.32
	0.8	23.37	19.85	17.36	16.62	16.27	17.15	18.19	23.89	28.85	39.84
	0.9	39.01	32.03	26.52	24.49	22.43	21.81	22.22	26.57	31.05	41.55
10	0.5	14.95	14.15	14.34	14.92	16.65	19.94	22.37	32.8	40.98	
	0.7	16.85	15.63	15.45	15.88	17.40	20.51	22.86	33.13	41.25	
	0.8	20.58	18.53	17.63	17.75	18.87	21.62	23.81	33.77	41.77	
	0.9	32.73	28.00	24.75	23.87	23.64	25.24	26.94	35.85	43.48	
12	0.5	15.18	15.37	16.78	18.11	21.21	26.43	30.10	45.37	55.43	
	0.7	16.73	16.58	17.70	18.89	21.82	26.89	30.50	45.64	55.91	
	0.8	19.78	18.95	19.48	20.42	23.02	27.80	31.28	46.16	57.77	
	0.9	29.70	26.69	25.30	25.42	26.93	30.76	33.84	47.87	59.17	
14	0.5	16.32	17.48	20.15	22.29	26.90	34.30	39.40	60.29	76.14	
	0.7	17.64	18.50	20.94	22.95	27.42	34.69	39.74	60.51	76.38	
	0.8	20.21	20.51	22.45	24.24	28.43	35.46	40.40	60.95	76.74	
	0.9	28.59	27.06	27.37	28.47	31.74	37.97	42.57	62.39	77.92	

注：表中的 α 是按 $\alpha = \arctan t$ 求得的近似值（以下类推）。

表 11-4-72　　　　　　　　　　　　　　功率消耗系数 C_P

v	u \ α	2°33′	3°17′	4°22′	5°6′	6°32′	8°41′	10°7′	15°39′	19°37′	27°17′
	tanα	0.04456	0.05730	0.07639	0.08913	0.1146	0.1528	0.1783	0.2801	0.3565	0.5157
2	0.5	0.7508	0.7514	0.7524	0.7533	0.7554	0.7593	0.7624	0.7776	0.7906	0.8171
	0.7	0.6509	0.6515	0.6527	0.6536	0.6559	0.6603	0.6638	0.6809	0.6958	0.7268
	0.8	0.6008	0.6013	0.6023	0.6031	0.6051	0.6088	0.6118	0.6269	0.6402	0.6690
	0.9	0.5505	0.5508	0.5514	0.5519	0.5532	0.5556	0.5575	0.5672	0.5762	0.5964
3	0.5	0.6700	0.6720	0.6757	0.6787	0.6857	0.6981	0.7149	0.7448	0.7698	0.8082
	0.7	0.5368	0.5391	0.5436	0.5469	0.5530	0.5698	0.5808	0.6276	0.6602	0.7122
	0.8	0.4697	0.4717	0.4755	0.4785	0.4858	0.4991	0.5092	0.5540	0.5871	0.6435
	0.9	0.4019	0.4032	0.4056	0.4076	0.4123	0.4211	0.4281	0.4610	0.4878	0.5392
4	0.5	0.6316	0.6357	0.6432	0.6491	0.6620	0.6828	0.6965	0.7422	0.7556	0.7942
	0.7	0.4827	0.4875	0.4966	0.5038	0.5193	0.5453	0.5629	0.6243	0.6575	0.6997
	0.8	0.4067	0.6410	0.4190	0.4254	0.4398	0.4645	0.4815	0.5466	0.5846	0.6325
	0.9	0.3293	0.3320	0.3370	0.3415	0.3515	0.3693	0.3826	0.4384	0.4766	0.5368
6	0.5	0.6002	0.6095	0.6250	0.6355	0.6554	0.6797	0.6929	0.7234	0.7343	0.7450
	0.7	0.4368	0.4482	0.4675	0.4810	0.5072	0.5411	0.5594	0.6049	0.6220	0.6625
	0.8	0.3511	0.3616	0.3798	0.3929	0.4196	0.4564	0.4774	0.5336	0.5562	0.5797
	0.9	0.2616	0.2687	0.2817	0.2916	0.3130	0.3463	0.3675	0.4341	0.4661	0.5030
8	0.5	0.5916	0.6050	0.6239	0.6349	0.6525	0.6699	0.6776	0.6928	0.6975	0.7017
	0.7	0.4228	0.4399	0.4649	0.4799	0.5049	0.5308	0.5425	0.5660	0.5740	0.5808
	0.8	0.3321	0.3486	0.3741	0.3903	0.4186	0.4501	0.4651	0.4976	0.5081	0.5180
	0.9	0.2341	0.2464	0.2659	0.2814	0.3093	0.3405	0.3645	0.4128	0.4300	0.4476
10	0.5	0.5903	0.6048	0.6221	0.6308	0.6431	0.6537	0.6578	0.6655	0.6677	
	0.7	0.4200	0.4394	0.4636	0.4760	0.4946	0.5110	0.5176	0.5300	0.5336	
	0.8	0.3268	0.3469	0.3737	0.3885	0.4114	0.4329	0.4419	0.4594	0.4646	
	0.9	0.2231	0.2398	0.2651	0.2808	0.3079	0.3373	0.3510	0.3801	0.3895	
12	0.5	0.5902	0.6033	0.6169	0.6230	0.6310	0.6372	0.6391	0.6437	0.6448	
	0.7	0.4198	0.4382	0.4581	0.4674	0.4797	0.4897	0.4935	0.5002	0.5020	
	0.8	0.3262	0.3466	0.3703	0.3820	0.3982	0.4119	0.4173	0.4270	0.4297	
	0.9	0.2195	0.2388	0.2647	0.2792	0.3014	0.3226	0.3316	0.3489	0.3541	
14	0.5	0.5890	0.5997	0.6696	0.6137	0.6188	0.6226	0.6240	0.6264	0.6270	
	0.7	0.4190	0.4346	0.4496	0.4561	0.4642	0.4703	0.4725	0.4764	0.4775	
	0.8	0.3259	0.3443	0.3633	0.3718	0.3829	0.3916	0.3948	0.4005	0.4021	
	0.9	0.2189	0.2386	0.2623	0.2742	0.2911	0.3056	0.3114	0.3216	0.3249	

例　一台离心泵，转速 $n=1450$ r/min，密封腔压力 $p_1=0.2$ MPa，密封轴径 $d=130$ mm（0.13m，即螺纹直径），输送介质为原油，温度 $T_1=40$ ℃，黏度 $\mu=0.02041$ Pa·s，热导率 $\lambda=0.1373$ W/(m·℃)，密度 $\rho=855$ kg/m³。

（1）确定螺纹导程 S

考虑加工方便，确定采用矩形螺纹槽螺旋密封。根据表 11-4-69 选用螺旋角 $\alpha=15°39′$（$\tan\alpha=0.2801$），并根据已知条件计算螺纹导程：
$$S = \pi d \tan\alpha = 3.1416 \times 130 \times 0.2801 = 114.4 \ (\text{mm})$$

(2) 相对螺纹槽深 v

根据表 11-4-69，取 $v=4$。

(3) 螺纹槽深 h

根据表 11-4-69，取密封间隙 $c=0.2\text{mm}$，则螺纹深度：
$$h = (v-1)c = (4-1) \times 0.2 = 0.6 \ (\text{mm})$$

(4) 计算螺纹槽宽 a、齿宽 b

根据表 11-4-69，选用相对螺纹槽宽 $u=0.5$，螺纹头数 $i=4$。为了缩短螺纹浸油长度，现取 $i=6$，则
$$a = \frac{u\pi d\tan\alpha}{i} = \frac{uS}{i} = \frac{0.5 \times 114.4}{6} = 9.53 \ (\text{mm})$$
$$b = (1-u)\frac{\pi d\tan\alpha}{i} = (1-u)\frac{S}{i} = (1-0.5) \times \frac{114.4}{6} = 9.53 \ (\text{mm})$$

(5) 核算螺纹槽形状比 w
$$w = \frac{a}{h} = \frac{9.53}{0.6} = 15.88$$

$w>4$，符合要求。

(6) 计算密封系数 $C_{\Delta p}$
$$C_{\Delta p} = \frac{u(1-u)(v-1)(v^3-1)\tan\alpha}{(1+\tan^2\alpha)v^3 + \tan^2\alpha\, u(1-u)(v^3-1)^2} = \frac{0.5 \times (1-0.5)(4-1)(4^3-1) \times 0.2801}{(1+0.2801^2) \times 4^3 + 0.2801^2 \times 0.5 \times (1-0.5)(4^3-1)^2} = 0.09$$

或查表 11-4-71，得 $1/C_{\Delta p} = 11.1$。

(7) 计算单位压差的浸油长度 $l/\Delta p$

轴角速度 $\omega = \dfrac{\pi n}{30} = \dfrac{3.14 \times 1450}{30} = 151.8 \ (\text{s}^{-1})$

$$\frac{l}{\Delta p} = \frac{10^3 c^2}{3\mu\omega d} \times \frac{1}{C_{\Delta p}} = \frac{10^3 \times 0.2^2 \times 11.1}{3 \times 0.02041 \times 151.8 \times 0.13} = 367.5 \ (\text{mm/MPa})$$

(8) 密封螺纹浸油长度 l

密封腔外的压力为大气压，即 $p_2=0$，所以密封压差 $\Delta p = p_1 - p_2 = 0.2 - 0 = 0.2\text{MPa}$，则密封螺纹浸油长度
$$l = (l/\Delta p) \times \Delta p = 367.5 \times 0.2 = 73.5 \ (\text{mm})$$

(9) 螺纹结构长度 L
$$L = l_1 + a = 73.5 + 9.53 = 83.03 \ (\text{mm})$$

取螺纹结构长度 $L = 90\text{mm}$。

(10) 核算螺纹头数
$$i \geq \frac{2d}{l_1} = \frac{2 \times 130}{73.5} = 3.54$$

现取 $i=6$，符合要求。

(11) 功率消耗系数 C_P
$$C_P = 1 - u + \frac{u}{v} + 3 \times \frac{\tan^2\alpha(1-u)(v-1)^2(1-u+uv^3)}{(1+\tan^2\alpha)v^3 + \tan^2\alpha(1-u)(v^3-1)^2}$$
$$= 0.5 + \frac{0.5}{4} + 3 \times \frac{0.2801^2 \times (1-0.5)(4-1)^2(1-0.5+0.5\times 4^3)}{(1+0.2801^2) \times 4^3 + 0.2801^2 \times (1-0.5)(4^3-1)^2} = 0.7422$$

(12) 消耗功率 P
$$P = \frac{\pi\mu\omega^2 d^2 L C_P}{4080 c} = \frac{3.14 \times 0.02041 \times 151.8^2 \times 0.13^2 \times 83.03 \times 0.7422}{4080 \times 0.2} = 0.245 \ (\text{kW})$$

(13) 螺旋密封工作温度 T

密封轴的圆周速度

$$U = \frac{\pi dn}{60} = \frac{3.14 \times 0.13 \times 1450}{60} = 9.867 \text{ (m/s)}$$

$$T = T_1 + \Delta T = T_1 + \frac{\mu U^2}{2\lambda} = 40 + \frac{0.02041 \times 9.867^2}{2 \times 0.1373} = 40 + 7.2 = 47.2 \text{ (℃)}$$

(14) 流态判别

螺纹段流体的雷诺数

$$Re = \frac{\omega d c \rho}{2\mu} = \frac{151.8 \times 0.13 \times 0.2 \times 10^{-3} \times 855}{2 \times 0.02041} = 82.7$$

螺纹段流体由层流转向紊流的平均雷诺数：

$$Re_c = 41.1 \times \left[\frac{d/2}{(1-u)c + uvc} \right]^{1/2}$$

$$= 41.1 \times \left[\frac{130/2}{(1-0.5) \times 0.2 + 0.5 \times 4 \times 0.2} \right]^{1/2} = 468.6$$

因 $Re < Re_c$，所以螺纹段流体处于层流工况，说明上述计算均适用。

第5章 密封件

1 油封皮圈、油封纸圈

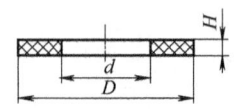

标记示例：
$D = 30$mm，$d = 20$mm 的油封皮圈，标记为
　　皮圈 30×20
$D = 30$mm，$d = 20$mm 的油封纸圈，标记为
　　纸圈 30×20

表 11-5-1

螺塞直径	mm	6	8	10	12	14	16	18	20	22	24	27	30	33	36	39	42	48	—	—
	in	—	—	1/8	—	1/4	3/8	—	1/2	—	3/4	—	1	—	—	—	1¼	1½	1¾	2
D/mm		12	15	18	22	22	25	28	30	32	35	40	45	45	50	50	60	65	70	75
d/mm		6	8	10	12	14	16	18	20	22	24	27	30	34	36	40	42	48	55	60
H/mm	纸圈	2									3									
	皮圈	2									2.5					3				

2 圆橡胶、圆橡胶管密封（摘自 JB/ZQ 4609—2006）

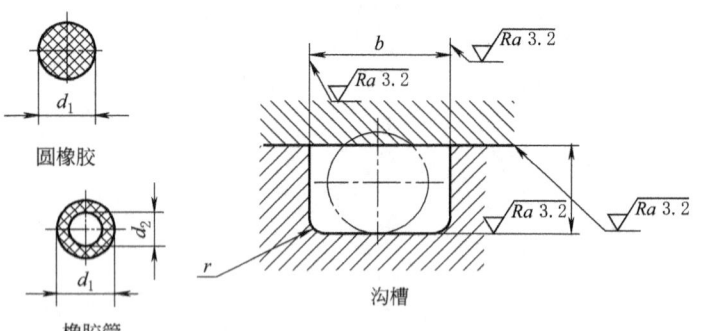

适用范围：用于密封没有工作压力或工作压力很小的场合
材料：丁腈橡胶 XA I 7453
　　　HG/T 2811—2009（表 11-5-65）
标记示例：
（a）直径 $d_1 = 10$mm，长度 500mm 的圆橡胶，标记为
　　圆橡胶 10×500 JB/ZQ 4609—2006
（b）直径 $d_1 = 10$mm，$d_2 = 5$mm，长度 500mm 的圆橡胶管，标记为
　　圆橡胶管 10×5×500 JB/ZQ 4609—2006

表 11-5-2　　　　　　　　　　　　　　　　　　　　　　　mm

公称直径	d_1	3	4	5	6	8	10	12	14	17	20
	d_2	—	—	—	3	5	5	6	6	6	8
	极限偏差	±0.3		±0.4		±0.5		±0.6			±0.8
沟槽	b	4	6	7	8	10	12	14	16	20	24
	r	0.6	0.6	0.6	0.6	1	1	1	1.6	1.6	1.6
	$t^{+0.1}$	2	3	4	4.8	6.6	8.6	10.5	12.4	15.3	18

注：1. 长度按照槽内边计算。
2. 圆橡胶和橡胶管的粘接形式见下图：

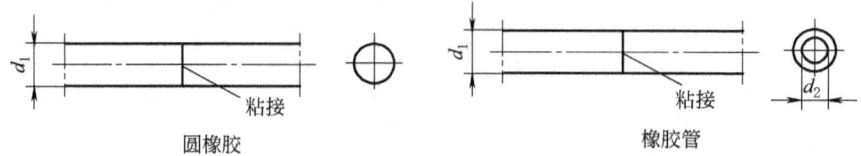

圆橡胶　　　　　橡胶管

3 毡圈油封

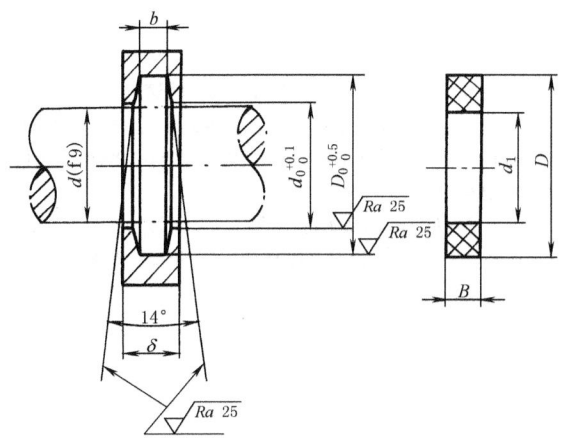

毡圈油封用于线速度小于5m/s的场合
材料：毛毡

表 11-5-3　　　mm

轴径 d (f9)	毡圈 D	毡圈 d_1	毡圈 B	质量 /kg	槽 D_0	槽 d_0	槽 b	δ_{min} 用于钢	δ_{min} 用于铸铁	轴径 d (f9)	毡圈 D	毡圈 d_1	毡圈 B	质量 /kg	槽 D_0	槽 d_0	槽 b	δ_{min} 用于钢	δ_{min} 用于铸铁
15	29	14	6	0.0010	28	16	5	10	12	130	152	128		0.030	150	132			
20	33	19	6	0.0012	32	21	5	10	12	135	157	133		0.030	155	137			
25	39	24	7	0.0018	38	26	6			140	162	138		0.032	160	143			
30	45	29	7	0.0023	44	31	6			145	167	143		0.033	165	148			
35	49	34	7	0.0023	48	36	6			150	172	148		0.034	170	153			
40	53	39	7	0.0026	52	41	6			155	177	153		0.035	175	158			
45	61	44	8	0.0040	60	46	7	12	15	160	182	158	12	0.035	180	163	10	18	20
50	69	49	8	0.0054	68	51	7	12	15	165	187	163	12	0.037	185	168	10	18	20
55	74	53	8	0.0060	72	56	7	12	15	170	192	168	12	0.038	190	173	10	18	20
60	80	58	8	0.0069	78	61	7	12	15	175	197	173	12	0.038	195	178	10	18	20
65	84	63	8	0.0070	82	66	7	12	15	180	202	178	12	0.038	200	183	10	18	20
70	90	68	8	0.0079	88	71	7	12	15	185	207	182	12	0.039	205	188	10	18	20
75	94	73	8	0.0080	92	77	7	12	15	190	212	188	12	0.039	210	193	10	18	20
80	102	78	9	0.011	100	82	8	15	18	195	217	193	12	0.041	215	198	10	18	20
85	107	83	9	0.012	105	87	8	15	18	200	222	198	12	0.042	220	203	10	18	20
90	112	88	9	0.012	110	92	8	15	18	210	232	208	14	0.044	230	213	12	20	22
95	117	93	10	0.014	115	97	8	15	18	220	242	218	14	0.046	240	223	12	20	22
100	122	98	10	0.015	120	102	8	15	18	230	252	228	14	0.048	250	233	12	20	22
105	127	103	10	0.016	125	107	8	15	18	240	262	238	14	0.051	260	243	12	20	22
110	132	108	10	0.017	130	112	8	15	18										
115	137	113	10	0.018	135	117	8	15	18										
120	142	118	10	0.018	140	122	8	15	18										
125	147	123	10	0.018	145	127	8	15	18										

4　Z形橡胶油封（摘自 JB/ZQ 4075—2006）

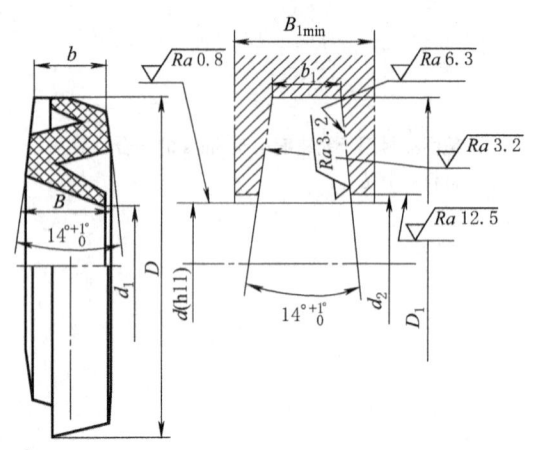

适用范围：用于轴速小于等于 6m/s 的滚动轴承及其他机械设备中。工作温度 -25~80℃，起防尘和封油作用

材料：丁腈橡胶 XA I 7453　HG/T 2811—2009（表 11-5-65）

标记示例：

　　$d=100$mm 的 Z 形橡胶油封，标记为

　　　　油封　Z100　JB/ZQ 4075—2006

表 11-5-4　　　　　　　　　　　　　　　　　　　　　　　　　　mm

轴径 d (h11)	油封					沟槽						B_{1min}	
	D	d_1		b	B	D_1		d_2		b_1		用于钢	用于铸铁
		基本尺寸	极限偏差			基本尺寸	极限偏差	基本尺寸	极限偏差	基本尺寸	极限偏差		
10	21.5	9	+0.30 +0.15	3	3.8	21	+0.21 0	11	+0.18 0	3	+0.14 0	8	10
12	23.5	11				23		13					
15	26.5	14				26		16					
17	28.5	16				28		18					
20	31.5	19		4	4.9	31	+0.25 0	21.5	+0.21 0	4	+0.25 0	10	12
25	38.5	24				38		26.5					
30	43.5	29				43		31.5					
(35)	48.5	34				48		36.5					
40	53.5	39				53		41.5					
45	58.5	44				58	+0.30 0	46.5					
50	68	49		5	6.2	67		51.5	+0.30 0	5	+0.18 0		
(55)	73	53				72		56.5					
60	78	58				77		62					
(65)	83	63				82		67					
(70)	90	68	+0.30 +0.20	6	7.4	89	+0.35 0	72		6		12	15
75	95	73				94		77					
80	100	78				99		82					
85	105	83				104		87					
90	111	88		7	8.4	110		92	+0.35 0	7	+0.22 0		
95	117	93				116		97					
100	126	98		8	9.7	125	+0.40 0	102		8		16	18

续表

轴径 d (h11)	油封					沟槽							
	D	d_1		b	B	D_1		d_2		b_1		$B_{1\min}$	
		基本尺寸	极限偏差			基本尺寸	极限偏差	基本尺寸	极限偏差	基本尺寸	极限偏差	用于钢	用于铸铁
105	131	103	+0.30 +0.20	8	9.7	130	+0.35 0	107	+0.35 0	8	+0.22 0	16	18
110	136	108				135		113					
(115)	141	113				140		118					
120	150	118		9	11	149	+0.40 0	123		9		18	20
125	155	123				154		128					
130	160	128				159		133					
(135)	165	133				164		138					
140	174	138				173		143	+0.40 0				
145	179	143				178		148					
150	184	148				183		153					
155	189	153				188		158					
160	194	158	+0.45 +0.25			193		163				20	22
165	199	163				198		168		10			
170	204	168		10	12	203	+0.46 0	173					
175	209	173				208		178					
180	214	178				213		183					
185	219	183				218		188					
190	224	188				223		193					
195	229	193				228		198	+0.46 0				
200	241	198				240		203		11		22	24
210	251	208		11	14	250		213					
220	261	218				260		223					
230	271	228				270	+0.52 0	233					
240	287	238		12	15	286		243		12	+0.27 0	24	26
250	297	248				296		253					
260	307	258	+0.55 +0.30			306		263	+0.52 0				
280	333	278				332		283					
300	353	298				352	+0.57 0	303					
320	373	318		13	16	372		323		13		26	28
340	393	338				392		343	+0.57 0				
360	413	358				412	+0.63 0	363					
380	433	378				432		383					

注：Z形油封在安装时，必须将与轴接触的唇边朝向所要进行防尘与油封的空腔内部。

5 O形橡胶密封圈

5.1 液压、气动用O形橡胶密封圈尺寸及公差（摘自GB/T 3452.1—2005）

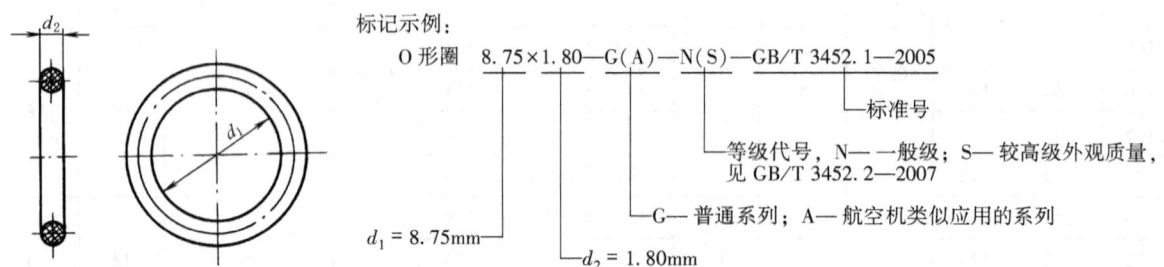

标记示例：
O形圈 8.75×1.80—G(A)—N(S)—GB/T 3452.1—2005

- 标准号
- 等级代号，N——一般级；S——较高级外观质量，见GB/T 3452.2—2007
- G——普通系列；A——航空机类似应用的系列
- $d_2 = 1.80$ mm
- $d_1 = 8.75$ mm

表 11-5-5　　一般应用的O形圈内径、截面直径尺寸和公差（G系列）　　mm

d_1 尺寸	公差 ±	d_2 1.8±0.08	2.65±0.09	3.55±0.10	5.3±0.13	7±0.15	d_1 尺寸	公差 ±	d_2 1.8±0.08	2.65±0.09	3.55±0.10	5.3±0.13	7±0.15
1.8	0.13	×					7.1	0.16	×				
2	0.13	×					7.5	0.17	×				
2.24	0.13	×					8	0.17	×				
2.5	0.13	×					8.5	0.17	×				
2.8	0.13	×					8.75	0.18	×				
3.15	0.14	×					9	0.18	×				
3.55	0.14	×					9.5	0.18	×				
3.75	0.14	×					9.75	0.18	×				
4	0.14	×					10	0.19	×				
4.5	0.15	×					10.6	0.19	×	×			
4.75	0.15	×					11.2	0.20	×	×			
4.87	0.15	×					11.6	0.20	×	×			
5	0.15	×					11.8	0.19	×				
5.15	0.15	×					12.1	0.21	×				
5.3	0.15	×					12.5	0.21	×	×			
5.6	0.16	×					12.8	0.21	×	×			
6	0.16	×					13.2	0.21	×	×			
6.3	0.16	×					14	0.22	×	×			
6.7	0.16	×					14.5	0.22	×	×			
6.9	0.16	×					15	0.22	×	×			

续表

d_1		d_2					d_1		d_2				
尺寸	公差±	1.8±0.08	2.65±0.09	3.55±0.10	5.3±0.13	7±0.15	尺寸	公差±	1.8±0.08	2.65±0.09	3.55±0.10	5.3±0.13	7±0.15
15.5	0.23	×	×				46.2	0.45	×	×	×	×	
16	0.23	×	×				47.5	0.46	×	×	×	×	
17	0.24	×	×				48.7	0.47	×	×	×	×	
18	0.25	×	×	×			50	0.48	×	×	×	×	
19	0.25	×	×	×			51.5	0.49		×	×	×	
20	0.26	×	×	×			53	0.50		×	×	×	
20.6	0.26	×	×	×			54.5	0.51		×	×	×	
21.2	0.27	×	×	×			56	0.52		×	×	×	
22.4	0.28	×	×	×			58	0.54		×	×	×	
23	0.29	×	×	×			60	0.55		×	×	×	
23.6	0.29	×	×	×			61.5	0.56		×	×	×	
24.3	0.30	×	×	×			63	0.57		×	×	×	
25	0.30	×	×	×			65	0.58		×	×	×	
25.8	0.31	×	×	×			67	0.60		×	×	×	
26.5	0.31	×	×	×			69	0.61		×	×	×	
27.3	0.32	×	×	×			71	0.63		×	×	×	
28	0.32	×	×	×			73	0.64		×	×	×	
29	0.33	×	×	×			75	0.65		×	×	×	
30	0.34	×	×	×			77.5	0.67		×	×	×	
31.5	0.35	×	×	×			80	0.69		×	×	×	
32.5	0.36	×	×	×			82.5	0.71		×	×	×	
33.5	0.36	×	×	×			85	0.72		×	×	×	
34.5	0.37	×	×	×			87.5	0.74		×	×	×	
35.5	0.38	×	×	×			90	0.76		×	×	×	
36.5	0.38	×	×	×			92.5	0.77		×	×	×	
37.5	0.39	×	×	×			95	0.79		×	×	×	
38.7	0.40	×	×	×			97.5	0.81		×	×	×	
40	0.41	×	×	×	×		100	0.82		×	×	×	
41.2	0.42	×	×	×	×		103	0.85		×	×	×	
42.5	0.43	×	×	×	×		106	0.87		×	×	×	
43.7	0.44	×	×	×	×		109	0.89		×	×	×	×
45	0.44	×	×	×	×		112	0.91		×	×	×	×

续表

d_1		d_2					d_1		d_2				
尺寸	公差±	1.8±0.08	2.65±0.09	3.55±0.10	5.3±0.13	7±0.15	尺寸	公差±	1.8±0.08	2.65±0.09	3.55±0.10	5.3±0.13	7±0.15
115	0.93		×	×	×	×	212	1.57				×	×
118	0.95		×	×	×	×	218	1.61				×	×
122	0.97		×	×	×	×	224	1.65				×	×
125	0.99		×	×	×	×	227	1.67				×	×
128	1.01		×	×	×	×	230	1.69				×	×
132	1.04		×	×	×	×	236	1.73				×	×
136	1.07		×	×	×	×	239	1.75				×	×
140	1.09		×	×	×	×	243	1.77				×	×
142.5	1.11		×	×	×	×	250	1.82				×	×
145	1.13		×	×	×	×	254	1.84				×	×
147.5	1.14		×	×	×	×	258	1.87				×	×
150	1.16		×	×	×	×	261	1.89				×	×
152.5	1.18			×	×	×	265	1.91				×	×
155	1.19			×	×	×	268	1.92				×	×
157.5	1.21			×	×	×	272	1.96				×	×
160	1.23			×	×		276	1.98				×	×
162.5	1.24			×	×	×	280	2.01				×	×
165	1.26			×	×	×	283	2.03				×	×
167.5	1.28			×	×	×	286	2.05				×	×
170	1.29			×	×	×	290	2.08				×	×
172.5	1.31			×	×	×	295	2.11				×	×
175	1.33			×	×	×	300	2.14				×	×
177.5	1.34			×	×	×	303	2.16				×	×
180	1.36			×	×	×	307	2.19				×	×
182.5	1.38			×	×	×	311	2.21				×	×
185	1.39			×	×	×	315	2.24				×	×
187.5	1.41			×	×	×	320	2.27				×	×
190	1.43			×	×	×	325	2.30				×	×
195	1.46			×	×	×	330	2.33				×	×
200	1.49			×	×	×	335	2.36				×	×
203	1.51				×	×	340	2.40				×	×
206	1.53				×	×	345	2.43				×	×

续表

d_1		d_2					d_1		d_2				
尺寸	公差±	1.8±0.08	2.65±0.09	3.55±0.10	5.3±0.13	7±0.15	尺寸	公差±	1.8±0.08	2.65±0.09	3.55±0.10	5.3±0.13	7±0.15
350	2.46				×	×	479	3.28					×
355	2.49				×	×	483	3.30					×
360	2.52				×	×	487	3.33					×
365	2.56				×	×	493	3.36					×
370	2.59				×	×	500	3.41					×
375	2.62				×	×	508	3.46					×
379	2.64				×	×	515	3.50					×
383	2.67				×	×	523	3.55					×
387	2.70				×	×	530	3.60					×
391	2.72				×	×	538	3.65					×
395	2.75				×	×	545	3.69					×
400	2.78				×	×	553	3.74					×
406	2.82					×	560	3.78					×
412	2.85					×	570	3.85					×
418	2.89					×	580	3.91					×
425	2.93					×	590	3.97					×
429	2.96					×	600	4.03					×
433	2.99					×	608	4.08					×
437	3.01					×	615	4.12					×
443	3.05					×	623	4.17					×
450	3.09					×	630	4.22					×
456	3.13					×	640	4.28					×
462	3.17					×	650	4.34					×
466	3.19					×	660	4.40					×
470	3.22					×	670	4.47					×
475	3.25					×							

注：1. "×"号表示本标准规定的规格。
2. 机械密封用O形橡胶密封圈，参见本篇第4章8.12.2。
3. 航空及类似应用的A系列O形圈未列出。

5.2 液压、气动用 O 形圈径向密封沟槽尺寸(摘自 GB/T 3452.3—2005)

5.2.1 液压活塞动密封沟槽尺寸

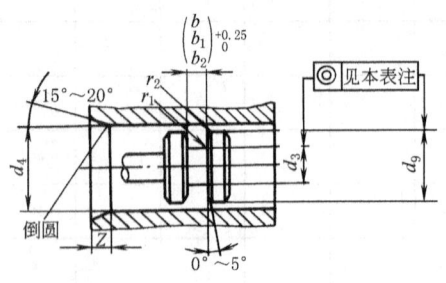 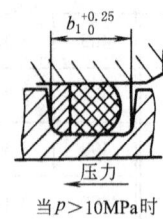 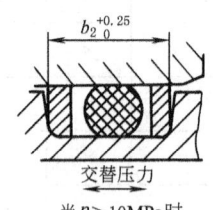

说明:
1. d_1——O 形圈内径,mm;
   d_2——O 形圈截面直径,mm。
2. b、b_1、b_2、Z、r_1、r_2 尺寸见表 11-5-14。
3. 沟槽及配合表面的表面粗糙度见表 11-5-16。

表 11-5-6 液压活塞动密封沟槽尺寸 mm

d_4 H8	d_9 f7	d_3 h9	d_1	d_4 H8	d_9 f7	d_3 h9	d_1	d_4 H8	d_9 f7	d_3 h9	d_1
$d_2 = 1.8$				$d_2 = 2.65$				$d_2 = 3.55$			
7	4.3	4		34	29.9	29		43	37.3	36.5	
8	5.3	5		35	30.9	30		44	38.3	37.5	
9	6.3	6		36	31.9	31.5		45	39.3	38.7	
10	7.3	6.9		37	32.9	32.5		46	40.3	38.7	
11	8.3	8		38	33.9	33.5		47	41.3	40	
12	9.3	8.75		39	34.9	34.5		48	42.3	41.2	
13	10.3	10		40	35.9	35.5		49	43.3	42.5	
14	11.3	10.6		41	36.9	36.5		50	44.3	43.7	
15	12.3	11.8		42	37.9	37.5		51	45.3	43.7	
16	13.3	12.5		43	38.9	38.5		52	46.3	45	
17	14.3	14		44	39.9	38.7		53	47.3	46.2	
18	15.3	15		$d_2 = 3.55$				54	48.3	47.5	
19	16.3	16		24	18.3	18		55	49.3	48.7	
20	17.3	17		25	19.3	19		56	50.3	48.7	
$d_2 = 2.65$				26	20.3	20		57	51.3	50	
19	14.9	14.5		27	21.3	20.6		58	52.3	51.5	
20	15.9	15.5		28	22.3	21.2		59	53.3	51.5	
21	16.9	16		29	23.3	22.4		60	54.3	53	
22	17.9	17		30	24.3	23.6		61	55.3	53	
23	18.9	18		31	25.3	25		62	56.3	54.5	
24	19.9	19		32	26.3	25.8		63	57.3	56	
25	20.9	20		33	27.3	26.5		64	58.3	56	
26	21.9	21.2		34	28.3	27.3		65	59.3	58	
27	22.9	22.4		35	29.3	28		66	60.3	58	
28	23.9	22.4		36	30.3	30		67	61.3	60	
29	24.9	24.3		37	31.3	30		68	62.3	61.5	
30	25.9	25		38	32.3	31.5		69	63.3	61.5	
31	26.9	26.5		39	33.3	32.5		70	64.3	63	
32	27.9	27.3		40	34.3	33.5		71	65.3	63	
33	28.9	28		41	35.3	34.5		72	66.3	65	
				42	36.3	35.5					

续表

d_4 H8	d_9 f7	d_3 h9	d_1	d_4 H8	d_9 f7	d_3 h9	d_1	d_4 H8	d_9 f7	d_3 h9	d_1
		$d_2 = 3.55$				$d_2 = 3.55$				$d_2 = 3.55$	
	73	67.3	65		122	116.3	115		171	165.3	162.5
	74	68.3	67		123	117.3	115		172	166.3	165
	75	69.3	67		124	118.3	115		173	167.3	165
	76	70.3	69		125	119.3	118		174	168.3	167.5
	77	71.3	69		126	120.3	118		175	169.3	167.5
	78	72.3	71		127	121.3	118		176	170.3	167.5
	79	73.3	71		128	122.3	118		177	171.3	170
	80	74.3	73		129	123.3	122		178	172.3	170
	81	75.3	73		130	124.3	122		179	173.3	172.5
	82	76.3	75		131	125.3	122		180	174.3	172.5
	83	77.3	75		132	126.3	125		181	175.3	172.5
	84	78.3	77.5		133	127.3	125		182	176.3	175
	85	79.3	77.5		134	128.3	125		183	177.3	175
	86	80.3	77.5		135	129.3	128		184	178.3	177.5
	87	81.3	80		136	130.3	128		185	179.3	177.5
	88	82.3	80		137	131.3	128		186	180.3	177.5
	89	83.3	82.5		138	132.3	128		187	181.3	180
	90	84.3	82.5		139	133.3	132		188	182.3	180
	91	85.3	82.5		140	134.3	132		189	183.3	182.5
	92	86.3	85		141	135.3	132		190	184.3	182.5
	93	87.3	85		142	136.3	132		191	185.3	182.5
	94	88.3	87.5		143	137.3	132		192	186.3	185
	95	89.3	87.5		144	138.3	136		193	187.3	185
	96	90.3	87.5		145	139.3	136		194	188.3	187.5
	97	91.3	90		146	140.3	136		195	189.3	187.5
	98	92.3	90		147	141.3	140		196	190.3	187.5
	99	93.3	92.5		148	142.3	140		197	191.3	190
	100	94.3	92.5		149	143.3	140		198	192.3	190
	101	95.3	92.5		150	144.3	142.5		199	193.3	190
	102	96.3	95		151	145.3	142.5		200	194.3	190
	103	97.3	95		152	146.3	145		201	195.3	190
	104	98.3	97.5		153	147.3	145		202	196.3	195
	105	99.3	97.5		154	148.3	147.5		203	197.3	195
	106	100.3	97.5		155	149.3	147.5		204	198.3	195
	107	101.3	100		156	150.3	147.5		205	199.3	195
	108	102.3	100		157	151.3	150		206	200.3	195
	109	103.3	100		158	152.3	150		207	201.3	200
	110	104.3	103		159	153.3	152.5		208	202.3	200
	111	105.3	103		160	154.3	152.5		209	203.3	200
	112	106.3	103		161	155.3	152.5		210	204.3	200
	113	107.3	106		162	156.3	155		211	205.3	200
	114	108.3	106		163	157.3	155		212	206.3	200
	115	109.3	106		164	158.3	157.5		213	207.3	200
	116	110.3	109		165	159.3	157.5			$d_2 = 5.3$	
	117	111.3	109		166	160.3	157.5		50	41.3	40
	118	112.3	109		167	161.3	160		51	42.3	41.2
	119	113.3	112		168	162.3	160		52	43.3	42.5
	120	114.3	112		169	163.3	162.5		53	44.3	43.7
	121	115.3	112		170	164.3	162.5		54	45.3	43.7

续表

d_4 H8	d_9 f7	d_3 h9	d_1	d_4 H8	d_9 f7	d_3 h9	d_1	d_4 H8	d_9 f7	d_3 h9	d_1
$d_2=5.3$				$d_2=5.3$				$d_2=5.3$			
55	46.3		45	96	87.3		85	220	211.3		206
56	47.3		46.2	98	89.3		87.5	225	216.3		212
57	48.3		47.5	100	91.3		90	230	221.3		218
58	49.3		48.7	102	93.3		92.5	240	226.3		224
59	50.3		48.7	104	95.3		92.5	245	236.3		230
60	51.3		50	105	96.3		95	250	241.3		236
61	52.3		51.5	106	97.3		95	255	246.3		243
62	53.3		51.5	108	99.3		97.5	260	251.3		243
63	54.3		53	110	101.3		100	265	256.3		254
64	55.3		54.5	112	103.3		100	$d_2=7$			
65	56.3		54.5	114	105.3		103	125		113.3	112
66	57.3		56	115	106.3		103	130		118.3	115
67	58.3		56	116	107.3		106	135		123.3	122
68	59.3		58	118	109.3		106	140		128.3	125
69	60.3		58	120	111.3		109	145		133.3	132
70	61.3		60	125	116.3		115	150		138.3	136
71	62.3		61.5	130	121.3		118	155		143.3	140
72	63.3		61.5	135	126.3		125	160		148.3	145
73	64.3		63	140	131.3		128	165		153.3	150
75	66.3		65	145	136.3		132	170		158.3	155
76	67.3		65	150	141.3		140	175		163.3	160
77	68.3		67	155	146.3		145	180		168.3	165
78	69.3		67	160	151.3		150	185		173.3	170
79	70.3		69	165	156.3		155	190		178.3	175
80	71.3		69	170	161.3		160	195		183.3	180
82	73.3		71	175	166.3		165	200		188.3	185
84	75.3		73	180	171.3		167.5	205		193.3	190
85	76.3		75	185	176.3		172.5	210		198.3	195
86	77.3		75	190	181.3		177.5	215		203.3	200
88	79.3		775	195	186.3		182.5	220		208.3	206
90	81.3		80	200	191.3		187.5	230		218.3	212
92	83.3		82.5	205	196.3		190	240		228.3	224
94	85.3		82.5	210	201.3		195	250		238.3	236
95	86.3		85	215	206.3		203	260		248.3	243

注：1. 表中规定的尺寸和公差适合于任何一种合成橡胶材料。沟槽尺寸是以硬度为70IRHD（国际橡胶硬度标准）的丁腈橡胶（NBR）为基准的。
2. 在可以选用几种截面O形圈的情况下，应优先选用较大截面的O形圈。
3. d_9 和 d_3 之间的同轴度公差：直径小于等于50mm时，≤ϕ0.025mm；直径大于50mm时，≤ϕ0.05mm。
4. 粗实线框内的数据为推荐使用的密封规格。

5.2.2 气动活塞动密封沟槽尺寸

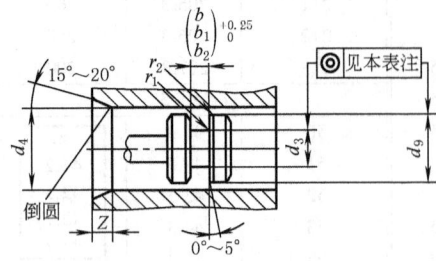
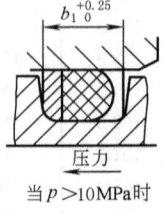
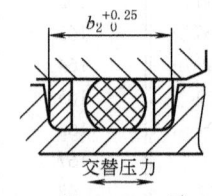

说明：
1. d_1——O形圈内径，mm；
   d_2——O形圈截面直径，mm。
2. b、b_1、b_2、Z、r_1、r_2 尺寸见表11-5-14。
3. 沟槽及配合表面的表面粗糙度见表11-5-16。

表 11-5-7　　气动活塞动密封沟槽尺寸　　mm

d_4 H8	d_9 f7	d_3 h9	d_1	d_4 H8	d_9 f7	d_3 h9	d_1	d_4 H8	d_9 f7	d_3 h9	d_1
$d_2=1.8$				$d_2=3.55$				$d_2=3.55$			
7	4.2		4	33	27.1		26.5	82		76.1	75
8	5.2		5	34	28.1		27.3	83		77.1	75
9	6.2		6	35	29.1		28	84		78.1	77.5
10	7.2		6.9	36	30.1		29	85		79.1	77.5
11	8.2		8	37	31.1		30	86		80.1	77.5
12	9.2		8.75	38	32.1		31.5	87		81.1	80
13	10.2		10	39	33.1		32.5	88		82.1	80
14	11.2		10.6	40	34.1		33.5	89		83.1	80
15	12.2		11.8	41	35.1		34.5	90		84.1	82.5
16	13.2		12.8	42	36.1		35.5	91		85.1	82.5
17	14.2		14	43	37.1		36.5	92		86.1	85
18	15.2		15	44	38.1		37.5	93		87.1	85
$d_2=2.65$				45	39.1		38.7	94		88.1	85
19	14.7		14.5	46	40.1		38.7	95		89.1	87.5
20	15.7		15.5	47	41.1		40	96		90.1	87.5
21	16.7		16	48	42.1		41.2	97		91.1	90
22	17.7		17	49	43.1		42.5	98		92.1	90
23	18.7		18	50	44.1		43.7	99		93.1	90
24	19.7		19	51	45.1		43.7	100		94.1	92.5
25	20.7		20	52	46.1		45	101		95.1	92.5
26	21.7		21.2	53	47.1		46.2	102		96.1	95
27	22.7		22.4	54	48.1		47.5	103		97.1	95
28	23.7		22.4	55	49.1		47.5	104		98.1	95
29	24.7		23.6	56	50.1		48.7	105		99.1	97.5
30	25.7		25	57	51.1		50	106		100.1	97.5
31	26.7		25.8	58	52.1		51.5	107		101.1	100
32	27.7		27.3	59	53.1		51.5	108		102.1	100
33	28.7		28	60	54.1		53	109		103.1	100
34	29.7		28	61	55.1		54.5	110		104.1	103
35	30.7		30	62	56.1		54.5	111		105.1	103
36	31.7		30	63	57.1		56	112		106.1	103
37	32.7		31.5	64	58.1		56	113		107.1	106
38	33.7		32.5	65	59.1		58	114		108.1	106
39	34.7		33.5	66	60.1		58	115		109.1	106
40	35.7		34.5	67	61.1		60	116		110.1	109
41	36.7		35.5	68	62.1		61.5	117		111.1	109
42	37.7		36.5	69	63.1		61.5	118		112.1	109
43	38.7		37.5	70	64.1		63	119		113.1	112
44	39.7		38.7	71	65.1		63	120		114.1	112
$d_2=3.55$				72	66.1		65	121		115.1	112
24	18.1		17	73	67.1		65	122		116.1	115
25	19.1		18	74	68.1		67	123		117.1	115
26	20.1		19	75	69.1		67	124		118.1	115
27	21.1		20	76	70.1		69	125		119.1	118
28	22.1		21.2	77	71.1		69	126		120.1	118
29	23.1		22.4	78	72.1		71	127		121.1	118
30	24.1		23.6	79	73.1		71	128		122.1	118
31	25.1		24.3	80	74.1		73	129		123.1	118
32	26.1		25.8	81	75.1		73	130		124.1	122

续表

d_4 H8	d_9 f7	d_3 h9	d_1	d_4 H8	d_9 f7	d_3 h9	d_1	d_4 H8	d_9 f7	d_3 h9	d_1
d_2 = 3.55				d_2 = 3.55				d_2 = 5.3			
131	125.1	122		193	187.1	185		116	107	106	
132	126.1	125		194	188.1	185		118	109	106	
133	127.1	125		195	189.1	187.5		120	111	109	
134	128.1	125		196	190.1	187.5		125	116	115	
135	129.1	128		197	191.1	187.5		130	121	118	
136	130.1	128		198	192.1	190		135	126	122	
137	131.1	128		199	193.1	190		140	131	128	
138	132.1	128		200	194.1	190		145	136	132	
139	133.1	132		d_2 = 5.3				150	141	136	
140	134.1	132						155	146	142.5	
141	135.1	132		50	41	40		160	151	147.5	
142	136.1	132		51	42	41.2		165	156	152.5	
143	137.1	136		52	43	41.2		170	161	157.5	
144	138.1	136		53	44	42.5		175	166	162.5	
145	139.1	136		54	45	43.7		180	171	167.5	
146	140.1	136		55	46	45		185	176	172.5	
147	141.1	136		56	47	46.2		190	181	177.5	
148	142.1	140		57	48	46.2		195	186	182.5	
149	143.1	140		58	49	47.5		200	191	187.5	
150	144.1	142.5		59	50	48.7		205	196	190	
151	145.1	142.5		60	51	48.7		210	201	195	
152	146.1	142.5		61	52	51.5		215	206	203	
153	147.1	145		62	53	51.5		220	211	206	
154	148.1	145		63	54	53		225	216	212	
155	149.1	147.5		64	55	54.5		230	221	218	
156	150.1	147.5		65	56	54.5		235	226	224	
157	151.1	147.5		66	57	56		240	231	227	
158	152.1	150		67	58	56		245	236	230	
159	153.1	150		68	59	58		250	241	239	
160	154.1	152.5		69	60	58		d_2 = 7			
161	155.1	152.5		70	61	60		125	112.8	109	
162	156.1	152.5		71	62	60		130	117.8	115	
163	157.1	155		72	63	61.5		135	122.8	118	
164	158.1	155		73	64	63		140	127.8	125	
165	159.1	157.5		74	65	63		145	132.8	128	
166	160.1	157.5		75	66	65		150	137.8	136	
167	161.1	157.5		76	67	65		155	142.8	140	
168	162.1	160		77	68	67		160	147.8	145	
169	163.1	160		78	69	67		165	152.8	150	
170	164.1	162.5		79	70	69		170	157.8	155	
171	165.1	162.5		80	71	69		175	162.8	160	
172	166.1	162.5		82	73	71		180	167.8	165	
173	167.1	165		84	75	73		185	172.8	170	
174	168.1	165		85	76	75		190	177.8	175	
175	169.1	167.5		86	77	75		195	182.8	180	
176	170.1	167.5		88	79	77.5		200	187.8	185	
177	171.1	167.5		90	81	80		205	192.8	190	
178	172.1	170		92	83	80		210	197.8	195	
179	173.1	170		94	85	82.5		215	202.8	200	
180	174.1	170		95	86	85		220	207.8	206	
181	175.1	172.5		96	87	85		225	212.8	206	
182	176.1	172.5		98	89	87.5		230	217.8	212	
183	177.1	175		100	91	90		235	222.8	216	
184	178.1	175		102	93	90		240	227.8	224	
185	179.1	177.5		104	95	92.5		245	232.8	230	
186	180.1	177.5		105	96	95		250	237.8	236	
187	181.1	177.5		106	97	95		255	242.8	239	
188	182.1	180		108	99	97.5		260	247.8	243	
189	183.1	180		110	101	100		265	252.8	250	
190	184.1	182.5		112	103	100		270	257.8	254	
191	185.1	182.5		114	105	103					
192	186.1	182.5		115	106	103					

注：1. 表中规定的尺寸和公差适合于任何一种合成橡胶材料。沟槽尺寸是以硬度为70IRHD（国际橡胶硬度标准）的丁腈橡胶（NBR）为基准的。

2. 在可以选用几种截面O形圈的情况下，应优先选用较大截面的O形圈。

3. d_9 和 d_3 之间的同轴度公差：直径小于等于50mm时，≤ϕ0.025mm；直径大于50mm时，≤ϕ0.05mm。

4. 粗实线框内的数据为推荐使用的密封规格。

5.2.3 液压、气动活塞静密封沟槽尺寸

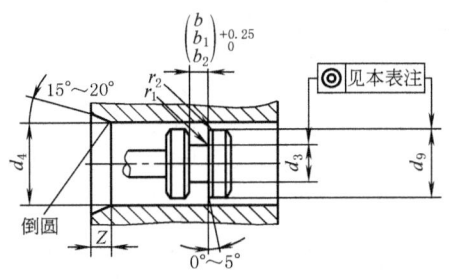 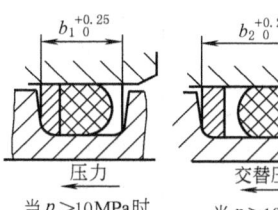

说明:
1. d_1——O 形圈内径,mm;
   d_2——O 形圈截面直径,mm。
2. b、b_1、b_2、Z、r_1、r_2 尺寸见表 11-5-14。
3. 沟槽及配合表面的表面粗糙度见表 11-5-16。

表 11-5-8　　液压、气动活塞静密封沟槽尺寸　　mm

d_4 H8	d_9 f7	d_3 h11	d_1	d_4 H8	d_9 f7	d_3 h11	d_1	d_4 H8	d_9 f7	d_3 h11	d_1
$d_2 = 1.8$				$d_2 = 2.65$				$d_2 = 3.55$			
6	3.4		3.15	34	30		28	43	37.6		36.5
7	4.4		4	35	31		30	44	38.6		36.5
8	5.4		5.15	36	32		31.5	45	39.6		38.7
9	6.4		6	37	33		32.5	46	40.6		40
10	7.4		7.1	38	34		33.5	47	41.6		41.2
11	8.4		8	39	35		34.5	48	42.6		41.2
12	9.4		9	40	36		35.5	49	43.6		42.5
13	10.4		10	41	37		36.5	50	44.6		43.7
14	11.4		11.2	42	38		37.5	51	45.6		45
15	12.4		12.1	43	39		37.5	52	46.6		45
16	13.4		13.2	44	40		38.7	53	47.6		46.2
17	14.4		14	$d_2 = 3.55$				54	48.6		47.5
18	15.4		15	24	18.6		18	55	49.6		48.7
19	16.4		16	25	19.6		19	56	50.6		50
20	17.4		17	26	20.6		20	57	51.6		50
$d_2 = 2.65$				27	21.6		21.2	58	52.6		51.5
19	15		14.5	28	22.6		21.2	59	53.6		53
20	16		15.5	29	23.6		22.4	60	54.6		53
21	17		16	30	24.6		23.6	61	55.6		54.5
22	18		17	31	25.6		25	62	56.6		56
23	19		18	32	26.6		25.8	63	57.6		56
24	20		19	33	27.6		27.3	64	58.6		58
25	21		20	34	28.6		28	65	59.6		58
26	22		21.2	35	29.6		28	66	60.6		58
27	23		22.4	36	30.6		30	67	61.6		60
28	24		23.6	37	31.6		30	68	62.6		60
29	25		24.3	38	32.6		31.5	69	63.6		61.5
30	26		25	39	33.6		32.5	70	64.6		63
31	27		26.5	40	34.6		33.5	71	65.6		63
32	28		27.3	41	35.6		34.5	72	66.6		65
33	29		28	42	36.6		35.5				

续表

d_4 H8	d_9 f7	d_3 h11	d_1	d_4 H8	d_9 f7	d_3 h11	d_1	d_4 H8	d_9 f7	d_3 h11	d_1
$d_2 = 3.55$				$d_2 = 3.55$				$d_2 = 3.55$			
73		67.6	65	122		116.6	115	171		165.6	162.5
74		68.6	67	123		117.6	115	172		166.6	165
75		69.6	69	124		118.6	115	173		167.6	165
76		70.6	69	125		119.6	118	174		168.6	165
77		71.6	69	126		120.6	118	175		169.6	167.5
78		72.6	71	127		121.6	118	176		170.6	167.5
79		73.6	71	128		122.6	118	177		171.6	167.5
80		74.6	73	129		123.6	122	178		172.6	170
81		75.6	73	130		124.6	122	179		173.6	170
82		76.6	75	131		125.6	122	180		174.6	172.5
83		77.6	75	132		126.6	125	181		175.6	172.5
84		78.6	77.5	133		127.6	125	182		176.6	172.5
85		79.6	77.5	134		128.6	125	183		177.6	175
86		80.6	77.5	135		129.6	128	184		178.6	175
87		81.6	80	136		130.6	128	185		179.6	177.5
88		82.6	80	137		131.6	128	186		180.6	177.5
89		83.6	82.5	138		132.6	128	187		181.6	177.5
90		84.6	82.5	139		133.6	132	188		182.6	180
91		85.6	82.5	140		134.6	132	189		183.6	180
92		86.6	85	141		135.6	132	190		184.6	182.5
93		87.6	85	142		136.6	132	191		185.6	182.5
94		88.6	87.5	143		137.6	136	192		186.6	182.5
95		89.6	87.5	144		138.6	136	193		187.6	185
96		90.6	87.5	145		139.6	136	194		188.6	185
97		91.6	90	146		140.6	136	195		189.6	187.5
98		92.6	90	147		141.6	140	196		190.6	187.5
99		93.6	92.5	148		142.6	140	197		191.6	187.5
100		94.6	92.5	149		143.6	142.5	198		192.6	190
101		95.6	92.5	150		144.6	142.5	199		193.6	190
102		96.6	95	151		145.6	142.5	200		194.6	190
103		97.6	95	152		146.6	145	201		195.6	190
104		98.6	95	153		147.6	145	202		196.6	190
105		99.6	97.5	154		148.6	145	203		197.6	195
106		100.6	97.5	155		149.6	147.5	204		198.6	195
107		101.6	100	156		150.6	147.5	205		199.6	195
108		102.6	100	157		151.6	150	206		200.6	195
109		103.6	100	158		152.6	150	207		201.6	195
110		104.6	103	159		153.6	150	208		202.6	200
111		105.6	103	160		154.6	152.5	209		203.6	200
112		106.6	103	161		155.6	152.5	210		204.6	200
113		107.6	106	162		156.6	155	211		205.6	200
114		108.6	106	163		157.6	155	212		206.6	200
115		109.6	106	164		158.6	155	213		207.6	200
116		110.6	109	165		159.6	157.5	$d_2 = 5.3$			
117		111.6	109	166		160.6	157.5	50		41.8	40
118		112.6	109	167		161.6	160	51		42.8	41.2
119		113.6	112	168		162.6	160	52		43.8	42.5
120		114.6	112	169		163.6	160	53		44.8	43
121		115.6	112	170		164.6	162.5	54		45.8	43.7

续表

d_4 H8	d_9 f7	d_3 h11	d_1	d_4 H8	d_9 f7	d_3 h11	d_1	d_4 H8	d_9 f7	d_3 h11	d_1
		$d_2=5.3$				$d_2=5.3$				$d_2=5.3$	
	55	46.8	45		120	111.8	109		202	193.8	190
	56	47.8	46.2		122	113.8	112		204	195.8	190
	57	48.8	47.5		124	115.8	112		205	196.8	195
	58	49.8	48.7		125	116.8	115		206	197.8	195
	59	50.8	48.7		126	117.8	118		208	199.8	195
	60	51.8	50		128	119.8	118		210	201.8	200
	61	52.8	51.5		130	121.8	122		212	203.8	200
	62	53.8	51.5		132	123.8	122		214	205.8	203
	63	54.8	53		134	125.8	125		215	206.8	203
	64	55.8	54.5		135	126.8	125		216	207.8	203
	65	56.8	54.5		136	127.8	125		218	209.8	206
	66	57.8	56		138	129.8	128		220	211.8	206
	67	58.8	56		140	131.8	128		222	213.8	212
	68	59.8	58		142	133.8	132		224	215.8	212
	69	60.8	58		144	135.8	132		225	216.8	212
	70	61.8	60		145	136.8	132		226	217.8	212
	71	62.8	61.5		146	137.8	136		228	219.8	218
	72	63.8	61.5		148	139.8	136		230	221.8	218
	73	64.8	63		150	141.8	140		232	223.8	218
	74	65.8	63		152	143.8	142.5		234	225.8	224
	75	66.8	65		154	145.8	142.5		235	226.8	224
	76	67.8	65		155	146.8	145		236	227.8	224
	77	68.8	67		156	147.8	145		238	229.8	227
	78	69.8	67		158	149.8	147.5		240	231.8	227
	79	70.8	69		160	151.8	150		242	233.8	230
	80	71.8	69		162	153.8	152.5		244	235.8	230
	82	73.8	71		164	155.8	152.5		245	236.8	230
	84	75.8	73		165	156.8	155		246	237.8	230
	85	76.8	75		166	157.8	155		248	239.8	236
	86	77.8	75		168	159.8	157.5		250	241.8	239
	88	79.8	77.5		170	161.8	160		252	243.8	239
	90	81.8	80		172	163.8	162.5		254	245.8	243
	92	83.8	80		174	165.8	162.5		255	246.8	243
	94	85.8	82.5		175	166.8	165		256	247.8	243
	95	86.8	85		176	167.8	165		258	249.8	243
	96	87.8	85		178	169.8	167.5		260	251.8	243
	98	89.8	87.5		180	171.8	170		262	253.8	250
	100	91.8	87.5		182	173.8	170		264	255.8	250
	102	93.8	90		184	175.8	172.5		265	256.8	254
	104	95.8	92.5		185	176.8	172.5		266	257.8	254
	105	96.8	95		186	177.8	175		268	259.8	254
	106	97.8	95		188	179.8	177.5		270	261.8	258
	108	99.8	97.5		190	181.8	177.5		272	263.8	258
	110	101.8	100		192	183.8	180		274	265.8	261
	112	103.8	100		194	185.8	182.5		275	266.8	261
	114	105.8	103		195	186.8	182.5		276	267.8	265
	115	106.8	103		196	187.8	185		278	269.8	265
	116	107.8	106		198	189.8	187.5		280	271.8	268
	118	109.7	106		200	191.8	187.5		282	273.8	268

续表

d_4 H8	d_9 f7	d_3 h11	d_1	d_4 H8	d_9 f7	d_3 h11	d_1	d_4 H8	d_9 f7	d_3 h11	d_1
$d_2=5.3$				$d_2=5.3$				$d_2=7$			
284	275.8	272		365	356.8	350		155	144		142.5
285	276.8	272		366	357.8	355		156	145		142.5
286	277.8	272		368	359.8	355		158	147		145
288	279.8	276		370	361.8	355		160	149		147.5
290	281.8	276		372	363.8	360		162	151		147.5
292	283.8	280		374	365.8	360		164	153		150
294	285.8	283		375	365.8	360		165	154		152.5
295	286.8	283		376	367.8	365		166	155		152.5
296	287.8	283		378	369.8	355		168	157		155
298	289.8	286		380	371.8	365		170	159		155
300	291.8	286		382	373.8	370		172	161		157.5
302	293.8	290		384	375.8	370		174	163		160
304	295.8	290		385	376.8	370		175	164		160
305	296.8	290		386	377.8	375		176	165		162.5
306	297.8	295		388	379.8	375		178	167		165
308	299.8	295		390	381.8	375		180	169		165
310	301.8	295		392	383.8	375		182	171		167.5
312	303.8	300		394	385.8	383		184	173		170
314	305.8	303		395	386.8	383		185	174		170
315	306.8	303		396	387.8	383		186	175		172.5
316	307.8	303		398	389.8	387		188	177		175
318	309.8	307		400	391.8	387		190	179		175
320	311.8	307		402	393.8	387		192	181		177.5
322	313.8	311		404	395.8	391		194	183		180
324	315.8	311		405	396.8	391		195	184		180
325	316.8	311		410	401.8	395		196	185		182.5
326	317.8	315		415	406.8	400		198	187		185
328	319.8	315		420	411.8	400		200	189		185
330	321.8	315		$d_2=7$				202	191		187.5
332	323.8	320		122	111	109		204	193		190
334	325.8	320		124	113	109		205	194		190
335	326.8	320		125	114	112		206	195		190
336	327.8	325		126	115	112		208	197		190
338	329.8	325		128	117	115		210	199		195
340	331.8	325		130	119	115		212	201		195
342	333.8	330		132	121	118		214	203		200
344	335.8	330		134	123	118		215	204		200
345	336.8	330		135	124	122		216	205		203
346	337.8	335		136	125	122		218	207		203
348	339.8	335		138	127	122		220	209		203
350	341.8	335		140	129	125		222	211		206
352	343.8	340		142	131	128		224	213		206
354	345.8	340		144	133	128		225	214		212
355	346.8	340		145	134	132		226	215		212
356	347.8	345		146	135	132		228	217		212
358	349.8	345		148	137	132		230	219		212
360	351.8	345		150	139	136		232	221		218
362	353.8	350		152	141	136		234	223		218
364	355.8	350		154	143	140		235	224		218

续表

d_4 H8	d_9 f7	d_3 h11	d_1	d_4 H8	d_9 f7	d_3 h11	d_1	d_4 H8	d_9 f7	d_3 h11	d_1
$d_2=7$				$d_2=7$				$d_2=7$			
236	225	218		318	307	303		400	389	383	
238	227	224		320	309	303		402	391	387	
240	229	227		322	311	307		404	393	387	
242	231	227		324	313	307		405	394	391	
244	233	230		325	314	311		406	395	391	
245	234	230		326	315	311		408	397	391	
246	235	230		328	317	311		410	399	395	
248	237	230		330	319	315		412	401	395	
250	239	236		332	321	315		414	403	400	
252	241	236		334	323	320		415	404	400	
254	243	239		335	324	320		416	405	400	
255	244	239		336	325	320		418	407	400	
256	245	239		338	327	320		420	409	406	
258	247	243		340	329	325		422	411	406	
260	249	243		342	331	325		424	413	406	
262	251	243		344	333	330		425	414	406	
264	253	250		345	334	330		426	415	412	
265	254	250		346	335	330		428	417	412	
266	255	250		348	337	330		430	419	412	
268	257	250		350	339	335		432	421	418	
270	259	250		352	341	335		434	423	418	
272	261	258		354	343	340		435	424	418	
274	263	258		355	344	340		436	425	418	
275	264	261		356	345	340		438	427	418	
276	265	261		358	347	340		440	429	425	
278	267	261		360	349	345		442	431	425	
280	269	265		362	351	345		444	433	429	
282	271	268		364	353	350		445	434	429	
284	273	268		365	354	350		446	435	429	
285	274	268		366	355	350		448	437	433	
286	275	272		368	357	350		450	439	433	
288	277	272		370	359	355		452	441	437	
290	279	276		372	361	355		454	443	437	
292	281	276		374	363	360		455	444	437	
294	283	280		375	364	360		456	445	437	
295	284	280		376	365	360		458	447	443	
296	285	280		378	367	360		460	449	443	
298	287	283		380	369	365		462	451	443	
300	289	286		382	371	365		464	453	450	
302	291	286		384	373	370		465	454	450	
304	293	290		385	374	370		466	455	450	
305	294	290		386	375	370		468	457	450	
306	295	290		388	377	370		470	459	450	
308	297	290		390	379	375		472	461	456	
310	299	295		392	381	375		474	463	456	
312	301	295		394	383	379		475	464	456	
314	303	300		395	384	379		476	465	456	
315	304	300		396	385	379		478	467	462	
316	305	300		398	387	383		480	469	462	

续表

d_4 H8	d_9 f7	d_3 h11	d_1	d_4 H8	d_9 f7	d_3 h11	d_1	d_4 H8	d_9 f7	d_3 h11	d_1
$d_2=7$				$d_2=7$				$d_2=7$			
482	471	466		552	541	530		622	611	600	
484	473	466		554	543	538		624	613	608	
485	474	466		555	544	538		625	614	608	
486	475	466		556	545	538		626	615	608	
488	477	466		558	547	538		628	617	608	
490	479	475		560	549	545		630	619	608	
492	481	475		562	551	545		632	621	615	
494	483	475		564	553	545		634	623	615	
495	484	479		565	554	545		635	624	615	
496	485	479		566	555	545		636	625	615	
498	487	483		568	557	553		638	627	615	
500	489	483		570	559	553		640	629	623	
502	491	487		572	561	553		642	631	623	
504	493	487		574	563	553		644	633	623	
505	494	487		575	564	560		645	634	623	
506	495	487		576	565	560		546	635	630	
508	497	493		578	567	560		648	637	630	
510	499	493		580	569	560		650	639	630	
512	501	493		582	571	560		652	641	630	
514	503	493		584	573	560		654	643	630	
515	504	500		585	574	570		655	644	630	
516	505	500		586	575	570		656	645	640	
518	507	500		588	577	570		658	647	640	
520	509	500		590	579	570		660	649	640	
522	511	500		592	581	570		662	651	640	
524	513	508		594	583	570		664	653	640	
525	514	508		595	584	580		665	654	640	
526	515	508		596	585	580		666	655	650	
528	517	508		598	587	580		668	657	650	
530	519	515		600	589	580		670	659	650	
532	521	515		602	591	580		672	661	650	
534	523	515		604	593	580		674	663	650	
535	524	515		605	594	590		675	664	650	
536	525	515		606	595	590		676	665	660	
538	527	523		608	597	590		678	667	660	
540	529	523		610	599	590		680	669	660	
542	531	523		612	601	590		682	671	660	
544	533	523		614	603	590		684	673	660	
545	534	530		615	604	600		685	674	670	
546	535	530		616	605	600		686	675	670	
548	537	530		618	607	600		688	677	670	
550	539	530		620	609	600		690	679	670	

注：1. 表中规定的尺寸和公差适合于任何一种合成橡胶材料。沟槽尺寸是以硬度为70IRHD（国际橡胶硬度标准）的丁腈橡胶（NBR）为基准的。

2. 在可以选用几种截面O形圈的情况下，应优先选用较大截面的O形圈。

3. d_9 和 d_3 之间的同轴度公差：直径小于等于50mm时，$\leqslant \phi 0.025$mm；直径大于50mm时，$\leqslant \phi 0.05$mm。

4. 粗实线框内的数据为推荐使用的密封规格。

5.2.4 液压活塞杆动密封沟槽尺寸

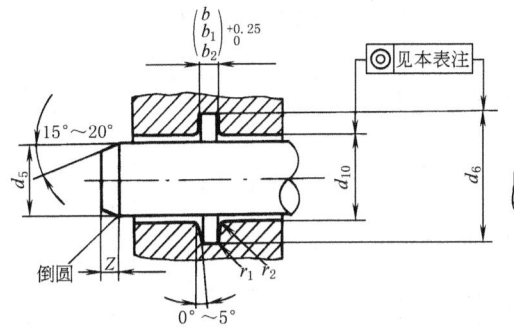
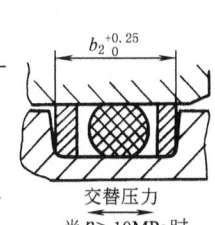
交替压力 当p>10MPa时
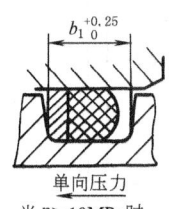
单向压力 当p>10MPa时

说明：
1. d_1——O 形圈内径，mm；
   d_2——O 形圈截面直径，mm。
2. b、b_1、b_2、Z、r_1、r_2 尺寸见表 11-5-14。
3. 沟槽及配合表面的表面粗糙度见表 11-5-16。

表 11-5-9 mm

d_5 f7	d_{10} H8	d_6 H9	d_1	d_5 f7	d_{10} H8	d_6 H9	d_1	d_5 f7	d_{10} H8	d_6 H9	d_1
$d_2=1.8$				$d_2=2.65$				$d_2=3.55$			
3		5.7	3.15		33	37.1	33.5		46	51.7	47.5
4		6.7	4		34	38.1	34.5		47	52.7	48.7
5		7.7	5.15		35	39.1	35.5		48	53.7	48.7
6		8.7	6		36	40.1	36.5		49	54.7	50
7		9.7	7.1		37	41.1	37.5		50	55.7	51.5
8		10.7	8		38	42.1	38.7		51	56.7	53
9		11.7	9	$d_2=3.55$					52	57.7	53
10		12.7	10		18	23.7	18		53	58.7	54.5
11		13.7	11.2		19	24.7	19		54	59.7	56
12		14.7	12.1		20	25.7	20.6		55	60.7	56
13		15.7	13.2		21	26.7	21.2		56	61.7	58
14		16.7	14		22	27.7	22.4		57	62.7	58
15		17.7	15		23	28.7	23.6		58	63.7	60
16		18.7	16		24	29.7	24.3		59	64.7	60
17		19.7	17		25	30.7	25		60	65.7	61.5
$d_2=2.65$					26	31.7	26.5		61	66.7	61.5
14		18.1	14		27	32.7	27.3		62	67.7	63
15		19.1	15		28	33.7	28		63	68.7	65
16		20.1	16		29	34.7	30		64	69.7	65
17		21.1	17		30	35.7	31.5		65	70.7	67
18		22.1	18		31	36.7	31.5		66	71.7	67
19		23.1	19		32	37.7	32.5		67	72.7	69
20		24.1	20		33	38.7	33.5		68	73.7	69
21		25.1	21.2		34	39.7	34.5		69	74.7	71
22		26.1	22.4		35	40.7	35.5		70	75.7	71
23		27.1	23.6		36	41.7	36.5		71	76.7	73
24		28.1	24.3		37	42.7	37.5		72	77.7	73
25		29.1	25		38	43.7	38.7		73	78.7	75
26		30.1	26.5		39	44.7	40		74	79.7	75
27		31.1	27.3		40	45.7	41.2		75	80.7	77.5
28		32.1	28		41	46.7	42.5		76	81.7	77.5
29		33.1	30		42	47.7	42.5		77	82.7	77.5
30		34.1	30		43	48.7	43.7		78	83.7	80
31		35.1	31.5		44	49.7	45		79	84.7	80
32		36.1	32.5		45	50.7	46.2		80	85.7	82.5

续表

d_5 f7	d_{10} H8	d_6 H9	d_1	d_5 f7	d_{10} H8	d_6 H9	d_1	d_5 f7	d_{10} H8	d_6 H9	d_1
\multicolumn{4}{c}{$d_2=3.55$}	\multicolumn{4}{c}{$d_2=5.3$}	\multicolumn{4}{c}{$d_2=5.3$}
81	86.7	82.5		39	47.7	40		102	110.7	103	
82	87.7	82.5		40	48.7	41.2		104	112.7	106	
83	88.7	85		41	49.7	41.2		105	113.7	106	
84	89.7	85		42	50.7	42.5		106	114.7	109	
85	90.7	85		43	51.7	43.7		108	116.7	109	
86	91.7	87.5		44	52.7	45		110	118.7	112	
87	92.7	87.5		45	53.7	45		112	120.7	115	
88	93.7	90		46	54.7	46.2		114	122.7	115	
89	94.7	90		47	55.7	47.5		115	123.7	118	
90	95.7	92		48	56.7	48.7		116	124.7	118	
91	96.7	92		49	57.7	50		118	126.7	122	
92	97.7	92.5		50	58.7	51.5		120	128.7	122	
93	98.7	95		51	59.7	51.5		125	133.7	128	
94	99.7	95		52	60.7	53		130	138.7	132	
95	100.7	97.5		53	61.7	53		135	143.7	136	
96	101.7	97.5		54	62.7	54.5		140	148.7	142.5	
97	102.7	97.5		55	63.7	56		145	153.7	147.5	
98	103.7	100		56	64.7	58		150	158.7	152.5	
99	104.7	100		57	65.7	58		155	163.7	157.5	
100	105.7	103		58	66.7	60		\multicolumn{4}{c}{$d_2=7$}
101	106.7	103		59	67.7	60		105	116.7	106	
102	107.7	103		60	68.7	61.5		110	121.7	112	
103	108.7	106		61	69.7	61.5		115	126.7	118	
104	109.7	106		62	70.7	63		120	131.7	122	
105	110.7	106		63	71.7	65		125	136.7	128	
106	111.7	109		64	72.7	65		130	141.7	132	
107	112.7	109		65	73.7	67		135	146.7	136	
108	113.7	109		66	74.7	67		140	151.7	142.5	
109	114.7	112		67	75.7	69		145	156.7	147.5	
110	115.7	112		68	76.7	69		150	161.7	152.5	
111	116.7	115		69	77.7	71		155	166.7	157.5	
112	117.7	115		70	78.7	71		160	171.7	162.5	
113	118.7	115		71	79.7	73		165	176.7	167.5	
114	119.7	115		72	80.7	73		170	181.7	172.5	
115	120.7	118		73	81.7	75		175	186.7	177.5	
116	121.7	118		74	82.7	75		180	191.7	182.5	
117	122.7	118		75	83.7	77.5		185	196.7	187.5	
118	123.7	122		76	84.7	77.5		190	201.7	195	
119	124.7	122		77	85.7	77.5		195	206.7	200	
120	125.7	122		78	86.7	80		200	211.7	203	
121	126.7	122		79	87.7	80		205	216.7	206	
122	127.7	125		80	88.7	82.5		210	221.7	212	
123	128.7	125		82	90.7	82.5		215	226.7	218	
124	129.7	125		84	92.7	85		220	231.7	224	
125	130.7	128		85	93.7	87.5		225	236.7	227	
				86	94.7	87.5		230	241.7	236	
				88	96.7	90		235	246.7	236	
				90	98.7	92.5		240	251.7	243	
				92	100.7	95		245	256.7	250	
				94	102.7	95					
				95	103.7	97.5					
				96	104.7	97.5					
				98	106.7	100					
				100	108.7	103					

注：1. d_{10} 和 d_6 之间的同轴度公差：直径小于等于 50mm 时，≤ϕ0.025mm；直径大于 50mm 时，≤ϕ0.05mm。
2. 其他见表 11-5-6 中的注。

5.2.5 气动活塞杆动密封沟槽尺寸

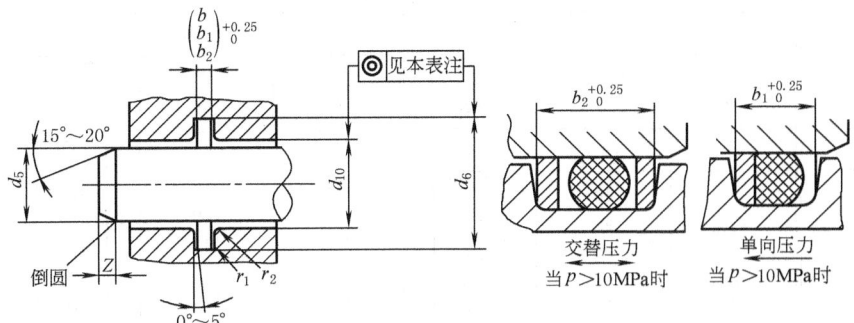

说明：
1. d_1——O 形圈内径，mm；
   d_2——O 形圈截面直径，mm。
2. b、b_1、b_2、Z、r_1、r_2 尺寸见表 11-5-14。
3. 沟槽及配合表面的表面粗糙度见表 11-5-16。

表 11-5-10   mm

d_5 f7	d_{10} H8	d_6 H9	d_1	d_5 f7	d_{10} H8	d_6 H9	d_1	d_5 f7	d_{10} H8	d_6 H9	d_1
$d_2 = 1.8$				$d_2 = 2.65$				$d_2 = 3.55$			
2	4.8	2		29	33.3	30		39	44.9	40	
3	5.8	3.15		30	34.3	30		40	45.9	40	
4	6.8	4		31	35.3	31.5		41	46.9	41.2	
5	7.8	5		32	36.3	32.5		42	47.9	42.5	
6	8.8	6		33	37.3	33.5		43	48.9	43.7	
7	9.8	7.1		34	38.3	34.5		44	49.9	45	
8	10.8	8		35	39.3	35.5		45	50.9	45	
9	11.8	9		36	40.3	36.5		46	51.9	46.2	
10	12.8	10		37	41.3	37.5		47	52.9	47.5	
11	13.8	11.2		38	42.3	38.7		48	53.9	50	
12	14.8	12.1		$d_2 = 3.55$				49	54.9	50	
13	15.8	13.2						50	55.9	51.5	
14	16.8	14		18	23.9	18		51	56.9	53	
15	17.8	15		19	24.9	20		52	57.9	53	
16	18.8	16		20	25.9	20		53	58.9	54.5	
17	19.8	17		21	26.9	21.2		54	59.9	56	
$d_2 = 2.65$				22	27.9	22.4		55	60.9	56	
				23	28.9	23.6		56	61.9	58	
14	18.3	14		24	29.9	25		57	62.9	58	
15	19.3	15		25	30.9	25		58	63.9	60	
16	20.3	16		26	31.9	26.5		59	64.9	60	
17	21.3	17		27	32.9	28		60	65.9	61.5	
18	22.3	18		28	33.9	28		61	66.9	63	
19	23.3	19		29	34.9	30		62	67.9	63	
20	24.3	20		30	35.9	30		63	68.9	65	
21	25.3	21.2		31	36.9	31.5		64	69.9	65	
22	26.3	22.4		32	37.9	32.5		65	70.9	67	
23	27.3	23.6		33	38.9	33.5		66	71.9	67	
24	28.3	25		34	39.9	34.5		67	72.9	69	
25	29.3	25.8		35	40.9	35.5		68	73.9	69	
26	30.3	26.5		36	41.9	36.5		69	74.9	71	
27	31.3	28		37	42.9	37.5		70	75.9	71	
28	32.3	28		38	43.9	38.7		71	76.9	73	

续表

d_5 f7	d_{10} H8	d_6 H9	d_1	d_5 f7	d_{10} H8	d_6 H9	d_1	d_5 f7	d_{10} H8	d_6 H9	d_1
$d_2 = 3.55$				$d_2 = 3.55$				$d_2 = 5.3$			
72	77.9	73		124	128.9	125		92	101		95
73	78.9	75		125	130.9	128		94	103		97.5
74	79.9	75		$d_2 = 5.3$				95	104		97.5
75	80.9	77.5						96	105		97.5
76	81.9	77.5		39	48	40		98	107		100
77	82.9	77.5		40	49	41.2		100	109		103
78	83.9	80		41	50	42.5		102	111		103
79	84.9	80		42	51	42.5		104	113		106
80	85.9	82.5		43	52	43.7		105	114		106
81	86.9	82.5		44	53	45		106	115		109
82	87.9	85		45	54	45		108	117		109
83	88.9	85		46	55	46.2		110	119		112
84	89.9	85		47	56	48		112	121		114
85	90.9	87.5		48	57	50		114	123		115
86	91.9	87.5		49	58	50		115	124		118
87	92.9	90		50	59	51.5		116	125		118
88	93.9	90		51	60	53		118	127		122
89	94.9	90		52	61	53		120	129		125
90	95.9	92.5		53	62	54.5		125	134		128
91	96.9	92.5		54	63	56		130	139		132
92	97.9	95		55	64	56		135	144		136
93	98.9	95		56	65	58		$d_2 = 7$			
94	99.9	95		57	66	58		105	117.2		106
95	100.9	97.5		58	67	60		110	122.2		112
96	101.9	97.5		59	68	60		115	127.2		118
97	102.9	100		60	69	61.5		120	132.2		122
98	103.9	100		61	70	63		125	137.2		128
99	104.9	100		62	71	63		130	142.2		132
100	105.9	103		63	72	65		135	147.2		136
101	106.9	103		64	73	65		140	152.2		142.5
102	107.9	103		65	74	67		145	157.2		147.5
103	108.9	106		66	75	67		150	162.2		152.5
104	109.9	106		67	76	69		155	167.2		157.5
105	110.9	109		68	77	69		160	172.2		162.5
106	111.9	109		69	78	71		165	177.2		167.5
107	112.9	109		70	79	71		170	182.2		172.5
108	113.9	112		71	80	73		175	187.2		177.5
109	114.9	112		72	81	73		180	192.2		182.5
110	115.9	112		73	82	75		185	197.2		187.5
111	116.9	115		74	83	75		190	202.2		195
112	117.9	115		75	84	77.5		195	207.2		200
113	118.9	115		76	85	77.5		200	212.2		203
114	119.9	118		77	86	77.5		205	217.2		206
115	120.9	118		78	87	80		210	222.2		212
116	121.9	118		79	88	80		215	227.2		218
117	122.9	118		80	89	82.5		220	232.2		224
118	123.9	122		82	91	85		225	237.2		227
119	124.9	122		84	93	85		230	242.2		236
120	125.9	122		85	94	87.5		235	247.2		236
121	126.9	125		86	95	87.5		240	252.2		243
122	127.9	125		86	97	90		245	257.2		250
123	128.9	125		90	99	92.5		250	262.2		254

注：见表 11-5-9 注。

5.2.6 液压、气动活塞杆静密封沟槽尺寸

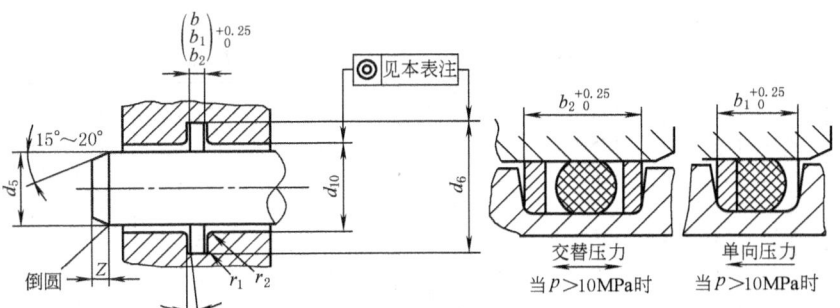

说明:
1. d_1——O 形圈内径,mm;
   d_2——O 形圈截面直径,mm。
2. b、b_1、b_2、Z、r_1、r_2 尺寸见表 11-5-14。
3. 沟槽及配合表面的表面粗糙度见表 11-5-16。

表 11-5-11   mm

d_5 f7	d_{10} H8	d_6 H11	d_1	d_5 f7	d_{10} H8	d_6 H11	d_1	d_5 f7	d_{10} H8	d_6 H11	d_1
$d_2 = 1.8$				$d_2 = 2.65$				$d_2 = 3.55$			
3	5.6	3.15		30	34	30		39	44.4	40	
4	6.6	4		31	35	31.5		40	45.4	41.2	
5	7.6	5		32	36	32.5		41	46.4	41.2	
6	8.6	6		33	37	33.5		42	47.4	42.5	
7	9.6	7.1		34	38	34.5		43	48.4	43.7	
8	10.6	8		35	39	35.5		44	49.4	45	
9	11.6	9		36	40	36.5		45	50.4	45	
10	12.6	10		37	41	37.5		46	51.4	46.2	
11	13.6	11.2		38	42	38.7		47	52.4	47.5	
12	14.6	12.1		39	43	40		48	53.4	48.7	
13	15.6	13.1		$d_2 = 3.55$				49	54.4	50	
14	16.6	14						50	55.4	50	
15	17.6	15		18	23.4	18		51	56.4	51.5	
16	18.6	16		19	24.4	19		52	57.4	53	
17	19.6	17		20	25.4	20		53	58.4	53	
				21	26.4	21.2		54	59.4	54.5	
				22	27.4	22.4		55	60.4	56	
$d_2 = 2.65$				23	28.4	23.6		56	61.4	56	
14	18	14		24	29.4	24.3		57	62.4	58	
15	19	15		25	30.4	25		58	63.4	58	
16	20	16		26	31.4	26.5		59	64.4	60	
17	21	17		27	32.4	27.3		60	65.4	60	
18	22	18		28	33.4	28		61	66.4	61.5	
19	23	19		29	34.4	3.0		62	67.4	63	
20	24	20		30	35.4	30		63	68.4	63	
21	25	21.2		31	36.4	31.5		64	69.4	65	
22	26	22.4		32	37.4	32.5		65	70.4	65	
23	27	23.6		33	38.4	33.5		66	71.4	67	
24	28	24.3		34	39.4	34.5		67	72.4	67	
25	29	25		35	40.4	35.5		68	73.4	69	
26	30	26.5		36	41.4	36.5		69	74.4	69	
27	31	27.3		37	42.4	37.5		70	75.4	71	
26	32	28		38	43.4	38.7		71	76.4	71	
29	33	30									

续表

d_5 f7	d_{10} H8	d_6 H11	d_1	d_5 f7	d_{10} H8	d_6 H11	d_1	d_5 f7	d_{10} H8	d_6 H11	d_1
$d_2 = 3.55$				$d_2 = 3.55$				$d_2 = 3.55$			
72	77.4	73		119	124.4	122		166	171.4	167.5	
73	78.4	73		120	125.4	122		167	172.4	170	
74	79.4	75		121	126.4	125		168	173.4	170	
75	80.4	75		122	127.4	125		169	174.4	170	
76	81.4	77.5		123	128.4	125		170	175.4	172.5	
77	82.4	77.5		124	129.4	125		171	176.4	172.5	
78	83.4	80		125	130.4	125		172	177.4	175	
79	84.4	80		126	131.4	128		173	178.4	175	
80	85.4	80		127	132.4	128		174	179.4	175	
81	86.4	82.5		128	133.4	128		175	180.4	177.5	
82	87.4	82.5		129	134.4	132		176	181.4	177.5	
83	88.4	85		130	135.4	132		177	182.4	180	
84	89.4	85		131	136.4	132		178	183.4	180	
85	90.4	87.5		132	137.4	132		179	184.4	180	
86	91.4	87.5		133	138.4	136		180	185.4	182.5	
87	92.4	87.5		134	139.4	136		181	186.4	185	
88	93.4	90		135	140.4	136		182	187.4	185	
89	94.4	90		136	141.4	136		183	188.4	185	
90	95.4	92.5		137	142.4	140		184	189.4	185	
91	96.4	92.5		138	143.4	140		185	190.4	187.5	
92	97.4	92.5		139	144.4	140		186	191.4	190	
93	98.4	95		140	145.4	140		187	192.4	190	
94	99.4	95		141	146.4	142.5		188	193.4	190	
95	100.4	97.5		142	147.4	145		189	194.4	190	
96	101.4	97.5		143	148.4	145		190	195.4	195	
97	102.4	100		144	149.4	145		191	196.4	195	
98	103.4	100		145	150.4	147.5		192	197.4	195	
99	104.4	100		146	151.4	147.5		193	198.4	195	
100	105.4	103		147	152.4	150		194	199.4	195	
101	106.4	103		148	153.4	150		195	200.4	200	
102	107.4	103		149	154.4	150		196	201.4	200	
103	108.4	106		150	155.4	152.5		197	202.4	200	
104	109.4	106		151	156.4	152.5		198	203.4	200	
105	110.4	106		152	157.4	155		$d_2 = 5.3$			
106	111.4	109		153	158.4	155					
107	112.4	109		154	159.4	155		40	48.2	40	
108	113.4	109		155	160.4	157.5		41	49.2	41.2	
109	114.4	112		156	161.4	157.5		42	50.2	42.5	
110	115.4	112		157	162.4	160		43	51.2	43.7	
111	116.4	112		158	163.4	160		44	52.2	45	
112	117.4	115		159	164.4	160		45	53.2	46.2	
113	118.4	115		160	165.4	162.5		46	54.2	47.2	
114	119.4	115		161	166.4	162.6		47	55.2	47.5	
115	120.4	115		162	167.4	165		48	56.2	48.7	
116	121.4	118		163	168.4	165		49	57.2	50	
117	122.4	118		164	169.4	165		50	58.2	51.5	
118	123.4	122		165	170.4	167.5		51	59.2	51.5	

续表

d_5 f7	d_{10} H8	d_6 H11	d_1	d_5 f7	d_{10} H8	d_6 H11	d_1	d_5 f7	d_{10} H8	d_6 H11	d_1
$d_2=5.3$				$d_2=5.3$				$d_3=5.3$			
52	60.2	53		112	120.2	115		190	198.2	195	
53	61.2	54.5		114	122.2	115		192	200.2	195	
54	62.2	54.5		115	123.2	118		194	202.2	195	
55	63.2	56		116	124.2	118		195	203.2	200	
56	64.2	56		118	126.2	118		196	204.2	200	
57	65.2	58		120	128.2	122		198	206.2	200	
58	66.2	58		122	130.2	125		200	208.2	203	
59	67.2	60		124	132.2	125		202	210.2	206	
60	68.2	60		125	133.2	125		204	212.2	206	
61	69.2	61.5		126	134.2	128		205	213.2	206	
62	70.2	63		128	136.2	128		206	214.2	212	
63	71.2	63		130	138.2	132		208	216.2	212	
64	72.2	65		132	140.2	132		210	218.2	212	
65	73.2	65		134	142.2	136		212	220.2	218	
66	74.2	67		135	143.2	136		214	222.2	218	
67	75.2	67		136	144.2	136		215	223.2	218	
68	76.2	69		138	146.2	140		216	224.2	218	
69	77.2	69		140	148.2	140		218	226.2	224	
70	78.2	71		142	150.2	145		220	228.2	224	
71	79.2	71		144	152.2	145		222	230.2	224	
72	80.2	73		145	153.2	145		224	232.2	227	
73	81.2	73		146	154.2	147.5		225	233.2	230	
74	82.2	75		148	156.2	150		226	234.2	230	
75	83.2	75		150	158.2	150		228	236.2	230	
76	84.2	77.5		152	160.2	155		230	238.2	236	
77	85.2	77.5		154	162.2	155		232	240.2	236	
78	86.2	80		155	163.2	155		234	242.2	236	
79	87.2	80		156	164.2	157.5		235	243.2	239	
80	88.2	80		158	166.2	160		236	244.2	239	
82	90.2	82.5		160	168.2	162.5		238	246.2	243	
84	92.2	85		162	170.2	165		240	248.2	243	
85	93.2	85		164	172.2	165		242	250.2	250	
86	94.2	87.5		165	173.2	167.5		244	252.2	250	
88	96.2	90		166	174.2	167.5		245	253.2	250	
90	98.2	92.5		168	176.2	170		246	254.2	250	
92	100.2	92.5		170	178.2	170		248	256.2	250	
94	102.2	95		172	180.2	175		250	258.2	254	
95	103.2	97.5		174	182.2	175		252	260.2	254	
96	104.2	97.5		175	183.2	175		254	262.2	258	
98	106.2	100		176	184.2	180		255	263.2	258	
100	108.2	103		178	186.2	180		256	264.2	258	
102	110.2	103		180	188.2	182.5		258	266.2	261	
104	112.2	106		182	190.2	185		260	268.2	265	
105	113.2	106		184	192.2	185		262	270.2	265	
106	114.2	109		185	193.2	187.5		264	272.2	268	
108	116.2	109		186	194.2	190		265	273.2	268	
110	118.2	112		188	196.2	190		266	274.2	268	

续表

d_5 f7	d_{10} H8	d_6 H11	d_1	d_5 f7	d_{10} H8	d_6 H11	d_1	d_5 f7	d_{10} H8	d_6 H11	d_1
$d_2=5.3$				$d_2=5.3$				$d_2=7$			
268	276.2	272		346	354.2	350		126	137	128	
270	278.2	272		348	356.2	350		128	139	132	
272	280.2	276		350	358.2	355		130	141	132	
274	282.2	276		352	360.2	355		132	143	136	
275	283.2	280		354	362.2	360		134	145	136	
276	284.2	280		355	363.2	360		135	146	136	
278	286.2	280		356	364.2	360		136	147	140	
280	288.2	286		358	366.2	365		138	149	140	
282	290.2	286		360	368.2	365		140	151	142.5	
284	292.2	286		362	370.2	370		142	153	145	
285	293.2	286		364	372.2	370		144	155	145	
286	294.2	290		365	373.2	370		145	156	147.5	
288	296.2	290		366	374.2	370		146	157	147.5	
290	298.2	295		368	376.2	375		148	159	150	
292	300.2	295		370	378.2	375		150	161	152.5	
294	302.2	300		372	380.2	379		152	163	155	
295	303.2	300		374	382.2	379		154	165	155	
296	304.2	300		375	383.2	383		155	166	157.5	
298	306.2	300		376	384.2	383		156	167	157.5	
300	308.2	303		378	386.2	387		158	169	160	
302	310.2	307		380	388.2	387		160	171	162.5	
304	312.2	307		382	390.2	387		162	173	165	
305	313.2	307		384	392.2	387		164	175	167.5	
306	314.2	311		385	393.2	391		165	176	167.5	
308	316.2	311		386	394.2	391		166	177	167.5	
310	318.2	315		388	396.2	395		168	179	170	
312	320.2	315		390	398.2	395		170	181	172.5	
314	322.2	320		392	400.2	400		172	183	175	
315	323.2	320		394	402.2	400		174	185	177.5	
316	324.2	320		395	403.2	400		175	186	177.5	
318	326.2	320		396	404.2	400		176	187	180	
320	328.2	325		398	406.2	400		178	189	180	
322	330.2	325		400	408.2	400		180	191	182.5	
324	332.2	330		$d_2=7$				182	193	185	
325	333.2	330						184	195	187.5	
326	334.2	330		106	117	109		185	196	187.5	
328	336.2	330		108	119	109		186	197	190	
330	338.2	335		110	121	112		188	199	190	
332	340.2	335		112	123	115		190	201	195	
334	342.2	340		114	125	115		192	203	195	
335	343.2	340		115	126	118		194	205	195	
336	344.2	340		116	127	118		195	206	200	
338	346.2	345		118	129	122		196	207	200	
340	348.2	345		120	131	122		198	209	200	
342	350.2	345		122	133	125		200	211	203	
344	352.2	350		124	135	125		202	213	206	
345	353.2	350		125	136	128		204	215	206	

续表

d_5 f7	d_{10} H8	d_6 H11	d_1	d_5 f7	d_{10} H8	d_6 H11	d_1	d_5 f7	d_{10} H8	d_6 H11	d_1
\multicolumn{4}{c	}{$d_2=7$}	\multicolumn{4}{c	}{$d_2=7$}	\multicolumn{4}{c}{$d_2=7$}
205	216	212		284	295	286		362	373	365	
206	217	212		285	296	290		364	375	370	
208	219	212		286	297	290		365	376	370	
210	221	212		288	299	295		366	377	370	
212	223	218		290	301	295		368	379	370	
214	225	218		292	303	295		370	381	375	
215	226	218		294	305	300		372	383	375	
216	227	218		295	306	300		374	385	379	
218	229	224		296	307	300		375	386	379	
220	231	224		298	309	300		376	387	379	
222	233	224		300	311	303		378	389	383	
224	235	227		302	313	307		380	391	383	
225	236	230		304	315	307		382	393	387	
226	237	230		305	316	307		384	395	387	
228	239	230		306	317	311		385	396	391	
230	241	236		308	319	311		386	397	391	
232	243	236		310	321	315		388	399	391	
234	245	236		312	323	315		390	401	395	
235	246	239		314	325	320		392	403	395	
236	247	239		315	326	320		394	405	400	
238	249	243		316	327	320		395	406	400	
240	251	243		318	329	320		396	407	400	
242	253	250		320	331	325		398	409	400	
244	255	250		322	333	325		400	411	406	
245	256	250		324	335	330		402	413	406	
246	257	250		325	336	330		404	415	406	
248	259	250		326	337	330		405	416	412	
250	261	254		328	339	330		406	417	412	
252	263	254		330	341	335		408	419	412	
254	265	258		332	343	335		410	421	412	
255	266	258		334	345	340		412	423	418	
256	267	258		335	346	340		414	425	418	
258	269	261		336	347	340		415	426	418	
260	271	265		338	349	340		416	427	418	
262	273	265		340	351	345		418	429	425	
264	275	268		342	353	345		420	431	425	
265	276	268		344	355	350		422	433	425	
266	277	268		345	356	350		424	435	429	
268	279	272		346	357	350		425	436	429	
270	281	272		348	359	350		426	437	433	
272	283	276		350	361	355		428	439	433	
274	285	276		352	363	355		430	441	437	
275	286	280		354	365	360		432	443	437	
276	287	280		355	366	360		434	445	437	
278	289	280		356	367	360		435	446	437	
280	291	283		358	369	360		436	447	443	
282	293	286		360	371	365		438	449	443	

续表

d_5 f7	d_{10} H8	d_6 H11	d_1	d_5 f7	d_{10} H8	d_6 H11	d_1	d_5 f7	d_{10} H8	d_6 H11	d_1
\multicolumn{4}{c}{$d_2=7$}	\multicolumn{4}{c}{$d_2=7$}	\multicolumn{4}{c}{$d_2=7$}
440	451	443		515	526	523		588	599	600	
442	453	450		516	527	523		590	601	600	
444	455	450		518	529	523		592	603	600	
445	456	450		520	531	523		594	605	600	
446	457	450		522	533	530		595	606	600	
448	459	450		524	535	530		596	607	600	
450	461	456		525	536	530		598	609	608	
452	463	456		526	537	530		600	611	608	
454	465	462		528	539	530		602	613	608	
455	466	462		530	541	538		604	615	615	
456	467	462		532	543	538		605	616	615	
458	469	462		534	545	538		606	617	615	
460	471	462		535	546	545		608	619	615	
462	473	466		536	547	545		610	621	615	
464	475	466		538	549	545		612	623	615	
465	476	470		540	551	545		614	625	623	
466	477	470		542	553	545		615	626	623	
468	479	475		544	555	553		616	627	623	
470	481	475		545	556	553		618	629	630	
472	483	475		546	557	553		620	631	630	
474	485	479		548	559	553		622	633	630	
475	486	479		550	561	560		624	635	630	
476	487	483		552	563	560		625	636	630	
478	489	487		554	565	560		626	637	630	
480	491	487		555	566	560		628	639	640	
482	493	487		556	567	560		630	641	640	
484	495	487		558	569	560		632	643	640	
485	496	487		560	571	570		634	645	640	
486	497	493		562	573	570		635	646	640	
488	499	493		564	575	570		636	647	640	
490	501	493		565	576	570		638	649	650	
492	503	500		566	577	570		640	651	650	
494	505	500		568	579	570		642	653	650	
495	506	500		570	581	580		644	655	650	
496	507	500		572	583	580		645	656	650	
498	509	500		574	585	580		646	657	650	
500	511	508		575	586	580		648	659	660	
502	513	508		576	587	580		650	661	660	
504	515	508		578	589	580		652	663	660	
505	516	508		580	591	590		654	665	660	
506	517	515		582	593	590		655	666	660	
508	519	515		584	595	590		656	667	660	
510	521	515		585	596	590		658	669	670	
512	523	515		586	597	590		660	671	670	
514	525	523									

注：见表 11-5-9 注。

5.3 O形圈轴向密封沟槽尺寸（摘自 GB/T 3452.3—2005）

5.3.1 受内部压力的轴向密封沟槽尺寸

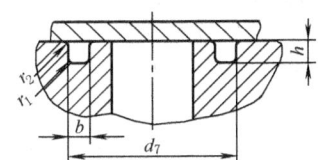

说明：
1. d_1——O形圈内径，mm；
   d_2——O形圈截面直径，mm。
2. h、b、r_1、r_2、d_7 尺寸见表 11-5-15。
3. 沟槽表面粗糙度见表 11-5-16。

表 11-5-12 mm

d_7 H11	d_1	d_7 H11	d_1	d_7 H11	d_1	d_7 H11	d_1	d_7 H11	d_1	d_7 H11	d_1
$d_2=1.8$		$d_2=2.65$		$d_2=3.55$		$d_2=5.3$		$d_2=5.3$		$d_2=7$	
7.9	4.5	40.5	35.5	81	75	63	53	205	195	195	185
8.2	5	41.5	36.5	83	77.5	64	54.5	210	200	200	190
8.6	5.15	42.5	37.5	86	80	65	56	215	206	205	195
8.7	5.3	43.8	38.7	88	82.5	68	58	220	212	210	200
9	5.6	$d_2=3.55$		91	85	70	60	227	218	215	206
9.4	6			93	87.5	72	61.5	232	224	222	212
9.7	6.3	24	18	96	90	73	63	240	230	228	218
10.1	6.7	25	19	98.0	92.5	75	65	245	236	234	224
10.3	6.9	26	20	102	95	77	67	253	243	240	230
10.5	7.1	27	21.2	105	97.5	79	69	260	250	246	236
10.9	7.5	28	22.4	107	100	81	71	267	258	253	243
11.4	8	29.5	23.6	110	103	83	73	275	265	260	250
11.9	8.5	31	25	116	109	85	75	280	272	270	258
12.2	8.75	31.5	25.8	119	112	88	77.5	290	280	275	265
12.4	9	32.5	26.5	122	115	90	80	300	290	285	272
12.9	9.5	34	28	125	118	93	82.5	310	300	290	280
13.4	10	36	30	129	122	95	85	315	307	300	290
14	10.6	37.5	31.5	132	125	98	87.5	325	315	310	300
14.6	11.2	38.5	32.5	135	128	100	90	335	325	320	307
15.2	11.8	39.5	33.5	139	132	103	92.5	345	335	325	315
15.9	12.5	40.5	34.5	143	136	105	95	355	345	335	325
16.6	13.2	41.5	35.5	147	140	108	97.5	365	355	345	335
17.3	14	42.5	36.5	152	145	110	100	375	365	355	345
18.4	15	43.5	37.5	157	150	113	103	385	375	365	355
19.4	16	44.5	38.7	162	155	116	106	395	387	375	365
20.4	17	46.5	40	167	160	119	109	410	400	385	375
$d_2=2.65$		47.5	41.2	172	165	122	112			400	387
19	14	48.5	42.5	177	170	125	115	$d_2=7$		410	400
20	15	49.5	43.7	182	175	128	118	119	109	430	412
21	16	51	45	187	180	132	122	122	112	435	425
22	17	52	46.2	192	185	135	125	125	115	450	437
23	18	53.5	47.5	197	190	138	128	128	118	460	450
24	19	54.5	48.7	202	195	142	132	132	122	475	462
25	20	56	50	207	200	145	136	135	125	485	475
26.5	21.2	57.5	51.5	$d_2=5.3$		150	140	138	128	500	487
27.5	22.4	59	53			155	145	142	132	510	500
28.6	23.6	60.5	54.5	50	40	160	150	146	136	525	515
30	25	62	56	51	41.2	165	155	150	140	540	530
31	25.8	64	58	53	42.5	170	160	155	145	555	545
31.5	26.5	66	60	54	43.7	175	165	160	150	570	560
33	28	67	61.5	55	45	180	170	165	155	590	580
35	30	69	63	56	46.2	185	175	170	160	610	600
36.5	31.5	71	65	58	47.5	190	180	175	165	625	615
37.5	32.5	73	67	59	48.7	195	185	180	170	640	630
38.5	33.5	75	69	60	50	200	190	185	175		
39.5	34.5	77	71	62	51.5			190	180		
		79	73								

注：见表 11-5-6 注 1、2。

5.3.2 受外部压力的轴向密封沟槽尺寸

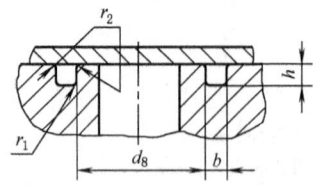

说明：
1. d_1——O形圈内径，mm；
   d_2——O形圈截面直径，mm。
2. h、b、r_1、r_2、d_8 尺寸见表 11-5-15。
3. 沟槽表面粗糙度见表 11-5-16。

表 11-5-13   mm

d_8 H11	d_1	d_8 H11	d_1	d_8 H11	d_1	d_8 H11	d_1	d_8 H11	d_1	d_8 H11	d_1
$d_2=1.8$		$d_2=2.65$		$d_2=3.55$		$d_2=5.3$		$d_2=5.3$		$d_2=7$	
2	1.8	28.2	28	65.3	65	51.8	51.5	201	200	201	200
2.2	2	30.2	30	67.3	67	53.3	53	207	206	207	206
2.4	2.24	31.7	31.5	69.3	69	54.8	54.5	213	212	213	212
3	2.8	32.7	32.5	71.3	71	56.3	56	219	218	219	218
3.3	3.15	33.7	33.5	73.3	73	58.3	58	225	224	225	224
3.7	3.55	34.7	34.5	75.3	75	60.3	60	231	230	231	230
3.9	3.75	35.7	35.5	77.8	77.5	61.8	61.5	237	266	237	236
4.7	4.5	36.7	36.5	80.3	80	63.3	63	244	243	243	243
5.2	5	37.7	37.5	82.8	82.5	65.3	65	251	250	251	250
5.3	5.15	38.9	38.7	85.3	85	67.3	67	259	258	259	258
5.5	5.3	$d_2=3.55$		87.8	87.5	69.3	69	266	265	266	265
5.8	5.6			90.3	90	71.3	71	273	272	273	272
6.2	6	18.2	18	92.8	92.5	73.3	73	281	280	281	280
6.5	6.3	19.2	19	95.3	95	75.3	75	291	290	291	290
6.9	6.7	20.2	20	97.8	97.5	77.8	77.5	301	300	301	300
7.1	6.9	21.4	21.2	100.3	100	80.3	80	308	307	308	307
7.3	7.1	22.6	22.4	103.5	103	82.8	82.5	316	315	316	315
7.7	7.5	23.8	23.6	115.5	115	85.3	85	326	325	326	325
8.2	8	25.2	25	118.5	118	87.8	87.5	336	335	336	335
8.7	8.5	26.2	25.8	122.5	122	90.3	90	346	345	346	345
8.9	8.75	26.7	26.5	125.5	125	92.8	92.5	356	355	356	355
9.2	9	28.2	28	128.5	128	95.3	95	366	365	366	365
9.7	9.5	30.2	30	132.5	132	97.8	97.5	376	375	376	375
10.2	10	31.7	31.5	136.5	136	100.5	100	388	387	388	387
10.8	10.6	32.7	32.5	140.5	140	103.5	103	401	400	401	400
11.4	11.2	33.7	33.5	145.5	145	106.5	106	$d_2=7$		413	412
12	11.8	34.7	34.5	150.5	150	109.5	109			426	425
12.7	12.5	35.7	35.5	155.5	155	112.5	112	110	109	438	437
13.4	13.2	36.7	36.5	160.5	160	115.5	115	113	112	451	450
14.2	14	37.7	37.5	165.5	165	118.5	118	116	115	463	462
15.2	15	38.9	38.7	170.5	170	122.5	122	119	118	476	475
16.2	16	40.2	40	175.5	175	125.5	125	123	122	488	487
17.2	17	41.5	41.2	180.5	180	128.5	128	126	125	502	500
$d_2=2.65$		42.8	42.5	185.5	185	132.5	132	129	128	517	515
		44.0	43.7	190.5	190	136.5	136	133	132	531	530
14.2	14	45.3	45	195.5	195	140.5	140	137	136	547	545
15.2	15	46.5	46.2	200.5	200	145.5	145	141	140	562	560
16.2	16	47.8	47.5	$d_2=5.3$		150.5	150	146	145	581	580
17.2	17	49	48.7			155.5	155	151	150	602	600
18.2	18	50.8	50	40.3	40	160.5	160	156	155	617	615
19.2	19	51.8	51.5	41.5	41.2	165.5	165	161	160	632	630
20.2	20	53.3	53	42.8	42.5	170.5	170	166	165	652	650
21.4	21.2	54.8	54.5	44	43.7	175.5	175	171	170	672	670
22.6	22.4	56.3	56	45.3	45	180.5	180	176	175		
23.8	23.6	58.3	58	46.5	46.2	185.5	185	181	180		
25.2	25	60.3	60	47.8	47.5	190.5	190	186	185		
26	25.8	61.8	61.5	50	48.7	195.5	195	191	190		
26.7	26.5	63.3	63	50.3	50			196	195		

注：见表 11-5-6 注 1、2。

表 11-5-14　　径向密封沟槽尺寸　　mm

O 形圈截面直径 d_2			1.80	2.65	3.55	5.30	7.00
沟槽宽度	气动动密封		2.2	3.4	4.6	6.9	9.3
	液压动密封或静密封	b	2.4	3.6	4.8	7.1	9.5
		b_1	3.8	5.0	6.2	9.0	12.3
		b_2	5.2	6.4	7.6	10.9	15.1
沟槽深度 t	活塞密封（计算 d_3 用）	液压动密封	1.35	2.10	2.85	4.35	5.85
		气动动密封	1.40	2.15	2.95	4.5	6.1
		静密封	1.32	2.00	2.9	4.31	5.85
	活塞杆密封（计算 d_6 用）	液压动密封	1.35	2.10	2.85	4.35	5.85
		气动动密封	1.4	2.15	2.95	4.5	6.1
		静密封	1.32	2.0	2.9	4.31	5.85
最小导角长度 $Z_{\min}$			1.1	1.5	1.8	2.7	3.6
沟槽底圆角半径 r_1			0.2~0.4		0.4~0.8		0.8~1.2
沟槽棱圆角半径 r_2			0.1~0.3				
活塞密封沟槽底直径 d_3			$d_{3\max}=d_{4\min}-2t$；d_4——缸直径				
活塞杆密封沟槽底直径 d_6			$d_{6\min}=d_{5\max}+2t$；d_5——活塞杆直径				

表 11-5-15　　轴向密封沟槽尺寸　　mm

O 形圈截面直径 d_2	1.80	2.65	3.55	5.30	7.00
沟槽宽度 b	2.6	3.8	5.0	7.3	9.7
沟槽深度 h	1.28	1.97	2.75	4.24	5.72
沟槽底圆角半径 r_1	0.2~0.4		0.4~0.8		0.8~1.2
沟槽棱圆角半径 r_2	0.1~0.3				
轴向密封时沟槽外径 d_7	d_7(基本尺寸)$\leqslant d_1$(基本尺寸)$+2d_2$(基本尺寸)				
轴向密封时沟槽内径 d_8	d_8(基本尺寸)$\geqslant d_1$(基本尺寸)				

5.4　沟槽和配合偶件表面的表面粗糙度（摘自 GB/T 3452.3—2005）

表 11-5-16　　　　　　　　　　　　　　　　　　　　　　　　　　　　　　　　　μm

表　面	应用情况	压力状况	表面粗糙度	
			Ra	Ry
沟槽的底面和侧面	静密封	无交变、无脉冲	3.2(1.6)	12.5(6.3)
		交变或脉冲	1.6	6.3
	动密封		1.6(0.8)	6.3(3.2)
配合表面	静密封	无交变、无脉冲	1.6(0.8)	6.3(3.2)
		交变或脉冲	0.8	3.2
	动密封		0.4	1.6
倒角表面			3.2	12.5

注：括号内的数值在要求精度较高的场合应用。

5.5 O形橡胶密封圈用挡圈

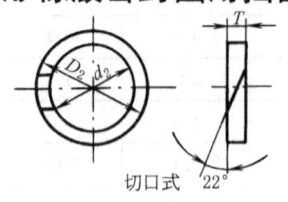

切口式

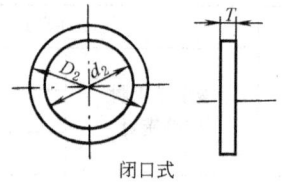

闭口式

表 11-5-17   mm

外径 D_2	厚度 T	极限偏差			使用范围		材料
		T	D_2	d_2	动密封	静密封	
≤30	1.25	±0.1	-0.14	+0.14	$p<10$MPa 时，不设挡圈；$p>10$MPa 时，可在 O 形圈承压面设置挡圈，单向受压设1个挡圈，双向受压设置2个	$p≤10$MPa 时，不设挡圈；$p>10$MPa 时，可在承压面设置挡圈	聚四氟乙烯、尼龙6、尼龙 1010，硬度大于等于90HS
≤118	1.5	±0.12	-0.20	+0.20			
≤315	2.0	±0.12	-0.25	+0.25			
>315	2.5	±0.15	-0.25	+0.25			

6 密封元件为弹性体材料的旋转轴唇形密封圈（摘自 GB/T 13871.1—2007）

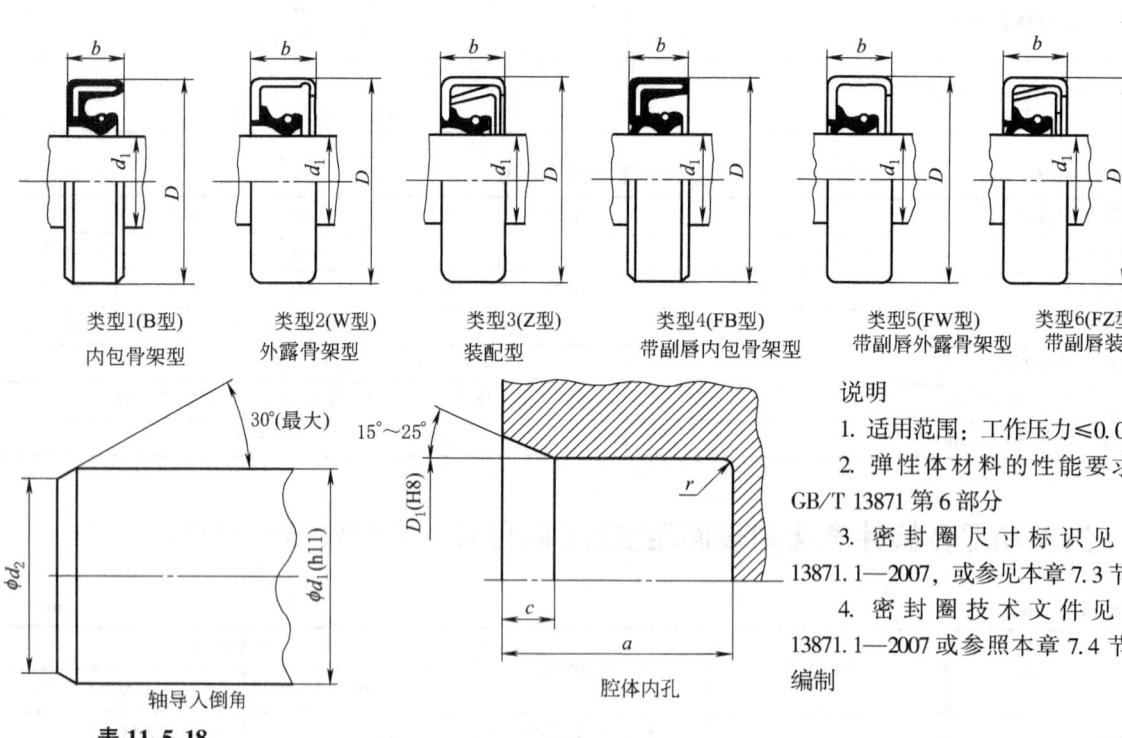

说明

1. 适用范围：工作压力≤0.05MPa
2. 弹性体材料的性能要求：见 GB/T 13871 第6部分
3. 密封圈尺寸标识见 GB/T 13871.1—2007，或参见本章7.3节
4. 密封圈技术文件见 GB/T 13871.1—2007 或参照本章7.4节内容编制

表 11-5-18   mm

密封圈			轴	腔体内孔			密封圈			轴	腔体内孔		
d_1	D	b	d_1-d_2 ≤	a_{min}	c	r_{max}	d_1	D	b	d_1-d_2 ≤	a_{min}	c	r_{max}
6	16	7	1.5	7.9	0.7~1	0.5	10	22	7	1.5	7.9	0.7~1	0.5
6	22	7					10	25	7				
7	22	7					12	24	7	2.0			
8	22	7					12	25	7				
8	24	7					12	30	7				
9	22	7					15	26	7				

续表

密封圈			轴	腔体内孔			密封圈			轴	腔体内孔		
d_1	D	b	d_1-d_2 $\leqslant$	a_{min}	c	r_{max}	d_1	D	b	d_1-d_2 $\leqslant$	a_{min}	c	r_{max}
15	30	7	2.0	7.9	0.7~1	0.5	55	72	8	4	8.9	0.7~1	0.5
15	35	7					(55)	75	8				
16	30	7					55	80	8				
(16)	35	7					60	80	8				
18	30	7					60	85	8				
18	35	7					65	85	10				
20	35	7					65	90	10				
20	40	7					70	90	10				
(20)	45	7					70	95	10		10.9		
22	35	7					75	95	10				
22	40	7					75	100	10				
22	47	7					80	100	10				
25	40	7					80	110	10				
25	47	7	2.5				85	110	12	4.5			
25	52	7					85	120	12				
28	40	7					(90)	115	12				
28	47	7					90	120	12				
28	52	7					95	120	12		13.2		
30	42	7					100	125	12				
30	47	7					(105)	130	12				
(30)	50	7					110	140	12	5.5			
30	52	7					120	150	12				
32	45	8	3				130	160	12				
32	47	8					140	170	15	7	16.2	1.2~1.5	0.75
32	52	8					150	180	15				
35	50	8					160	190	15				
35	52	8					170	200	15				
35	55	8					180	210	15				
38	55	8					190	220	15				
38	58	8					200	230	15				
38	62	8					220	250	15				
40	55	8		8.9			240	270	15				
(40)	60	8					250	290	15				
40	62	8					260	300	20	11	21.2		
42	55	8					280	320	20				
42	62	8	3.5				300	340	20				
45	62	8					320	360	20				
45	65	8					340	380	20				
50	68	8					360	400	20				
(50)	70	8					380	420	20				
50	72	8					400	440	20				

注：1. 考虑到国内实际情况，本标准除全部采用国际标准的基本尺寸外，还补充了若干种国内常用的规格，并加括号以示区别。

2. d_1 表面粗糙度：$Ra = 0.2 \sim 0.63 \mu m$，$Ra_{max} = 0.8 \sim 2.5 \mu m$。

3. D_1 名义尺寸与 D 相同，但偏差不同。d_1 是指与密封圈相配合的旋转轴的公称轴径。

4. 表中腔体内孔尺寸是由黑色金属整体加工成的刚性件，且表面粗糙度为 $Ra = (1.6 \sim 3.2) \mu m$，$Rz = (6.3 \sim 12.5) \mu m$。如果腔体采用有色金属和非金属材料，黑色金属或有色金属冲压件，腔体尺寸、公差和倒角形状应由供需双方协商确定。

5. 若轴端采用倒圆导入倒角，则倒圆的圆角半径不少于表中直径之差（d_1-d_2）的值。

7 密封元件为热塑性材料的旋转轴唇形密封圈
（摘自 GB/T 21283.1—2007）

本部分（GB/T 21283）描述了热塑性材料的旋转轴唇形密封圈，与 GB/T 13871 互为补充，GB/T 13871 规定的是弹性体材料密封圈。

7.1 密封圈类型

表 11-5-19

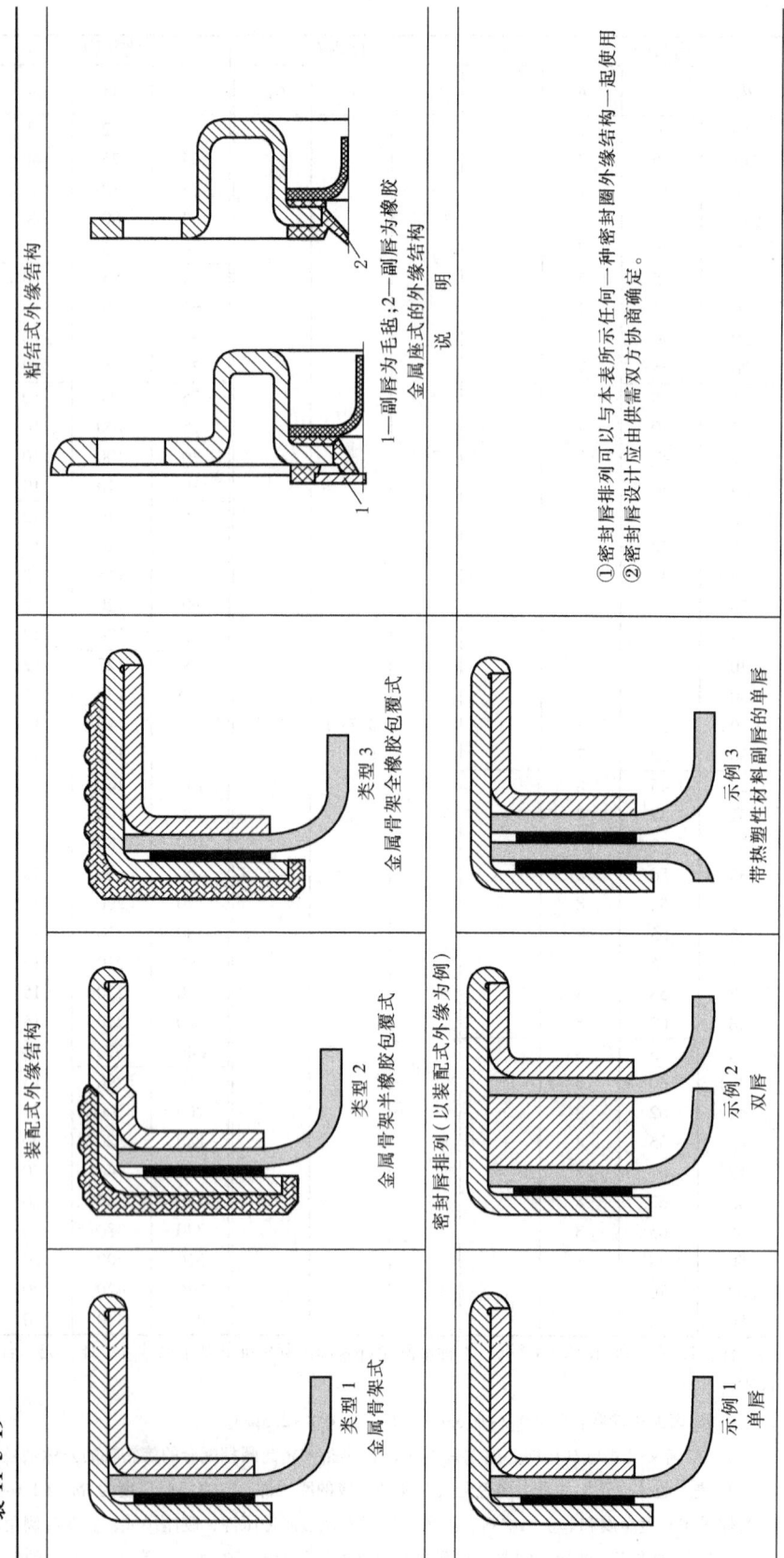

7.2 密封圈基本尺寸

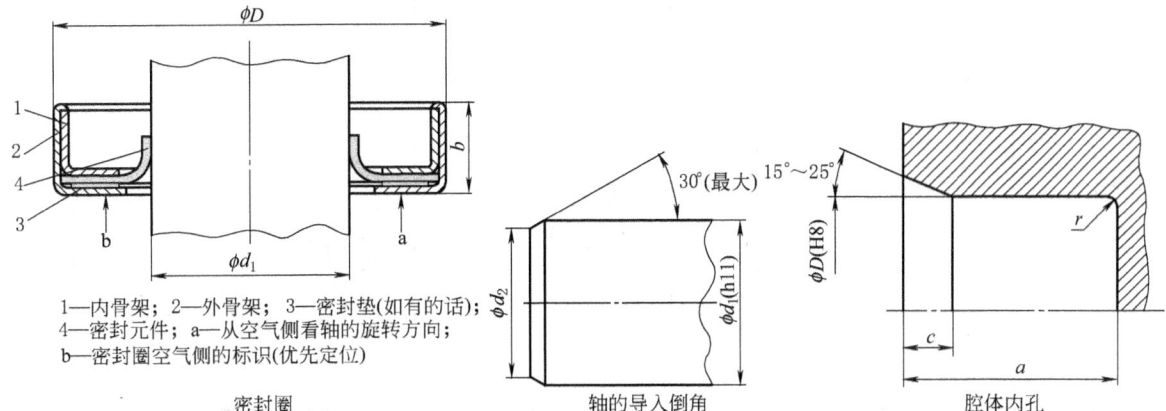

1—内骨架；2—外骨架；3—密封垫(如有的话)；
4—密封元件；a—从空气侧看轴的旋转方向；
b—密封圈空气侧的标识(优先定位)

密封圈　　　　　　　　　轴的导入倒角　　　　　腔体内孔

表 11-5-20　　　　　　　　　　　　　　　　　　　　　　　　　　　　　　　　　　　　mm

密封圈			轴	腔体内孔			密封圈			轴	腔体内孔		
d_1	D	b	d_1-d_2	a_{min}	c	r_{max}	d_1	D	b	d_1-d_2	a_{min}	c	r_{max}
6	16	7					32	45	8				
6	22	7					32	47	8				
7	22	7					32	52	8				
8	22	7	1.5				35	50	8				
8	24	7					35	52	8				
9	22	7					35	55	8	3.0			
10	22	7					38	55	8				
10	25	7					38	58	8				
12	24	7					38	62	8				
12	25	7					40	55	8				
12	30	7					40	62	8		9.2		
15	26	7		8.2			42	55	8				
15	30	7					42	62	8				
15	35	7	2.0				45	62	8	3.5			
16	30	7					45	65	8			0.7~1	0.5
18	30	7			0.7~1	0.5	50	65	8				
18	35	7					50	72	8				
20	35	7					55	72	8				
20	40	7					55	80	8				
22	35	7					60	80	8				
22	40	7					60	85	8	4.0			
22	47	7					65	85	10				
25	40	7					65	90	10				
25	47	7					70	90	10				
25	52	8	2.5				70	95	10		11.2		
28	40	8					75	95	10				
28	47	8					75	100	10				
28	52	8		9.2			80	100	10	4.5			
30	42	8					80	110	10				
30	47	8					85	110	12		13.5	1~1.3	0.75
30	52	8					85	120	12				

续表

密封圈			轴	腔体内孔			密封圈			轴	腔体内孔		
d_1	D	b	d_1-d_2	a_{min}	c	r_{max}	d_1	D	b	d_1-d_2	a_{min}	c	r_{max}
90	120	12	4.5	13.5	1~1.3	0.75	220	250	15	7.0	16.5	1~1.3	0.75
95	120	12					240	270	20				
100	125	12	5.5				260	300	20	11.0	21.5		
110	140	12					280	320	20				
120	150	12					300	340	20				
130	160	12					320	360	20				
140	170	15	7.0	16.5			340	380	20				
150	180	15					360	400	20				
160	190	15					380	420	20				
170	200	15					400	440	20				
180	210	15					450	500	25		26.5		
190	220	15					480	530	25				
200	230	15											

注：1. 金属座式密封圈的尺寸可由供需双方协商确定。
2. 为了便于结构更为复杂的密封圈的使用，宽度 b 可增加。
3. d_1 表面粗糙度 Ra 为 $0.2 \sim 0.63 \mu m$，Rz 为 $0.8 \sim 2.5 \mu m$。表面硬度应由供需双方协商确定。
4. 表中腔体内孔尺寸是由钢铁类金属整体加工成的刚性件，且腔体内孔表面粗糙度 Ra 应为 $1.6 \sim 3.2 \mu m$，Rz 应为 $6.3 \sim 12.5 \mu m$。如果腔体采用有色金属或非金属材料，黑色金属材料或有色金属材料冲压件，腔体尺寸、公差和导入结构应由供需双方协商确定。
5. 若轴端采用倒圆导入倒角，则倒圆的圆角半径不少于表中直径之差（d_1-d_2）的值。

7.3 密封圈尺寸标识代码及标注说明

1. 密封圈尺寸标识代码应由旋转轴和腔体的基本尺寸组成，尺寸标识代码的示例见表 11-5-21。

表 11-5-21　　　　　　　　　　尺寸标识代码示例

d_1	D	尺寸代码
6	16	006016
70	90	070090
400	440	400440

2. 标注说明

当遵守 GB/T 21283 的本部分时，建议生产厂家在试验报告、产品目录和销售文件上使用以下文字：

"密封圈" 旋转轴和腔体的基本尺寸和公差符合 GB/T 21283.1—2007《密封元件为热塑性材料的旋转轴唇形密封圈　第 1 部分：基本尺寸和公差》（ISO 16589-1：2001，MOD）"

7.4 密封圈的技术文件

密封圈技术文件主要包括以下两个部分：

1. 为了方便用户和生产厂家，建议用户完成表 11-5-22 给出的表格，以便向生产厂家提供必要的信息，确保生产厂家生产的密封圈满足用户的使用要求。
2. 同时也建议生产厂家完成表 11-5-23 给出的表格，给用户提供必要的信息，以确保密封圈满足设备的设计和使用要求，能够使用户对生产厂家提供的密封圈进行检验和质量控制。

表 11-5-22　　　　　　　　　　用户信息

用户：	标准号：
用途：	装配图：

1. 旋转轴信息
　　a. 直径（d_1）：最大＿＿＿＿＿ mm，最小＿＿＿＿＿ mm
　　b. 材料：＿＿＿＿＿＿＿＿＿

续表

  c. 表面粗糙度：Ra _____ μm，Rz _____ μm
  d. 磨削形式：_____
  e. 硬度：_____
  f. 倒角信息：_____
  g. 旋转：
    1) 旋转方向（从空气侧面看的旋转方向）
      ——顺时针
      ——逆时针
      ——双向
    2) 转速：_____ r/min
    3) 旋转周期：（起始时间：_____
              终止时间：_____）
  h. 旋转轴的其他运动（如有的话）
    1) 轴向往复运动
      ——行程长度：_____ mm
      ——每分钟往复次数：_____
      ——往复周期：（起始时间：_____
              终止时间：_____）
    2) 振动
      ——振幅：_____
      ——每分钟的振动次数：_____
      ——周期：（起始时间：_____ 终止时间：_____）
  i. 附加信息：（即花键、孔、键槽、轴导程等） 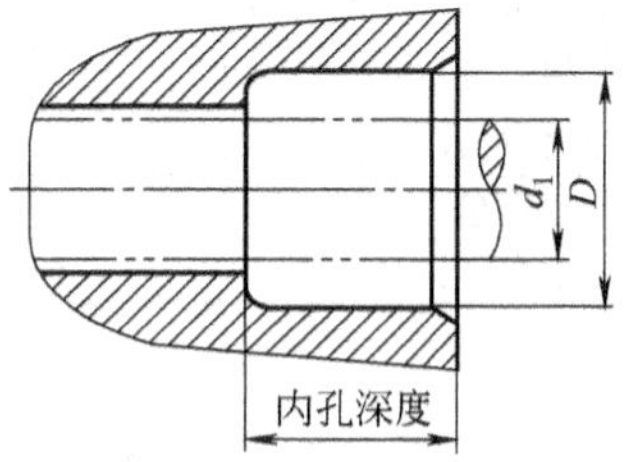
2. 腔体信息
  a. 内孔基本直径（D）：最大_____ mm，最小_____ mm
  b. 内孔深度：最大_____ mm，最小_____ mm
  c. 材料：_____
  d. 表面粗糙度：Ra _____ μm，Rz _____ μm
  e. 倒角信息：_____
  f. 腔体的旋转（如有的话）
    1) 旋转方向（从空气侧面看的旋转方向）
      ——顺时针
      ——逆时针
      ——双向
    2) 转速：_____ r/min
3. 工作液信息
  a. 液体类型：_____，等级：_____
  b. 液体温度：常用温度：_____℃，最高温度：_____℃，最低温度_____℃
  c. 温度循环：_____
  d. 液位：_____
  e. 液体压力：_____ kPa（_____ bar）
  f. 压力循环：_____
4. 同心度
  a. 腔体的偏心量：_____ mm
  b. 轴跳动（TIR）：_____ mm
5. 外部条件
  a. 外部压力：_____ kPa（_____ bar）
  b. 防止进入的物质（即灰尘、泥、水等）：

表 11-5-23　　　　　　　　生产厂家信息

生产厂家：	零件号：
更改号：	日期：

密封圈技术要求：
　　类型：_____ 公称轴径（d_1）：_____
　　外径（D）：最大_____ mm，最小_____ mm
　　密封圈宽度（b）：最大_____ mm，最小_____ mm
　　内骨架直径（A）：最大_____ mm，最小_____ mm
　　密封唇的描述（不适用可删除）
　　　　普通型　　　　　　　　　　流体动力型
　　　　单向旋转　　　　　　　　　双向旋转

续表

密封唇材料：_____
骨架材料：
　　外骨架材料：_____　　内骨架材料：_____
　　外骨架厚度：_____　　内骨架厚度：_____
密封垫材料（如有的话）：_____
外部橡胶包覆材料（如有的话）：_____
弹簧材料（如有的话）：_____
其他信息：_____
试验方法：_____

8 单向密封橡胶密封圈（摘自 GB/T 10708.1—2000）

8.1 单向密封橡胶密封圈结构型式及使用条件

表 11-5-24

密封圈结构型式	往复运动速度 /m·s^{-1}	间隙 f/mm	工作压力范围/MPa	说　明
Y 形橡胶密封圈	0.5	0.2	0~15	GB/T 10708.1—2000 标准适用于安装在液压缸活塞和活塞杆上起单向密封作用的橡胶密封圈 材料：见 HG/T 2810—2008 或见表 11-5-64
		0.1	0~20	
	0.15	0.2		
		0.1	0~25	
蕾形橡胶密封圈（L 形橡胶密封圈）	0.5	0.3	0~45	
		0.1		
	0.15	0.3	0~30	
		0.1	0~50	
V 形组合密封圈	0.5	0.3	0~20	
		0.1	0~40	
	0.15	0.3	0~25	
		0.1	0~60	

注：1. 活塞用密封圈的标记方法以"密封圈代号、$D×d×L_1$（L_2、L_3）、制造厂代号"表示。
　　密封沟槽外径 D80mm，密封沟槽内径 d65mm，密封沟槽轴向长度 $L_1$9.5mm 的活塞用 Y 形圈，标记为
　　　　　　　　　　Y80×65×9.5　××　GB/T 10708.1—2000
2. 活塞杆用密封圈的标记方法以"密封圈代号、$d×D×L_1$（L_2、L_3）、制造厂代号"表示。
　　密封沟槽内径 d70mm，密封沟槽外径 D85mm，密封沟槽轴向长度 $L_1$9.5mm 的活塞杆用 Y 形圈，标记为
　　　　　　　　　　Y70×85×9.5　××　GB/T 10708.1—2000

8.2 活塞杆用短型（L_1）密封沟槽及 Y 形圈尺寸

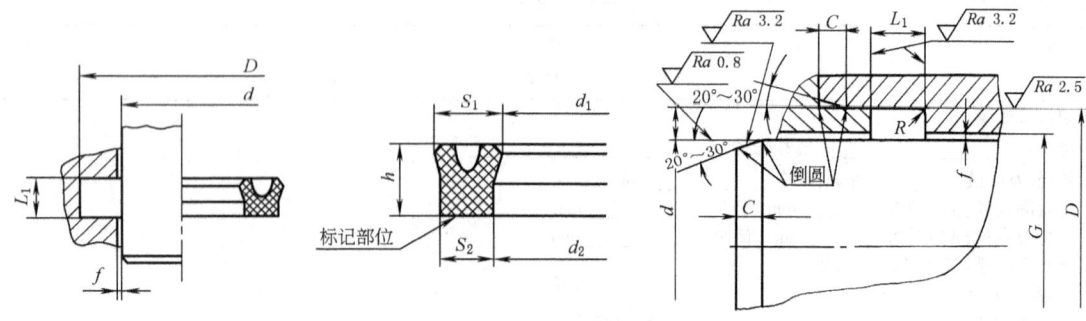

尺寸 f 及标记方法见表 11-5-24，尺寸 $G=d+2f$

表 11-5-25   mm

d	D	$L_1^{+0.25}_0$	内径		极限偏差	宽度		极限偏差	高度		C ≥	R ≤
			d_1	d_2		S_1	S_2		h	极限偏差		
6	14	5	5	6.5	±0.20	5	3.5	±0.15	4.6	±0.20	2	0.3
8	16		7	8.5								
10	18		9	10.5								
12	20		11	12.5								
14	22		13	14.5								
16	24		15	16.5								
18	26		17	18.5								
20	28		19	20.5								
22	30		21	22.5								
25	33		24	25.5								
28	38	6.3	26.8	28.6	±0.25	6.2	4.4		5.6		2.5	0.3
32	42		30.8	32.6								
36	46		34.8	36.6								
40	50		38.8	40.6								
45	55		43.8	45.6								
50	60		48.8	50.6								
56	71	9.5	54.5	56.8		9	6.7		8.5		4	0.4
63	78		61.5	63.8								
70	85		68.5	70.8								
80	95		78.5	80.8	±0.35							
90	105		88.5	90.8								
100	120	12.5	98.2	101		11.8	9		11.3		5	0.6
110	130		108.2	111								
125	145		123.2	126	±0.45							
140	160		138.2	141								
160	185	16	157.8	161.2		14.7	11.3		14.8		6.5	0.8
180	205		177.8	181.2								
200	225		197.8	201.2	±0.60							
220	250	20	217.2	221.5		17.8	13.5		18.5		7.5	0.8
250	280		247.2	251.5								
280	310		277.2	281.5								
320	360	25	316.7	322	±0.90	23.3	18	±0.20	23	±0.25	10	1.0
360	400		356.7	362								

注：1. 滑动面公差配合推荐 H9/f8，但在液压缸使用条件不苛刻的情况下，滑动面公差配合也可采用 H10/f9。
2. 表中沟槽尺寸系摘自 GB/T 2879—2005。
3. 尺寸 d 见 GB/T 2348。
4. 短型、中型、长型的应用决定于相应的工作条件。

8.3 活塞用短型(L_1)密封沟槽及Y形圈尺寸

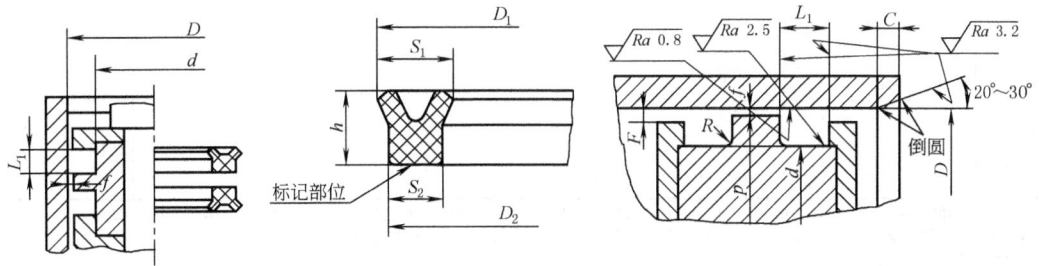

尺寸 f 及标记方法见表 11-5-24，尺寸 $p = D - 2f$

表 11-5-26   mm

D	d	$L_1{}^{+0.25}_{\ \ 0}$	外径			宽度			高度		C ≥	R ≤	F
			D_1	D_2	极限偏差	S_1	S_2	极限偏差	h	极限偏差			
12*	4	5	13	11.5	±0.20	5	3.5	±0.15	4.4	±0.20	2	0.3	0.5
16	8		17	15.5									
20	12		21.1	19.4	±0.25								
25	17		26.1	24.4									
32	24		33.1	31.4									
40	32		41.1	39.4									
20*	10	6.3	21.2	19.4		6.2	4.4		5.6		2.5	0.3	0.5
25	15		26.2	24.4									
32	22		33.2	31.4									
40	30		41.2	39.4									
50	40		51.2	49.4									
56*	46		57.5	55.4									
63	53		64.2	62.4									
50	35	9.5	51.5	49.2	±0.35	9	6.7		8.5		4	0.4	1
56*	41		57.5	55.2									
63	48		64.5	62.2									
70*	55		71.5	69.2									
80	65		81.5	79.2									
90*	75		91.5	89.2									
100	85		101.5	99.2									
110*	95		111.5	109.2									
70*	50	12.5	71.8	69		11.8	9		11.3		5	0.6	1
80	60		81.8	79									
90*	70		91.8	89									
100	80		101.8	99									
110*	90		111.8	109									
125	105		126.8	124									
140*	120		141.8	139	±0.45								
160	140		161.8	159									
180*	160		181.8	179	±0.60								
125	100	16	127.2	123.8	±0.45	14.7	11.3		14.8		6.5	0.8	1.5
140*	115		142.2	138.8									
160	135		162.2	158.8									
180*	155		182.2	178.8									
200	175		202.2	198.8									
220*	195		222.2	218.8									
250	225		252.2	248.8	±0.60								
200	170	20	202.8	198.5		17.8	13.5	±0.20	18.5	±0.25	7.5	0.8	1.5
220*	190		222.8	218.5									
250	220		252.8	248.5									
280*	250		282.8	278.5									
320	290		322.8	318.5	±0.90								
360*	330		362.8	358.5									
400	360	25	403.5	398	±1.40	23.3	18		23		10	1.0	2
450*	410		453.5	448									
500	460		503.5	498									

注：1. 滑动面公差配合推荐 H9/f8,但在液压缸使用条件不苛刻的情况下,滑动面公差配合也可采用 H10/f9。
2. 表中沟槽尺寸摘自 GB/T 2879—2005,带 "*" 号的尺寸在 GB/T 2879 中没有。
3. 尺寸 D 见 GB/T 2348。
4. 见表 11-5-25 注 4。

8.4 活塞杆用中型(L_2)密封沟槽及Y形圈、蕾形圈尺寸

表 11-5-27

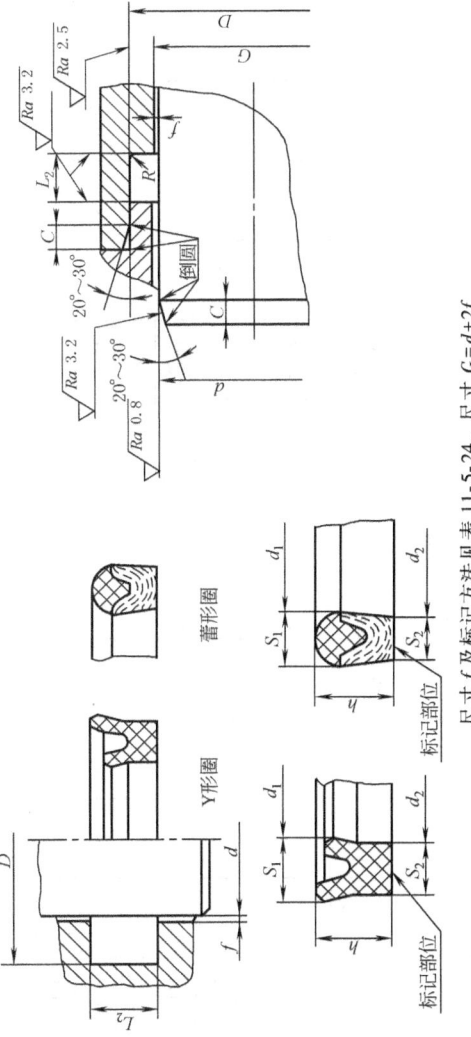

尺寸 f 及标记方法见表 11-5-24, 尺寸 $G=d+2f$

mm

d	D	$L_2^{+0.25}_{0}$	Y形圈						蕾形圈(L形圈)								
			内径		宽度		高度		内径		宽度		高度		C	R
			d_1	d_2	极限偏差	S_1	S_2	极限偏差	h	极限偏差	d_1	d_2	极限偏差	S_1	S_2	极限偏差	h	极限偏差	$\geqslant$	$\leqslant$
6	14	6.3	5	6.5	±0.20	5	3.5	±0.15	5.8	±0.20	5.3	6.5	±0.18	4.7	3.5	±0.15	5.5	±0.20	2	0.3
8	16		7	8.5							7.3	8.5								
10	18		9	10.5							9.3	10.5								
12	20		11	12.5							11.3	12.5								
14	22		13	14.5							13.3	14.5								
16	24		15	16.5							15.3	16.5								
18	26		17	18.5							17.3	18.5								
20	28		19	20.5							19.3	20.5								
22	30		21	22.5	±0.25						21.3	22.5	±0.22							
25	33		24	25.5							24.3	25.5								

续表

d	D	$L_2{}^{+0.25}_{0}$	Y形圈 内径			Y形圈 宽度			Y形圈 高度		蕾形圈(L形圈) 内径			蕾形圈(L形圈) 宽度			蕾形圈(L形圈) 高度		$C \geqslant$	$R \leqslant$
			d_1	d_2	极限偏差	S_1	S_2	极限偏差	h	极限偏差	d_1	d_2	极限偏差	S_1	S_2	极限偏差	h	极限偏差		
10	20	8	8.8	10.6	±0.20	6.2	4.4	±0.15	7.3	±0.20	9.2	10.6	±0.18	5.8	4.4	±0.15	7	±0.20	2.5	0.3
12	22	8	10.8	12.6	±0.20	6.2	4.4	±0.15	7.3	±0.20	11.2	12.6	±0.18	5.8	4.4	±0.15	7	±0.20	2.5	0.3
14	24	8	12.8	14.6	±0.20	6.2	4.4	±0.15	7.3	±0.20	13.2	14.6	±0.18	5.8	4.4	±0.15	7	±0.20	2.5	0.3
16	26	8	14.8	16.6	±0.20	6.2	4.4	±0.15	7.3	±0.20	15.2	16.6	±0.18	5.8	4.4	±0.15	7	±0.20	2.5	0.3
18	28	8	16.8	18.6	±0.25	6.2	4.4	±0.15	7.3	±0.20	17.2	18.6	±0.22	5.8	4.4	±0.15	7	±0.20	2.5	0.3
20	30	8	18.8	20.6	±0.25	6.2	4.4	±0.15	7.3	±0.20	19.2	20.6	±0.22	5.8	4.4	±0.15	7	±0.20	2.5	0.3
22	32	8	20.8	22.6	±0.25	6.2	4.4	±0.15	7.3	±0.20	21.2	22.6	±0.22	5.8	4.4	±0.15	7	±0.20	2.5	0.3
25	35	8	23.8	25.6	±0.25	6.2	4.4	±0.15	7.3	±0.20	24.2	25.6	±0.22	5.8	4.4	±0.15	7	±0.20	2.5	0.3
28	38	8	26.8	28.6	±0.25	6.2	4.4	±0.15	7.3	±0.20	27.2	28.6	±0.22	5.8	4.4	±0.15	7	±0.20	2.5	0.3
32	42	8	30.8	32.6	±0.25	6.2	4.4	±0.15	7.3	±0.20	31.2	32.6	±0.22	5.8	4.4	±0.15	7	±0.20	2.5	0.3
36	46	8	34.8	36.6	±0.25	6.2	4.4	±0.15	7.3	±0.20	35.2	36.6	±0.22	5.8	4.4	±0.15	7	±0.20	2.5	0.3
40	50	8	38.8	40.6	±0.25	6.2	4.4	±0.15	7.3	±0.20	39.2	40.6	±0.22	5.8	4.4	±0.15	7	±0.20	2.5	0.3
45	55	8	43.8	45.6	±0.25	6.2	4.4	±0.15	7.3	±0.20	44.2	45.6	±0.22	5.8	4.4	±0.15	7	±0.20	2.5	0.3
50	60	8	48.8	50.6	±0.25	6.2	4.4	±0.15	7.3	±0.20	49.2	50.6	±0.22	5.8	4.4	±0.15	7	±0.20	2.5	0.3
28	43	12.5	26.5	28.8	±0.25	9	6.7	±0.15	11.5	±0.20	27	28.9	±0.22	8.5	6.6	±0.15	11.3	±0.20	4	0.4
32	47	12.5	30.5	32.8	±0.25	9	6.7	±0.15	11.5	±0.20	31	32.9	±0.22	8.5	6.6	±0.15	11.3	±0.20	4	0.4
36	51	12.5	34.5	36.8	±0.25	9	6.7	±0.15	11.5	±0.20	35	36.9	±0.22	8.5	6.6	±0.15	11.3	±0.20	4	0.4
40	55	12.5	38.5	40.8	±0.25	9	6.7	±0.15	11.5	±0.20	39	40.9	±0.22	8.5	6.6	±0.15	11.3	±0.20	4	0.4
45	60	12.5	43.5	45.8	±0.25	9	6.7	±0.15	11.5	±0.20	44	45.9	±0.22	8.5	6.6	±0.15	11.3	±0.20	4	0.4
50	65	12.5	48.5	50.8	±0.25	9	6.7	±0.15	11.5	±0.20	49	50.9	±0.22	8.5	6.6	±0.15	11.3	±0.20	4	0.4
56	71	12.5	54.5	56.8	±0.25	9	6.7	±0.15	11.5	±0.20	55	56.9	±0.22	8.5	6.6	±0.15	11.3	±0.20	4	0.4
63	78	12.5	61.5	63.8	±0.35	9	6.7	±0.15	11.5	±0.20	62	63.9	±0.28	8.5	6.6	±0.15	11.3	±0.20	4	0.4
70	85	12.5	68.5	70.8	±0.35	9	6.7	±0.15	11.5	±0.20	69	70.9	±0.28	8.5	6.6	±0.15	11.3	±0.20	4	0.4
80	95	12.5	78.5	80.8	±0.35	9	6.7	±0.15	11.5	±0.20	79	80.9	±0.28	8.5	6.6	±0.15	11.3	±0.20	4	0.4
90	105	12.5	88.5	90.8	±0.35	9	6.7	±0.15	11.5	±0.20	89	90.9	±0.28	8.5	6.6	±0.15	11.3	±0.20	4	0.4

续表

d	D	$L_2{}^{+0.25}_{0}$	Y形圈 内径			Y形圈 宽度			Y形圈 高度		蕾形圈(L形圈) 内径			蕾形圈 宽度			蕾形圈 高度		C ⩾	R ⩽
			d_1	d_2	极限偏差	S_1	S_2	极限偏差	h	极限偏差	d_1	d_2	极限偏差	S_1	S_2	极限偏差	h	极限偏差		
56	76	16	54.2	57	±0.25	11.8	9	±0.15	15	±0.20	54.8	57.4	±0.22	11.2	8.6	±0.15	14.5	±0.20	5	0.6
63	83	16	61.2	64	±0.25	11.8	9	±0.15	15	±0.20	61.8	64.4	±0.22	11.2	8.6	±0.15	14.5	±0.20	5	0.6
70	90	16	68.2	71	±0.25	11.8	9	±0.15	15	±0.20	68.8	71.4	±0.28	11.2	8.6	±0.15	14.5	±0.20	5	0.6
80	100	16	78.2	81	±0.35	11.8	9	±0.15	15	±0.20	78.8	81.4	±0.28	11.2	8.6	±0.15	14.5	±0.20	5	0.6
90	110	16	88.2	91	±0.35	11.8	9	±0.15	15	±0.20	88.8	91.4	±0.28	11.2	8.6	±0.15	14.5	±0.20	5	0.6
100	120	16	98.2	101	±0.35	11.8	9	±0.15	15	±0.20	98.8	101.4	±0.35	11.2	8.6	±0.15	14.5	±0.20	5	0.6
110	130	16	108.2	111	±0.45	11.8	9	±0.15	15	±0.20	108.8	111.4	±0.35	11.2	8.6	±0.15	14.5	±0.20	5	0.6
125	145	16	123.2	126	±0.45	11.8	9	±0.15	15	±0.20	123.8	126.4	±0.35	11.2	8.6	±0.15	14.5	±0.20	5	0.6
140	160	16	138.2	141	±0.45	11.8	9	±0.15	15	±0.20	138.8	141.4	±0.35	11.2	8.6	±0.15	14.5	±0.20	5	0.6
100	125	20	97.8	101.2	±0.45	14.7	11.3	±0.20	18.5	±0.20	98.7	101.8	±0.35	13.8	10.7	±0.20	18	±0.20	6.5	0.8
110	135	20	107.8	111.2	±0.45	14.7	11.3	±0.20	18.5	±0.20	108.7	111.8	±0.35	13.8	10.7	±0.20	18	±0.20	6.5	0.8
125	150	20	122.8	126.2	±0.45	14.7	11.3	±0.20	18.5	±0.20	123.7	126.8	±0.35	13.8	10.7	±0.20	18	±0.20	6.5	0.8
140	165	20	137.8	141.2	±0.45	14.7	11.3	±0.20	18.5	±0.20	138.7	141.8	±0.45	13.8	10.7	±0.20	18	±0.20	6.5	0.8
160	185	20	157.8	161.2	±0.60	14.7	11.3	±0.20	18.5	±0.20	158.7	161.8	±0.45	13.8	10.7	±0.20	18	±0.20	6.5	0.8
180	205	20	177.8	181.2	±0.60	14.7	11.3	±0.20	18.5	±0.20	178.7	181.8	±0.45	13.8	10.7	±0.20	18	±0.20	6.5	0.8
200	225	20	197.8	201.2	±0.60	14.7	11.3	±0.20	18.5	±0.20	198.7	201.8	±0.45	13.8	10.7	±0.20	18	±0.20	6.5	0.8
160	190	25	157.2	161.5	±0.60	18.5	13.5	±0.20	23	±0.25	158.6	162	±0.45	16.4	13	±0.20	22.5	±0.25	7.5	0.8
180	210	25	177.2	181.5	±0.60	18.5	13.5	±0.20	23	±0.25	178.6	182	±0.45	16.4	13	±0.20	22.5	±0.25	7.5	0.8
200	230	25	197.2	201.5	±0.60	18.5	13.5	±0.20	23	±0.25	198.6	202	±0.45	16.4	13	±0.20	22.5	±0.25	7.5	0.8
220	250	25	217.2	221.5	±0.60	18.5	13.5	±0.20	23	±0.25	218.6	222	±0.45	16.4	13	±0.20	22.5	±0.25	7.5	0.8
250	280	25	247.2	251.5	±0.60	18.5	13.5	±0.20	23	±0.25	248.6	252	±0.45	16.4	13	±0.20	22.5	±0.25	7.5	0.8
280	310	25	277.2	281.5	±0.60	18.5	13.5	±0.20	23	±0.25	278.6	282	±0.45	16.4	13	±0.20	22.5	±0.25	7.5	0.8
320	360	32	317.7	322	±0.90	23.3	18	±0.20	29	±0.25	318.2	323	±0.60	21.8	17	±0.20	28.5	±0.25	10	1.0
360	400	32	357.7	362	±0.90	23.3	18	±0.20	29	±0.25	358.2	363	±0.60	21.8	17	±0.20	28.5	±0.25	10	1.0

注：1. 滑动面公差配合推荐 H9/f8，但在液压缸使用条件不苛刻的情况下，滑动面公差配合也可采用 H10/f9。

2. 见表 11-5-25 注 2~4。

8.5 活塞用中型(L_2)密封沟槽及 Y 形圈、蕾形圈尺寸

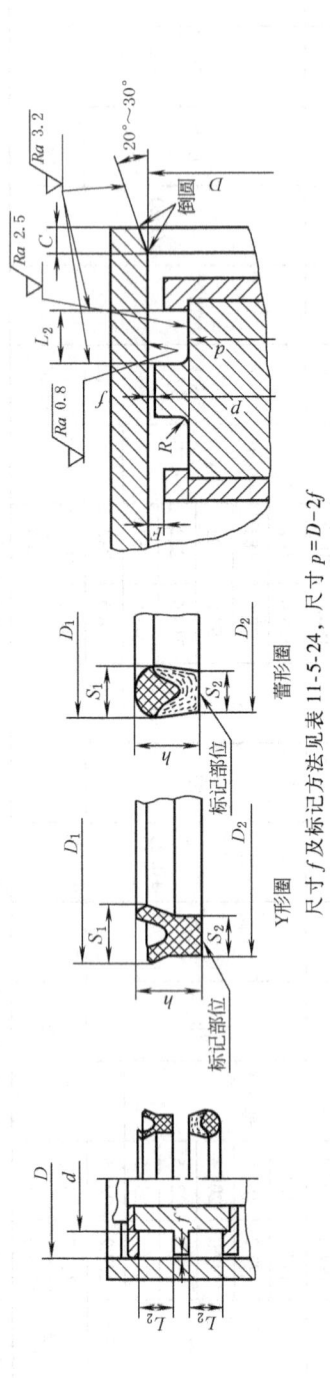

尺寸 f 及标记方法见表 11-5-24，尺寸 $p=D-2f$

表 11-5-28　　　　　　　　　　　　　　　　　　　　　　　　　　　　　　　　　　　mm

D	d	$L_2^{+0.25}_{\ 0}$	Y形圈 外径			Y形圈 宽度			Y形圈 高度			蕾形圈(L形圈) 外径			蕾形圈(L形圈) 宽度			蕾形圈(L形圈) 高度			$C \geqslant$	$R \leqslant$	F
			D_1	D_2	极限偏差	S_1	S_2	极限偏差	h		极限偏差	D_1	D_2	极限偏差	S_1	S_2	极限偏差	h		极限偏差			
12*	4	6.3	13	11.5	±0.20	5	3.5	±0.15	5.8		±0.20	12.7	11.5	±0.18	4.7	3.5	±0.15	5.6		±0.20	2	0.3	0.5
16	8		17	15.5								16.7	15.5										
20	12		21	19.5								20.7	19.5										
25	17		26	24.5								25.7	24.5										
32	24		33	31.5								32.7	31.5										
40	32		41	39.5								40.7	39.5										
20*	10	8	21.2	19.4	±0.25	6.2	4.4		7.3			20.8	19.4	±0.22	5.8	4.4		7			2.5	0.3	0.5
25	15		26.2	24.4								25.8	24.4										
32	22		33.2	31.4								32.8	31.4										
40	30		41.2	39.4								40.8	39.4										
50	40		51.2	49.4								50.8	49.4										
56*	46	12.5	57.2	55.4					11.5			56.8	55.4					11.3			4	0.4	1
63	53		64.2	62.4								63.8	62.4										
50*	35		51.5	49.2		9	6.7					51	49.1	±0.28	8.5	6.6							
56*	41		57.5	55.2	±0.35							57	55.1										
63	48		64.5	62.2								64	62.1										
70*	55		71.5	69.2								71	69.1										
80	65		81.5	79.2								81	79.1										
90*	75		91.5	89.2								91	89.1										
100	85		101.5	99.2	±0.45							101	99.1	±0.35									
110*	95		111.5	109.2								111	109.1										

续表

D	d	$L_2{}^{+0.25}_{0}$	Y形圈 外径 D_1	D_2	极限偏差	宽度 S_1	S_2	极限偏差	高度 h	极限偏差	蕾形圈(L形圈) 外径 D_1	D_2	极限偏差	宽度 S_1	S_2	极限偏差	高度 h	极限偏差	$C \geq$	$R \leq$	F
70*	50	16	71.8	69	±0.35	11.8	9	±0.15	15	±0.20	71.2	68.6	±0.28	11.2	8.6	±0.15	14.5	±0.20	5	0.6	1
80	60	16	81.8	79	±0.35	11.8	9	±0.15	15	±0.20	81.2	78.6	±0.28	11.2	8.6	±0.15	14.5	±0.20	5	0.6	1
90*	70	16	91.8	89	±0.35	11.8	9	±0.15	15	±0.20	91.2	88.6	±0.28	11.2	8.6	±0.15	14.5	±0.20	5	0.6	1
100*	80	16	101.8	99	±0.35	11.8	9	±0.15	15	±0.20	101.2	98.6	±0.28	11.2	8.6	±0.15	14.5	±0.20	5	0.6	1
110	90	16	111.8	109	±0.45	11.8	9	±0.15	15	±0.20	111.2	108.6	±0.35	11.2	8.6	±0.15	14.5	±0.20	5	0.6	1
125	105	16	126.8	124	±0.45	11.8	9	±0.15	15	±0.20	126.2	123.6	±0.35	11.2	8.6	±0.15	14.5	±0.20	5	0.6	1
140*	120	16	141.8	139	±0.45	11.8	9	±0.15	15	±0.20	141.2	138.6	±0.35	11.2	8.6	±0.15	14.5	±0.20	5	0.6	1
160	140	16	161.8	159	±0.45	11.8	9	±0.15	15	±0.20	161.2	158.6	±0.45	11.2	8.6	±0.15	14.5	±0.20	5	0.6	1
180*	160	16	181.8	179	±0.60	11.8	9	±0.15	15	±0.20	181.2	178.6	±0.45	11.2	8.6	±0.15	14.5	±0.20	5	0.6	1
125	100	20	127.2	123.8	±0.45	14.7	11.3	±0.15	18.5	±0.20	126.3	123.2	±0.35	13.8	10.7	±0.15	18	±0.20	6.5	0.8	1.5
140*	115	20	142.2	138.8	±0.45	14.7	11.3	±0.15	18.5	±0.20	141.3	138.2	±0.35	13.8	10.7	±0.15	18	±0.20	6.5	0.8	1.5
160	135	20	162.2	158.8	±0.45	14.7	11.3	±0.15	18.5	±0.20	161.3	158.2	±0.45	13.8	10.7	±0.15	18	±0.20	6.5	0.8	1.5
180*	155	20	182.2	178.8	±0.60	14.7	11.3	±0.15	18.5	±0.20	181.3	178.2	±0.45	13.8	10.7	±0.15	18	±0.20	6.5	0.8	1.5
200	175	20	202.2	198.8	±0.60	14.7	11.3	±0.15	18.5	±0.20	201.3	198.2	±0.60	13.8	10.7	±0.15	18	±0.20	6.5	0.8	1.5
220*	195	20	222.2	218.8	±0.60	14.7	11.3	±0.15	18.5	±0.20	221.3	218.2	±0.60	13.8	10.7	±0.15	18	±0.20	6.5	0.8	1.5
250	225	20	252.2	248.8	±0.60	14.7	11.3	±0.15	18.5	±0.20	251.3	248.2	±0.60	13.8	10.7	±0.15	18	±0.20	6.5	0.8	1.5
200	170	25	202.8	198.5	±0.60	17.8	13.5	±0.20	23	±0.25	201.4	198	±0.60	16.4	12.7	±0.20	22.5	±0.25	7.5	0.8	1.5
220*	190	25	222.8	218.5	±0.60	17.8	13.5	±0.20	23	±0.25	221.4	218	±0.60	16.4	12.7	±0.20	22.5	±0.25	7.5	0.8	1.5
250	220	25	252.8	248.5	±0.60	17.8	13.5	±0.20	23	±0.25	251.4	248	±0.60	16.4	12.7	±0.20	22.5	±0.25	7.5	0.8	1.5
280*	250	25	282.8	278.5	±0.90	17.8	13.5	±0.20	23	±0.25	281.4	278	±0.60	16.4	12.7	±0.20	22.5	±0.25	7.5	0.8	1.5
320	290	25	322.8	318.5	±0.90	17.8	13.5	±0.20	23	±0.25	321.4	318	±0.60	16.4	12.7	±0.20	22.5	±0.25	7.5	0.8	1.5
360*	330	25	362.8	358.5	±0.90	17.8	13.5	±0.20	23	±0.25	361.4	358	±0.60	16.4	12.7	±0.20	22.5	±0.25	7.5	0.8	1.5
400	360	32	403.3	398	±1.40	23.3	18	±0.20	29	±0.25	401.8	397	±0.90	21.8	17	±0.20	28.5	±0.25	10	1.0	2
450*	410	32	453.3	448	±1.40	23.3	18	±0.20	29	±0.25	451.8	447	±0.90	21.8	17	±0.20	28.5	±0.25	10	1.0	2
500	460	32	503.3	498	±1.40	23.3	18	±0.20	29	±0.25	501.8	497	±0.90	21.8	17	±0.20	28.5	±0.25	10	1.0	2

注：1. 滑动面公差配合推荐 H9/f8，但在液压缸使用条件不苛刻的情况下，滑动面公差配合也可采用 H10/f9。
2. 见表 11-5-26 注 2~4。

8.6 活塞杆用长型(L_3)密封沟槽及 V 形圈、压环和塑料支撑环的尺寸

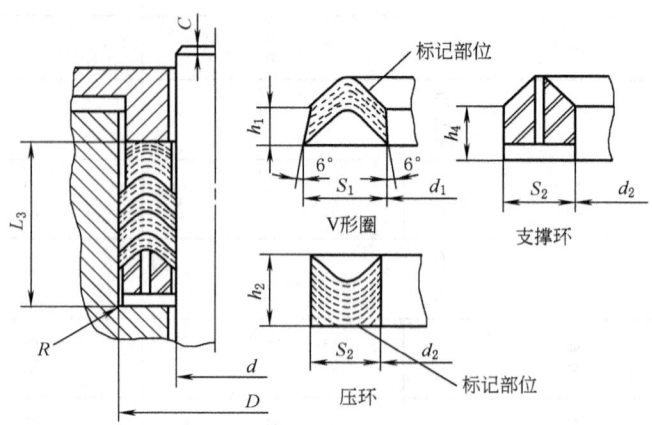

标记方法见表 11-5-24 注

表 11-5-29　　　　　　　　　　　　　　　　　　　　　　　　　　　　　　　　　　　mm

d	D	$L_3^{+0.25}_{\ 0}$	内 径			宽 度			高 度				V形圈数量	R ≤	C ≥
			d_1	d_2	极限偏差	S_1	S_2	极限偏差	h_1	h_2	h_4	极限偏差			
6	14	14.5	5.5	6.3	±0.18	4.5	3.7	±0.15	2.5	6		±0.20	2	0.3	2
8	16		7.5	8.3											
10	18		9.5	10.3											
12	20		11.5	12.3											
14	22		13.5	14.3											
16	24		15.5	16.3											
18	26		17.5	18.3											
20	28		19.5	20.3											
22	30		21.5	22.3											
25	33		24.5	25.3											
10	20	16	9.4	10.3	±0.22	5.6	4.7		3	6.5	3		2	0.3	2.5
12	22		11.4	12.3											
14	24		13.4	14.3											
16	26		15.4	16.3											
18	28		17.4	18.3											
20	30		19.4	20.3											
22	32		21.4	22.3											
25	35		24.4	25.3											
28	38		27.4	28.3											
32	42		31.4	32.3											
36	46		35.4	36.3											
40	50		39.4	40.3											
45	55		44.4	45.3											
50	60		49.4	50.3											

续表

d	D	$L_3^{+0.25}_0$	内 径			宽 度			高 度				V形圈数量	R ≤	C ≥
			d_1	d_2	极限偏差	S_1	S_2	极限偏差	h_1	h_2	h_4	极限偏差			
28	43	25	27.3	28.5	±0.22	8.2	7	±0.15	4.5	8		±0.20	3	0.4	4
32	47		31.3	32.5											
36	51		35.3	36.5											
40	55		39.3	40.5											
45	60		44.3	45.5											
50	65		49.3	50.5											
56	71		55.3	56.6											
63	78		62.3	63.6											
70	85		69.3	70.5	±0.28										
80	95		79.3	80.5											
90	105		89.3	90.5											
56	76	32	55.2	56.6	±0.22	10.8	9.4			10	6		3	0.6	5
63	83		62.2	63.6											
70	90		69.2	70.6											
80	100		79.2	80.6	±0.28										
90	110		89.2	90.6											
100	120		99.2	100.6											
110	130		109.2	110.6											
125	145		124.2	125.6											
140	160		139.2	140.6											
100	125	40	99	100.6	±0.35	13.5	11.9			12			4	0.8	6.5
110	135		109	110.6											
125	150		124	125.6											
140	165		139	140.6											
160	185		159	160.6											
180	205		179	180.6	±0.45										
200	225		199	200.6											
160	190	50	158.8	160.8	±0.35	16.2	14.2	±0.20	6.5	14		±0.25	5	0.8	7.5
180	210		178.8	180.8											
200	230		198.8	200.8	±0.45										
220	250		218.8	220.8											
250	280		248.8	250.8											
280	310		278.8	280.8											
320	360	63	318.4	321	±0.60	21.6	19	±0.25	7	15.5	4		6	1.0	10
360	400		358.4	361											

注：1. 滑动面公差配合推荐 H9/f8，但在液压缸使用条件不苛刻的情况下，滑动面公差配合也可采用 H10/f9。
2. 见表 11-5-25 注 2~4。

8.7 活塞用长型(L_3)密封沟槽及 V 形圈、压环和弹性密封圈尺寸

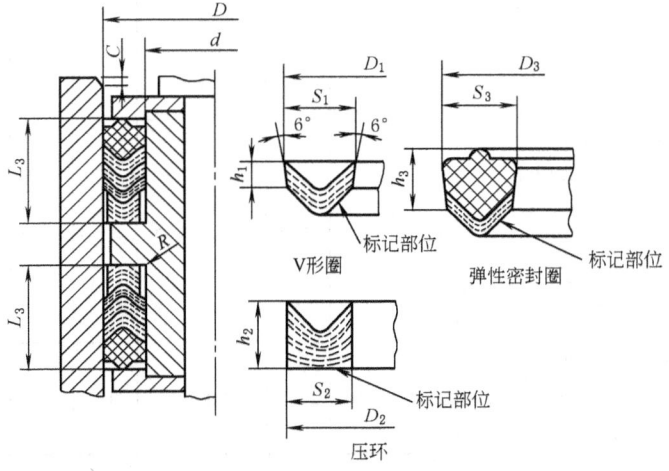

标记方法见表 11-5-24 注

表 11-5-30　　mm

D	d	$L_3^{+0.25}_{0}$	外径			极限偏差	宽度			极限偏差	高度			极限偏差	V形圈数量	R ≤	C ≥
			D_1	D_2	D_3		S_1	S_2	S_3		h_1	h_2	h_3				
20*	10	16	20.6	19.7	20.8	±0.22	5.6	4.7	5.8		3	6	6.5		1	0.3	2.5
25	15		25.6	24.7	25.8												
32	22		32.6	31.7	32.8												
40	30		40.6	39.7	40.8												
50	40		50.6	49.7	50.8												
56*	46		56.6	55.7	56.8												
63	53		63.6	62.7	63.8												
50	35	25	50.7	49.5	51.1	±0.28	8.2	7	8.6		4.5	7.5	8			0.4	4
56*	41		56.7	55.5	57.1												
63	48		63.7	62.5	64.1												
70*	55		70.7	69.5	71.1												
80	65		80.7	79.5	81.1												
90*	75		90.7	89.5	91.1												
100	85		100.7	99.5	101.1												
110*	95		110.7	109.5	111.1												
70*	50	32	70.8	69.4	71.3	±0.35	10.8	9.4	11.3	±0.15	5	10	11	±0.20	2	0.6	5
80	60		80.8	79.4	81.3												
90*	70		90.8	89.4	91.3												
100	80		100.8	99.4	101.3												
110*	90		110.8	109.4	111.3												
125	105		125.8	124.4	126.3												
140*	120		140.8	139.4	141.3												
160	140		160.8	159.4	161.3												
180*	160		180.8	179.4	181.3												
125	100	40	126	124.4	126.6	±0.45	13.5	11.9	14.1		6	12	15			0.8	6.5
140*	115		141	139.4	141.6												
160	135		161	169.4	161.6												
180*	155		181	179.4	181.6												
200	175		201	199.4	201.6												
220*	195		221	219.4	221.6												
250	225		251	249.4	251.6												
200	170	50	201.3	199.2	201.9	±0.60	16.3	14.2	16.8		6.5	12	17.5		3	0.8	7.5
220*	190		221.3	219.2	221.9												
250	220		251.3	249.2	251.9												
280*	250		281.3	279.2	281.9												
320	290		321.3	319.2	321.9												
360*	330		361.3	359.2	361.9												
400	360	63	401.6	399	402.1	±0.90	21.6	19	22.1	±0.20	7	14	26.5	±0.25		1.0	10
450*	410		451.6	449	452.1												
500	460		501.6	499	502.1												

注：1. 滑动面公差配合推荐 H9/f8，在液压缸使用条件不苛刻的情况下，滑动面公差配合也可采用 H10/f9。
2. 见表 11-5-26 注 2~4。

9 V_D 形橡胶密封圈（摘自 JB/T 6994—2007）

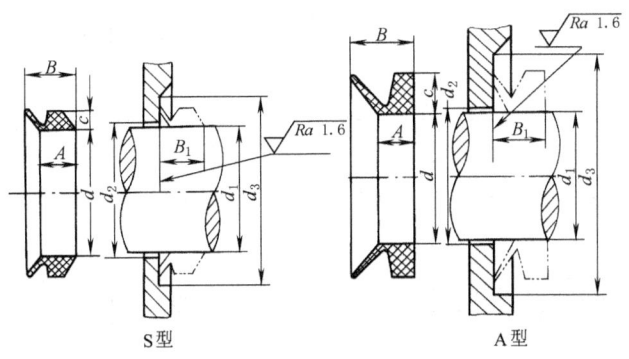

S型　　A型

适用范围：工作介质为油、水、空气，轴速小于等于 19 m/s 的设备，起端面密封和防尘作用。工作温度 -40~100℃，密封材料选用丁腈橡胶代号 XA I 7453；-25~200℃，选用氟橡胶代号 XD I 7433。橡胶材料性能见 HG/T 2811—2009（或见表 11-5-65）

标记示例：

(a) 公称轴径 110mm，密封圈内径 $d=99$mm 的 S 型密封圈，标记为

　　密封圈　　V_D110S JB/T 6994—2007

(b) 公称轴径 120mm，密封圈内径 $d=108$mm 的 A 型密封圈，标记为

　　密封圈　　V_D120A JB/T 6994—2007

表 11-5-31　　　　　　　　　　　　　　　　　　　　　　　　　　　　　　　mm

型式	密封圈代号	公称轴径	轴径 d_1	d	c	A	B	d_{2max}	d_{3min}	安装宽度 B_1
S 型	V_D5S	5	4.5~5.5	4	2	3.9	5.2	d_1+1	d_1+6	4.5±0.4
	V_D6S	6	5.5~6.5	5						
	V_D7S	7	6.5~8.0	6						
	V_D8S	8	8.0~9.5	7						
	V_D10S	10	9.5~11.5	9	3	5.6	7.7	d_1+2	d_1+9	6.7±0.6
	V_D12S	12	11.5~13.5	10.5						
	V_D14S	14	13.5~15.5	12.5						
	V_D16S	16	15.5~17.5	14						
	V_D18S	18	17.5~19.0	16						
	V_D20S	20	19~21	18	4	7.9	10.5		d_1+12	9.0±0.8
	V_D22S	22	21~24	20						
	V_D25S	25	24~27	22						
	V_D28S	28	27~29	25						
	V_D30S	30	29~31	27						
	V_D32S	32	31~33	29						
	V_D36S	36	33~36	31						
	V_D38S	38	36~38	34						
	V_D40S	40	38~43	36				d_1+3		
	V_D45S	45	43~48	40						
	V_D50S	50	48~53	45	5	9.5	13.0		d_1+15	11.0±1.0
	V_D56S	56	53~58	49						
	V_D60S	60	58~63	54						
	V_D63S	63	63~68	58						
	V_D71S	71	68~73	63						
	V_D75S	75	73~78	67						
	V_D80S	80	78~83	72						
	V_D85S	85	83~88	76	6	11.3	15.5	d_1+4	d_1+18	13.5±1.2
	V_D90S	90	88~93	81						
	V_D95S	95	93~98	85						
	V_D100S	100	98~105	90						

续表

型式	密封圈代号	公称轴径	轴径 d_1	d	c	A	B	d_{2max}	d_{3min}	安装宽度 B_1
S 型	V_D110S	110	105~115	99	7	13.1	18.0	d_1+4	d_1+21	15.5±1.5
	V_D120S	120	115~125	108						
	V_D130S	130	125~135	117						
	V_D140S	140	135~145	126						
	V_D150S	150	145~155	135						
	V_D160S	160	155~165	144	8	15.0	20.5	d_1+5	d_1+24	18.0±1.8
	V_D170S	170	165~175	153						
	V_D180S	180	175~185	162						
	V_D190S	190	185~195	171						
	V_D200S	200	195~210	180						
A 型	V_D3A	3	2.7~3.5	2.5	1.5	2.1	3.0		d_1+4	2.5±0.3
	V_D4A	4	3.5~4.5	3.2						
	V_D5A	5	4.5~5.5	4	2	2.4	3.7	d_1+1	d_1+6	3.0±0.4
	V_D6A	6	5.5~6.5	5						
	V_D7A	7	6.5~8.0	6						
	V_D8A	8	8.0~9.5	7						
	V_D10A	10	9.5~11.5	9	3	3.4	5.5	d_1+2	d_1+9	4.5±0.6
	V_D12A	12	11.5~12.5	10.5						
	V_D13A	13	12.5~13.5	11.7						
	V_D14A	14	13.5~15.5	12.5						
	V_D16A	16	15.5~17.5	14						
	V_D18A	18	17.5~19	16						
	V_D20A	20	19~21	18	4	4.7	7.5	d_1+3	d_1+12	6.0±0.8
	V_D22A	22	21~24	20						
	V_D25A	25	24~27	22						
	V_D28A	28	27~29	25						
	V_D30A	30	29~31	27						
	V_D32A	32	31~33	29						
	V_D36A	36	33~36	31						
	V_D38A	38	36~38	34						
	V_D40A	40	38~43	36	5	5.5	9.0		d_1+15	7.0±1.0
	V_D45A	45	43~48	40						
	V_D50A	50	48~53	45						
	V_D56A	56	53~58	49						
	V_D60A	60	58~63	54						
	V_D63A	63	63~68	58						
	V_D71A	71	68~73	63	6	6.8	11.0		d_1+18	9.0±1.2
	V_D75A	75	73~78	67						
	V_D80A	80	78~83	72						
	V_D85A	85	83~88	76						
	V_D90A	90	88~93	81						
	V_D95A	95	93~98	85						
	V_D100A	100	98~105	90				d_1+4		
	V_D110A	110	105~115	99	7	7.9	12.8		d_1+21	10.5±1.5
	V_D120A	120	115~125	108						
	V_D130A	130	125~135	117						
	V_D140A	140	135~145	126						
	V_D150A	150	145~155	135						

续表

型式	密封圈代号	公称轴径	轴径 d_1	d	c	A	B	d_{2max}	d_{3min}	安装宽度 B_1
A 型	V_D160A	160	155~165	144	8	9.0	14.5	d_1+5	d_1+24	12.0±1.8
	V_D170A	170	165~175	153						
	V_D180A	180	175~185	162						
	V_D190A	190	185~195	171						
	V_D200A	200	195~210	180	15	14.3	25	d_1+10	d_1+45	20.0±4.0
	V_D224A	224	210~235	198						
	V_D250A	250	235~265	225						
	V_D280A	280	265~290	247						
	V_D300A	300	290~310	270						
	V_D320A	320	310~335	292						
	V_D355A	355	335~365	315						
	V_D375A	375	365~390	337						
	V_D400A	400	390~430	360						
	V_D450A	450	430~480	405						
	V_D500A	500	480~530	450						
	V_D560A	560	530~580	495						
	V_D600A	600	580~630	540						
	V_D630A	630	630~665	600						
	V_D670A	670	665~705	630						
	V_D710A	710	705~745	670						
	V_D750A	750	745~785	705						
	V_D800A	800	785~830	745						
	V_D850A	850	830~875	785						
	V_D900A	900	875~920	825						
	V_D950A	950	920~965	865						
	V_D1000A	1000	965~1015	910						
	V_D1060A	1060	1015~1065	955						
	V_D1100A	(1100)	1065~1115	1000						
	V_D1120A	1120	1115~1165	1045						
	V_D1200A	(1200)	1165~1215	1090						
	V_D1250A	1250	1215~1270	1135						
	V_D1320A	1320	1270~1320	1180						
	V_D1350A	(1350)	1320~1370	1225						
	V_D1400A	1400	1370~1420	1270						
	V_D1450A	(1450)	1420~1470	1315						
	V_D1500A	1500	1470~1520	1360						
	V_D1550A	(1550)	1520~1570	1405						
	V_D1600A	1600	1570~1620	1450						
	V_D1650A	(1650)	1620~1670	1495						
	V_D1700A	1700	1670~1720	1540						
	V_D1750A	(1750)	1720~1770	1585						
	V_D1800A	1800	1770~1820	1630						
	V_D1850A	(1850)	1820~1870	1675						
	V_D1900A	1900	1870~1920	1720						
	V_D1950A	(1950)	1920~1970	1765						
	V_D2000A	2000	1970~2020	1810						

注：带括弧的尺寸为非标准尺寸，尽量不采用。

10 双向密封橡胶密封圈（摘自 GB/T 10708.2—2000）

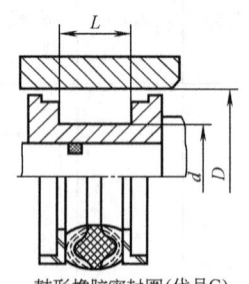

鼓形橡胶密封圈(代号G)
由一个鼓形圈和两个L形环组成

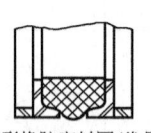

山形橡胶密封圈(代号S)
由一个山形圈和两个J形环、两个矩形环组成

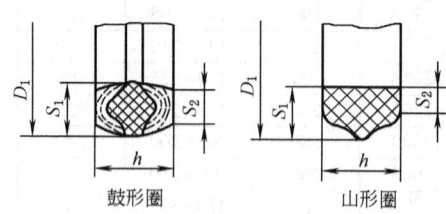

鼓形圈　　　山形圈

密封圈的工作压力范围

往复运动速度 /m·s^{-1}	鼓形密封圈 工作压力 /MPa	山形密封圈 工作压力 /MPa
0.5	0.10~40	0~20
0.15	0.10~70	0~35

适于安装在液压缸活塞上，起双向密封作用

标记示例：

（a）$D=100$mm，$d=85$mm，$L=20$mm 的鼓形橡胶密封圈，标记为

　　密封圈　G100×85×20　GB/T 10708.2—2000

（b）$D=180$mm，$d=155$mm，$L=32$mm 的山形橡胶密封圈，标记为

　　密封圈　S180×155×32　GB/T 10708.2—2000

沟槽尺寸

表 11-5-32　　　　　　　　　　　　　　　　　　　　　　　　　　　　　mm

D (H9)	d (h9)	$L^{+0.35}_{+0.10}$	外径 D_1	极限偏差	高度 h	极限偏差	宽度 鼓形圈 S_1	S_2	极限偏差	山形圈 S_1	S_2	极限偏差	$L^{+0.1}_{\ 0}$	L_2	d_1 (h9)	d_2 (h11)	r_1	C ≥
25	17		25.6												22	24		
32	24	10	32.6		6.5		4.6	3.4		4.7	2.5		4	18	29	31	0.4	2
40	32		40.6												37	39		
25	15		25.7												22	24		
32	22		32.7	±0.22		±0.20			±0.15			±0.15			29	31		
40	30	12.5	40.7		8.5		5.7	4.2		5.8	3.2		4	20.5	37	39	0.4	2.5
50	40		50.7												47	49		
56	46		56.7												53	55		
63	53		63.7												60	62		

续表

D (H9)	d (h9)	$L^{+0.35}_{+0.10}$	外径		高度		宽度						$L^{+0.1}_{\ 0}$	L_2	d_1 (h9)	d_2 (h11)	r_1	C ≥
							鼓形圈			山形圈								
			D_1	极限偏差	h	极限偏差	S_1	S_2	极限偏差	S_1	S_2	极限偏差						
50	35	20	50.9	±0.28	14.5		8.4	6.5		8.5	4.5		5	30	46	48.5	0.4	4
56	41		56.9												52	54.5		
63	48		63.9												59	61.5		
70	55		70.9												66	68.5		
80	65		80.9												76	78.5		
90	75		90.9												86	88.5		
100	85		100.9												96	98.5		
110	95		110.9												106	108.5		
80	60	25	81	±0.35	18	±0.20	11	8.7	±0.15	11.2	5.5	±0.15	6.3	37.6	75	78	0.8	5
90	70		91												85	88		
100	80		101												95	98		
110	90		111												105	108		
125	105		126												120	123		
140	120		141												135	138		
160	140		161												155	158		
180	160		181												175	178		
125	100	32	126.3	±0.45	24		13.7	10.8		13.9	7		10	52	119	123	0.8	6.5
140	115		141.3												134	138		
160	135		161.3												154	158		
180	155		181.3												174	178		
200	170	36	201.5	±0.60	28	±0.25	16.5	12.9	±0.20	16.7	8.6	±0.20	12.5	61	192	197	0.8	7.5
220	190		221.5												212	217		
250	220		251.5												242	247		
280	250		281.5												272	277		
320	290		321.5												312	317		
360	330		361.5												352	357		
400	360	50	401.8	±0.90	40		21.8	17.5		22	12		16	82	392	397	1.2	10
450	410		451.8												442	447		
500	460		501.8												492	497		

注：塑料支撑环（J形环、矩形环和L形环）尺寸见表11-5-33。

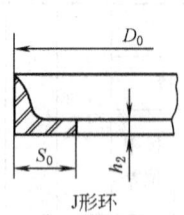
J形环

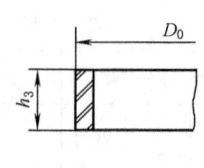
矩形环

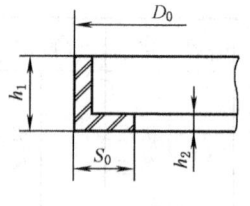
L形环

表 11-5-33　　　　　　　　　　　塑料支撑环尺寸　　　　　　　　　　　　　　　mm

沟槽尺寸			塑料支撑环尺寸							
			外径		宽度		高度			
D	d	L	D_0	极限偏差	S_0	极限偏差	h_1	h_2	h_3	极限偏差
25	17	10	25	0 -0.15	4	0 -0.10	5.5	1.5	4	+0.10 0
32	24		32							
40	32		40							
25	15	12.5	25	0 -0.18	5					
32	22		32							
40	30		40							
50	40		50							
56	46		56							
63	53		63							
50	35	20	50	0 -0.22	7.5		6.5		5	
56	41		56							
63	48		63							
70	55		70							
80	65		80							
90	75		90							
100	85		100							
110	95		110							
80	60	25	80	0 -0.26	10		8.3	2	6.3	
90	70		90							
100	80		100							
110	90		110							
125	105		125							
140	120		140							
160	140		160							
180	160		180							
125	110	32	125		12.5		13		10	
140	115		140							
160	135		160							
180	155		180							
200	170	36	200	0 -0.35	15	0 -0.12	15.5	3	12.5	+0.12 0
220	190		220							
250	220		250							
280	250		280							
320	290		320							
360	330		360							
400	360	50	400	0 -0.50	20	0 -0.15	20	4	16	+0.15 0
450	410		450							
500	450		500							

注：尺寸 D、d、L 的含义见表 11-5-32 中的图。

11 往复运动用橡胶防尘密封圈（摘自 GB/T 10708.3—2000）

11.1 A 型防尘圈

A 型防尘圈是一种单唇无骨架橡胶密封圈，起防尘作用。

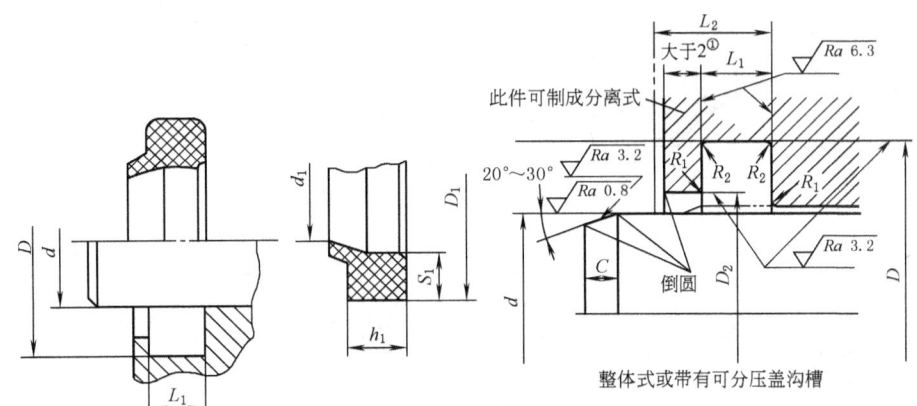

标记示例：

A 型防尘密封圈、密封腔体，内径 100mm，外径 115mm，密封腔体轴向长度 9.5mm，标记为

防尘密封圈 FA100×115×9.5 GB/T 10708.3—2000

B 型防尘密封圈用 FB 表示；C 型防尘密封圈用 FC 表示

表 11-5-34 mm

d	D		L_1[①]		d_1		D_1		S_1		h_1		D_2		L_2 ≤	R_1 ≤	R_2 ≤	C ≥
	基本尺寸	极限偏差	基本尺寸	极限偏差	基本尺寸	极限偏差	基本尺寸	极限偏差	基本尺寸	极限偏差	基本尺寸	极限偏差	基本尺寸	极限偏差				
6	14	+0.110 0			4.6	±0.15	14						11.5	+0.110 0				
8	16				6.6		16						13.5					
10	18				8.6		18						15.5					
12	20				10.6		20						17.5					
14	22	+0.130 0			12.5		22						19.5	+0.130 0				
16	24				14.5		24						21.5					
18	26				16.5		26						23.5					
20	28		5	+0.2 0	18.5		28	±0.15	3.5		5		25.5		8	0.3		2
22	30				20.5		30						27.5					
25	33				23.5		33						30.5					
28	36	+0.160 0			26.5		36						33.5	+0.160 0				
32	40				30.5	±0.25	40						37.5				0.5	
36	44				34.5		44						41.5					
40	48				38.5		48						45.5					
45	53				43.5		53						50.5					
50	58				48.5		58						55.5					
56	66	+0.190 0			54		66			0 −0.30			63	+0.190 0				
60	70				58		70						67					
63	73		6.3		61		73	±0.35	4.3		6.3		70		10	0.4		2.5
70	80				68		80						77					
80	90	+0.220 0			78	±0.35	90						87	+0.220 0				
90	100				88		100						97					
100	115				97.5		115						110					
110	125				107.5		125						120					
125	140	+0.250 0	9.5		122.5	±0.45	140	±0.45	6.5		9.5		135	+0.250 0	14	0.6		4
140	155				137.5		155						150					
160	175				157.5		175						170					
180	195	+0.290 0		+0.3 0	167.5		195						190	+0.290 0				
200	215				197.5	±0.60	215	±0.60					210					
220	240				217		240						233.5					
250	270	+0.320 0			247		270						263.5	+0.320 0				
280	300		12.5		277		300		8.7		12.5		293.5		18	0.8	0.9	5
320	340	+0.360 0			317	±0.90	340	±0.90					333.5	+0.360 0				
360	380				357		380						373.5					

① 标准中为 L ($L=L_1$)，可能有误。

11.2 B型防尘圈

B型防尘圈是一种单唇带骨架橡胶密封圈，起防尘作用。标记示例：见表11-5-34。

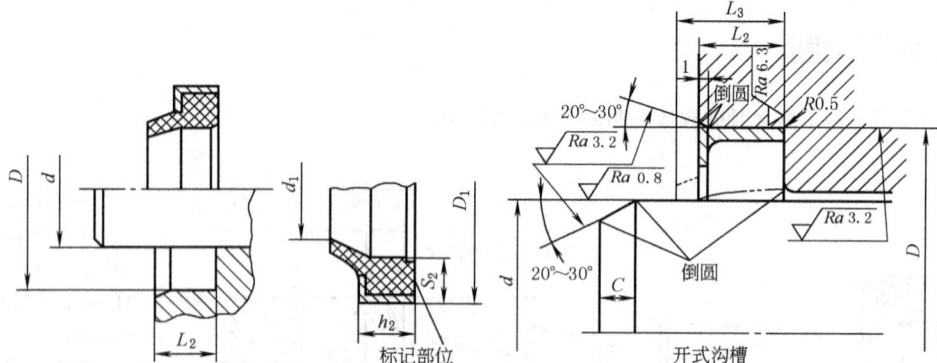

表 11-5-35   mm

d	D		$L_2\ ^{+0.5}_{\ 0}$	d_1		D_1		S_2		h_2		L_3	C
	基本尺寸	极限偏差		基本尺寸	极限偏差	基本尺寸	极限偏差	基本尺寸	极限偏差	基本尺寸	极限偏差	≤	≥
6	14	+0.027	5	4.6	±0.15	14		3.5		5		8	2
8	16	0		6.6		16							
10	18			8.6		18							
12	22	+0.033	7	10.5	±0.25	22		4.3		7	0 −0.30	11	2.5
14	24	0		12.5		24							
16	26			14.5		26							
18	28			16.5		28							
20	30			18.5		30							
22	32			20.5		32							
25	35			23.5		35							
28	38	+0.039		26.5		38							
32	42	0		30		42							
36	46			34		46			S7	±0.15			
40	50			38		50							
45	55			43		55							
50	60	+0.046		48		60							
56	66	0		54		66							
60	70			58		70							
63	73			61		73							
70	80			68		80							
80	90	+0.054		78	±0.35	90							
90	100	0		88		100							
100	115		9	97.5		115		6.5		9	0 −0.35	13	4
110	125			107.5		125							
125	140	+0.063		122.5	±0.45	140							
140	155	0		137.5		155							
160	175			157.5		175							
180	195	+0.072		177.5		195							
200	215	0		197.5	±0.60	215							
220	240			217		240							
250	270	+0.081	12	247		270		8.7		12	0 −0.40	16	5
280	300	0		277		300							
320	340	+0.089		317	±0.90	340							
360	380	0		357		380							

11.3 C型防尘圈

C型防尘圈是一种双唇橡胶密封圈,起防尘和辅助密封作用。标记示例:见表11-5-34。

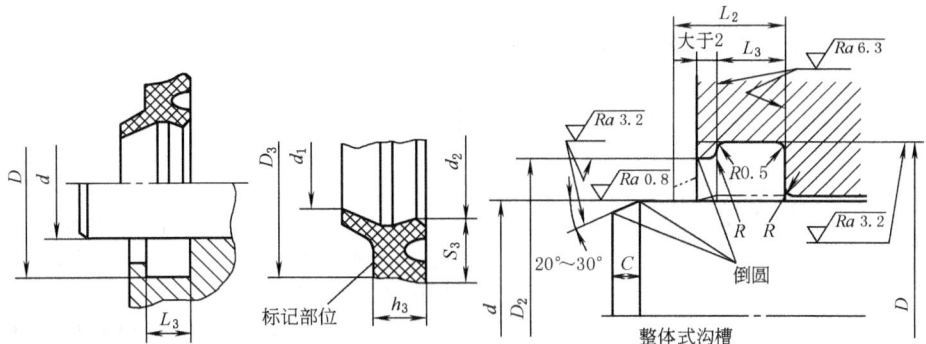

表 11-5-36   mm

d	D 基本尺寸	D 极限偏差	L_3 基本尺寸	L_3 极限偏差	d_1 和 d_2 d_1	d_1 和 d_2 d_2	d_1 和 d_2 极限偏差	D_3 基本尺寸	D_3 极限偏差	S_3 基本尺寸	S_3 极限偏差	h_3 基本尺寸	h_3 极限偏差	D_2 基本尺寸	D_2 极限偏差	L_2 ≤	R ≤	C ≥
6	12	+0.110 0	4	+0.2 0	4.8	5.2	±0.20	12	+0.10 −0.25	4.2	±0.15	4	0 −0.30	8.5	+0.090 0	7	0.3	2
8	14				6.8	7.2		14						10.5	+0.110 0			
10	16				8.8	9.2		16						12.5				
12	18				10.8	11.2		18						14.5				
14	20				12.8	13.2		20						16.5				
16	22	+0.130 0			14.8	15.2		22						18.5	+0.130 0			
18	24				16.8	17.2		24						20.5				
20	26				18.8	19.2		26						22.5				
22	28				20.8	21.2		28						24.5				
25	33	+0.160 0	5		23.5	24	±0.25	33	+0.10 −0.35	5.5		5		28	+0.160 0	8		2.5
28	36				26.5	27		36						31				
32	40				30.5	31		40						35				
36	44				34.5	35		44						39				
40	48				38.5	39		48						43				
45	53				43.5	44		53						48				
50	58				48.5	49		58						53				
56	66	+0.190 0	6		54.2	54.8	±0.35	66		6.8		6		59	+0.190 0	9.7		
60	70				58.2	58.8		70						63				
63	73				61.2	61.8		73						66				
70	80				68.2	68.8		80	+0.10 −0.40					73				
80	90				78.2	78.8		90						83				
90	100	+0.220 0			88.2	88.8		100						93	+0.220 0			
100	115		8.5	+0.3 0	97.8	98.4	±0.45	115		9.8		8.5		104		13	0.4	4
110	125				107.8	108.4		125	+0.10 −0.50					114				
125	140	+0.250 0			122.8	123.4		140						129	+0.250 0			
140	155				137.8	138.4		155						144				
160	175				157.8	158.4		175						164				
180	195	+0.290 0			177.8	178.4	±0.60	195	+0.10 −0.65					184	+0.290 0			
200	215				197.8	198.4		215						204				
220	240				217.4	218.2		240						225				
250	270	+0.320 0	11		247.4	248.2		270	+0.20 −0.90	13.2		11		255	+0.320 0	16.5	0.5	5
280	300				277.4	278.2	±0.90	300						285				
320	340	+0.360 0			317.4	318.2		340						325	+0.360 0			
360	380				357.4	358.2		380						365				

12 同轴密封件（摘自 GB/T 15242.1—1994）

12.1 活塞杆密封用阶梯形同轴密封件

阶梯形同轴密封件（代号为 TJ）是由截面为阶梯形的塑料环与 O 形密封圈组合而成，适用于活塞杆（柱塞）密封。

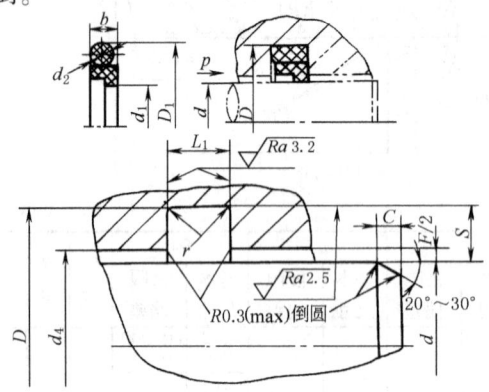

适用条件：以 O 形橡胶密封圈为弹性体，液压油为工作介质，压力小于等于 40MPa、速度小于等于 5m/s、温度 -40～200℃ 的往复运动。

标记示例：活塞杆直径为 50mm 的阶梯形同轴密封件，塑料材料选用第 I 组 PTFE，弹性体材料选用第 I 组，标记为

阶梯形密封件　TJ0500-ⅠⅠ　GB/T 15242.1—1994

注：材料组号由用户与生产厂协商而定。

$d_4 = d + F$

表 11-5-37　　mm

规格代号	d (f8)	D 公称尺寸	公差	d_1 公称尺寸	公差	D_1	$b_{-0.2}^{0}$	d_2	密封件 S	$L_1^{+0.25}_{0}$	沟槽 r	C ≥	F 0~20 MPa	F 20~40 MPa
0060	6	11		6	-0.15 -0.25	11	2	1.80	2.5	2.2		1.5	0.3~0.1	
0080	8	13		8		13								
0100	10	15		10		15								
0120	12	17		12		17								
0120B		19.5				19.5	3	2.65	3.75	3.2		2		
0140	14	19		14	-0.20 -0.30	19	2	1.80	2.5	2.2		1.5		
0140B		21.5				21.5								
0160	16	23.5	H9	16		23.5	3	2.65	3.75	3.2	≤0.5	2	0.6~0.3	
0180	18	25.5		18		25.5								
0200	20	27.5		20		27.5								
0200B	20	31		20		31	4	3.55	5.5	4.2		2.5		
0220	22	29.5		22		29.5	3	2.65	3.75	3.2		2		
0220B		33				33	4	3.55	5.5	4.2		2.5		
0250	25	32.5		25	-0.25 -0.35	32.5	3	2.65	3.75	3.2		2	0.3~0.2	
0250B		36				36								
0280	28	39		28		39	4	3.55	5.5	4.2		2.5		
0320	32	43		32		43								
0360	36	47		36		47								

续表

规格代号	d (f8)	D 公称尺寸	D 公差	d_1 公称尺寸	d_1 公差	D_1	$b_{-0.2}^{0}$	d_2	S	$L_1^{+0.25}_{0}$	r	C ≥	F 0~20 MPa	F 20~40 MPa
0400	40	51	H9	40	-0.30 -0.40	51	4	3.55	5.5	4.2	≤0.5	2.5	0.8~0.4	0.4~0.2
0450	45	56		45		56								
0500	50	61		50		61								
0560	56	67		56		67			5.5	4.2				
0560B	56	71.5		56		71.5	6	5.30	7.75	6.3		4		
0630	63	74		63		74	4	3.55	5.5	4.2		2.5		
0630B	63	78.5		63		78.5								
0700	70	85.5		70		85.5								
0800	80	95.5		80		95.5								
0900	90	105.5		90	-0.40 -0.50	105.5	6	5.30	7.75	6.3		4		
1000	100	115.5		100		115.5								
1100	110	125.5		110		125.5								
1250	125	140.5		125		140.5								
1400	140	155.5		140		155.5								
1600	160	175.5		160	-0.50 -0.60	175.5								
1600B	160	181		160		181	7.8	7.00	10.5	8.1	≤0.9	5		
1800	180	195.5		180		195.5	6	5.30	7.75	6.3		4		
1800B	180	201		180		201								
2000	200	221	H8	200	-0.55 -0.70	221	7.8	7.00	10.5	8.1		5	1~0.6	0.6~0.4
2200	220	241		220		241								
2500	250	271		250		271								
2800	280	304.5		280		304.5								
3200	320	344.5		320	-0.65 -0.80	344.5			12.25			6.5		
3600	360	384.5		360		384.5								

注: 1. 当同一尺寸 d 有几种 D 可供选择时, 应优先选择径向深度 ($D-d$) 较大截面的密封件。
2. 表中沟槽尺寸系摘自 GB/T 15242.3—1994。

12.2 活塞密封用方形同轴密封件

方形同轴密封件（代号为 TF）是由截面为矩形的塑料环与 O 形密封圈组合而成，适用于活塞密封。

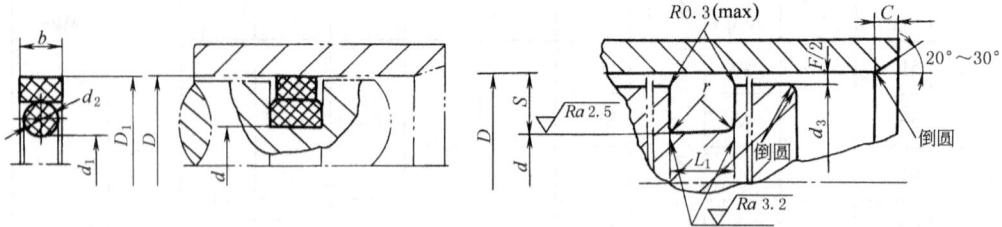

适用条件：见表 11-5-37。

$d_3 = D - F$

标记示例：缸内径 100mm 的方形同轴密封件，宽度 b 为 6mm，塑料材料选用第 I 组 PTFE，弹性体材料选用第 I 组，标记为

方形密封件 TF1000B- I I GB/T 15242.1—1994

材料组号由用户与生产厂协商而定。

表 11-5-38   mm

规格代号	D (H9)	d (h9)	D_1 公称尺寸	D_1 公差	d_1	$b_{-0.20}^{0}$	d_2	S	$L_{1\ 0}^{+0.20}$	r	$C\geq$	F 0~10MPa	F 10~20MPa	F 20~40MPa
0160	16	11	16	+0.30 +0.20	11	2	1.80	2.5	2.2		1.5	1.6~0.8	0.8~0.3	0.4~0.1
0160B		8.5			8.5	3	2.65	3.75	3.2		2			
0200	20	15	20		15	2	1.80	2.5	2.2		1.5			
0200B		12.5			12.5	3	2.65	3.75	3.2		2			
0250	25	17.5	25		17.5	3	2.65	3.75	3.2		2			
0250B		14			14	4	3.55	5.5	4.2		2.5			
0250C		15			15	4.8	3.55	5	5	≤0.5				
0320	32	24.5	32		24.5	3	2.65	3.75	3.2		2			
0320B		21			21	4	3.55	5.5	4.2		2.5			
0320C		22			22	4.8	3.55	5	5					
0400	40	32.5	40		32.5	3	2.65	3.75	3.2		2	1.7~0.9	0.9~0.4	
0400B		29			29	4	3.55	5.5	4.2		2.5			
0400C		30			30	4.8	3.55	5	5					
0500	50	39	50	+0.40 +0.30	39	4	3.55	5.5	4.2		2.5			
0500B		34.5			34.5	6	5.30	7.75	6.3		4			
0500C		35			35	7.2	7.00	7.5	7.5					
0630	63	52	63		52	4	3.55	5.5	4.2		2.5			
0630B		47.5			47.5	6	5.30	7.75	6.3		4			
0630C		48			48	7.2	7.00	7.5	7.5					

续表

规格代号	D (H9)	d (h9)	密封件					沟槽				
			D_1 || d_1	$b_{-0.20}^{0}$	d_2	S	$L_1{}_{0}^{+0.20}$	r	$C \geqslant$	F		
			公称尺寸	公差								0~10MPa	10~20MPa	20~40MPa
0800	80	69	80	+0.50 +0.40	69	4	3.55	5.5	4.2	≤0.9	2.5	2~1	1~0.4	0.4~0.2
0800B		64.5			64.5	6	5.30	7.75	6.3		4			
0800C		60			60	9.8	△	10	10		5			
0900	(90)	79	90		79	4	3.55	5.5	4.2		2.5			
0900B		74.5			74.5	6	5.30	7.75	6.3		4			
0900C		70			70	9.8	△	10	10		5			
1000	100	89	100		89	4	3.55	5.5	4.2		2.5			
1000B		84.5			84.5	6	5.30	7.75	6.3		4			
1000C		80			80	9.8	△	10	10		5			
1100	(110)	99	110		99	4	3.55	5.5	4.2		2.5			
1100B		94.5			94.5	6	5.30	7.75	6.3		4			
1100C		90			90	9.8	△	10	10		5			
1250	125	109.5	125		109.5	6	5.30	7.75	6.3		4			
1250B		104			104	7.8	7.00	10.5	8.1		5			
1250C		105			105	9.8	△	10	10					
1400	(140)	124.5	140		124.5	6	5.30	7.75	6.3		4			
1400B		119			119	7.8	7.00	10.5	8.1		5			
1400C		120			120	9.8	△	10	10					
1600	160	144.5	160		144.5	6	5.30	7.75	6.3		4			
1600B		139			139	7.8	7.00	10.5	8.1		5			
1600C		135			135	12.3	△	12.5	12.5		6.5			
1800	(180)	164.5	180		164.5	6	5.30	7.75	6.3		4			
1800B		159			159	7.8	7.00	10.5	8.1		5			
1800C		155			155	12.3	△	12.5	12.5		6.5			
2000	200	184.5	200	+0.60 +0.50	184.5	6	5.30	7.75	6.3		4	2.2~1.1	1.1~0.5	0.5~0.2
2000B		179			179	7.8	7.00	10.5	8.1		5			
2000C		175			175	12.3	△	12.5	12.5		6.5			
2200	(220)	204.5	220		204.5	6	5.30	7.75	6.3		4			
2200B		199			199	7.8	7.00	10.5	8.1		5			
2200C		195			195	12.3	△	12.5	12.5		6.5			
2500	250	229	250		229	7.8	7.00	10.5	8.1		5			
2500B		225.5			225.5	7.8	7.00	12.25	8.1		6.5			
2500C		220			220	14.8	△	15	15		7.5			
2800	(280)	259	280		259	7.8	7.00	10.5	8.1		5			
2800B		255.5			255.5	7.8	7.00	12.25	8.1		6.5			
2800C		250			250	14.8	△	15	15		7.5			
3200	320	299	320		299	7.8	7.00	10.5	8.1		5			
3200B		295.5			295.5	7.8	7.00	12.25	8.1		6.5			
3200C		290			290	14.8	△	15	15		7.5			
3600	(360)	339	360	+0.80 -0.70	339	7.8	7.00	10.5	8.1		5			
3600B		335.5			335.5	7.8	7.00	12.25	8.1		6.5			
3600C		330			330	14.8	△	15	15		7.5			0.5~0.3
4000	400	375.5	400	+0.80 +0.70	375.5	7.8	7.00	12.25	8.1		6.5	2.2~1.1	1.1~0.5	
4000B		370			370	12.3	△	15	12.5		7.5			
4000C		360			360	19.8	△	20	20		10			

续表

规格代号	D (H9)	d (h9)	密封件 D_1 公称尺寸	密封件 D_1 公差	d_1	$b_{-0.20}^{0}$	d_2	S	$L_1{}_{0}^{+0.20}$	r	C $\geqslant$	沟槽 F 0~10MPa	沟槽 F 10~20MPa	沟槽 F 20~40MPa
4500		425.5			425.5	7.8	7.00		12.25	8.1		6.5		
4500B	(450)	420	450		420	12.3	△		15	12.5		7.5		
4500C		410		+0.80	410	19.8	△		20	20		10	2.2~1.1	1.1~0.5	0.5~0.3
5000		475.5		+0.70	475.5	7.3	7.00	≤0.9	12.25	8.1		6.5		
5000B	500	470	500		470	12.3	△		15	12.5		7.5		
5000C		460			460	19.8	△		20	20		10		

注:1. 带"( )"的缸内径 D 为非优先选用。
2. "△"表示所用弹性体结构尺寸由用户与生产厂协商而定。
3. 当同一尺寸 D 有几种 d 可供选择,应优先选择径向深度($D-d$)较大截面的密封件。
4. 表中沟槽尺寸系摘自 GB/T 15242.3—1994。

13 车恒德(西安车氏)密封

车恒德密封是由西安海林科工贸有限公司研发的专制密封系列产品,包括直角滑环式组合密封(专利号:ZL92204643.3)、脚形滑环式组合密封(专利号:ZL86210649.4)、齿形滑环式组合密封(专利号:ZL94213453.2)、C形滑环式组合密封(专利号:ZL94215705.2)、J形滑环式组合密封(专利号:ZL02201840.9)、车氏组合防尘圈(专利号:ZL02259002.1)6类产品。西安车氏密封是由增强聚四氟乙烯(自主配方)或特种聚合物制作的薄唇滑环与O形橡胶圈组合而成。具有可自行弹性补偿、高寿命、低摩擦、无泄漏、耐真空和超高压、高可靠性等特点。适用于航空、航天、舰船、冶金、机电、石油、化工、铁路、交通、轻工、食品等行业的液压与气动的动、静密封部位。

设计选型时,设计人员应向西安海林科工贸有限公司询问具体的技术性能、工况要求,如工作压力、温度、介质、转速、结构尺寸、工作行程、寿命和安装形式等,以便获得更适合要求的密封型式。

13.1 密封类型、使用条件及选择要点

表 11-5-39

截面	密封类型及选择要点 名称	型号	使用条件 工作压力 /MPa	使用条件 工作温度 /℃	使用条件 速度 /(m/s)	介质	特性及应用	轴(孔)径 /mm
	直角滑环式组合密封	TB1-ⅠA	0~60	-55~250	6	空气、水、矿物油、酸、碱、水-乙二醇等	低摩擦、耐磨性好、寿命长、适用于轻型油气缸	8~900
	脚形滑环式组合密封	TB2-Ⅰ	0~250	-55~250	6	空气、氢、氧、氮、水、泥浆、矿物油、酸、碱、水-乙二醇等	耐磨性优异、耐高压、抗侧向力、抗冲击,适用于中、重型油缸	51~420
	脚形滑环式组合密封	TB2-ⅠA	0~150					8~670
	齿形滑环式组合密封	TB3-Ⅰ	0~70	-55~250	9	空气、水、水-乙二醇、矿物油、酸、碱等	低摩擦、高耐磨,适用于轻型油、气缸	6~670

续表

密封类型及选择要点			使用条件				特性及应用	轴(孔)径/mm
截面	名称	型号	工作压力/MPa	工作温度/℃	速度/(m/s)	介 质		
往复轴用密封								
	低摩擦齿形滑环式组合密封	TB3-ⅠA	0~40	-55~250	10	气、油、水、乳化液等	极低摩擦、高耐磨，适用于轻型油、气缸	6~670
	C形滑环式组合密封	TB4-ⅠA	0~70	-55~250	6	空气、水、水-乙二醇、矿物油、酸、碱、氟里昂等	低摩擦、双向密封、耐腐蚀、抗污染性佳	7~670
	耐高压J形滑环式组合密封	TB5-ⅠA	0~500	-55~250	6	水、油、酸、碱、泥浆、水-乙二醇等	耐超高压、抗冲击、寿命长，适用于恶劣工况、重载设备	6~670
	帽形滑环式组合密封	TB6-ⅠA	0~40	-55~250	6	气、水、油、乳化液等	低摩擦、双向承压，适用于轻载设备	3~200
往复孔用密封								
	直角滑环式组合密封	TB1-ⅡA	0~60	-55~250	6	空气、水、矿物油、酸、碱、水-乙二醇等	低摩擦、高耐磨、高寿命，适用于轻型油缸	13~900
	脚形滑环式组合密封	TB2-Ⅱ	0~200	-55~250	6	空气、氢、氧、氮、水、水-乙二醇、矿物油、酸、碱、泥浆等	耐磨性优异、耐高压、抗侧向力、抗冲击，适用于中、重型油气缸	65~500
		TB2-ⅡA	0~150					25~685
	齿形滑环式组合密封	TB3-Ⅱ	0~70	-55~250	6	气、油、水、乳化液等	低摩擦、高耐磨，适用于轻型油、气缸	14~1000
	低摩擦齿形滑环式组合密封	TB3-ⅡA	0~40	-55~250	8	空气、水、矿物油、酸、碱、水-乙二醇等	极低摩擦、高耐磨，适用于轻型油、气缸及伺服系统	14~690
	C形滑环式组合密封	TB4-ⅡA	0~70	-55~250	6	空气、水、水-乙二醇、矿物油、酸、碱、氟里昂等	低摩擦、双向密封、耐腐蚀、抗污染性佳	8~685
	耐高压J形滑环式组合密封	TB5-ⅡA	0~400	-55~250	6	水、油、泥浆、乳化液、水-乙二醇、酸、碱等	耐超高压、抗冲击、寿命长，适用于恶劣工况、重载设备	14~900
	帽形滑环式组合密封	TB6-ⅡA	0~40	-55~250	6	气、水、油等	低摩擦、双向承压，适用于轻型设备	13~210
旋转轴用密封								
	齿形滑环式组合密封	TB3-Ⅰ	0~70	-55~250	9	空气、水、乙二醇、矿物油、酸、碱等	承高压、耐高速、低摩擦、高寿命	6~1000
	低摩擦齿形滑环式组合密封	TB3-ⅠA	0~40	-55~250	10	气、水、油、乳化液等	极低摩擦、耐高速，适用于高速中压旋转的密封	6~670

续表

密封类型及选择要点			使用条件				特性及应用	轴(孔)径/mm
截面	名称	型号	工作压力/MPa	工作温度/℃	速度/(m/s)	介质		
旋转轴用密封								
	重载齿形滑环式组合密封	TB3-ⅠB	0~80	-55~250	8	气、水、油、水-乙二醇等	承高压、高耐磨,适用于重载高压旋转的密封	6~1000
旋转孔用密封								
	齿形滑环式组合密封	TB3-Ⅱ	0~70	-55~250	8	气、油、水、乳化液等	承高压、耐高速、低摩擦、高寿命	14~1000
	低摩擦齿形滑环式组合密封	TB3-ⅡA	0~36	-55~250	9	气、油、水、水-乙二醇、乳化液等	极低摩擦、耐高速,适用于高速低压旋转的密封	14~690
	重载齿形滑环式组合密封	TB3-ⅡB	0~80	-55~250	7	气、油、水、水-乙二醇等	承高压、高耐磨适用于重载高压旋转的密封	26~1000
轴向(端部)密封								
	直角滑环式组合密封	TB1-ⅢA	0~80	-55~250	—	空气、水、水-乙二醇、矿物油、酸、碱等	安装方便,密封可靠,耐高压	15~690
	滑环式组合密封	TB4-ⅢA	0~100	-55~250	—	空气、水、水-乙二醇、矿物油、酸、碱、氟里昂、泥浆等	安装方便,密封可靠,耐高压	15~690
	C形端部密封	TB4-ⅣA	0~200	-55~250	—	油、气、水、酸、碱、泥浆等	安装方便,密封可靠,耐超高压	15~690
	耐高压J形滑环式组合密封	TB5-ⅢA	0~500	-55~250	—	水、水-乙二醇、油、酸、碱等	耐超高压、抗冲击、抗老化、寿命长	13~900
防尘密封								
	轴用车氏防尘	CZF-Ⅰ	0~20	-55~250	6	水、油、泥浆、水泥原油等	双向承压,刮泥沙性好,高耐磨,可自行补偿磨损量,20MPa以内密封性好,高寿命,适用重载、恶劣工况	700~650
	孔用车氏防尘	CZF-Ⅱ	0~20	-55~250	6	水、油、泥浆、水泥原油等		25~500
选择要点	① 根据密封的使用条件和特性要求,选择适当的密封型号及规格,并满足相应沟槽尺寸的要求 ② 为便于密封件的安装与维修更换,建议最好采用开式沟槽设计,大规格的活塞,最好采用分体式结构设计 ③ 普通气缸、油缸建议优先选用 TB1、TB2、TB4 系列型号的密封 ④ 高压或超高压乃至工况恶劣的液压、气动产品,尤其是水压机、钢管水压试验机等,重载液压产品可优先选用 TB5 系列型号的密封 ⑤ 旋转与摆动运动的液压、气动产品,建议优先选用 TB3 系列型号的密封 ⑥ 端部(轴向)密封,根据工况不同,可分别选用 TB1、TB4、TB5 系列型号的端部密封,其高压水压机或水压试管机可优先选用 TB5 系列的端部密封 ⑦ 良好的润滑对提高密封件的工作寿命十分重要,故动密封表面应有一定厚度的油膜,但油膜的厚度以不至于往复刮擦出现"油圈"或成滴为限,活塞杆的干磨其实对密封件的工作寿命是不利的							

密封类型及选择要点			使用条件				特性及应用	轴(孔)径 /mm
截面	名称	型号	工作压力 /MPa	工作温度 /℃	速度 /(m/s)	介 质		
选择要点			⑧ 液压产品设计时,应尽量多考虑一些设计基准与零件加工工艺基准的统一,否则,极易出现诸多零件误差积累而导致最终轴、孔相对运动件的不同心,此现象对旋转密封尤为重要,运动件的不对中、过大的径向跳动或偏摆都直接影响密封件的工作寿命 ⑨ 设计时除选择满足要求的优质密封件之外,还应选择合适的导向支撑元件及防尘装置。尤其注意导向元件应能得到充足的润滑为好。而防尘装置应选择防尘刮泥沙效果好、耐磨损,尤其是磨损后具有自动弹性补偿功能的防尘装置。导向元件与防尘装置选择得好,则可成倍提高密封装置的工作寿命 ⑩ 液压、气动产品在长期工作中,介质与环境的污染是不可避免的,尤其是恶劣工况下,如:泥浆、水泥、海水、化学制剂等,环境为湿热、盐雾、霉菌、风沙等,如何保护密封件的良好工作状态,就显得十分重要。为此,建议在液压缸活塞密封的外端(单向承压端)或两端(双向承压端)分别加装一道"车氏防尘",在活塞杆密封的外端也加一道"车氏防尘",则可大幅度提高密封件的工作寿命。因"车氏防尘"具有极强的刮泥沙性能,不易镶嵌沙粒,耐磨性好,且一旦磨损后具有自动弹性补偿功能,同时还具有承受20MPa的密封能力 ⑪ 超高压油缸的设计中,除注意常规的油缸结构设计要求外,还应注意相应承载零件的强度与刚度,尽量避免超高压下缸筒的弹性变形过大而导致活塞密封的内泄漏					

注:若工作条件超过表中数值,如有低摩擦、真空密封、耐辐射等特殊要求的液压、气动产品,或咨询有关技术,可与西安海林科工贸有限公司联系,公司地址:西安市新城区长缨北路21号,邮编:710032,电话:029-82543697。

13.2 密封材料

表 11-5-40

工 作 条 件			材 料	
工作压力 /MPa	工作温度 /℃	工 作 介 质	滑 环	O 形橡胶圈
0~500	-40~120	矿物油、气、水、乙二醇、稀盐酸、浓碱、氨、泥浆等	增强 PTFE	丁腈橡胶 NBR (强度高、弹性好)
	-55~135	矿物油、气、水、乙二醇、稀盐酸、浓碱、臭氧、氨、泥浆等	增强 PTFE	高级丁腈橡胶 HNBR (价格高)
	-50~150	磷酸酯液压油、氟利昂、刹车油、水、酸、碱等	增强 PTFE	乙丙橡胶 EPDM
	-20~200	油、气、水、酸、碱、化学品、臭氧等	增强 PTFE	氟橡胶 FKM (价格高)
	-25~250	油、气、水、酸、碱、药品、臭氧等	增强 PTFE	高级氟橡胶 FKM (价格昂贵)
	-60~230	水、酒精、臭氧、油、氨等	增强 PTFE	硅橡胶 VMQ (强度低、弹性好、价格高)

注:1. 工作压力小于等于40MPa时,O形橡胶圈选用中硬度75±5(邵尔A型)胶料;工作压力大于40MPa时,O形橡胶圈可选用中硬度或高硬度(75±5)~(85±5)(邵尔A型)胶料。
2. 车氏密封中的薄唇滑环均采用增强聚四氟乙烯(自主配方)制作,其增强填料成分,视工况而定。
3. 与滑环组合的O形橡胶圈,视工况不同可选用不同材料制作。

13.3 直角滑环式组合密封尺寸

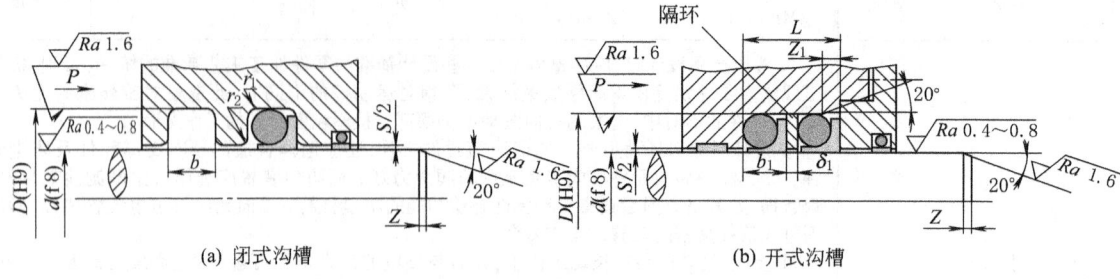

(a) 闭式沟槽　　　　　　(b) 开式沟槽

$d \leqslant 200$mm 时，建议采用开式沟槽结构。开式沟槽宽度 L 按下式确定：

$$L = nb_1 + (n-1)\delta_1$$

式中　n——密封件组数（用户自定）；
　　　b_1——组合密封件宽度；mm；
　　　δ_1——隔环厚度，mm。

往复轴用密封（TB1-ⅠA）

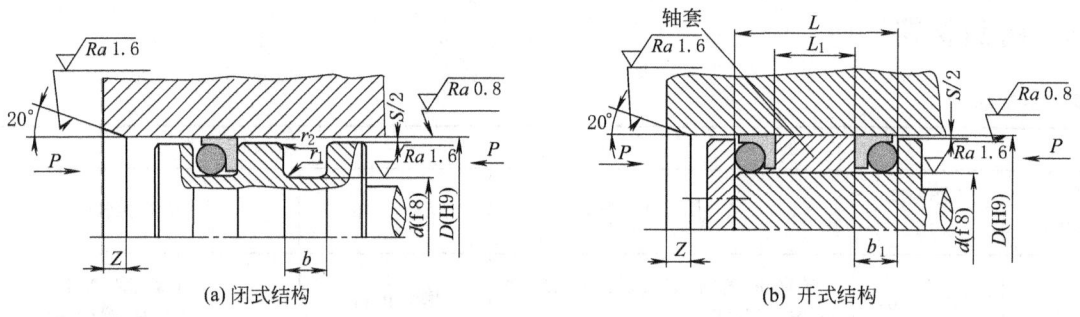

(a) 闭式结构　　　　　　(b) 开式结构

1. $D \leqslant 200$mm 时，建议采用开式沟槽结构。开式沟槽宽度 L 按下式确定：

$$L = 2b_1 + L_1$$

式中　b_1——组合密封件宽度；mm；
　　　L_1——轴套长度（用户自定），mm。

2. 轴套材料可选用青铜、铸铁、夹布胶木或钢（加导向环）等制作。

往复孔用密封（TB1-ⅡA）

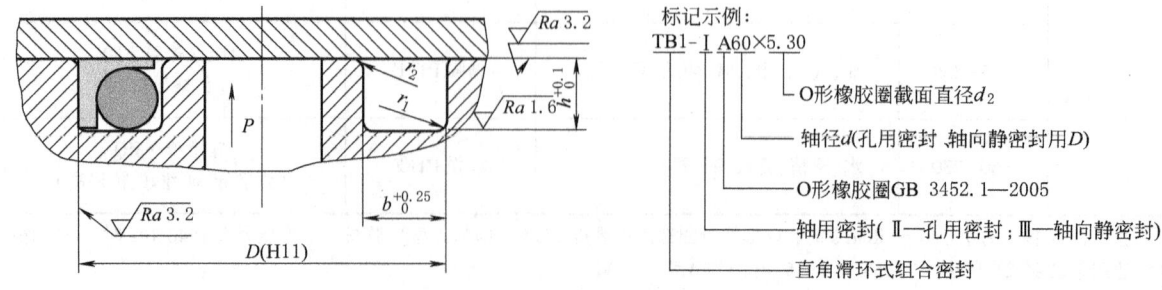

标记示例：
TB1-ⅠA60×5.30
- O形橡胶圈截面直径 d_2
- 轴径 d（孔用密封、轴向静密封用 D）
- O形橡胶圈 GB 3452.1—2005
- 轴用密封（Ⅱ—孔用密封；Ⅲ—轴向静密封）
- 直角滑环式组合密封

轴向（端部）密封（TB1-ⅢA）

表 11-5-41   mm

往复轴用密封(TB1-ⅠA)											
d(f8)	D(H9)	$b_0^{+0.2}$	b_1	$\delta_1 \geq$	d_2	r_1	r_2	S	Z	Z_1	
8~17	$d+5$	4.2	3.8	2	2.65	0.2~0.4	0.1~0.3	0.3	2	1.5	
18~39	$d+6.6$	5.2	4.7	3	3.55	0.4~0.8		0.3	3	2.0	
40~108	$d+9.6$	7.8	7.0	4	5.30			0.4	5		
109~900	$d+12.5$	9.8	8.8	5	7.00	0.8~1.2		0.4	7	3.0	

往复孔用密封(TB1-ⅡA)								
D(H9)	d(f8)	$b_0^{+0.2}$	b_1	d_2	r_1	r_2	S	Z
13~23	$D-5.3$	4.2	3.8	2.65	0.4~0.6	0.1~0.3	0.3~0.4	2
24~49	$D-6.8$	5.2	4.7	3.55				3
50~121	$D-10.0$	7.6	7.0	5.30			0.4~0.6	5
122~900	$D-13.0$	9.6	8.8	7.00				7

轴向(端部)密封(TB1-ⅢA)					
D(H11)	d_2	$b_0^{+0.25}$	$h_0^{+0.1}$	r_1	r_2
15~26	2.65	4.5	2.4	0.2~0.4	0.1~0.3
27~50	3.55	5.6	3.2	0.4~0.8	
51~128	5.30	7.9	4.8		
129~690	7.00	10.5	6.3	0.8~1.2	

13.4 脚形滑环式组合密封尺寸

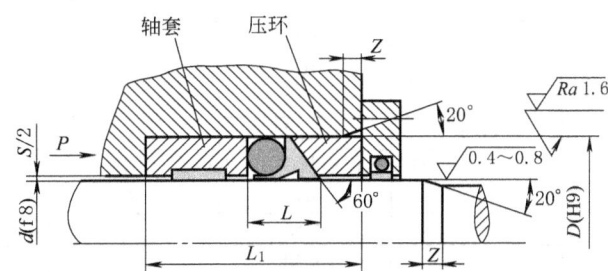

1. 图中 L_1 尺寸由用户按单组或多组密封自定。
2. 轴套材料可选用青铜、铸铁、夹布胶木或钢（加导向环）等制作。
3. 必须采用开式沟槽。

往复轴用密封（TB2-Ⅰ、TB2-ⅠA）

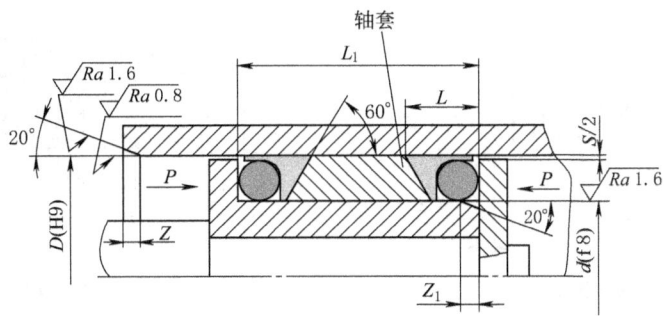

1. 图中 L_1 尺寸由用户自定。
2. 轴套材料可选用青铜、铸铁、夹布胶木或钢（加导向环）等制作。

往复孔用密封（TB2-Ⅱ、TB2-ⅡA）

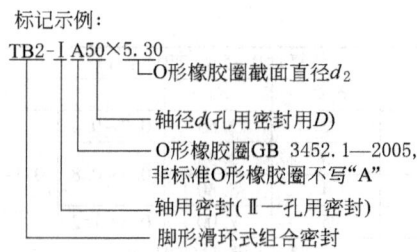

标记示例:
TB2-ⅠA50×5.30
- O形橡胶圈截面直径d_2
- 轴径d(孔用密封用D)
- O形橡胶圈 GB 3452.1—2005,非标准O形橡胶圈不写"A"
- 轴用密封(Ⅱ—孔用密封)
- 齿形滑环式组合密封

表 11-5-42   mm

往复轴用密封(TB2-Ⅰ)					
d(f8)	D(H9)	L	d_2	S	Z
51~95	d+13.8	13.3	8.0	0.4	4
96~140	d+18.0	17.4	10.0		5
141~200	d+22.2	21.3	13.0		7
201~420	d+30.0	27.0	16.0		
往复轴用密封(TB2-ⅠA)					
d(f8)	D(H9)	L	d_2	S	Z
8~17	d+4.9	4.6	2.65	0.2	2
18~39	d+6.5	6.0	3.55		3
40~108	d+9.5	9.0	5.30	0.3	5
109~670	d+12.5	12.0	7.00	0.4	7
往复孔用密封(TB2-Ⅱ)						
D(H9)	d(f8)	L	d_2	S	Z	Z_1
65~110	D-15.4	13.8	8.0	0.4~0.6	4	1.5
115~180	D-20.5	17.8	10.0		5	2.0
185~250	D-25.0	21.7	13.0		7	2.5
260~500	D-30.8	26.8	16.0			
往复孔用密封(TB2-ⅡA)						
D(H9)	d(f8)	L	d_2	S	Z	Z_1
25~49	D-7.2	6.2	3.55	0.3~0.5	3	1.5
50~121	D-10.4	9.0	5.30		5	2.0
122~685	D-13.6	12.0	7.00	0.4~0.6	7	2.5

13.5 齿形滑环式组合密封尺寸

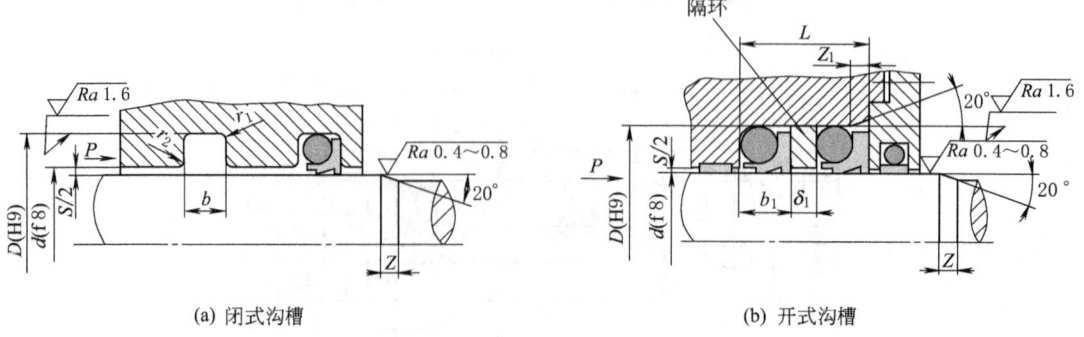

(a) 闭式沟槽　　(b) 开式沟槽

$d \leq 200$mm 时,建议采用开式沟槽结构。开式沟槽宽度 L 按下式确定:

$$L = nb_1 + (n-1)\delta_1$$

式中　n——密封件组数(用户自定);
　　　b_1——组合密封件宽度,mm;

δ_1——隔环厚度，mm。

旋转或往复轴用密封（TB3-Ⅰ）

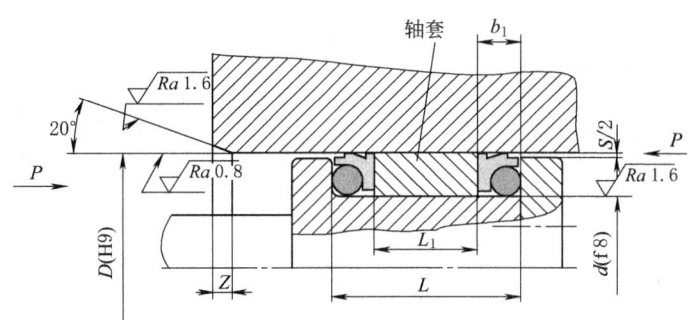

1. 开式沟槽

$$L = 2b_1 + L_1$$

式中　b_1——组合密封件宽度；mm；
　　　L_1——轴套长度（用户自定），mm。
2. 轴套材料可选用青铜、铸铁、夹布胶木或钢（加导向环）等制作。

旋转或往复孔用密封（TB3-Ⅱ）

标记示例：

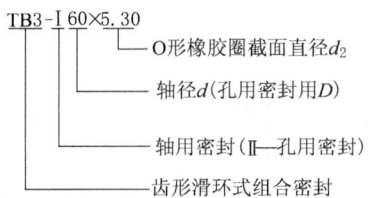

表 11-5-43　　　　　　　　　　　　　　　　　　　　　　　　　　　　　　　　　　　　　mm

旋转或往复轴用密封（TB3-Ⅰ）										
$d(f8)$	$D(H9)$	$b_0^{+0.2}$	b_1	$\delta_1 \geqslant$	d_2	r_1	r_2	S	Z	Z_1
6~15	$d+6.3$	4.0	3.7	2	2.65	0.2~0.4		0.3	2	1.0
16~38	$d+8.2$	5.2	4.6	3	3.55	0.4~0.8	0.1~0.3	0.3	3	1.5
39~110	$d+11.7$	7.6	7.0	4	5.30			0.4	5	2.0
111~670	$d+16.8$	9.6	8.8	5	7.00	0.8~1.2		0.4	7	2.5
671~1000*	$d+19.8$	12.0	11.2	7	8.60	1.2~1.5		0.6	9	3.0

旋转或往复孔用密封（TB3-Ⅱ）					
$D(H9)$	$d(f8)$	b_1	d_2	S	Z
14~25	$D-6.3$	3.8	2.65	0.3~0.5	3
26~51	$D-8.2$	4.7	3.55		
52~127	$D-11.7$	7.0	5.30		5
128~500	$D-16.8$	8.8	7.00	0.4~0.6	7
501~1000	$D-19.8$	11.2	8.60		9

注：1. 标有 * 的轴径尺寸仅适用于旋转密封。
2. 旋转轴的表面硬度 HRC≥55。

13.6 C形滑环式组合密封尺寸

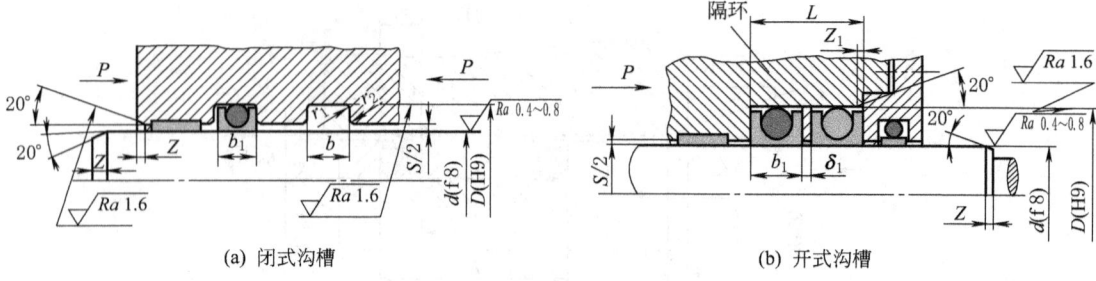

(a) 闭式沟槽　　　　　　　(b) 开式沟槽

$d \leqslant 200$mm 时，建议采用开式沟槽结构。开式沟槽宽度 L 按下式确定：

$$L = nb_1 + (n-1)\delta_1$$

式中　n——密封件组数（用户自定）；
　　　b_1——组合密封件宽度，mm；
　　　δ_1——隔环厚度，mm。

往复轴用密封（TB4-ⅠA）

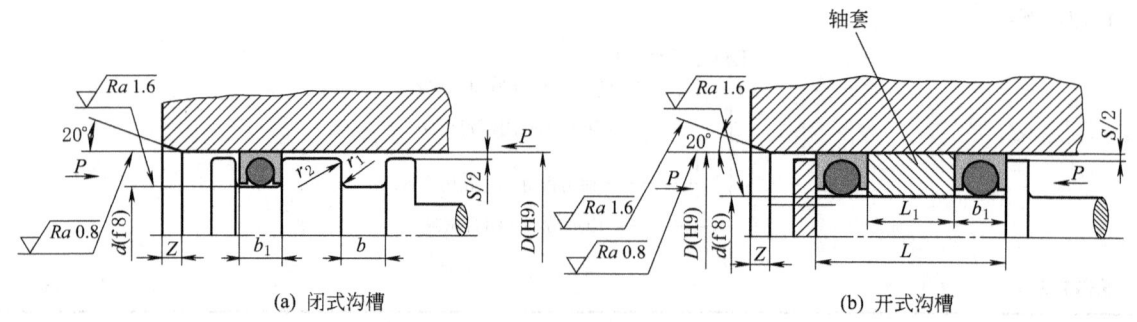

(a) 闭式沟槽　　　　　　　(b) 开式沟槽

1. $D \leqslant 200$mm 时，建议采用开式沟槽结构。开式沟槽宽度 L 按下式确定：

$$L = 2b_1 + L_1$$

式中　b_1——组合密封件宽度；mm；
　　　L_1——轴套长度（用户自定），mm。

2. 轴套材料可选用青铜、铸铁、夹布胶木或钢（加导向环）等制作。

往复孔用密封（TB4-ⅡA）

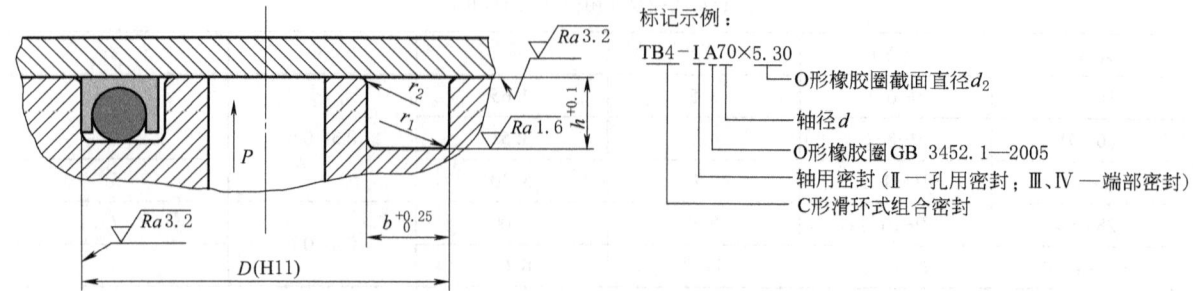

标记示例：

TB4-ⅠA70×5.30
　　　　　└── O形橡胶圈截面直径 d_2
　　　　└── 轴径 d
　　　└── O形橡胶圈GB 3452.1—2005
　　└── 轴用密封（Ⅱ—孔用密封；Ⅲ、Ⅳ—端部密封）
　└── C形滑环式组合密封

轴向（端部）密封（TB4-ⅢA）

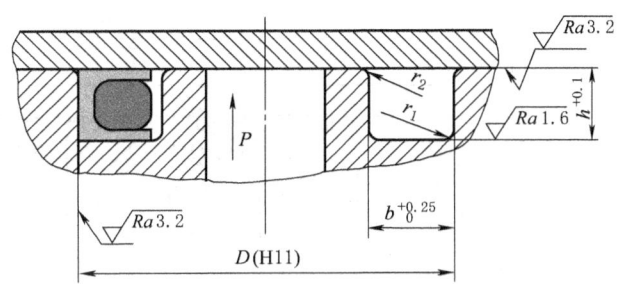

轴向（端部）密封（TB4-ⅣA）

表 11-5-44　　　　　　　　　　　　　　　　　　　　　　　　　　　　　　　　　　　mm

往复轴用密封(TB4-ⅠA)										
d(f8)	D(H9)	$b_0^{+0.2}$	b_1	$\delta_1 \geqslant$	d_2	r_1	r_2	S	Z	Z_1
7~17	d+5.0	5.0	3.7	2	2.65	0.2~0.4	0.1~0.3	0.3	2	1.5
18~39	d+6.6	6.2	5.7	3	3.55	0.4~0.8			3	
40~108	d+9.9	9.2	8.5	4	5.30			0.4	5	2.5
109~670	d+13.0	12.3	10.4	5	7.00	0.8~1.2			7	3.0

往复孔用密封(TB4-ⅡA)								
D(H9)	d(f8)	$b_0^{+0.2}$	b_1	d_2	r_1	r_2	S	Z
8~12	D-3.8	4.0	3.0	1.80	0.3	0.1~0.3	0.3~0.5	2
13~23	D-5.2	4.7	4.3	2.65				3
24~49	D-6.8	6.2	5.7	3.55	0.4~0.6			5
50~121	D-10.0	9.2	8.5	5.30			0.4~0.6	7
122~685	D-13.0	12.3	10.4	7.00				

轴向(端部)密封(TB4-ⅢA)					
D(H11)	d_2	$b_0^{+0.25}$	$h_0^{+0.1}$	r_1	r_2
15~26	2.65	5.5	2.4	0.2~0.4	0.1~0.3
27~50	3.55	6.6	3.2	0.4~0.8	
51~128	5.30	9.6	4.8		
129~690	7.00	11.7	6.3	0.8~1.2	

轴向(端部)密封(TB4-ⅣA)					
D(H11)	d_2	$b_0^{+0.25}$	$h_0^{+0.1}$	r_1	r_2
15~30	2.65	5.3	4.0	0.2~0.4	0.1~0.3
31~55	3.55	7.4	5.3		
56~130	5.30	9.8	7.1	0.4~0.6	
131~690	7.00	12.4	8.6		

13.7　帽形滑环式组合密封尺寸

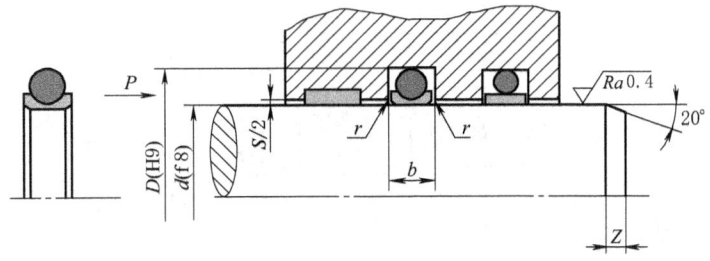

往复轴用密封（TB6-ⅠA）

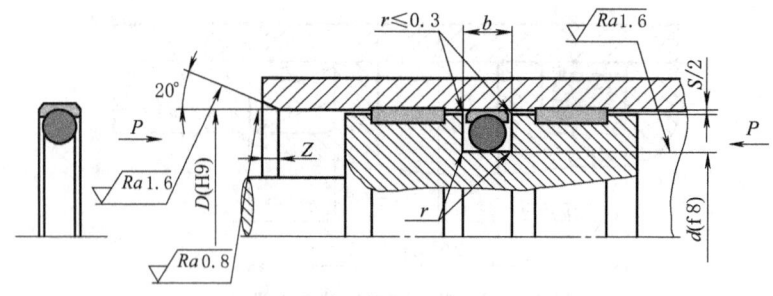

往复孔用密封（TB6-ⅡA）

标记示例：

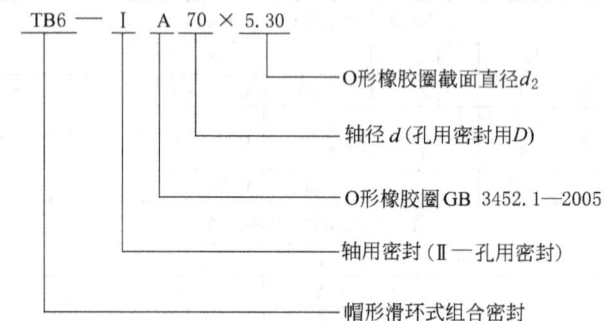

表 11-5-45　　　mm

往复轴用密封（TB6-ⅠA）						
$d(f8)$	$D(H9)$	$b^{+0.2}_{\ 0}$	d_2	r	S	Z
3~7	d+3.5	2.4	1.80	0.3	0.3	2
8~27	d+5.0	3.5	2.65	0.3	0.3	3
28~39	d+6.8	4.8	3.55	0.4	0.3	4
40~200	d+10.0	7.1	5.30	0.5	0.4	5
往复孔用密封（TB6-ⅡA）						
$D(H9)$	$d(f8)$	$b^{+0.2}_{\ 0}$	d_2	r	S	Z
13~23	D-5.2	3.5	2.65	0.3	0.3	3
24~49	D-6.9	4.8	3.55	0.4	0.3	4
50~210	D-10.2	7.1	5.30	0.5	0.4	5

注：超过表中规格范围，建议选用 C 形滑环组合密封 TB4-ⅠA 型或 TB4-ⅡA 型。

13.8　低摩擦齿形滑环式组合密封尺寸

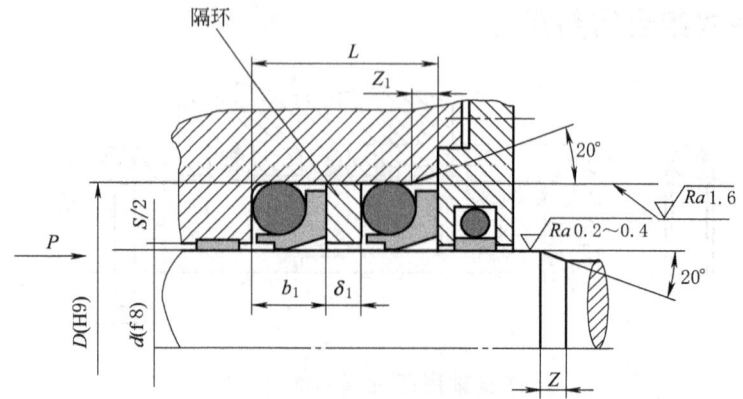

1. 轴的表面硬度 HRC≥55，$Ra \leq 0.2 \sim 0.4 \mu m$。
2. 必须采用开式沟槽结构。开式沟槽宽度 L 按下式确定：

$$L = nb_1 + (n-1)\delta_1$$

式中　n——密封件组数（用户自定）；
　　　b_1——组合密封件宽度；mm；
　　　δ_1——隔环厚度，mm。

旋转或往复轴用密封（TB3-ⅠA）

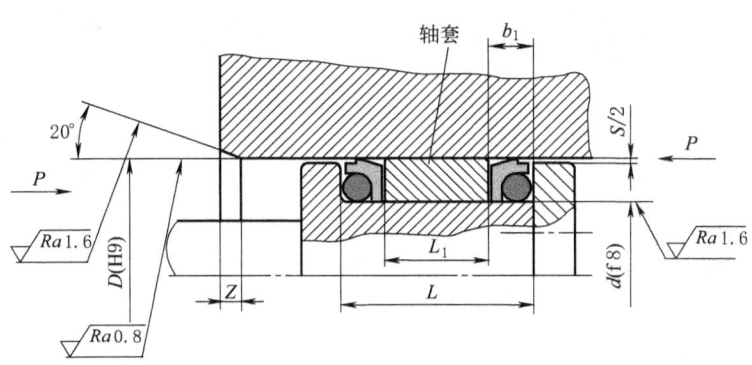

1. 开式沟槽宽度 L 按下式确定：

$$L = 2b_1 + L_1$$

式中　b_1——组合密封件宽度；mm；
　　　L_1——轴套长度（用户自定），mm。
2. 轴套材料可选用青铜、铸铁、夹布胶木或钢（加导向环）等制作。

旋转或往复孔用密封（TB3-ⅡA）

标记示例：

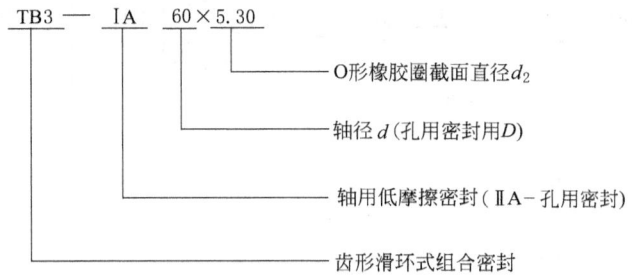

表 11-5-46　　　　　　　　　　　　　　　　　　　　　　　　　　　　　　　　　　mm

旋转或往复轴用密封（TB3-ⅠA）									
d(f8)	D(H9)	b_1	$\delta_1 \geqslant$	d_2	r_1	r_2	S	Z	Z_1
6~15	$d+6.3$	3.7	2	2.65	0.2~0.4	0.1~0.3	0.3	2	1.0
16~38	$d+8.2$	4.6	3	3.55	0.4~0.8			3	1.5
39~110	$d+11.7$	7.0	4	5.30			0.4	5	2.0
111~670	$d+16.8$	8.8	5	7.00	0.8~1.2			7	2.5
旋转或往复孔用密封（TB3-ⅡA）									
D(H9)	d(f8)	b_1	d_2		S		Z		
14~25	$D-6.3$	3.8	2.65		0.3~0.5		3		
26~51	$D-8.2$	4.7	3.55						
52~127	$D-11.7$	7.0	5.30		0.4~0.6		5		
128~690	$D-16.8$	8.8	7.00				7		

13.9 重载齿形滑环式组合密封尺寸

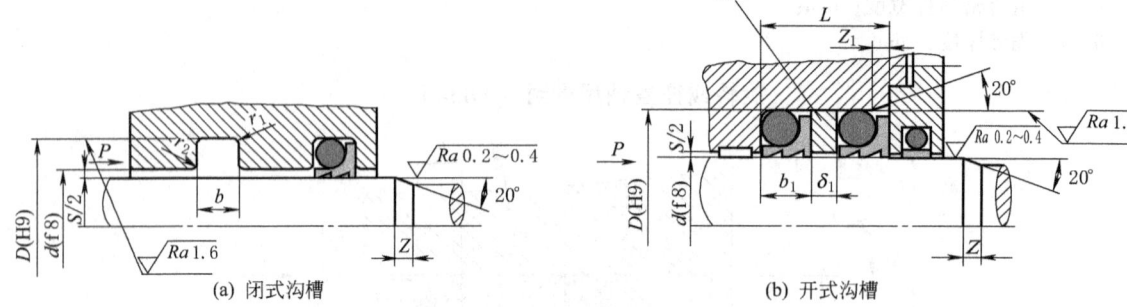

(a) 闭式沟槽　　　　　　　(b) 开式沟槽

1. 轴的表面硬度 HRC≥55。
2. d≤200mm 时，建议采用开式沟槽结构。开式沟槽宽度 L 按下式确定：

$$L = nb_1 + (n-1)\delta_1$$

式中　n——密封件组数（用户自定）；
　　　b_1——组合密封件宽度，mm；
　　　δ_1——隔环厚度，mm。

旋转轴用密封（TB3-ⅠB）

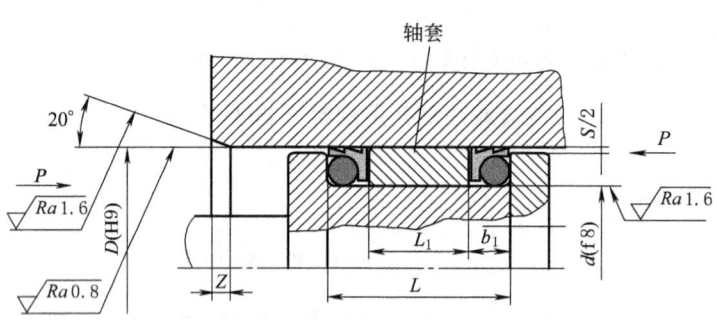

1. 开式沟槽宽度 L 按下式确定：

$$L = 2b_1 + L_1$$

式中　b_1——组合密封件宽度；mm；
　　　L_1——轴套长度（用户自定），mm。
2. 轴套材料可选用青铜、铸铁、夹布胶木或钢（加导向环）等制作。

旋转孔用密封（TB3-ⅡB）

标记示例：

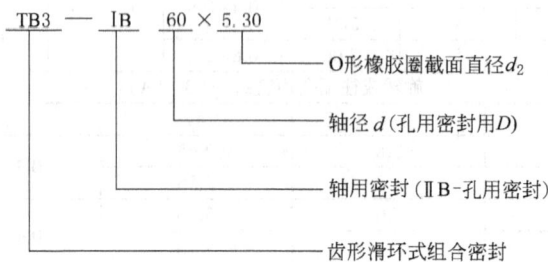

表 11-5-47   mm

旋转轴用密封（TB3-ⅠB）

d(f8)	D(H9)	$b_0^{+0.2}$	b_1	$\delta_1 \geqslant$	d_2	r_1	r_2	S	Z	Z_1
6~15	d+6.3	4.0	3.7	2	2.65	0.2~0.4	0.1~0.3	0.3	2	1.0
16~38	d+8.2	5.2	4.6	3	3.55	0.4~0.8			3	1.5
39~110	d+11.7	7.6	7.0	4	5.30			0.4	5	2.0
111~670	d+16.8	9.6	8.8	5	7.00	0.8~1.2			7	2.5
671~1000	D+19.8	12.0	11.2	7	8.60			0.6	9	

旋转孔用密封（TB3-ⅡB）

D(H9)	d(f8)	b_1	d_2	S	Z
26~51	D-8.2	4.7	3.55	0.3~0.5	3
52~127	D-11.7	7.0	5.30		5
128~690	D-16.8	8.8	7.00	0.4~0.6	7
691~1000	D-19.8	11.2	8.60		9

13.10　耐高压 J 形滑环式组合密封尺寸

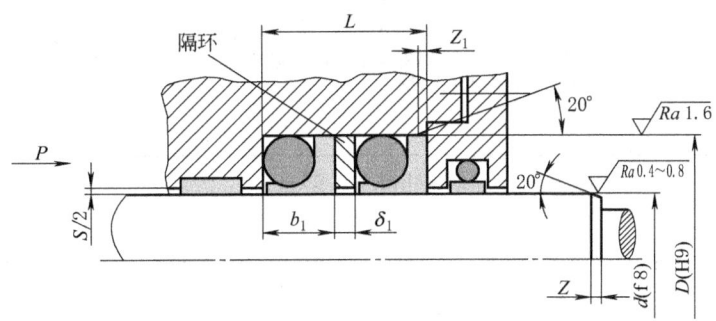

1. 开式沟槽宽度 L 按下式确定：

$$L = nb_1 + (n-1)\delta_1$$

式中　n——密封件组数（用户自定）；
　　　b_1——组合密封件宽度，mm；
　　　δ_1——隔环厚度，mm。

2. 工作压力 $P \geqslant 300$MPa 时，请与厂家直接联系。

往复轴用密封（TB5-ⅠA）

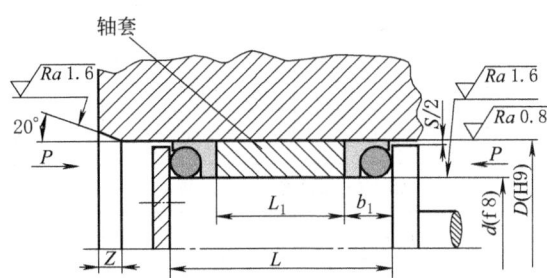

1. 沟槽宽度 L 按下式确定：

$$L = 2b_1 + L_1$$

式中　b_1——组合密封件宽度；mm；
　　　L_1——轴套长度（用户自定），mm。

2. 轴套材料可选用青铜、铸铁、夹布胶木或钢（加导向环）等制作。

3. 工作压力 $P \geqslant 300\mathrm{MPa}$ 时，请与厂家直接联系。

往复孔用密封（TB5-ⅡA）

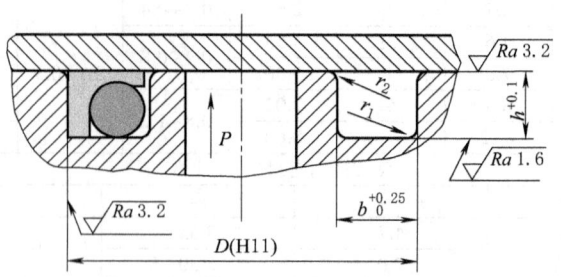

轴向（端部）密封（TB5-ⅢA）

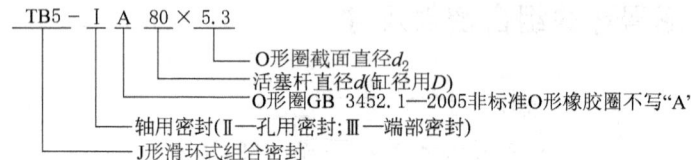

标记示例：

```
TB5 - Ⅰ A  80 × 5.3
                  └── O形圈截面直径 d₂
              └────── 活塞杆直径 d(缸径用D)
       └───────────── O形圈GB 3452.1—2005非标准O形橡胶圈不写"A"
     └──────────────  轴用密封(Ⅱ—孔用密封；Ⅲ—端部密封)
└─────────────────── J形滑环式组合密封
```

表 11-5-48   mm

往复轴用密封(TB5-ⅠA)							
d(f8)	D(H9)	b_1	$\delta_1 \geqslant$	d_2	S	Z	Z_1
6~17	d+5.4	6.0	3	2.65	0.3	3	1.5
18~39	d+6.8	7.0	3	3.55	0.3	3	1.5
40~106	d+10.2	10.0	4	5.30	0.4	5	2.5
107~670	d+13.4	12.7	5	7.00	0.4	7	3.0

往复孔用密封(TB5-ⅡA)						
D(H9)	d(f8)	b_1	d_2	S	Z	
14~25	D-5.6	5.8	2.65	0.3~0.4	3	
26~49	D-7.1	6.8	3.55	0.3~0.4	3	
50~121	D-10.8	9.6	5.30	0.3~0.4	5	
122~900	D-14.3	12.4	7.00	0.4~0.6	7	

轴向(端部)密封(TB5-ⅢA)					
D(H11)	d_2	$b_0^{+0.25}$	$h_0^{+0.1}$	r_1	r_2
13~28	2.65	6.0	2.8	0.4~0.8	0.1~0.3
29~54	3.55	6.6	3.6	0.4~0.8	0.1~0.3
55~128	5.30	9.1	5.3	0.4~0.8	0.1~0.3
129~900	7.00	11.8	7.2	0.8~1.2	0.1~0.3

13.11 车恒德防尘密封尺寸

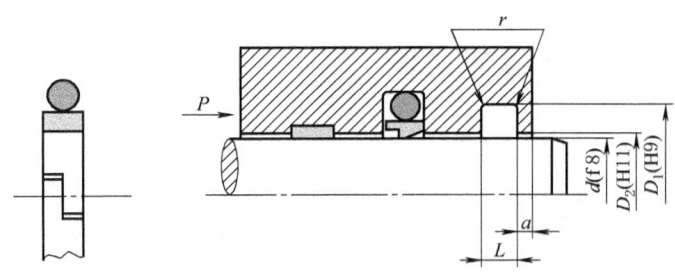

旋转或往复轴用防尘密封（CZF-Ⅰ）

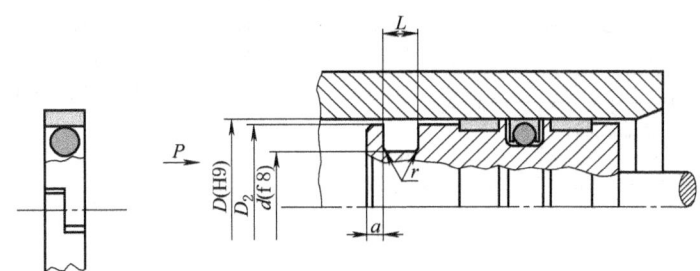

往复孔用防尘密封（CZF-Ⅱ）

标记示例：

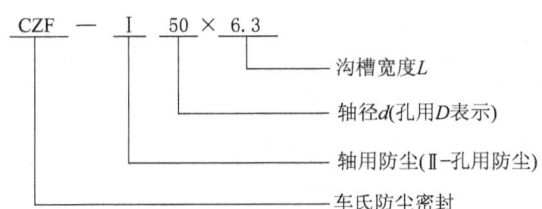

表 11-5-49　　　　　　　　　　　　　　　　　　　　　　　　　　　　　　　　　　　　　mm

旋转或往复轴用防尘密封（CZF-Ⅰ）					
d(f8)	D(H9)	$L_0^{+0.2}$	D_2(H11)	r	$a \geqslant$
7~19	d+7.9	3.2	d+1.0	0.4~0.8	3
20~39	d+7.9	4.2	d+1.0		3
40~69	d+8.8	6.3	d+1.0		3
70~139	d+12.2	8.1	d+1.5	0.8~1.2	4
140~284	d+16.0	9.5	d+2.0		5
285~650	d+24.0	14.0	d+2.0		6
往复孔用防尘密封（CZF-Ⅱ）					
D(H9)	d(f8)	$L_0^{+0.2}$	D_2	r	$a \geqslant$
25~55	D-11.0	4.2	D-0.4	0.8	4
56~120	D-15.1	6.3	D-0.6	0.8	4
121~500	D-21.0	8.1	D-0.8	1.5	6

注：车恒德（西安车氏）防尘密封有下列特点：
1. 刮泥效果好，且不伤防尘表面。
2. 防尘密封上开有搭接口，具有自动弹性补偿功能。
3. 除防尘功能外，还具有密封能力，密封压力达 20MPa。
4. 结构简单，安装方便。

14 气缸用密封圈(摘自 JB/T 6657—1993)

14.1 气缸活塞密封用 QY 型密封圈

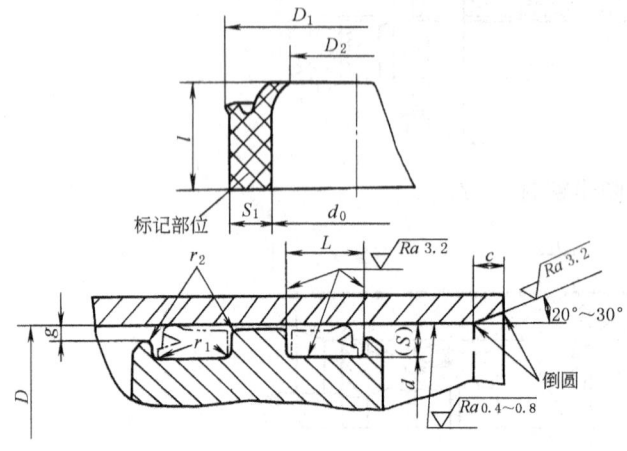

适用范围：以压缩空气为介质、温度-20~80℃、压力小于等于1.6MPa的气缸。

材料：聚氨酯橡胶（HG/T 2810 Ⅱ 类材料），见表11-5-64

标记示例：$D=100$mm，$d=90$mm，$S=5$mm 的气缸用 QY 型密封圈，标记为

密封圈 QY100×90×5 JB/T 6657—1993

表 11-5-50　　　　　　　　　　　　　　　　　　　　　　　　　　　　　　　　　　mm

D (H10)	密封圈										S	沟槽		$L^{+0.25}_{0}$	c ≥	r_1 ≤	r_2 ≤	g
	d_0		S_1		D_1		D_2		l			d						
	基本尺寸	极限偏差	基本尺寸	极限偏差	基本尺寸	极限偏差	基本尺寸	极限偏差	基本尺寸	极限偏差		基本尺寸	极限偏差					
40	31	+0.10 −0.30	4	−0.05 −0.30	41.2	+0.40 0	30	0 −0.40	8	+0.20 −0.10	4	32	+0.06 −0.11	9	2	0.3	0.3	0.5
50	41				51.2		40					42						
63	52	+0.20 −0.50	5	−0.08 −0.30	64.4	+0.50 0	51	0 −0.50	12	+0.30 −0.15	5	53	+0.11 −0.14	13	2.5	0.4	0.4	1
80	69				81.4		68					70						
90	79				91.4		78					80						
100	89				101.4		88					90						
110	99				111.4		98					100						
125	114				126.4	+0.60 0	113					115						
140	129				141.4		128					130						
160	149				161.4		148					150						
180	164	+0.20 −0.30	7.5	−0.10 −0.30	181.6		162	0 −0.70	16	+0.40 −0.20	7.5	165	+0.14 −0.17	17	4	0.6	0.6	1.5
200	184				201.6		182					185						
220	204				221.6	+0.70 0	202					205						
250	234				251.6		232					235						
320	304				321.6		302					305						
400	379	+0.20 −1.20	10	−0.12 −0.36	402	+0.80 0	377	0 −0.80	20	+0.60 −0.20	10	380	+0.17 −0.20	21	5	0.8	0.8	2
500	479				502		477					480						
630	609				632		607					610						

14.2 气缸活塞杆密封用 QY 型密封圈

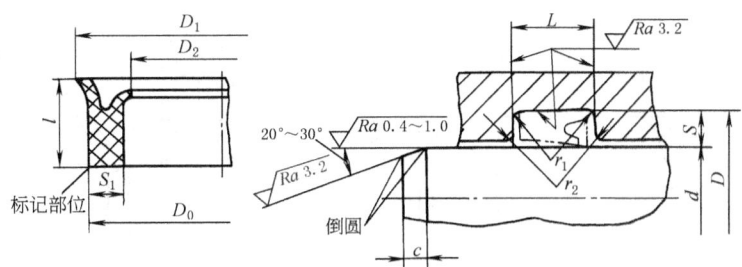

适用范围、材料见表 11-5-50

标记示例：$d=50$mm，$D=60$mm，$S=5$mm 的活塞杆用 QY 型密封圈，标记为

  密封圈 QY50×60×5 JB/T 6657—1993

表 11-5-51   mm

d	密封圈										S	沟槽			c	r_1	r_2
	D_0		S_1		D_1		D_2		l			D		$L_0^{+0.25}$			
(f 9)	基本尺寸	极限偏差	基本尺寸	极限偏差	基本尺寸	极限偏差	基本尺寸	极限偏差	基本尺寸	极限偏差		基本尺寸	极限偏差		≥	≤	≤
6	12.1				13.3		5.2					12					
8	14.1				15.3		7.2					14					
10	16.1	+0.20 0	3	-0.06 -0.21	17.3	+0.30 0	9.2	0 -0.30	6	+0.20 -0.10	3	16	+0.11 -0.03	7	2	0.3	0.3
12	18.1				19.3		11.2					18					
14	20.1				21.3		13.2					20					
16	22.1				23.3		15.2					22					
18	24.1				25.3		17.2					24					
20	26.1	+0.20 0	3		27.3	+0.30 0	19.2	0 -0.30	6		3	26	+0.11 -0.03	7			
22	28.1				29.3		21.2					28					
25	31.1			-0.06 -0.21	32.3		24.2			+0.20 -0.10		31			2	0.3	0.3
28	36.1				37.3		26.8					36					
32	40.1				41.3		30.8					40					
36	44.1	+0.30 0	4		45.3	+0.40 0	34.8	0 -0.40	8		4	44	+0.11 -0.06	9			
40	48.1				49.3		38.8					48					
45	53.1				54.3		43.8					53					
50	60.2				61.6		48.6					60					
56	66.2				67.6		54.6					66					
63	73.2				74.6		61.6					73					
70	80.2				81.6		68.6					80					
80	90.2	+0.50 0	5	-0.08 -0.30	91.6	+0.50 0	78.6	0 -0.50	12	+0.30 -0.15	5	90	+0.14 -0.11	13	2.5	0.4	0.4
90	100.2				101.6		88.6					100					
100	110.2				111.6		98.6					110					
110	120.2				121.6		108.6					120					
125	135.2				136.6		123.6					135					
140	150.2				151.6		138.6					150					
160	175.2				176.8		158.4					175					
180	195.2				196.8		178.4					195					
200	215.2				216.8		198.4					215					
220	235.2	+0.80 0	7.5	-0.10 -0.30	236.8	+0.70 0	218.4	0 -0.70	16	+0.40 -0.20	7.5	235	+0.17 -0.14	17	4	0.6	0.6
250	265.2				266.8		248.4					265					
280	295.2				296.8		278.4					295					
320	335.2				336.8		318.4					335					
360	380.3	+1.20 0	10	-0.12 -0.36	382.3	+0.80 0	358	0 -0.80	20	+0.60 -0.20	10	380	+0.20 -0.17	21	5		
400	420.3				422.3		398					420					

14.3 气缸活塞杆用 J 型防尘圈

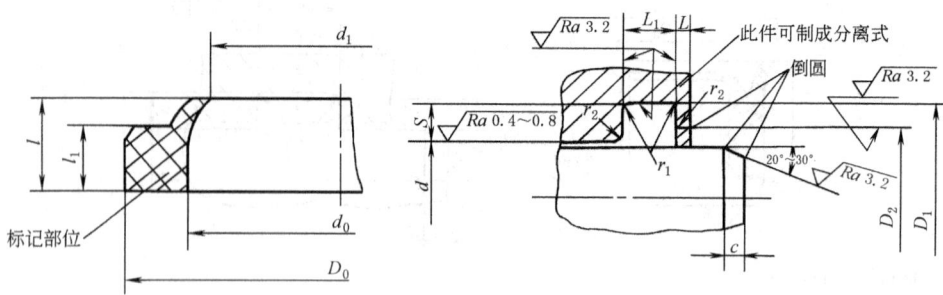

适用范围及材料见表 11-5-50

标记示例：$d=50$mm，$D_1=60.5$mm，$L_1=6$mm 的 J 型防尘圈，标记为

防尘圈 J50×60.5×6 JB/T 6657—1993

表 11-5-52   mm

d (f9)	防尘圈 D_0 基本尺寸	极限偏差	d_0 基本尺寸	极限偏差	d_1 基本尺寸	极限偏差	l 基本尺寸	极限偏差	l_1 基本尺寸	极限偏差	沟槽 D_1 基本尺寸	极限偏差	$D_2^{+0.20}_{\ 0}$	$L_1^{+0.20}_{\ 0}$	$L \geqslant$	S	$c \geqslant$	$r_1, r_2 \leqslant$
6	14.5		7		5.4						14.5	+0.11 0	11		4		4	
8	16.5		9		7.4						16.5		13					
10	18.5		11		9.4		7		4		18.5		15					
12	20.5		13		11.4						20.5		17					
14	22.5		15		13.4						22.5	+0.13 0	19					
16	26.5		17		15.4						26.5		21					
18	28.5		19		17.4						28.5		23					
20	30.5	+0.30 0	21		19.4		9		5		30.5		25		5	3	2	0.3
22	32.5		23		21.4						32.5		27				5	
25	35.5		26		24.4						35.5		30					
28	38.5		29		27.4						38.5	+0.16 0	33					
32	42.5		33		31						42.5		38					
36	46.5		37		35						46.5		42					
40	50.5		41		39	0 −0.50	10	±0.40	6	0 −0.20	50.5		46		6		4.9	
45	55.5		46	±0.30	44						55.5		51					
50	60.5		51		49						60.5	+0.19 0	56					
56	68.5		57		54.5						68.5		62					
63	75.5		64		61.4						75.5		69					
70	82.5	+0.40 0	71		68.5		11		7		82.5		76		7	3.5	5.9	2.5	0.4
80	92.5		81		78.5						92.5	+0.22 0	86					
90	102.5		91		88.3						102.5		96					
100	112.5		101		98.3						112.5		106					
110	124.5		111		108.3		12		8		124.5		117		8		6.8	
125	139.5		126		123.3						139.5	+0.25 0	132					
140	158.5	+0.50 0	141		128.3						158.5		147		4		4	0.6
160	178.5		161		158.5		14		9		178.5		167		9		8.8	
180	198.5		181		178.3						198.5	+0.29 0	187					
200	218.5		201		198.3						218.5		207					

14.4 气缸用 QH 型外露骨架橡胶缓冲密封圈

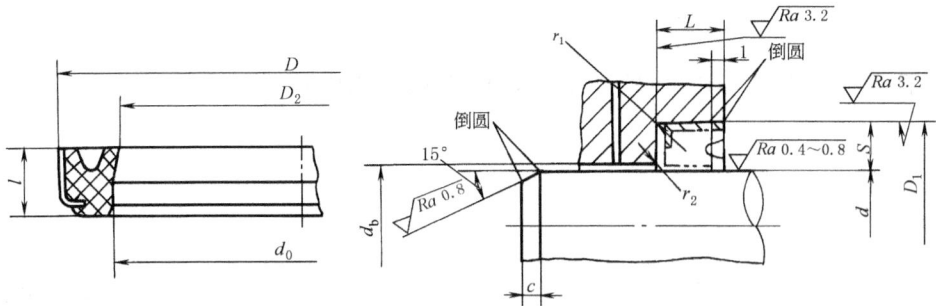

适用范围及材料见表 11-5-50

标记示例：d=50mm，D_1=62mm，L=7mm 的 QH 型外露骨架橡胶缓冲密封圈，标记为

密封圈 QH50×62×7 JB/T 6657—1993

表 11-5-53   mm

d (f9)	密封圈									沟槽					
	D		D_2		d_0		l		D_1		$L^{+0.20}_{0}$	$d_b^{+0.10}_{0}$	S	c ≥	r_1, r_2 ≤
	基本尺寸	极限偏差	基本尺寸	极限偏差	基本尺寸	极限偏差	基本尺寸	极限偏差	基本尺寸	极限偏差					
16	24	+0.10 +0.05	15.5	0 −0.50	16.6	+0.10 0	5	±0.50	24	+0.021 0	5	17	4	3	0.3
18	26		17.5		18.6				26			19			
20	28		19.5		20.6				28			21			
22	30		21.5		22.6				30			23			
24	32		23.5		24.6				32			25			
28	36		27.5		28.6				36			29			
30	40		29.5		30.8				40	+0.025 0		31			
35	45		34.5		35.8				45			36			
38	48		37.5		38.8		6		48		6	39	5		
40	50		39.1		40.8				50			41			
45	55		44.1		45.8				55			46			
50	62		49.1		51				62	+0.03 0		51.5		4	
55	67		54.1		56		7		67		7	56.5	6		
65	77		64.1		66				77			66.5			

15 Y_X 形密封圈

15.1 孔用 Y_X 形密封圈（摘自 JB/ZQ 4264—2006）

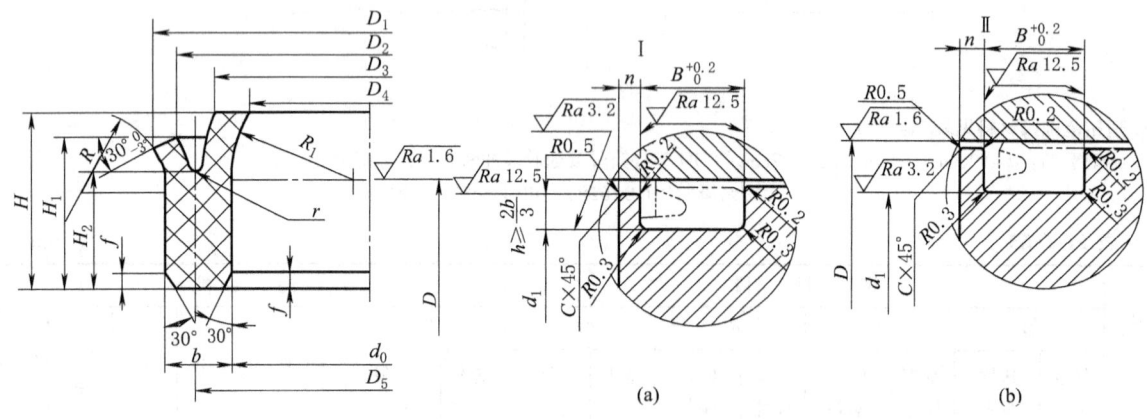

$p \leqslant 16\text{MPa}$(无挡圈沟槽)

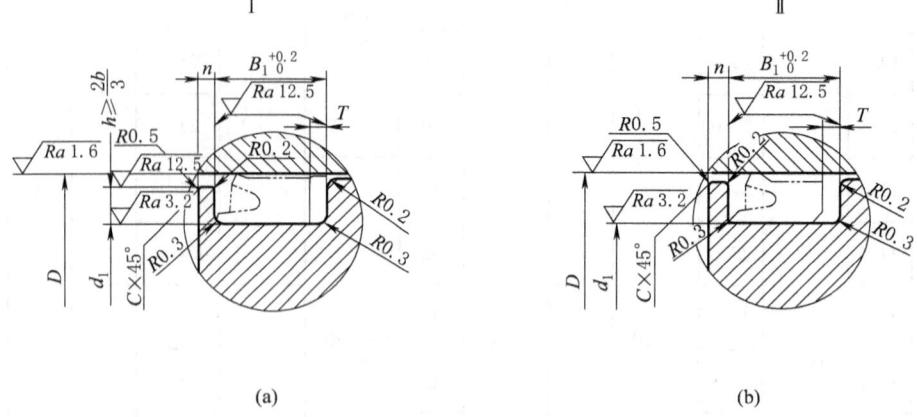

$p > 16\text{MPa}$(有挡圈沟槽)

适用范围：以空气、矿物油为介质的各种机械设备中，温度 $-40 \sim 80$℃，工作压力 $p \leqslant 31.5\text{MPa}$
材料：按 HG/T 2810—2008 选用，或见表 11-5-64
标记示例：公称外径 $D=50\text{mm}$ 的孔用 Y_X 形密封圈，标记为
　　密封圈　Y_X D50　JB/ZQ 4264—2006

表 11-5-54 (mm)

公称外径 D	d_0 基本尺寸	d_0 极限偏差	b 基本尺寸	b 极限偏差	密封圈 D_1 基本尺寸	D_1 极限偏差	D_2	D_3	D_4 基本尺寸	D_4 极限偏差	D_5	H	H_1	H_2	R	R_1	r	f	沟槽 d_1	B	B_1	n	C
16	9.8	0 / −0.4	3	−0.06 / −0.18	17.3	+0.36 / −0.12	15.9	10.7	8.6	+0.1 / −0.3	13	8	7	4.6	5	14	0.3	0.7	10	9	10.5	4	0.5
18	11.8		3		19.3		17.9	12.7	10.6		15								12				
20	13.8		3		21.3		19.9	14.7	12.6	+0.12 / −0.36	17								14				
22	15.8		3		23.3		21.9	16.7	14.6		19								16				
25	18.8		3		26.3		24.9	19.7	17.6		22								19				
28	21.8		3		29.3		27.9	22.7	20.6		25								22				
30	21.8		4		31.9	+0.42 / −0.14	30	23.2	20		26.1	10	9	6	6	15	0.5	1	22	12	13.5		
32	23.8		4		33.9		32	25.2	22	+0.14 / −0.42	28.1								24				
35	26.8		4		36.9		35	28.2	25		31.1								27				
36	27.8		4		37.9		36	29.2	26		32.1								28				
40	31.8		4		41.9	+0.50 / −0.17	40	33.2	30		36.1								32				
45	36.8		4		46.9		45	38.2	35		41.1								37				
50	41.8		4		51.9		50	43.2	40	+0.17 / −0.50	46.1								42				
55	46.8		4		56.9		55	48.2	45		51.1								47				
56	47.8		4		57.9		56	49.2	46		52.1								48				
60	47.7	0 / −0.6	6	−0.08 / −0.24	62.6	+0.60 / −0.20	59.4	50.3	45.3		54.2	14	12.5	8.5	8	22	0.7	1.5	48	16	18	5	1
63	50.7		6		65.6		62.4	53.3	48.3	+0.20 / −0.60	57.2								51				
65	52.7		6		67.6		64.4	55.3	50.3		59.2								53				
70	57.7		6		72.6		69.4	60.3	55.3		64.2								58				
75	62.7		6		77.6		74.4	65.3	60.3		69.2								63				
80	67.7		6		82.6		79.4	70.3	65.3		74.2								68				
85	72.7		6		87.6	+0.70 / −0.23	84.4	75.3	70.3		79.2								73				
90	77.7		6		92.6		89.4	80.3	75.3	+0.23 / −0.70	84.2								78				
95	82.7		6		97.6		94.4	85.3	80.3		89.2								83				
100	87.7		6		102.6		99.4	90.3	85.3		94.2								88				
105	92.7	0 / −1.0	6		107.6		104.4	95.3	90.3		99.2								93				
110	97.7		6		112.6	+0.80 / −0.26	109.4	100.3	95.3		104.2								98				
115	102.7		6		117.6		114.4	105.3	100.3		109.2								103				
120	107.7		6		122.6		119.4	110.3	105.3		114.2								108				
125	112.7		6		127.6		124.4	115.3	110.3		119.2								113				

续表

公称外径 D	d_0 基本尺寸	d_0 极限偏差	b 基本尺寸	b 极限偏差	D_1 基本尺寸	D_1 极限偏差	D_2	D_3	D_4 基本尺寸	D_4 极限偏差	D_5	H	H_1	H_2	R	R_1	r	f	d_1	B	B_1	n	C
130	117.7	0 −1.0	6	−0.08 −0.24	132.6		129.4	120.3	115.3	+0.23 −0.70	124.2	14	12.5	8.5	8	22	0.7	1.5	118	16	18	5	1
140	127.7				142.6	+0.80 −0.26	139.4	130.3	125.3		134.2								128				
150	137.7				152.6		149.4	140.3	135.3	+0.26 −0.80	144.2								138				
160	147.7				162.6		159.4	150.3	145.3		154.2								148				
170	153.6		8	−0.10 −0.30	173.6		169.5	156.8	150.3		162.3	18	16	10.5	10	26	1	2	154	20	22.5	8	1.5
180	163.6				183.6		179.5	166.8	160.3		172.3								164				
190	173.6				193.6		189.5	176.8	170.3		182.3								174				
200	183.6				203.6	+0.90 −0.30	199.5	186.8	180.3	+0.3 −0.9	192.3								184				
220	203.6	0 −1.5			223.6		219.5	206.8	200.3		212.3								204			6	
230	213.6				233.6		229.5	216.8	210.3		222.3								214				
240	223.6				243.6		239.5	226.8	220.3		232.3								224				
250	233.6				253.6		249.5	236.8	230.3		242.3								234				
265	248.6				268.6	+1.00 −0.34	264.5	251.8	245.3	+0.34 −1.00	257.3								249				
280	263.6				283.6		279.5	266.8	260.3		272.3								264				
300	283.6				303.6		299.5	286.8	280.3		292.3								284				
320	295.5				325.2		318.7	300.7	290.7		308.4	24	22	14	14	32	1.5	2.5	296	26.5	30	7	2
340	315.5				345.2		338.7	320.7	310.7		328.4								316				
360	335.5				365.2		358.7	340.7	330.7		348.4								336				
380	355.5				385.2		378.7	360.7	350.7		368.4								356				
400	375.5				405.2	+0.10 −0.38	398.7	380.7	370.7	+0.38 −1.10	388.4								376				
420	395.5				425.2		418.7	400.7	390.7		408.4								396				
450	425.5		12	−0.12 −0.36	455.2		448.7	430.7	420.7		438.4								426				
480	455.5				485.2		478.7	460.7	450.7		468.4								456				
500	475.5				505.2		498.7	480.7	470.7		488.4								476				
530	505.5	0 −2.0			535.2	+1.35 −0.45	528.7	510.7	500.7	+0.45 −1.35	518.4								506				
560	535.5				565.2		558.7	540.7	530.7		548.4								536				
600	575.5				605.2		598.7	580.7	570.7		588.4								576				
630	605.5				635.2	+1.5 −0.5	628.7	610.7	600.7		618.4								606				
650	625.5				655.2		648.7	630.7	620.7		638.4								626				

注: 1. 沟槽 d_1 的公差推荐按 h9 或 h10 选取。
2. 孔用 Y_X 形密封圈用挡圈尺寸见表 11-5-55。

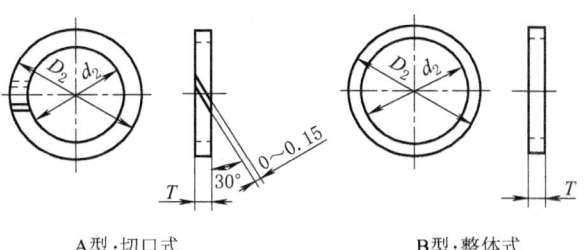

A型：切口式　　　　　B型：整体式

表 11-5-55　　孔用 Y_X 形密封圈用挡圈的尺寸　　　　mm

孔用Y_X形密封圈公称外径 D	挡圈 D_2 基本尺寸	挡圈 D_2 极限偏差	挡圈 d_2 基本尺寸	挡圈 d_2 极限偏差	T 基本尺寸	T 极限偏差	孔用Y_X形密封圈公称外径 D	挡圈 D_2 基本尺寸	挡圈 D_2 极限偏差	挡圈 d_2 基本尺寸	挡圈 d_2 极限偏差	T 基本尺寸	T 极限偏差
16	16	-0.020 -0.070	10	+0.030 0			130	130		118			
18	18		12	+0.035 0			140	140		128		2	
20	20		14				150	150	-0.060 -0.165	138	+0.08 0		
22	22	-0.025 -0.085	16				160	160		148			
25	25		19				170	170		154			
28	28		22				180	180		164			
30	30		22	+0.045 0	1.5	±0.1	190	190		174			±0.15
32	32		24				200	200		184			
35	35		27				220	220	-0.075 -0.195	204	+0.09 0	2.5	
36	36	-0.032 -0.100	28				230	230		214			
40	40		32				240	240		224			
45	45		37				250	250		234			
50	50		42	+0.050 0			265	265		249			
55	55		47				280	280		264			
56	56		48				300	300	-0.090 -0.225	284	+0.10 0		
60	60		48				320	320		296			
63	63	-0.040 -0.120	51				340	340		316			
65	65		53				360	360		336			
70	70		58	+0.06 0			380	380		356			
75	75		63				400	400		376			
80	80		68				420	420	-0.105 -0.255	396	+0.12 0		
85	85		73				450	450		426			
90	90		78		2	±0.15	480	480		456		3	±0.20
95	95		83				500	500		476			
100	100	-0.050 -0.140	88				530	530		506			
105	105		93				560	560	-0.120 -0.260	536			
110	110		98	+0.07 0			600	600		576	+0.14 0		
115	115		103				630	630		606			
120	120		108										
125	125	-0.060 -0.165	113				650	650	-0.130 -0.280	626			

注：使用孔用 Y_X 形密封圈时，一般不设置挡圈，当工作压力大于 16MPa 时，或因运动副有较大偏心，间隙较大的情况下，在密封圈支承面设置一个挡圈，以防止密封圈被挤入间隙。挡圈材料可选聚四氟乙烯、尼龙 6 或尼龙 1010，其硬度应大于或等于 90HS。

15.2 轴用 Y_X 形密封圈（摘自 JB/ZQ 4265—2006）

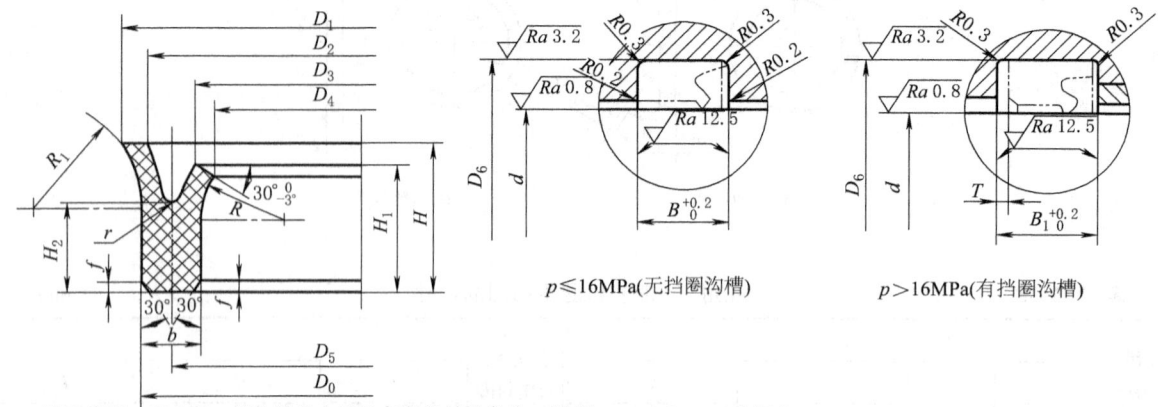

$p \leqslant 16\text{MPa}$(无挡圈沟槽) $p > 16\text{MPa}$(有挡圈沟槽)

适用范围：以空气、矿物油为介质的各种机械设备中，温度 $-20 \sim 80℃$，工作压力 $p \leqslant 31.5\text{MPa}$

材料：按 HG/T 2810—2008 选用（见表 11-5-64）

标记示例：公称内径 $d = 50\text{mm}$ 的轴用 Y_X 形密封圈，标记为

密封圈 Y_X d50 JB/ZQ 4265—2006

表 11-5-56   mm

公称内径 d	密封圈																		沟槽		
	D_0		b		D_1		D_2	D_3	D_4		D_5	H	H_1	H_2	R	R_1	r	f	D_6	B	B_1
	基本尺寸	极限偏差	基本尺寸	极限偏差	基本尺寸	极限偏差			基本尺寸	极限偏差											
8	14.2	+0.40	3	-0.06 -0.18	15.4	+0.36 -0.12	13.3	8.1	6.7	+0.10 -0.30	11	8	7	4.6	5	14	0.3	0.7	14	9	10.5
10	16.2				17.4		15.3	10.1	8.7		13								16		
12	18.2				19.4		17.3	12.1	10.7		15								18		
14	20.2				21.4		19.3	14.1	12.7	+0.12 -0.36	17								20		
16	22.2				23.4	+0.42 -0.14	21.3	16.1	14.7		19								22		
18	24.2				25.4		23.3	18.1	16.7		21								24		
20	26.2				27.4		25.3	20.1	18.7		23								26		
22	28.2				29.4		27.3	22.1	20.7		25								28		
25	31.2				32.4		30.3	25.1	23.7	+0.14 -0.42	28								31		
28	34.2				35.4		33.3	28.1	26.7		31								34		
30	38.2	+0.60	4	-0.08 -0.24	40	+0.50 -0.17	36.8	30	28.1		33.9	10	9	6	6	15	0.5	1	38	12	13.5
32	40.2				42		38.8	32	30.1		35.9								40		
35	43.2				45		41.8	35	33.1		38.9								43		
36	44.2				46		42.8	36	34.1	+0.17 -0.50	39.9								44		
40	48.2				50		46.8	40	38.1		43.9								48		
45	53.2				55		51.8	45	43.1		48.9								53		
50	58.2				60		56.8	50	48.1		53.9								58		
55	63.2				65	+0.60 -0.20	61.8	55	53.1		58.9								63		
56	64.2				66		62.8	56	54.1	+0.20 -0.60	59.9								64		
60	72.3		6		74.7		69.7	60.6	57.4		65.8	14	12.5	8.5	8	22	0.7	1.5	72	16	18
63	75.3				77.7		72.7	63.6	60.4		68.8								75		
65	77.3				79.7		74.7	65.6	62.4		70.8								77		

续表

公称内径 d	密封圈											沟槽									
	D_0		b		D_1		D_2	D_3	D_4		D_5	H	H_1	H_2	R	R_1	r	f	D_6	B	B_1
	基本尺寸	极限偏差	基本尺寸	极限偏差	基本尺寸	极限偏差			基本尺寸	极限偏差											
70	82.3	+1.00	6	-0.08 -0.24	84.7	+0.70 -0.23	79.7	70.6	67.4	+0.20 -0.60	75.8	14	12.5	8.5	8	22	0.7	1.5	82	16	18
75	87.3				89.7		84.7	75.6	72.4		80.8								87		
80	92.3				94.7		89.7	80.6	77.4		85.8								92		
85	97.3				99.7		94.7	85.6	82.4		90.8								97		
90	102.3				104.7		99.7	90.6	87.4	+0.23 -0.70	95.8								102		
95	107.3				109.7		104.7	95.6	92.4		100.8								107		
100	112.3				114.7		109.7	100.6	97.4		105.8								112		
105	117.3				119.7		114.7	105.6	102.4		110.8								117		
110	122.3				124.7		119.7	110.6	107.4		115.8								122		
120	132.3				134.7		129.7	120.6	117.4		125.8								132		
125	137.3				139.7	+0.80 -0.26	134.7	125.6	122.4		130.8								137		
130	142.8				144.7		139.7	130.6	127.4		135.8								142		
140	152.3				154.7		149.7	140.6	137.4	+0.26 -0.80	145.8								152		
150	162.3				164.7		159.7	150.6	147.4		155.8								162		
160	172.3				174.7		169.7	160.6	157.4		165.8								172		
170	186.4		8	-0.10 -0.30	189.7	+0.90 -0.30	183.2	170.5	166.4	+0.30 -0.90	177.7	18	16	10.5	10	26	1	2	186	20	22.5
180	196.4				199.7		193.2	180.5	176.4		187.7								196		
190	206.4				209.7		203.2	190.5	186.4		197.7								206		
200	216.4				219.7		213.2	200.5	196.4		207.7								216		
220	236.4				239.7		233.2	220.5	216.4		227.7								236		
250	266.4	+1.50			269.7	+1.00 -0.34	263.2	250.5	246.4		257.7								266		
280	296.4				299.7		293.2	280.5	276.4		287.7								296		
300	316.4				319.7		313.2	300.5	296.4	+0.34 -1.00	307.7								316		
320	344.5		12	-0.12 -0.35	349.3		339.3	321.3	314.8		331.6	24	22	14	14	32	1.5	2.5	344	26.5	30
340	364.5				369.3		359.3	341.3	334.8		351.6								364		
360	384.5				389.3		379.3	361.3	354.8		371.6								384		
380	404.5				409.3	+1.10 -0.38	399.3	381.3	374.8		391.6								404		
400	424.5				429.3		419.3	401.3	394.8		411.6								424		
420	444.5				449.3		439.3	421.3	414.8	+0.38 -1.10	431.6								444		
450	474.5				479.3		469.3	451.3	444.8		461.6								474		
480	504.5	+2.00			509.3		499.3	481.3	474.8		491.6								504		
500	524.5				529.3		519.3	501.3	494.8		511.6								524		
530	554.5				559.3	+1.35 -0.45	549.3	531.3	524.8		541.6								554		
560	584.5				589.3		579.3	561.3	554.8	+0.45 -1.35	571.6								584		
600	624.5				629.3		619.3	601.3	594.8		611.6								624		
680	654.5				659.3	+1.5 -0.5	649.3	631.3	624.8	+0.50 -1.50	641.6								654		
650	674.5				679.3		669.3	651.3	644.8		661.6								674		

注: 1. 沟槽 D_6 的公差推荐按 H9 或 H10 选取。
2. 轴用 Y_X 形密封圈用挡圈尺寸见表 11-5-57。

轴用 Y_X 形密封圈用挡圈的型式与尺寸

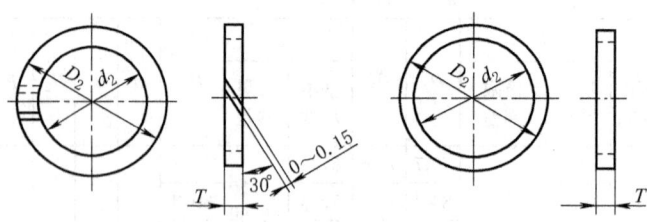

A型:切口式　　　　　B型:整体式

表 11-5-57　　　　　　　　　　　　　　　　　　　　　　　mm

轴用Y_X形密封圈公称内径 d	挡圈 d_2 基本尺寸	d_2 极限偏差	D_2 基本尺寸	D_2 极限偏差	T 基本尺寸	T 极限偏差	轴用Y_X形密封圈公称内径 d	挡圈 d_2 基本尺寸	d_2 极限偏差	D_2 基本尺寸	D_2 极限偏差	T 基本尺寸	T 极限偏差
8	8	+0.030 0	14	-0.020 -0.070	1.5	±0.1	140	140	+0.080	152	-0.060 -0.165	2	±0.15
10	10		16				150	150		162			
12	12		18				160	160		172			
14	14	+0.035 0	20				170	170		186			
16	16		22	-0.025 -0.085			180	180		196			
18	18		24				190	190		206	-0.075 -0.195	2.5	
20	20		26				200	200	+0.090	216			
22	22	+0.045 0	28				220	220		236			
25	25		31				250	250		266			
28	28		34				280	280		296	-0.090 -0.225		
30	30		38	-0.032 -0.100			300	300	+0.100	316			
32	32		40				320	320		344			
35	35		43				340	340		364			
36	36	+0.050 0	44				360	360		384			
40	40		48				380	380		404	-0.105 -0.225		
45	45		53				400	400		424			
50	50		58				420	420	+0.120	444			
55	55		63	-0.040 -0.120			450	450		474			
56	56		64				480	480		504		3	±0.2
60	60		72				500	500		524			
63	63	+0.060 0	75				530	530		554	-0.120 -0.260		
65	65		77				560	560	+0.140	584			
70	70		82				600	600		624			
75	75		87				630	630		654	-0.130 -0.280		
80	80		92	-0.050 -0.140	2	±0.15	650	650	+0.150	674			
85	85		97										
90	90		102										
95	95	+0.070 0	107										
100	100		112										
105	105		117										
110	110		122										
120	120		132	-0.060 -0.165									
125	125	+0.080 0	137										
130	130		142										

注：使用轴用 Y_X 形密封圈时，一般不设置挡圈。当工作压力大于16MPa时，或因运动副有较大偏心及间隙较大的情况下，在密封圈支承面放置一个挡圈，以防止密封圈被挤入间隙。挡圈材料可选聚四氟乙烯、尼龙6或尼龙1010，其硬度应大于或等于90HS。

16 液压缸活塞和活塞杆密封用支承环（摘自 GB/T 15242.2—1994）

16.1 液压缸活塞杆密封用支承环

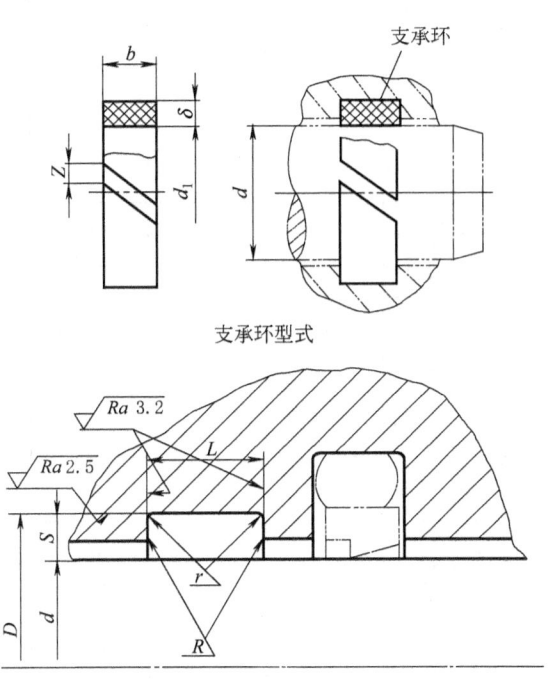

支承环型式

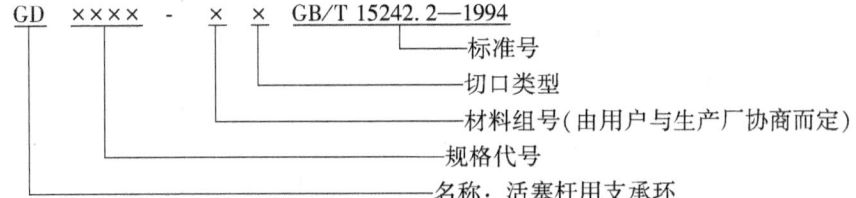

支承环安装沟槽

适用范围：用于往复运动液压缸活塞杆起支承导向作用，适用温度范围为-40~200℃。

标记方法：

```
GD ××××-××  GB/T 15242.2—1994
                    ├── 标准号
                  ├── 切口类型
                ├── 材料组号（由用户与生产厂协商而定）
              ├── 规格代号
            ├── 名称：活塞杆用支承环
```

例：活塞杆直径为 50mm 的支承环，宽度 b 为 9.5mm，材料选用第 Ⅱ 组 PTFE，切口类型为 A，其标记为：
活塞杆用支承环：GD 0500 B-ⅡA GB/T 15242.2—1994

表 11-5-58   mm

规格代号	d (f8)	d_1	$b_{-0.15}^{0}$	$\delta_{-0.05}^{0}$	Z	D (H9)	S	$L_{0}^{+0.20}$	R,r ≤
0060	6	6	3.0	1.5	1.0~1.5	9	1.5	3.2	0.3
0080	8	8	3.0	1.5	1.0~1.5	11	1.5	3.2	0.3
0100	10	10	3.0	1.5	1.0~1.5	13	1.5	3.2	0.3
0120	12	12	3.0	1.5	1.0~1.5	15	1.5	3.2	0.3
0140	14	14	3.0	1.5	1.0~1.5	17	1.5	3.2	0.3
0160	16	16	3.0	1.5	1.0~1.5	19	1.5	3.2,4.2	0.3
0160B	16	16	4.0	1.5	1.0~1.5	19	1.5	3.2,4.2	0.3
0180	18	18	3.0	1.5	1.0~1.5	21	1.5	3.2,4.2	0.3
0180B	18	18	4.0	1.5	1.0~1.5	21	1.5	3.2,4.2	0.3

续表

规格代号	d (f8)	d_1	$b_{-0.15}^{0}$	$\delta_{-0.05}^{0}$	Z	D (H9)	S	$L_{0}^{+0.20}$	R,r ≤
0200	20	20	3.0	1.5	1.0~1.5	23	1.5	3.2,4.2	
0200B			4.0						
0220	22	22	4.0		1.5~2.0	27		4.2,6.3	
0200B			6.1						
0250	25	25	4.0			30			
0250B			6.1						
0280	28	28	4.0			33			
0280B			6.1						
0320	32	32	4.0			37			
0320B			6.1						
0360	36	36	4.0		2.0~3.5	41		8.1,9.7	0.3
0360B			6.1						
0400	40	40	7.9			45			
0400B			9.5						
0450	45	45	7.9			50			
0450B			9.5						
0500	50	50	7.9			55			
0500B			9.5						
0560	56	56	7.9			61			
0560B			9.5						
0600	(60)	60	7.9	2.5		65	2.5		
0600B			9.5						
0630	63	63	7.9			68			
0630B			9.5						
0700	70	70	7.9			75			
0700B			9.5						
0800	80	80	7.9			85			
0800B			9.5						
0900	90	90	7.9			95			
0900B			9.5						
1000	100	100	7.9			105			
1000B			9.5						
1100	110	110	7.9			115			
1100B			9.5						
1250	125	125	7.9		3.5~5.0	130		9.1,9.7,15	
1250B			9.5						
1250C			14.8						
1400	140	140	7.9			145			
1400B			9.5						
1400C			14.8						
1600	160	160	7.9			165			
1600B			9.5						
1600C			14.8						
1800	180	180	7.9			185			
1800B			9.5						
1800C			14.8						
2000	200	200	7.9			205		8.1,9.7,15,20	
2000B			9.5						
2000C			14.8						
2000D			19.5						

续表

规格代号	d (f8)	d_1	$b_{-0.15}^{0}$	$\delta_{-0.05}^{0}$	Z	D (H9)	S	$L_{0}^{+0.20}$	R,r ≤
2200	220	220	7.9	2.5	3.5~5.0	225	2.5	8.1,9.7,15,20	0.3
2200B			9.5						
2200C			14.8						
2200D			19.5						
2500	250	250	7.9			255			
2500B			9.5						
2500C			14.8						
2500D			19.5						
2800	280	280	7.9			285			
2800B			9.5						
2800C			14.8						
2800D			19.5						
3200	320	320	14.8		5.0~6.0	325		15,20,25	
3200B			19.5						
3200C			24.5						
3600	360	360	14.8			365			
3600B			19.5						
3600C			24.5						

注：1. 带"（ ）"的杆径为非优先选用。
2. 表中支承环安装沟槽尺寸、公差及表面粗糙度摘自 GB/T 15242.4—1994。

16.2 液压缸活塞密封用支承环

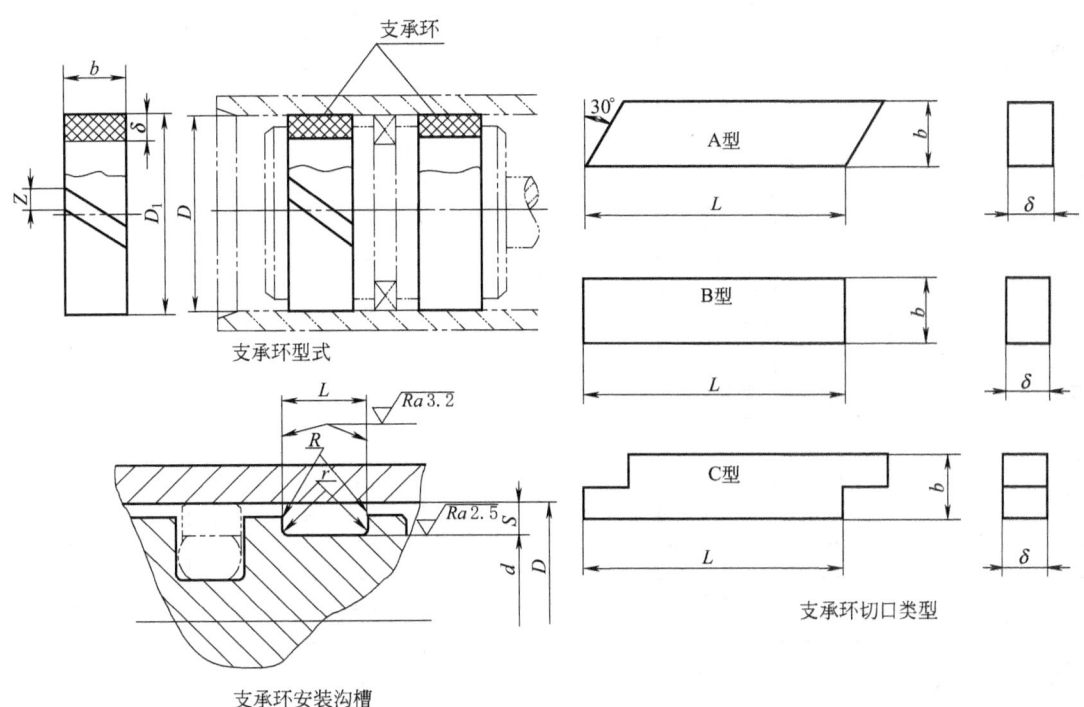

支承环型式

支承环安装沟槽

支承环切口类型

适用范围：支承环用于往复运动液压缸活塞起支承导向作用，适用温度范围为-40~200℃。

标记方法：

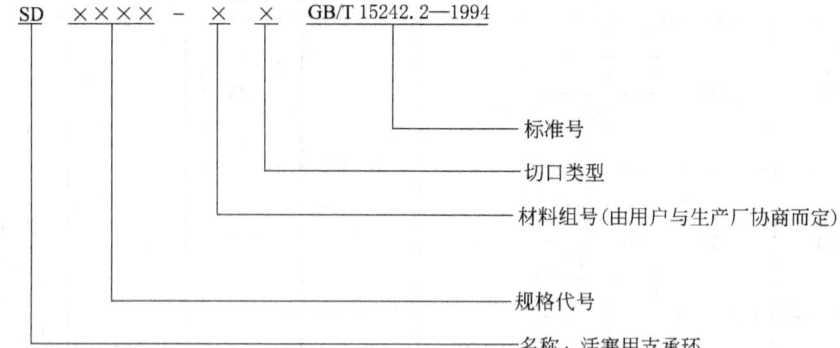

例：缸内径为160mm的支承环，宽度b为9.5mm，材料选用第Ⅱ组PTFE，切口类型为A，其标记为：

活塞用支承环：SD 1600 B-Ⅱ A GB/T 15242.2—1994

表 11-5-59　　　　　　　　　　　　　　　　　　　　　　　　　　　　　　　　　　　　　mm

规格代号	D (H9)	D_1	$b_{-0.15}^{0}$	$\delta_{-0.05}^{0}$	Z	d (h9)	S	$L_{0}^{+0.20}$	R,r
0160	16	16	3.0	1.5		13	1.5	3.2	
0200	20	20	4.0		1.0~1.5	15	2.5	4.2	
0250	25	25	4.0			20	2.5		
0250B			6.1	1.5、2.5		22	1.5	4.2,6.3	
0320	32	32	4.0			27	2.5		
0320			6.1			29	1.5		
0400			4.0		1.5~2.0				
0400B	40	40	6.1			35		4.2,6.3,8.1	
0400C			7.9						
0500			6.1						
0500B	50	50	7.9			45			
0500C			9.5						
0560			6.1						
0560B	56*	56	7.9			51			
0560C			9.5						
0630			6.1						
0630B	63	63	7.9		2.0~3.5	5.8		6.3,8.1,9.7	≤0.3
0630C			9.5						
0700			6.1						
0700B	70*	70	7.9	2.5		65	2.5		
0700C			9.5						
0800			6.1						
0800B	80	80	7.9			75			
0800C			9.5						
0900	(90)	90	7.9			85			
0900B			9.5						
1000	100	100	7.9			95			
1000B			9.5						
1100	(110)	110	7.9		3.5~5.0	105		8.1,9.7	
1100B			9.5						
1250			7.9						
1250B	125	125	9.5			120			
1250C			14.8						

续表

规格代号	D (H9)	D_1	$b_{-0.15}^{0}$	$\delta_{-0.05}^{0}$	Z	d (h9)	S	$L_{0}^{+0.20}$	R,r
1400	(140)		7.9			135			
1400B		140	9.5						
1400C			14.8						
1600	160	160	7.9			155			
1600B			9.5						
1600C			14.8						
1800	(180)	180	7.9			175			
1800B			9.5		3.5~5.0			8.1,9.7,15	
1800C			14.8						
2000	200	200	7.9			195			
2000B			9.5						
2000C			14.8						
2200	(220)	220	7.9			215			
2200B			9.5						
2200C			14.8						
2500	250	250	7.9	2.5		245	2.5		≤0.3
2500B			9.5						
2500C			14.8						
2800	(280)	280	7.9			275			
2800B			14.8					9.7,15,20	
2800C			19.5		5.0~6.0				
3200	320	320	14.8			315			
3200B			19.5					15,20,25	
3200C			24.5						
3600	(360)	360	19.5			355			
3600B			24.5						
3600C			29.5						
4000	400	400	19.5			395			
4000B			24.5						
4000C			29.5		6.0~8.0				
4500	(450)	450	19.5			445			
4500B			24.5						
4500C			29.5						
5000	500	500	19.5			495			
5000B			24.5						
5000C			29.5						

注：1. 带"（ ）"的缸内径为非优先选用。
2. *仅限于老产品或维修配件使用。
3. 表中支承环安装沟槽尺寸、公差和表面糙度摘自 GB/T 15242.4—1994。

17 密封圈材料

17.1 普通液压系统用 O 形橡胶密封圈材料（摘自 HG/T 2579—2008）

表 11-5-60

物理性能	Ⅰ类橡胶材料 指标				Ⅱ类橡胶材料 指标			
	YⅠ6455	YⅠ7445	YⅠ8535	YⅠ9525	YⅡ6454	YⅡ7445	YⅡ8535	YⅡ9524
硬度(邵尔 A 或 IRHD)	60 ± 5	70 ± 5	80 ± 5	88^{+5}_{-4}	60 ± 5	70 ± 5	80 ± 5	88^{+5}_{-4}
拉伸强度(最小)/MPa	10	10	14	14	10	10	14	14
拉断伸长率(最小)/%	250	200	150	100	250	200	150	100
压缩永久变形,B 型试样	100℃×22h(最大)/%				125℃×22h(最大)/%			
	30	30	25	30	35	30	30	35
热空气老化	100℃×70h				125℃×70h			
硬度变化	0~+10	0~+10	0~+10	0~+10	0~+10	0~+10	0~+10	0~+10
拉伸强度变化率(最大)/%	-15	-15	-18	-18	-15	-15	-18	-18
拉断伸长率变化率(最大)/%	-35	-35	-35	-35	-35	-35	-35	-35
耐液体	100℃×70h				125℃×70h			
1#标准油 硬度变化	-3~+8	-3~+7	-3~+6	-3~+6	-5~+10	-5~+10	-5~+8	-5~+8
体积变化率/%	-10~+5	-8~+5	-6~+5	-6~+5	-10~+5	-8~+5	-8~+5	-8~+5
3#标准油 硬度变化	-14~0	-14~0	-12~0	-12~0	-15~0	-15~0	-12~0	-12~0
体积变化率/%	0~+20	0~18	0~+16	0~+16	0~+24	0~+22	0~+20	0~+20
脆性温度≤/℃	-40	-40	-37	-35	-25	-25	-25	-25

注：1. 本标准适用于普通液压系统耐石油基液压油和润滑油（脂）、工作温度范围分别为-40~100℃（Ⅰ类材料）和-25~125℃（Ⅱ类材料）的 O 形橡胶密封圈材料。
2. 本标准仅规定了 O 形橡胶密封圈的材料要求，不涉及 O 形橡胶密封圈的尺寸和外观要求。

17.2 真空用 O 形橡胶圈材料（摘自 HG/T 2333—2009）

表 11-5-61

物 理 性 能		B 类胶料				A 类胶料
		B-1	B-2	B-3	B-4	
硬度(邵尔 A 或 IRHD)		60 ± 5	60 ± 5	70 ± 5	60 ± 5	50 ± 5
拉伸强度/MPa	≥	12	10	10	10	4
扯断伸长率/%	≥	300	200	130	300	200
压缩永久变形(B 法)/%	≤					
70℃×70h		40	—	—	—	—
100℃×70h		—	40	—	—	—
125℃×70h		—	—	—	40	—
200℃×22h		—	—	40	—	≥40
密度变化/mg·m^{-3}		±0.04	±0.04	±0.04	±0.04	±0.04
低温脆性		-50℃不裂	-35℃不裂	-20℃不裂	-30℃不裂	不断裂
在凡士林中(70℃×24h)体积变化/%		—	-2~+6	—	-2~+6	—
热空气老化		70℃×70h	100℃×70h	250℃×70h	125℃×70h	250℃×70h
硬度变化(邵尔 A 或 IRHD)		-5~+10	-5~+10	0~+10	-5~+10	±10
拉伸强度变化率降低/%	≤	30	30	25	25	30
扯断伸长率变化率降低/%	≤	40	40	25	35	40

续表

物理性能	B类胶料				A类胶料
	B-1	B-2	B-3	B-4	
出气速率(30min)/Pa·L·s^{-1}·cm^{-2} ≤	1.5×10^{-3}	1.5×10^{-3}	7.5×10^{-4}	2×10^{-4}	4×10^{-3}
适用真空度范围/Pa	>10^{-3}				≤10^{-3}
使用温度范围/℃	−50~80 耐油较差,如天然橡胶	−35~100 耐油较好,如丁腈橡胶	−20~250 耐油好,如氟橡胶	−30~140 耐油较差,如丁基、乙丙橡胶	−60~250 如硅橡胶

注：橡胶材料按在真空状态下放出气量的大小可分为A、B两类。

17.3 耐高温润滑油O形圈材料（摘自HG/T 2021—2004）

表 11-5-62

物理性能		Ⅰ类材料				Ⅱ类材料			
		HⅠ6463	HⅠ7454	HⅠ8434	HⅠ9423	HⅡ6445	HⅡ7435	HⅡ8424	HⅡ9423
硬度(IRHD)		60±5	70±5	80±5	88±4	60±5	70±5	80±5	88±4
拉伸强度/MPa	最小	10	11	11	11	10	10	11	11
扯断伸长率/%	最小	300	250	150	120	200	150	125	100
压缩永久变形(125℃×22h)/%	最大	45	40	40	45	30	30	35	45
耐油性		1#标准油,150℃×70h				101#标准油,200℃×70h			
硬度变化(IRHD)		−5~+10	−5~+10	−5~+10	−5~+10	−10~+5	−10~+5	−10~+5	−10~+5
体积变化/%		−8~+6	−8~+6	−8~+6	−8~+6	0~+20	0~+20	0~+20	0~+20
热空气老化(125℃×70h)									
硬度变化(IRHD)		0~+10	0~+10	0~+10	0~+10	−5~+10	−5~+10	−5~+10	−5~+10
拉伸强度变化/%	最大	−15	−15	−15	−15	−25	−30	−30	−35
扯断伸长率变化/%	最大	−35	−35	−35	−35	−25	−20	−20	−20
低温脆性(−25℃)		不裂	不裂	不裂	不裂	不裂	不裂	不裂	不裂
工作温度/℃		−25~125(短期150)				−15~200(短期250)			
适用润滑油类型		石油基润滑油				合成酯类润滑油			

注：1. Ⅰ类材料是以丁腈材料为代表；Ⅱ类材料是以低压缩变形氟橡胶为代表。
2. 若需比−25℃更低的低温脆性，由供需双方商定。

17.4 耐酸碱橡胶密封件材料（摘自HG/T 2181—2009）

表 11-5-63

物理性能		A类橡胶材料				B类橡胶材料	
		指标				指标	
硬度等级		40	50	60	70	60	70
硬度(邵尔A)		36~45	46~55	56~65	66~75	56~65	66~75
拉伸强度/MPa	最小	11	11	9	9	7	9
拉断伸长率/%	最小	450	400	300	250	250	180
压缩永久变形/%	最大	B型试样,70℃①×22h,压缩25%				B型试样,125℃③×22h,压缩25%	
		50	50	45	45	40	40
耐热性		70℃①×70h				125℃③×70h	
硬度变化		+10	+10	+10	+10	+15	+15
拉伸强度变化/%	最大	−20	−20	−20	−20	−25	−30
拉断伸长率变化/%	最大	−25	−25	−25	−25	−30	−30

续表

物理性能	A类橡胶材料 指标				B类橡胶材料 指标	
耐酸性能	20%硫酸[2],23℃×6d				40%硫酸[2],70℃×6d	
硬度变化	−6~+4	−6~+4	−6~+4	−6~+4	−6~+4	−6~+4
拉伸强度变化/%	±15	±15	±15	±15	−15	−10
拉断伸长率变化/%	±15	±15	±15	±15	−20	−15
体积变化/%	±5	±5	±5	±5	±5	±5
	20%盐酸,23℃×6d				20%盐酸[2],70℃×6d	
硬度变化	−6~+4	−6~+4	−6~+4	−6~+4	−6~+4	−6~+4
拉伸强度变化/%	±15	±15	±15	±15	−25	−20
拉断伸长率变化/%	±20	±20	±20	±20	−30	−25
体积变化/%	±5	±5	±5	±5	±15	±15
					40%硝酸[2],23℃×6d	
硬度变化					−6~+4	−6~+4
拉伸强度变化(最大)/%					−20	−15
拉断伸长率变化(最大)/%					−20	−15
体积变化/%					±5	±5
耐碱性能[2]	20%氢氧化钠或氢氧化钾,23℃×6d				40%氢氧化钠或氢氧化钾,70℃×6d	
硬度变化	−6~+4	−6~+4	−6~+4	−6~+4	−6~+4	−6~+4
拉伸强度变化/%	±15	±15	±15	±15	−10	−10
拉断伸长率变化/%	±15	±15	±15	±15	−15	−15
体积变化/%	±5	±5	±5	±5	±5	±5
低温脆性(−30℃)	不裂				不裂[4]	

① 也可根据所选的胶种采用100℃，一般为70℃。
② 如果密封件接触的介质仅为单纯的酸（或碱），则只需进行本表中的耐酸（或耐碱）性能试验，并应在标记的用途中加以说明。
③ 对于氟橡胶采用200℃。
④ 对于氟橡胶，低温脆性为−20℃不裂。

17.5 往复运动橡胶密封圈材料（摘自 HG/T 2810—2008）

表 11-5-64

物理性能		A类橡胶(丁腈橡胶)					B类橡胶(浇注型聚氨酯橡胶)			
		WA7443	WA8533	WA9523	WA9530	WA7453	WB6884	WB7874	WB8974	WB9974
硬度(IRHD 或邵尔 A)		70±5	80±5	88^{+5}_{-4}	88^{+5}_{-4}	70±5	60±5	70±5	80±5	88^{+5}_{-4}
拉伸强度/MPa	最小	12	14	15	14	10	25	30	40	45
扯断伸长率/%	最小	220	150	140	150	250	500	450	400	400
压缩永久变形(B型试样)/%		100℃×70h					70℃×70h			
	最大	50	50	50	—	50	40	40	35	35
撕裂强度/kN·m⁻¹	最小	30	30	35	35	—	40	60	80	90
黏合强度(25mm)/kN·m⁻¹	最小	—	—	—	—	3	—	—	—	—
热空气老化		100℃×70h					70℃×70h			
硬度变化(IRHD)	最大	+10	+10	+10	+10	+10	±5	±5	±5	±5
拉伸强度变化率/%	最大	−20	−20	−20	−20	−20	−20	−20	−20	−20
扯断伸长率变化率/%	最大	−50	−50	−50	−50	−50	−20	−20	−20	−20
耐液体		100℃×70h					70℃×70h			
1#标准油										
硬度变化(IRHD)		−5~10	−5~+10	−5~+10	−5~+10	−5~+10	—	—	—	—
体积变化率/%		−10~+5	−10~+5	−10~+5	−10~+5	−10~+5	−5~+10	−5~+10	−5~+10	−5~+10
3#标准油										
硬度变化(IRHD)		−10~+5	−10~+5	−10~+5	−10~+5	−10~+5	—	—	—	—
体积变化率/%		0~+20	0~+20	0~+20	0~+20	0~+20	0~+10	0~+10	0~+10	0~+10
脆性温度/℃	≤	−35	−35	−35	−35	−35	−50	−50	−50	−45

注：1. 本标准适用于在普通液压系统耐石油基液压油和润滑油中使用的往复运动橡胶密封圈材料。
2. WA9530为防尘密封圈橡胶材料；WA7453为涂覆织物橡胶材料。
3. 本标准规定的橡胶材料不适用于O形圈。
4. 本标准规定的往复运动橡胶密封圈材料，其工作温度范围为−30~100℃（A类橡胶）和−40~80℃（B类橡胶）。

17.6 旋转轴唇形密封圈橡胶材料（摘自 HG/T 2811—2009）

表 11-5-65

物理性能		A 类			B 类	C 类	D 类	
		XAⅠ7453	XAⅡ8433	XAⅢ7441	XB 7331	XC 7243	XDⅠ7433	XDⅡ8423
硬度(IRHD 或邵尔 A)		70±5	80±5	70±5	70^{-8}_{-4}	70^{+5}_{-4}	70±5	80±5
拉伸强度/MPa	最小	11	11	11	8	6.4	10	11
扯断伸长率/%	最小	250	150	200	150	220	150	100
压缩永久变形(B 型试样)/% 最大		100℃×70h	100℃×70h	120℃×70h	150℃×70h			
		50	50	70	70	50	50	50
热空气老化		100℃×70h	100℃×70h	120℃×70h	150℃×70h			
硬度变化(IRHD 或邵尔 A) 拉伸强度变化率/% 最大 扯断伸长率变化率/% 最大		0~+15 −20 −50	0~+15 −20 −40	0~+10 −20 −40	0~+10 −40 −50	−5~+10 −20 −30	0~+10 −20 −30	0~+10 −20 −30
耐液体		100℃×70h	100℃×70h	120℃×70h	150℃×70h			
1# 标准油 体积变化率/% 3# 标准油 体积变化率/%		−10~+5 0~+25	−8~+5 0~+25	−8~+5 0~+25	−5~+5 0~+45	−5~+12	−3~+5 0~+15	3~+5 0~+15
脆性温度/℃	≤	−40	−35	−25	−20	−60	−25	−15
橡胶组成		以丁腈橡胶为基			以丙烯酸酯橡胶为基	以硅橡胶为基	以氟橡胶为基	

18 管法兰用非金属平垫片

18.1 公称压力用 PN 标记的管法兰用垫片的型式与尺寸（摘自 GB/T 9126—2008）

18.1.1 全平面管法兰（FF 型）用垫片的型式与尺寸

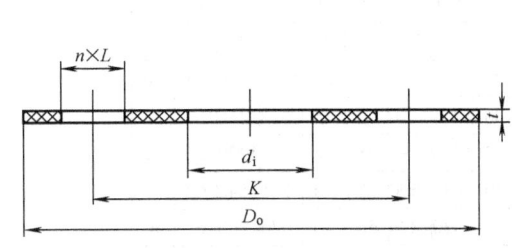

垫片材料及技术条件见 GB/T 9129—2003 或表 11-5-66

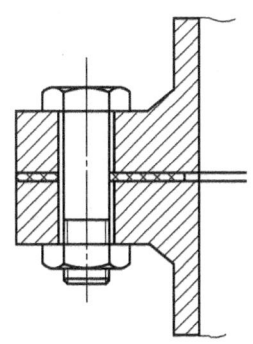

全平面（FF 型）法兰密封面及适用的垫片

标记方式

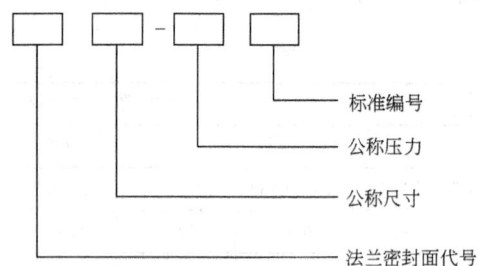

标准编号
公称压力
公称尺寸
法兰密封面代号

标记示例

公称尺寸 DN50,公称压力 PN10 的全平面管法兰用非金属平垫片,其标记为:非金属平垫片 FF DN50-PN10 GB/T 9126—2008

表 11-5-66   mm

公称尺寸 DN	垫片内径 d_i	PN2.5				PN6				PN10				PN16				PN25				PN40				垫片厚度 t
		D_o	K	L	n	D_o	K	L	n	D_o	K	L	n	D_o	K	L	n	D_o	K	L	n	D_o	K	L	n	
10	18					75	50	11	4													90	60	14	4	
15	22					80	55	11	4	使用 PN40 的尺寸				使用 PN40 的尺寸								95	65	14	4	
20	27					90	65	11	4													105	75	14	4	
25	34					100	75	11	4													115	85	14	4	
32	43					120	90	14	4									使用 PN40 的尺寸				140	100	18	4	
40	49					130	100	14	4													150	110	18	4	
50	61					140	110	14	4													165	125	18	4	
65	77					160	130	14	4													185	145	18	8	
80	89					190	150	18	4													200	160	18	8	
100	115	使用 PN6 的尺寸				210	170	18	4	使用 PN16 的尺寸				220	180	18	8					235	190	22	8	
125	141					240	200	18	8					250	210	18	8					270	220	26	8	
150	169					265	225	18	8					285	240	22	8					300	250	26	8	
200	220					320	280	18	8	340	295	22	8	340	295	22	12	360	310	26	12	375	320	30	12	
250	273					375	335	18	12	395	350	22	12	405	355	26	12	425	370	30	12	450	385	33	12	0.8~3.0
300	324					440	395	22	12	445	400	22	12	460	410	26	12	485	430	30	16	515	450	33	16	
350	356					490	445	22	12	505	460	26	16	520	470	26	16	555	490	33	16	580	510	36	16	
400	407					540	495	22	16	565	515	26	16	580	525	30	16	620	550	36	16	660	585	39	16	
450	458					595	550	22	16	615	565	26	20	640	585	30	20	670	600	36	20	685	610	39	20	
500	508					645	600	22	20	670	620	26	20	715	650	33	20	730	660	36	20	755	670	42	20	
600	610					755	705	26	20	780	725	30	22	840	770	36	20	845	770	39	20	890	795	48	20	
700	712									895	840	30	24	910	840	36	24	960	875	42	24					
800	813									1015	950	33	24	1025	950	39	24	1085	990	48	24					
900	915									1115	1050	33	28	1125	1050	39	28	1185	1090	48	28					
1000	1016									1230	1160	36	28	1255	1170	42	28	1320	1210	56	28					
1200	1220	—				—				1455	1380	39	32	1485	1390	48	32	1530	1420	56	32	—				
1400	1420									1675	1590	42	36	1685	1590	48	36	1755	1640	62	36					
1600	1620									1915	1820	48	40	1930	1820	56	40	1975	1860	62	40					
1800	1820									2115	2020	48	44	2130	2020	55	44	2195	2070	70	44					
2000	2020									2325	2230	48	48	2345	2230	60	48	2425	2300	70	48					

18.1.2 突面管法兰（RF 型）用垫片的型式与尺寸

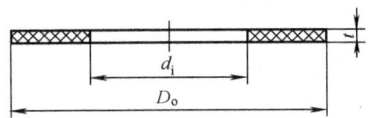

标记方式见表 11-5-66

垫片材料及技术条件见 GB/T 9129—2003 或表 11-5-71。

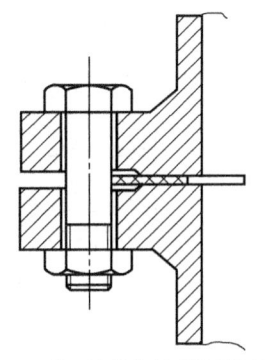

突面（RF 型）法兰密封面及适用的垫片

表 11-5-67   mm

公称尺寸 DN	垫片内径 d_i	公称压力						垫片厚度 t
		PN2.5	PN6	PN10	PN16	PN25	PN40	
		垫片外径 D_o						
10	18		39				46	
15	22		44				51	
20	27		54				61	
25	34		64	使用 PN40 的尺寸	使用 PN40 的尺寸	使用 PN40 的尺寸	71	
32	43		76				82	
40	49		86				92	
50	61		96				107	
65	77		116				127	
80	89		132				142	
100	115		152	162	162		168	
125	141		182	192	192		194	
150	169		207	218	218		224	
175*	141	使用 PN6 的尺寸	182	192	192	194	—	
200	220		262	273	273	284	290	
225*	194		237	248	248	254	—	
250	273		317	328	329	340	352	
300	324		373	378	384	400	417	
350	356		423	438	444	457	474	
400	407		473	489	495	514	546	
450	458		528	539	555	564	571	
500	508		578	594	617	624	628	0.8~3.0
600	610		679	695	734	731	747	
700	712		784	810	804	833		
800	813		890	917	911	942		
900	915		990	1017	1011	1042		
1000	1016		1090	1124	1128	1154		
1200	1220	1290	1307	1341	1342	1364		
1400	1420	1490	1524	1548	1542	1578		
1600	1620	1700	1724	1772	1764	1798		
1800	1820	1900	1931	1972	1964	2000		
2000	2020	2100	2138	2182	2168	2030		
2200	2220	2307	2348	2384				
2400	2420	2507	2558	2594				
2600	2620	2707	2762	2794				
2800	2820	2924	2972	3014				
3000	3020	3124	3172	3228				
3200	3220	3324	3382	—				
3400	3420	3524	3592	—				
3600	3620	3734	3804	—				
3800	3820	3931	—	—				
4000	4020	4131	—	—				

注：*为船舶法兰用垫片尺寸。

18.1.3 凹凸面管法兰（MF 型）和榫槽面管法兰（TG 型）用垫片的型式与尺寸

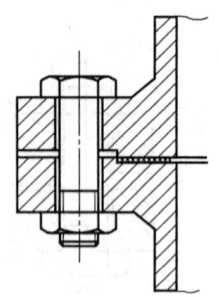
凹凸面(MF型)法兰密封面及适用的垫片

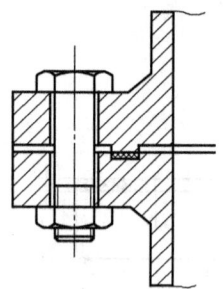
榫槽面(TG型)法兰密封面及适用的垫片

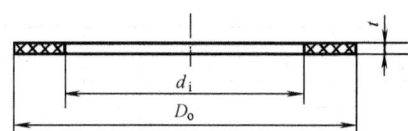

标记方式见表 11-5-66

垫片材料及技术条件见 GB/T 9129—2003 或表 11-5-71

表 11-5-68　　　mm

凹凸面管法兰(MF型)用垫片尺寸							榫槽面管法兰(TG型)用垫片尺寸						
公称尺寸 DN	垫片内径 d_i	公称压力					垫片厚度 t	公称尺寸 DN	垫片内径 d_i	公称压力					垫片厚度 t
		PN10	PN16	PN25	PN40	PN63				PN10	PN16	PN25	PN40	PN63	
		垫片外径 D_o								垫片外径 D_o					
10	18	34	34	34	34	34	0.8~3.0	10	24	34	34	34	34	34	0.8~3.0
15	22	39	39	39	39	39		15	29	39	39	39	39	39	
20	27	50	50	50	50	50		20	36	50	50	50	50	50	
25	34	57	57	57	57	57		25	43	57	57	57	57	57	
32	43	65	65	65	65	65		32	51	65	65	65	65	65	
40	49	75	75	75	75	75		40	61	75	75	75	75	75	
50	61	87	87	87	87	87		50	73	87	87	87	87	87	
65	77	109	109	109	109	109		65	95	109	109	109	109	109	
80	89	120	120	120	120	120		80	106	120	120	120	120	120	
100	115	149	149	149	149	149		100	129	149	149	149	149	149	
125	141	175	175	175	175	175		125	155	175	175	175	175	175	
150	169	203	203	203	203	203		150	183	203	203	203	203	203	
175*	194	—	—	—	—	233		200	239	259	259	259	259	259	
200	220	259	259	259	259	259		250	292	312	312	312	312	312	
225*	245	—	—	—	—	286		300	343	363	363	363	363	363	
250	273	312	312	312	312	312		350	395	421	421	421	421	421	
300	324	363	363	363	363	363		400	447	473	473	473	473	473	
350	356	421	421	421	421	421		450	497	523	523	523	523		
400	407	473	473	473	473	473		500	549	575	575	575	575		
450	458	523	523	523	523	523		600	649	675	675	675	675		
500	508	575	575	575	575	575		700	751	777	777	777		—	
600	610	675	675	675	675			800	856	882	882	882			1.5~3.0
700	712	777	777	777		—		900	961	987	987	987			
800	813	882	882	882			1.5~3.0	1000	1061	1092	1092	1092			
900	915	987	987	987											
1000	1016	1092	1092	1092											

注：*为船舶法兰专用垫片尺寸。

18.2 公称压力用 Class 标记的管法兰用垫片的型式与尺寸（摘自 GB/T 9126—2008）

18.2.1 全平面管法兰（FF 型）和突面管法兰（RF 型）用垫片的型式与尺寸

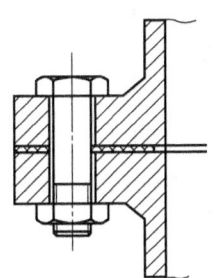

全平面(FF型)法兰密封面及适用的垫片

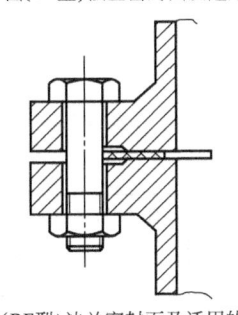

突面(RF型)法兰密封面及适用的垫片

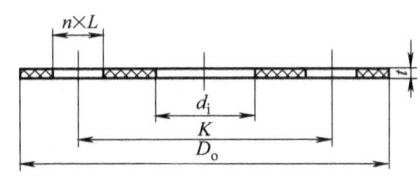

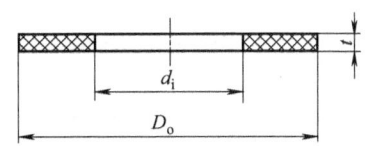

标记方式见表 11-5-66
垫片材料及技术条件见 GB/T 9129—2003
或表 11-5-71

表 11-5-69　　　　　　　　　　　　　　　　　　　　　　　　　　　　　　　　　　　　　　　mm

全平面管法兰(FF 型)用垫片尺寸							突面管法兰(RF 型)用垫片尺寸				
公称尺寸		公称压力					公称尺寸		公称压力		垫片厚度 t
		Class 150(PN20)							Class 150 (PN20)	Class 300 (PN50)	
NPS	DN	垫片内径 d_i	垫片外径 D_o	螺栓孔数 n	螺栓孔直径 L	螺栓孔中心圆直径 K	垫片厚度 t	NPS	DN	垫片内径 d_i	垫片外径 D_o	
1/2	15	22	89	4	16	60.3		1/2	15	22	47.5	54.0	
3/4	20	27	98	4	16	69.9		3/4	20	27	57.0	66.5	
1	25	34	108	4	16	79.4		1	25	34	66.5	73.0	
1¼	32	43	117	4	16	88.9		1¼	32	43	76.0	82.5	
1½	40	49	127	4	16	98.4		1½	40	49	85.5	95.0	
2	50	61	152	4	18	120.7		2	50	61	104.5	111.0	
2½	65	73	178	4	18	139.7		2½	65	73	124.0	130.0	
3	80	89	191	4	18	152.4		3	80	89	136.5	149.0	
4	100	115	229	8	18	190.5	1.5~3.0	4	100	115	174.5	181.0	1.5~3.0
5	125	141	254	8	22	215.9		5	125	141	196.5	216.0	
6	150	169	279	8	22	241.3		6	150	169	222.0	251.0	
8	200	220	343	8	22	298.5		8	200	220	279.0	308.0	
10	250	273	406	12	26	362.0		10	250	273	339.5	362.0	
12	300	324	483	12	26	431.8		12	300	324	409.5	422.0	
14	350	356	533	12	29	476.3		14	350	356	450.5	485.5	
16	400	407	597	16	29	539.8		16	400	407	514.0	539.5	
18	450	458	635	16	32	577.9		18	450	458	549.0	597.0	
20	500	508	699	20	32	635.0		20	500	508	606.5	654.0	
24	600	610	813	20	35	749.3		24	600	610	717.5	774.5	

18.2.2 凹凸面管法兰（MF 型）和榫槽面管法兰（TG 型）用垫片的型式与尺寸

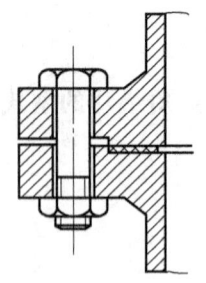
凹凸面(MF型)法兰密封面及适用的垫片

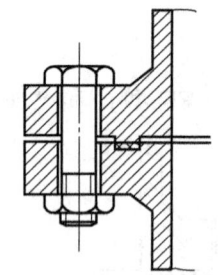
榫槽面(TG型)法兰密封面及适用的垫片

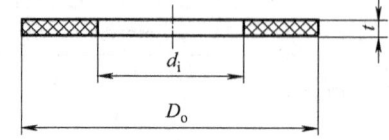

标记方式见表 11-5-66

垫片材料及技术条件见 GB/T 9129—2003 或表 11-5-71

表 11-5-70   mm

凹凸面管法兰(MF 型)用垫片尺寸					榫槽面管法兰(JG 型)用垫片尺寸				
公称尺寸		公称压力			公称尺寸		公称压力		
		Class300(PN50)					Class300(PN50)		
NPS	DN	垫片内径 d_i	垫片外径 D_o	垫片厚度 t	NPS	DN	垫片内径 d_i	垫片外径 D_o	垫片厚度 t
1/2	15	22	35.0		1/2	15	25.5	35.0	
3/4	20	27	43.0		3/4	20	33.5	43.0	
1	25	34	51.0		1	25	38.0	51.0	
1¼	32	43	64.0		1¼	32	47.5	63.5	
1½	40	49	73.0		1½	40	54.0	73.0	
2	50	61	92.0		2	50	73.0	92.0	
2½	65	73	105.0		2½	65	85.5	105.0	
3	80	89	127.0		3	80	108.0	127.0	
4	100	115	157.0		4	100	132.0	157.0	
5	125	141	186.0	0.8~3.0	5	125	160.5	186.0	0.8~3.0
6	150	169	216.0		6	150	190.5	216.0	
8	200	220	270.0		8	200	238.0	270.0	
10	250	273	324.0		10	250	286.0	324.0	
12	300	324	381.0		12	300	343.0	381.0	
14	350	356	413.0		14	350	374.5	413.0	
16	400	407	470.0		16	400	425.5	470.0	
18	450	458	533.0		18	450	489.0	533.0	
20	500	508	584.0		20	500	533.5	584.0	
24	600	610	692.0		24	600	641.5	692.0	

18.3 管法兰用非金属平垫片技术条件（摘自 GB/T 9129—2003）

表 11-5-71

项 目		垫片类型				试验条件
		非石棉纤维橡胶垫片	石棉橡胶垫片	聚四氟乙烯垫片	橡胶垫片	
横向抗拉强度/MPa		≥7				
柔软性		不允许有横向裂纹	化学成分和物理、力学性能应符合有关材料标准的规定			
密度/g·cm^{-3}		1.7±0.2				
耐油性	厚度增加率/%	≤15				
	质量增加率/%	≤15				
压缩率/%	试样规格：ϕ109mm×ϕ61mm×1.6mm	12±5	12±5	20±5	25±10	橡胶垫片预紧比压为7.0MPa 其他垫片预紧比压为35MPa
回弹率/%		≥45	≥47	≥15	≥18	
应力松弛率/%	试样规格：ϕ75mm×ϕ55mm×1.6mm	≤40	≤35			试验温度：300℃±5℃ 预紧比压：40.8MPa
泄漏率 /cm^3·s^{-1}	试样规格：ϕ109mm×ϕ61mm×1.6mm	≤1.0×10^{-3}	≤8.0×10^{-3}	≤1.0×10^{-3}	≤5.0×10^{-4}	试验介质：99.9%氮气 试验压力：橡胶垫片，1.0MPa 其他垫片，4.0MPa 预紧比压：石棉橡胶垫片，48.5MPa 橡胶垫片，7.0MPa 其他垫片，35MPa

注：国标没有规定垫片的适用温度范围。对于石棉橡胶垫片，设计人员选用时可参考下图。

曲线 1——用于水、空气、氮气、水蒸气及不属于 A、B、C 级的工艺介质。
曲线 2——用于 B、C 级的液体介质，选用1.5mm 厚的Ⅰ型或Ⅱ型垫片。
曲线 3——用于 B、C 级的气体介质及其他会危及操作人员人身安全的有毒气体介质应选用Ⅱ型垫片与 PN=5.0MPa 法兰配套。
A 级介质——（1）剧毒介质；（2）设计压力大于等于 9.81MPa 的易燃、可燃介质。
B 级介质——（1）介质闪点低于 28℃的易燃介质；（2）爆炸下限低于 5.5%的介质；（3）操作温度高于或等于自燃点的 C 级介质。
C 级介质——（1）介质闪点 28~60℃的易燃、可燃介质；（2）爆炸下限大于或等于 5.5%的介质。

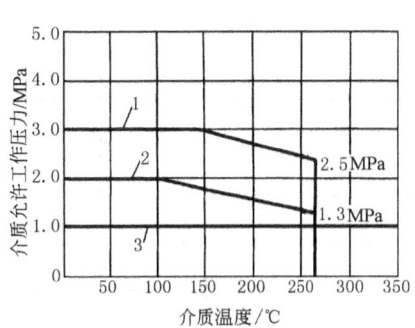

19 钢制管法兰用金属环垫（摘自 GB/T 9128—2003）

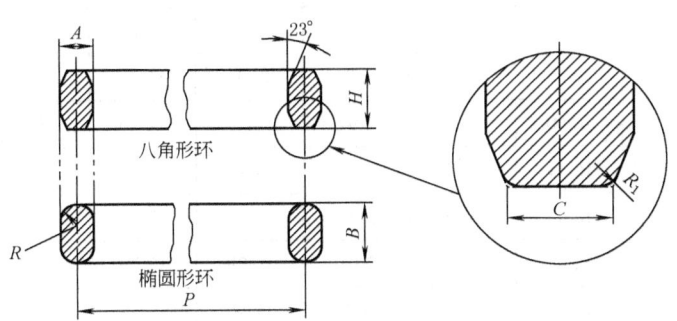

$R = A/2$
$R_1 = 1.6$mm（$A \leq 22.3$mm）
$R_1 = 2.4$mm（$A > 22.3$mm）
标记示例：环号为 20，材料为 0Cr19Ni9 的八角形金属环垫片，标记为八角垫 R.20-0Cr19Ni9 GB/T 9128—2003

表 11-5-72

mm

公称通径 DN					环号	平均节径 P	环宽 A	环高		八角形环的平面宽度 C
公称压力 PN/MPa								椭圆形 B	八角形 H	
20	20,110	150	260	420						
—	15	—	—	—	R.11	34.13	6.35	11.11	9.53	4.32
—	—	15	15	—	R.12	39.69	7.94	14.29	12.70	5.23
—	20	—	—	15	R.13	42.86	7.94	14.29	12.70	5.23
—	—	20	20	—	R.14	44.45	7.94	14.29	12.70	5.23
25	—	—	—	—	R.15	47.63	7.94	14.29	12.70	5.23
—	25	25	25	20	R.16	50.80	7.94	14.29	12.70	5.23
32	—	—	—	—	R.17	57.15	7.94	14.29	12.70	5.23
—	32	32	32	25	R.18	60.33	7.94	14.29	12.70	5.23
40	—	—	—	—	R.19	65.09	7.94	14.29	12.70	5.23
—	40	40	40	—	R.20	68.26	7.94	14.29	12.70	5.23
—	—	—	—	32	R.21	72.24	11.11	17.46	15.88	7.75
50	—	—	—	—	R.22	82.55	7.94	14.29	12.70	5.23
—	50	—	—	40	R.23	82.55	11.11	17.46	15.88	7.75
—	—	50	50	—	R.24	95.25	11.11	17.46	15.88	7.75
65	—	—	—	—	R.25	101.60	7.94	14.29	12.70	5.23
—	65	—	—	50	R.26	101.60	11.11	17.46	15.88	7.75
—	—	65	65	—	R.27	107.95	11.11	17.46	15.88	7.75
—	—	—	—	65	R.28	111.13	12.70	19.05	17.47	8.66
80	—	—	—	—	R.29	114.30	7.94	14.29	12.70	5.23
—	80①	—	—	—	R.30	117.48	11.11	17.46	15.88	7.75
—	80②	80	—	—	R.31	123.83	11.11	17.46	15.88	7.75
—	—	—	—	80	R.32	127.00	12.70	19.05	17.46	8.66
—	—	—	80	—	R.35	136.53	11.11	17.46	15.88	7.75
100	—	—	—	—	R.36	149.23	7.94	14.29	12.70	5.23
—	100	100	—	—	R.37	149.23	11.11	17.46	15.88	7.75
—	—	—	—	100	R.38	157.16	15.88	22.23	20.64	10.49
—	—	—	100	—	R.39	161.93	11.11	17.46	15.88	7.75
125	—	—	—	—	R.40	171.45	7.94	14.29	12.70	5.23
—	125	125	—	—	R.41	180.98	11.11	17.46	15.88	7.75
—	—	—	—	125	R.42	190.50	19.05	25.40	23.81	12.32
150	—	—	—	—	R.43	193.68	7.94	14.29	12.70	5.23
—	—	—	125	—	R.44	193.68	11.11	17.46	15.88	7.75

续表

公称通径 DN					环号	平均节径 P	环宽 A	环高		八角形环的平面宽度 C
	公称压力 PN/MPa							椭圆形 B	八角形 H	
20	20,110	150	260	420						
—	150	150	—	—	R.45	211.14	11.11	17.46	15.88	7.75
—	—	—	150	—	R.46	211.14	12.70	19.05	17.46	8.66
—	—	—	—	150	R.47	228.60	19.05	25.40	23.81	12.32
200	—	—	—	—	R.48	247.65	7.94	14.29	12.70	5.23
—	200	200	—	—	R.49	269.88	11.11	17.46	15.88	7.75
—	—	—	200	—	R.50	269.88	15.88	22.23	20.64	10.49
—	—	—	—	200	R.51	279.40	22.23	28.58	26.99	14.81
250	—	—	—	—	R.52	304.80	7.94	14.29	12.70	5.23
—	250	250	—	—	R.53	323.85	11.11	17.46	15.88	7.75
—	—	—	250	—	R.54	323.85	15.88	22.23	20.64	10.49
—	—	—	—	250	R.55	342.90	28.58	36.51	34.93	19.81
300	—	—	—	—	R.56	381.00	7.94	14.29	12.70	5.23
—	300	300	—	—	R.57	381.00	11.11	17.46	15.88	7.75
—	—	—	300	—	R.58	381.00	22.23	28.58	26.99	14.81
350	—	—	—	—	R.59	396.88	7.94	14.29	12.70	5.23
—	—	—	—	300	R.60	406.40	31.75	39.69	38.10	22.33
—	350	—	—	—	R.61	419.10	11.11	17.46	15.88	7.75
—	—	350	—	—	R.62	419.10	15.88	22.23	20.64	10.49
—	—	—	350	—	R.63	419.10	25.40	33.34	31.75	17.30
400	—	—	—	—	R.64	454.03	7.94	14.29	12.70	5.23
—	400	—	—	—	R.65	469.90	11.11	17.46	15.88	7.75
—	—	400	—	—	R.66	469.90	15.88	22.23	20.64	10.49
—	—	—	400	—	R.67	469.90	28.58	36.51	34.93	19.81
450	—	—	—	—	R.68	517.53	7.94	14.29	12.70	5.23
—	450	—	—	—	R.69	533.40	11.11	17.46	15.88	7.75
—	—	450	—	—	R.70	533.40	19.05	25.40	23.81	12.32
—	—	—	450	—	R.71	533.40	28.58	36.51	34.93	19.81
500	—	—	—	—	R.72	558.80	7.94	14.29	12.70	5.23
—	500	—	—	—	R.73	584.20	12.70	19.05	17.46	8.66
—	—	500	—	—	R.74	584.20	19.05	25.40	23.81	12.32

续表

公称通径 DN					环号	平均节径 P	环宽 A	环高 椭圆形 B	环高 八角形 H	八角形环的平面宽度 C
公称压力 PN/MPa										
20	20,110	150	260	420						
—	—	—	500	—	R.75	584.20	31.75	36.69	38.10	22.33
—	550	—	—	—	R.81	635.00	14.29	—	19.10	9.60
—	650	—	—	—	R.93	749.30	19.10	—	23.80	12.30
—	700	—	—	—	R.94	800.10	19.10	—	23.80	12.30
—	750	—	—	—	R.95	857.25	19.10	—	23.80	12.30
—	800	—	—	—	R.96	914.40	22.20	—	27.00	14.80
—	850	—	—	—	R.97	965.20	22.20	—	27.00	14.80
—	900	—	—	—	R.98	1022.35	22.20	—	27.00	14.80
—	—	—	—	—	R.100	749.30	28.60	—	34.90	19.80
—	—	650	—	—	R.101	800.10	31.70	—	38.10	22.30
—	—	700	—	—	R.102	857.25	31.70	—	38.10	22.30
—	—	750	—	—	R.103	914.40	31.70	—	38.10	22.30
—	—	800	—	—	R.104	965.20	34.90	—	41.30	24.80
—	—	850	—	—	R.105	1022.35	34.90	—	41.30	24.80
600	—	900	—	—	R.76	673.10	7.94	14.29	12.70	5.23
—	600	—	—	—	R.77	692.15	15.88	22.23	20.64	10.49
—	—	600	—	—	R.78	692.15	25.40	33.34	31.75	17.30
—	—	—	600	—	R.79	692.15	34.93	44.45	41.28	24.82

① 仅适用于环连接密封面对焊环带颈松套钢法兰。
② 用于除对焊环带颈松套钢法兰以外的其他法兰。

注：1. 环垫材料及适用范围如下：

材料牌号	软铁	08 或 10	0Cr13	00Cr17Ni14Mo2	0Cr19Ni9
最高使用温度/℃	450	450	540	450	600

2. 软铁的化学成分（质量分数）如下： %

C	Si	Mn	P	S
<0.05	<0.04	<0.6	<0.35	<0.04

3. 环垫的材料硬度值应比法兰材料硬度值低 30~40HBS，其最高硬度值如下：

环垫材料	软铁	08 或 10	0Cr13	00Cr17Ni14Mo2	0Cr19Ni9
最软硬度值（HBS）	90	120	160	150	160

4. 环垫尺寸的极限偏差如下：

代号	P	A	H	C	角度23°	r
极限偏差	±0.18	±0.2	±0.4	±0.2	±0.5°	±0.4

只要环垫的任意两点的高度差不超过 0.4mm，环垫高度 H 的极限偏差可为 +1.2mm。

5. 环垫密封面（八角形垫的斜面、椭圆垫圆弧面）的表面粗糙度不大于 $Ra1.6\mu m$。

20 管法兰用缠绕式垫片

20.1 缠绕式垫片型式、代号及标记（摘自 GB/T 4622.1—2009）

表 11-5-73

垫片型式代号			定位环材料		金属带材料			填充带材料			内环材料	
型式	代号	适用法兰密封面形式	名称	代号	名称	适用温度/℃	代号	名称	适用温度/℃	代号	名称	代号
基本型	A	榫槽面	无定位环	0	06Cr19Ni9 (0Cr18Ni9)	-196~700	2	石棉	-50~500	1	无内环	0
带内环型	B	凹凸面			06Cr17Ni12Mo2 (0Cr17Ni12Mo2)	-196~700	3	柔性石墨	-196~800	2	06Cr19Ni9 (0Cr18Ni9)	2
带定位环型*	C		低碳钢	1								
带内环和定位环型	D	全平面突面	06Cr19Ni9 (0Cr18Ni9)	2	022Cr17Ni12Mo2 (00Cr17Ni14Mo2)	-196~450	4	聚四氟乙烯	-196~260	3	06Cr17Ni12Mo2 (0Cr17Ni12Mo2)	3
			06Cr17Ni12Mo2 (0Cr17Ni12Mo2)	3	06Cr25Ni20 (0Cr25Ni20)	-196~810	5	非石棉纤维	-50~300	4	022Cr17Ni12Mo2 (00Cr17Ni14Mo2)	4
					06Cr18Ni11Ti (0Cr18Ni10Ti)	-196~700	6	陶瓷纤维		5	06Cr25Ni20 (0Cr25Ni20)	5
					022Cr19Ni10 (00Cr19Ni10)	-196~450	7				06Cr18Ni11Ti (0Cr18Ni10Ti)	6
											022Cr19Ni10 (00Cr19Ni10)	7
			其他	9	其他		9	其他		9	其他	9

注：1. *标准的使用者需考虑到不带内环内径处又无约束的状况下，缠绕式垫片可能会发生径向屈曲而影响正常使用的风险。

2. 突面和全平面法兰应优先选用带内环和定位环型。当填充带材料为聚四氟乙烯时应选用该型式。

3. 柔性石墨在氧化性介质的适用温度不高于600℃。

4. 表中适用温度系摘自 GB/T 4622.3—2007《缠绕式垫片技术条件》。

标记方式：

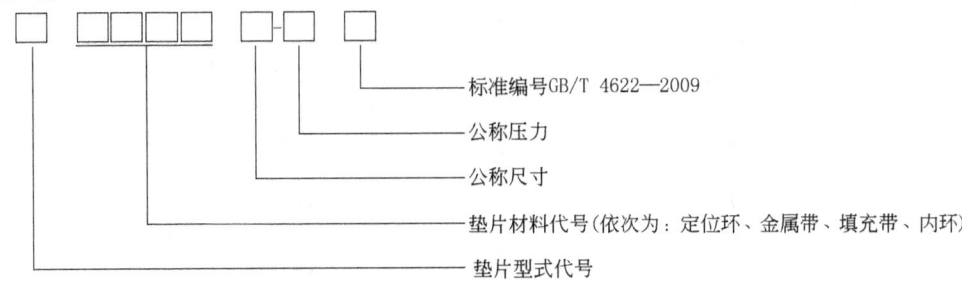

标记示例

公称尺寸100、公称压力40的带内环和定位环型缠绕式垫片，定位环材料为低碳钢，金属带和内环材料为0Cr18Ni9，填充带材料为柔性石墨，应标记为：

缠绕垫　D1222 DN100-PN40 GB/T 4622—2009

20.2 管法兰用缠绕式垫片尺寸(摘自 GB/T 4622.2—2008)

20.2.1 公称压力用 PN 标记的法兰用垫片尺寸

榫槽面法兰用基本型缠绕式垫片尺寸

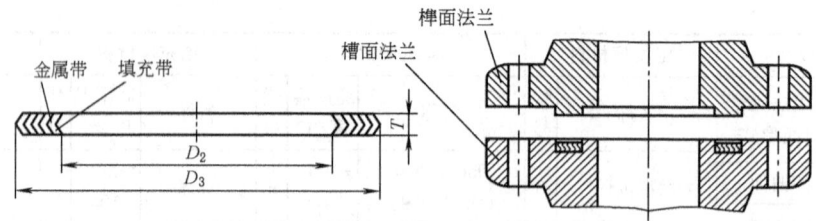

垫片型式、代号及标记方法见表 11-5-73。

表 11-5-74   mm

公称尺寸 DN	公称压力 PN 16,25,40,63,100,160,250			公称尺寸 DN	公称压力 PN 16,25,40,63,100,160,250		
	D_2	D_3	T		D_2	D_3	T
10	23.5	34.5		350	394.5	421.5	
15	28.5	39.5		400	446.5	473.5	
20	35.5	50.5		450	496.5	523.5	
25	42.5	57.5		500	548.5	575.5	
32	50.5	65.5	2.5 或 3.2	600	648.5	675.5	
40	60.5	75.5		700	750.5	777.5	
50	72.5	87.5		800	855.5	882.5	
65	94.5	109.5		900	960.5	987.5	4.5
80	105.5	120.5		1000	1060.5	1093.5	
100	128.5	149.5		1200	1260.5	1293.5	
125	154.5	175.5		1400	1460.5	1493.5	
150	182.5	203.5		1600	1660.5	1693.5	
200	238.5	259.5	3.2	1800	1860.5	1893.5	
250	291.5	312.5		2000	2060.5	2093.5	
300	342.5	363.5					

凹凸面法兰用带内环型缠绕式垫片尺寸

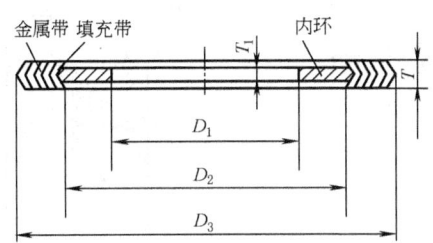
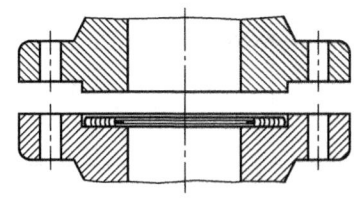

垫片型式、代号及标记方法见表 11-5-73。

表 11-5-75　　　mm

公称尺寸 DN	公称压力 PN 16,25,40,63,100,160,250			T_1	T
	D_1	D_2	D_3		
10	15.0	23.5	34.5	2.0	3.2
15	19.0	28.5	39.5		
20	24.0	35.5	50.5		
25	30.0	42.5	57.5		
32	39.0	50.5	65.5		
40	45.0	60.5	75.5		
50	63.0	72.5	87.5		
65	85.0	94.5	109.5		
80	96.0	105.5	120.5		
100	116.0	128.5	149.5	2.0 或 3.0	3.2 或 4.5
125	142.0	154.5	175.5		
150	170.0	182.5	203.5		
200	226.0	238.5	259.5		
250	279.0	291.5	312.5		
300	330.0	342.5	363.5		
350	378.0	394.5	421.5	3.0	4.5
400	430.0	446.5	473.5		
450	480.0	496.5	523.5		
500	532.0	548.5	575.5		
600	632.0	648.5	675.5		
700	734.0	750.5	777.5		
800	835.0	855.5	882.5		
900	940.0	960.5	987.5		
1000	1040.0	1060.5	1093.5		
1200	1240.0	1260.5	1293.5		
1400	1430.0	1460.5	1493.5		
1600	1630.0	1660.5	1693.5		
1800	1830.0	1860.5	1893.5		
2000	2030.0	2060.5	2093.5		

全平面和突面法兰用带定位环型缠绕式垫片尺寸

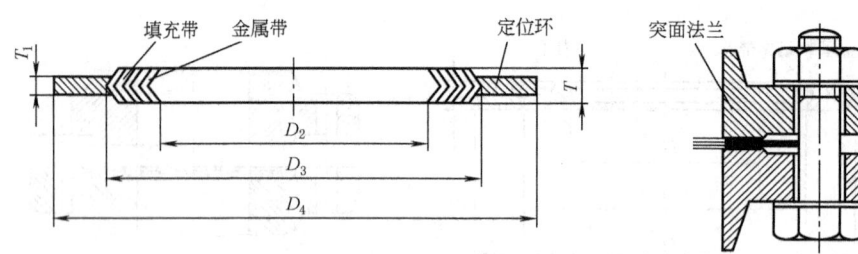

垫片型式、代号及标记方法见表 11-5-73

表 11-5-76　　mm

公称尺寸 DN	公称压力 PN										T_1	T
	10~160	10~40	63~160	10	16	25	40	63	100	160		
	D_2	D_3		D_4								
10	24	34	34	48	48	48	48	58	58	58	3.0	4.5
15	29	39	39	53	53	53	53	63	63	63		
20	34	46	46	63	63	63	63	74	74	—		
25	41	53	53	73	73	73	73	84	84	84		
32	49	61	61	84	84	84	84	90	90	—		
40	56	68	68	94	94	94	94	105	105	105		
50	70	86	86	109	109	109	109	115	121	121		
65	86	102	106	129	129	129	129	140	146	146		
80	99	115	119	144	144	144	144	150	156	156		
100	127	143	147	164	164	170	170	176	183	183		
125	152	172	176	194	194	196	196	213	220	220		
150	179	199	203	220	220	226	226	250	260	260		
200	228	248	252	275	275	286	293	312	327	327		
250	279	303	307	330	331	343	355	367	394	391		
300	334	358	362	380	386	403	420	427	461	461		
350	392	416	420	440	446	460	477	489	515			
400	438	466	472	491	498	517	549	546	575			
450	488	516	522	541	558	567	574					
500	542	570	576	596	620	627	631					
600	642	670		698	737	734	750					
700	732	766		813	807	836						
800	840	874		920	914	945						
900	940	974		1020	1014	1045						
1000	1030	1078		1127	1131	1158					3.0 或 5.0	4.5 或 6.5
1200	1230	1280		1344	1345							
1400	1450	1510		1551	1545							
1600	1660	1720		1775	1768							
1800	1860	1920		1975	1968							
2000	2050	2120		2185	2174							
2200	2260	2330		2388								
2400	2480	2530		2598								
2600	2660	2730		2798								
2800	2860	2930		3018								
3000	3060	3130		3234								

全平面和突面法兰用带内环和定位环型缠绕式垫片尺寸

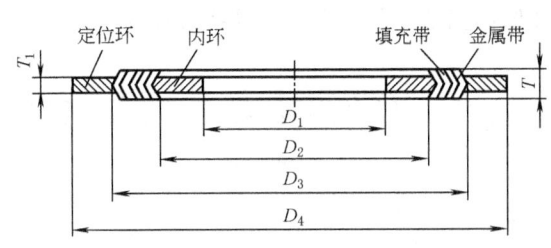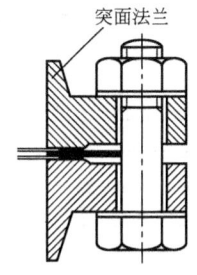

垫片型式、代号及标记方法见表 11-5-73。

表 11-5-77   mm

公称尺寸 DN	公称压力 PN											T_1	T
	16~250		10~40	63~250	10	16	25	40	63	100	160	250		
	D_1	D_2	D_3		D_4									
10	16	24	34	34	48	48	48	48	58	58	58	69		
15	21	29	39	39	53	53	53	53	63	63	63	74		
20	26	34	46	46	63	63	63	63	74	74	—	—		
25	33	41	53	53	73	73	73	73	84	84	84	85		
32	41	49	61	61	84	84	84	84	90	90	—	—		
40	48	56	68	68	94	94	94	94	105	105	105	111		
50	61	70	86	86	109	109	109	109	115	121	121	126		
65	77	86	102	106	129	129	129	129	140	146	146	156	3.0	4.5
80	90	99	115	119	144	144	144	144	150	156	156	173		
100	115	127	143	147	164	164	170	170	176	183	183	205		
125	140	152	172	176	194	194	196	196	213	220	220	245		
150	167	179	199	203	220	220	226	226	250	260	260	287		
200	216	228	248	252	275	275	286	293	312	327	327	361		
250	267	279	303	307	330	331	343	355	367	394	391	445		
300	322	334	358	362	380	386	403	420	427	461	461	542		
350	376	392	416	420	440	446	460	477	489	515				
400	422	438	466	472	491	498	517	549	546	575				
450	472	488	516	522	541	558	567	574						
500	526	542	570	576	596	620	627	631						
600	626	642	670		698	737	734	750						
700	716	732	766		813	807	836							
800	820	840	874		920	914	945							
900	920	940	974		1020	1014	1045							
1000	1010	1030	1078		1127	1131	1158							
1200	1210	1230	1280		1344	1345							3.0 或 5.0	4.5 或 6.5
1400	1420	1450	1510		1551	1545								
1600	1630	1660	1720		1775	1768								
1800	1830	1860	1920		1975	1968								
2000	2020	2050	2120		2185	2174								
2200	2230	2260	2330		2388									
2400	2430	2480	2530		2598									
2600	2630	2660	2730		2798									
2800	2830	2860	2930		3018									
3000	3030	3060	3130		3234									

20.2.2 公称压力用 Class 标记的法兰用垫片尺寸

榫槽面法兰用基本型和凹凸面法兰用带内环型缠绕式垫片尺寸

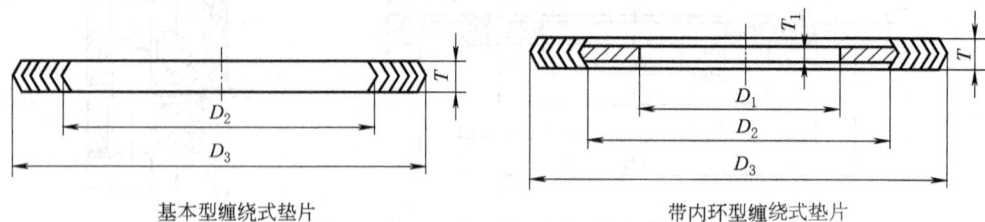

基本型缠绕式垫片　　　　带内环型缠绕式垫片

垫片型式、代号及标记方法见表 11-5-73。

表 11-5-78　　　　　　　　　　　　　　　　　　　　　　　　　　　　　　　　　mm

榫槽面法兰用基本型缠绕式垫片尺寸					凹凸面法兰用带内环型缠绕式垫片尺寸						
公称尺寸		公称压力			公称尺寸		公称压力				
NPS	DN	Class300(PN50),Class600(PN110),Class900(PN150),Class1500(PN260)			NPS	DN	Class300(PN50),Class600(PN110),Class900(PN150),Class1500(PN260)				
		D_2	D_3	T			D_1	D_2	D_3	T_1	T
½	15	24.3	36.0		½	15	14.2	24.3	36.0		
¾	20	32.3	43.9		¾	20	20.6	32.3	43.9		
1	25	37.0	51.9		1	25	26.9	37.0	51.9		
1¼	32	46.5	64.6		1¼	32	38.1	46.5	64.6		
1½	40	52.9	74.1		1½	40	44.5	52.9	74.1		
2	50	71.9	93.2		2	50	55.6	71.9	93.2		
2½	65	84.6	105.9		2½	65	66.5	84.6	105.9		
3	80	106.9	128.1		3	80	81.0	106.9	128.1		
4	100	130.7	158.3		4	100	106.4	130.7	158.3		
5	125	159.3	186.8	4.5	5	125	131.8	159.3	186.8	3.0	4.5
6	150	189.4	217.0		6	150	157.2	189.4	217.0		
8	200	237.0	271.0		8	200	215.9	237.0	271.0		
10	250	284.7	324.9		10	250	268.2	284.7	324.9		
12	300	341.8	382.1		12	300	317.5	341.8	382.1		
14	350	373.6	413.8		14	350	349.3	373.6	413.8		
16	400	424.4	471.0		16	400	400.1	424.4	471.0		
18	450	487.9	534.5		18	450	449.3	487.9	534.5		
20	500	532.3	585.3		20	500	500.1	532.3	585.3		
24	600	640.3	693.2		24	600	603.3	640.3	693.2		

表 11-5-79 全平面和突面法兰用带定位环型缠绕式垫片尺寸

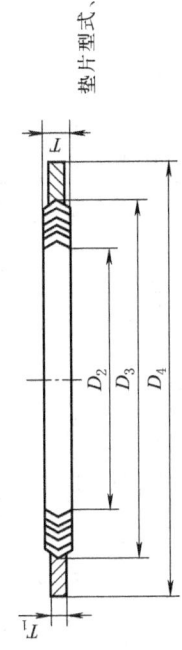

垫片型式、代号及标记方法见表 11-5-73。

公称尺寸		Class150(PN20)			Class300(PN50)			Class600(PN110)			Class900(PN150)			Class1500(PN260)			T_1	T
NPS	PN	D_2	D_3	D_4	D_2	D_3	D_4	D_2	D_3	D_4	D_2	D_3	D_4	D_2	D_3	D_4		
½	15	19.1	31.8	46.3	19.1	31.8	52.7	19.1	31.8	52.7	19.1	31.8	62.6	19.1	31.8	62.6		
¾	20	25.4	39.6	55.0	25.4	39.6	66.6	25.4	39.6	66.6	25.4	39.6	68.9	25.4	39.6	68.9		
1	25	31.8	47.8	65.4	31.8	47.8	72.9	31.8	47.8	72.9	31.8	47.8	77.6	31.8	47.8	77.6		
1¼	32	47.8	60.5	74.9	47.8	60.5	82.4	47.8	60.5	82.4	47.8	60.5	87.1	39.6	60.5	87.1		
1½	40	54.1	69.9	84.4	54.1	69.9	94.3	54.1	69.9	94.3	54.1	69.9	96.8	47.8	69.9	96.8		
2	50	69.9	85.9	104.7	69.9	85.9	111.0	69.9	85.9	111.0	69.9	85.9	141.1	58.7	85.9	141.1		
2½	65	82.6	98.6	123.7	82.6	98.6	129.2	82.6	98.6	129.2	82.6	98.6	163.5	69.9	98.6	163.5		
3	80	101.6	120.7	136.4	101.6	120.7	148.3	101.6	120.7	148.3	95.3	120.7	166.5	92.2	120.7	173.2		
4	100	127.0	149.4	174.5	127.0	149.4	180.0	149.4	149.4	191.9	120.7	149.4	205.0	117.6	149.4	208.3		
5	125	155.7	177.8	195.9	155.7	177.8	215.0	147.6	177.8	239.7	147.6	177.8	246.4	143.0	177.8	253.1		
6	150	182.6	209.6	221.3	182.6	209.6	249.9	174.8	209.6	265.1	174.8	209.6	287.5	171.5	209.6	281.5		
8	200	233.4	263.7	278.5	233.4	263.7	306.2	225.6	263.7	319.2	222.3	257.3	357.7	215.9	257.3	351.7		
10	250	287.3	317.5	338.0	287.3	317.5	360.4	274.6	317.5	398.38	276.4	311.2	433.9	266.7	311.2	434.6		
12	300	339.9	374.7	407.8	339.9	374.7	420.8	327.2	374.7	456.0	323.9	368.3	497.4	323.9	368.3	519.5	3.0	4.5
14	350	371.6	406.4	449.3	371.6	406.4	484.4	362.0	406.4	491.0	355.6	400.1	519.8	362.0	400.1	579.0		
16	400	422.4	463.6	512.8	422.4	463.6	538.5	412.8	463.6	564.2	412.8	457.2	574.0	406.4	457.2	640.8		
18	450	474.7	527.1	547.9	474.7	527.1	595.6	469.9	527.1	612.0	463.6	520.7	637.8	463.6	520.7	704.7		
20	500	525.5	577.9	605.0	525.5	577.9	652.8	520.7	577.9	681.9	520.7	571.5	697.3	514.4	571.5	755.8		
24	600	628.7	685.8	716.3	628.7	685.8	773.8	628.7	685.8	790.2	628.7	679.5	837.7	616.0	695.5	900.6		

表 11-5-80 全平面和突面法兰用带内环和定位环型缠绕式垫片尺寸

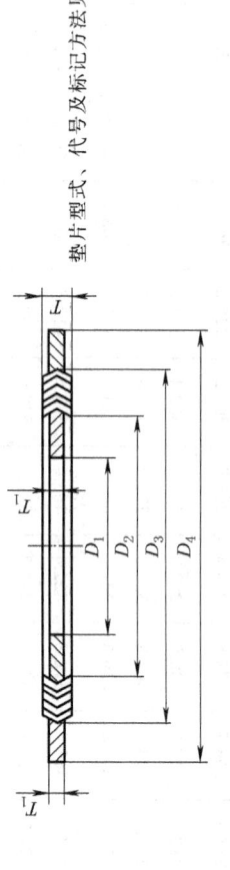

垫片型式、代号及标记方法见表 11-5-73。

公称尺寸		公称压力																						mm
NPS	PN	Class150(PN20)				Class300(PN50)				Class600(PN110)				Class900(PN150)				Class1500(PN260)				T_1	T
		D_1	D_2	D_3	D_4	D_1	D_2	D_3	D_4	D_1	D_2	D_3	D_4	D_1	D_2	D_3	D_4	D_1	D_2	D_3	D_4		
½	15	14.2	19.1	31.8	46.3	14.2	19.1	31.8	52.7	14.2	19.1	31.8	52.7	14.2	19.1	31.8	62.6	14.2	19.1	31.8	62.6	3.0	4.5
¾	20	20.6	25.4	39.6	55.0	20.6	25.4	39.6	66.6	20.6	25.4	39.6	66.6	20.6	25.4	39.6	68.9	20.6	25.4	39.6	68.9		
1	25	26.9	31.8	47.8	65.4	26.9	31.8	47.8	72.9	26.9	31.8	47.8	72.9	26.9	31.8	47.8	77.6	26.9	31.8	47.8	77.6		
1¼	32	38.1	47.8	60.5	74.9	38.1	47.8	60.5	82.4	38.1	47.8	60.5	82.4	33.3	47.8	60.5	87.1	33.3	47.8	60.5	87.1		
1½	40	44.5	54.1	69.9	84.4	44.5	54.1	69.9	94.3	44.5	54.1	69.9	94.3	41.4	54.1	69.9	96.8	41.4	47.8	69.9	96.8		
2	50	55.6	69.9	85.9	104.7	55.6	69.9	85.9	111.0	55.6	69.9	85.9	111.0	52.3	69.9	85.9	141.1	52.3	58.7	85.9	141.1		
2½	65	66.5	82.6	98.6	123.7	66.5	82.6	98.6	129.2	66.5	82.6	98.6	129.2	63.5	82.6	98.6	163.5	63.5	69.9	98.6	163.5		
3	80	81.0	101.6	120.7	136.4	78.7	101.6	120.7	148.3	78.7	101.6	120.7	148.3	78.7	95.3	120.7	166.5	78.7	92.2	120.7	173.2		
4	100	106.4	127.0	149.4	174.5	102.6	127.0	149.4	180.0	102.6	120.7	149.4	191.9	97.8	120.7	149.4	205.0	97.8	117.6	149.4	208.3		
5	125	131.8	155.7	177.8	195.9	128.3	155.7	177.8	215.0	128.3	147.6	177.8	239.7	124.5	147.6	177.8	246.4	124.5	143.0	177.8	253.1		
6	150	157.2	182.6	209.6	221.3	154.9	182.6	209.6	249.9	154.9	174.8	209.6	265.1	147.3	174.8	209.6	287.5	147.3	171.5	209.6	281.5		
8	200	215.9	233.4	263.7	278.5	205.7	233.4	263.7	306.1	196.9	225.6	263.7	319.2	196.9	222.3	257.3	357.7	196.9	215.9	257.3	351.7		
10	250	268.2	287.3	317.5	338.0	255.3	287.3	317.5	360.4	246.1	274.6	317.5	398.38	246.1	276.4	311.2	433.9	246.1	266.7	311.2	434.6		
12	300	317.5	339.9	374.7	407.8	307.3	339.2	374.7	420.8	292.1	327.2	374.7	456.0	292.1	323.9	368.3	497.4	292.1	323.9	368.3	519.5		
14	350	349.3	371.6	406.4	449.3	342.9	371.6	406.4	484.4	320.8	362.0	406.4	491.0	320.8	355.6	400.1	519.8	320.8	362.0	400.1	579.0		
16	400	400.1	422.4	463.6	512.8	389.9	422.4	463.6	538.5	368.3	412.8	463.6	564.2	368.3	412.8	457.2	574.0	368.3	406.4	457.2	640.8		
18	450	449.3	474.7	527.1	547.5	438.2	474.7	527.1	595.6	425.5	469.9	527.1	612.0	425.5	463.6	520.7	637.8	425.5	463.6	520.7	704.7		
20	500	500.1	525.5	577.9	605.0	489.0	525.5	577.9	652.8	482.6	520.7	577.9	681.9	476.3	520.7	571.5	697.3	476.3	514.4	571.5	755.8		
24	600	603.3	628.7	685.8	716.3	590.6	628.7	685.8	773.8	590.6	628.7	685.8	790.2	577.9	628.7	679.5	837.7	577.9	616.0	695.5	900.6		

21 管法兰用非金属聚四氟乙烯包覆垫片（摘自 GB/T 13404—2008）

21.1 公称压力用 PN 标记的管法兰用垫片尺寸

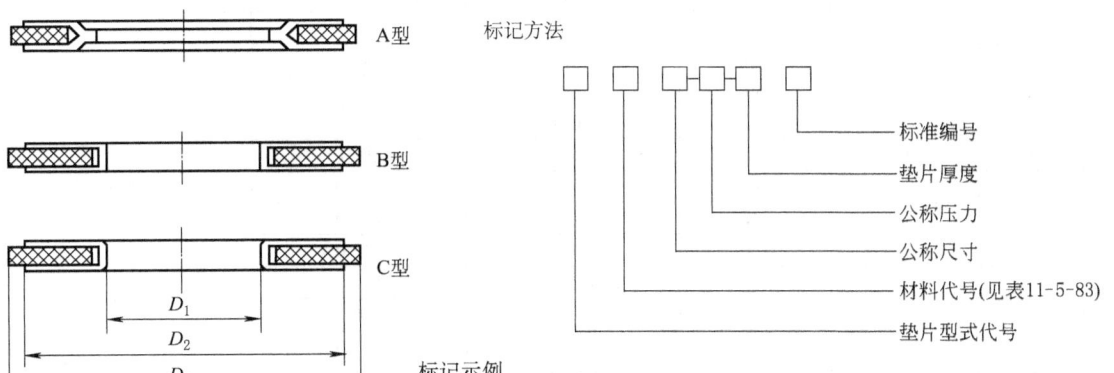

标记示例

公称尺寸 DN50，公称压力 PN10，厚度 3.0mm 的 A 型中压石棉橡胶聚四氟乙烯包覆垫片：

中压石棉橡胶聚四氟乙烯包覆垫片　A　XB350　DN50-PN10-3.0　GB/T 13404

表 11-5-81　　　　　　　　　　　　　　　　　　　　　　　　　　　　　　　　　　　　mm

公称尺寸 DN	包覆层内径 D_1	包覆层外径 D_2	垫片外径 D_3						垫片型式
			PN6	PN10	PN16	PN25	PN40	PN63	
10	18	36	39	46	46	46	46	56	
15	22	40	44	51	51	51	51	61	
20	27	50	54	61	61	61	61	72	
25	34	60	64	71	71	71	71	82	
32	43	70	76	82	82	82	82	88	
40	49	80	86	92	92	92	92	103	A 型和 B 型
50	61	92	96	107	107	107	107	113	
65	77	110	116	127	127	127	127	138	
80	89	126	132	142	142	142	142	148	
100	115	151	152	162	162	168	168	174	
125	141	178	182	192	192	194	194	210	
150	169	206	207	218	218	224	224	247	
200	220	260	262	273	273	284	290	309	
250	273	314	317	328	329	340	352	364	A 型、B 型 和 C 型
300	324	365	373	378	384	400	417	424	
350	356	412	423	438	444	457	474	486	
400	407	469	473	489	495	514	546	543	
450	458	528	528	539	555	564	571	—	
500	508	578	578	594	617	624	628	—	C 型
600	610	679	679	695	734	731	747	—	

注：1. 顾客有要求时 D_2 可以等于 D_3。
　　2. 聚四氟乙烯包覆层的厚度为 0.5mm，嵌入物的厚度为 2.0mm。若另有要求，供需双方协商确定。

21.2 公称压力用 Class 标记的管法兰用垫片尺寸

垫片型式、结构及标记方法见表 11-5-82。

表 11-5-82   mm

公称尺寸		包覆层内径 D_1	包覆层外径 D_2	垫片外径 D_3		垫片型式
NPS	DN			Class150(PN20)	Class300(PN50)	
½	15	22	40	47.5	54.0	A 型和 B 型
¾	20	27	50	57.0	66.5	
1	25	34	60	66.5	73.0	
1¼	32	43	70	76.0	82.5	
1½	40	49	80	85.5	95.0	
2	50	61	92	104.5	111.0	
2½	65	73	110	124.0	130.0	
3	80	89	126	136.5	149.0	
4	100	115	151	174.5	181.0	
5	125	141	178	196.5	216.0	
6	150	169	206	222.0	251.0	
8	200	220	260	279.0	308.0	A 型、B 型和 C 型
10	250	273	314	339.5	362.0	
12	300	324	365	409.5	422.0	
14	350	356	412	450.5	485.5	
16	400	407	469	514.0	539.5	C 型
18	450	458	528	549.0	597.0	
20	500	508	578	606.5	654.0	
24	600	610	679	717.5	774.5	

注:1. 顾客有要求时 D_2 可以等于 D_3。
2. 聚四氟乙烯包覆层的厚度为 0.5mm,嵌入物的厚度为 2.0mm。若另有要求,供需双方协商确定。

21.3 聚四氟乙烯包覆垫片的性能

聚四氟乙烯包覆垫片常用夹嵌层材料的代号和推荐使用温度见表 11-5-83。垫片的性能指标见表 11-5-84。

表 11-5-83   常用夹嵌层材料的代号和推荐使用温度

材料名称	高压石棉橡胶板	中压石棉橡胶板	5110 非石棉橡胶板	氟橡胶板	丁腈橡胶板	三元乙丙橡胶板
材料代号	XB450	XB350	NASB 5110	FKM	NBR	EPDM
推荐使用温度/℃	<450	<350	<200	<220	<110	<200

注:供需双方协商,允许采用表中之外的夹嵌层材料。

表 11-5-84   垫片的性能指标

产品类型	垫片压缩率、回弹率的试验条件和指标				
	试验条件			指标	
	试样规格/mm	试验温度/℃	预紧比压/MPa	压缩率/%	回弹率/%
石棉橡胶聚四氟乙烯包覆垫片	φ89×φ132×3 (B 型)	18~28	35.0	7~13	≥30
非石棉纤维橡胶聚四氟乙烯包覆垫片			35.0	7~13	≥30
橡胶聚四氟乙烯包覆垫片			15.0	20~30	≥10

垫片密封性能的试验条件和指标

产品类型	试验条件				指标	
	试样规格/mm	试验温度/℃	试验介质	预紧比压/MPa	试验压力	泄漏率/(cm³/s)
石棉橡胶聚四氟乙烯包覆垫片	φ89×φ132×3 (B型)	18~28	99.9%氮气	35.0	公称压力的1.1倍	<1.0×10⁻³
非石棉纤维橡胶聚四氟乙烯包覆垫片						
橡胶聚四氟乙烯包覆垫片				15.0		<1.0×10⁻²

垫片应力松弛的试验条件和指标

产品类型	试样规格/mm	预紧应力/MPa	试验温度/℃	试验时间/h	指标 应力松弛率/%
石棉橡胶聚四氟乙烯包覆垫片	φ73×φ34×3	35	150	16	≤45
非石棉纤维橡胶聚四氟乙烯包覆垫片					

22 管法兰用金属包覆垫片（摘自 GB/T 15601—2013）

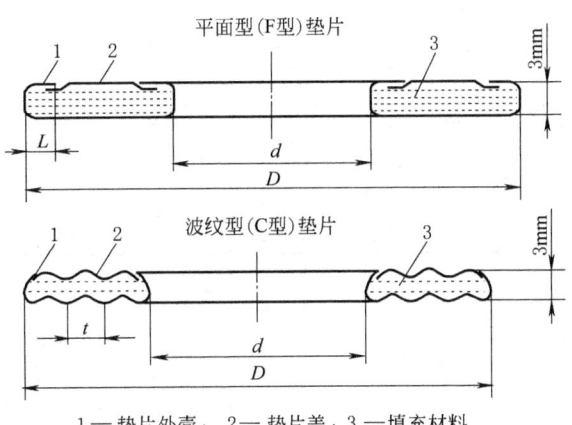

1—垫片外壳；2—垫片盖；3—填充材料

适用范围：

用于公称压力不大于 PN63、公称尺寸不大于 DN4000 和公称压力不大于 Class 600、公称尺寸不大于 DN1500（NSP60）的突面管法兰用垫片。垫片的最高使用温度应低于包覆金属层金属材料最高使用温度中的较低值。包覆金属材料的硬度应低于法兰硬度。

标记示例：

示例1：

平面型、公称尺寸 DN 300、公称压力 PN 25、包履层材料为 06Cr19Ni10、填充材料为柔性石墨的垫片，其标记为：

金属包覆垫片 DN 300-PN 25 304/FG GB/T 15601

示例2：

波纹型、DN 80（NPS 3）、Class 150、包履层材料为 06Cr19Ni10、填充材料为柔性石墨的垫片，其标记为：

金属包覆垫片 C 型 3″（或 DN 80）-CL150 304/FG GB/T 15601

表 11-5-85　　PN 标记的管法兰用垫片的尺寸　　mm

公称尺寸 DN	垫片内径 d	垫片外径 D							公称尺寸 DN	垫片内径 d	垫片外径 D						
		PN2.5	PN6	PN10	PN16	PN25	PN40	PN63			PN2.5	PN6	PN10	PN16	PN25	PN40	PN63
10	18	39	39	46	46	46	46	56	150	169	207	207	218	218	224	224	247
15	22	44	44	51	51	51	51	61	200	220	262	262	273	273	284	290	309
20	27	54	54	61	61	61	61	72	250	273	317	317	328	329	340	352	364
25	34	64	64	71	71	71	71	82	300	324	373	373	378	384	400	417	424
32	43	76	76	82	82	82	82	88	350	377	423	423	438	444	457	474	486
40	49	86	86	92	92	92	92	103	400	426	473	473	489	495	514	546	543
50	61	96	96	107	107	107	107	113	450	480	528	528	539	555	564	571	—
65	77	116	116	127	127	127	127	138	500	530	578	578	594	617	624	628	—
80	89	132	132	142	142	142	142	148	600	630	679	679	695	734	731	747	—
100	115	152	152	162	162	168	168	174	700	727	784	784	810	804	833		
125	141	182	182	192	192	194	194	210	800	826	890	890	917	911	942	—	

续表

公称尺寸 DN	垫片内径 d	垫片外径 D							公称尺寸 DN	垫片内径 d	垫片外径 D					
		PN2.5	PN6	PN10	PN16	PN25	PN40	PN63			PN2.5	PN6	PN10	PN16	PN25	PN40	PN63
900	924	990	990	1017	1011	1042	—	—	2600	2626	2707	2762	2794	—	—	—
1000	1020	1090	1090	1124	1128	1154	—	—	2800	2828	2924	2972	3014	—	—	—
1200	1222	1290	1307	1341	1342	1364	—	—	3000	3028	3124	3172	3228	—	—	—
1400	1422	1490	1524	1548	1542	1578	—	—	3200	3228	3324	3382	—	—	—	—
1600	1626	1700	1724	1772	1764	1798	—	—	3400	3428	3524	3592	—	—	—	—
1800	1827	1900	1931	1972	1964	2000	—	—	3600	3634	3734	3804	—	—	—	—
2000	2028	2100	2138	2182	2168	2230	—	—	3800	3834	3931	—	—	—	—	—
2200	2231	2307	2348	2384	—	—	—	—	4000	4034	4131	—	—	—	—	—
2400	2434	2507	2558	2594	—	—	—	—								

表 11-5-86　　Class 标记的管法兰用垫片的尺寸　　mm

	公称尺寸		垫片内径 d	垫片外径 D				公称尺寸		垫片内径 d	垫片外径 D		
	NPS	DN		Class150	Class 300	Class 600		NPS	DN		Class150	Class 300	Class 600
小直径系列	1/2	15	22.4	44.5	50.8	50.8	大直径系列（A系列）	44	1100	1130.3	1273.3	1216.2	1267.0
	3/4	20	28.7	54.1	63.5	63.5		46	1150	1181.1	1324.1	1270.0	1324.1
	1	25	38.1	63.5	69.9	69.9		48	1200	1231.9	1381.3	1320.8	1387.6
	1¼	32	47.8	73.2	79.5	79.5		50	1250	1282.7	1432.1	1374.9	1444.8
	1½	40	54.1	82.6	92.2	92.2		52	1300	1333.5	1489.2	1425.7	1495.6
	2	50	73.2	101.6	108.0	108.0		54	1350	1384.3	1546.4	1489.2	1552.7
	2½	65	85.9	120.7	127.0	127.0		56	1400	1435.1	1603.5	1540.0	1603.5
	3	80	108.0	133.4	146.1	146.1		58	1450	1485.9	1660.7	1590.8	1660.7
	4	100	131.8	171.5	177.8	190.5		60	1500	1536.7	1711.5	1641.6	1730.5
	5	125	152.4	193.8	212.9	238.3	大直径（B系列）	26	650	673.1	722.4	768.4	762.0
	6	150	190.5	219.2	247.7	263.7		28	700	723.9	773.2	822.5	816.1
	8	200	238.3	276.4	304.8	317.5		30	750	774.7	824.0	882.7	876.3
	10	250	285.8	336.6	358.9	397.0		32	800	825.5	877.8	936.8	930.4
	12	300	342.9	406.4	419.1	454.2		34	850	876.3	931.9	990.6	993.9
	14	350	374.7	447.8	482.6	489.0		36	900	927.1	984.3	1044.7	1044.7
	16	400	425.5	511.3	536.7	562.1		38	950	977.9	1041.4	1095.5	1101.9
	18	450	489.0	546.1	593.9	609.6		40	1000	1028.7	1092.2	1146.3	1152.5
	20	500	533.4	603.3	651.0	679.5		42	1050	1079.5	1143.0	1197.1	1216.2
	24	600	641.4	714.5	771.7	787.4		44	1100	1130.3	1193.8	1247.9	1267.0
大直径系列（A系列）	26	650	673.1	771.7	831.9	863.6		46	1150	1181.1	1252.5	1314.5	1324.1
	28	700	723.9	828.8	895.4	911.4		48	1200	1231.9	1303.3	1365.3	1387.6
	30	750	774.7	879.6	949.5	968.5		50	1250	1282.7	1354.1	1416.1	1444.8
	32	800	825.5	936.8	1003.3	1019.3		52	1300	1333.5	1404.9	1466.9	1495.6
	34	850	876.3	987.6	1054.1	1070.1		54	1350	1384.3	1460.5	1527.3	1552.7
	36	900	927.1	1044.7	1114.6	1127.3		56	1400	1435.1	1511.3	1590.8	1603.5
	38	950	977.9	1108.2	1051.1	1101.9		58	1450	1485.9	1576.3	1652.5	1660.7
	40	1000	1028.7	1159.0	1111.3	1152.7		60	1500	1536.7	1627.1	1703.3	1730.5
	42	1050	1079.5	1216.2	1162.1	1216.2							

注：1. 当公称尺寸≤DN150 时，波纹型（C 型）垫片的波纹节距 $t ≤ 4$mm；公称尺寸在 DN 200 及以上时，$t = 3.2 \sim 6.4$mm。
2. 除本标准规定的垫片厚度外，可根据用户要求采用其他厚度，但不应影响垫片的使用性能。

表 11-5-87　垫片的包覆层金属材料及充填材料的执行标准、代号及推荐的最高工作温度

名称或牌号	标准编号	代号	最高工作温度/℃		名称或牌号	标准编号	代号	最高工作温度/℃
铜板	GB/T 2040	Cu	315	包覆层金属材料	NS111	YB/T 5354	IN 800	600
钛板	GB/T 3621	Ti2	350		NS334	YB/T 5354	HAST C	980
铝板	GB/T 3880.1	Al	400		NS312	YB/T 5354	INC 600	980
镀锡钢板(马口铁)	GB/T 2520	St	450		NS336	YB/T 5354	INC 625	980
软铁	GB/T 6983	D	450	充填材料	陶瓷纤维板	GB/T 3003	CER	800
低碳钢	GB/T 700	CS	450		石棉纸板	JC/T 69	ASB	400
022Cr17Ni12Mo2	GB/T 3280	316L	450		柔性石墨板	JB/T 7758.2	FG	650①
022Cr18Ni10	GB/T 3280	304L	450		柔性石墨复合增强板	JB/T 6628	ZQB	600
022Cr19Ni13Mo3	GB/T 3280	317L	450		石棉橡胶板	GB/T 3985	XB	300
NCu30	GB/T 5235	MON	500		耐油石棉橡胶板	GB/T 539	NY	300
0Cr13	GB/T 3280	410	540		非石棉纤维橡胶板	JC/T 2052	NAS	有机纤维 200 无机纤维 290
06Cr19Ni10	GB/T 3280	304	600		聚四氟乙烯板	QB/T 3625	PTFE	260
06Cr18Ni11Ti	GB/T 3280	321	600					

① 柔性石墨类材料用于氧化介质时最高使用温度为 450℃。

表 11-5-88　　　　　垫片的性能指标

试样规格	低碳钢+石墨			低碳钢+非石棉		
	压缩率/%	回弹率/%	泄漏率/(cm³/s)	压缩率/%	回弹率/%	泄漏率/(cm³/s)
DN 80、PN 20,厚 3.0mm	25~35	≥10	≤1.0×10⁻²	15~25	≥10	≤1.0×10⁻²

23　U 形内骨架橡胶密封圈（摘自 JB/T 6997—2007）

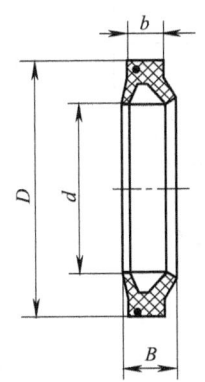 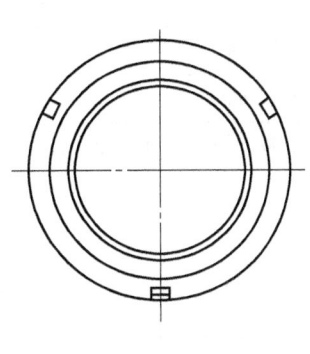

适用范围：用于工作压力 PN≤4MPa 管路系统法兰连接结构中的密封。
常用材料：见表 11-5-88。
安装沟槽尺寸：见表 11-5-89。
标记方法：

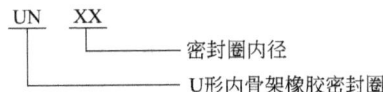

例：
　　内径 d=25mm，材质为 XA7453 橡胶的 U 形内骨架橡胶密封圈，标记方法为：
　　密封圈　UN50　XA7453　JB/T 6997—2007

表 11-5-89

mm

型式代号	公称通径	d 基本尺寸	d 极限偏差	D 基本尺寸	D 极限偏差	b 基本尺寸	b 极限偏差	B 基本尺寸	B 极限偏差	质量/[kg/100件]
UN25	25	25	+0.30 +0.10	50	+0.30 +0.15	9.5	0 -0.20	14.5	0 -0.30	2.7
UN32	32	32		57	+0.35 +0.20					3.0
UN40	40	40		65						3.5
UN50	50	50		75						4.1
UN65	65	65		90						4.9
UN80	80	80	+0.40 +0.15	105	+0.30 +0.15					7.6
UN100	100	100		125	+0.45 +0.25					9.2
UN125	125	125		150						11.1
UN150	150	150		175		9.5	0 -0.20	14.5	0 -0.30	13.1
UN175	175	175		200						15.0
UN200	200	200	+0.50 +0.20	225						17.0
UN225	225	225		250						18.9
UN250	250	250		275	+0.55 +0.30					20.9
UN300	300	300		325						24.8

表 11-5-90 密封圈材料特性与使用范围

胶料材质	胶料特性	工作压力/MPa	工作温度/℃	工作介质
丁腈橡胶 XA7453	耐油	≤4	-40~100	矿物油、水-乙二醇、空气、水
氟橡胶 XD7433	耐油、耐高温		-25~200	空气、水、矿物油

注：密封圈材料的物理性能应符合 HG/T 2811—2009（表 11-5-65）的规定。

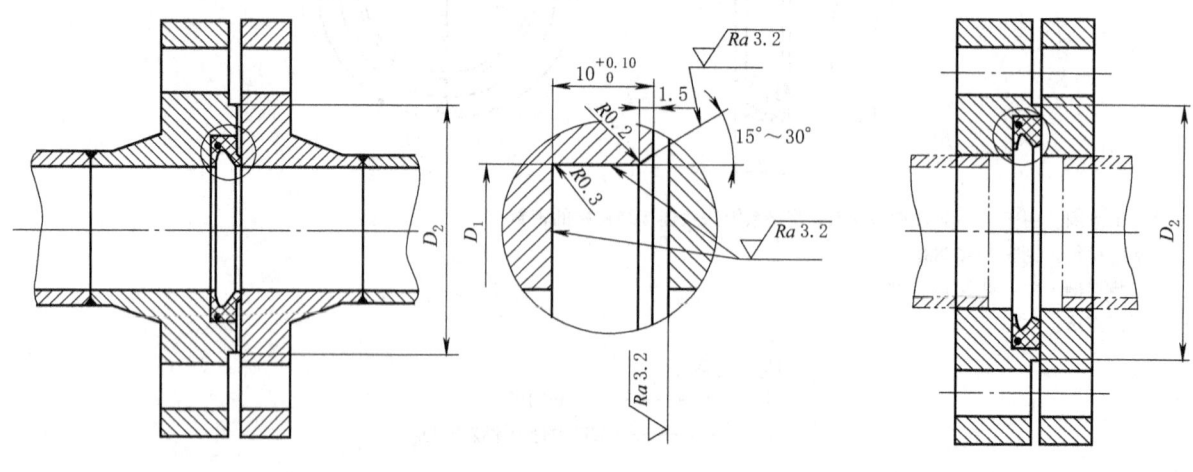

密封圈安装在对焊法兰中　　　　　　　　密封圈安装在平焊法兰中

表 11-5-91　　　　　　　　　　　　　密封圈安装部位及沟槽尺寸　　　　　　　　　　　　　　　　mm

密封圈安装部位	型式代号	公称通径	D_1(H8) 基本尺寸	D_1(H8) 极限偏差	D_2
装在对焊法兰中	UN25	25	50	+0.039 0	65
	UN32	32	57	+0.046 0	76
	UN40	40	65		84
	UN50	50	75		99
	UN65	65	90	+0.054 0	118
	UN80	80	105		132
	UN100	100	125	+0.063 0	156
	UN125	125	150		184
	UN150	150	175		211
	UN200	200	225	+0.072 0	284
	UN250	250	275		345
	UN300	300	325	+0.089 0	409
装在平焊法兰中	UN50	40	65	+0.046 0	84
	UN65	50	75		99
	UN80	65	90	+0.054 0	118
	UN100	80	105		132
	UN125	100	125	+0.063 0	156
	UN150	125	150		184
	UN175	150	175		211
	UN225	200	225	+0.072 0	284
	UN300	250	275		345

注：密封圈安装在平焊法兰中时，应根据法兰通径和凸台 D_2 尺寸选择大一挡的密封圈，如表中所示。

参 考 文 献

[1] 汪德涛. 润滑技术手册. 北京：机械工业出版社，1999 及 2002.
[2] 机械工程学会摩擦学学会《润滑工程》编写组. 润滑工程. 北京：机械工业出版社，1986.
[3] 胡邦喜. 设备润滑基础. 第 2 版. 北京：冶金工业出版社，2002.
[4] 《机械工程标准手册》编委会. 机械工程标准手册：密封与润滑卷. 北京：中国标准出版社，2003.
[5] 中国机械工程学会设备与维修工程分会. 设备润滑维修问答. 北京：机械工业出版社，2006.
[6] 《重型机械标准》编写委员会. 重型机械标准：第四卷. 北京：中国标准出版社，1998.
[7] 葛丰恒，孟广俊等. 机械设备润滑手册. 北京：石油工业出版社，1984.
[8] 《设备用油与润滑手册》编委会. 设备用油与润滑手册. 北京：煤炭工业出版社，1989.
[9] ［英］尼尔 M. J. 摩擦学手册. 王自新等译. 北京：机械工业出版社，1984.
[10] 日本润滑学会. 润滑ハンドブック（改订版）. 东京：养贤堂，1987.
[11] 《现代实用机床设计手册》编委会. 现代实用机床设计手册（下）. 北京：机械工业出版社，2006.
[12] 《机械工程手册》编委会. 机械工程手册：机械设计基础卷. 第二版. 北京：机械工业出版社，1996：4-98~4-119.
[13] 中国石油化工股份有限公司科技开发部. 石油产品国家标准汇编 2005. 北京：中国标准出版社，2005.
[14] 中国石油化工股份有限公司科技开发部. 石油产品行业标准汇编 2005. 北京：中国石化出版社，2005.
[15] 颜志光. 润滑剂性能测试技术手册. 北京：中国石化出版社，2000.
[16] 王毓民，王恒. 润滑材料与润滑技术. 北京：化学工业出版社，2005.
[17] 王先会. 车辆与船舶润滑油脂应用技术. 北京：中国石化出版社，2005.
[18] 王先会. 工业润滑油脂应用技术. 北京：中国石化出版社，2005.
[19] 颜志光，杨正宇. 合成润滑剂. 北京：中国石化出版社，1996.
[20] 肖开学. 实用设备润滑与密封技术问答. 北京：机械工业出版社，2000.
[21] 中国石油化工股份有限公司科技开发部. 石油和石油产品试验方法国家标准汇编 2005. 北京：中国标准出版社，2005.
[22] 中国石油化工股份有限公司科技开发部. 石油和石油产品试验方法行业标准汇编 2005. 北京：中国标准出版社，2005.
[23] 《设备润滑基础》编写组. 设备润滑基础. 北京：冶金工业出版社，1982.
[24] 机械工程学会摩擦学学会《润滑工程》编写组. 润滑工程. 北京：机械工业出版社，1986.
[25] 夏廷栋. 液压传动的密封与密封装置. 北京：中国农业机械出版社，1982.
[26] 刘后桂. 密封技术. 长沙：湖南科学技术出版社，1983.
[27] 胡国桢等. 化工密封技术. 北京：化学工业出版社，1990.
[28] ［德］E. 迈尔. 机械密封. 第六版. 北京：化学工业出版社，1981.
[29] 李继和，蔡纪宁，林学海. 机械密封技术. 北京：化学工业出版社，1988.
[30] Burgmann Mechanical Seals design manual 10.
[31] 化工与通用机械，1981 年，5~6.
[32] 炼油设备设计技术中心站. 炼油设备密封技术文集. 1984.
[33] Pumps—Shaft Sealing Systems for Centrifugal and Rotarg Pumps, API Standard 682, Second Edition, JULY 2002.
[34] 陈德才等. 机械密封设计制造与使用. 北京：机械工业出版社，1993.
[35] Guide to Modern Machanical Sealing DURA Seal Manual Seventh Edition.
[36] 徐灏. 密封. 北京：冶金工业出版社，1999.
[37] 机械工程手册电机工程手册编辑委员会. 机械工程手册：第 5 卷. 第二版. 北京：机械工业出版社，1996.
[38] Burgmann Dry gas Seal Manual, 1997.
[39] 全国化工设备设计技术中心站机泵技术委员会. 工业泵选用手册. 北京：化学工业出版社，1998.
[40] 雷天觉. 液压工程手册. 北京：机械工业出版社，1990.
[41] 洪慎章等. 液压系统设计元器件选型手册. 北京：机械工业出版社，2007.